Lothar Papula

Mathematik für Ingenieure und Naturwissenschaftler Band 3

Die drei Bände *Mathematik für Ingenieure und Naturwissenschaftler* werden durch eine Formelsammlung und ein Übungsbuch zu einem Lehr- und Lernsystem ergänzt:

Lothar Papula
Mathematische Formelsammlung für Ingenieure und Naturwissenschaftler
Mit zahlreichen Abbildungen und Rechenbeispielen und einer ausführlichen Integraltafel

Mathematik für Ingenieure und Naturwissenschaftler – Übungen
Anwendungsorientierte Übungsaufgaben aus Naturwissenschaft und Technik mit ausführlichen Lösungen

Lothar Papula

Mathematik für Ingenieure und Naturwissenschaftler Band 3

Vektoranalysis
Wahrscheinlichkeitsrechnung
Mathematische Statistik
Fehler- und Ausgleichsrechnung

4., verbesserte Auflage

Mit zahlreichen Beispielen
aus Naturwissenschaft und Technik,
548 Abbildungen und 285 Übungsaufgaben
mit ausführlichen Lösungen

vieweg

Die Deutsche Bibliothek – CIP-Einheitsaufnahme
Ein Titeldatensatz für diese Publikation ist bei
Der Deutschen Bibliothek erhältlich.

1. Auflage 1994
2., verbesserte Auflage 1997
3., verbesserte Auflage 1999
4., verbesserte Auflage Mai 2001

Der Verlag Vieweg ist ein Unternehmen der Bertelsmann Fachinformation GmbH.

www.vieweg.de

Konzeption und Layout des Umschlags: Ulrike Weigel, www.CorporateDesignGroup.de
Druck und buchbinderische Verarbeitung: Lengericher Handelsdruckerei, Lengerich
Gedruckt auf säurefreiem Papier
Printed in Germany

ISBN 3-528-34937-9

Vorwort

Das dreibändige Werk **Mathematik für Ingenieure und Naturwissenschaftler** ist ein Lehr- und Arbeitsbuch für das *Grund-* und *Hauptstudium* der naturwissenschaftlich-technischen Disziplinen im Hochschulbereich. Es wird durch eine **mathematische Formelsammlung** und ein **Übungsbuch** mit ausschließlich *anwendungsorientierten* Aufgaben zu einem kompakten *Lehr- und Lernsystem* ergänzt. Die Bände 1 und 2 lassen sich dem *Grundstudium* zuordnen, während der vorliegende dritte Band spezielle Themen aus dem *Hauptstudium* behandelt.

Zur Stoffauswahl des dritten Bandes

In diesem Band werden die folgenden im Hauptstudium wichtigen mathematischen Stoffgebiete behandelt:

- **Vektoranalysis:** Kurven und Flächen, Skalar- und Vektorfelder, Gradient, Divergenz und Rotation, spezielle ebene und räumliche Koordinatensysteme, Linien- oder Kurvenintegrale, Oberflächenintegrale, Integralsätze von Gauß und Stokes
- **Wahrscheinlichkeitsrechnung:** Kombinatorik, Zufallsexperimente, Wahrscheinlichkeiten, Zufallsvariable, Wahrscheinlichkeitsverteilung einer Zufallsvariablen, Kennwerte oder Maßzahlen einer Verteilung, spezielle Wahrscheinlichkeitsverteilungen wie z. B. Binominal-, Poisson- oder Gaußverteilung, Verteilungen von mehreren Zufallsvariablen, Prüf- oder Testverteilungen wie z. B. Chi-Quadrat- oder t-Verteilung
- **Grundlagen der mathematischen Statistik:** Zufallsstichproben, Häufigkeitsverteilungen, Kennwerte oder Maßzahlen einer Stichprobe, Parameterschätzungen, Parametertests, Anpassungs- oder Verteilungstests wie z. B. der Chi-Quadrat-Test, Korrelation und Regression
- **Fehler- und Ausgleichsrechnung:** „Fehlerarten“ und Meßabweichungen, statistische Verteilung der Meßwerte und Meßabweichungen, Auswertung einer Meßreihe, Vertrauensbereiche, „Fehlerfortplanzung“ nach Gauß (Varianzfortpflanzungsgesetz), Ausgleichs- oder Regressionskurven
- Im **Anhang (Teil A)** findet der Leser wichtige Tabellen zur Wahrscheinlichkeitsrechnung und Statistik (benutzerfreundlich auf *farbigem* Papier gedruckt).

Zur Darstellung des Stoffes

Auch in diesem Band wird eine anschauliche, anwendungsorientierte und leicht verständliche Darstellungsform des mathematischen Stoffes gewählt. Begriffe, Zusammenhänge, Sätze und Formeln werden durch zahlreiche Beispiele aus Naturwissenschaft und Technik und anhand vieler Abbildungen näher erläutert.

Zur äußeren Form

Zentrale Inhalte wie Definitionen, Sätze, Formeln, Tabellen, Zusammenfassungen und Beispiele sind besonders hervorgehoben:

- Definitionen und Sätze, Formeln und Zusammenfassungen sind *gerahmt* und *grau* unterlegt.
- Tabellen sind *gerahmt* und teilweise *grau* unterlegt.
- Anfang und Ende eines Beispiels sind durch das Symbol ■ gekennzeichnet.

Bei der (bildlichen) Darstellung von Flächen und räumlichen Körpern werden *Grauraster* unterschiedlicher Helligkeit verwendet, um besonders anschauliche und aussagekräftige Bilder zu erhalten.

Zum Einsatz von Computeralgebra-Programmen

In zunehmendem Maße werden leistungsfähige Computeralgebra-Programme wie z. B. DERIVE, MATHCAD oder MATHEMATICA bei der mathematischen Lösung kompakter naturwissenschaftlich-technischer Probleme in Praxis und Wissenschaft erfolgreich eingesetzt. Solche Programme können bereits im Grundstudium ein nützliches und sinnvolles *Hilfsmittel* sein und so z. B. als eine Art *„Kontrollinstanz"* beim Lösen von Übungsaufgaben verwendet werden (Überprüfung der von *Hand* ermittelten Lösungen mit Hilfe eines Computeralgebra-Programms auf einem PC). Die meisten der in diesem Werk gestellten Aufgaben lassen sich auf diese Weise problemlos lösen.

Eine Bitte des Autors

Für Hinweise und Anregungen – insbesondere auch aus dem Kreis der Studenten – bin ich stets sehr dankbar. Sie sind eine unverzichtbare Voraussetzung und Hilfe für die stetige Verbesserung des Lehrwerkes.

Ein Wort des Dankes ...

... an alle Fachkollegen und Studenten, die durch Anregungen und Hinweise zur Verbesserung dieses Werkes beigetragen haben,

... an die Mitarbeiter des Verlages, ganz besonders aber an Herrn Wolfgang Nieger und Herrn Ewald Schmitt, für die hervorragende Zusammenarbeit während der Entstehung und Drucklegung dieses Werkes.

Wiesbaden, im Sommer 2001 *Lothar Papula*

Inhaltsverzeichnis

Inhaltsübersicht Band 1

Inhaltsübersicht Band 2

I Vektoranalysis

1 Ebene und räumliche Kurven

1.1 Vektorielle Darstellung einer Kurve

Die Parameterdarstellung einer *ebenen* Kurve C laute:

$$C: \qquad x = x(t), \qquad y = y(t) \qquad (t_1 \leqslant t \leqslant t_2) \tag{I-1}$$

Der zum Parameterwert t gehörige Kurvenpunkt $P = (x(t); y(t))$ ist dann eindeutig durch seinen *Ortsvektor*

$$\vec{r}(P) = x(t)\ \vec{e}_x + y(t)\ \vec{e}_y = \begin{pmatrix} x(t) \\ y(t) \end{pmatrix} \tag{I-2}$$

bestimmt (Bild I-1).

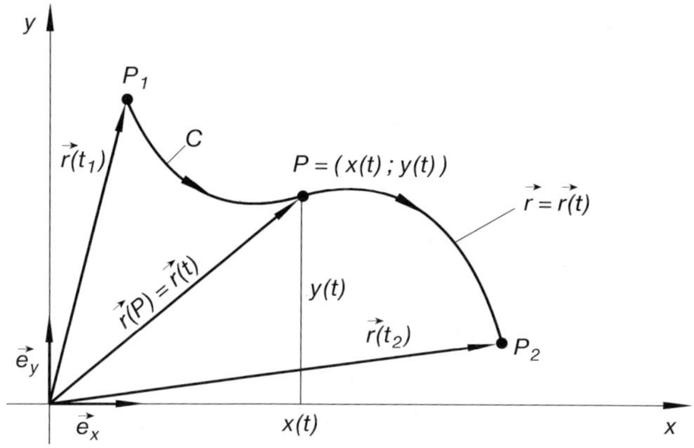

Bild I-1
Vektordarstellung einer Kurve

Beim Durchlaufen sämtlicher t-Werte von t_1 bis t_2 bewegt sich der Punkt P längs der Kurve C von P_1 nach P_2. Die Kurve selbst kann somit auch durch den *parameterabhängigen* Ortsvektor

$$\vec{r}(t) = x(t)\ \vec{e}_x + y(t)\ \vec{e}_y = \begin{pmatrix} x(t) \\ y(t) \end{pmatrix} \qquad (t_1 \leqslant t \leqslant t_2) \tag{I-3}$$

beschrieben werden. Analog läßt sich eine *räumliche* Kurve durch einen *3-dimensionalen* Ortsvektor darstellen.

Darstellung einer Kurve durch einen parameterabhängigen Ortsvektor

Ortsvektor einer ebenen Kurve (Bild I-1)

$$\vec{r}(t) = x(t)\ \vec{e}_x + y(t)\ \vec{e}_y = \begin{pmatrix} x(t) \\ y(t) \end{pmatrix} \tag{I-4}$$

Ortsvektor einer Raumkurve

$$\vec{r}(t) = x(t)\ \vec{e}_x + y(t)\ \vec{e}_y + z(t)\ \vec{e}_z = \begin{pmatrix} x(t) \\ y(t) \\ z(t) \end{pmatrix} \tag{I-5}$$

t: Parameter mit $t_1 \leqslant t \leqslant t_2$

Anmerkungen

(1) Die *vektorielle* Darstellungsform einer Kurve ist in den Anwendungen weit verbreitet und eignet sich – wie wir noch sehen werden – in besonderem Maße zur Beschreibung von *Bewegungsabläufen.* Als Parametergröße dient dabei meist die *Zeit*, manchmal auch ein *Winkel.*

(2) Der Ortsvektor $\vec{r}$ ist eine *Funktion* des Parameters t: $\vec{r} = \vec{r}(t)$. Allgemein wird ein von einem *reellen* Parameter t abhängiger Vektor

$$\vec{a} = \vec{a}(t) = a_x(t)\ \vec{e}_x + a_y(t)\ \vec{e}_y + a_z(t)\ \vec{e}_z = \begin{pmatrix} a_x(t) \\ a_y(t) \\ a_z(t) \end{pmatrix} \tag{I-6}$$

als eine *Vektorfunktion* des Parameters t bezeichnet ($t_1 \leqslant t \leqslant t_2$). Die Vektorkoordinaten sind dabei *Funktionen* des Parameters t:

$$a_x = a_x(t), \qquad a_y = a_y(t), \qquad a_z = a_z(t) \tag{I-7}$$

■ **Beispiele**

(1) **Schiefer Wurf**

Ein Körper wird unter einem Winkel α gegen die Horizontale mit einer Geschwindigkeit vom Betrag v_0 abgeworfen (Bild I-2). Die dabei durchlaufene Bahnkurve ist eine *Parabel*, in diesem Zusammenhang auch *Wurfparabel* genannt, und kann durch die *Parametergleichungen*

$$x(t) = (v_0 \cdot \cos\alpha)\, t, \qquad y(t) = (v_0 \cdot \sin\alpha)\, t - \frac{1}{2}\, g\, t^2 \qquad (t \geqslant 0)$$

oder durch den *zeitabhängigen Ortsvektor*

$$\vec{r}(t) = \begin{pmatrix} (v_0 \cdot \cos\alpha)\,t \\ (v_0 \cdot \sin\alpha)\,t - \frac{1}{2} g t^2 \end{pmatrix} \qquad (t \geqslant 0)$$

beschrieben werden.

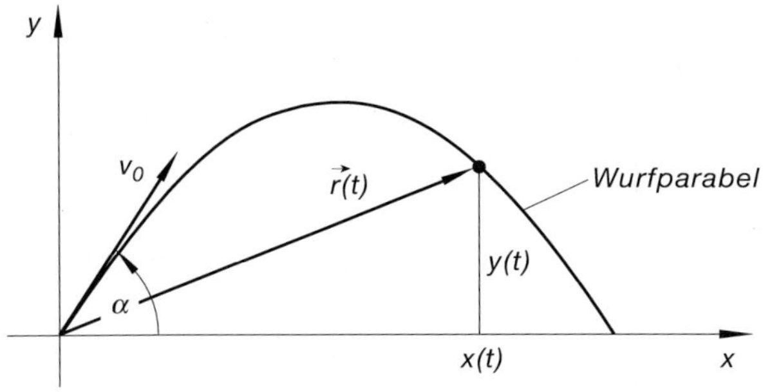

Bild I-2
Wurfparabel beim schiefen Wurf, dargestellt durch einen zeitabhängigen Ortsvektor

(2) **Elektronen im Magnetfeld**

Elektronen, die *schief* in ein *homogenes* Magnetfeld eingeschossen werden, bewegen sich auf einer *Schraubenlinie* um die Feldrichtung (z-Achse; Bild I-3). Die Bahnkurve läßt sich dabei durch die *Parametergleichungen*

$$x(t) = R \cdot \cos(\omega t), \qquad y(t) = R \cdot \sin(\omega t), \qquad z(t) = ct \qquad (t \geqslant 0)$$

oder durch den *zeitabhängigen Ortsvektor*

$$\vec{r}(t) = R \cdot \cos(\omega t)\ \vec{e}_x + R \cdot \sin(\omega t)\ \vec{e}_y + ct\ \vec{e}_z \qquad (t \geqslant 0)$$

beschreiben (R, ω und c sind Konstanten).

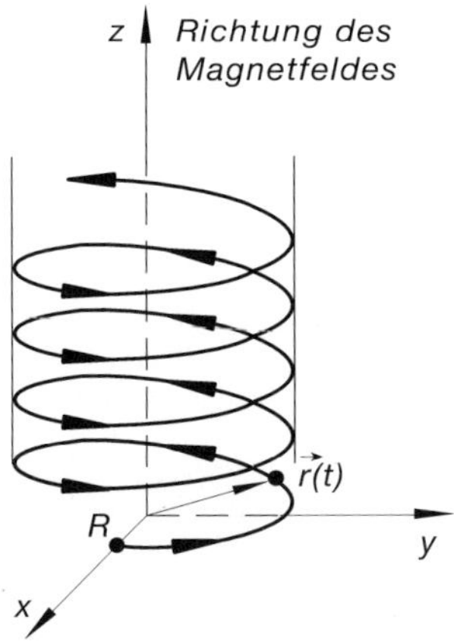

Bild I-3
Schraubenlinienförmige Bahn eines Elektrons in einem homogenen Magnetfeld, dargestellt durch einen zeitabhängigen Ortsvektor

Anmerkung: Die Elektronen *rotieren* mit der Winkelgeschwindigkeit ω auf einer Kreisbahn mit dem Radius R um das Magnetfeld und führen gleichzeitig eine *Translationsbewegung* mit der konstanten Geschwindigkeit $v_0 = c$ in der Feldrichtung aus. Durch *ungestörte Überlagerung* dieser Bewegungen entsteht die *schraubenlinienförmige* Bahnkurve.

(3) Ein elektrisches Feld besitze in einem bestimmten Punkt des Raumes den *zeitabhängigen Feldstärkevektor*

$$\vec{E} = \vec{E}(t) = \begin{pmatrix} E_0 \cdot \sin(\omega t) \\ E_0 \cdot \cos(\omega t) \\ E_0 \end{pmatrix} = E_0 \begin{pmatrix} \sin(\omega t) \\ \cos(\omega t) \\ 1 \end{pmatrix}$$

Die elektrische Feldstärke $\vec{E}$ ist somit eine *Vektorfunktion* des *Zeitparameters* t.

Der *Betrag* der elektrischen Feldstärke ist jedoch zu allen Zeiten der *gleiche*, d.h. eine *konstante* Größe:

$$|\vec{E}| = E_0 \cdot \sqrt{\underbrace{\sin^2(\omega t) + \cos^2(\omega t)}_{1} + 1^2} = \sqrt{2}\, E_0$$

■

1.2 Differentiation eines Vektors nach einem Parameter

1.2.1 Ableitung eines Vektors

Auf einer *ebenen* Kurve mit der vektoriellen Darstellung $\vec{r}(t) = \begin{pmatrix} x(t) \\ y(t) \end{pmatrix}$ betrachten wir zwei benachbarte Punkte P und Q (Bild I-4). Ihre Ortsvektoren $\vec{r}(t)$ bzw. $\vec{r}(t + \Delta t)$ unterscheiden sich durch den *Differenzvektor (Sehnenvektor)*

$$\Delta\vec{r} = \vec{r}(t + \Delta t) - \vec{r}(t) = \begin{pmatrix} x(t + \Delta t) - x(t) \\ y(t + \Delta t) - y(t) \end{pmatrix} \tag{I-8}$$

Wir dividieren diesen Vektor noch durch den *Skalar* $\Delta t \neq 0$ und erhalten den in der *gleichen* Richtung liegenden Vektor

$$\frac{\Delta\vec{r}}{\Delta t} = \frac{\vec{r}(t + \Delta t) - \vec{r}(t)}{\Delta t} = \begin{pmatrix} \dfrac{x(t + \Delta t) - x(t)}{\Delta t} \\ \dfrac{y(t + \Delta t) - y(t)}{\Delta t} \end{pmatrix} \tag{I-9}$$

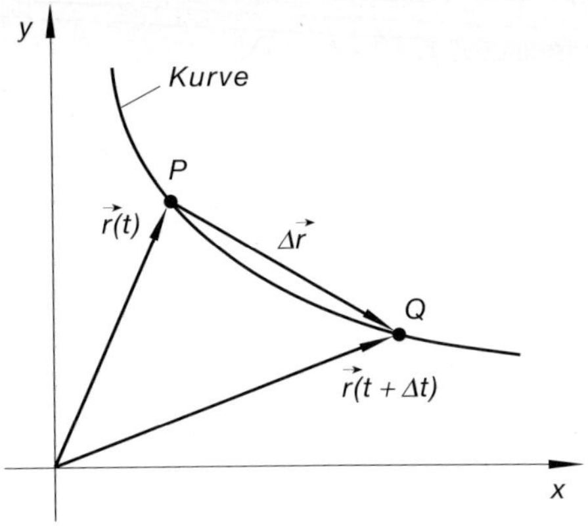

Bild I-4
Zum Begriff des Tangentenvektors einer Kurve

Er geht beim Grenzübergang $\Delta t \to 0$ in den sog. *Tangentenvektor*

$$\lim_{\Delta t \to 0} \frac{\Delta\vec{r}}{\Delta t} = \lim_{\Delta t \to 0} \frac{\vec{r}(t+\Delta t) - \vec{r}(t)}{\Delta t} = \begin{pmatrix} \dot{x}(t) \\ \dot{y}(t) \end{pmatrix} \tag{I-10}$$

über, der die Richtung der *Tangente* im Kurvenpunkt $P = (x(t);\ y(t))$ festlegt (Bild I-5).

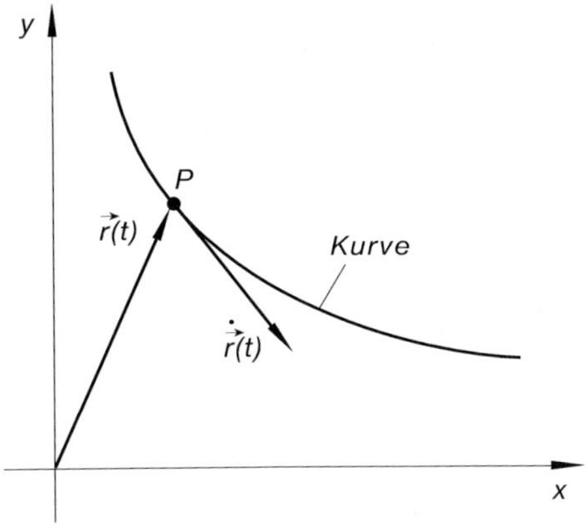

Bild I-5
Orts- und Tangentenvektor einer Kurve

Der *Tangentenvektor* entsteht somit aus dem Ortsvektor $\vec{r}(t)$ durch *komponentenweise Differentiation* nach dem Parameter t und wird daher auch als die *1. Ableitung* des Vektors $\vec{r}(t)$ bezeichnet. In Anlehnung an die Differentialrechnung für Funktionen schreibt man dafür:

$$\dot{\vec{r}}(t) = \frac{d\vec{r}}{dt} = \dot{x}(t)\ \vec{e}_x + \dot{y}(t)\ \vec{e}_y = \begin{pmatrix} \dot{x}(t) \\ \dot{y}(t) \end{pmatrix} \tag{I-11}$$

Analog liegen die Verhältnisse bei einem *3-dimensionalen Ortsvektor* (Raumkurve).

Differentiation eines Ortsvektors nach einem Parameter

Die *Differentiation* eines parameterabhängigen Ortsvektors $\vec{r}(t)$ nach dem Parameter t erfolgt *komponentenweise* und führt wiederum zu einem Vektor, der als *Tangentenvektor* bezeichnet wird:

Tangentenvektor einer ebenen Kurve (Bild I-5)

$$\dot{\vec{r}}(t) = \dot{x}(t)\ \vec{e}_x + \dot{y}(t)\ \vec{e}_y = \begin{pmatrix} \dot{x}(t) \\ \dot{y}(t) \end{pmatrix} \tag{I-12}$$

Tangentenvektor einer Raumkurve

$$\dot{\vec{r}}(t) = \dot{x}(t)\ \vec{e}_x + \dot{y}(t)\ \vec{e}_y + \dot{z}(t)\ \vec{e}_z = \begin{pmatrix} \dot{x}(t) \\ \dot{y}(t) \\ \dot{z}(t) \end{pmatrix} \tag{I-13}$$

Der Tangentenvektor $\dot{\vec{r}}(t) = \dfrac{d\vec{r}}{dt}$ ist die *1. Ableitung* des Ortsvektors $\vec{r} = \vec{r}(t)$ nach dem Parameter t.

Anmerkungen

(1) Der Tangentenvektor $\dot{\vec{r}}$ liegt in der *Kurventangente* (daher stammt auch die Bezeichnung) und zeigt in die Richtung, in die sich der Kurvenpunkt P mit *wachsendem* Parameterwert t bewegen würde.

(2) Durch *zweimalige komponentenweise* Differentiation des Ortsvektors $\vec{r}(t)$ erhält man die *2. Ableitung*

$$\ddot{\vec{r}}(t) = \ddot{x}(t)\ \vec{e}_x + \ddot{y}(t)\ \vec{e}_y + \ddot{z}(t)\ \vec{e}_z = \begin{pmatrix} \ddot{x}(t) \\ \ddot{y}(t) \\ \ddot{z}(t) \end{pmatrix} \tag{I-14}$$

Analog lassen sich *höhere* Ableitungen bilden (*Voraussetzung:* Die Vektorkoordinaten x, y und z sind entsprechend oft *differenzierbar*). *Alle* Ableitungen des Ortsvektors sind wiederum *Vektoren.*

(3) Wir verwenden für die 1. Ableitung im folgenden meist die *Kurzschreibweise*

$$\dot{\vec{r}} = \dot{x}\ \vec{e}_x + \dot{y}\ \vec{e}_y + \dot{z}\ \vec{e}_z \qquad \text{oder} \qquad \dot{\vec{r}} = \begin{pmatrix} \dot{x} \\ \dot{y} \\ \dot{z} \end{pmatrix} \tag{I-15}$$

Entsprechendes gilt für die *höheren* Ableitungen.

(4) Die Ableitungsregel gilt ganz allgemein für *beliebige* (differenzierbare) Vektorfunktionen. Die Differentiation einer Vektorfunktion $\vec{a} = \vec{a}(t) = \begin{pmatrix} a_x(t) \\ a_y(t) \\ a_z(t) \end{pmatrix}$ nach dem Parameter t erfolgt somit *komponentenweise*:

$$\frac{d}{dt}[\vec{a}(t)] = \dot{\vec{a}}(t) = \begin{pmatrix} \dot{a}_x(t) \\ \dot{a}_y(t) \\ \dot{a}_z(t) \end{pmatrix} = \begin{pmatrix} \dot{a}_x \\ \dot{a}_y \\ \dot{a}_z \end{pmatrix} \tag{I-16}$$

Wir nennen daher eine Vektorfunktion *differenzierbar*, wenn ihre Vektorkoordinaten differenzierbare Funktionen eines Parameters t sind.

■ **Beispiele**

(1) Der *Tangentenvektor* der ebenen Kurve mit dem Ortsvektor

$$\vec{r}(t) = t^2\ \vec{e}_x + t^3\ \vec{e}_y = \begin{pmatrix} t^2 \\ t^3 \end{pmatrix}$$

lautet wie folgt:

$$\dot{\vec{r}}(t) = 2t\ \vec{e}_x + 3t^2\ \vec{e}_y = \begin{pmatrix} 2t \\ 3t^2 \end{pmatrix}$$

(2) Wir bestimmen den *Tangentenvektor* an die Raumkurve

$$C\colon\quad \vec{r}(t) = \begin{pmatrix} t \cdot \cos t \\ t \cdot \sin t \\ \mathrm{e}^{2t} \end{pmatrix}$$

im Kurvenpunkt P mit dem Parameterwert $t = 0$.

Durch *komponenteweise* Differentiation nach dem Parameter t erhalten wir zunächst

$$\dot{\vec{r}}(t) = \begin{pmatrix} \cos t - t \cdot \sin t \\ \sin t + t \cdot \cos t \\ 2 \cdot \mathrm{e}^{2t} \end{pmatrix}$$

Im Punkt $P(t = 0) = (0; 0; 1)$ besitzt die Raumkurve dann den folgenden *Tangentenvektor*:

$$\dot{\vec{r}}(t = 0) = \begin{pmatrix} 1 \\ 0 \\ 2 \end{pmatrix}$$

(3) Wir differenzieren die Vektorfunktion

$$\vec{a}(t) = \begin{pmatrix} \cos(2t) \\ t \\ \sin(2t) \end{pmatrix}$$

zweimal komponentenweise nach dem Parameter t und erhalten:

$$\dot{\vec{a}}(t) = \begin{pmatrix} -2 \cdot \sin(2t) \\ 1 \\ 2 \cdot \cos(2t) \end{pmatrix}, \qquad \ddot{\vec{a}}(t) = \begin{pmatrix} -4 \cdot \cos(2t) \\ 0 \\ -4 \cdot \sin(2t) \end{pmatrix}$$ ■

Zum Abschluß wollen wir noch einige sehr nützliche *Ableitungsregeln* für *Summen* und *Produkte* von Vektorfunktionen angeben:

Ableitungsregeln für Summen und Produkte von Vektoren

$\vec{a} = \vec{a}(t)$ und $\vec{b} = \vec{b}(t)$ seien differenzierbare *Vektorfunktionen* und $\varphi = \varphi(t)$ eine differenzierbare *skalare* Funktion des Parameters t. Dann gelten die folgenden *Ableitungsregeln*:

Summenregel

$$\frac{d}{dt}(\vec{a} + \vec{b}) = \dot{\vec{a}} + \dot{\vec{b}} \qquad \text{(I-17)}$$

Eine *endliche* Summe wird *gliedweise* differenziert.

Produktregel

Für ein *Skalarprodukt*:

$$\frac{d}{dt}(\vec{a} \cdot \vec{b}) = \dot{\vec{a}} \cdot \vec{b} + \vec{a} \cdot \dot{\vec{b}} \qquad \text{(I-18)}$$

Für ein *Vektorprodukt*:

$$\frac{d}{dt}(\vec{a} \times \vec{b}) = \dot{\vec{a}} \times \vec{b} + \vec{a} \times \dot{\vec{b}} \qquad \text{(I-19)}$$

Für ein Produkt aus einer *skalaren* und einer *Vektorfunktion*:

$$\frac{d}{dt}(\varphi\ \vec{a}) = \dot{\varphi}\ \vec{a} + \varphi\ \dot{\vec{a}} \qquad \text{(I-20)}$$

Anmerkung

Summen- und *Produktregel* erinnern an die entsprechenden Ableitungsregeln für Funktionen von *einer* unabhängigen Variablen.

■ **Beispiel**

Die auf einen Körper der Masse m einwirkende Kraft $\vec{F}$ ist definiert als die *zeitliche Änderung* des Impulses $\vec{p} = m\ \vec{v}$ ($\vec{v}$: Geschwindigkeitsvektor der Masse). Somit gilt nach der *Produktregel* (I-20):

$$\vec{F} = \frac{d\vec{p}}{dt} = \frac{d}{dt}(m\ \vec{v}) = \dot{m}\ \vec{v} + m\ \dot{\vec{v}} = \dot{m}\ \vec{v} + m\ \vec{a}$$

($\dot{\vec{v}}$ ist die *Beschleunigung* $\vec{a}$ des Körpers: $\dot{\vec{v}} = \vec{a}$). Bei *konstanter* Masse ist $\dot{m} = 0$, und wir erhalten die aus der elementaren Mechanik bekannte Formel

$$\vec{F} = m\ \vec{a}$$ ■

1.2.2 Geschwindigkeits- und Beschleunigungsvektor eines Massenpunktes

In den naturwissenschaftlich-technischen Anwendungen wird die *Bahnkurve* eines Massenpunktes häufig durch einen *zeitabhängigen Ortsvektor* $\vec{r}(t)$ beschrieben. Den *Geschwindigkeits-* bzw. *Beschleunigungsvektor* der Bewegung erhält man dann durch *ein-* bzw. *zweimalige* Differentiation von $\vec{r}(t)$ nach dem Zeitparameter t.

Geschwindigkeits- und Beschleunigungsvektor eines Massenpunktes

Ein Massenpunkt bewege sich auf einer (ebenen oder räumlichen) Bahnkurve, beschrieben durch einen *zeitabhängigen* Ortsvektor $\vec{r} = \vec{r}(t)$ (vgl. hierzu Bild I-1). Dann erhält man den *Geschwindigkeitsvektor* $\vec{v}(t)$ und den *Beschleunigungsvektor* $\vec{a}(t)$ als *1.* bzw. *2. Ableitung* des Ortsvektors nach der Zeit:

Geschwindigkeitsvektor

$$\vec{v}(t) = \dot{\vec{r}}(t) = \dot{x}(t)\ \vec{e}_x + \dot{y}(t)\ \vec{e}_y + \dot{z}(t)\ \vec{e}_z = \begin{pmatrix} \dot{x}(t) \\ \dot{y}(t) \\ \dot{z}(t) \end{pmatrix} \qquad \text{(I-21)}$$

Beschleunigungsvektor

$$\vec{a}(t) = \dot{\vec{v}}(t) = \ddot{\vec{r}}(t) = \ddot{x}(t)\ \vec{e}_x + \ddot{y}(t)\ \vec{e}_y + \ddot{z}(t)\ \vec{e}_z = \begin{pmatrix} \ddot{x}(t) \\ \ddot{y}(t) \\ \ddot{z}(t) \end{pmatrix} \qquad \text{(I-22)}$$

■ **Beispiele**

(1) **Schiefer Wurf**

Beim *schiefen Wurf* erhalten wir aus dem *zeitabhängigen Ortsvektor*

$$\vec{r}(t) = \begin{pmatrix} (v_0 \cdot \cos\alpha)\, t \\ (v_0 \cdot \sin\alpha)\, t - \frac{1}{2} g t^2 \end{pmatrix} \qquad (t \geqslant 0)$$

durch Differentiation zunächst den *Geschwindigkeitsvektor*

$$\vec{v}(t) = \dot{\vec{r}}(t) = \begin{pmatrix} v_0 \cdot \cos\alpha \\ v_0 \cdot \sin\alpha - g t \end{pmatrix}$$

und durch *nochmalige* Differentiation den *Beschleunigungsvektor*

$$\vec{a}(t) = \dot{\vec{v}}(t) = \ddot{\vec{r}}(t) = \begin{pmatrix} 0 \\ -g \end{pmatrix}$$

Bild I-6 zeigt die Bahnkurve mit den Vektoren $\vec{r}(t)$, $\vec{v}(t)$ und $\vec{a}(t)$.

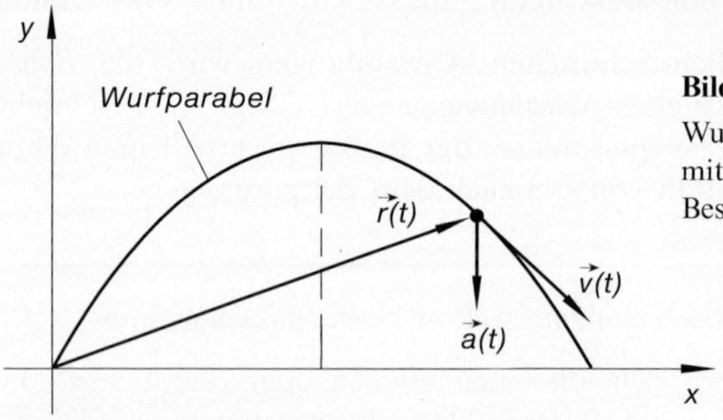

Bild I-6
Wurfparabel beim schiefen Wurf mit Orts-, Geschwindigkeits- und Beschleunigungsvektor

(2) **Elektronen im Magnetfeld**

Wir bestimmen den *Geschwindigkeitsvektor* $\vec{v}(t)$ und den *Beschleunigungsvektor* $\vec{a}(t)$ für die in Bild I-3 skizzierte *schraubenlinienförmige* Bahnkurve eines Elektrons in einem Magnetfeld:

$$\vec{r}(t) = R \cdot \cos(\omega t)\ \vec{e}_x + R \cdot \sin(\omega t)\ \vec{e}_y + c t\ \vec{e}_z$$

$$\vec{v}(t) = \dot{\vec{r}}(t) = -R\omega \cdot \sin(\omega t)\ \vec{e}_x + R\omega \cdot \cos(\omega t)\ \vec{e}_y + c\ \vec{e}_z$$

$$\vec{a}(t) = \dot{\vec{v}}(t) = \ddot{\vec{r}}(t) = -R\omega^2 \cdot \cos(\omega t)\ \vec{e}_x - R\omega^2 \cdot \sin(\omega t)\ \vec{e}_y + 0\ \vec{e}_z$$

Die *z-Komponente* von $\vec{a}$ *verschwindet* somit. Wegen $\vec{F} = m\ \vec{a}$ gilt dies auch für die *z-Komponente* der auf das Elektron einwirkenden Kraft $\vec{F}$. Der Kraftvektor liegt damit in einer zur z-Achse *senkrechten* Ebene. Mit anderen Worten: Elektronen erfahren in einem *homogenen* Magnetfeld stets eine Kraft *senkrecht* zur Feldrichtung (sog. *Lorenzkraft*).

(3) Ein Masseteilchen bewegt sich auf einer Bahnkurve mit dem *zeitabhängigen* Ortsvektor

$$\vec{r}(t) = \begin{pmatrix} \cos(t^2) \\ \sin(t^2) \end{pmatrix} \qquad (t \geqslant 0)$$

Es handelt sich dabei um den *Einheitskreis* der x, y-Ebene. Denn es gilt:

$$x^2 + y^2 = \cos^2(t^2) + \sin^2(t^2) = 1$$

Wir untersuchen nun die *Geschwindigkeit* und *Beschleunigung* des Teilchens. Die Bewegung soll dabei aus der Anfangslage A heraus im *Gegenuhrzeigersinn* erfolgen (Bild I-7).

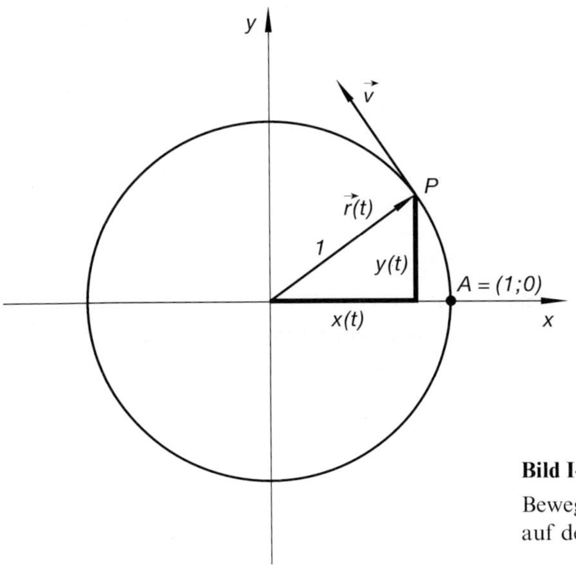

Bild I-7
Bewegung eines Massenpunktes auf dem Einheitskreis

$$\vec{v}(t) = \dot{\vec{r}}(t) = \begin{pmatrix} -2t \cdot \sin(t^2) \\ 2t \cdot \cos(t^2) \end{pmatrix} = 2\begin{pmatrix} -t \cdot \sin(t^2) \\ t \cdot \cos(t^2) \end{pmatrix}$$

$$\vec{a}(t) = \dot{\vec{v}}(t) = \ddot{\vec{r}}(t) = 2\begin{pmatrix} -1 \cdot \sin(t^2) - t \cdot 2t \cdot \cos(t^2) \\ 1 \cdot \cos(t^2) + t \cdot 2t \cdot [-\sin(t^2)] \end{pmatrix} =$$

$$= 2\begin{pmatrix} -\sin(t^2) - 2t^2 \cdot \cos(t^2) \\ \cos(t^2) - 2t^2 \cdot \sin(t^2) \end{pmatrix}$$

Dabei wächst der *Betrag* der Geschwindigkeit *linear* mit der Zeit:

$$|\vec{v}| = 2 \cdot \sqrt{t^2 \cdot \sin^2(t^2) + t^2 \cdot \cos^2(t^2)} =$$

$$= 2 \cdot \sqrt{t^2 \underbrace{[\sin^2(t^2) + \cos^2(t^2)]}_{1}} = 2\sqrt{t^2} = 2t$$

Wir folgern daraus: Die Kreisbahn wird von Umlauf zu Umlauf immer *schneller* durchlaufen, d. h. die Umlaufdauer nimmt mit der Zeit immer stärker *ab*.

Für die Beschleunigung des Massenpunktes erhalten wir dem *Betrage* nach [1]:

$$\begin{aligned} |\vec{a}|^2 &= 4[(-\sin u - 2u \cdot \cos u)^2 + (\cos u - 2u \cdot \sin u)^2] = \\ &= 4[\sin^2 u + 4u \cdot \sin u \cdot \cos u + 4u^2 \cdot \cos^2 u + \\ &\qquad + \cos^2 u - 4u \cdot \sin u \cdot \cos u + 4u^2 \cdot \sin^2 u] = \\ &= 4[\underbrace{(\sin^2 u + \cos^2 u)}_{1} + 4u^2 \underbrace{(\cos^2 u + \sin^2 u)}_{1}] = \\ &= 4(1 + 4u^2) = 4(1 + 4t^4) \\ |\vec{a}| &= 2 \cdot \sqrt{1 + 4t^4} \end{aligned}$$

Auch die Beschleunigung *wächst* also mit der Zeit. ■

1.3 Bogenlänge einer Kurve

Mit der Berechnung der *Bogenlänge* s einer *ebenen* Kurve haben wir uns bereits in Band 1, Abschnitt V.10.4 beschäftigt. Liegt die Kurvengleichung in der *expliziten* Form $y = f(x)$ vor, so gilt für die Länge des Bogens vom Punkt P_1 bis zum Punkt P_2 die bekannte Formel (Bild I-8)

$$s = \int_a^b \sqrt{1 + (y')^2}\, dx \tag{I-23}$$

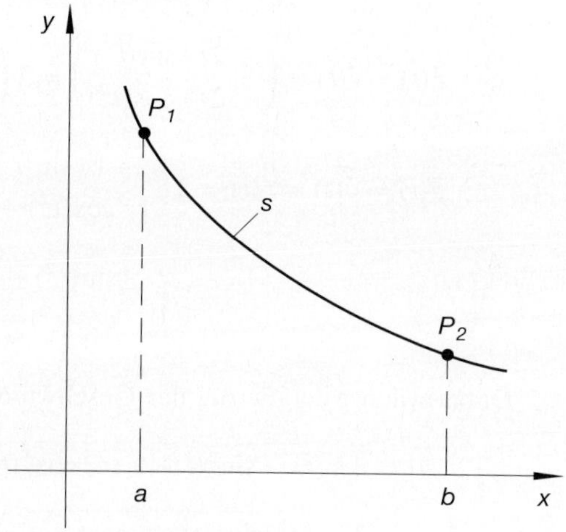

Bild I-8
Zum Begriff der Bogenlänge einer ebenen Kurve

[1] Bei der *Zwischenrechnung* setzen wir der besseren Übersicht wegen $t^2 = u$.

Wir nehmen jetzt an, daß sich die Kurve auch durch einen *parameterabhängigen Ortsvektor*

$$\vec{r}(t) = \begin{pmatrix} x(t) \\ y(t) \end{pmatrix} \qquad (t_1 \leqslant t \leqslant t_2) \tag{I-24}$$

beschreiben läßt, wobei die Parameterwerte t_1 und t_2 den beiden Randpunkten P_1 und P_2 entsprechen (Bild I-9). Zwischen der Tangentensteigung y' und den Ableitungen $\dot{x}$ und $\dot{y}$ der beiden Vektorkomponenten von $\vec{r}(t)$ besteht dann bekanntlich der folgende Zusammenhang:

$$y' = \frac{\dot{y}}{\dot{x}} \tag{I-25}$$

(vgl. hierzu Band 1, Abschnitt IV.2.11). Mit Hilfe dieser Beziehung und unter Beachtung von $dx = \dot{x}\,dt$ läßt sich dann die Integralformel (I-23) für die Bogenlänge in die *Parameterform* überführen.

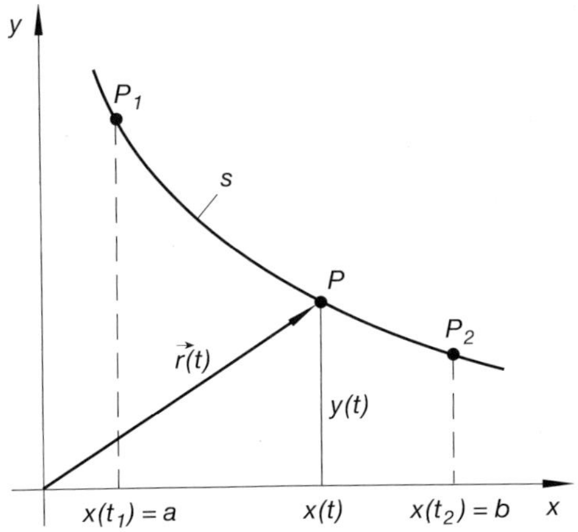

Bild I-9
Bogenlänge einer durch einen Ortsvektor dargestellten ebenen Kurve

Zunächst einmal ist

$$1 + (y')^2 = 1 + \left(\frac{\dot{y}}{\dot{x}}\right)^2 = 1 + \frac{\dot{y}^2}{\dot{x}^2} = \frac{\dot{x}^2 + \dot{y}^2}{\dot{x}^2} \tag{I-26}$$

und somit

$$\sqrt{1 + (y')^2}\,dx = \sqrt{\frac{\dot{x}^2 + \dot{y}^2}{\dot{x}^2}} \cdot \dot{x}\,dt = \sqrt{\dot{x}^2 + \dot{y}^2}\,dt = |\dot{\vec{r}}|\,dt \tag{I-27}$$

Für die Bogenlänge s erhalten wir damit die folgende Formel:

$$s = \int_{t_1}^{t_2} \sqrt{\dot{x}^2 + \dot{y}^2}\, dt = \int_{t_1}^{t_2} |\dot{\vec{r}}|\, dt \qquad \text{(I-28)}$$

Das *Differential* der Bogenlänge s lautet daher

$$ds = \sqrt{\dot{x}^2 + \dot{y}^2}\, dt = |\dot{\vec{r}}|\, dt = \left|\frac{d\vec{r}}{dt}\right| dt = |d\vec{r}| \qquad \text{(I-29)}$$

und heißt *Bogen-* oder *Linienelement* oder auch *Bogendifferential.* Hieraus folgt sofort die wichtige Beziehung

$$\frac{ds}{dt} = \left|\frac{d\vec{r}}{dt}\right| = |\dot{\vec{r}}| \qquad \text{(I-30)}$$

d.h. die *Ableitung* der Bogenlänge s nach dem Parameter t ist gleich dem *Betrag* des Tangentenvektors $\dot{\vec{r}}$. Die *Länge* des Tangentenvektors ist somit ein Maß für die *Änderungsgeschwindigkeit* der Bogenlänge!

Bei einer *Raumkurve* erweitert sich die Integralformel (I-28) entsprechend. In diesem Falle gilt:

$$s = \int_{t_1}^{t_2} \sqrt{\dot{x}^2 + \dot{y}^2 + \dot{z}^2}\, dt = \int_{t_1}^{t_2} |\dot{\vec{r}}|\, dt \qquad \text{(I-31)}$$

Wir fassen die Ergebnisse wie folgt zusammen:

Bogenlänge einer Kurve

Bogenlänge einer ebenen Kurve (Bild I-9)

$$s = \int_{t_1}^{t_2} |\dot{\vec{r}}|\, dt = \int_{t_1}^{t_2} \sqrt{\dot{x}^2 + \dot{y}^2}\, dt \qquad \text{(I-32)}$$

Bogenlänge einer Raumkurve

$$s = \int_{t_1}^{t_2} |\dot{\vec{r}}|\, dt = \int_{t_1}^{t_2} \sqrt{\dot{x}^2 + \dot{y}^2 + \dot{z}^2}\, dt \qquad \text{(I-33)}$$

$\vec{r} = \vec{r}(t)$: *Ortsvektor* der ebenen bzw. räumlichen Kurve in Abhängigkeit vom Kurvenparameter t

■ **Beispiele**

(1) Durch den Ortsvektor

$$\vec{r}(t) = R \begin{pmatrix} t - \sin t \\ 1 - \cos t \end{pmatrix} \qquad (0 \leqslant t \leqslant 2\pi)$$

wird der in Bild I-10 dargestellte Bogen einer *gewöhnlichen Zykloide (Rollkurve)* beschrieben.

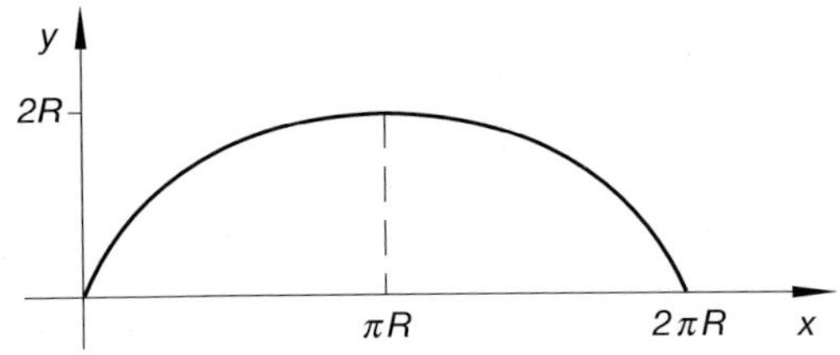

Bild I-10
Bogenlänge einer gewöhnlichen Zykloide (Rollkurve)

Wir wollen nun die *Länge s* dieses Bogens berechnen. Dazu benötigen wir zunächst den *Tangentenvektor* $\dot{\vec{r}}$, d. h. die *erste Ableitung* des Ortsvektors $\vec{r}$:

$$\dot{\vec{r}} = R \begin{pmatrix} 1 - \cos t \\ \sin t \end{pmatrix}$$

Der Tangentenvektor $\dot{\vec{r}}$ besitzt dann die folgende *Länge* (Betrag):

$$|\dot{\vec{r}}| = R \cdot \sqrt{(1 - \cos t)^2 + (\sin t)^2} = R \cdot \sqrt{1 - 2 \cdot \cos t + \underbrace{\cos^2 t + \sin^2 t}_{1}} =$$

$$= R \cdot \sqrt{2 - 2 \cdot \cos t} = R \cdot \sqrt{2(1 - \cos t)}$$

Unter Verwendung der trigonometrischen Formel

$$1 - \cos t = 2 \cdot \sin^2 \left(\frac{t}{2} \right)$$

können wir dafür auch schreiben:

$$|\dot{\vec{r}}| = R \cdot \sqrt{2 \cdot 2 \cdot \sin^2 \left(\frac{t}{2} \right)} = 2R \cdot \sin \left(\frac{t}{2} \right)$$

Damit erhalten wir die folgende Bogenlänge:

$$s = \int_0^{2\pi} |\dot{\vec{r}}| \, dt = 2R \cdot \int_0^{2\pi} \sin \left(\frac{t}{2} \right) dt = 2R \left[-2 \cdot \cos \left(\frac{t}{2} \right) \right]_0^{2\pi} =$$

$$= -4R \left[\cos \left(\frac{t}{2} \right) \right]_0^{2\pi} = -4R(\cos \pi - \cos 0) = -4R(-1 - 1) = 8R$$

(2) In Beispiel (2) aus Abschnitt 1.1 haben wir die *schraubenlinienförmige* Bahn von Elektronen in einem Magnetfeld durch den *zeitabhängigen Ortsvektor*

$$\vec{r}(t) = R \cdot \cos(\omega t)\ \vec{e}_x + R \cdot \sin(\omega t)\ \vec{e}_y + c\,t\ \vec{e}_z$$

beschrieben (vgl. hierzu Bild I-3). Wir berechnen nun den bei einem *vollen* Umlauf zurückgelegten Weg s.

Dazu benötigen wir zuerst einmal die Ableitung $\dot{\vec{r}}$ sowie den Betrag $|\dot{\vec{r}}|$ dieser Ableitung:

$$\dot{\vec{r}}(t) = -R\omega \cdot \sin(\omega t)\ \vec{e}_x + R\omega \cdot \cos(\omega t)\ \vec{e}_y + c\ \vec{e}_z$$

$$|\dot{\vec{r}}(t)| = \sqrt{[-R\omega \cdot \sin(\omega t)]^2 + [R\omega \cdot \cos(\omega t)]^2 + c^2} =$$

$$= \sqrt{R^2\omega^2 \underbrace{[\sin^2(\omega t) + \cos^2(\omega t)]}_{1} + c^2} = \sqrt{R^2\omega^2 + c^2}$$

Da die Elektronen das Magnetfeld mit der Winkelgeschwindigkeit ω umkreisen, benötigen sie für eine *volle* Drehung die Zeit $T = 2\pi/\omega$. Somit ist

$$s = \int_0^T |\dot{\vec{r}}|\, dt = \int_0^{2\pi/\omega} \sqrt{R^2\omega^2 + c^2}\, dt = \sqrt{R^2\omega^2 + c^2} \cdot \int_0^{2\pi/\omega} dt =$$

$$= \sqrt{R^2\omega^2 + c^2} \left[\,t\,\right]_0^{2\pi/\omega} = \frac{2\pi \cdot \sqrt{R^2\omega^2 + c^2}}{\omega}$$

der von ihnen bei *einem* Umlauf auf der Schraubenlinie zurückgelegte Weg. ■

1.4 Tangenten- und Hauptnormaleneinheitsvektor

Jedem Punkt einer Bahnkurve, beschrieben durch einen Ortsvektor $\vec{r}(t)$, ordnen wir in eindeutiger Weise *zwei* Einheitsvektoren zu, die sich insbesondere bei der Untersuchung von Bewegungsabläufen als sehr nützlich erweisen. Es sind dies der *Tangenteneinheitsvektor* $\vec{T} = \vec{T}(t)$ und der dazu senkrechte *Hauptnormaleneinheitsvektor* $\vec{N} = \vec{N}(t)$ (Bild I-11).

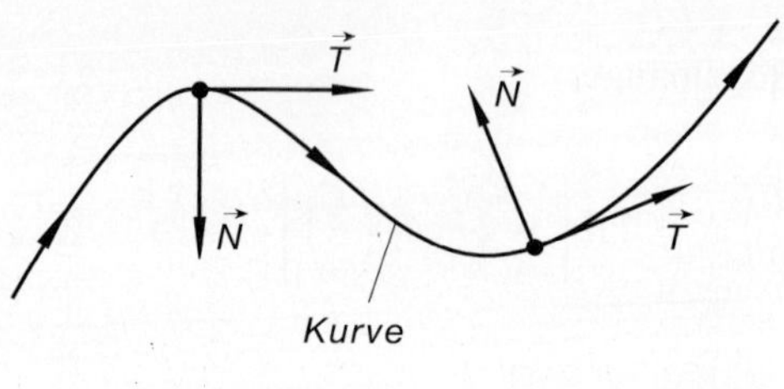

Bild I-11
Tangenten- und Hauptnormaleneinheitsvektor einer Kurve

Den *Tangenteneinheitsvektor* $\vec{T}$ erhält man aus dem Tangentenvektor $\dot{\vec{r}}$ durch *Normierung*:

$$\vec{T} = \frac{\dot{\vec{r}}}{|\dot{\vec{r}}|} = \frac{1}{|\dot{\vec{r}}|}\,\dot{\vec{r}} \tag{I-34}$$

Er liegt in der *Kurventangente* des Punktes P und zeigt in die Richtung, in die sich dieser Punkt mit *wachsendem* t bewegen würde (*tangentiale* Richtung: Bild I-12).

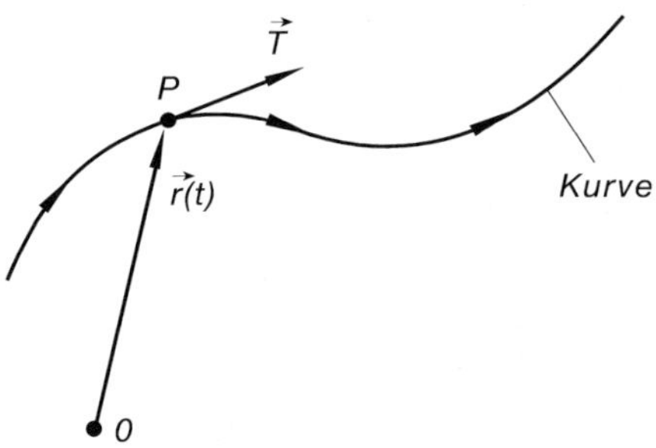

Bild I-12
Tangenteneinheitsvektor $\vec{T}$ einer Kurve

Den *Hauptnormaleneinheitsvektor* $\vec{N}$ erhalten wir wie folgt: Wir differenzieren zunächst das Skalarprodukt $\vec{T} \cdot \vec{T} = 1$ mit Hilfe der *Produktregel* (I-18) des vorherigen Abschnitts nach dem Parameter t:

$$\frac{d}{dt}(\vec{T} \cdot \vec{T}) = \frac{d\vec{T}}{dt} \cdot \vec{T} + \vec{T} \cdot \frac{d\vec{T}}{dt} = \frac{d}{dt}(1) = 0 \tag{I-35}$$

Wegen der *Kommutativität* eines Skalarproduktes folgt dann weiter

$$\frac{d\vec{T}}{dt} \cdot \vec{T} + \vec{T} \cdot \frac{d\vec{T}}{dt} = 2\left(\vec{T} \cdot \frac{d\vec{T}}{dt}\right) = 0 \tag{I-36}$$

und somit schließlich

$$\vec{T} \cdot \frac{d\vec{T}}{dt} = \vec{T} \cdot \dot{\vec{T}} = 0 \tag{I-37}$$

Dies aber bedeutet, daß der Vektor $\frac{d\vec{T}}{dt} = \dot{\vec{T}}$ *senkrecht* auf dem Tangenteneinheitsvektor $\vec{T}$ steht (Bild I-13).

Der normierte Vektor

$$\vec{N} = \frac{\dot{\vec{T}}}{|\dot{\vec{T}}|} = \frac{1}{|\dot{\vec{T}}|}\,\dot{\vec{T}} \tag{I-38}$$

heißt *Hauptnormaleneinheitsvektor* und zeigt stets in Richtung der *Kurvenkrümmung* (Bild I-14).

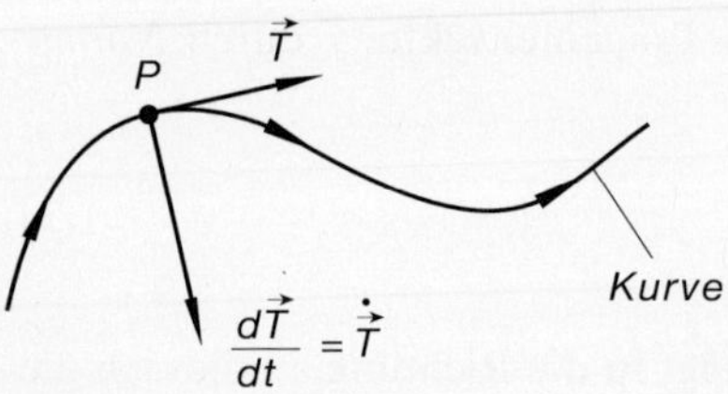

Bild I-13
Die Vektoren $\vec{T}$ und $\dot{\vec{T}}$ stehen senkrecht aufeinander

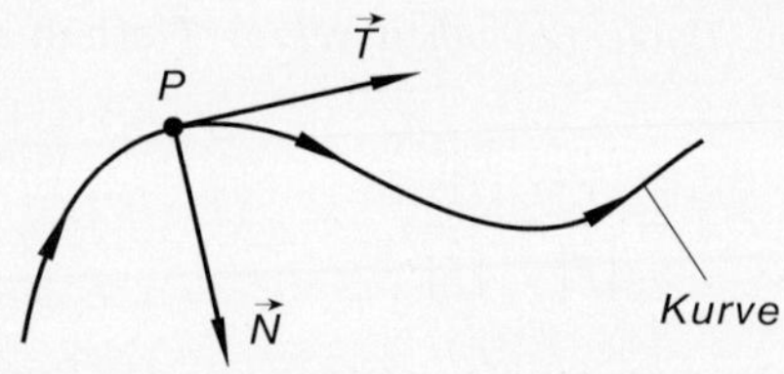

Bild I-14 Tangenten- und Hauptnormaleneinheitsvektor einer Kurve

Wir fassen zusammen:

Tangenten- und Hauptnormaleneinheitsvektor einer Kurve

Wir ordnen jedem Punkt P einer (ebenen oder räumlichen) Kurve mit dem Ortsvektor $\vec{r} = \vec{r}(t)$ wie folgt zwei aufeinander *senkrecht* stehende *Einheitsvektoren* zu (vgl. hierzu Bild I-14):

Tangenteneinheitsvektor

$$\vec{T} = \frac{\dot{\vec{r}}}{|\dot{\vec{r}}|} = \frac{1}{|\dot{\vec{r}}|}\,\dot{\vec{r}} \qquad \text{(I-39)}$$

$\vec{T}$ liegt in der *Kurventangente* und zeigt in die Richtung, in die sich der Kurvenpunkt P mit *wachsendem* Parameterwert t bewegen würde.

Hauptnormaleneinheitsvektor

$$\vec{N} = \frac{\dot{\vec{T}}}{|\dot{\vec{T}}|} = \frac{1}{|\dot{\vec{T}}|}\,\dot{\vec{T}} \qquad \text{(I-40)}$$

$\vec{N}$ zeigt in die Richtung der *Kurvenkrümmung*.

■ **Beispiel**

Wir bestimmen die Vektoren $\vec{T}$ und $\vec{N}$ für den *Mittelpunktskreis* mit dem Ortsvektor

$$\vec{r}(t) = \begin{pmatrix} R \cdot \cos t \\ R \cdot \sin t \end{pmatrix} = R \begin{pmatrix} \cos t \\ \sin t \end{pmatrix} \qquad (0 \leqslant t \leqslant 2\pi)$$

(Kreis mit dem Radius R um den Nullpunkt, Bild I-15).

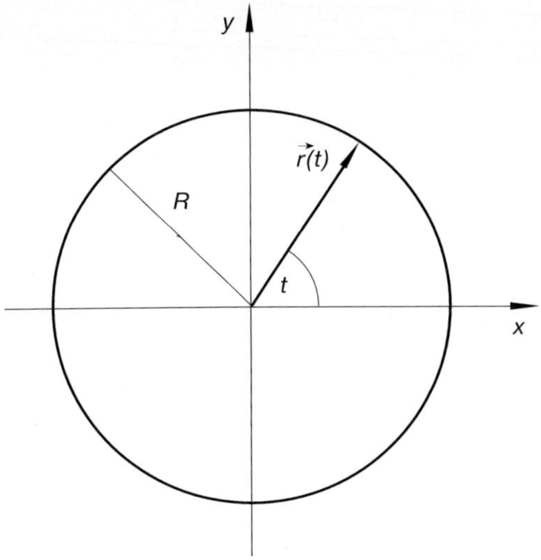

Bild I-15
Mittelpunktskreis mit dem Radius R, dargestellt durch einen parameterabhängigen Ortsvektor

Tangenteneinheitsvektor $\vec{T}$

$$\dot{\vec{r}} = R \begin{pmatrix} -\sin t \\ \cos t \end{pmatrix}$$

$$|\dot{\vec{r}}| = R \cdot \sqrt{(-\sin t)^2 + (\cos t)^2} = R \cdot \sqrt{\underbrace{\sin^2 t + \cos^2 t}_{1}} = R$$

$$\vec{T} = \frac{\dot{\vec{r}}}{|\dot{\vec{r}}|} = \frac{1}{R} \cdot R \begin{pmatrix} -\sin t \\ \cos t \end{pmatrix} = \begin{pmatrix} -\sin t \\ \cos t \end{pmatrix}$$

Hauptnormaleneinheitsvektor $\vec{N}$

$$\dot{\vec{T}} = \begin{pmatrix} -\cos t \\ -\sin t \end{pmatrix}$$

$$|\dot{\vec{T}}| = \sqrt{(-\cos t)^2 + (-\sin t)^2} = \sqrt{\underbrace{\cos^2 t + \sin^2 t}_{1}} = 1$$

$$\vec{N} = \frac{\dot{\vec{T}}}{|\dot{\vec{T}}|} = \frac{1}{1} \cdot \begin{pmatrix} -\cos t \\ -\sin t \end{pmatrix} = -\begin{pmatrix} \cos t \\ \sin t \end{pmatrix}$$

Der Hauptnormaleneinheitsvektor $\vec{N}$ zeigt somit stets in Richtung des *Kreismittelpunktes* und ist *antiparallel* zum Ortsvektor $\vec{r}(t)$ (Bild I-16).

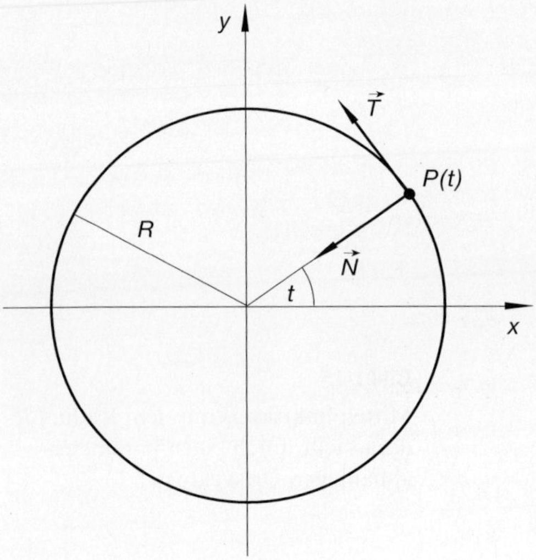

Bild I-16
Tangenteneinheitsvektor $\vec{T}$ und Hauptnormaleneinheitsvektor $\vec{N}$ beim Mittelpunktskreis

■

In den Anwendungen stellt der Kurvenparameter t meist die *Zeit* dar. Aber auch *geometrische* Parameter wie z.B. die *Bogenlänge* s der Kurve finden Verwendung. In diesem wichtigen Sonderfall ist der Ortsvektor $\vec{r}$ der Kurve eine Vektorfunktion der *Bogenlänge* s, die von einem bestimmten Punkt P_1 aus gemessen wird: $\vec{r} = \vec{r}(s)$ (Bild I-17).

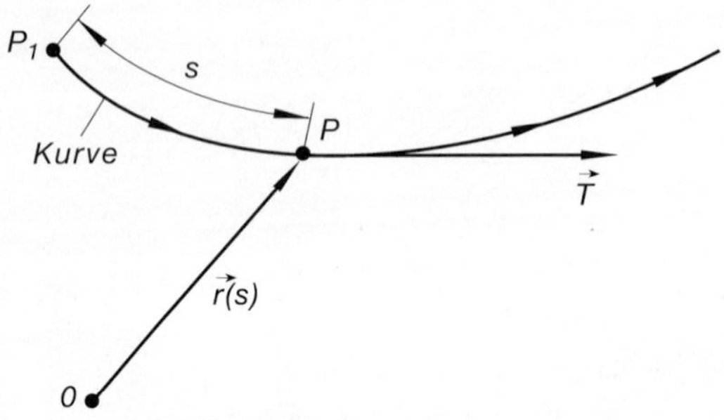

Bild I-17
Zur *natürlichen* Darstellung einer Kurve: Die Bogenlänge s dient als Parameter des Ortsvektors $\vec{r}$

Man spricht in diesem Zusammenhang auch von einem *natürlichen* Parameter und nennt die Parameterdarstellung $\vec{r}(s)$ eine *natürliche Darstellung* der Kurve. Der *Tangentenvektor* $\frac{d\vec{r}}{ds} = \dot{\vec{r}}(s)$ ist dann bereits *normiert* und somit identisch mit dem *Tangenteneinheitsvektor* $\vec{T}$:

$$\vec{T} = \frac{d\vec{r}}{ds} = \dot{\vec{r}}(s) \qquad \text{mit} \qquad |\vec{T}| = \left|\frac{d\vec{r}}{ds}\right| = |\dot{\vec{r}}(s)| = 1 \tag{I-41}$$

1.5 Krümmung einer Kurve

Wir gehen in diesem Abschnitt zunächst von der sog. *natürlichen* Darstellung einer Kurve aus, d.h. wir verwenden die *Bogenlänge s* als Kurvenparameter. Dann ist $\vec{r} = \vec{r}(s)$ der Ortsvektor einer solchen Kurve und $\vec{T} = \vec{T}(s) = \frac{d\vec{r}}{ds}$ der zugehörige *Tangenteneinheitsvektor*, der sich im allgemeinen von Kurvenpunkt zu Kurvenpunkt verändern wird (Bild I-18).

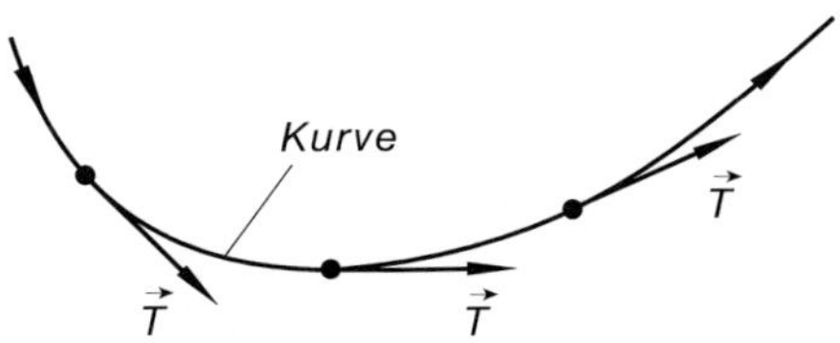

Bild I-18

Der Tangenteneinheitsvektor $\vec{T}$ einer Kurve *ändert* im allgemeinen seine Richtung von Punkt zu Punkt

Eine Ausnahme bilden allerdings die *Geraden*, deren Tangenteneinheitsvektoren in *jedem* Punkt die *gleiche* Richtung besitzen (Bild I-19). Wir können diese wichtige Eigenschaft einer Geraden auch durch die Gleichung

$$\frac{d\vec{T}}{ds} = \dot{\vec{T}}(s) = \vec{0} \qquad \text{(I-42)}$$

zum Ausdruck bringen.

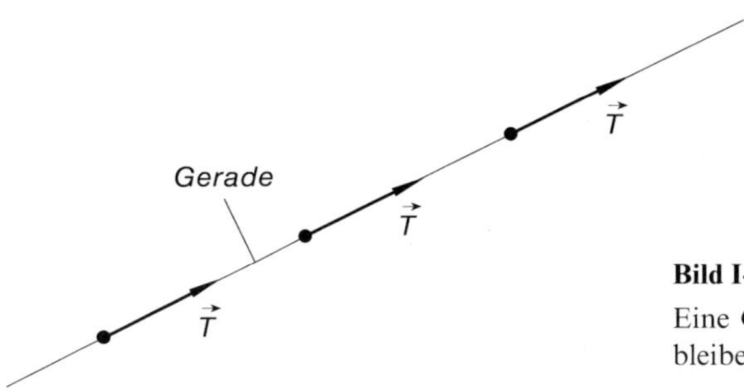

Bild I-19

Eine Gerade besitzt einen *konstant* bleibenden Tangenteneinheitsvektor $\vec{T}$

Bei einer *beliebigen* Raumkurve kennzeichnet der Vektor $\frac{d\vec{T}}{ds} = \dot{\vec{T}}(s)$ die *Änderungsgeschwindigkeit* des Tangenteneinheitsvektors $\vec{T}$. Wenn wir also längs der Kurve in positiver Richtung um das *Bogenelement ds* fortschreiten, so *ändert* sich der Vektor $\vec{T}$ um

$$d\vec{T} = \dot{\vec{T}}(s)\,ds \qquad \text{(I-43)}$$

Bild I-20 verdeutlicht diese Aussage.

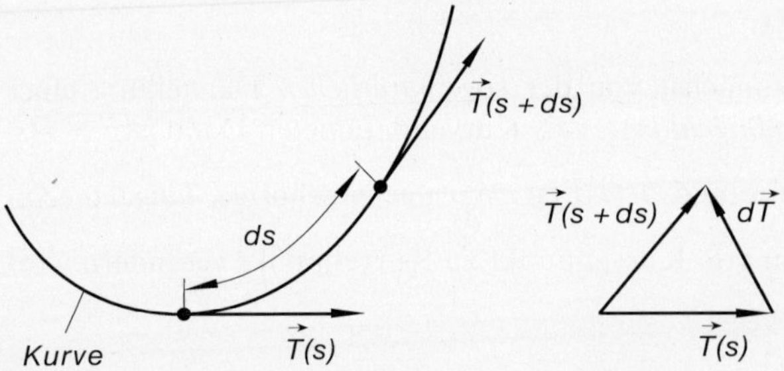

Bild I-20
Zur Änderungsgeschwindigkeit eines Tangenteneinheitsvektors $\vec{T}$

Je *größer* diese Änderung ist (bei *festem ds*), umso *stärker* weicht die Kurve offensichtlich vom *geradlinigen* Verlauf ab und umso *stärker* ist sie somit *gekrümmt*. Die Änderungsgeschwindigkeit des Tangenteneinheitsvektors $\vec{T}$ charakterisiert also in gewisser Weise die *Krümmung* der Kurve an der betreffenden Stelle. Daher ist die *positive* Größe

$$\kappa = \left| \frac{d\vec{T}}{ds} \right| = |\dot{\vec{T}}(s)| \tag{I-44}$$

ein geeignetes *Maß* für die Abweichung der Kurve vom *geradlinigen* Verlauf und wird folgerichtig als *Kurvenkrümmung* bezeichnet. Sie ändert sich im allgemeinen von Punkt zu Punkt, d.h. die Krümmung κ ist eine *Funktion* der Bogenlänge s: $\kappa = \kappa(s)$. Ihr *reziproker* Wert

$$\varrho = \frac{1}{\kappa} = \frac{1}{|\dot{\vec{T}}(s)|} \tag{I-45}$$

wird als *Krümmungsradius* bezeichnet. Der Vektor $\frac{d\vec{T}}{ds}$ weist dabei in die Richtung des *Hauptnormaleneinheitsvektors* $\vec{N}$, seine Länge ist die Krümmung κ (Bild I-21). Somit gilt:

$$\frac{d\vec{T}}{ds} = \dot{\vec{T}}(s) = \kappa \; \vec{N} \qquad (\kappa \geqslant 0) \tag{I-46}$$

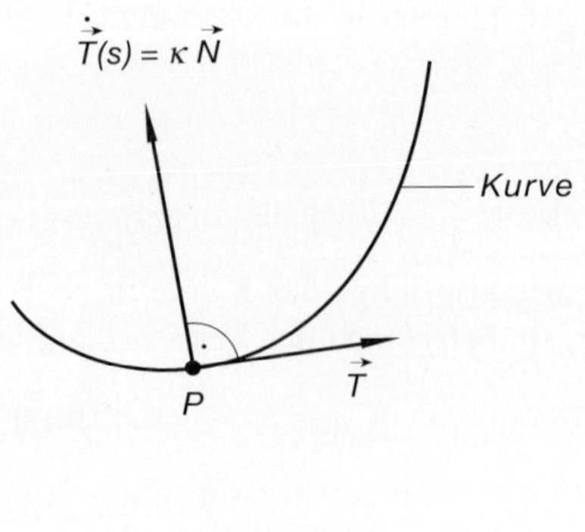

Bild I-21
Zum Begriff der Krümmung einer Kurve

Krümmung und Krümmungsradius einer Raumkurve

Durch die *Krümmung* κ wird die *Abweichung* einer Raumkurve von einer Geraden und somit die *Richtungsänderung* der Kurventangente pro Bogenlängenänderung gemessen (Bild I-21). Der *reziproke* Wert der Krümmung κ heißt *Krümmungsradius* ϱ ($\varrho = 1/\kappa$). Krümmung und Krümmungsradius *verändern* sich dabei i. a. von Kurvenpunkt zu Kurvenpunkt und sind somit *Funktionen* des verwendeten Kurvenparameters.

Krümmung einer Raumkurve $\vec{r} = \vec{r}(s)$ (s: Bogenlänge)

$$\kappa = \left| \frac{d\vec{T}}{ds} \right| = \left| \dot{\vec{T}}(s) \right| \qquad \text{(I-47)}$$

Krümmung einer Raumkurve $\vec{r} = \vec{r}(t)$ (t: beliebiger Parameter)

$$\kappa = \frac{|\dot{\vec{r}} \times \ddot{\vec{r}}|}{|\dot{\vec{r}}|^3} \qquad \text{(I-48)}$$

$\vec{T}$: Tangenteneinheitsvektor der Raumkurve

Anmerkungen

(1) Bei einer *ebenen* Kurve wird noch zwischen *Rechts*- und *Linkskrümmung* unterschieden (vgl. hierzu auch Band 1, Abschnitt IV.3.3.1 und IV.3.3.2). Die *Krümmungsart* wird dabei wie folgt durch ein *Vorzeichen* gekennzeichnet:

Rechtskrümmung: $\kappa < 0$, der Tangentenvektor $\vec{T}$ dreht sich im *Uhrzeigersinn* (Bild I-22, a))

Linkskrümmung: $\kappa > 0$, der Tangenvektor $\vec{T}$ dreht sich im *Gegenuhrzeigersinn* (Bild I-22, b))

Bei einer *Raumkurve* ist eine Unterscheidung zwischen Rechts- und Linkskrümmung jedoch *nicht* möglich. Die Krümmung ist hier stets *positiv.*

(2) Für die Krümmung einer *ebenen* Kurve gelten die folgenden Formeln:

a) Kurve mit dem Ortsvektor $\vec{r} = \vec{r}(t)$

$$\kappa = \frac{\dot{x}\ddot{y} - \ddot{x}\dot{y}}{(\dot{x}^2 + \dot{y}^2)^{3/2}} \qquad \text{(I-49)}$$

b) Kurve mit der expliziten Gleichung $y = f(x)$

$$\kappa = \frac{y''}{[1 + (y')^2]^{3/2}} \qquad \text{(I-50)}$$

Herleitung dieser Formel: Siehe Übungsaufgabe 11) auf Seite 228

(3) Wichtige Beispiele für Kurven mit *konstanter* Krümmung sind:

Gerade: $\kappa = 0$ *Kreis:* $\kappa = \text{const.} = 1/r$ (r: Kreisradius)

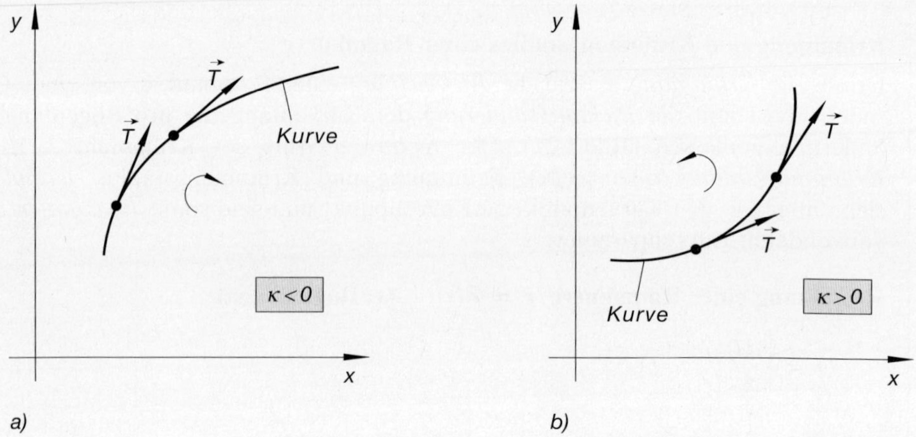

Bild I-22 Zur Krümmung einer *ebenen* Kurve

a) Rechtskrümmung
b) Linkskrümmung

■ **Beispiele**

(1) Die in Bild I-23 dargestellte *Mittelpunktsellipse* mit den Halbachsen a und b läßt sich durch den Ortsvektor

$$\vec{r}(t) = \begin{pmatrix} a \cdot \cos t \\ b \cdot \sin t \end{pmatrix} \qquad (0 \leqslant t \leqslant 2\pi)$$

darstellen $(a, b > 0)$.

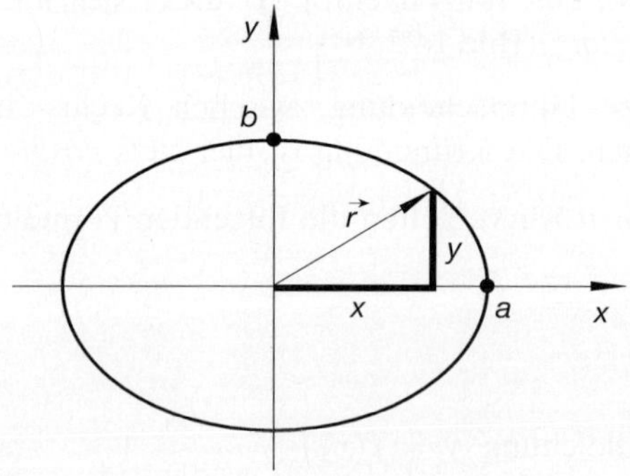

Bild I-23
Mittelpunktsellipse, dargestellt durch einen parameterabhängigen Ortsvektor

Mit

$$\dot{x} = -\,a \cdot \sin t, \qquad \ddot{x} = -\,a \cdot \cos t,$$
$$\dot{y} = b \cdot \cos t, \qquad \ddot{y} = -\,b \cdot \sin t$$

erhalten wir dann nach Formel (I-49) die folgende Krümmung:

$$\kappa = \frac{(-a \cdot \sin t)(-b \cdot \sin t) - (-a \cdot \cos t)(b \cdot \cos t)}{(a^2 \cdot \sin^2 t + b^2 \cdot \cos^2 t)^{3/2}} =$$

$$= \frac{ab \cdot \sin^2 t + ab \cdot \cos^2 t}{(a^2 \cdot \sin^2 t + b^2 \cdot \cos^2 t)^{3/2}} = \frac{ab(\sin^2 t + \cos^2 t)}{(a^2 \cdot \sin^2 t + b^2 \cdot \cos^2 t)^{3/2}} =$$

$$= \frac{ab}{(a^2 \cdot \sin^2 t + b^2 \cdot \cos^2 t)^{3/2}}$$

Sonderfall: Für $a = b = r$ erhalten wir einen *Mittelpunktskreis* mit dem Radius r. Er besitzt die *konstante* Krümmung

$$\kappa = \frac{r^2}{(r^2 \cdot \sin^2 t + r^2 \cdot \cos^2 t)^{3/2}} = \frac{r^2}{[r^2 \underbrace{(\sin^2 t + \cos^2 t)}_{1}]^{3/2}} =$$

$$= \frac{r^2}{(r^2)^{3/2}} = \frac{r^2}{r^3} = \frac{1}{r}$$

Der Krümmungsradius ϱ ist daher mit dem *Radius* r des Kreises identisch:

$$\varrho = \frac{1}{\kappa} = r$$

(2) Bild I-24 zeigt eine *Schraubenlinie* mit dem Ortsvektor

$$\vec{r}(t) = R \cdot \cos(\omega t)\ \vec{e}_x + R \cdot \sin(\omega t)\ \vec{e}_y + ct\ \vec{e}_z$$

(Bahnkurve eines Elektrons im Magnetfeld, vgl. hierzu Beispiel (2) aus Abschnitt 1.1).

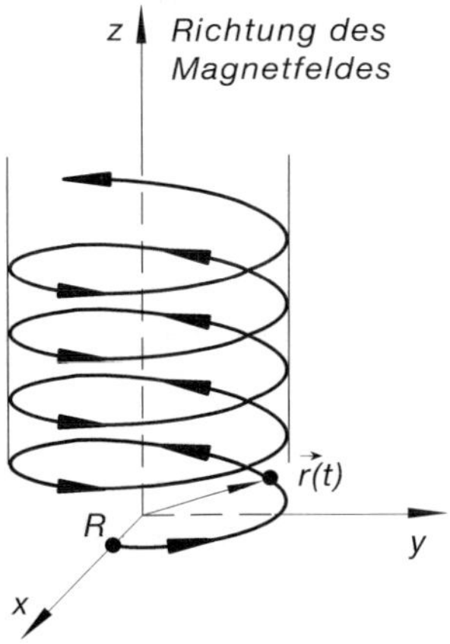

Bild I-24
Schraubenlinie, dargestellt durch einen parameterabhängigen Ortsvektor

Für die Berechnung der *Kurvenkrümmung* benötigen wir die Ableitungen $\dot{\vec{r}}$ und $\ddot{\vec{r}}$:

$$\dot{\vec{r}} = -R\omega \cdot \sin(\omega t)\,\vec{e}_x + R\omega \cdot \cos(\omega t)\,\vec{e}_y + c\,\vec{e}_z$$

$$\ddot{\vec{r}} = -R\omega^2 \cdot \cos(\omega t)\,\vec{e}_x - R\omega^2 \cdot \sin(\omega t)\,\vec{e}_y$$

Hieraus lassen sich die in Formel (I-48) benötigten Größen $|\dot{\vec{r}} \times \ddot{\vec{r}}|$ und $|\dot{\vec{r}}|$ wie folgt bestimmen:

$$|\dot{\vec{r}}| = \sqrt{R^2\omega^2 \cdot \sin^2(\omega t) + R^2\omega^2 \cdot \cos^2(\omega t) + c^2} =$$

$$= \sqrt{R^2\omega^2 \underbrace{[\sin^2(\omega t) + \cos^2(\omega t)]}_{1} + c^2} = \sqrt{R^2\omega^2 + c^2}$$

$$\dot{\vec{r}} \times \ddot{\vec{r}} = \begin{pmatrix} -R\omega \cdot \sin(\omega t) \\ R\omega \cdot \cos(\omega t) \\ c \end{pmatrix} \times \begin{pmatrix} -R\omega^2 \cdot \cos(\omega t) \\ -R\omega^2 \cdot \sin(\omega t) \\ 0 \end{pmatrix} =$$

$$= R\omega^2 \begin{pmatrix} -R\omega \cdot \sin(\omega t) \\ R\omega \cdot \cos(\omega t) \\ c \end{pmatrix} \times \begin{pmatrix} -\cos(\omega t) \\ -\sin(\omega t) \\ 0 \end{pmatrix} =$$

$$= R\omega^2 \begin{pmatrix} c \cdot \sin(\omega t) \\ -c \cdot \cos(\omega t) \\ R\omega \cdot \sin^2(\omega t) + R\omega \cdot \cos^2(\omega t) \end{pmatrix} =$$

$$= R\omega^2 \begin{pmatrix} c \cdot \sin(\omega t) \\ -c \cdot \cos(\omega t) \\ R\omega \underbrace{[\sin^2(\omega t) + \cos^2(\omega t)]}_{1} \end{pmatrix} = R\omega^2 \begin{pmatrix} c \cdot \sin(\omega t) \\ -c \cdot \cos(\omega t) \\ R\omega \end{pmatrix}$$

$$|\dot{\vec{r}} \times \ddot{\vec{r}}| = R\omega^2 \cdot \sqrt{c^2 \cdot \sin^2(\omega t) + c^2 \cdot \cos^2(\omega t) + R^2\omega^2} =$$

$$= R\omega^2 \cdot \sqrt{c^2 \underbrace{[\sin^2(\omega t) + \cos^2(\omega t)]}_{1} + R^2\omega^2} =$$

$$= R\omega^2 \cdot \sqrt{c^2 + R^2\omega^2} = R\omega^2 \cdot \sqrt{R^2\omega^2 + c^2}$$

Nach Formel (I-48) erhalten wir damit die folgende Kurvenkrümmung:

$$\kappa = \frac{|\dot{\vec{r}} \times \ddot{\vec{r}}|}{|\dot{\vec{r}}|^3} = \frac{R\omega^2 \cdot \sqrt{R^2\omega^2 + c^2}}{\left(\sqrt{R^2\omega^2 + c^2}\right)^3} = \frac{R\omega^2}{R^2\omega^2 + c^2} = \text{const.}$$

Die Schraubenlinie besitzt somit in jedem Punkt die *gleiche* Krümmung. Der *konstante* Krümmungsradius beträgt

$$\varrho = \frac{1}{\kappa} = \frac{R^2\omega^2 + c^2}{R\omega^2}$$

■

1.6 Ein Anwendungsbeispiel: Zerlegung von Geschwindigkeit und Beschleunigung in Tangential- und Normalkomponenten

Ein Massenpunkt bewege sich auf einer (ebenen oder räumlichen) Bahnkurve mit dem *zeitabhängigen* Ortsvektor $\vec{r} = \vec{r}(t)$. Wir wollen jetzt den Geschwindigkeitsvektor $\vec{v} = \dot{\vec{r}}$ sowie den Beschleunigungsvektor $\vec{a} = \dot{\vec{v}} = \ddot{\vec{r}}$ in jeweils eine *Tangential-* und *Normalkomponente* zerlegen. Gesucht sind also Zerlegungen in der Form

$$\vec{v} = v_T \vec{T} + v_N \vec{N} \quad \text{und} \quad \vec{a} = a_T \vec{T} + a_N \vec{N} \tag{I-51}$$

wobei $\vec{T}$ der *Tangenteneinheitsvektor* und $\vec{N}$ der *Hauptnormaleneinheitsvektor* ist.

Geschwindigkeitsvektor

Der Geschwindigkeitsvektor $\vec{v} = \dot{\vec{r}}$ liegt bekanntlich in Richtung der *Kurventangente* und läßt sich somit auch in der Form

$$\vec{v} = v\vec{T} = \sqrt{\dot{x}^2 + \dot{y}^2 + \dot{z}^2}\;\vec{T} \tag{I-52}$$

darstellen, wobei

$$v = \frac{ds}{dt} = \sqrt{\dot{x}^2 + \dot{y}^2 + \dot{z}^2} \tag{I-53}$$

der zeitabhängige *Geschwindigkeitsbetrag* und $\vec{T}$ der *Tangenteneinheitsvektor* ist. Die Geschwindigkeit $\vec{v}$ besitzt daher nur eine *Tangentialkomponente* $v_T = v$, während die Normalkomponente v_N stets *verschwindet*: $v_N = 0$ (Bild I-25).

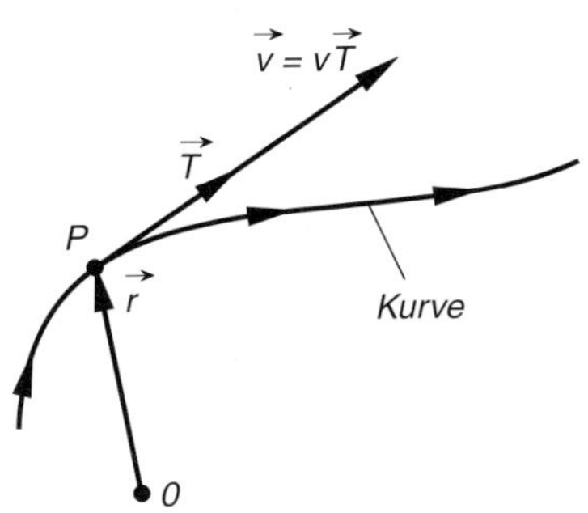

Bild I-25
Der Geschwindigkeitsvektor $\vec{v}$ besitzt nur eine Tangentialkomponente $v_T = v$

Beschleunigungsvektor

Wir *differenzieren* den Geschwindigkeitsvektor $\vec{v} = v\vec{T}$ nach der Zeit t und erhalten definitionsgemäß den *Beschleunigungsvektor* $\vec{a}$:

$$\vec{a} = \frac{d\vec{v}}{dt} = \frac{d}{dt}(v\vec{T}) = \frac{dv}{dt}\vec{T} + v\frac{d\vec{T}}{dt} = \dot{v}\vec{T} + v\frac{d\vec{T}}{dt} \tag{I-54}$$

Ferner ist

$$\frac{d\vec{T}}{dt} = \left(\frac{d\vec{T}}{ds}\right)\frac{ds}{dt} = (\kappa\ \vec{N})\,v = \kappa v\ \vec{N} = \frac{v}{\varrho}\ \vec{N} \tag{I-55}$$

wobei wir von den Beziehungen

$$\frac{d\vec{T}}{ds} = \kappa\ \vec{N}, \qquad \frac{ds}{dt} = v \qquad \text{und} \qquad \kappa = \frac{1}{\varrho} \tag{I-56}$$

Gebrauch gemacht haben. Damit bekommt der *Beschleunigungsvektor* $\vec{a}$ aus Gleichung (I-54) die folgende Gestalt:

$$\vec{a} = \dot{v}\ \vec{T} + v\left(\frac{v}{\varrho}\right)\vec{N} = \dot{v}\ \vec{T} + \frac{v^2}{\varrho}\ \vec{N} \tag{I-57}$$

Er besitzt somit die *Tangentialkomponente* $a_T = \dot{v}$ und die *Normalkomponente* $a_N = \frac{v^2}{\varrho}$, die auch als *Zentripetalbeschleunigung* bezeichnet wird (Bild I-26).

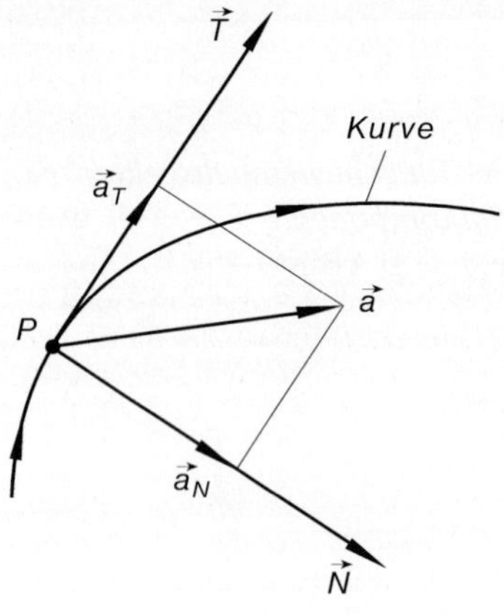

Bild I-26
Zerlegung des Beschleunigungsvektors $\vec{a}$ in eine Tangential- und Normalkomponente

Wir fassen diese Ergebnisse wie folgt zusammen:

Tangential- und Normalkomponenten von Geschwindigkeit und Beschleunigung

Geschwindigkeitsvektor (Bild I-25)

$$\vec{v} = v_T\ \vec{T} + v_N\ \vec{N} = v\ \vec{T} + 0\ \vec{N} = v\ \vec{T} \tag{I-58}$$

Die Geschwindigkeit besitzt nur eine *Tangentialkomponente* $v_T = v$ $(v_N = 0)$.

Beschleunigungsvektor (Bild I-26)

$$\vec{a} = a_T\ \vec{T} + a_N\ \vec{N} = \dot{v}\ \vec{T} + \frac{v^2}{\varrho}\ \vec{N} = \dot{v}\ \vec{T} + \kappa v^2\ \vec{N} \qquad \text{(I-59)}$$

Die Beschleunigung besitzt die *Tangentialkomponente* $a_T = \dot{v}$ und die *Normalkomponente* $a_N = \frac{v^2}{\varrho} = \kappa v^2$, auch *Zentripetalbeschleunigung* genannt.

Dabei bedeuten:

$\vec{T}$: Tangenteneinheitsvektor

$\vec{N}$: Hauptnormaleneinheitsvektor

v: Geschwindigkeitsbetrag

κ: Kurvenkrümmung

ϱ: Krümmungsradius ($\varrho = 1/\kappa$)

■ **Beispiele**

(1) Bei einer Kreisbewegung mit *konstanter* Geschwindigkeit v ist $\dot{v} = 0$. Die *Tangentialbeschleunigung* ist somit *Null*: $a_T = 0$. Die *Normalkomponente (Zentripetalbeschleunigung)* $a_N = v^2/r$ ist stets auf den *Kreismittelpunkt* gerichtet und ändert laufend die *Richtung* der Geschwindigkeit, *nicht* jedoch den Geschwindigkeitsbetrag (r: Kreisradius; Bild I-27). Es gilt somit unter Berücksichtigung der Beziehung $v = \omega r$, wobei ω die (konstante) *Winkelgeschwindigkeit* ist, mit der sich der Massenpunkt um den Kreismittelpunkt bewegt:

$$\vec{a} = a_N\ \vec{N} = \frac{v^2}{r}\ \vec{N} = -\frac{v^2}{r}\ \frac{\vec{r}}{r} = -\frac{v^2}{r^2}\ \vec{r} = -\frac{(\omega r)^2}{r^2}\ \vec{r} = -\omega^2\ \vec{r}$$

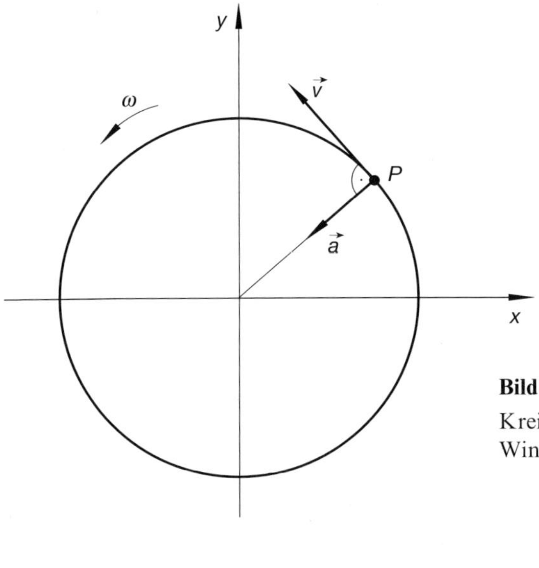

Bild I-27
Kreisbewegung mit konstanter Winkelgeschwindigkeit ω

(2) Die Bahnkurve eines Körpers laute wie folgt:

$$\vec{r} = \vec{r}(t) = \begin{pmatrix} t \\ t^2 \\ t \end{pmatrix} \qquad (t \geqslant 0)$$

Wir interessieren uns für die *Tangential-* und *Normalkomponenten* von Geschwindigkeit $\vec{v}$ und Beschleunigung $\vec{a}$.

Geschwindigkeit $\vec{v}$ (es existiert bekanntlich nur eine Tangentialkomponente)

$$\vec{v} = \dot{\vec{r}} = \begin{pmatrix} 1 \\ 2t \\ 1 \end{pmatrix}, \qquad v = |\dot{\vec{r}}| = \sqrt{1 + 4t^2 + 1} = \sqrt{4t^2 + 2}$$

Somit besitzt der Geschwindigkeitsvektor $\vec{v}$ die *Tangentialkomponente*

$$v_T = v = \sqrt{4t^2 + 2}$$

Beschleunigung $\vec{a}$

Wir berechnen zunächst alle benötigten Größen ($\dot{v}$ und κ):

$$\dot{v} = \frac{d}{dt}\left(\sqrt{4t^2 + 2}\right) = \frac{d}{dt}(4t^2 + 2)^{1/2} =$$

$$= \frac{1}{2}(4t^2 + 2)^{-1/2} \cdot 8t = \frac{4t}{\sqrt{4t^2 + 2}}$$

$$\ddot{\vec{r}} = \begin{pmatrix} 0 \\ 2 \\ 0 \end{pmatrix}, \qquad \dot{\vec{r}} \times \ddot{\vec{r}} = \begin{pmatrix} 1 \\ 2t \\ 1 \end{pmatrix} \times \begin{pmatrix} 0 \\ 2 \\ 0 \end{pmatrix} = \begin{pmatrix} -2 \\ 0 \\ 2 \end{pmatrix}$$

$$|\dot{\vec{r}} \times \ddot{\vec{r}}| = \sqrt{(-2)^2 + 0^2 + 2^2} = \sqrt{8} = 2\sqrt{2}$$

$$\kappa = \frac{|\dot{\vec{r}} \times \ddot{\vec{r}}|}{|\dot{\vec{r}}|^3} = \frac{2\sqrt{2}}{(4t^2 + 2)^{3/2}}$$

Damit besitzt der Beschleunigungsvektor $\vec{a}$ die *Tangentialkomponente*

$$a_T = \dot{v} = \frac{4t}{\sqrt{4t^2 + 2}}$$

und die *Normalkomponente*

$$a_N = \kappa v^2 = \frac{2\sqrt{2}}{(4t^2 + 2)^{3/2}} \cdot (4t^2 + 2) = \frac{2\sqrt{2}}{\sqrt{4t^2 + 2}}$$ ■

2 Flächen im Raum

2.1 Vektorielle Darstellung einer Fläche

Eine Fläche im Raum läßt sich durch einen Ortsvektor beschreiben, der von *zwei* (reellen) Parametern u und v abhängt, d.h. die Vektorkoordinaten x, y und z sind *Funktionen* der beiden Variablen u und v:

$$\vec{r} = \vec{r}(u; v) = x(u; v)\,\vec{e}_x + y(u; v)\,\vec{e}_y + z(u; v)\,\vec{e}_z = \begin{pmatrix} x(u; v) \\ y(u; v) \\ z(u; v) \end{pmatrix} \qquad \text{(I-60)}$$

(Bild I-28).

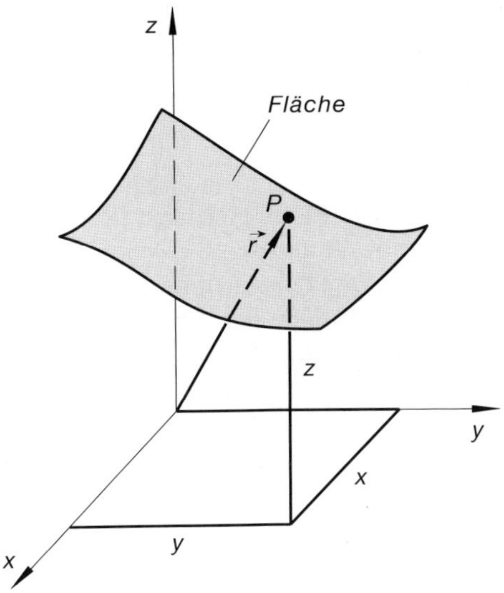

Bild I-28
Vektordarstellung einer Fläche im Raum

Die Fläche wird dabei von einem Netz von *Parameterkurven*, auch *Parameter-* oder *Koordinatenlinien* genannt, durchzogen. Wir unterscheiden dabei die folgenden Linien (Bild I-29):

u-Linien (u variabel; v = const.):

$$\vec{r} = \vec{r}(u; v = \text{const.}) \qquad \text{(I-61)}$$

v-Linien (v variabel; u = const.):

$$\vec{r} = \vec{r}(u = \text{const.}; v) \qquad \text{(I-62)}$$

Längs einer Parameterlinie ist also jeweils *einer* der beiden Parameter *konstant*. Die Parameterlinien hängen somit nur noch von *einem* Parameter ab.

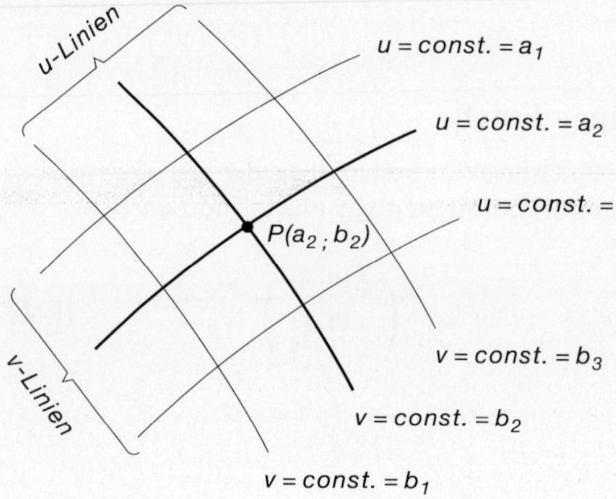

Bild I-29
Parameter- oder Koordinatenlinien einer Fläche

Der in Bild I-29 eingezeichnete Flächenpunkt P ist der *Schnittpunkt* der u-Linie $v = \text{const.} = b_2$ mit der v-Linie $u = \text{const.} = a_2$ und somit durch die Parameterwerte $u = a_2$, $v = b_2$ eindeutig festgelegt.

Wir interessieren uns jetzt für die *Tangentenvektoren* an die Parameterlinien (Bild I-30). Da längs einer *u-Linie* der Parameter v *konstant* bleibt, hängt der Ortsvektor dieser Kurve nur vom Parameter u ab. Dann ist nach den Ergebnissen aus Abschnitt 1.2 der Tangentenvektor an diese Kurve durch die *1. Ableitung* des Ortsvektors $\vec{r} = \vec{r}(u; v = \text{const.})$ nach dem Parameter u gegeben. Wir schreiben dafür

$$\vec{t}_u = \frac{\partial \vec{r}}{\partial u} = \frac{\partial}{\partial u} \left[\vec{r}(u; v = \text{const.}) \right] \tag{I-63}$$

Es handelt sich hier also um eine *partielle* Ableitung 1. Ordnung, da $\vec{r}$ formal von u *und* v, d.h. von *zwei* Variablen abhängt. Beim Differenzieren gilt dabei die bereits bekannte Regel, daß ein Vektor *komponentenweise* differenziert wird (hier also *partiell* nach der Variablen u). In ausführlicher Schreibweise gilt also:

$$\vec{t}_u = \frac{\partial \vec{r}}{\partial u} = \frac{\partial x}{\partial u}\,\vec{e}_x + \frac{\partial y}{\partial u}\,\vec{e}_y + \frac{\partial z}{\partial u}\,\vec{e}_z \tag{I-64}$$

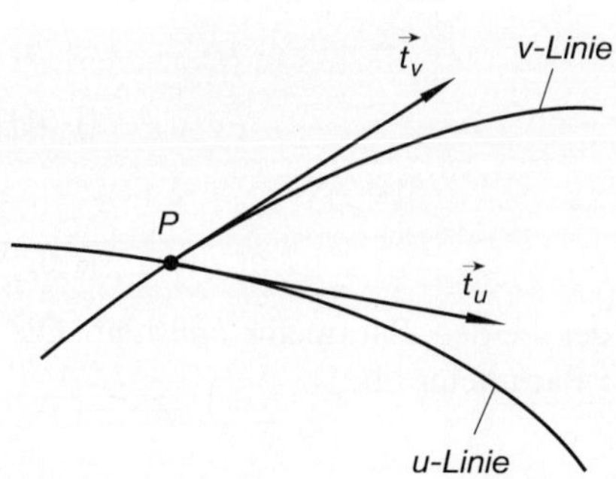

Bild I-30
Tangentenvektoren an die Parameter- oder Koordinatenlinien einer Fläche

Analog erhält man den Tangentenvektor an die *v-Linie*. Die beiden Tangentenvektoren lauten somit:

Tangentenvektor an die u-Linie: $\vec{t}_u = \frac{\partial \vec{r}}{\partial u}$

Tangentenvektor an die v-Linie: $\vec{t}_v = \frac{\partial \vec{r}}{\partial v}$

Wir fassen die Ergebnisse wie folgt zusammen:

Darstellung einer Fläche im Raum durch einen parameterabhängigen Ortsvektor

Ortsvektor einer Fläche im Raum (Bild I-28)

$$\vec{r} = \vec{r}(u; v) = x(u; v)\ \vec{e}_x + y(u; v)\ \vec{e}_y + z(u; v)\ \vec{e}_z = \begin{pmatrix} x(u; v) \\ y(u; v) \\ z(u; v) \end{pmatrix} \qquad \text{(I-65)}$$

u, v: Voneinander *unabhängige* reelle Parameter (auch *Flächenparameter* genannt)

Tangentenvektoren an die Koordinatenlinien (*u*- und *v*-Linien; Bild I-30)

$$\vec{t}_u = \frac{\partial \vec{r}}{\partial u}, \qquad \vec{t}_v = \frac{\partial \vec{r}}{\partial v} \qquad \text{(I-66)}$$

■ **Beispiele**

(1) Die durch den Ortsvektor

$$\vec{r} = \vec{r}(u; v) = \begin{pmatrix} u \\ v \\ u^2 + v^2 \end{pmatrix}$$

erfaßten Punkte bilden die *Mantelfläche eines Rotationsparaboloids*, das durch Drehung der Normalparabel um die z-Achse entstanden ist (Bild I-31).

Die *Tangentenvektoren* an die Parameterkurven lauten:

$$\vec{t}_u = \frac{\partial \vec{r}}{\partial u} = \begin{pmatrix} 1 \\ 0 \\ 2u \end{pmatrix}, \qquad \vec{t}_v = \frac{\partial \vec{r}}{\partial v} = \begin{pmatrix} 0 \\ 1 \\ 2v \end{pmatrix}$$

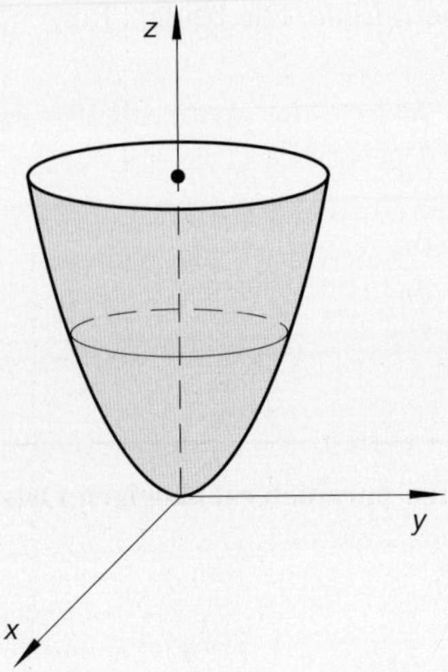

Bild I-31
Mantelfläche eines Rotationsparaboloids

So gehört z.B. zu den Parameterwerten $u = 1$, $v = 2$ der Punkt $P = (1; 2; 5)$ mit den *Tangentenvektoren*

$$\vec{t}_u(1; 2) = \begin{pmatrix} 1 \\ 0 \\ 2 \end{pmatrix} \quad \text{und} \quad \vec{t}_v(1; 2) = \begin{pmatrix} 0 \\ 1 \\ 4 \end{pmatrix}$$

(2) Bild I-32 zeigt einen *Zylinder* vom Radius $R = 1$ und der Höhe $H = 5$. Die *Mantelfläche* läßt sich dann durch den Ortsvektor

$$\vec{r} = \vec{r}(u; v) = \begin{pmatrix} \cos u \\ \sin u \\ v \end{pmatrix} \qquad (0 \leqslant u < 2\pi;\ 0 \leqslant v \leqslant 5)$$

beschreiben.

Ihre *Parameterlinien* sind (Bild I-33):

u-Linien ($v = const.$): *Einheitskreise*, deren Mittelpunkte auf der z-Achse liegen ($0 \leqslant z \leqslant 5$)

v-Linien ($u = const.$): *Mantellinien* des Zylinders

Die *Tangentenvektoren* an diese Parameterlinien lauten dann:

$$\vec{t}_u = \frac{\partial \vec{r}}{\partial u} = \begin{pmatrix} -\sin u \\ \cos u \\ 0 \end{pmatrix}, \qquad \vec{t}_v = \frac{\partial \vec{r}}{\partial v} = \begin{pmatrix} 0 \\ 0 \\ 1 \end{pmatrix}$$

$\vec{t}_v$ ist dabei in jedem Flächenpunkt *identisch* mit dem kartesischen Einheitsvektor $\vec{e}_z$.

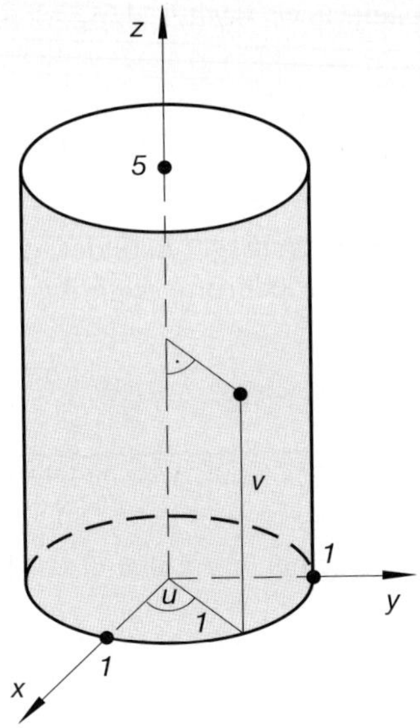

Bild I-32

Zur Vektordarstellung der Mantelfläche eines Zylinders

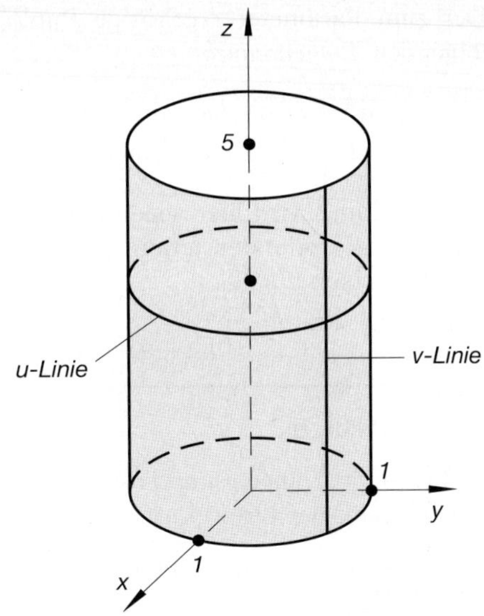

Bild I-33

Parameterlinien einer Zylindermantelfläche

■

2.2 Flächenkurven

Sind die Flächenparameter u und v *Funktionen* einer Variablen t, gilt also

$$u = u(t) \qquad \text{und} \qquad v = v(t) \tag{I-67}$$

so beschreibt der letztlich nur von t abhängige Ortsvektor

$$\vec{r} = \vec{r}(u(t);\, v(t)) = \vec{r}(t) = \begin{pmatrix} x(u(t);\, v(t)) \\ y(u(t);\, v(t)) \\ z(u(t);\, v(t)) \end{pmatrix} \tag{I-68}$$

eine sog. *Flächenkurve*, d.h. eine auf der Fläche $\vec{r} = \vec{r}(u;\, v)$ verlaufende Kurve (Bild I-34).

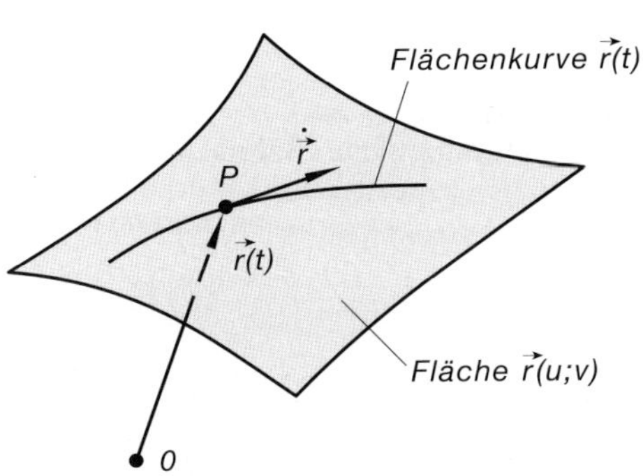

Bild I-34

Flächenkurve auf einer räumlichen Fläche, dargestellt durch einen parameterabhängigen Ortsvektor

Der zum Parameter t gehörige Punkt $P = P(t)$ der Flächenkurve besitzt dann den folgenden *Tangentenvektor*:

$$\dot{\vec{r}} = \frac{d\vec{r}}{dt} = \left(\frac{\partial \vec{r}}{\partial u}\right)\frac{du}{dt} + \left(\frac{\partial \vec{r}}{\partial v}\right)\frac{dv}{dt} = \vec{t}_u \; \dot{u} + \vec{t}_v \; \dot{v} = \dot{u} \; \vec{t}_u + \dot{v} \; \vec{t}_v \qquad \text{(I-69)}$$

Die Ableitung wird hier wiederum *komponentenweise* über die *Kettenregel* gebildet, da die Vektorkoordinaten jeweils von u *und* v abhängen und diese wiederum *Funktionen* des Parameters t sind.

Wir fassen zusammen:

Flächenkurven

Sind die Parameter u und v einer Fläche $\vec{r} = \vec{r}(u;\, v)$ *Funktionen* einer Variablen t, so beschreibt der Ortsvektor

$$\vec{r} = \vec{r}(t) = \vec{r}(u(t);\, v(t)) \qquad \text{(I-70)}$$

eine auf der Fläche verlaufende *Kurve* (sog. *Flächenkurve*, Bild I-34). Der *Tangentenvektor* dieser Flächenkurve besitzt dann die folgende Darstellung:

$$\dot{\vec{r}} = \frac{d\vec{r}}{dt} = \dot{u} \; \vec{t}_u + \dot{v} \; \vec{t}_v \qquad \text{(I-71)}$$

$\vec{t}_u, \vec{t}_v$: *Tangentenvektoren* an die durch den Kurvenpunkt $P = (u(t);\, v(t))$ gehenden Parameterlinien der Fläche

■ **Beispiel**

Elektronen, die *schräg* in ein *homognes* Magnetfeld eintreten, bewegen sich auf der *Mantelfläche eines Zylinders*, beschrieben durch den Ortsvektor

$$\vec{r} = \vec{r}(u;\, v) = \begin{pmatrix} R \cdot \cos u \\ R \cdot \sin u \\ v \end{pmatrix}$$

(Bild I-35). Die Flächenparameter u und v sind dabei noch wie folgt von der *Zeit* t abhängig:

$$u = \omega t, \qquad v = ct$$

(ω, c: Konstanten). Die von den Elektronen durchlaufene Bahnkurve ist eine *Schraubenlinie* (Bild I-35).

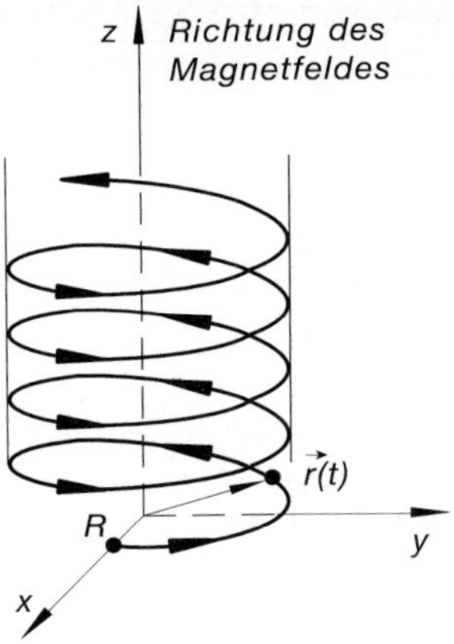

Bild I-35
Schraubenlinienförmige Bahn eines Elektrons in einem homogenen Magnetfeld, dargestellt durch einen parameterabhängigen Ortsvektor

Wir bestimmen jetzt den *Tangentenvektor* dieser Kurve nach Formel (I-71):

$$\vec{t}_u = \frac{\partial \vec{r}}{\partial u} = \begin{pmatrix} -R \cdot \sin u \\ R \cdot \cos u \\ 0 \end{pmatrix}, \qquad \vec{t}_v = \frac{\partial \vec{r}}{\partial v} = \begin{pmatrix} 0 \\ 0 \\ 1 \end{pmatrix}$$

$$\dot{u} = \omega, \qquad \dot{v} = c$$

$$\dot{\vec{r}} = \dot{u}\ \vec{t}_u + \dot{v}\ \vec{t}_v = \omega \begin{pmatrix} -R \cdot \sin u \\ R \cdot \cos u \\ 0 \end{pmatrix} + c \begin{pmatrix} 0 \\ 0 \\ 1 \end{pmatrix} =$$

$$= \begin{pmatrix} -R\omega \cdot \sin u \\ R\omega \cdot \cos u \\ c \end{pmatrix} = \begin{pmatrix} -R\omega \cdot \sin(\omega t) \\ R\omega \cdot \cos(\omega t) \\ c \end{pmatrix}$$

Dieses Ergebnis hatten wir bereits in Abschnitt 1.2.2 hergeleitet (Beispiel (2)). Der *Tangentenvektor* $\dot{\vec{r}}$ ist dabei nichts anderes als der *Geschwindigkeitsvektor* $\vec{v}$ der eingeschossenen Elektronen, die sich auf der angegebenen Schraubenlinie bewegen. ■

2.3 Tangentialebene, Flächennormale, Flächenelement

Flächennormale

Die *Tangentialebene* in einem Flächenpunkt $P = (x_0; y_0; z_0)$ der Fläche $\vec{r} = \vec{r}(u; v)$ enthält *sämtliche* Tangenten, die man in P an die Fläche anlegen kann. Sie wird dabei von den beiden Tangentenvektoren $\vec{t}_u$ und $\vec{t}_v$ aufgespannt, vorausgesetzt, daß diese *nicht* in einer Linie liegen, also die Bedingung $\vec{t}_u \times \vec{t}_v \neq \vec{0}$ erfüllen (Bild I-36)[2)].

[2)] Diese Bedingung bedeutet *geometrisch*, daß die beiden Tangentenvektoren $\vec{t}_u$ und $\vec{t}_v$ ein *Parallelogramm* aufspannen.

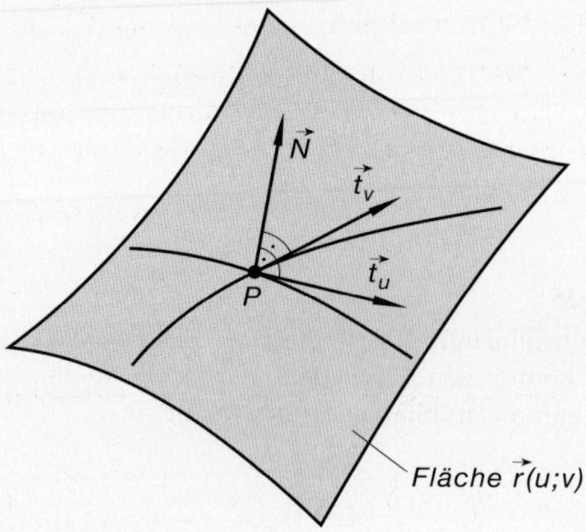

Bild I-36
Zum Begriff des Normaleneinheitsvektors einer Fläche (Flächennormale $\vec{N}$)

Dann steht das *Vektorprodukt* $\vec{t}_u \times \vec{t}_v$ *senkrecht* auf der Tangentialebene des Flächenpunktes P. Durch *Normierung* erhalten wir aus $\vec{t}_u \times \vec{t}_v$ den *Normaleneinheitsvektor* der Fläche, den wir kurz als *Flächennormale* $\vec{N}$ bezeichnen wollen:

$$\vec{N} = \frac{\vec{t}_u \times \vec{t}_v}{|\vec{t}_u \times \vec{t}_v|} \tag{I-72}$$

Es gehört also zu *jedem* Punkt der Fläche genau *eine* Flächennormale.

Tangentialebene

Wir wollen uns jetzt mit der *Tangentialebene* in einem *festen* Flächenpunkt $P = (x_0; y_0; z_0)$ näher auseinandersetzen und insbesondere deren *Gleichung* herleiten (Bild I-37).

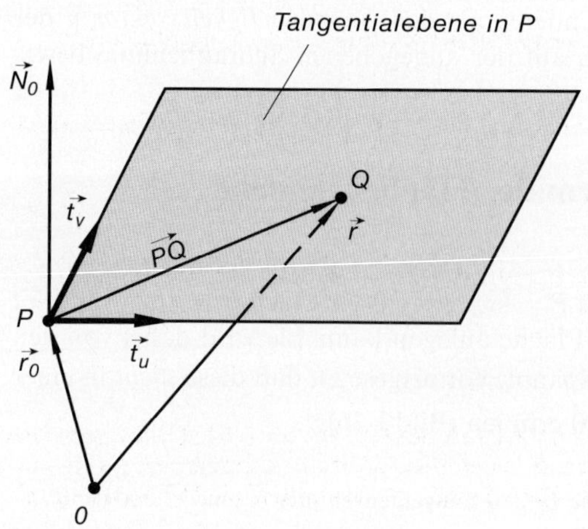

Bild I-37
Tangentialebene einer Fläche im Flächenpunkt P

Ist $\vec{r}$ der Ortsvektor eines *beliebigen* Punktes Q der Tangentialebene, so liegt der Vektor $\overrightarrow{PQ} = \vec{r} - \vec{r}_0$ in dieser Ebene und steht damit *senkrecht* zur Flächennormale $\vec{N}_0$ im Flächenpunkt P[3]. Das *Skalarprodukt* dieser Vektoren *verschwindet* daher und führt uns zu der gesuchten *Gleichung* der Tangentialebene. Diese läßt sich somit in der Form

$$\vec{N}_0 \cdot (\vec{r} - \vec{r}_0) = 0 \tag{I-73}$$

darstellen.

Wir fassen zusammen:

Gleichung der Tangentialebene

Jedem Punkt einer Fläche $\vec{r} = \vec{r}(u; v)$ ordnen wir eine *Flächennormale*

$$\vec{N} = \frac{\vec{t}_u \times \vec{t}_v}{|\vec{t}_u \times \vec{t}_v|} \tag{I-74}$$

mit $|\vec{N}| = 1$ zu.

Die *Gleichung der Tangentialebene* an diese Fläche in dem (festen) Flächenpunkt $P = (x_0; y_0; z_0)$ lautet dann:

$$\vec{N}_0 \cdot (\vec{r} - \vec{r}_0) = 0 \tag{I-75}$$

Dabei bedeuten (Bild I-37):

$\vec{N}_0$: *Flächennormale* im Flächenpunkt P

$\vec{r}_0$: Ortsvektor des Flächenpunktes P

$\vec{r}$: Ortsvektor eines *beliebigen* Punktes Q auf der Tangentialebene

Anmerkungen

(1) Die Flächennormale $\vec{N}$ ist das *normierte* Vektorprodukt der Tangentenvektoren $\vec{t}_u$ und $\vec{t}_v$.

(2) Da die Vektoren $\vec{t}_u \times \vec{t}_v$ und $\vec{N}$ *parallel* sind, läßt sich die Tangentialebene auch durch die Gleichung

$$(\vec{t}_u \times \vec{t}_v)_0 \cdot (\vec{r} - \vec{r}_0) = 0 \tag{I-76}$$

beschreiben (die Normierung des Vektorproduktes $(\vec{t}_u \times \vec{t}_v)_0$ ist für die Tangentialebene *ohne* Bedeutung).

[3] Um Mißverständnisse zu vermeiden, werden wir im folgenden alle Größen, die sich auf einen *speziellen (fest vorgegebenen)* Punkt $P = (x_0; y_0; z_0)$ beziehen, durch den Index „0" kennzeichnen. So ist beispielsweise $\vec{N}_0$ die Flächennormale in dem *festen* Flächenpunkt P mit den Koordinatenwerten x_0, y_0 und z_0.

■ **Beispiel**

Durch den Ortsvektor

$$\vec{r} = \vec{r}(u; v) = \begin{pmatrix} u \\ v \\ u^2 + v^2 \end{pmatrix}$$

läßt sich die *Mantelfläche eines Rotationsparaboloids* beschreiben, die durch Drehung der Normalparabel um die z-Achse entstanden ist (Bild I-38). Wie lautet die Gleichung der *Tangentialebene* im Flächenpunkt P mit den Parameterwerten $u = 1$, $v = 1$?

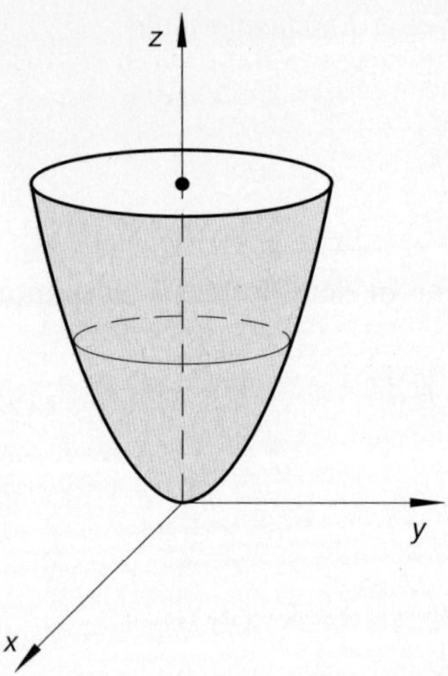

Bild I-38
Mantelfläche eines Rotationsparaboloids

Lösung:

Zunächst bestimmen wir die beiden *Tangentenvektoren* des Flächenpunktes $P = (1; 1; 2)$:

$$\vec{t}_u = \frac{\partial \vec{r}}{\partial u} = \begin{pmatrix} 1 \\ 0 \\ 2u \end{pmatrix} \Rightarrow \vec{t}_u(1; 1) = \begin{pmatrix} 1 \\ 0 \\ 2 \end{pmatrix}$$

$$\vec{t}_v = \frac{\partial \vec{r}}{\partial v} = \begin{pmatrix} 0 \\ 1 \\ 2v \end{pmatrix} \Rightarrow \vec{t}_v(1; 1) = \begin{pmatrix} 0 \\ 1 \\ 2 \end{pmatrix}$$

Für das *Vektorprodukt* der Tangentenvektoren erhalten wir damit:

$$\vec{t}_u(1; 1) \times \vec{t}_v(1; 1) = \begin{pmatrix} 1 \\ 0 \\ 2 \end{pmatrix} \times \begin{pmatrix} 0 \\ 1 \\ 2 \end{pmatrix} = \begin{pmatrix} -2 \\ -2 \\ 1 \end{pmatrix}$$

Normierung führt zur *Flächennormale* im Punkt P:

$$|\vec{t}_u(1;1) \times \vec{t}_v(1;1)| = \sqrt{(-2)^2 + (-2)^2 + 1^2} = 3$$

$$\vec{N}_0 = \frac{\vec{t}_u(1;1) \times \vec{t}_v(1;1)}{|\vec{t}_u(1;1) \times \vec{t}_v(1;1)|} = \frac{1}{3}\begin{pmatrix} -2 \\ -2 \\ 1 \end{pmatrix}$$

Wir sind jetzt in der Lage, die Gleichung der *Tangentialebene* im Punkt P zu bestimmen:

$$\vec{r} - \vec{r}_0 = \begin{pmatrix} x \\ y \\ z \end{pmatrix} - \begin{pmatrix} 1 \\ 1 \\ 2 \end{pmatrix} = \begin{pmatrix} x-1 \\ y-1 \\ z-2 \end{pmatrix}$$

$$\vec{N}_0 \cdot (\vec{r} - \vec{r}_0) = 0 \;\Rightarrow\; \frac{1}{3}\begin{pmatrix} -2 \\ -2 \\ 1 \end{pmatrix} \cdot \begin{pmatrix} x-1 \\ y-1 \\ z-2 \end{pmatrix} = 0$$

$$\begin{pmatrix} -2 \\ -2 \\ 1 \end{pmatrix} \cdot \begin{pmatrix} x-1 \\ y-1 \\ z-2 \end{pmatrix} = -2(x-1) - 2(y-1) + 1(z-2) = 0$$

$$-2x + 2 - 2y + 2 + z - 2 = 0$$

$$-2x - 2y + z + 2 = 0$$

Die *Tangentialebene* im Punkt P läßt sich somit durch die Gleichung

$$z = 2x + 2y - 2$$

beschreiben. ■

Flächenelement

Für spätere Zwecke, z. B. für die Berechnung von *Oberflächenintegralen*, benötigen wir noch einen allgemeinen Ausdruck für das *Flächenelement* dA einer Fläche $\vec{r} = \vec{r}(u; v)$. Ein solches Flächenelement wird durch *je zwei* infinitesimal benachbarte u- und v-Parameterlinien begrenzt (Bild I-39).

Die *Tangentenvektoren* im Flächenpunkt P längs der u-Linie durch P und Q bzw. längs der v-Linie durch P und S lauten:

Tangentenvektor an die u-Linie in P: $\vec{t}_u = \dfrac{\partial \vec{r}}{\partial u}$

Tangentenvektor an die v-Linie in P: $\vec{t}_v = \dfrac{\partial \vec{r}}{\partial v}$

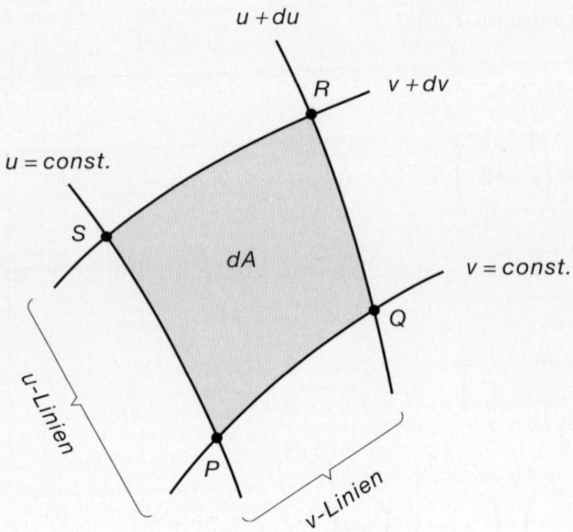

Bild I-39
Flächenelement dA
einer räumlichen Fläche

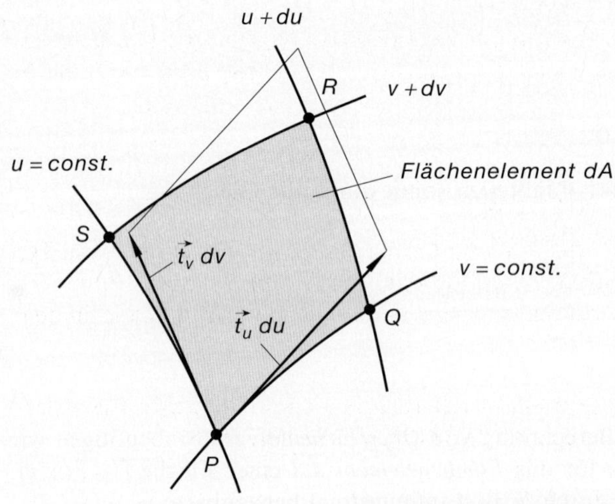

Bild I-40
Das Flächenelement dA
läßt sich durch ein Parallelogramm
annähern

Die Länge des Bogens $\widehat{PQ}$ auf der u-Linie durch P und Q wird dann *angenähert* durch die Länge des Vektors $\vec{t}_u\ du$ (Bild I-40). Analog ist die Länge des Vektores $\vec{t}_v\ dv$ eine *Näherung* für die Länge des Bogens $\widehat{PS}$ auf der v-Linie durch P und S. Das *Flächenelement* dA besitzt dann *annähernd* den gleichen Inhalt wie das von den beiden Vektoren $\vec{t}_u\ du$ und $\vec{t}_v\ dv$ aufgespannte *Parallelogramm*. Somit ist dA *näherungsweise* gleich dem *Betrag* des Vektorproduktes aus $\vec{t}_u\ du$ und $\vec{t}_v\ dv$:

$$dA = |(\vec{t}_u\ du) \times (\vec{t}_v\ dv)| = |\vec{t}_u \times \vec{t}_v|\ du\ dv \qquad \text{(I-77)}$$

Wir fassen zusammen:

Flächenelement einer Fläche $\vec{r} = \vec{r}(u; v)$

Das *Flächenelement* in einem Punkt P einer Fläche $\vec{r} = \vec{r}(u; v)$ läßt sich in der Form

$$dA = |\vec{t}_u \times \vec{t}_v| \, du \, dv \qquad \text{(I-78)}$$

darstellen (Bild I-40).

Dabei bedeuten:

$\vec{t}_u, \vec{t}_v$: *Tangentenvektoren* im Flächenpunkt P

du, dv: *Differentiale* der beiden Flächenparameter u und v

Die Flächennormale $\vec{N}$ im Punkte P steht dabei auf dem Flächenelement dA *senkrecht*.

Anmerkung

Flächenelement dA und Flächennormale $\vec{N}$ *verändern* sich im allgemeinen von Flächenpunkt zu Flächenpunkt, sind damit *Funktionen* der beiden Flächenparameter u und v.

2.4 Flächen vom Typ $z = f(x; y)$

Aus Band 2, Abschnitt IV.1.2.3 ist uns bereits bekannt, daß eine Funktion vom Typ $z = f(x; y)$ bildlich durch eine *Fläche im Raum* dargestellt werden kann (Bild I-41). Ein beliebiger Punkt P auf dieser Fläche besitzt dann die folgenden Koordinaten: $P = (x; y; z = f(x; y))$.

Die *Bildfläche* der Funktion $z = f(x; y)$ läßt sich auch in *vektorieller* Form darstellen, wobei die kartesischen Koordinaten x und y als *Flächenparameter* dienen:

$$\vec{r} = \vec{r}(x; y) = x \, \vec{e}_x + y \, \vec{e}_y + f(x; y) \, \vec{e}_z = \begin{pmatrix} x \\ y \\ f(x; y) \end{pmatrix} \qquad \text{(I-79)}$$

Damit erhalten wir die folgenden *Tangentenvektoren* an die Parameterlinien der Fläche (x-Linien und y-Linien):

$$\vec{t}_x = \frac{\partial \vec{r}}{\partial x} = \begin{pmatrix} 1 \\ 0 \\ f_x \end{pmatrix}, \qquad \vec{t}_y = \frac{\partial \vec{r}}{\partial y} = \begin{pmatrix} 0 \\ 1 \\ f_y \end{pmatrix} \qquad \text{(I-80)}$$

f_x und f_y sind dabei die *partiellen* Ableitungen 1. Ordnung von $z = f(x; y)$.

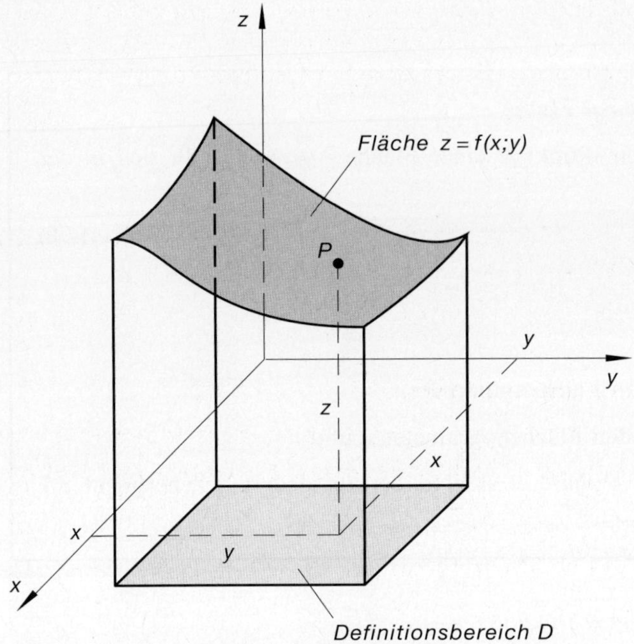

Bild I-41
Fläche vom Typ $z = f(x; y)$

Da eine Verwechslung mit Vektorkoordinaten an dieser Stelle nicht möglich ist, haben wir hier die *Kurzschreibweise* für partielle Ableitungen gewählt.

Das *Vektorprodukt* der beiden Tangentenvektoren lautet dann:

$$\vec{t}_x \times \vec{t}_y = \begin{pmatrix} 1 \\ 0 \\ f_x \end{pmatrix} \times \begin{pmatrix} 0 \\ 1 \\ f_y \end{pmatrix} = \begin{pmatrix} -f_x \\ -f_y \\ 1 \end{pmatrix} \tag{I-81}$$

$$|\vec{t}_x \times \vec{t}_y| = \sqrt{(-f_x)^2 + (-f_y)^2 + 1^2} = \sqrt{f_x^2 + f_y^2 + 1} \tag{I-82}$$

Durch *Normierung* erhalten wir daraus die *Flächennormale* $\vec{N}$:

$$\vec{N} = \frac{\vec{t}_x \times \vec{t}_y}{|\vec{t}_x \times \vec{t}_y|} = \frac{1}{\sqrt{f_x^2 + f_y^2 + 1}} \begin{pmatrix} -f_x \\ -f_y \\ 1 \end{pmatrix} \tag{I-83}$$

Wir bestimmen nun die Gleichung der *Tangentialebene* im Flächenpunkt $P = (x_0; y_0; z_0)$ mit dem Ortsvektor $\vec{r}_0$ nach Gleichung (I-75) bzw. (I-76):

$$(\vec{t}_x \times \vec{t}_y)_0 \cdot (\vec{r} - \vec{r}_0) = \begin{pmatrix} -f_x(x_0; y_0) \\ -f_y(x_0; y_0) \\ 1 \end{pmatrix} \cdot \begin{pmatrix} x - x_0 \\ y - y_0 \\ z - z_0 \end{pmatrix} = 0$$

$$-f_x(x_0; y_0)(x - x_0) - f_y(x_0; y_0)(y - y_0) + 1(z - z_0) = 0 \tag{I-84}$$

Die partiellen Ableitungen sind dabei im (fest vorgegebenen) Flächenpunkt P zu bilden, d.h. für die Parameterwerte $x = x_0$ und $y = y_0$. Wir lösen noch nach z auf und erhalten die bereits aus Band 2 bekannte Gleichung der *Tangentialebene* in der Form

$$z = f_x(x_0; y_0)(x - x_0) + f_y(x_0; y_0)(y - y_0) + z_0 \tag{I-85}$$

(Band 2, Abschnitt IV.2.3.1, Gleichung (IV-29)).

Zum Abschluß geben wir noch das *Flächenelement* dA an, ausgedrückt in den kartesischen Flächenparametern x und y. Es lautet:

$$dA = |\vec{t}_x \times \vec{t}_y| \, dx \, dy = \sqrt{f_x^2 + f_y^2 + 1} \; dx \, dy \tag{I-86}$$

Wir fassen die Ergebnisse nun wie folgt zusammen:

Flächennormale, Flächenelement und Tangentialebene einer Fläche vom Typ $z = f(x; y)$

Ortsvektor der Fläche $z = f(x; y)$ (Bild I-41)

$$\vec{r} = \vec{r}(x; y) = \begin{pmatrix} x \\ y \\ f(x; y) \end{pmatrix} \tag{I-87}$$

Die kartesischen Koordinaten x und y dienen dabei als *Flächenparameter.*

Tangentenvektoren an die Parameterlinien

$$\vec{t}_x = \frac{\partial \vec{r}}{\partial x} = \begin{pmatrix} 1 \\ 0 \\ f_x \end{pmatrix}, \qquad \vec{t}_y = \frac{\partial \vec{r}}{\partial y} = \begin{pmatrix} 0 \\ 1 \\ f_y \end{pmatrix} \tag{I-88}$$

Flächennormale

$$\vec{N} = \frac{1}{\sqrt{f_x^2 + f_y^2 + 1}} \begin{pmatrix} -f_x \\ -f_y \\ 1 \end{pmatrix} \tag{I-89}$$

Flächenelement

$$dA = \sqrt{f_x^2 + f_y^2 + 1} \; dx \, dy \tag{I-90}$$

Tangentialebene im Flächenpunkt $P = (x_0; y_0; z_0)$

In *vektorieller* Form:

$$\vec{N}_0 \cdot (\vec{r} - \vec{r}_0) = 0 \qquad \text{oder} \qquad (\vec{t}_x \times \vec{t}_y)_0 \cdot (\vec{r} - \vec{r}_0) = 0 \tag{I-91}$$

In *expliziter* Form:

$$z = f_x(x_0; y_0)(x - x_0) + f_y(x_0; y_0)(y - y_0) + z_0 \qquad \text{(I-92)}$$

Dabei bedeuten:

$\vec{N}_0$: Flächennormale im Flächenpunkt P

$\vec{r}_0$: Ortsvektor des Flächenpunktes P

$\vec{r}$: Ortsvektor eines *beliebigen* Punktes der Tangentialebene

f_x, f_y: Partielle Ableitungen 1. Ordnung der Funktion $z = f(x; y)$

■ **Beispiel**

Die Fläche $z = f(x; y) = x^2 \cdot e^{xy}$ läßt sich auch durch den *Ortsvektor*

$$\vec{r} = \vec{r}(x; y) = \begin{pmatrix} x \\ y \\ x^2 \cdot e^{xy} \end{pmatrix}$$

mit den *kartesischen* Flächenparametern x und y beschreiben. Wir interessieren uns für die Gleichung der *Tangentialebene* im Punkt P mit den Parameterwerten $x = 1$, $y = 0$.

Lösung:

Der Punkt P besitzt die Koordinaten $x_0 = 1$, $y_0 = 0$ und $z_0 = f(x_0; y_0) = f(1; 0) = 1$. Wir bestimmen zunächst die benötigten *Tangentenvektoren* in diesem Punkt:

$$\vec{t}_x = \frac{\partial \vec{r}}{\partial x} = \begin{pmatrix} 1 \\ 0 \\ 2x \cdot e^{xy} + x^2 y \cdot e^{xy} \end{pmatrix} = \begin{pmatrix} 1 \\ 0 \\ (2x + x^2 y) \cdot e^{xy} \end{pmatrix}$$

$$\vec{t}_y = \frac{\partial \vec{r}}{\partial y} = \begin{pmatrix} 0 \\ 1 \\ x^3 \cdot e^{xy} \end{pmatrix}$$

$$\vec{t}_x(1; 0) = \begin{pmatrix} 1 \\ 0 \\ 2 \end{pmatrix}, \qquad \vec{t}_y(1; 0) = \begin{pmatrix} 0 \\ 1 \\ 1 \end{pmatrix}$$

Das *Vektorprodukt* dieser Vektoren lautet dann:

$$(\vec{t}_x \times \vec{t}_y)_0 = \vec{t}_x(1; 0) \times \vec{t}_y(1; 0) = \begin{pmatrix} 1 \\ 0 \\ 2 \end{pmatrix} \times \begin{pmatrix} 0 \\ 1 \\ 1 \end{pmatrix} = \begin{pmatrix} -2 \\ -1 \\ 1 \end{pmatrix}$$

Wir können jetzt die *Tangentialebene* im Punkt $P = (1; 0; 1)$ nach Formel (I-91) bestimmen:

$$(\vec{t}_x \times \vec{t}_y)_0 \cdot (\vec{r} - \vec{r}_0) = \begin{pmatrix} -2 \\ -1 \\ 1 \end{pmatrix} \cdot \begin{pmatrix} x-1 \\ y-0 \\ z-1 \end{pmatrix} = 0$$

$$-2(x-1) - 1(y-0) + 1(z-1) = 0$$

$$-2x + 2 - y + z - 1 = 0$$

$$-2x - y + z + 1 = 0$$

Die Gleichung der gesuchten *Tangentialebene* lautet damit:

$$z = 2x + y - 1$$ ■

3 Skalar- und Vektorfelder

3.1 Ein einführendes Beispiel

Die in Naturwissenschaft und Technik so grundlegenden Begriffe „*Skalarfeld*" und „*Vektorfeld*" sollen anhand eines einfachen physikalischen Beispiels eingeführt werden. Wir betrachten dazu das *elektrische Feld* in der Umgebung einer positiven *Punktladung* Q. In jedem Punkt P dieses Feldes erfährt eine positive Probeladung q eine *radial nach außen* gerichtete Kraft $\vec{F}(P)$, deren Betrag mit zunehmendem Abstand r von der felderzeugenden Ladung Q abnimmt (Bild I-42). Es gilt das von *Coulomb* stammende Kraftgesetz

$$\vec{F} = \frac{1}{4\pi\varepsilon_0} \cdot \frac{Qq}{r^2} \frac{\vec{r}}{r} = \frac{1}{4\pi\varepsilon_0} \cdot \frac{Qq}{r^2} \vec{e}_r \qquad \text{(I-93)}$$

(ε_0: elektrische Feldkonstante). $\vec{e}_r = \dfrac{\vec{r}}{r}$ ist dabei ein radial nach außen gerichteter *Einheitsvektor*. Er hat die gleiche Richtung wie der Ortsvektor $\vec{r} = \vec{r}(P)$.

Die Kraftwirkung nach dem **Coulombgesetz** ist dabei von Ort zu Ort *verschieden*, hängt allerdings auch noch von der *Probeladung* q selbst ab, wobei gilt:

$$|\vec{F}| \sim q \qquad \text{(I-94)}$$

Wir verdeutlichen diesen Sachverhalt durch die Schreibweise $\vec{F} = \vec{F}(P; q)$. Um die Coulombkraft von der Probeladung q *unabhängig* zu machen, wird die Kraftwirkung auf die *Einheitsladung* ($q = 1$) bezogen.

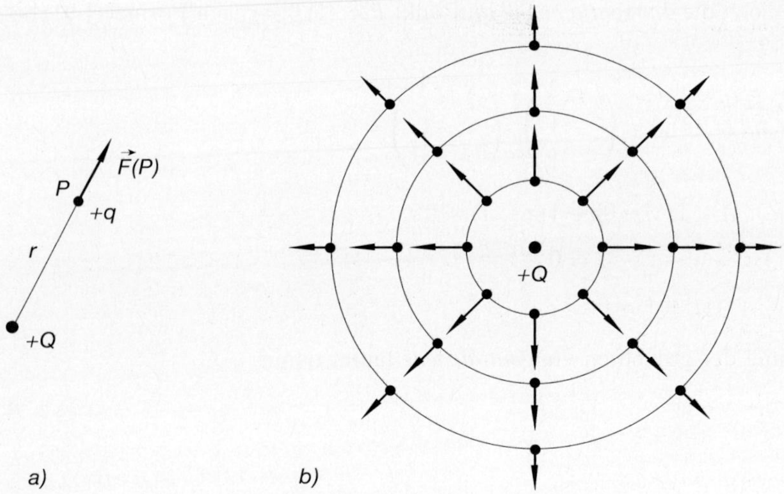

Bild I-42 Kraftfeld in der Umgebung einer *positiven* Punktladung Q
a) Kraftwirkung auf eine *positive* Probeladung q
b) Die Kraftwirkung des elektrischen Feldes nimmt nach außen hin ab (*Coulomb-Gesetz*; die Kraftvektoren sind der besseren Übersicht wegen nicht maßstabsgetreu gezeichnet)

Wir erhalten dann den als *elektrische Feldstärke* bezeichneten Vektor

$$\vec{E} = \frac{1}{4\pi\varepsilon_0} \cdot \frac{Q}{r^2}\,\vec{e}_r \qquad \text{(I-95)}$$

der von der Probeladung vollkommen *unabhängig* ist und somit nur noch vom betrachteten *Ort* abhängt (bei *fest* vorgegebener Ladung Q).

Zu jedem Punkt P des elektrischen Feldes gehört somit genau ein Feldstärkevektor $\vec{E}(P)$. Er beschreibt die Kraftwirkung des Feldes auf eine *Einheitsladung* nach Richtung und Größe in eindeutiger und *vollständiger* Weise. Man spricht daher in diesem Zusammenhang auch von einem *elektrischen Kraftfeld* oder etwas allgemeiner von einem *Vektorfeld.*

Ein *ebener* Schnitt durch dieses Feld (die Schnittebene enthält die felderzeugende Ladung Q) führt uns zu dem in Bild I-43 dargestellten *ebenen* Vektorfeld. Alle Feldstärkevektoren liegen in der *Schnittebene* und sind in der üblichen Weise durch *Pfeile* gekennzeichnet.

Das elektrische Feld in der Umgebung der positiven Punktladung Q kann aber auch durch eine *skalare* Größe eindeutig und *vollständig* beschrieben werden. Als geeignet erweist sich dabei die *physikalische Arbeit* W, die man an einer *positiven* Probeladung q verrichten muß, um diese aus dem „Unendlichen" in einen Punkt P des elektrischen Feldes zu bringen. Bei dieser Verschiebung muß die abstoßende Coulomb-Kraft überwunden werden. Es zeigt sich nun, daß die dabei aufzubringende Arbeit W völlig *un-*

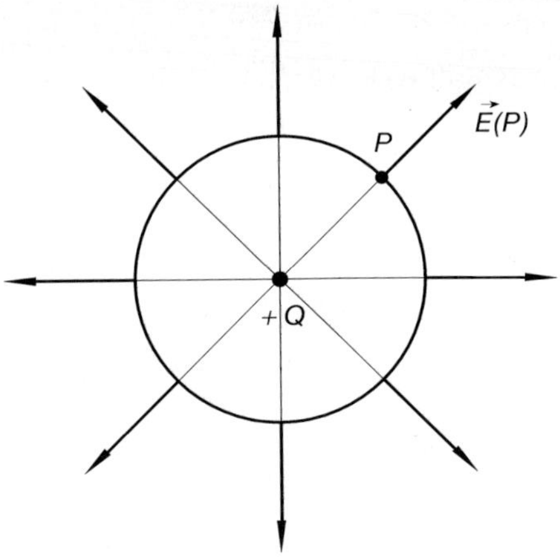

Bild I-43

Ebener Schnitt durch das elektrische Feld einer *positiven* Punktladung Q (Schnitt durch die felderzeugende Ladung Q)

abhängig von dem eingeschlagenen Verbindungsweg C ist und somit nur vom *Endpunkt* P des Weges abhängt. In Bild I-44 wird diese Aussage verdeutlicht: Wenn wir die Probeladung q längs der eingezeichneten Wege C_1, C_2 und C_3 aus dem „Unendlichen" in den gemeinsamen Endpunkt P verschieben, so müssen wir dabei jeweils die *gleiche* Arbeit verrichten. Allerdings ist diese Arbeit auch noch von der *Probeladung* q abhängig, wobei gilt:

$$W \sim q \tag{I-96}$$

Wir bringen diese Abhängigkeit durch die Schreibweise $W = W(P; q)$ zum Ausdruck.

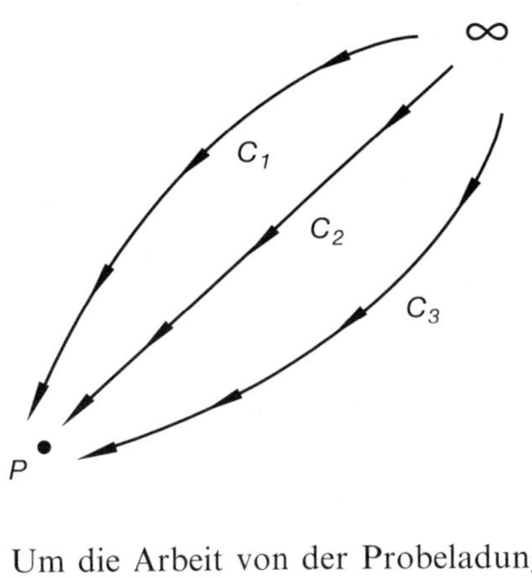

Bild I-44

Die Arbeit eines elektrischen Feldes an einer Probeladung ist *unabhängig* vom eingeschlagenen Verbindungsweg

Um die Arbeit von der Probeladung q *unabhängig* zu machen, verwenden wir wiederum die *Einheitsladung* ($q = 1$) und erhalten auf diese Weise eine von q *unabhängige* Arbeitsgröße, die als *elektrostatisches Potential* $U = U(P)$ bezeichnet wird. Zu jedem Punkt P des elektrischen Feldes gehört somit genau ein Potential $U(P)$. Es beschreibt die physikalische Arbeit, die man aufbringen muß, wenn man die Einheitsladung aus dem „Unendlichen" in den Punkt P verschieben will. Da es sich um eine *skalare*, von Ort zu Ort variierende Größe handelt, spricht man in diesem Zusammenhang von einem *Potentialfeld* oder etwas allgemeiner von einem *Skalarfeld*.

3.2 Skalarfelder

Im einführenden Beispiel haben wir erstmals den Begriff eines *skalaren* Feldes kennengelernt. Jedem Punkt P des elektrischen Feldes konnten wir nämlich in eindeutiger Weise ein *Potential* $U(P)$, also eine *skalare* Größe, zuordnen. Dies führt uns zu der folgenden Begriffsbildung:

Definition: Ein *Skalarfeld* ordnet den Punkten eines ebenen oder räumlichen Bereiches in eindeutiger Weise einen *Skalar* zu. Symbolische Schreibweise:

Ebenes Skalarfeld:

$$\phi = \phi(P) = \phi(x;\, y) \tag{I-97}$$

Räumliches Skalarfeld:

$$\phi = \phi(P) = \phi(x;\, y;\, z) \tag{I-98}$$

Anmerkungen

(1) Skalare Felder verändern sich häufig mit der *Zeit*, d. h. die skalare Größe ϕ ist oft noch *zeitabhängig*. Ein Beispiel dafür liefert die *Temperaturverteilung* in einem Raum. Wir beschäftigen uns in diesem Kapitel jedoch ausschließlich mit *stationären*, d. h. *zeitunabhängigen* Skalarfeldern.

(2) Eine Fläche im Raum, auf der das skalare Feld einen *konstanten* Wert annimmt, heißt *Niveaufläche*. Die Niveauflächen eines Skalarfeldes $\phi(x;\, y;\, z)$ werden daher durch die Gleichungen $\phi(x;\, y;\, z) = \text{const.}$ beschrieben. In den technischen Anwendungen wird eine solche Niveaufläche meist als *Äquipotentialfläche* bezeichnet.

Bei einem *ebenen* Feld wird durch die Gleichung $\phi(x;\, y) = \text{const.}$ eine sog. *Niveaulinie* definiert. Auf ihr besitzt das skalare Feld einen *konstanten* Wert.

■ **Beispiele**

(1) Wir nennen einige Beispiele für *skalare* Felder:

— *Dichteverteilung* im Innern der Erdkugel
— *Temperaturverteilung* in einem Raum
— *Elektrostatisches Potential* in der Umgebung einer geladenen Kugel

(2) Beispiele für *Niveauflächen* liefern die *Äquipotentialflächen* elektrisch geladener Körper:

— Äquipotentialflächen einer *Punktladung*: *Konzentrische Kugelschalen* (Bild I-45)
— Äquipotentialflächen eines geladenen *Plattenkondensators*: Ebenen *parallel* zu den Plattenflächen (Bild I-46)
— Äquipotentialflächen eines geladenen *Zylinders*: *Koaxiale Zylindermäntel* (Bild I-47)

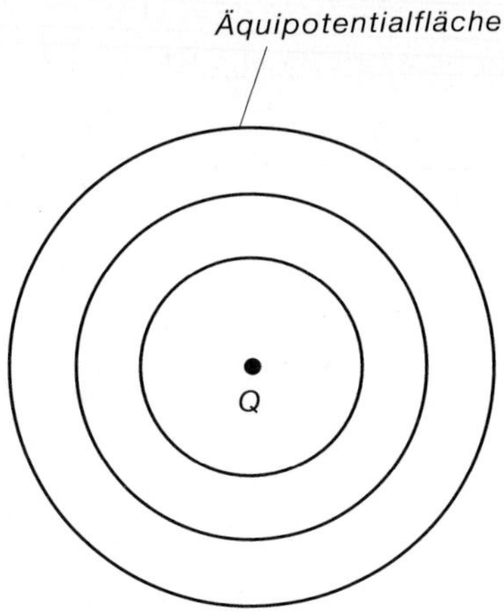

Bild I-45
Äquipotentialflächen einer Punktladung (ebener Schnitt durch die Punktladung)

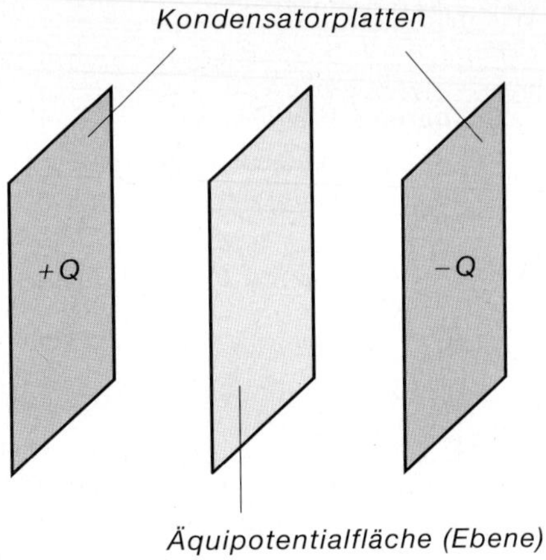

Bild I-46
Äquipotentialflächen eines geladenen Plattenkondensators

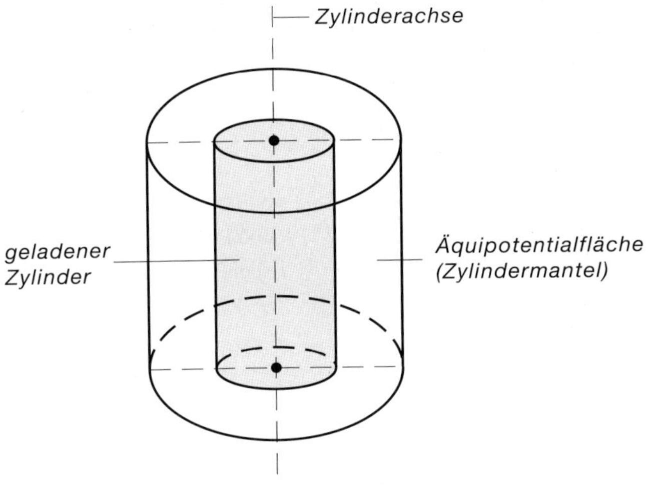

Bild I-47
Äquipotentialflächen eines geladenen Zylinders

■

3.3 Vektorfelder

Das *Kraftfeld* in der Umgebung einer Punktladung führte uns zu dem Begriff eines „*Vektorfeldes*". Jedem Punkt P des elektrischen Feldes konnten wir in eindeutiger Weise eine *vektorielle* Größe, nämlich die elektrische Feldstärke $\vec{E}(P)$, zuordnen.

Wir definieren daher:

Definition: Ein *Vektorfeld* ordnet den Punkten eines ebenen oder räumlichen Bereiches in eindeutiger Weise einen *Vektor* zu. Symbolische Schreibweise:

Ebenes Vektorfeld (Bild I-48):

$$\vec{F}(x; y) = F_x(x; y)\ \vec{e}_x + F_y(x; y)\ \vec{e}_y = \begin{pmatrix} F_x(x; y) \\ F_y(x; y) \end{pmatrix} \qquad \text{(I-99)}$$

Räumliches Vektorfeld:

$$\vec{F}(x; y; z) = F_x(x; y; z)\ \vec{e}_x + F_y(x; y; z)\ \vec{e}_y + F_z(x; y; z)\ \vec{e}_z =$$

$$= \begin{pmatrix} F_x(x; y; z) \\ F_y(x; y; z) \\ F_z(x; y; z) \end{pmatrix} \qquad \text{(I-100)}$$

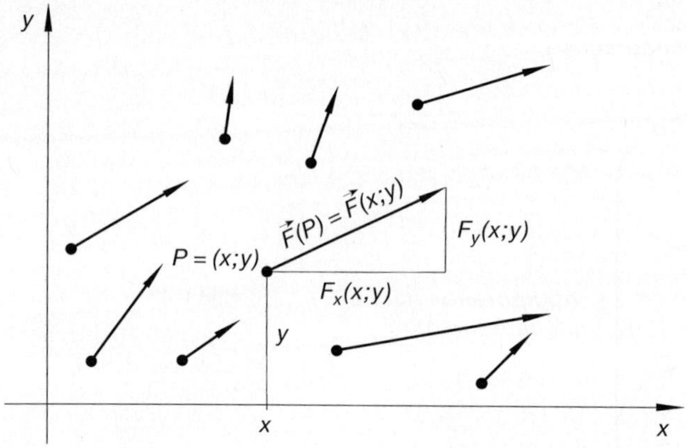

Bild I-48
Ebenes Vektorfeld

Anmerkungen

(1) Häufig *verändern* sich Vektorfelder im Laufe der *Zeit*. Beispiele hierfür sind die *Geschwindigkeitsfelder* strömender Flüssigkeiten und die *zeitabhängigen magnetischen* oder *elektrischen* Felder. Wir beschränken uns wiederum (wie bereits bei den skalaren Feldern) auf die *stationären*, d.h. *zeitunabhängigen* Vektorfelder.

(2) Ein Vektorfeld läßt sich durch *Feldlinien* sehr anschaulich darstellen. Die Feldlinien sind dabei Kurven, die in jedem Punkt P durch den dortigen Feldvektor $\vec{F}(P)$ *tangiert* werden (Bild I-49).

Durch jeden Punkt des Vektorfeldes geht genau *eine* Feldlinie, und Feldlinien schneiden sich *nie*.

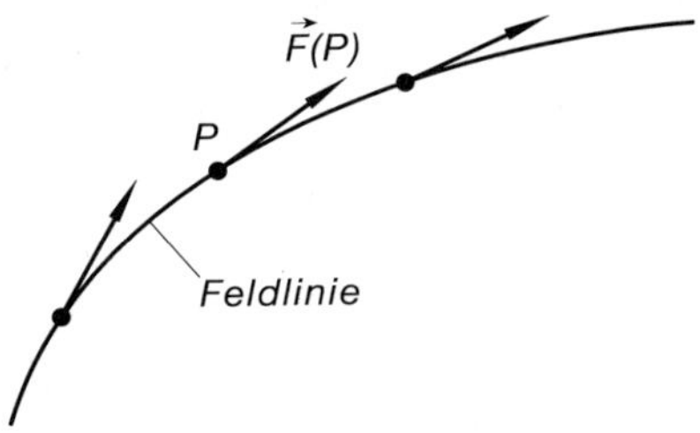

Bild I-49
Bildliche Darstellung eines Vektorfeldes durch Feldlinien

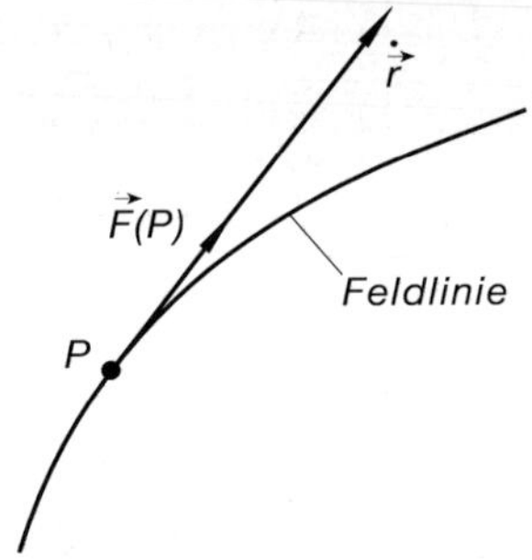

Bild I-50
Der Feldvektor $\vec{F}(P)$ verläuft parallel zum Tangentenvektor $\dot{\vec{r}}$ der Feldlinie

Die Feldlinien lassen sich aus der *Bedingung*

$$\vec{F} \times \dot{\vec{r}} = \vec{0} \qquad \text{oder} \qquad \vec{F} \times d\vec{r} = \vec{0} \qquad \text{(I-101)}$$

bestimmen, da der Feldvektor $\vec{F}$ stets *parallel* zum Tangentenvektor $\dot{\vec{r}}$ der Feldlinie verläuft (das differentielle Wegelement $d\vec{r}$ liegt ebenfalls in der *Kurventangente*; Bild I-50).

■ **Beispiele**

(1) Die Feldlinien des *ebenen* Vektorfeldes

$$\vec{F}_1(x; y) = x\ \vec{e}_x + y\ \vec{e}_y = \vec{r} \qquad (|\vec{r}| \geqslant R)$$

sind *radial nach außen* gerichtet (Bild I-51).

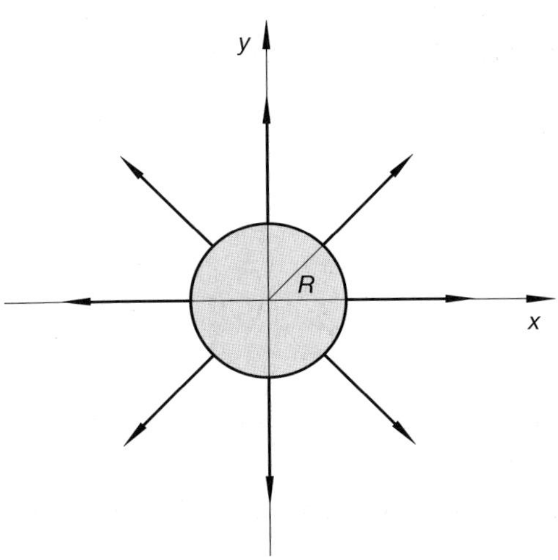

Bild I-51
Ebenes Vektorfeld mit Radialsymmetrie (nach außen)

Die Feldlinien des *ebenen* Vektorfeldes

$$\vec{F}_2(x; y) = -x\,\vec{e}_x - y\,\vec{e}_y = -\vec{r} \qquad (|\vec{r}\,| \geqslant R)$$

sind dagegen *radial nach innen* gerichtet (Bild I-52).

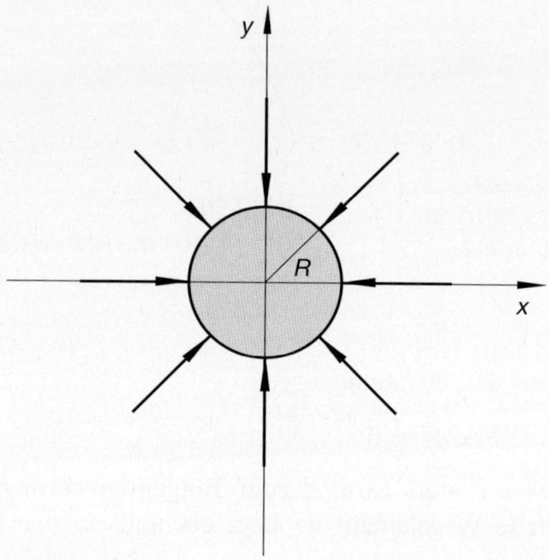

Bild I-52
Ebenes Vektorfeld mit Radialsymmetrie (nach innen)

(2) Das *Magnetfeld* in der Umgebung eines stromdurchflossenen linearen Leiters läßt sich durch den *magnetischen Feldstärkevektor*

$$\vec{H} = \frac{I}{2\pi r^2}(-y\,\vec{e}_x + x\,\vec{e}_y + 0\,\vec{e}_z) = \frac{I}{2\pi r^2}\begin{pmatrix} -y \\ x \\ 0 \end{pmatrix}$$

beschreiben. Dabei ist r der senkrechte Abstand von der *Leiterachse* (z-Achse) und I die Stromstärke. Wir betrachten jetzt das Magnetfeld in einer zur Leiterachse *senkrechten* Ebene (x, y-Ebene) und wollen zeigen, daß die *ringförmig* verlaufenden Feldlinien *konzentrische Kreise* darstellen.
Die Feldlinien müssen die Bedingung (I-101), d. h. hier

$$\vec{H} \times d\vec{r} = \vec{0}$$

erfüllen. Aus ihr folgt

$$\frac{I}{2\pi r^2}\begin{pmatrix} -y \\ x \\ 0 \end{pmatrix} \times \begin{pmatrix} dx \\ dy \\ 0 \end{pmatrix} = \frac{I}{2\pi r^2}\begin{pmatrix} 0 \\ 0 \\ -y\,dy - x\,dx \end{pmatrix} = \begin{pmatrix} 0 \\ 0 \\ 0 \end{pmatrix}$$

und somit

$$-y\,dy - x\,dx = 0$$

Diese *Differentialgleichung 1. Ordnung* lösen wir durch „*Trennung der Variablen*“ (Band 2, Abschnitt V.2.2):

$$-\,y\,dy = x\,dx \qquad \text{oder} \qquad y\,dy = -\,x\,dx$$

$$\int y\,dy = -\int x\,dx$$

$$\frac{1}{2}\,y^2 = -\frac{1}{2}\,x^2 + C \qquad \text{oder} \qquad x^2 + y^2 = 2C = R^2$$

Wir erhalten für $C > 0$ *konzentrische Kreise* um den Nullpunkt der x, y-Ebene mit den Radien $\sqrt{2C}$. Bild I-53 zeigt den Verlauf der *kreisförmigen magnetischen Feldlinien* in der x, y-Ebene.

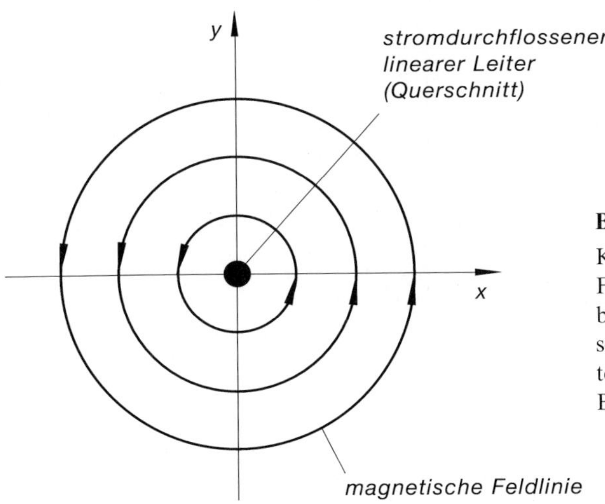

Bild I-53
Kreisförmige magnetische Feldlinien in der Umgebung eines stromdurchflossenen linearen Leiters (Leiterachse senkrecht zur Bildebene)

■

3.4 Spezielle Vektorfelder aus Physik und Technik

3.4.1 Homogenes Vektorfeld

Ein *homogenes* Vektorfeld liegt vor, wenn der Feldvektor $\vec{F}$ in jedem Punkt des Feldes die *gleiche* Richtung und den *gleichen* Betrag hat:

$$\vec{F} = \overrightarrow{\text{const.}} \qquad \text{(I-102)}$$

■ **Beispiel**

Wir betrachten das *elektrische* Feld in einem geladenen Plattenkondensator. Der *elektrische Feldstärkevektor* $\vec{E}$ besitzt in jedem Punkt des Kondensatorfeldes die *gleiche* Richtung und den *gleichen* Betrag. Für das in Bild I-54 skizzierte *homogene* Feld gilt dann:

$$\vec{E}(P) = 0\ \vec{e}_x + E_0\ \vec{e}_y + 0\ \vec{e}_z = \begin{pmatrix} 0 \\ E_0 \\ 0 \end{pmatrix} \qquad (E_0 = \text{const.})$$

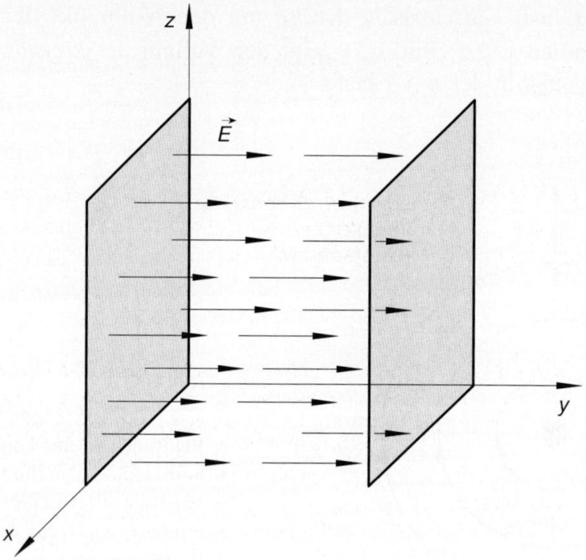

Bild I-54
Homogenes elektrisches Feld in einem geladenen Plattenkondensator (eingezeichnet sind die Feldstärkevektoren)

■

3.4.2 Kugelsymmetrisches Vektorfeld (Zentralfeld)

Ein Vektorfeld $\vec{F}(P)$ mit den folgenden Eigenschaften heißt *kugel-* oder *radialsymmetrisch*:

1. Der Feldvektor zeigt in jedem Punkt des Feldes *radial nach außen* (oder *radial nach innen*);
2. Der *Betrag* des Feldvektors hängt nur vom *Abstand* r vom Koordinatenursprung ab.

Bild I-55 zeigt ein typisches *Radialfeld* mit nach *außen* gerichteten Feldlinien (Feldlinienbild einer *positiven* Punktladung in einer Schnittebene durch die felderzeugende Ladung Q).

Daher ist ein *kugelsymmetrisches* Vektorfeld stets in der Form

$$\vec{F}(P) = f(r)\ \vec{e}_r = f(r)\ \frac{\vec{r}}{r} = \frac{f(r)}{r}\ \vec{r} \qquad \text{(I-103)}$$

darstellbar, wobei $\vec{e}_r = \dfrac{\vec{r}}{r}$ ein *radial nach außen* gerichteter *Einheitsvektor* ist.

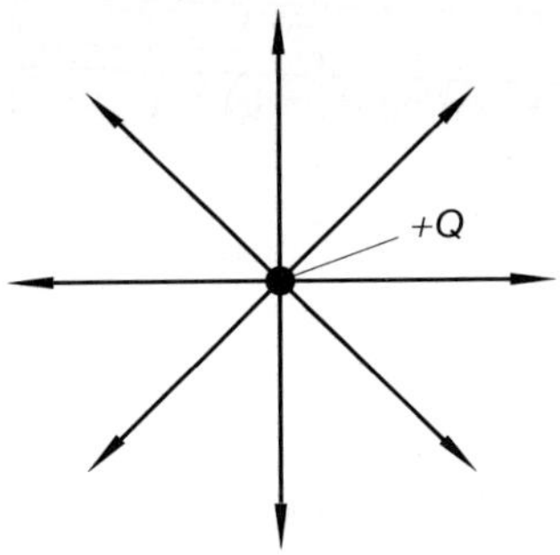

Bild I-55
Radialsymmetrisches elektrisches Feld einer *positiven* Punktladung Q (ebener Schnitt durch die Punktladung)

Der Betrag des Feldvektors entspricht dabei dem Betrag der *radialsymmetrischen* Funktion $f(r)$:

$$|\vec{F}(P)| = F(r) = |f(r)| \qquad \text{(I-104)}$$

Radial- oder *kugelsymmetrische* Vektorfelder spielen in Naturwissenschaft und Technik eine überragende Rolle und werden auch als *Zentralfelder* bezeichnet (*Beispiele: Elektrisches Feld* einer Punktladung, *Gravitationsfeld* einer Masse).

■ **Beispiel**

Ein sehr anschauliches Beispiel für ein *radial-* oder *kugelsymmetrisches* Vektorfeld liefert das *Gravitationsfeld* der Erde. Nach dem *Gravitationsgesetz* von *Newton* wird eine Masse m im Abstand r vom Erdmittelpunkt von der Erdmasse M mit der Kraft

$$\vec{F}(P) = -\gamma \frac{mM}{r^2} \vec{e}_r = -\gamma \frac{mM}{r^2} \frac{\vec{r}}{r} = -\gamma \frac{mM}{r^3} \vec{r} \qquad (r > 0)$$

angezogen (γ: Gravitationskonstante). Die Gravitationskraft $\vec{F}(P)$ ist dabei stets *radial* auf den Erdmittelpunkt *zu* gerichtet und betragsmäßig nur vom *Abstand* r der Masse abhängig. Das Gravitationsfeld der Erde ist somit *radialsymmetrisch.* Bild I-56 zeigt einen *ebenen* Schnitt durch dieses Feld.

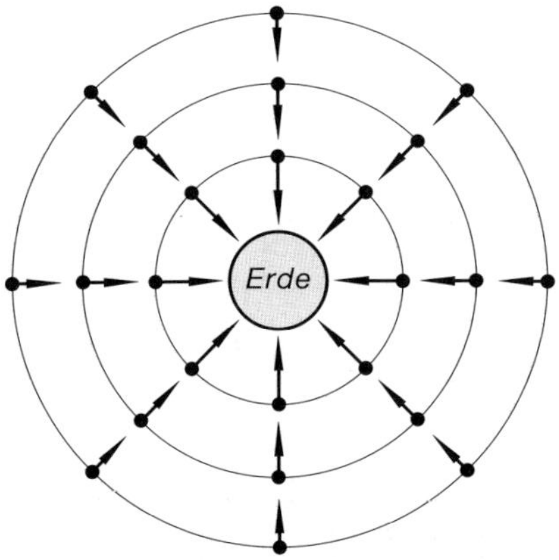

Bild I-56
Radialsymmetrisches Gravitationsfeld der Erde (ebener Schnitt durch den Erdmittelpunkt)

■

3.4.3 Zylindersymmetrisches Vektorfeld

Ein Vektorfeld $\vec{F}(P)$ mit den folgenden Eigenschaften heißt *zylinder-* oder *axialsymmetrisch*:

1. Der Feldvektor zeigt in jedem Punkt des Feldes *axial nach außen* (oder *axial nach innen*);
2. Der *Betrag* des Feldvektors hängt nur vom *Abstand* ϱ von der Symmetrieachse (z-Achse) ab[4].

Der typische Verlauf eines *zylindersymmetrischen* Vektorfeldes ist in Bild I-57 in einem *ebenen* Schnitt *senkrecht* zur Symmetrieachse (Zylinderachse, z-Achse) dargestellt.

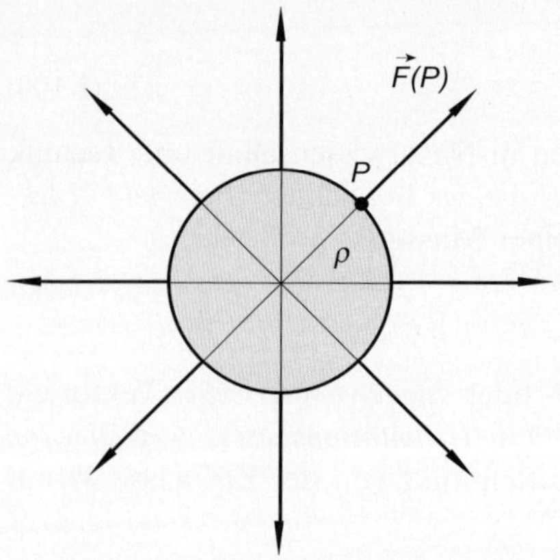

Bild I-57
Zylindersymmetrisches Vektorfeld (ebener Schnitt senkrecht zur Zylinderachse)

Ein *zylinder-* oder *axialsymmetrisches* Vektorfeld läßt sich stets in der Form

$$\vec{F}(P) = f(\varrho)\,\vec{e}_{\varrho} \qquad \text{(I-105)}$$

darstellen. Dabei ist $\vec{e}_{\varrho}$ ein *axial nach außen* gerichteter *Einheitsvektor* und

$$|\vec{F}(P)| = F(\varrho) = |f(\varrho)| \qquad \text{(I-106)}$$

der *Betrag* des Feldvektors $\vec{F}(P)$.

■ **Beispiel**

Das *elektrische Feld* in der Umgebung eines *homogen* geladenen Zylinders besitzt *Zylindersymmetrie* (Bild I-58). Für den Vektor der *elektrischen Feldstärke* gilt dabei:

$$\vec{E}(P) = \frac{\varrho_{\text{el}}\,R^2}{2\,\varepsilon_0\,\varrho}\,\vec{e}_{\varrho} \qquad (\varrho \geqslant R)$$

(ϱ_{el}: Ladungsdichte des Zylinders; R: Zylinderradius; ε_0: elektrische Feldkonstante).

---

[4] Bei *Zylindersymmetrie* wird der Abstand von der Achse mit ϱ und nicht mit r bezeichnet. Eine einleuchtende Begründung erfolgt in Abschnitt 6.2.

Die Größe, d. h. der *Betrag* der Feldstärke hängt nur vom *Abstand* ϱ von der Zylinderachse ab, der Feldvektor selbst ist *senkrecht* vom Zylindermantel nach *außen* gerichtet (Bild I-58).

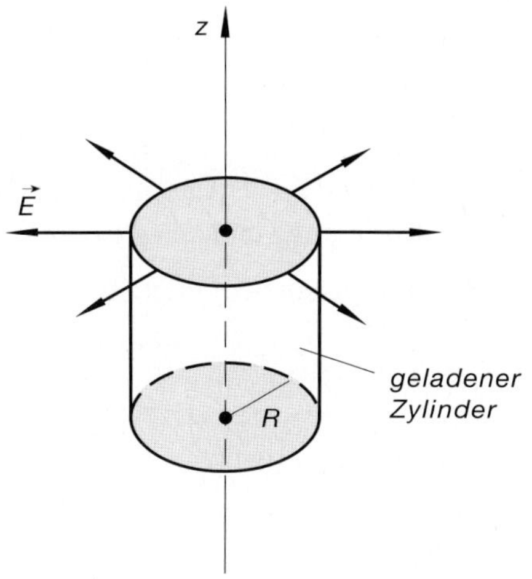

a) Zylindersymmetrisches Feld

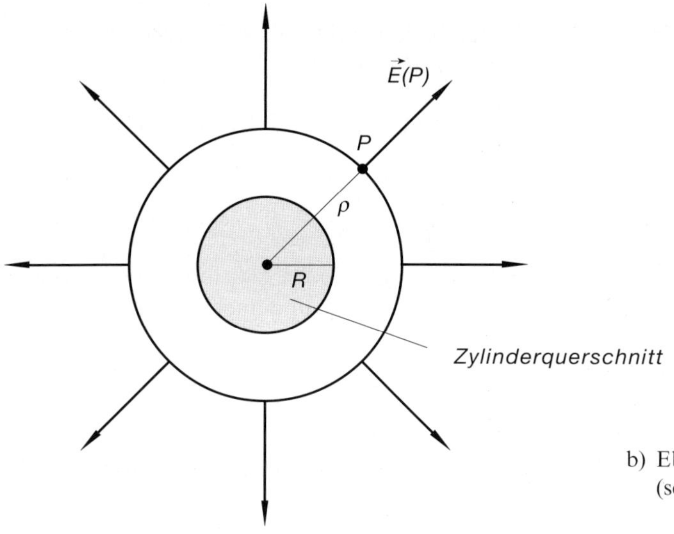

b) Ebener Schnitt durch das Feld (senkrecht zur Zylinderachse)

Bild I-58
Elektrisches Feld in der Umgebung eines homogen geladenen Zylinders (*positive* Ladungsdichte) ■

3.4.4 Zusammenstellung der behandelten Vektorfelder

Wegen der großen Bedeutung in den Anwendungen fassen wir die Eigenschaften der besprochenen Vektorfelder wie folgt zusammen:

Spezielle Vektorfelder aus Physik und Technik

1. Homogenes Vektorfeld

$$\vec{F}(P) = \vec{F}(x; y; z) = \overrightarrow{\text{const.}} \qquad \text{(I-107)}$$

Der Feldvektor $\vec{F}(P)$ hat überall die *gleiche* Richtung und den *gleichen* Betrag.

Musterbeispiel: Elektrisches Feld in einem geladenen Plattenkondensator (Bild I-54)

Symmetriegerechte Koordinaten: Kartesische Koordinaten

2. Kugel- oder radialsymmetrisches Vektorfeld (Zentralfeld)

$$\vec{F}(P) = f(r)\,\vec{e}_r \qquad \text{(I-108)}$$

Der Feldvektor $\vec{F}(P)$ ist *radial nach außen* oder *innen* gerichtet. Sein *Betrag* ist nur vom *Abstand* r des Punktes P vom Koordinatenursprung abhängig: $|\vec{F}(P)| = F(r) = |f(r)|$.

Musterbeispiele: Gravitationsfeld der Erde (Bild I-56), elektrisches Feld in der Umgebung einer Punktladung (Bild I-55).

Symmetriegerechte Koordinaten: Kugelkoordinaten → Abschnitt 6.3

3. Zylinder- oder axialsymmetrisches Vektorfeld

$$\vec{F}(P) = f(\varrho)\,\vec{e}_\varrho \qquad \text{(I-109)}$$

Der Feldvektor $\vec{F}(P)$ ist *axial* nach außen oder innen gerichtet. Sein *Betrag* ist nur vom *Abstand* ϱ des Punktes P von der Zylinderachse (z-Achse) abhängig: $|\vec{F}(P)| = F(\varrho) = |f(\varrho)|$.

Musterbeispiel: Elektrisches Feld in der Umgebung eines homogen geladenen Zylinders (Bild I-58).

Symmetriegerechte Koordinaten: Zylinderkoordinaten → Abschnitt 6.2

4 Gradient eines Skalarfeldes

4.1 Definition und Eigenschaften des Gradienten

Die partiellen Ableitungen *1. Ordnung* einer differenzierbaren skalaren Funktion $\phi(x; y; z)$ ermöglichen Aussagen über die *Änderungen* des Funktionswertes ϕ, wenn man von einem Punkt P aus in Richtung der betreffenden Koordinatenachsen *fortschreitet*. Wir fassen diese Ableitungen wie folgt zu einem *Vektor* zusammen, der als *Gradient* des skalaren Feldes $\phi(x; y; z)$ bezeichnet wird:

Definition: Unter dem *Gradient* eines differenzierbaren Skalarfeldes $\phi(x; y; z)$ verstehen wir den aus den partiellen Ableitungen 1. Ordnung von ϕ gebildeten *Vektor*

$$\operatorname{grad} \phi = \frac{\partial \phi}{\partial x} \vec{e}_x + \frac{\partial \phi}{\partial y} \vec{e}_y + \frac{\partial \phi}{\partial z} \vec{e}_z = \begin{pmatrix} \dfrac{\partial \phi}{\partial x} \\ \dfrac{\partial \phi}{\partial y} \\ \dfrac{\partial \phi}{\partial z} \end{pmatrix} \qquad \text{(I-110)}$$

Anmerkung

Bei einem *ebenen Skalarfeld* $\phi(x; y)$ reduziert sich der Gradient des Feldes auf *zwei* Komponenten:

$$\operatorname{grad} \phi = \frac{\partial \phi}{\partial x} \vec{e}_x + \frac{\partial \phi}{\partial y} \vec{e}_y = \begin{pmatrix} \dfrac{\partial \phi}{\partial x} \\ \dfrac{\partial \phi}{\partial y} \end{pmatrix} \qquad \text{(I-111)}$$

Der Gradient eines *ebenen* Skalarfeldes ist somit ein *ebener* Vektor.

Wir wollen uns jetzt mit den *Eigenschaften* des Gradienten näher befassen, beschränken uns jedoch dabei zunächst auf ein *ebenes* Skalarfeld $\phi = \phi(x; y)$. Der *Gradient* eines solchen Skalarfeldes steht in jedem Punkt P *senkrecht* auf der durch P verlaufenden *Niveaulinie* von ϕ (Bild I-59).

Um diese wichtige Eigenschaft zu beweisen, gehen wir von dem *totalen Differential* der skalaren Funktion $\phi(x; y)$ aus:

$$d\phi = \frac{\partial \phi}{\partial x} dx + \frac{\partial \phi}{\partial y} dy \qquad \text{(I-112)}$$

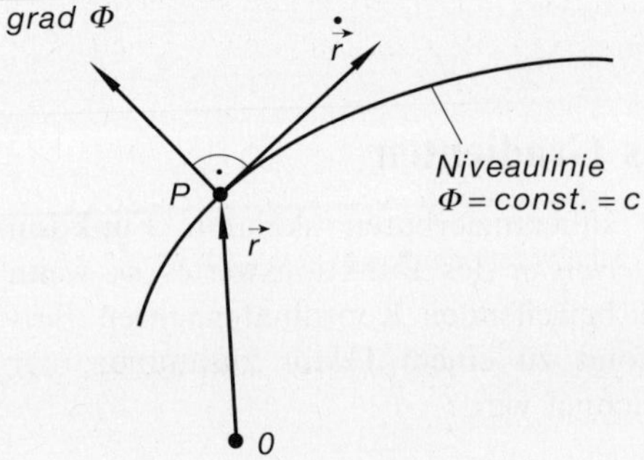

Bild I-59

Der Gradient eines skalaren Feldes im Punkt *P* steht *senkrecht* auf der Niveaulinie durch *P*

Es läßt sich auch als *Skalarprodukt* der Vektoren grad ϕ und $d\vec{r}$ darstellen:

$$d\phi = \frac{\partial \phi}{\partial x}\,dx + \frac{\partial \phi}{\partial y}\,dy = \begin{pmatrix} \dfrac{\partial \phi}{\partial x} \\ \dfrac{\partial \phi}{\partial y} \end{pmatrix} \cdot \begin{pmatrix} dx \\ dy \end{pmatrix} = \text{grad}\,\phi \cdot d\vec{r} \tag{I-113}$$

Auf einer *Niveaulinie* ist aber wegen $\phi = \text{const.} = c$ stets $d\phi = 0$ und somit

$$\text{grad}\,\phi \cdot d\vec{r} = 0 \tag{I-114}$$

Das *skalare Produkt* aus dem Gradienten von ϕ und dem in der Tangentenrichtung liegenden Vektor $d\vec{r}$ *verschwindet* somit. Dies aber ist nur möglich, wenn die beiden Vektoren *senkrecht* aufeinander stehen. Der *Gradient* eines Skalarfeldes verläuft somit stets *senkrecht* zu den *Niveaulinien* des Feldes.

Eine weitere wichtige Eigenschaft lautet: Der *Gradient* zeigt immer in die Richtung des *größten* Zuwachses von $\phi(x; y)$. Der *Betrag* des Gradienten ist somit ein *Maß* für die *Änderung* des Skalarfeldes *senkrecht* zu den *Niveaulinien.*

Entsprechende Aussagen gelten auch für ein *räumliches* Skalarfeld $\phi = \phi(x; y; z)$. Der Gradient von ϕ steht jetzt *senkrecht* auf den *Niveauflächen* des Feldes und zeigt wiederum in die Richtung des *größten* Zuwachses von ϕ.

Mit Hilfe des sog. „*Nabla-Operators*"

$$\vec{\nabla} = \begin{pmatrix} \dfrac{\partial}{\partial x} \\ \dfrac{\partial}{\partial y} \\ \dfrac{\partial}{\partial z} \end{pmatrix} \tag{I-115}$$

läßt sich der Gradient von ϕ formal auch in der Form

$$\text{grad}\,\phi = \vec{\nabla}\phi \tag{I-116}$$

darstellen (Multiplikation des „*Vektors*" $\vec{\nabla}$ mit dem *Skalar* ϕ). Der „*Nabla-Operator*" ist ein *vektorieller* Differential-Operator, dessen Komponenten die *partiellen* Ableitungsoperatoren $\frac{\partial}{\partial x}$, $\frac{\partial}{\partial y}$ und $\frac{\partial}{\partial z}$ sind.

Wir fassen nun die wichtigsten Eigenschaften des Gradienten wie folgt zusammen:

Eigenschaften des Gradienten eines Skalarfeldes

Der *Gradient* eines Skalarfeldes $\phi = \phi(x; y; z)$ ist das *formale* Produkt aus dem „*Nabla-Operator*" $\vec{\nabla}$ und dem Skalar ϕ:

$$\operatorname{grad} \phi = \vec{\nabla}\phi = \begin{pmatrix} \frac{\partial}{\partial x} \\ \frac{\partial}{\partial y} \\ \frac{\partial}{\partial z} \end{pmatrix} \phi = \begin{pmatrix} \frac{\partial \phi}{\partial x} \\ \frac{\partial \phi}{\partial y} \\ \frac{\partial \phi}{\partial z} \end{pmatrix} \tag{I-117}$$

Er steht *senkrecht* auf den *Niveauflächen* von ϕ und zeigt in die Richtung des *größten* Zuwachses von ϕ.

Anmerkung

Bei einem *ebenen Skalarfeld* $\phi(x; y)$ steht der *Gradient* von ϕ *senkrecht* auf den *Niveaulinien* des skalaren Feldes (Bild I-59).

■ **Beispiele**

(1) Wir bestimmen die *Niveaulinien* und den *Gradient* des ebenen Skalarfeldes $\phi(x; y) = x^2 + y^2$.

Niveaulinien $\phi = const. = c$:

Wir erhalten *konzentrische Kreise* um den Koordinatenursprung mit den Radien $r = \sqrt{c}$ (Bild I-60):

$$x^2 + y^2 = \text{const.} = c$$

(für $c > 0$).

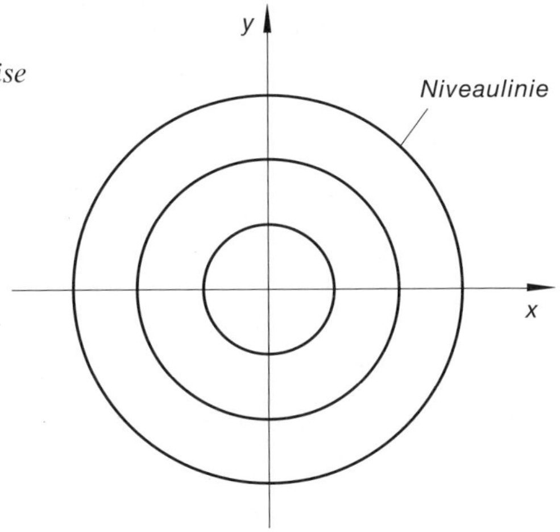

Bild I-60

Gradient von ϕ:

$$\operatorname{grad} \phi = 2x\,\vec{e}_x + 2y\,\vec{e}_y = 2\begin{pmatrix} x \\ y \end{pmatrix} = 2\,\vec{r}$$

Der Gradient ist *radial nach außen* gerichtet und steht auf den Niveaulinien (konzentrischen Kreisen) *senkrecht* (Bild I-61).

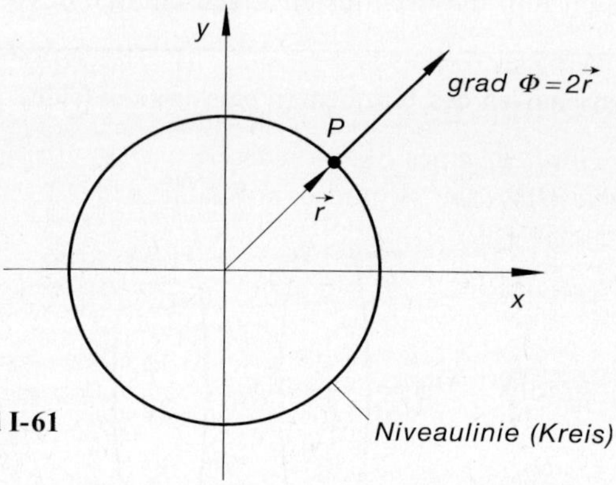

Bild I-61

(2) Wir berechnen den *Gradient* des räumlichen Skalarfeldes $\phi(x; y; z) = x^2 z^2 + x y^2$ im Punkt $P = (1; 1; 2)$:

$$\frac{\partial \phi}{\partial x} = \frac{\partial}{\partial x}(x^2 z^2 + x y^2) = 2 x z^2 + y^2$$

$$\frac{\partial \phi}{\partial y} = \frac{\partial}{\partial y}(x^2 z^2 + x y^2) = 2 x y$$

$$\frac{\partial \phi}{\partial z} = \frac{\partial}{\partial z}(x^2 z^2 + x y^2) = 2 x^2 z$$

$$\operatorname{grad} \phi = \begin{pmatrix} 2 x z^2 + y^2 \\ 2 x y \\ 2 x^2 z \end{pmatrix} \Rightarrow (\operatorname{grad} \phi)_0 = \begin{pmatrix} 9 \\ 2 \\ 4 \end{pmatrix}$$

■

Wir schließen mit einigen wichtigen *Rechenregeln* für Gradienten:

Rechenregeln für Gradienten

ϕ und ψ sind *skalare* Felder, c eine *Konstante*:

(1) $\operatorname{grad} c = 0$ (I-118)

(2) $\operatorname{grad}(c\,\phi) = c\,(\operatorname{grad} \phi)$ (I-119)

(3) $\operatorname{grad}(\phi + \psi) = \operatorname{grad} \phi + \operatorname{grad} \psi$ (I-120)

(4) $\operatorname{grad}(\phi + c) = \operatorname{grad} \phi$ (I-121)

(5) $\operatorname{grad}(\phi \cdot \psi) = \phi\,(\operatorname{grad} \psi) + \psi\,(\operatorname{grad} \phi)$ (I-122)

4.2 Richtungsableitung

Häufig interessiert man sich für die *Änderung* des Funktionswertes einer skalaren Funktion ϕ, wenn man von einem Punkt P aus in einer *bestimmten* Richtung fortschreitet. Wir wollen uns bei den nachfolgenden Überlegungen zunächst auf ein *ebenes* Skalarfeld $\phi = \phi(x; y)$ beschränken.

Die Fortschreitungsrichtung wird meist durch einen sog. *Richtungsvektor* $\vec{a}$ festgelegt. Durch *Normierung* erhalten wir daraus den *Einheitsvektor* $\vec{e}_a = \frac{1}{|\vec{a}|}\,\vec{a}$, der die gleiche Richtung besitzt wie der Richtungsvektor $\vec{a}$. Die Komponente des Gradienten von ϕ in Richtung dieses Einheitsvektors wird dann als *Richtungsableitung* des Skalarfeldes ϕ in Richtung des Vektors $\vec{a}$ bezeichnet und durch das Symbol $\frac{\partial \phi}{\partial \vec{a}}$ gekennzeichnet. Definitionsgemäß gilt daher:

$$\frac{\partial \phi}{\partial \vec{a}} = (\operatorname{grad} \phi) \cdot \vec{e}_a = \frac{1}{|\vec{a}|}\,(\operatorname{grad} \phi) \cdot \vec{a} \tag{I-123}$$

Die Richtungsableitung ist also die *Projektion* des Gradienten von ϕ auf den *normierten Richtungsvektor* $\vec{e}_a$ und somit eine *skalare* Größe (Bild I-62). Sie gibt die *Änderung* des Funktionswertes von ϕ an, wenn man von einem Punkt P aus in Richtung des Vektors $\vec{a}$ um eine Längeneinheit fortschreitet.

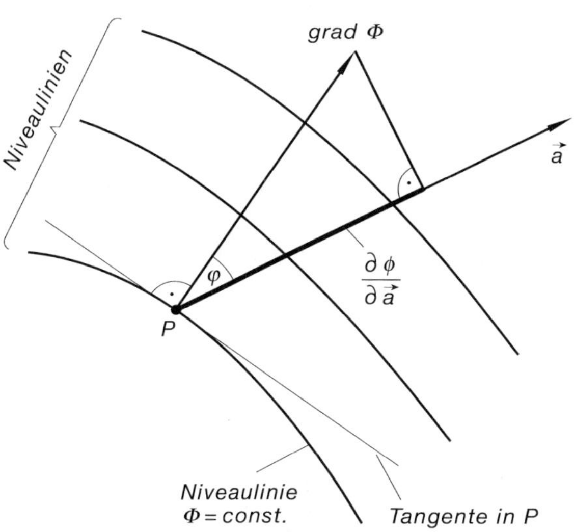

Bild I-62
Zum Begriff der Richtungsableitung eines skalaren Feldes

Die *Richtungsableitung* ist somit (bei *fest* vorgegebenem Raumpunkt P) noch von Richtung zu Richtung *verschieden* und erreicht offensichtlich ihren *Maximalwert*, wenn der Richtungsvektor $\vec{a}$ und damit auch der zugeordnete *normierte* Richtungsvektor $\vec{e}_a$ in die Richtung des *Gradienten* von ϕ zeigen.

Denn definitionsgemäß gilt ja

$$\frac{\partial \phi}{\partial \vec{a}} = (\text{grad } \phi) \cdot \vec{e}_a = |\text{grad } \phi| \cdot \underbrace{|\vec{e}_a|}_{1} \cdot \cos \varphi = |\text{grad } \phi| \cdot \cos \varphi \qquad \text{(I-124)}$$

und dieses Produkt ist genau dann am *größten*, wenn $\cos \varphi = 1$ und somit $\varphi = 0$ ist (vgl. hierzu Bild I-62). Dann aber zeigen Gradient und Richtungsvektor in die *gleiche* Richtung.

Der Begriff der „*Richtungsableitung*" läßt sich ohne Schwierigkeiten auch auf *räumliche* Skalarfelder übertragen.

Richtungsableitung eines Skalarfeldes

Die *Richtungsableitung* $\frac{\partial \phi}{\partial \vec{a}}$ eines (ebenen oder räumlichen) Skalarfeldes ϕ in Richtung eines vorgegebenen *Richtungsvektors* $\vec{a}$ ist ein Maß für die *Änderung* des Funktionswertes von ϕ, wenn man von einem Punkt P aus in Richtung von $\vec{a}$ um *eine* Längeneinheit fortschreitet:

$$\frac{\partial \phi}{\partial \vec{a}} = (\text{grad } \phi) \cdot \vec{e}_a = \frac{1}{|\vec{a}|} (\text{grad } \phi) \cdot \vec{a} \qquad \text{(I-125)}$$

Man erhält sie durch *Projektion* des Gradienten von ϕ auf den *normierten Richtungsvektor* $\vec{e}_a = \frac{1}{|\vec{a}|}\, \vec{a}$ (Bild I-62). Die Richtungsableitung erreicht ihren *größten* Wert in Richtung des *Gradienten.*

Anmerkung

Die Richtungsableitung ist das skalare Produkt aus dem Gradienten des Skalarfeldes ϕ und dem normierten Richtungsvektor. Sie *verschwindet*, wenn man sich längs einer *Niveaulinie* (bei einem *ebenen* Feld) bzw. auf einer *Niveaufläche* (bei einem *räumlichen* Feld) bewegt.

■ **Beispiel**

Wir berechnen jetzt die *Richtungsableitung* des skalaren Feldes $\phi(x; y; z) = x^2 y^2 z^2 + 2xz^3$ im Punkt $P = (-1; 1; 1)$ in Richtung des Vektor $\vec{a} = \begin{pmatrix} 2 \\ -1 \\ 2 \end{pmatrix}$.

Zunächst *normieren* wir den Richtungsvektor $\vec{a}$:

$$|\vec{a}| = \sqrt{2^2 + (-1)^2 + 2^2} = 3 \Rightarrow \vec{e}_a = \frac{1}{|\vec{a}|}\, \vec{a} = \frac{1}{3} \begin{pmatrix} 2 \\ -1 \\ 2 \end{pmatrix}$$

Als nächstes berechnen wir den *Gradient* von ϕ im Punkt P:

$$\frac{\partial \phi}{\partial x} = \frac{\partial}{\partial x}(x^2 y^2 z^2 + 2xz^3) = 2xy^2 z^2 + 2z^3$$

$$\frac{\partial \phi}{\partial y} = \frac{\partial}{\partial y}(x^2 y^2 z^2 + 2xz^3) = 2x^2 y z^2$$

$$\frac{\partial \phi}{\partial z} = \frac{\partial}{\partial z}(x^2 y^2 z^2 + 2xz^3) = 2x^2 y^2 z + 6xz^2$$

$$\operatorname{grad} \phi = \begin{pmatrix} 2xy^2 z^2 + 2z^3 \\ 2x^2 y z^2 \\ 2x^2 y^2 z + 6xz^2 \end{pmatrix} \Rightarrow (\operatorname{grad} \phi)_0 = \begin{pmatrix} 0 \\ 2 \\ -4 \end{pmatrix}$$

Damit besitzt die *Richtungsableitung* $\frac{\partial \phi}{\partial \vec{a}}$ im Punkt P den folgenden Wert:

$$\left(\frac{\partial \phi}{\partial \vec{a}}\right)_0 = (\operatorname{grad} \phi)_0 \cdot \vec{e}_a = \begin{pmatrix} 0 \\ 2 \\ -4 \end{pmatrix} \cdot \frac{1}{3} \begin{pmatrix} 2 \\ -1 \\ 2 \end{pmatrix} = \frac{1}{3}(0 - 2 - 8) = -\frac{10}{3}$$ ■

4.3 Flächen vom Typ $F(x; y; z) = 0$

In den Abschnitten 2.3 und 2.4 haben wir uns bereits mit den Eigenschaften von Flächen beschäftigt, die entweder in der *vektoriellen* Form $\vec{r} = \vec{r}(u; v)$ oder aber in Form einer Funktionsgleichung vom *expliziten* Typ $z = f(x; y)$ gegeben waren. Jetzt beschäftigen wir uns mit Flächen vom *impliziten* Funktionstyp $F(x; y; z) = 0$.

Eine solche Fläche $F(x; y; z) = 0$ läßt sich dann auffassen als eine *spezielle Niveaufläche* des skalaren Feldes $\phi = \phi(x; y; z) = F(x; y; z)$, dessen Niveauflächen ja bekanntlich durch die Gleichung

$$\phi(x; y; z) = F(x; y; z) = \text{const.} = c \qquad \text{(I-126)}$$

definiert sind. Für den *speziellen* Wert $c = 0$ erhalten wir gerade die vorgegebene Fläche $F(x; y; z) = 0$. Da der *Gradient* des skalaren Feldes $\phi = F(x; y; z)$ stets *senkrecht* auf den *Niveauflächen* steht, verläuft er auch *senkrecht* zu unserer Fläche und ist somit ein *Normalenvektor* dieser Fläche. Die in einem Flächenpunkt $P = (x_0; y_0; z_0)$ mit dem Ortsvektor $\vec{r}_0$ errichtete *Tangentialebene* läßt sich dann in der Form

$$(\operatorname{grad} F)_0 \cdot (\vec{r} - \vec{r}_0) = 0 \qquad \text{(I-127)}$$

darstellen, wobei $\vec{r}$ der Ortsvektor eines *beliebigen* Punktes $Q = (x; y; z)$ der Tangentialebene ist.

Tangentialebene einer Fläche vom Typ $F(x; y; z) = 0$

Eine durch die *implizite* Funktionsgleichung $F(x; y; z) = 0$ dargestellte Fläche kann als eine *spezielle* Niveaufläche des skalaren Feldes $\phi = F(x; y; z)$ aufgefaßt werden. Daher steht der *Gradient* von $F(x; y; z)$ in jedem Flächenpunkt *senkrecht* auf der Fläche $F(x; y; z) = 0$, ist also ein *Normalenvektor* dieser Fläche. Die im Flächenpunkt $P = (x_0; y_0; z_0)$ errichtete *Tangentialebene* an die Fläche besitzt dann die folgende Gleichung:

$$(\text{grad } F)_0 \cdot (\vec{r} - \vec{r}_0) = 0 \qquad \text{(I-128)}$$

Dabei bedeuten:

$(\text{grad } F)_0$: *Gradient* von $F(x; y; z)$ im Flächenpunkt P

$\vec{r}_0$: Ortsvektor des Flächenpunktes P

$\vec{r}$: Ortsvektor eines *beliebigen* Punktes Q auf der Tangentialebene

Anmerkung

Eine Fläche vom *expliziten* Typ $z = f(x; y)$ kann als eine *spezielle* Niveaufläche des skalaren Feldes

$$\phi = \phi(x; y; z) = z - f(x; y) \qquad \text{(I-129)}$$

aufgefaßt werden. Dann ist $\text{grad } \phi = \begin{pmatrix} -f_x \\ -f_y \\ 1 \end{pmatrix}$ ein auf der Fläche *senkrecht* stehender Vektor (*Normalenvektor*) und

$$(\text{grad } \phi)_0 \cdot (\vec{r} - \vec{r}_0) = 0 \qquad \text{(I-130)}$$

die zum Flächenpunkt P gehörige *Tangentialebene*. Zu diesem Ergebnis sind wir bereits in Abschnitt 2.4 gelangt.

■ **Beispiel**

Die *Kugeloberfläche* $x^2 + y^2 + z^2 = 49$ ist eine *spezielle* Niveaufläche des Skalarfeldes $\phi(x; y; z) = x^2 + y^2 + z^2$. Wir bestimmen die Gleichung der *Tangentialebene* im Flächenpunkt $P = (2; 3; 6)$.

Zunächst berechnen wir den *Gradient* von ϕ im Punkt P:

$$\text{grad } \phi = \begin{pmatrix} 2x \\ 2y \\ 2z \end{pmatrix} = 2 \begin{pmatrix} x \\ y \\ z \end{pmatrix} \Rightarrow (\text{grad } \phi)_0 = 2 \begin{pmatrix} 2 \\ 3 \\ 6 \end{pmatrix}.$$

Damit erhalten wir die folgende *Tangentialebene*:

$$(\operatorname{grad}\phi)_0 \cdot (\vec{r} - \vec{r}_0) = 2\begin{pmatrix} 2 \\ 3 \\ 6 \end{pmatrix} \cdot \begin{pmatrix} x-2 \\ y-3 \\ z-6 \end{pmatrix} = 0$$

$$2[2(x-2) + 3(y-3) + 6(z-6)] = 0$$

$$2(x-2) + 3(y-3) + 6(z-6) = 0$$

$$2x - 4 + 3y - 9 + 6z - 36 = 0$$

$$2x + 3y + 6z = 49$$ ■

4.4 Ein Anwendungsbeispiel: Elektrisches Feld einer Punktladung

Wir betrachten das *elektrische Feld* in der Umgebung einer *positiven* Punktladung Q (Bild I-63). Die elektrischen *Feldlinien* verlaufen dabei *radial nach außen*. In jedem Punkt P des Feldes herrscht ein bestimmtes *elektrostatisches Potential* $U(P)$ und eine bestimmte *elektrische Feldstärke* $\vec{E}(P)$. Das Potential hängt dabei wegen der *Radial-* oder *Kugelsymmetrie* nur vom *Abstand* r des Punktes P vom Koordinatenursprung ab[5]:

$$U(P) = U(r) = \frac{Q}{4\pi\varepsilon_0 r} \qquad (r > 0) \qquad \text{(I-131)}$$

(ε_0: elektrische Feldkonstante). Die *Niveauflächen*, hier *Äquipotentialflächen* genannt, sind *konzentrische Kugelschalen* (Bild I-63).

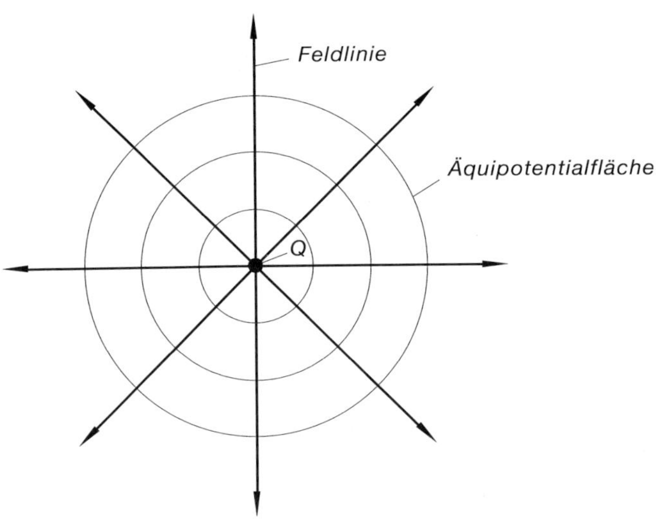

Bild I-63
Niveauflächen (Äquipotentialflächen) des elektrischen Feldes einer *positiven* Punktladung Q (ebener Schnitt durch die Punktladung)

[5] Die felderzeugende Punktladung Q befindet sich im Koordinatenursprung.

Zwischen dem Feldstärkevektor $\vec{E}(P) = \vec{E}(r)$ und dem Potential $U(P) = U(r)$ besteht dabei die folgende Beziehung:

$$\vec{E} = -\operatorname{grad} U \tag{I-132}$$

d.h. die Feldstärke ist – vom Vorzeichen abgesehen – der *Gradient* des Potentials. Mit ihrer Berechnung wollen wir uns jetzt beschäftigen. Dazu benötigen wir die *partiellen Ableitungen 1. Ordnung* der Potentialfunktion U, die sich unter Berücksichtigung von

$$r = \sqrt{x^2 + y^2 + z^2} = (x^2 + y^2 + z^2)^{1/2} \tag{I-133}$$

auch in der Form

$$U(P) = U(x; y; z) = \frac{Q}{4\pi\varepsilon_0}(x^2 + y^2 + z^2)^{-\frac{1}{2}} \tag{I-134}$$

durch *kartesische* Koordinaten darstellen läßt. Wir differenzieren diese Funktion mit Hilfe der *Kettenregel* zunächst *partiell* nach der Variablen x:

$$\frac{\partial U}{\partial x} = \frac{Q}{4\pi\varepsilon_0}\left[-\frac{1}{2}(x^2 + y^2 + z^2)^{-\frac{3}{2}} \cdot 2x\right] = -\frac{Q}{4\pi\varepsilon_0} \cdot x(x^2 + y^2 + z^2)^{-\frac{3}{2}} =$$

$$= -\frac{Q}{4\pi\varepsilon_0} \cdot \frac{x}{(x^2 + y^2 + z^2)^{\frac{3}{2}}} = -\frac{Q}{4\pi\varepsilon_0} \cdot \frac{x}{r^3} \tag{I-135}$$

Entsprechende Ausdrücke erhalten wir für die partiellen Ableitungen 1. Ordnung nach y bzw. z:

$$\frac{\partial U}{\partial y} = -\frac{Q}{4\pi\varepsilon_0} \cdot \frac{y}{r^3}, \qquad \frac{\partial U}{\partial z} = -\frac{Q}{4\pi\varepsilon_0} \cdot \frac{z}{r^3} \tag{I-136}$$

Für den *Feldstärkevektor* $\vec{E}$ folgt damit:

$$\vec{E} = -\operatorname{grad} U = -\left(\frac{\partial U}{\partial x}\,\vec{e}_x + \frac{\partial U}{\partial y}\,\vec{e}_y + \frac{\partial U}{\partial z}\,\vec{e}_z\right) =$$

$$= -\left(-\frac{Q}{4\pi\varepsilon_0} \cdot \frac{x}{r^3}\,\vec{e}_x - \frac{Q}{4\pi\varepsilon_0} \cdot \frac{y}{r^3}\,\vec{e}_y - \frac{Q}{4\pi\varepsilon_0} \cdot \frac{z}{r^3}\,\vec{e}_z\right) =$$

$$= \frac{Q}{4\pi\varepsilon_0} \cdot \frac{x\,\vec{e}_x + y\,\vec{e}_y + z\,\vec{e}_z}{r^3} = \frac{Q}{4\pi\varepsilon_0} \cdot \frac{\vec{r}}{r^3} = \frac{Q}{4\pi\varepsilon_0 r^2} \cdot \frac{\vec{r}}{r} = \frac{Q}{4\pi\varepsilon_0 r^2}\,\vec{e}_r \tag{I-137}$$

Dabei ist $\vec{e}_r = \frac{\vec{r}}{r}$ ein *Einheitsvektor* in *radialer* Richtung und somit von *gleicher* Richtung wie der Ortsvektor $\vec{r}$. Der *Feldstärkevektor* $\vec{E}$ zeigt daher in jedem Punkt des Feldes *radial nach außen*, sein *Betrag*

$$|\vec{E}| = E(r) = \frac{Q}{4\pi\varepsilon_0 r^2} \qquad (r > 0) \tag{I-138}$$

ist wegen der *Kugelsymmetrie* des Feldes nur vom *Abstand* r abhängig, d.h. auf einer *Kugelschale* um den Nullpunkt hat die elektrische Feldstärke $\vec{E}$ einen *konstanten* Betrag. Die *Äquipotentialflächen* des elektrischen Feldes einer Punktladung Q sind demnach die Oberflächen *konzentrischer* Kugeln, die ihren gemeinsamen Mittelpunkt am Ort der felderzeugenden Ladung Q haben (Bild I-64).

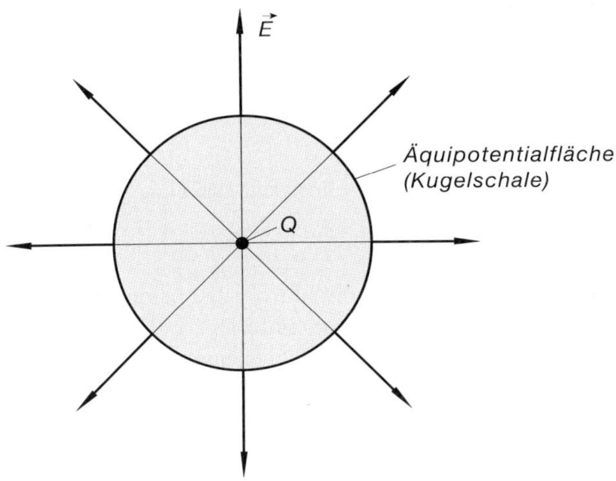

Bild I-64
Die Äquipotentialflächen des elektrischen Feldes einer Punktladung Q sind konzentrische Kugelschalen (ebener Schnitt durch die Punktladung)

5 Divergenz und Rotation eines Vektorfeldes

5.1 Divergenz eines Vektorfeldes

5.1.1 Ein einführendes Beispiel

Wir wollen den etwas abstrakten Begriff der „*Divergenz*" eines Vektorfeldes am Modell einer strömenden Flüssigkeit einführen. Die Geschwindigkeit eines Flüssigkeitsteilchens wird dabei im allgemeinen von Ort zu Ort *verschieden* sein. Die Strömung läßt sich dann durch das *Geschwindigkeitsfeld*

$$\vec{v} = v_x\,\vec{e}_x + v_y\,\vec{e}_y + v_z\,\vec{e}_z \tag{I-139}$$

beschreiben, wobei die Geschwindigkeitskomponenten noch *ortsabhängig*, d.h. *Funktionen* von x, y und z sind:

$$v_x = v_x(x; y; z), \qquad v_y = v_y(x; y; z), \qquad v_z = v_z(x; y; z) \tag{I-140}$$

In diese Strömung bringen wir einen kleinen *Quader* mit den achsenparallelen Kanten der Längen Δx, Δy und Δz (Bild I-65). Dabei setzen wir voraus, daß die Quaderflächen für die Flüssigkeit *völlig durchlässig* sind. Durch das Einbringen des quaderförmigen Körpers wird also die Flüssigkeitsströmung in *keinster* Weise behindert.

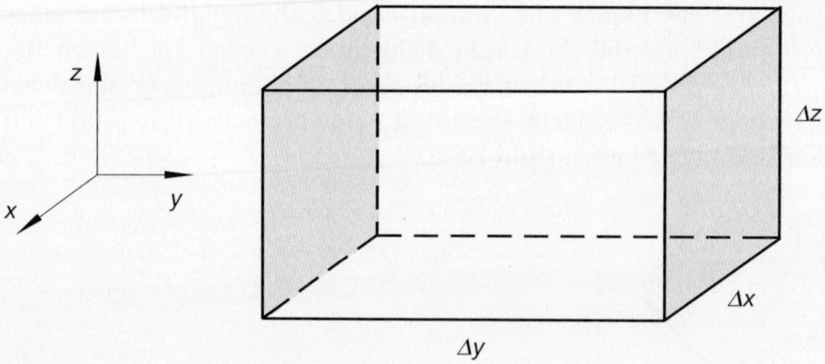

Bild I-65 Völlig durchlässiger quaderförmiger Körper in einer Flüssigkeitsströmung

Zunächst interessieren wir uns für den Flüssigkeitsstrom durch die beiden zur x, z-Ebene parallelen Quaderflächen, die wir in Bild I-66 *grau* unterlegt haben. Beiträge kommen dabei *ausschließlich* durch die *y-Komponente* des Geschwindigkeitsfeldes $\vec{v}$ zustande.

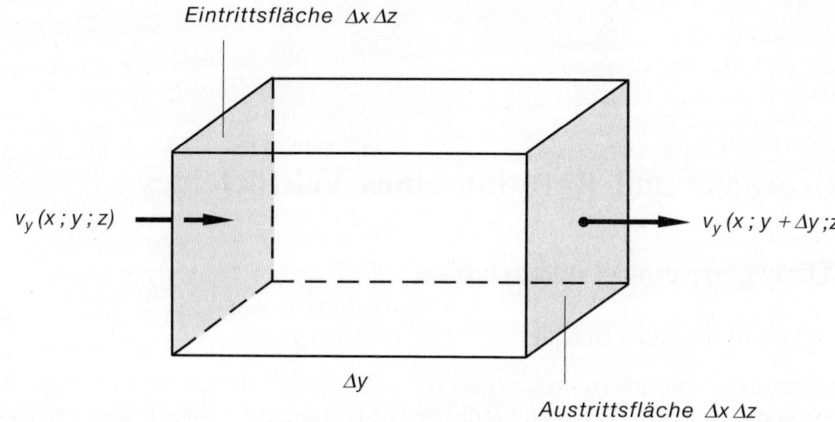

Bild I-66 Flüssigkeitsstrom durch die Quaderoberfläche in y-Richtung

Bei einem Quader mit *sehr kleinen* Kantenlängen (wie hier vorausgesetzt) können wir dann davon ausgehen, daß die Geschwindigkeitskomponente v_y auf beiden Flächen einen jeweils *nahezu konstanten* Wert annimmt. Die Geschwindigkeitskomponente v_y besitzt daher auf den *grau* unterlegten Quaderflächen die folgenden Werte (der Abstand der Flächen beträgt Δy):

„*Eintrittsfläche*": $v_y(x; y; z)$

„*Austrittsfläche*": $v_y(x; y + \Delta y; z)$

Wir bestimmen nun die Flüssigkeitsmengen (Flüssigkeitsvolumina), die in dem *sehr kleinen* Zeitintervall Δt durch die beiden *grau* unterlegten Quaderflächen in den Quader *ein-* bzw. *austreten.* Die „*Eintrittsmenge*" beträgt dabei

$$[v_y(x; y; z)\, \Delta t]\, \Delta x\, \Delta z = v_y(x; y; z)\, \Delta x\, \Delta z\, \Delta t \tag{I-141}$$

Denn alle diejenigen Flüssigkeitsteilchen, die sich zu einem Zeitpunkt t *links* von der „Eintrittsfläche" befinden und von dieser einen Abstand haben, der *nicht größer* ist als $v_y(x; y; z)\, \Delta t$, legen in der nachfolgenden Zeit Δt den Weg $\Delta s = v_y(x; y; z)\, \Delta t$ zurück und fließen somit in diesem Zeitintervall durch die Eintrittsfläche $\Delta x\, \Delta z$ in den Quader *herein.*

Analog erhält man für die in der *gleichen* Zeit durch die *rechte* Quaderfläche *ausgetretene* Flüssigkeitsmenge den Wert

$$[v_y(x; y + \Delta y; z)\, \Delta t]\, \Delta x\, \Delta z = v_y(x; y + \Delta y; z)\, \Delta x\, \Delta z\, \Delta t \tag{I-142}$$

Die *Differenz* zwischen *abgeflossener* und *zugeflossener* Menge ist somit

$$\begin{aligned} & v_y(x; y + \Delta y; z)\, \Delta x\, \Delta z\, \Delta t - v_y(x; y; z)\, \Delta x\, \Delta z\, \Delta t = \\ & \quad = [v_y(x; y + \Delta y; z) - v_y(x; y; z)]\, \Delta x\, \Delta z\, \Delta t \end{aligned} \tag{I-143}$$

Auf die *Zeiteinheit* bezogen ergibt dies einen „*Überschuß*" von

$$[v_y(x; y + \Delta y; z) - v_y(x; y; z)]\, \Delta x\, \Delta z \tag{I-144}$$

Wir erweitern diesen Ausdruck noch mit Δy und beachten dabei, daß $\Delta V = \Delta x\, \Delta y\, \Delta z$ das Quadervolumen bedeutet:

$$\left(\frac{v_y(x; y + \Delta y; z) - v_y(x; y; z)}{\Delta y} \right) \Delta V \tag{I-145}$$

Wenn wir diese Größe noch durch das Quadervolumen ΔV dividieren, erhalten wir den „*Volumengewinn*" an Flüssigkeit pro Volumen- *und* Zeiteinheit. Er beträgt somit

$$\frac{v_y(x; y + \Delta y; z) - v_y(x; y; z)}{\Delta y} \tag{I-146}$$

Analoge Beiträge ergeben sich für die x- und z-Richtung:

In der *x-Richtung* durch die Geschwindigkeitskomponente $v_x(x; y; z)$:

$$\frac{v_x(x + \Delta x; y; z) - v_x(x; y; z)}{\Delta x} \tag{I-147}$$

In der *z-Richtung* durch die Geschwindigkeitskomponente $v_z(x; y; z)$:

$$\frac{v_z(x; y; z + \Delta z) - v_z(x; y; z)}{\Delta z} \tag{I-148}$$

Man beachte dabei, daß diese Beiträge aus mathematischer Sicht *Differenzenquotienten* darstellen!

Wir „verkleinern“ jetzt unseren Quader, d. h. wir lassen die Kantenlängen Δx, Δy und Δz jeweils gegen *Null* gehen. Mit anderen Worten: Wir gehen von unserem Quader mit dem Volumen $\Delta V = \Delta x \; \Delta y \; \Delta z$ zu einem *infinitesimal kleinen* (quaderförmigen) *Volumenelement* $dV = dx \; dy \; dz$ über. Bei diesem Grenzübergang streben die drei Differenzenquotienten gegen die entsprechenden *partiellen Differentialquotienten* oder *partiellen Ableitungen 1. Ordnung:*

$$\begin{aligned} \frac{v_x(x + \Delta x; y; z) - v_x(x; y; z)}{\Delta x} &\to \frac{\partial v_x}{\partial x} \\ \frac{v_y(x; y + \Delta y; z) - v_y(x; y; z)}{\Delta y} &\to \frac{\partial v_y}{\partial y} \\ \frac{v_z(x; y; z + \Delta z) - v_z(x; y; z)}{\Delta z} &\to \frac{\partial v_z}{\partial z} \end{aligned} \qquad \text{(I-149)}$$

Durch *Addition* der einzelnen Beiträge in x-, y- und z-Richtung ergibt sich damit der folgende „*Volumengewinn*“ an Flüssigkeit pro Volumen- *und* Zeiteinheit:

$$\frac{\partial v_x}{\partial x} + \frac{\partial v_y}{\partial y} + \frac{\partial v_z}{\partial z} \qquad \text{(I-150)}$$

Man bezeichnet diese *skalare* Größe als die „*Divergenz*“ des Geschwindigkeitsfeldes $\vec{v}(x; y; z)$ und schreibt dafür symbolisch:

$$\operatorname{div} \vec{v} = \frac{\partial v_x}{\partial x} + \frac{\partial v_y}{\partial y} + \frac{\partial v_z}{\partial z} \qquad \text{(I-151)}$$

Im Volumenelement dV wird somit in der Zeiteinheit das Flüssigkeitsvolumen

$$\operatorname{div} \vec{v} \; dV = \left(\frac{\partial v_x}{\partial x} + \frac{\partial v_y}{\partial y} + \frac{\partial v_z}{\partial z} \right) dV \qquad \text{(I-152)}$$

„*erzeugt*“ oder „*vernichtet*“. Die *skalare* Größe $\operatorname{div} \vec{v}$ läßt sich daher in unserem Strömungsmodell wie folgt anschaulich deuten:

$\operatorname{div} \vec{v} > 0$: Der *abfließende* Anteil *überwiegt*, d. h. es tritt mehr Flüssigkeit aus als ein. Im Volumenelement dV befindet sich eine „*Quelle*“, in der Flüssigkeit „*erzeugt*“ wird.

$\operatorname{div} \vec{v} < 0$: Der *zufließende* Anteil *überwiegt*, d. h. es tritt mehr Flüssigkeit ein als aus. Im Volumenelement dV befindet sich eine „*Senke*“, in der Flüssigkeit „*vernichtet*“ wird.

$\operatorname{div} \vec{v} = 0$: Zufließender und abfließender Anteil halten sich das *Gleichgewicht*. Im Volumenelement dV befindet sich daher *weder* eine „Quelle“ noch *eine* „Senke“, das Strömungsfeld ist hier „*quellenfrei*“.

5.1.2 Definition und Eigenschaften der Divergenz

Aufgrund unseres Beispiels definieren wir den Begriff „*Divergenz eines Vektorfeldes*" allgemein wie folgt:

Definition: Unter der *Divergenz* eines Vektorfeldes $\vec{F}(x; y; z) = \begin{pmatrix} F_x(x; y; z) \\ F_y(x; y; z) \\ F_z(x; y; z) \end{pmatrix}$ versteht man das *skalare* Feld

$$\operatorname{div} \vec{F} = \frac{\partial F_x}{\partial x} + \frac{\partial F_y}{\partial y} + \frac{\partial F_z}{\partial z} \qquad \text{(I-153)}$$

Anmerkungen

(1) Bei einem *ebenen* Vektorfeld $\vec{F}(x; y) = \begin{pmatrix} F_x(x; y) \\ F_y(x; y) \end{pmatrix}$ reduziert sich die Divergenz auf *zwei* Summanden:

$$\operatorname{div} \vec{F} = \frac{\partial F_x}{\partial x} + \frac{\partial F_y}{\partial y} \qquad \text{(I-154)}$$

(2) Die Bezeichnung „*Divergenz*" stammt aus der *Hydrodynamik* und bedeutet soviel wie „Auseinanderströmen einer Flüssigkeit" („Divergieren"). Die skalare Größe $\operatorname{div} \vec{F}$ wird daher auch als „*Quelldichte*" oder „*Quellstärke pro Volumenelement*" bezeichnet. Dabei gilt in Analogie zum Geschwindigkeitsfeld einer strömenden Flüssigkeit:

div $\vec{F} > 0$: Im Volumenelement befindet sich eine „*Quelle*".

div $\vec{F} < 0$: Im Volumenelement befindet sich eine „*Senke*".

div $\vec{F} = 0$: Im Volumenelement befindet sich *weder* eine „Quelle" *noch* eine „Senke", das Vektorfeld ist an dieser Stelle „*quellenfrei*".

(3) Ein Vektorfeld $\vec{F}$ heißt in einem Bereich *quellenfrei*, wenn dort überall $\operatorname{div} \vec{F} = 0$ gilt.

(4) In den Anwendungen in Physik und Technik werden Vektorfelder häufig durch *Feldlinien* veranschaulicht (z. B. *elektrische* Felder von Ladungen oder *Geschwindigkeitsfelder* bei strömenden Flüssigkeiten). Die Feldlinien „entspringen" dabei den „Quellen" und „enden" in den „Senken". Bei einem elektrischen Feld sind die *positiven* Ladungen als die „Quellen" und die *negativen* Ladungen als die „Senken" anzusehen. Bild I-67 zeigt das Feldlinienbild zweier *entgegengesetzt gleichgroßer* Ladungen.

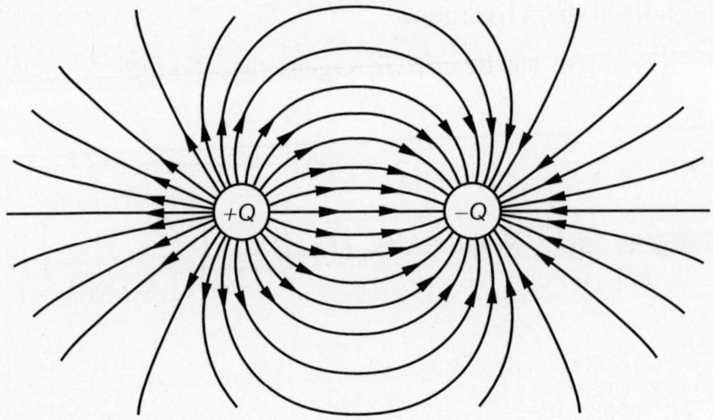

Bild I-67
„Quellen" und „Senken" in einem elektrischen Feld (hier: Feldlinienbild für zwei *entgegengesetzt* gleichstark geladene Kugeln)

Die *Divergenz* eines Vektorfeldes $\vec{F}$ läßt sich *formal* auch als *skalares* Produkt aus Nabla-Operator $\vec{\nabla}$ und Feldvektor $\vec{F}$ darstellen:

$$\operatorname{div} \vec{F} = \vec{\nabla} \cdot \vec{F} = \begin{pmatrix} \frac{\partial}{\partial x} \\ \frac{\partial}{\partial y} \\ \frac{\partial}{\partial z} \end{pmatrix} \cdot \begin{pmatrix} F_x \\ F_y \\ F_z \end{pmatrix} = \frac{\partial F_x}{\partial x} + \frac{\partial F_y}{\partial y} + \frac{\partial F_z}{\partial z} \qquad \text{(I-155)}$$

■ **Beispiele**

(1) Wir nennen einige Beispiele für *quellenfreie* Felder, die in den Anwendungen eine gewisse Rolle spielen:

— *Homogene* Vektorfelder wie z. B. das *elektrische Feld* in einem geladenen Plattenkondensator
— *Elektrisches Feld* einer Punktladung
— *Gravitationsfeld* einer Masse
— *Magnetfeld* in der Umgebung eines stromdurchflossenen linearen Leiters

(2) Wir bilden die *Divergenz* des Ortsvektors $\vec{r}$ in Ebene und Raum:

In der *Ebene* gilt:

$$\vec{r} = \begin{pmatrix} x \\ y \end{pmatrix} \Rightarrow \operatorname{div} \vec{r} = \frac{\partial}{\partial x}(x) + \frac{\partial}{\partial y}(y) = 1 + 1 = 2$$

Im *Raum* dagegen gilt:

$$\vec{r} = \begin{pmatrix} x \\ y \\ z \end{pmatrix} \Rightarrow \operatorname{div} \vec{r} = \frac{\partial}{\partial x}(x) + \frac{\partial}{\partial y}(y) + \frac{\partial}{\partial z}(z) = 1 + 1 + 1 = 3$$

(3) Wir berechnen die *Divergenz* des Vektorfeldes $\vec{F} = \begin{pmatrix} x^2 z \\ -4y^2 z^2 \\ x y z^2 \end{pmatrix}$ im Punkt $P = (1; 2; 1)$:

$$\operatorname{div} \vec{F} = \frac{\partial}{\partial x}(x^2 z) + \frac{\partial}{\partial y}(-4y^2 z^2) + \frac{\partial}{\partial z}(x y z^2) = 2xz - 8yz^2 + 2xyz$$

$$(\operatorname{div} \vec{F})_0 = 2 - 16 + 4 = -10$$

(4) Im *Innern* einer homogen geladenen Kugel herrscht die elektrische Feldstärke

$$\vec{E} = \frac{Q}{4\pi \varepsilon_0 R^3}\,\vec{r} = \frac{Q}{4\pi \varepsilon_0 R^3}\begin{pmatrix} x \\ y \\ z \end{pmatrix} \qquad (|\vec{r}| \leq R)$$

(R: Kugelradius; Q: Ladung der Kugel; ε_0: elektrische Feldkonstante). Wir bestimmen die *Divergenz* dieses kugelsymmetrischen Vektorfeldes und verwenden dabei das Ergebnis aus Beispiel (2):

$$\operatorname{div} \vec{E} = \frac{Q}{4\pi \varepsilon_0 R^3} \cdot \operatorname{div} \vec{r} = \frac{Q}{4\pi \varepsilon_0 R^3} \cdot 3 = \frac{3Q}{4\pi \varepsilon_0 R^3}$$

(nach Beispiel (2) ist $\operatorname{div} \vec{r} = 3$ bei einem *räumlichen* Ortsvektor). Mit der *Ladungsdichte*

$$\varrho_{\text{el}} = \frac{\text{Ladung}}{\text{Volumen}} = \frac{Q}{\frac{4}{3}\pi R^3} = \frac{3Q}{4\pi R^3}$$

können wir dafür auch schreiben:

$$\operatorname{div} \vec{E} = \varrho_{\text{el}} / \varepsilon_0$$

Diese wichtige Beziehung besagt, daß jeder Punkt im *Innern* der geladenen Kugel eine *Quelle* des elektrischen Feldes ist.

■

Wir schließen mit einigen wichtigen *Rechenregeln* für Divergenzen:

Rechenregeln für Divergenzen

$\vec{A}$ und $\vec{B}$ sind *Vektorfelder*, ϕ ist ein *Skalarfeld*, $\vec{a}$ ist ein *konstanter* Vektor und c eine *Konstante*:

(1) $\operatorname{div} \vec{a} = 0$ (I-156)

(2) $\operatorname{div}(\phi\, \vec{A}) = (\operatorname{grad} \phi) \cdot \vec{A} + \phi(\operatorname{div} \vec{A})$ (I-157)

(3) $\operatorname{div}(c\, \vec{A}) = c(\operatorname{div} \vec{A})$ (I-158)

(4) $\operatorname{div}(\vec{A} + \vec{B}) = \operatorname{div} \vec{A} + \operatorname{div} \vec{B}$ (I-159)

(5) $\operatorname{div}(\vec{A} + \vec{a}) = \operatorname{div} \vec{A}$ (I-160)

5.1.3 Ein Anwendungsbeispiel: Elektrisches Feld eines homogen geladenen Zylinders

Wir wollen uns nun mit dem *elektrischen Feld* eines unendlich langen *homogen* geladenen Zylinders beschäftigen (Zylinderradius: R; Ladungsdichte: ϱ_{el}). Im *Innern* des Zylinders besitzt das *axialsymmetrische* Feld die elektrische Feldstärke

$$\vec{E} = \frac{\varrho_{\mathrm{el}}}{2\,\varepsilon_0} \begin{pmatrix} x \\ y \\ 0 \end{pmatrix} \qquad (x^2 + y^2 \leqslant R^2) \tag{I-161}$$

im *Außenraum* dagegen die Feldstärke

$$\vec{E} = \frac{\varrho_{\mathrm{el}}\,R^2}{2\,\varepsilon_0 (x^2 + y^2)} \begin{pmatrix} x \\ y \\ 0 \end{pmatrix} \qquad (x^2 + y^2 \geqslant R^2) \tag{I-162}$$

(ε_0: elektrische Feldkonstante). Bild I-68 zeigt einen *ebenen* Schnitt durch das Feld *senkrecht* zur Zylinderachse (z-Achse), wobei wir von einer *positiven* Ladungsdichte ausgegangen sind. Da die *z-Komponente* der Feldstärke im gesamten Bereich *verschwindet* ($E_z = 0$), haben wir es mit einem *ebenen* Vektorfeld zu tun.

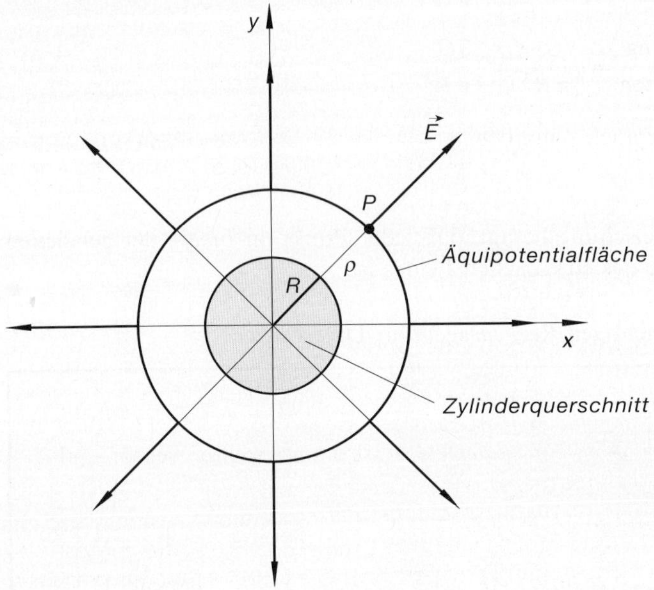

Bild I-68
Elektrisches Feld in der Umgebung eines homogen geladenen Zylinders (*positive* Ladungsdichte; ebener Schnitt senkrecht zur Zylinderachse)

Elektrisches Feld außerhalb des Zylinders

Wir zeigen zunächst, daß das elektrische Feld *außerhalb* des Zylinders *quellenfrei* ist ($\operatorname{div} \vec{E} = 0$).

Dazu benötigen wir die *partiellen* Ableitungen $\frac{\partial E_x}{\partial x}$ und $\frac{\partial E_y}{\partial y}$, die wir nun berechnen:

$$\frac{\partial E_x}{\partial x} = \frac{\varrho_{\text{el}} R^2}{2\varepsilon_0} \cdot \frac{\partial}{\partial x}\left(\frac{x}{x^2 + y^2}\right) =$$

$$= \frac{\varrho_{\text{el}} R^2}{2\varepsilon_0} \cdot \frac{1(x^2 + y^2) - 2x \cdot x}{(x^2 + y^2)^2} = \frac{\varrho_{\text{el}} R^2}{2\varepsilon_0} \cdot \frac{y^2 - x^2}{(x^2 + y^2)^2} \qquad \text{(I-163)}$$

Analog:

$$\frac{\partial E_y}{\partial y} = \frac{\varrho_{\text{el}} R^2}{2\varepsilon_0} \cdot \frac{\partial}{\partial y}\left(\frac{y}{x^2 + y^2}\right) = \frac{\varrho_{\text{el}} R^2}{2\varepsilon_0} \cdot \frac{x^2 - y^2}{(x^2 + y^2)^2} \qquad \text{(I-164)}$$

Somit ist

$$\operatorname{div} \vec{E} = \frac{\partial E_x}{\partial x} + \frac{\partial E_y}{\partial y} = \frac{\varrho_{\text{el}} R^2}{2\varepsilon_0}\left(\frac{y^2 - x^2}{(x^2 + y^2)^2} + \frac{x^2 - y^2}{(x^2 + y^2)^2}\right) = 0 \qquad \text{(I-165)}$$

Das elektrische Feld im *Außenraum* des geladenen Zylinders ist daher *quellenfrei*. Physikalische Begründung: *Außerhalb* des Zylinders befinden sich *keine* Ladungen.

Elektrisches Feld innerhalb des Zylinders

Im *Innern* des Zylinders dagegen verschwindet die Divergenz des Vektorfeldes $\vec{E}$ *nicht*.

Vielmehr gilt:

$$\operatorname{div} \vec{E} = \frac{\varrho_{\text{el}}}{2\varepsilon_0}\left(\frac{\partial}{\partial x}(x) + \frac{\partial}{\partial y}(y)\right) = \frac{\varrho_{\text{el}}}{2\varepsilon_0}(1 + 1) = \frac{\varrho_{\text{el}}}{\varepsilon_0} \qquad \text{(I-166)}$$

Diese wichtige Beziehung gehört zu den *Maxwellschen Gleichungen* der Elektrodynamik und besagt, daß die *positiven* Ladungen im Zylinderinnern die *Quellen* des elektrischen Feldes sind.

5.2 Rotation eines Vektorfeldes

5.2.1 Definition und Eigenschaften der Rotation

Bei der mathematischen Behandlung *elektrischer* und *magnetischer* Felder sowie der *Geschwindigkeitsfelder* strömender Flüssigkeiten erweist sich eine weitere Differentialoperation als sehr nützlich, die als „*Rotation*" des entsprechenden Vektorfeldes bezeichnet wird. Ein einfaches Beispiel für ein solches Geschwindigkeitsfeld $\vec{v} = \vec{v}(x; y; z)$ liefert die (stationäre) Wasserströmung in einem Kanal. Die Strömungsgeschwindigkeit ist dabei in der Kanalmitte am größten, nimmt jedoch (durch Reibungskräfte bedingt) zum Ufer hin ab. Kleine, in die Strömung gebrachte Kugeln rotieren in Ufernähe infolge des dortigen Geschwindigkeitsgefälles um ihre Achsen und erlauben somit einen anschaulichen Einblick in die Bewegung der dortigen Wasserteilchen. Diese Rotation läßt sich nun in geeigneter Weise durch einen *Vektor* mit der Bezeichnung „*Rotation des Geschwindigkeitsfeldes*" beschreiben. (Siehe Skizze nächste Seite oben).

Die *Richtung* dieses Vektors fällt dabei in die jeweilige *Drehachse* der rotierenden Kugel (bzw. des Wasserteilchens), während der *Betrag* des Vektors als ein geeignetes Maß für die *Stärke* der „Flüssigkeitswirbel" dient.

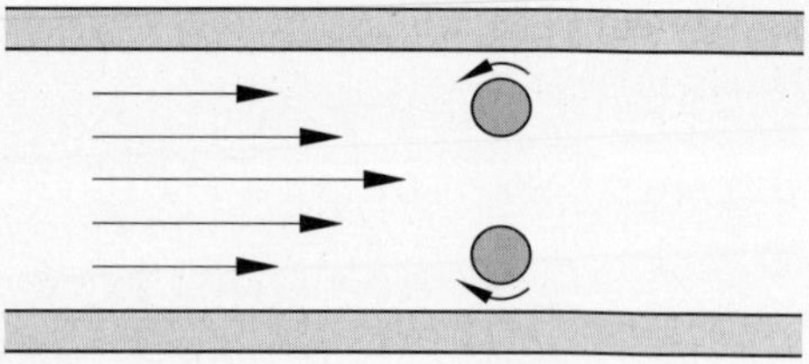

Allgemein definieren wir den Begriff „*Rotation eines Vektorfeldes*" wie folgt:

Definition: Unter der *Rotation* eines Vektorfeldes $\vec{F}(x; y; z) = \begin{pmatrix} F_x(x; y; z) \\ F_y(x; y; z) \\ F_z(x; y; z) \end{pmatrix}$ versteht man das *Vektorfeld*

$$\operatorname{rot} \vec{F} = \left(\frac{\partial F_z}{\partial y} - \frac{\partial F_y}{\partial z} \right) \vec{e}_x + \left(\frac{\partial F_x}{\partial z} - \frac{\partial F_z}{\partial x} \right) \vec{e}_y + \left(\frac{\partial F_y}{\partial x} - \frac{\partial F_x}{\partial y} \right) \vec{e}_z = \begin{pmatrix} \dfrac{\partial F_z}{\partial y} - \dfrac{\partial F_y}{\partial z} \\[2ex] \dfrac{\partial F_x}{\partial z} - \dfrac{\partial F_z}{\partial x} \\[2ex] \dfrac{\partial F_y}{\partial x} - \dfrac{\partial F_x}{\partial y} \end{pmatrix} \qquad \text{(I-167)}$$

Anmerkungen

(1) Bei einem *ebenen* Vektorfeld $\vec{F}(x; y) = \begin{pmatrix} F_x(x; y) \\ F_y(x; y) \end{pmatrix}$ *verschwindet* sowohl die *x-Komponente* als auch die *y-Komponente* der Rotation automatisch. Die verbleibende z-Komponente lautet:

$$(\operatorname{rot} \vec{F})_z = \frac{\partial F_y}{\partial x} - \frac{\partial F_x}{\partial y} \qquad \text{(I-168)}$$

Somit gilt für ein *ebenes* Vektorfeld:

$$\operatorname{rot} \vec{F} = \left(\frac{\partial F_y}{\partial x} - \frac{\partial F_x}{\partial y} \right) \vec{e}_z \qquad \text{(I-169)}$$

(2) Die Bezeichnung „*Rotation*" stammt aus der *Hydrodynamik* und beschreibt dort die Bildung von „*Wirbeln*" (geschlossene Feldlinien bei Geschwindigkeitsfeldern strömender Flüssigkeiten).

(3) Der Vektor rot $\vec{F}$ wird auch als „*Wirbeldichte*" des Feldes $\vec{F}$ bezeichnet.

(4) Das Vektorfeld rot $\vec{F}$ wird häufig auch als *Wirbelfeld* zu $\vec{F}$ bezeichnet.

(5) Ein Vektorfeld $\vec{F}$ heißt in einem Bereich *wirbelfrei*, wenn dort überall rot $\vec{F} = \vec{0}$ gilt.

Die *Rotation* eines Vektorfeldes $\vec{F}$ läßt sich *formal* auch als *Vektorprodukt* aus dem „Nabla-Operator" $\vec{\nabla}$ und dem Feldvektor $\vec{F}$ darstellen:

$$\operatorname{rot} \vec{F} = \vec{\nabla} \times \vec{F} = \begin{pmatrix} \dfrac{\partial}{\partial x} \\ \dfrac{\partial}{\partial y} \\ \dfrac{\partial}{\partial z} \end{pmatrix} \times \begin{pmatrix} F_x \\ F_y \\ F_z \end{pmatrix} = \begin{pmatrix} \dfrac{\partial F_z}{\partial y} - \dfrac{\partial F_y}{\partial z} \\ \dfrac{\partial F_x}{\partial z} - \dfrac{\partial F_z}{\partial x} \\ \dfrac{\partial F_y}{\partial x} - \dfrac{\partial F_x}{\partial y} \end{pmatrix} \tag{I-170}$$

Desweiteren besteht die Möglichkeit der *Determinantenschreibweise*[6]:

$$\operatorname{rot} \vec{F} = \begin{vmatrix} \vec{e}_x & \vec{e}_y & \vec{e}_z \\ \dfrac{\partial}{\partial x} & \dfrac{\partial}{\partial y} & \dfrac{\partial}{\partial z} \\ F_x & F_y & F_z \end{vmatrix} \tag{I-171}$$

Durch Entwicklung dieser Determinante nach den Elementen der *ersten* Zeile erhält man genau die Definitionsformel (I-167).

■ **Beispiele**

(1) Die folgenden Vektorfelder der Physik sind stets *wirbelfrei*:

— *Homogene* Vektorfelder (Beispiel: elektrisches Feld in einem geladenen *Plattenkondensator*)

— *Kugel-* oder *radialsymmetrische* Vektorfelder (*Zentralfelder*) (Beispiele: elektrisches Feld einer Punktladung, Gravitationsfeld einer Masse)

— *Zylinder-* oder *axialsymmetrische* Vektorfelder (Beispiel: elektrisches Feld in der Umgebung eines geladenen Zylinders)

(2) Die *Rotation* des Ortsvektors $\vec{r}$ *verschwindet* (in Ebene *und* Raum):

$$\operatorname{rot} \vec{r} = \vec{\nabla} \times \vec{r} = \begin{pmatrix} \dfrac{\partial}{\partial x} \\ \dfrac{\partial}{\partial y} \\ \dfrac{\partial}{\partial z} \end{pmatrix} \times \begin{pmatrix} x \\ y \\ z \end{pmatrix} = \begin{pmatrix} \dfrac{\partial}{\partial y}(z) - \dfrac{\partial}{\partial z}(y) \\ \dfrac{\partial}{\partial z}(x) - \dfrac{\partial}{\partial x}(z) \\ \dfrac{\partial}{\partial x}(y) - \dfrac{\partial}{\partial y}(x) \end{pmatrix} = \begin{pmatrix} 0 \\ 0 \\ 0 \end{pmatrix} = \vec{0}$$

[6] In Band 1, Abschnitt II.3.4.1 haben wir gezeigt, daß sich ein Vektorprodukt *formal* durch eine 3-reihige Determinante darstellen läßt.

(3) Wir berechnen die *Rotation* des *Geschwindigkeitsfeldes* $\vec{v} = \begin{pmatrix} x z^4 \\ -4 x z \\ 2 y z^2 \end{pmatrix}$ im Punkt $P = (1; -1; 1)$.

Zunächst erhalten wir für $\operatorname{rot} \vec{v}$ in der *Determinantenschreibweise*:

$$\operatorname{rot} \vec{v} = \begin{vmatrix} \vec{e}_x & \vec{e}_y & \vec{e}_z \\ \dfrac{\partial}{\partial x} & \dfrac{\partial}{\partial y} & \dfrac{\partial}{\partial z} \\ x z^4 & -4 x z & 2 y z^2 \end{vmatrix}$$

Entwicklung nach den Elementen der *ersten Zeile* liefert:

$$\operatorname{rot} \vec{v} = \left[\frac{\partial}{\partial y} (2 y z^2) - \frac{\partial}{\partial z} (-4 x z) \right] \vec{e}_x - \left[\frac{\partial}{\partial x} (2 y z^2) - \frac{\partial}{\partial z} (x z^4) \right] \vec{e}_y + $$

$$+ \left[\frac{\partial}{\partial x} (-4 x z) - \frac{\partial}{\partial y} (x z^4) \right] \vec{e}_z =$$

$$= (2 z^2 + 4 x)\, \vec{e}_x - (0 - 4 x z^3)\, \vec{e}_y + (-4 z - 0)\, \vec{e}_z =$$

$$= (2 z^2 + 4 x)\, \vec{e}_x + 4 x z^3\, \vec{e}_y - 4 z\, \vec{e}_z$$

Im Punkt $P = (1; -1; 1)$ gilt dann:

$$(\operatorname{rot} \vec{F})_0 = (2 + 4)\, \vec{e}_x + 4\, \vec{e}_y - 4\, \vec{e}_z = 6\, \vec{e}_x + 4\, \vec{e}_y - 4\, \vec{e}_z$$

(4) Im *Innern* einer homogen geladenen Kugel wird das elektrische Feld durch den *Feldstärkevektor*

$$\vec{E} = \frac{Q}{4 \pi \varepsilon_0 R^3}\, \vec{r} \qquad (|\vec{r}| \leqslant R)$$

dargestellt (R: Kugelradius; Q: Ladung der Kugel; ε_0: elektrische Feldkonstante). Die *Rotation* dieses Feldes *verschwindet*:

$$\operatorname{rot} \vec{E} = \frac{Q}{4 \pi \varepsilon_0 R^3} \cdot \operatorname{rot} \vec{r} = \vec{0}$$

Denn nach Beispiel (2) ist $\operatorname{rot} \vec{r} = \vec{0}$. Das elektrische Feld im *Innern* der geladenen Kugel ist somit *wirbelfrei*.

■

Abschließend geben wir noch die wichtigsten *Rechenregeln* für Rotationen an:

Rechenregeln für Rotationen

$\vec{A}$ und $\vec{B}$ sind *Vektorfelder*, ϕ ist ein *Skalarfeld*, $\vec{a}$ ist ein *konstanter* Vektor und c eine *Konstante*:

(1) $\operatorname{rot} \vec{a} = \vec{0}$ (I-172)

(2) $\operatorname{rot}(\phi\ \vec{A}) = (\operatorname{grad} \phi) \times \vec{A} + \phi(\operatorname{rot} \vec{A})$ (I-173)

(3) $\operatorname{rot}(c\ \vec{A}) = c(\operatorname{rot} \vec{A})$ (I-174)

(4) $\operatorname{rot}(\vec{A} + \vec{B}) = \operatorname{rot} \vec{A} + \operatorname{rot} \vec{B}$ (I-175)

(5) $\operatorname{rot}(\vec{A} + \vec{a}) = \operatorname{rot} \vec{A}$ (I-176)

5.2.2 Ein Anwendungsbeispiel: Geschwindigkeitsfeld einer rotierenden Scheibe

Eine dünne homogene Scheibe rotiere mit der *konstanten* Winkelgeschwindigkeit $\vec{\omega} = \omega_0\ \vec{e}_z$ um die Symmetrieachse der Scheibe (z-Achse; Bild I-69) [7].

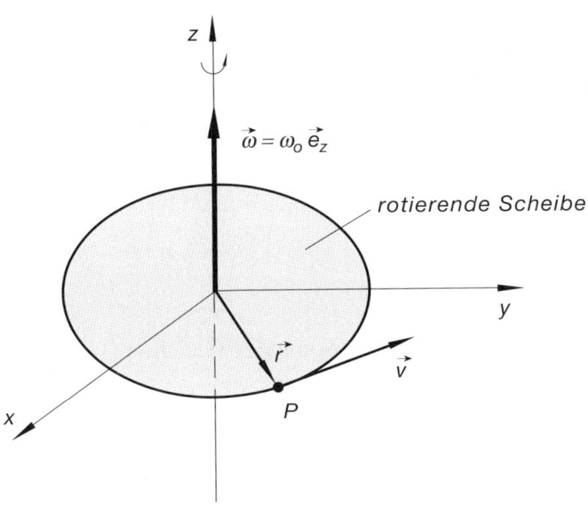

Bild I-69
Gleichmäßig um die Symmetrieachse (z-Achse) rotierende Scheibe

Wir betrachten jetzt ein *beliebiges* Teilchen auf der Scheibe mit dem Ortsvektor $\vec{r}$. Es besitzt den folgenden *Geschwindigkeitsvektor*:

$$\vec{v} = \vec{\omega} \times \vec{r} = \begin{pmatrix} 0 \\ 0 \\ \omega_0 \end{pmatrix} \times \begin{pmatrix} x \\ y \\ 0 \end{pmatrix} = \begin{pmatrix} -\omega_0 y \\ \omega_0 x \\ 0 \end{pmatrix} \qquad \text{(I-177)}$$

[7] Die Scheibe wird als *flächenhafter* Körper angesehen (Schichtdicke → Null).

Dieses *ebene* Geschwindigkeitsfeld ist ein *Wirbelfeld*, da die Rotation von $\vec{v}$ *nicht* verschwindet, wie wir gleich zeigen werden. Da bei einem *ebenen* Vektorfeld die ersten beiden Komponenten der Rotation *automatisch verschwinden*, müssen wir nur noch die *z-Komponente* bestimmen. Nach Formel (I-168) gilt dann:

$$(\operatorname{rot}\vec{v})_z = \frac{\partial v_y}{\partial x} - \frac{\partial v_x}{\partial y} = \frac{\partial}{\partial x}(\omega_0 x) - \frac{\partial}{\partial y}(-\omega_0 y) = \omega_0 + \omega_0 = 2\omega_0 \neq 0 \qquad \text{(I-178)}$$

Damit ist

$$\operatorname{rot}\vec{v} = 0\ \vec{e}_x + 0\ \vec{e}_y + 2\omega_0\ \vec{e}_z = 2\omega_0\ \vec{e}_z = 2\ \vec{\omega} \neq \vec{0} \qquad \text{(I-179)}$$

Das Geschwindigkeitsfeld ist also – wie behauptet – ein *Wirbelfeld*. Die Feldlinien (Teilchenbahnen) sind dabei *konzentrische* Kreise, wie man der Anschauung unmittelbar entnehmen kann (Bild I-70).

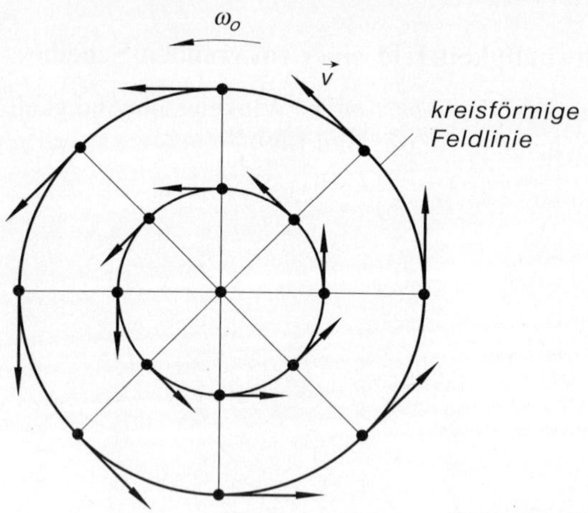

Bild I-70
Geschwindigkeitsfeld einer gleichmäßig um die Symmetrieachse (z-Achse) rotierenden Scheibe

Sie können auch aus der Bedingung (I-101), d.h. hier also aus der Gleichung

$$\vec{v} \times d\vec{r} = \vec{0} \qquad \text{(I-180)}$$

direkt ermittelt werden:

$$\vec{v} \times d\vec{r} = \begin{pmatrix} -\omega_0 y \\ \omega_0 x \\ 0 \end{pmatrix} \times \begin{pmatrix} dx \\ dy \\ 0 \end{pmatrix} = \omega_0 \begin{pmatrix} -y \\ x \\ 0 \end{pmatrix} \times \begin{pmatrix} dx \\ dy \\ 0 \end{pmatrix} =$$

$$= \omega_0 \begin{pmatrix} 0 \\ 0 \\ -y\,dy - x\,dx \end{pmatrix} = \begin{pmatrix} 0 \\ 0 \\ 0 \end{pmatrix} \qquad \text{(I-181)}$$

Somit gilt:

$$-y\,dy - x\,dx = 0 \qquad \text{oder} \qquad y\,dy + x\,dx = 0 \qquad \text{(I-182)}$$

Diese *Differentialgleichung 1. Ordnung* haben wir bereits in Abschnitt 3.3 (Beispiel (2)) gelöst. Sie führte uns zu den Kurven

$$x^2 + y^2 = \text{const.} = c \qquad (c > 0) \tag{I-183}$$

d.h. zu *konzentrischen* Kreisen um den Koordinatenursprung mit den Radien $r = \sqrt{c}$.

5.3 Spezielle Vektorfelder

5.3.1 Quellenfreies Vektorfeld

Ein Vektorfeld $\vec{F}$, dessen *Divergenz* verschwindet (div $\vec{F} = 0$), heißt bekanntlich *quellenfrei*. Wir wollen zunächst zeigen, daß ein Wirbelfeld $\vec{F} = \text{rot}\,\vec{E}$ stets *quellenfrei* ist und somit der Gleichung

$$\text{div}\,\vec{F} = \text{div}(\text{rot}\,\vec{E}) = 0 \tag{I-184}$$

genügt. Mit

$$\vec{E} = E_x\,\vec{e}_x + E_y\,\vec{e}_y + E_z\,\vec{e}_z \tag{I-185}$$

und

$$\text{rot}\,\vec{E} = \left(\frac{\partial E_z}{\partial y} - \frac{\partial E_y}{\partial z}\right)\vec{e}_x + \left(\frac{\partial E_x}{\partial z} - \frac{\partial E_z}{\partial x}\right)\vec{e}_y + \left(\frac{\partial E_y}{\partial x} - \frac{\partial E_x}{\partial y}\right)\vec{e}_z \tag{I-186}$$

erhalten wir

$$\begin{aligned} \text{div}(\text{rot}\,\vec{E}) &= \frac{\partial}{\partial x}\left(\frac{\partial E_z}{\partial y} - \frac{\partial E_y}{\partial z}\right) + \frac{\partial}{\partial y}\left(\frac{\partial E_x}{\partial z} - \frac{\partial E_z}{\partial x}\right) + \frac{\partial}{\partial z}\left(\frac{\partial E_y}{\partial x} - \frac{\partial E_x}{\partial y}\right) = \\ &= \frac{\partial^2 E_z}{\partial y\,\partial x} - \frac{\partial^2 E_y}{\partial z\,\partial x} + \frac{\partial^2 E_x}{\partial z\,\partial y} - \frac{\partial^2 E_z}{\partial x\,\partial y} + \frac{\partial^2 E_y}{\partial x\,\partial z} - \frac{\partial^2 E_x}{\partial y\,\partial z} = \\ &= \left(\frac{\partial^2 E_x}{\partial z\,\partial y} - \frac{\partial^2 E_x}{\partial y\,\partial z}\right) + \left(\frac{\partial^2 E_y}{\partial x\,\partial z} - \frac{\partial^2 E_y}{\partial z\,\partial x}\right) + \left(\frac{\partial^2 E_z}{\partial y\,\partial x} - \frac{\partial^2 E_z}{\partial x\,\partial y}\right) \end{aligned} \tag{I-187}$$

Denn die in den Klammern stehenden Ausdrücke *verschwinden* nach dem *Satz von Schwarz*, wenn wir voraussetzen, daß die Vektorkoordinaten von $\vec{E}$ *stetige* partielle Ableitung 2. Ordnung besitzen [8)]. Unter diesen Voraussetzungen gilt somit

$$\text{div}(\text{rot}\,\vec{E}) = 0 \tag{I-188}$$

und ein *Wirbelfeld* ist daher stets *quellenfrei*.

Umgekehrt läßt sich zeigen, daß ein *quellenfreies* Vektorfeld $\vec{F}$ stets als *Rotation* eines Vektorfeldes $\vec{E}$, *Vektorpotential* genannt, darstellbar ist:

$$\text{div}\,\vec{F} = 0 \;\Rightarrow\; \vec{F} = \text{rot}\,\vec{E} \tag{I-189}$$

[8)] Die Reihenfolge, in der die Differentiationen ausgeführt werden, spielt dann *keine* Rolle und die in den jeweiligen Klammern enthaltenen partiellen Ableitungen sind somit *gleich*.

Das *Vektorpotential* $\vec{E}$ ist dabei bis auf den Gradienten einer skalaren Funktion ϕ *eindeutig* bestimmt.

Eigenschaften eines quellenfreien Vektorfeldes

Ein *quellenfreies* Vektorfeld $\vec{F}$ läßt sich stets als *Rotation* eines Vektorfeldes $\vec{E}$ darstellen:

$$\operatorname{div} \vec{F} = 0 \Rightarrow \vec{F} = \operatorname{rot} \vec{E} \tag{I-190}$$

$\vec{E}$ heißt *Vektorpotential* und ist bis auf den Gradienten einer skalaren Funktion ϕ *eindeutig* bestimmt.

Umgekehrt ist ein *Wirbelfeld* $\vec{F} = \operatorname{rot} \vec{E}$ stets *quellenfrei*:

$$\vec{F} = \operatorname{rot} \vec{E} \Rightarrow \operatorname{div} \vec{F} = \operatorname{div}(\operatorname{rot} \vec{E}) = 0 \tag{I-191}$$

■ **Beispiele**

Die folgenden Vektorfelder der Physik sind *quellenfrei*:

— *Homogenes elektrisches Feld* in einem geladenen Plattenkondensator
— *Elektrisches Feld* einer Punktladung
— *Gravitationsfeld* der Erde
— *Magnetfeld* in der Umgebung eines stromdurchflossenen linearen Leiters ■

5.3.2 Wirbelfreies Vektorfeld

Ein Vektorfeld $\vec{F}$, dessen Rotation *verschwindet* ($\operatorname{rot} \vec{F} = \vec{0}$), bezeichnen wir bekanntlich als *wirbelfrei*. Wir zeigen zunächst, daß ein *Gradientenfeld* $\vec{F} = \operatorname{grad} \phi$ stets *wirbelfrei* ist und somit die Bedingung

$$\operatorname{rot} \vec{F} = \operatorname{rot}(\operatorname{grad} \phi) = \vec{0} \tag{I-192}$$

erfüllt. Mit

$$\operatorname{grad} \phi = \frac{\partial \phi}{\partial x} \vec{e}_x + \frac{\partial \phi}{\partial y} \vec{e}_y + \frac{\partial \phi}{\partial z} \vec{e}_z \tag{I-193}$$

folgt zunächst (in der speziellen Determinantenschreibweise)

$$\operatorname{rot}(\operatorname{grad} \phi) = \begin{vmatrix} \vec{e}_x & \vec{e}_y & \vec{e}_z \\ \dfrac{\partial}{\partial x} & \dfrac{\partial}{\partial y} & \dfrac{\partial}{\partial z} \\ \dfrac{\partial \phi}{\partial x} & \dfrac{\partial \phi}{\partial y} & \dfrac{\partial \phi}{\partial z} \end{vmatrix} \tag{I-194}$$

Wir entwickeln diese Determinante nach den Elementen der *ersten* Zeile und erhalten

$$\operatorname{rot}(\operatorname{grad}\phi) = \left[\frac{\partial}{\partial y}\left(\frac{\partial \phi}{\partial z}\right) - \frac{\partial}{\partial z}\left(\frac{\partial \phi}{\partial y}\right)\right]\vec{e}_x - \left[\frac{\partial}{\partial x}\left(\frac{\partial \phi}{\partial z}\right) - \frac{\partial}{\partial z}\left(\frac{\partial \phi}{\partial x}\right)\right]\vec{e}_y +$$

$$+ \left[\frac{\partial}{\partial x}\left(\frac{\partial \phi}{\partial y}\right) - \frac{\partial}{\partial y}\left(\frac{\partial \phi}{\partial x}\right)\right]\vec{e}_z =$$

$$= \left(\frac{\partial^2 \phi}{\partial z\,\partial y} - \frac{\partial^2 \phi}{\partial y\,\partial z}\right)\vec{e}_x - \left(\frac{\partial^2 \phi}{\partial z\,\partial x} - \frac{\partial^2 \phi}{\partial x\,\partial z}\right)\vec{e}_y + \left(\frac{\partial^2 \phi}{\partial y\,\partial x} - \frac{\partial^2 \phi}{\partial x\,\partial y}\right)\vec{e}_z \tag{I-195}$$

Wenn wir voraussetzen, daß die partiellen Ableitungen 2. Ordnung des skalaren Feldes ϕ *stetig* sind, so *verschwinden* nach dem *Satz von Schwarz* die in den Klammern stehenden Ausdrücke und es gilt

$$\operatorname{rot}(\operatorname{grad}\phi) = \vec{0} \tag{I-196}$$

Unter den genannten Voraussetzungen ist ein *Gradientenfeld* also stets *wirbelfrei*.

Umgekehrt läßt sich zeigen, daß ein *wirbelfreies* Feld stets als *Gradient* eines skalaren Feldes dargestellt werden kann:

$$\operatorname{rot}\vec{F} = \vec{0} \;\Rightarrow\; \vec{F} = \operatorname{grad}\phi \tag{I-197}$$

Eigenschaften eines wirbelfreien Vektorfeldes

Ein *wirbelfreies* Vektorfeld $\vec{F}$ läßt sich stets als *Gradient* eines skalaren Feldes ϕ darstellen:

$$\operatorname{rot}\vec{F} = \vec{0} \;\Rightarrow\; \vec{F} = \operatorname{grad}\phi \tag{I-198}$$

Umgekehrt ist ein *Gradientenfeld* $\vec{F} = \operatorname{grad}\phi$ stets *wirbelfrei*:

$$\vec{F} = \operatorname{grad}\phi \;\Rightarrow\; \operatorname{rot}\vec{F} = \operatorname{rot}(\operatorname{grad}\phi) = \vec{0} \tag{I-199}$$

■ **Beispiele**

Die folgenden Vektorfelder der Physik sind stets *wirbelfrei*:

— *Homogene* Vektorfelder wie z. B. das elektrische Feld in einem geladenen Plattenkondensator
— *Kugel-* oder *radialsymmetrische* Vektorfelder (*Zentralfelder*) wie z. B. das elektrische Feld einer Punktladung oder das Gravitationsfeld der Erde
— *Zylinder-* oder *axialsymmetrische* Vektorfelder wie z. B. das elektrische Feld in der Umgebung eines geladenen Zylinders

■

5.3.3 Laplace- und Poisson-Gleichung

Für ein *quellen-* und zugleich *wirbelfreies* Vektorfeld $\vec{F}$ müssen die folgenden Gleichungen erfüllt sein:

$$\operatorname{div} \vec{F} = 0 \qquad \textit{und} \qquad \operatorname{rot} \vec{F} = \vec{0} \tag{I-200}$$

Ein solches Vektorfeld ist dann wegen seiner *Wirbelfreiheit* als *Gradient* eines skalaren Feldes ϕ darstellbar:

$$\vec{F} = \operatorname{grad} \phi \tag{I-201}$$

Wir setzen diese Beziehung in die *erste* der beiden Gleichungen (I-200) ein und erhalten

$$\operatorname{div} \vec{F} = \operatorname{div}(\operatorname{grad} \phi) = 0 \tag{I-202}$$

Mit

$$\operatorname{grad} \phi = \frac{\partial \phi}{\partial x}\, \vec{e}_x + \frac{\partial \phi}{\partial y}\, \vec{e}_y + \frac{\partial \phi}{\partial z}\, \vec{e}_z \tag{I-203}$$

wird daraus schließlich

$$\operatorname{div}(\operatorname{grad} \phi) = \frac{\partial}{\partial x}\left(\frac{\partial \phi}{\partial x}\right) + \frac{\partial}{\partial y}\left(\frac{\partial \phi}{\partial y}\right) + \frac{\partial}{\partial z}\left(\frac{\partial \phi}{\partial z}\right) = \frac{\partial^2 \phi}{\partial x^2} + \frac{\partial^2 \phi}{\partial y^2} + \frac{\partial^2 \phi}{\partial z^2} = 0 \tag{I-204}$$

Diese *partielle Differentialgleichung 2. Ordnung* für das skalare Feld ϕ läßt sich mit Hilfe des sog. *„Laplace-Operators"*

$$\Delta = \frac{\partial^2}{\partial x^2} + \frac{\partial^2}{\partial y^2} + \frac{\partial^2}{\partial z^2} \tag{I-205}$$

verkürzt auch wie folgt schreiben:

$$\operatorname{div}(\operatorname{grad} \phi) = \Delta \phi = 0 \tag{I-206}$$

Sie wird in den Anwendungen als *Laplacesche Differentialgleichung* oder kurz als *Laplace-Gleichung* bezeichnet. Der *Laplace-Operator* Δ kann dabei auch als das *skalare Produkt* des *Nabla-Vektors* $\vec{\nabla}$ mit sich selbst aufgefaßt werden:

$$\Delta = \vec{\nabla} \cdot \vec{\nabla} = \begin{pmatrix} \dfrac{\partial}{\partial x} \\[2ex] \dfrac{\partial}{\partial y} \\[2ex] \dfrac{\partial}{\partial z} \end{pmatrix} \cdot \begin{pmatrix} \dfrac{\partial}{\partial x} \\[2ex] \dfrac{\partial}{\partial y} \\[2ex] \dfrac{\partial}{\partial z} \end{pmatrix} = \frac{\partial^2}{\partial x^2} + \frac{\partial^2}{\partial y^2} + \frac{\partial^2}{\partial z^2} \tag{I-207}$$

In der *Operatoren-Schreibweise* gilt somit:

$$\operatorname{div}(\operatorname{grad} \phi) = \vec{\nabla} \cdot (\vec{\nabla} \phi) = (\vec{\nabla} \cdot \vec{\nabla})\, \phi = \Delta \phi \tag{I-208}$$

Die Lösungen der *Laplace-Gleichung* $\Delta\phi = 0$ werden als *harmonische* Funktionen bezeichnet.

Die *Laplace-Gleichung* ist dabei ein *Sonderfall* der allgemeineren *Poissonschen-Differentialgleichung*

$$\Delta\phi = f(x; y; z) \qquad \text{(I-209)}$$

die auch als *Potentialgleichung* bezeichnet wird, da sie z. B. bei der Beschreibung des *Potentials* eines *elektrischen Feldes* von großer Bedeutung ist. Die Lösung ϕ der *Poisson-* oder *Potentialgleichung* heißt daher auch *Potentialfunktion* oder kurz *Potential.*

Wir fassen zusammen:

Laplace- und Poisson-Gleichung

Laplace-Operator Δ

$$\Delta = \vec{\nabla} \cdot \vec{\nabla} = \frac{\partial^2}{\partial x^2} + \frac{\partial^2}{\partial y^2} + \frac{\partial^2}{\partial z^2} \qquad \text{(I-210)}$$

(formales *Skalarprodukt* des *Nabla-Operators* $\vec{\nabla}$ mit sich selbst)

Laplace'sche Differentialgleichung (Laplace-Gleichung)

$$\Delta\phi = 0 \qquad \text{oder} \qquad \frac{\partial^2\phi}{\partial x^2} + \frac{\partial^2\phi}{\partial y^2} + \frac{\partial^2\phi}{\partial z^2} = 0 \qquad \text{(I-211)}$$

Die Lösungen dieser *homogenen* partiellen Differentialgleichung 2. Ordnung werden als *harmonische* Funktionen bezeichnet.

Poisson- oder Potentialgleichung

$$\Delta\phi = f(x; y; z) \qquad \text{oder} \qquad \frac{\partial^2\phi}{\partial x^2} + \frac{\partial^2\phi}{\partial y^2} + \frac{\partial^2\phi}{\partial z^2} = f(x; y; z) \qquad \text{(I-212)}$$

Die Lösungen dieser *inhomogenen* partiellen Differentialgleichung 2. Ordnung werden als *Potentialfunktionen* bezeichnet.

Anmerkungen

(1) Die *Hintereinanderanwendung* der Differentialoperatoren „div" und „grad" führt somit zum „Laplace-Operator" Δ:

$$\operatorname{div}(\text{grad}) = \vec{\nabla} \cdot \vec{\nabla} = \Delta \qquad \text{(I-213)}$$

Δ ist ebenfalls ein *Differentialoperator* (von 2. Ordnung).

(2) Ein *wirbelfreies* Vektorfeld $\vec{F}$ (rot $\vec{F} = \vec{0}$) läßt sich stets als *Gradient* eines skalaren Feldes ϕ darstellen: $\vec{F} = \text{grad}\,\phi$. Ist das Vektorfeld zusätzlich auch noch *quellenfrei* (div $\vec{F} = 0$), so ist ϕ eine Lösung der *Laplace-Gleichung*, ansonsten jedoch eine Lösung der *Poisson-Gleichung*.

(3) Ein *wirbelfreies* Quellenfeld $\vec{F}$ erfüllt die Bedingungen

$$\text{div}\,\vec{F} \neq 0 \qquad \textit{und} \qquad \text{rot}\,\vec{F} = \vec{0} \tag{I-214}$$

und wird auch als ein *Poisson-Feld* bezeichnet, da in diesem Fall die zugehörige Potentialfunktion ϕ eine Lösung der *Poisson-Gleichung* ist.
Ist das Vektorfeld $\vec{F}$ jedoch quellen- *und* wirbelfrei, gilt somit

$$\text{div}\,\vec{F} = 0 \qquad \textit{und} \qquad \text{rot}\,\vec{F} = \vec{0} \tag{I-215}$$

so heißt dieses Feld auch ein *Laplace-Feld*. Denn die zugehörige Potentialfunktion ϕ ist in diesem Fall eine Lösung der *Laplace-Gleichung*.

(4) Bei einem *ebenen* Problem reduziert sich der *Laplace-Operator* auf

$$\Delta = \vec{\nabla} \cdot \vec{\nabla} = \frac{\partial^2}{\partial x^2} + \frac{\partial^2}{\partial y^2} \tag{I-216}$$

■ **Beispiele**

(1) Wir zeigen, daß die Funktion $\phi = \ln\left(\frac{1}{r}\right)$ im *Zweidimensionalen* eine *harmonische* Funktion ist, d. h. eine spezielle Lösung der *Laplace-Gleichung* $\Delta\phi = 0$ darstellt ($r > 0$).
Zunächst bringen wir die Funktion ϕ durch *elementare* Umformungen und unter Berücksichtigung von $r = \sqrt{x^2 + y^2} = (x^2 + y^2)^{1/2}$ auf eine für die Differentiation *geeignetere* Form:

$$\phi = \ln\left(\frac{1}{r}\right) = \ln 1 - \ln r = -\ln r = -\ln(x^2 + y^2)^{1/2} = -\frac{1}{2} \cdot \ln(x^2 + y^2)$$

Die benötigten partiellen Ableitungen 2. Ordnung lauten dann:

$$\frac{\partial \phi}{\partial x} = \frac{\partial}{\partial x}\left[-\frac{1}{2} \cdot \ln(x^2 + y^2)\right] = -\frac{1}{2} \cdot \frac{1}{x^2 + y^2} \cdot 2x = -\frac{x}{x^2 + y^2}$$

$$\frac{\partial^2 \phi}{\partial x^2} = \frac{\partial}{\partial x}\left[-\frac{x}{x^2 + y^2}\right] = -\frac{1(x^2 + y^2) - 2x \cdot x}{(x^2 + y^2)^2} = \frac{x^2 - y^2}{(x^2 + y^2)^2}$$

Analog:

$$\frac{\partial^2 \phi}{\partial y^2} = \frac{y^2 - x^2}{(x^2 + y^2)^2}$$

Somit gilt:

$$\Delta\phi = \frac{\partial^2\phi}{\partial x^2} + \frac{\partial^2\phi}{\partial y^2} = \frac{x^2 - y^2}{(x^2 + y^2)^2} + \frac{y^2 - x^2}{(x^2 + y^2)^2} =$$

$$= \frac{x^2 - y^2 + y^2 - x^2}{(x^2 + y^2)^2} = \frac{0}{(x^2 + y^2)^2} = 0$$

Die Funktion $\phi = \ln\left(\frac{1}{r}\right)$ ist daher eine Lösung der *Laplace-Gleichung.*

(2) Das *räumliche* skalare Feld $\phi = \ln r$ ist eine (spezielle) Lösung der *Poisson-Gleichung* $\Delta\phi = \frac{1}{r^2}$ $(r > 0)$. Um dies zu zeigen, bringen wir die gegebene Funktion zunächst einmal unter Beachtung der Beziehung $r = \sqrt{x^2 + y^2 + z^2} = (x^2 + y^2 + z^2)^{1/2}$ auf eine beim Differenzieren *günstigere* Form:

$$\phi = \ln r = \ln(x^2 + y^2 + z^2)^{1/2} = \frac{1}{2} \cdot \ln(x^2 + y^2 + z^2)$$

Wir differenzieren jetzt zweimal *partiell* nach x und erhalten:

$$\frac{\partial\phi}{\partial x} = \frac{\partial}{\partial x}\left[\frac{1}{2} \cdot \ln(x^2 + y^2 + z^2)\right] = \frac{1}{2} \cdot \frac{1}{x^2 + y^2 + z^2} \cdot 2x = \frac{x}{x^2 + y^2 + z^2}$$

$$\frac{\partial^2\phi}{\partial x^2} = \frac{\partial}{\partial x}\left[\frac{x}{x^2 + y^2 + z^2}\right] = \frac{1(x^2 + y^2 + z^2) - 2x \cdot x}{(x^2 + y^2 + z^2)^2} =$$

$$= \frac{-x^2 + y^2 + z^2}{(x^2 + y^2 + z^2)^2}$$

Analog:

$$\frac{\partial^2\phi}{\partial y^2} = \frac{x^2 - y^2 + z^2}{(x^2 + y^2 + z^2)^2}, \qquad \frac{\partial^2\phi}{\partial z^2} = \frac{x^2 + y^2 - z^2}{(x^2 + y^2 + z^2)^2}$$

Somit ist:

$$\Delta\phi = \frac{\partial^2\phi}{\partial x^2} + \frac{\partial^2\phi}{\partial y^2} + \frac{\partial^2\phi}{\partial z^2} =$$

$$= \frac{-x^2 + y^2 + z^2}{(x^2 + y^2 + z^2)^2} + \frac{x^2 - y^2 + z^2}{(x^2 + y^2 + z^2)^2} + \frac{x^2 + y^2 - z^2}{(x^2 + y^2 + z^2)^2} =$$

$$= \frac{-x^2 + y^2 + z^2 + x^2 - y^2 + z^2 + x^2 + y^2 - z^2}{(x^2 + y^2 + z^2)^2} =$$

$$= \frac{x^2 + y^2 + z^2}{(x^2 + y^2 + z^2)^2} = \frac{1}{x^2 + y^2 + z^2} = \frac{1}{r^2}$$

Damit haben wir gezeigt, daß die Funktion $\phi = \ln r$ tatsächlich eine (spezielle) Lösung der *Poisson-Gleichung* $\Delta\phi = \frac{1}{r^2}$ ist (im *Zweidimensionalen* ist dies aber *nicht* der Fall). ∎

5.3.4 Ein Anwendungsbeispiel: Potentialgleichung des elektrischen Feldes

In einem elektrischen Feld besteht zwischen dem *elektrostatischen Potential U* und der *elektrischen Feldstärke* $\vec{E}$ die Beziehung

$$\vec{E} = -\operatorname{grad} U \tag{I-217}$$

Das Feld wird dabei von einer *Raumladung* mit der (im allgemeinen ortsabhängigen) Ladungsdichte $\varrho_{el} = \varrho_{el}(x; y; z)$ erzeugt. Feldstärke $\vec{E}$ und Ladungsdichte ϱ_{el} sind dabei durch die fundamentale *Maxwellsche Gleichung*

$$\operatorname{div} \vec{E} = \frac{\varrho_{el}}{\varepsilon_0} \tag{I-218}$$

miteinander verknüpft (ε_0: elektrische Feldkonstante). Das Potential U genügt dann einer *Poisson-Gleichung*. Denn aus

$$\operatorname{div} \vec{E} = \operatorname{div}(-\operatorname{grad} U) = -\operatorname{div}(\operatorname{grad} U) = -\Delta U = \frac{\varrho_{el}}{\varepsilon_0} \tag{I-219}$$

folgt

$$\Delta U = -\frac{\varrho_{el}}{\varepsilon_0} \tag{I-220}$$

Diese *partielle* Differentialgleichung 2. Ordnung wird in der Elektrodynamik als *Potentialgleichung* bezeichnet. Sie geht im Falle eines *ladungsfreien* Feldes in die *Laplace'sche Differentialgleichung*

$$\Delta U = 0 \tag{I-221}$$

über.

6 Spezielle ebene und räumliche Koordinatensysteme

6.1 Polarkoordinaten

6.1.1 Definition und Eigenschaften der Polarkoordinaten

Polarkoordinaten verwendet man vorzugsweise bei ebenen Problemen mit *Kreis-* oder *Radialsymmetrie*. Wir haben sie bereits in Band 1 (Abschnitt III.3.3) ausführlich beschrieben und beschränken uns daher auf eine kurze Zusammenfassung ihrer wichtigsten Eigenschaften, die für die weiteren Ausführungen benötigt werden.

Polarkoordinaten und ihre wichtigsten Eigenschaften

Die *Polarkoordinaten* r, φ eines Punktes P der Ebene bestehen aus einer *Abstandskoordinate* r und einer *Winkelkoordinate* φ (Bild I-71):

r: *Abstand* des Punktes P vom Koordinatenursprung O

φ: *Winkel* zwischen dem Ortsvektor $\vec{r} = \overrightarrow{OP}$ des Punktes P und der *positiven* x-Achse

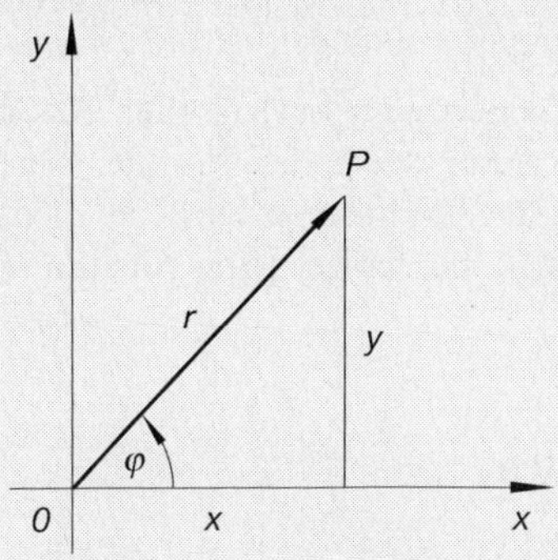

Bild I-71 Polarkoordinaten

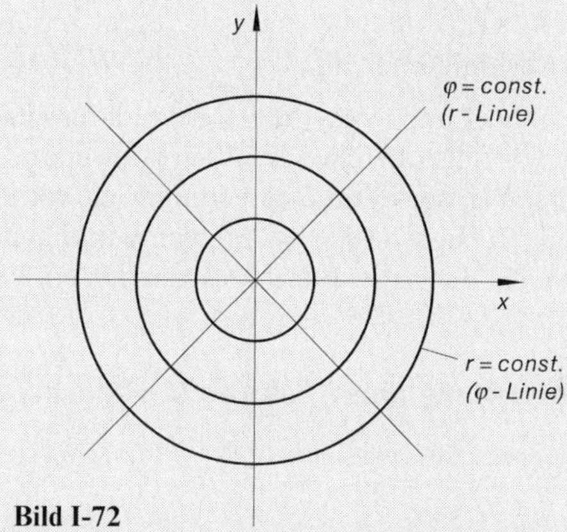

Bild I-72
Koordinatenlinien des Polarkoordinatensystems

Koordinatenlinien (Bild I-72)

Das Polarkoordinatensystem ist ein sog. *krummliniges* Koordinatensystem mit den folgenden *Koordinatenlinien*:

r = const.: *Konzentrische* Kreise um den Koordinatenursprung (φ-Linien)

φ = const.: *Radial* vom Koordinatenursprung nach *außen* laufende Strahlen (r-Linien)

Die r- und φ-Linien schneiden sich in jedem Punkt *senkrecht*, d. h. die Polarkoordinaten sind (wie die kartesischen Koordinaten) *orthogonale* ebene Koordinaten.

Zusammenhang zwischen den Polarkoordinaten r, φ und den kartesischen Koordinaten x, y (Bild I-71)

Polarkoordinaten → Kartesische Koordinaten

$$x = r \cdot \cos \varphi, \qquad y = r \cdot \sin \varphi \tag{I-222}$$

Kartesische Koordinaten → Polarkoordinaten

$$r = \sqrt{x^2 + y^2}, \qquad \tan \varphi = \frac{y}{x} \tag{I-223}$$

Anmerkungen

(1) Die Abstandskoordinate r ist die *Länge* (der *Betrag*) des Ortsvektors $\vec{r} = \overrightarrow{OP}$. Daher ist stets $r \geqslant 0$.

(2) Der Winkel φ wird *positiv* gezählt bei Drehung im *Gegenuhrzeigersinn* (mathematisch *positiver* Drehsinn), *negativ* dagegen bei Drehung im *Uhrzeigersinn* (mathematisch *negativer* Drehsinn). Er ist jedoch nur bis auf ganzzahlige Vielfache von $360°$ bzw. 2π bestimmt. Man beschränkt sich bei der Winkelangabe daher meist auf den im Intervall $0° \leqslant \varphi < 360°$ bzw. $0 \leqslant \varphi < 2\pi$ gelegenen *Hauptwert*.

(3) Der Koordinatenursprung, in diesem Zusammenhang auch als *Pol* bezeichnet, hat die Abstandskoordinate $r = 0$, die Winkelkoordinate φ dagegen ist *unbestimmt*.

(4) Die Berechnung der Polarkoordinaten aus den (gegebenen) kartesischen Koordinaten erfolgt am zweckmäßigsten anhand einer *Lageskizze* des Punktes P, um Fehler bei der Winkelberechnung zu vermeiden. Der Winkel φ wird dabei über einen *Hilfswinkel* in einem rechtwinkligen Dreieck berechnet (Einzelheiten und Beispiele hierzu in Band 1, Abschnitt III.3.3.1).

6.1.2 Darstellung eines Vektors in Polarkoordinaten

In einem (ebenen) *kartesischen* Koordinatensystem wird ein Vektor $\vec{a}$ in der Form

$$\vec{a} = a_x\,\vec{e}_x + a_y\,\vec{e}_y \tag{I-224}$$

dargestellt (Bild I-73). Dabei sind $\vec{e}_x$ und $\vec{e}_y$ zwei *Einheitsvektoren* in Richtung der x- bzw. y-Achse. Sie bilden die *Basis* für diese Vektordarstellung und werden daher als *Basisvektoren* bezeichnet.

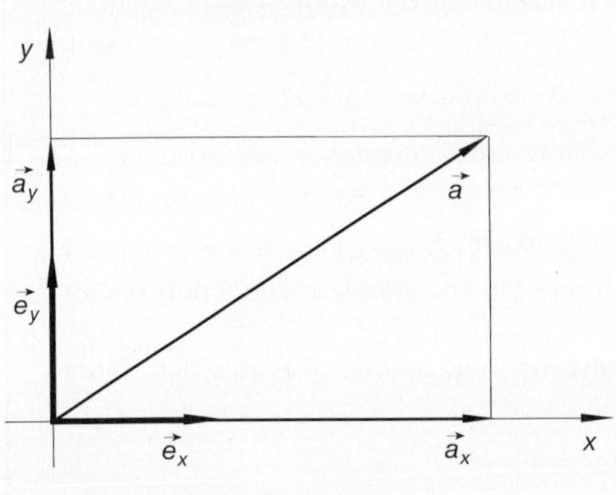

Bild I-73
Darstellung eines Vektors im kartesischen Koordinatensystem

Die *Vektorkoordinaten* a_x und a_y sind dabei die *Projektionen* des Vektors $\vec{a}$ auf diese Einheitsvektoren, unter Berücksichtigung der Richtung, in die diese Projektionen fallen [9].

---

[9] *Vereinbarungsgemäß* gilt:
Eine Vektorkoordinate wird *positiv* gezählt, wenn der Projektionsvektor die *gleiche* Richtung hat wie der entsprechende Einheitsvektor. Ansonsten wird die Vektorkoordinate *negativ* gezählt.

Unsere Aufgabe besteht nun darin, den Vektor $\vec{a}$ in *Polarkoordinaten* darzustellen, wobei wir zunächst zwei geeignete Einheitsvektoren als *Basisvektoren* benötigen.

Basisvektoren in Polarkoordinaten

Die im *kartesischen* Koordinatensystem verwendeten Basisvektoren $\vec{e}_x$ und $\vec{e}_y$ sind die (konstanten) *Tangenteneinheitsvektoren* an die x- bzw. y-Koordinatenlinien. Analog verfahren wir bei den Polarkoordinaten. Auch hier erweisen sich die *Tangenteneinheitsvektoren* an die r- bzw. φ-Koordinatenlinien als eine geeignete *Basis* für die Darstellung eines beliebigen Vektors (Bild I-74). Wir bezeichen diese *Einheitsvektoren* (*Basisvektoren*) mit $\vec{e}_r$ und $\vec{e}_\varphi$. Sie haben die folgende Bedeutung:

$\vec{e}_r$: *Tangenteneinheitsvektor* an die r-Koordinatenlinie (*radial* nach *außen* gerichtet)

$\vec{e}_\varphi$: *Tangenteneinheitsvektor* an die φ-Koordinatenlinie (*tangentiale* Richtung)

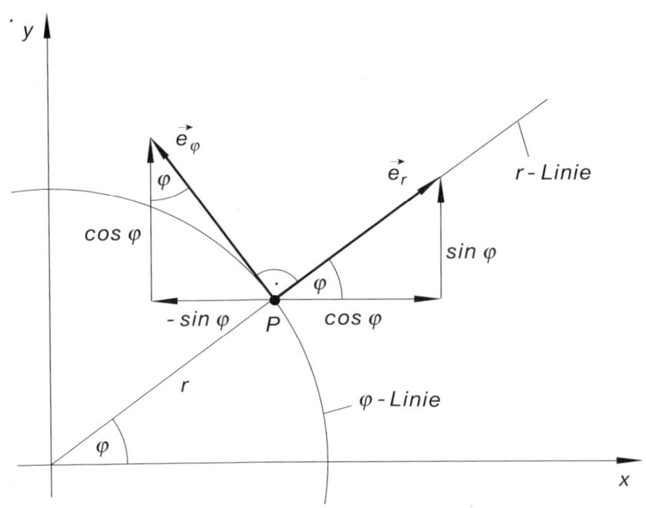

Bild I-74
Basisvektoren im Polarkoordinatensystem

$\vec{e}_r$ und $\vec{e}_\varphi$ *verändern* sich dabei von Punkt zu Punkt (*Ausnahme*: längs eines Radialstrahls $\varphi = \text{const.}$ bleiben sie konstant), *im Gegensatz* zu den *kartesischen* Einheitsvektoren $\vec{e}_x$ und $\vec{e}_y$, die überall gleich sind.

Die *Basisvektoren* (Einheitsvektoren) $\vec{e}_r$ und $\vec{e}_\varphi$ besitzen im *kartesischen* Koordinatensystem die folgende Darstellung:

$$\vec{e}_r = \cos\varphi\ \vec{e}_x + \sin\varphi\ \vec{e}_y = \begin{pmatrix} \cos\varphi \\ \sin\varphi \end{pmatrix}$$

$$\vec{e}_\varphi = -\sin\varphi\ \vec{e}_x + \cos\varphi\ \vec{e}_y = \begin{pmatrix} -\sin\varphi \\ \cos\varphi \end{pmatrix} \qquad \text{(I-225)}$$

Diese Transformationsgleichungen lassen sich unmittelbar aus Bild I-74 ablesen. Denn die Projektion von $\vec{e}_r$ auf die x- bzw. y-Richtung ergibt $\cos\varphi$ bzw. $\sin\varphi$. Analog führt die Projektion von $\vec{e}_\varphi$ auf diese Richtungen zu $\sin\varphi$ bzw. $\cos\varphi$, wobei die *erste* Projektion aber in die *negative* x-Richtung fällt und somit vereinbarungsgemäß mit einem *Minuszeichen* zu versehen ist. Die Basisvektoren $\vec{e}_r$ und $\vec{e}_\varphi$ sind *orthogonal*, da ihr Skalarprodukt *verschwindet*:

$$\vec{e}_r \cdot \vec{e}_\varphi = \begin{pmatrix} \cos\varphi \\ \sin\varphi \end{pmatrix} \cdot \begin{pmatrix} -\sin\varphi \\ \cos\varphi \end{pmatrix} = -\cos\varphi \cdot \sin\varphi + \sin\varphi \cdot \cos\varphi = 0 \qquad \text{(I-226)}$$

Der Übergang von der „alten" Basis $\vec{e}_x, \vec{e}_y$ zur „neuen" Basis $\vec{e}_r, \vec{e}_\varphi$ läßt sich auch wie folgt durch eine *Transformationsmatrix* $\mathbf{A}$ beschreiben:

$$\begin{pmatrix} \vec{e}_r \\ \vec{e}_\varphi \end{pmatrix} = \underbrace{\begin{pmatrix} \cos\varphi & \sin\varphi \\ -\sin\varphi & \cos\varphi \end{pmatrix}}_{\mathbf{A}} \begin{pmatrix} \vec{e}_x \\ \vec{e}_y \end{pmatrix} = \mathbf{A} \begin{pmatrix} \vec{e}_x \\ \vec{e}_y \end{pmatrix} \qquad \text{(I-227)}$$

Sie ist wegen

$$\det \mathbf{A} = \begin{vmatrix} \cos\varphi & \sin\varphi \\ -\sin\varphi & \cos\varphi \end{vmatrix} = \cos^2\varphi + \sin^2\varphi = 1 \qquad \text{(I-228)}$$

sogar *orthogonal.*

Die Matrix $\mathbf{A}$ entspricht dabei der Transformationsmatrix, die man bei einer *Drehung* des ebenen x, y-Koordinatensystems um den Winkel φ um den Nullpunkt erhält. Dies jedoch ist kein Zufall, denn das „neue" Basisvektorensystem $\vec{e}_r, \vec{e}_\varphi$ geht aus dem „alten" System $\vec{e}_x, \vec{e}_y$ durch *Drehung* um eben diesen Winkel φ hervor, wie man unmittelbar aus Bild I-75 entnehmen kann.

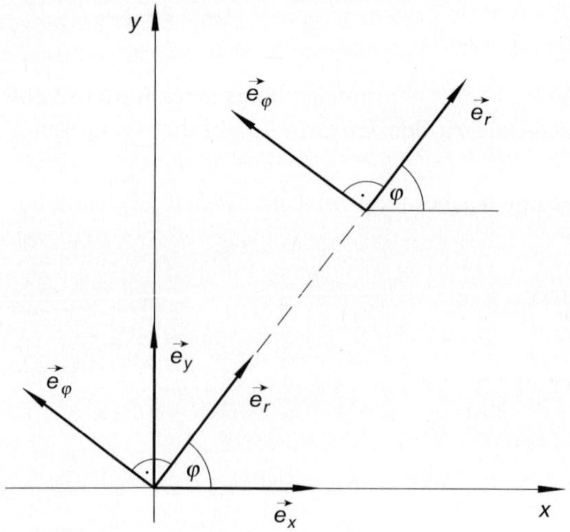

Bild I-75
Zusammenhang zwischen den kartesischen Basisvektoren $\vec{e}_x$ und $\vec{e}_y$ und den Basisvektoren $\vec{e}_r$ und $\vec{e}_\varphi$ des Polarkoordinatensystems

Umgekehrt lassen sich auch die „alten" Basisvektoren $\vec{e}_x, \vec{e}_y$ durch die „neuen" Basisvektoren $\vec{e}_r, \vec{e}_\varphi$ ausdrücken:

$$\begin{pmatrix} \vec{e}_x \\ \vec{e}_y \end{pmatrix} = \underbrace{\begin{pmatrix} \cos\varphi & -\sin\varphi \\ \sin\varphi & \cos\varphi \end{pmatrix}}_{\mathbf{A}^{-1}} \begin{pmatrix} \vec{e}_r \\ \vec{e}_\varphi \end{pmatrix} = \mathbf{A}^{-1} \begin{pmatrix} \vec{e}_r \\ \vec{e}_\varphi \end{pmatrix} \tag{I-229}$$

$\mathbf{A}^{-1}$ ist dabei die *inverse* Matrix von $\mathbf{A}$.

Vektordarstellung in Polarkoordinaten

Wir wollen jetzt einen im *kartesischen* Koordinatensystem gegebenen Vektor

$$\vec{a} = a_x\,\vec{e}_x + a_y\,\vec{e}_y \tag{I-230}$$

im *Polarkoordinatensystem* beschreiben. Dort besitzt dieser Vektor, bezogen auf die *neuen* Basisvektoren $\vec{e}_r$ *und* $\vec{e}_\varphi$, die folgende Darstellung:

$$\vec{a} = a_r\,\vec{e}_r + a_\varphi\,\vec{e}_\varphi \tag{I-231}$$

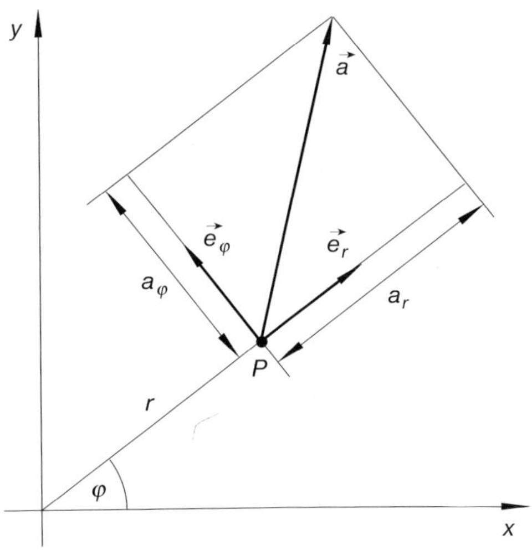

Bild I-76
Darstellung eines Vektors im Polarkoordinatensystem

Dabei sind a_r and a_φ die mit einem *Vorzeichen* versehenen *Projektionen* des Vektors $\vec{a}$ auf die beiden Basisvektoren $\vec{e}_r$ und $\vec{e}_\varphi$ (Bild I-76)[10]. Mit anderen Worten: Die (positiven oder negativen) Größen a_r und a_φ sind die *Vektorkoordinaten* oder *skalaren Vektorkomponenten* des Vektors $\vec{a}$, bezogen auf die Basis $\vec{e}_r, \vec{e}_\varphi$.

Uns interessiert nun natürlich, wie sich die *neuen* Vektorkoordinaten a_r, a_φ aus den *alten* (kartesischen) Vektorkoordinaten a_x, a_y berechnen lassen.

[10] Bezüglich des Vorzeichens gilt die gleiche Vereinbarung wie bei der *kartesischen* Vektordarstellung.

Aus diesem Grund drücken wir in Gleichung (I-224) die *alten* Basisvektoren $\vec{e}_x, \vec{e}_y$ mittels der *Transformation* (I-229) durch die *neuen* Basisvektoren $\vec{e}_r, \vec{e}_\varphi$ aus:

$$\begin{aligned}\vec{a} &= a_x\,\vec{e}_x + a_y\,\vec{e}_y = \\ &= a_x(\cos\varphi\;\vec{e}_r - \sin\varphi\;\vec{e}_\varphi) + a_y(\sin\varphi\;\vec{e}_r + \cos\varphi\;\vec{e}_\varphi) = \\ &= a_x\cdot\cos\varphi\;\vec{e}_r - a_x\cdot\sin\varphi\;\vec{e}_\varphi + a_y\cdot\sin\varphi\;\vec{e}_r + a_y\cdot\cos\varphi\;\vec{e}_\varphi = \\ &= \underbrace{(a_x\cdot\cos\varphi + a_y\cdot\sin\varphi)}_{a_r}\,\vec{e}_r + \underbrace{(-a_x\cdot\sin\varphi + a_y\cdot\cos\varphi)}_{a_\varphi}\,\vec{e}_\varphi\end{aligned} \tag{I-232}$$

Wir erhalten somit die folgenden *Transformationsgleichungen*:

$$\begin{aligned}a_r &= a_x\cdot\cos\varphi + a_y\cdot\sin\varphi \\ a_\varphi &= -\,a_x\cdot\sin\varphi + a_y\cdot\cos\varphi\end{aligned} \tag{I-233}$$

Oder – in der *Matrizenform* –:

$$\begin{pmatrix} a_r \\ a_\varphi \end{pmatrix} = \underbrace{\begin{pmatrix} \cos\varphi & \sin\varphi \\ -\sin\varphi & \cos\varphi \end{pmatrix}}_{\mathbf{A}} \begin{pmatrix} a_x \\ a_y \end{pmatrix} = \mathbf{A}\begin{pmatrix} a_x \\ a_y \end{pmatrix} \tag{I-234}$$

Die *Transformationsmatrix* **A** ist dabei die *gleiche* wie bei der entsprechenden Transformation der *Basisvektoren*. Die *Vektorkoordinaten* eines beliebigen Vektors $\vec{a}$ transformieren sich somit beim Übergang von den kartesischen Koordinaten zu den Polarkoordinaten in der *gleichen* Weise wie die *Basisvektoren*!

Umgekehrt lassen sich auch die kartesischen Vektorkoordinaten a_x, a_y durch die Vektorkoordinaten a_r, a_φ im Polarkoordinatensystem ausdrücken. Die Transformation erfolgt dabei über die zu **A** *inverse* Matrix $\mathbf{A}^{-1}$:

$$\begin{pmatrix} a_x \\ a_y \end{pmatrix} = \underbrace{\begin{pmatrix} \cos\varphi & -\sin\varphi \\ \sin\varphi & \cos\varphi \end{pmatrix}}_{\mathbf{A}^{-1}} \begin{pmatrix} a_r \\ a_\varphi \end{pmatrix} = \mathbf{A}^{-1}\begin{pmatrix} a_r \\ a_\varphi \end{pmatrix} \tag{I-235}$$

Wir fassen die wichtigsten Ergebnisse wie folgt zusammen:

Darstellung eines Vektors in Polarkoordinaten

Basisvektoren $\vec{e}_r, \vec{e}_\varphi$

In einem Polarkoordinatensystem werden die folgenden *orthogonalen* Einheitsvektoren als *Basisvektoren* verwendet (Bild I-74):

$\vec{e}_r$: *Tangenteneinheitsvektor* an die r-Koordinatenlinie $\varphi = \text{const.}$ (*radial* nach *außen* gerichtet)

$\vec{e}_\varphi$: *Tangenteneinheitsvektor* an die φ-Koordinatenlinie $r = \text{const.}$ (*tangential* zum Kreis)

Vektordarstellung in der Basis $\vec{e}_r$, $\vec{e}_\varphi$

Ein Vektor $\vec{a}$ läßt sich in diesem Basissystem in der Form

$$\vec{a} = a_r\ \vec{e}_r + a_\varphi\ \vec{e}_\varphi \tag{I-236}$$

darstellen. Die (positiven oder negativen) Größen a_r und a_φ sind dabei die *Vektorkoordinaten* (*skalaren Vektorkomponenten*) des Vektors $\vec{a}$. Sie entstehen durch *Projektion* von $\vec{a}$ auf die beiden Basisvektoren $\vec{e}_r$ und $\vec{e}_\varphi$ (Bild I-76).

Transformation aus dem kartesischen Koordinatensystem in das Polarkoordinatensystem

Beim Übergang von den kartesischen Koordinaten zu den Polarkoordinaten transformieren sich die *Basisvektoren* $\vec{e}_x$, $\vec{e}_y$ sowie die *Vektorkoordinaten* a_x, a_y eines beliebigen Vektors $\vec{a} = a_x\ \vec{e}_x + a_y\ \vec{e}_y$ in *gleicher* Weise. Die *orthogonale* Transformationsmatrix **A** besitzt dabei die folgende Gestalt:

$$\mathbf{A} = \begin{pmatrix} \cos\varphi & \sin\varphi \\ -\sin\varphi & \cos\varphi \end{pmatrix} \tag{I-237}$$

Der Vektor $\vec{a}$ besitzt somit im *Polarkoordinatensystem* die Vektorkoordinaten

$$\begin{aligned} a_r &= a_x \cdot \cos\varphi + a_y \cdot \sin\varphi \\ a_\varphi &= -\,a_x \cdot \sin\varphi + a_y \cdot \cos\varphi \end{aligned} \tag{I-238}$$

Anmerkung

Die *Rücktransformation*, d.h. der Übergang von den Polarkoordinaten zu den kartesischen Koordinaten, erfolgt über die zu **A** *inverse* Matrix $\mathbf{A}^{-1}$. Sie lautet:

$$\mathbf{A}^{-1} = \begin{pmatrix} \cos\varphi & -\sin\varphi \\ \sin\varphi & \cos\varphi \end{pmatrix} \tag{I-239}$$

■ **Beispiel**

In einem kartesischen Koordinatensystem ist das folgende *Geschwindigkeitsfeld* definiert:

$$\vec{v} = \vec{v}(x\,;y) = \frac{1}{x^2 + y^2}\,(-\,y\ \vec{e}_x + x\ \vec{e}_y) \qquad (x^2 + y^2 \neq 0)$$

Es besitzt im *Polarkoordinatensystem* die Darstellung

$$\vec{v} = \vec{v}(r;\varphi) = v_r\ \vec{e}_r + v_\varphi\ \vec{e}_\varphi$$

Die *neuen* Vektorkoordinaten v_r und v_φ lassen sich dann aus den Gleichungen (I-238) wie folgt berechnen:

$$v_r = v_x \cdot \cos \varphi + v_y \cdot \sin \varphi = \frac{1}{x^2 + y^2} (-y \cdot \cos \varphi + x \cdot \sin \varphi) =$$

$$= \frac{1}{r^2} (-r \cdot \sin \varphi \cdot \cos \varphi + r \cdot \cos \varphi \cdot \sin \varphi) = 0$$

$$v_\varphi = -v_x \cdot \sin \varphi + v_y \cdot \cos \varphi = \frac{1}{x^2 + y^2} (y \cdot \sin \varphi + x \cdot \cos \varphi) =$$

$$= \frac{1}{r^2} (r \cdot \sin^2 \varphi + r \cdot \cos^2 \varphi) = \frac{1}{r} \underbrace{(\sin^2 \varphi + \cos^2 \varphi)}_{1} = \frac{1}{r}$$

Dabei haben wir die Transformationsgleichungen

$$x = r \cdot \cos \varphi, \qquad y = r \cdot \sin \varphi, \qquad x^2 + y^2 = r^2$$

benutzt. Das Geschwindigkeitsfeld besitzt somit nur eine *tangentiale* Komponente:

$$\vec{v} = \vec{v}(r; \varphi) = 0 \, \vec{e}_r + \frac{1}{r} \, \vec{e}_\varphi = \frac{1}{r} \, \vec{e}_\varphi \qquad (r > 0)$$ ■

6.1.3 Darstellung von Gradient, Divergenz, Rotation und Laplace-Operator in Polarkoordinaten

Die Differentialoperationen *Gradient*, *Divergenz* und *Rotation* sowie der *Laplace-Operator* lassen sich auch durch Polarkoordinaten ausdrücken. Sie besitzen dann die folgende Gestalt [11]:

Gradient, Divergenz, Rotation und Laplace-Operator in Polarkoordinaten

Skalarfeld in Polarkoordinaten

$$\phi = \phi(r; \varphi) \qquad \text{(I-240)}$$

Vektorfeld in Polarkoordinaten

$$\vec{F} = \vec{F}(r; \varphi) = F_r(r; \varphi) \, \vec{e}_r + F_\varphi(r; \varphi) \, \vec{e}_\varphi \qquad \text{(I-241)}$$

---

[11] Auf die Herleitung dieser Ausdrücke wollen wir verzichten und verweisen den an Einzelheiten interessierten Leser auf die Spezialliteratur (siehe Literaturverzeichnis).

Gradient des Skalarfeldes $\phi(r; \varphi)$

$$\operatorname{grad} \phi(r; \varphi) = \frac{\partial \phi}{\partial r}\, \vec{e}_r + \frac{1}{r} \cdot \frac{\partial \phi}{\partial \varphi}\, \vec{e}_\varphi \qquad \text{(I-242)}$$

Divergenz des Vektorfeldes $\vec{F}(r; \varphi)$

$$\operatorname{div} \vec{F}(r; \varphi) = \frac{1}{r} \cdot \frac{\partial}{\partial r}(r \cdot F_r) + \frac{1}{r} \cdot \frac{\partial F_\varphi}{\partial \varphi} \qquad \text{(I-243)}$$

Rotation des Vektorfeldes $\vec{F}(r; \varphi)$

Es existiert nur eine Komponente *senkrecht* zur x, y-Ebene (z-Richtung):

$$[\operatorname{rot} \vec{F}(r; \varphi)]_z = \frac{1}{r} \cdot \frac{\partial}{\partial r}(r \cdot F_\varphi) - \frac{1}{r} \cdot \frac{\partial F_r}{\partial \varphi} \qquad \text{(I-244)}$$

Laplace-Operator

$$\Delta \phi(r; \varphi) = \frac{\partial^2 \phi}{\partial r^2} + \frac{1}{r} \cdot \frac{\partial \phi}{\partial r} + \frac{1}{r^2} \cdot \frac{\partial^2 \phi}{\partial \varphi^2} \qquad \text{(I-245)}$$

Anmerkung

Der in Polarkoordinationen ausgedrückte Laplace-Operator enthält auch eine *1. Ableitung* im Gegensatz zur kartesischen Darstellung.

■ **Beispiele**

(1) Wir berechnen die *Divergenz* des ebenen Ortsvektors $\vec{r} = r\, \vec{e}_r$, der nur eine *Radialkomponente* r besitzt:

$$\operatorname{div} \vec{r} = \operatorname{div}(r\, \vec{e}_r) = \frac{1}{r} \cdot \frac{\partial}{\partial r}(r \cdot r) = \frac{1}{r} \cdot \frac{\partial}{\partial r}(r^2) = \frac{1}{r} \cdot 2r = 2$$

Zum gleichen Ergebnis kamen wir bereits in der *kartesischen* Darstellung (Beispiel (2) aus Abschnitt 5.1.2).

(2) Wir wollen zeigen, daß das *Geschwindigkeitsfeld*

$$\vec{v} = \vec{v}(x; y) = \frac{1}{x^2 + y^2}(-y\, \vec{e}_x + x\, \vec{e}_y) \qquad (x^2 + y^2 \neq 0)$$

quellen- *und* wirbelfrei ist.

In *Polarkoordinaten* besitzt dieses Vektorfeld die folgende, besonders einfache Darstellung:

$$\vec{v} = \vec{v}(r; \varphi) = \frac{1}{r}\, \vec{e}_\varphi \qquad (r > 0)$$

(siehe hierzu das Beispiel im vorherigen Abschnitt 6.1.2).
Für die *Divergenz* und *Rotation* des Geschwindigkeitsfeldes erhalten wir dann:

$$\operatorname{div} \vec{v} = \operatorname{div}\left(\frac{1}{r}\, \vec{e}_\varphi\right) = \frac{1}{r} \cdot \frac{\partial}{\partial \varphi}\left(\frac{1}{r}\right) = 0$$

$$[\operatorname{rot} \vec{v}]_z = \left[\operatorname{rot}\left(\frac{1}{r}\, \vec{e}_\varphi\right)\right]_z = \frac{1}{r} \cdot \frac{\partial}{\partial r}\left(r \cdot \frac{1}{r}\right) = \frac{1}{r} \cdot \frac{\partial}{\partial r}(1) = 0 \;\Rightarrow\; \operatorname{rot} \vec{v} = \vec{0}$$

Wegen $\operatorname{div} \vec{v} = 0$ *und* $\operatorname{rot} \vec{v} = \vec{0}$ handelt es sich in der Tat um ein quellen- *und* wirbelfreies Geschwindigkeitsfeld.

(3) Wir interessieren uns nun für diejenigen Lösungen der *Laplace-Gleichung* $\Delta \phi = 0$, die *Rotationssymmetrie* besitzen, d. h. nur von der *Abstandskoordinate* r abhängen: $\phi = \phi(r)$. Die *Laplace-Gleichung* lautet in diesem Fall wie folgt:

$$\Delta \phi(r) = \frac{\partial^2 \phi}{\partial r^2} + \frac{1}{r} \cdot \frac{\partial \phi}{\partial r} = 0$$

Diese Differentialgleichung 2. Ordnung können wir auch in der Form

$$\phi''(r) + \frac{1}{r} \cdot \phi'(r) = 0 \qquad \left(\phi'(r) = \frac{\partial \phi}{\partial r}\right)$$

schreiben. Wir lösen sie mit Hilfe der *Substitution*

$$u = \phi'(r), \qquad u' = \phi''(r)$$

durch „*Trennung der Variablen*" (Band 2, Abschnitt V.2.2):

$$u' + \frac{1}{r} \cdot u = 0 \qquad \text{oder} \qquad \frac{du}{dr} + \frac{u}{r} = 0$$

$$\frac{du}{dr} = -\frac{u}{r}, \qquad \frac{du}{u} = -\frac{dr}{r}$$

$$\int \frac{du}{u} = -\int \frac{dr}{r} \;\Rightarrow\; \ln u = -\ln r + \ln C_1$$

$$\ln u + \ln r = \ln(ur) = \ln C_1$$

$$ur = C_1 \;\Rightarrow\; u = \frac{C_1}{r}$$

Rücksubstitution und anschließende unbestimmte *Integration* ergeben dann:

$$u = \phi'(r) = \frac{C_1}{r}$$

$$\phi(r) = C_1 \cdot \int \frac{1}{r}\, dr = C_1 \cdot \ln r + C_2$$

Die *rotationssymmetrischen* Lösungen der Laplace-Gleichung sind somit (im *ebenen* Fall) durch die *logarithmischen* Funktionen

$$\phi(r) = C_1 \cdot \ln r + C_2 \qquad (r > 0)$$

gegeben ($C_1, C_2 \in \mathbb{R}$). ■

6.1.4 Ein Anwendungsbeispiel: Geschwindigkeitsvektor bei einer gleichförmigen Kreisbewegung

Ein Masseteilchen bewege sich *gleichförmig*, d. h. mit der *konstanten* Winkelgeschwindigkeit ω auf einer *Kreisbahn* mit dem Radius R (Bild I-77). Wir beschreiben diese Bahn durch den *zeitabhängigen* Ortsvektor

$$\vec{r}(t) = R \cdot \cos(\omega t)\ \vec{e}_x + R \cdot \sin(\omega t)\ \vec{e}_y = R \begin{pmatrix} \cos(\omega t) \\ \sin(\omega t) \end{pmatrix} \qquad \text{(I-246)}$$

für $t \geqslant 0$ (*Anfangslage* zur Zeit $t = 0$: Punkt A).

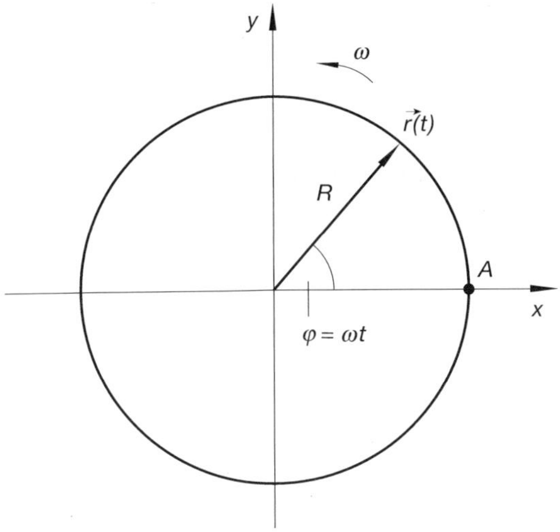

Bild I-77
Gleichförmige Kreisbewegung

Durch *Differentiation* nach dem Zeitparameter t erhalten wir daraus den *Geschwindigkeitsvektor*

$$\vec{v}(t) = \dot{\vec{r}}(t) = R \begin{pmatrix} -\omega \cdot \sin(\omega t) \\ \omega \cdot \cos(\omega t) \end{pmatrix} = R\omega \begin{pmatrix} -\sin(\omega t) \\ \cos(\omega t) \end{pmatrix} \tag{I-247}$$

Das Teilchen besitzt somit die *kartesischen* Geschwindigkeitskomponenten

$$v_x = -R\omega \cdot \sin(\omega t) \quad \text{und} \quad v_y = R\omega \cdot \cos(\omega t) \tag{I-248}$$

Wir interessieren uns jetzt für die Darstellung des Geschwindigkeitsvektors $\vec{v}$ in *Polarkoordinaten*, d. h. für eine Darstellung in der Form

$$\vec{v} = v_r \, \vec{e}_r + v_\varphi \, \vec{e}_\varphi \tag{I-249}$$

Beim Übergang von den *kartesischen* Koordinaten zu den *Polarkoordinaten* transformieren sich die kartesischen Geschwindigkeitskomponenten v_x und v_y nach Gleichung (I-234) bzw. (I-238) wie folgt:

$$\begin{pmatrix} v_r \\ v_\varphi \end{pmatrix} = \begin{pmatrix} \cos\varphi & \sin\varphi \\ -\sin\varphi & \cos\varphi \end{pmatrix} \begin{pmatrix} v_x \\ v_y \end{pmatrix} \tag{I-250}$$

Wir setzen noch für v_x und v_y die Zeitabhängigkeiten ein und beachten ferner, daß bei der *gleichförmigen* Kreisbewegung die Beziehung $\varphi = \omega t$ gilt:

$$\begin{pmatrix} v_r \\ v_\varphi \end{pmatrix} = \begin{pmatrix} \cos(\omega t) & \sin(\omega t) \\ -\sin(\omega t) & \cos(\omega t) \end{pmatrix} R\omega \begin{pmatrix} -\sin(\omega t) \\ \cos(\omega t) \end{pmatrix} =$$

$$= R\omega \begin{pmatrix} \cos(\omega t) & \sin(\omega t) \\ -\sin(\omega t) & \cos(\omega t) \end{pmatrix} \begin{pmatrix} -\sin(\omega t) \\ \cos(\omega t) \end{pmatrix} \tag{I-251}$$

Nach Durchführung der Matrizenmultiplikation erhalten wir für die gesuchten Geschwindigkeitskomponenten v_r und v_φ dann die folgenden Ausdrücke:

$$\begin{aligned} v_r &= R\omega \left[-\cos(\omega t) \cdot \sin(\omega t) + \sin(\omega t) \cdot \cos(\omega t) \right] = 0 \\ v_\varphi &= R\omega \, [\underbrace{\sin^2(\omega t) + \cos^2(\omega t)}_{1}] = R\omega \end{aligned} \tag{I-252}$$

Das Masseteilchen besitzt also nur eine (konstante) *tangentiale* Geschwindigkeitskomponente $v_{\varphi} = R\omega$, in Übereinstimmung mit unseren Überlegungen in Abschnitt 1.6. Der Geschwindigkeitsvektor lautet somit in der *Polarkoordinatendarstellung* wie folgt (Bild I-78):

$$\vec{v} = 0\ \vec{e}_r + R\omega\ \vec{e}_{\varphi} = R\omega\ \vec{e}_{\varphi} \qquad \text{(I-253)}$$

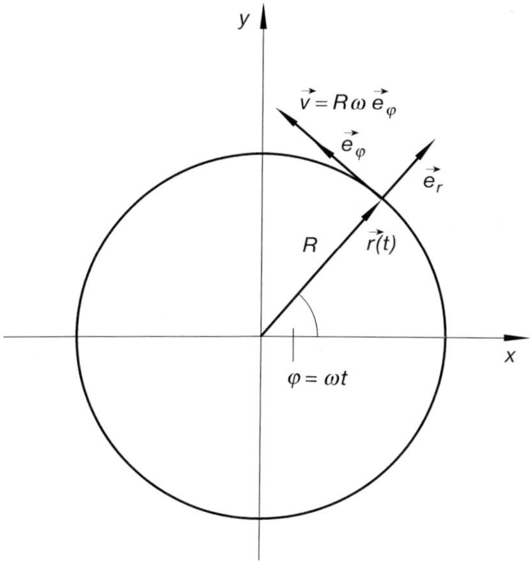

Bild I-78
Geschwindigkeitsvektor bei einer gleichförmigen Kreisbewegung, dargestellt im Polarkoordinatensystem

6.2 Zylinderkoordinaten

6.2.1 Definition und Eigenschaften der Zylinderkoordinaten

Zylinderkoordinaten werden vorzugsweise bei räumlichen Problemen mit *Axial-* oder *Zylindersymmetrie* bzw. *Rotationssymmetrie* verwendet. Wir haben sie bereits in knapper Form in Band 2 (Abschnitt IV.3.2.2.2) kennengelernt und beschränken uns daher auf eine kurze Zusammenfassung ihrer wichtigsten Eigenschaften.

Zylinderkoordinaten und ihre wichtigsten Eigenschaften

Die *Zylinderkoordinaten* ϱ, φ und z eines Raumpunktes P bestehen aus den *Polarkoordinaten* ϱ und φ des Projektionspunktes P' in der x, y-Ebene und der (kartesischen) *Höhenkoordinate* z (Bild I-79)[12]:

$$\varrho \geqslant 0, \qquad 0 \leqslant \varphi < 2\pi, \qquad -\infty < z < \infty \tag{I-254}$$

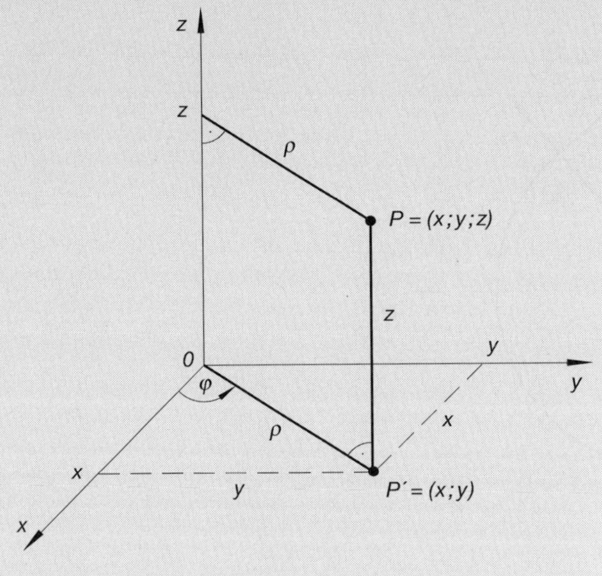

Bild I-79
Zylinderkoordinaten

Koordinatenflächen

Koordinatenflächen entstehen, wenn jeweils *eine* der drei Zylinderkoordinaten *festgehalten* wird:

ϱ = const.: *Zylindermantel*[13] (Bild I-80)

φ = const.: *Halbebene* durch die z-Achse (Bild I-81)

z = const.: *Parallelebene* zur x, y-Ebene in der „Höhe" z (Bild I-82)

[12] Die Zylinderkoordinate ϱ gibt den *senkrechten* Abstand des Raumpunktes P von der *z-Achse* an und ist daher *nicht* zu verwechseln mit dem Abstand r desselben Punktes vom Koordinatenursprung 0, d. h. mit der Länge des Ortsvektors $\vec{r} = \overrightarrow{OP}$. Um solche Verwechslungen zu vermeiden, verwenden wir hier *ausschließlich* das Symbol ϱ für die Abstandskoordinate. Für die Punkte der x, y-Ebene besteht allerdings *kein* Unterschied zwischen r und ϱ. Daher hatten wir auch bei den Polarkoordinaten der Ebene das Symbol r für den Abstand eines Punktes vom Koordinatenursprung gewählt.

[13] Dieser Eigenschaft verdanken die Zylinderkoordinaten ihren Namen.

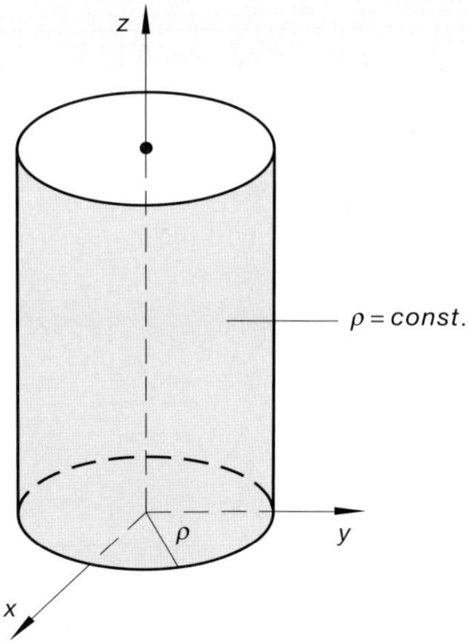

Bild I-80
Koordinatenfläche $\varrho = \text{const.}$
(Zylindermantel)

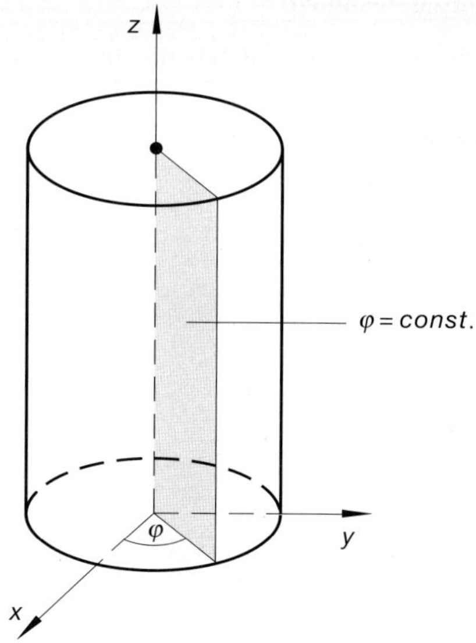

Bild I-81
Koordinatenfläche $\varphi = \text{const.}$
(Halbebene, begrenzt durch die z-Achse)

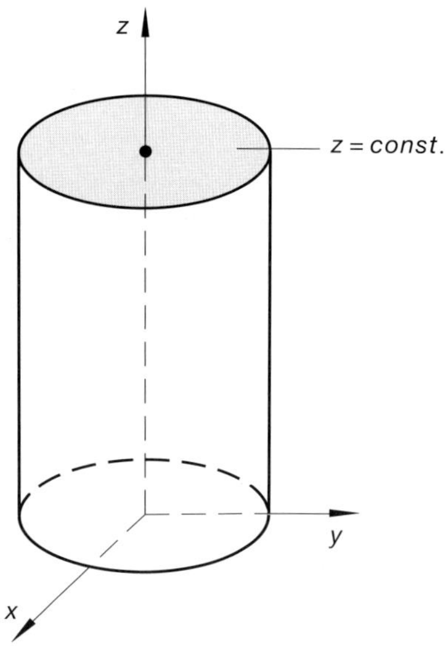

Bild I-82
Koordinatenfläche $z = \text{const.}$
(zur x, y-Ebene parallele Ebene)

Die Koordinatenflächen stehen dabei paarweise *senkrecht* aufeinander.

Koordinatenlinien

Koordinatenlinien entstehen, wenn jeweils *zwei* der drei Zylinderkoordinaten *festgehalten* werden. Sie sind somit *Schnittkurven* zweier Koordinatenflächen (Bild I-83):

φ, z = const.: *Halbgerade* senkrecht zur z-Achse (ϱ-Linie; $\varrho \geqslant 0$)

ϱ, z = const.: *Kreis* um die z-Achse *parallel* zur x, y-Ebene (φ-Linie)

ϱ, φ = const.: *Mantellinie* des Zylinder (z-Linie)

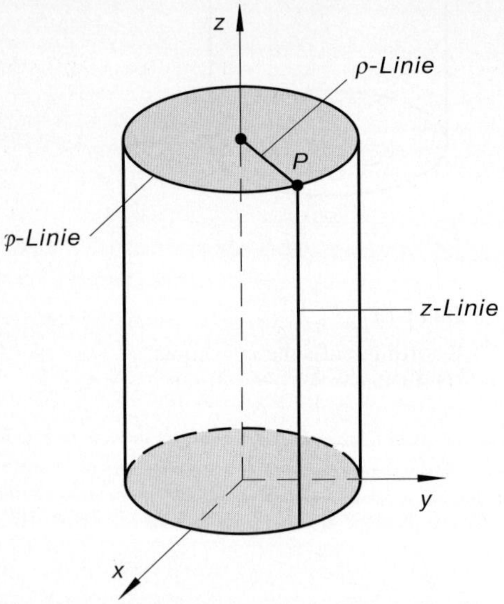

Bild I-83
Koordinatenlinien des Zylinderkoordinatensystems

Die Koordinatenlinien stehen in jedem Punkt paarweise *senkrecht* aufeinander (Ausnahme: Koordinatenursprung). Die Zylinderkoordinaten sind daher (wie die kartesischen Koordinaten) *orthogonale* räumliche Koordinaten.

Zusammenhang zwischen den Zylinderkoordinaten ϱ, φ, z und den kartesischen Koordinaten x, y, z (Bild I-79)

Zylinderkoordinaten → Kartesische Koordinaten

$$x = \varrho \cdot \cos \varphi, \qquad y = \varrho \cdot \sin \varphi, \qquad z = z \tag{I-255}$$

Kartesische Koordinaten → Zylinderkoordinaten

$$\varrho = \sqrt{x^2 + y^2}, \qquad \tan \varphi = \frac{y}{x}, \qquad z = z \tag{I-256}$$

Linienelement ds

Das *Linienelement* ist die *geradlinige* Verbindung zweier differentiell benachbarter Punkte, die sich in ihren Zylinderkoordinaten der Reihe nach um $d\varrho$, $d\varphi$ und dz voneinander unterscheiden. Es besitzt die *Länge*

$$ds = \sqrt{(d\varrho)^2 + \varrho^2(d\varphi)^2 + (dz)^2} \qquad \text{(I-257)}$$

Flächenelement dA auf dem Zylindermantel ($\varrho = \text{const.}$) (Bild I-84)

Das Flächenelement entspricht einem „Rechteck“ mit den Seiten $\varrho\, d\varphi$ und dz und besitzt den Inhalt

$$dA = \varrho\, d\varphi\, dz \qquad \text{(I-258)}$$

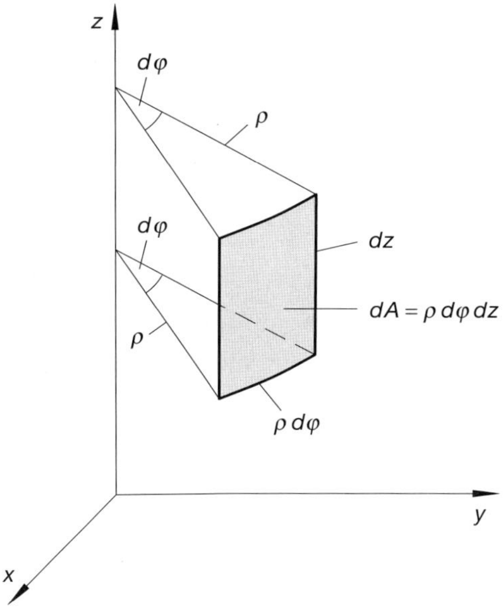

Bild I-84
Flächenelement dA auf dem Zylindermantel

Volumenelement dV (Bild I-85)

Das Volumenelement beträgt

$$dV = \varrho \, d\varrho \, d\varphi \, dz \qquad \text{(I-259)}$$

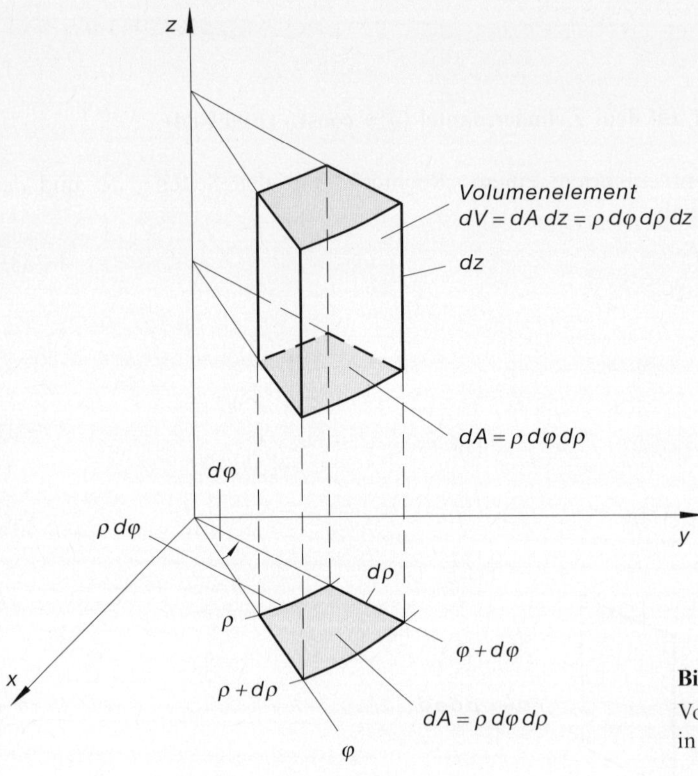

Bild I-85
Volumenelement dV in Zylinderkoordinaten

6.2.2 Darstellung eines Vektors in Zylinderkoordinaten

In einem räumlichen *kartesischen* Koordinatensystem wird ein Vektor $\vec{a}$ in der Form

$$\vec{a} = a_x \, \vec{e}_x + a_y \, \vec{e}_y + a_z \, \vec{e}_z \qquad \text{(I-260)}$$

dargestellt. Dabei sind $\vec{e}_x$, $\vec{e}_y$ und $\vec{e}_z$ *Einheitsvektoren* in der positiven x-, y- und z-Richtung. Sie bilden die *Basis* für diese Vektordarstellung. Unsere Aufgabe besteht nun darin, den Vektor $\vec{a}$ in *Zylinderkoordinaten* darzustellen. Dazu benötigen wir aber zunächst drei geeignete Einheitsvektoren als *Basisvektoren*.

Basisvektoren in Zylinderkoordinaten

Wir übernehmen die beiden Basisvektoren der *Polarkoordinaten*, also die Einheitsvektoren $\vec{e}_\varrho$ und $\vec{e}_\varphi$, und ergänzen sie durch den *kartesischen* Einheitsvektor $\vec{e}_z$ (Bild I-86)[14]:

$\vec{e}_\varrho$: *Tangenteneinheitsvektor* an die ϱ-Koordinatenlinie (*axial* nach *außen* gerichtet)

$\vec{e}_\varphi$: *Tangenteneinheitsvektor* an die φ-Koordinatenlinie (*tangiert* den Kreis $\varrho = \text{const.}$ um die z-Achse in der Höhe z)

$\vec{e}_z$: *Tangenteneinheitsvektor* an die z-Koordinatenlinie (verläuft *parallel* zur z-Achse, d.h. in der *Mantellinie des* Zylinders)

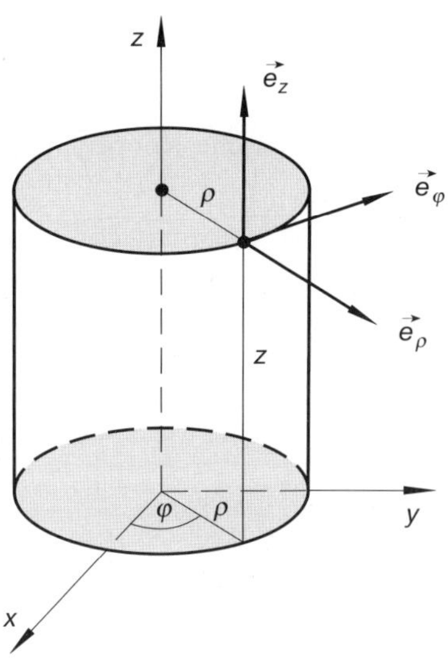

Bild I-86
Basisvektoren
im Zylinderkoordinatensystem

Während sich die Einheitsvektoren $\vec{e}_\varrho$ und $\vec{e}_\varphi$ im allgemeinen von Punkt zu Punkt *verändern*, bleibt der dritte Einheitsvektor $\vec{e}_z$ *unverändert*.

Die *Basisvektoren* (Einheitsvektoren) $\vec{e}_\varrho$, $\vec{e}_\varphi$ und $\vec{e}_z$ besitzen im *kartesischen* Koordinatensystem dabei die folgende Darstellung:

$$\vec{e}_\varrho = \cos\varphi\ \vec{e}_x + \sin\varphi\ \vec{e}_y + 0\ \vec{e}_z = \begin{pmatrix} \cos\varphi \\ \sin\varphi \\ 0 \end{pmatrix}$$

$$\vec{e}_\varphi = -\sin\varphi\ \vec{e}_x + \cos\varphi\ \vec{e}_y + 0\ \vec{e}_z = \begin{pmatrix} -\sin\varphi \\ \cos\varphi \\ 0 \end{pmatrix} \qquad \text{(I-261)}$$

$$\vec{e}_z = 0\ \vec{e}_x + 0\ \vec{e}_y + 1\ \vec{e}_z = \begin{pmatrix} 0 \\ 0 \\ 1 \end{pmatrix}$$

[14] Den Basisvektor $\vec{e}_r$ der Polarkoordinaten bezeichnen wir jetzt aus den bereits genannten Gründen mit $\vec{e}_\varrho$.

Denn die Basisvektoren $\vec{e}_\varrho$ und $\vec{e}_\varphi$ sind *ebene* Vektoren (sie liegen in einer *Ebene* parallel zur x, y-Ebene und sind mit den Basisvektoren des *Polarkoordinatensystems* dieser Ebene identisch), während der Basisvektor $\vec{e}_z$ auf dieser Ebene *senkrecht* steht. Die Basisvektoren $\vec{e}_\varrho, \vec{e}_\varphi$ und $\vec{e}_z$ sind daher *orthogonal*, d.h. sie stehen paarweise *senkrecht* aufeinander. Der Übergang von der *kartesischen* Basis $\vec{e}_x, \vec{e}_y, \vec{e}_z$ zur „neuen" Basis $\vec{e}_\varrho, \vec{e}_\varphi, \vec{e}_z$ läßt sich wie bei den ebenen Polarkoordinaten durch eine *orthogonale* Transformationsmatrix **A** wie folgt beschreiben:

$$\begin{pmatrix} \vec{e}_\varrho \\ \vec{e}_\varphi \\ \vec{e}_z \end{pmatrix} = \underbrace{\begin{pmatrix} \cos\varphi & \sin\varphi & 0 \\ -\sin\varphi & \cos\varphi & 0 \\ 0 & 0 & 1 \end{pmatrix}}_{\mathbf{A}} \begin{pmatrix} \vec{e}_x \\ \vec{e}_y \\ \vec{e}_z \end{pmatrix} = \mathbf{A} \begin{pmatrix} \vec{e}_x \\ \vec{e}_y \\ \vec{e}_z \end{pmatrix} \tag{I-262}$$

Auf die *gleiche* Matrix stößt man, wenn man das räumliche kartesische Koordinatensystem um die z-Achse *dreht* (Drehwinkel: φ).

Umgekehrt können auch die „alten" Basisvektoren $\vec{e}_x, \vec{e}_y, \vec{e}_z$ aus den „neuen" Basisvektoren $\vec{e}_\varrho, \vec{e}_\varphi, \vec{e}_z$ bestimmt werden. Die *Transformationsmatrix* ist in diesem Fall die zu **A** *inverse* Matrix $\mathbf{A}^{-1}$:

$$\begin{pmatrix} \vec{e}_x \\ \vec{e}_y \\ \vec{e}_z \end{pmatrix} = \underbrace{\begin{pmatrix} \cos\varphi & -\sin\varphi & 0 \\ \sin\varphi & \cos\varphi & 0 \\ 0 & 0 & 1 \end{pmatrix}}_{\mathbf{A}^{-1}} \begin{pmatrix} \vec{e}_\varrho \\ \vec{e}_\varphi \\ \vec{e}_z \end{pmatrix} = \mathbf{A}^{-1} \begin{pmatrix} \vec{e}_\varrho \\ \vec{e}_\varphi \\ \vec{e}_z \end{pmatrix} \tag{I-263}$$

Vektordarstellung in Zylinderkoordinaten

Ein im *kartesischen* Koordinatensystem gegebener Vektor

$$\vec{a} = a_x\,\vec{e}_x + a_y\,\vec{e}_y + a_z\,\vec{e}_z \tag{I-264}$$

läßt sich in *Zylinderkoordinaten*, bezogen auf die Basis $\vec{e}_\varrho, \vec{e}_\varphi, \vec{e}_z$, wie folgt darstellen:

$$\vec{a} = a_\varrho\,\vec{e}_\varrho + a_\varphi\,\vec{e}_\varphi + a_z\,\vec{e}_z \tag{I-265}$$

Dabei sind a_ϱ, a_φ und a_z der Reihe nach die mit einem Vorzeichen versehenen *Projektionen* von $\vec{a}$ auf die drei Basisvektoren $\vec{e}_\varrho, \vec{e}_\varphi$ und $\vec{e}_z$. Diese (positiven oder negativen) *skalaren* Größen sind die *Vektorkoordinaten* oder *skalaren Vektorkomponenten* des Vektors $\vec{a}$ im *Zylinderkoordinatensystem*. Sie lassen sich wie folgt aus den *kartesischen* Vektorkoordinaten a_x, a_y und a_z bestimmen:

$$\begin{aligned} a_\varrho &= a_x \cdot \cos\varphi + a_y \cdot \sin\varphi \\ a_\varphi &= -\,a_x \cdot \sin\varphi + a_y \cdot \cos\varphi \\ a_z &= a_z\,. \end{aligned} \tag{I-266}$$

Die ersten beiden Transformationsgleichungen haben wir direkt von den *Polarkoordinaten* übernommen, während die dritte Vektorkoordinate a_z *unverändert* bleibt (denn sie wurde ja aus der *kartesischen* Darstellung übernommen). Die Transformationsgleichungen (I-266) lassen sich auch in der *Matrizenform* darstellen:

$$\begin{pmatrix} a_\varrho \\ a_\varphi \\ a_z \end{pmatrix} = \underbrace{\begin{pmatrix} \cos\varphi & \sin\varphi & 0 \\ -\sin\varphi & \cos\varphi & 0 \\ 0 & 0 & 1 \end{pmatrix}}_{\mathbf{A}} \begin{pmatrix} a_x \\ a_y \\ a_z \end{pmatrix} = \mathbf{A} \begin{pmatrix} a_x \\ a_y \\ a_z \end{pmatrix} \tag{I-267}$$

Wie bei den Polarkoordinaten gilt auch hier: Die *Vektorkoordinaten* eines beliebigen Vektors $\vec{a}$ transformieren sich beim Übergang von den kartesischen Koordinaten zu den Zylinderkoordinaten in der *gleichen* Weise wie die *Basisvektoren.*

Umgekehrt erfolgt der Übergang von den skalaren Vektorkomponenten a_ϱ, a_φ, a_z des *Zylinderkoordinatensystems* zu den *kartesischen* Komponenten a_x, a_y, a_z mit Hilfe der zu $\mathbf{A}$ *inversen* Matrix $\mathbf{A}^{-1}$:

$$\begin{pmatrix} a_x \\ a_y \\ a_z \end{pmatrix} = \underbrace{\begin{pmatrix} \cos\varphi & -\sin\varphi & 0 \\ \sin\varphi & \cos\varphi & 0 \\ 0 & 0 & 1 \end{pmatrix}}_{\mathbf{A}^{-1}} \begin{pmatrix} a_\varrho \\ a_\varphi \\ a_z \end{pmatrix} = \mathbf{A}^{-1} \begin{pmatrix} a_\varrho \\ a_\varphi \\ a_z \end{pmatrix} \tag{I-268}$$

Wir fassen die Ergebnisse wie folgt zusammen:

Darstellung eines Vektors in Zylinderkoordinaten

Basisvektoren $\vec{e}_\varrho, \vec{e}_\varphi, \vec{e}_z$

In *Zylinderkoordinaten* werden die folgenden *orthogonalen* Einheitsvektoren als *Basisvektoren* verwendet (Bild I-86):

$\vec{e}_\varrho$: *Tangenteneinheitsvektor* an die ϱ-Koordinatenlinie (*axial* nach *außen* gerichtet)

$\vec{e}_\varphi$: *Tangenteneinheitsvektor* an die φ-Koordinatenlinie (*tangentiert* den Kreis $\varrho = \text{const.}$ um die z-Achse in der Höhe z)

$\vec{e}_z$: *Tangenteneinheitsvektor* an die z-Koordinatenlinie (verläuft parallel zur z-Achse, d.h. in der *Mantellinie* des Zylinders)

Vektordarstellung in der Basis $\vec{e}_\varrho, \vec{e}_\varphi, \vec{e}_z$

Ein Vektor $\vec{a}$ läßt sich in diesem Basissystem in der Form

$$\vec{a} = a_\varrho\,\vec{e}_\varrho + a_\varphi\,\vec{e}_\varphi + a_z\,\vec{e}_z \tag{I-269}$$

darstellen.

Die (positiven oder negativen) *skalaren* Größen a_ϱ, a_φ und a_z sind dabei die *Vektorkoordinaten* (*skalaren Vektorkomponenten*) des Vektors $\vec{a}$. Sie entstehen durch *Projektion* von $\vec{a}$ auf die drei Basisvektoren $\vec{e}_\varrho$, $\vec{e}_\varphi$ und $\vec{e}_z$.

Transformation aus dem kartesischen Koordinatensystem in das Zylinderkoordinatensystem

Beim Übergang von den *kartesischen* Koordinaten zu den *Zylinderkoordinaten* transformieren sich die Basisvektoren $\vec{e}_x, \vec{e}_y, \vec{e}_z$ sowie die Vektorkoordinaten a_x, a_y, a_z eines *beliebigen* Vektors $\vec{a} = a_x\,\vec{e}_x + a_y\,\vec{e}_y + a_z\,\vec{e}_z$ in *gleicher* Weise. Die *orthogonale* Transformationsmatrix $\mathbf{A}$ besitzt dabei die folgende Gestalt:

$$\mathbf{A} = \begin{pmatrix} \cos\varphi & \sin\varphi & 0 \\ -\sin\varphi & \cos\varphi & 0 \\ 0 & 0 & 1 \end{pmatrix} \qquad \text{(I-270)}$$

Der Vektor $\vec{a}$ besitzt somit im *Zylinderkoordinatensystem* die Vektorkoordinaten

$$\begin{aligned} a_\varrho &= a_x \cdot \cos\varphi + a_y \cdot \sin\varphi \\ a_\varphi &= -\,a_x \cdot \sin\varphi + a_y \cdot \cos\varphi \\ a_z &= a_z \end{aligned} \qquad \text{(I-271)}$$

Anmerkung

Die *Rücktransformation*, d.h. der Übergang von den *Zylinderkoordinaten* zu den *kartesischen* Koordinaten, erfolgt über die zu $\mathbf{A}$ *inverse* Matrix $\mathbf{A}^{-1}$. Sie lautet:

$$\mathbf{A}^{-1} = \begin{pmatrix} \cos\varphi & -\sin\varphi & 0 \\ \sin\varphi & \cos\varphi & 0 \\ 0 & 0 & 1 \end{pmatrix} \qquad \text{(I-272)}$$

■ **Beispiel**

Wir wollen das im *kartesischen* Koordinatensystem gegebene Vektorfeld

$$\vec{F} = \vec{F}(x; y; z) = \frac{1}{\sqrt{x^2 + y^2}}\,(x\,\vec{e}_x + y\,\vec{e}_y) + z\,\vec{e}_z$$

in *Zylinderkoordinaten*, d.h. in der Form

$$\vec{F} = \vec{F}(\varrho; \varphi; z) = F_\varrho\,\vec{e}_\varrho + F_\varphi\,\vec{e}_\varphi + F_z\,\vec{e}_z$$

darstellen $(x^2 + y^2 \neq 0)$.

Die gesuchten Vektorkoordinaten F_ϱ, F_φ und F_z lassen sich unter Verwendung von

$$x = \varrho \cdot \cos\varphi, \qquad y = \varrho \cdot \sin\varphi, \qquad z = z, \qquad \sqrt{x^2 + y^2} = \varrho$$

aus den Gleichungen (I-271) wie folgt berechnen:

$$F_{\varrho} = F_x \cdot \cos\varphi + F_y \cdot \sin\varphi = \frac{1}{\sqrt{x^2 + y^2}} (x \cdot \cos\varphi + y \cdot \sin\varphi) =$$

$$= \frac{1}{\varrho} (\varrho \cdot \cos^2\varphi + \varrho \cdot \sin^2\varphi) = \cos^2\varphi + \sin^2\varphi = 1$$

$$F_{\varphi} = -F_x \cdot \sin\varphi + F_y \cdot \cos\varphi = \frac{1}{\sqrt{x^2 + y^2}} (-x \cdot \sin\varphi + y \cdot \cos\varphi) =$$

$$= \frac{1}{\varrho} (-\varrho \cdot \cos\varphi \cdot \sin\varphi + \varrho \cdot \sin\varphi \cdot \cos\varphi) = 0$$

$$F_z = z \qquad \text{(unverändert)}$$

Das Vektorfeld besitzt somit in *axialer* Richtung die *konstante* Komponente $F_{\varrho} = 1$, während die *tangentiale* Komponente F_{φ} *verschwindet* ($F_{\varphi} = 0$) und die z-Komponente *unverändert* aus der kartesischen Darstellung übernommen wird. Der Feldvektor $\vec{F}$ hängt daher in Zylinderkoordinaten *nur* von der „*Höhenkoordinate*" z ab. Seine Darstellung lautet:

$$\vec{F} = \vec{F}(z) = 1\ \vec{e}_{\varrho} + 0\ \vec{e}_{\varphi} + z\ \vec{e}_z = \vec{e}_{\varrho} + z\ \vec{e}_z$$ ■

6.2.3 Darstellung von Gradient, Divergenz, Rotation und Laplace-Operator in Zylinderkoordinaten

Die Differentialoperationen *Gradient*, *Divergenz* und *Rotation* sowie der *Laplace-Operator* besitzen in *Zylinderkoordinaten* das folgende Aussehen:

Gradient, Divergenz, Rotation und Laplace-Operator in Zylinderkoordinaten

Skalarfeld in Zylinderkoordinaten

$$\phi = \phi(\varrho; \varphi; z) \tag{I-273}$$

Vektorfeld in Zylinderkoordinaten

$$\vec{F} = \vec{F}(\varrho; \varphi; z) = F_{\varrho}(\varrho; \varphi; z)\ \vec{e}_{\varrho} + F_{\varphi}(\varrho; \varphi; z)\ \vec{e}_{\varphi} + F_z(\varrho; \varphi; z)\ \vec{e}_z \tag{I-274}$$

Gradient des Skalarfeldes $\phi(\varrho; \varphi; z)$

$$\operatorname{grad} \phi = \frac{\partial \phi}{\partial \varrho}\ \vec{e}_{\varrho} + \frac{1}{\varrho} \cdot \frac{\partial \phi}{\partial \varphi}\ \vec{e}_{\varphi} + \frac{\partial \phi}{\partial z}\ \vec{e}_z \tag{I-275}$$

Divergenz des Vektorfeldes $\vec{F}(\varrho; \varphi; z)$

$$\operatorname{div} \vec{F} = \frac{1}{\varrho} \cdot \frac{\partial}{\partial \varrho} (\varrho \cdot F_\varrho) + \frac{1}{\varrho} \cdot \frac{\partial F_\varphi}{\partial \varphi} + \frac{\partial F_z}{\partial z} \tag{I-276}$$

Rotation des Vektorfeldes $\vec{F}(\varrho; \varphi; z)$

$$\operatorname{rot} \vec{F} = \left(\frac{1}{\varrho} \cdot \frac{\partial F_z}{\partial \varphi} - \frac{\partial F_\varphi}{\partial z} \right) \vec{e}_\varrho + \left(\frac{\partial F_\varrho}{\partial z} - \frac{\partial F_z}{\partial \varrho} \right) \vec{e}_\varphi + \frac{1}{\varrho} \left(\frac{\partial}{\partial \varrho} (\varrho \cdot F_\varphi) - \frac{\partial F_\varrho}{\partial \varphi} \right) \vec{e}_z \tag{I-277}$$

Laplace-Operator

$$\Delta \phi = \frac{1}{\varrho} \cdot \frac{\partial}{\partial \varrho} \left(\varrho \cdot \frac{\partial \phi}{\partial \varrho} \right) + \frac{1}{\varrho^2} \cdot \frac{\partial^2 \phi}{\partial \varphi^2} + \frac{\partial^2 \phi}{\partial z^2} \tag{I-278}$$

Anmerkung

Der in *Zylinderkoordinaten* ausgedrückte *Laplace-Operator* enthält auch eine *1. Ableitung*, da der in Gleichung (I-278) auftretende 1. Summand

$$\frac{\partial}{\partial \varrho} \left(\varrho \cdot \frac{\partial \phi}{\partial \varrho} \right) = \frac{\partial \phi}{\partial \varrho} + \varrho \cdot \frac{\partial^2 \phi}{\partial \varrho^2} \tag{I-279}$$

ergibt (im Unterschied zum *kartesischen* Fall).

■ **Beispiele**

(1) Das *axialsymmetrische* Vektorfeld $\vec{F} = \frac{1}{\varrho} \, \vec{e}_\varrho$ ist quellen- *und* wirbelfrei. Denn sowohl die *Divergenz* als auch die *Rotation* dieses Feldes *verschwindet*. Mit $F_\varrho = \frac{1}{\varrho}$, $F_\varphi = 0$ und $F_z = 0$ folgt nämlich:

$$\operatorname{div} \vec{F} = \frac{1}{\varrho} \cdot \frac{\partial}{\partial \varrho} (\varrho \cdot F_\varrho) = \frac{1}{\varrho} \cdot \frac{\partial}{\partial \varrho} \left(\varrho \cdot \frac{1}{\varrho} \right) = \frac{1}{\varrho} \cdot \frac{\partial}{\partial \varrho} (1) = 0$$

$$\operatorname{rot} \vec{F} = \frac{\partial F_\varrho}{\partial z} \, \vec{e}_\varphi - \frac{1}{\varrho} \cdot \frac{\partial F_\varrho}{\partial \varphi} \, \vec{e}_z = 0 \, \vec{e}_\varphi - 0 \, \vec{e}_z = \vec{0}$$

(die partiellen Ableitungen von $F_\varrho = \frac{1}{\varrho}$ nach φ bzw. z *verschwinden* beide).

Wegen $\operatorname{rot} \vec{F} = \vec{0}$ ist $\vec{F}$ ein *Gradientenfeld*: $\vec{F} = \operatorname{grad} \phi$. Die skalare Funktion ϕ ist somit eine Lösung der *Laplace-Gleichung*, die wir nun bestimmen wollen. Dabei berücksichtigen wir, daß ϕ wegen der *Zylindersymmetrie* nur von ϱ

abhängen kann: $\phi = \phi(\varrho)$. Die *Laplace-Gleichung* lautet dann:

$$\Delta\phi = \frac{1}{\varrho} \cdot \frac{\partial}{\partial \varrho} \underbrace{\left(\varrho \cdot \frac{\partial \phi}{\partial \varrho}\right)}_{\text{const.}} = 0$$

Die in dieser Gleichung enthaltene partielle Ableitung kann nur *Null* werden, wenn $\varrho \cdot \dfrac{\partial \phi}{\partial \varrho}$ eine *Konstante* ist:

$$\varrho \cdot \frac{\partial \phi}{\partial \varrho} = \text{const.} = C_1$$

Wir lösen diese einfache *Differentialgleichung 1. Ordnung* nach $\dfrac{\partial \phi}{\partial \varrho} = \phi'(\varrho)$ auf und *integrieren* anschließend:

$$\phi'(\varrho) = \frac{C_1}{\varrho}$$

$$\phi(\varrho) = C_1 \cdot \int \frac{1}{\varrho}\, d\varrho = C_1 \cdot \ln \varrho + C_2 \,.$$

Die Konstante C_1 können wir aus der Bedingung $F_\varrho = \dfrac{\partial \phi}{\partial \varrho} = \dfrac{1}{\varrho}$ ermitteln:

$$\frac{\partial \phi}{\partial \varrho} = C_1 \cdot \frac{1}{\varrho} = \frac{1}{\varrho} \quad \Rightarrow \quad C_1 = 1 \,.$$

Die zweite Konstante dagegen bleibt *unbestimmt*. Das gesuchte skalare Feld lautet damit:

$$\phi = \phi(\varrho) = \ln \varrho + C_2 \qquad (C_2 \in \mathbb{R})$$

(2) Ein *homogener* Elektronenstrahl mit der Stromdichte $\vec{i} = i_0 \, \vec{e}_z$ erzeugt ein *ringförmiges* Magnetfeld mit der *magnetischen Feldstärke*

$$\vec{H} = \frac{1}{2}\, i_0 \, \varrho \, \vec{e}_\varphi$$

(Bild I-87). Wir bestimmen die *Rotation* dieses Feldes.

Mit den Feldkomponenten $H_\varrho = 0$, $H_\varphi = \frac{1}{2}\, i_0 \, \varrho$ und $H_z = 0$ erhalten wir nach Gleichung (I-277) zunächst:

$$\operatorname{rot} \vec{H} = -\frac{\partial H_\varphi}{\partial z}\, \vec{e}_\varrho + \frac{1}{\varrho} \cdot \frac{\partial}{\partial \varrho} (\varrho \cdot H_\varphi)\, \vec{e}_z$$

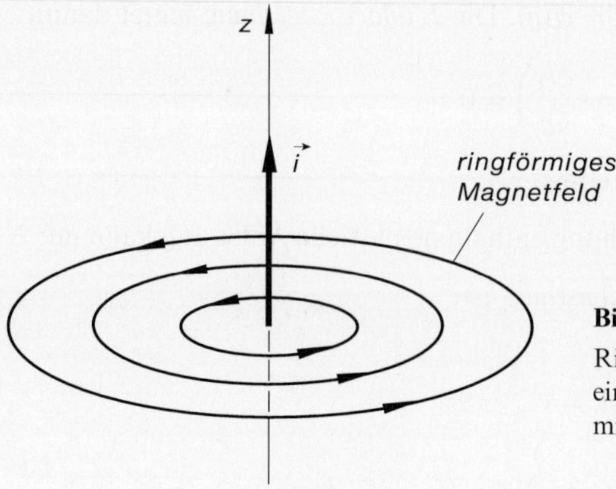

Bild I-87
Ringförmiges Magnetfeld eines homogenen Elektronenstrahls mit der Stromdichte $\vec{i}$

Da H_φ von z *unabhängig* ist, verschwindet die *erste* der beiden partiellen Ableitungen. Für die *zweite* erhalten wir:

$$\frac{\partial}{\partial \varrho}(\varrho \cdot H_\varphi) = \frac{\partial}{\partial \varrho}\left(\varrho \cdot \frac{1}{2} i_0 \varrho\right) = \frac{1}{2} i_0 \cdot \frac{\partial}{\partial \varrho}(\varrho^2) = i_0 \varrho$$

Somit ist

$$\operatorname{rot} \vec{H} = \frac{1}{\varrho} \cdot \frac{\partial}{\partial \varrho}(\varrho \cdot H_\varphi)\ \vec{e}_z = \frac{1}{\varrho} \cdot i_0 \varrho\ \vec{e}_z = i_0\ \vec{e}_z = \vec{i}$$

Diese Beziehung besitzt allgemeine Gültigkeit und repräsentiert eine der vier *Maxwellschen Grundgleichungen* der Elektrodynamik. ■

6.2.4 Zylindersymmetrische Vektorfelder

Ein *zylindersymmetrisches* Vektorfeld vom allgemeinen Typ

$$\vec{F} = f(\varrho)\ \vec{e}_\varrho \tag{I-280}$$

ist für $\varrho > 0$ stets *wirbelfrei*. Denn das Feld besitzt nur eine einzige skalare Vektorkomponente in *axialer* Richtung und diese wiederum ist *nur* von ϱ abhängig:

$$F_\varrho = f(\varrho), \qquad F_\varphi = 0, \qquad F_z = 0 \tag{I-281}$$

Die *Rotation* dieses Feldes *verschwindet* daher nach Gleichung (I-277):

$$\operatorname{rot} \vec{F} = \operatorname{rot}(f(\varrho)\ \vec{e}_\varrho) = \vec{0} \tag{I-282}$$

(alle partiellen Ableitungen sind gleich *Null*).

Dagegen ist ein *zylindersymmetrisches* Vektorfeld im allgemeinen *nicht* quellenfrei. Denn aus Gleichung (I-276) erhalten wir für die *Divergenz* des Vektorfeldes den folgenden Ausdruck:

$$\operatorname{div} \vec{F} = \frac{1}{\varrho} \cdot \frac{\partial}{\partial \varrho}(\varrho \cdot F_\varrho) = \frac{1}{\varrho} \cdot \frac{\partial}{\partial \varrho}(\varrho \cdot f(\varrho)) \tag{I-283}$$

Er kann nur dann verschwinden, wenn das Produkt $\varrho \cdot f(\varrho)$ eine *Konstante* ist, also

$$\varrho \cdot f(\varrho) = \text{const.} \qquad \text{oder} \qquad f(\varrho) = \frac{\text{const.}}{\varrho} \tag{I-284}$$

gilt. Dieser *Sonderfall* tritt also genau dann ein, wenn der *Betrag* des Feldvektors $\vec{F}$ *umgekehrt proportional* zum Abstand ϱ ist.

Eigenschaften eines zylindersymmetrischen Vektorfeldes

Ein *zylindersymmetrisches* Vektorfeld vom allgemeinen Typ

$$\vec{F} = f(\varrho)\,\vec{e}_{\varrho} \tag{I-285}$$

ist stets *wirbelfrei*, jedoch nur in *Sonderfällen* auch quellenfrei. Somit gilt für $\varrho \neq 0$:

$$\operatorname{rot}\vec{F} = \vec{0} \qquad \textit{und} \qquad \operatorname{div}\vec{F} \neq 0 \tag{I-286}$$

Sonderfälle: Ist der Betrag des Vektorfeldes *umgekehrt proportional* zum Abstand ϱ, d.h. gilt

$$f(\varrho) \sim \frac{1}{\varrho} \qquad \text{oder} \qquad f(\varrho) = \frac{\text{const.}}{\varrho} \tag{I-287}$$

so ist das Vektorfeld zusätzlich auch *quellenfrei*, d.h. die Divergenz des Vektorfeldes *verschwindet* dann.

■ **Beispiel**

Ein Musterbeispiel für ein wirbel- *und* quellenfreies Vektorfeld mit *Zylindersymmetrie* liefert das *elektrische Feld* in der Umgebung eines homogen geladenen Zylinders (Bild I-88).

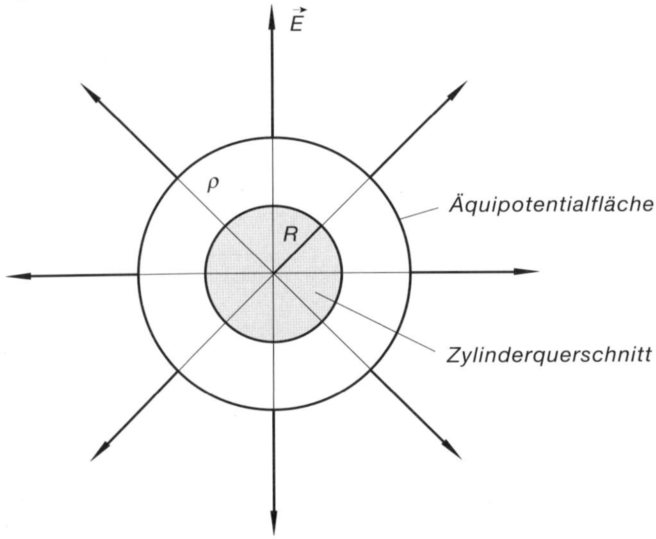

Bild I-88

Für die *elektrische Feldstärke* $\vec{E}$ gilt nämlich[15]:

$$\vec{E} = \vec{E}(\varrho) = \frac{\varrho_{\text{el}} R^2}{2\,\varepsilon_0} \cdot \frac{1}{\varrho}\,\vec{e}_{\varrho} \qquad (\varrho \geqslant R)$$

(ϱ_{el}: Ladungsdichte; R: Zylinderradius; ε_0: elektrische Feldkonstante). Das $\vec{E}$-Feld ist wegen der Zylindersymmetrie *wirbelfrei* und wegen

$$|\vec{E}| = E \sim 1/\varrho$$

auch *quellenfrei*.

■

6.2.5 Ein Anwendungsbeispiel: Geschwindigkeitsvektor eines Massenpunktes in Zylinderkoordinaten

Ein Massenpunkt bewege sich auf einer *räumlichen* Bahnkurve mit dem *zeitabhängigen* Ortsvektor

$$\vec{r}(t) = x(t)\,\vec{e}_x + y(t)\,\vec{e}_y + z(t)\,\vec{e}_z = x\,\vec{e}_x + y\,\vec{e}_y + z\,\vec{e}_z \tag{I-288}$$

Der zugehörige *Geschwindigkeitsvektor*

$$\vec{v} = \dot{\vec{r}} = \dot{x}\,\vec{e}_x + \dot{y}\,\vec{e}_y + \dot{z}\,\vec{e}_z \tag{I-289}$$

mit den *kartesischen* Geschwindigkeitskoordinaten $v_x = \dot{x}$, $v_y = \dot{y}$ und $v_z = \dot{z}$ soll nun in *Zylinderkoordinaten*, d.h. in der Form

$$\vec{v} = v_{\varrho}\,\vec{e}_{\varrho} + v_{\varphi}\,\vec{e}_{\varphi} + v_z\,\vec{e}_z \tag{I-290}$$

dargestellt werden.

Beim Übergang zu den Zylinderkoordinaten gelten die Transformationsgleichungen (I-271). Sie lauten hier:

$$\begin{aligned} v_{\varrho} &= v_x \cdot \cos\varphi + v_y \cdot \sin\varphi = \dot{x} \cdot \cos\varphi + \dot{y} \cdot \sin\varphi \\ v_{\varphi} &= -\,v_x \cdot \sin\varphi + v_y \cdot \cos\varphi = -\,\dot{x} \cdot \sin\varphi + \dot{y} \cdot \cos\varphi \\ v_z &= v_z = \dot{z} \end{aligned} \tag{I-291}$$

Wir drücken nun x und y durch die Zylinderkoordinaten ϱ und φ aus und *differenzieren* anschließend nach der *Zeit* t[16]:

$$\begin{aligned} x = \varrho \cdot \cos\varphi \;\rightarrow\; \dot{x} &= \dot{\varrho} \cdot \cos\varphi + \varrho \cdot (-\sin\varphi) \cdot \dot{\varphi} = \\ &= \dot{\varrho} \cdot \cos\varphi - \varrho\dot{\varphi} \cdot \sin\varphi \end{aligned} \tag{I-292}$$

$$\begin{aligned} y = \varrho \cdot \sin\varphi \;\rightarrow\; \dot{y} &= \dot{\varrho} \cdot \sin\varphi + \varrho \cdot (\cos\varphi) \cdot \dot{\varphi} = \\ &= \dot{\varrho} \cdot \sin\varphi + \varrho\dot{\varphi} \cdot \cos\varphi \end{aligned} \tag{I-293}$$

---

[15] Vgl. hierzu auch das Anwendungsbeispiel in Abschnitt 5.1.3.

[16] Die Zylinderkoordinaten sind ebenso wie die kartesischen Koordinaten *zeitabhängig*.

Damit nehmen die gesuchten Geschwindigkeitskomponenten v_ϱ und v_φ die folgende Gestalt an (die Geschwindigkeitskomponente v_z ist in beiden Koordinatensystemen *gleich*: $v_z = \dot{z}$):

$$\begin{aligned} v_\varrho &= \dot{x} \cdot \cos\varphi + \dot{y} \cdot \sin\varphi = \\ &= (\dot{\varrho} \cdot \cos\varphi - \varrho\dot{\varphi} \cdot \sin\varphi) \cdot \cos\varphi + (\dot{\varrho} \cdot \sin\varphi + \varrho\dot{\varphi} \cdot \cos\varphi) \cdot \sin\varphi = \\ &= \dot{\varrho} \cdot \cos^2\varphi - \varrho\dot{\varphi} \cdot \sin\varphi \cdot \cos\varphi + \dot{\varrho} \cdot \sin^2\varphi + \varrho\dot{\varphi} \cdot \cos\varphi \cdot \sin\varphi = \\ &= \dot{\varrho} \cdot \underbrace{(\cos^2\varphi + \sin^2\varphi)}_{1} = \dot{\varrho} \end{aligned} \tag{I-294}$$

$$\begin{aligned} v_\varphi &= -\dot{x} \cdot \sin\varphi + \dot{y} \cdot \cos\varphi = \\ &= -(\dot{\varrho} \cdot \cos\varphi - \varrho\dot{\varphi} \cdot \sin\varphi) \cdot \sin\varphi + (\dot{\varrho} \cdot \sin\varphi + \varrho\dot{\varphi} \cdot \cos\varphi) \cdot \cos\varphi = \\ &= -\dot{\varrho} \cdot \cos\varphi \cdot \sin\varphi + \varrho\dot{\varphi} \cdot \sin^2\varphi + \dot{\varrho} \cdot \sin\varphi \cdot \cos\varphi + \varrho\dot{\varphi} \cdot \cos^2\varphi = \\ &= \varrho\dot{\varphi} \underbrace{(\sin^2\varphi + \cos^2\varphi)}_{1} = \varrho\dot{\varphi} \end{aligned} \tag{I-295}$$

Somit ist

$$\vec{v} = v_\varrho\,\vec{e}_\varrho + v_\varphi\,\vec{e}_\varphi + v_z\,\vec{e}_z = \dot{\varrho}\,\vec{e}_\varrho + (\varrho\dot{\varphi})\,\vec{e}_\varphi + \dot{z}\,\vec{e}_z \tag{I-296}$$

der gesuchte *Geschwindigkeitsvektor* in Zylinderkoordinaten. Sein *Betrag* ist

$$v = \sqrt{v_\varrho^2 + v_\varphi^2 + v_z^2} = \sqrt{\dot{\varrho}^2 + (\varrho\dot{\varphi})^2 + \dot{z}^2} \tag{I-297}$$

Konkretes Beispiel: Ein Massenpunkt bewege sich auf einer *Schraubenlinie* mit dem zeitabhängigen Ortsvektor

$$\vec{r}(t) = R \cdot \cos(\omega t)\,\vec{e}_x + R \cdot \sin(\omega t)\,\vec{e}_y + ct\,\vec{e}_z \tag{I-298}$$

(Bild I-89). Mit

$$x = R \cdot \cos(\omega t), \qquad y = R \cdot \sin(\omega t), \qquad z = ct \tag{I-299}$$

erhalten wir aus den Transformationsgleichungen (I-256) die zugehörigen *zeitabhängigen Zylinderkoordinaten*:

$$\begin{aligned} \varrho &= \sqrt{x^2 + y^2} = \sqrt{R^2 \cdot \cos^2(\omega t) + R^2 \cdot \sin^2(\omega t)} = \\ &= \sqrt{R^2\,\underbrace{[\cos^2(\omega t) + \sin^2(\omega t)]}_{1}} = R = \text{const.} \\ \tan\varphi &= \frac{y}{x} = \frac{R \cdot \sin(\omega t)}{R \cdot \cos(\omega t)} = \tan(\omega t) \;\Rightarrow\; \varphi = \omega t \\ z &= ct \end{aligned} \tag{I-300}$$

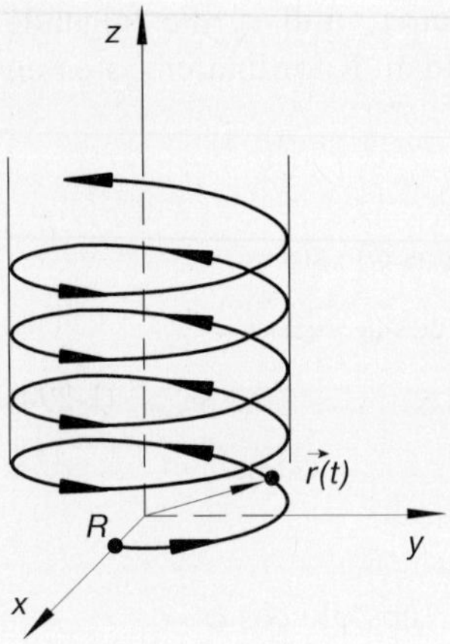

Bild I-89
Bewegung eines Massenpunktes auf einer Schraubenlinie

Die benötigten *Ableitungen* der Zylinderkoordinaten

$$\varrho = R, \qquad \varphi = \omega t, \qquad z = ct \tag{I-301}$$

nach der *Zeit* t lauten dann:

$$\dot{\varrho} = 0, \qquad \dot{\varphi} = \omega, \qquad \dot{z} = c \tag{I-302}$$

Damit erhalten wir den folgenden *Geschwindigkeitsvektor*, ausgedrückt in *Zylinderkoordinaten*:

$$\vec{v} = \dot{\varrho}\ \vec{e}_\varrho + (\varrho\,\dot{\varphi})\ \vec{e}_\varphi + \dot{z}\ \vec{e}_z = (R\omega)\ \vec{e}_\varphi + c\ \vec{e}_z \tag{I-303}$$

Der *Betrag* der Geschwindigkeit ist *konstant*. Wir erhalten das bereits aus Abschnitt 1.3 (Beispiel (2)) bekannte Ergebnis:

$$v = |\dot{\vec{r}}| = \sqrt{\dot{\varrho}^2 + (\varrho\,\dot{\varphi})^2 + \dot{z}^2} = \sqrt{R^2\omega^2 + c^2} \tag{I-304}$$

6.3 Kugelkoordinaten

6.3.1 Definition und Eigenschaften der Kugelkoordinaten

Kugelkoordinaten werden vorzugsweise bei räumlichen Problemen mit *Kugel-* oder *Radialsymmetrie* verwendet. Sie bestehen aus einer *Abstandskoordinate* r und zwei *Winkelkoordinaten* ϑ und φ (Bild I-90). Wir geben jetzt eine exakte Definition der Kugelkoordinaten und beschreiben ihre wichtigsten Eigenschaften, soweit sie für unsere weiteren Überlegungen von Bedeutung sind.

Kugelkoordinaten und ihre wichtigsten Eigenschaften

Die *Kugelkoordinaten* r, ϑ und φ eines Raumpunktes P bestehen aus einer *Abstandskoordinate* r und zwei *Winkelkoordinaten* ϑ und φ (Bild I-90):

r: Länge des Ortsvektors $\vec{r} = \overrightarrow{OP} \quad (r \geqslant 0)$

ϑ: Winkel zwischen dem Ortsvektor $\vec{r}$ und der *positiven* z-Achse $(0 \leqslant \vartheta \leqslant \pi)$

φ: Winkel zwischen der Projektion des Ortsvektors $\vec{r}$ auf die x, y-Ebene und der *positiven x-Achse* $(0 \leqslant \varphi < 2\pi)$

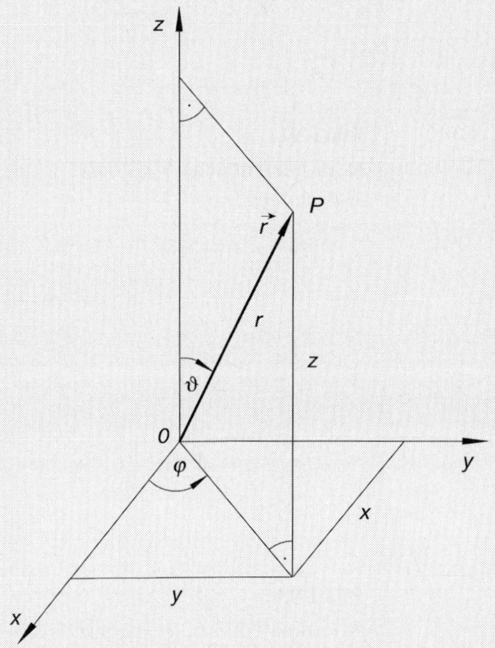

Bild I-90
Kugelkoordinaten

Koordinatenflächen

Koordinatenflächen entstehen, wenn jeweils *eine* der drei Kugelkoordinaten *festgehalten* wird:

r = const.: Kugeloberfläche (Kugelschale; Bild I-91)[17]

ϑ = const.: Mantelfläche eines Kegels (Kegelspitze im Koordinatenursprung, Öffnungswinkel: 2ϑ; Bild I-92)

φ = const.: Halbebene durch die z-Achse (Bild I-93)

[17] Dieser Eigenschaft verdanken die Kugelkoordinaten ihren Namen.

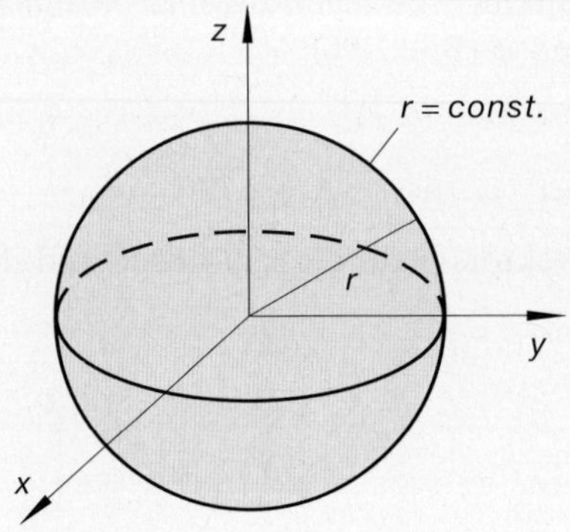

Bild I-91
Koordinatenfläche $r = \text{const.}$
(Kugelschale)

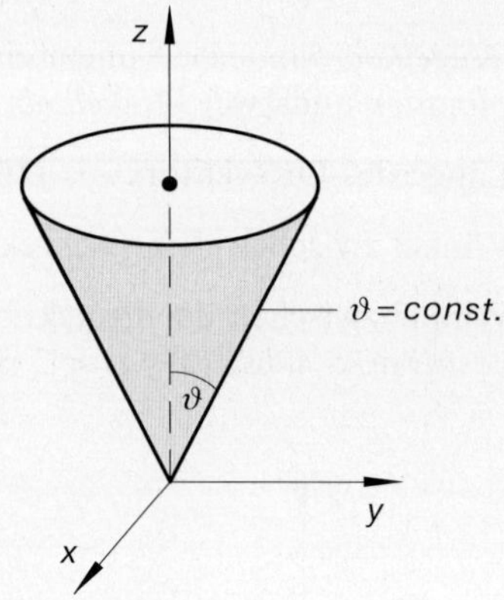

Bild I-92
Koordinatenfläche $\vartheta = \text{const.}$
(Kegelmantel)

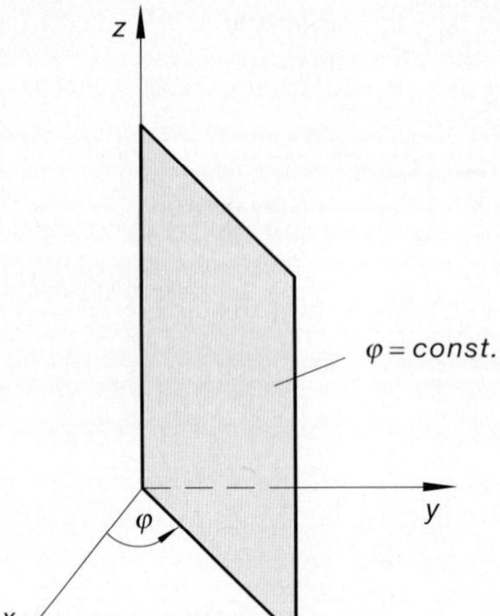

Bild I-93
Koordinatenfläche $\varphi = \text{const.}$
(Halbebene, begrenzt durch die z-Achse)

Die Koordinatenflächen stehen in jedem Punkt paarweise *senkrecht* aufeinander.

Koordinatenlinien

Koordinatenlinien entstehen, wenn jeweils *zwei* der drei Kugelkoordinaten *festgehalten* werden. Sie sind somit *Schnittkurven* zweier Koordinatenflächen:

ϑ, φ = const.: *Radialer* Strahl vom Koordinatenursprung nach *außen* (r-Linie; Bild I-94)

r, ϑ = const.: *Breitenkreis* mit dem Radius $r \cdot \sin \vartheta$ (φ-Linie; Bild I-95)

r, φ = const.: *Längenkreis* (ϑ-Linie; Bild I-96)

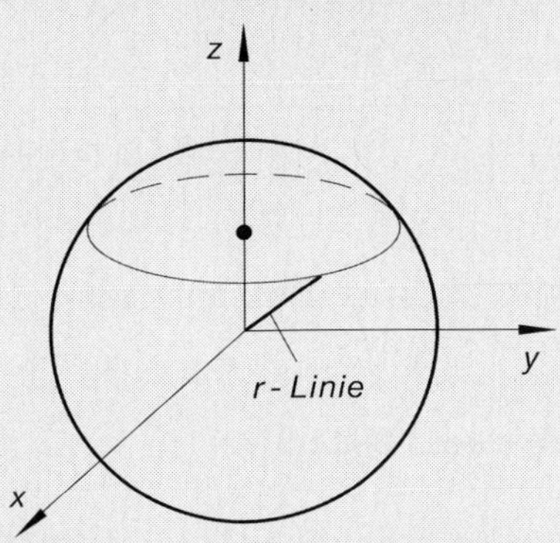

Bild I-94
r-Koordinatenlinie (Strahl)

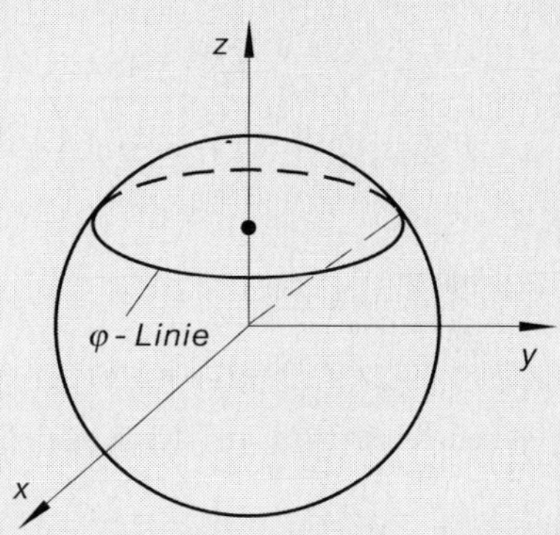

Bild I-95
φ-Koordinatenlinie (Breitenkreis)

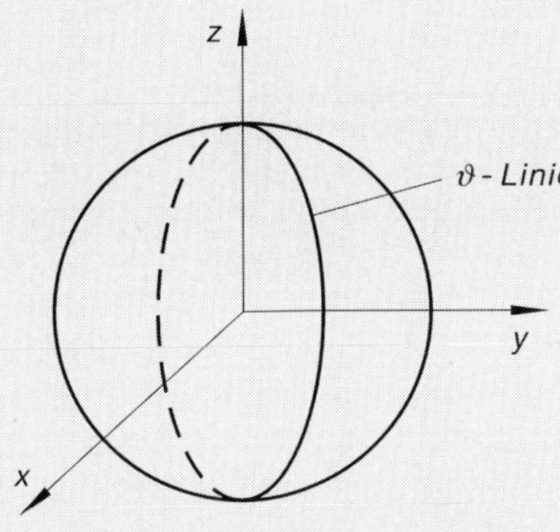

Bild I-96
ϑ-Koordinatenlinie (Längenkreis)

Die Koordinatenlinien stehen in jedem Punkt paarweise *senkrecht* aufeinander. Die Kugelkoordinaten sind daher (wie die kartesischen Koordinaten und die Zylinderkoordinaten) *orthogonale* räumliche Koordinaten.

Zusammenhang zwischen den Kugelkoordinaten r, ϑ, φ und den kartesischen Koordinaten x, y, z (Bild I-90)

Kugelkoordinaten → Kartesische Koordinaten

$$x = r \cdot \sin\vartheta \cdot \cos\varphi$$
$$y = r \cdot \sin\vartheta \cdot \sin\varphi \qquad \text{(I-305)}$$
$$z = r \cdot \cos\vartheta$$

Kartesische Koordinaten → Kugelkoordinaten

$$r = \sqrt{x^2 + y^2 + z^2}$$
$$\vartheta = \arccos\left(\frac{z}{r}\right) = \arccos\left(\frac{z}{\sqrt{x^2 + y^2 + z^2}}\right) \qquad \text{(I-306)}$$
$$\tan\varphi = \frac{y}{x}$$

Flächenelement dA auf der Kugeloberfläche (r = const.; Bild I-97)

$$dA = r^2 \cdot \sin\vartheta \, d\vartheta \, d\varphi \qquad \text{(I-307)}$$

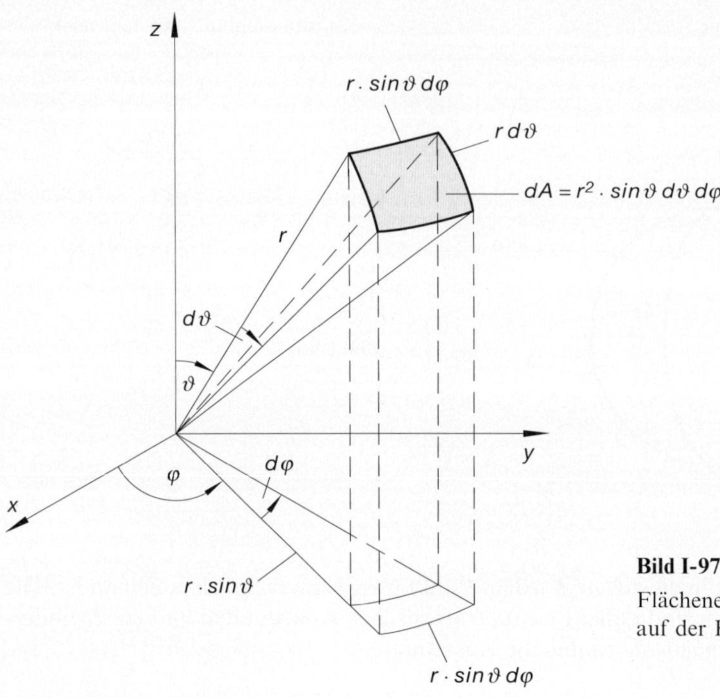

Bild I-97
Flächenelement dA auf der Kugeloberfläche

Linienelement ds

Das *Linienelement* ist die *geradlinige* Verbindung zweier differentiell benachbarter Punkte, die sich in ihren Kugelkoordinaten um dr, $d\vartheta$, $d\varphi$ voneinander unterscheiden. Es besitzt die *Länge*

$$ds = \sqrt{(dr)^2 + r^2 (d\vartheta)^2 + r^2 \cdot \sin^2 \vartheta \, (d\varphi)^2} \qquad \text{(I-308)}$$

Volumenelement dV **(Bild I-98)**

$$dV = dA \; dr = r^2 \cdot \sin \vartheta \; dr \; d\vartheta \; d\varphi \qquad \text{(I-309)}$$

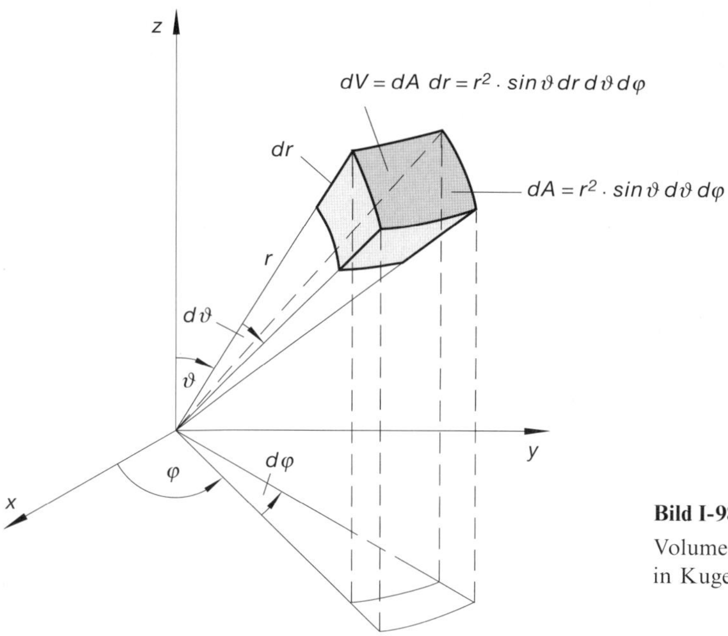

Bild I-98
Volumenelement dV in Kugelkoordinaten

Anmerkungen

(1) Die Kugelkoordinaten werden manchmal auch als *räumliche Polarkoordinaten* bezeichnet.

(2) Für die beiden Winkelkoordinaten sind auch folgende Bezeichnungen üblich:

ϑ: *Breitenkoordinate*

φ: *Längenkoordinate*

(3) Die durch $\vartheta = 90°$ oder $\vartheta = \frac{\pi}{2}$ festgelegte x, y-Ebene heißt auch *Äquatorebene.*

6.3.2 Darstellung eines Vektors in Kugelkoordinaten

Um einen beliebigen Vektor $\vec{a}$ in *Kugelkoordinaten* darstellen zu können, werden zunächst drei geeignete Einheitsvektoren benötigt, die als *Basis* für die gesuchte Darstellung dienen können.

Basisvektoren in Kugelkoordinaten (Bild I-99)

Wir wählen als *Basisvektoren* die *Tangenteneinheitsvektoren* der drei Koordinatenlinien

$\vec{e}_r$: *Tangenteneinheitsvektor* an die r-Koordinatenlinie (*radial* nach *außen* gerichtet, steht *senkrecht* auf der Kugeloberfläche $r = \text{const.}$)

$\vec{e}_\vartheta$: *Tangenteneinheitsvektor* an den *Längenkreis*, d.h. an die ϑ-Koordinatenlinie (steht *senkrecht* auf der Koordinatenfläche $\vartheta = \text{const.}$, d.h. auf dem Kegelmantel mit dem Öffnungswinkel 2ϑ)

$\vec{e}_\varphi$: *Tangenteneinheitsvektor* an den *Breitenkreis*, d.h. an die φ-Koordinatenlinie (steht *senkrecht* auf der Koordinatenfläche $\varphi = \text{const.}$)

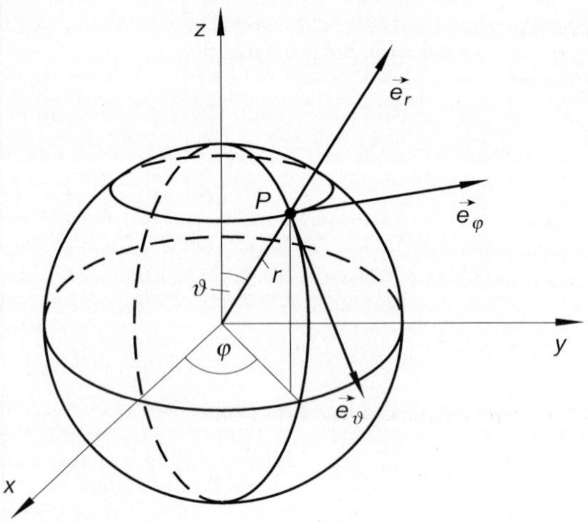

Bild I-99
Basisvektoren
im Kugelkoordinatensystem

Die Lage der drei Basisvektoren *verändert* sich dabei von Punkt zu Punkt. Sie besitzen im *kartesischen* Koordinatensystem die folgende Darstellung (ohne Beweis):

$$\vec{e}_r = \sin\vartheta \cdot \cos\varphi\; \vec{e}_x + \sin\vartheta \cdot \sin\varphi\; \vec{e}_y + \cos\vartheta\; \vec{e}_z = \begin{pmatrix} \sin\vartheta \cdot \cos\varphi \\ \sin\vartheta \cdot \sin\varphi \\ \cos\vartheta \end{pmatrix}$$

$$\vec{e}_\vartheta = \cos\vartheta \cdot \cos\varphi\; \vec{e}_x + \cos\vartheta \cdot \sin\varphi\; \vec{e}_y - \sin\vartheta\; \vec{e}_z = \begin{pmatrix} \cos\vartheta \cdot \cos\varphi \\ \cos\vartheta \cdot \sin\varphi \\ -\sin\vartheta \end{pmatrix} \qquad \text{(I-310)}$$

$$\vec{e}_\varphi = -\sin\varphi\; \vec{e}_x + \cos\varphi\; \vec{e}_y + 0\; \vec{e}_z = \begin{pmatrix} -\sin\varphi \\ \cos\varphi \\ 0 \end{pmatrix}$$

Wir können den Übergang von der *kartesischen* Basis $\vec{e}_x, \vec{e}_y, \vec{e}_z$ zur „*neuen*" Basis $\vec{e}_r, \vec{e}_\vartheta, \vec{e}_\varphi$ auch durch eine *orthogonale* Transformationsmatrix **A** wie folgt beschreiben:

$$\begin{pmatrix} \vec{e}_r \\ \vec{e}_\vartheta \\ \vec{e}_\varphi \end{pmatrix} = \underbrace{\begin{pmatrix} \sin\vartheta \cdot \cos\varphi & \sin\vartheta \cdot \sin\varphi & \cos\vartheta \\ \cos\vartheta \cdot \cos\varphi & \cos\vartheta \cdot \sin\varphi & -\sin\vartheta \\ -\sin\varphi & \cos\varphi & 0 \end{pmatrix}}_{\mathbf{A}} \begin{pmatrix} \vec{e}_x \\ \vec{e}_y \\ \vec{e}_z \end{pmatrix} = \mathbf{A} \begin{pmatrix} \vec{e}_x \\ \vec{e}_y \\ \vec{e}_z \end{pmatrix} \qquad \text{(I-311)}$$

Umgekehrt lassen sich die „*alten*" Einheitsvektoren aus den „*neuen*" Einheitsvektoren mittels der zu **A** *inversen* Matrix $\mathbf{A}^{-1}$ bestimmen:

$$\begin{pmatrix} \vec{e}_x \\ \vec{e}_y \\ \vec{e}_z \end{pmatrix} = \underbrace{\begin{pmatrix} \sin\vartheta \cdot \cos\varphi & \cos\vartheta \cdot \cos\varphi & -\sin\varphi \\ \sin\vartheta \cdot \sin\varphi & \cos\vartheta \cdot \sin\varphi & \cos\varphi \\ \cos\vartheta & -\sin\vartheta & 0 \end{pmatrix}}_{\mathbf{A}^{-1}} \begin{pmatrix} \vec{e}_r \\ \vec{e}_\vartheta \\ \vec{e}_\varphi \end{pmatrix} = \mathbf{A}^{-1} \begin{pmatrix} \vec{e}_r \\ \vec{e}_\vartheta \\ \vec{e}_\varphi \end{pmatrix} \qquad \text{(I-312)}$$

Vektordarstellung in Kugelkoordinaten

Ein im *kartesischen* Koordinatensystem gegebener Vektor

$$\vec{a} = a_x \, \vec{e}_x + a_y \, \vec{e}_y + a_z \, \vec{e}_z \qquad \text{(I-313)}$$

läßt sich in *Kugelkoordinaten*, bezogen auf die Basis $\vec{e}_r, \vec{e}_\vartheta, \vec{e}_\varphi$, wie folgt darstellen:

$$\vec{a} = a_r \, \vec{e}_r + a_\vartheta \, \vec{e}_\vartheta + a_\varphi \, \vec{e}_\varphi \qquad \text{(I-314)}$$

Dabei sind a_r, a_ϑ und a_φ der Reihe nach die mit einem *Vorzeichen* versehenen *Projektionen* des Vektors $\vec{a}$ auf die drei Basisvektoren $\vec{e}_r$, $\vec{e}_\vartheta$ und $\vec{e}_\varphi$. Diese (positiven oder negativen) *skalaren* Größen sind die *Vektorkoordinaten* oder *skalaren Vektorkomponenten* des Vektors $\vec{a}$ im *Kugelkoordinatensystem.* Sie lassen sich wie folgt aus den *kartesischen* Vektorkoordinaten a_x, a_y und a_z bestimmen:

$$\begin{aligned} a_r &= a_x \cdot \sin\vartheta \cdot \cos\varphi + a_y \cdot \sin\vartheta \cdot \sin\varphi + a_z \cdot \cos\vartheta \\ a_\vartheta &= a_x \cdot \cos\vartheta \cdot \cos\varphi + a_y \cdot \cos\vartheta \cdot \sin\varphi - a_z \cdot \sin\vartheta \\ a_\varphi &= -\, a_x \cdot \sin\varphi + a_y \cdot \cos\varphi \end{aligned} \qquad \text{(I-315)}$$

Diese Transformationsgleichungen lauten in der *Matrizenform*:

$$\begin{pmatrix} a_r \\ a_\vartheta \\ a_\varphi \end{pmatrix} = \underbrace{\begin{pmatrix} \sin\vartheta \cdot \cos\varphi & \sin\vartheta \cdot \sin\varphi & \cos\vartheta \\ \cos\vartheta \cdot \cos\varphi & \cos\vartheta \cdot \sin\varphi & -\sin\vartheta \\ -\sin\varphi & \cos\varphi & 0 \end{pmatrix}}_{\mathbf{A}} \begin{pmatrix} a_x \\ a_y \\ a_z \end{pmatrix} = \mathbf{A} \begin{pmatrix} a_x \\ a_y \\ a_z \end{pmatrix} \qquad \text{(I-316)}$$

Auch für die Kugelkoordinaten gilt: Die *Vektorkoordinaten* eines beliebigen Vektors $\vec{a}$ transformieren sich beim Übergang von den kartesischen Koordinaten zu den Kugelkoordinaten in der *gleichen* Weise wie die *Basisvektoren.*

Umgekehrt erfolgt der Übergang von der Darstellung in Kugelkoordinaten zur kartesischen Darstellung mit Hilfe der zu **A** *inversen* Matrix $\mathbf{A}^{-1}$:

$$\begin{pmatrix} a_x \\ a_y \\ a_z \end{pmatrix} = \mathbf{A}^{-1} \begin{pmatrix} a_r \\ a_\vartheta \\ a_\varphi \end{pmatrix} = \underbrace{\begin{pmatrix} \sin\vartheta \cdot \cos\varphi & \cos\vartheta \cdot \cos\varphi & -\sin\varphi \\ \sin\vartheta \cdot \sin\varphi & \cos\vartheta \cdot \sin\varphi & \cos\varphi \\ \cos\vartheta & -\sin\vartheta & 0 \end{pmatrix}}_{\mathbf{A}^{-1}} \begin{pmatrix} a_r \\ a_\vartheta \\ a_\varphi \end{pmatrix} \qquad \text{(I-317)}$$

Wir fassen nun die wichtigsten Ergebnisse zusammen:

Darstellung eines Vektors in Kugelkoordinaten

Basisvektoren $\vec{e}_r, \vec{e}_\vartheta, \vec{e}_\varphi$

In *Kugelkoordinaten* werden die folgenden *orthogonalen* Einheitsvektoren als *Basisvektoren* verwendet (Bild I-99):

$\vec{e}_r$: *Tangenteneinheitsvektor* an die r-Koordinatenlinie (*radial* nach *außen* gerichtet)

$\vec{e}_\vartheta$: *Tangenteneinheitsvektor* an die ϑ-Koordinatenlinie, d.h. an den *Längenkreis*

$\vec{e}_\varphi$: *Tangenteneinheitsvektor* an die φ-Koordinatenlinie, d.h. an den *Breitenkreis*

Vektordarstellung in der Basis $\vec{e}_r, \vec{e}_\vartheta, \vec{e}_\varphi$

Ein Vektor $\vec{a}$ läßt sich in diesem Basissystem in der Form

$$\vec{a} = a_r\,\vec{e}_r + a_\vartheta\,\vec{e}_\vartheta + a_\varphi\,\vec{e}_\varphi \qquad \text{(I-318)}$$

darstellen. Die (positiven oder negativen) *skalaren* Größen a_r, a_ϑ und a_φ sind dabei die *Vektorkoordinaten* (*skalaren Vektorkomponenten*) des Vektors $\vec{a}$. Sie entstehen durch *Projektion von* $\vec{a}$ auf die drei Basisvektoren $\vec{e}_r$, $\vec{e}_\vartheta$ und $\vec{e}_\varphi$.

Transformation aus dem kartesischen Koordinatensystem in das Kugelkoordinatensystem

Beim Übergang von den *kartesischen* Koordinaten zu den *Kugelkoordinaten* transformieren sich die Basisvektoren $\vec{e}_x, \vec{e}_y, \vec{e}_z$ sowie die Vektorkoordinaten a_x, a_y, a_z eines *beliebigen* Vektors $\vec{a} = a_x\,\vec{e}_x + a_y\,\vec{e}_y + a_z\,\vec{e}_z$ in *gleicher* Weise. Die *orthogonale* Transformationsmatrix **A** besitzt dabei die folgende Gestalt:

$$\mathbf{A} = \begin{pmatrix} \sin\vartheta \cdot \cos\varphi & \sin\vartheta \cdot \sin\varphi & \cos\vartheta \\ \cos\vartheta \cdot \cos\varphi & \cos\vartheta \cdot \sin\varphi & -\sin\vartheta \\ -\sin\varphi & \cos\varphi & 0 \end{pmatrix} \qquad \text{(I-319)}$$

Der Vektor $\vec{a}$ besitzt somit im Kugelkoordinatensystem die *Vektorkoordinaten*

$$\begin{aligned} a_r &= a_x \cdot \sin\vartheta \cdot \cos\varphi + a_y \cdot \sin\vartheta \cdot \sin\varphi + a_z \cdot \cos\vartheta \\ a_\vartheta &= a_x \cdot \cos\vartheta \cdot \cos\varphi + a_y \cdot \cos\vartheta \cdot \sin\varphi - a_z \cdot \sin\vartheta \qquad \text{(I-320)} \\ a_\varphi &= -a_x \cdot \sin\varphi + a_y \cdot \cos\varphi \end{aligned}$$

Anmerkung

Die *Rücktransformation*, d.h. der Übergang von den *Kugelkoordinaten* zu den *kartesischen* Koordinaten, erfolgt über die zu **A** *inverse* Matrix $\mathbf{A}^{-1}$. Sie lautet:

$$\mathbf{A}^{-1} = \begin{pmatrix} \sin\vartheta \cdot \cos\varphi & \cos\vartheta \cdot \cos\varphi & -\sin\varphi \\ \sin\vartheta \cdot \sin\varphi & \cos\vartheta \cdot \sin\varphi & \cos\varphi \\ \cos\vartheta & -\sin\vartheta & 0 \end{pmatrix} \qquad \text{(I-321)}$$

■ **Beispiele**

(1) Wie lautet die Darstellung des Feldvektors

$$\vec{F} = \vec{F}(x; y; z) = x\,\vec{e}_x + y\,\vec{e}_y + \vec{e}_z$$

in *Kugelkoordinaten*?

Lösung:

Der gegebene Feldvektor soll in der Form

$$\vec{F} = \vec{F}(r; \vartheta; \varphi) = F_r\,\vec{e}_r + F_\vartheta\,\vec{e}_\vartheta + F_\varphi\,\vec{e}_\varphi$$

dargestellt werden. Die gesuchten Vektorkoordinaten F_r, F_ϑ und F_φ lassen sich dann unter Verwendung von

$$x = r \cdot \sin\vartheta \cdot \cos\varphi, \qquad y = r \cdot \sin\vartheta \cdot \sin\varphi, \qquad z = r \cdot \cos\vartheta$$

aus den Gleichungen (I-320) wie folgt berechnen:

$$\begin{aligned} F_r &= F_x \cdot \sin\vartheta \cdot \cos\varphi + F_y \cdot \sin\vartheta \cdot \sin\varphi + F_z \cdot \cos\vartheta = \\ &= x \cdot \sin\vartheta \cdot \cos\varphi + y \cdot \sin\vartheta \cdot \sin\varphi + 1 \cdot \cos\vartheta = \\ &= r \cdot \sin^2\vartheta \cdot \cos^2\varphi + r \cdot \sin^2\vartheta \cdot \sin^2\varphi + \cos\vartheta = \\ &= r \cdot \sin^2\vartheta\,\underbrace{(\cos^2\varphi + \sin^2\varphi)}_{1} + \cos\vartheta = r \cdot \sin^2\vartheta + \cos\vartheta \end{aligned}$$

$$\begin{aligned} F_\vartheta &= F_x \cdot \cos\vartheta \cdot \cos\varphi + F_y \cdot \cos\vartheta \cdot \sin\varphi - F_z \cdot \sin\vartheta = \\ &= x \cdot \cos\vartheta \cdot \cos\varphi + y \cdot \cos\vartheta \cdot \sin\varphi - 1 \cdot \sin\vartheta = \\ &= r \cdot \sin\vartheta \cdot \cos\vartheta \cdot \cos^2\varphi + r \cdot \sin\vartheta \cdot \cos\vartheta \cdot \sin^2\varphi - \sin\vartheta = \\ &= r \cdot \sin\vartheta \cdot \cos\vartheta\,\underbrace{(\cos^2\varphi + \sin^2\varphi)}_{1} - \sin\vartheta = \\ &= r \cdot \sin\vartheta \cdot \cos\vartheta - \sin\vartheta = (r \cdot \cos\vartheta - 1) \cdot \sin\vartheta \end{aligned}$$

$$\begin{aligned} F_\varphi &= -F_x \cdot \sin\varphi + F_y \cdot \cos\varphi = -x \cdot \sin\varphi + y \cdot \cos\varphi = \\ &= -r \cdot \sin\vartheta \cdot \cos\varphi \cdot \sin\varphi + r \cdot \sin\vartheta \cdot \sin\varphi \cdot \cos\varphi = 0 \end{aligned}$$

Somit ist

$$\vec{F} = (r \cdot \sin^2 \vartheta + \cos \vartheta)\ \vec{e}_r + (r \cdot \cos \vartheta - 1) \cdot \sin \vartheta\ \vec{e}_\vartheta$$

die gesuchte Darstellung des Feldvektors in *Kugelkoordinaten*. Man beachte, daß diese Darstellung *unabhängig* vom Winkel φ ist und *keine* Komponente in Richtung des Breitenkreises besitzt.

(2) Ein Massenpunkt bewege sich auf dem *Breitenkreis* einer Kugel mit dem Radius r (Bild I-100). Die Bahn ist dann durch Angabe der Breitenkoordinate ϑ *eindeutig* festgelegt. Wir interessieren uns nun für den *Geschwindigkeitsvektor* $\vec{v}$ des Teilchens, ausgedrückt in *Kugelkoordinaten*.

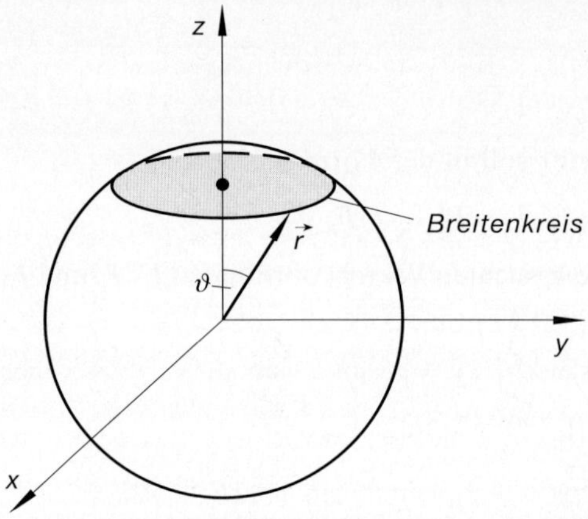

Bild I-100
Zur Bewegung eines Massenpunktes auf dem Breitenkreis $\vartheta = \text{const.}$

Dabei gehen wir zunächst von *kartesischen* Koordinaten aus. *Ortsvektor* $\vec{r}$ und *Geschwindigkeitsvektor* $\vec{v}$ lauten dann (beide sind *zeitabhängig*):

$$\vec{r} = \vec{r}(t) = x\ \vec{e}_x + y\ \vec{e}_y + z\ \vec{e}_z$$

$$\vec{v} = \vec{v}(t) = \dot{x}\ \vec{e}_x + \dot{y}\ \vec{e}_y + \dot{z}\ \vec{e}_z$$

Der *Geschwindigkeitsvektor* $\vec{v}$ besitzt in *Kugelkoordinaten* die Darstellung

$$\vec{v} = v_r\ \vec{e}_r + v_\vartheta\ \vec{e}_\vartheta + v_\varphi\ \vec{e}_\varphi$$

Zwischen den „alten“ und den „neuen“ Geschwindigkeitskomponenten bestehen dabei nach den Gleichungen (I-320) die folgenden Beziehungen:

$$v_r = v_x \cdot \sin \vartheta \cdot \cos \varphi + v_y \cdot \sin \vartheta \cdot \sin \varphi + v_z \cdot \cos \vartheta =$$
$$= \dot{x} \cdot \sin \vartheta \cdot \cos \varphi + \dot{y} \cdot \sin \vartheta \cdot \sin \varphi + \dot{z} \cdot \cos \vartheta$$

$$v_\vartheta = v_x \cdot \cos \vartheta \cdot \cos \varphi + v_y \cdot \cos \vartheta \cdot \sin \varphi - v_z \cdot \sin \vartheta =$$
$$= \dot{x} \cdot \cos \vartheta \cdot \cos \varphi + \dot{y} \cdot \cos \vartheta \cdot \sin \varphi - \dot{z} \cdot \sin \vartheta$$

$$v_\varphi = -\, v_x \cdot \sin \varphi + v_y \cdot \cos \varphi = -\, \dot{x} \cdot \sin \varphi + \dot{y} \cdot \cos \varphi$$

Wir drücken nun x, y und z mittels der Transformationsgleichungen (I-305) durch die Kugelkoordinaten r, ϑ und φ aus und *differenzieren* die Gleichungen anschließend nach der Zeit t. Da auf dem *Breitenkreis* r und ϑ *feste* Größe sind, gilt $\dot{r} = 0$ und $\dot{\vartheta} = 0$. Unter Berücksichtigung dieser Bedingungen erhalten wir dann:

$$x = r \cdot \sin\vartheta \cdot \cos\varphi \quad \to \quad \dot{x} = -\, r \cdot \sin\vartheta \cdot \sin\varphi \cdot \dot{\varphi}$$

$$y = r \cdot \sin\vartheta \cdot \sin\varphi \quad \to \quad \dot{y} = r \cdot \sin\vartheta \cdot \cos\varphi \cdot \dot{\varphi}$$

$$z = r \cdot \cos\vartheta \quad \to \quad \dot{z} = 0$$

Damit nehmen die gesuchten *Geschwindigkeitskomponenten* v_r, v_ϑ und v_φ die folgende Gestalt an:

$$\begin{aligned} v_r &= \dot{x} \cdot \sin\vartheta \cdot \cos\varphi + \dot{y} \cdot \sin\vartheta \cdot \sin\varphi + \dot{z} \cdot \cos\vartheta = \\ &= -\, r \cdot \sin^2\vartheta \cdot \sin\varphi \cdot \cos\varphi \cdot \dot{\varphi} + \\ &\quad + r \cdot \sin^2\vartheta \cdot \sin\varphi \cdot \cos\varphi \cdot \dot{\varphi} + 0 \cdot \cos\vartheta = 0 \end{aligned}$$

$$\begin{aligned} v_\vartheta &= \dot{x} \cdot \cos\vartheta \cdot \cos\varphi + \dot{y} \cdot \cos\vartheta \cdot \sin\varphi - \dot{z} \cdot \sin\vartheta = \\ &= -\, r \cdot \sin\vartheta \cdot \cos\vartheta \cdot \sin\varphi \cdot \cos\varphi \cdot \dot{\varphi} + \\ &\quad + r \cdot \sin\vartheta \cdot \cos\vartheta \cdot \sin\varphi \cdot \cos\varphi \cdot \dot{\varphi} - 0 \cdot \sin\vartheta = 0 \end{aligned}$$

$$\begin{aligned} v_\varphi &= -\, \dot{x} \cdot \sin\varphi + \dot{y} \cdot \cos\varphi = \\ &= r \cdot \sin\vartheta \cdot \sin^2\varphi \cdot \dot{\varphi} + r \cdot \sin\vartheta \cdot \cos^2\varphi \cdot \dot{\varphi} = \\ &= r \cdot \sin\vartheta \cdot \dot{\varphi}\underbrace{(\sin^2\varphi + \cos^2\varphi)}_{1} = r \cdot \sin\vartheta \cdot \dot{\varphi} \end{aligned}$$

Das Teilchen bewegt sich somit auf dem Breitenkreis mit dem *Geschwindigkeitsvektor*

$$\vec{v} = r \cdot \sin\vartheta \cdot \dot{\varphi}\; \vec{e}_\varphi$$

Erfolgt die Bewegung mit *konstanter* Winkelgeschwindigkeit ω, so ist $\varphi = \omega t$ und $\dot{\varphi} = \omega$ und wir erhalten das bereits aus Abschnitt 6.1.4 bekannte Ergebnis

$$\vec{v} = r \cdot \sin\vartheta \cdot \omega\; \vec{e}_\varphi = \omega r \cdot \sin\vartheta\; \vec{e}_\varphi = R\omega\; \vec{e}_\varphi$$

Dabei ist $R = r \cdot \sin\vartheta$ der Radius des Breitenkreises aus Bild I-100. ■

6.3.3 Darstellung von Gradient, Divergenz, Rotation und Laplace-Operator in Kugelkoordinaten

Die Differentialoperationen *Gradient*, *Divergenz* und *Rotation* sowie der *Laplace-Operator* besitzen in *Kugelkoordinaten* das folgende Aussehen:

Gradient, Divergenz, Rotation und Laplace-Operator in Kugelkoordinaten

Skalarfeld in Kugelkoordinaten

$$\phi = \phi(r; \vartheta; \varphi) \tag{I-322}$$

Vektorfeld in Kugelkoordinaten

$$\vec{F} = \vec{F}(r; \vartheta; \varphi) = F_r(r; \vartheta; \varphi)\ \vec{e}_r + F_\vartheta(r; \vartheta; \varphi)\ \vec{e}_\vartheta + F_\varphi(r; \vartheta; \varphi)\ \vec{e}_\varphi \tag{I-323}$$

Gradient des Skalarfeldes $\phi(r; \vartheta; \varphi)$

$$\operatorname{grad} \phi = \frac{\partial \phi}{\partial r}\ \vec{e}_r + \frac{1}{r} \cdot \frac{\partial \phi}{\partial \vartheta}\ \vec{e}_\vartheta + \frac{1}{r \cdot \sin \vartheta} \cdot \frac{\partial \phi}{\partial \varphi}\ \vec{e}_\varphi \tag{I-324}$$

Divergenz des Vektorfeldes $\vec{F}(r; \vartheta; \varphi)$

$$\operatorname{div} \vec{F} = \frac{1}{r^2} \cdot \frac{\partial}{\partial r}(r^2 \cdot F_r) + \frac{1}{r \cdot \sin \vartheta}\left[\frac{\partial}{\partial \vartheta}(\sin \vartheta \cdot F_\vartheta) + \frac{\partial F_\varphi}{\partial \varphi}\right] \tag{I-325}$$

Rotation des Vektorfeldes $\vec{F}(r; \vartheta; \varphi)$

$$\begin{aligned}\operatorname{rot} \vec{F} = & \left\{\frac{1}{r \cdot \sin \vartheta}\left(\frac{\partial}{\partial \vartheta}(\sin \vartheta \cdot F_\varphi) - \frac{\partial F_\vartheta}{\partial \varphi}\right)\right\}\ \vec{e}_r + \\ & + \left\{\frac{1}{r \cdot \sin \vartheta} \cdot \frac{\partial F_r}{\partial \varphi} - \frac{1}{r} \cdot \frac{\partial}{\partial r}(r \cdot F_\varphi)\right\}\ \vec{e}_\vartheta + \\ & + \left\{\frac{1}{r} \cdot \frac{\partial}{\partial r}(r \cdot F_\vartheta) - \frac{1}{r} \cdot \frac{\partial F_r}{\partial \vartheta}\right\}\ \vec{e}_\varphi\end{aligned} \tag{I-326}$$

Laplace-Operator

$$\Delta \phi = \frac{1}{r^2}\left\{\frac{\partial}{\partial r}\left(r^2 \cdot \frac{\partial \phi}{\partial r}\right) + \frac{1}{\sin \vartheta} \cdot \frac{\partial}{\partial \vartheta}\left(\sin \vartheta \cdot \frac{\partial \phi}{\partial \vartheta}\right) + \frac{1}{\sin^2 \vartheta} \cdot \frac{\partial^2 \phi}{\partial \varphi^2}\right\} \tag{I-327}$$

Anmerkung

Der in Kugelkoordinaten ausgedrückte *Laplace-Operator* enthält auch partielle Ableitungen *1. Ordnung* (im Unterschied zum *kartesischen* Fall):

$$\begin{aligned} \frac{\partial}{\partial r}\left(r^2 \cdot \frac{\partial \phi}{\partial r}\right) &= 2r \cdot \frac{\partial \phi}{\partial r} + r^2 \cdot \frac{\partial^2 \phi}{\partial r^2} \\ \frac{\partial}{\partial \vartheta}\left(\sin\vartheta \cdot \frac{\partial \phi}{\partial \vartheta}\right) &= \cos\vartheta \cdot \frac{\partial \phi}{\partial \vartheta} + \sin\vartheta \cdot \frac{\partial^2 \phi}{\partial \vartheta^2} \end{aligned} \qquad \text{(I-328)}$$

■ **Beispiele**

(1) Wir bestimmen den *Gradient* des skalaren Feldes $\phi = \phi(r; \vartheta; \varphi) = r + \vartheta + \varphi$ nach Gleichung (I-324). Die dabei benötigten partiellen Ableitungen 1. Ordnung besitzen alle den *konstanten* Wert 1:

$$\frac{\partial \phi}{\partial r} = \frac{\partial}{\partial r}(r + \vartheta + \varphi) = 1, \qquad \frac{\partial \phi}{\partial \vartheta} = 1, \qquad \frac{\partial \phi}{\partial \varphi} = 1$$

Somit gilt:

$$\operatorname{grad} \phi = \vec{e}_r + \frac{1}{r}\,\vec{e}_\vartheta + \frac{1}{r \cdot \sin\vartheta}\,\vec{e}_\varphi$$

(2) Eine Kugel mit dem Radius r rotiere mit der *konstanten* Winkelgeschwindigkeit ω um die z-Achse (Bild I-101). Unser Interesse gilt zunächst dem *Geschwindigkeitsfeld* auf der Kugeloberfläche.

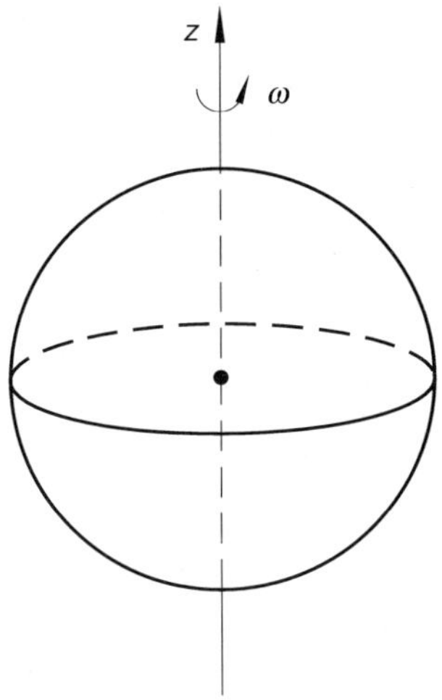

Bild I-101

Gleichförmige Rotation einer Kugel um einen Durchmesser (z-Achse)

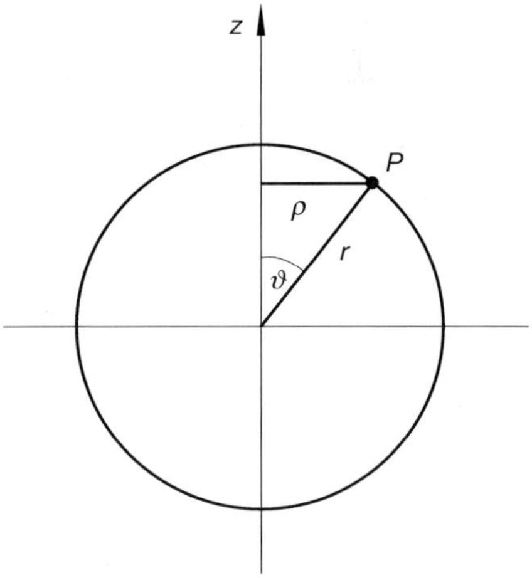

Bild I-102

Der Punkt P bewegt sich auf einem *Breitenkreis* mit dem Radius $\varrho = r \cdot \sin\vartheta$

Dazu betrachten wir einen beliebigen Punkt P auf der Kugeloberfläche. Er bewegt sich bei der Drehung der Kugel auf einem *Breitenkreis* mit dem Radius $\varrho = r \cdot \sin \vartheta$, wie man aus Bild I-102 leicht entnehmen kann. Der Geschwindigkeitsvektor $\vec{v}$ ist dabei *tangential* zum Breitenkreis orientiert und besitzt daher nur eine *φ-Komponente*

$$v_\varphi = \omega \varrho = \omega r \cdot \sin \vartheta$$

Das Geschwindigkeitsfeld auf der Kugeloberfläche hängt somit *nur* von der Winkelkoordinate ϑ ab:

$$\vec{v} = \vec{v}(\vartheta) = v_\varphi \; \vec{e}_\varphi = \omega r \cdot \sin \vartheta \; \vec{e}_\varphi .$$

Für die *Rotation* des Feldvektors $\vec{v}$ erhalten wir dann nach Gleichung (I-326):

$$\operatorname{rot} \vec{v} = \frac{1}{r \cdot \sin \vartheta} \left(\frac{\partial}{\partial \vartheta} (\sin \vartheta \cdot v_\varphi) \right) \vec{e}_r - \frac{1}{r} \left(\frac{\partial}{\partial r} (r \cdot v_\varphi) \right) \vec{e}_\vartheta =$$

$$= \frac{1}{r \cdot \sin \vartheta} \left(\frac{\partial}{\partial \vartheta} (\omega r \cdot \sin^2 \vartheta) \right) \vec{e}_r - \frac{1}{r} \left(\frac{\partial}{\partial r} (\omega r^2 \cdot \sin \vartheta) \right) \vec{e}_\vartheta =$$

$$= \frac{1}{r \cdot \sin \vartheta} \cdot \omega r (2 \cdot \sin \vartheta \cdot \cos \vartheta) \; \vec{e}_r - \frac{1}{r} \cdot \omega \cdot \sin \vartheta \cdot (2r) \; \vec{e}_\vartheta =$$

$$= 2\omega \cdot \cos \vartheta \; \vec{e}_r - 2\omega \cdot \sin \vartheta \; \vec{e}_\vartheta = 2\omega (\cos \vartheta \; \vec{e}_r - \sin \vartheta \; \vec{e}_\vartheta)$$

Der in der Klammer stehende Vektor ist aber nach Gleichung (I-312) genau der Einheitsvektor $\vec{e}_z$. Somit gilt:

$$\operatorname{rot} \vec{v} = 2\omega \; \vec{e}_z = 2\vec{\omega} .$$

Dabei ist $\vec{\omega} = \omega \; \vec{e}_z$ der in der *positiven* z-Achse liegende *Vektor* der Winkelgeschwindigkeit.

Das *Geschwindigkeitsfeld* auf einer rotierenden Kugel ist somit ein *Wirbelfeld*, ein Ergebnis, das wir bereits von einer rotierenden *Scheibe* her kennen (vgl. hierzu Abschnitt 5.2.2).

■

6.3.4 Kugelsymmetrische Vektorfelder (Zentralfelder)

Ein *kugel-* oder *radialsymmetrisches* Vektorfeld, in den naturwissenschaftlichen Anwendungen meist als *Zentralfeld* bezeichnet, vom allgemeinen Typ

$$\vec{F} = f(r) \; \vec{e}_r \qquad \text{(I-329)}$$

ist für $r \neq 0$ stets *wirbelfrei*. Denn das Feld besitzt nur eine Komponente in *radialer* Richtung und diese wiederum ist *nur* von r abhängig, *nicht* aber von den beiden Winkelkoordinaten ϑ und φ:

$$F_r = f(r), \qquad F_\vartheta = 0, \qquad F_\varphi = 0 \qquad \text{(I-330)}$$

Daher verschwinden in dem Formelausdruck (I-326) für die *Rotation* sämtliche partiellen Ableitungen, d. h. es gilt

$$\operatorname{rot} \vec{F} = \operatorname{rot} (f(r)\ \vec{e}_r) = \vec{0} \tag{I-331}$$

Ein Zentralfeld ist somit immer *wirbelfrei*. Es ist dagegen im allgemeinen *nicht* quellenfrei, da die *Divergenz* des Feldes nur in *Sonderfällen* verschwindet. Nach Gleichung (I-325) gilt nämlich für die *Divergenz*:

$$\operatorname{div} \vec{F} = \frac{1}{r^2} \cdot \frac{\partial}{\partial r} (r^2 \cdot F_r) = \frac{1}{r^2} \cdot \frac{\partial}{\partial r} (r^2 \cdot f(r)) \tag{I-332}$$

Die *Divergenz* des Zentralfeldes $\vec{F}(r) = f(r)\ \vec{e}_r$ kann daher nur dann den Wert *Null* annehmen, wenn das Produkt $r^2 \cdot f(r)$ eine *Konstante* ist, d. h.

$$r^2 \cdot f(r) = \text{const.} \qquad \text{oder} \qquad f(r) = \frac{\text{const.}}{r^2} \tag{I-333}$$

gilt. Dies ist genau dann der Fall, wenn der *Betrag* des Feldvektors $\vec{F}$ *umgekehrt proportional* zum Quadrat des Abstandes r ist.

Wir fassen zusammen:

Eigenschaften eines kugelsymmetrischen Vektorfeldes (Zentralfeldes)

Ein *kugelsymmetrisches* Vektorfeld (*Zentralfeld*) vom allgemeinen Typ

$$\vec{F} = f(r)\ \vec{e}_r \tag{I-334}$$

ist stets *wirbelfrei*, jedoch nur in *Sonderfällen* auch quellenfrei. Somit gilt für $r > 0$:

$$\operatorname{rot} \vec{F} = \vec{0} \qquad \text{und} \qquad \operatorname{div} \vec{F} \neq 0 \tag{I-335}$$

Sonderfälle: Ist der *Betrag* des Zentralfeldes *umgekehrt proportional* zum Quadrat des Abstandes r, d. h. gilt

$$f(r) \sim \frac{1}{r^2} \qquad \text{oder} \qquad f(r) = \frac{\text{const.}}{r^2} \tag{I-336}$$

so ist das Zentralfeld zusätzlich auch *quellenfrei*, d. h. die Divergenz des Vektorfeldes *verschwindet* dann.

■ **Beispiele**

(1) Das *Gravitationsfeld* der Erde ist ein wirbel- *und* quellenfreies Zentralfeld. Nach dem *Gravitationsgesetz* von *Newton* erfährt eine Einheitsmasse ($m = 1$) die folgende Anziehungskraft:

$$\vec{F} = -\gamma \frac{M}{r^2} \vec{e}_r \qquad (r > 0)$$

(M: Erdmasse; γ: Gravitationskonstante; Bild I-103).

Für den Betrag dieser Kraft gilt somit:

$$|\vec{F}| = \gamma \frac{M}{r^2} = \frac{\gamma M}{r^2} = \frac{\text{const.}}{r^2}.$$

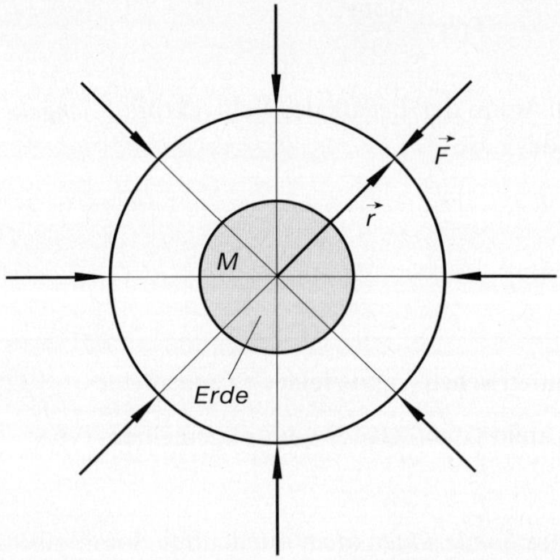

Bild I-103
Gravitationsfeld der Erde (ebener Schnitt durch den Erdmittelpunkt)

(2) Das *elektrische Feld* in der Umgebung einer (positiven) Punktladung Q ist ein wirbel- *und* quellenfreies Zentralfeld mit der elektrischen Feldstärke

$$\vec{E} = \frac{Q}{4\pi\varepsilon_0 r^2} \vec{e}_r \qquad (r > 0)$$

(Bild I-104). Denn der *Feldstärkebetrag* ist dem Quadrat des Abstandes *umgekehrt proportional*:

$$|\vec{E}| = \frac{Q}{4\pi\varepsilon_0 r^2} = \frac{Q}{4\pi\varepsilon_0} \cdot \frac{1}{r^2} = (\text{const.}) \cdot \frac{1}{r^2} = \frac{\text{const.}}{r^2}$$

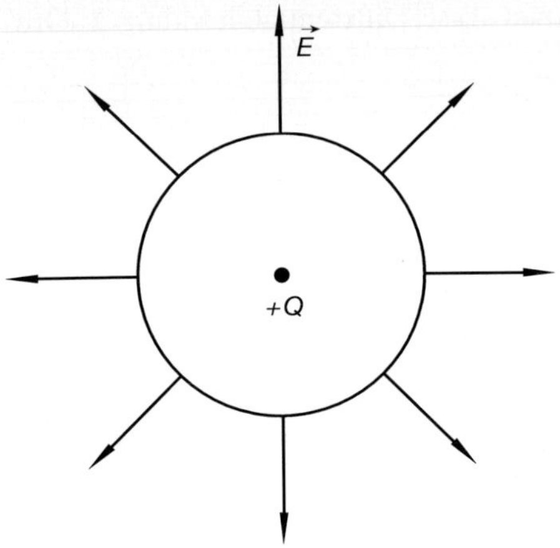

Bild I-104
Radialsymmetrisches elektrisches Feld in der Umgebung einer *positiven* Punktladung Q (ebener Schnitt durch die Punktladung)

■

6.3.5 Ein Anwendungsbeispiel: Potential und elektrische Feldstärke in der Umgebung einer geladenen Kugel

Eine *homogen* geladene Kugel mit dem Radius R und der (positiven) Ladung Q erzeugt in ihrer Umgebung ein *kugel-* oder *radialsymmetrisches* elektrisches Feld, dessen *Potential* $U = U(r)$ der *Laplace-Gleichung*

$$\Delta U = \Delta U(r) = 0 \qquad (r \geqslant R) \tag{I-337}$$

genügt (Bild I-105).

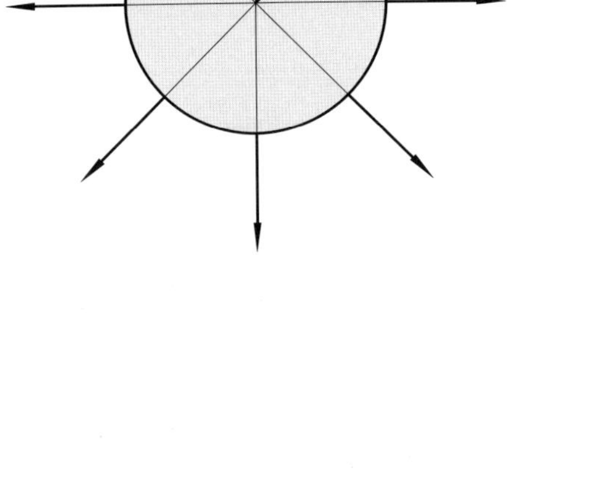

Bild I-105
Radialsymmetrisches elektrisches Feld in der Umgebung einer *positiv* geladenen Kugel (ebener Schnitt durch den Kugelmittelpunkt)

Unter Berücksichtigung der *Kugelsymmetrie* lautet diese Differentialgleichung 2. Ordnung dann wie folgt:

$$\frac{1}{r^2} \cdot \frac{\partial}{\partial r}\left(r^2 \cdot \frac{\partial U}{\partial r}\right) = \frac{1}{r^2} \cdot \frac{d}{dr}(r^2 \cdot U'(r) = 0 \tag{I-338}$$

$\left(U'(r) = \frac{dU}{dr} = \frac{\partial U}{\partial r}\right)$. Die in dieser Gleichung auftretende Ableitung kann nur dann *verschwinden*, wenn das Produkt $r^2 \cdot U'(r)$ eine *Konstante* ist, d.h. wenn

$$r^2 \cdot U'(r) = \text{const.} = C_1 \tag{I-339}$$

gilt. Wir lösen diese Gleichung nach $U'(r)$ auf und *integrieren* anschließend unbestimmt:

$$U'(r) = \frac{C_1}{r^2}$$

$$U(r) = C_1 \cdot \int \frac{1}{r^2}\, dr = -\frac{C_1}{r} + C_2 \tag{I-340}$$

Das Potential wird dabei üblicherweise so festgelegt, daß es im Unendlichen verschwindet. Aus der Bedingung $U(r = \infty) = 0$ folgt dann:

$$U(r = \infty) = 0 \quad \Rightarrow \quad C_2 = 0 \tag{I-341}$$

Somit ist

$$U(r) = -\frac{C_1}{r} \tag{I-342}$$

Die Konstante C_1 läßt sich aus der Kapazität $C = 4\pi\varepsilon_0 R$ der Kugel bestimmen (R: Kugelradius; ε_0: elektrische Feldkonstante). Aus der Definitionsformel der Kapazität

$$C = \frac{Q}{U(R)} = 4\pi\varepsilon_0 R \tag{I-343}$$

folgt dann für das Potential $U(R)$ auf der *Kugeloberfläche*:

$$U(R) = \frac{Q}{4\pi\varepsilon_0 R} \tag{I-344}$$

Zusammen mit der Gleichung (I-342) erhalten wir daraus eine *Bestimmungsgleichung* für die Konstante C_1:

$$U(R) = -\frac{C_1}{R} = \frac{Q}{4\pi\varepsilon_0 R} \quad \Rightarrow \quad C_1 = -\frac{Q}{4\pi\varepsilon_0} \tag{I-345}$$

Das Potential im *Außenraum* der Kugel wird somit durch die *kugelsymmetrische* Funktion

$$U = U(r) = \frac{Q}{4\pi\varepsilon_0 r} \qquad (r \geqslant R) \tag{I-346}$$

beschrieben.

Die *elektrische Feldstärke* $\vec{E}$ ist der *negative* Gradient des Potentials. Wegen der *Kugelsymmetrie* gilt dann nach Gleichung (I-324)

$$\vec{E} = -\operatorname{grad} U = -\frac{\partial U}{\partial r}\,\vec{e}_r = -\frac{dU}{dr}\,\vec{e}_r \tag{I-347}$$

Mit der Ableitung

$$\frac{dU}{dr} = \frac{d}{dr}\left(\frac{Q}{4\pi\varepsilon_0 r}\right) = \frac{Q}{4\pi\varepsilon_0}\cdot\frac{d}{dr}(r^{-1}) = \frac{Q}{4\pi\varepsilon_0}(-r^{-2}) = -\frac{Q}{4\pi\varepsilon_0 r^2} \tag{I-348}$$

erhalten wir schließlich den *radial* nach *außen* gerichteten Feldstärkevektor

$$\vec{E} = -\frac{dU}{dr}\,\vec{e}_r = \frac{Q}{4\pi\varepsilon_0 r^2}\,\vec{e}_r \qquad (r \geqslant R) \tag{I-349}$$

Der *Betrag* der Feldstärke nimmt dabei mit zunehmender Entfernung r vom Kugelmittelpunkt ab und zwar *umgekehrt proportional* zum Quadrat des Abstandes (Bild I-106).

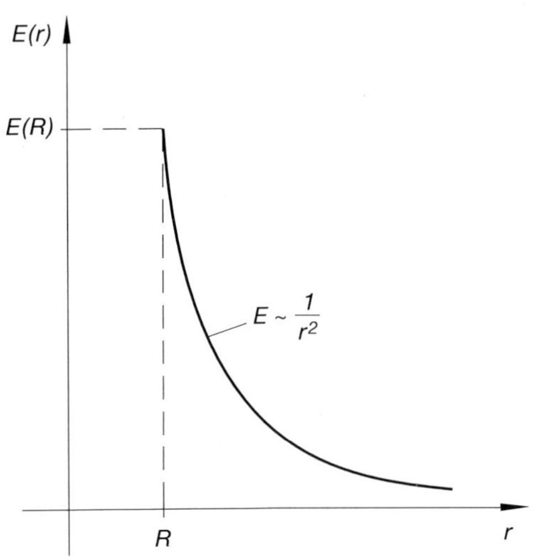

Bild I-106 Verlauf der elektrischen Feldstärke in der Umgebung einer *positiv* geladenen Kugel

7 Linien- oder Kurvenintegrale

7.1 Ein einführendes Beispiel

Wir führen den Begriff eines *Linien-* oder *Kurvenintegrals* in anschaulicher Weise am Beispiel der *physikalischen Arbeit* ein, die von einer *Kraft* bzw. einem *Kraftfeld* beim Verschieben eines Massenpunktes verrichtet wird. Schrittweise gehen wir dabei wie folgt vor:

Verschiebung längs einer Geraden durch eine konstante Kraft (Bild I-107)

Der Massenpunkt wird durch eine *konstante* Kraft $\vec{F}$ längs einer *Geraden* um den Vektor $\vec{s}$ verschoben. Die dabei verrichtete Arbeit ist definitionsgemäß das *skalare Produkt* aus dem Kraftvektor $\vec{F}$ und dem Verschiebungsvektor $\vec{s}$:

$$W = \vec{F} \cdot \vec{s} = F \cdot s \cdot \cos \varphi \qquad \text{(I-350)}$$

(vgl. hierzu auch Band 1, Abschnitt II.3.3.5).

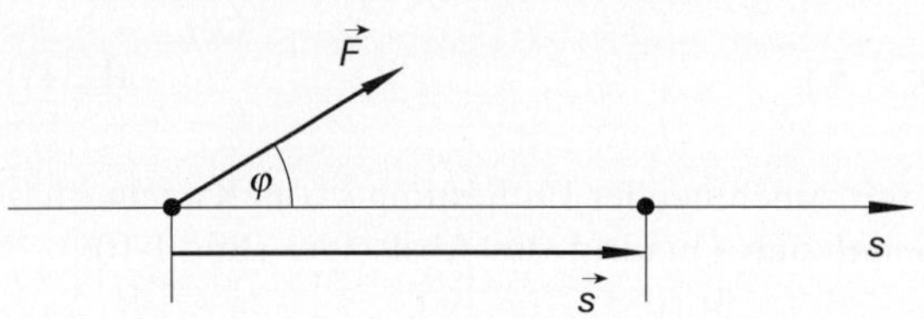

Bild I-107
Zum Begriff der Arbeit einer *konstanten* Kraft beim Verschieben längs einer Geraden

Verschiebung längs einer Geraden durch eine ortsabhängige Kraft (Bild I-108)

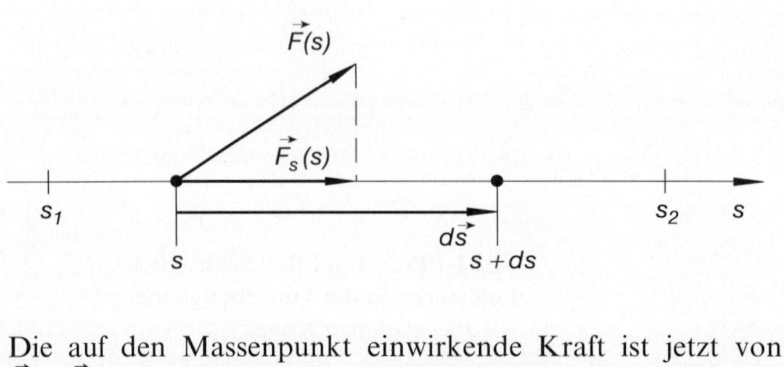

Bild I-108
Zum Begriff der Arbeit einer *ortsabhängigen* Kraft beim Verschieben längs einer Geraden

Die auf den Massenpunkt einwirkende Kraft ist jetzt von Ort zu Ort *verschieden*: $\vec{F} = \vec{F}(s)$. Wir zerlegen das *geradlinige* Wegstück in eine große Anzahl von sehr kleinen *Wegelementen*, längs eines jeden Wegelementes darf dann die einwirkende Kraft als *nahezu konstant* betrachtet werden. Die bei einer *infinitesimal kleinen* Verschiebung des Massenpunktes um $d\vec{s}$ verrichtete Arbeit beträgt dann definitionsgemäß

$$dW = \vec{F}(s) \cdot d\vec{s} = F_s(s)\, ds \qquad \text{(I-351)}$$

$F_s(s)$ ist dabei die *Kraftkomponente in Wegrichtung*. Durch *Integration* erhalten wir die insgesamt von der Kraft $\vec{F}(s)$ längs des (geradlinigen) Weges von s_1 nach s_2 geleistete Arbeit.

Sie führt uns zu dem *Arbeitsintegral*

$$W = \int_{s_1}^{s_2} dW = \int_{s_1}^{s_2} \vec{F}(s) \cdot d\vec{s} = \int_{s_1}^{s_2} F_s(s)\, ds \tag{I-352}$$

(vgl. hierzu auch Band 1, Abschnitt V.10.6)

Allgemeiner Fall: Verschiebung längs einer Kurve in einem Kraftfeld (Bild I-109)

Die bisher betrachteten Verschiebungswege waren ausschließlich *geradlinig*. Diese Einschränkung lassen wir nun fallen, wir wenden uns dem *allgemeinen* Fall zu:

In einem *ebenen Kraftfeld* $\vec{F}(x; y)$ soll ein Massenpunkt vom Punkt P_1 aus längs einer Kurve C mit dem Ortsvektor $\vec{r} = \vec{r}(t)$ in den Punkt P_2 verschoben werden ($t_1 \leqslant t \leqslant t_2$). Welche Arbeit wird dabei vom *Kraftfeld* an der Masse verrichtet?

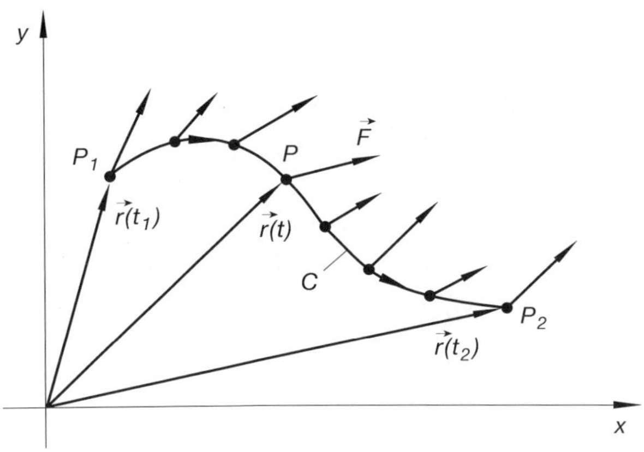

Bild I-109
Zum Begriff der Arbeit in einem (beliebigen) ebenen Kraftfeld

Bei der Berechnung der Arbeit müssen wir berücksichtigen, daß die auf den Massenpunkt längs der Kurve C einwirkende Kraft von Ort zu Ort *variiert*. Wir gehen daher analog vor wie in Fall 2 und zerlegen die Kurve C zunächst in eine große Anzahl von *Wegelementen*, wobei wiederum längs eines jeden Wegelementes eine *nahezu konstante* Kraft angenommen werden darf. Beim Verschieben des Massenpunktes von P aus um ein *infinitesimal kleines* Wegelement $d\vec{r}$ in den Punkt Q verrichtet das Kraftfeld die Arbeit

$$dW = \vec{F} \cdot d\vec{r} = \begin{pmatrix} F_x(x; y) \\ F_y(x; y) \end{pmatrix} \cdot \begin{pmatrix} dx \\ dy \end{pmatrix} = F_x(x; y)\, dx + F_y(x; y)\, dy \tag{I-353}$$

(Bild I-110). Die bei einer Verschiebung auf der Kurve C von P_1 nach P_2 *insgesamt* vom Kraftfeld aufzubringende Arbeit erhalten wir dann durch *Integration*:

$$W = \int_C dW = \int_C \vec{F} \cdot d\vec{r} = \int_C (F_x(x; y)\, dx + F_y(x; y)\, dy) \tag{I-354}$$

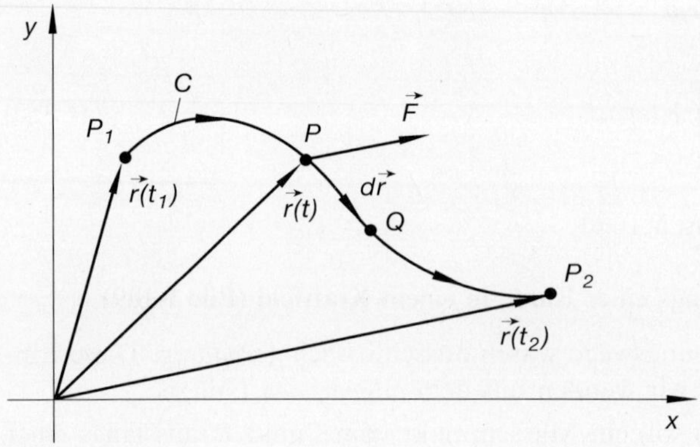

Bild I-110
Zur Herleitung des Arbeitsintegrals

Da die Integration längs einer bestimmten *Kurve*, auch *Weg* oder *Linie* genannt, erfolgt, bezeichnet man ein solches Integral als *Linien-* oder *Kurvenintegral* und schreibt verabredungsgemäß das Kurvensymbol (hier: C) unten an das Integralzeichen.

Bei der Berechnung des Integrals ist dabei zu beachten, daß das Kraftfeld noch von den Koordinaten x und y des Kurvenpunktes P abhängt. Diese jedoch sind keineswegs voneinander unabhängig, sondern über die Kurvengleichung miteinander verknüpft. Für die Koordinaten x und y setzt man daher die *Parametergleichungen* $x(t)$ bzw. $y(t)$ der Integrationskurve C ein. Die längs dieses Weges wirkende Kraft hängt dann nur noch vom *Kurvenparameter* t ab. Das *Wegelement* $d\vec{r}$ ersetzen wir noch durch den *Tangentenvektor* $\dot{\vec{r}} = \dot{\vec{r}}(t)$ und das Differential dt des Parameters t. Es ist

$$\dot{\vec{r}} = \frac{d\vec{r}}{dt} \quad \text{und somit} \quad d\vec{r} = \dot{\vec{r}}\ dt = \begin{pmatrix} \dot{x}(t) \\ \dot{y}(t) \end{pmatrix} dt \tag{I-355}$$

Das *Arbeitsintegral (Linienintegral)* $\int\limits_C \vec{F} \cdot d\vec{r}$ geht schließlich mit Hilfe dieser Substitution in ein *gewöhnliches* Integral über:

$$W = \int\limits_C \vec{F} \cdot d\vec{r} = \int\limits_{t_1}^{t_2} (\vec{F} \cdot \dot{\vec{r}})\ dt =$$

$$= \int\limits_{t_1}^{t_2} [F_x(x(t);\, y(t)) \cdot \dot{x}(t) + F_y(x(t);\, y(t)) \cdot \dot{y}(t)]\ dt \tag{I-356}$$

■ **Beispiel**

Wir berechnen die *Arbeit*, die das *ebene Kraftfeld* $\vec{F}(x;\, y) = \begin{pmatrix} x\,y^2 \\ x\,y \end{pmatrix}$ an einem Massenpunkt bei einer *geradlinigen* Verschiebung von $P_1 = (0;\, 0)$ nach $P_2 = (1;\, 1)$ verrichtet (Bild I-111).

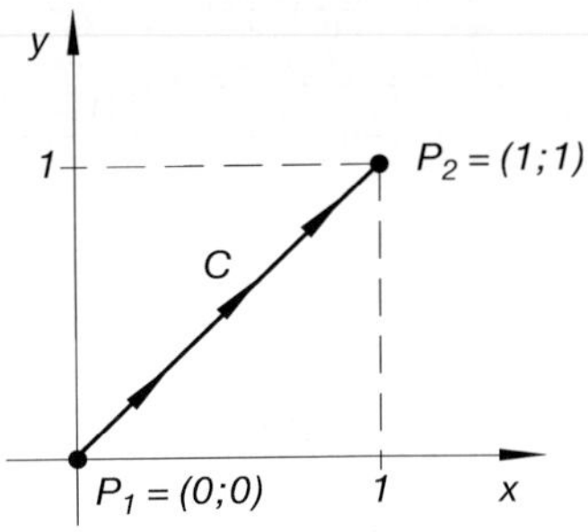

Bild I-111

Der *Integrationsweg* C lautet in *vektorieller* Darstellung:

$$C: \quad \vec{r}(t) = \begin{pmatrix} x(t) \\ y(t) \end{pmatrix} = \begin{pmatrix} t \\ t \end{pmatrix} \qquad (0 \leqslant t \leqslant 1)$$

Für $\vec{F}, \dot{\vec{r}}$ und das Skalarprodukt $\vec{F} \cdot \dot{\vec{r}}$ erhalten wir dann:

$$\vec{F} = \begin{pmatrix} t^3 \\ t^2 \end{pmatrix}, \qquad \dot{\vec{r}} = \begin{pmatrix} 1 \\ 1 \end{pmatrix} \quad \Rightarrow \quad \vec{F} \cdot \dot{\vec{r}} = \begin{pmatrix} t^3 \\ t^2 \end{pmatrix} \cdot \begin{pmatrix} 1 \\ 1 \end{pmatrix} = t^3 + t^2$$

Die vom *Kraftfeld* geleistete *Arbeit* beträgt somit nach der Integralformel (I-356):

$$W = \int_{t_1}^{t_2} (\vec{F} \cdot \dot{\vec{r}}) \, dt = \int_0^1 (t^3 + t^2) \, dt = \left[\frac{1}{4} t^4 + \frac{1}{3} t^3 \right]_0^1 = \frac{7}{12}$$ ■

7.2 Definition eines Linien- oder Kurvenintegrals

Die Berechnung der *Arbeit* eines ebenen Kraftfeldes an einer punktförmigen Masse führte uns zu dem Begriff eines *Linien-* oder *Kurvenintegrals*. Wir übertragen diesen Begriff nun auf ein *räumliches Vektorfeld*.

Definition: $\vec{F}(x; y; z)$ sei ein räumliches Vektorfeld, $\vec{r} = \vec{r}(t)$ der Ortsvektor einer von P_1 nach P_2 verlaufenden Raumkurve C mit $t_1 \leqslant t \leqslant t_2$ und $\dot{\vec{r}} = \dot{\vec{r}}(t)$ der zugehörige Tangentenvektor der Kurve. Dann heißt das Integral

$$\int_C \vec{F} \cdot d\vec{r} = \int_{t_1}^{t_2} (\vec{F} \cdot \dot{\vec{r}}) \, dt \qquad \text{(I-357)}$$

das *Linien-* oder *Kurvenintegral* des Vektorfeldes $\vec{F}(x; y; z)$ längs der Raumkurve C.

Anmerkungen

(1) Das *Linien-* oder *Kurvenintegral* (I-357) lautet in ausführlicher Schreibweise wie folgt:

$$\int_C [F_x(x;y;z)\,dx + F_y(x;y;z)\,dy + F_z(x;y;z)\,dz] = \int_{t_1}^{t_2} (F_x\dot{x} + F_y\dot{y} + F_z\dot{z})\,dt \qquad \text{(I-358)}$$

(2) Die Definition (I-357) gilt sinngemäß auch für ein *ebenes* Vektorfeld $\vec{F}(x;y)$ und eine *ebene* Kurve $\vec{r} = \vec{r}(t)$.

(3) Man beachte, daß der Wert eines Linien- oder Kurvenintegrals i.a. nicht nur vom *Anfangs-* und *Endpunkt* des Integrationsweges, sondern auch noch vom *eingeschlagenen* Verbindungsweg abhängt.

(4) Wird der Integrationsweg C in der *umgekehrten* Richtung durchlaufen (symbolische Schreibweise: $-C$), so tritt im Integral ein *Vorzeichenwechsel* ein:

$$\int_{-C} \vec{F}\cdot d\vec{r} = -\int_C \vec{F}\cdot d\vec{r} \qquad \text{(I-359)}$$

(5) Für ein Kurvenintegral längs einer *geschlossenen* Linie C verwenden wir das Symbol $\oint_C \vec{F}\cdot d\vec{r}$ oder auch $\oint \vec{F}\cdot d\vec{r}$ (Bild I-112). Ein solches Kurvenintegral wird in den physikalisch-technischen Anwendungen auch als *Zirkulation* des Vektorfeldes $\vec{F}$ längs der *geschlossenen* Kurve C bezeichnet.

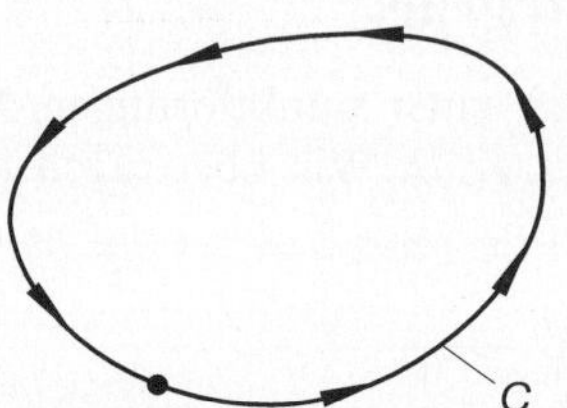

Bild I-112
Geschlossener Integrationsweg C mit dem Anfangs- und Endpunkt P_1

(6) Das Kurvenintegral $\int_C \vec{F}\cdot d\vec{r}$ läßt sich auch wie folgt ausdrücken:

$$\int_C \vec{F}\cdot d\vec{r} = \int_C (\vec{F}\cdot\vec{T})\,ds \qquad \text{(I-360)}$$

Dabei ist $\vec{T}$ der *Tangenteneinheitsvektor* und *ds* das *Linienelement* der Kurve C (Bild I-113). Integriert wird dann über die *Tangentialkomponente* des Vektorfeldes $\vec{F}$ längs der Kurve C.

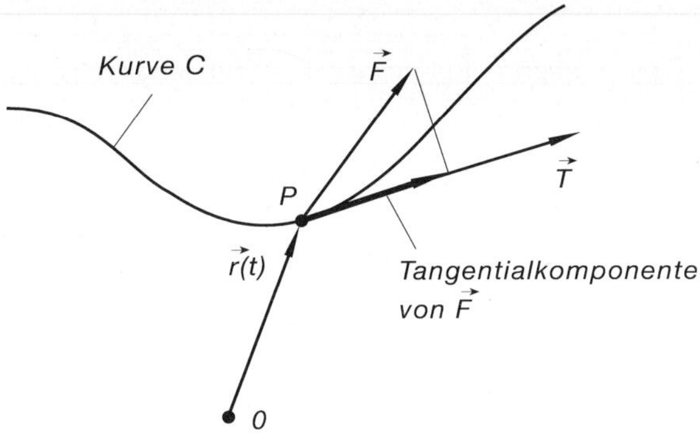

Bild I-113
Zur Integration über die Tangentialkomponente des Vektorfeldes $\vec{F}$

Analog läßt sich auch ein Kurvenintegral über die *Normalkomponente* von $\vec{F}$ längs des Weges C definieren:

$$\int_C (\vec{F} \cdot \vec{N}) \, ds \tag{I-361}$$

$\vec{N}$ ist dabei der *Hauptnormaleneinheitsvektor* der Kurve C.

7.3 Berechnung eines Linien- oder Kurvenintegrals

Die *Berechnung* eines Linien- oder Kurvenintegrals wird wie folgt vorgenommen:

Berechnung eines Linien- oder Kurvenintegrals

Die *Berechnung* eines Linien- oder Kurvenintegrals $\int_C \vec{F} \cdot d\vec{r} = \int_{t_1}^{t_2} (\vec{F} \cdot \dot{\vec{r}}) \, dt$ erfolgt in *zwei* Schritten:

1. Zunächst werden in dem Feldvektor $\vec{F}(x; y; z) = \begin{pmatrix} F_x(x; y; z) \\ F_y(x; y; z) \\ F_z(x; y; z) \end{pmatrix}$ die Koordinaten x, y, z der Reihe nach durch die *parameterabhängigen* Koordinaten $x(t)$, $y(t)$, $z(t)$ der Raumkurve C ersetzt. Der Feldvektor und seine Komponenten hängen dann nur noch vom *Parameter* t ab. Dann *differenziert* man den Ortsvektor $\vec{r}(t)$ nach dem Parameter t, erhält den *Tangentenvektor* $\dot{\vec{r}}(t)$ und bildet das *skalare Produkt* aus Feld- und Tangentenvektor.
2. Das Skalarprodukt $\vec{F} \cdot \dot{\vec{r}}$ hängt jetzt nur noch vom *Parameter* t ab, ist also eine *Funktion* von t und wird nach dieser Variablen in den Grenzen von t_1 bis t_2 *integriert* (*gewöhnliche* Integration).

■ **Beispiele**

(1) Wir berechnen das *Linienintegral* $\int\limits_C (y \cdot e^x \, dx + e^x \, dy)$ längs des *parabelförmigen* Verbindungsweges C: $x = t$, $y = t^2$ der beiden Punkte $O = (0; 0)$ und $P = (1; 1)$ (Bild I-114).

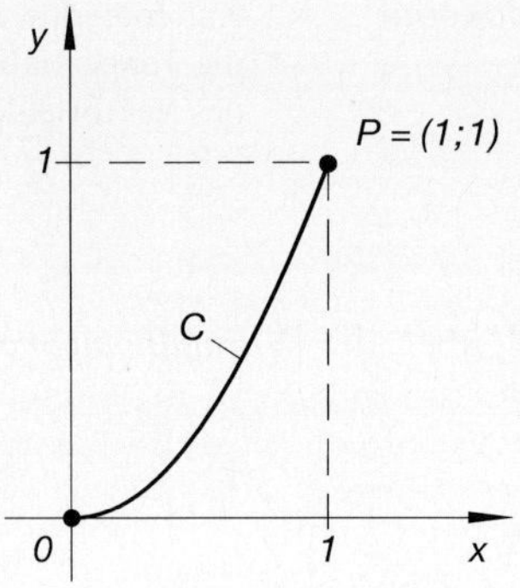

Bild I-114
Parabelförmiger Integrationsweg C

Längs dieses Weges gilt:

$$x = t, \qquad \dot{x} = \frac{dx}{dt} = 1, \qquad dx = dt$$

$$y = t^2, \qquad \dot{y} = \frac{dy}{dt} = 2t, \qquad dy = 2t \, dt$$

$(0 \leqslant t \leqslant 1)$. Durch Einsetzen dieser Ausdrücke in das Linienintegral erhalten wir dann:

$$\int\limits_C (y \cdot e^x \, dx + e^x \, dy) = \int\limits_0^1 (t^2 \cdot e^t \, dt + e^t \cdot 2t \, dt) =$$

$$= \int\limits_0^1 (t^2 \cdot e^t + 2t \cdot e^t) \, dt =$$

$$= \int\limits_0^1 t^2 \cdot e^t \, dt + 2 \cdot \int\limits_0^1 t \cdot e^t \, dt =$$

$$= \Big[(t^2 - 2t + 2) \cdot e^t \Big]_0^1 + 2 \Big[(t - 1) \cdot e^t \Big]_0^1 =$$

$$= (e - 2) + 2(0 + 1) = e - 2 + 2 = e = 2{,}7183$$

Die anfallenden Integrale haben wir dabei der *Integraltafel der Formelsammlung* entnommen (Integrale Nr. 313 bzw. Nr. 314).

(2) Welchen Wert besitzt das *Linienintegral* des räumlichen Vektorfeldes $\vec{F}(x; y; z) = \begin{pmatrix} 2x + y^2 \\ x^2 y z \\ x + z \end{pmatrix}$ längs der Kurve C, die durch den Ortsvektor $\vec{r}(t) = \begin{pmatrix} t \\ t^2 \\ t \end{pmatrix}$ mit $0 \leqslant t \leqslant 1$ beschrieben wird?

Lösung:
Es ist $x = t$, $y = t^2$ und $z = t$ und somit

$$\vec{F} = \begin{pmatrix} 2t + t^4 \\ t^5 \\ 2t \end{pmatrix}, \qquad \dot{\vec{r}} = \begin{pmatrix} 1 \\ 2t \\ 1 \end{pmatrix}$$

$$\vec{F} \cdot \dot{\vec{r}} = \begin{pmatrix} 2t + t^4 \\ t^5 \\ 2t \end{pmatrix} \cdot \begin{pmatrix} 1 \\ 2t \\ 1 \end{pmatrix} =$$

$$= (2t + t^4) \cdot 1 + t^5 \cdot 2t + 2t \cdot 1 = 2t^6 + t^4 + 4t$$

$$\int_C (\vec{F} \cdot \dot{\vec{r}})\, dt = \int_0^1 (2t^6 + t^4 + 4t)\, dt = \left[\frac{2}{7} t^7 + \frac{1}{5} t^5 + 2t^2 \right]_0^1 = \frac{87}{35}$$ ■

Bei einem *ebenen* Problem, d.h. einem Linienintegral in der *Ebene*, liegt der Integrationsweg C häufig in Form einer *expliziten* Funktionsgleichung $y = f(x)$ vor. Die Berechnung des Linienintegrals $\int_C \vec{F} \cdot d\vec{r}$ wird dann wie folgt vorgenommen: Man ersetzt die Koordinate y durch die Funktion $f(x)$ und das Differential dy durch $f'(x)\,dx$ und erhält auf diese Weise ein *gewöhnliches* Integral mit der Integrationsvariablen x (die Integrationsgrenzen sind dabei die *Abszissenwerte* der beiden *Kurvenrandpunkte*):

$$\int_C \vec{F} \cdot d\vec{r} = \int_C (F_x(x; y)\, dx + F_y(x; y)\, dy) =$$

$$= \int_{x_1}^{x_2} [F_x(x; f(x)) + F_y(x; f(x)) \cdot f'(x)]\, dx \tag{I-362}$$

■ **Beispiel**

Wir berechnen das *Kurvenintegral* $\int_C (x y^2\, dx + x y\, dy)$ für die in Bild I-115 skizzierten Verbindungswege der Punkte $O = (0; 0)$ und $P = (1; 1)$.

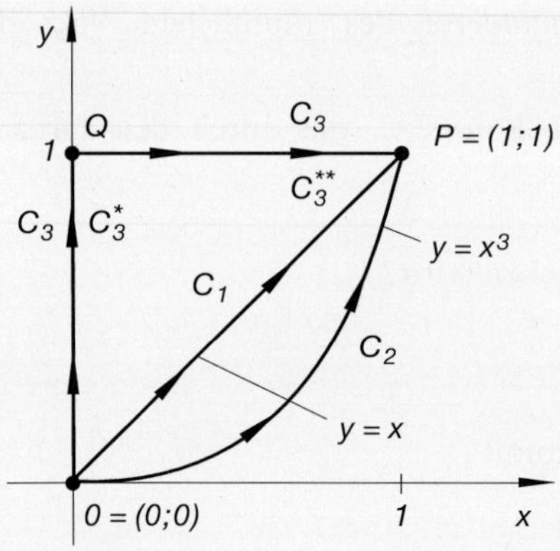

Bild I-115
Drei verschiedene Verbindungswege der Punkte $O = (0;0)$ und $P = (1;1)$

Integrationsweg C_1: $y = x,\ 0 \leqslant x \leqslant 1$

$$\frac{dy}{dx} = 1, \qquad dy = dx$$

$$\int_{C_1} (x y^2\, dx + x y\, dy) = \int_0^1 (x \cdot x^2\, dx + x \cdot x\, dx) = \int_0^1 (x^3 + x^2)\, dx =$$

$$= \left[\frac{1}{4} x^4 + \frac{1}{3} x^3\right]_0^1 = \frac{7}{12}$$

Integrationsweg C_2: $y = x^3,\ 0 \leqslant x \leqslant 1$

$$\frac{dy}{dx} = 3x^2, \qquad dy = 3x^2\, dx$$

$$\int_{C_2} (x y^2\, dx + x y\, dy) = \int_0^1 (x \cdot x^6\, dx + x \cdot x^3 \cdot 3x^2\, dx) =$$

$$= \int_0^1 (x^7 + 3x^6)\, dx = \left[\frac{1}{8} x^8 + \frac{3}{7} x^7\right]_0^1 = \frac{31}{56}$$

Integrationsweg $C_3 = C_3^* + C_3^{**}$

Teilweg C_3^* längs der y-Achse von O nach Q:

$$x = 0, \qquad dx = 0, \qquad 0 \leqslant y \leqslant 1$$

$$\int_{C_3^*} (x y^2\, dx + x y\, dy) = \int_0^1 0\, dy = 0$$

Teilweg C_3^{**} längs der Geraden $y = 1$ von Q nach P:

$$y = 1, \qquad dy = 0, \qquad 0 \leqslant x \leqslant 1$$

$$\int_{C_3^{**}} (x y^2\, dx + x y\, dy) = \int_0^1 x\, dx = \left[\frac{1}{2} x^2\right]_0^1 = \frac{1}{2}$$

Längs des *Gesamtweges* C_3 gilt somit:

$$\int_{C_3} (x y^2\, dx + x y\, dy) = 0 + \frac{1}{2} = \frac{1}{2}$$

Wir stellen fest: In diesem Beispiel hängt das Linienintegral nicht nur vom Anfangs- und Endpunkt des Weges, sondern auch noch von dem *eingeschlagenen Verbindungsweg* selbst ab. Wir erhalten für *jeden* der drei Verbindungswege einen *anderen* Wert.

■

7.4 Wegunabhängigkeit eines Linien- oder Kurvenintegrals. Konservative Vektorfelder

Wir untersuchen in diesem Abschnitt die *Voraussetzungen*, unter denen der Wert eines Linien- oder Kurvenintegrals nur vom *Anfangs-* und *Endpunkt*, *nicht* aber vom *eingeschlagenen* Verbindungsweg der beiden Punkte abhängt, wobei wir uns zunächst auf *ebene* Vektorfelder beschränken wollen.

Ein Linienintegral vom Typ

$$\int_C \vec{F} \cdot d\vec{r} = \int_C (F_x(x; y)\, dx + F_y(x; y)\, dy) \tag{I-363}$$

ist *wegunabhängig*, wenn die lineare Differentialform

$$\vec{F} \cdot d\vec{r} = F_x(x; y)\, dx + F_y(x; y)\, dy \tag{I-364}$$

vollständig ist, d.h. das *totale* oder *vollständige Differential* $d\phi$ einer ortsabhängigen Funktion $\phi(P) = \phi(x; y)$ darstellt:

$$d\phi = F_x\, dx + F_y\, dy = \frac{\partial \phi}{\partial x}\, dx + \frac{\partial \phi}{\partial y}\, dy \tag{I-365}$$

Dann nämlich gilt:

$$\int_C \vec{F} \cdot d\vec{r} = \int_C (F_x\, dx + F_y\, dy) = \int_C \left(\frac{\partial \phi}{\partial x}\, dx + \frac{\partial \phi}{\partial y}\, dy\right) = \int_{P_1}^{P_2} d\phi = \Big[\phi(P)\Big]_{P_1}^{P_2} =$$

$$= \phi(P_2) - \phi(P_1) = \phi(x_2; y_2) - \phi(x_1; y_1) \tag{I-366}$$

Das Linienintegral hängt in diesem Fall nur vom *Anfangspunkt* $P_1 = (x_1; y_1)$ und dem *Endpunkt* $P_2 = (x_2; y_2)$ des Integrationsweges ab. Ein Vektorfeld mit dieser Eigenschaft wird in den Anwendungen als *konservatives* Feld oder *Potentialfeld*, die Funktion $\phi(x; y)$ als *Potentialfunktion* oder kurz als *Potential* des Feldes bezeichnet.

Definition: Ein (ebenes oder räumliches) Vektorfeld $\vec{F}$ heißt *konservativ* oder ein *Potentialfeld*, wenn das Linien- oder Kurvenintegral $\int_C \vec{F} \cdot d\vec{r}$ nur vom *Anfangs-* und *Endpunkt*, *nicht* aber vom *eingeschlagenen* Verbindungsweg C der beiden Punkte abhängt.

Woran aber kann man nun erkennen, ob ein vorgegebenes (ebenes) Vektorfeld $\vec{F}(x; y)$ mit den skalaren Komponenten $F_x(x; y)$ und $F_y(x; y)$ *konservativ* ist oder *nicht*?
Die Beantwortung dieser Frage ist in der Praxis von großer Bedeutung.
Falls $\vec{F}(x; y)$ *konservativ*, d.h. ein *Potentialfeld* ist und $\phi(x; y)$ die zugehörige *Potentialfunktion* [18], so gilt jedenfalls:

$$F_x = \frac{\partial \phi}{\partial x} \quad \text{und} \quad F_y = \frac{\partial \phi}{\partial y} \tag{I-367}$$

Die skalaren Komponenten des Feldvektors $\vec{F}(x; y)$ sind in diesem Fall die *partiellen Ableitungen 1. Ordnung* der Potentialfunktion $\phi(x; y)$, d.h. der Feldvektor $\vec{F}(x; y)$ ist der *Gradient* der Potentialfunktion $\phi(x; y)$:

$$\vec{F}(x; y) = \text{grad}\, \phi(x; y) = \begin{pmatrix} \dfrac{\partial \phi}{\partial x} \\ \dfrac{\partial \phi}{\partial y} \end{pmatrix} \tag{I-368}$$

Die *Wegunabhängigkeit* eines Linienintegrals bedeutet also, daß das Vektorfeld als *Gradient* einer Potentialfunktion darstellbar ist.
Unter den Voraussetzungen des *Schwarzschen Satzes* gilt dann weiter:

$$\frac{\partial^2 \phi}{\partial x\, \partial y} = \frac{\partial^2 \phi}{\partial y\, \partial x} \quad \text{und somit} \quad \frac{\partial F_x}{\partial y} = \frac{\partial F_y}{\partial x} \tag{I-369}$$

Diese Bedingung ist *notwendig* und zugleich *hinreichend* für die *Wegunabhängigkeit* eines Linienintegrals vom Typ (I-363). Sie läßt sich auch durch die Gleichung

$$\text{rot}\, \vec{F} = \vec{0} \tag{I-370}$$

beschreiben.

[18] Die Potentialfunktion ist bis auf ein *konstantes* Glied eindeutig bestimmt.

Denn bekanntlich verschwindet bei einem *ebenen* Feld $\vec{F} = \vec{F}(x; y)$ sowohl die x-Komponente als auch die y-Komponente des Vektors rot $\vec{F}$ *automatisch*, während die z-Komponente

$$(\text{rot } \vec{F})_z = \frac{\partial F_y}{\partial x} - \frac{\partial F_x}{\partial y} \qquad \text{(I-371)}$$

offensichtlich genau dann *Null* wird, wenn die Bedingung (I-369) erfüllt ist:

$$(\text{rot } \vec{F})_z = \frac{\partial F_y}{\partial x} - \frac{\partial F_x}{\partial y} = 0 \quad \Leftrightarrow \quad \frac{\partial F_y}{\partial x} = \frac{\partial F_x}{\partial y} \qquad \text{(I-372)}$$

Für ein *räumliches* Verktorfeld ergeben sich *analoge* Beziehungen zwischen den partiellen Ableitungen 1. Ordnung der skalaren Vektorkomponenten. Auch in diesem Fall ist rot $\vec{F} = \vec{0}$ eine *notwendige* und *hinreichende* Bedingung für die *Wegunabhängigkeit.*

Über die Wegunabhängigkeit eines Linien- oder Kurvenintegrals

Ein Linien- oder Kurvenintegral $\int\limits_C \vec{F} \cdot d\vec{r}$ ist genau dann *wegunabhängig*, wenn die skalaren Komponenten des Vektorfeldes $\vec{F}$ in einem *einfach-zusammenhängenden* Bereich, der den Integrationsweg C enthält, die folgenden Bedingungen erfüllen:

Für ein ebenes Vektorfeld:

$$\frac{\partial F_x}{\partial y} = \frac{\partial F_y}{\partial x} \qquad \text{(I-373)}$$

Für ein räumliches Vektorfeld:

$$\frac{\partial F_x}{\partial y} = \frac{\partial F_y}{\partial x}, \qquad \frac{\partial F_x}{\partial z} = \frac{\partial F_z}{\partial x}, \qquad \frac{\partial F_y}{\partial z} = \frac{\partial F_z}{\partial y} \qquad \text{(I-374)}$$

Diese Bedingungen lassen sich auch in beiden Fällen durch die Gleichung

$$\text{rot } \vec{F} = \vec{0} \qquad \text{(I-375)}$$

beschreiben. Im Falle eines *ebenen* Feldes reduziert sich diese Gleichung auf

$$(\text{rot } \vec{F})_z = 0 \qquad \text{(I-376)}$$

da die x- und y-Komponenten *automatisch* verschwinden. Die *Bedingung*

$$\text{rot } \vec{F} = \vec{0} \qquad \text{(I-377)}$$

ist somit in einem *einfach-zusammenhängenden* Bereich *notwendig* und *hinreichend* für die *Wegunabhängigkeit* eines Linien- oder Kurvenintegrals $\int\limits_C \vec{F} \cdot d\vec{r}$.

Anmerkungen

(1) Ein Bereich heißt *einfach-zusammenhängend*, wenn sich *jede* im Bereich gelegene *geschlossene* Kurve auf einen Punkt „zusammenziehen" läßt. Ein *ebener* einfach-zusammenhängender Bereich wird von einer einzigen geschlossenen Kurve begrenzt. Beispiele sind in Bild I-116 dargestellt (rechteckiger bzw. kreisförmiger Bereich).

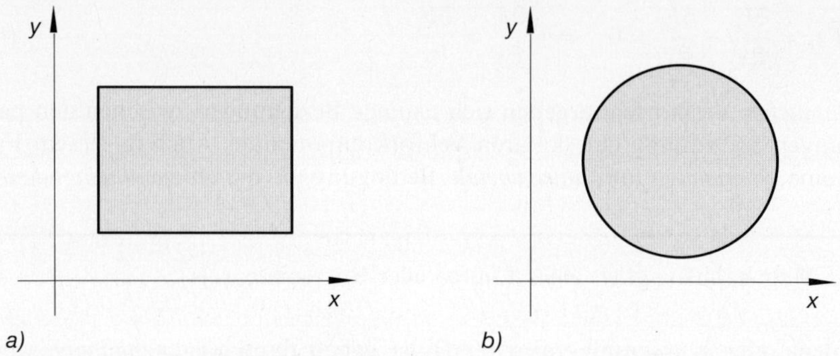

Bild I-116 *Einfach*-zusammenhängende Bereiche
a) Rechteckiger Bereich
b) Kreisförmiger Bereich

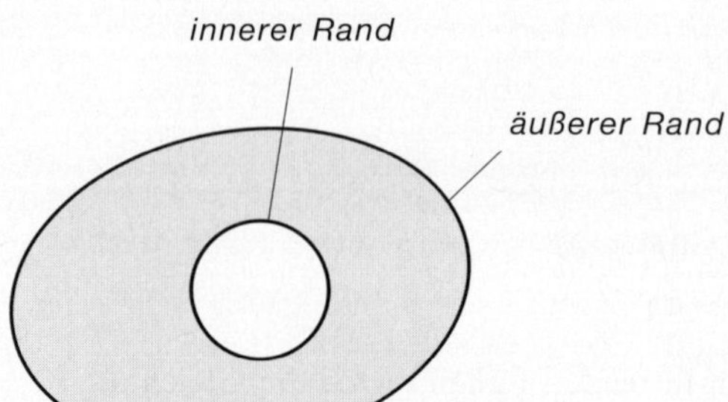

Bild I-117
Zweifach-zusammenhängender Bereich

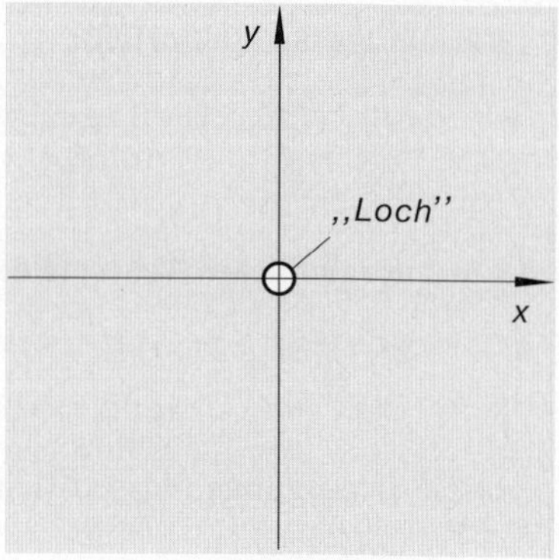

Bild I-118
x, y-Ebene mit einem „Loch" im Koordinatenursprung

Besteht der Rand eines Bereiches jedoch aus *mehreren* geschlossenen Kurven, so liegt ein *mehrfach-zusammenhängender* Bereich vor. Bild I-117 zeigt einen (ebenen) *zweifach-zusammenhängenden* Bereich. Auch die x, y-Ebene *ohne* den Nullpunkt stellt einen *zweifach-zusammenhängenden* Bereich dar (Bereich mit einem sog. „Loch"; Bild I-118).

(2) Die Bedingung (I-373) bzw. (I-374) wird auch als *Integrabilitätsbedingung* bezeichnet.

(3) Im Falle der Wegunabhängigkeit *verschwindet* das Linienintegral längs einer *geschlossenen* Kurve. Sind nämlich C_1 und C_2 zwei *verschiedene* Verbindungswege der Punkte P_1 und P_2 (Bild I-119), so ist wegen der *Wegunabhängigkeit*

$$\int_{C_1} \vec{F} \cdot d\vec{r} = \int_{C_2} \vec{F} \cdot d\vec{r} \qquad \text{(I-378)}$$

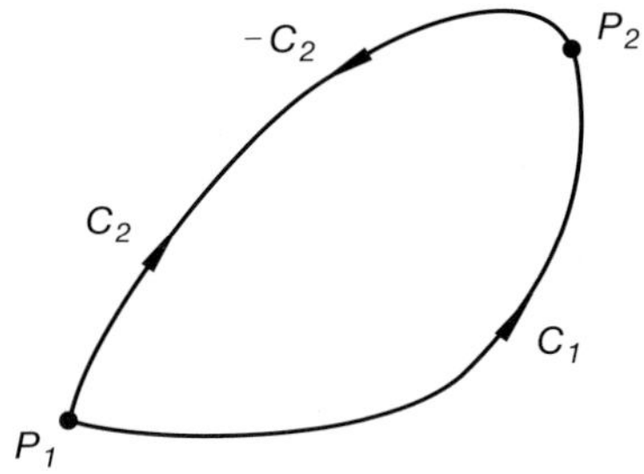

Bild I-119
Im Falle der *Wegunabhängigkeit* verschwindet das Linienintegral längs des *geschlossenen* Weges $C_1 - C_2$ (C_1 und C_2 sind zwei von P_1 nach P_2 orientierte Verbindungswege)

Für die *geschlossene* Kurve $C_1 - C_2$, die zunächst von P_1 längs der Kurve C_1 nach P_2 und von dort längs der Kurve $-C_2$ zurück nach P_1 führt, gilt dann unter Berücksichtigung der Gleichung (I-378):

$$\oint \vec{F} \cdot d\vec{r} = \oint_{C_1 - C_2} \vec{F} \cdot d\vec{r} = \int_{C_1} \vec{F} \cdot d\vec{r} + \int_{-C_2} \vec{F} \cdot d\vec{r} =$$

$$= \int_{C_1} \vec{F} \cdot d\vec{r} - \int_{C_2} \vec{F} \cdot d\vec{r} = 0 \qquad \text{(I-379)}$$

Wir hatten bereits erkannt, daß ein Linien- oder Kurvenintegral $\int_C \vec{F} \cdot d\vec{r}$ genau dann *wegunabhängig* ist, wenn das (ebene oder räumliche) Vektorfeld $\vec{F}$ als *Gradient* einer ortsabhängigen Funktion ϕ, Potentialfunktion genannt, darstellbar ist: $\vec{F} = \operatorname{grad} \phi$. Da die *konservativen* Vektorfelder in Naturwissenschaft und Technik eine überragende Rolle spielen, wollen wir ihre wichtigsten Eigenschaften wie folgt zusammenstellen:

Eigenschaften eines konservativen Vektorfeldes

Ein *konservatives* Vektorfeld $\vec{F}$ besitzt in einem *einfach-zusammenhängenden* Bereich die folgenden *gleichwertigen* Eigenschaften:

1. Das Linien- oder Kurvenintegral $\int\limits_C \vec{F} \cdot d\vec{r}$ längs einer Kurve C, die zwei (beliebige) Punkte P_1 und P_2 verbindet, ist *unabhängig* vom eingeschlagenen Verbindungsweg, solange dieser vollständig im Bereich liegt.
2. Das Linienintegral längs einer im Bereich liegenden *geschlossenen* Kurve C hat stets den Wert *Null*:
$$\oint\limits_C \vec{F} \cdot d\vec{r} = 0 \tag{I-380}$$
3. Der Feldvektor $\vec{F}$ ist überall im Bereich als *Gradient* einer Potentialfunktion ϕ darstellbar:
$$\vec{F} = \operatorname{grad} \phi \tag{I-381}$$
4. Das Vektorfeld $\vec{F}$ ist im Bereich *wirbelfrei*:
$$\operatorname{rot} \vec{F} = \vec{0} \tag{I-382}$$
5. Das Skalarprodukt $\vec{F} \cdot d\vec{r}$ ist das *totale* oder *vollständige Differential* einer Potentialfunktion ϕ:
$$d\phi = \vec{F} \cdot d\vec{r} \tag{I-383}$$

■ **Beispiele**

(1) Das *ebene* Vektorfeld $\vec{F}(x; y) = 3x^2 y \, \vec{e}_x + x^3 \, \vec{e}_y$ ist *konservativ*, d.h. ein *Potentialfeld*, da

$$\frac{\partial F_x}{\partial y} = \frac{\partial}{\partial y}(3x^2 y) = 3x^2 \qquad \text{und} \qquad \frac{\partial F_y}{\partial x} = \frac{\partial}{\partial x}(x^3) = 3x^2$$

und somit die *Integrabilitätsbedingung* (I-373) erfüllt ist:

$$\frac{\partial F_x}{\partial y} = \frac{\partial F_y}{\partial x} = 3x^2$$

Das Linienintegral

$$\int\limits_C \vec{F} \cdot d\vec{r} = \int\limits_C (3x^2 y \, dx + x^3 \, dy)$$

ist daher *wegunabhängig*, wobei C einen *beliebigen* Verbindungsweg zweier Punkte P_1 und P_2 bedeutet, d.h. es gilt:

$$\int_C \vec{F} \cdot d\vec{r} = \int_{P_1}^{P_2} (3x^2 y \, dx + x^3 \, dy)$$

Wir bestimmen nun die *Potentialfunktion* $\phi(P) = \phi(x; y)$, deren partielle Ableitungen 1. Ordnung wir bereits kennen. Denn es gilt

$$\vec{F} = \operatorname{grad} \phi$$

und somit

$$\frac{\partial \phi}{\partial x} = F_x = 3x^2 y \qquad \text{und} \qquad \frac{\partial \phi}{\partial y} = F_y = x^3$$

Wir integrieren $\frac{\partial \phi}{\partial x}$ und beachten dabei, daß die Integrationskonstante noch von der Variablen y abhängen kann:

$$\phi = \int \frac{\partial \phi}{\partial x} \, dx = \int 3x^2 y \, dx = 3y \cdot \int x^2 \, dx = x^3 y + K(y)$$

Durch *partielle* Differentiation nach y und unter Berücksichtigung von $\frac{\partial \phi}{\partial y} = x^3$ erhalten wir daraus schließlich:

$$\frac{\partial \phi}{\partial y} = x^3 + K'(y) = x^3$$

$$K'(y) = 0 \;\Rightarrow\; K(y) = \text{const.} = K_0$$

Die *Potentialfunktion* lautet daher:

$$\phi(x; y) = x^3 y + K_0$$

Für einen *beliebigen*, von $P_1 = (x_1; y_1)$ nach $P_2 = (x_2; y_2)$ führenden Integrationsweg C gilt somit:

$$\int_C (3x^2 y \, dx + x^3 \, dy) = \int_{P_1}^{P_2} d\phi = \Big[\phi(x; y)\Big]_{(x_1; y_1)}^{(x_2; y_2)} =$$

$$= \Big[x^3 y + K_0\Big]_{(x_1; y_1)}^{(x_2; y_2)} = x_2^3 y_2 - x_1^3 y_1$$

(2) Wir betrachten das folgende, in *Polarkoordinaten* definierte Vektorfeld:

$$\vec{F} = \vec{F}(r; \varphi) = r \, \vec{e}_r + \frac{\varphi}{r} \, \vec{e}_\varphi \qquad (r > 0)$$

Die *Rotation* dieses Feldes *verschwindet* in jedem Bereich, der den Koordinatenursprung *nicht* enthält. Denn mit

$$F_r = r \qquad \text{und} \qquad F_\varphi = \frac{\varphi}{r}$$

folgt nach Gleichung (I-244) für die *z-Komponente* der *Rotation* (die x- und y-Komponenten *verschwinden* bei einem *ebenen* Feld bekanntlich *automatisch*):

$$(\operatorname{rot} \vec{F})_z = \frac{1}{r} \cdot \frac{\partial}{\partial r}(r \cdot F_\varphi) - \frac{1}{r} \cdot \frac{\partial F_r}{\partial \varphi} = \frac{1}{r}\left[\frac{\partial}{\partial r}(\varphi) - \frac{\partial}{\partial \varphi}(r)\right] = 0$$

Das Vektorfeld $\vec{F}$ ist somit für $r > 0$ *wirbelfrei.*

Jetzt berechnen wir das *Linienintegral* dieses Feldes längs des Mittelpunktskreises K mit dem Radius r (Bild I-120).

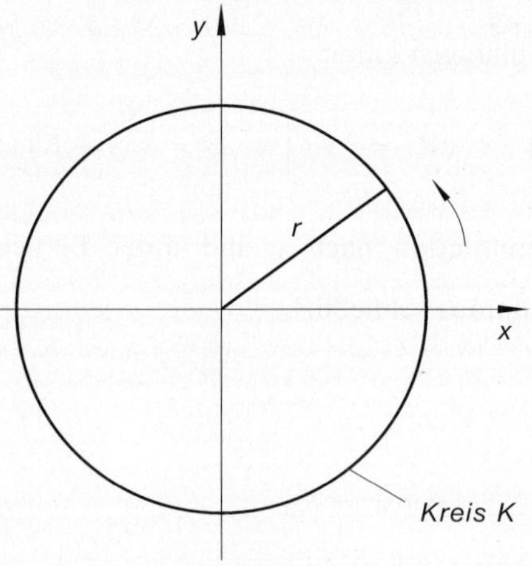

Bild I-120
Zur Integration längs eines Mittelpunktskreises mit dem Radius r

Da der Vektor $d\vec{r}$ hier *tangentiale* Richtung hat und somit zum Tangenteneinheitsvektor (Basisvektor) $\vec{e}_\varphi$ *parallel* verläuft, läßt er sich in der Form

$$d\vec{r} = ds\ \vec{e}_\varphi = (r\ d\varphi)\ \vec{e}_\varphi$$

darstellen[19]. Damit erhalten wir für das Skalarprodukt $\vec{F} \cdot d\vec{r}$ den Ausdruck

$$\vec{F} \cdot d\vec{r} = \left(r\ \vec{e}_r + \frac{\varphi}{r}\ \vec{e}_\varphi\right) \cdot d\vec{r} = \left(r\ \vec{e}_r + \frac{\varphi}{r}\ \vec{e}_\varphi\right) \cdot (r\ d\varphi\ \vec{e}_\varphi) =$$

$$= r^2\ d\varphi\ \underbrace{(\vec{e}_r \cdot \vec{e}_\varphi)}_{0} + \varphi\ d\varphi\ \underbrace{(\vec{e}_\varphi \cdot \vec{e}_\varphi)}_{1} = \varphi\ d\varphi$$

[19] $ds = r\ d\varphi$ ist das *Linienelement* des Kreises.

Das Linienintegral längs des Kreises K besitzt damit den folgenden Wert:

$$\oint_K \vec{F} \cdot d\vec{r} = \int_0^{2\pi} \varphi \, d\varphi = \left[\frac{1}{2} \varphi^2 \right]_0^{2\pi} = 2\pi^2$$

Wir erhalten somit längs der geschlossenen Kreislinie einen von Null *verschiedenen* Wert, obwohl die Rotation des Vektorfeldes $\vec{F}$ *verschwindet*. Diesen nur *scheinbaren* Widerspruch lösen wir jetzt wie folgt auf:

Die Integrationskurve K umschließt eine *Singularität*, nämlich den *Nullpunkt* $r = 0$, in dem der Feldvektor $\vec{F}$ *nicht* definiert ist. Unsere Kreislinie liegt somit *nicht* – wie im Kriterium (I-373) gefordert – in einem *einfach-zusammenhängenden* Bereich, sondern in einem *zweifach-zusammenhängenden* Bereich (gesamte x, y-Ebene mit *Ausnahme* eines „Loches" im Nullpunkt). Diese Aussage gilt im übrigen auch für jede andere *geschlossene* Kurve um den Nullpunkt. Mit anderen Worten: Die Kreislinie K liegt in einem Bereich, in dem die Bedingung rot $\vec{F} = \vec{0}$ nur für $r > 0$ erfüllt ist. Das Kriterium für die Wegunabhängigkeit eines Kurven- oder Linienintegrals ist somit in unserem konkreten Fall *nicht* anwendbar.

■

7.5 Anwendungsbeispiele aus Physik und Technik

7.5.1 Kugelsymmetrische Vektorfelder (Zentralfelder)

Wie bereits bekannt, verschwindet die Rotation eines *kugelsymmetrischen* Vektorfeldes oder *Zentralfeldes* $\vec{F} = f(r)\,\vec{e}_r$ in jedem Bereich, der den Nullpunkt $r = 0$ *nicht* enthält:

$$\text{rot}\,\vec{F} = \vec{0} \qquad (r > 0) \tag{I-384}$$

Daher ist ein Zentralfeld in jedem *einfach*-zusammenhängenden Gebiet, das den Nullpunkt ausschließt, *konservativ*. Da aber der Nullpunkt die *einzige* singuläre Stelle im Raum ist, läßt sich *jede* geschlossene Kurve C ober- oder unterhalb des Nullpunktes auf einen Punkt zusammenziehen. Der Raum ohne Nullpunkt stellt also für ein Zentralfeld einen *einfach*-zusammenhängenden Bereich dar. Somit gilt für *jede* geschlossene Kurve C, die *nicht* durch den Nullpunkt verläuft:

$$\oint_C \vec{F} \cdot d\vec{r} = 0 \tag{I-385}$$

Mit anderen Worten: Ein *kugel-* oder *radialsymmetrisches* Vektorfeld (Zentralfeld) ist stets *konservativ*.

Über die Wegunabhängigkeit eines Linien- oder Kurvenintegrals in einem kugelsymmetrischen Vektorfeld (Zentralfeld)

Ein *kugelsymmetrisches* Vektorfeld (*Zentralfeld*) $\vec{F} = f(r)\,\vec{e}_r$ ist stets *konservativ*, das Linien- oder Kurvenintegral $\int_C \vec{F} \cdot d\vec{r}$ ist daher nur vom *Anfangs-* und *Endpunkt* abhängig, *nicht* aber vom eingeschlagenen *Verbindungsweg* C der beiden Punkte.

■ **Beispiel**

Sowohl das *Gravitationsfeld* der Erde als auch das *elektrische Feld* einer Punktladung sind *Zentralfelder* und somit *konservative* Vektorfelder. ■

7.5.2 Magnetfeld eines stromdurchflossenen linearen Leiters

In der Umgebung eines stromdurchflossenen linearen Leiters existiert ein *ringförmiges* Magnetfeld mit der *magnetischen Feldstärke*

$$\vec{H} = \frac{I}{2\pi\varrho}\,\vec{e}_{\varphi} \qquad (\varrho > 0) \tag{I-386}$$

(in *Zylinderkoordinaten*; I: Stromstärke; ϱ: senkrechter Abstand des Punktes P von der Leiterachse; Bild I-121).

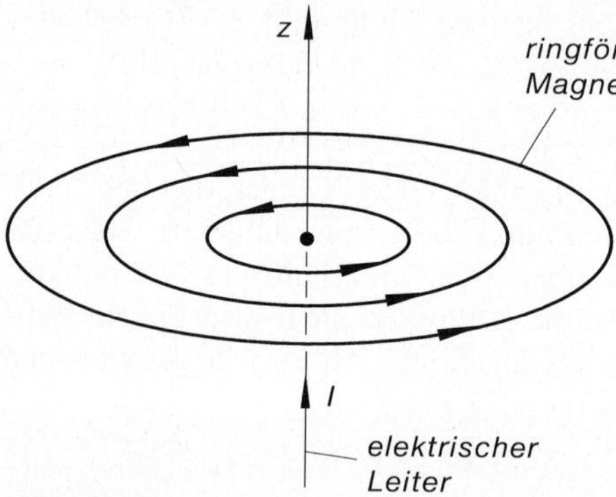

Bild I-121

Ringförmiges Magnetfeld in der Umgebung eines stromdurchflossenen linearen Leiters

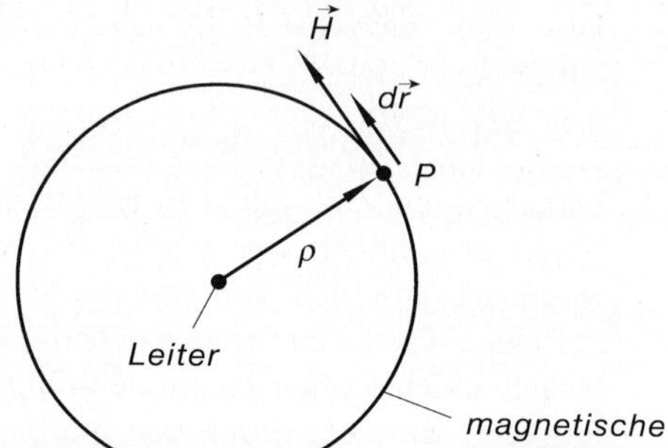

Bild I-122

Zur Integration längs einer kreisförmigen magnetischen Feldlinie

Wir interessieren uns nun für das geschlossene Linienintegral $\oint_K \vec{H} \cdot d\vec{r}$ längs einer *kreisförmigen Feldlinie* K um den Leiter (Berechnung der „Zirkulation"; Bild I-122).

Der *differentielle* Verschiebungsvektor $d\vec{r}$ liegt dabei in der *Kreistangente* und ist somit in der Form

$$d\vec{r} = ds\ \vec{e}_{\varphi} \tag{I-387}$$

darstellbar, wobei ds das *Linienelement* bedeutet. Daher gilt:

$$\vec{H} \cdot d\vec{r} = \frac{I}{2\pi\varrho}\, ds\, \underbrace{(\vec{e}_{\varphi} \cdot \vec{e}_{\varphi})}_{1} = \frac{I}{2\pi\varrho}\, ds \tag{I-388}$$

Wir erhalten damit für die „*Zirkulation*":

$$\oint_K \vec{H} \cdot d\vec{r} = \frac{I}{2\pi\varrho} \cdot \oint_K ds = \frac{I}{2\pi\varrho} \cdot 2\pi\varrho = I \tag{I-389}$$

Dabei haben wir berücksichtigt, daß das geschlossene Linienintegral $\oint_K ds$ den *Umfang* der kreisförmigen magnetischen Feldlinie repräsentiert und somit den Wert $2\pi\varrho$ besitzt.

Die „Zirkulation" hat also den von Null *verschiedenen* Wert I. Dies aber bedeutet, daß das Magnetfeld *nicht konservativ* sein kann, obwohl *außerhalb* der Leiterachse, d.h. für $\varrho > 0$ die *Rotation* des Feldes *verschwindet*:

$$\operatorname{rot} \vec{H} = \vec{0} \qquad \text{für} \qquad \varrho > 0 \tag{I-390}$$

Diesen nur *scheinbaren* Widerspruch klären wir wie folgt auf:

Das Kriterium für die Wegunabhängigkeit eines Linienintegrals setzt bekanntlich voraus, daß der Bereich, in dem die Rotation des Feldes verschwinden muß, *einfach-*zusammenhängend ist. Genau diese Voraussetzung ist jedoch in unserem Fall *nicht* gegeben. Denn die kreisförmige Feldlinie umschließt die (unendlich lange!) Leiterachse, längs der das Magnetfeld überhaupt *nicht* definiert ist, und läßt sich somit *nicht* auf einen Punkt zusammenziehen, ohne dabei die Leiterachse zu schneiden. Die Voraussetzung eines *einfach*-zusammenhängenden Bereiches ist daher in diesem Anwendungsbeispiel *nicht* gegeben.

7.5.3 Elektrisches Feld eines geladenen Drahtes

Wir betrachten das *elektrische Feld* in der Umgebung eines unendlich langen homogen geladenen Drahtes. Wegen der *Zylindersymmetrie* des Feldes können wir uns auf einen *ebenen* Schnitt *senkrecht* zum Leiter beschränken. Das elektrische Feld besitzt dann die in Bild I-123 skizzierte Struktur und läßt sich (in Polarkoordinaten) durch die *elektrische Feldstärke*

$$\vec{E} = \vec{E}(r) = \frac{\lambda}{2\pi\varepsilon_0 r}\, \vec{e}_r \qquad (r > 0) \tag{I-391}$$

beschreiben. (λ: Ladungsdichte, d.h. Ladung pro Längeneinheit; ε_0: elektrische Feldkonstante).

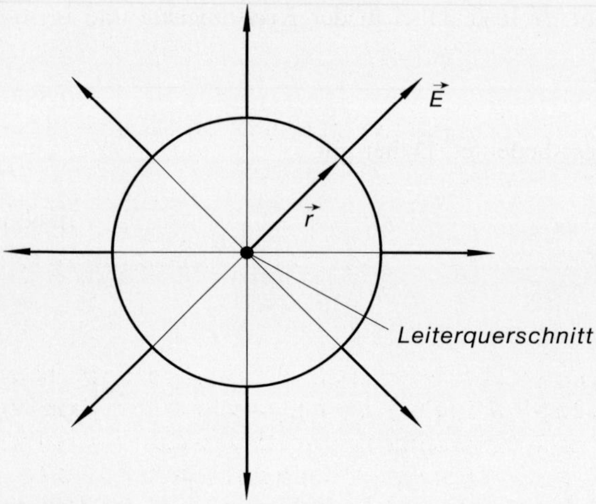

Bild I-123

Elektrisches Feld in der Umgebung eines homogen geladenen Drahtes (*positive* Ladungsdichte; ebener Schnitt senkrecht zur Drahtachse)

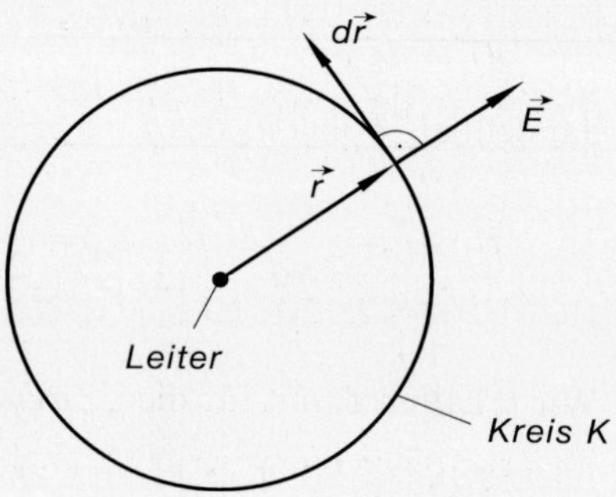

Bild I-124

Zur Integration längs eines konzentrischen Kreises

Wir interessieren uns nun für die sog. „*Umlaufspannung*" $\oint\limits_K \vec{E} \cdot d\vec{r}$, wobei wir als Integrationsweg einen *konzentrischen Kreis* K mit dem Radius r wählen (Bild I-124). Da der *differentielle* Verschiebungsvektor $d\vec{r}$ *tangentiale* Richtung besitzt und somit auf dem Feldstärkevektor $\vec{E}$ *senkrecht* steht, gilt

$$\vec{E} \cdot d\vec{r} = 0 \qquad \text{(I-392)}$$

und somit auch

$$\oint\limits_K \vec{E} \cdot d\vec{r} = 0 \qquad \text{(I-393)}$$

Dieses Ergebnis ist aus *physikalischer* Sicht völlig einleuchtend, da die Integration längs einer *Äquipotentiallinie* des Feldes erfolgt, auf der das Potential bekanntlich einen *konstanten* Wert besitzt. Es läßt sich sogar zeigen, daß das Linienintegral $\oint\limits_C \vec{E} \cdot d\vec{r}$ für *jede* geschlossene Kurve C verschwindet.

7.6 Arbeitsintegral

7.6.1 Arbeit eines Kraftfeldes

Unser einführendes Beispiel in Abschnitt 7.1 führte uns zu dem als *Arbeitsintegral* bezeichneten Linien- oder Kurvenintegral

$$W = \int_C \vec{F} \cdot d\vec{r} = \int_{t_1}^{t_2} (\vec{F} \cdot \dot{\vec{r}})\, dt \qquad \text{(I-394)}$$

Es beschreibt die *physikalische Arbeit*, die das *ebene* Kraftfeld $\vec{F}(x; y)$ an einem Massenpunkt verrichtet, wenn dieser unter dem Einfluß des Feldes von einem Punkt P_1 aus längs der Kurve C in einen Punkt P_2 verschoben wird (Bild I-125). $\vec{r} = \vec{r}(t)$ ist dabei der *Ortsvektor* der Kurve, $\dot{\vec{r}} = \dot{\vec{r}}(t)$ der zugehörige *Tangentenvektor* ($t_1 \leqslant t \leqslant t_2$).

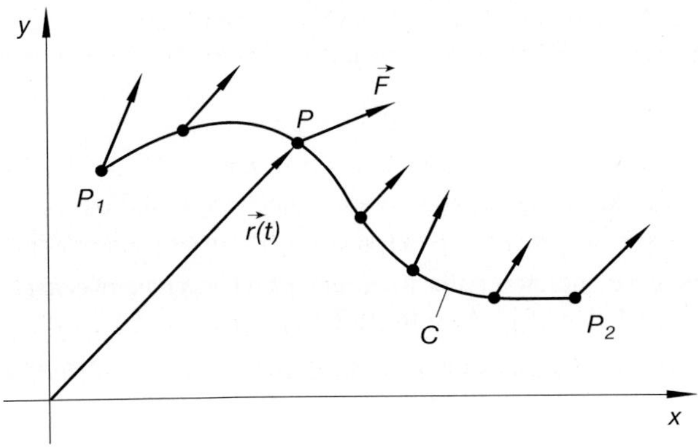

Bild I-125
Zum Begriff des Arbeitsintegrals in einem *ebenen* Kraftfeld

Die Integralformel (I-394) gilt sinngemäß auch für ein *räumliches* Kraftfeld $\vec{F}(x; y; z)$ und eine *Raumkurve* C mit dem Ortsvektor $\vec{r} = \vec{r}(t)$, $t_1 \leqslant t \leqslant t_2$ (Bild I-126).

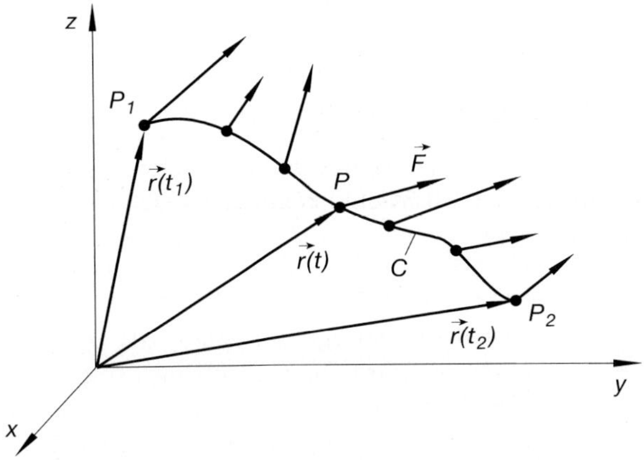

Bild I-126
Zum Begriff des Arbeitsintegrals in einem *räumlichen* Kraftfeld

Arbeit eines Kraftfeldes (Arbeitsintegral)

$$W = \int_C \vec{F} \cdot d\vec{r} = \int_{t_1}^{t_2} (\vec{F} \cdot \dot{\vec{r}}) \, dt \qquad \text{(I-395)}$$

Dabei bedeuten:

$\vec{F}$: *Kraftfeld* mit den skalaren Komponenten $F_x(x; y; z)$, $F_y(x; y; z)$, $F_z(x; y; z)$

$d\vec{r}$: *Wegelement* (*differentieller* Verschiebungsvektor) mit den skalaren Komponenten dx, dy, dz

$\vec{r}$: *Ortsvektor* der Integrationskurve C mit den skalaren Komponenten $x(t)$, $y(t)$, $z(t)$ $(t_1 \leqslant t \leqslant t_2)$

$\dot{\vec{r}}$: *Tangentenvektor* der Integrationskurve C mit den skalaren Komponenten $\dot{x}(t)$, $\dot{y}(t)$, $\dot{z}(t)$

Anmerkungen

(1) Man beachte, daß das Arbeitsintegral (I-395) die vom *Kraftfeld* an der Masse verrichtete Arbeit angibt. Sie kann daher positiv *oder* negativ ausfallen.

Will man einen Massenpunkt *entgegen* dem wirkenden Kraftfeld verschieben, so benötigt man dazu stets eine gleich große *Gegenkraft* (*Vorzeichenwechsel*, vgl. hierzu auch das Anwendungsbeispiel in Abschnitt 7.5.3).

(2) In den Anwendungen wird das *Wegelement* $d\vec{r}$ häufig auch durch das Symbol $d\vec{s}$ (*infinitesimaler Verschiebungsvektor*) gekennzeichnet.

(3) Eine besondere Rolle spielen in den Anwendungen die *konservativen* Felder (*Potentialfelder*). Zu ihnen gehören z. B. die *homogenen* und *kugelsymmetrischen* Kraftfelder der Physik. Diese Felder erfüllen die Bedingungen (I-374) bzw. (I-375) für die *Wegunabhängigkeit* eines Linienintegrals. Das Arbeitsintegral (I-395) hängt daher in einem *konservativen* Kraftfeld nur vom *Anfangs- und Endpunkt* des Weges, nicht aber vom *Verbindungsweg* der beiden Punkte ab.

7.6.2 Ein Anwendungsbeispiel: Elektronen im Magnetfeld

Wir betrachten einen *Elektronenstrahl*, der mit der (konstanten) Geschwindigkeit $\vec{v}$ *senkrecht* in ein homogenes Magnetfeld mit der Flußdichte $\vec{B}$ eingeschossen wird. Die Elektronen erfahren dort die sog. *Lorentz-Kraft*

$$\vec{F}_L = -\,e(\vec{v} \times \vec{B}) \qquad \text{(I-396)}$$

die als *Vektorprodukt* aus $\vec{v}$ und $\vec{B}$ daher sowohl zur Bewegungsrichtung als auch zur Richtung des Magnetfeldes *senkrecht* steht (e: Elementarladung; Elektronen tragen bekanntlich eine *negative* Elementarladung). Die Lorentz-Kraft wirkt dabei als *Zentripetalkraft* und zwingt die Elektronen auf eine *Kreisbahn* K um die Feldrichtung als Achse (Bild I-127).

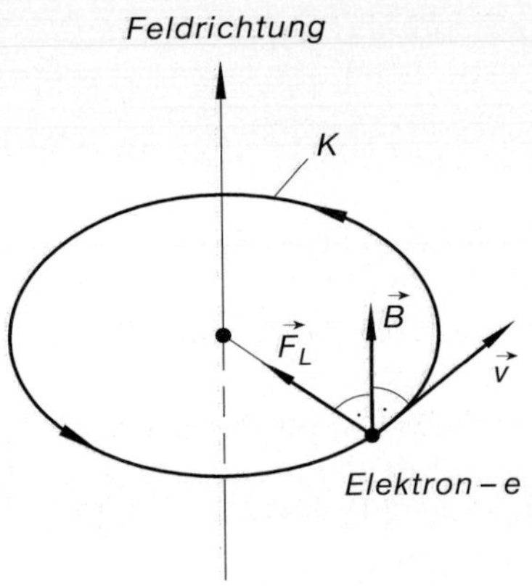

Bild I-127
Kreisförmige Elektronenbahn in einem homogenen Magnetfeld

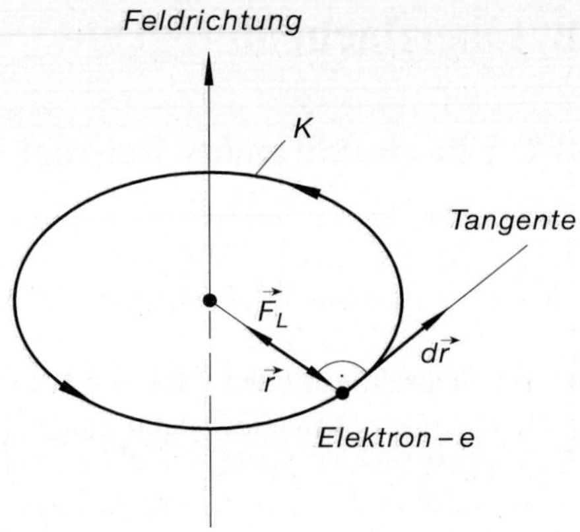

Bild I-128
Das homogene Magnetfeld verrichtet *keine* Arbeit an dem Elektron

Das Magnetfeld verrichtet jedoch *keine* Arbeit an den Elektronen, wie wir jetzt zeigen wollen. In dem Zeitintervall dt hat sich ein Elektron in der *Tangentenrichtung* um das (infinitesimal kleine) Wegelement $d\vec{r}$ fortbewegt. Die auf das Elektron einwirkende Lorentz-Kraft $\vec{F}_L$ steht dabei *senkrecht* auf dem Verschiebungsvektor $d\vec{r}$ (Bild I-128). Daher ist

$$dW = \vec{F}_L \cdot d\vec{r} = 0 \tag{I-397}$$

und das Arbeitsintegral (I-395) *verschwindet* somit:

$$\oint_K \vec{F}_L \cdot d\vec{r} = 0 \tag{I-398}$$

(das geschlossene Linienintegral gibt die vom Magnetfeld verrichtete Arbeit *pro* Umlauf an).

Zum *gleichen* Ergebnis gelangt man auch wie folgt. Es ist

$$\vec{v} = \frac{d\vec{r}}{dt} \quad \text{und somit} \quad d\vec{r} = \vec{v}\; dt \tag{I-399}$$

Die im Zeitintervall dt vom Magnetfeld $\vec{B}$ an einem Elektron verrichtete Arbeit beträgt dann:

$$dW = \vec{F}_L \cdot d\vec{r} = -e \underbrace{(\vec{v} \times \vec{B}) \cdot \vec{v}}_{[\vec{v}\,\vec{B}\,\vec{v}]}\; dt = -e \underbrace{[\vec{v}\,\vec{B}\,\vec{v}]}_{0}\; dt = 0 \tag{I-400}$$

Denn das *Spatprodukt* $[\vec{v}\,\vec{B}\,\vec{v}] = (\vec{v} \times \vec{B}) \cdot \vec{v}$ *verschwindet,* da es zwei *gleiche* Vektoren enthält.

8 Oberflächenintegrale

8.1 Ein einführendes Beispiel

Der Begriff eines „*Oberflächenintegrals*" läßt sich in sehr anschaulicher Weise am konkreten Beispiel einer *Flüssigkeitsströmung* einführen. Dabei interessieren wir uns zunächst für die Flüssigkeitsmenge, die in der Zeiteinheit durch ein (völlig durchlässiges) *ebenes* Flächenelement strömt, das in die strömende Flüssigkeit eingebracht wurde. Unser Strömungsmodell wird dann schrittweise erweitert, bis wir auf das sog. „*Flußintegral*" oder „*Oberflächenintegral*" stoßen. Dieses Integral ist dann ein *Maß* für die Flüssigkeitsmenge, die in der Zeiteinheit durch ein bestimmtes Flächenstück hindurchströmt, das in das Strömungsfeld der Flüssigkeit gebracht wurde.

Konstante Strömungsgeschwindigkeit, Flächenelement senkrecht zur Strömung (Bild I-129)

Wir betrachten eine Flüssigkeitsströmung mit der *konstanten* Strömungsgeschwindigkeit $\vec{v}$. In diese Strömung bringen wir ein ebenes, völlig durchlässiges *Flächenelement* ΔA und zwar *senkrecht* zur Strömungsrichtung (Bild I-129).

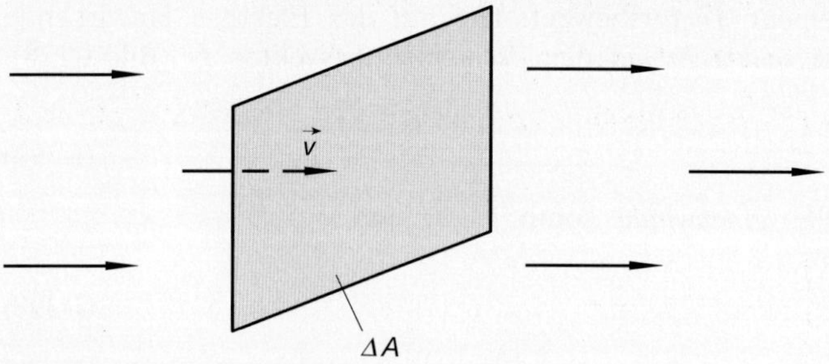

Bild I-129
Flüssigkeitsströmung durch ein Flächenelement ΔA, das senkrecht zur Strömung orientiert ist

Welche Flüssigkeitsmenge fließt in der Zeiteinheit durch dieses Flächenelement?

Wir lösen diese Aufgabe wie folgt:

Ein Flüssigkeitsteilchen legt in der Zeit Δt den Weg $\Delta s = v \cdot \Delta t$ zurück ($v = |\vec{v}|$). Dann fließen alle diejenigen Teilchen, die sich zum Zeitpunkt t *links* vom Flächenelement ΔA befinden und von diesem einen Abstand haben, der *nicht größer* ist als Δs, in den folgenden Δt Sekunden durch diese Fläche hindurch. Dies aber sind genau diejenigen Flüssigkeitsteilchen, die sich zur Zeit t in dem *quaderförmigen* Volumenelement

$$\Delta V = (\Delta A)\,\Delta s = \Delta A \cdot v \cdot \Delta t \qquad \text{(I-401)}$$

links vom Flächenelement ΔA befinden (Bild I-130).

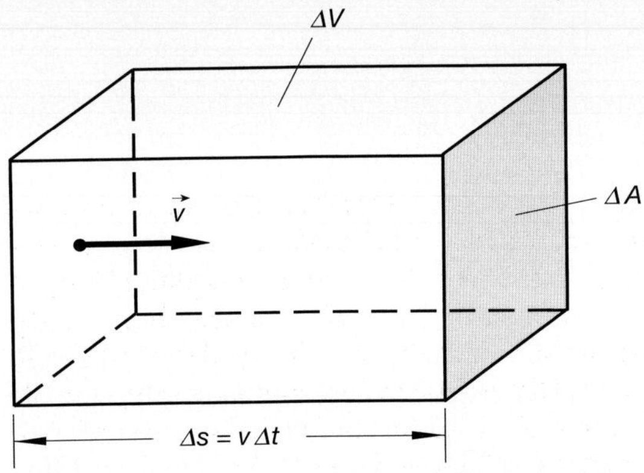

Bild I-130

Daher strömt in der Zeiteinheit die Flüssigkeitsmenge (Flüssigkeitsvolumen)

$$\frac{\Delta V}{\Delta t} = v \cdot \Delta A \qquad \text{(I-402)}$$

durch das Flächenelement ΔA[20]. Wir sprechen in diesem Zusammenhang auch von einem *Flüssigkeitsfluß* durch das Flächenelement ΔA.

Wir führen nun ein *vektorielles* Flächenelement $\Delta \vec{A}$ wie folgt ein (Bild I-131):

(1) Der Vektor $\Delta \vec{A}$ steht *senkrecht* auf dem Flächenelement ΔA.

(2) Der *Betrag* des Vektors $\Delta \vec{A}$ entspricht dem *Flächeninhalt* des Flächenelements ΔA, d.h. $|\Delta \vec{A}| = \Delta A$.

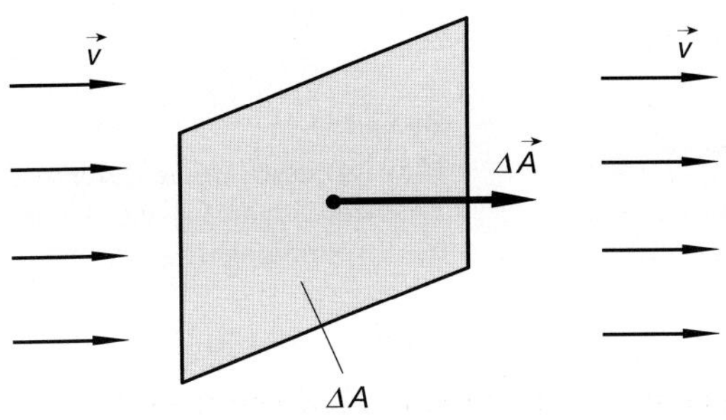

Bild I-131
Vektorielles Flächenelement $\Delta \vec{A}$

Wenn $\vec{N}$ die *Flächennormale* ist (d.h. hier ein *Einheitsvektor* in Richtung der Strömungsgeschwindigkeit $\vec{v}$), dann gilt (Bild I-132):

$$\Delta \vec{A} = \Delta A \; \vec{N} \qquad \text{(I-403)}$$

[20] Wenn wir voraussetzen, daß die Dichte der Flüssigkeit den Wert $\varrho = 1$ besitzt, dann sind Flüssigkeitsmenge (Masse) und Flüssigkeitsvolumen zahlenmäßig *gleich*.

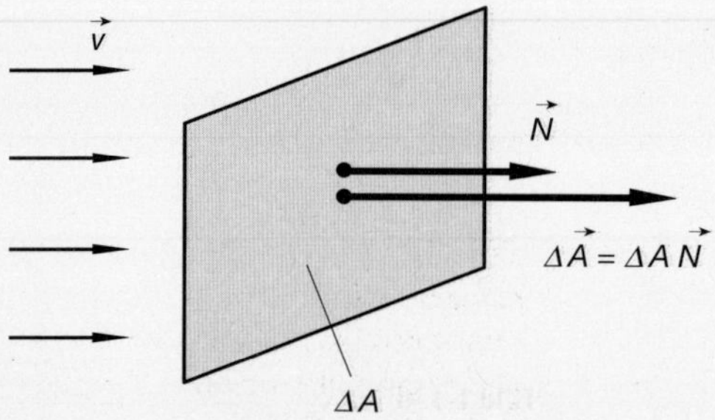

Bild I-132

Wir können jetzt die in der Zeiteinheit durch das Flächenelement ΔA fließende Flüssigkeitsmenge auch wie folgt durch ein *Skalarprodukt* darstellen (die Vektoren $\vec{v}$ und $\Delta\vec{A}$ sind *parallel*):

$$\frac{\Delta V}{\Delta t} = v \cdot \Delta A = \vec{v} \cdot \Delta\vec{A} = (\vec{v} \cdot \vec{N})\;\Delta A \qquad \text{(I-404)}$$

Konstante Strömungsgeschwindigkeit, Flächenelement gegen die Strömung geneigt (Bild I-133)

Das Flächenelement ΔA steht nicht mehr senkrecht zur Strömung, sondern liegt jetzt *schief* in dem Strömungsfeld. Die Flächennormale $\vec{N}$ bzw. das vektorielle Flächenelement $\Delta\vec{A}$ bildet dabei mit der Strömungsgeschwindigkeit $\vec{v}$ den Winkel φ (Bild I-133).

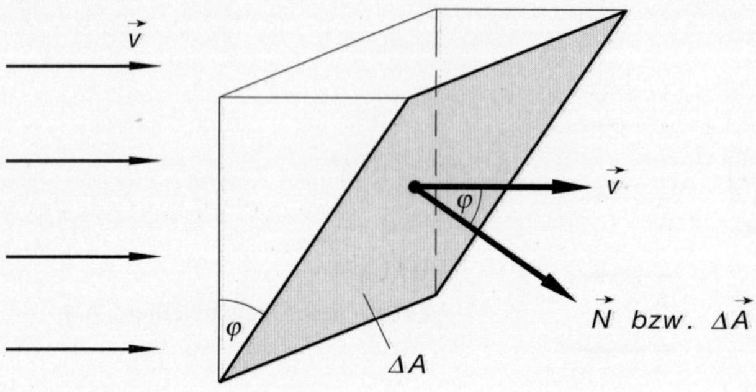

Bild I-133
Flüssigkeitsströmung durch ein Flächenelement ΔA, das gegen die Strömung geneigt ist

Wir zerlegen nun den Geschwindigkeitsvektor $\vec{v}$ in eine *Tangentialkomponente* $\vec{v}_T$ und eine *Normalkomponente* $\vec{v}_N$ (Bild I-134):

$$\vec{v} = \vec{v}_T + \vec{v}_N \qquad \text{(I-405)}$$

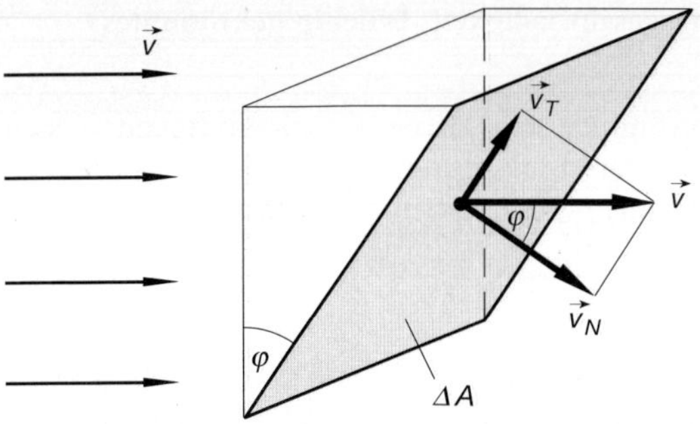

Bild I-134
Zerlegung des Geschwindigkeitsvektors $\vec{v}$ in eine Tangential- und Normalkomponente

Zum Flüssigkeitsfluß durch das Flächenelement ΔA liefert nur die *Normalkomponente* $v_N = \vec{v} \cdot \vec{N}$ einen Beitrag (v_N ist die *Projektion* von $\vec{v}$ auf die Flächennormale $\vec{N}$). Der *Fluß* durch das Flächenelement ΔA beträgt daher in der Zeiteinheit:

$$\frac{\Delta V}{\Delta t} = v_N \cdot \Delta A = (\vec{v} \cdot \vec{N})\ \Delta A = \vec{v} \cdot \Delta \vec{A} \qquad \text{(I-406)}$$

Dabei ist $\Delta \vec{A}$ wiederum das *orientierte* Flächenelement in Richtung der Flächennormale $\vec{N}$, d.h. der Vektor $\Delta \vec{A}$ ist das *vektorielle Flächenelement.*

Wir betrachten noch einen *Sonderfall*: Das Flächenelement ΔA liege jetzt *parallel* zur Strömungsrichtung ($\varphi = 90°$; Bild I-135).

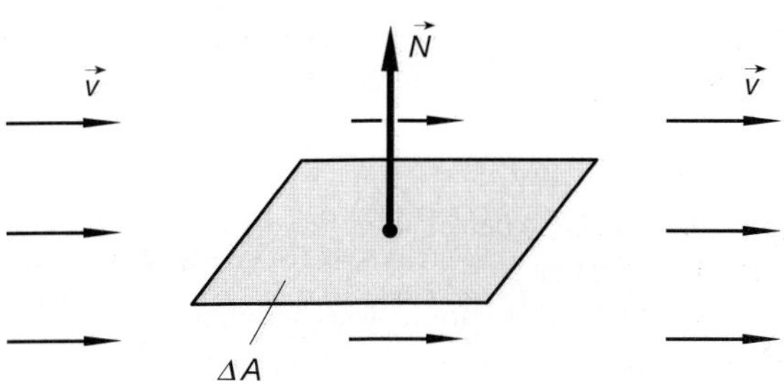

Bild I-135
In der Strömungsrichtung liegendes Flächenelement ΔA

Dann steht die Flächennormale $\vec{N}$ *senkrecht* auf dem Geschwindigkeitsvektor $\vec{v}$, das Skalarprodukt $\vec{v} \cdot \vec{N}$ *verschwindet* also und somit ist

$$\frac{\Delta V}{\Delta t} = (\vec{v} \cdot \vec{N})\ \Delta A = 0 \qquad \text{(I-407)}$$

Mit anderen Worten: In diesem Fall strömt *keinerlei* Flüssigkeit durch das Flächenelement ΔA, da die Strömungsgeschwindigkeit $\vec{v}$ *keine* Normalkomponente besitzt. Die Flüssigkeit strömt vielmehr entlang des Flächenelementes und somit an diesem *vorbei.*

Allgemeiner Fall: Ortsabhängige Strömungsgeschwindigkeit, beliebig gekrümmtes Flächenstück (Bild I-136)

Wir gehen jetzt von einer Flüssigkeitsströmung aus, deren Geschwindigkeit $\vec{v}$ sich von Ort zu Ort *verändert*: $\vec{v} = \vec{v}(x; y; z)$. Den Fluß durch eine beliebig *gekrümmte* Fläche A, die wir in das Strömungsfeld eingebracht haben, ermitteln wir dann wie folgt (Bild I-136):

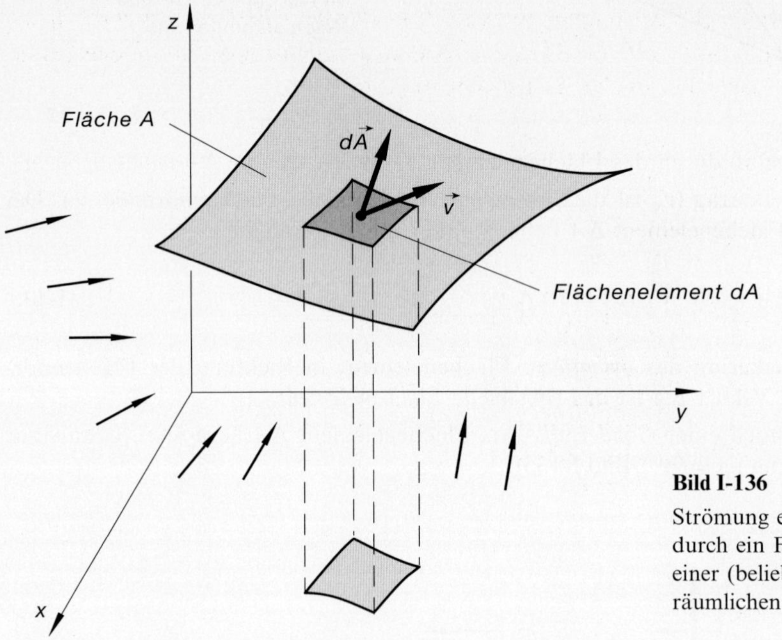

Bild I-136
Strömung einer Flüssigkeit durch ein Flächenelement dA einer (beliebig gekrümmten) räumlichen Fläche

Zunächst zerlegen wir die Fläche in eine sehr große Anzahl von *Flächenelementen*, die wir daher als *nahezu eben* betrachten dürfen. Ferner kann die Geschwindigkeit $\vec{v}$ der Flüssigkeitsteilchen auf einem solchen infinitesimal kleinen Flächenelement dA als *nahezu konstant* angenommen werden. Der Flüssigkeitsfluß durch ein solches Flächenelement dA ist dann wiederum durch das *skalare Produkt*

$$\vec{v} \cdot d\vec{A} = (\vec{v} \cdot \vec{N})\ dA \tag{I-408}$$

gegeben. Den *Gesamtfluß* durch die Fläche A erhalten wir, indem wir über die Beiträge aller in der Fläche gelegenen Flächenelemente *summieren*, d.h. *integrieren*. Die in der Zeiteinheit durch die Fläche A strömende Flüssigkeitsmenge ist somit durch das *Integral*

$$\iint_{(A)} \vec{v} \cdot d\vec{A} = \iint_{(A)} (\vec{v} \cdot \vec{N})\ dA \tag{I-409}$$

gegeben, das wir als „*Oberflächenintegral*" oder „*Flußintegral*" bezeichnen wollen. Die Integration erfolgt dabei über eine *Fläche im Raum* („Oberfläche") und läßt sich auf das bereits aus Band 2 bekannte *Doppelintegral* zurückführen.

8.2 Definition eines Oberflächenintegrals

Wir interessieren uns nun für den „*Fluß*" eines (beliebigen) Vektorfeldes $\vec{F} = \vec{F}(x; y; z)$ durch eine *orientierte* Fläche A im Raum, wobei wir schrittweise wie folgt vorgehen wollen [21].

(1) Zunächst wird die Fläche A in eine sehr große Anzahl n von Teilflächen ΔA_1, $\Delta A_2, \ldots, \Delta A_n$ zerlegt (Bild I-137). Jede Teilfläche kann dabei als *nahezu eben* betrachtet und somit durch ein *vektorielles* Flächenelement beschrieben werden. Der k-ten Teilfläche ΔA_k entspricht also das *vektorielle* Flächenelement $\Delta \vec{A}_k$ mit $|\Delta \vec{A}_k| = \Delta A_k$ $(k = 1, 2, \ldots, n)$. Dieser Vektor steht somit *senkrecht* auf dem (nahezu ebenen) Teilflächenstück (Flächenelement) ΔA_k.

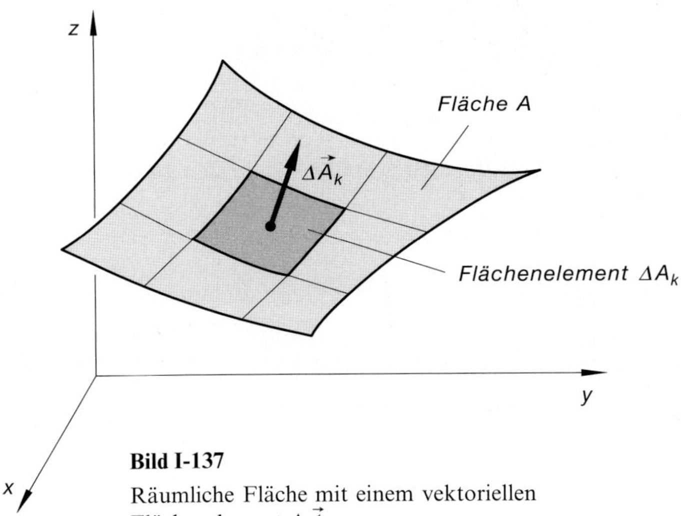

Bild I-137

Räumliche Fläche mit einem vektoriellen Flächenelement $\Delta \vec{A}_k$

(2) Auf jeder Teilfläche (Flächenelement) ΔA_k ist das Vektorfeld $\vec{F}$ *nahezu homogen*, d.h. *konstant*. Ist $P_k = (x_k; y_k; z_k)$ ein beliebig gewählter Punkt auf ΔA_k, so gilt auf diesem kleinen Flächenstück $\vec{F}(x; y; z) = \text{const.} \approx \vec{F}(x_k; y_k; z_k)$. Der *Fluß* des Vektorfeldes $\vec{F}$ durch diese Teilfläche ist dann nach den Überlegungen des vorherigen Abschnitts *näherungsweise* durch das *Skalarprodukt*

$$\vec{F}(x_k; y_k; z_k) \cdot \Delta \vec{A}_k \tag{I-410}$$

gegeben (Bild I-138). Ist $\vec{N}_k$ die Flächennormale im Flächenpunkt P_k, so können wir dafür auch schreiben:

$$\vec{F}(x_k; y_k; z_k) \cdot \Delta \vec{A}_k = (\vec{F}(x_k; y_k; z_k) \cdot \vec{N}_k)\, \Delta A_k \tag{I-411}$$

[21] Eine Fläche hat im Normalfall (von dem wir hier ausgehen) immer *zwei* Seiten. Sie heißt *orientiert*, wenn eine Vereinbarung getroffen wurde, die Flächennormale $\vec{N}$ auf einer bestimmten Seite „anzuheften". $\vec{N}$ zeigt dann verabredungsgemäß in die „*positive*" Richtung.

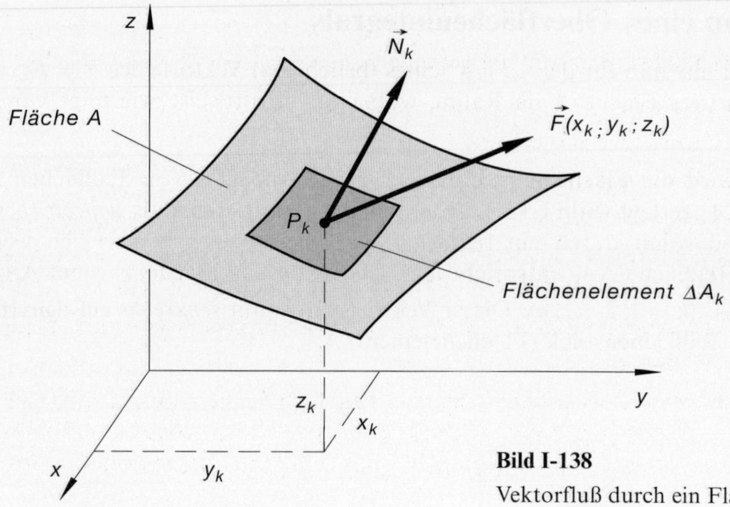

Bild I-138
Vektorfluß durch ein Flächenelement ΔA_k

Durch *Summierung* über alle Teilflächen erhalten wir für den gesuchten *Gesamtfluß* den folgenden *Näherungswert*:

$$\sum_{k=1}^{n} \vec{F}(x_k; y_k; z_k) \cdot \Delta \vec{A}_k = \sum_{k=1}^{n} (\vec{F}(x_k; y_k; z_k) \cdot \vec{N}_k) \, \Delta A_k \qquad \text{(I-412)}$$

(3) Dieser *Näherungswert* läßt sich noch *verbessern*, wenn wir in geeigneter Weise die Anzahl der Teilflächen *vergrößern*. Wir lassen nun die Anzahl n der Teilflächen *unbegrenzt wachsen* ($n \to \infty$), wobei gleichzeitig der Durchmesser einer jeden Teilfläche gegen *Null* gehen soll. Bei diesem Grenzübergang strebt die Summe (I-412) gegen einen *Grenzwert*, der als *Oberflächenintegral* des Vektorfeldes $\vec{F} = \vec{F}(x; y; z)$ über die *orientierte* Fläche $\vec{A}$ bezeichnet wird. Wir definieren daher:

Definition: Der Grenzwert

$$\lim_{\substack{n \to \infty \\ (\Delta A_k \to 0)}} \sum_{k=1}^{n} \vec{F}(x_k; y_k; z_k) \cdot \Delta \vec{A}_k \qquad \text{(I-413)}$$

wird (falls er *vorhanden* ist) als *Oberflächenintegral* des Vektorfeldes $\vec{F} = \vec{F}(x; y; z)$ über die *orientierte* Fläche A bezeichnet und durch das Symbol

$$\iint_{(A)} \vec{F} \cdot d\vec{A} = \iint_{(A)} (\vec{F} \cdot \vec{N}) \; dA \qquad \text{(I-414)}$$

gekennzeichnet.

Anmerkungen

(1) In dem Oberflächenintegral (I-414) bedeuten:

$d\vec{A}$: *Orientiertes Flächenelement* der Fläche A $(|d\vec{A}| = dA)$

$\vec{N}$: *Flächennormale* $(d\vec{A} = dA\,\vec{N})$

A: *Orientierte* Fläche im Raum (Oberfläche)

(2) Die *Orientierung* der Fläche ist durch die Flächennormale $\vec{N}$ *eindeutig* festgelegt. Bei einer *geschlossenen* Fläche, z.B. der Oberfläche einer Kugel, eines Zylinders oder eines Quaders, zeigt dabei $\vec{N}$ vereinbarungsgemäß nach *außen*.

(3) Das Oberflächenintegral (I-414) wird mit der *Normalkomponente* von $\vec{F}$, nämlich $F_N = \vec{F} \cdot \vec{N}$, gebildet.

(4) Auch die folgenden Bezeichnungen für das Oberflächenintegral sind sehr gebräuchlich: „*Flußintegral*" des Vektorfeldes $\vec{F}$ oder kurz „*Fluß*" des Feldvektors $\vec{F}$ durch die Fläche A oder auch *Flächenintegral* des Vektorfeldes $\vec{F}$ über die orientierte Fläche A.

(5) Das Oberflächenintegral über eine *geschlossene* Fläche A wird durch das Symbol $\oiint\limits_{(A)} \vec{F} \cdot d\vec{A}$ oder $\oiint\limits_{(A)} (\vec{F} \cdot \vec{N})\, dA$ gekennzeichnet. Folgende Bezeichnungen für ein solches Integral sind in den Anwendungen üblich: „*Hüllenintegral*" oder „*Fluß*" des Feldvektors $\vec{F}$ durch die geschlossene Fläche A oder auch „*Ergiebigkeit*" des Feldvektors $\vec{F}$.

(6) Durch die Gleichung $\vec{F} = \vec{N}$ wird auf der räumlichen Fläche ein *Vektorfeld* definiert, das jedem Flächenpunkt die dortige *Flächennormale* $\vec{N}$ als Feldvektor zuordnet. Die Gesamtheit der Flächennormalen kann also als ein *spezielles* Vektorfeld aufgefaßt werden. Das Oberflächenintegral (I-414) geht dann wegen

$$\vec{F} \cdot \vec{N} = \vec{N} \cdot \vec{N} = 1 \qquad \text{(I-415)}$$

in das *spezielle* Oberflächenintegral

$$\iint\limits_{(A)} dA = A \qquad \text{(I-416)}$$

über, dessen Wert den *Flächeninhalt* A der räumlichen Fläche darstellt. dA ist dabei ein Flächenelement auf dieser Fläche.

8.3 Berechnung eines Oberflächenintegrals

Wir beschäftigen uns in diesem Abschnitt mit der *Berechnung* eines Oberflächenintegrals unter Verwendung spezieller *Raumkoordinaten* bzw. geeigneter *Flächenparameter*. Stets läßt sich dabei das Oberflächenintegral auf ein *Doppelintegral* zurückführen (s. hierzu Band 2, Abschnitt IV.3.1).

8.3.1 Oberflächenintegral in speziellen Koordinaten

Ein Oberflächenintegral $\iint\limits_{(A)} \vec{F} \cdot d\vec{A} = \iint\limits_{(A)} (\vec{F} \cdot \vec{N})\, dA$ kann unter Verwendung geeigneter Koordinaten, die sich der *Symmetrie* des Problems in *optimaler* Weise anpassen, stets auf ein *Doppelintegral* zurückgeführt werden.

Berechnung eines Oberflächenintegrals unter Verwendung symmetriegerechter Koordinaten

Die *Berechnung* eines Oberflächenintegrals $\iint\limits_{(A)} \vec{F} \cdot d\vec{A} = \iint\limits_{(A)} (\vec{F} \cdot \vec{N})\, dA$ erfolgt in *vier* Schritten:

1. Zunächst werden *geeignete* Koordinaten ausgewählt, die sich der *Symmetrie* des Problems in *optimaler* Weise anpassen. Zur Auswahl stehen dabei:
   — *Kartesische* Koordinaten x, y, z
   — *Zylinderkoordinaten* ϱ, φ, z (Abschnitt 6.2)
   — *Kugelkoordinaten* r, ϑ, φ (Abschnitt 6.3)
2. Man bestimme dann die *Flächennormale* $\vec{N}$, berechne anschließend das *Skalarprodukt* $\vec{F} \cdot \vec{N}$ und drücke dieses sowie das *Flächenelement* dA durch die gewählten Koordinaten aus.
3. Festlegung der *Integrationsgrenzen* im erhaltenen Doppelintegral.
4. *Berechnung* des Doppelintegrals in der bekannten Weise (siehe hierzu Band 2, Abschnitt IV.3.1.2).

Wir geben jetzt für die zur Verfügung stehenden Koordinaten jeweils ein ausführliches Berechnungsbeispiel.

■ **Beispiele**

(1) Berechnung eines Oberflächenintegrals in kartesischen Koordinaten

Wie groß ist der *Fluß* des Vektorfeldes $\vec{F} = \begin{pmatrix} 6z \\ -3y \\ 3 \end{pmatrix}$ durch die im *ersten* Oktant gelegene Fläche der Ebene $x + 2y + 2z = 2$, die wir in Bild I-139 *grau* unterlegt haben?

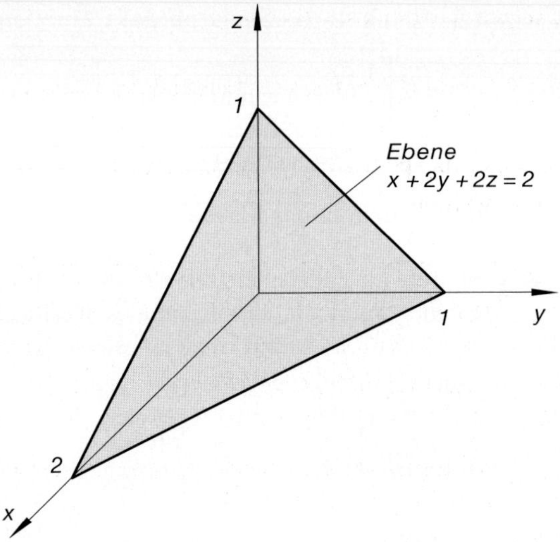

Bild I-139

Lösung:

Wir verwenden in diesem Beispiel zweckmäßigerweise *kartesische* Koordinaten. Die Ebene mit der Gleichung $x + 2y + 2z = 2$ können wir dabei als eine *Niveaufläche* des skalaren Feldes $\phi(x; y; z) = x + 2y + 2z$ auffassen. Daher steht der *Gradient* dieses Feldes, d. h. der Vektor

$$\operatorname{grad} \phi = \begin{pmatrix} 1 \\ 2 \\ 2 \end{pmatrix}$$

überall *senkrecht* auf dieser Ebene. Durch *Normierung* erhalten wir daraus dann die benötigte *Flächennormale* $\vec{N}$:

$$\vec{N} = \frac{1}{|\operatorname{grad} \phi|} \operatorname{grad} \phi = \frac{1}{\sqrt{1^2 + 2^2 + 2^2}} \begin{pmatrix} 1 \\ 2 \\ 2 \end{pmatrix} = \frac{1}{3} \begin{pmatrix} 1 \\ 2 \\ 2 \end{pmatrix}$$

Wir bestimmen jetzt das *Skalarprodukt* $\vec{F} \cdot \vec{N}$:

$$\vec{F} \cdot \vec{N} = \begin{pmatrix} 6z \\ -3y \\ 3 \end{pmatrix} \cdot \frac{1}{3} \begin{pmatrix} 1 \\ 2 \\ 2 \end{pmatrix} = \frac{1}{3}(6z - 6y + 6) = 2(z - y + 1)$$

Da wir x und y als *unabhängige* Variable ansehen wollen, müssen wir noch z durch diese Variablen ausdrücken. Dies geschieht, in dem wir die Gleichung der Ebene nach z auflösen:

$$z = \frac{1}{2}(2 - x - 2y)$$

Diesen Ausdruck setzen wir dann in das Skalarprodukt $\vec{F} \cdot \vec{N}$ ein:

$$\vec{F} \cdot \vec{N} = 2(z - y + 1) = 2\left[\frac{1}{2}(2 - x - 2y) - y + 1\right] =$$

$$= 2 - x - 2y - 2y + 2 = -x - 4y + 4$$

Jetzt müssen wir uns noch mit dem in der Fläche (Ebene) liegenden *Flächenelement dA* beschäftigen (Bild I-140) und versuchen, dieses durch die *unabhängigen* kartesischen Koordinaten auszudrücken. Die *Projektion* des Flächenelementes dA in die x, y-Ebene ergibt ein infinitesimales Rechteck mit dem Flächeninhalt $dA^* = dx\,dy = dy\,dx$. Andererseits ist diese Projektion aber das *skalare Produkt* aus dem *vektoriellen Flächenelement* $d\vec{A} = dA\ \vec{N}$ und dem *Einheitsvektor* $\vec{e}_z$ in Richtung der positiven z-Achse. Somit gilt:

$$dA^* = d\vec{A} \cdot \vec{e}_z = dA\ (\vec{N} \cdot \vec{e}_z) = dy\,dx$$

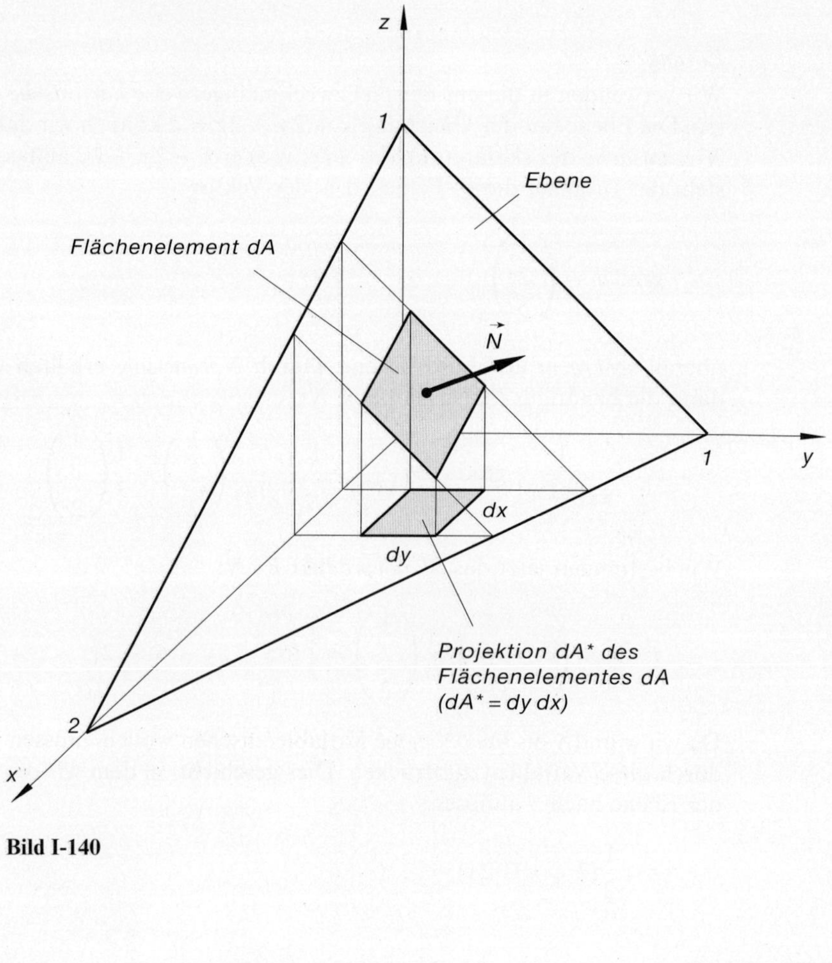

Bild I-140

Mit

$$\vec{N} \cdot \vec{e}_z = \frac{1}{3} \begin{pmatrix} 1 \\ 2 \\ 2 \end{pmatrix} \cdot \begin{pmatrix} 0 \\ 0 \\ 1 \end{pmatrix} = \frac{1}{3} \cdot 2 = \frac{2}{3}$$

folgt dann:

$$dA \cdot \frac{2}{3} = dy\, dx \qquad \text{oder} \qquad dA = \frac{3}{2}\, dy\, dx$$

Damit haben wir das Flächenelement dA in *kartesischen* Koordinaten ausgedrückt. *Integriert* wird dabei über den in Bild I-141 *grau* unterlegten Bereich A^*, der durch *Projektion* der im 1. Oktant gelegenen Ebene auf die x, y-Ebene entstanden ist. Die *Schnittkurve* der Fläche $x + 2y + 2z = 2$ mit der x, y-Ebene $z = 0$ lautet dabei:

$$x + 2y = 2 \qquad \text{oder} \qquad y = -\frac{1}{2}x + 1$$

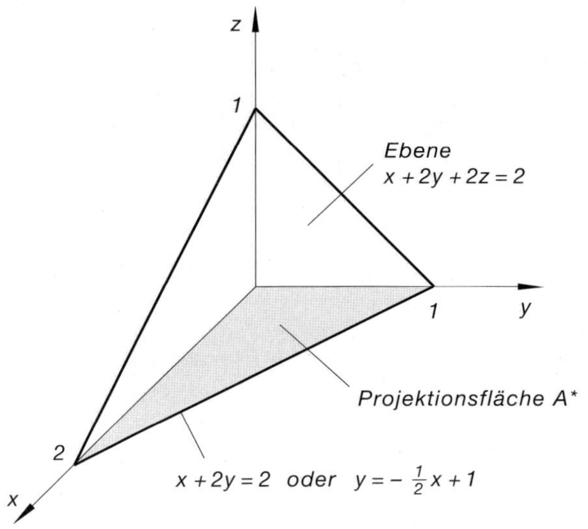

Bild I-141

Projektion der im 1. Oktant gelegenen Ebene $x + 2y + 2z = 2$ in die x, y-Ebene (Projektionsfläche: A^*)

Damit ergeben sich die folgenden *Integrationsgrenzen*:

y-Integration: Von $y = 0$ bis $y = -\frac{1}{2}x + 1$

x-Integration: Von $x = 0$ bis $x = 2$

Das *Flußintegral (Oberflächenintegral)* $\iint\limits_{(A)} (\vec{F} \cdot \vec{N})\; dA$ läßt sich dann wie folgt durch ein *Doppelintegral* in kartesischen Koordinaten darstellen:

$$\iint\limits_{(A)} (\vec{F} \cdot \vec{N})\; dA = \iint\limits_{(A^*)} (-x - 4y + 4) \cdot \frac{3}{2}\, dy\, dx =$$

$$= \frac{3}{2} \cdot \int\limits_{x=0}^{2} \int\limits_{y=0}^{-\frac{1}{2}x+1} (-x - 4y + 4)\, dy\, dx$$

Gelöst wird das Integral in der üblichen Weise durch *zwei* nacheinander auszuführende gewöhnliche Integrationen:

Innere Integration (nach der Variablen y):

$$\int\limits_{y=0}^{-\frac{1}{2}x+1} (-x - 4y + 4)\, dy = \left[-xy - 2y^2 + 4y\right]_{y=0}^{-\frac{1}{2}x+1} =$$

$$= -x\left(-\frac{1}{2}x + 1\right) - 2\left(-\frac{1}{2}x + 1\right)^2 + 4\left(-\frac{1}{2}x + 1\right) =$$

$$= \frac{1}{2}x^2 - x - 2\left(\frac{1}{4}x^2 - x + 1\right) - 2x + 4 =$$

$$= \frac{1}{2}x^2 - x - \frac{1}{2}x^2 + 2x - 2 - 2x + 4 = -x + 2$$

Äußere Integration (nach der Variablen x):

$$\int\limits_{x=0}^{2} (-x + 2)\, dx = \left[-\frac{1}{2}x^2 + 2x\right]_0^2 = -2 + 4 = 2$$

Unser *Oberflächenintegral* besitzt damit den folgenden Wert:

$$\iint\limits_{(A)} (\vec{F} \cdot \vec{N})\; dA = \frac{3}{2} \cdot 2 = 3$$

(2) Berechnung eines Oberflächenintegrals in Zylinderkoordinaten

Der in Bild I-142 dargestellte Zylinder mit dem Radius $R = 5$ und der Höhe $H = 10$ wird von dem Vektorfeld $\vec{F} = \begin{pmatrix} y \\ x \\ z^2 \end{pmatrix}$ „durchflutet". Wir wollen nun den „Fluß" dieses Vektorfeldes durch den Zylindermantel A bestimmen, wobei wir schrittweise wie folgt vorgehen:

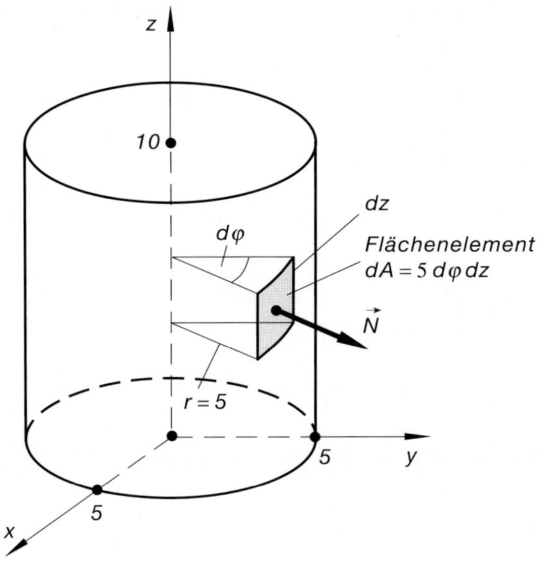

Bild I-142

Wahl geeigneter (symmetriegerechter) Koordinaten

Hier eignen sich wegen der Zylinderfläche natürlich *Zylinderkoordinaten*. Zwischen ihnen und den kartesischen Koordinaten besteht dann der folgende Zusammenhang (mit $\varrho = R = 5$):

$$x = 5 \cdot \cos \varphi, \qquad y = 5 \cdot \sin \varphi, \qquad z = z \quad (0 \leqslant \varphi < 2\pi;\, 0 \leqslant z \leqslant 10)$$

Flächennormale $\vec{N}$

Der *Zylindermantel* läßt sich durch die Gleichung $x^2 + y^2 = 25$ in Verbindung mit $0 \leqslant z \leqslant 10$ beschreiben und kann somit als eine *Niveaufläche* des skalaren Feldes $\phi(x; y; z) = x^2 + y^2$ aufgefaßt werden.

Daher steht der *Gradient* von ϕ, nämlich der Vektor

$$\operatorname{grad} \phi = \begin{pmatrix} 2x \\ 2y \\ 0 \end{pmatrix} = 2 \begin{pmatrix} x \\ y \\ 0 \end{pmatrix}$$

senkrecht auf dem Zylindermantel. Durch *Normierung* erhalten wir daraus dann die benötigte Flächennormale $\vec{N}$:

$$\vec{N} = \frac{1}{|\operatorname{grad} \phi|} \operatorname{grad} \phi = \frac{1}{2\sqrt{x^2 + y^2}} \, 2 \begin{pmatrix} x \\ y \\ 0 \end{pmatrix} = \frac{1}{5} \begin{pmatrix} x \\ y \\ 0 \end{pmatrix}$$

Dabei haben wir bereits berücksichtigt, daß für die Punkte auf dem *Zylindermantel* stets $x^2 + y^2 = 25$ und somit $\sqrt{x^2 + y^2} = 5$ gilt.

Berechnung des Skalarproduktes $\vec{F} \cdot \vec{N}$

$$\vec{F} \cdot \vec{N} = \begin{pmatrix} y \\ x \\ z^2 \end{pmatrix} \cdot \frac{1}{5} \begin{pmatrix} x \\ y \\ 0 \end{pmatrix} = \frac{1}{5}(xy + xy) = \frac{2}{5} xy$$

In *Zylinderkoordinaten* lautet dieses Skalarprodukt wie folgt:

$$\vec{F} \cdot \vec{N} = \frac{2}{5}(5 \cdot \cos \varphi)(5 \cdot \sin \varphi) = 10 \cdot \sin \varphi \cdot \cos \varphi = 5 \cdot \sin(2\varphi)$$

(unter Verwendung der trigonometrischen Beziehung
$\sin(2\varphi) = 2 \cdot \sin \varphi \cdot \cos \varphi$).

Flächenelement dA auf der Zylinderfläche (Bild I-142)

$$dA = 5 \, dz \, d\varphi$$

(nach Gleichung (I-258) mit $\varrho = 5$)

Festlegung der Integrationsgrenzen

Der *Fluß* des Vektorfeldes $\vec{F}$ durch den *Zylindermantel A* läßt sich damit durch das folgende *Doppelintegral in Zylinderkoordinaten* darstellen:

$$\iint_{(A)} (\vec{F} \cdot \vec{N}) \, dA = \iint_{(A)} 5 \cdot \sin(2\varphi) \cdot 5 \, dz \, d\varphi = 25 \cdot \iint_{(A)} \sin(2\varphi) \, dz \, d\varphi$$

Die *Integrationsgrenzen* lauten dabei (vgl. hierzu auch Bild I-142):

z-Integration: Von $z = 0$ bis $z = 10$
φ-Integration: Von $\varphi = 0$ bis $\varphi = 2\pi$

Berechnung des Flußintegrals

$$\iint_{(A)} (\vec{F} \cdot \vec{N})\, dA = 25 \cdot \int_{\varphi=0}^{2\pi} \int_{z=0}^{10} \sin(2\varphi)\, dz\, d\varphi =$$

$$= 25 \cdot \int_{\varphi=0}^{2\pi} \sin(2\varphi)\, d\varphi \cdot \int_{z=0}^{10} dz =$$

$$= 25 \left[-\frac{1}{2} \cos(2\varphi) \right]_{\varphi=0}^{2\pi} \cdot \left[z \right]_{z=0}^{10} = 25 \cdot 0 \cdot 10 = 0$$

Der *Gesamtfluß* des Vektorfeldes durch den Zylindermantel ist also *Null.*

(3) Berechnung eines Oberflächenintegrals in Kugelkoordinaten

Wir interessieren uns für den *Fluß* des Vektorfeldes $\vec{F} = \begin{pmatrix} -y \\ x \\ x^2 \end{pmatrix}$ durch die *geschlossene* Oberfläche der Halbkugel $x^2 + y^2 + z^2 = 1$, $z \geqslant 0$ (Bild I-143).

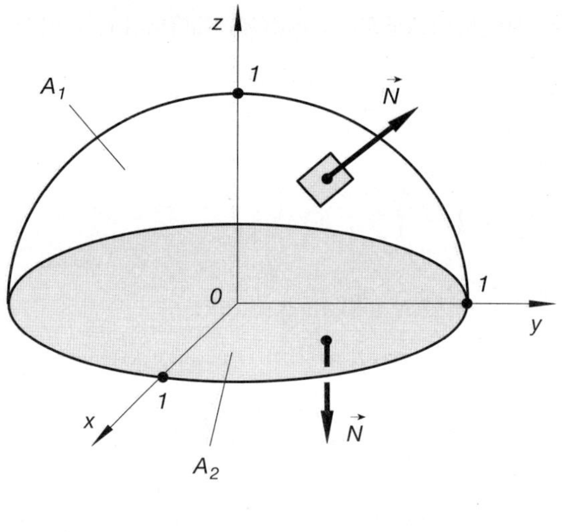

Bild I-143
Zum Vektorfluß durch die Oberfläche der Halbkugel $x^2 + y^2 + z^2 = 1$, $z \geqslant 0$

Zunächst zerlegen wir die geschlossene Oberfläche in *zwei* Teilflächen A_1 und A_2:

A_1: *Mantelfläche* der Halbkugel

A_2: Kreisförmiger „*Boden*" (in Bild I-143 *grau* unterlegt)

Wir berechnen jetzt den jeweiligen Fluß des Vektorfeldes $\vec{F}$ durch diese Teilflächen.

Fluß durch die Mantelfläche der Halbkugel (Bild I-143)

Wir verwenden hierbei zweckmäßigerweise *Kugelkoordinaten.* Zwischen ihnen und den kartesischen Koordinaten bestehen dann die folgenden Transformationsgleichungen (mit $r = 1$):

$$x = \sin \vartheta \cdot \cos \varphi, \qquad y = \sin \vartheta \cdot \sin \varphi, \qquad z = \cos \vartheta$$

$$(0 \leqslant \vartheta \leqslant \pi/2;\ 0 \leqslant \varphi < 2\pi)$$

Flächennormale $\vec{N}$

Die durch die Gleichung $x^2 + y^2 + z^2 = 1$, $z \geqslant 0$ beschriebene Oberfläche der Halbkugel ist eine *Niveaufläche* des skalaren Feldes $\phi(x; y; z) = x^2 + y^2 + z^2$. Daher steht der *Gradient* von ϕ, also der Vektor

$$\operatorname{grad} \phi = \begin{pmatrix} 2x \\ 2y \\ 2z \end{pmatrix} = 2 \begin{pmatrix} x \\ y \\ z \end{pmatrix}$$

auf dieser Fläche *senkrecht*. Durch *Normierung* gewinnen wir daraus die gesuchte *Flächennormale* $\vec{N}$:

$$\vec{N} = \frac{1}{|\operatorname{grad} \phi|} \operatorname{grad} \phi = \frac{1}{2\sqrt{x^2 + y^2 + z^2}}\, 2 \begin{pmatrix} x \\ y \\ z \end{pmatrix} = \begin{pmatrix} x \\ y \\ z \end{pmatrix}$$

Dabei haben wir bereits berücksichtigt, daß für die Punkte auf der Oberfläche der Halbkugel stets $x^2 + y^2 + z^2 = 1$ gilt.

Berechnung des Skalarproduktes $\vec{F} \cdot \vec{N}$

$$\vec{F} \cdot \vec{N} = \begin{pmatrix} -y \\ x \\ x^2 \end{pmatrix} \cdot \begin{pmatrix} x \\ y \\ z \end{pmatrix} = -xy + xy + x^2 z = x^2 z$$

In *Kugelkoordinaten* lautet dieses Skalarprodukt:

$$\vec{F} \cdot \vec{N} = (\sin \vartheta \cdot \cos \varphi)^2 \cdot \cos \vartheta = \sin^2 \vartheta \cdot \cos \vartheta \cdot \cos^2 \varphi$$

Flächenelement dA auf der Oberfläche der Halbkugel

$$dA = \sin \vartheta \, d\vartheta \, d\varphi$$

(nach Gleichung (I-307) mit $r = 1$).

Festlegung der Integrationsgrenzen

Das Flußintegral (Oberflächenintegral) läßt sich somit durch das folgende *Doppelintegral* darstellen:

$$\iint_{(A_1)} (\vec{F} \cdot \vec{N})\, dA = \iint_{(A_1)} \sin^2 \vartheta \cdot \cos \vartheta \cdot \cos^2 \varphi \cdot \sin \vartheta \, d\vartheta \, d\varphi =$$

$$= \iint_{(A_1)} \sin^3 \vartheta \cdot \cos \vartheta \cdot \cos^2 \varphi \, d\vartheta \, d\varphi$$

Die *Integrationsgrenzen* lauten dabei wie folgt:

ϑ-Integration: Von $\vartheta = 0$ bis $\vartheta = \pi/2$

φ-Integration: Von $\varphi = 0$ bis $\varphi = 2\pi$

Berechnung des Flußintegrals

$$\iint_{(A_1)} (\vec{F} \cdot \vec{N})\, dA = \int_{\varphi = 0}^{2\pi} \int_{\vartheta = 0}^{\pi/2} \sin^3 \vartheta \cdot \cos \vartheta \cdot \cos^2 \varphi \, d\vartheta \, d\varphi =$$

$$= \underbrace{\int_{\varphi = 0}^{2\pi} \cos^2 \varphi \, d\varphi}_{I_1} \cdot \underbrace{\int_{\vartheta = 0}^{\pi/2} \sin^3 \vartheta \cdot \cos \vartheta \, d\vartheta}_{I_2} = I_1 \cdot I_2$$

Für die beiden Teilintegrale entnehmen wir aus der *Integraltafel der Formelsammlung* die folgenden Lösungen:

$$I_1 = \int_{\varphi = 0}^{2\pi} \cos^2 \varphi \, d\varphi = \left[\frac{\varphi}{2} + \frac{\sin(2\varphi)}{4} \right]_0^{2\pi} = \pi \qquad \text{(Integral Nr. 229)}$$

$$I_2 = \int_{\vartheta = 0}^{\pi/2} \sin^3 \vartheta \cdot \cos \vartheta \, d\vartheta = \left[\frac{\sin^4 \vartheta}{4} \right]_0^{\pi/2} = \frac{1}{4} \qquad \text{(Integral Nr. 255 für } n = 3\text{)}$$

Damit ist

$$\iint_{(A_1)} (\vec{F} \cdot \vec{N})\, dA = I_1 \cdot I_2 = \pi \cdot \frac{1}{4} = \frac{\pi}{4}$$

Fluß durch die Bodenfläche (Bild I-144)

Der „Boden" der Halbkugel wird durch den *Einheitskreis* der x, y-Ebene berandet (Bild I-144). Wir verwenden hier zweckmäßigerweise *Polarkoordinaten.* Sie stehen mit den kartesischen Koordinaten in dem folgenden Zusammenhang:

$$x = r \cdot \cos \varphi, \qquad y = r \cdot \sin \varphi \qquad (0 \leqslant r \leqslant 1;\ 0 \leqslant \varphi < 2\pi)$$

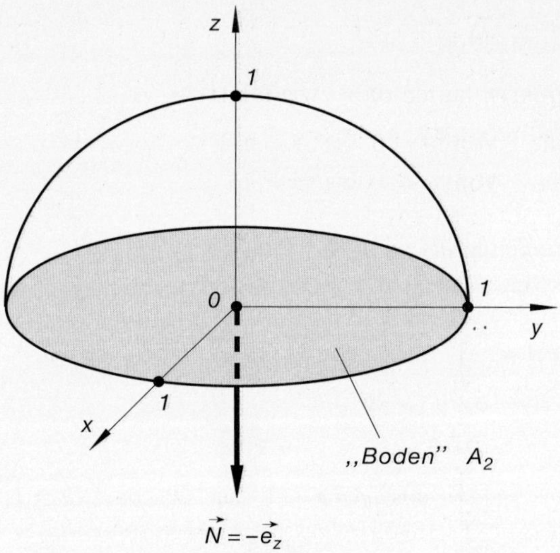

Bild I-144
Zum Vektorfluß durch den „Boden" A_2 der Halbkugel $x^2 + y^2 + z^2 = 1,\ z \geqslant 0$

Flächennormale $\vec{N}$

Die Flächennormale $\vec{N}$ zeigt bei einer *geschlossenen* Fläche stets nach *außen*, hier also in die *negative* z-Richtung. Daher ist

$$\vec{N} = -\vec{e}_z = -\begin{pmatrix} 0 \\ 0 \\ 1 \end{pmatrix} = \begin{pmatrix} 0 \\ 0 \\ -1 \end{pmatrix}$$

Berechnung des Skalarproduktes $\vec{F} \cdot \vec{N}$

$$\vec{F} \cdot \vec{N} = \begin{pmatrix} -y \\ x \\ x^2 \end{pmatrix} \cdot \begin{pmatrix} 0 \\ 0 \\ -1 \end{pmatrix} = -x^2$$

In *Polarkoordinaten* ausgedrückt:

$$\vec{F} \cdot \vec{N} = -r^2 \cdot \cos^2 \varphi$$

Flächenelement dA in Polarkoordinaten

$$dA = r \, dr \, d\varphi$$

(nach Gleichung (IV-134) aus Band 2)

Festlegung der Integrationsgrenzen

Der Vektorfluß durch den kreisförmigen Boden A_2 läßt sich somit durch das folgende *Doppelintegral in Polarkoordinaten* darstellen:

$$\iint_{(A_2)} (\vec{F} \cdot \vec{N}) \, dA = \iint_{(A_2)} (-r^2 \cdot \cos^2 \varphi) \cdot r \, dr \, d\varphi = -\iint_{(A_2)} r^3 \cdot \cos^2 \varphi \, dr \, d\varphi$$

Die *Integrationsgrenzen* lauten dabei wie folgt:

r-Integration: Von $r = 0$ bis $r = 1$
φ-Integration: Von $\varphi = 0$ bis $\varphi = 2\pi$

Berechnung des Flußintegrals

$$\iint_{(A_2)} (\vec{F} \cdot \vec{N}) \, dA = -\int_{\varphi=0}^{2\pi} \int_{r=0}^{1} r^3 \cdot \cos^2 \varphi \, dr \, d\varphi =$$

$$= -\underbrace{\int_{\varphi=0}^{2\pi} \cos^2 \varphi \, d\varphi}_{I_1} \cdot \underbrace{\int_{r=0}^{1} r^3 \, dr}_{I_2} = -I_1 \cdot I_2$$

Die Teilintegrale liefern die folgenden Werte:

$$I_1 = \int_{\varphi=0}^{2\pi} \cos^2 \varphi \, d\varphi = \left[\frac{\varphi}{2} + \frac{\sin(2\varphi)}{4} \right]_0^{2\pi} = \pi \qquad \text{(Integral Nr. 229)}$$

$$I_2 = \int_{r=0}^{1} r^3 \, dr = \left[\frac{1}{4} r^4 \right]_0^1 = \frac{1}{4}$$

Damit beträgt der Vektorfluß durch die Bodenfläche A_2:

$$\iint_{(A_2)} (\vec{F} \cdot \vec{N}) \, dA = -I_1 \cdot I_2 = -(\pi) \cdot \left(\frac{1}{4} \right) = -\frac{\pi}{4}$$

Gesamtfluß durch die geschlossene Oberfläche der Halbkugel

Der *Gesamtfluß* des Vektorfeldes $\vec{F}$ durch die *geschlossene* Oberfläche der Halbkugel *verschwindet*:

$$\oiint_{(A)} (\vec{F} \cdot \vec{N}) \; dA = \iint_{(A_1)} (\vec{F} \cdot \vec{N}) \; dA + \iint_{(A_2)} (\vec{F} \cdot \vec{N}) \; dA = \frac{\pi}{4} - \frac{\pi}{4} = 0$$

■

8.3.2 Oberflächenintegral in Flächenparametern

Ist die vom Vektorfeld $\vec{F} = \vec{F}(x; y; z)$ „durchflutete" Fläche A in der *vektoriellen* Form (*Parameterform*)

$$\vec{r} = \vec{r}(u; v) = \begin{pmatrix} x(u; v) \\ y(u; v) \\ z(u; v) \end{pmatrix} \tag{I-417}$$

gegeben, so geht man bei der Berechnung des Oberflächenintegrals $\iint_{(A)} (\vec{F} \cdot \vec{N}) \; dA$ wie folgt vor:

Das Vektorfeld $\vec{F}$ wird zunächst in den *Flächenparametern* u und v ausgedrückt:

$$\vec{F}(x; y; z) \rightarrow \vec{F}(u; v) \tag{I-418}$$

Für die *Flächennormale* $\vec{N}$ und das *Flächenelement* dA verwenden wir die folgenden bereits in Abschnitt 2.3 hergeleiteten Ausdrücke:

$$\vec{N} = \frac{\vec{t}_u \times \vec{t}_v}{|\vec{t}_u \times \vec{t}_v|}, \qquad dA = |\vec{t}_u \times \vec{t}_v| \; du \, dv \tag{I-419}$$

Dabei sind $\vec{t}_u$ und $\vec{t}_v$ die *Tangentenvektoren* an die Parameterlinien der Fläche (u-Linien und v-Linien). Mit diesen Formeln erhalten wir dann:

$$(\vec{F} \cdot \vec{N}) \; dA = \vec{F} \cdot \left(\frac{\vec{t}_u \times \vec{t}_v}{|\vec{t}_u \times \vec{t}_v|} \right) |\vec{t}_u \times \vec{t}_v| \; du \, dv = \vec{F} \cdot (\vec{t}_u \times \vec{t}_v) \; du \, dv \tag{I-420}$$

Das Oberflächenintegral geht damit in das folgende *Doppelintegral* über:

$$\iint_{(A)} (\vec{F} \cdot \vec{N}) \; dA = \iint_{(A)} \vec{F} \cdot (\vec{t}_u \times \vec{t}_v) \; du \, dv \tag{I-421}$$

Die Berechnung wird dabei *schrittweise* nach dem folgenden Schema vorgenommen:

Berechnung eines Oberflächenintegrals unter Verwendung von Flächenparametern

Die von einem Vektorfeld $\vec{F} = \vec{F}(x; y; z)$ „durchflutete" Fläche A sei durch einen von den beiden *Parametern* u und v abhängigen Ortsvektor $\vec{r} = \vec{r}(u; v)$ gegeben. Dann besitzt das *Oberflächenintegral* $\iint_{(A)} (\vec{F} \cdot \vec{N})\, dA$ die folgende Gestalt:

$$\iint_{(A)} (\vec{F} \cdot \vec{N})\, dA = \iint_{(A)} \vec{F} \cdot (\vec{t}_u \times \vec{t}_v)\, du\, dv \qquad \text{(I-422)}$$

Die Integralberechnung erfolgt dabei in *vier* Schritten:

1. Das Vektorfeld $\vec{F}$ wird zunächst durch die *Flächenparameter* u und v ausgedrückt:

$$\vec{F}(x; y; z) \rightarrow \vec{F} = \vec{F}(u; v) \qquad \text{(I-423)}$$

2. Man bilde dann die *Tangentenvektoren* an die Parameterlinien der Fläche, also die Vektoren

$$\vec{t}_u = \frac{\partial \vec{r}}{\partial u} \quad \text{und} \quad \vec{t}_v = \frac{\partial \vec{r}}{\partial v} \qquad \text{(I-424)}$$

und bestimme anschließend mit ihnen das *gemischte* Produkt (*Spatprodukt*)

$$\vec{F} \cdot (\vec{t}_u \times \vec{t}_v) \qquad \text{(I-425)}$$

3. Festlegung der *Integrationsgrenzen* im erhaltenen Doppelintegral.
4. *Berechnung* des Doppelintegrals in der bekannten Weise (s. hierzu Band 2, Abschnitt IV.3.1.2).

Anmerkung

Setzt man $\vec{F} = \vec{N}$, so erhält man das folgende Doppelintegral zur Berechnung des *Flächeninhalts* der räumlichen Fläche:

$$A = \iint_{(A)} |\vec{t}_u \times \vec{t}_v|\, du\, dv \qquad \text{(I-426)}$$

Das Flächenelement $dA = |\vec{t}_u \times \vec{t}_v|\, du\, dv$ ist uns bereits aus Abschnitt 2 bekannt (Gleichung (I-78)).

■ **Beispiele**

(1) Wir kehren zum Beispiel (2) des vorherigen Abschnitts zurück und berechnen nochmals den *Fluß* des Vektorfeldes $\vec{F} = \begin{pmatrix} y \\ x \\ z^2 \end{pmatrix}$ durch die Mantelfläche A des in Bild I-145 dargestellten Zylinders. Diesmal jedoch gehen wir von dem *parameterabhängigen* Ortsvektor

$$\vec{r} = \vec{r}(\varphi; z) = \begin{pmatrix} 5 \cdot \cos\varphi \\ 5 \cdot \sin\varphi \\ z \end{pmatrix} \qquad (0 \leqslant \varphi < 2\pi;\ 0 \leqslant z \leqslant 10)$$

der Mantelfläche aus. Als *Flächenparameter* dienen dabei die beiden *Zylinderkoordinaten* φ und z.

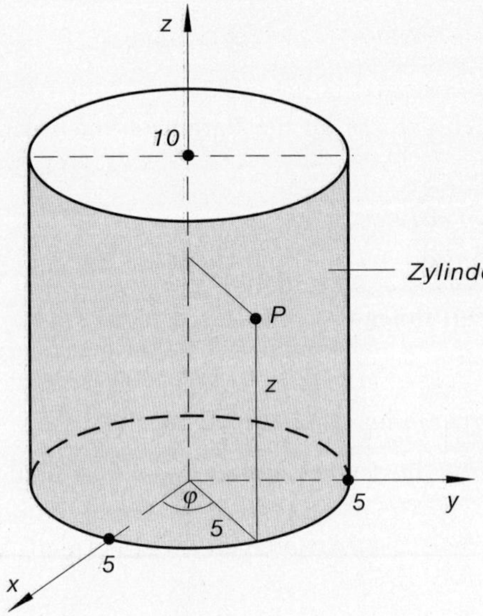

Bild I-145
Zum Vektorfluß durch den Zylindermantel A

Zunächst drücken wir das gegebene Vektorfeld mit Hilfe der Transformationsgleichungen

$$x = 5 \cdot \cos\varphi, \qquad y = 5 \cdot \sin\varphi, \qquad z = z$$

wie folgt durch die *Flächenparameter* φ und z aus:

$$\vec{F} = \vec{F}(\varphi; z) = \begin{pmatrix} 5 \cdot \sin\varphi \\ 5 \cdot \cos\varphi \\ z^2 \end{pmatrix}$$

Als nächstes bestimmen wir die *Tangentenvektoren* an die Parameterlinien der Zylinderfläche (φ- und z-Linien) und deren *Vektorprodukt*:

$$\vec{t}_\varphi = \frac{\partial \vec{r}}{\partial \varphi} = \begin{pmatrix} -5 \cdot \sin \varphi \\ 5 \cdot \cos \varphi \\ 0 \end{pmatrix}, \qquad \vec{t}_z = \frac{\partial \vec{r}}{\partial z} = \begin{pmatrix} 0 \\ 0 \\ 1 \end{pmatrix}$$

$$\vec{t}_\varphi \times \vec{t}_z = \begin{pmatrix} -5 \cdot \sin \varphi \\ 5 \cdot \cos \varphi \\ 0 \end{pmatrix} \times \begin{pmatrix} 0 \\ 0 \\ 1 \end{pmatrix} = \begin{pmatrix} 5 \cdot \cos \varphi \\ 5 \cdot \sin \varphi \\ 0 \end{pmatrix}$$

Damit erhalten wir für das benötigte *Spatprodukt* $\vec{F} \cdot (\vec{t}_\varphi \times \vec{t}_z)$ den folgenden Ausdruck:

$$\vec{F} \cdot (\vec{t}_\varphi \times \vec{t}_z) = \begin{pmatrix} 5 \cdot \sin \varphi \\ 5 \cdot \cos \varphi \\ z^2 \end{pmatrix} \cdot \begin{pmatrix} 5 \cdot \cos \varphi \\ 5 \cdot \sin \varphi \\ 0 \end{pmatrix} =$$

$$= 25 \cdot \sin \varphi \cdot \cos \varphi + 25 \cdot \cos \varphi \cdot \sin \varphi =$$

$$= 50 \cdot \sin \varphi \cdot \cos \varphi = 25 \cdot \sin(2\varphi)$$

(unter Verwendung von $\sin(2\varphi) = 2 \cdot \sin \varphi \cdot \cos \varphi$). Unser Flußintegral lautet damit:

$$\iint_{(A)} (\vec{F} \cdot \vec{N}) \, dA = \iint_{(A)} \vec{F} \cdot (\vec{t}_\varphi \times \vec{t}_z) \, d\varphi \, dz = \iint_{(A)} 25 \cdot \sin(2\varphi) \, d\varphi \, dz =$$

$$= 25 \cdot \int_{\varphi=0}^{2\pi} \int_{z=0}^{10} \sin(2\varphi) \, dz \, d\varphi$$

Dieses Integral haben wir bereits im vorherigen Abschnitt berechnet. Es besitzt den Wert *Null*.

(2) Durch die Gleichung $z^2 = x^2 + y^2$, $0 \leqslant z \leqslant 4$ wird der in Bild I-146 dargestellte *Kegelmantel* beschrieben. Wir wollen die *Mantelfläche M* dieses Kegels nach Gleichung (I-426) berechnen.

Dazu wählen wir die *kartesischen* Koordinaten x und y als *Flächenparameter*. Der Kegelmantel läßt sich dann durch den folgenden *Ortsvektor* darstellen:

$$\vec{r} = \vec{r}(x; y) = \begin{pmatrix} x \\ y \\ \sqrt{x^2 + y^2} \end{pmatrix}$$

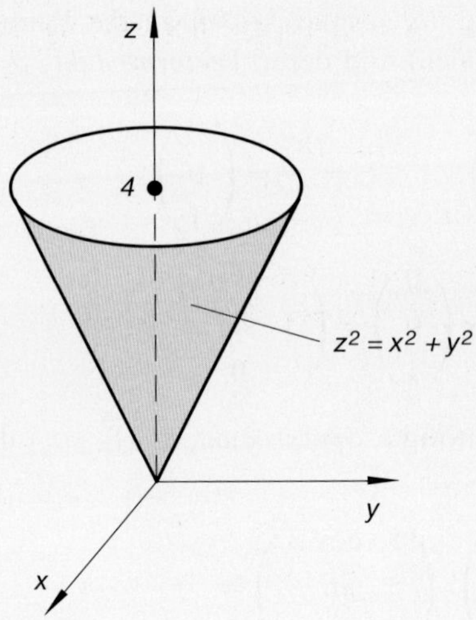

Bild I-146
Zur Berechnung
der Mantelfläche M
des Kegels $z^2 = x^2 + y^2$

Die *Tangentenvektoren* an die Parameterlinien (x- und y-Linien) lauten dann:

$$\vec{t}_x = \frac{\partial \vec{r}}{\partial x} = \begin{pmatrix} 1 \\ 0 \\ x/\sqrt{x^2 + y^2} \end{pmatrix} = \begin{pmatrix} 1 \\ 0 \\ x/\varrho \end{pmatrix}$$

$$\vec{t}_y = \frac{\partial \vec{r}}{\partial y} = \begin{pmatrix} 0 \\ 1 \\ y/\sqrt{x^2 + y^2} \end{pmatrix} = \begin{pmatrix} 0 \\ 1 \\ y/\varrho \end{pmatrix}$$

Dabei haben wir die Abkürzung $\varrho = \sqrt{x^2 + y^2}$ eingeführt. Wir bestimmen jetzt das benötigte *Vektorprodukt* dieser Vektoren sowie den *Betrag* dieses Produktes:

$$\vec{t}_x \times \vec{t}_y = \begin{pmatrix} 1 \\ 0 \\ x/\varrho \end{pmatrix} \times \begin{pmatrix} 0 \\ 1 \\ y/\varrho \end{pmatrix} = \begin{pmatrix} -x/\varrho \\ -y/\varrho \\ 1 \end{pmatrix}$$

$$|\vec{t}_x \times \vec{t}_y| = \sqrt{\left(-\frac{x}{\varrho}\right)^2 + \left(-\frac{y}{\varrho}\right)^2 + 1^2} = \sqrt{\frac{x^2}{\varrho^2} + \frac{y^2}{\varrho^2} + 1} =$$

$$= \sqrt{\frac{x^2 + y^2 + \varrho^2}{\varrho^2}} = \sqrt{\frac{\varrho^2 + \varrho^2}{\varrho^2}} = \sqrt{2}$$

Die Berechnung der *Mantelfläche M* führt somit auf das folgende Doppelintegral:

$$M = \iint\limits_{(A)} \sqrt{2}\, dx\, dy = \sqrt{2} \cdot \iint\limits_{(A)} dx\, dy$$

Der *Integrationsbereich* entspricht dabei der *Projektion* des Kegelmantels in die x, y-Ebene. Wir erhalten als Projektionsfläche einen *Kreis* mit dem Radius $R = 4$ (Bild I-147).

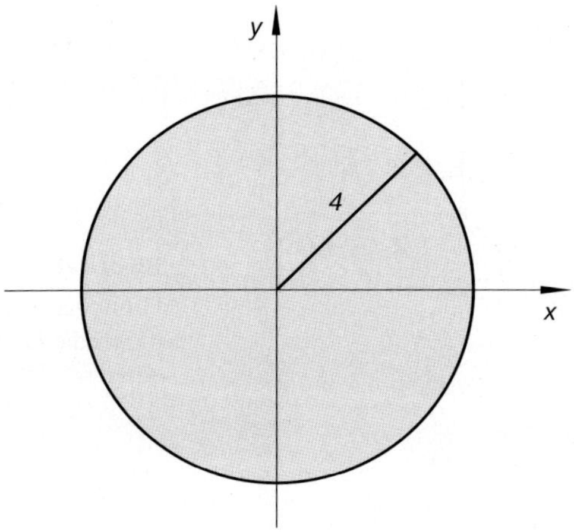

Bild I-147
Kreisförmiger Integrationsbereich

Das Doppelintegral $\iint\limits_{(A)} dx\, dy$ bedeutet dann den Flächeninhalt dieses Kreises und besitzt somit den Wert $A = 16\pi$. Die *Mantelfläche* unseres Kegels beträgt damit

$$M = \sqrt{2} \cdot \iint\limits_{(A)} dx\, dy = \sqrt{2} \cdot 16\pi = 16\sqrt{2}\,\pi \approx 71{,}09 \qquad \blacksquare$$

8.4 Anwendungsbeispiele aus Physik und Technik

8.4.1 Fluß eines homogenen Vektorfeldes durch die Oberfläche eines Würfels

Wir wollen uns nun mit dem Fluß eines *homogenen*, d. h. *konstanten* Vektorfeldes $\vec{F} = \begin{pmatrix} C_1 \\ C_2 \\ C_3 \end{pmatrix}$ durch die Oberfläche eines achsenparallelen *Würfels* mit der Kantenlänge a beschäftigen (Bild I-148).

Dabei dürfen wir uns unter dem homogenen Vektorfeld $\vec{F}$ z. B. das konstante *Geschwindigkeitsfeld* $\vec{v}$ einer strömenden Flüssigkeit vorstellen. Zunächst untersuchen wir den Fluß in der *z-Richtung*.

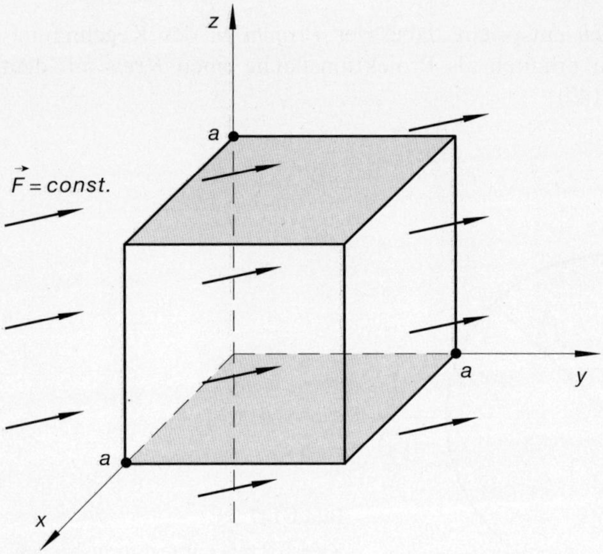

Bild I-148
Homogener Vektorfluß durch die Oberfläche eines Würfels

Vektorfluß in der *z*-Richtung (Bild I-149)

Für den Fluß in der *z-Richtung* durch die beiden in Bild I-149 *grau* unterlegten Würfelflächen A_u und A_o ist ausschließlich die *z-Komponente* C_3 des Vektorfeldes $\vec{F}$ verantwortlich:

Fluß durch die untere Würfelfläche A_u

Die Flächennormale $\vec{N}$ der *unteren* Würfelfläche $A_u = a^2$ zeigt in die *negative* z-Richtung. Somit ist $\vec{N} = -\vec{e}_z$ und

$$\vec{F} \cdot \vec{N} = \vec{F} \cdot (-\vec{e}_z) = -(\vec{F} \cdot \vec{e}_z) = -\begin{pmatrix} C_1 \\ C_2 \\ C_3 \end{pmatrix} \cdot \begin{pmatrix} 0 \\ 0 \\ 1 \end{pmatrix} = -C_3 \qquad \text{(I-427)}$$

Der Fluß des Vektorfeldes $\vec{F}$ durch die Würfelfläche A_u beträgt damit:

$$\iint_{(A_u)} (\vec{F} \cdot \vec{N})\, dA = \iint_{(A_u)} (-C_3)\, dA = -C_3 \cdot \underbrace{\iint_{(A_u)} dA}_{A_u = a^2} = -C_3 \cdot a^2 \qquad \text{(I-428)}$$

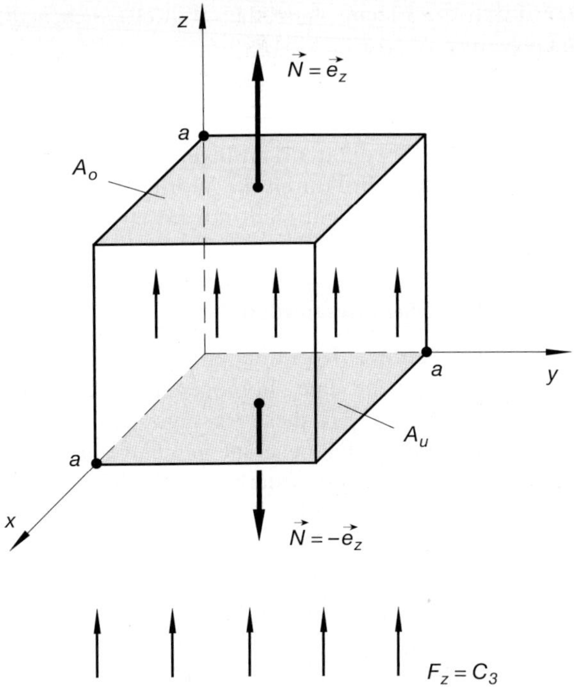

Bild I-149
Zur Berechnung des Vektorflusses in der z-Richtung

Fluß durch die obere Würfelfläche A_o

Analog erhalten wir für den Fluß durch die *obere* Würfelfläche $A_o = a^2$:

$$\iint_{(A_o)} (\vec{F} \cdot \vec{N}) \, dA = \iint_{(A_o)} C_3 \, dA = C_3 \cdot \underbrace{\iint_{(A_o)} dA}_{A_o = a^2} = C_3 \cdot a^2 \tag{I-429}$$

Denn diesmal zeigt die Flächennormale $\vec{N}$ in die *positive* z-Richtung, d.h. es ist $\vec{N} = \vec{e}_z$ und somit

$$\vec{F} \cdot \vec{N} = \vec{F} \cdot \vec{e}_z = \begin{pmatrix} C_1 \\ C_2 \\ C_3 \end{pmatrix} \cdot \begin{pmatrix} 0 \\ 0 \\ 1 \end{pmatrix} = C_3 \tag{I-430}$$

Fluß durch A_u und A_o

Der *Gesamtfluß* durch die beiden Würfelflächen in z-Richtung ist somit gleich *Null*:

$$\iint_{(A_u)} (\vec{F} \cdot \vec{N}) \, dA + \iint_{(A_o)} (\vec{F} \cdot \vec{N}) \, dA = -C_3 \cdot a^2 + C_3 \cdot a^2 = 0 \tag{I-431}$$

Mit anderen Worten: Das, was *unten* durch die Fläche A_u in den Würfel *hineinfließt*, fließt durch die *obere* Fläche A_o wieder *heraus.*

Vektorfluß in der x- bzw. y-Richtung

Analoge Überlegungen führen bei den übrigen Koordinatenrichtungen jeweils zu dem *gleichen* Ergebnis wie in der z-Richtung: Der Vektorfluß durch die Würfelflächen ist in allen drei Richtungen jeweils gleich *Null.* Diese Aussage gilt nicht nur für einen Würfel, sondern für beliebige *geschlossene* Oberflächen.

Vektorfluß durch die (geschlossene) Würfeloberfläche (Gesamtfluß)

Bei einem *Würfel* ist somit der Vektorfluß in allen drei Koordinatenrichtungen jeweils gleich *Null.* Daher verschwindet auch der *Gesamtfluß* eines homogenen Vektorfeldes durch eine Würfeloberfläche. Es läßt sich nun zeigen, daß diese Aussage nicht nur für die Oberfläche eines (beliebigen) Würfels gilt, sondern für beliebige *geschlossene* Oberflächen. So verschwindet beispielsweise auch der Vektorfluß durch die Oberfläche einer *Kugel* oder eines *Zylinders,* sofern das Vektorfeld *homogen* ist.

Fluß eines homogenen Vektorfeldes durch eine geschlossene Oberfläche

Der Fluß eines *homogenen* Vektorfeldes $\vec{F} = \begin{pmatrix} C_1 \\ C_2 \\ C_3 \end{pmatrix} = \overrightarrow{\text{const.}}$ durch die Oberfläche eines *Würfels* ist gleich *Null.* Diese Aussage gilt auch für eine beliebige *geschlossene* Oberfläche A:

$$\oiint_{(A)} (\vec{F} \cdot \vec{N})\, dA = 0 \qquad \text{(I-432)}$$

■ **Beispiel**

Wir betrachten eine Flüssigkeitsströmung mit dem *homogenen* (konstanten) Geschwindigkeitsfeld $\vec{v} = \overrightarrow{\text{const.}}$, d.h. an jeder Stelle der Strömung besitzt die Geschwindigkeit $\vec{v}$ die *gleiche* Richtung und den *gleichen* Betrag (Bild I-150). Die Durchflutung eines Würfels erfolgt dann so, daß in den Würfel pro Sekunde genau so viel Flüssigkeit *eintritt* wie *austritt.*

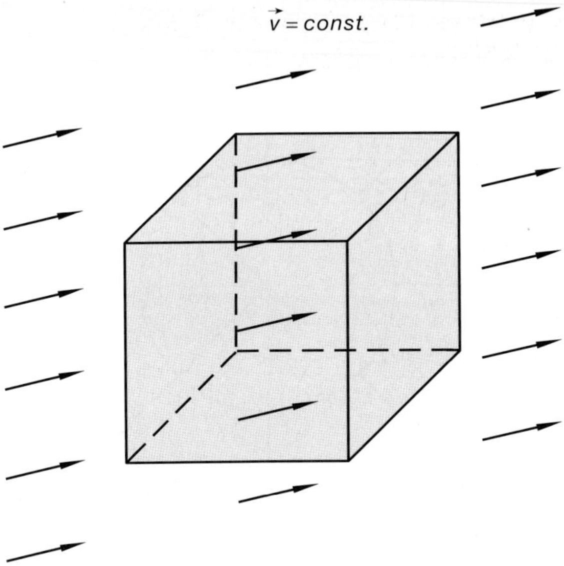

Bild I-150
Der eingezeichnete Würfel wird von einer Flüssigkeit mit einem *konstanten* Geschwindigkeitsfeld durchströmt

■

8.4.2 Fluß eines zylindersymmetrischen Vektorfeldes durch die Oberfläche eines Zylinders

Wir betrachten den Fluß eines *zylindersymmetrischen* Vektorfeldes $\vec{F} = f(\varrho)\,\vec{e}_{\varrho}$ durch die Oberfläche eines *koaxialen* Zylinders mit dem Radius R und der Höhe H (Bild I-151). ϱ ist dabei der *senkrechte* Abstand von der Symmetrieachse des Feldes (identisch mit der Zylinderachse und z-Achse). Die Zylinderoberfläche besteht aus dem *Zylindermantel M* und einem jeweils kreisförmigen *„Boden"* A_u und *„Deckel"* A_o (beide Flächen sind in Bild I-151 a) *grau* unterlegt).

Wir beschäftigen uns nun mit dem *Vektorfluß* durch diese Teilflächen.

Vektorfluß durch den Zylindermantel M (Bild I-151)

Die nach *außen* weisende Flächennormale $\vec{N}$ ist mit dem Einheitsvektor $\vec{e}_{\varrho}$ identisch: $\vec{N} = \vec{e}_{\varrho}$. Der Fluß durch den *Zylindermantel* ist dann durch das Oberflächenintegral

$$\iint_{(M)} (\vec{F} \cdot \vec{N})\, dA = \iint_{(M)} (\vec{F} \cdot \vec{e}_{\varrho})\, dA \qquad \text{(I-433)}$$

gegeben. Dabei gilt:

$$\vec{F} \cdot \vec{e}_{\varrho} = f(\varrho)\,\underbrace{(\vec{e}_{\varrho} \cdot \vec{e}_{\varrho})}_{1} = f(\varrho) \qquad \text{(I-434)}$$

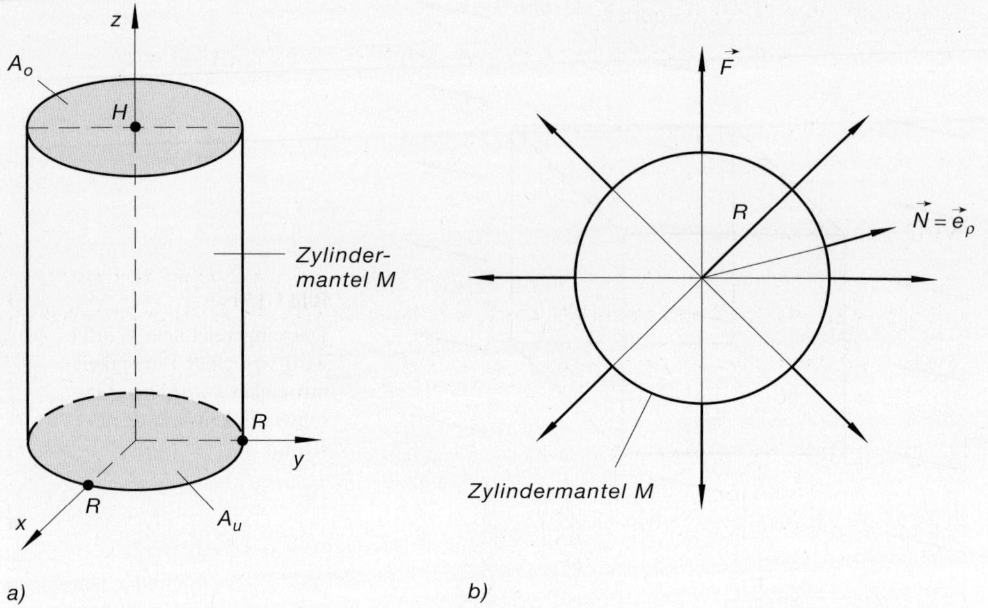

Bild I-151 Zum Fluß eines zylindersymmetrischen Vektorfeldes durch eine Zylinderoberfläche
a) Zylinderoberfläche
b) Ebener Schnitt durch den Zylinder senkrecht zur Zylinderachse

Auf dem Zylindermantel ist überall $\varrho = R$ und somit $\vec{F} \cdot \vec{e}_\varrho = f(R)$. Damit erhalten wir für den Vektorfluß durch den *Zylindermantel*

$$\iint_{(M)} (\vec{F} \cdot \vec{N})\, dA = \iint_{(M)} f(R)\, dA = f(R) \cdot \underbrace{\iint_{(M)} dA}_{M = 2\pi R H} = f(R) \cdot 2\pi R H \qquad \text{(I-435)}$$

Denn das Doppelintegral $\iint_{(M)} dA$ repräsentiert die *Mantelfläche* $M = 2\pi R H$ des Zylinders.

Vektorfluß durch den „Boden" A_u und den „Deckel" A_o des Zylinders (Bild I-151)

Da das Vektorfeld wegen der Zylindersymmetrie *keine* Komponente in der *z-Richtung* besitzt, ist der Vektorfluß durch *„Boden"* und *„Deckel"* des Zylinders jeweils gleich *Null* (*grau* unterlegte Flächen in Bild I-151a)):

$$\iint_{(A_u + A_o)} (\vec{F} \cdot \vec{N})\, dA = \iint_{(A_u)} (\vec{F} \cdot \vec{N})\, dA + \iint_{(A_o)} (\vec{F} \cdot \vec{N})\, dA = 0 + 0 = 0 \qquad \text{(I-436)}$$

Gesamtfluß durch die Zylinderoberfläche A

Der Vektorfluß durch die *geschlossene* Zylinderoberfläche A beträgt damit:

$$\oiint_{(A)} (\vec{F} \cdot \vec{N})\, dA = \iint_{(M)} (\vec{F} \cdot \vec{N})\, dA + \iint_{(A_u + A_o)} (\vec{F} \cdot \vec{N})\, dA = f(R) \cdot 2\pi\, R\, H \qquad \text{(I-437)}$$

Wir fassen zusammen:

Fluß eines zylindersymmetrischen Vektorfeldes durch die Oberfläche eines Zylinders

Der Fluß eines *zylindersymmetrischen* Vektorfeldes

$$\vec{F} = f(\varrho)\, \vec{e}_\varrho \qquad \text{(I-438)}$$

durch die *geschlossene* Oberfläche A eines (koaxialen) *Zylinders* beträgt

$$\oiint_{(A)} (\vec{F} \cdot \vec{N})\, dA = f(R) \cdot 2\pi\, R\, H \qquad \text{(I-439)}$$

(R: Zylinderradius; H: Zylinderhöhe; Symmetrieachse = z-Achse; vgl. Bild I-151).

Anmerkung

Der Vektorfluß durch die Zylinderoberfläche ist der Zylinderhöhe H *proportional.*

■ **Beispiel**

Das *elektrische Feld* in der Umgebung eines homogen geladenen linearen Leiters ist *zylinder*- oder *axialsymmetrisch* (Bild I-152):

$$\vec{E} = \vec{E}(\varrho) = \frac{\lambda}{2\pi\, \varepsilon_0\, \varrho}\, \vec{e}_\varrho \qquad (\varrho > 0)$$

(λ: Ladungsdichte, d. h. Ladung pro Längeneinheit; ε_0: elektrische Feldkonstante).

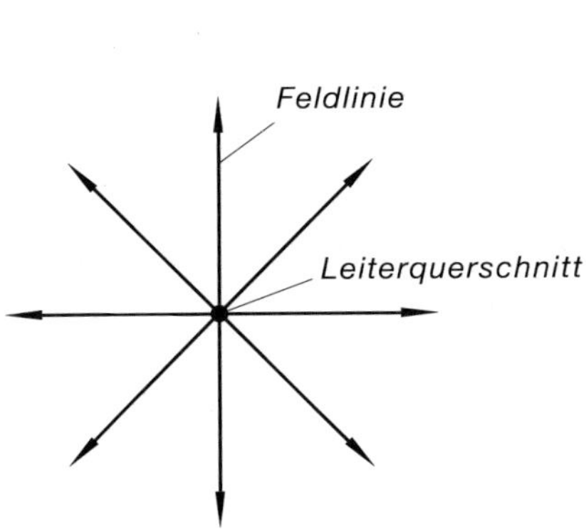

Bild I-152

Axialsymmetrisches elektrisches Feld in der Umgebung eines homogen geladenen linearen Leiters (*positive* Ladungsdichte; ebener Schnitt senkrecht zur Leiterachse)

Für den *Fluß* des Feldstärkevektors $\vec{E}$ durch die (geschlossene) Oberfläche A eines *koaxialen Zylinders* mit dem Radius R und der Höhe H gilt dann nach Gleichung (I-439) mit $f(R) = \dfrac{\lambda}{2\pi\,\varepsilon_0\,R}$:

$$\underset{(A)}{\oint\!\!\oint} (\vec{E} \cdot \vec{N})\; dA = f(R) \cdot 2\pi\, R\, H = \frac{\lambda}{2\pi\,\varepsilon_0\,R} \cdot 2\pi\, R\, H = \frac{\lambda H}{\varepsilon_0}$$

Der Fluß durch die Zylinderoberfläche ist *proportional* zur Zylinderhöhe H, aber *unabhängig* vom Radius R des Zylinders. Durch die Oberflächen *koaxialer* Zylinder *gleicher* Höhe erfolgt somit stets der *gleiche* Vektorfluß (Bild I-153).

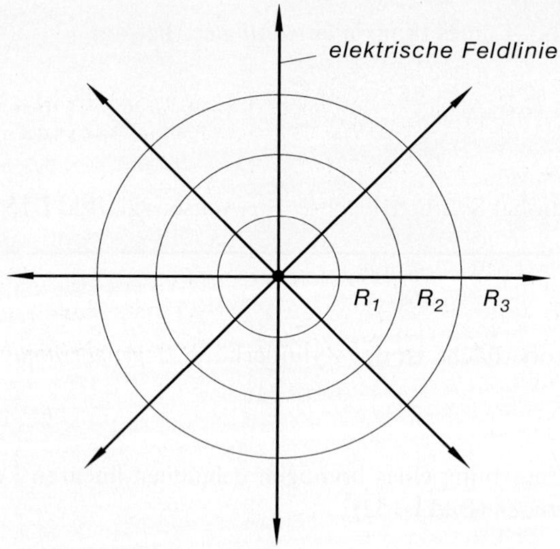

Bild I-153
Zum Vektorfluß durch die Oberfläche koaxialer Zylinder gleicher Höhe (ebener Schnitt senkrecht zur Zylinderachse)

■

8.4.3 Fluß eines kugelsymmetrischen Vektorfeldes durch die Oberfläche einer Kugel

Ein *kugel*- oder *radialsymmetrisches* Vektorfeld (*Zentralfeld*) besitzt in *Kugelkoordinaten* die Darstellung

$$\vec{F} = f(r)\; \vec{e}_r \tag{I-440}$$

wobei r der Abstand vom *Koordinatenursprung* ist. Bild I-154 zeigt einen *ebenen* Schnitt durch das Symmetriezentrum. Uns interessiert nun der *Fluß* dieses Feldes durch die Oberfläche A einer *Kugel* vom Radius R (der Kugelmittelpunkt liegt dabei im Koordinatenursprung, Bild I-155).

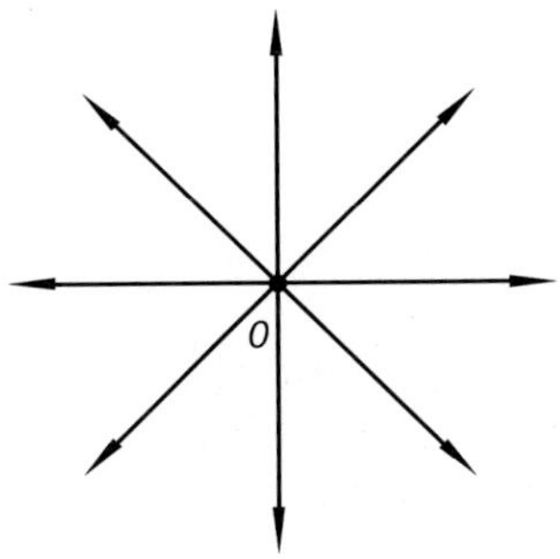

Bild I-154
Zentralfeld (kugel- oder radialsymmetrisches Vektorfeld; ebener Schnitt durch das Symmetriezentrum)

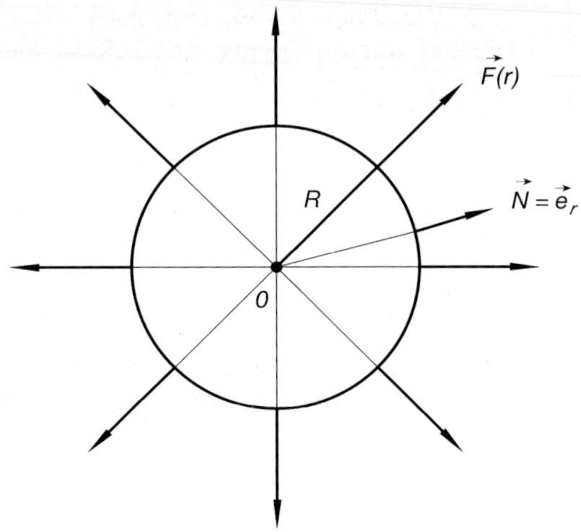

Bild I-155
Zum Vektorfluß eines Zentralfeldes durch eine Kugeloberfläche (ebener Schnitt durch den Kugelmittelpunkt)

Wegen der *Kugelsymmetrie* verwenden wir natürlich *Kugelkoordinaten.* Die Flächennormale $\vec{N}$ ist daher identisch mit dem *radial* nach *außen* weisenden Einheitsvektor $\vec{e}_r$: $\vec{N} = \vec{e}_r$ (Bild I-155). Der Vektorfluß durch die *Kugelschale* wird dann durch das folgende *Oberflächenintegral* beschrieben:

$$\oiint_{(A)} (\vec{F} \cdot \vec{N})\ dA = \oiint_{(A)} (\vec{F} \cdot \vec{e}_r)\ dA \tag{I-441}$$

Dabei gilt:

$$\vec{F} \cdot \vec{e}_r = f(r) \underbrace{(\vec{e}_r \cdot \vec{e}_r)}_{1} = f(r) \tag{I-442}$$

Auf der betrachteten *Kugeloberfläche* ist überall $r = R$ und somit $\vec{F} \cdot \vec{e}_r = f(R)$. Damit erhalten wir schließlich für den Vektorfluß durch die Kugeloberfläche:

$$\oiint_{(A)} (\vec{F} \cdot \vec{N})\ dA = \oiint_{(A)} f(R)\, dA = f(R) \cdot \underbrace{\oiint_{(A)} dA}_{A = 4\pi R^2} = f(R) \cdot 4\pi\, R^2 \tag{I-443}$$

Dabei haben wir berücksichtigt, daß das Integral $\oiint_{(A)} dA$ die *Oberfläche* unserer Kugel beschreibt und somit den Wert $4\pi\, R^2$ besitzt.

Fluß eines kugelsymmetrischen Vektorfeldes durch die Oberfläche einer Kugel

Der Fluß eines *kugel-* oder *radialsymmetrischen* Vektorfeldes (*Zentralfeldes*)

$$\vec{F} = f(r)\,\vec{e}_r \tag{I-444}$$

durch die *geschlossene* Oberfläche A einer (konzentrischen) *Kugel* beträgt

$$\oiint_{(A)} (\vec{F} \cdot \vec{N})\,dA = f(R) \cdot 4\pi R^2 \tag{I-445}$$

(R: Kugelradius; Kugelmittelpunkt = Koordinatenursprung; vgl. Bild I-155).

Anmerkung

Für ein Zentralfeld vom *speziellen* Typ

$$f(r) \sim \frac{1}{r^2} \qquad \text{oder} \qquad f(r) = \frac{\text{const.}}{r^2} = \frac{c}{r^2} \tag{I-446}$$

gilt *unabhängig* vom Kugelradius R:

$$\oiint_{(A)} (\vec{F} \cdot \vec{N})\,dA = f(R) \cdot 4\pi R^2 = \frac{c}{R^2} \cdot 4\pi R^2 = 4\pi c = \text{const.} \tag{I-447}$$

Der Vektorfluß durch *konzentrische* Kugelschalen bleibt also *gleich*! *Beispiele* hierfür liefern das *elektrische Feld* einer *Punktladung* (siehe nachfolgendes Beispiel) und das *Gravitationsfeld* in der Umgebung einer Masse.

■ **Beispiel**

Das elektrische Feld einer *Punktladung* Q ist *kugel-* oder *radialsymmetrisch* und wird durch den Feldstärkevektor

$$\vec{E} = \vec{E}(r) = \frac{Q}{4\pi\varepsilon_0 r^2}\,\vec{e}_r \qquad (r > 0)$$

beschrieben (ε_0: elektrische Feldkonstante; der Feldlinienverlauf ist in Bild I-156 dargestellt).

Der Fluß dieses Vektorfeldes durch die Oberfläche A einer *konzentrischen* Kugel mit dem Radius R beträgt dann nach Gleichung (I-445) wegen $f(R) = \dfrac{Q}{4\pi\varepsilon_0 R^2}$:

$$\oiint_{(A)} \vec{E} \cdot d\vec{A} = \oiint_{(A)} (\vec{E} \cdot \vec{N})\,dA = f(R) \cdot 4\pi R^2 = \frac{Q}{4\pi\varepsilon_0 R^2} \cdot 4\pi R^2 = \frac{Q}{\varepsilon_0}$$

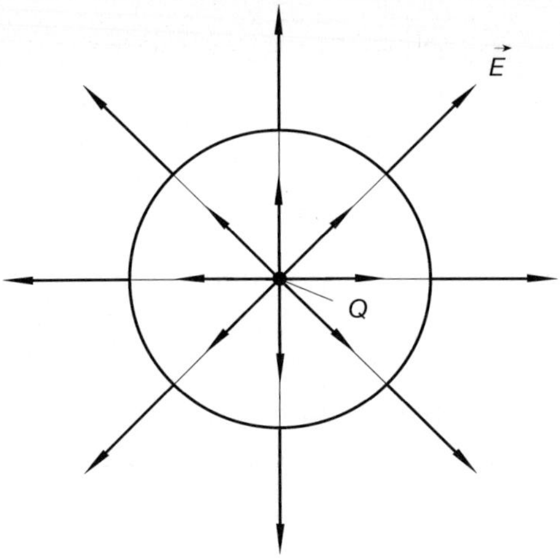

Bild I-156
Kugelsymmetrisches elektrisches Feld in der Umgebung einer *positiven* Punktladung Q (ebener Schnitt durch die Punktladung)

Der Vektorfluß ist somit *unabhängig* vom Kugelradius R, d. h. der Fluß des elektrischen Feldes durch die Oberflächen *konzentrischer* Kugeln ist immer der *gleiche*!

Es läßt sich sogar zeigen, daß der Fluß des $\vec{E}$-Feldes durch *jede* geschlossene Fläche (Oberfläche), die die Punktladung Q enthält, den *konstanten* Wert Q/ε_0 besitzt. Der Vektorfluß des elektrischen Feldes einer Punktladung hängt somit ausschließlich von der *Ladung* selbst ab und ist dieser direkt *proportional*. ■

9 Integralsätze von Gauß und Stokes

9.1 Gaußscher Integralsatz

9.1.1 Ein einführendes Beispiel

Wir gehen wieder von unserem anschaulichen *Modell* einer Flüssigkeitsströmung aus. Eine Flüssigkeit mit dem Geschwindigkeitsfeld $\vec{v} = \vec{v}(x; y; z)$ durchströme dabei den in Bild I-157 dargestellten *quaderförmigen* Bereich vom Volumen V.

Durch das *grau* unterlegte Flächenelement dA der Quaderoberfläche fließt dann nach den Ausführungen aus Abschnitt 8.1 in der Zeiteinheit die folgende Flüssigkeitsmenge (Flüssigkeitsvolumen):

$$(\vec{v} \cdot \vec{N})\; dA = \vec{v} \cdot d\vec{A} \qquad \text{(I-448)}$$

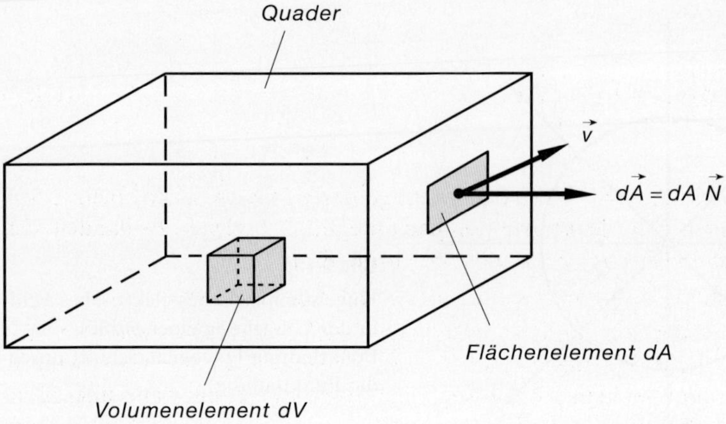

Bild I-157

Zur Flüssigkeitsströmung durch einen quaderförmigen Bereich

Dabei ist $\vec{N}$ die *Flächennormale* und $d\vec{A} = dA\ \vec{N}$ das *vektorielle* Flächenelement. Der Gesamtfluß durch die *geschlossene* Hülle A (Oberfläche des Quaders) pro Zeiteinheit ist somit durch das *Oberflächenintegral*

$$\oint\!\!\oint_{(A)} (\vec{v} \cdot \vec{N})\ dA = \oint\!\!\oint_{(A)} \vec{v} \cdot d\vec{A} \qquad \text{(I-449)}$$

gegeben.

Nun beschäftigen wir uns mit der Flüssigkeitsmenge, die in dem quaderförmigen Bereich durch die dortigen *Quellen* und *Senken* der Flüssigkeit in der Zeiteinheit „erzeugt" bzw. „vernichtet" wird. Dazu betrachten wir ein *Volumenelement dV* im Innern des Quaders (Bild I-157). In ihm wird – wie wir bereits im Zusammenhang mit dem Begriff der *Divergenz* eines Vektorfeldes erkannt haben – pro Zeiteinheit die Flüssigkeitsmenge

$$\operatorname{div} \vec{v}\ dV \qquad \text{(I-450)}$$

„erzeugt" oder „vernichtet", je nachdem, ob sich dort eine Quelle *oder* Senke befindet. Somit wird *insgesamt* im Quadervolumen V pro Zeiteinheit die Flüssigkeitsmenge

$$\iiint_{(V)} \operatorname{div} \vec{v}\ dV \qquad \text{(I-451)}$$

„erzeugt" oder „vernichtet". Diese Menge muß aber bei einer Flüssigkeit mit *konstanter* Dichte in der Zeiteinheit durch die Quaderoberfläche A hindurchfließen. Mit anderen Worten: Die in der Zeiteinheit im Quadervolumen V „erzeugte" bzw. „vernichtete" Flüssigkeitsmenge $\iiint_{(V)} \operatorname{div} \vec{v}\ dV$ muß dem Gesamtfluß $\oint\!\!\oint_{(A)} (\vec{v} \cdot \vec{N})\ dA$ durch die Quaderoberfläche entsprechen.

Somit gilt:

$$\oiint\limits_{(A)} (\vec{v} \cdot \vec{N}) \, dA = \oiint\limits_{(A)} \vec{v} \cdot d\vec{A} = \iiint\limits_{(V)} \operatorname{div} \vec{v} \, dV \tag{I-452}$$

Damit haben wir auf anschauliche Weise eine wichtige Beziehung zwischen einem *Oberflächenintegral* und einem *Volumenintegral* (Dreifachintegral) hergeleitet. Es handelt sich dabei um den sog. *Gaußschen Integralsatz* der Vektoranalysis.

Wir wollen dieses einführende Beispiel mit einer Bemerkung abschließen:

Die *skalare* Größe div $\vec{v}$ wird bekanntlich auch als „*Quelldichte*" des Geschwindigkeitsfeldes $\vec{v}$ bezeichnet. Sie ist im allgemeinen von Ort zu Ort *verschieden*. Für ein Geschwindigkeitsfeld *ohne* Quellen und Senken, d.h. ein sog. *quellenfreies* Feld, gilt dann überall im betrachteten Volumen $\operatorname{div} \vec{v} = 0$. Aus dem *Gaußschen Integralsatz* (I-452) folgt dann unmittelbar, daß der Gesamtfluß der Flüssigkeit durch die *geschlossene* äußere Hülle gleich *Null* ist. Mit anderen Worten: Es fließt in das Volumen V in der Zeiteinheit genau so viel Flüssigkeit *herein* wie *heraus*.

9.1.2 Gaußscher Integralsatz im Raum

Im einführenden Beispiel sind wir erstmals auf den in den Anwendungen so wichtigen *Integralsatz von Gauß* gestoßen. Er stellt eine *Verbindung* her zwischen einem *Oberflächenintegral* und einem *Volumenintegral*, d.h. zwischen einem *zwei-* und einem *dreidimensionalen* Integral.

Wir formulieren jetzt den *Gaußschen Integralsatz* in der allgemeingültigen Form (ohne Beweis):

Gaußscher Integralsatz im Raum

Das *Oberflächenintegral* eines Vektorfeldes $\vec{F}$ über eine *geschlossene* Fläche A ist gleich dem *Volumenintegral* der *Divergenz* von $\vec{F}$, erstreckt über das von der Fläche A eingeschlossene *Volumen* V:

$$\oiint\limits_{(A)} (\vec{F} \cdot \vec{N}) \, dA = \oiint\limits_{(A)} \vec{F} \cdot d\vec{A} = \iiint\limits_{(V)} \operatorname{div} \vec{F} \, dV \tag{I-453}$$

Dabei bedeuten:

$\vec{F} = \vec{F}(x; y; z)$: Stetig differenzierbares Vektorfeld

A: *Geschlossene* Fläche (Oberfläche), die das Volumen V einschließt

V: *Räumlicher* Bereich (Volumen) mit der geschlossenen Oberfläche A

$\vec{N}$: Nach außen gerichtete Flächennormale

Anmerkungen

(1) Mit Hilfe des *Gaußschen Integralsatzes* läßt sich ein *Volumenintegral* über die *Divergenz* eines Vektorfeldes in ein *Oberflächenintegral* des Vektorfeldes über die (geschlossene) Oberfläche dieses Volumens *umwandeln* und umgekehrt.

(2) Im „Strömungsmodell" hat das Vektorfeld $\vec{F}$ die Bedeutung des *Geschwindigkeitsfeldes* einer strömenden Flüssigkeit, und die durch den *Gaußschen Integralsatz* miteinander verknüpften Oberflächen- und Volumenintegrale haben dann die folgende anschauliche Bedeutung:

$\oiint\limits_{(A)} (\vec{F} \cdot \vec{N})\; dA$: Flüssigkeitsmenge, die in der Zeiteinheit durch die *geschlossene* Hülle A fließt

$\iiint\limits_{(V)} \operatorname{div} \vec{F}\; dV$: Im Gesamtvolumen V in der Zeiteinheit „erzeugte" bzw. „vernichtete" Flüssigkeitsmenge

(3) Bei einem *quellenfreien* Feld ($\operatorname{div} \vec{F} = 0$) ist der *Gesamtfluß* durch die geschlossene Oberfläche gleich *Null*.

■ **Beispiele**

(1) Mit Hilfe des *Gaußschen Integralsatzes* soll der *Fluß* des Vektorfeldes $\vec{F} = \begin{pmatrix} x^3 \\ -y \\ z \end{pmatrix}$ durch die Oberfläche eines *Zylinders* mit dem Radius $R = 2$ und der Höhe $H = 5$ berechnet werden (Bild I-158).

Es gilt:

$$\oiint\limits_{(A)} (\vec{F} \cdot \vec{N})\; dA = \iiint\limits_{(V)} \operatorname{div} \vec{F}\; dV$$

(A: Zylinderoberfläche; V: Zylindervolumen).

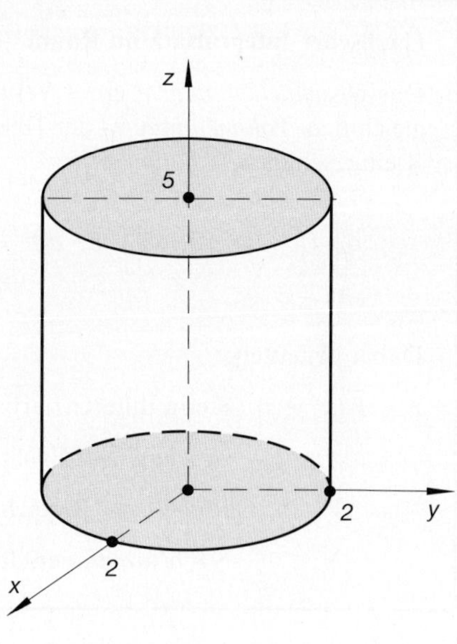

Bild I-158
Zur Berechnung des Vektorflusses durch die Zylinderoberfläche

Die Berechnung des Flußes erfolgt hier über das *Volumenintegral* der rechten Seite. Dazu benötigen wir zunächst die *Divergenz* des Vektorfeldes $\vec{F}$:

$$\operatorname{div} \vec{F} = \frac{\partial}{\partial x}(x^3) + \frac{\partial}{\partial y}(-y) + \frac{\partial}{\partial z}(z) = 3x^2 - 1 + 1 = 3x^2$$

Somit ist

$$\iiint\limits_{(V)} \operatorname{div} \vec{F}\, dV = 3 \cdot \iiint\limits_{(V)} x^2\, dV$$

Um dieses Volumenintegral zu berechnen, führen wir zweckmäßigerweise *Zylinderkoordinaten* ein:

$$x = \varrho \cdot \cos \varphi, \qquad y = \varrho \cdot \sin \varphi, \qquad z = z, \qquad dV = \varrho\, dz\, d\varrho\, d\varphi$$

Die *Integrationsgrenzen* des Volumenintegrals (Dreifachintegrals) lauten dann:

z-Integration: Von $z = 0$ bis $z = 5$

ϱ-Integration: Von $\varrho = 0$ bis $\varrho = 2$

φ-Integration: Von $\varphi = 0$ bis $\varphi = 2\pi$

Damit erhalten wir:

$$\iiint\limits_{(V)} \operatorname{div} \vec{F}\, dV = 3 \cdot \iiint\limits_{(V)} x^2\, dV =$$

$$= 3 \cdot \int\limits_{\varphi=0}^{2\pi} \int\limits_{\varrho=0}^{2} \int\limits_{z=0}^{5} (\varrho \cdot \cos \varphi)^2 \cdot \varrho\, dz\, d\varrho\, d\varphi =$$

$$= 3 \cdot \int\limits_{\varphi=0}^{2\pi} \int\limits_{\varrho=0}^{2} \int\limits_{z=0}^{5} \varrho^3 \cdot \cos^2 \varphi\, dz\, d\varrho\, d\varphi =$$

$$= 3 \cdot \underbrace{\int\limits_{\varphi=0}^{2\pi} \cos^2 \varphi\, d\varphi}_{\text{Integral Nr. 229}} \cdot \int\limits_{\varrho=0}^{2} \varrho^3\, d\varrho \cdot \int\limits_{z=0}^{5} dz =$$

$$= 3 \left[\frac{\varphi}{2} + \frac{\sin(2\varphi)}{4} \right]_{\varphi=0}^{2\pi} \cdot \left[\frac{1}{4}\varrho^4 \right]_{\varrho=0}^{2} \cdot \Big[z \Big]_{z=0}^{5} =$$

$$= 3 \cdot (\pi) \cdot (4) \cdot (5) = 60\pi$$

Der *Fluß* des Vektorfeldes $\vec{F}$ durch die (geschlossene) *Zylinderoberfläche A* beträgt demnach:

$$\oiint_{(A)} (\vec{F} \cdot \vec{N}) \, dA = \iiint_{(V)} \operatorname{div} \vec{F} \, dV = 60\pi$$

(2) Wie groß ist der *Fluß* des kugelsymmetrischen Vektorfeldes $\vec{F} = k\vec{r}$ durch die Oberfläche A einer *konzentrischen* Kugel vom Radius R (k: Konstante)?

Lösung:

Mit Hilfe des *Gaußschen Integralsatzes* läßt sich das gesuchte *Flußintegral* über ein *Volumenintegral* bestimmen:

$$\oiint_{(A)} (\vec{F} \cdot \vec{N}) \, dA = \iiint_{(V)} \operatorname{div} \vec{F} \, dV = k \cdot \iiint_{(V)} \operatorname{div} \vec{r} \, dV$$

Wegen $\vec{r} = r \, \vec{e}_r$ erhalten wir für die *Divergenz* dieses Feldes (unter Verwendung von *Kugelkoordinaten* und Gleichung (I-325)):

$$\operatorname{div} \vec{r} = \operatorname{div} (r \, \vec{e}_r) = \frac{1}{r^2} \cdot \frac{\partial}{\partial r} (r^2 \cdot r) = \frac{1}{r^2} \cdot \frac{\partial}{\partial r} (r^3) = \frac{1}{r^2} \cdot 3r^2 = 3$$

Somit ist

$$\oiint_{(A)} (\vec{F} \cdot \vec{N}) \, dA = k \cdot \iiint_{(V)} \operatorname{div} \vec{r} \, dV = k \cdot \iiint_{(V)} 3 \, dV = 3k \cdot \iiint_{(V)} dV$$

Das Dreifachintegral $\iiint_{(V)} dV$ ist aber nichts anderes als das *Volumen V* unserer Kugel und somit gleich $\frac{4}{3} \pi R^3$. Damit erhalten wir für den *Vektorfluß* durch die Kugelschale:

$$\oiint_{(A)} (\vec{F} \cdot \vec{N}) \, dA = 3k \cdot V = 3k \cdot \frac{4}{3} \pi R^3 = 4\pi k R^3$$

Zum gleichen Ergebnis kommen wir durch Anwendung der Formel (I-445) für den Fluß eines *kugelsymmetrischen* Vektorfeldes $\vec{F}(r) = f(r) \, \vec{e}_r$ durch die Oberfläche einer *konzentrischen* Kugel. Mit $f(r) = kr$ folgt nämlich:

$$\oiint_{(A)} (\vec{F} \cdot \vec{N}) \, dA = f(R) \cdot 4\pi R^2 = kR \cdot 4\pi R^2 = 4\pi k R^3$$

■

9.1.3 Gaußscher Integralsatz in der Ebene

Der *Gaußsche Integralsatz* gilt sinngemäß auch in der Ebene, wobei „Volumen" durch „Fläche" und „Oberfläche" durch „geschlossene Kurve" (Randkurve der Fläche) zu ersetzen sind. Er verbindet dabei ein *Kurven-* oder *Linienintegral* mit einem *zweidimensionalen Bereichsintegral* (*Doppelintegral*).

Gaußscher Integralsatz in der Ebene

$$\oint_C (\vec{F} \cdot \vec{N}) \, ds = \iint_{(A)} \operatorname{div} \vec{F} \, dA \qquad \text{(I-454)}$$

Dabei bedeuten (Bild I-159):

$\vec{F} = \vec{F}(x; y)$: Stetig differenzierbares *ebenes* Vektorfeld

A: *Ebenes* Flächenstück

C: *Geschlossene* und *orientierte* Randkurve der Fläche A (die Randkurve wird dabei so durchlaufen, daß die Fläche A *links* liegen bleibt)

$\vec{N}$: Nach *außen* gerichtete Kurvennormale (Normaleneinheitsvektor der Randkurve)

ds: Linienelement der Randkurve C

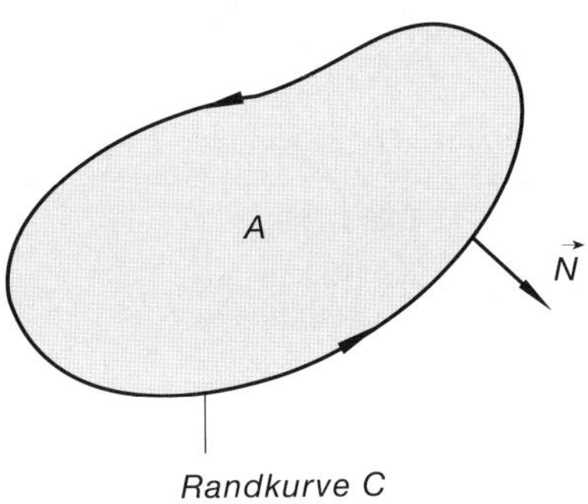

Bild I-159
Ebenes Flächenstück A mit orientierter Randkurve C

Anmerkungen

(1) Man beachte, daß beim Kurvenintegral über die *Normalkomponente* des Feldvektors $\vec{F}$ zu integrieren ist.

(2) Der *Gaußsche Integralsatz* liefert in der *Ebene* eine Verbindung zwischen einem *Kurvenintegral* und einem *zweidimensionalen Bereichsintegral* (*Doppelintegral*). Dabei wird das Kurvenintegral der *Normalkomponente* eines ebenen Vektorfeldes $\vec{F}$ längs einer geschlossenen Kurve C in ein Bereichsintegral über die *Divergenz* von $\vec{F}$, erstreckt über die von der Kurve C eingeschlossene Fläche A, umgewandelt (und umgekehrt).

(3) Wir können den *Gaußschen Integralsatz* in der *Ebene* auch wie folgt anschaulich deuten: A ist ein (ebenes) Flächenstück auf der Oberfläche einer *Flüssigkeitsströmung* mit dem Geschwindigkeitsfeld $\vec{F} = \vec{v} = \vec{v}(x; y)$, C die *orientierte* Randkurve dieser Fläche. Dann besitzen Kurvenintegral und Bereichsintegral folgende physikalische Bedeutung:

$\oint_C (\vec{F} \cdot \vec{N})\, ds$: Flüssigkeitsmenge, die in der Zeiteinheit durch die Randkurve C in die Fläche A *ein-* bzw. *austritt*.

$\iint_{(A)} \operatorname{div} \vec{F}\, dA$: Flüssigkeitsmenge, die in der Zeiteinheit in der Fläche A in den dortigen *Quellen* und *Senken* „erzeugt" bzw. „vernichtet" wird.

■ **Beispiel**

Wir „verifizieren" den *Gaußschen Integralsatz* in der *Ebene* für das Vektorfeld $\vec{F} = \begin{pmatrix} x \\ y \end{pmatrix}$ und die in Bild I-160 dargestellte Kreisfläche A.

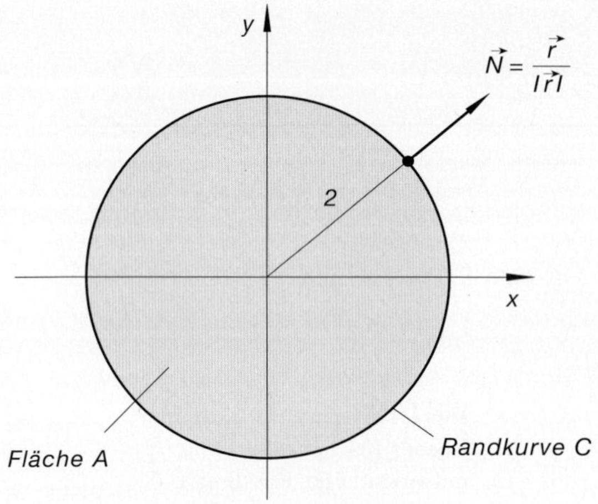

Bild I-160
Kreisfläche A mit Randkurve C

Berechnung des Kurvenintegrals $\oint_C (\vec{F} \cdot \vec{N})\, ds$

Integriert wird über die *Normalkomponente* des Vektorfeldes $\vec{F}$ längs der *geschlossenen* Kreislinie C mit dem Radius $R = 2$ um den Nullpunkt. Die *Kurvennormale* $\vec{N}$ zeigt dabei verabredungsgemäß radial nach *außen*. Somit gilt:

$$\vec{N} = \frac{\vec{r}}{|\vec{r}|} = \frac{1}{\sqrt{x^2 + y^2}} \begin{pmatrix} x \\ y \end{pmatrix}$$

Für die *Normalkomponente* von $\vec{F}$ erhalten wir dann:

$$\vec{F} \cdot \vec{N} = \begin{pmatrix} x \\ y \end{pmatrix} \cdot \frac{1}{\sqrt{x^2 + y^2}} \begin{pmatrix} x \\ y \end{pmatrix} = \frac{1}{\sqrt{x^2 + y^2}} \begin{pmatrix} x \\ y \end{pmatrix} \cdot \begin{pmatrix} x \\ y \end{pmatrix} =$$

$$= \frac{1}{\sqrt{x^2 + y^2}} (x^2 + y^2) = \sqrt{x^2 + y^2}$$

Längs des Kreises $x^2 + y^2 = 4$ besitzt sie den *konstanten* Wert

$$\vec{F} \cdot \vec{N} = \sqrt{x^2 + y^2} = 2$$

Das *Kurvenintegral* hat daher den folgenden Wert:

$$\oint_C (\vec{F} \cdot \vec{N})\, ds = \oint_C 2\, ds = 2 \cdot \oint_C ds = 2U = 2 \cdot 4\pi = 8\pi$$

Dabei haben wir bereits berücksichtigt, daß das Kurvenintegral $\oint_C ds$ den *Umfang* U des Kreises bedeutet ($U = 2\pi R = 2\pi \cdot 2 = 4\pi$).

Berechnung des Doppelintegrals $\iint_{(A)} \operatorname{div} \vec{F}\, dA$

Integrationsbereich ist die Kreisfläche A aus Bild I-160. Mit

$$\operatorname{div} \vec{F} = \frac{\partial}{\partial x}(x) + \frac{\partial}{\partial y}(y) = 1 + 1 = 2$$

erhalten wir dann:

$$\iint_{(A)} \operatorname{div} \vec{F}\, dA = \iint_{(A)} 2\, dA = 2 \cdot \iint_{(A)} dA = 2A = 2 \cdot 4\pi = 8\pi$$

Denn das Doppelintegral $\iint_{(A)} dA$ beschreibt die Fläche A des Kreises und besitzt somit den Wert $A = \pi R^2 = 4\pi$.

Gaußscher Integralsatz

Somit gilt in Übereinstimmung mit dem *Gaußschen Integralsatz*:

$$\oint_C (\vec{F} \cdot \vec{N})\, ds = \iint_{(A)} \operatorname{div} \vec{F}\, dA = 8\pi$$

■

9.2 Stokes'scher Integralsatz

Der *Integralsatz von Stokes* ermöglicht die Umwandlung eines *Oberflächenintegrals* in ein *Kurven-* oder *Linienintegral* und umgekehrt. Wir formulieren diese in den Anwendungen so wichtige Integralbeziehung wie folgt (ohne Beweis):

Stokes'scher Integralsatz

Das *Kurven-* oder *Linienintegral* eines Vektorfeldes $\vec{F}$ längs einer einfach *geschlossenen* Kurve C ist gleich dem *Oberflächenintegral* der Rotation von $\vec{F}$ über eine beliebige Fläche A, die durch die Kurve C *berandet* wird:

$$\oint_C \vec{F} \cdot d\vec{r} = \iint_{(A)} (\text{rot } \vec{F}) \cdot d\vec{A} = \iint_{(A)} (\text{rot } \vec{F}) \cdot \vec{N} \, dA \qquad \text{(I-455)}$$

Dabei bedeuten:

$\vec{F} = \vec{F}(x; y; z)$: Stetig differenzierbares Vektorfeld

A: Fläche mit der Randkurve C

$\vec{N}$: Flächennormale

C: *Orientierte* Randkurve der Fläche A, wobei die *positive* Umlaufsrichtung wie folgt festgelegt wird: Ein Beobachter, der in die Richtung der Flächennormale $\vec{N}$ schaut, durchläuft die Randkurve C dabei so, daß die Fläche *links* liegen bleibt (Bild I-161).

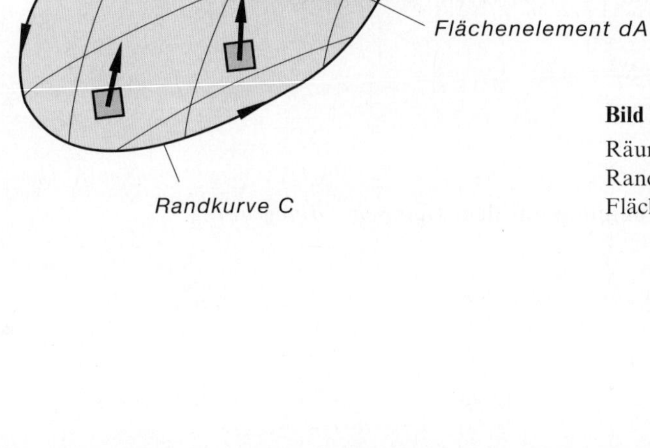

Bild I-161
Räumliche Fläche A mit orientierter Randkurve C und einigen Flächenelementen dA

Anmerkungen

(1) Der *Stokes'sche Integralsatz* stellt eine Verbindung her zwischen der *Zirkulation* und der *Rotation* eines Vektorfeldes.

(2) Bei einem *wirbelfreien* Vektorfeld $\vec{F}$ (rot $\vec{F} = \vec{0}$) *verschwindet* die Zirkulation. So ist jedes *konservative* Vektorfeld *wirbelfrei* und umgekehrt jedes *wirbelfreie* Feld *konservativ*. Mit anderen Worten: Aus $\vec{F} = \text{grad}\,\phi$ folgt stets rot $\vec{F} = \vec{0}$ und umgekehrt folgt aus rot $\vec{F} = \vec{0}$ (in einem *einfach*-zusammenhängenden Bereich) stets $\vec{F} = \text{grad}\,\phi$.

(3) Das Oberflächenintegral $\iint\limits_{(A)} (\text{rot}\,\vec{F}) \cdot d\vec{A}$ beschreibt den *Fluß* des Vektors rot $\vec{F}$ durch die Fläche A und wird daher in den naturwissenschaftlich-technischen Anwendungen auch als *Wirbelfluß* bezeichnet. Der *Stokes'sche Integralsatz* läßt sich dann auch wie folgt formulieren: Der *Wirbelfluß* eines Vektorfeldes $\vec{F}$ durch eine Fläche A ist gleich der *Zirkulation* von $\vec{F}$ längs der Randkurve C dieser Fläche.

(4) Der *Wirbelfluß* durch eine *geschlossene* Fläche A (d.h. durch die Oberfläche eines räumlichen Bereiches) ist gleich *Null*:

$$\oiint\limits_{(A)} (\text{rot}\,\vec{F}) \cdot d\vec{A} = 0 \qquad \text{(I-456)}$$

Begründung: Die Randkurve C der *geschlossenen* Fläche A ist auf einen *Punkt* zusammengezogen, das Linienintegral $\oint\limits_{C} \vec{F} \cdot d\vec{r}$ *verschwindet* somit.

Diese Aussage läßt sich auch aus dem *Gaußschen Integralsatz* gewinnen, wenn man dort formal $\vec{F}$ durch rot $\vec{F}$ ersetzt und dabei beachtet, daß div (rot $\vec{F}$) = 0 ist:

$$\oiint\limits_{(A)} (\text{rot}\,\vec{F}) \cdot d\vec{A} = \iiint\limits_{(V)} \underbrace{\text{div}\,(\text{rot}\,\vec{F})}_{0}\, dV = 0 \qquad \text{(I-457)}$$

(5) Der *Wirbelfluß* eines Vektorfeldes $\vec{F}$ ist für *alle* Flächen A, die von der *gleichen* Kurve C berandet werden, *gleich groß*, d.h. völlig *unabhängig* von der Gestalt der Fläche (vgl. hierzu das nachfolgende Beispiel (1)).

(6) Der *Stokes'sche Integralsatz* gilt auch für Flächen, die von *mehreren* (einfach) geschlossenen Kurven begrenzt werden. Dabei ist die Orientierung der Kurven so festzusetzen, daß die Fläche beim Durchlaufen der Kurven in positiver Richtung stets *links* liegen bleibt (Bild I-162 zeigt die Orientierung der Randkurven bei einer Fläche, die durch *zwei* geschlossene Kurven begrenzt wird).

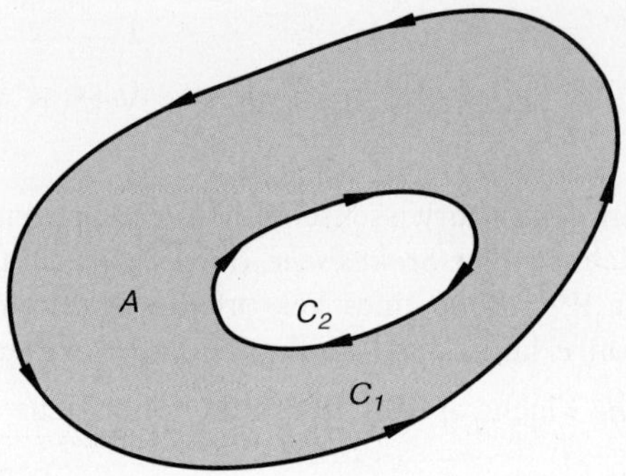

Bild I-162
Beim Durchlaufen der Randkurven C_1 und C_2 in *positiver* Richtung bleibt die Fläche A stets *links* liegen

■ **Beispiele**

(1) Die folgenden Flächen besitzen jeweils die *gleiche* Randkurve C:

(a) A_1: Mantelfläche der *Halbkugel*

$$x^2 + y^2 + z^2 = 1, \quad z \geqslant 0 \qquad \text{(Bild I-163)}$$

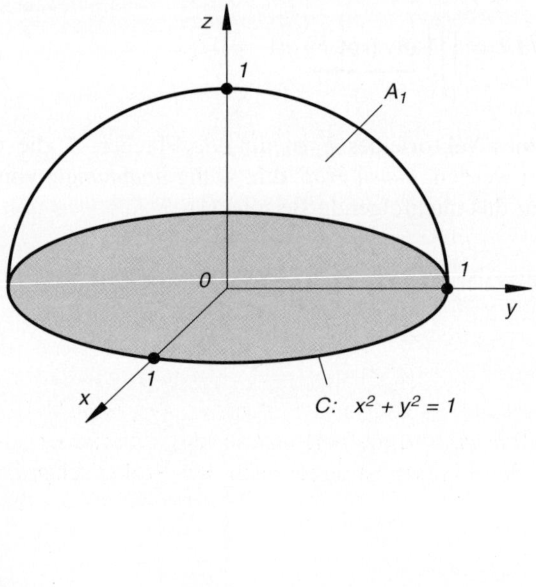

Randkurve C:
$x^2 + y^2 = 1$

Bild I-163

(b) A_2: Mantelfläche des *Rotationsparaboloids*

$$z = 1 - x^2 - y^2, \quad z \geqslant 0 \qquad \text{(Bild I-164)}$$

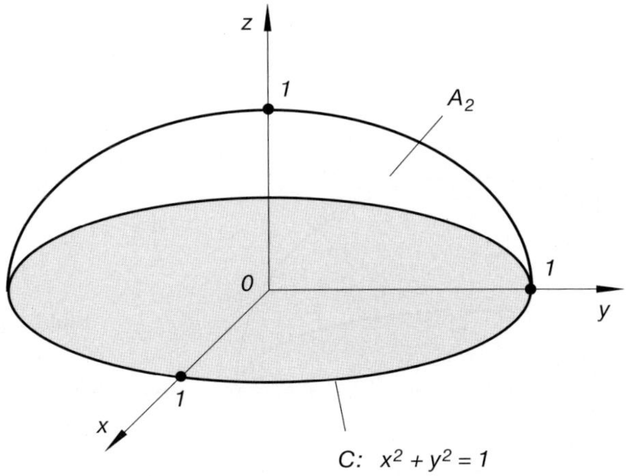

Randkurve C:
$x^2 + y^2 = 1$

Bild I-164

(c) A_3: *Kreisfläche* $x^2 + y^2 \leqslant 1, \quad z = 0$ (Bild I-165)

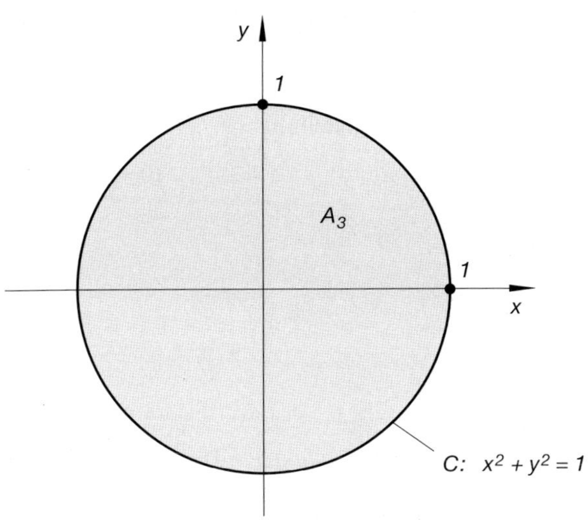

Randkurve C:
$x^2 + y^2 = 1$

Bild I-165

Die *Randkurve* ist in allen drei Fällen der *Ursprungskreis* mit dem Radius $R = 1$. Der *Wirbelfluß* eines beliebigen (stetig differenzierbaren) Vektorfeldes $\vec{F}$ durch die drei Flächen ist daher nach dem Stokes'schen Integralsatz *gleich groß*.

(2) Wir „verifizieren" den *Stokes'schen Integralsatz* für das Vektorfeld $\vec{F} = \begin{pmatrix} x^2 + y^2 \\ y \\ z^2 \end{pmatrix}$ und die Mantelfläche A der *Halbkugel* $x^2 + y^2 + z^2 = 1$, $z \geqslant 0$ (Bild I-166).

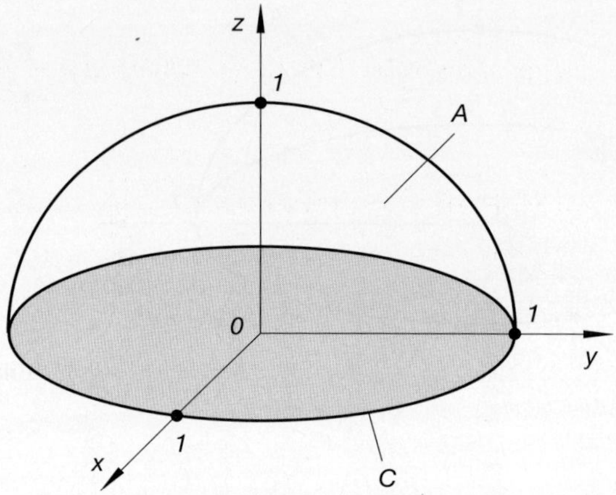

Bild I-166
Zur Berechnung des Vektorflusses durch die Mantelfläche der Halbkugel $x^2 + y^2 + z^2 = 1,\ z \geqslant 0$

Berechnung des Kurvenintegrals $\oint\limits_C \vec{F} \cdot d\vec{r}$

Die Mantelfläche der Halbkugel wird in der x, y-Ebene durch den *Einheitskreis* C mit der Parameterdarstellung

$$x = \cos t, \qquad y = \sin t, \qquad z = 0 \qquad (0 \leqslant t < 2\pi)$$

berandet. Mit

$$\dot{x} = \frac{dx}{dt} = -\sin t, \qquad \dot{y} = \frac{dy}{dt} = \cos t, \qquad \dot{z} = \frac{dz}{dt} = 0$$

und somit

$$dx = -\sin t\, dt, \qquad dy = \cos t\, dt, \qquad dz = 0$$

erhalten wir für das *skalare Produkt* $\vec{F} \cdot d\vec{r}$ den folgenden Ausdruck:

$$\vec{F} \cdot d\vec{r} = \begin{pmatrix} x^2 + y^2 \\ y \\ z^2 \end{pmatrix} \cdot \begin{pmatrix} dx \\ dy \\ dz \end{pmatrix} = (x^2 + y^2)\, dx + y\, dy + z^2\, dz =$$

$$= \underbrace{(\cos^2 t + \sin^2 t)}_{1} (-\sin t\, dt) + \sin t \cdot \cos t\, dt =$$

$$= -\sin t\, dt + \sin t \cdot \cos t\, dt = (-\sin t + \sin t \cdot \cos t)\, dt$$

Das Kurvenintegral besitzt damit den Wert *Null*:

$$\oint_C \vec{F} \cdot d\vec{r} = \int_0^{2\pi} (-\sin t + \sin t \cdot \cos t)\, dt =$$

$$= \left[\cos t + \frac{1}{2} \cdot \sin^2 t\right]_0^{2\pi} = 1 - 1 = 0$$

(unter Verwendung von Integral Nr. 254 aus der *Integraltafel der Formelsammlung*).

Berechnung des „Wirbelflusses“ $\iint\limits_{(A)} (\operatorname{rot} \vec{F}) \cdot d\vec{A} = \iint\limits_{(A)} (\operatorname{rot} \vec{F}) \cdot \vec{N}\, dA$

Wir bestimmen zunächst die *Rotation* des Vektorfeldes $\vec{F}$ mit Hilfe der „Determinantendarstellung“:

$$\operatorname{rot} \vec{F} = \begin{vmatrix} \vec{e}_x & \vec{e}_y & \vec{e}_z \\ \dfrac{\partial}{\partial x} & \dfrac{\partial}{\partial y} & \dfrac{\partial}{\partial z} \\ x^2 + y^2 & y & z^2 \end{vmatrix} = 0\,\vec{e}_x - 0\,\vec{e}_y - 2y\,\vec{e}_z = \begin{pmatrix} 0 \\ 0 \\ -2y \end{pmatrix}$$

Wir benötigen noch die *Flächennormale* $\vec{N}$. Da die Oberfläche der Halbkugel als eine *Niveaufläche* der skalaren Funktion $\phi = x^2 + y^2 + z^2$ aufgefaßt werden kann, steht der *Gradient* von ϕ *senkrecht* auf dieser Fläche:

$$\operatorname{grad} \phi = \begin{pmatrix} 2x \\ 2y \\ 2z \end{pmatrix} = 2 \begin{pmatrix} x \\ y \\ z \end{pmatrix}$$

Durch *Normierung* des Gradienten erhalten wir die *Flächennormale* $\vec{N}$:

$$\vec{N} = \frac{1}{|\operatorname{grad} \phi|} \operatorname{grad} \phi = \frac{1}{2\sqrt{x^2 + y^2 + z^2}}\, 2 \begin{pmatrix} x \\ y \\ z \end{pmatrix} = \begin{pmatrix} x \\ y \\ z \end{pmatrix}$$

(unter Berücksichtigung von $x^2 + y^2 + z^2 = 1$ für die Punkte auf der *Oberfläche* der Halbkugel). Die im Oberflächenintegral auftretende *Normalkomponente* von $\operatorname{rot} \vec{F}$ lautet damit:

$$(\operatorname{rot} \vec{F}) \cdot \vec{N} = \begin{pmatrix} 0 \\ 0 \\ -2y \end{pmatrix} \cdot \begin{pmatrix} x \\ y \\ z \end{pmatrix} = -2yz$$

Wir gehen jetzt zweckmäßigerweise zu *Kugelkoordinaten* über. Sie lauten (für $r = 1$):

$$x = \sin\vartheta \cdot \cos\varphi, \qquad y = \sin\vartheta \cdot \sin\varphi, \qquad z = \cos\vartheta$$

Damit wird

$$(\operatorname{rot} \vec{F}) \cdot \vec{N} = -2yz = -2 \cdot \sin\vartheta \cdot \cos\vartheta \cdot \sin\varphi$$

Das benötigte *Flächenelement dA* auf der Kugeloberfläche lautet für $r = 1$:

$$dA = \sin\vartheta \, d\vartheta \, d\varphi$$

Die *Integrationsgrenzen* des Doppelintegrals sind dabei:

ϑ-Integration: Von $\vartheta = 0$ bis $\vartheta = \pi/2$

φ-Integration: Von $\varphi = 0$ bis $\varphi = 2\pi$

Wir sind jetzt in der Lage, den *Wirbelfluß* zu berechnen:

$$\iint_{(A)} (\operatorname{rot} \vec{F}) \cdot d\vec{A} = \iint_{(A)} (\operatorname{rot} \vec{F}) \cdot \vec{N} \, dA =$$

$$= \int_{\varphi=0}^{2\pi} \int_{\vartheta=0}^{\pi/2} (-2 \cdot \sin\vartheta \cdot \cos\vartheta \cdot \sin\varphi) \cdot \sin\vartheta \, d\vartheta \, d\varphi =$$

$$= -2 \cdot \int_{\varphi=0}^{2\pi} \int_{\vartheta=0}^{\pi/2} \sin^2\vartheta \cdot \cos\vartheta \cdot \sin\varphi \, d\vartheta \, d\varphi =$$

$$= -2 \cdot \int_{\varphi=0}^{2\pi} \sin\varphi \, d\varphi \cdot \underbrace{\int_{\vartheta=0}^{\pi/2} \sin^2\vartheta \cdot \cos\vartheta \, d\vartheta}_{\text{Integral Nr. 255}} =$$

$$= -2 \cdot \Big[-\cos\varphi \Big]_{\varphi=0}^{2\pi} \cdot \left[\frac{1}{3} \cdot \sin^3\vartheta \right]_{\vartheta=0}^{\pi/2} =$$

$$= -2 \cdot (0) \cdot \left(\frac{1}{3} \right) = 0$$

Damit haben wir den *Stokes'schen Integralsatz* verifiziert. In diesem Beispiel gilt also:

$$\oint_C \vec{F} \cdot d\vec{r} = \iint_{(A)} (\operatorname{rot} \vec{F}) \cdot \vec{N} \, dA = 0$$ ■

9.3 Anwendungsbeispiele aus Physik und Technik

9.3.1 Elektrisches Feld eines homogen geladenen Zylinders

Wir interessieren uns für das *elektrische Feld* im Innen- und Außenraum eines homogen geladenen sehr langen Zylinders (Bild I-167; R: Zylinderradius; l: Zylinderlänge; ϱ_{el}: konstante Ladungsdichte). Die elektrischen Feldlinien verlaufen dann aus Symmetriegründen *axial* nach *außen*, wie in Bild I-168 im Querschnitt angedeutet (wir haben dabei eine *positive* Ladungsdichte vorausgesetzt). Das Feld besitzt also *Zylindersymmetrie.*

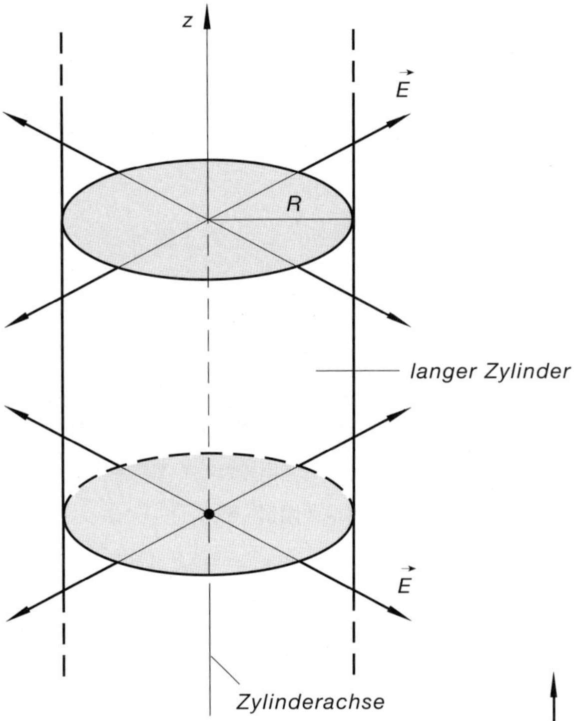

Bild I-167
Elektrisches Feld eines homogen geladenen Zylinders (*positive* Ladungsdichte)

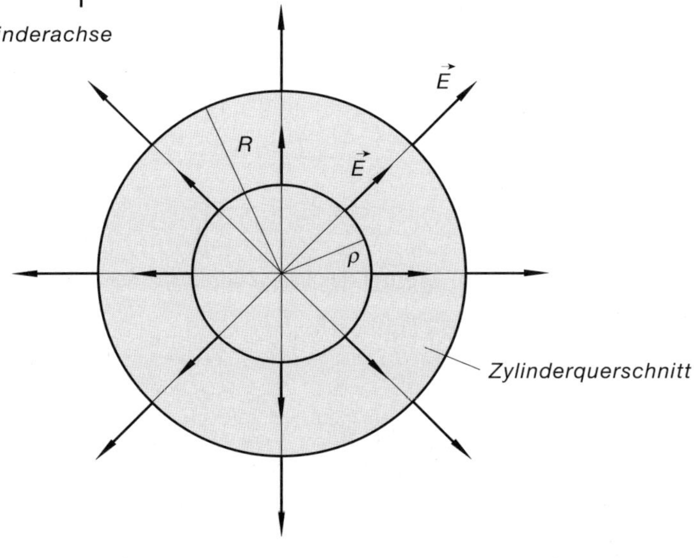

Bild I-168
Axialsymmetrisches elektrisches Feld im Innen- und Außenraum eines homogen geladenen Zylinders (*positive* Ladungsdichte; ebener Schnitt senkrecht zur Zylinderachse)

Unsere Aufgabe besteht nun darin, aus der vorgegebenen (konstanten) Ladungsverteilung mit Hilfe des *Integralsatzes von Gauß* die elektrische Feldstärke $\vec{E}$ *zu bestimmen.* Aus diesem Grund betrachten wir einen *koaxialen* Zylinder *gleicher* Länge l mit dem Radius ϱ. Für den *Fluß* des Feldvektors $\vec{E}$ durch die *Zylinderoberfläche* A gilt dann nach dem *Gaußschen Integralsatz*:

$$\oiint_{(A)} \vec{E} \cdot d\vec{A} = \oiint_{(A)} (\vec{E} \cdot \vec{N}) \; dA = \iiint_{(V)} \operatorname{div} \vec{E} \; dV \tag{I-458}$$

Wegen der *Zylindersymmetrie* ist (in Zylinderkoordinaten)

$$\vec{E} = E(\varrho) \; \vec{e}_\varrho \qquad \text{und} \qquad \vec{N} = \vec{e}_\varrho \tag{I-459}$$

und damit

$$\vec{E} \cdot \vec{N} = E(\varrho) \; \underbrace{(\vec{e}_\varrho \cdot \vec{e}_\varrho)}_{1} = E(\varrho) \tag{I-460}$$

Der *Gaußsche Integralsatz* geht dann über in

$$\oiint_{(A)} E(\varrho) \, dA = \iiint_{(V)} \operatorname{div} \vec{E} \; dV \tag{I-461}$$

Wegen der *Zylindersymmetrie* des Feldes gibt es *keine* Feldstärkekomponente in Richtung der *Zylinderachse* (*z-Achse*). Daher ist der Fluß des elektrischen Feldes durch „Boden" und „Deckel" des Zylinders jeweils gleich *Null* und wir können die Integration im „Flußintegral" $\oiint_{(A)} E(\varrho) \, dA$ auf den *Zylindermantel* A^* beschränken:

$$\oiint_{(A)} E(\varrho) \, dA = \iint_{(A^*)} E(\varrho) \, dA = \iiint_{(V)} \operatorname{div} \vec{E} \; dV \tag{I-462}$$

Wir beschäftigen uns nun zunächst mit der Berechnung des *Flußintegrals.* Es gilt:

$$\iint_{(A^*)} E(\varrho) \, dA = E(\varrho) \cdot \underbrace{\iint_{(A^*)} dA}_{2\pi \varrho l} = E(\varrho) \cdot 2\pi \, \varrho \, l \tag{I-463}$$

Denn $E(\varrho)$ ist auf dem Mantel des koaxialen Zylinders *konstant* und das Doppelintegral $\iint_{(A^*)} dA$ ist nichts anderes als die *Mantelfläche* $2\pi \, \varrho \, l$ dieses Zylinders. Damit erhalten wir:

$$E(\varrho) \cdot 2\pi \, \varrho \, l = \iiint_{(V)} \operatorname{div} \vec{E} \; dV \tag{I-464}$$

An dieser Stelle müssen wir eine *Fallunterscheidung* vornehmen und den *Innen-* bzw. *Außenraum* des geladenen Zylinders *getrennt* untersuchen. Wir betrachten zunächst den *Innenraum* ($\varrho \leqslant R$) und wenden uns dann dem *Außenraum* ($\varrho \geqslant R$) zu.

Feldstärke $\vec{E}$ innerhalb des geladenen Zylinders ($\varrho \leqslant R$; Bild I-169)

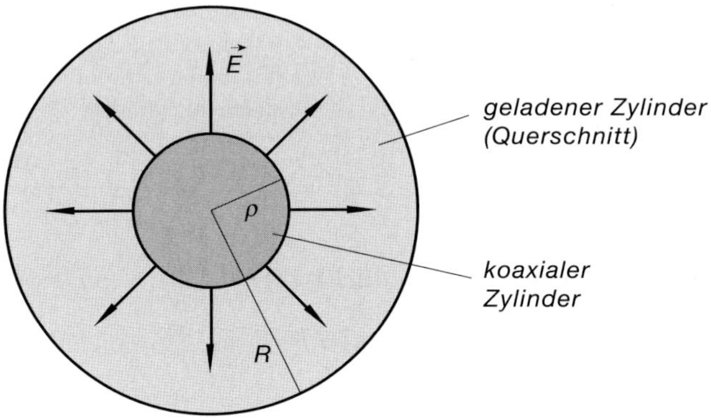

Bild I-169
Zur Berechnung der elektrischen Feldstärke im Innenraum eines homogen geladenen Zylinders

Im *Innenraum* des geladenen Zylinders haben wir eine *konstante* Ladungsdichte ϱ_{el}. Zwischen dem Feldstärkevektor $\vec{E}$ und der Ladungsdichte ϱ_{el} besteht dann nach *Maxwell* die Beziehung

$$\operatorname{div} \vec{E} = \frac{\varrho_{el}}{\varepsilon_0} \qquad \text{(I-465)}$$

(ε_0: elektrische Feldkonstante). Der *Gaußsche Integralsatz* nimmt jetzt die folgende Gestalt an:

$$E(\varrho) \cdot 2\pi\,\varrho\, l = \iiint\limits_{(V)} \frac{\varrho_{el}}{\varepsilon_0}\, dV = \frac{\varrho_{el}}{\varepsilon_0} \cdot \underbrace{\iiint\limits_{(V)} dV}_{\pi\,\varrho^2\, l} = \frac{\varrho_{el}}{\varepsilon_0} \cdot \pi\,\varrho^2\, l \qquad \text{(I-466)}$$

Denn das Dreifachintegral $\iiint\limits_{(V)} dV$ repräsentiert das *Volumen* des koaxialen Zylinders mit dem Radius ϱ und der Länge l und besitzt somit den Wert $\pi\,\varrho^2\, l$.

Damit erhalten wir für die elektrische Feldstärke im *Innern* des geladenen Zylinders die folgende Abhängigkeit vom Abstand ϱ von der Zylinderachse:

$$E(\varrho) = \frac{\varrho_{el}}{2\,\varepsilon_0} \cdot \varrho \qquad (\varrho \leqslant R) \qquad \text{(I-467)}$$

Im *Innern* des Zylinders nimmt also die Feldstärke $E(\varrho)$ *linear* mit dem Abstand ϱ *zu* (Bild I-170).

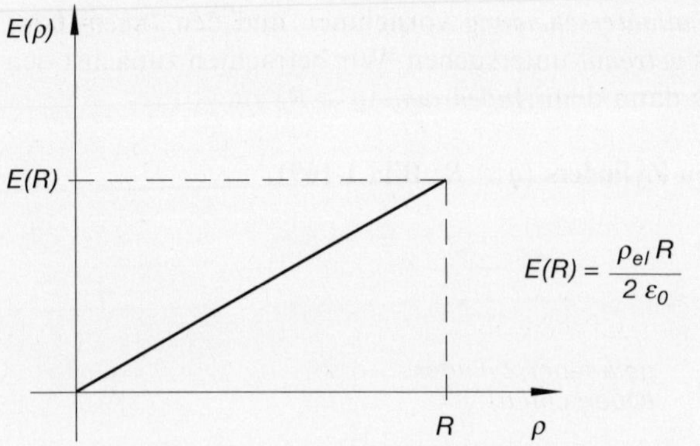

Bild I-170
Linearer Anstieg der elektrischen Feldstärke im Innenraum eines homogen geladenen Zylinders

Feldstärke $\vec{E}$ außerhalb des geladenen Zylinders ($\varrho \geqslant R$; Bild I-171)

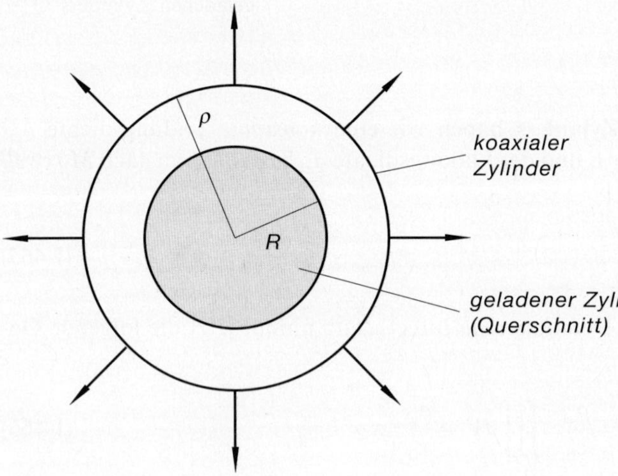

Bild I-171
Zur Berechnung der elektrischen Feldstärke im Außenraum eines homogen geladenen Zylinders

Das elektrische Feld im *Außenraum* des geladenen Zylinders ist *quellenfrei*, d.h. hier gilt

$$\operatorname{div} \vec{E} = 0 \qquad \text{für} \qquad \varrho > R \tag{I-468}$$

Für das Volumenintegral $\iiint\limits_{(V)} \operatorname{div} \vec{E} \; dV$ erhalten wir daher *außerhalb* des geladenen Zylinders *keine* Beiträge. Somit kann die Integration auf das Volumen V_Z dieses Zylinders beschränkt werden. *Innerhalb* dieses Bereiches gilt nach wie vor

$$\operatorname{div} \vec{E} = \frac{\varrho_{\text{el}}}{\varepsilon_0} \tag{I-469}$$

Wir erhalten dann aus dem *Gaußschen Integralsatz* die folgende Beziehung (Gleichung (I-464)):

$$E(\varrho) \cdot 2\pi\,\varrho\,l = \iiint\limits_{(V_Z)} \operatorname{div} \vec{E}\;dV = \iiint\limits_{(V_Z)} \frac{\varrho_{\mathrm{el}}}{\varepsilon_0}\,dV = \frac{\varrho_{\mathrm{el}}}{\varepsilon_0} \cdot \underbrace{\iiint\limits_{(V_Z)} dV}_{\pi R^2 l} = \frac{\varrho_{\mathrm{el}}}{\varepsilon_0} \cdot \pi R^2 l \qquad \text{(I-470)}$$

Im *Außenraum* des geladenen Zylinders gilt daher:

$$E(\varrho) = \frac{\varrho_{\mathrm{el}} R^2}{2\,\varepsilon_0} \cdot \frac{1}{\varrho} \qquad (\varrho \geqslant R) \qquad \text{(I-471)}$$

D.h. die elektrische Feldstärke $E(\varrho)$ ist dort *umgekehrt proportional* zum Abstand ϱ von der Zylinderachse, das Feld nimmt also nach außen hin *ab* (Bild I-172).

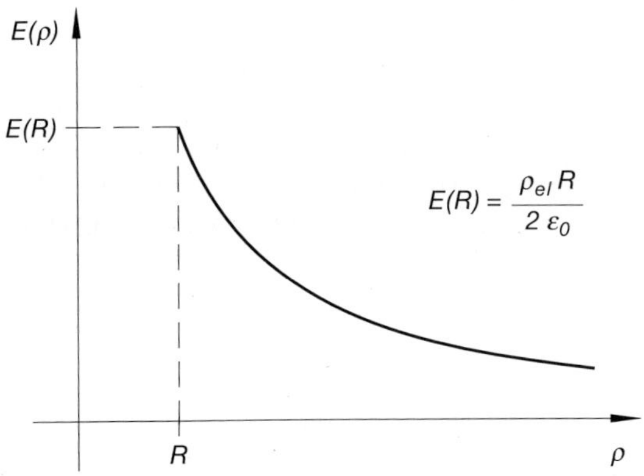

Bild I-172
Im Außenraum eines homogen geladenen Zylinders nimmt die elektrische Feldstärke nach außen hin ab

Gesamtfeld des geladenen Zylinders

Insgesamt haben wir damit die folgende *Feldstärkeverteilung*:

$$E(\varrho) = \begin{cases} \dfrac{\varrho_{\mathrm{el}}}{2\,\varepsilon_0} \cdot \varrho & \varrho \leqslant R \\ & \text{für} \\ \dfrac{\varrho_{\mathrm{el}} R^2}{2\,\varepsilon_0} \cdot \dfrac{1}{\varrho} & \varrho \geqslant R \end{cases} \qquad \text{(I-472)}$$

Bild I-173 zeigt den Verlauf dieser Verteilung.

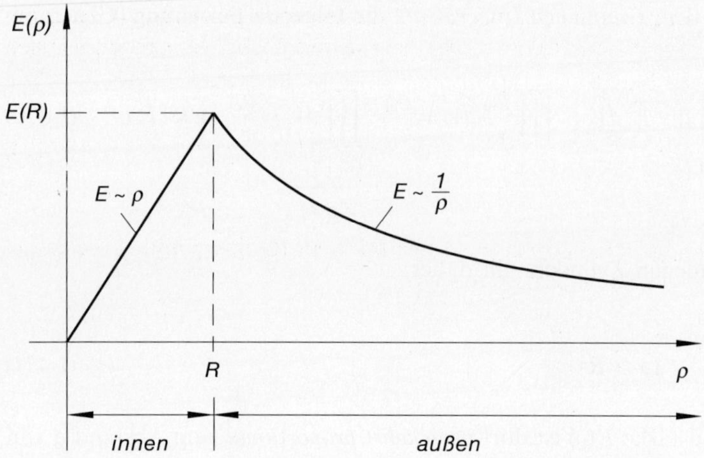

Bild I-173 Verlauf der elektrischen Feldstärke bei einem homogen geladenen Zylinder in axialer Richtung (*positive* Ladungsdichte; Zylinderradius R)

9.3.2 Magnetfeld eines stromdurchflossenen linearen Leiters

Ein sehr langer, linearer Leiter wird von einem *konstanten* Strom mit der Stromdichte $\vec{i} = i_0 \; \vec{e}_z$ durchflossen. Er erzeugt in seiner Umgebung ein *ringförmiges* Magnetfeld (Bild I-174).

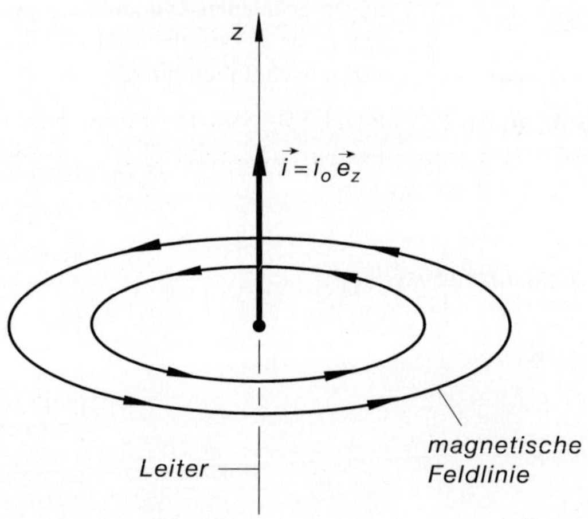

Bild I-174
Ringförmiges Magnetfeld eines stromdurchflossenen linearen Leiters

Der magnetische Feldstärkevektor $\vec{H}$ *tangiert* dabei die kreisförmigen Feldlinien und sein Betrag kann daher wegen der Zylindersymmetrie nur vom *Abstand* ϱ von der Leiterachse abhängen. Bei Verwendung von *Zylinderkoordinaten* gilt somit:

$$\vec{H} = H(\varrho) \; \vec{e}_\varphi \tag{I-473}$$

Wir stellen uns nun die Aufgabe, den funktionalen Zusammenhang zwischen der magnetischen Feldstärke und dem Abstand vom Leiter herzuleiten. Dabei verwenden wir den *Integralsatz von Stokes*. Er lautet hier:

$$\oint_C \vec{H} \cdot d\vec{r} = \iint_{(A)} (\text{rot } \vec{H}) \cdot \vec{N} \; dA \tag{I-474}$$

Dabei ist C eine *kreisförmige* magnetische Feldlinie mit dem Radius ϱ und A die eingeschlossene, in Bild I-175 *grau* unterlegte Kreisfläche.

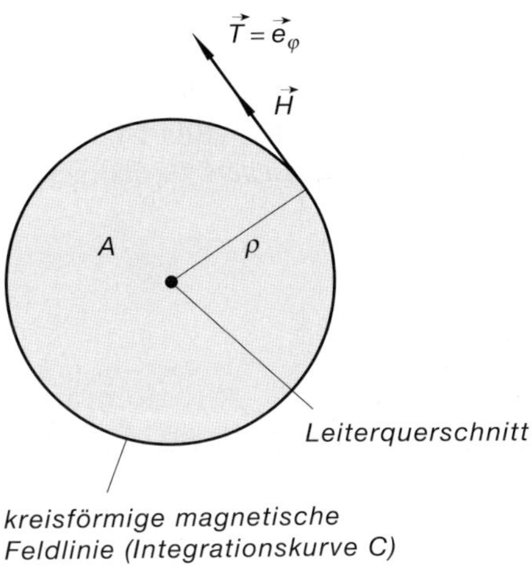

Bild I-175
Zur Integration längs einer kreisförmigen magnetischen Feldlinie

Wir berechnen zunächst das *Kurvenintegral* im Stokes'schen Integralsatz. Da der Feldstärkevektor $\vec{H}$ in die *Tangentenrichtung* fällt, d.h. zum Tangenteneinheitsvektor $\vec{T} = \vec{e}_{\varphi}$ *parallel* ist, gilt

$$\vec{H} \cdot d\vec{r} = (\vec{H} \cdot \vec{T}) \; ds = (\vec{H} \cdot \vec{e}_{\varphi}) \; ds = H(\varrho) \; \underbrace{(\vec{e}_{\varphi} \cdot \vec{e}_{\varphi})}_{1} \; ds = H(\varrho) \, ds \tag{I-475}$$

und somit

$$\oint_C \vec{H} \cdot d\vec{r} = \oint_C H(\varrho) \, ds = H(\varrho) \cdot \underbrace{\oint_C ds}_{2\pi\varrho} = H(\varrho) \cdot 2\pi\,\varrho \tag{I-476}$$

Denn der *Betrag* $H(\varrho)$ der Feldstärke ist längs der magnetischen Feldlinie *konstant* und das verbliebene Kurvenintegral $\oint_C ds$ beschreibt den *Umfang* U der kreisförmigen Feldlinie, besitzt also den Wert $U = 2\pi\,\varrho$.

Jetzt wenden wir uns dem *Wirbelfluß* im Stokeschen Integralsatz zu. Nach *Maxwell* besteht dabei zwischen der magnetischen Feldstärke $\vec{H}$ und der Stromdichte $\vec{i}$ in jedem Punkt des Feldes der folgende Zusammenhang:

$$\operatorname{rot} \vec{H} = \vec{i} \tag{I-477}$$

(es handelt sich hierbei um eine der vier *Maxwellschen Gleichungen*). Beim *Fluß* des Vektors $\operatorname{rot} \vec{H}$ durch die in Bild I-175 *grau* unterlegte Kreisfläche beachten wir ferner, daß die Flächennormale $\vec{N}$ in die z-Richtung zeigt und somit mit dem Basisvektor (Einheitsvektor) $\vec{e}_z$ identisch ist. Dann aber gilt:

$$(\operatorname{rot} \vec{H}) \cdot \vec{N} = \vec{i} \cdot \vec{e}_z = i_0 \underbrace{(\vec{e}_z \cdot \vec{e}_z)}_{1} = i_0 \tag{I-478}$$

Bei der Berechnung des „Wirbelflusses" müssen wir berücksichtigen, daß die Stromdichte *außerhalb* des Leiterquerschnitts überall den Wert *Null* hat (Bild I-176). Die Integration ist daher nur über die Querschnittsfläche A^* des *Leiters* zu erstrecken, und dort hat die Stromdichte den *konstanten* Wert i_0.

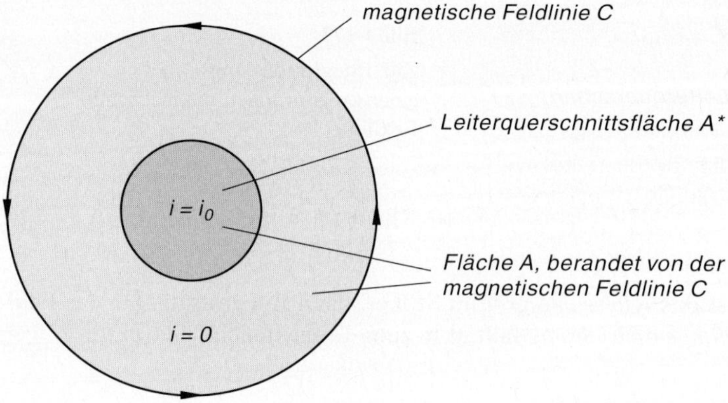

Bild I-176

Damit erhalten wir:

$$\iint_{(A)} (\operatorname{rot} \vec{H}) \cdot \vec{N} \, dA = \iint_{(A^*)} i_0 \, dA \tag{I-479}$$

Das verbliebene Doppelintegral ist definitionsgemäß die (hier konstante) *Stromstärke I* des Leiters. Der *Wirbelfluß* des Magnetfeldes beträgt damit:

$$\iint_{(A)} (\operatorname{rot} \vec{H}) \cdot \vec{N} \, dA = \iint_{(A^*)} i_0 \, dA = i_0 \cdot \underbrace{\iint_{(A^*)} dA}_{A^*} = i_0 A^* = I \tag{I-480}$$

Der *Stokes'sche Integralsatz* führt also zu dem folgenden Ergebnis:

$$H(\varrho) \cdot 2\pi\varrho = I \qquad \text{(I-481)}$$

Die magnetische Feldstärke $H(\varrho)$ ist daher dem Abstand ϱ vom Leiter *umgekehrt proportional*, nimmt also nach außen hin *ab*:

$$H(\varrho) = \frac{I}{2\pi} \cdot \frac{1}{\varrho} \qquad (\varrho > 0) \qquad \text{(I-482)}$$

Diese Abhängigkeit wird in Bild I-177 verdeutlicht.

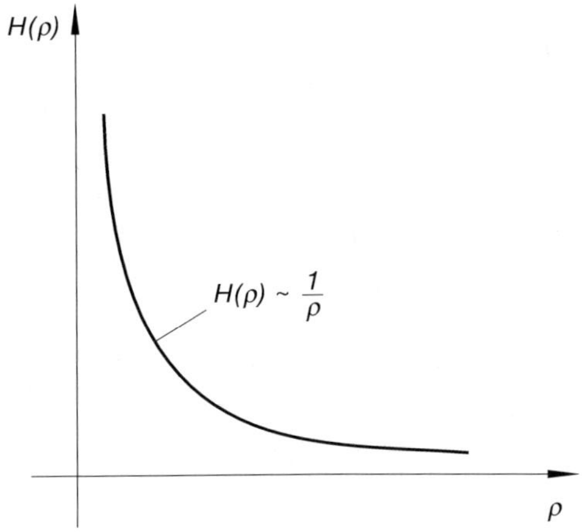

Bild I-177
Verlauf der magnetischen Feldstärke in der Umgebung eines stromdurchflossenen linearen Leiters

Übungsaufgaben

Zu Abschnitt 1

1) Wie lautet die *vektorielle* Darstellung der in Bild I-178 skizzierten *Wurfparabel* (*waagerechter Wurf* mit der Anfangsgeschwindigkeit v_0)?

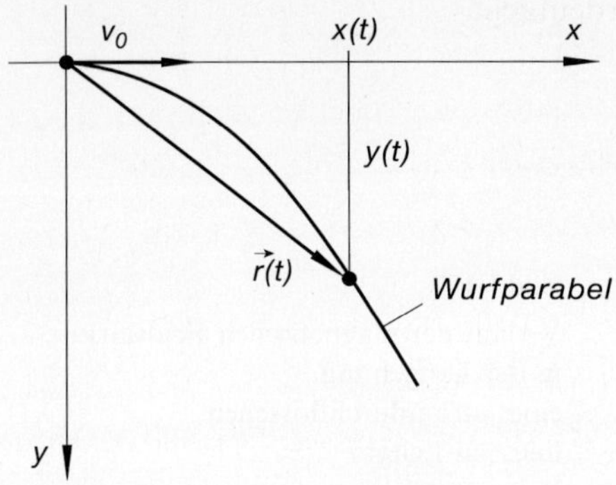

Bild I-178

2) Beschreiben Sie die folgenden Kurven durch *parameterabhängige* Ortsvektoren und bestimmen Sie den jeweiligen *Tangentenvektor*:

   a) Parabel $y = 4x^2$, $x \geqslant 0$

   b) Mittelpunktskreis (Radius R, positiver Umlaufsinn)

   c) Gerade durch den Ursprung mit der Steigung $m = 2$

3) Auf dem Bildschirm eines Oszillographen durchlaufe ein Elektronenstrahl eine Bahn mit dem *zeitabhängigen* Ortsvektor

$$\vec{r}(t) = \begin{pmatrix} a \cdot \cos(\omega t) \\ b \cdot \sin(\omega t) \end{pmatrix} \qquad (t \geqslant 0)$$

   a) Zeichnen Sie die Bahnkurve. Welche Bedeutung haben die Konstanten a, b und ω?

   b) Bestimmen Sie den *Geschwindigkeits*- und *Beschleunigungsvektor*.

   c) Zeigen Sie: Der Beschleunigungsvektor $\vec{a}(t)$ ist stets dem Ortsvektor $\vec{r}(t)$ *entgegengerichtet*.

4) Bestimmen Sie für die folgenden Bewegungen eines Massenpunktes den *Geschwindigkeitsvektor* $\vec{v}(t)$ und den *Beschleunigungsvektor* $\vec{a}(t)$:

   a) Kreisbahn: $\vec{r}(t) = \begin{pmatrix} R \cdot \cos(\omega t) \\ R \cdot \sin(\omega t) \end{pmatrix} \qquad (t \geqslant 0)$

   b) Zykloide: $\vec{r}(t) = \begin{pmatrix} R(t - \sin t) \\ R(1 - \cos t) \end{pmatrix} \qquad (t \geqslant 0)$

5) Differenzieren Sie die folgenden, vom Parameter t abhängigen Vektoren *zweimal* nach t:

a) $\vec{a}(t) = \begin{pmatrix} \sin(2t) \\ e^t \\ \cos(2t) \end{pmatrix}$ b) $\vec{a}(t) = \begin{pmatrix} e^{-t} \cdot \cos t \\ e^{-t} \cdot \sin t \\ t \end{pmatrix}$

6) Gegeben sind die folgenden *parameterabhängigen* Vektoren:

$$\vec{a}(t) = \begin{pmatrix} t \\ t^2 \\ t^3 \end{pmatrix}, \quad \vec{b}(t) = \begin{pmatrix} 2 \cdot \cos t \\ 2 \cdot \sin t \\ t^2 \end{pmatrix}, \quad \vec{c}(t) = \begin{pmatrix} e^{-t} \\ e^{-t} \\ t \end{pmatrix}$$

Berechnen Sie die *1. Ableitung* der folgenden Skalar- und Vektorprodukte:

a) $\vec{a} \cdot \vec{b}$ b) $\vec{b} \cdot \vec{c}$ c) $\vec{a} \times \vec{b}$ d) $\vec{a} \times \vec{c}$

7) Gegeben ist die Raumkurve mit dem Ortsvektor

$$\vec{r}(t) = 2 \cdot \cos(5t)\ \vec{e}_x + 2 \cdot \sin(5t)\ \vec{e}_y + 10t\ \vec{e}_z$$

Bestimmen Sie den *Tangenten-* und *Hauptnormaleneinheitsvektor* sowie die *Krümmung* der Kurve für den Parameterwert $t = \frac{\pi}{4}$.

8) Bestimmen Sie für die Raumkurve $\vec{r}(t) = \begin{pmatrix} t^2 \\ t \\ t^2 \end{pmatrix}$ die folgenden Größen:

a) *Bogenlänge* im Intervall $0 \leqslant t \leqslant 1$

b) *Krümmung* und *Krümmungsradius* für den Parameterwert $t = 1$

9) Die Gleichung einer *ebenen* Bewegung laute:

$$\vec{r}(t) = t\ \vec{e}_x + t^2\ \vec{e}_y \qquad (-\infty < t < \infty)$$

a) Stellen Sie die Bahnkurve in *expliziter* Form dar.

b) Berechnen Sie die *Bogenlänge* s im Intervall $0 \leqslant t \leqslant 2$.

c) Berechnen Sie die *Krümmung* der Kurve für $t = 1$.

d) Bestimmen Sie den *Geschwindigkeits-* und *Beschleunigungsvektor.*

e) Wie lauten die *Tangential-* und *Normalkomponenten* von Geschwindigkeit und Beschleunigung?

10) Ein Teilchen bewege sich auf der *ebenen* Kurve mit dem Ortsvektor

$$\vec{r}(t) = e^{-t} \cdot \cos t\ \vec{e}_x + e^{-t} \cdot \sin t\ \vec{e}_y$$

Berechnen Sie die *Tangential-* und *Normalkomponente* des zugehörigen Geschwindigkeits- und Beschleunigungsvektors.

11) Leiten Sie die auf Seite 23 in Gleichung (I-50) angegebene Formel für die *Krümmung* einer ebenen Kurve mit der expliziten Gleichung $y = f(x)$ her.
Anleitung: Die Kurve kann auch in der *Parameterform* $x = x,\ y = f(x)$ mit der Koordinate x als Parameter dargestellt werden.

Zu Abschnitt 2

1) Bilden Sie die *partiellen Ableitungen 1. Ordnung* der folgenden, von *zwei* Parametern abhängigen Ortsvektoren:

a) $\vec{r}(u;\, v) = \begin{pmatrix} 2 \cdot \cos(2u) \\ 2 \cdot \sin(2u) \\ v^2 \end{pmatrix}$ b) $\vec{r}(u;\, v) = \begin{pmatrix} u + v \\ u - v \\ v \end{pmatrix}$

c) $\vec{r}(\lambda;\, \mu) = \begin{pmatrix} \frac{1}{2}(\lambda^2 - \mu^2) \\ \lambda \mu \\ 1 \end{pmatrix}$

2) Beschreiben Sie die *Mantelfläche* des in Bild I-179 skizzierten Zylinders durch einen von *zwei* geeigneten Parametern abhängigen Ortsvektor.

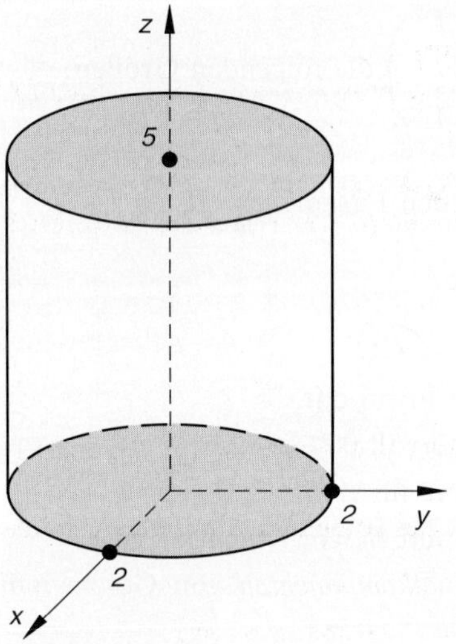

Bild I-179

3) Ein Massenpunkt bewege sich auf einer *Ebene* E, die durch den Punkt $P_1 = (1;\, 1;\, 1)$ und die beiden Richtungsvektoren $\vec{a} = \begin{pmatrix} 1 \\ -1 \\ 1 \end{pmatrix}$ und $\vec{b} = \begin{pmatrix} 2 \\ 2 \\ 2 \end{pmatrix}$ eindeutig festgelegt ist (Bild I-180). Wie lautet die *Parameterdarstellung* dieser Ebene (Angabe des Ortsvektors)?

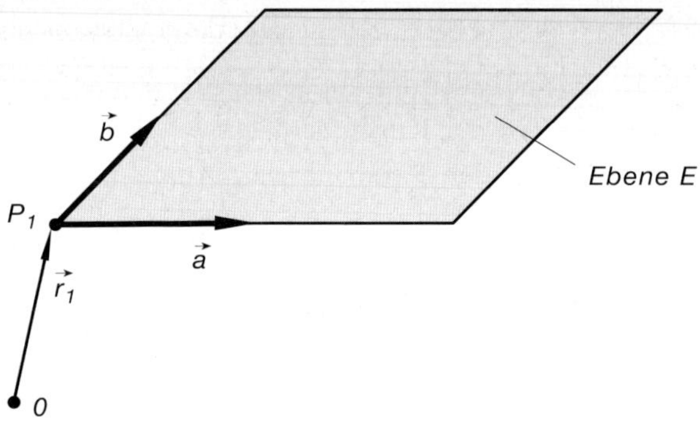

Bild I-180

4) Die *Parameterdarstellung* einer Fläche laute:

$$\vec{r} = \vec{r}(u; v) = \begin{pmatrix} \cos u \cdot \sin v \\ \sin u \cdot \sin v \\ \cos v \end{pmatrix} \qquad (0 \leqslant u < 2\pi;\ 0 \leqslant v \leqslant \pi).$$

Zeigen Sie:

a) Es handelt sich um die Oberfläche einer *Kugel.*

b) Die Tangentenvektoren $\vec{t}_u$ und $\vec{t}_v$ an die Parameterlinien stehen *senkrecht* aufeinander.

5) Der Ortsvektor $\vec{r}(\vartheta; \varphi) = 2\begin{pmatrix} \cos \varphi \cdot \sin \vartheta \\ \sin \varphi \cdot \sin \vartheta \\ \cos \vartheta \end{pmatrix}$ beschreibt eine *Kugelschale* mit dem Radius $R = 2$. Wie lautet der *Geschwindigkeitsvektor* $\vec{v} = \dot{\vec{r}}(t)$ eines Massenpunktes, der sich auf dieser Kugeloberfläche längs der folgenden Bahnen bewegt (t: Zeit)?

a) *Breitenkreis:* $\vartheta = \text{const.} = \vartheta_0, \quad \varphi = t$

b) *Längenkreis:* $\varphi = \text{const.} = \varphi_0, \quad \vartheta = t$

c) $\vartheta = t, \quad \varphi = t^2$

Wie groß ist die Geschwindigkeit dem *Betrage* nach zum Zeitpunkt $t = \pi$?

6) Gegeben ist die Oberfläche einer *Kugel* mit der folgenden *Parameterdarstellung*:

$$\vec{r} = \vec{r}(u; v) = \begin{pmatrix} R \cdot \cos v \cdot \sin u \\ R \cdot \sin v \cdot \sin u \\ R \cdot \cos u \end{pmatrix} \qquad (0 \leqslant u \leqslant \pi;\ 0 \leqslant v < 2\pi)$$

(R: Kugelradius).

a) Bestimmen Sie die *Tangentenvektoren* $\vec{t}_u$ und $\vec{t}_v$ der Parameterlinien sowie die *Flächennormale* $\vec{N}$ für die speziellen Parameterwerte $u = v = \frac{\pi}{2}$.

b) Wie lautet das *Flächenelement* dA der Kugeloberfläche?

c) Welcher Flächenpunkt gehört zu den Parameterwerten $u = v = \frac{\pi}{4}$ der Einheitskugel ($R = 1$)? Wie lautet die Gleichung der in diesem Punkt errichteten *Tangentialebene*?

7) Gegeben ist eine *Rotationsfläche* mit der *Parameterdarstellung*

$$x = u, \qquad y = v, \qquad z = \sqrt{u^2 + v^2 + 4} \qquad (u, v \in \mathbb{R})$$

Bestimmen Sie im Flächenpunkt P, der zu den Parameterwerten $u = 1$ und $v = 2$ gehört, die folgenden Größen:

a) *Tangentenvektoren* $\vec{t}_u$ und $\vec{t}_v$ an die Parameterlinien

b) *Flächennormale* $\vec{N}$

c) *Tangentialebene*

8) Wie lautet die Gleichung der *Tangentialebene* an die Fläche $z = x^2 - y^2$ im Punkt $P = (2; 1; 3)$?

9) Bestimmen Sie die Gleichung der *Ebene*, die im Punkt $P = (2; 5; 10)$ die Fläche $z = xy$ *berührt*.

Zu Abschnitt 3

1) Bestimmen und zeichnen Sie die *Niveaulinien* der folgenden ebenen Skalarfelder:

a) $\phi(x; y) = x^2 + y^2$ b) $\phi(x; y) = x^2 - y$

2) Bestimmen und deuten Sie die *Niveauflächen* der folgenden räumlichen Skalarfelder:

a) $\phi(x; y; z) = z - x^2 - y^2$ b) $\phi(x; y; z) = x^2 + y^2 + z^2$

3) Wie lauten die *Niveauflächen* des räumlichen Skalarfeldes $\phi(x; y; z) = 2x^2 + 2y^2$?

4) Das *elektrostatische Potential* einer homogen geladenen Kugel wird im *Außenraum* durch die skalare Funktion

$$U = \frac{Q}{4\pi\,\varepsilon_0\, r} = \frac{Q}{4\pi\,\varepsilon_0 \sqrt{x^2 + y^2 + z^2}} \qquad (r \geqslant R)$$

beschrieben (Q: Ladung der Kugel; ε_0: elektrische Feldkonstante; r: Abstand vom Kugelmittelpunkt; R: Kugelradius).

Bestimmen und deuten Sie die *Äquipotentialflächen* dieses skalaren Feldes.

5) Bei einem homogen geladenen Plattenkondensator steigt das Potential *linear* an, wenn man sich längs einer Feldlinie von der linken Platte ($U = 0$) zur rechten Platte ($U = U_0 > 0$) bewegt (Bild I-181).

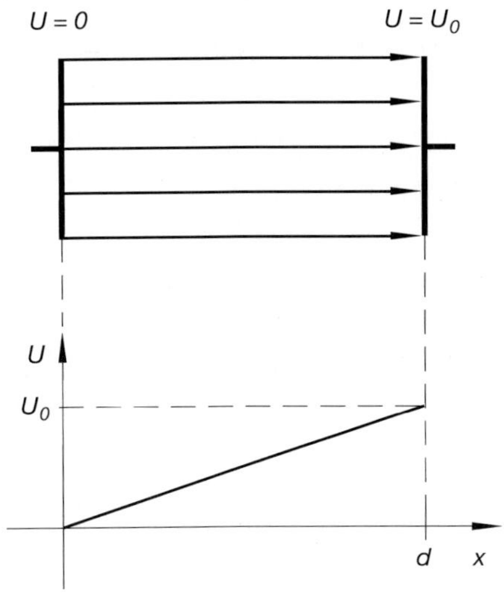

$$U(x) = E\,x = \frac{U_0}{d}\,x$$

$(0 \leqslant x \leqslant d)$

Bild I-181

(d: Plattenabstand; U_0: Spannung zwischen den beiden Kondensatorplatten; E: konstante elektrische Feldstärke im Kondensatorfeld). Bestimmen und deuten Sie die *Äquipotentialflächen* des elektrischen Feldes.

6) Skizzieren Sie das ebene *Geschwindigkeitsfeld* $\vec{v}(x;\,y) = x\,\vec{e}_x$ einer strömenden Flüssigkeit ($x \geqslant 0$).

7) Bestimmen Sie die Eigenschaften des ebenen Vektorfeldes $\vec{F}(x;\,y) = \dfrac{1}{\sqrt{x^2 + y^2}}\begin{pmatrix} x \\ y \end{pmatrix}$ und skizzieren Sie das Feld.

8) Welche Eigenschaften besitzt das folgende ebene Kraftfeld?

$$\vec{F}(x;\,y) = \frac{1}{r}(-\,y\,\vec{e}_x + x\,\vec{e}_y) \qquad (r > 0)$$

(r ist der Abstand des Punktes $P = (x;\,y)$ vom Koordinatenursprung). Skizzieren Sie das Vektorfeld.

9) Ein Masseteilchen bewegt sich in dem ebenen *Geschwindigkeitsfeld* $\vec{v}(x;\,y) = \vec{e}_x + y\,\vec{e}_y$. Wie lautet die *Bahnkurve* des Teilchens, wenn es sich zur Zeit $t = 0$ im Punkt $P = (0\,;\,2)$ befindet?

Anleitung: Das Teilchen bewegt sich auf einer *Feldlinie*, die hier als „Stromlinie" des Geschwindigkeitsfeldes bezeichnet wird.

10) Gegeben sind die folgenden physikalischen Vektorfelder:

a) *Elektrische Feldstärke* $\vec{E}$ in der Umgebung einer Punktladung Q:

$$\vec{E} = \frac{Q}{4\pi\,\varepsilon_0\,r^2}\,\vec{e}_r = \frac{Q}{4\pi\,\varepsilon_0\,r^2}\,\frac{\vec{r}}{r} \qquad (r > 0)$$

(ε_0: elektrische Feldkonstante; $\vec{e}_r$: Einheitsvektor in *radialer* Richtung, d.h. in Richtung des Ortsvektors $\vec{r}$)

b) *Magnetische Feldstärke* $\vec{H}$ eines linearen, vom Strom I durchflossenen Leiters:

$$\vec{H} = \frac{I}{2\pi\,\varrho}\,\vec{e}_\varphi \qquad (\varrho > 0)$$

(ϱ: senkrechter Abstand von der Leiterachse; $\vec{e}_\varphi$: Einheitsvektor in *tangentialer* Richtung)

Bestimmen und charakterisieren Sie die Flächen, auf denen der *Betrag* der jeweiligen Feldstärke einen *konstanten* Wert annimmt.

Zu Abschnitt 4

1) Bestimmen Sie die *Niveaulinien* sowie den *Gradient* der folgenden ebenen Skalarfelder:

a) $\phi(x; y) = y$ b) $\phi(x; y) = x^2 + y^2$

2) Welche *ebenen* Skalarfelder ϕ gehören zu dem Gradientenfeld $\operatorname{grad}\phi = y\,\vec{e}_x + x\,\vec{e}_y$?

3) Berechnen Sie den *Gradient* von ϕ sowie den *Betrag* des Gradienten im jeweiligen Punkt P:

a) $\phi(x; y; z) = 10x^2y^3 - 5xyz^2, \quad P = (1; -1; 2)$

b) $\phi(x; y; z) = x^2 \cdot e^{yz} + yz^3, \quad P = (2; 0; 1)$

c) $\phi(x; y; z) = x^2 + y^2 + z^2, \quad P = (1; 2; -2)$

4) Zeigen Sie: Das skalare Feld $\phi = \ln r$ besitzt den *Gradient* $\operatorname{grad}\phi = \frac{1}{r^2}\,\vec{r}$ ($r = \sqrt{x^2 + y^2 + z^2}$ ist der räumliche Abstand des Punktes $P = (x; y; z)$ vom Ursprung).

5) Gegeben sind die Skalarfelder $\phi = x^2yz + x \cdot e^y$ und $\psi = y \cdot e^x$. Bestimmen Sie den *Gradient* des Produktes $U = \phi \cdot \psi$ auf zwei *verschiedene* Arten.

6) Bestimmen Sie die *Richtungsableitung* von $\phi(x; y; z) = xyz + 3xz^3$ in Richtung des Vektors $\vec{a} = \begin{pmatrix} 1 \\ -2 \\ 2 \end{pmatrix}$ im Raumpunkt $P = (1; 2; 1)$.

7) Berechnen Sie die *Richtungsableitung* des ebenen Skalarfeldes ϕ in *radialer* Richtung im jeweiligen Punkt P:

a) $\phi(x; y) = x^2 - y^2, \qquad P = (3; 4)$

b) $\phi(x; y) = 4x^2 + 9y^2, \qquad P = (1; 0)$

8) Wie lautet die *Flächennormale* der Bildfläche von $x^2 + (y-1)^2 - z^2 = 10$ im Punkt $P = (1; 2; 5)$?

9) Bestimmen Sie die Gleichung der *Tangentialebene*, die man im Punkt P an die Fläche $F(x; y; z) = 0$ anlegen kann:

a) Zylindermantelfläche $x^2 + y^2 - 5 = 0, \quad 0 \leqslant z \leqslant 10, \quad P = (2; 1; 5)$

b) $xy^2z + 6x^2z^2 - 22 = 0, \qquad P = (2; 1; -1)$

10) Das *elektrostatische Potential* in der Umgebung einer negativ geladenen Kugel lautet:

$$U(r) = \frac{-Q}{4\pi\varepsilon_0 r} \qquad (r \geqslant R)$$

($-Q$: Ladung der Kugel; ε_0: elektrische Feldkonstante; R: Kugelradius). P sei ein beliebiger Punkt des elektrischen Feldes im Außenraum der Kugel ($r \geqslant R$). In welcher Richtung von P nimmt das Potential U *am stärksten* zu? Wie groß ist dieser *Maximalwert*?

Zu Abschnitt 5

1) Bestimmen Sie die *Divergenz* der folgenden ebenen Vektorfelder:

a) $\vec{F} = \begin{pmatrix} -y \\ x \end{pmatrix}$ b) $\vec{F} = \begin{pmatrix} x^3 + 1 \\ xy^2 \end{pmatrix}$ c) $\vec{v} = \begin{pmatrix} x \cdot e^{-y} \\ y \cdot e^{-x} \end{pmatrix}$

d) $\vec{F}(x; y) = (x^2 + y^2)^{-1}(x\,\vec{e}_x + y\,\vec{e}_y)$

2) In welchen Punkten der x, y-Ebene *verschwindet* die *Divergenz* des Vektorfeldes $\vec{F} = \begin{pmatrix} xy^2 \\ x^2y - 4y \end{pmatrix}$?

3) Bestimmen Sie die *Divergenz* der folgenden räumlichen Vektorfelder:

a) $\vec{F} = \begin{pmatrix} 2x^3 z^2 \\ x^2 - z^2 \\ xyz \end{pmatrix}$ b) $\vec{v} = \begin{pmatrix} xy - x^2 z \\ 2yz^2 \\ x^2 y + yz \end{pmatrix}$

4) Berechnen Sie die *Divergenz* des Vektorfeldes $\vec{F}(x;y;z) = \begin{pmatrix} xy^2 \\ 2yz^3 \\ xyz \end{pmatrix}$ in den folgenden Punkten: $P_1 = (2;0;1)$, $P_2 = (1;2;-1)$, $P_3 = (3;2;3)$.

5) Bestimmen Sie die *Divergenz* des Gradienten der skalaren Funktion $\phi(x;y;z) = (x-1)^2 + (y-5)^2 + z^2$.

6) Gegeben sind das Skalarfeld $\phi = x^2 \cdot e^{yz}$ und das Vektorfeld $\vec{F} = \begin{pmatrix} y \\ -x \\ z \end{pmatrix}$. Bestimmen Sie die *Divergenz* des Vektorfeldes $\vec{A} = \phi\,\vec{F}$ auf zwei *verschiedene* Arten.

7) Wie muß man die Funktion $f(r)$ wählen, damit das räumliche Zentralfeld $\vec{F} = f(r)\,\vec{r}$ *quellenfrei* ist?

8) Bestimmen Sie den *Gradient* des radialsymmetrischen räumlichen Skalarfeldes $\phi = a + \frac{b}{r}$ und zeigen Sie, daß die *Divergenz* des Gradienten *verschwindet* (a, b: Konstanten; $r > 0$).

9) Bestimmen Sie die *Rotation* der folgenden ebenen Vektorfelder:

a) $\vec{F}(x;y) = \frac{1}{\sqrt{x^2 + y^2}} \begin{pmatrix} y \\ -x \end{pmatrix}$ b) $\vec{F}(x;y) = \frac{1}{\sqrt{x^2 + y^2}} \begin{pmatrix} x - y + 2 \\ x + y - 1 \end{pmatrix}$

c) $\vec{F}(x;y) = (x^2 y^3 - x)\,\vec{e}_x + (xy^2 + e^y)\,\vec{e}_y$

10) Zeigen Sie, daß das ebene Geschwindigkeitsfeld $\vec{v} = \frac{1}{\sqrt{x^2 + y^2}}(-x\,\vec{e}_x - y\,\vec{e}_y)$ *wirbelfrei* ist.

11) Bestimmen Sie die *Rotation* der folgenden räumlichen Vektorfelder:

a) $\vec{F}(x;y;z) = \begin{pmatrix} xy - z^2 \\ 2xyz \\ x^2 z - y^2 z \end{pmatrix}$

b) $\vec{F}(x;y;z) = \frac{1}{x^2 + y^2 + z^2}(x\,\vec{e}_x + y\,\vec{e}_y + z\,\vec{e}_z)$

12) Wie sind die *Parameter* a und b zu wählen, damit die *Rotation* des Vektorfeldes

$$\vec{F} = \begin{pmatrix} 2xz^2 + y^3 z \\ a x y^2 z \\ 2x^2 z + b x y^3 \end{pmatrix}$$ überall *verschwindet*?

13) Welchen Wert besitzt die *Rotation* von $\vec{F} = \begin{pmatrix} x y^3 \\ 2 x y^2 z \\ x^2 y - z^2 \end{pmatrix}$ im Punkt $P = (1; 2; 1)$?

14) Zeigen Sie: Das *räumliche* Vektorfeld $\vec{F} = f(r)\,\vec{r}$ ist *wirbelfrei* ($f(r)$ ist dabei eine *differenzierbare* Funktion des Abstandes r).

15) Es ist $\phi = x^2 y z^2$ ein Skalarfeld und $\vec{F} = \begin{pmatrix} xy \\ y \\ z^2 \end{pmatrix}$ ein Vektorfeld. Bestimmen Sie auf zwei *verschiedene* Arten die *Rotation* des Vektorfeldes $\vec{A} = \phi\,\vec{F}$.

16) Zeigen Sie, daß das räumliche Vektorfeld $\vec{F}(x; y; z) = \begin{pmatrix} 2xz + y^2 \\ 2xy \\ x^2 \end{pmatrix}$ *wirbelfrei* ist und somit als *Gradient* eines skalaren Feldes $\phi(x; y; z)$ darstellbar ist. Bestimmen Sie dieses *Potentialfeld*.

17) Zeigen Sie: Die skalare Funktion $\phi = \frac{1}{r}$ ist eine Lösung der *Laplace-Gleichung* $\Delta\phi = 0$ im *Raum*, *nicht* aber in der *Ebene*.

18) Welche Funktion erhält man, wenn man den *Laplace-Operator* Δ auf das Skalarfeld $\phi = (x^2 + y^2 + z^2)^2$ anwendet?

Zu Abschnitt 6

1) Stellen Sie die folgenden *ebenen* Vektorfelder in *Polarkoordinaten* dar:

a) $\vec{F} = \frac{1}{x^2 + y^2}(y\,\vec{e}_x - x\,\vec{e}_y)$ b) $\vec{F} = \begin{pmatrix} xy \\ y^2 \end{pmatrix}$

2) Ein vom konstanten Strom I durchflossener linearer Leiter erzeugt in seiner Umgebung ein *ringförmiges* Magnetfeld, das in einer Schnittebene *senkrecht* zur Leiterachse durch das *ebene* Feld $\vec{H}(x; y) = \frac{I}{2\pi r^2}(-y\,\vec{e}_x + x\,\vec{e}_y)$ beschrieben werden kann ($r^2 = x^2 + y^2$; Bild I-182).

Wie lautet die Darstellung des magnetischen Feldstärkevektors $\vec{H}$ im *Polarkoordinatensystem*?

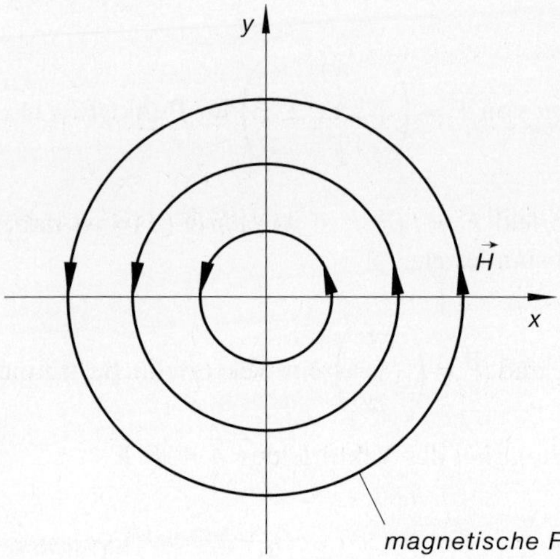

Bild I-182

3) Berechnen Sie *Divergenz* und *Rotation* der folgenden in Polarkoordinaten dargestellten (ebenen) Vektorfelder:

a) $\vec{F}(r;\varphi) = \vec{e}_r$ b) $\vec{F}(r;\varphi) = r^2\,\vec{e}_r$

4) Zeigen Sie, daß das ebene (in Polarkoordinaten dargestellte) Vektorfeld $\vec{F}(r;\varphi) = e^{r+\varphi}\left(\vec{e}_r + \frac{1}{r}\,\vec{e}_\varphi\right)$ *wirbelfrei* ist und daher als *Gradient* eines skalaren Feldes $\phi(r;\varphi)$ dargestellt werden kann. Bestimmen Sie diese skalare Funktion.

5) Wie lautet die Darstellung des (ebenen) *Geschwindigkeitsvektors* $\vec{v}$ eines Teilchens in *Polarkoordinaten*?

Anleitung: Gehen Sie von dem Geschwindigkeitsvektor $\vec{v}(x;y) = \dot{x}\,\vec{e}_x + \dot{y}\,\vec{e}_y$ in kartesischen Koordinaten aus.

6) Bestimmen Sie diejenigen Lösungen der *Laplace-Gleichung* $\Delta\phi = 0$ in der *Ebene*, die nur vom *Polarwinkel* φ, nicht aber vom Abstand r abhängen ($\phi = \phi(\varphi)$).

7) Die folgenden räumlichen Vektorfelder sind in *Zylinderkoordinaten* darzustellen:

a) $\vec{F}(x;y;z) = \vec{r} = (x\,\vec{e}_x + y\,\vec{e}_y + z\,\vec{e}_z)$

b) $\vec{F}(x;y;z) = y\,\vec{e}_x - 2\,\vec{e}_y + x\,\vec{e}_z$

8) Das *Geschwindigkeitsfeld* einer Flüssigkeit laute:

$$\vec{v}(x; y; z) = \frac{(1+z)^2 - x^2 - y^2}{(1+z)^4}\, \vec{e}_z$$

Drücken Sie dieses Feld in *Zylinderkoordinaten* aus.

9) Die Bahnkurve eines Masseteilchens besitzt die folgende *Parameterdarstellung*:

$$x = \mathrm{e}^{-t} \cdot \cos t, \qquad y = \mathrm{e}^{-t} \cdot \sin t, \qquad z = 2t \qquad (t\text{: Zeit}; \ t \geqslant 0).$$

a) Bestimmen Sie den *Geschwindigkeitsvektor* $\vec{v}$, ausgedrückt in *Zylinderkoordinaten*.

b) Berechnen Sie den *Geschwindigkeitsbetrag* zur Zeit $t = 1$.

10) Bilden Sie den *Gradient* der folgenden in *Zylinderkoordinaten* dargestellten Skalarfelder:

a) $\phi(\varrho; \varphi; z) = \varrho \cdot \mathrm{e}^{\varphi} + z$ b) $\phi(\varrho; \varphi; z) = \dfrac{1}{\varrho} + \mathrm{e}^{\varphi + z}$

11) Bestimmen Sie *Divergenz* und *Rotation* der folgenden in *Zylinderkoordinaten* ausgedrückten Vektorfelder:

a) $\vec{F}(\varrho; \varphi; z) = \dfrac{1}{\varrho^2}\, \vec{e}_\varrho$ b) $\vec{F}(\varrho; \varphi; z) = \dfrac{1}{\varrho}\, \vec{e}_\varrho + z\, \vec{e}_\varphi + \vec{e}_z$

12) Gesucht sind diejenigen Lösungen der *Laplace-Gleichung* $\Delta\phi = 0$, die nur von *einer* der drei Zylinderkoordinaten abhängen:

a) $\phi = \phi(\varrho)$ b) $\phi = \phi(\varphi)$ c) $\phi = \phi(z)$

13) Stellen Sie die folgenden (räumlichen) Vektorfelder in *Kugelkoordinaten* dar:

a) $\vec{F}(x; y; z) = \begin{pmatrix} x \\ -z \\ y \end{pmatrix}$ b) $\vec{F}(x; y; z) = \dfrac{1}{(x^2 + y^2 + z^2)} \begin{pmatrix} x \\ y \\ z \end{pmatrix}$

14) Eine Flüssigkeitsströmung besitze das folgende *Geschwindigkeitsfeld*:

$$\vec{v}(x; y; z) = \frac{z}{\sqrt{x^2 + y^2}} \begin{pmatrix} -y \\ x \\ 0 \end{pmatrix} \qquad (x^2 + y^2 > 0)$$

Wie lauten die Geschwindigkeitskomponenten im *Kugelkoordinatensystem*?

15) Stellen Sie den Geschwindigkeitsvektor $\vec{v}(x; y; z) = \dot{x}\, \vec{e}_x + \dot{y}\, \vec{e}_y + \dot{z}\, \vec{e}_z$ eines Masseteilchens in *Kugelkoordinaten* dar.

16) Wie lautet das *Linienelement ds* auf dem *Breitenkreis* $\vartheta = \text{const.} = \vartheta_0$ einer Kugel mit dem Radius R?

17) Zeigen Sie, daß das in *Kugelkoordinaten* ausgedrückte Vektorfeld $\vec{F}(r; \vartheta; \varphi) = e^{\vartheta + \varphi} \begin{pmatrix} 1 \\ 1 \\ 1/\sin \vartheta \end{pmatrix}$ *wirbelfrei* und somit als *Gradient* eines skalaren Feldes $\phi(r; \vartheta; \varphi)$ darstellbar ist. Wie lautet diese *Potentialfunktion*?

18) Wie muß man den Exponent n wählen, damit das *radialsymmetrische* Vektorfeld $\vec{F}(r; \vartheta; \varphi) = r^n \, \vec{e}_r$
    a) *quellenfrei*,
    b) *wirbelfrei*,
    c) quellen- *und* wirbelfrei ist?

19) Bestimmen Sie diejenigen Lösungen der *Laplace-Gleichung* $\Delta\phi = 0$, die nur von *einer* der drei Kugelkoordinaten abhängen:
    a) $\phi = \phi(r)$ b) $\phi = \phi(\vartheta)$ c) $\phi = \phi(\varphi)$

Zu Abschnitt 7

1) Berechnen Sie das *Linienintegral* $\int\limits_C [y \, dx + (x^2 + x\,y) \, dy]$ längs der in Bild I-183 skizzierten Verbindungswege der Punkte $A = (0; 0)$ und $B = (2; 4)$.

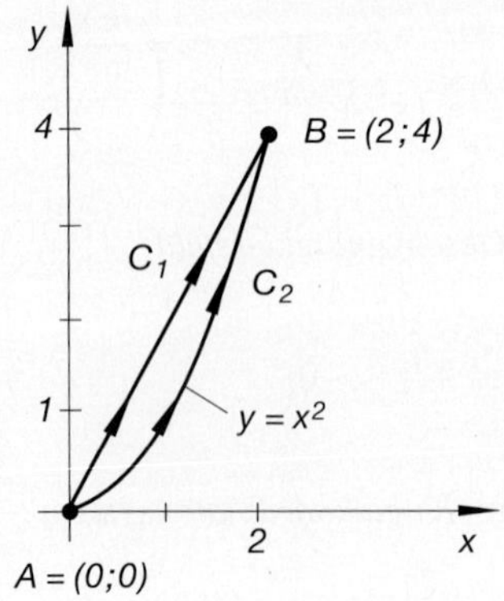

Bild I-183

2) Zeigen Sie, daß die folgenden Linienintegrale *wegunabhängig* sind und bestimmen Sie die zugehörige *Potentialfunktion*:

a) $\int_C [(2xy + 4x)\,dx + (x^2 - 1)\,dy]$ b) $\int_C (e^y\,dx + x \cdot e^y\,dy)$

c) $\int_C [(3x^2 y + y^3)\,dx + (x^3 + 3xy^2)\,dy]$

3) Gegeben ist das ebene Kraftfeld $\vec{F} = x\,\vec{e}_x + y\,\vec{e}_y$.
   a) Zeigen Sie, daß dieses Feld *konservativ* ist.
   b) Bestimmen Sie das *Potential* $\phi(x; y)$ des Feldes.
   c) Berechnen Sie das *Arbeitsintegral* $\int_C \vec{F} \cdot d\vec{r}$ für einen beliebigen von $P_1 = (1; 0)$ nach $P_2 = (3; 5)$ führenden Verbindungsweg C.

4) Berechnen Sie die *Arbeit* des Kraftfeldes $\vec{F} = \frac{y}{1 + x^2 + y^2}\,\vec{e}_x - \frac{x}{1 + x^2 + y^2}\,\vec{e}_y$ beim Verschieben einer Masse von $A = (1; 0)$ nach $B = (-1; 0)$ längs der in Bild I-184 skizzierten *halbkreisförmigen* Verbindungswege C_1 und C_2. Warum hängt die Arbeit noch vom Weg ab?

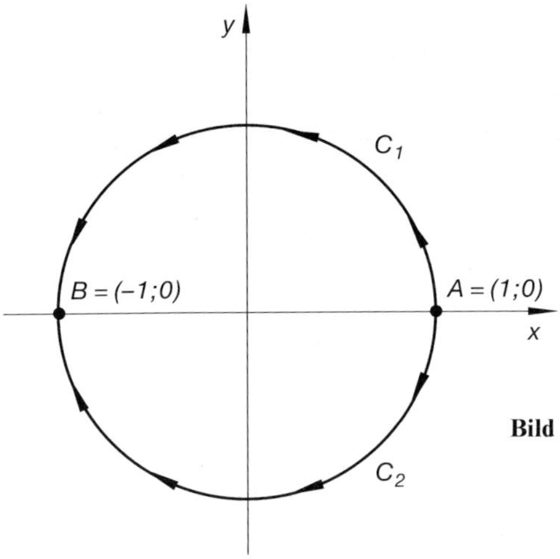

Bild I-184

5) In dem ebenen Kraftfeld $\vec{F}(x; y) = \begin{pmatrix} x + 2y \\ 0 \end{pmatrix}$ wird eine Masse von $P_1 = (1; 0)$ aus auf dem Einheitskreis im Gegenuhrzeigersinn einmal herumgeführt. Welche *Arbeit* wird dabei vom Kraftfeld verrichtet?

6) Zeigen Sie, daß es sich bei der *linearen Differentialform* $\frac{C_V}{T}\,dT + \frac{R}{V}\,dV$ um das *vollständige Differential* dS einer von T und V abhängigen Funktion $S(T;\,V)$ handelt und bestimmen Sie diese Funktion.

Anmerkung: $S(T;\,V)$ ist die *Entropiefunktion* des idealen Gases und gehört zu den *thermodynamischen Zustandsfunktionen*, die in der physikalischen Chemie eine bedeutende Rolle spielen (T: absolute Temperatur; V: Volumen; R: allgemeine Gaskonstante; C_V: Molwärme bei konstantem Volumen (Stoffkonstante)).

7) Berechnen Sie das *Linienintegral* $\int\limits_C (x y^2\,dx - x^2 y z\,dy + x z^2\,dz)$ längs des Weges C mit dem Ortsvektor $\vec{r}(t) = t\,\vec{e}_x + t^2\,\vec{e}_y + t^3\,\vec{e}_z \quad (1 \leqslant t \leqslant 2)$.

8) Welche *Arbeit* verrichtet das Kraftfeld $\vec{F} = x y\,\vec{e}_x + \vec{e}_y + y z\,\vec{e}_z$ an einer Masse, wenn diese längs der Schraubenlinie $\vec{r}(t) = \cos t\,\vec{e}_x + \sin t\,\vec{e}_y + t\,\vec{e}_z$ von $P_1(t = 0)$ aus nach $P_2(t = 2\pi)$ bewegt wird?

9) Zeigen Sie, daß das Linienintegral $\int\limits_C (x\,dx + y\,dy + z\,dz)$ *unabhängig* vom Integrationsweg ist. Wie lautet das *Potential* $\phi(x;\,y;\,z)$ des Feldes?

10) Zeigen Sie, daß das räumliche Kraftfeld $\vec{F} = r^2\,\vec{r}$ *konservativ* ist. Wie lautet die zugehörige *Potentialfunktion* $\phi(x;\,y;\,z)$?

11) Führen Sie den Nachweis, daß die *Zirkulation* des ebenen Vektorfeldes $\vec{F}(x;\,y) = (2x + y^2)\,\vec{e}_x + (2xy + y^2)\,\vec{e}_y$ längs des in *positiver* Richtung durchlaufenen Einheitskreises *verschwindet*. Gilt diese Aussage für *jeden* geschlossenen Integrationsweg?

12) Stellen Sie fest, ob die folgenden Vektorfelder *konservativ* sind und bestimmen Sie gegebenenfalls das zugehörige *Potential*:

a) $\vec{F}(x;\,y) = \begin{pmatrix} 2x + y \\ xy + y^2 \end{pmatrix}$ b) $\vec{F}(x;\,y) = \begin{pmatrix} y^2 \cdot \sin x - 2x \\ -2y \cdot \cos x + 4y \end{pmatrix}$

c) $\vec{F}(x;\,y;\,z) = \begin{pmatrix} 2xy - z^3 \\ 2xy \\ -3xz^2 \end{pmatrix}$ d) $\vec{F}(x;\,y;\,z) = \begin{pmatrix} x^2 \cdot e^y \\ x - z \\ z^2 \end{pmatrix}$

13) Eine Masse wird in dem Kraftfeld $\vec{F}(x;\,y;\,z) = \begin{pmatrix} x + yz \\ xz \\ y + yz \end{pmatrix}$ längs der in Bild I-185

dargestellten (geschlossenen) Kreislinie C mit der Parameterdarstellung

$$x = 5 \cdot \cos t, \qquad y = 5 \cdot \sin t, \qquad z = 2 \qquad (0 \leqslant t < 2\pi)$$

bewegt.

a) Welche *Arbeit* wird dabei vom Kraftfeld verrichtet?

b) Ist das Kraftfeld *konservativ*?

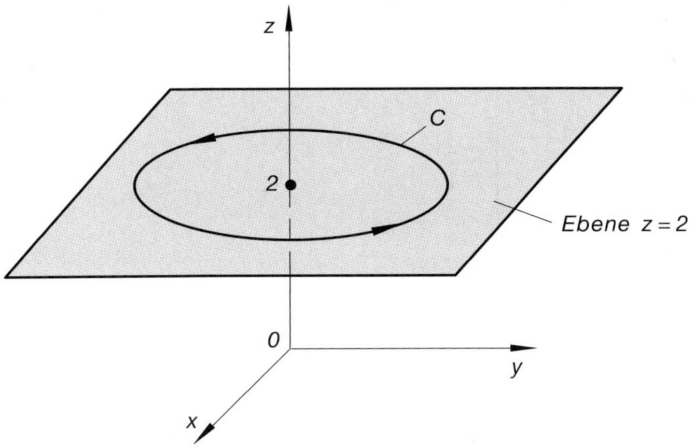

Bild I-185

14) Gegeben ist das Vektorfeld $\vec{F}(x; y; z) = \begin{pmatrix} \sin y \\ x \cdot \cos y + \sin z \\ y \cdot \cos z \end{pmatrix}$.

a) Zeigen Sie, daß es sich hierbei um ein *konservatives* Feld handelt.

b) Bestimmen Sie die zugehörige *Potentialfunktion* $\phi(x; y; z)$.

c) Berechnen Sie mit Hilfe des unter b) ermittelten Potentials das *Linien-* oder *Kurvenintegral* $\int\limits_C \vec{F} \cdot d\vec{r}$ für einen *beliebigen* Verbindungsweg C der beiden Punkte $P_1 = (0; 0; 0)$ und $P_2 = (5; \pi; 3\pi)$.

Zu Abschnitt 8

Hinweis: Bei einer *geschlossenen* Oberfläche ist die Flächennormale $\vec{N}$ stets nach *außen* gerichtet.

1) Berechnen Sie mit dem Vektorfeld $\vec{F} = \begin{pmatrix} 4y \\ x^2 \\ xz \end{pmatrix}$ das *Oberflächenintegral* $\iint\limits_{(A)} (\vec{F} \cdot \vec{N})\, dA$, wobei A das im *1. Oktant* gelegene Teilstück der Ebene mit der Gleichung $x + y + z = 1$ bedeutet (Flächennormale $\vec{N}$: normierter Gradient der Ebene $F(x; y; z) = x + y + z - 1 = 0$).

2) Gegeben ist das folgende *Geschwindigkeitsfeld* einer Flüssigkeit:

$$\vec{v}(x; y; z) = \vec{e}_y + z^2 \; \vec{e}_z$$

Berechnen Sie den *Fluß* dieses Feldes durch das in Bild I-186 skizzierte ebene Flächenstück A (Teil der Ebene $z = 2$; Flächennormale: $\vec{N} = \vec{e}_z$).

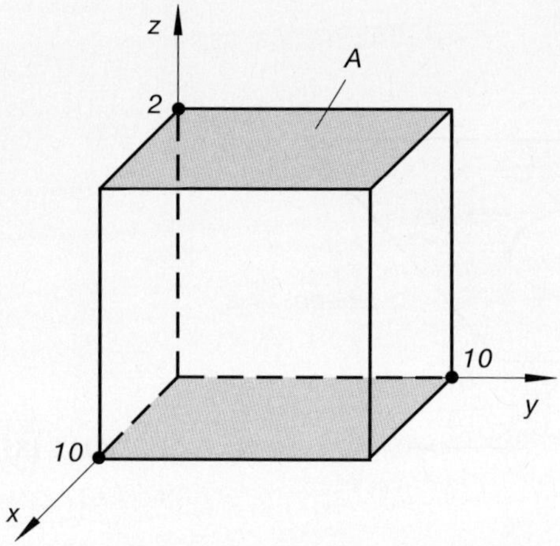

Bild I-186

3) Berechnen Sie den *Fluß* des Vektorfeldes $\vec{F} = \begin{pmatrix} x \\ y \\ xyz \end{pmatrix}$ durch die *geschlossene* Oberfläche des in Bild I-187 dargestellten Würfels.

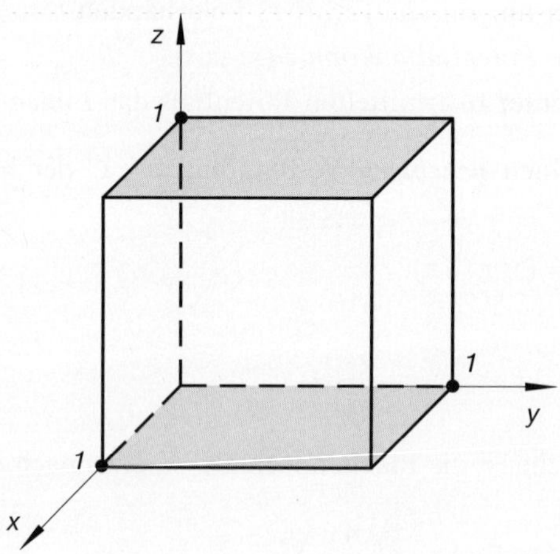

Bild I-187

4) Berechnen Sie das *Oberflächenintegral* des (räumlichen Vektorfeldes $\vec{F}(x; y; z) = y \; \vec{e}_x + x \; \vec{e}_y + x z \; \vec{e}_z$ über die in Bild I-188 skizzierte Teilfläche A eines Zylindermantels (Mantelfläche des Zylinders mit dem Radius $R = 4$ und der Höhe $H = 5$ im *1. Oktant*). Flächennormale $\vec{N}$: normierter Gradient der Mantelfläche. *Anleitung*: Verwenden Sie *Zylinderkoordinaten.*

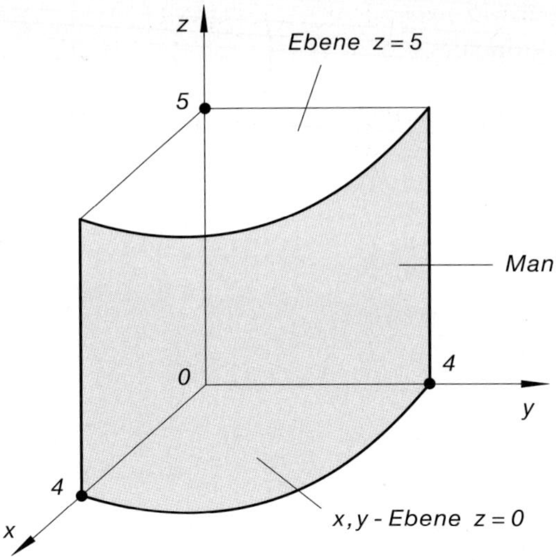

Bild I-188

5) Wie groß ist der *Fluß* des Vektorfeldes $\vec{F}(x; y; z) = \begin{pmatrix} xy \\ x \\ \sin z \end{pmatrix}$ durch die *geschlossene* Oberfläche des in Bild I-189 dargestellten Zylinders (Radius: $R = 1$; Höhe: $H = 3$)?

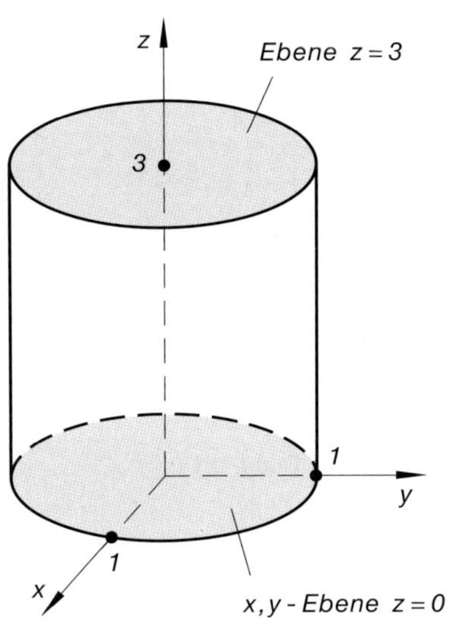

Bild I-189

6) Berechnen Sie den *Fluß* des Vektorfeldes $\vec{F}(x; y; z) = \begin{pmatrix} xy \\ z \\ -y \end{pmatrix}$ durch die *geschlossene* Oberfläche A der Halbkugel $x^2 + y^2 + z^2 = 1$, $z \geqslant 0$ (Bild I-190).

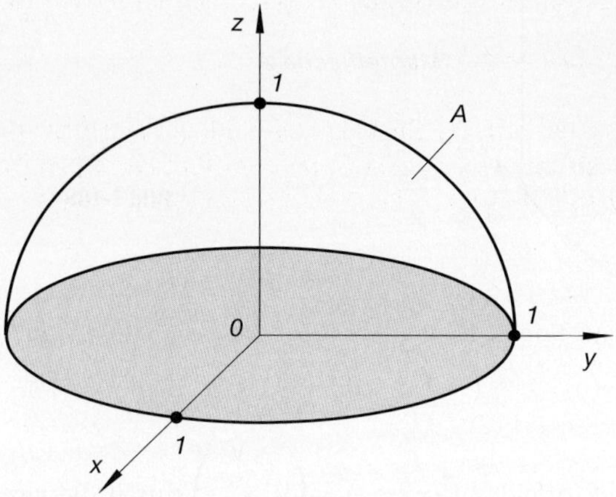

Bild I-190

7) Durch Rotation der Normalparabel $z = x^2$ um die z-Achse entsteht ein *Rotationsparaboloid*, dessen Mantel durch die Gleichung $z = x^2 + y^2$ beschrieben wird (Bild I-191). Berechnen Sie den *Flächeninhalt* M dieses Mantels bis zur Höhe $h = 2$.

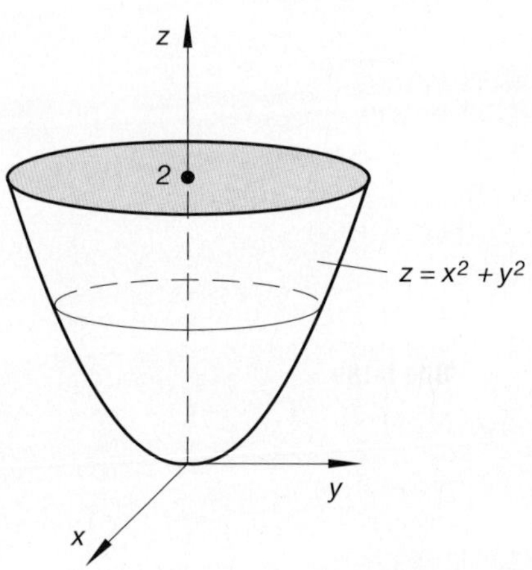

Bild I-191

Anleitung: Verwenden Sie als Flächenparameter zunächst die *kartesischen* Koordinaten x und y und gehen Sie dann bei der Berechnung des anfallenden Doppelintegrals zu *Polarkoordinaten* über.

8) Berechnen Sie den *Fluß* des Vektorfeldes $\vec{F}(x; y; z) = 2x\ \vec{e}_x - x\ \vec{e}_y + z\ \vec{e}_z$ durch die Oberfläche A der Kugel $x^2 + y^2 + z^2 = 25$.
Hinweis: Verwenden Sie *Kugelkoordinaten.*

9) Berechnen Sie den *Fluß* des in Zylinderkoordinaten dargestellten Vektorfeldes $\vec{F} = \frac{a}{\varrho}\ \vec{e}_\varrho$ $(\varrho > 0)$ durch die Oberfläche eines *koaxialen* Zylinders mit dem Radius R und der Höhe H (Zylinderachse = z-Achse).

10) Das *radialsymmetrische* Vektorfeld mit der (in *Kugelkoordinaten* gegebenen) Darstellung $\vec{F} = r^n\ \vec{e}_r$ $(n \in \mathbb{Z})$ durchflute eine *Kugelschale* vom Radius R (der Kugelmittelpunkt liege im Koordinatenursprung). Wie groß ist der *Vektorfluß*?

Zu Abschnitt 9

Hinweis: Bei einer *geschlossenen* Oberfläche ist die Flächennormale $\vec{N}$ stets nach *außen* gerichtet.

1) Berechnen Sie den *Fluß* des Vektorfeldes $\vec{F}(x; y; z) = xy\ \vec{e}_x + y^2\ \vec{e}_y + xz\ \vec{e}_z$ durch die (geschlossene) Oberfläche A des in Bild I-192 skizzierten Würfels unter Verwendung des *Gaußschen Integralsatzes.*

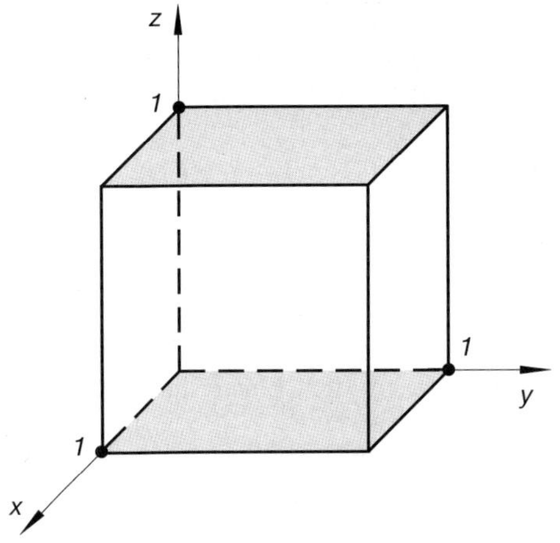

Bild I-192

2) Der in Bild I-193 dargestellte Zylinder mit dem Radius $R = 3$ wird durch die Parallelebenen $z = 0$ und $z = 2$ begrenzt. Wie groß ist der *Fluß* des Vektorfeldes $\vec{F}(x; y; z) = \begin{pmatrix} x^2 \\ -x \\ z^2 \end{pmatrix}$ durch die (geschlossene) Oberfläche des Zylinders? Verwenden Sie bei der Lösung dieser Aufgabe den *Integralsatz von Gauß.*

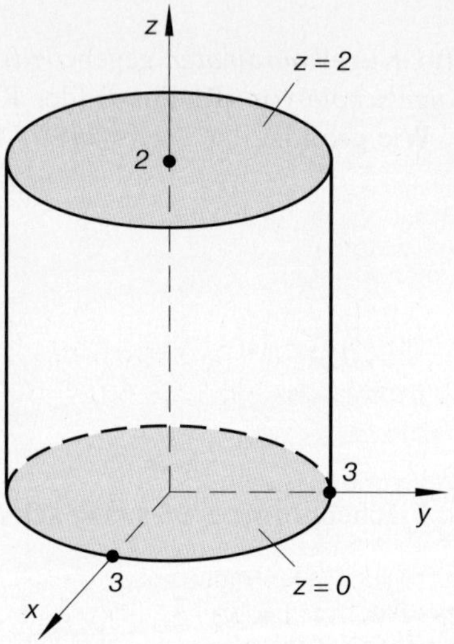

Bild I-193

3) Verifizieren Sie den *Gaußschen Integralsatz* für das Vektorfeld $\vec{F} = \begin{pmatrix} x^3 \\ y^3 \\ z^3 \end{pmatrix}$ und die Oberfläche A der Kugel $x^2 + y^2 + z^2 = R^2$.

4) Ein Vektorfeld $\vec{F}$ sei als *Rotation* eines weiteren Feldes $\vec{E}$ darstellbar: $\vec{F} = \text{rot } \vec{E}$. Dann *verschwindet* das Oberflächenintegral von $\vec{F}$ für *jede* geschlossene Fläche A, d.h. es gilt:

$$\oiint_{(A)} (\vec{F} \cdot \vec{N}) \, dA = \oiint_{(A)} (\text{rot } \vec{E}) \cdot \vec{N} \, dA = 0$$

Beweisen Sie diese Aussage mit Hilfe des *Gaußschen Integralsatzes.*

5) Verifizieren Sie den *Gaußschen Integralsatz* in der *Ebene* für das Vektorfeld $\vec{F}(x; y) = \begin{pmatrix} x^2 \\ x\,y \end{pmatrix}$ und die in Bild I-194 skizzierte Kreisfläche A mit der Randkurve C.

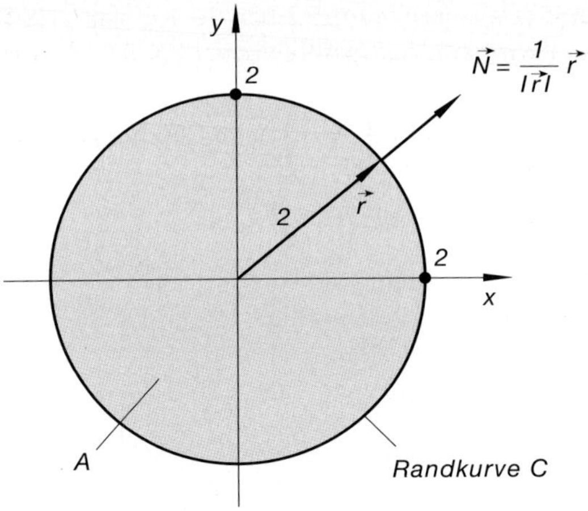

Bild I-194

6) *A* sei die Mantelfläche der Halbkugel $x^2 + y^2 + z^2 = 4$, $z \geqslant 0$ und *C* die (kreisförmige) Randkurve in der x, y-Ebene (Bild I-195). Berechnen Sie den *Wirbelfluß* des Vektorfeldes $\vec{F}(x; y; z) = \begin{pmatrix} -y^3 \\ y z^2 \\ y^2 z \end{pmatrix}$ durch diese Fläche auf zwei *verschiedene* Arten mit Hilfe des *Integralsatzes von Stokes* (die Flächennormale $\vec{N}$ ist nach *außen* gerichtet, die Randkurve *C* wird im *Gegenuhrzeigersinn* durchlaufen).

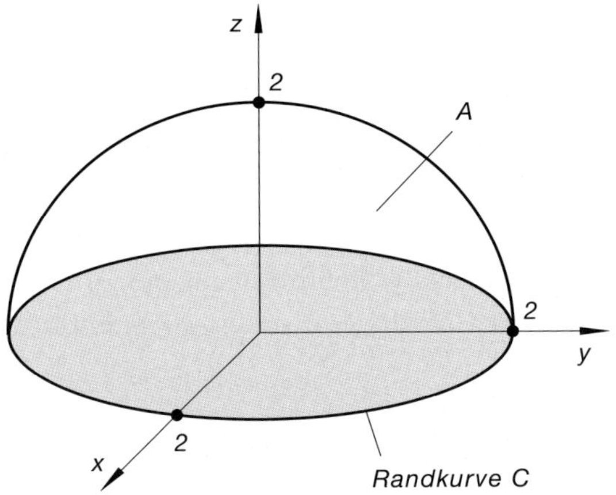

Bild I-195

7) Bild I-196 zeigt den im *1. Oktant* gelegenen Teil der Ebene $x + y + z = 2$. Dieses dreieckige ebene Flächenstück A wird von der (geschlossenen) Kurve C berandet.

Berechnen Sie mit dem Vektorfeld $\vec{F}(x; y; z) = \begin{pmatrix} x \\ xz \\ y \end{pmatrix}$ das *Kurvenintegral* $\int\limits_C \vec{F} \cdot d\vec{r}$ unter Verwendung des *Stokes'schen Integralsatzes.*

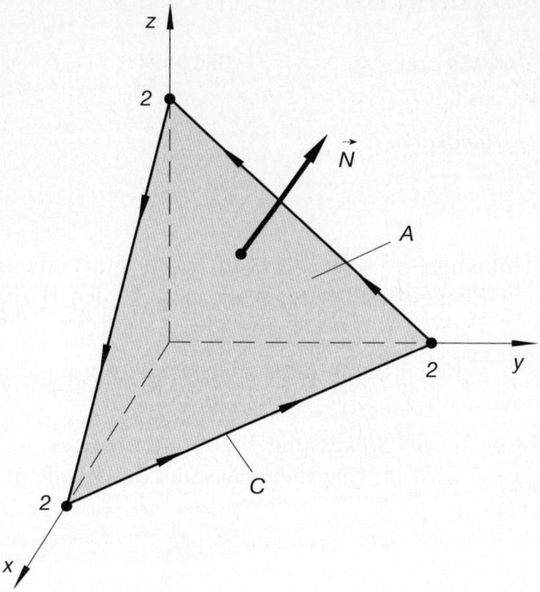

Bild I-196

8) Ein Vektorfeld besitze in *Kugelkoordinaten* die folgende Darstellung:

$$\vec{F}(r; \vartheta; \varphi) = (r^2 \cdot \cos \varphi)\ \vec{e}_\vartheta$$

a) *Begründen* Sie, warum der Vektorfluß durch eine Kugelschale mit dem Radius R *verschwindet* (Kugelmittelpunkt = Koordinatenursprung).

b) Bestätigen Sie diese Aussage mit Hilfe des *Integralsatzes von Stokes.*

9) Gegeben ist das Vektorfeld $\vec{F} = \begin{pmatrix} -y \\ 2x \\ z \end{pmatrix}$ und die Halbkugel $x^2 + y^2 + z^2 = 9$, $z > 0$. Berechnen Sie das *Oberflächenintegral* $\iint\limits_{(A)} (\vec{\nabla} \times \vec{F}) \cdot \vec{N}\ dA$

a) auf *direktem* Wege,

b) mit Hilfe des *Integralsatzes von Stokes.*

(A: Mantelfläche der angegebenen Halbkugel mit kreisförmiger Randkurve in der x, y-Ebene; Orientierung von Fläche und Randkurve wie in Aufgabe 6, vgl. hierzu auch Bild I-195).

II Wahrscheinlichkeitsrechnung

1 Hilfsmittel aus der Kombinatorik

Wir beschäftigen uns in diesem Abschnitt mit den *Permutationen, Kombinationen* und *Variationen.* Diese aus der Kombinatorik stammenden Abzählmethoden sind ein wichtiges Hilfsmittel bei der Lösung zahlreicher Probleme in der Wahrscheinlichkeitsrechnung und Statistik und lassen sich in sehr anschaulicher Weise anhand des *Urnenmodells* einführen.

1.1 Urnenmodell

In einer Urne befinden sich n *verschiedene* Kugeln, die sich z. B. in ihrer *Farbe* voneinander unterscheiden. Wir wollen uns dann in den nächsten Teilabschnitten mit den folgenden, in der Wahrscheinlichkeitsrechnung häufig vorkommenden Fragestellungen beschäftigen:

1. Auf wieviel *verschiedene* Arten lassen sich diese Kugeln anordnen? Dies führt uns zu dem Begriff „*Permutation*".
2. Aus der Urne werden *nacheinander* k Kugeln gezogen, wobei wir noch die folgenden Fälle unterscheiden müssen:

   a) Ziehung ohne Zurücklegen (Bild II-1):

   Die jeweils gezogene Kugel wird *nicht* in die Urne zurückgelegt und scheidet somit für alle weiteren Ziehungen aus. Jede der n Kugeln kann also nur *einmal* gezogen werden.

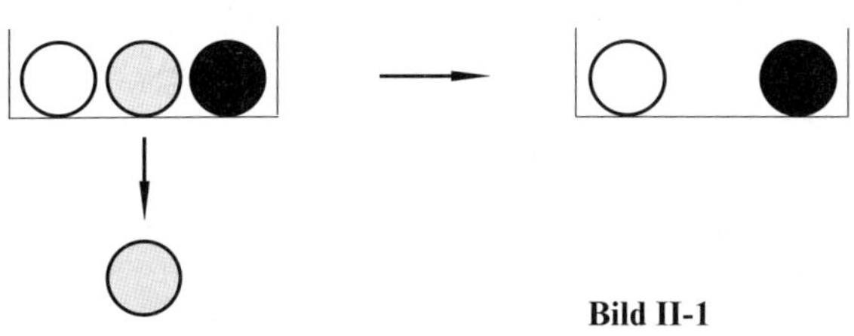

Bild II-1
Ziehung einer Kugel *ohne* Zurücklegen

b) Ziehung mit Zurücklegen (Bild II-2):

Jede Kugel darf *mehrmals* verwendet werden, d.h. daß jede gezogene Kugel *vor* der nächsten Ziehung in die Urne *zurückgelegt* wird und somit bei der nachfolgenden Ziehung abermals gezogen werden kann.

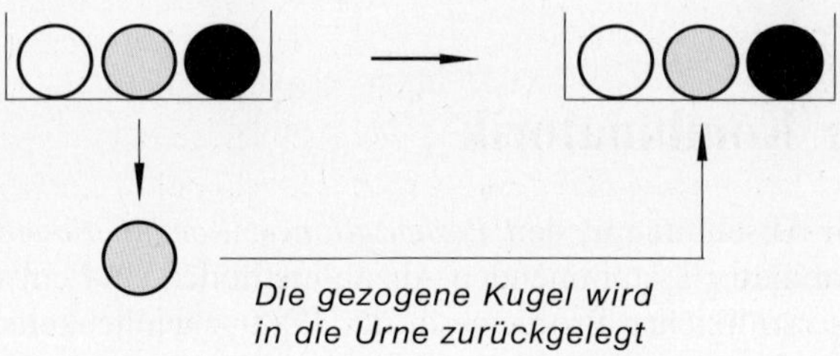

Bild II-2
Ziehung einer Kugel *mit* Zurücklegen

In beiden Fällen unterscheiden wir ferner, ob die *Reihenfolge* der Ziehung berücksichtigt werden soll oder nicht. Wir stoßen so auf die Begriffe „*Variation*" und „*Kombination*".

In der *Statistik* wird eine solche *zufällige* Entnahme von k Kugeln als *Stichprobe* vom Umfang k bezeichnet[1]. Sie heißt *geordnet*, wenn die *Reihenfolge*, in der die Stichprobenelemente (hier: Kugeln) gezogen werden, *berücksichtigt* wird. Spielt die Reihenfolge jedoch *keine* Rolle, so liegt eine *ungeordnete* Stichprobe vor.

1.2 Permutationen

Wir beschäftigen uns zunächst mit dem folgenden Problem:

In einer Urne befinden sich n *verschiedenfarbige* Kugeln. Auf wieviel verschiedene Arten lassen sich diese Kugeln (beispielsweise nebeneinander) anordnen?

Wir beginnen mit einem einfachen Beispiel.

■ **Beispiel**

Drei *verschiedenfarbige* Kugeln, z.B. je eine weiße, graue und schwarze Kugel, lassen sich auf genau 6 *verschiedene* Arten wie folgt anordnen (Bild II-3):

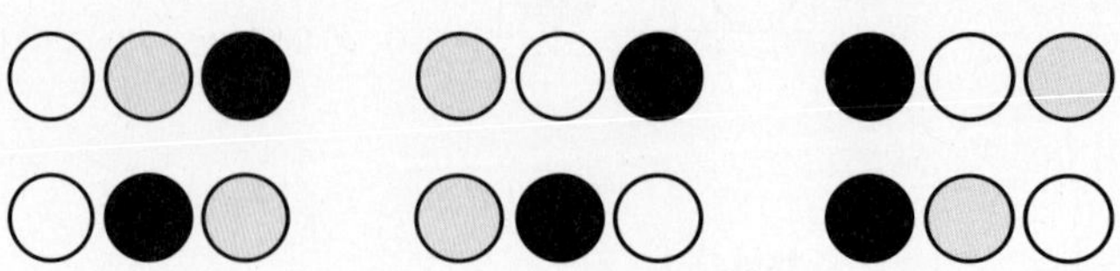

Bild II-3 Drei verschiedenfarbige Kugeln lassen sich auf sechs verschiedene Arten (nebeneinander) anordnen ■

---

[1] Der in der Statistik grundlegende Begriff „*Stichprobe aus einer Grundgesamtheit*" wird in Kap. III, Abschnitt 1.2 noch ausführlich erörtert.

Allgemein heißt eine Anordnung von n *verschiedenen* Elementen (Kugeln) in einer bestimmten Reihenfolge eine *Permutation* der n Elemente (Kugeln). *Wie viele* Möglichkeiten gibt es dann, n *verschiedene* Elemente (Kugeln) anzuordnen? Wie groß ist somit die *Anzahl* der Permutationen von n Elementen?

Wir lösen dieses Problem nun wie folgt:

Es sind n Plätze vorhanden, die wir in der üblichen Weise von 1 bis n durchnumerieren, und n *verschiedene* Kugeln, mit denen wir diese Plätze besetzen wollen. Den Platz Nr. 1 können wir mit *jeder* der n Kugeln belegen. Ist diese Stelle jedoch einmal besetzt, so bleiben für die Besetzung des 2. Platzes nur noch $n - 1$ Möglichkeiten. Denn *jede* der $n - 1$ übriggebliebenen Kugeln kann diesen Platz einnehmen. Ist schließlich auch dieser Platz besetzt, so bleiben für die Besetzung des 3. Platzes nur noch $n - 2$ Möglichkeiten übrig u.s.w.. Für die Besetzung der Plätze $1, 2, 3, \ldots, n$ gibt es daher der Reihe nach $n, n - 1, n - 2, \ldots, 1$ Möglichkeiten. Bild II-4 verdeutlicht diese Aussage.

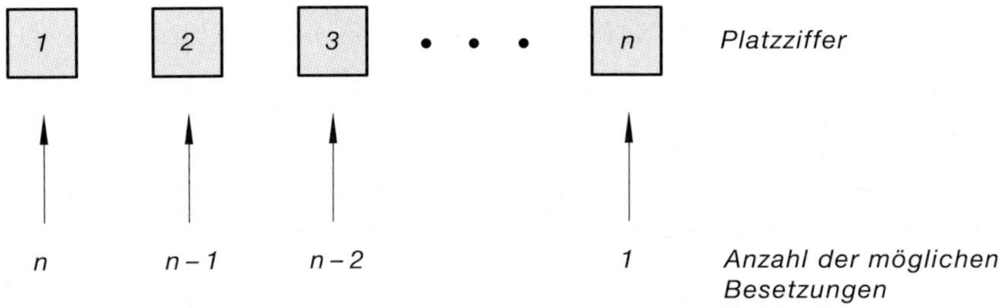

Bild II-4 Besetzungsmöglichkeiten für die verschiedenen Plätze

Die *Anzahl* der Permutationen von n *verschiedenen* Kugeln (oder allgemein: von n *verschiedenen* Elementen) ist daher

$$P(n) = n(n-1)(n-2)\ldots 1 = n! \qquad \text{(II-1)}$$

Befinden sich jedoch unter den n Kugeln n_1 *gleiche* (z.B. n_1 schwarze Kugeln), so fallen alle jene Anordnungen zusammen, die durch *Vertauschungen* der gleichen Kugeln *untereinander* hervorgehen (alle übrigen Kugeln behalten dabei ihre Plätze). Bild II-5 verdeutlicht dies für eine Anordnung von 5 Kugeln, unter denen sich 3 *gleiche* (nämlich schwarze) Kugeln befinden. Werden diese *untereinander* vertauscht, was auf genau $P(3) = 3! = 6$ *verschiedene* Arten möglich ist, so entstehen dabei *keine* neuen Anordnungen.

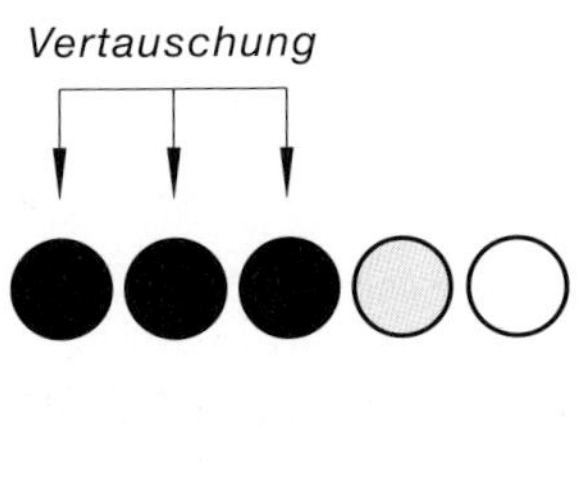

Bild II-5

Durch Vertauschung der schwarzen Kugeln untereinander entstehen *keine* neuen Anordnungen

Bei n_1 *gleichfarbigen* Kugeln gibt es somit $P(n_1) = n_1!$ *verschiedene* Möglichkeiten, diese *untereinander* zu vertauschen. Daher gibt es genau

$$P(n; n_1) = \frac{P(n)}{P(n_1)} = \frac{n!}{n_1!} \qquad \text{(II-2)}$$

verschiedene Anordnungsmöglichkeiten für n Kugeln, unter denen sich n_1 *gleiche* Kugeln befinden.

Analog läßt sich zeigen: Die *Anzahl* der verschiedenen Permutationen von n Kugeln, unter denen sich jeweils $n_1, n_2, \ldots, n_k$ *gleiche* befinden, ist

$$P(n; n_1, n_2, \ldots, n_k) = \frac{n!}{n_1!\, n_2! \ldots n_k!} \qquad \text{(II-3)}$$

$(n_1 + n_2 + \ldots + n_k = n)$[2].

Wir fassen diese Ergebnisse nun in etwas allgemeinerer Form wie folgt zusammen:

Permutationen von *n* Kugeln (Elementen)

Jede mögliche *Anordnung* von n Kugeln (Elementen) heißt eine *Permutation* der n Kugeln (Elemente). Die *Anzahl* der Permutationen hängt dabei noch davon ab, ob alle n Kugeln (Elemente) voneinander *verschieden* sind oder ob gewisse Kugeln (Elemente) unter ihnen *mehrmals* auftreten:

1. Alle n Kugeln (Elemente) sind voneinander *verschieden*. Die *Anzahl* der Permutationen ist dann

$$P(n) = n! \qquad \text{(II-4)}$$

2. Unter den n Kugeln (Elementen) befinden sich jeweils $n_1, n_2, \ldots, n_k$ einander *gleiche*. Es gibt dann

$$P(n; n_1, n_2, \ldots, n_k) = \frac{n!}{n_1!\, n_2! \ldots n_k!} \qquad \text{(II-5)}$$

verschiedene Anordnungsmöglichkeiten für die n Kugeln (Elemente) $(n_1 + n_2 + \ldots + n_k = n$ und $k \leqslant n)$.

[2] Die n Kugeln zerfallen somit in k *verschiedene* Klassen, wobei die Kugeln einer jeden Klasse *gleichfarbig* sind. Es treten somit nur $k \leqslant n$ *verschiedene* Farben auf.

■ **Beispiele**

(1) Auf einem Regal sollen 5 *verschiedene* Gegenstände angeordnet werden. Es gibt dann

$$P(5) = 5! = 120$$

verschiedene Anordnungsmöglichkeiten (Permutationen).

(2) Wir betrachten 6 Kugeln, darunter 3 weiße, 2 graue und 1 schwarze Kugel (Bild II-6):

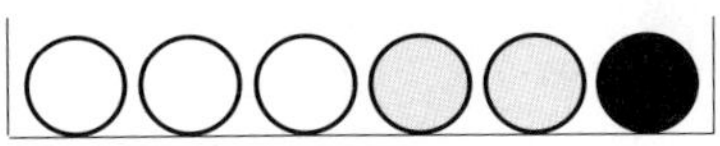

Bild II-6

Es gibt dann genau

$$P(6; 3, 2, 1) = \frac{6!}{3!\,2!\,1!} = 60$$

verschiedene Anordnungsmöglichkeiten (Permutationen). ■

1.3 Kombinationen

Kombinationen ohne Wiederholung

Einer Urne mit n *verschiedenen* Kugeln entnehmen wir nacheinander k Kugeln *ohne* Zurücklegen. Die Reihenfolge der gezogenen Kugeln soll dabei *ohne* Bedeutung sein, bleibt also *unberücksichtigt*. Eine solche *ungeordnete* Stichprobe von k Kugeln (oder allgemein: von k Elementen) heißt eine *Kombination k-ter Ordnung ohne Wiederholung* [3].

■ **Beispiel**

Befinden sich in einer Urne drei *verschiedenfarbige* Kugeln (z. B. je eine weiße, graue und schwarze Kugel) und ziehen wir nacheinander wahllos zwei Kugeln *ohne* Zurücklegen, so ist z. B. die folgende Ziehung eine von mehreren *möglichen* (Bild II-7):

Bild II-7

[3] Jede Kugel darf nur *einmal* verwendet werden und kann somit in der Stichprobe *höchstens einmal* vertreten sein.

Spielt dabei die Reihenfolge, in der die beiden Kugeln gezogen werden, *keine* Rolle, so wird diese Ziehung *nicht* von der folgenden Ziehung unterschieden (Bild II-8):

Bild II-8

Die beiden Stichproben (Anordnungen) unterscheiden sich lediglich in der *Reihenfolge* ihrer Elemente und werden daher als *ungeordnete* Stichproben oder Kombinationen 2. Ordnung *nicht* unterschieden. ■

Die Fragestellung lautet jetzt: Auf wieviel *verschiedene* Arten lassen sich k Kugeln aus einer Urne mit n verschiedenen Kugeln *ohne* Zurücklegen und *ohne* Berücksichtigung der Reihenfolge ziehen? Wie groß ist somit die *Anzahl* der Kombinationen k-ter Ordnung *ohne* Wiederholung bei n verschiedenen Kugeln (Elementen)?

Zur Klärung dieser Frage ordnen wir die n verschiedenen Kugeln $a_1, a_2, \ldots, a_n$ zunächst in einer Reihe an und kennzeichnen dann diejenigen k Kugeln, die wir *gezogen* haben, durch die Zahl 0, alle übrigen $n - k$ Kugeln durch die Zahl 1 (Bild II-9):

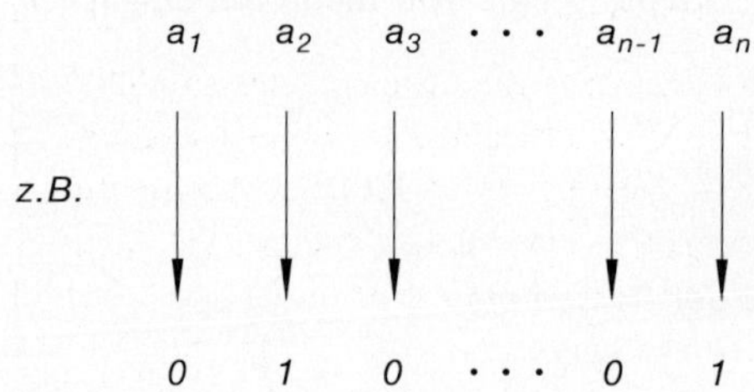

Bild II-9
Eine gezogene Kugel kennzeichnen wir durch die Zahl „0", alle übrigen Kugeln durch die Zahl „1"

In dieser Anordnung tritt somit die Zahl 0 genau *k-mal* und die Zahl 1 genau ($n - k$)-*mal* auf. Wir können nun unsere Fragestellung auch wie folgt formulieren:

Wieviel verschiedene Anordnungsmöglichkeiten gibt es für die insgesamt n Zahlen, unter denen *k-mal* die Zahl 0 und ($n - k$)-*mal* die Zahl 1 vorkommt?

Offensichtlich handelt es sich dabei um die *Permutationen* von n Zahlen, die sich in *zwei* Klassen wie folgt aufteilen lassen (Bild II-10):

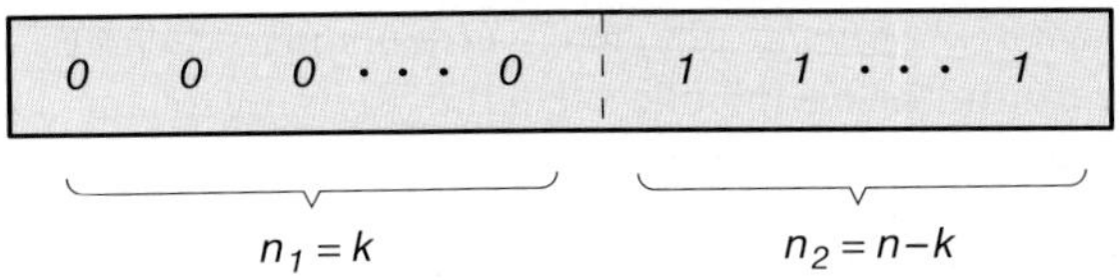

Bild II-10

Daher gibt es nach Gleichung (II-5) genau

$$C(n;k) = P(n;k, n-k) = \frac{n!}{k!\,(n-k)!} = \binom{n}{k} \qquad \text{(II-6)}$$

verschiedene Möglichkeiten, aus einer Urne mit n *verschiedenen* Kugeln k Kugeln *ohne* Zurücklegen und *ohne* Berücksichtigung der Reihenfolge herauszugreifen.

Kombinationen mit Wiederholungen

Darf jedoch *jede* der n verschiedenen Kugeln *mehrmals* verwendet werden, so erhält man *Kombinationen k-ter Ordnung mit Wiederholung*[4]. Ihre *Anzahl* ist

$$C_w(n;k) = \binom{n+k-1}{k} \qquad \text{(II-7)}$$

Dabei ist zu beachten, daß k jetzt auch *größer* als n sein kann. Auf die Herleitung dieser Formel soll verzichtet werden.

Wir fassen die bisherigen Ergebnisse wiederum in etwas allgemeinerer Form wie folgt zusammen:

Kombinationen *k*-ter Ordnung mit und ohne Wiederholung

Aus einer Urne mit n verschiedenen Kugeln (Elementen) werden nacheinander k Kugeln (Elemente) entnommen (mit *oder* ohne Zurücklegen), wobei die Reihenfolge der Ziehung *unberücksichtigt* bleibt. Die gezogenen k Kugeln (Elemente) bilden dann (in *beliebiger* Reihenfolge angeordnet) eine sog. *Kombination k-ter Ordnung*. Die *Anzahl* der möglichen Kombinationen k-ter Ordnung hängt dabei noch davon ab, ob die Ziehung der Kugeln (Elemente) *mit* oder *ohne* Zurücklegen erfolgt, d.h. ob eine Kugel (ein Element) *mehrmals* oder *höchstens einmal* verwendet werden darf. Wir unterscheiden daher zwischen Kombinationen k-ter Ordnung *mit* und *ohne* Wiederholung.

---

[4] Jede gezogene Kugel wird dabei *vor* der nächsten Ziehung in die Urne *zurückgelegt* und hat somit die Chance, *mehrmals* gezogen zu werden (Ziehung *mit* Zurücklegen).

1. Kombinationen *k*-ter Ordnung ohne Wiederholung

Die Ziehung der k Kugeln (Elemente) erfolgt *ohne* Zurücklegen. Jede Kugel (jedes Element) kann also *höchstens einmal* gezogen werden und scheidet somit nach erfolgter Ziehung automatisch für alle weiteren Ziehungen aus. Die *Anzahl* der Kombinationen k-ter Ordnung *ohne* Wiederholung beträgt dann

$$C(n; k) = \binom{n}{k} \qquad (k \leqslant n) \tag{II-8}$$

2. Kombinationen *k*-ter Ordnung mit Wiederholung

Die Ziehung der k Kugeln (Elemente) erfolgt *mit* Zurücklegen. Jede Kugel (jedes Element) kann also *mehrmals* gezogen werden. Es gibt dann genau

$$C_w(n; k) = \binom{n+k-1}{k} \tag{II-9}$$

verschiedene Kombinationen k-ter Ordnung *mit* Wiederholung, wobei auch $k > n$ sein kann.

Anmerkung

Bei *Kombinationen* findet also die Reihenfolge oder Anordnung der Elemente grundsätzlich *keine* Berücksichtigung. Sie können daher auch als *ungeordnete* Stichproben aufgefaßt werden, die man einer sog. *Grundgesamtheit* mit n Elementen entnommen hat. Die Urne mit ihren n verschiedenen Kugeln liefert ein sehr anschauliches *Modell* für eine solche Grundgesamtheit [5)].

■ **Beispiele**

(1) Einer Warenlieferung von 12 Glühbirnen soll zu Kontrollzwecken eine *Stichprobe* von 3 Glühbirnen entnommen werden. Wieviel *verschiedene* Stichproben sind dabei möglich?

Lösung:

Da es bei dieser (ungeordneten) Stichprobe auf die Reihenfolge der gezogenen Glühbirnen *nicht* ankommt und die Ziehung (wie in der Praxis allgemein üblich) *ohne* Zurücklegen erfolgt, gibt es genau

$$C(12; 3) = \binom{12}{3} = \frac{12 \cdot 11 \cdot 10}{1 \cdot 2 \cdot 3} = 220$$

verschiedene Möglichkeiten, aus 12 Glühbirnen 3 auszuwählen (*Kombinationen 3. Ordnung* von 12 Elementen *ohne* Wiederholung).

5) Der Begriff „Grundgesamtheit" wird in Kap. III, Abschnitt 1.2 näher erläutert.

(2) Für die in Bild II-11 dargestellte *Parallelschaltung* dreier Widerstände stehen uns insgesamt 5 *verschiedene* ohmsche Widerstände $R_1, R_2, \ldots, R_5$ zur Verfügung. Wieviel *verschiedene* Schaltmöglichkeiten gibt es, wenn jeder der 5 Widerstände

a) höchstens *einmal*,

b) *mehrmals*, d. h. hier bis zu dreimal

verwendet werden darf?

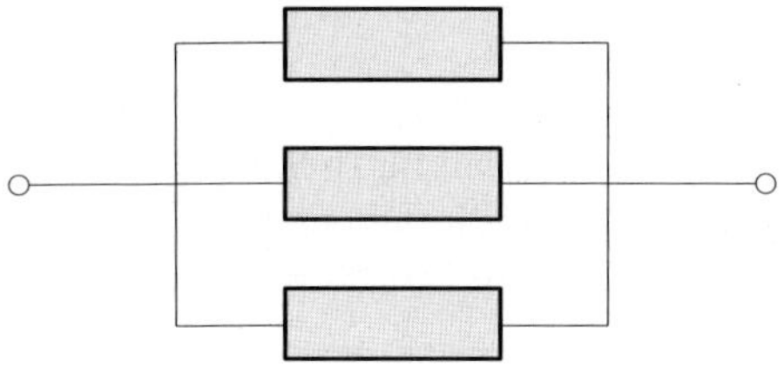

Bild II-11
Parallelschaltung dreier Widerstände

Lösung:

Aus 5 Widerständen müssen wir 3 Widerstände auswählen, wobei die Anordnung (Reihenfolge) im Schaltkreis *keine* Rolle spielt. Es handelt sich also um *Kombinationen* 3. Ordnung von 5 Elementen (Widerständen)[6].

a) Da jeder Widerstand nur *einmal* verwendet werden darf, haben wir es hier mit Kombinationen 3. Ordnung *ohne* Wiederholung zu tun. In diesem Fall gibt es somit

$$C(5;3) = \binom{5}{3} = \frac{5 \cdot 4 \cdot 3}{1 \cdot 2 \cdot 3} = 10$$

verschiedene Parallelschaltungen.

b) Jeder Widerstand kann bis zu *dreimal* verwendet werden. Es handelt sich daher diesmal um Kombinationen 3. Ordnung *mit* Wiederholung. Wir haben somit

$$C_w(5;3) = \binom{5+3-1}{3} = \binom{7}{3} = \frac{7 \cdot 6 \cdot 5}{1 \cdot 2 \cdot 3} = 35$$

verschiedene Möglichkeiten für eine Parallelschaltung aus drei Widerständen.

■

[6] Der Gesamtwiderstand ist *unabhängig* von der Reihenfolge, in der die Einzelwiderstände geschaltet werden.

1.4 Variationen

Variationen ohne Wiederholung

Wir gehen von den gleichen Überlegungen aus wie im vorangegangenen Abschnitt, *berücksichtigen* diesmal jedoch die *Reihenfolge*, in der wir die k Kugeln aus der Urne entnommen haben. Eine solche *geordnete* Stichprobe von k Kugeln heißt dann eine *Variation k-ter Ordnung ohne Wiederholung*, wenn die Ziehung *ohne* Zurücklegen der Kugeln erfolgte. Jede der n verschiedenen Kugeln ist in solch einer Anordnung also *höchstens einmal* vertreten.

■ **Beispiel**

In einer Urne befinden sich je eine weiße, graue und schwarze Kugel. Wir ziehen nacheinander zwei Kugeln *ohne* Zurücklegen und vergleichen die beiden folgenden *möglichen* Ergebnisse miteinander (Bild II-12):

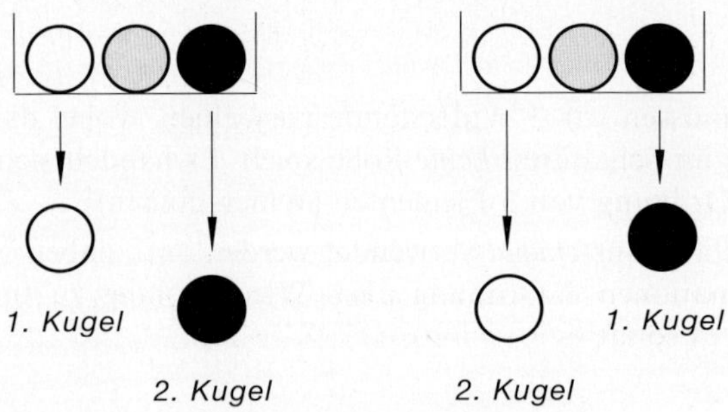

Bild II-12
Ziehung zweier Kugeln *ohne* Zurücklegen

Unter *Berücksichtigung* der Reihenfolge der gezogenen Kugeln notieren wir das Ergebnis der beiden Experimente wie folgt:

1. Experiment: ○●
2. Experiment: ●○

Die beiden Anordnungen unterscheiden sich lediglich in der *Reihenfolge* ihrer Elemente und werden daher *definitionsgemäß* als zwei *verschiedene* Variationen 2. Ordnung *ohne* Wiederholung betrachtet. ■

Die Fragestellung lautet jetzt allgemein: Auf *wieviel verschiedene* Arten lassen sich k Kugeln *ohne* Zurücklegen, aber unter *Berücksichtigung* der Reihenfolge ziehen? Wie groß ist somit die *Anzahl* der Variationen k-ter Ordnung *ohne* Wiederholung bei n Elementen?

Bei der Lösung dieses Problems gehen wir zunächst von einer *beliebigen* Kombination k-ter Ordnung *ohne* Wiederholung aus. Sie enthält genau k verschiedene Kugeln, die wir der Reihe nach mit $a_1, a_2, \ldots, a_k$ bezeichnen, in einer beliebigen Anordnung, z.B.

$$a_1 \, a_2 \, a_3 \ldots a_k$$

Da sich die k Kugeln auf $k!$ verschiedene Arten *permutieren* lassen, erhalten wir aus dieser Kombination genau $k!$ *Variationen.* Dies aber gilt für *jede* Kombination k-ter Ordnung. Somit ist

$$V(n; k) = k! \; C(n; k) = k! \frac{n!}{k!(n-k)!} = \frac{n!}{(n-k)!} \qquad \text{(II-10)}$$

die *Anzahl* der möglichen Variationen k-ter Ordnung *ohne* Wiederholung.

Variationen mit Wiederholung

Darf dagegen jede der insgesamt n verschiedenen Kugeln in der Urne *mehrmals* verwendet werden, so erhält man *Variationen k-ter Ordnung mit Wiederholung.* Jede gezogene Kugel muß daher *vor* der nächsten Ziehung in die Urne *zurückgelegt* werden (Ziehung *mit* Zurücklegen). Die *Anzahl* der Variationen k-ter Ordnung beträgt in diesem Fall

$$V_w(n; k) = n^k \qquad \text{(II-11)}$$

Denn wir können *jeden* der k Plätze in einer solchen Anordnung mit *jeder* der n verschiedenen Kugeln belegen, da Mehrfachziehung jetzt *zulässig* ist (Bild II-13):

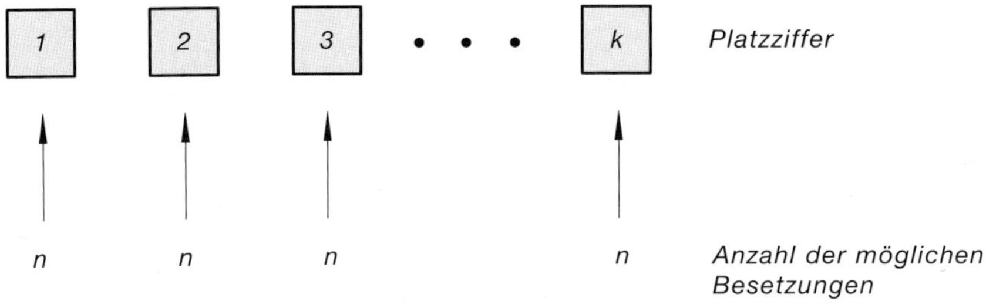

Bild II-13 Besetzungsmöglichkeiten für die k vorhandenen Plätze

Somit gibt es genau

$$\underbrace{n \cdot n \cdot n \ldots n}_{k\text{-mal}} = n^k \qquad \text{(II-12)}$$

verschiedene Anordnungen.

Wir fassen die Ergebnisse in etwas allgemeinerer Form wie folgt zusammen:

Variationen k-ter Ordnung mit und ohne Wiederholung

Aus einer Urne mit n verschiedenen Kugeln (Elementen) werden nacheinander k Kugeln (Elemente) entnommen und in der Reihenfolge ihrer Ziehung angeordnet. Sie bilden eine sog. *Variation k-ter Ordnung*. Die *Anzahl* der möglichen Variationen k-ter Ordnung hängt dabei noch davon ab, ob die Ziehung der Kugeln (Elemente) *mit* oder *ohne* Zurücklegen erfolgt, d.h. ob eine Kugel (ein Element) *mehrmals* oder *höchstens einmal* verwendet werden darf. Wir unterscheiden daher zwischen Variationen k-ter Ordnung *mit* und *ohne* Wiederholung.

1. Variationen k-ter Ordnung ohne Wiederholung

Die Ziehung der k Kugeln (Elemente) erfolgt *ohne* Zurücklegen. *Jede* Kugel (*jedes* Element) kann also *höchstens einmal* gezogen werden und scheidet somit für alle weiteren Ziehungen aus. Die *Anzahl* der Variationen k-ter Ordnung *ohne* Wiederholung beträgt dann

$$V(n; k) = \frac{n!}{(n-k)!} \qquad (k \leqslant n) \qquad \text{(II-13)}$$

2. Variationen k-ter Ordnung mit Wiederholung

Die Ziehung der k Kugeln (Elemente) erfolgt *mit* Zurücklegen. *Jede* Kugel (*jedes* Element) kann also *mehrmals* gezogen werden. Es gibt dann genau

$$V_w(n; k) = n^k \qquad \text{(II-14)}$$

verschiedene Variationen k-ter Ordnung *mit* Wiederholung, wobei auch $k > n$ sein darf.

Anmerkungen

(1) *Variationen* unterscheiden sich somit von *Kombinationen* grundsätzlich dadurch, daß die *Reihenfolge* oder *Anordnung* der Elemente *berücksichtigt* wird. Sie können daher auch als *geordnete* Stichproben aufgefaßt werden, die einer sog. Grundgesamtheit mit n Elementen entnommen wurden.

(2) *Variationen k-ter Ordnung* werden häufig auch als *Kombinationen k-ter Ordnung unter Berücksichtigung der Anordnung* bezeichnet.

■ **Beispiele**

(1) Beim Pferdetoto muß in der sog. *Dreierwette* der Zieleinlauf der ersten drei Pferde in der richtigen Reihenfolge vorausgesagt werden. Wieviel *verschiedene* Dreier-Wetten sind möglich, wenn 10 Pferde starten?

Lösung:

Drei der zehn Pferde erreichen in einer bestimmten Reihenfolge als erste das Ziel. Es handelt sich in diesem Beispiel somit um *Variationen 3. Ordnung* von 10 Elementen *ohne* Wiederholung. Daher gibt es

$$V(10;3) = \frac{10!}{(10-3)!} = \frac{10!}{7!} = 8 \cdot 9 \cdot 10 = 720$$

verschiedene Dreier-Wetten.

(2) Beim gleichzeitigen Wurf zweier *unterschiedlich* gekennzeichneter homogener Würfel interessieren wir uns für die dabei auftretenden *Augenpaare.* Wieviel *verschiedene* Augenpaare sind möglich?

Lösung:

Als *Augenzahlen* eines jeden der beiden Würfel kommen die Zahlen 1, 2, 3, 4, 5 und 6 infrage. Bei den *Augenpaaren* $(i; j)$ handelt es sich dann um *geordnete* Zahlenpaare, da die Würfel *unterschiedlich* gekennzeichnet sind (z. B. ein weißer und ein schwarzer Würfel) und somit um *Variationen 2. Ordnung* der 6 Zahlen 1 bis 6 *mit* Wiederholung. Es gibt daher

$$V_w(6;2) = 6^2 = 36$$

verschiedene Augenpaare, nämlich

$$\begin{array}{l} (1;1), (1;2), (1;3), \ldots, (1;6) \\ (2;1), (2;2), (2;3), \ldots, (2;6) \\ \vdots \\ (6;1), (6;2), (6;3), \ldots, (6;6) \end{array}$$

(3) Aus den Ziffern 1 bis 9 sollen *dreistellige* Zahlen gebildet werden. Wieviele Möglichkeiten gibt es, wenn jede Ziffer nur *einmal* verwendet werden darf?

Lösung:

9 Ziffern werden auf 3 Plätze verteilt, wobei jede Ziffer nur *einmal* verwendet werden darf und die Anordnung der Ziffern von Bedeutung ist. Es handelt sich also um *Variationen 3. Ordnung ohne Wiederholung.* Ihre Anzahl beträgt

$$V(9;3) = \frac{9!}{(9-3)!} = \frac{9!}{6!} = \frac{6! \cdot 7 \cdot 8 \cdot 9}{6!} = 7 \cdot 8 \cdot 9 = 504$$

■

1.5 Tabellarische Zusammenstellung der wichtigsten Formeln

Ungeordnete Stichproben sind *Kombinationen*, *geordnete* Stichproben dagegen *Variationen*. Tabelle 1 zeigt den Zusammenhang zwischen den *Stichproben* einerseits und den *Kombinationen* und *Variationen* andererseits und enthält eine Zusammenstellung wichtiger Formeln aus der Kombinatorik, die sich in der Wahrscheinlichkeitsrechnung und Statistik als sehr nützlich erweisen.

Tabelle 1: Hilfreiche Formeln aus der Kombinatorik

	ohne Wiederholung	mit Wiederholung	
Kombinationen k-ter Ordnung	$C(n; k) = \binom{n}{k}$	$C_w(n; k) = \binom{n+k-1}{k}$	ungeordnete Stichproben
Variationen k-ter Ordnung	$V(n; k) = \frac{n!}{(n-k)!}$	$V_w(n; k) = n^k$	geordnete Stichproben
	Ziehung ohne Zurücklegen	Ziehung mit Zurücklegen	

2 Grundbegriffe

2.1 Einführende Beispiele

Wir beginnen mit drei einfachen Beispielen, die uns durch das gesamte Kapitel begleiten werden.

Standardbeispiel 1: Augenzahlen beim Wurf eines homogenen Würfels [7)]

Beim Wurf eines *homogenen* Würfels notieren wir die jeweils *oben* liegende Zahl, auch *Augenzahl* oder kurz *Augen* genannt. Dabei sind genau 6 *verschiedene* Ergebnisse oder Versuchsausgänge möglich: Die Augenzahl wird stets eine der 6 Zahlen 1, 2, 3, 4, 5 und 6 sein. Wir nennen ein solches Ergebnis ein *Elementarereignis* ω. Die Elementarereignisse bilden in ihrer Gesamtheit die *Ergebnismenge* Ω.

[7)] *Homogen* bedeutet in diesem Zusammenhang: Der Würfel ist aus einem *homogenen* Material und *geometrisch einwandfrei*. *Keine* der 6 Seiten ist gegenüber einer anderen Seite in irgendeiner Weise bevorzugt. Diese Eigenschaften wollen wir bei allen weiteren Würfelexperimenten stets voraussetzen.

Unser Würfelexperiment führt demnach zu der *Ergebnismenge*

$$\Omega = \{1, 2, 3, 4, 5, 6\} \tag{II-15}$$

bestehend aus den 6 Elementarereignissen $\omega_i = i$ $(i = 1, 2, \ldots, 6)$. Es läßt sich jedoch *nicht* voraussagen, *welches* der 6 Elementarereignisse bei einem bestimmten Wurf tatsächlich eintreten wird. Der Ausgang des Experimentes ist somit *nicht* vorhersehbar, sondern *zufallsbedingt*. Wir sprechen daher in diesem Zusammenhang von einem *Zufallsexperiment*. Erhalten wir z.B. bei einem bestimmten Wurf die Augenzahl „5", so können wir dieses Elementarereignis auch durch die *Menge* $A = \{5\}$ beschreiben, die eine aus genau einem Element bestehende *Teilmenge* von Ω ist. Ebenso beschreibt die Teilmenge $B = \{2\}$ ein Elementarereignis, nämlich das Würfeln der Augenzahl „2".

Neben den *Elementarereignissen* sind aber noch weitere Versuchsausgänge möglich, die wir ganz allgemein als *Ereignisse* bezeichnen wollen. Ein solches Ereignis ist z.B. das „Würfeln einer *ungeraden* Augenzahl". Dieses Ereignis läßt sich dann durch die *Teilmenge*

$$C = \{1, 3, 5\} \tag{II-16}$$

darstellen. Damit bringen wir zum Ausdruck, daß dieses Ereignis genau dann eintritt, wenn die erzielte Augenzahl *entweder* eine „1" *oder* eine „3" *oder* eine „5" ist. Das Ereignis C enthält somit als Elemente genau 3 *Elementarereignisse*. Allgemein gilt: *Ereignisse sind Teilmengen der Ergebnismenge* Ω.

Standardbeispiel 2: Augenpaare beim Wurf mit zwei unterscheidbaren homogenen Würfeln

Wir würfeln gleichzeitig mit zwei *unterscheidbaren* homogenen Würfeln, z.B. mit einem weißen und einem grauen Würfel und notieren dabei die erzielten *Augenpaare*. Ein mögliches Ergebnis ist dann beispielsweise

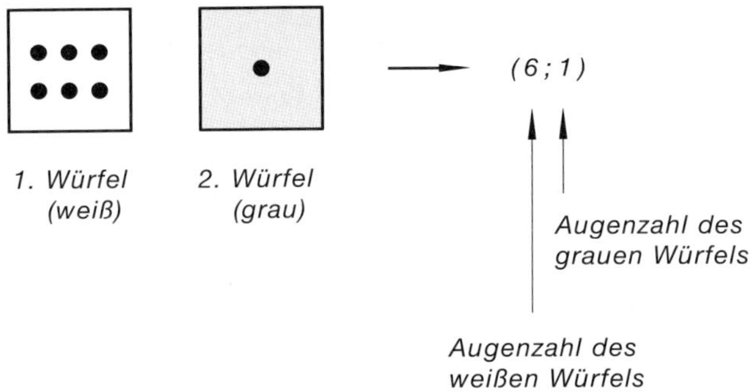

Dieses Elementarereignis beschreiben wir durch das *geordnete* Zahlenpaar (6; 1). Insgesamt gibt es dann $6^2 = 36$ verschiedene Augenpaare oder Elementarereignisse [8]:

Augenzahl des 1. Würfels \ Augenzahl des 2. Würfels	1	2	3	4	5	6
1	(1; 1)	(1; 2)	(1; 3)	(1; 4)	(1; 5)	(1; 6)
2	(2; 1)	(2; 2)	(2; 3)	(2; 4)	(2; 5)	(2; 6)
3	(3; 1)	(3; 2)	(3; 3)	(3; 4)	(3; 5)	(3; 6)
4	(4; 1)	(4; 2)	(4; 3)	(4; 4)	(4; 5)	(4; 6)
5	(5; 1)	(5; 2)	(5; 3)	(5; 4)	(5; 5)	(5; 6)
6	(6; 1)	(6; 2)	(6; 3)	(6; 4)	(6; 5)	(6; 6)

Sie bilden in ihrer Gesamtheit die *Ergebnismenge* Ω dieses Würfelexperiments:

$$\Omega = \{(1;1), (1;2), (1;3), \ldots, (6;5), (6;6)\} \tag{II-17}$$

Wiederum gilt die Aussage: Es läßt sich *nicht* vorausbestimmen, *welches* Elementarereignis (Augenpaar) bei einer bestimmten Durchführung des Würfelexperiments tatsächlich eintritt. Das jeweilige Ergebnis ist *rein zufallsbedingt*. Es handelt sich also auch hier um ein *Zufallsexperiment*.

Neben diesen *Elementarereignissen* sind noch weitere *Ereignisse* möglich, die als *Teilmengen* der Ergebnismenge Ω darstellbar sind. So wird z. B. das *Ereignis*

A: Die Augenzahl des 1. Würfels (weiß) ist eine „2“

durch die 6 verschiedenen Elementarereignisse

(2; 1), (2; 2), (2; 3), (2; 4), (2; 5), (2; 6)

realisiert und läßt sich somit durch die *Teilmenge*

$$A = \{(2;1), (2;2), \ldots, (2;6)\} \tag{II-18}$$

beschreiben.

Das ebenfalls mögliche *Ereignis*

B: Die Augensumme beider Würfel ist gleich 4

wird durch die 3 Elementarereignisse

(1; 3), (2; 2), (3; 1)

realisiert.

---

[8] Es handelt sich dabei um *Variationen 2. Ordnung* der 6 Zahlen 1, 2, 3, 4, 5 und 6 *mit* Wiederholung.

Daher gilt

$$B = \{(1;3), (2;2), (3;1)\} \qquad \text{(II-19)}$$

Standardbeispiel 3: Ziehung von Kugeln aus einer Urne mit Zurücklegen

Eine Urne enthalte 5 Kugeln, darunter 3 weiße und 2 schwarze Kugeln[9] (Bild II-14):

Bild II-14

Nacheinander ziehen wir ganz zufällig 3 Kugeln, wobei wir nach jedem Zug die jeweils gezogene Kugel in die Urne *zurücklegen*, und notieren dabei die *Farbe* der gezogenen Kugeln. Es ergeben sich dann unter *Berücksichtigung* der Reihenfolge, in der die Kugeln gezogen werden, die folgenden 8 Möglichkeiten (*Elementarereignisse*) (Bild II-15):

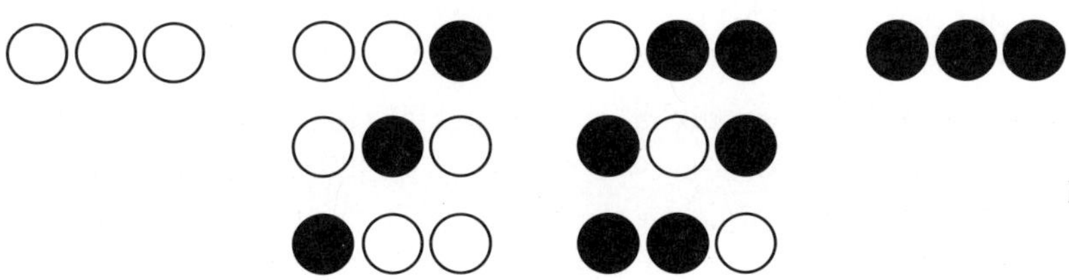

Bild II-15

Die *Ergebnismenge* Ω dieses *Zufallsexperiments* enthält daher genau diese 8 Elementarereignisse als Elemente:

$$\Omega = \{○○○, ○○●, ○●○, ●○○, ○●●, ●○●, ●●○, ●●●\} \qquad \text{(II-20)}$$

Das Ereignis

A: *Zwei der drei gezogenen Kugeln sind weiß*

wird dabei durch die 3 Elementarereignisse

○○●, ○●○, ●○○

realisiert und läßt sich somit durch die *Teilmenge*

$$A = \{○○●, ○●○, ●○○\} \qquad \text{(II-21)}$$

darstellen. Das Ereignis

B: *Die drei gezogenen Kugeln sind gleichfarbig*

---

[9] Die Kugeln unterscheiden sich lediglich in ihrer Farbe, sind ansonsten aber „baugleich" (d.h. *gleicher* Durchmesser, *gleiches* Material u.s.w.). Dies gilt auch für alle weiteren *Urnenmodelle*.

dagegen wird nur durch *zwei* Elementarereignisse, nämlich

○○○ und ●●●

realisiert („alle Kugeln sind *entweder* weiß *oder* schwarz"). Daher gilt:

$$B = \{○○○, ●●●\} \qquad \text{(II-22)}$$

2.2 Zufallsexperimente

In den einführenden Beispielen haben wir den wichtigen Grundbegriff *Zufallsexperiment* bereits kennengelernt. Wir definieren ihn allgemein wie folgt:

Definition: Ein *Zufallsexperiment* ist ein Experiment, bei dem die folgenden Bedingungen (Voraussetzungen) erfüllt sind:

1. Das Experiment läßt sich unter den gleichen äußeren Bedingungen *beliebig oft* wiederholen.
2. Bei der Durchführung des Experiments sind *mehrere* sich gegenseitig *ausschließende* Ergebnisse möglich.
3. Das Ergebnis einer konkreten Durchführung des Experiments läßt sich dabei *nicht* mit Sicherheit voraussagen, sondern ist *zufallsbedingt*.

■ **Beispiele**

(1) Erste Beispiele für *Zufallsexperimente* haben wir bereits in unseren 3 Standardbeispielen aus Abschnitt 2.1 kennengelernt. So ist das *Würfeln* mit einem oder zwei homogenen Würfeln ebenso ein Zufallsexperiment wie die *zufällige* Entnahme von Kugeln aus einer Urne.

(2) Ein weiteres einfaches Beispiel liefert das Zufallsexperiment *„Wurf einer homogenen Münze"* mit den beiden möglichen Ergebnissen (Elementarereignissen) „Zahl" und „Wappen". Das Ergebnis eines Münzwurfs läßt sich jedoch *nicht* vorausbestimmen, sondern ist *ausschließlich zufallsbedingt*.

(3) Um die Qualität zu sichern, wird der Hersteller eines *Massenartikels* die laufende Produktion einer sog. *Qualitätskontrolle* unterziehen, in dem er in *regelmäßigen* Zeitabständen *Stichproben* entnimmt und diese dann auf die geforderten Merkmale hin überprüft. Auf diese Weise können eventuell festgestellte unzulässige Abweichungen von vorgegebenen Sollwerten durch einen Eingriff in die Produktion noch *korrigiert* werden.

■

2.3 Elementarereignisse und Ergebnismenge eines Zufallsexperiments

Bei einem *Zufallsexperiment* sind stets *mehrere* Versuchsergebnisse möglich, die sich jedoch *gegenseitig ausschließen*. Dies führt uns zu den wichtigen Grundbegriffen „*Elementarereignis*“ und „*Ergebnismenge*“.

Definitionen: (1) Die möglichen sich aber *gegenseitig ausschließenden* Ergebnisse eines Zufallsexperiments heißen *Elementarereignisse* (symbolische Schreibweise: $\omega_1, \omega_2, \omega_3, \ldots$).

(2) Die Menge aller Elementarereignisse heißt *Ergebnismenge* Ω.

Anmerkung

Wir beschränken uns im Rahmen dieser Einführung auf *endliche* bzw. *abzählbar-unendliche* Ergebnismengen:

1. Eine *endliche* Ergebnismenge Ω enthält nur *endlich* viele Elemente (Elementarereignisse):

$$\Omega = \{\omega_1, \omega_2, \ldots, \omega_n\} \qquad \text{(II-23)}$$

2. Eine *abzählbar-unendliche* Ergebnismenge Ω enthält dagegen *unendlich* viele Elemente, die wir aber wie die natürlichen Zahlen durchnumerieren können:

$$\Omega = \{\omega_1, \omega_2, \omega_3, \ldots, \omega_n, \ldots\} \qquad \text{(II-24)}$$

■ **Beispiele**

(1) Beobachten wir beim Zufallsexperiment „*Wurf eines homogenen Würfels*“ (Standardbeispiel 1) die erreichte *Augenzahl i*, so erhalten wir eine *endliche* Ergebnismenge mit genau 6 verschiedenen Elementarereignissen

$$\omega_i = i \qquad (i = 1, 2, \ldots, 6)$$

Sie lautet demnach wie folgt:

$$\Omega = \{1, 2, 3, 4, 5, 6\}$$

(2) Wir führen mit einem homogenen Würfel das folgende *Zufallsexperiment* durch: Es wird solange gewürfelt, bis *erstmals* die Augenzahl „6“ erscheint. Dies *kann* bereits nach dem ersten, zweiten oder dritten Wurf der Fall sein. Es *kann* aber auch länger dauern, theoretisch sogar *unendlich* lange. Die Anzahl *i* der ausgeführten Würfe bis zum *erstmaligen* Auftreten der Augenzahl „6“ kann somit *irgendeine* natürliche Zahl sein. Die möglichen sich gegenseitig ausschließenden Ergebnisse oder Elementarereignisse sind daher in der Form

$$\omega_i = i \qquad (i = 1, 2, 3, \ldots)$$

darstellbar. Die *Ergebnismenge* Ω dieses Zufallsexperiments enthält somit (abzählbar) *unendlich* viele Elemente (Elementarereignisse):

$$\Omega = \{1, 2, 3, \ldots\}$$ ■

2.4 Ereignisse und Ereignisraum

Durch Zusammenfassungen von einzelnen Elementarereignissen erhält man *Teilmengen* der Ergebnismenge Ω. Im einfachsten Fall enthält eine Teilmenge genau *ein* Element und repräsentiert somit ein *Elementarereignis*. Wir verdeutlichen dies an einem Beispiel.

■ **Beispiel**

Beim Zufallsexperiment „*Wurf eines homogenen Würfels*" (Standardbeispiel 1) erhielten wir die folgende Ergebnismenge:

$$\Omega = \{1, 2, 3, 4, 5, 6\}$$

Aus ihr lassen sich 6 *verschiedene* Teilmengen mit genau *einem* Element bilden:

$$\{1\}, \{2\}, \{3\}, \{4\}, \{5\}, \{6\}$$

Sie repräsentieren der Reihe nach die insgesamt 6 möglichen Ergebnisse (Elementarereignisse) beim Würfeln, nämlich der Reihe nach das Auftreten der Augenzahlen 1, 2, 3, 4, 5 und 6. ■

Allgemein beschreiben die Teilmengen von Ω sog. *Ereignisse*, d.h. Versuchsausgänge, die bei der Durchführung eines Zufallsexperiments eintreten *können*, aber nicht unbedingt eintreten müssen. Wir definieren daher:

Definitionen: (1) Eine *Teilmenge* A der Ergebnismenge Ω eines Zufallsexperiments heißt *Ereignis*.

(2) Die Menge *aller* Ereignisse, die sich aus der Ergebnismenge eines Zufallsexperiments bilden lassen, heißt *Ereignisraum* oder *Ereignisfeld*.

Anmerkungen

(1) Die möglichen *Ereignisse* eines Zufallsexperiments mit der Ergebnismenge Ω werden somit durch die *Teilmengen* von Ω beschrieben.

(2) Ein Ereignis A ist dabei *eingetreten*, wenn das Ergebnis des Zufallsexperiments ein *Element* von A ist.

(3) Zu beachten ist, daß sowohl die *leere* Menge $\emptyset$ als auch die *Ergebnismenge* Ω definitionsgemäß *Teilmengen* von Ω sind und somit *Ereignisse* mit folgender Bedeutung darstellen:

$\emptyset$: Die *leere* Menge enthält *kein* Element und symbolisiert das sog. *unmögliche* Ereignis, d.h. ein Ereignis, das *nie* eintreten kann.

Ω: Die *Ergebnismenge* dagegen enthält *alle* Elementarereignisse und repräsentiert somit das sog. *sichere* Ereignis, d.h. ein Ereignis, das *immer* eintritt. Denn bei *jeder* Durchführung des Zufallsexperiments tritt genau *eines* der Elementarereignisse ein.

(4) Ein *Ereignis* A ist somit *entweder*

- das *unmögliche* Ereignis $\emptyset$ (A enthält dann *kein* Element der Ergebnismenge Ω) *oder*
- ein *Elementarereignis* (A enthält dann genau *ein* Element von Ω) *oder*
- eine Zusammenfassung von *mehreren* Elementarereignissen (A enthält somit *mehrere* Elemente von Ω) *oder*
- das *sichere* Ereignis Ω (A enthält dann *alle* Elemente von Ω, d.h. es ist $A = \Omega$).

■ **Beispiele**

(1) Beim Zufallsexperiment „*Wurf eines homogenen Würfels*" (Standardbeispiel 1) lautet die Ergebnismenge Ω für die beobachtete Augenzahl bekanntlich wie folgt:

$$\Omega = \{1, 2, 3, 4, 5, 6\}$$

Wir bilden einige *Teilmengen* von Ω und erläutern die zugeordneten *Ereignisse*:

Ereignis (Teilmenge)	Beschreibung des Ereignisses
$A = \{2\}$	Würfeln einer „2" (*Elementarereignis*)
$B = \{2, 4, 6\}$	Würfeln einer *geraden* Zahl
$C = \{3, 6\}$	Würfeln einer durch „3" *teilbaren* Zahl
$D = \{1, 3, 5\}$	Würfeln einer *ungeraden* Zahl
$E = \{5, 6\}$	Würfeln einer „5" *oder* „6"

(2) Bei unserem *Urnenbeispiel* aus Abschnitt 2.1 (Urne mit 5 Kugeln, darunter 3 weiße und 2 schwarze) erhielten wir bei 3 nacheinander *mit Zurücklegen* gezogenen Kugeln die folgende Ergebnismenge:

$$\Omega = \{\bigcirc\bigcirc\bigcirc, \bigcirc\bigcirc\bullet, \bigcirc\bullet\bigcirc, \bullet\bigcirc\bigcirc, \bigcirc\bullet\bullet, \bullet\bigcirc\bullet, \bullet\bullet\bigcirc, \bullet\bullet\bullet\}$$

Die *Teilmenge*

$$A = \{\bigcirc\bigcirc\bullet, \bigcirc\bullet\bigcirc, \bullet\bigcirc\bigcirc\}$$

beschreibt dann das Ereignis „*Unter den 3 gezogenen Kugeln befindet sich genau eine schwarze Kugel*". Dieses Ereignis wird dabei durch 3 verschiedene Elementarereignisse realisiert, nämlich:

$$\bigcirc\bigcirc\bullet, \bigcirc\bullet\bigcirc, \bullet\bigcirc\bigcirc$$

In *allen* drei Fällen werden jeweils 2 weiße und eine schwarze Kugel gezogen (jedoch in unterschiedlicher Reihenfolge).

Die *Teilmenge*

$$B = \{\bigcirc\bigcirc\bigcirc, \bullet\bullet\bullet\}$$

dagegen bedeutet das Ereignis „*Die drei gezogenen Kugeln sind gleichfarbig*". Es wird durch *zwei* Elementarereignisse realisiert (entweder sind *alle* gezogenen Kugeln *weiß* oder sie sind alle *schwarz*).

Ω selbst bedeutet das *sichere* Ereignis, das *immer* eintritt. Denn Ω enthält *jedes* mögliche Ergebnis (Elementarereignis) unseres Zufallsexperiments.

■

2.5 Verknüpfungen von Ereignissen

Ereignisse sind, wie wir inzwischen wissen, *Teilmengen* der Ergebnismenge Ω. Sie lassen sich daher wie Mengen *verknüpfen*. Man erhält auf diese Weise *neue* Ereignisse, sog. *zusammengesetzte* Ereignisse. Die wichtigsten Verknüpfungen mit ihren Symbolen haben wir in der folgenden Tabelle zusammengestellt.

Tabelle 2: Verknüpfungen von Ereignissen und ihre Bedeutung (Ω: Ergebnismenge eines Zufallsexperiments; A, B: Beliebige Ereignisse, d. h. Teilmengen von Ω)

Verknüpfungssymbol mit *Euler-Venn*-Diagramm [10]	Bedeutung des zusammengesetzten Ereignisses
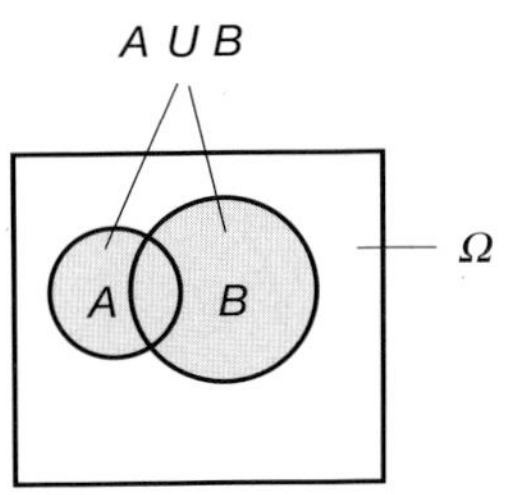	*Vereinigung* der Ereignisse A und B: *Entweder* tritt A ein *oder* B *oder* A und B *gleichzeitig* Symbolische Schreibweise: $A \cup B$
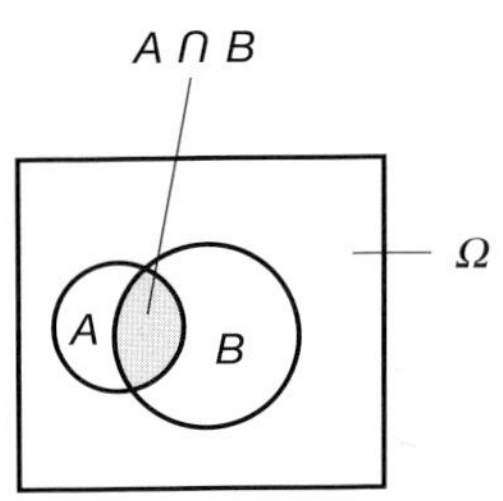	*Durchschnitt* der Ereignisse A und B: A und B treten *gleichzeitig* ein Symbolische Schreibweise: $A \cap B$
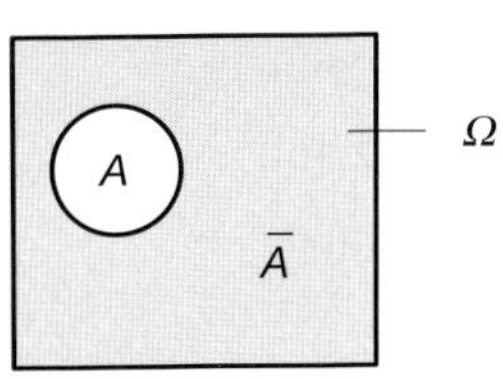	Zu A *komplementäres* Ereignis: A tritt *nicht* ein Symbolische Schreibweise: $\overline{A}$

Anmerkungen zur Tabelle 2

(1) Das Ereignis $A \cup B$ wird auch als *Summe* aus A und B bezeichnet (symbolische Schreibweise: $A + B$).

(2) Das Ereignis $A \cap B$ heißt auch *Produkt* aus A und B (symbolische Schreibweise: $A \cdot B$ oder kurz AB).

(3) $\overline{A}$ ist die *Restmenge (Differenzmenge)* von Ω und A: $\overline{A} = \Omega \setminus A$

---

[10] Die hier verwendeten Verknüpfungen von Mengen wurden bereits in Band 1, Abschnitt I.1.2 ausführlich erörtert.

(4) Schließen sich zwei Ereignisse A und B *gegenseitig* aus, so gilt (Bild II-16):

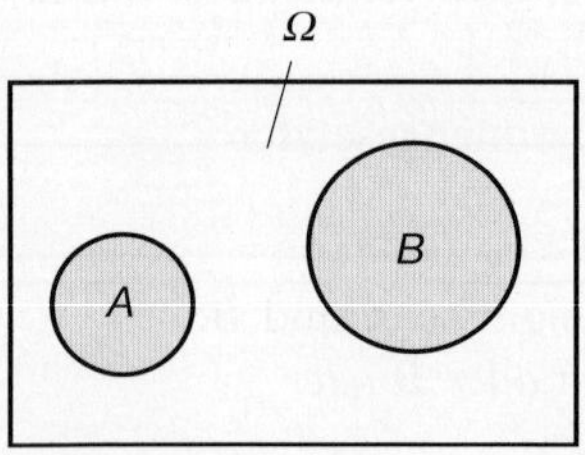

$$A \cap B = \emptyset$$

Bild II-16 Die Ereignisse A und B schließen sich gegenseitig aus („disjunkte" Mengen)

A und B sind sog. *disjunkte* Mengen. Ein wichtiges Beispiel liefern die *Elementarereignisse* eines Zufallsexperiments, die sich stets *paarweise* gegenseitig ausschließen.

■ **Beispiele**

(1) Beim „*Wurf einer homogenen Münze*" sei A das Ereignis „*Zahl liegt oben*". Dann ist das Ereignis „*Wappen liegt oben*" das zu A *komplementäre* Ereignis $\overline{A}$.

(2) Beim Zufallsexperiment „*Wurf eines homogenen Würfels*" wird die Augenzahl beobachtet. Die Ergebnismenge Ω lautet dann:

$$\Omega = \{1, 2, 3, 4, 5, 6\}$$

Wir betrachten nun die folgenden Teilmengen (Ereignisse):

$A = \{1, 3, 5\}$ (Würfeln einer *ungeraden* Zahl)

$B = \{2, 4, 6\}$ (Würfeln einer *geraden* Zahl)

Dann aber gilt:

Ereignis (Teilmenge)	Beschreibung des Ereignisses
$\overline{A} = \{2, 4, 6\} = B$	Würfeln einer *geraden* Zahl
$\overline{B} = \{1, 3, 5\} = A$	Würfeln einer *ungeraden* Zahl
$A \cup B = \{1, 2, 3, 4, 5, 6\} = \Omega$	*Sicheres* Ereignis (tritt bei *jedem* Wurf ein)
$A \cap B = \emptyset$	*Unmögliches* Ereignis (tritt *nie* ein, da eine Zahl nicht zugleich gerade *und* ungerade sein kann)

(3) Der in Bild II-17 dargestellte stromdurchflossene Schaltkreis enthält drei Glühlämpchen L_1, L_2 und L_3. Mit A_i bezeichnen wir das Ereignis, daß das i-te Glühlämpchen L_i durchbrennt ($i = 1, 2, 3$). Dann läßt sich das Ereignis

B: *Unterbrechung des Stromkreises*

wie folgt als *zusammengesetztes* Ereignis darstellen:

$$B = A_1 \cup (A_2 \cap A_3)$$

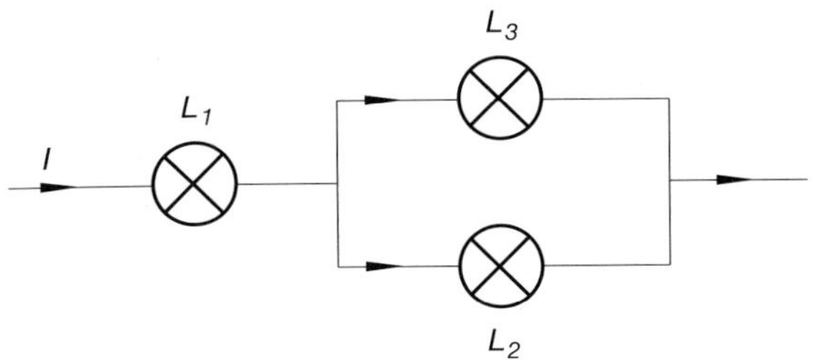

Bild II-17
Stromkreis mit drei Glühlämpchen

Denn der Stromkreis wird genau dann unterbrochen, wenn *entweder* L_1 durchbrennt (Ereignis A_1) *oder* gleichzeitig L_2 und L_3 (Ereignis $A_2 \cap A_3$) *oder* alle drei Glühlämpchen gleichzeitig durchbrennen (Ereignis $A_1 \cap A_2 \cap A_3$). ■

Zum Abschluß erwähnen wir noch die sog. *De Morganschen Regeln*, die sich beim Lösen mancher Probleme in der Wahrscheinlichkeitsrechnung als sehr nützlich erweisen:

De Morgansche Regeln für Ereignisse

Für zwei beliebige Ereignisse (Teilmengen) A und B gelten die folgenden *De Morganschen Regeln*:

(1) $\overline{A \cup B} = \overline{A} \cap \overline{B}$ (II-25)

(2) $\overline{A \cap B} = \overline{A} \cup \overline{B}$ (II-26)

3 Wahrscheinlichkeit

3.1 Laplace-Experimente

Wird ein Zufallsexperiment mit einer *endlichen* Ergebnismenge $\Omega = \{\omega_1, \omega_2, \ldots, \omega_m\}$ genügend oft wiederholt und zeigt sich dabei, daß *alle* Elementarereignisse mit nahezu *gleicher* Häufigkeit auftreten, so spricht man von einem *Laplace-Experiment* [11]. Bei einem solchen Experiment sind demnach alle Elementarereignisse „gleichmöglich", d. h. kein Elementarereignis ist in irgendeiner Weise gegenüber den anderen Elementarereignissen bevorzugt oder benachteiligt. Wir geben hierzu zunächst zwei einfache Beispiele.

■ **Beispiele**

(1) Beim wiederholten Wurf einer (unverfälschten) Münze *erwarten* wir, daß die beiden möglichen Ergebnisse (Elementarereignisse) „*Zahl*" und „*Wappen*" mit *nahezu gleicher* absoluter bzw. relativer Häufigkeit auftreten. Es handelt sich also beim Wurf einer Münze im *Idealfall* um ein *Laplace-Experiment*. Bei 1000 Würfen liegt unsere Erwartung somit bei je 500-mal „*Zahl*" (Z) und „*Wappen*" (W). Mit *zunehmender* Anzahl n der Wiederholungen stabilisieren sich die relativen Häufigkeiten $h_n(Z)$ und $h_n(W)$ und werden sich dann nur noch unwesentlich vom *erwarteten* Wert 1/2 unterscheiden (Bild II-18 zeigt das zugehörige *Stabdiagramm*):

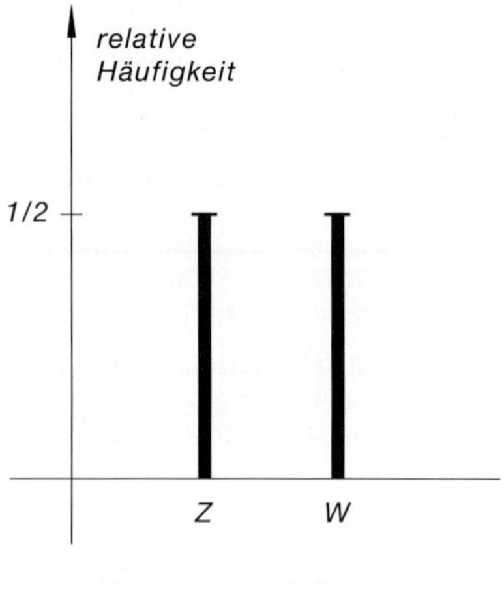

$$h_n(Z) \approx h_n(W) \approx \frac{1}{2}$$

(für großes n)

Bild II-18

Stabdiagramm beim Münzwurf (theoretisch „erwartetes" Ergebnis)

---

[11] Man unterscheidet noch zwischen *absoluter* und *relativer* Häufigkeit. Wird ein Zufallsexperiment n-mal durchgeführt und tritt dabei das Ereignis A genau $n(A)$-mal ein, so gilt *definitionsgemäß*:

absolute Häufigkeit: $n(A)$

relative Häufigkeit: $h_n(A) = \frac{n(A)}{n}$

(2) In einer Urne befinden sich 5 Kugeln, darunter 3 weiße und 2 schwarze (Bild II-19):

Bild II-19

Wir entnehmen rein zufällig eine Kugel, notieren ihre Farbe und legen sie dann wieder zurück in die Urne (Ziehung *mit* Zurücklegen). Wenn wir dieses Zufallsexperiment nur *genügend oft* wiederholen, beispielsweise 1000 Ziehungen vornehmen, so erwarten wir in $3/5 = 60\,\%$ aller Fälle eine *weiße* Kugel und in $2/5 = 40\,\%$ aller Fälle eine *schwarze* Kugel. Denn grundsätzlich besteht für *jede* der 5 Kugeln die *gleiche* Chance, gezogen zu werden. Es handelt sich also auch hier um ein *Laplace-Experiment*.

Unsere „Erwartung" lautet daher bei 1000 Ziehungen (*mit* Zurücklegen) wie folgt:

○ 600-mal

● 400-mal

In einer konkreten Versuchsserie vom gleichen Umfang wird man jedoch *zufallsbedingt* meist etwas abweichende Häufigkeitswerte erhalten. Bild II-20 verdeutlicht dies in einem *Stabdiagramm*.

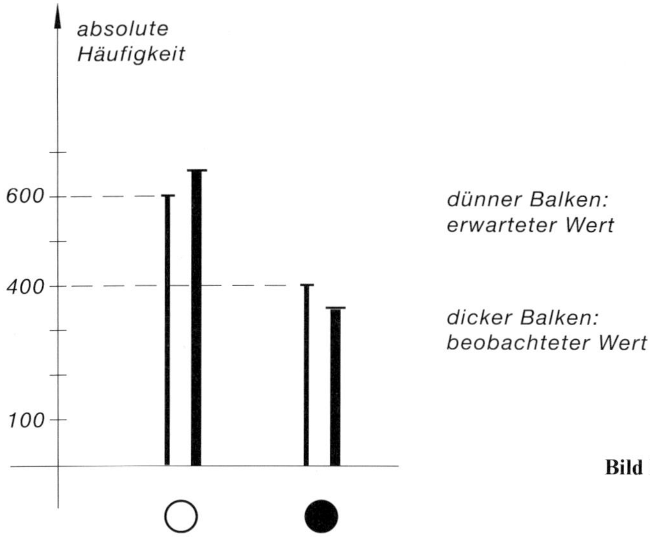

Bild II-20

■

Eine Ergebnismenge Ω mit m *gleichmöglichen* Elementarereignissen wird auch *Laplace-Raum* genannt. Einem Elementarereignis ω_i wird dabei definitionsgemäß die *positive* Zahl

$$p(\omega_i) = \frac{1}{m} \qquad (i = 1, 2, \ldots, m) \tag{II-27}$$

als sog. *Wahrscheinlichkeit* zugeordnet [12].
Die Wahrscheinlichkeit für ein *Ereignis* A ist dann durch die Gleichung

$$P(A) = \sum_i p(\omega_i) = g(A) \cdot \frac{1}{m} = \frac{g(A)}{m} \tag{II-28}$$

definiert, wobei $g(A)$ die *Anzahl* der Elemente (Elementarereignisse) von A ist (summiert wird über alle in A enthaltenen Elementarereignisse ω_i).

Wir fassen zusammen:

Definition der Wahrscheinlichkeit bei einem Laplace-Experiment

Bei einem *Laplace-Experiment* mit der Ergebnismenge $\Omega = \{\omega_1, \omega_2, \ldots, \omega_m\}$ besitzen *alle* Elementarereignisse ω_i die *gleiche* Wahrscheinlichkeit

$$p(\omega_i) = \frac{1}{m} \qquad (i = 1, 2, \ldots, m) \tag{II-29}$$

Die *Wahrscheinlichkeit* eines *Ereignisses* A ist dann durch die Formel

$$P(A) = \frac{g(A)}{m} \tag{II-30}$$

gegeben.

Dabei bedeuten:

$g(A)$: Anzahl der für das Ereignis A *günstigen* Fälle (d.h. der Fälle, in denen das Ereignis A *eintritt*)

m: Anzahl der insgesamt *möglichen* Fälle (Anzahl der *gleichmöglichen* oder *gleichwahrscheinlichen* Elementarereignisse)

[12] Wir verwenden hier die Kurzschreibweise $P(\{\omega_i\}) = p(\omega_i)$.

Anmerkungen

(1) Man beachte, daß diese sog. *klassische* Definition der Wahrscheinlichkeit nur *begrenzt* anwendbar ist. Sie gilt nur für *Laplace-Experimente*, d.h. Zufallsexperimente, bei denen folgende Voraussetzungen erfüllt sind:

a) Die Ergebnismenge Ω ist *endlich*;

b) *Alle* Elementarereignisse (Ergebnisse) sind *gleichwahrscheinlich.*

(2) Die Definitionsformel (II-30) für die *Wahrscheinlichkeit* $P(A)$ eines *Ereignisses* A läßt sich auch in der Form

$$P(A) = \frac{\text{Anzahl } g(A) \text{ der Elemente von } A}{\text{Anzahl } m \text{ der Elemente von } \Omega} \qquad \text{(II-31)}$$

angeben.

■ **Beispiele**

(1) Beim Zufallsexperiment „*Wurf eines homogenen Würfels*" (Standardbeispiel 1) treten alle 6 möglichen Augenzahlen (Elementarereignisse) mit der *gleichen* Wahrscheinlichkeit auf[13]:

$$p(i) = \frac{g(i)}{m} = \frac{1}{6} \qquad \text{für} \qquad i = 1, 2, \ldots, 6$$

Denn für *jedes* Elementarereignis gilt:

Anzahl der *günstigen* Fälle: $g(i) = 1$

Anzahl der möglichen Fälle: $m = 6$

Bild II-21 verdeutlicht diesen Sachverhalt in einem *Stabdiagramm.*

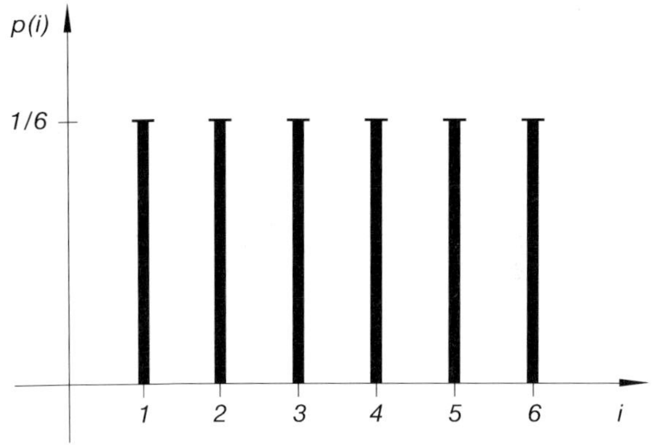

Bild II-21

Beim Wurf eines homogenen Würfels treten alle „Augenzahlen" mit *gleicher* Wahrscheinlichkeit auf („Gleichverteilung")

[13] $p(i)$ ist die Wahrscheinlichkeit für das Elementarereignis „*Augenzahl i*" ($i = 1, 2, \ldots, 6$).

Für das Ereignis

$A = \{2, 4, 6\}$ („*gerade* Augenzahl")

erhalten wir somit nach Formel (II-30) die *Wahrscheinlichkeit*

$$P(A) = \frac{g(A)}{m} = \frac{3}{6} = \frac{1}{2}$$

Denn die Anzahl der für das Ereignis A *günstigen* Fälle ist $g(A) = 3$, da A durch genau *drei* Elementarereignisse realisiert wird (A tritt ein bei der Augenzahl „2" oder „4" oder „6"), während die Anzahl der *möglichen* Fälle $m = 6$ beträgt (es gibt genau 6 Elementarereignisse).

(2) In einer Warenlieferung von 100 Glühbirnen befinden sich 20 *defekte* (was dem belieferten Kunden jedoch unbekannt ist). Zu Kontrollzwecken wird der Lieferung wahllos eine Glühbirne entnommen. Die Wahrscheinlichkeit für das *Zufallsereignis*

A: *Ziehung einer defekten Glühbirne*

ist dann

$$P(A) = \frac{g(A)}{m} = \frac{20}{100} = 0{,}2$$

Denn jede der $m = 100$ Glühbirnen hat die *gleiche* Chance (Wahrscheinlichkeit), gezogen zu werden, wobei es $g(A) = 20$ für das Eintreten des Ereignisses A *günstige* Fälle gibt. Es liegt also ein *Laplace-Experiment* vor. Das zum Ereignis A *komplementäre* Ereignis

$\overline{A}$: *Ziehung einer einwandfreien Glühbirne*

hat dann die Wahrscheinlichkeit

$$P(\overline{A}) = \frac{g(\overline{A})}{m} = \frac{80}{100} = 0{,}8$$

Man beachte die (sogar allgemein gültige) Beziehung

$$P(A) + P(\overline{A}) = 0{,}2 + 0{,}8 = 1$$

(3) Beim Zufallsexperiment „*Wurf mit zwei unterscheidbaren homogenen Würfeln*" (Standardbeispiel 2) interessieren wir uns für die Wahrscheinlichkeit des Ereignisses

A: *Die Augensumme ist gleich 9*

Die Ergebnismenge Ω dieses Zufallsexperiments enthält 36 *gleichmögliche* Elementarereignisse:

$$\Omega = \{(1;1), (1;2), (1;3), \ldots, (6;5), (6;6)\}$$

Es handelt sich also um einen *Laplace-Raum*, bei dem *jedes* Elementarereignis die *gleiche* Wahrscheinlichkeit $p = 1/36$ besitzt (Bild II-22).

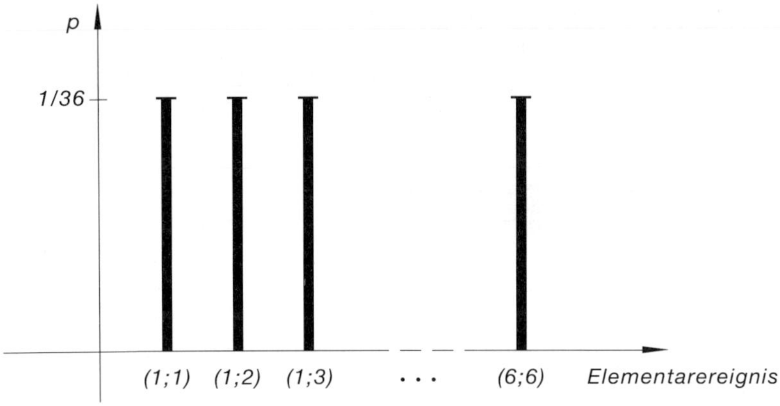

Bild II-22 Beim Wurf mit zwei homogenen Würfeln treten alle geordneten „Augenpaare" mit *gleicher* Wahrscheinlichkeit auf

Unter den 36 Elementarereignissen befinden sich genau 4 für das Ereignis *A günstige* Fälle, da es genau 4 verschiedene Elementarereignisse gibt, die zur Augensumme 9 führen. Dies sind die Augenpaare

$$(3;6),\ (4;5),\ (5;4) \quad \text{und} \quad (6;3)$$

Somit ist $g(A) = 4$ und $m = 36$. Die Wahrscheinlichkeit $P(A)$ beträgt daher

$$P(A) = \frac{g(A)}{m} = \frac{4}{36} = \frac{1}{9}$$

Wir deuten dieses Ergebnis wie folgt: Würden wir dieses *Laplace-Experiment* z.B. 900-mal durchführen, so dürfen wir in nahezu 100 Fällen eine Augensumme von 9 erwarten.

■

3.2 Wahrscheinlichkeitsaxiome

Der klassische Wahrscheinlichkeitsbegriff läßt sich nur sehr begrenzt, nämlich ausschließlich auf *Laplace-Experimente* anwenden. In der modernen Wahrscheinlichkeitstheorie betrachtet man daher den Begriff der „*Wahrscheinlichkeit* eines zufälligen Ereignisses" als einen *Grundbegriff*, der gewissen *Axiomen*, den sog. *Wahrscheinlichkeitsaxiomen*, genügt. Der Aufbau dieses Axiomensystems geschieht dabei in enger Anlehnung an die Eigenschaften der *relativen* Häufigkeiten von zufälligen Ereignissen, die man aus umfangreichen Versuchsserien gewonnen hat.

3.2.1 Eigenschaften der relativen Häufigkeiten

Anhand eines einfachen Urnenbeispiels wollen wir uns zunächst mit den wesentlichen Eigenschaften der *relativen* Häufigkeiten von zufälligen Ereignissen näher vertraut machen.

In einer Urne befinden sich 6 Kugeln, darunter 1 weiße, 2 graue und 3 schwarze Kugeln. Wir entnehmen der Urne zufällig eine Kugel und beschreiben die dabei möglichen Ergebnisse (Elementarereignisse) durch die in Bild II-23 näher beschriebenen Mengen A, B und C:

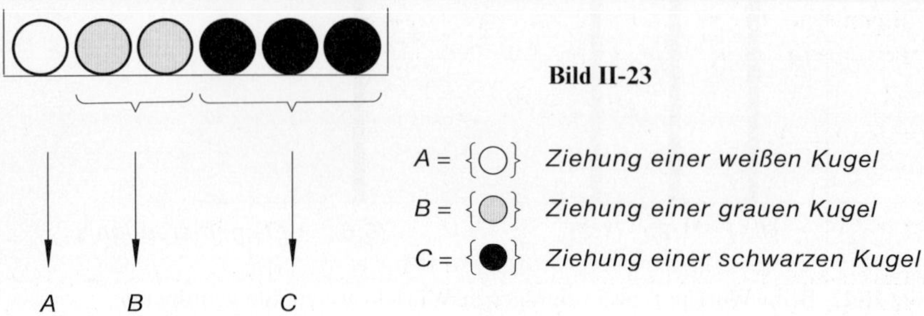

Bild II-23

Dann ist $\Omega = \{$○, ◍, ●$\}$ die *Ergebnismenge* dieses Zufallsexperiments.

Eigenschaften der relativen Häufigkeiten

Bei einer n-fachen Ausführung unseres Zufallsexperiments „*Ziehung einer Kugel*" treten die Ereignisse A, B und C der Reihe nach mit den *absoluten* Häufigkeiten $n(A)$, $n(B)$ und $n(C)$ auf, wobei stets

$$n(A) + n(B) + n(C) = n \tag{II-32}$$

gilt. Die Werte der zugehörigen *relativen* Häufigkeiten

$$h_n(A) = \frac{n(A)}{n}, \qquad h_n(B) = \frac{n(B)}{n} \qquad \text{und} \qquad h_n(C) = \frac{n(C)}{n} \tag{II-33}$$

liegen dann zwischen 0 und 1. Damit haben wir bereits eine *erste* Eigenschaft der *relativen* Häufigkeit erkannt: Die *relative* Häufigkeit $h_n(A)$ eines *beliebigen* Ereignisses A liegt stets zwischen 0 und 1.

Wir beschäftigen uns jetzt mit dem Ereignis „*Ziehung einer weißen oder grauen Kugel*". Es wird beschrieben durch die Menge

$$A \cup B = \{\text{○}, \text{◍}\} \tag{II-34}$$

Da sich die Ereignisse A und B *gegenseitig ausschließen*, tritt das Ereignis $A \cup B$ genau dann ein, wenn *entweder* A *oder* B eintritt. Der Fall, daß die Ereignisse A und B *gleichzeitig* eintreten, ist unter der gegebenen Voraussetzung hier *nicht* möglich. Somit erhalten wir bei den n Ausführungen unseres Zufallsexperiments in genau $n(A) + n(B)$ Fällen eine weiße *oder* eine graue Kugel. Das Ereignis $A \cup B$ tritt daher mit der *relativen* Häufigkeit

$$h_n(A \cup B) = \frac{n(A) + n(B)}{n} = \frac{n(A)}{n} + \frac{n(B)}{n} = h_n(A) + h_n(B) \tag{II-35}$$

ein.

Diese Aussage läßt sich wie folgt *verallgemeinern*: Für zwei sich *gegenseitig ausschließende* Ereignisse A und B gilt stets:

$$h_n(A \cup B) = h_n(A) + h_n(B) \tag{II-36}$$

Damit haben wir eine weitere Eigenschaft der *relativen* Häufigkeit festgestellt.

Eine *dritte* allgemeine Eigenschaft der *relativen* Häufigkeit beruht darauf, daß das *sichere* Ereignis $\Omega = A \cup B \cup C$ *immer* eintritt. Daher gilt:

$$h_n(\Omega) = h_n(A \cup B \cup C) = \frac{n(A) + n(B) + n(C)}{n} = \frac{n}{n} = 1 \tag{II-37}$$

Stabilisierung der relativen Häufigkeit bei umfangreichen Versuchsreihen

Wir konzentrieren uns jetzt auf das Ereignis $A = \{\bigcirc\}$ („*Ziehung einer weißen Kugel*"). Die *relative* Häufigkeit $h_n(A)$ ist das Ergebnis eines Zufallsexperiments und hängt somit selbst vom *Zufall* ab. Daher werden wir bei *verschiedenen* Versuchsreihen vom *gleichen* Umfang n im allgemeinen auch *verschiedene* Werte für die relativen Häufigkeiten erhalten. Bei einer genügend oft wiederholten Ausführung unseres Zufallsexperiments „erwarten" wir jedoch, daß im *Mittel* jede 6. Ziehung eine *weiße* Kugel bringt. Unser „Erwartungswert" für die *relative* Häufigkeit $h_n(A)$ liegt somit bei 1/6.

Die in der *Praxis* tatsächlich beobachteten Werte für $h_n(A)$ werden jedoch als *Zufallsprodukte* mehr oder weniger stark um diesen Wert schwanken. Die Erfahrung lehrt aber, daß die relative Häufigkeit eines Ereignisses bei sehr *umfangreichen* Versuchsreihen *nahezu konstant* ist. Mit *zunehmender* Anzahl n der Versuche werden sich daher im allgemeinen die beobachteten Werte für $h_n(A)$ immer mehr „stabilisieren", wie in Bild II-24 verdeutlicht wird.

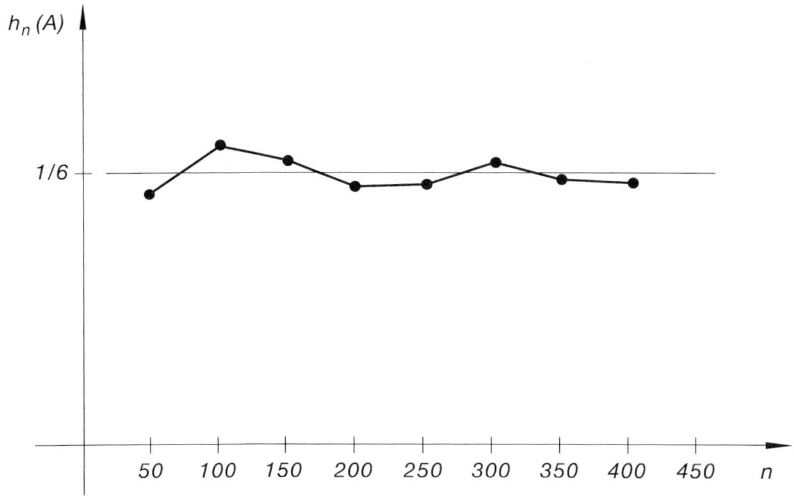

Bild II-24 Die *Erfahrung* zeigt: Die relative Häufigkeit eines Ereignisses ist bei *umfangreichen* Versuchsreihen *nahezu konstant*, „stabilisiert" sich also mit zunehmendem Umfang n

Wir fassen die wichtigsten Aussagen zusammen:

Eigenschaften der relativen Häufigkeiten von zufälligen Ereignissen

Die *relativen* Häufigkeiten von zufälligen Ereignissen, die bei einem genügend oft wiederholten Zufallsexperiment mit der Ergebnismenge Ω beobachtet werden, genügen den folgenden *Gesetzmäßigkeiten* und *Regeln* (n: Anzahl der Versuche):

1. Die *relative* Häufigkeit $h_n(A)$ eines beliebigen Ereignisses A ist eine *nicht-negative* Zahl, die *höchstens* gleich 1 sein kann. Es gilt also stets:

$$0 \leqslant h_n(A) \leqslant 1 \tag{II-38}$$

2. Für das *sichere* Ereignis Ω, das *immer* eintritt, gilt:

$$h_n(\Omega) = 1 \tag{II-39}$$

3. Für zwei sich *gegenseitig ausschließende* Ereignisse A und B gilt stets:

$$h_n(A \cup B) = h_n(A) + h_n(B) \tag{II-40}$$

   (*Additionssatz* für relative Häufigkeiten).

4. **Erfahrungsregel:** Mit *zunehmender* Anzahl n der Versuche „stabilisiert" sich im allgemeinen die *relative* Häufigkeit $h_n(A)$ eines zufälligen Ereignisses A und schwankt somit immer weniger um einen bestimmten Wert $h(A)$ (vgl. hierzu Bild II-24).

3.2.2 Wahrscheinlichkeitsaxiome von Kolmogoroff

Es liegt nun nahe, den Begriff der *Wahrscheinlichkeit* $P(A)$ eines Ereignisses A als *Grenzwert* der relativen Häufigkeit $h_n(A)$ für $n \to \infty$ zu definieren. In der Tat ist dies auch versucht worden, führte jedoch zu *unüberbrückbaren* Schwierigkeiten, auf die wir im Rahmen dieser Darstellung nicht näher eingehen können.

In der modernen Wahrscheinlichkeitstheorie verzichtet man daher auf die Definition des Begriffes „Wahrscheinlichkeit" und betrachtet ihn vielmehr als einen *Grundbegriff*, der gewissen *Axiomen* genügt. Die beobachteten Eigenschaften der *relativen* Häufigkeiten werden „idealisiert" und führen dann zu den folgenden *Wahrscheinlichkeitsaxiomen* von *Kolmogoroff*:

Wahrscheinlichkeitsaxiome von Kolmogoroff

Jedem Ereignis A eines Zufallsexperiments mit der Ergebnismenge Ω wird eine reelle Zahl $P(A)$, *Wahrscheinlichkeit* des Ereignisses A genannt, so zugeordnet, daß die folgenden *Axiome* (Grundsätze) erfüllt sind:

Axiom 1: $P(A)$ ist eine *nicht-negative* Zahl, die *höchstens* gleich 1 ist:

$$0 \leqslant P(A) \leqslant 1 \tag{II-41}$$

Axiom 2: Für das *sichere* Ereignis (Ergebnismenge) Ω gilt:

$$P(\Omega) = 1 \qquad \text{(II-42)}$$

Axiom 3: Für paarweise sich *gegenseitig ausschließende* Ereignisse $A_1, A_2, A_3, \ldots$ gilt:

$$P(A_1 \cup A_2 \cup A_3 \cup \ldots) = P(A_1) + P(A_2) + P(A_3) + \ldots \qquad \text{(II-43)}$$

Anmerkungen

(1) *Axiom 3* wird auch als *Additionssatz* für sich *gegenseitig ausschließende* Ereignisse bezeichnet.

(2) Bei einem *Laplace-Experiment* läßt sich die Wahrscheinlichkeit $P(A)$ eines zufälligen Ereignisses A nach der Definitionsformel (II-30) *exakt* berechnen (sog. *klassische* Definition der Wahrscheinlichkeit). Selbstverständlich werden dabei alle Wahrscheinlichkeitsaxiome erfüllt.

(3) Die Wahrscheinlichkeitsaxiome enthalten *keinerlei* Aussagen darüber, wie man in einem konkreten Zufallsexperiment die Wahrscheinlichkeiten der dabei auftretenden Ereignisse ermittelt. Sie legen den Wahrscheinlichkeiten aber *Bedingungen* auf, die erfüllt werden müssen und stellen somit in gewisser Hinsicht *Rechenregeln* für den Umgang mit Wahrscheinlichkeiten dar.

Mit der Ermittlung der (meist unbekannten) Wahrscheinlichkeiten in der *Praxis* werden wir uns im nächsten Abschnitt 3.2.3 noch beschäftigen.

Aus den Wahrscheinlichkeitsaxiomen lassen sich weitere Eigenschaften der Wahrscheinlichkeiten herleiten, die wir wie folgt zusammenstellen:

Eigenschaften der Wahrscheinlichkeiten
(Folgerungen aus den Wahrscheinlichkeitsaxiomen von Kolmogoroff)

(1) Für das *unmögliche* Ereignis $\emptyset$ gilt:

$$P(\emptyset) = 0 \qquad \text{(II-44)}$$

(2) Für das zum Ereignis A *komplementäre* Ereignis $\overline{A}$ gilt:

$$P(\overline{A}) = 1 - P(A) \qquad \text{(II-45)}$$

(3) Für zwei sich *gegenseitig ausschließende* Ereignisse A und B folgt aus Axiom 3:

$$P(A \cup B) = P(A) + P(B) \qquad \text{(II-46)}$$

Die Wahrscheinlichkeit für das Eintreten von A *oder* B ist gleich der *Summe* der Wahrscheinlichkeiten von A und B (*Additionssatz* für sich *gegenseitig ausschließende* Ereignisse).

3.2.3 Festlegung unbekannter Wahrscheinlichkeiten in der Praxis („statistische" Definition der Wahrscheinlichkeit)

Wir beschäftigen uns jetzt mit der für die Praxis so außerordentlich wichtigen, bisher aber offen gebliebenen Frage, *wie* man in einem *konkreten* Fall die *unbekannten* Wahrscheinlichkeiten der zufälligen Ereignisse *festlegen* bzw. *ermitteln* kann.

Im einfachsten Fall liegt ein *Laplace-Experiment* vor. Dann läßt sich die Wahrscheinlichkeit $P(A)$ eines Ereignisses A aus der „klassischen" Definitionsformel (II-30) sogar *exakt* berechnen, wobei die Wahrscheinlichkeitsaxiome von Kolmogoroff *automatisch* erfüllt sind.

Bei vielen Zufallsexperimenten sind die Wahrscheinlichkeiten jedoch *unbekannt* und müssen dann erst *festgelegt* werden. Dies gilt insbesondere für solche Experimente, die *keine* Laplace-Experimente darstellen. Als Grundlage für die Festlegung der (unbekannten) Wahrscheinlichkeitswerte dient dabei die *Erfahrungstatsache*, daß sich die *relativen* Häufigkeiten der zufälligen Ereignisse bei *umfangreichen* Versuchsreihen im allgemeinen „stabilisieren" und sich mit zunehmender Anzahl n der Versuche immer weniger von einem bestimmten Wert unterscheiden (vgl. hierzu Abschnitt 3.2.1). Die *Festlegung* der unbekannten Werte der Wahrscheinlichkeiten erfolgt daher im Regelfall anhand der bei umfangreichen Versuchsreihen beobachteten *relativen Häufigkeiten*. Man betrachtet dabei die relative Häufigkeit $h_n(A)$ eines Ereignisses A als einen *Näherungs-* oder *Schätzwert* für die *unbekannte* Wahrscheinlichkeit $P(A)$, mit der das Ereignis A eintritt:

$$P(A) \approx h_n(A) \qquad \text{(für } \textit{hinreichend großes } n\text{)} \qquad \text{(II-47)}$$

Diese Art der Festlegung der Wahrscheinlichkeit wird daher auch häufig als *„statistische" Definition* der Wahrscheinlichkeit bezeichnet, obwohl es sich dabei um keine Definition im mathematischen Sinne handelt.

Somit gilt folgende *„Regel"*:

Festlegung unbekannter Wahrscheinlichkeiten in der Praxis (sog. „statistische" oder „empirische" Wahrscheinlichkeitswerte)

In der Praxis wird die *unbekannte* Wahrscheinlichkeit $P(A)$ eines zufälligen Ereignisses A *näherungsweise* durch die in *umfangreichen* Versuchsreihen beobachtete *relative* Häufigkeit $h_n(A)$ ersetzt:

$$P(A) \approx h_n(A) \qquad \text{(II-48)}$$

(n: Anzahl der Einzelversuche in der Versuchsreihe, wobei n einen *hinreichend großen* Wert annehmen muß). Die relative Häufigkeit $h_n(A)$ ist dabei als ein *Schätz-* oder *Näherungswert* für die meist unbekannt bleibende Wahrscheinlichkeit $P(A)$ zu betrachten. Diese sog. „statistische" Festlegung der Wahrscheinlichkeit muß dabei aber im *Einklang* mit den drei Wahrscheinlichkeitsaxiomen von Kolmogoroff stehen.

Anmerkung

Man spricht bei dieser Art der Festlegung von Wahrscheinlichkeiten auch von den *empirisch* bestimmten Wahrscheinlichkeitswerten.

■ **Beispiel**

Wir kehren zu dem Urnenbeispiel aus Abschnitt 3.2.1 zurück (Bild II-25). Aus *umfangreichen* Versuchsreihen erhalten wir für die 3 Elementarereignisse A, B und C der Reihe nach die relativen Häufigkeiten $h_n(A) \approx 1/6$, $h_n(B) \approx 2/6 = 1/3$ und $h_n(C) \approx 3/6 = 1/2$. Sie liefern geeignete *Schätzwerte* für die unbekannten Wahrscheinlichkeiten $P(A)$, $P(B)$ und $P(C)$ (Bild II-25).

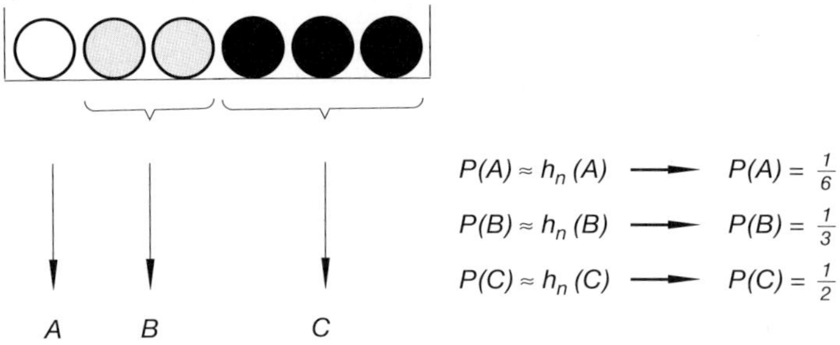

Bild II-25

Schätzwerte für die Wahrscheinlichkeiten der Ereignisse A, B und C ■

3.2.4 Wahrscheinlichkeitsraum

In der Praxis geht man bei der Bestimmung der Wahrscheinlichkeiten oft so vor, daß man den *Elementarereignissen* eines Zufallsexperiments mit der Ergebnismenge $\Omega = \{\omega_1, \omega_2, \omega_3, \ldots\}$ *Wahrscheinlichkeiten* $p_i \geqslant 0$ so zuordnet, daß die sog. *Normierungsbedingung*

$$\sum_{i=1}^{\infty} p_i = p_1 + p_2 + p_3 + \ldots = 1 \tag{II-49}$$

erfüllt ist. Die *Wahrscheinlichkeit* $P(A)$ eines *Ereignisses* A aus dem zugehörigen Ereignisraum ist dann durch den Ausdruck

$$P(A) = \sum p_i \tag{II-50}$$

gegeben, wobei über *alle* in A enthaltenen Elementarereignisse ω_i summiert wird. Der Ereignisraum wird auf diese Weise zu einem *Wahrscheinlichkeitsraum.*

Wahrscheinlichkeitsraum

Jedem *Elementarereignis* ω_i aus der Ergebnismenge $\Omega = \{\omega_1, \omega_2, \omega_3, \ldots\}$ eines Zufallsexperiments ordnen wir eine reelle Zahl p_i so zu, daß die beiden folgenden *Bedingungen* erfüllt sind:

(1) $p_i \geqslant 0 \qquad (i = 1, 2, 3, \ldots)$ (II-51)

(2) $\sum_{i=1}^{\infty} p_i = p_1 + p_2 + p_3 + \ldots = 1$ (II-52)

Der Ereignisraum wird damit zu einem *Wahrscheinlichkeitsraum.*

Die *Wahrscheinlichkeit* $P(A)$ eines *Ereignisses* A aus dem Ereignis- oder Wahrscheinlichkeitsraum ist dann die *Summe* der Wahrscheinlichkeiten der in A enthaltenen Elemente (Elementarereignisse):

$$P(A) = \sum_{i} p_i \tag{II-53}$$

(summiert wird über *alle* in A enthaltenen Elementarereignisse).

Anmerkung

Bei einem *endlichen* Ereignisraum läuft der Index i von 1 bis n (n: Anzahl der *Elementarereignisse* in Ω).

■ **Beispiel**

Eine (unverfälschte) Münze wird solange geworfen, bis erstmals „*Zahl*" erscheint. Dies *kann* bereits beim 1. Wurf der Fall sein, kann aber auch (theoretisch) unendlich lange dauern. Wir beschreiben die *Elementarereignisse*

A_i: *Beim i-ten Wurf erstmals „Zahl"*

durch die Angabe der Anzahl i der Würfe bis zum *erstmaligen* Auftreten der „*Zahl*". Dabei kann i eine *beliebige* natürliche Zahl sein. So tritt beispielsweise das Elementarereignis A_3 genau dann ein, wenn beim 3. Wurf der Münze erstmals „*Zahl*" erscheint. Die Ergebnismenge Ω enthält somit *unendlich* viele Elemente:

$$\Omega = \{1, 2, 3, \ldots\}$$

Der auf dieser Ergebnismenge beruhende Ergebnisraum soll jetzt zu einem *Wahrscheinlichkeitsraum* erweitert werden. Dazu benötigen wir zunächst die Wahrscheinlichkeiten p_i der *Elementarereignisse*, die wir mit Hilfe des in Bild II-26 dargestellten Diagramms wie folgt bestimmen können [14]:

---

[14] Das Diagramm liefert ein erstes Beispiel für ein sehr anschauliches graphisches Hilfsmittel, den sog. *Ereignisbaum.* Dieses Verfahren wird später in Abschnitt 3.7 noch näher erläutert.

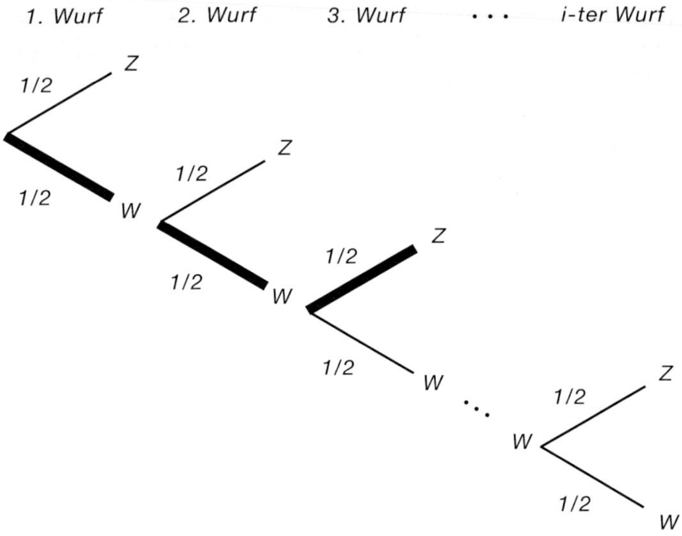

Bild II-26
Ereignisbaum beim wiederholten Münzwurf

Bei jedem Wurf gilt dann, daß „Zahl" (Z) und „Wappen" (W) *gleichwahrscheinliche* Ereignisse sind (der Wurf einer homogenen Münze ist ein *Laplace-Experiment*). Ihre Wahrscheinlichkeiten bezeichnen wir mit $p(Z)$ und $p(W)$. Dann ist bei jedem Wurf $p(Z) = p(W) = 1/2$. Das Elementarereignis

A_1: *„Zahl" beim 1. Wurf*

besitzt somit die Wahrscheinlichkeit

$$p_1 = P(A_1) = p(1) = p(Z) = \frac{1}{2}$$

Für das *Elementarereignis*

A_2: *Erstmals „Zahl" beim 2. Wurf*

erhalten wir die Wahrscheinlichkeit

$$p_2 = P(A_2) = p(2) = p(W) \cdot p(Z) = \frac{1}{2} \cdot \frac{1}{2} = \left(\frac{1}{2}\right)^2$$

Allgemein ist dann offenbar

$$p_i = P(A_i) = p(i) = \left(\frac{1}{2}\right)^i \qquad (i = 1, 2, 3, \ldots)$$

die Wahrscheinlichkeit dafür, beim i-ten Münzwurf *erstmals* „Zahl" zu erhalten. Dieses Ergebnis läßt sich leicht aus dem in Bild II-26 gezeichneten (unvollständigen) *Ereignisbaum* ermitteln. Jedes Elementarereignis erreicht man dabei auf einem ganz bestimmten *Weg* oder *Pfad* über mehrere *Äste* oder *Zweige*. Z.B. erreicht man das *Elementarereignis*

A_3: *Erstmals „Zahl" beim 3. Wurf*

längs des im Bild *dick* eingezeichneten Weges über drei Zweige. Man *multipliziert* dabei die an den Zweigen angegebenen Wahrscheinlichkeiten und erhält das gewünschte Ergebnis, hier also

$$p_3 = P(A_3) = p(3) = \frac{1}{2} \cdot \frac{1}{2} \cdot \frac{1}{2} = \left(\frac{1}{2}\right)^3$$

in Übereinstimmung mit obiger Gleichung für $i = 3$.
Der Ereignisraum wird durch die Zuordnung

$$A_i \to p_i = \left(\frac{1}{2}\right)^i \qquad (i = 1, 2, 3, \ldots)$$

zu einem *Wahrscheinlichkeitsraum*, da die Wahrscheinlichkeiten p_i die Bedingungen (II-51) und (II-52) erfüllen. Denn es gilt

$$p_i = \left(\frac{1}{2}\right)^i > 0 \qquad (i = 1, 2, 3, \ldots)$$

und

$$\sum_{i=1}^{\infty} p_i = \sum_{i=1}^{\infty} \left(\frac{1}{2}\right)^i = \left(\frac{1}{2}\right)^1 + \left(\frac{1}{2}\right)^2 + \left(\frac{1}{2}\right)^3 + \ldots =$$

$$= \frac{1}{2} \underbrace{\left[1 + \frac{1}{2} + \left(\frac{1}{2}\right)^2 + \ldots\right]}_{\substack{\text{geometrische Reihe} \\ \left(q = \frac{1}{2}\right)}} = \frac{1}{2} \cdot \frac{1}{1 - \frac{1}{2}} = 1$$

■

3.3 Additionssatz für beliebige Ereignisse

Für zwei sich *gegenseitig ausschließende* Ereignisse A und B gilt nach dem 3. Wahrscheinlichkeitsaxiom:

$$P(A \cup B) = P(A) + P(B) \qquad \text{(II-54)}$$

Die Wahrscheinlichkeit dafür, daß das Ereignis A *oder* B eintritt, ist in diesem *Sonderfall* gleich der *Summe* der Wahrscheinlichkeiten von A und B.

Trifft diese Voraussetzung ($A \cap B = \emptyset$) jedoch *nicht* zu, dann gilt der folgende allgemeinere *Additionssatz* der Wahrscheinlichkeitsrechnung:

Additionssatz für beliebige Ereignisse

Für zwei *beliebige* Ereignisse A und B gilt:

$$P(A \cup B) = P(A) + P(B) - P(A \cap B) \qquad \text{(II-55)}$$

Anmerkung

Der Additionssatz (II-55) führt im *Sonderfall* $A \cap B = \emptyset$ wegen $P(A \cap B) = P(\emptyset) = 0$ zum 3. Wahrscheinlichkeitsaxiom (Gleichung (II-43) bzw. (II-46)).

■ **Beispiel**

Ein homogener Würfel wird *zweimal* geworfen. Wie groß ist dabei die Wahrscheinlichkeit, *mindestens einmal* die Augenzahl „6" zu erzielen?

Lösung:

Wir betrachten zunächst die folgenden Ereignisse:

A: *Augenzahl „6" beim 1. Wurf*

B: *Augenzahl „6" beim 2. Wurf*

Sie treten mit den Wahrscheinlichkeiten

$$P(A) = P(B) = \frac{1}{6}$$

ein. Das uns interessierende Ereignis lautet: *„Bei zwei Würfen tritt die Augenzahl „6" mindestens einmal auf"*. Dieses Ereignis tritt somit ein, wenn *entweder* im 1. Wurf *oder* im 2. Wurf *oder* in *beiden* Würfen die Augenzahl „6" erzielt wird. Unser Interesse gilt also dem Ereignis $A \cup B$, dessen Wahrscheinlichkeit $P(A \cup B)$ wir berechnen wollen. Um den *Additionssatz* (II-55) hier anwenden zu können, benötigen wir noch die Wahrscheinlichkeit des Ereignisses

$(A \cap B)$: *Augenzahl „6" bei beiden Würfen*

Aus unserem *Standardbeispiel 2* (Abschnitt 2.1) wissen wir bereits, daß dieses Ereignis, beschrieben durch das *geordnete* Zahlenpaar (Augenpaar) (6; 6), unter den insgesamt 36 *gleichwahrscheinlichen* Elementarereignissen (1; 1), (1; 2), (1; 3), ..., (6; 5), (6; 6) genau *einmal* auftritt und somit die Wahrscheinlichkeit $P(A \cap B) = 1/36$ besitzt. Aus dem *Additionssatz* erhalten wir dann für die gesuchte Wahrscheinlichkeit des Ereignisses $A \cup B$ den folgenden Wert:

$$P(A \cup B) = P(A) + P(B) - P(A \cap B) = \frac{1}{6} + \frac{1}{6} - \frac{1}{36} = \frac{11}{36}$$

■

3.4 Bedingte Wahrscheinlichkeit

In den Anwendungen interessiert häufig die Wahrscheinlichkeit für das Eintreten eines bestimmten Ereignisses B unter der *Voraussetzung* oder *Bedingung*, daß ein anderes Ereignis A bereits *eingetreten* ist. Diese Wahrscheinlichkeit wird daher als *bedingte Wahrscheinlichkeit von B unter der Bedingung A* bezeichnet und durch das Symbol $P(B \mid A)$ gekennzeichnet. Wir wollen diesen wichtigen Begriff zunächst an einem einfachen Urnenbeispiel näher erläutern.

■ **Beispiel**

In einer Urne befinden sich drei weiße und drei schwarze Kugeln. Wir entnehmen nun der Urne ganz zufällig und nacheinander zwei Kugeln *ohne* Zurücklegen und interessieren uns dabei für die Wahrscheinlichkeit, bei der *2. Ziehung* eine *weiße* Kugel zu erhalten.

Bei der Lösung dieser Aufgabe müssen wir *zwei* Fälle unterscheiden. Die gesuchte Wahrscheinlichkeit hängt nämlich noch ganz wesentlich vom Ergebnis der *1. Ziehung* ab, d.h. davon, ob zuerst eine weiße *oder* eine schwarze Kugel gezogen wurde.

1. Fall: Bei der *1. Ziehung* wird eine *weiße* Kugel gezogen (Bild II-27)

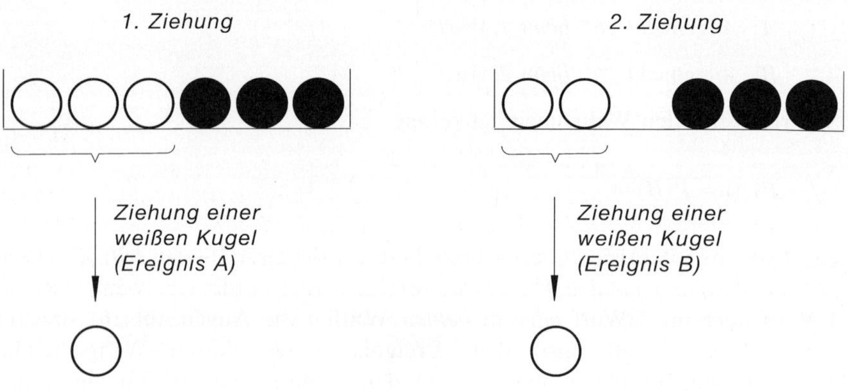

Bild II-27

Nach der 1. Ziehung befinden sich noch 2 weiße und 3 schwarze Kugeln in der Urne. Somit ist die Wahrscheinlichkeit dafür, auch bei der 2. Ziehung eine *weiße* Kugel zu erhalten (Ereignis B), durch $P(B \mid A) = 2/5$ gegeben. Denn es gibt unter den $m = 5$ *möglichen* Fällen genau $g_1 = 2$ für die Ziehung einer *weißen* Kugel *günstige* Fälle.

2. Fall: Bei der *1. Ziehung* wird eine *schwarze* Kugel gezogen (Bild II-28)

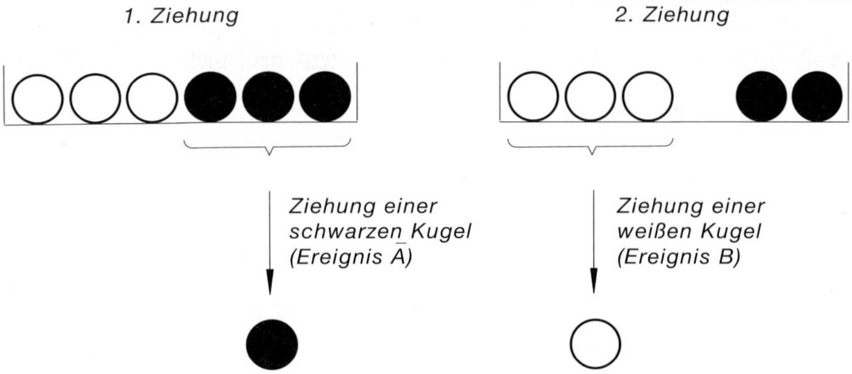

Bild II-28

Bei der *1. Ziehung* wurde eine *schwarze* Kugel gezogen, d.h. es ist das zu A *komplementäre* Ereignis $\overline{A}$ eingetreten. Dann befinden sich in der Urne noch 3 weiße und 2 schwarze Kugeln. Für die Ziehung einer *weißen* Kugel gibt es daher unter $m = 5$ *möglichen* Fällen genau $g_2 = 3$ *günstige* Fälle. Die Wahrscheinlichkeit, bei der *2. Ziehung* eine *weiße* Kugel zu erhalten, ist daher $P(B \mid \overline{A}) = 3/5$.

Ergebnis: Die gesuchte Wahrscheinlichkeit dafür, bei der *2. Ziehung* eine *weiße* Kugel zu erhalten, ist noch abhängig vom Ausgang (Ergebnis) der *1. Ziehung*. Es lassen sich daher in diesem Beispiel nur Wahrscheinlichkeiten unter bestimmten *Bedingungen* oder *Voraussetzungen* angeben. Diese Bedingungen lauten in diesem Beispiel: Bei der *1. Ziehung* ist das Ereignis A bzw. das zu A *komplementäre* Ereignis $\overline{A}$ eingetreten. Es handelt sich hier also um Wahrscheinlichkeiten, die an bestimmte *Bedingungen* oder *Voraussetzungen* geknüpft sind und daher folgerichtig als *bedingte* Wahrscheinlichkeiten bezeichnet werden.

■

Wir definieren nun den Begriff der *bedingten* Wahrscheinlichkeit wie folgt:

Definition: Die Wahrscheinlichkeit für das Eintreten des Ereignisses B unter der *Bedingung* oder *Voraussetzung*, daß das Ereignis A bereits eingetreten ist, heißt *bedingte Wahrscheinlichkeit* von B unter der Bedingung A und wird durch das Symbol $P(B \mid A)$ gekennzeichnet. Sie wird durch die Gleichung

$$P(B \mid A) = \frac{P(A \cap B)}{P(A)} \qquad (P(A) \neq 0) \qquad \text{(II-56)}$$

definiert.

■ **Beispiel**

Wir würfeln gleichzeitig mit *zwei* homogenen und unterscheidbaren Würfeln und interessieren uns dabei ausschließlich für Würfe mit der *Augensumme 8*. Wie groß ist dann die Wahrscheinlichkeit dafür, daß bei einem solchen Wurf *beide* Augenzahlen *gerade* sind?

Lösung:

Wir betrachten zunächst die folgenden Ereignisse:

A: *Die Augensumme beträgt 8*

B: *Die Augenzahlen beider Würfel sind gerade*

Unser Interesse gilt dann dem Ereignis B unter der *Bedingung*, daß das Ereignis A bereits *eingetreten* ist. Wir suchen somit die *bedingte* Wahrscheinlichkeit $P(B \mid A)$.

1. Lösungsweg (ohne Verwendung der Definitionsformel (II-56) für die *bedingte* Wahrscheinlichkeit):

Die Ergebnismenge Ω unseres Zufallsexperiments enthält genau 36 *gleichmögliche* Elementarereignisse (es handelt sich um ein *Laplace-Experiment*, vgl. hierzu *Standardbeispiel 2* in Abschnitt 2.1):

$$\Omega = \{(1;1),\ (1;2),\ (1;3), \ldots, (6;5),\ (6;6)\}$$

Das Ereignis A („*Augensumme 8*") wird dabei durch die 5 Elementarereignisse

$$(2;6),\ (3;5),\ (4;4),\ (5;3) \quad \text{und} \quad (6;2)$$

realisiert. Von diesen 5 Elementen führen genau 3 zum Ereignis B („*gerade Augenzahlen*"), nämlich

$$(2;6),\ (4;4) \quad \text{und} \quad (6;2)$$

Damit gibt es unter den $m = 5$ *möglichen* Fällen mit der *Augensumme 8* genau $g = 3$ *günstige* Fälle, in denen beide Augenzahlen *gerade* sind. Nach der *klassischen* Wahrscheinlichkeitsdefinition gilt dann:

$$P(B \mid A) = \frac{g}{m} = \frac{3}{5}$$

2. Lösungsweg (unter Verwendung der Definitionsformel (II-56) für die *bedingte* Wahrscheinlichkeit):

Wir bestimmen zunächst die benötigten Wahrscheinlichkeiten $P(A)$ und $P(A \cap B)$. Das Ereignis A („*Augensumme 8*") wird nach den Ausführungen beim 1. Lösungsweg durch genau $g_1 = 5$ der insgesamt $m = 36$ *gleichmöglichen* Elementarereignisse realisiert. Daher ist nach der *klassischen* Wahrscheinlichkeitsdefinition

$$P(A) = \frac{g_1}{m} = \frac{5}{36}$$

Das Ereignis

$(A \cap B)$: *Die Augensumme beträgt 8 und beide Augenzahlen sind gerade*

wird durch die 3 Elementarereignisse

(2; 6), (4; 4) und (6; 2)

realisiert. Daher gibt es unter den $m = 36$ *möglichen* Fällen $g_2 = 3$ für das Ereignis $(A \cap B)$ *günstige* Fälle. Somit ist

$$P(A \cap B) = \frac{g_2}{m} = \frac{3}{36}$$

Aus der Definitionsformel (II-56) folgt dann für die gesuchte *bedingte* Wahrscheinlichkeit $P(B \mid A)$:

$$P(B \mid A) = \frac{P(A \cap B)}{P(A)} = \frac{\frac{3}{36}}{\frac{5}{36}} = \frac{3}{5}$$

■

3.5 Multiplikationssatz

Wir lösen die Definitionsgleichung (II-56) der *bedingten* Wahrscheinlichkeit nach $P(A \cap B)$ auf und erhalten daraus den folgenden *Multiplikationssatz* der Wahrscheinlichkeitsrechnung:

Multiplikationssatz

Die Wahrscheinlichkeit für das *gleichzeitige* Eintreten zweier Ereignisse A und B ist

$$P(A \cap B) = P(A) \cdot P(B \mid A) \qquad \text{(II-57)}$$

Anmerkungen

(1) Die beiden Faktoren im Produkt der Gleichung (II-57) haben dabei folgende Bedeutung:

$P(A)$: Wahrscheinlichkeit für das Eintreten des Ereignisses A (*ohne* jede Bedingung)

$P(B \mid A)$: Wahrscheinlichkeit für das Eintreten des Ereignisses B unter der *Bedingung*, daß das Ereignis A bereits *eingetreten* ist (*bedingte* Wahrscheinlichkeit von B unter der Bedingung A)

(2) Wegen $A \cap B = B \cap A$ gilt stets:

$$P(A) \cdot P(B \mid A) = P(B) \cdot P(A \mid B) \qquad \text{(II-58)}$$

(3) Der *Multiplikationssatz* läßt sich *verallgemeinern.* Er lautet beispielsweise für *drei* gleichzeitig eintretende Ereignisse A, B und C wie folgt:

$$P(A \cap B \cap C) = P(A) \cdot P(B \mid A) \cdot P(C \mid A \cap B) \qquad \text{(II-59)}$$

Die einzelnen Faktoren bedeuten dabei:

$P(A)$: Wahrscheinlichkeit für das Eintreten des Ereignisses A (*ohne* jede Bedingung)

$P(B \mid A)$: *Wahrscheinlichkeit für das Eintreten des* Ereignisses B unter der *Bedingung*, daß das Ereignis A bereits *eingetreten* ist

$P(C \mid A \cap B)$: Wahrscheinlichkeit für das Eintreten des Ereignisses C unter der *Bedingung*, daß die Ereignisse A und B bereits *eingetreten* sind

Die Wahrscheinlichkeiten $P(B \mid A)$ und $P(C \mid A \cap B)$ sind somit *bedingte* Wahrscheinlichkeiten.

■ **Beispiele**

(1) In einer Urne befinden sich 6 Kugeln, darunter 4 weiße und 2 schwarze Kugeln. Wir entnehmen der Urne nacheinander und ganz zufällig *zwei* Kugeln, wobei die jeweils gezogene Kugel *nicht* zurückgelegt wird (Ziehung *ohne* Zurücklegen). Mit welcher Wahrscheinlichkeit erhalten wir in *beiden* Fällen eine *weiße* Kugel?

Lösung:

Wir betrachten die beiden zufälligen Ereignisse

A: *Die bei der 1. Ziehung erhaltene Kugel ist weiß*

B: *Die bei der 2. Ziehung erhaltene Kugel ist weiß*

und bestimmen zunächst ihre Wahrscheinlichkeiten:

1. Ziehung: *Ereignis A tritt ein (Bild II-29)*

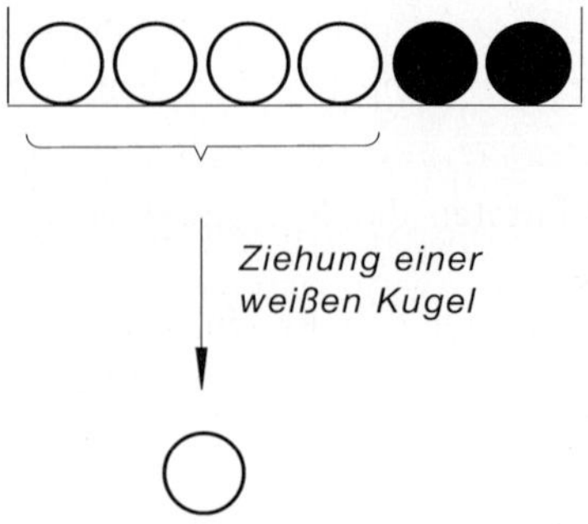

Anzahl der *günstigen* Fälle: $g_1 = 4$

Anzahl der *möglichen* Fälle: $m_1 = 6$

$$P(A) = \frac{g_1}{m_1} = \frac{4}{6} = \frac{2}{3}$$

Bild II-29

2. Ziehung: *Ereignis B tritt ein (Bild II-30)*

Da das Ereignis A bereits *eingetreten* ist, befinden sich in der Urne nur noch 5 Kugeln, darunter 3 weiße und 2 schwarze Kugeln.

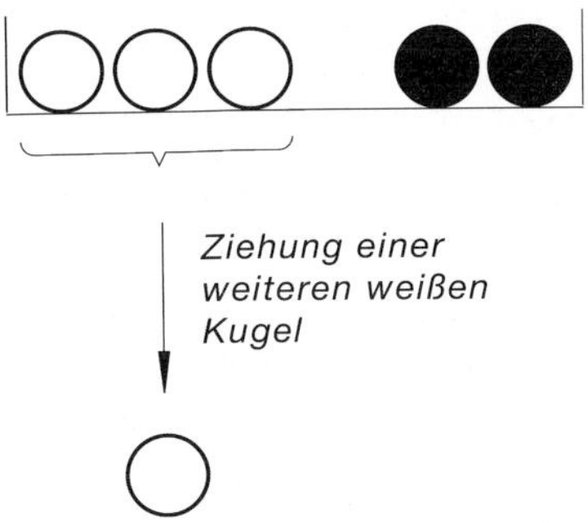

Anzahl der *günstigen* Fälle: $g_2 = 3$

Anzahl der *möglichen* Fälle: $m_2 = 5$

$$P(B \mid A) = \frac{g_2}{m_2} = \frac{3}{5}$$

Bild II-30

Uns interessiert die Wahrscheinlichkeit $P(A \cap B)$ für das *gleichzeitige* Eintreten der Ereignisse A und B. Aus dem *Multiplikationssatz* erhalten wir dann den folgenden Wert:

$$P(A \cap B) = P(A) \cdot P(B \mid A) = \frac{2}{3} \cdot \frac{3}{5} = \frac{2}{5} = 0{,}4$$

Wir erwarten daher (wenn wir unser Zufallsexperiment nur *genügend oft* wiederholen), daß wir in 40% aller Fälle zwei *weiße* Kugeln ziehen.

(2) Ein Händler erhält eine Lieferung von 20 Leuchtstoffröhren, unter denen sich (was er jedoch nicht weiß) 3 *defekte* Röhren befinden. Bei der Warenübergabe überprüft er *stichprobenartig* die Ware, indem er der Lieferung *dreimal* nacheinander rein zufällig eine Röhre entnimmt. Wie in der Praxis allgemein üblich, werden dabei die gezogenen Röhren *nicht* zurückgelegt (Ziehung *ohne* Zurücklegen). Uns interessiert die Wahrscheinlichkeit dafür, daß der Händler *ausschließlich brauchbare* Röhren zieht.

Wir lösen dieses Problem wie folgt:

Das Zufallsexperiment „*Ziehung einer Leuchtstoffröhre aus der angelieferten Ware*“ ist ein *Laplace-Experiment.* Die Wahrscheinlichkeit, gezogen zu werden, ist nämlich für *jede* der (brauchbaren oder defekten) Röhren *gleich.* Unser Interesse gilt jetzt den folgenden Ereignissen:

A_i: *Bei der i-ten Ziehung erhalten wir eine brauchbare Leuchtstoffröhre*

($i = 1, 2, 3$). Dann wird die Ziehung *dreier* brauchbarer Röhren durch das Ereignis $A_1 \cap A_2 \cap A_3$ beschrieben, dessen Wahrscheinlichkeit $P(A_1 \cap A_2 \cap A_3)$ wir nun schrittweise wie folgt bestimmen:

1. Ziehung: *Das Ereignis A_1 tritt ein (Bild II-31)*

Symbole: ● brauchbare Röhre ○ defekte Röhre

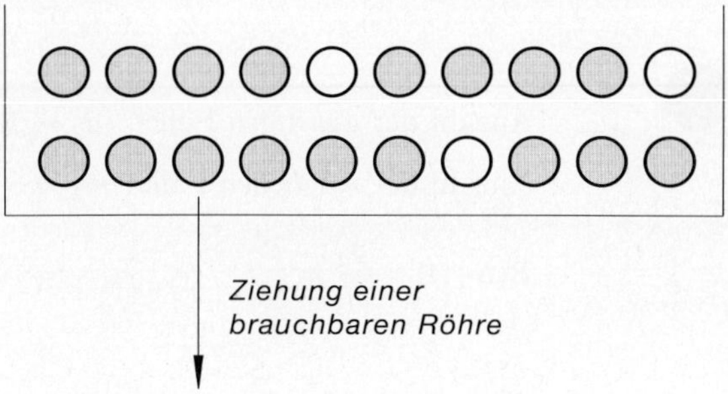

Karton mit 20 Röhren

$m_1 = 20$ Röhren

$g_1 = 17$ brauchbare Röhren

$$P(A_1) = \frac{g_1}{m_1} = \frac{17}{20}$$

Bild II-31

2. Ziehung: *Das Ereignis A_2 tritt ein (Bild II-32)*

Das Ereignis A_1 ist bereits *eingetreten.* Daher enthält der Karton nur noch 19 Röhren, darunter 16 brauchbare.

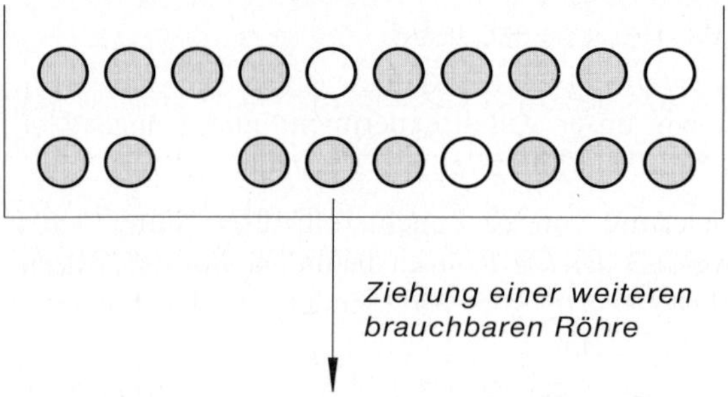

Karton mit 19 Röhren

$m_2 = 19$ Röhren

$g_2 = 16$ brauchbare Röhren

$$P(A_2 \mid A_1) = \frac{g_2}{m_2} = \frac{16}{19}$$

Bild II-32

3. Ziehung: *Das Ereignis A_3 tritt ein (Bild II-33)*

Die Ereignisse A_1 und A_2, d. h. das Ereignis $A_1 \cap A_2$ sind bereits *eingetreten.* Im Karton befinden sich damit nur noch 18 Röhren, darunter 15 brauchbare.

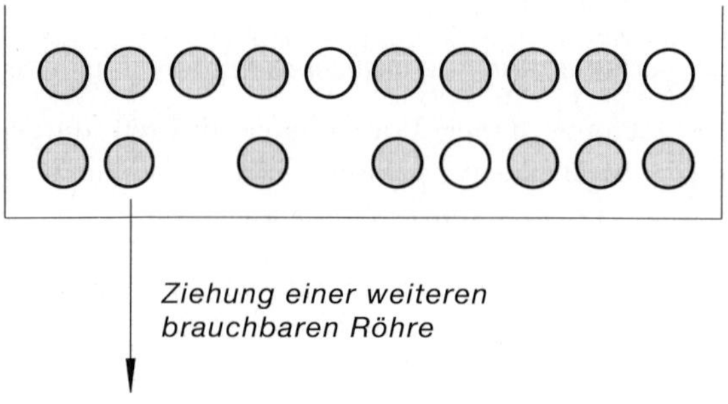

Karton mit 18 Röhren

$m_3 = 18$ Röhren

$g_3 = 15$ brauchbare Röhren

$$P(A_3 \mid A_1 \cap A_2) = \frac{g_3}{m_3} = \frac{15}{18} = \frac{5}{6}$$

Bild II-33

Die Wahrscheinlichkeit dafür, eine Stichprobe mit drei *einwandfreien* Leuchtstoffröhren zu erhalten, berechnet sich dann nach dem *Multiplikationssatz* (II-59) zu

$$P(A_1 \cap A_2 \cap A_3) = P(A_1) \cdot P(A_2 \mid A_1) \cdot P(A_3 \mid A_1 \cap A_2) =$$

$$= \frac{17}{20} \cdot \frac{16}{19} \cdot \frac{5}{6} = \frac{34}{57} = 0{,}60 = 60\,\%$$

■

3.6 Stochastisch unabhängige Ereignisse

In Abschnitt 3.4 haben wir gesehen, daß die Wahrscheinlichkeit eines Ereignisses B noch vom Eintreten eines weiteren Ereignisses A abhängen *kann*. Dies führte uns zu dem Begriff der *bedingten* Wahrscheinlichkeit $P(B \mid A)$.

In vielen Fällen jedoch ist die Wahrscheinlichkeit für das Eintreten eines Ereignisses B völlig *unabhängig* davon, ob das Ereignis A eingetreten ist *oder* nicht, und umgekehrt. In diesem Fall gelten somit die folgenden Beziehungen:

$$P(A \mid B) = P(A) \qquad \text{und} \qquad P(B \mid A) = P(B) \tag{II-60}$$

Aus dem *Multiplikationssatz* (II-57) folgt dann unmittelbar:

$$P(A \cap B) = P(A) \cdot P(B \mid A) = P(A) \cdot P(B) \tag{II-61}$$

Man bezeichnet solche Ereignisse als *stochastisch unabhängig*. Die Aussagen der Gleichungen (II-60) und (II-61) sind dabei völlig *gleichwertig*. Wir definieren daher den außerordentlich wichtigen Begriff der *stochastischen Unabhängigkeit* zweier Ereignisse A und B wie folgt:

Definition: Zwei Ereignisse A und B heißen *stochastisch unabhängig*, wenn

$$P(A \cap B) = P(A) \cdot P(B) \tag{II-62}$$

gilt.

Anmerkungen

(1) Die Definitionsgleichung (II-62) für die *stochastisch unabhängigen* Ereignisse A und B ist zugleich der *Multiplikationssatz* für diesen Sonderfall. Mit anderen Worten: Ist von zwei Ereignissen A und B bekannt, daß sie *stochastisch unabhängig* sind, so besitzt der *Multiplikationssatz* (II-57) die *spezielle* Form

$$P(A \cap B) = P(A) \cdot P(B) \tag{II-63}$$

(2) *Stochastisch unabhängige* Ereignisse werden häufig auch als *statistisch unabhängige* Ereignisse bezeichnet.

(3) Die *stochastische Unabhängigkeit* zweier Ereignisse ist immer *wechselseitig*. Der Definitionsformel (II-62) *gleichwertig* sind die beiden Beziehungen

$$P(A \mid B) = P(A) \qquad \text{und} \qquad P(B \mid A) = P(B) \tag{II-64}$$

(4) Der Nachweis der *stochastischen Unabhängigkeit* zweier Ereignisse A und B anhand der Bedingung (II-62) ist in der Praxis oft sehr *mühsam*. In vielen Fällen jedoch läßt sich die Unabhängigkeit *logisch* begründen (vgl. hierzu das nachfolgende 1. Beispiel).

(5) *Drei* Ereignisse A, B und C sind *stochastisch unabhängig*, wenn die Wahrscheinlichkeiten $P(A)$, $P(B)$ und $P(C)$ nicht davon abhängen, ob die übrigen Ereignisse eingetreten sind oder nicht. In diesem Fall lautet der *Multiplikationssatz*:

$$P(A \cap B \cap C) = P(A) \cdot P(B) \cdot P(C) \tag{II-65}$$

■ **Beispiele**

(1) Eine homogene Münze wird *dreimal* geworfen. Mit welcher Wahrscheinlichkeit erhalten wir in diesem Zufallsexperiment zunächst zweimal „Zahl" und dann (im 3. Wurf) „Wappen"?

Lösung:
Wir betrachten die folgenden Ereignisse:

A: *„Zahl" beim 1. Wurf*

B: *„Zahl" beim 2. Wurf*

C: *„Wappen" beim 3. Wurf*

Sie sind *stochastisch unabhängig*. Denn das Ergebnis eines bestimmten Wurfs ist vollkommen *unabhängig* vom Ergebnis des *vorangegangenen* Wurfs und beeinflußt auch in keinster Weise den Ausgang des *nachfolgenden* Münzwurfs. Die drei Ereignisse A, B und C treten ferner mit der gleichen Wahrscheinlichkeit

$$P(A) = P(B) = P(C) = \frac{1}{2}$$

ein. Unser Interesse gilt nun dem zusammengesetzten Ereignis

$(A \cap B \cap C)$: *Zunächst zweimal „Zahl", dann „Wappen" beim dreimaligen Wurf einer Münze*

Wegen der *stochastischen Unabhängigkeit* der Ereignisse A, B und C erhalten wir für die gesuchte Wahrscheinlichkeit $P(A \cap B \cap C)$ nach dem *Multiplikationssatz* (II-65) den folgenden Wert:

$$P(A \cap B \cap C) = P(A) \cdot P(B) \cdot P(C) = \frac{1}{2} \cdot \frac{1}{2} \cdot \frac{1}{2} = \frac{1}{8}$$

Wir dürfen daher die folgende *Erwartung* aussprechen: Wiederholen wir das Zufallsexperiment „*Dreimaliger Wurf einer Münze*" genügend oft, so wird im *Mittel* in jedem 8. Experiment zunächst zweimal „Zahl" und dann „Wappen" erscheinen.

(2) Zwei Schützen versuchen in einem Wettkampf eine Zielscheibe zu treffen. Aufgrund der Trainingsergebnisse schätzt man, daß der 1. Schütze mit einer Wahrscheinlichkeit von 3/4 und der 2. Schütze mit einer Wahrscheinlichkeit von 2/3 die Scheibe trifft. Im Wettkampf schießt nun jeder *einmal* auf die Scheibe. Wie groß ist dabei die Wahrscheinlichkeit, daß *genau einer* von ihnen die Scheibe trifft?

Lösung:

Wir betrachten die Ereignisse

A: *Der 1. Schütze trifft*

B: *Der 2. Schütze trifft*

sowie die dazu *komplementären* Ereignisse

$\overline{A}$: *Der 1. Schütze trifft nicht*

$\overline{B}$: *Der 2. Schütze trifft nicht*

anhand von Bild II-34:

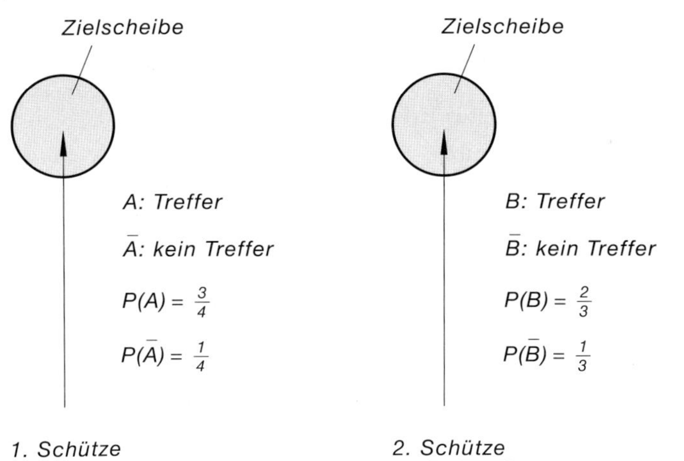

Bild II-34

Hieraus bilden wir die zusammengesetzten Ereignisse

$(A \cap \overline{B})$: *Nur der 1. Schütze trifft*

und

$(\overline{A} \cap B)$: *Nur der 2. Schütze trifft*

Die Zielscheibe wird daher genau dann *einmal* getroffen, wenn das Ereignis

$$C = (A \cap \overline{B}) \cup (\overline{A} \cap B)$$

eintritt. In diesem Fall trifft nämlich *entweder* der 1. Schütze *oder* der 2. Schütze, da sich die Ereignisse $A \cap \overline{B}$ (nur der 1. Schütze trifft) und $\overline{A} \cap B$ (nur der 2. Schütze trifft) *gegenseitig ausschließen*. Nach dem *Additionsaxiom* (II-43) gilt dann:

$$P(C) = P[(A \cap \overline{B}) \cup (\overline{A} \cap B)] = P(A \cap \overline{B}) + P(\overline{A} \cap B)$$

Da A und $\overline{B}$ bzw. $\overline{A}$ und B *stochastisch unabhängige* Ereignisse sind (das Ergebnis des einen Schützen hat *keinerlei* Einfluß auf das Ergebnis des anderen Schützen), folgt weiter

$$P(A \cap \overline{B}) = P(A) \cdot P(\overline{B})$$

und

$$P(\overline{A} \cap B) = P(\overline{A}) \cdot P(B)$$

und somit

$$P(C) = P(A \cap \overline{B}) + P(\overline{A} \cap B) = P(A) \cdot P(\overline{B}) + P(\overline{A}) \cdot P(B)$$

Nach Voraussetzung ist $P(A) = 3/4$, $P(B) = 2/3$ und daher $P(\overline{A}) = 1/4$, $P(\overline{B}) = 1/3$ (vgl. hierzu auch Bild II-34). Damit erhalten wir für das Ereignis C („*nur einer der beiden Schützen trifft*") die folgende Wahrscheinlichkeit:

$$P(C) = P(A) \cdot P(\overline{B}) + P(\overline{A}) \cdot P(B) = \frac{3}{4} \cdot \frac{1}{3} + \frac{1}{4} \cdot \frac{2}{3} = \frac{5}{12}$$

Wir interpretieren dieses Ergebnis wie folgt:

Wenn die beiden Schützen 120-mal gegeneinander antreten, dann wird die Zielscheibe in *ungefähr* 50 Fällen von genau einem der beiden Schützen getroffen.

■

3.7 Ereignisbäume

Häufig stößt man auf komplizierte *Zufallsprozesse*, die aus *mehreren* nacheinander ablaufenden Zufallsexperimenten bestehen. Ein solcher Prozeß besteht also aus einer (endlichen) Folge von Zufallsexperimenten. Es handelt sich um ein sog. *mehrstufiges* Zufallsexperiment.

■ **Beispiel**

In einer Urne befinden sich 6 Kugeln, darunter 2 weiße und 4 schwarze. Der Urne werden nacheinander 2 Kugeln entnommen, die gezogenen Kugeln jedoch *nicht* zurückgelegt (Ziehung *ohne* Zurücklegen). Es handelt sich hierbei um einen *Zufallsprozeß*, bei dem nacheinander *zwei* einfache Zufallsexperimente ablaufen (*2-stufiges* Zufallsexperiment, Bild II-35).

1. Zufallsexperiment (Stufe 1): Ziehung einer ersten Kugel aus den vorhandenen 6 Kugeln

2. Zufallsexperiment (Stufe 2): Ziehung einer weiteren Kugel aus den verbliebenen 5 Kugeln

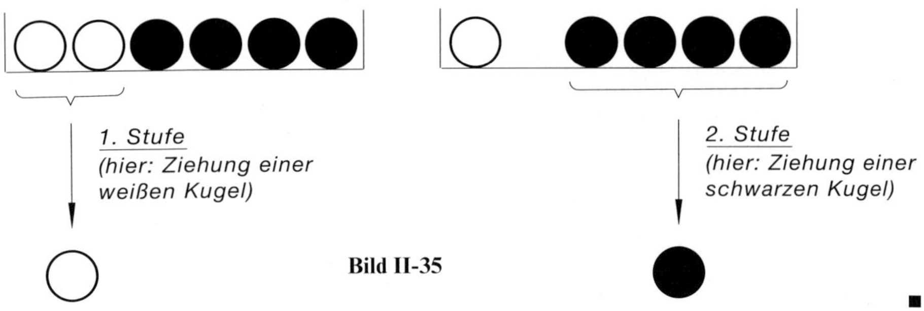

Bild II-35

■

Ein äußerst anschauliches Hilfsmittel bei der Berechnung von Wahrscheinlichkeiten bei *mehrstufigen* Zufallsexperimenten ist der sog. *Ereignisbaum* (häufig auch als *Baumdiagramm* bezeichnet). Er besteht aus einer *Wurzel* (Ausgangspunkt), mehreren *Verzweigungspunkten* und einer Vielzahl von *Zweigen.* In Bild II-36 ist ein solcher Ereignisbaum für ein *2-stufiges* Zufallsexperiment dargestellt. Die Verzweigungspunkte A_1 und A_2 charakterisieren dabei die möglichen *Zwischenergebnisse* nach der 1. Stufe, die von diesen Verzweigungspunkten ausgehenden Zweige führen zu den jeweils möglichen Ergebnissen der nachfolgenden *2. Stufe* (hier sind es die möglichen *Endergebnisse* B_1 bis B_5).

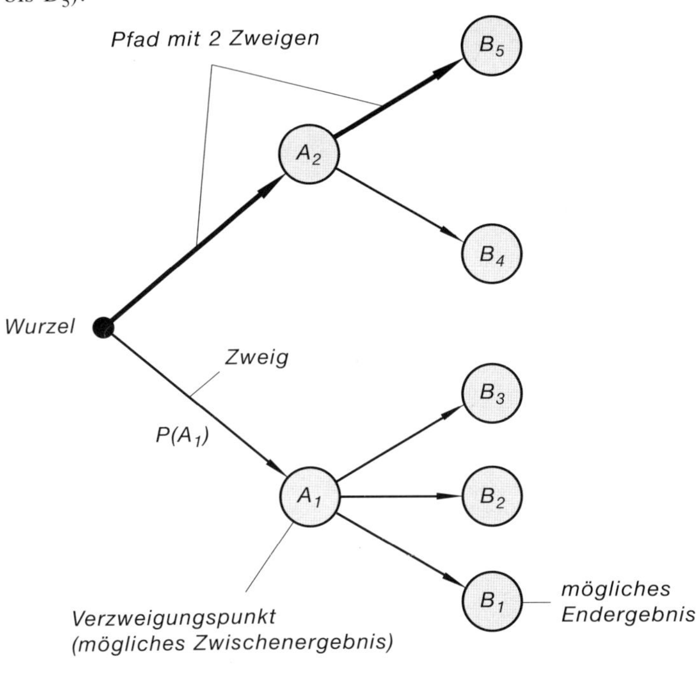

A_1, A_2: Verzweigungspunkte (mögliche Ergebnisse der 1. Stufe, d.h. *Zwischenergebnisse*)

$B_1, \ldots, B_5$: Mögliche *Endergebnisse*

Bild II-36
Ereignisbaum oder Baumdiagramm für ein *mehrstufiges* Zufallsexperiment

Die Wahrscheinlichkeit eines bestimmten Ereignisses (Ergebnisses) schreibt man an den betreffenden Zweig. So ist z. B. $P(A_1)$ die Wahrscheinlichkeit des *Zwischenergebnisses* (Ereignisses) A_1. Ein mögliches *Endergebnis* erreicht man dann (immer von der Wurzel ausgehend) längs eines bestimmten *Pfades*. Dieser besteht meist aus mehreren *Zweigen*, wie der im Bild *dick* gekennzeichnete Pfad, der von der Wurzel über das Zwischenergebnis A_2 zum Endergebnis B_5 führt.

Für die Berechnung der Wahrscheinlichkeit eines bestimmten Endergebnisses gelten dann die folgenden *Regeln*:

Regeln für die Berechnung von Wahrscheinlichkeiten bei mehrstufigen Zufallsexperimenten mit Hilfe des Ereignisbaumes (sog. Pfadregeln)

Bei einem in *mehreren* Stufen ablaufenden Zufallsexperiment läßt sich jedes mögliche Endergebnis durch einen bestimmten *Pfad* im zugehörigen *Ereignisbaum* anschaulich darstellen (Bild II-36). Die Berechnung der Wahrscheinlichkeiten für die möglichen Endergebnisse erfolgt dabei mit Hilfe der folgenden *Regeln*:

(1) Die Wahrscheinlichkeiten längs eines *Pfades* werden miteinander *multipliziert*.

(2) Führen *mehrere* Pfade zum *gleichen* Endergebnis, so *addieren* sich ihre Wahrscheinlichkeiten.

Anmerkung

Bei der Bestimmung der Wahrscheinlichkeiten für die *Zweige* des Ereignisbaumes ist zu beachten, daß von der 2. Stufe ab alle *Zwischenergebnisse* (Ereignisse) noch vom Ausgang der *vorangegangenen* Stufe abhängen. Es handelt sich daher um *bedingte* Wahrscheinlichkeiten. Bei der Berechnung der Wahrscheinlichkeiten längs eines bestimmten Pfades ist demnach der *Multiplikationssatz* zu verwenden.

Beispiel: Das Endergebnis B_5 im Ereignisbaum von Bild II-36 wird längs des *dick* gezeichneten Pfades erreicht. Daher gilt:

$$P(B_5) = P(A_2) \cdot P(B_5 \mid A_2)$$

■ **Beispiel**

In einer Urne befinden sich 6 Kugeln, darunter 2 weiße und 4 schwarze Kugeln. Wir entnehmen nacheinander ganz zufällig *zwei* Kugeln, legen jedoch die jeweils gezogene Kugel *nicht* in die Urne zurück (Ziehung *ohne* Zurücklegen). Mit welcher Wahrscheinlichkeit erhalten wir

a) zwei *gleichfarbige*,

b) zwei *verschiedenfarbige*

Kugeln?

Lösung:

Dieser Zufallsprozeß besteht aus *zwei* nacheinander ablaufenden Zufallsexperimenten (*2-stufiges* Zufallsexperiment).

1. Stufe: *Ziehung einer ersten Kugel*
Eine *weiße* Kugel (Ereignis W) wird mit der Wahrscheinlichkeit $P(W) = 2/6 = 1/3$, eine *schwarze* Kugel (Ereignis S) mit der Wahrscheinlichkeit $P(S) = 4/6 = 2/3$ gezogen (Bild II-37).

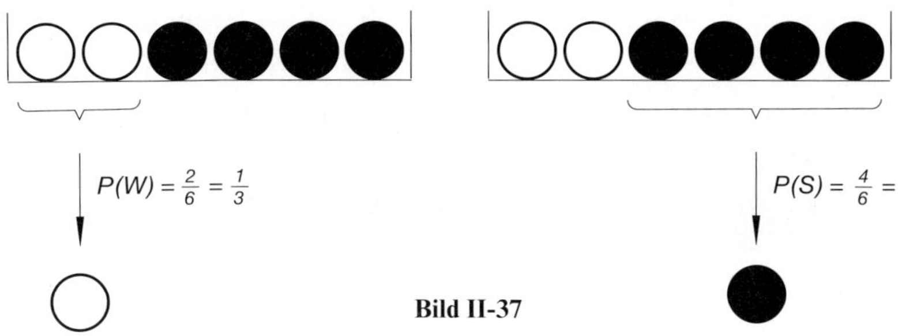

Bild II-37

Wir zeichnen daher, ausgehend von der Wurzel 0, zwei Zweige, die den beiden möglichen *Zwischenergebnissen* W und S entsprechen und versehen diese Zweige mit den entsprechenden Wahrscheinlichkeiten (Bild II-38).

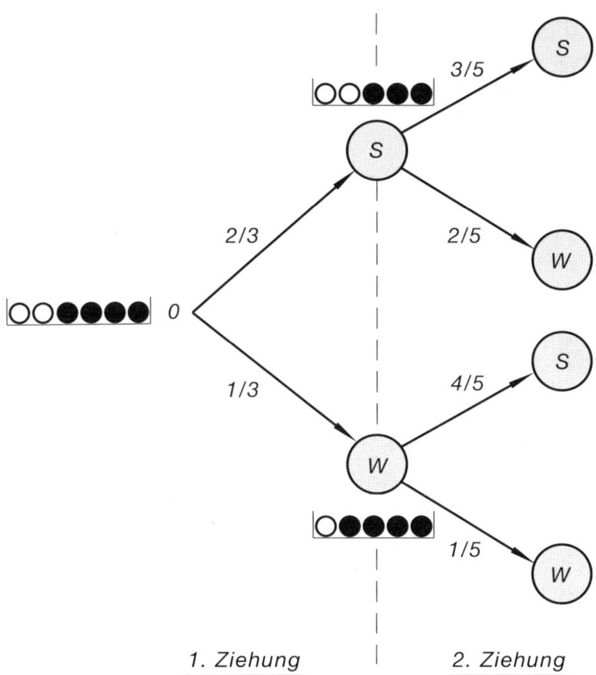

Bild II-38
Ereignisbaum für das beschriebene Urnenbeispiel

2. Stufe: *Ziehung einer zweiten Kugel*

Nach der 1. Ziehung befinden sich noch 5 Kugeln in der Urne, *entweder* 1 weiße und 4 schwarze *oder* 2 weiße und 3 schwarze, je nachdem, ob bei der 1. Ziehung eine weiße *oder* eine schwarze Kugel gezogen wurde. Die beiden Fälle sind im Ereignisbaum durch die beiden *Verzweigungspunkte* W und S dargestellt.
Wir bestimmen jetzt die Wahrscheinlichkeiten für die *2. Ziehung*.

Verzweigungspunkt W

In der Urne befinden sich jetzt 1 weiße und 4 schwarze Kugeln. Daher ergeben sich in der *2. Stufe* die Wahrscheinlichkeiten $P(W \mid W) = 1/5$ für die Ziehung einer *weißen* Kugel und $P(S \mid W) = 4/5$ für die Ziehung einer *schwarzen* Kugel (Bild II-39) [15].

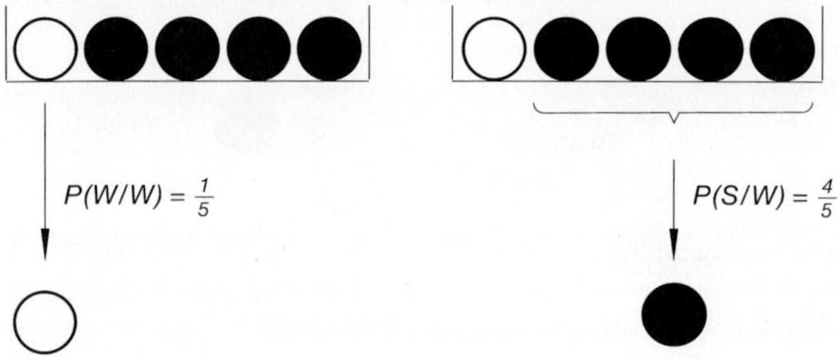

Bild II-39

Im Ereignisbaum (Bild II-38) zeichnen wir vom Verzweigungspunkt W aus zwei weitere Zweige. Sie führen zu den möglichen *Endergebnissen* W und S.

Verzweigungspunkt S

In diesem Fall befinden sich 2 weiße und 3 schwarze Kugeln in der Urne. Daher ergeben sich in der *2. Stufe* die Wahrscheinlichkeiten $P(W \mid S) = 2/5$ für die Ziehung einer *weißen* Kugel und $P(S \mid S) = 3/5$ für die Ziehung einer *schwarzen* Kugel (Bild II-40).

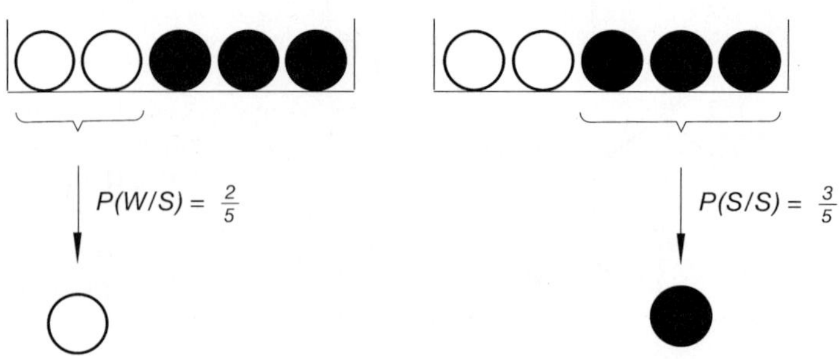

Bild II-40

[15] Man beachte, daß es sich hier um *bedingte* Wahrscheinlichkeiten handelt.

Im Ereignisbaum (Bild II-38) sind daher vom Verzweigungspunkt S aus zwei Zweige einzuzeichnen, die zu den möglichen Endergebnissen W und S führen. Der *vollständige* Ereignisbaum besitzt damit die in Bild II-41 dargestellte Struktur:

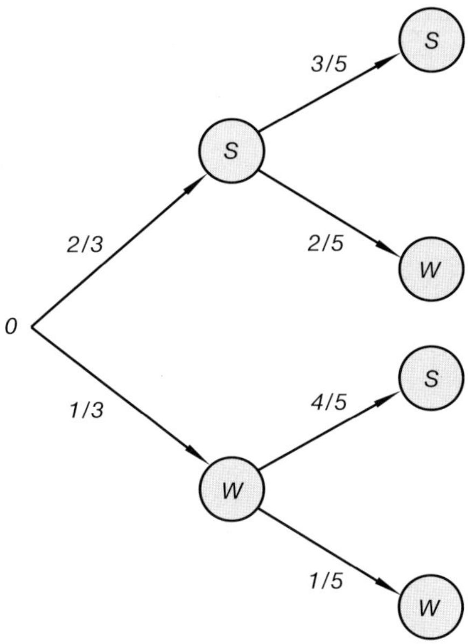

Bild II-41
Vollständiger Ereignisbaum für das beschriebene Urnenbeispiel

Die gesuchten Wahrscheinlichkeiten für die Ziehung zweier *gleichfarbiger* bzw. *verschiedenfarbiger* Kugeln lassen sich dann aus diesem Baumdiagramm wie folgt leicht bestimmen:

a) *Gleichfarbige* Kugeln erhalten wir längs der beiden Pfade OWW und OSS (Bild II-41). Somit ist die Wahrscheinlichkeit dafür, zwei *gleichfarbige* Kugeln zu ziehen:

$$P_1 = P(OWW) + P(OSS) = \frac{1}{3} \cdot \frac{1}{5} + \frac{2}{3} \cdot \frac{3}{5} = \frac{7}{15}$$

b) *Verschiedenfarbige* Kugeln, d.h. je eine weiße und schwarze Kugel erhalten wir längs der beiden Pfade OWS und OSW (Bild II-41). Daher ist

$$P_2 = P(OWS) + P(OSW) = \frac{1}{3} \cdot \frac{4}{5} + \frac{2}{3} \cdot \frac{2}{5} = \frac{8}{15}$$

die Wahrscheinlichkeit dafür, zwei *verschiedenfarbige* Kugeln zu ziehen.

■

3.8 Totale Wahrscheinlichkeit eines Ereignisses und Bayes'sche Formel

Wir wollen den wichtigen Begriff der *totalen* Wahrscheinlichkeit eines Ereignisses zunächst an einem einfachen Urnenbeispiel erläutern.

Urnenbeispiel

Für ein Zufallsexperiment stehen drei Urnen A, B und C zur Verfügung, die wie folgt weiße und schwarze Kugeln enthalten (Bild II-42):

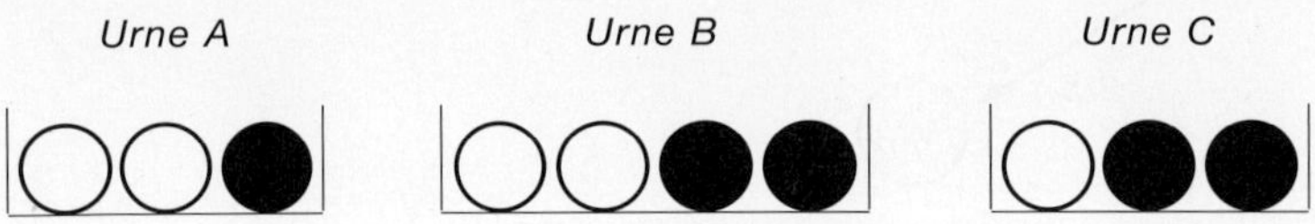

Bild II-42

Zunächst wählen wir rein zufällig eine der drei Urnen aus und entnehmen ihr dann (wiederum zufällig) eine Kugel. Dabei interessieren uns nun die folgenden Fragestellungen:

1. Wie groß ist die Wahrscheinlichkeit, dabei eine *schwarze* Kugel zu ziehen?
2. Wie groß ist die Wahrscheinlichkeit, daß die gezogene schwarze Kugel aus der *Urne A* stammt?

Bei der *ersten* angeschnittenen Fragestellung interessieren wir uns also für das Ereignis

S: *Ziehung einer schwarzen Kugel*

und insbesondere für die Wahrscheinlichkeit $P(S)$ dieses Ereignisses. Bei der *zweiten* Frage interessiert uns die *bedingte* Wahrscheinlichkeit $P(A \mid S)$. Sie beschreibt unter der *Voraussetzung*, daß eine *schwarze* Kugel gezogen wurde, die Wahrscheinlichkeit dafür, daß diese Kugel aus der *Urne A* stammt.
Wir sind nun in der Lage, beide Probleme mit Hilfe des *Ereignisbaumes* zu lösen, wobei wir nur diejenigen Pfade einzeichnen, die zum Ereignis S führen. Bild II-43 zeigt den zu unserem *2-stufigen* Urnenexperiment gehörigen *unvollständigen Ereignisbaum*[16].

Wir bestimmen nun die benötigten Wahrscheinlichkeiten für die Zweige der 1. und 2. Stufe.

1. Stufe: *Zufällige Auswahl einer Urne*

Die Wahrscheinlichkeit dafür, ausgewählt zu werden, ist für alle drei Urnen *gleich*. Somit gilt:

$$P(A) = P(B) = P(C) = \frac{1}{3}$$

---

[16] In der *2. Stufe* werden nur die zum interessierenden Ereignis S führenden Pfade eingezeichnet, alle übrigen Pfade spielen für die Lösung des Problems *keine* Rolle und werden daher weggelassen. Der Ereignisbaum ist daher in diesem Sinne *unvollständig*.

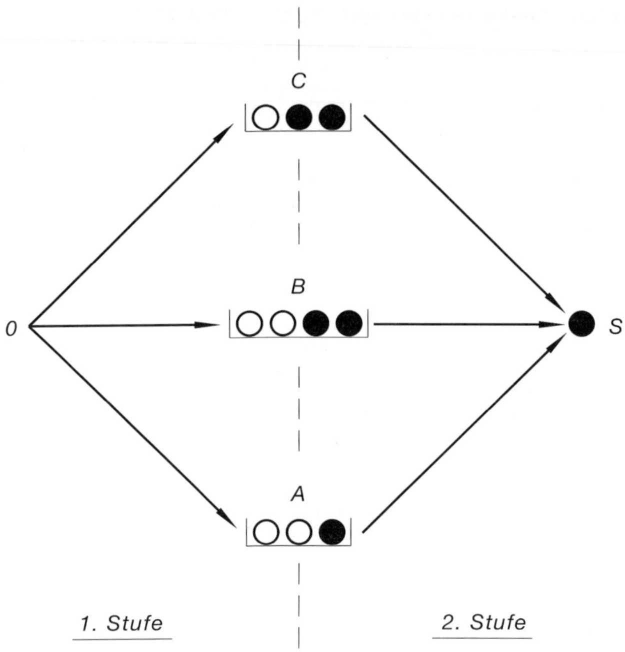

Bild II-43
Unvollständiger Ereignisbaum für das beschriebene zweistufige Urnenexperiment

2. Stufe: *Ziehung einer schwarzen Kugel (Bild II-44)*

Die Wahrscheinlichkeit für die Ziehung einer *schwarzen* Kugel beträgt der Reihe nach

$$P(S \mid A) = \frac{1}{3}, \qquad P(S \mid B) = \frac{1}{2} \qquad \text{und} \qquad P(S \mid C) = \frac{2}{3}$$

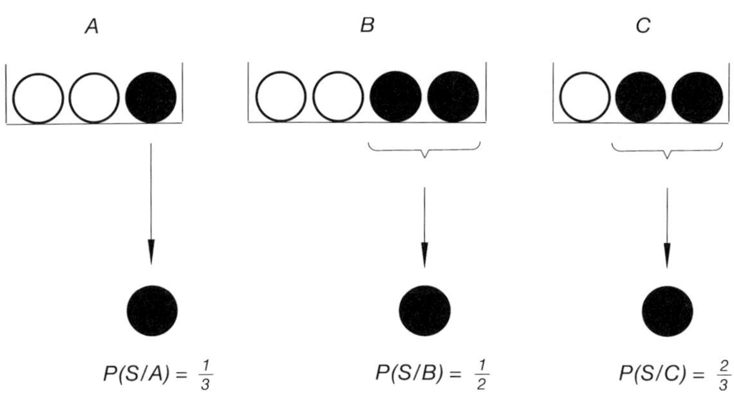

Bild II-44

Der Ereignisbaum erhält damit die in Bild II-45 skizzierte endgültige Gestalt.

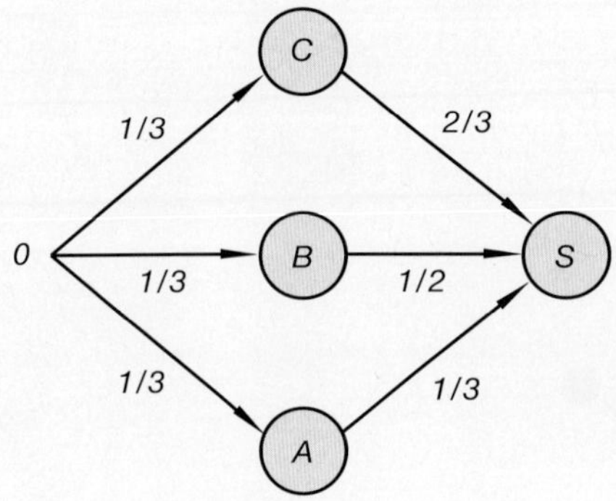

Bild II-45
Endgültige Struktur des Ereignisbaumes

Das Ereignis S läßt sich dabei auf *drei* verschiedenen Pfaden OAS, OBS und OCS erreichen. Für diese Pfade erhalten wir unmittelbar aus dem Ereignisbaum unter Verwendung der bekannten Regeln die folgenden Wahrscheinlichkeiten:

$$P(OAS) = P(A) \cdot P(S \mid A) = \frac{1}{3} \cdot \frac{1}{3} = \frac{1}{9}$$

$$P(OBS) = P(B) \cdot P(S \mid B) = \frac{1}{3} \cdot \frac{1}{2} = \frac{1}{6}$$

$$P(OCS) = P(C) \cdot P(S \mid C) = \frac{1}{3} \cdot \frac{2}{3} = \frac{2}{9}$$

Die Wahrscheinlichkeit dafür, auf *irgendeinem* der drei Pfade das Ereignis S zu erreichen, wird als *totale* Wahrscheinlichkeit $P(S)$ bezeichnet. Wir erhalten somit durch abermalige Anwendung der bekannten Regeln:

$$P(S) = P(OAS) + P(OBS) + P(OCS) = \frac{1}{9} + \frac{1}{6} + \frac{2}{9} = \frac{1}{2}$$

Totale Wahrscheinlichkeit eines Ereignisses

Im Urnenbeispiel hatte der *unvollständige Ereignisbaum* die folgende Struktur (Bild II-46):

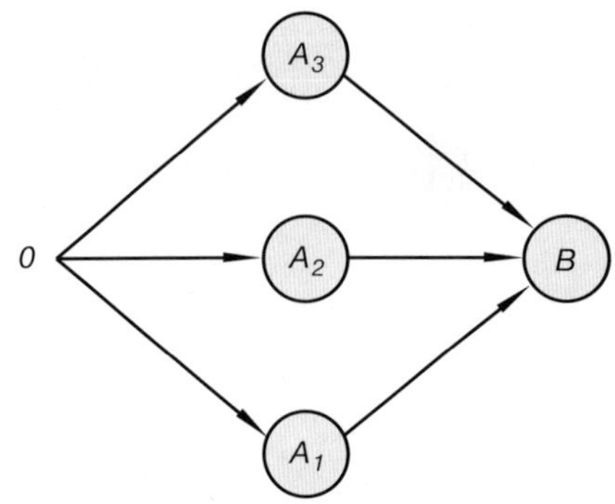

Bild II-46
Unvollständiger Ereignisbaum zum Urnenbeispiel

Die Ereignisse A_1, A_2 und A_3 entsprechen dabei den drei *Urnen* und B repräsentiert das Ereignis *„Ziehung einer schwarzen Kugel"*. Das Ereignis B tritt dabei nur in *Verbindung* mit einem der drei sich gegenseitig ausschließenden Ereignisse A_1, A_2 und A_3 auf, d.h. das Ereignis B wird nur über die *Zwischenergebnisse* A_1, A_2 oder A_3 erreicht. Die *totale* Wahrscheinlichkeit $P(B)$ für das Eintreten des Ereignisses B erhält man dann, indem man die Wahrscheinlichkeiten längs der drei Pfade OA_1B, OA_2B und OA_3B *addiert*:

$$\begin{aligned} P(B) &= P(OA_1B) + P(OA_2B) + P(OA_3B) = \\ &= P(A_1 \cap B) + P(A_2 \cap B) + P(A_3 \cap B) \end{aligned} \qquad \text{(II-66)}$$

Durch Anwendung des *Multiplikationssatzes* auf die drei Summanden der rechten Seite erhalten wir schließlich:

$$\begin{aligned} P(B) &= P(A_1) \cdot P(B \mid A_1) + P(A_2) \cdot P(B \mid A_2) + P(A_3) \cdot P(B \mid A_3) = \\ &= \sum_{i=1}^{3} P(A_i) \cdot P(B \mid A_i) \end{aligned} \qquad \text{(II-67)}$$

Dies ist die Berechnungsformel für die *totale* Wahrscheinlichkeit des Ereignisses B bei einem *2-stufigen* Zufallsexperiment mit dem in Bild II-46 dargestellten Ereignisbaum.

Bayes'sche Formel

Aus dem Ereignisbaum entnehmen wir, daß das Ereignis B längs *drei* verschiedener Pfade über die *Zwischenergebnisse* A_1, A_2 oder A_3 erreicht werden kann. Wir interessieren uns nun dafür, wie groß die Wahrscheinlichkeit ist, daß das *eingetretene* Ereignis B mit dem *Zwischenergebnis* (Ereignis) A_1 verbunden war. Mit anderen Worten: Unter der *Voraussetzung*, daß das Ereignis B bereits eingetreten ist, interessiert uns die Wahrscheinlichkeit dafür, daß dieses Ereignis auf dem Pfade über die *Zwischenstation* A_1 erreicht wurde. Wir suchen somit die *bedingte* Wahrscheinlichkeit $P(A_1 \mid B)$. Diese erhalten wir, indem wir die Wahrscheinlichkeit $P(OA_1B)$ längs des *einzigen* „günstigen" Pfades OA_1B ins Verhältnis setzen zur *totalen* Wahrscheinlichkeit $P(B)$, die ja *sämtliche* nach B führenden Pfade berücksichtigt (Bild II-47; der *günstige* Pfad OA_1B ist dort *dick* eingezeichnet):

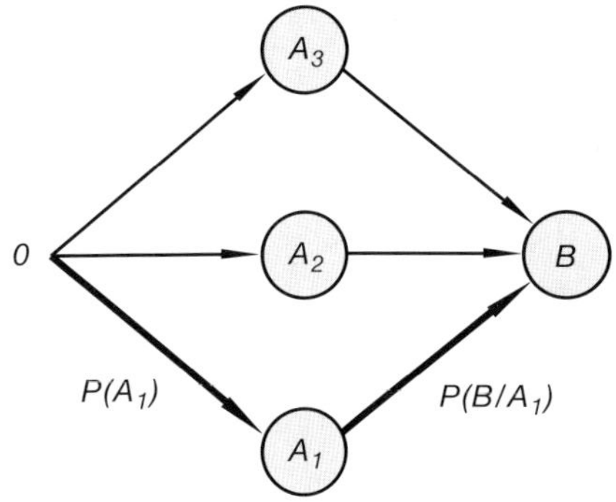

Bild II-47

Das Ereignis B ist über verschiedene „Zwischenstationen" (hier: A_1, A_2 und A_3) erreichbar

$$P(A_1 \mid B) = \frac{P(OA_1B)}{P(B)} = \frac{P(A_1) \cdot P(B \mid A_1)}{\sum_{i=1}^{3} P(A_i) \cdot P(B \mid A_i)} \qquad \text{(II-68)}$$

Analoge Formeln ergeben sich für die beiden übrigen Pfade. Sie führen zu der sog. *Bayes'schen Formel*

$$P(A_j \mid B) = \frac{P(A_j) \cdot P(B \mid A_j)}{\sum_{i=1}^{3} P(A_i) \cdot P(B \mid A_i)} \qquad (j = 1, 2, 3) \qquad \text{(II-69)}$$

Wir fassen diese wichtigen Ergebnisse in allgemeiner Form zusammen, verzichten jedoch auf einen Beweis dieser Formeln.

Totale Wahrscheinlichkeit eines Ereignisses, Bayes'sche Formel

Ein Ereignis B trete *stets* in *Verbindung* mit genau einem der sich *paarweise ausschließenden* Ereignisse A_i $(i = 1, 2, \ldots, n)$ auf, d.h. die Ereignisse A_i sind die möglichen *Zwischenstationen* auf dem Wege zum Ereignis B (vgl. hierzu den Ereignisbaum in Bild II-48).

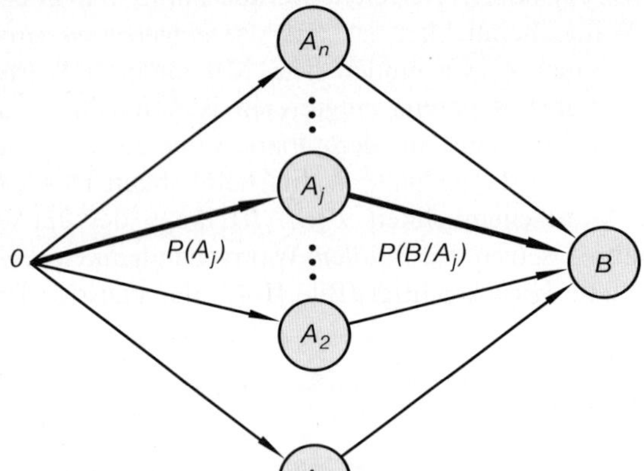

Bild II-48

Das Ereignis B ist auf verschiedenen Pfaden über die „Zwischenstationen" A_i $(i = 1, 2, \ldots, n)$ erreichbar

Dann gilt:

1. Die *totale Wahrscheinlichkeit* für das Eintreten des Ereignisses B ist

$$P(B) = \sum_{i=1}^{n} P(A_i) \cdot P(B \mid A_i) \qquad \text{(II-70)}$$

Der Summand $P(A_i) \cdot P(B \mid A_i)$ ist dabei die Wahrscheinlichkeit dafür, das Ereignis B längs des Pfades OA_iB, d.h. über die *Zwischenstation* A_i zu erreichen ($i = 1, 2, \ldots, n$).

Regel: Die *totale Wahrscheinlichkeit* $P(B)$ für das Eintreten des Ereignisses B erhält man aus dem Ereignisbaum, indem man über die Wahrscheinlichkeiten *aller* nach B führenden Pfade *summiert*.

2. Unter der *Voraussetzung*, daß das Ereignis B bereits eingetreten ist, gilt dann für die Wahrscheinlichkeit, daß dieses Ereignis auf dem Pfade OA_jB über die *Zwischenstation* A_j erreicht wurde, die sog. *Bayes'sche Formel*:

$$P(A_j \mid B) = \frac{P(OA_jB)}{P(B)} = \frac{P(A_j) \cdot P(B \mid A_j)}{\sum_{i=1}^{n} P(A_i) \cdot P(B \mid A_i)} \qquad \text{(II-71)}$$

Der Pfad OA_jB ist in Bild II-48 *dick* eingezeichnet.

Regel: Die *bedingte* Wahrscheinlichkeit $P(A_j \mid B)$ erhält man aus dem Ereignisbaum, indem man die Wahrscheinlichkeit längs des *einzigen günstigen* Pfades OA_jB bestimmt und diese dann durch die *totale* Wahrscheinlichkeit $P(B)$ *dividiert*, die ja *sämtliche* nach B führenden Pfade berücksichtigt.

■ **Beispiel**

In einem Werk werden auf vier Maschinen M_1, M_2, M_3 und M_4 Glühbirnen hergestellt. Ihr Anteil an der Gesamtproduktion beträgt der Reihe nach 10%, 20%, 30% und 40%. Die *Ausschußanteile* der Maschinen sind der Reihe nach 2%, 1%, 4% und 2%. Aus der Gesamtproduktion wird zufällig *eine* Glühbirne herausgegriffen und auf ihre Funktionstüchtigkeit hin überprüft.

a) Mit welcher Wahrscheinlichkeit zieht man dabei eine *funktionsuntüchtige*, d.h. *defekte* Glühbirne?

b) *Vorausgesetzt*, die entnommene Glühbirne ist *defekt*. Wie groß ist dann die Wahrscheinlichkeit dafür, daß sie auf der Maschine M_3 produziert wurde?

Lösung:

Wir führen die folgenden Ereignisse ein:

A_i: *Die aus der Gesamtproduktion zufällig entnommene Glühbirne wurde auf der Maschine* M_i *produziert* ($i = 1, 2, 3, 4$)

B: *Die der Gesamtproduktion entnommene Glühbirne ist defekt*

Das Ereignis B ist dann über eine der vier *Zwischenstationen* A_1, A_2, A_3 und A_4 zu erreichen.

Wir erhalten den folgenden *unvollständigen Ereignisbaum* (Bild II-49):

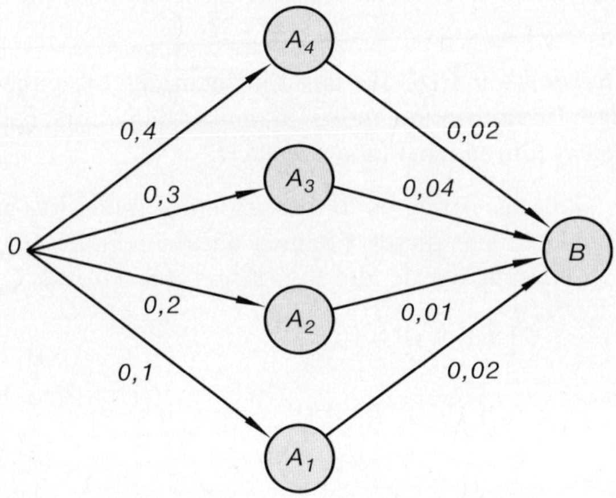

Bild II-49
Unvollständiger Ereignisbaum für das beschriebene Beispiel

Zunächst berechnen wir unter Verwendung der aus Abschnitt 3.7 bekannten *Pfadregeln* die Wahrscheinlichkeiten längs der vier zum Ereignis B führenden Pfade:

$$P(OA_1B) = P(A_1) \cdot P(B \mid A_1) = 0{,}1 \cdot 0{,}02 = 0{,}002$$

$$P(OA_2B) = P(A_2) \cdot P(B \mid A_2) = 0{,}2 \cdot 0{,}01 = 0{,}002$$

$$P(OA_3B) = P(A_3) \cdot P(B \mid A_3) = 0{,}3 \cdot 0{,}04 = 0{,}012$$

$$P(OA_4B) = P(A_4) \cdot P(B \mid A_4) = 0{,}4 \cdot 0{,}02 = 0{,}008$$

Zu a): Gesucht ist die *totale Wahrscheinlichkeit* für das Eintreten des Ereignisses B. Da dieses Ereignis auf *vier* Pfaden erreicht werden kann, gilt unter Verwendung des in Bild II-49 dargestellten Ereignisbaumes:

$$P(B) = \sum_{i=1}^{4} P(OA_iB) = \sum_{i=1}^{4} P(A_i) \cdot P(B \mid A_i) =$$

$$= 0{,}002 + 0{,}002 + 0{,}012 + 0{,}008 = 0{,}024 = 2{,}4\,\%$$

Die Wahrscheinlichkeit, aus der Gesamtproduktion rein zufällig eine *defekte* Glühbirne zu ziehen, beträgt somit 2,4 %.

Zu b): Es gibt genau einen *günstigen* Pfad, nämlich den Pfad OA_3B. Somit ist nach der *Bayes'schen Formel*:

$$P(A_3 \mid B) = \frac{P(OA_3B)}{P(B)} = \frac{P(A_3) \cdot P(B \mid A_3)}{P(B)} = \frac{0{,}012}{0{,}024} = 0{,}5 = 50\,\%$$

Wir *deuten* dieses Ergebnis wie folgt: Wenn wir der Gesamtproduktion nur genügend oft eine Glühbirne entnehmen, so wird im Mittel jede *zweite* der gezogenen *defekten* Glühbirnen aus der Produktion der Maschine M_3 stammen.

■

4 Wahrscheinlichkeitsverteilung einer Zufallsvariablen

4.1 Zufallsvariable oder Zufallsgrößen

Wir kehren zunächst zu den drei Standardbeispielen aus Abschnitt 2.1 zurück, um an ihnen den wichtigen Begriff *Zufallsvariable* oder *Zufallsgröße* vorzubereiten.

4.1.1 Einführende Beispiele

Standardbeispiel 1: *Augenzahl beim Wurf eines homogenen Würfels*

Die *Augenzahl* X nimmt bei jedem Wurf genau einen der sechs Werte 1, 2, 3, 4, 5 und 6 an. Sie kann daher als eine *Funktion* angesehen werden, die jedem Elementarereignis genau eine reelle Zahl zuordnet. Da jedoch der spezielle Wert, den die Größe X (Augenzahl) bei einem bestimmten Wurf annimmt, einzig und alleine vom *Zufall* abhängt, nennt man diese Größe folgerichtig *Zufallsgröße* oder *Zufallsvariable.* Ihr Wert ist *nicht* vorhersehbar, sondern ausschließlich *zufallsbedingt.*

Standardbeispiel 2: *Augensumme beim Wurf mit zwei unterscheidbaren homogenen Würfeln*

Wir interessieren uns bei diesem Zufallsexperiment für die folgende Größe:

$X =$ *Augensumme beider Würfel*

Sie kann als *Zufallsprodukt* jeden der insgesamt 11 möglichen Werte 2, 3, 4, 5, 6, 7, 8, 9, 10, 11 und 12 annehmen. Die Augensumme X ist daher eine *Zufallsgröße* oder *Zufallsvariable.* Jedem der 36 Elementarereignisse

$(1;1),\ (1;2),\ (1;3), \ldots, (6;5),\ (6;6)$

entspricht dabei ein bestimmter Wert der Augensumme X. Die folgende Tabelle zeigt, welche Elementarereignisse dabei zu welcher Augensumme gehören.

X	2	3	4	5	6	7	8	9	10	11	12
	(1; 1)	(1; 2)	(1; 3)	(1; 4)	(1; 5)	(1; 6)	(2; 6)	(3; 6)	(4; 6)	(5; 6)	(6; 6)
		(2; 1)	(2; 2)	(2; 3)	(2; 4)	(2; 5)	(3; 5)	(4; 5)	(5; 5)	(6; 5)	
			(3; 1)	(3; 2)	(3; 3)	(3; 4)	(4; 4)	(5; 4)	(6; 4)		
				(4; 1)	(4; 2)	(4; 3)	(5; 3)	(6; 3)			
					(5; 1)	(5; 2)	(6; 2)				
						(6; 1)					

Zum Beispiel wird die Augensumme $X = 4$ durch die folgenden drei Elementarereignisse (geordneten Augenpaare) realisiert (1. Würfel: weiß; 2. Würfel: grau; Bild II-50):

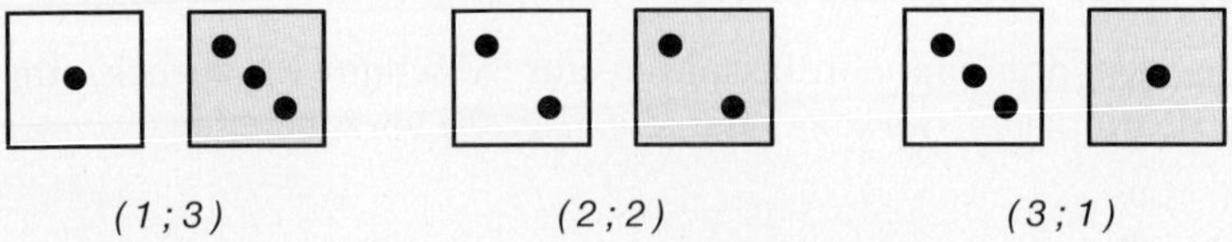

Bild II-50 Augenpaare mit der Augensumme 4

Standardbeispiel 3: *Zufällige Entnahme von Kugeln aus einer Urne (mit Zurücklegen)*

Eine Urne enthalte 5 Kugeln, darunter 3 weiße und 2 schwarze Kugeln (Bild II-51):

Bild II-51

Nacheinander ziehen wir ganz zufällig 3 Kugeln, wobei wir nach jeder Ziehung die gezogene Kugel wieder in die Urne *zurücklegen*, und notieren dabei die Farbe der gezogenen Kugeln. Unser Interesse gilt nun der Größe

X = *Anzahl der gezogenen schwarzen Kugeln*

Sie kann nur die vier reellen Werte 0, 1, 2 und 3 annehmen. *Welchen* dieser Werte sie in einem konkreten Fall dabei annimmt, läßt sich jedoch *nicht* vorausbestimmen, sondern ist *zufallsbedingt*, d.h. X ist eine *Zufallsgröße* oder *Zufallsvariable*. Zu jedem der insgesamt 8 Elementarereignisse

○○○, ●○○, ○●○, ○○●, ●●○, ●○●, ○●●, ●●●

gehört genau *ein* Wert der Zufallsgröße X. Die folgende Tabelle zeigt, welche Elementarereignisse zu welchen X-Werten gehören.

X	0	1	2	3
	○○○	●○○ ○●○ ○○●	●●○ ●○● ○●●	●●●

4.1.2 Definition einer Zufallsvariablen

Der anhand unserer Standardbeispiele eingeführte Begriff *Zufallsvariable* oder *Zufallsgröße* läßt sich allgemein wie folgt definieren:

Definition: Unter einer *Zufallsgröße* oder *Zufallsvariablen* X verstehen wir eine *Funktion*, die jedem Elementarereignis ω aus der Ergebnismenge Ω eines Zufallsexperiments genau *eine* reelle Zahl $X(\omega)$ zuordnet.

Anmerkungen

(1) *Zufallsvariable* werden üblicherweise mit *großen* lateinischen Buchstaben, ihre *Werte* dagegen mit *kleinen* lateinischen Buchstaben gekennzeichnet.

(2) Wir unterscheiden noch zwischen einer *diskreten* und einer *stetigen* Zufallsvariablen.

Eine Zufallsvariable X heißt dabei *diskret*, wenn sie nur *endlich* viele oder *abzählbar unendlich* viele reelle Werte annehmen kann.

Eine Zufallsvariable X heißt dagegen *stetig*, wenn sie *jeden* beliebigen Wert aus einem (reellen) endlichen oder unendlichen *Intervall* annehmen kann.

■ **Beispiele**

(1) Ein homogener Würfel wird *fünfmal* geworfen und dabei wird festgestellt, wie oft die Augenzahl „1" auftritt. Dann ist die Größe

$$X = \textit{Anzahl von Würfen mit der Augenzahl „1"}$$

eine *diskrete* Zufallsvariable mit den möglichen Werten 0, 1, 2, 3, 4 und 5.

(2) Die *Anzahl* X der Atome, die in einem bestimmten Zeitintervall in einer *radioaktiven* Substanz zerfallen, läßt sich mit einem Zählgerät leicht feststellen. X ist dabei eine *diskrete* Zufallsvariable mit den *abzählbar unendlich* vielen Werten $0, 1, 2, \ldots$.

(3) In einem Werk werden Zylinderscheiben mit einem *vorgeschriebenen* Durchmesser von 5 mm (dem sog. *Sollwert*) in großer Stückzahl hergestellt. Infolge *zufallsbedingter* Schwankungen wird jedoch der Durchmesser X einer aus der Gesamtproduktion *wahllos* herausgegriffen Zylinderscheibe mehr oder weniger stark von diesem Sollwert *abweichen*. Der Durchmesser X einer solchen Scheibe kann dabei als eine *stetige* Zufallsvariable aufgefaßt werden, deren Werte sich in einem bestimmten Intervall bewegen.

■

4.2 Verteilungsfunktion einer Zufallsvariablen

Bei einer Zufallsvariablen X sind die folgenden Eigenschaften von besonderer Bedeutung:

1. Der *Wertebereich*,
2. die *Wahrscheinlichkeit* P dafür, daß die Zufallsvariable X einen *bestimmten* Wert annimmt (bei einer *diskreten* Variablen) bzw. wertemäßig in einem *bestimmten* Intervall liegt (bei einer *stetigen* Variablen).

Mit dem *Wertebereich* einer Zufallsvariablen haben wir uns bereits in dem vorangegangenen Abschnitt beschäftigt. Die *zweite* Eigenschaft führt uns nun zu dem Begriff der *Verteilungsfunktion* $F(x)$ einer Zufallsvariablen X. Diese Funktion bestimmt dabei definitionsgemäß die *Wahrscheinlichkeit* dafür, daß die Zufallsvariable X einen Wert annimmt, der *kleiner oder gleich* einer *vorgegebenen* reellen Zahl x ist. Demnach gilt ganz allgemein:

$$F(x) = P(X \leqslant x) \tag{II-72}$$

Wir fassen zusammen und ergänzen:

Verteilungsfunktion einer Zufallsvariablen

Die *Verteilungsfunktion* $F(x)$ einer Zufallsvariablen X ist die *Wahrscheinlichkeit* dafür, daß die Zufallsvariable X einen Wert annimmt, der *kleiner oder gleich* einer vorgegebenen reellen Zahl x ist:

$$F(x) = P(X \leqslant x) \tag{II-73}$$

Eine Zufallsvariable X wird dabei durch ihre Verteilungsfunktion $F(x)$ *vollständig* beschrieben.
Verteilungsfunktionen besitzen ganz allgemein die folgenden *Eigenschaften* (vgl. hierzu auch die Bilder II-52 und II-53):

(1) $F(x)$ ist eine *monoton wachsende* Funktion mit $0 \leqslant F(x) \leqslant 1$.

(2) $\lim\limits_{x \to -\infty} F(x) = 0$ (*unmögliches* Ereignis) (II-74)

(3) $\lim\limits_{x \to \infty} F(x) = 1$ (*sicheres* Ereignis) (II-75)

(4) Die Wahrscheinlichkeit $P(a < X \leqslant b)$ dafür, daß die Zufallsvariable X einen Wert zwischen a (ausschließlich) und b (einschließlich) annimmt, läßt sich mit Hilfe der Verteilungsfunktion $F(x)$ wie folgt berechnen ($a < b$)[17]:

$$P(a < X \leqslant b) = F(b) - F(a) \tag{II-76}$$

[17] Bei einer *stetigen* Zufallsvariablen gilt diese Formel auch für das *abgeschlossene* Intervall $a \leqslant X \leqslant b$:

$$P(a \leqslant X \leqslant b) = F(b) - F(a)$$

Anmerkung

Bild II-52 zeigt den typischen Verlauf der Verteilungsfunktion $F(x)$ für eine *stetige* Zufallsvariable X. Im Falle einer *diskreten* Zufallsvariablen verläuft die Verteilungsfunktion *treppenförmig* wie in Bild II-53 skizziert.

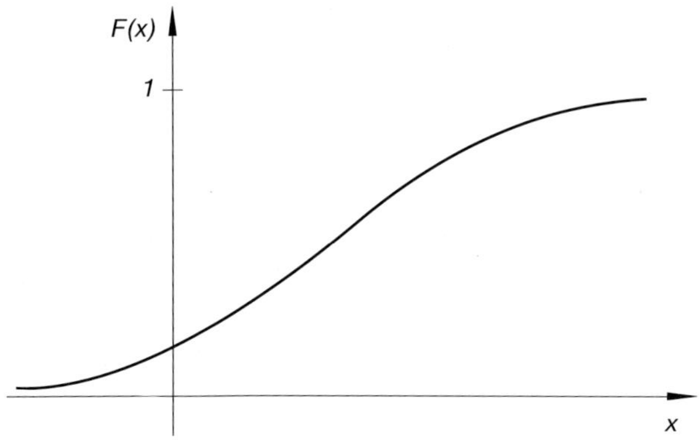

Bild II-52
Typischer Verlauf der Verteilungsfunktion $F(x)$ bei einer *stetigen* Zufallsvariablen X

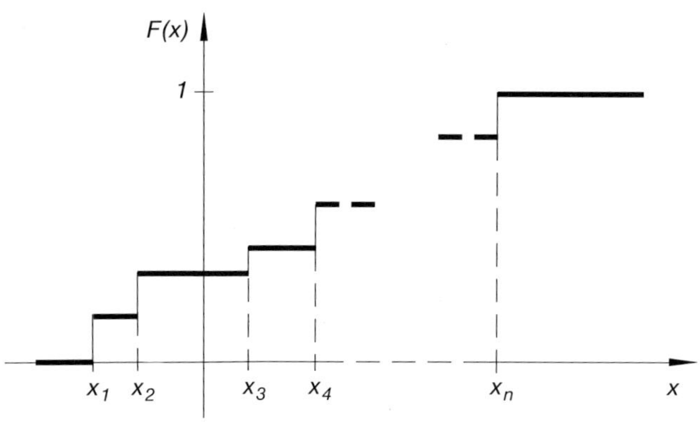

Bild II-53
Treppenförmiger Verlauf der Verteilungsfunktion $F(x)$ bei einer *diskreten* Zufallsvariablen X

4.3 Wahrscheinlichkeitsverteilung einer diskreten Zufallsvariablen (diskrete Verteilung)

Bei einer *diskreten* Zufallsvariablen X gehört zu jedem Wert x_i eine bestimmte Wahrscheinlichkeit $P(X = x_i) = p_i$. Wir erhalten eine sog. *Verteilungstabelle* von folgendem Aussehen:

x_i	x_1	x_2	x_3	...	x_n	...
$P(X = x_i)$	p_1	p_2	p_3	...	p_n	...

Die *diskrete* Funktion

$$f(x) = \begin{cases} p_i & \text{für} \quad x = x_i \quad (i = 1, 2, 3, \ldots) \\ 0 & \quad\quad \text{alle übrigen } x \end{cases} \tag{II-77}$$

heißt *Wahrscheinlichkeitsfunktion* der *diskreten* Verteilung. Sie läßt sich graphisch durch ein *Stabdiagramm,* auch *Wahrscheinlichkeitsdiagramm* genannt, darstellen. Bild II-54 zeigt das Wahrscheinlichkeitsdiagramm einer diskreten Zufallsvariablen mit *endlich* vielen Werten.

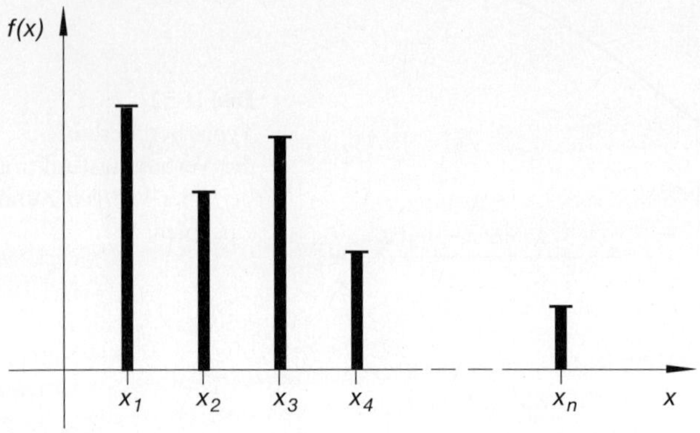

Bild II-54
Stabdiagramm für die Wahrscheinlichkeitsfunktion $f(x)$ einer *diskreten* Verteilung („Wahrscheinlichkeitsdiagramm")

Dabei gilt stets

$$f(x_i) = p_i \geqslant 0 \tag{II-78}$$

Die Wahrscheinlichkeitsfunktion $f(x)$ ist ferner *normiert*:

$$\sum_{i=1}^{\infty} f(x_i) = \sum_{i=1}^{\infty} p_i = 1 \tag{II-79}$$

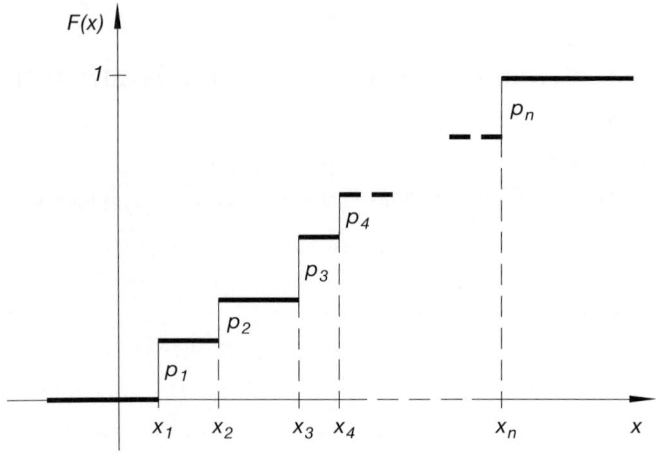

Bild II-55
Verteilungsfunktion $F(x)$ einer *diskreten* Verteilung („Treppenfunktion")

Die zugehörige *Verteilungsfunktion* der diskreten Zufallsvariablen X ist

$$F(x) = P(X \leqslant x) = \sum_{x_i \leqslant x} f(x_i) \tag{II-80}$$

wobei über alle Werte $x_i \leqslant x$ zu summieren ist. Die graphische Darstellung der Verteilungsfunktion $F(x)$ führt uns zu einer sog. *Treppenfunktion.* Bild II-55 zeigt eine solche Treppenfunktion im Falle einer *diskreten* Zufallsvariablen mit *endlich* vielen Werten.

Sie macht an den *Sprungstellen* $x_1, x_2, x_3, \ldots$ der Reihe nach Sprünge der Größe $p_1, p_2, p_3, \ldots$ und ist zwischen zwei aufeinander folgenden Sprungstellen *konstant.*

Wir fassen zusammen:

Wahrscheinlichkeitsverteilung einer diskreten Zufallsvariablen (diskrete Verteilung)

Die Wahrscheinlichkeitsverteilung einer *diskreten* Zufallsvariablen X läßt sich durch die *Wahrscheinlichkeitsfunktion*

$$f(x) = \begin{cases} p_i & \text{für} \quad x = x_i \qquad (i = 1, 2, 3, \ldots) \\ 0 & \phantom{\text{für}} \quad \text{alle übrigen } x \end{cases} \tag{II-81}$$

oder durch die zugehörige *Verteilungsfunktion*

$$F(x) = P(X \leqslant x) = \sum_{x_i \leqslant x} f(x_i) \tag{II-82}$$

vollständig beschreiben (p_i: Wahrscheinlichkeit dafür, daß die Zufallsvariable X den Wert x_i annimmt; vgl. hierzu die Bilder II-54 und II-55).

Wahrscheinlichkeitsfunktion $f(x)$ und Verteilungsfunktion $F(x)$ besitzen dabei die folgenden Eigenschaften:

(1) $f(x_i) \geqslant 0$ (II-83)

(2) $f(x)$ ist *normiert*, d.h. es gilt

$$\sum_{i=1}^{\infty} f(x_i) = 1 \tag{II-84}$$

(3) $F(x)$ ist eine *monoton wachsende* Funktion mit $0 \leqslant F(x) \leqslant 1$ (vgl. hierzu Bild II-55).

(4) Die *Wahrscheinlichkeit* dafür, daß die diskrete Zufallsvariable X einen Wert zwischen a (ausschließlich) und b (einschließlich) annimmt, berechnet sich dann wie folgt:

$$P(a < X \leqslant b) = F(b) - F(a) \tag{II-85}$$

■ **Beispiele**

(1) Beim Zufallsexperiment „*Wurf eines homogenen Würfels*" (Standardbeispiel 1) ist die *diskrete* Zufallsvariable

$$X = \textit{Erreichte Augenzahl}$$

wie folgt verteilt (es handelt sich um ein *Laplace-Experiment*):

x_i	1	2	3	4	5	6
$f(x_i)$	$\frac{1}{6}$	$\frac{1}{6}$	$\frac{1}{6}$	$\frac{1}{6}$	$\frac{1}{6}$	$\frac{1}{6}$

Bild II-56 verdeutlicht diese sog. *Gleichverteilung* durch ein *Stabdiagramm (Wahrscheinlichkeitsdiagramm)*. Die zugehörige *Verteilungsfunktion* $F(x)$ ist in Bild II-57 dargestellt.

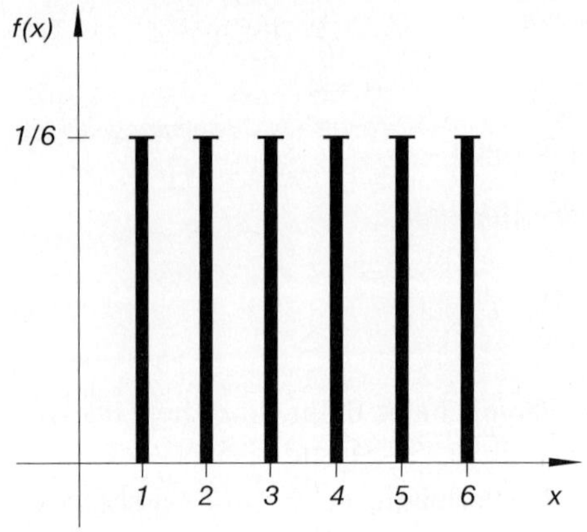

Bild II-56
Stabdiagramm für die Zufallsvariable „X = Erreichte Augenzahl" beim Wurf eines homogenen Würfels

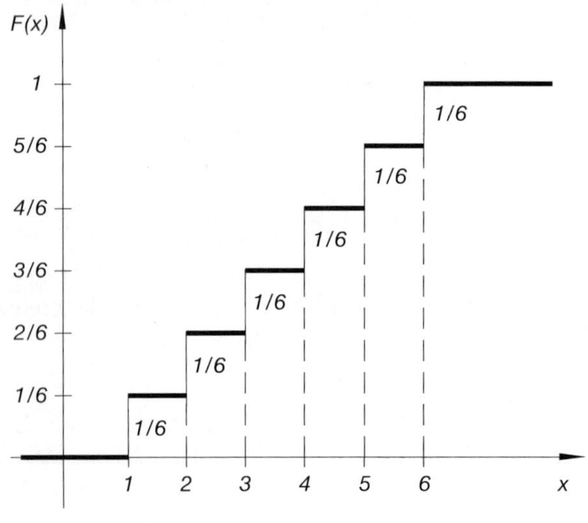

Bild II-57
Verteilungsfunktion für die Zufallsvariable „X = Erreichte Augenzahl" beim Wurf eines homogenen Würfels

(2) Beim Zufallsexperiment „*Wurf mit zwei unterscheidbaren homogenen Würfeln*" (Standardbeispiel 2) besteht die Ergebnismenge Ω aus den insgesamt 36 *gleichwahrscheinlichen* Elementarereignissen (geordneten Augenpaaren) (1; 1), (1; 2), (1; 3), ..., (6; 5), (6; 6). Wir betrachten die Zufallsvariable

X = *Erreichte Augensumme*

Sie ist *diskret* und nimmt die möglichen Werte 2, 3, 4, 5, 6, 7, 8, 9, 10, 11 und 12 mit *unterschiedlichen* Wahrscheinlichkeiten an. Zunächst bestimmen wir mit dem nachfolgenden Schema, welche und wieviele Elementarereignisse zu den einzelnen Werten der Augensumme X gehören:

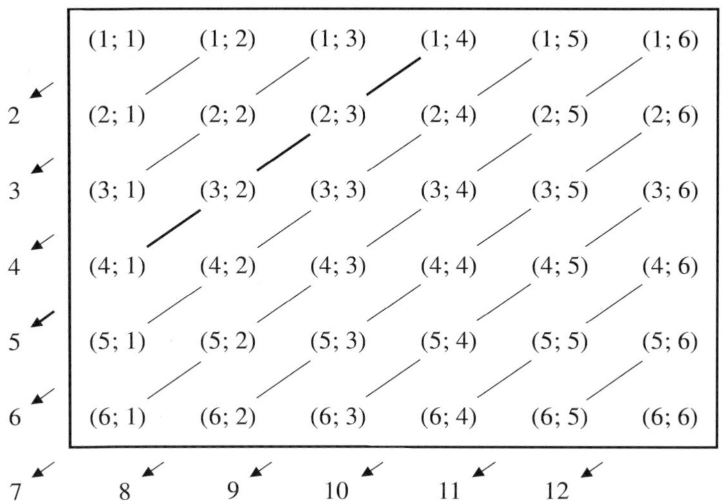

Elementarereignisse, die zur *gleichen* Augensumme führen, sind durch eine Linie miteinander verbunden. Z. B. verbindet die *dick* gezeichnete Linie alle Elementarereignisse mit der Augensumme $X = 5$. Daraus ergibt sich dann die folgende *Häufigkeitstabelle* (n_i: absolute Häufigkeit):

x_i	2	3	4	5	6	7	8	9	10	11	12
	(1; 1)	(1; 2)	(1; 3)	(1; 4)	(1; 5)	(1; 6)	(2; 6)	(3; 6)	(4; 6)	(5; 6)	(6; 6)
		(2; 1)	(2; 2)	(2; 3)	(2; 4)	(2; 5)	(3; 5)	(4; 5)	(5; 5)	(6; 5)	
			(3; 1)	(3; 2)	(3; 3)	(3; 4)	(4; 4)	(5; 4)	(6; 4)		
				(4; 1)	(4; 2)	(4; 3)	(5; 3)	(6; 3)			
					(5; 1)	(5; 2)	(6; 2)				
						(6; 1)					
n_i	1	2	3	4	5	6	5	4	3	2	1

Alle 36 Elementarereignisse sind dabei gleichwahrscheinlich ($p = 1/36$).

Daher erhalten wir die Wahrscheinlichkeiten für die möglichen Werte der Zufallsvariablen X („*Augensumme*"), indem wir die *absoluten* Häufigkeiten mit 1/36 *multiplizieren.* Dies führt zu der folgenden *Verteilungstabelle*:

x_i	2	3	4	5	6	7	8	9	10	11	12
$f(x_i)$	$\frac{1}{36}$	$\frac{2}{36}$	$\frac{3}{36}$	$\frac{4}{36}$	$\frac{5}{36}$	$\frac{6}{36}$	$\frac{5}{36}$	$\frac{4}{36}$	$\frac{3}{36}$	$\frac{2}{36}$	$\frac{1}{36}$

Bild II-58 zeigt das *Stabdiagramm,* Bild II-59 die zugehörige *Verteilungsfunktion.*

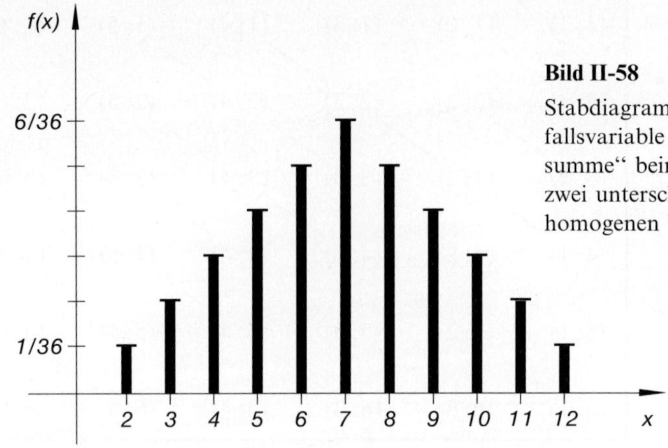

Bild II-58
Stabdiagramm für die Zufallsvariable „X = Augensumme" beim Wurf mit zwei unterscheidbaren homogenen Würfeln

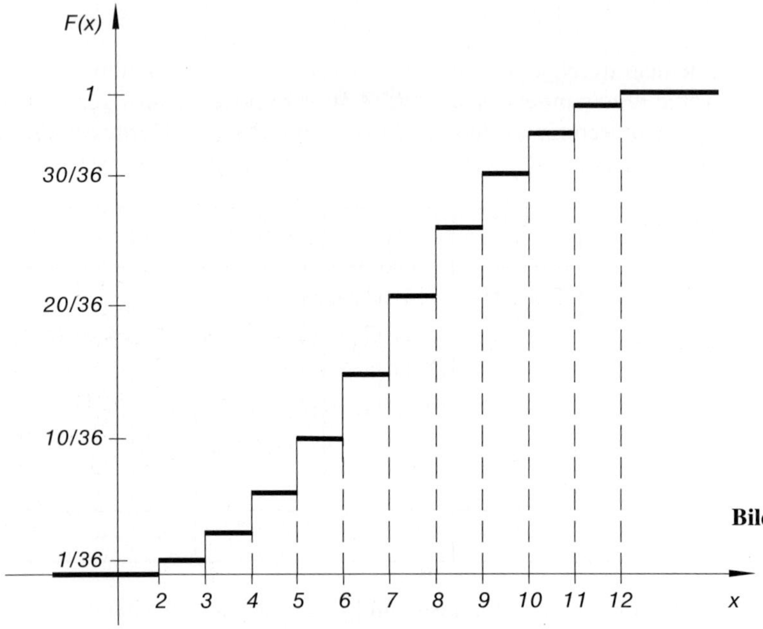

Bild II-59

(3) Wir kommen auf unser *Urnenbeispiel* aus Abschnitt 2.1 (Standardbeispiel 3) zurück und berechnen zunächst die *Wahrscheinlichkeiten* für das Eintreten der 8 Elementarereignisse

○○○, ●○○, ○●○, ○○●, ●●○, ●○●, ○●●, ●●●

Dabei beachten wir, daß eine *weiße* Kugel mit der Wahrscheinlichkeit $p(○) = 3/5$ und eine *schwarze* Kugel mit der Wahrscheinlichkeit $p(●) = 2/5$ gezogen wird. Da wir die jeweils gezogene Kugel stets *zurücklegen*, sind alle Ziehungen *voneinander unabhängig*. Die insgesamt 8 möglichen Elementarereignisse treten daher mit den folgenden Wahrscheinlichkeiten ein (berechnet mit dem *Multiplikationssatz* für *stochastisch unabhängige* Ereignisse).

Anzahl der gezogenen schwarzen Kugeln	Elementar-ereignis	Wahrscheinlichkeit
0	○○○	$\frac{3}{5} \cdot \frac{3}{5} \cdot \frac{3}{5} = \frac{27}{125}$
1	●○○ ○●○ ○○●	jeweils $\frac{2}{5} \cdot \frac{3}{5} \cdot \frac{3}{5} = \frac{18}{125}$
2	●●○ ●○● ○●●	jeweils $\frac{2}{5} \cdot \frac{2}{5} \cdot \frac{3}{5} = \frac{12}{125}$
3	●●●	$\frac{2}{5} \cdot \frac{2}{5} \cdot \frac{2}{5} = \frac{8}{125}$

Die *diskrete* Zufallsvariable

X = *Anzahl der erhaltenen schwarzen Kugeln bei drei Ziehungen mit Zurücklegen*

kann dabei die Werte 0, 1, 2 und 3 annehmen. Sie sind wie folgt verteilt:

x_i	0	1	2	3
$f(x_i)$	$\frac{27}{125}$	$3 \cdot \frac{18}{125} = \frac{54}{125}$	$3 \cdot \frac{12}{125} = \frac{36}{125}$	$\frac{8}{125}$

Bild II-60 zeigt das *Stabdiagramm* dieser Wahrscheinlichkeitsfunktion. Die zugehörige *Verteilungsfunktion* $F(x)$ ist in Bild II-61 dargestellt.

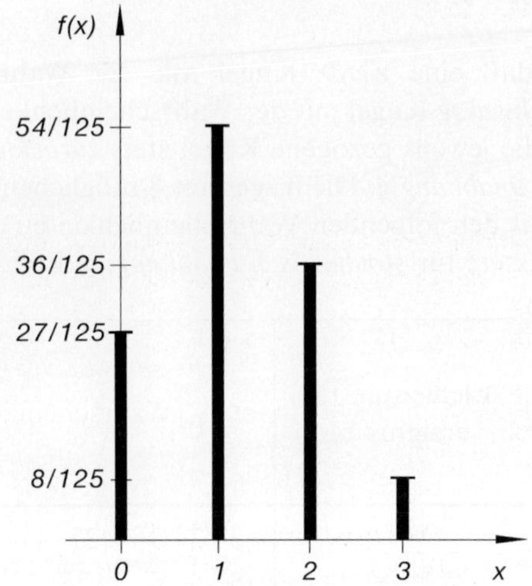

Bild II-60
Stabdiagramm zum Urnenbeispiel

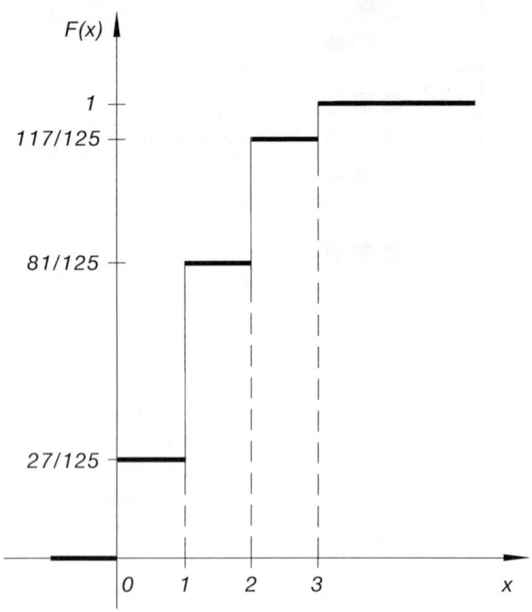

Bild II-61
Verteilungsfunktion zum Urnenbeispiel

■

4.4 Wahrscheinlichkeitsverteilung einer stetigen Zufallsvariablen (stetige Verteilung)

Bei einer *stetigen* Zufallsvariablen X mit dem Wertebereich $-\infty < X < \infty$ wird die *Verteilungsfunktion* $F(x)$ in der *Integralform*

$$F(x) = P(X \leqslant x) = \int_{-\infty}^{x} f(u)\, du \qquad \text{(II-86)}$$

dargestellt. Der Integrand $f(x)$ heißt *Wahrscheinlichkeitsdichtefunktion* oder kurz *Dichtefunktion* der stetigen Verteilung[18]. Der typische Verlauf beider Funktionen ist in den Bildern II-62 und II-63 dargestellt.

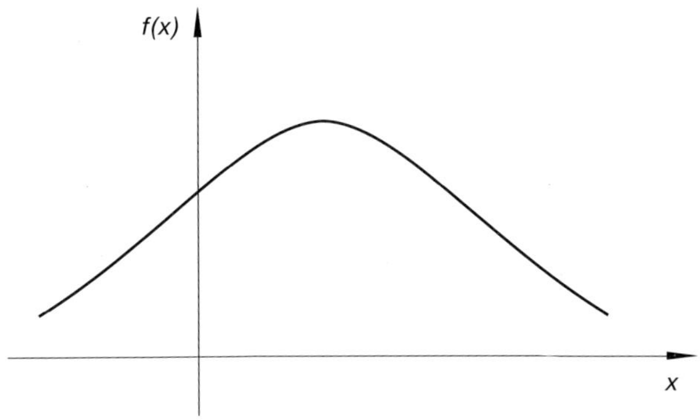

Bild II-62
Wahrscheinlichkeitsdichtefunktion $f(x)$ einer *stetigen* Verteilung

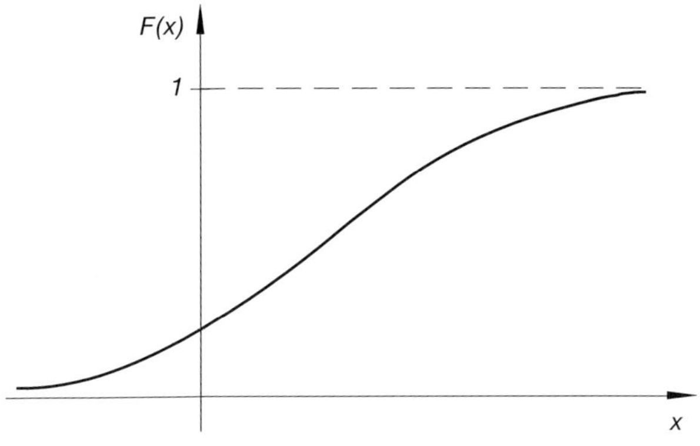

Bild II-63
Verteilungsfunktion $F(x)$ einer *stetigen* Verteilung

[18] Wir haben in dem Integrand $f(u)$ die Integrationsvariable u wieder durch x ersetzt.

Dichtefunktion $f(x)$ und *Verteilungsfunktion* $F(x)$ einer *stetigen* Wahrscheinlichkeitsverteilung besitzen dabei die folgenden Eigenschaften:

(1) Es gilt stets $f(x) \geqslant 0$ (Bild II-62).

(2) Die Dichtefunktion $f(x)$ ist die *1. Ableitung* der Verteilungsfunktion $F(x)$:

$$f(x) = F'(x) \tag{II-87}$$

(3) Die Verteilungsfunktion $F(x)$ ist eine *monoton wachsende* Funktion mit $0 \leqslant F(x) \leqslant 1$ und strebt für $x \to \infty$ *asymptotisch* gegen den Wert 1. Dies aber bedeutet, daß der *Flächeninhalt* unter der Dichtefunktion $f(x)$ genau den Wert *Eins* besitzt:

$$\int_{-\infty}^{\infty} f(x)\,dx = 1 \tag{II-88}$$

(sog. *Normierung* der Dichtefunktion, vgl. hierzu Bild II-64).

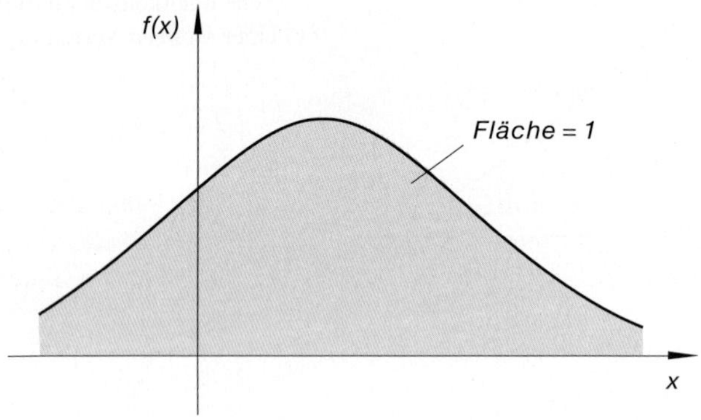

Bild II-64
Zur *Normierung* der Dichtefunktion $f(x)$

Dies ist auch unmittelbar einleuchtend, da der Wert der stetigen Zufallsvariablen X mit *Sicherheit* im Intervall $-\infty < x < \infty$ liegt und somit

$$P(-\infty < X < \infty) = \int_{-\infty}^{\infty} f(x)\,dx = 1 \tag{II-89}$$

sein muß (es handelt sich nämlich um das *sichere* Ereignis, das *immer* eintritt).

(4) Bei einer *stetigen* Zufallsvariablen X betrachtet man immer die Wahrscheinlichkeit in einem *Intervall.* Dann ist $f(x)\,dx$ die *Wahrscheinlichkeit* dafür, daß der Wert der Zufallsvariablen X in dem *Intervall* mit den Grenzen x und $x + dx$ liegt. Diese Wahrscheinlichkeit entspricht dem Flächeninhalt des *grau* unterlegten Streifens in Bild II-65.

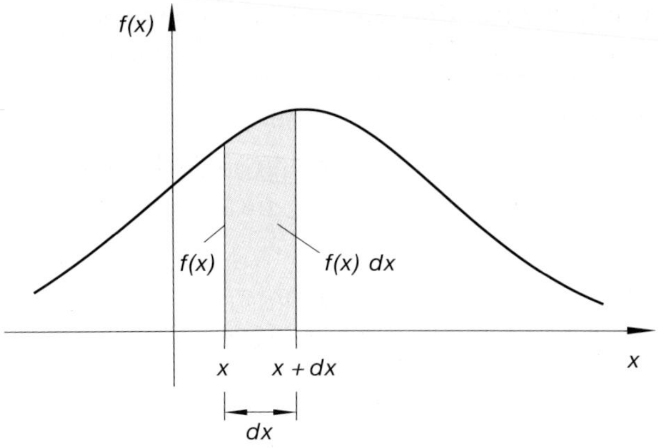

Bild II-65

Der *grau* unterlegte Streifen vom Flächeninhalt $f(x)\,dx$ ist ein Maß für die *Wahrscheinlichkeit*, daß der Wert der Zufallsvariablen X im Intervall $[x; x + dx]$ liegt

(5) Für $b > a$ gilt:

$$P(a \leqslant X \leqslant b) = F(b) - F(a) = \int\limits_{-\infty}^{b} f(x)\,dx - \int\limits_{-\infty}^{a} f(x)\,dx =$$

$$= \int\limits_{a}^{-\infty} f(x)\,dx + \int\limits_{-\infty}^{b} f(x)\,dx = \int\limits_{a}^{b} f(x)\,dx \qquad \text{(II-90)}$$

Dies aber bedeutet[19]: Die *Wahrscheinlichkeit* dafür, daß die Zufallsvariable X einen Wert zwischen a und b annimmt, entspricht dem *Flächeninhalt* unter der Dichtefunktion $f(x)$ zwischen den Grenzen $x = a$ und $x = b$ (*grau* unterlegte Fläche in Bild II-66).

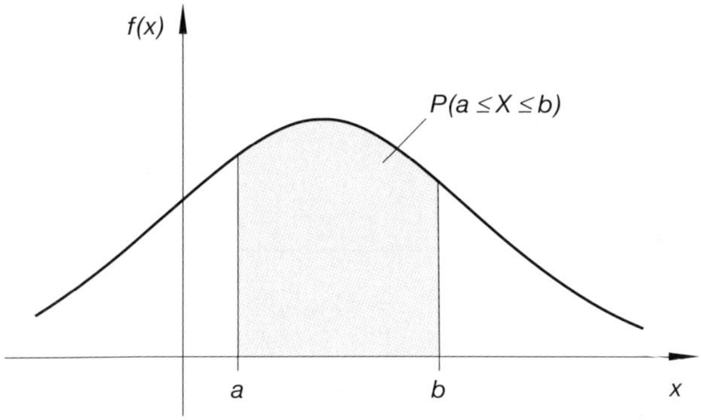

Bild II-66

Die *grau* unterlegte Fläche entspricht der *Wahrscheinlichkeit* $P(a \leqslant X \leqslant b)$, daß die Zufallsvariable X einen Wert zwischen a und b annimmt

[19] Diese Aussage gilt auch für ein *offenes* oder *halboffenes* Intervall.

Wir fassen die Ergebnisse wie folgt zusammen:

Wahrscheinlichkeitsverteilung einer stetigen Zufallsvariablen (stetige Verteilung)

Die Wahrscheinlichkeitsverteilung einer *stetigen* Zufallsvariablen X läßt sich durch die *Wahrscheinlichkeitsdichtefunktion* oder kurz *Dichtefunktion* $f(x)$ *oder* durch die zugehörige *Verteilungsfunktion*

$$F(x) = P(X \leqslant x) = \int_{-\infty}^{x} f(u)\, du \tag{II-91}$$

vollständig beschreiben (vgl. hierzu die Bilder II-62 und II-63). Dichtefunktion $f(x)$ und Verteilungsfunktion $F(x)$ besitzen dabei die folgenden Eigenschaften:

(1) $f(x) \geqslant 0$ (II-92)

(2) $f(x)$ ist *normiert*, d.h. es gilt:

$$\int_{-\infty}^{\infty} f(x)\, dx = 1 \tag{II-93}$$

(vgl. hierzu Bild II-64).

(3) Die *monoton wachsende* Verteilungsfunktion $F(x)$ ist eine *Stammfunktion* der Dichtefunktion $f(x)$, d.h. es gilt:

$$F'(x) = f(x) \tag{II-94}$$

(4) Die *Wahrscheinlichkeit* dafür, daß die stetige Zufallsvariable X einen Wert zwischen a und b annimmt, berechnet sich dann wie folgt:

$$P(a \leqslant X \leqslant b) = \int_{a}^{b} f(x)\, dx = F(b) - F(a) \tag{II-95}$$

($a < b$; *grau* unterlegte Fläche in Bild II-66).

■ **Beispiele**

(1) X sei eine *stetige* Zufallsvariable mit der *linearen* Dichtefunktion

$$f(x) = 0{,}02\,x \qquad (0 \leqslant x \leqslant 10)$$

(im übrigen Bereich ist $f(x) = 0$, siehe Bild II-67). Zunächst bestimmen wir die *Verteilungsfunktion* $F(x)$ im Intervall $0 \leqslant x \leqslant 10$:

$$F(x) = \int_{-\infty}^{x} f(u)\,du = 0{,}02 \cdot \int_{0}^{x} u\,du = 0{,}02 \left[\frac{1}{2}\,u^2\right]_0^x =$$

$$= 0{,}01 \left[u^2\right]_0^x = 0{,}01\,x^2$$

Sie verläuft dort *parabelförmig*. Somit gilt:

$$F(x) = \begin{cases} 0 & & x < 0 \\ 0{,}01\,x^2 & \text{für} & 0 \leqslant x \leqslant 10 \\ 1 & & x > 10 \end{cases}$$

Der Verlauf der Verteilungsfunktion ist in Bild II-68 dargestellt.

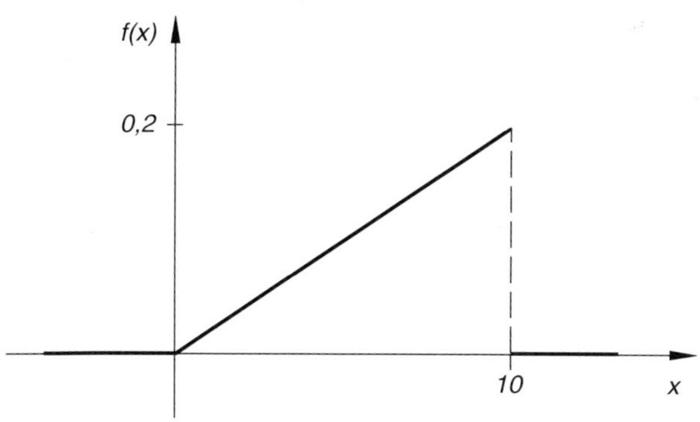

Bild II-67

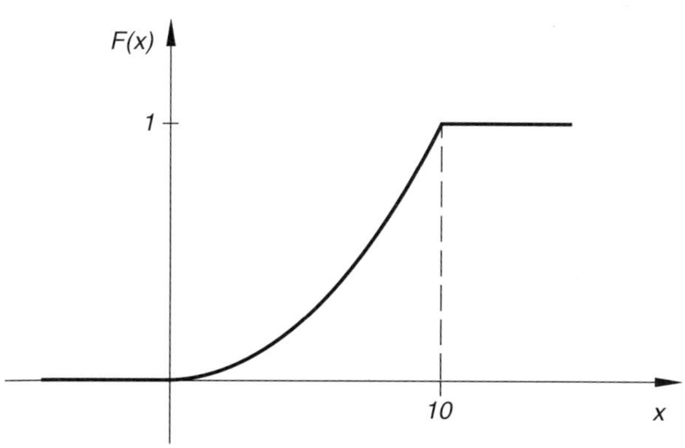

Bild II-68

(2) Die *Lebensdauer* T eines bestimmten elektronischen Bauelements sei eine *exponentialverteilte* Zufallsgröße mit der *Dichtefunktion*

$$f(t) = \begin{cases} 0 & \\ & \text{für} \\ c \cdot e^{-0{,}1\,t} & \end{cases} \quad \begin{matrix} t < 0 \\ \\ t \geqslant 0 \end{matrix}$$

a) Wie lautet die zugehörige *Verteilungsfunktion* $F(t)$?

b) Wie groß ist der *Anteil* an Bauelementen, deren Lebensdauer den Wert $t = 10$ überschreitet?

Lösung:

Wir bestimmen zunächst die Konstante c aus der *Normierungsbedingung* (II-93):

$$\int_{-\infty}^{\infty} f(t)\,dt = \int_{0}^{\infty} c \cdot e^{-0{,}1\,t}\,dt = c \left[-10 \cdot e^{-0{,}1\,t} \right]_0^{\infty} = 10\,c = 1$$

Somit ist $c = 0{,}1$ und die *Dichtefunktion* $f(t)$ besitzt für $t \geqslant 0$ die folgende Gestalt:

$$f(t) = 0{,}1 \cdot e^{-0{,}1\,t}$$

(für $t < 0$ ist $f(t) = 0$). Ihr Verlauf ist in Bild II-69 dargestellt.

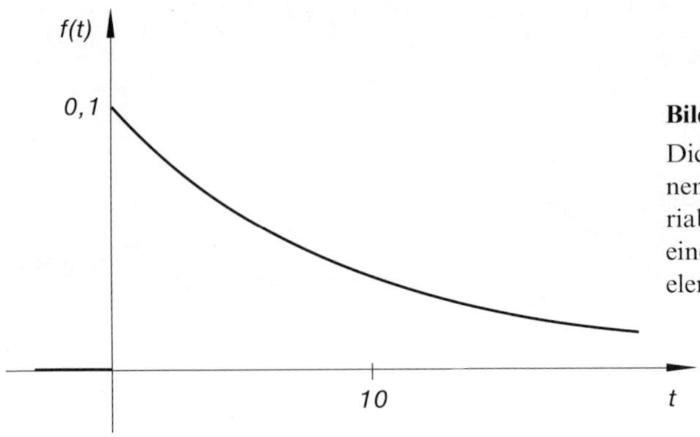

Bild II-69

Dichtefunktion der exponentialverteilten Zufallsvariablen „T = Lebensdauer eines elektronischen Bauelements"

a) Für die *Verteilungsfunktion* $F(t)$ erhalten wir damit im Intervall $t \geqslant 0$:

$$F(t) = \int_{-\infty}^{t} f(u)\,du = \int_{0}^{t} 0{,}1 \cdot e^{-0{,}1\,u}\,du =$$

$$= 0{,}1 \left[-10 \cdot e^{-0{,}1\,u} \right]_0^{t} = -\left[e^{-0{,}1\,u} \right]_0^{t} = 1 - e^{-0{,}1\,t}$$

Daher gilt:

$$F(t) = \begin{cases} 0 & \text{für} \quad t < 0 \\ 1 - e^{-0,1t} & \phantom{\text{für}} \quad t \geqslant 0 \end{cases}$$

Die *Verteilungsfunktion* $F(t)$ ist in Bild II-70 graphisch dargestellt.

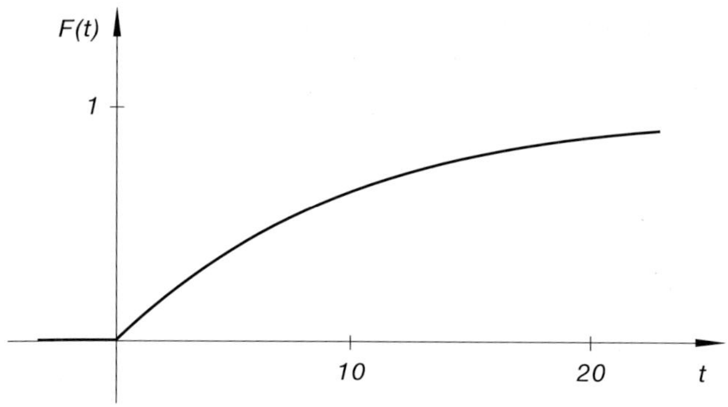

Bild II-70

Verteilungsfunktion für die exponentialverteilte Lebensdauer T eines elektronischen Bauelements

b) Die gesuchte Wahrscheinlichkeit $P(T \geqslant 10)$ entspricht der in Bild II-71 *grau* unterlegten Fläche unter der Dichtefunktion $f(t)$. Wir berechnen sie wie folgt:

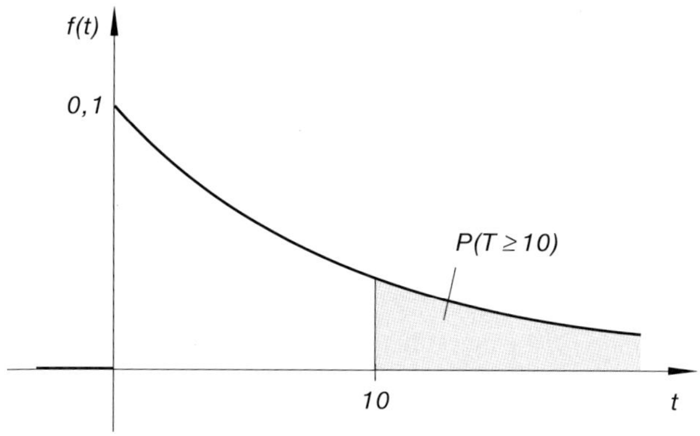

Bild II-71

$$P(T \geqslant 10) = 1 - P(T \leqslant 10) = 1 - P(-\infty < T \leqslant 10) =$$

$$= 1 - [F(10) - \underbrace{F(-\infty)}_{0}] = 1 - F(10) =$$

$$= 1 - (1 - e^{-1}) = e^{-1} = 0,368$$

Rund 36,8 % der elektronischen Bauelemente sind demnach zur Zeit $t = 10$ noch *funktionstüchtig*.

(3) Zur Beschreibung von Ermüdungserscheinungen bei Werkstoffen wird häufig die sog. *Weibull-Verteilung* herangezogen. Die Lebensdauer T eines Werkstücks, eines Geräts oder einer Maschine besitzt dann eine Verteilungsfunktion vom Typ

$$F(t) = 1 - e^{(-\alpha t^{\beta})} \qquad (t > 0)$$

mit den Parametern α und β (für $t \leqslant 0$ ist $F(t) = 0$). Die zugehörige *Dichtefunktion* erhalten wir hieraus durch *Differentiation* nach der Variablen t:

$$f(t) = F'(t) = \frac{d}{dt}\left[1 - e^{(-\alpha t^{\beta})}\right] = \alpha \beta t^{\beta - 1} \cdot e^{(-\alpha t^{\beta})}$$

(für $t > 0$, ansonsten ist $f(t) = 0$). ■

5 Kennwerte oder Maßzahlen einer Wahrscheinlichkeitsverteilung

Die Wahrscheinlichkeitsverteilung einer (diskreten oder stetigen) Zufallsvariablen X läßt sich in eindeutiger und vollständiger Weise entweder durch die *Verteilungsfunktion* $F(x)$ oder aber durch die zugehörige *Wahrscheinlichkeits-* bzw. *Dichtefunktion* $f(x)$ beschreiben. Die Verteilung kann aber auch durch bestimmte *Parameter*, die man als *Kennwerte* oder *Maßzahlen* der Verteilung bezeichnet, charakterisiert werden. Zu ihnen zählen u.a.

— der *Mittel-* oder *Erwartungswert* μ,
— die *Varianz* σ^2 und
— die *Standardabweichung* σ.

Sie sind wichtige *Sonderfälle* einer Gruppe von Kennwerten, die als *Momente* einer Wahrscheinlichkeitsverteilung bezeichnet werden[20)]. Der *Mittelwert* μ kennzeichnet dabei in gewisser Weise das *Zentrum* oder die *Mitte* der Wahrscheinlichkeitsverteilung, während die *Varianz* σ^2 und die *Standardabweichung* σ geeignete Maßzahlen für die *Streuung* der Werte um diesen Mittelwert darstellen.

---

20) Im Rahmen dieser einführenden Darstellung können wir auf die *Momente* einer Verteilung nicht näher eingehen und verweisen den Leser auf die spezielle Fachliteratur (siehe Literaturverzeichnis).

5.1 Erwartungswert einer Zufallsvariablen

5.1.1 Ein einführendes Beispiel

Beim Zufallsexperiment „*Wurf eines homogenen Würfels*" treten die 6 möglichen Werte 1, 2, 3, 4, 5 und 6 der *diskreten* Zufallsvariablen

$X = Erzielte\ Augenzahl$

mit *gleicher* Wahrscheinlichkeit auf. Wenn wir dieses Experiment nur oft genug wiederholen, können wir „erwarten", daß die *mittlere* Augenzahl in der Nähe des *arithmetischen* Mittels aus den 6 möglichen Werten 1 bis 6 liegt. Wir „erwarten" somit bei hinreichend großen Versuchsserien eine *mittlere* Augenzahl von nahezu

$$\bar{x} = \frac{1+2+3+4+5+6}{6} = 3{,}5 \qquad \text{(II-96)}$$

Dieser Wert ist der sog. *Erwartungswert* der Zufallsvariablen X in dem beschriebenen Würfelexperiment. Bei einer großen Anzahl von Würfen können wir daher erwarten, daß wir pro Wurf eine *mittlere* Augenzahl von 3,5 erhalten.

5.1.2 Erwartungswert einer diskreten Zufallsvariablen

In dem soeben beschriebenen Beispiel traten die möglichen Werte der diskreten Zufallsvariablen X („*Augenzahl beim Würfeln*") alle mit der *gleichen* Wahrscheinlichkeit auf. Im allgemeinen jedoch sind die Werte einer diskreten Zufallsvariablen X *nicht* gleichverteilt. Bei der Berechnung des Erwartungswertes spielt daher die *Wahrscheinlichkeitsfunktion* $f(x)$ eine *entscheidende* Rolle. Sie bestimmt in gewisser Weise die *Gewichtungsfaktoren*, mit denen die möglichen Werte x_i in die Berechnung eingehen. Den *Erwartungswert* der Zufallsvariablen X erhält man dann als Summe der gewichteten Werte $x_i \cdot f(x_i)$. Dies führt zu der folgenden *Definition*:

Definition: Unter dem *Erwartungswert* $E(X)$ einer *diskreten* Zufallsvariablen X mit der Wahrscheinlichkeitsfunktion $f(x)$ versteht man die Größe

$$E(X) = \sum_i x_i \cdot f(x_i) \qquad \text{(II-97)}$$

Anmerkung

In der Definitionsformel (II-97) wird über alle möglichen Werte x_i summiert. Bei einer *diskreten* Zufallsvariablen mit *abzählbar unendlich* vielen Werten wird dabei die *absolute Konvergenz* der Reihe in Gleichung (II-97) vorausgesetzt. Andernfalls besitzt die Verteilung *keinen* Erwartungswert.

■ **Beispiele**

(1) Gegeben ist eine *diskrete* Zufallsvariable mit der *Verteilungstabelle*

x_i	1	2	3	4
$f(x_i)$	$\frac{1}{8}$	$\frac{3}{8}$	$\frac{3}{8}$	$\frac{1}{8}$

Sie besitzt den folgenden *Erwartungswert*:

$$E(X) = \sum_{i=1}^{4} x_i \cdot f(x_i) = 1 \cdot \frac{1}{8} + 2 \cdot \frac{3}{8} + 3 \cdot \frac{3}{8} + 4 \cdot \frac{1}{8} = \frac{20}{8} = 2{,}5$$

(2) Beim „*Wurf eines homogenen Würfels*" ist die *diskrete* Zufallsvariable

$X =$ *Erzielte Augenzahl*

gleichverteilt:

x_i	1	2	3	4	5	6
$f(x_i)$	$\frac{1}{6}$	$\frac{1}{6}$	$\frac{1}{6}$	$\frac{1}{6}$	$\frac{1}{6}$	$\frac{1}{6}$

Sie besitzt den folgenden *Erwartungswert*:

$$E(X) = \sum_{i=1}^{6} x_i \cdot f(x_i) = 1 \cdot \frac{1}{6} + 2 \cdot \frac{1}{6} + \ldots + 6 \cdot \frac{1}{6} =$$

$$= \frac{1}{6}(1 + 2 + \ldots + 6) = \frac{1}{6} \cdot 21 = 3{,}5$$ ■

5.1.3 Erwartungswert einer stetigen Zufallsvariablen

Im Falle einer *stetigen* Zufallsvariablen X definieren wir den *Erwartungswert* $E(X)$ wie folgt:

Definition: Unter dem *Erwartungswert* $E(X)$ einer *stetigen* Zufallsvariablen X mit der Dichtefunktion $f(x)$ versteht man die Größe

$$E(X) = \int_{-\infty}^{\infty} x \cdot f(x)\, dx \qquad \text{(II-98)}$$

Anmerkung

Es wird vorausgesetzt, daß das Integral $\int_{-\infty}^{\infty} |x| \cdot f(x)\,dx$ *existiert*. Andernfalls besitzt die Verteilung *keinen* Erwartungswert.

■ **Beispiel**

Die *Lebensdauer T* eines bestimmten elektronischen Bauelements kann in guter Näherung als eine *exponentialverteilte* Zufallsvariable mit der *Dichtefunktion*

$$f(t) = \begin{cases} 0 & \\ \lambda \cdot e^{-\lambda t} & \end{cases} \quad \text{für} \quad \begin{matrix} t < 0 \\ t \geqslant 0 \end{matrix}$$

betrachtet werden (Bild II-72). Die *mittlere* Lebensdauer ist dann durch den *Erwartungswert* $E(T)$ gegeben. Wir erhalten:

$$E(T) = \int_{-\infty}^{\infty} t \cdot f(t)\,dt = \int_{0}^{\infty} t \cdot \lambda \cdot e^{-\lambda t}\,dt = \lambda \cdot \int_{0}^{\infty} t \cdot e^{-\lambda t}\,dt =$$

$$= \lambda \left[\frac{-\lambda t - 1}{\lambda^2} \cdot e^{-\lambda t} \right]_0^{\infty} = \frac{1}{\lambda} \left[(-\lambda t - 1) \cdot e^{-\lambda t} \right]_0^{\infty} = \frac{1}{\lambda}$$

(Integral Nr. 313 aus der *Formelsammlung*).

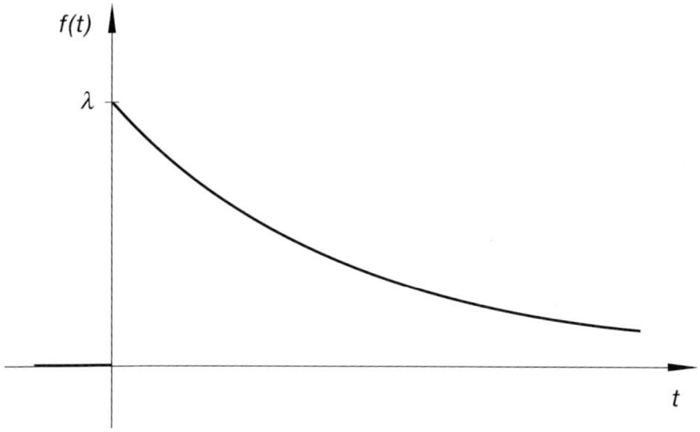

Bild II-72

Dichtefunktion der exponentialverteilten Zufallsvariablen „T = Lebensdauer eines elektronischen Bauelements"

■

5.2 Erwartungswert einer Funktion

Wir ordnen der Zufallsvariablen X durch die Funktionsgleichung $Z = g(X)$ in eindeutiger Weise eine neue, von X abhängige Zufallsvariable Z zu. Der *Erwartungswert* $E(Z) = E[g(X)]$ dieser Funktion wird dann wie folgt definiert:

Definition: X sei eine Zufallsvariable mit der *Wahrscheinlichkeits-* bzw. *Dichtefunktion* $f(x)$ und $Z = g(X)$ eine von X abhängige *Funktion*. Unter dem *Erwartungswert* $E(Z) = E[g(X)]$ der Funktion $Z = g(X)$ versteht man dann die folgende Größe:

(1) X ist eine *diskrete* Zufallsvariable:

$$E(Z) = E[g(X)] = \sum_i g(x_i) \cdot f(x_i) \qquad \text{(II-99)}$$

(2) X ist eine *stetige* Zufallsvariable:

$$E(Z) = E[g(X)] = \int_{-\infty}^{\infty} g(x) \cdot f(x)\, dx \qquad \text{(II-100)}$$

Anmerkungen

(1) Für eine *konstante* Funktion $Z = \text{const.} = c$ gilt:

$$E(c) = c \qquad \text{(II-101)}$$

(2) Sind $g_1(X)$ und $g_2(X)$ zwei von der gleichen Zufallsgröße X abhängige Funktionen, so gilt:

$$E[a \cdot g_1(X) + b \cdot g_2(X)] = a \cdot E[g_1(X)] + b \cdot E[g_2(X)] \qquad \text{(II-102)}$$

(a, b: Konstanten).

■ **Beispiele**

(1) X sei eine *stetige* Zufallsvariable mit der *Dichtefunktion*

$$f(x) = \mathrm{e}^{-x} \qquad (\text{für } x \geqslant 0)$$

Dann besitzt die Zufallsvariable (Funktion) $Z = 2X + 1$ den folgenden *Erwartungswert*:

$$E(Z) = E(2X + 1) = 2 \cdot E(X) + E(1) = 2 \cdot \int_0^{\infty} x \cdot \mathrm{e}^{-x}\, dx + 1 =$$

$$= 2 \left[(-x - 1) \cdot \mathrm{e}^{-x} \right]_0^{\infty} + 1 = 3$$

(2) Gegeben ist eine *diskrete* Zufallsvariable X mit der folgenden *Verteilungstabelle*:

x_i	1	2	3	4
$f(x_i)$	$\frac{1}{8}$	$\frac{3}{8}$	$\frac{3}{8}$	$\frac{1}{8}$

Wir berechnen den *Erwartungswert* der von X abhängigen Funktion $Z = X^2$ nach der Definitionsformel (II-99):

$$E(Z) = E(X^2) = \sum_{i=1}^{4} x_i^2 \cdot f(x_i) =$$

$$= 1^2 \cdot \frac{1}{8} + 2^2 \cdot \frac{3}{8} + 3^2 \cdot \frac{3}{8} + 4^2 \cdot \frac{1}{8} = \frac{56}{8} = 7$$ ■

5.3 Mittelwert, Varianz und Standardabweichung einer diskreten Zufallsvariablen

Im Falle einer *diskreten* Zufallsvariablen X lautet die Definition der drei Kennwerte *Mittelwert* μ, *Varianz* σ^2 und *Standardabweichung* σ wie folgt:

Definitionen: Der *diskreten* Zufallsvariablen X mit der Wahrscheinlichkeitsfunktion $f(x)$ werden die folgenden *Kennwerte* oder *Maßzahlen* zugeordnet:

(1) Mittelwert μ

$$\mu = E(X) = \sum_{i} x_i \cdot f(x_i) \qquad \text{(II-103)}$$

(2) Varianz σ^2

$$\sigma^2 = \text{Var}(X) = \sum_{i} (x_i - \mu)^2 \cdot f(x_i) \qquad \text{(II-104)}$$

(3) Standardabweichung σ

Die *Standardabweichung* σ ist die Quadratwurzel aus der Varianz $\sigma^2 = \text{Var}(X)$:

$$\sigma = \sqrt{\text{Var}(X)} \qquad \text{(II-105)}$$

Anmerkungen

(1) Der *Mittelwert* μ ist somit definitionsgemäß der *Erwartungswert* $E(X)$ der *diskreten* Zufallsvariablen X.

(2) Die *Varianz* σ^2 ist der *Erwartungswert* der Zufallsvariablen (Funktion) $Z = (X - \mu)^2$, durch die die *mittlere quadratische Abweichung* vom Mittelwert μ beschrieben wird:

$$\sigma^2 = E[(X - \mu)^2] = \sum_i (x_i - \mu)^2 \cdot f(x_i) \qquad \text{(II-106)}$$

(3) Für die *Varianz* gilt stets $\sigma^2 \geqslant 0$. Sie ist ein geeignetes Maß für die *Streuung* der einzelnen Werte x_i um den Mittelwert μ. Bei *kleiner* Varianz liegen die meisten Werte in der Nähe von μ und größere Abweichungen vom Mittelwert treten nur mit *geringen* Wahrscheinlichkeiten auf.

(4) Häufig wird auch die *Standardabweichung* σ als *Streuungsmaß* verwendet. Sie beschreibt die *durchschnittliche (mittlere) Abweichung* der Zufallsvariablen X von ihrem Mittelwert μ und besitzt gegenüber der Varianz den *Vorteil*, daß sie die *gleiche* Dimension und Einheit hat wie die Zufallsvariable X.

(5) Bei einer *symmetrischen* Verteilung mit dem *Symmetriezentrum* x_0 gilt:

$$\mu = E(X) = x_0 \qquad \text{(II-107)}$$

(falls der Mittelwert μ existiert; vgl. hierzu das nachfolgende Beispiel (2)).

(6) Die der Zufallsvariablen X zugeordneten Kennwerte μ, σ^2 und σ werden häufig auch als Kennwerte der *diskreten Verteilung* bezeichnet (z.B. μ: Mittelwert der Verteilung).

(7) Für die *Varianz* σ^2 wird häufig auch das Symbol $D^2(X)$ verwendet.

Für die *Varianz* σ^2 einer Zufallsvariablen X läßt sich noch eine *spezielle* Formel herleiten, die in der Anwendung oft *bequemer* ist als die Definitionsformel (II-104):

$$\sigma^2 = E[(X - \mu)^2] = E(X^2 - 2\mu X + \mu^2) = E(X^2) - 2\mu \cdot \underbrace{E(X)}_{\mu} + \mu^2 \cdot \underbrace{E(1)}_{1} =$$

$$= E(X^2) - 2\mu^2 + \mu^2 = E(X^2) - \mu^2 \qquad \text{(II-108)}$$

Somit gilt allgemein:

$$\sigma^2 = E[(X - \mu)^2] = E(X^2) - \mu^2 \qquad \text{(II-109)}$$

■ **Beispiele**

(1) Beim „*Wurf mit zwei unterscheidbaren homogenen Würfeln*" ist die *diskrete* Zufallsvariable

$X =$ *Erzielte Augensumme*

nach Beispiel 2 aus Abschnitt 4.3 wie folgt verteilt:

x_i	2	3	4	5	6	7	8	9	10	11	12
$f(x_i)$	$\frac{1}{36}$	$\frac{2}{36}$	$\frac{3}{36}$	$\frac{4}{36}$	$\frac{5}{36}$	$\frac{6}{36}$	$\frac{5}{36}$	$\frac{4}{36}$	$\frac{3}{36}$	$\frac{2}{36}$	$\frac{1}{36}$

Wir berechnen zunächst den *Mittelwert* μ dieser Verteilung:

$$\mu = \sum_i x_i \cdot f(x_i) = 2 \cdot \frac{1}{36} + 3 \cdot \frac{2}{36} + 4 \cdot \frac{3}{36} + \ldots + 12 \cdot \frac{1}{36} = \frac{252}{36} = 7$$

Er fällt erwartungsgemäß mit dem *Symmetriezentrum* $x_0 = 7$ der Verteilung zusammen (Bild II-73).

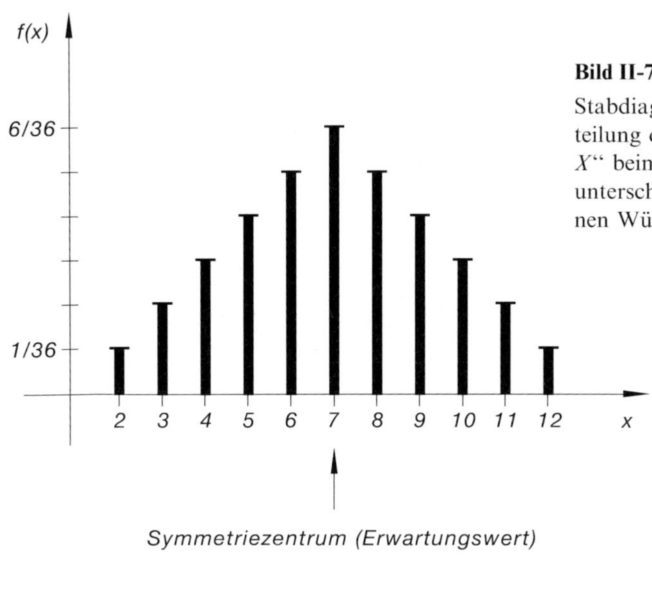

Bild II-73
Stabdiagramm für die Verteilung der „Augensumme X" beim Wurf mit zwei unterscheidbaren homogenen Würfeln

Bei *oftmaliger* Wiederholung dieses Würfelexperiments „erwarten" wir daher eine *durchschnittliche* Augensumme von nahezu 7.

Für die *Varianz* σ^2 liefert die Definitionsformel (II-104) den folgenden Wert:

$$\sigma^2 = \sum_i (x_i - \mu)^2 \cdot f(x_i) =$$

$$= (2-7)^2 \cdot \frac{1}{36} + (3-7)^2 \cdot \frac{2}{36} + (4-7)^2 \cdot \frac{3}{36} + \ldots$$

$$\ldots + (12-7)^2 \cdot \frac{1}{36} = \frac{210}{36} = 5{,}83$$

Die *Standardabweichung* beträgt somit $\sigma = \sqrt{5{,}83} = 2{,}42$.

(2) Einer Urne mit 3 weißen und 2 schwarzen Kugeln entnehmen wir nacheinander drei Kugeln *mit* Zurücklegen (*Standardbeispiel 3,* Abschnitt 2.1). Die *diskrete* Zufallsvariable

X = Anzahl der erhaltenen schwarzen Kugeln bei drei Ziehungen mit Zurücklegen

besitzt dann die folgende *Verteilung* (vgl. hierzu auch Beispiel 3 aus Abschnitt 4.3):

x_i	0	1	2	3
$f(x_i)$	$\frac{27}{125}$	$\frac{54}{125}$	$\frac{36}{125}$	$\frac{8}{125}$

Der *Erwartungs-* oder *Mittelwert* ist somit:

$$\mu = \sum_{i=1}^{4} x_i \cdot f(x_i) = 0 \cdot \frac{27}{125} + 1 \cdot \frac{54}{125} + 2 \cdot \frac{36}{125} + 3 \cdot \frac{8}{125} = \frac{150}{125} = 1{,}2$$

Wir interpretieren dieses Ergebnis wie folgt: Wenn wir dieses Zufallsexperiment z. B. 1000-mal wiederholen (dabei werden insgesamt 3000 Kugeln gezogen), so dürfen wir „erwarten", daß sich unter den 3000 gezogenen Kugeln nahezu 1200 *schwarze* Kugeln befinden.

Die *Varianz* σ^2 wollen wir diesmal nicht nach der Definitionsformel (II-104), sondern nach der rechnerisch bequemeren Formel (II-109) bestimmen. Dazu benötigen wir noch den Erwartungswert $E(X^2)$, der sich wie folgt berechnet:

$$E(X^2) = \sum_{i=1}^{4} x_i^2 \cdot f(x_i) =$$

$$= 0^2 \cdot \frac{27}{125} + 1^2 \cdot \frac{54}{125} + 2^2 \cdot \frac{36}{125} + 3^2 \cdot \frac{8}{125} = \frac{270}{125} = \frac{54}{25} = 2{,}16$$

Für die *Varianz* erhalten wir damit:

$$\sigma^2 = E(X^2) - \mu^2 = 2{,}16 - 1{,}2^2 = 0{,}72$$

Die *Standardabweichung* beträgt demnach $\sigma = \sqrt{0{,}72} = 0{,}85$. ■

5.4 Mittelwert, Varianz und Standardabweichung einer stetigen Zufallsvariablen

Bei einer *stetigen* Zufallsvariablen X werden die drei Kennwerte *Mittelwert* μ, *Varianz* σ^2 und *Standardabweichung* σ wie folgt in der Integralform definiert:

Definitionen: Der *stetigen* Zufallsvariablen X mit der Dichtefunktion $f(x)$ werden die folgenden *Kennwerte* oder *Maßzahlen* zugeordnet:

(1) Mittelwert μ

$$\mu = E(X) = \int_{-\infty}^{\infty} x \cdot f(x)\,dx \qquad \text{(II-110)}$$

(2) Varianz σ^2

$$\sigma^2 = \operatorname{Var}(X) = \int_{-\infty}^{\infty} (x - \mu)^2 \cdot f(x)\,dx \qquad \text{(II-111)}$$

(3) Standardabweichung σ

Die *Standardabweichung* σ ist die Quadratwurzel aus der Varianz $\sigma^2 = \operatorname{Var}(X)$:

$$\sigma = \sqrt{\operatorname{Var}(X)} \qquad \text{(II-112)}$$

Anmerkungen

(1) Alle Anmerkungen aus Abschnitt 5.3 gelten sinngemäß auch für den Fall einer *stetigen* Zufallsvariablen. Ein Beispiel für eine *symmetrische* Verteilung mit dem *Symmetriezentrum* $x_0 = \mu$ (*Mittelwert*) liefert die *Gaußsche Normalverteilung*, die wir noch ausführlich besprechen werden (siehe hierzu Abschnitt 6.4).

(2) Auch bei einer *stetigen* Zufallsvariablen X erfolgt die Berechnung der *Varianz* σ^2 meist *bequemer* nach der Formel

$$\sigma^2 = E(X^2) - \mu^2 \qquad \text{(II-113)}$$

■ **Beispiele**

(1) X sei eine *stetige* Zufallsvariable mit der *linearen* Wahrscheinlichkeitsdichtefunktion

$$f(x) = \begin{cases} 0{,}02\,x & \text{für} \quad 0 \leqslant x \leqslant 10 \\ 0 & \text{für} \quad \text{alle übrigen } x \end{cases}$$

Ihr *Erwartungs-* oder *Mittelwert* μ berechnet sich aus der Definitionsformel (II-110) zu:

$$\mu = \int_{-\infty}^{\infty} x \cdot f(x)\,dx = \int_{0}^{10} x \cdot (0{,}02\,x)\,dx = 0{,}02 \cdot \int_{0}^{10} x^2\,dx =$$

$$= 0{,}02 \left[\frac{1}{3}\,x^3 \right]_0^{10} = \frac{20}{3} = 6{,}67$$

Die *Varianz* σ^2 wollen wir nach der Formel (II-113) berechnen. Dazu benötigen wir zunächst den Erwartungswert der Zufallsvariablen X^2:

$$E(X^2) = \int_{-\infty}^{\infty} x^2 \cdot f(x)\,dx = \int_{0}^{10} x^2 \cdot (0{,}02\,x)\,dx = 0{,}02 \cdot \int_{0}^{10} x^3\,dx =$$

$$= 0{,}02 \left[\frac{1}{4}\,x^4 \right]_0^{10} = 50$$

Damit erhalten wir für die *Varianz* den folgenden Wert:

$$\sigma^2 = E(X^2) - \mu^2 = 50 - \left(\frac{20}{3} \right)^2 = 50 - \frac{400}{9} = \frac{50}{9} = 5{,}56$$

Die *Standardabweichung* beträgt somit $\sigma = \sqrt{5{,}56} = 2{,}36$.

(2) Die *Lebensdauer* T eines bestimmten elektronischen Bauelements kann als eine *exponentialverteilte* Zufallsgröße mit der *Dichtefunktion*

$$f(t) = \begin{cases} 0 & \text{für} \quad t < 0 \\ \lambda \cdot \mathrm{e}^{-\lambda t} & \text{für} \quad t \geqslant 0 \end{cases}$$

angesehen werden ($\lambda > 0$; Bild II-74 zeigt den Verlauf der Dichtefunktion).

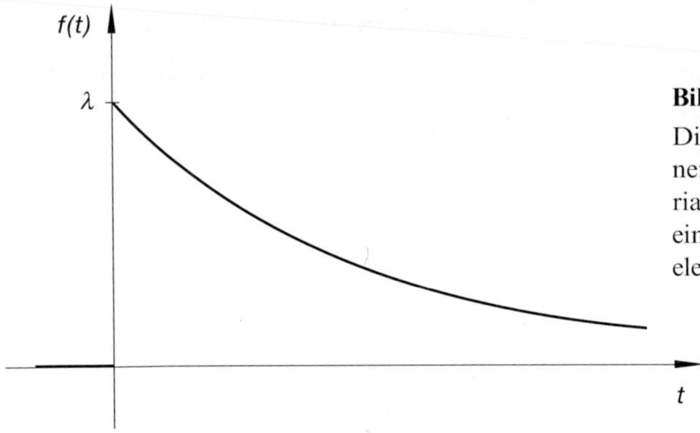

Bild II-74
Dichtefunktion der exponentialverteilten Zufallsvariablen „T = Lebensdauer eines elektronischen Bauelements"

Den *Erwartungs-* oder *Mittelwert* der Zufallsvariablen T haben wir bereits in Abschnitt 5.1.3 zu

$$\mu = E(T) = \frac{1}{\lambda}$$

bestimmt. Jetzt interessieren wir uns für die *Varianz* σ^2 dieser Exponentialverteilung. Um diese mit Hilfe der Formel (II-113) berechnen zu können, benötigen wir noch den Erwartungswert $E(T^2)$. Für ihn erhalten wir den folgenden Wert:

$$E(T^2) = \int_{-\infty}^{\infty} t^2 \cdot f(t)\,dt = \int_0^{\infty} t^2 \cdot \lambda \cdot e^{-\lambda t}\,dt = \lambda \cdot \int_0^{\infty} t^2 \cdot e^{-\lambda t}\,dt =$$

$$= \lambda \left[\frac{\lambda^2 t^2 + 2\lambda t + 2}{-\lambda^3} \cdot e^{-\lambda t} \right]_0^{\infty} = \lambda \left[\frac{2}{\lambda^3} \right] = \frac{2}{\lambda^2}$$

Die Auswertung des Integrals erfolgte dabei mit der *Integraltafel* der Formelsammlung (Integral Nr. 314). Für die *Varianz* σ^2 erhalten wir damit unter Verwendung von Formel (II-113):

$$\sigma^2 = E(T^2) - \mu^2 = \frac{2}{\lambda^2} - \left(\frac{1}{\lambda}\right)^2 = \frac{2}{\lambda^2} - \frac{1}{\lambda^2} = \frac{1}{\lambda^2}$$

Die *Standardabweichung* der exponentialverteilten Zufallsvariablen T beträgt somit $\sigma = \frac{1}{\lambda}$.

■

5.5 Mittelwert und Varianz einer linearen Funktion

X sei eine diskrete oder stetige Zufallsvariable mit dem *Mittelwert* $E(X) = \mu_X$ und der *Varianz* $\operatorname{Var}(X) = \sigma_X^2$. Dann lassen sich die entsprechenden Kennwerte der von X abhängigen *linearen* Funktion (Zufallsvariablen)

$$Z = g(X) = aX + b \qquad \text{(II-114)}$$

aus diesen Maßzahlen leicht bestimmen (a, b: Konstanten). Für den *Mittelwert* μ_Z erhalten wir:

$$\mu_Z = E(Z) = E(aX + b) = a \cdot \underbrace{E(X)}_{\mu_X} + b \cdot \underbrace{E(1)}_{1} = a \cdot \mu_X + b \qquad \text{(II-115)}$$

Analog bestimmen wir die *Varianz* von Z mit Hilfe der Formel

$$\sigma_Z^2 = E[(Z - \mu_Z)^2] = E(Z^2) - \mu_Z^2 \qquad \text{(II-116)}$$

Zunächst aber müssen wir noch den benötigten Erwartungswert $E(Z^2)$ berechnen:

$$\begin{aligned} E(Z^2) &= E[(aX + b)^2] = E(a^2 X^2 + 2abX + b^2) = \\ &= a^2 \cdot E(X^2) + 2ab \cdot \underbrace{E(X)}_{\mu_X} + b^2 \cdot \underbrace{E(1)}_{1} = \\ &= a^2 \cdot E(X^2) + 2ab \cdot \mu_X + b^2 \end{aligned} \qquad \text{(II-117)}$$

Diesen Ausdruck setzen wir in Gleichung (II-116) ein, berücksichtigen dabei noch die Beziehung $\mu_Z = a \cdot \mu_X + b$ und erhalten auf diese Weise für die gesuchte *Varianz* σ_Z^2:

$$\begin{aligned} \sigma_Z^2 &= \operatorname{Var}(Z) = E(Z^2) - \mu_Z^2 = a^2 \cdot E(X^2) + 2ab \cdot \mu_X + b^2 - (a \cdot \mu_X + b)^2 = \\ &= a^2 \cdot E(X^2) + 2ab \cdot \mu_X + b^2 - a^2 \cdot \mu_X^2 - 2ab \cdot \mu_X - b^2 = \\ &= a^2 \cdot E(X^2) - a^2 \cdot \mu_X^2 = a^2 \underbrace{[E(X^2) - \mu_X^2]}_{\sigma_X^2} = a^2 \cdot \sigma_X^2 \end{aligned} \qquad \text{(II-118)}$$

Wir fassen zusammen:

Mittelwert und Varianz einer linearen Funktion

Mittelwert und *Varianz* einer *linearen* Funktion $Z = aX + b$ lassen sich aus den entsprechenden Kennwerten der *unabhängigen* Zufallsvariablen X wie folgt berechnen:

(1) Mittelwert $E(Z) = \mu_Z$

$$E(Z) = E(aX + b) = a \cdot E(X) + b \qquad \text{(II-119)}$$

oder – in anderer Schreibweise –

$$\mu_Z = a \cdot \mu_X + b \qquad \text{(II-120)}$$

(2) Varianz $\mathrm{Var}(Z) = \sigma_Z^2$

$$\mathrm{Var}(Z) = \mathrm{Var}(aX + b) = a^2 \cdot \mathrm{Var}(X) \qquad \text{(II-121)}$$

oder – in anderer Schreibweise –

$$\sigma_Z^2 = a^2 \cdot \sigma_X^2 \qquad \text{(II-122)}$$

Dabei bedeuten:

$E(X) = \mu_X$: *Mittelwert* der Zufallsvariablen X

$\mathrm{Var}(X) = \sigma_X^2$: *Varianz* der Zufallsvariablen X

Anmerkungen

(1) Die *lineare* Funktion $Z = aX + b$ kann auch als eine *lineare Transformation* gedeutet werden, durch die die Zufallsvariable X in die Zufallsvariable Z übergeführt wird. Der *Mittelwert* μ_X wird dabei auf die *gleiche* Weise transformiert wie X selbst. Die Transformation der *Varianz* σ_X^2 ist dagegen nur von a, *nicht* aber vom konstanten Summand b abhängig. Die *Standardabweichung* σ_X transformiert sich dabei wie folgt:

$$\sigma_Z = |a| \cdot \sigma_X \qquad \text{(II-123)}$$

(2) Nützliche *Rechenregeln* ergeben sich aus den folgenden *Sonderfällen*:

$\boxed{a = 0}$ $\quad E(b) = b, \quad \mathrm{Var}(b) = 0 \qquad$ (II-124)

$\boxed{a = 1}$ $\quad E(X + b) = E(X) + b \qquad$ (II-125)

$\quad \mathrm{Var}(X + b) = \mathrm{Var}(X) \qquad$ (II-126)

$\boxed{b = 0}$ $\quad E(aX) = a \cdot E(X) \qquad$ (II-127)

$\quad \mathrm{Var}(aX) = a^2 \cdot \mathrm{Var}(X) \qquad$ (II-128)

■ **Beispiele**

(1) Die Zufallsvariable X besitze die beiden Kennwerte $\mu_X = 10$ und $\sigma_X^2 = 1$. Daraus berechnen sich *Mittelwert* μ_Z und *Varianz* σ_Z^2 der *linearen* Funktion $Z = 2X + 1$ wie folgt ($a = 2$, $b = 1$):

$$\mu_Z = a \cdot \mu_X + b = 2 \cdot 10 + 1 = 21$$

$$\sigma_Z^2 = a^2 \cdot \sigma_X^2 = 2^2 \cdot 1 = 4$$

Die *Standardabweichung* beträgt somit $\sigma_Z = 2$.

(2) X sei eine Zufallsvariable mit dem *Mittelwert* $\mu_X = \mu$ und der *Varianz* $\sigma_X^2 = \sigma^2$. Durch die *lineare Transformation*

$$Z = \frac{X - \mu}{\sigma} = \left(\frac{1}{\sigma}\right) \cdot X - \frac{\mu}{\sigma}$$

wird die Zufallsvariable X in eine Zufallsvariable Z mit dem *Mittelwert* $\mu_Z = 0$ und der *Varianz* $\sigma_Z^2 = 1$ übergeführt:

$$\mu_Z = a \cdot \mu_X + b = \left(\frac{1}{\sigma}\right) \cdot \mu - \frac{\mu}{\sigma} = \frac{\mu}{\sigma} - \frac{\mu}{\sigma} = 0$$

$$\sigma_Z^2 = a^2 \cdot \sigma_X^2 = \left(\frac{1}{\sigma}\right)^2 \cdot \sigma^2 = \frac{1}{\sigma^2} \cdot \sigma^2 = 1$$

Die durchgeführte Transformation heißt *Standardisierung* oder *Standardtransformation*, die Zufallsvariable Z ist die zu X gehörige *standardisierte* Zufallsvariable.

■

6 Spezielle Wahrscheinlichkeitsverteilungen

6.1 Binomialverteilung

Bernoulli-Experiment

Zufallsexperimente mit nur *zwei* verschiedenen möglichen Ausgängen (Ergebnissen) führen zur *Binomialverteilung*. Bei einem solchen Experiment tritt ein Ereignis A mit der Wahrscheinlichkeit p und das zu A *komplementäre* Ereignis $\overline{A}$ mit der Wahrscheinlichkeit $q = 1 - p$ ein. Dies gilt auch für *jede* Wiederholung des Experiments, d. h. das Ereignis A tritt bei *jeder* Durchführung des Experiments mit der gleichen und somit *konstanten* Wahrscheinlichkeit p ein. Man bezeichnet ein Experiment dieser Art, bei dem nur zwei verschiedene sich *gegenseitig ausschließende* Ereignisse mit konstanten Wahrscheinlichkeiten eintreten können, als ein *Bernoulli-Experiment*. Wir geben zunächst zwei einfache Beispiele.

■ **Beispiele**

(1) Beim *Münzwurf* (Wurf einer homogenen Münze) sind nur die beiden sich gegenseitig ausschließenden Ereignisse

A: „*Zahl*" und $\overline{A}$: „*Wappen*"

möglich.

Sie treten bei *jedem* Wurf mit den Wahrscheinlichkeiten

$$p = P(A) = \frac{1}{2} \qquad \text{und} \qquad q = P(\overline{A}) = \frac{1}{2}$$

auf. Es handelt sich also beim Münzwurf um ein *Bernoulli-Experiment*.

(2) In einer Urne befinden sich 5 weiße und 3 schwarze Kugeln. Bei der (zufälligen) Entnahme einer Kugel sind nur die beiden sich gegenseitig ausschließenden Ereignisse

A: *Ziehung einer weißen Kugel*

und

$\overline{A}$: *Ziehung einer schwarzen Kugel*

möglich. Sie treten mit den Wahrscheinlichkeiten

$$p = P(A) = \frac{5}{8} \qquad \text{und} \qquad q = P(\overline{A}) = \frac{3}{8}$$

auf. Wird dabei die jeweils gezogene Kugel *vor* der nächsten Ziehung in die Urne *zurückgelegt*, so erfolgen auch alle weiteren Ziehungen mit diesen *konstanten* Wahrscheinlichkeiten. Auch in diesem Beispiel handelt es sich somit um ein *Bernoulli-Experiment* mit den Wahrscheinlichkeiten $p = 5/8$ und $q = 3/8$. ■

Wir betrachten jetzt ein sog. *Mehrstufen-Experiment*, das aus einer n-fachen Ausführung eines *Bernoulli-Experiments* mit den beiden möglichen (und sich gegenseitig ausschließenden) Ereignissen A und $\overline{A}$ besteht. Dabei setzen wir voraus, daß das Ereignis A in *jedem* der n Teilexperimente mit der *gleichen* Wahrscheinlichkeit $P(A) = \text{const.} = p$ eintritt und die Ergebnisse der einzelnen Stufen *voneinander unabhängig* sind. Diese Voraussetzungen sind z. B. in den beiden weiter oben angeführten Beispielen „*Münzwurf*" und „*Ziehung einer Kugel mit Zurücklegen*" bei einer mehrfachen Versuchsausführung stets erfüllt. Ein derartiges *Mehrstufen-Experiment* nennen wir ein *Bernoulli-Experiment vom Umfang n*. Dann kann die Zufallsvariable

X = *Anzahl der Versuche, in denen das Ereignis A bei einer n-fachen Ausführung des Bernoulli-Experiments eintritt*

jeden der Werte $0, 1, 2, \ldots, n$ annehmen. Wir interessieren uns nun für die *Wahrscheinlichkeit* des Ereignisses $X = x$ („*das Ereignis A tritt bei n Versuchsausführungen genau x-mal ein*"). Die *Verteilung* dieser Zufallsvariablen X soll im folgenden anhand eines einfachen *Urnenmodells* hergeleitet werden.

Herleitung der Binomialverteilung am Urnenmodell

In einer Urne befinden sich *weiße* und *schwarze* Kugeln. Die Wahrscheinlichkeit, bei einer Ziehung eine *weiße* Kugel zu erhalten, sei p. Dann ist $q = 1 - p$ die Wahrscheinlichkeit dafür, bei einer Ziehung eine *schwarze* Kugel zu erhalten (Bild II-75).

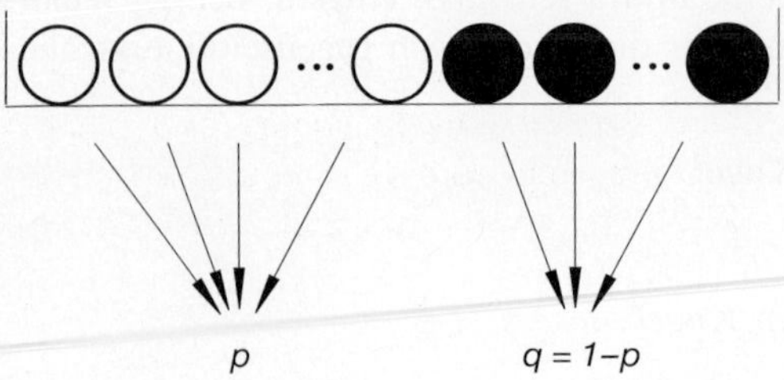

Bild II-75

Die Ziehung einer *weißen* Kugel erfolgt mit der Wahrscheinlichkeit p, die einer *schwarzen* mit der Wahrscheinlichkeit $q = 1 - p$

Das Ereignis A wird dabei durch eine *weiße* Kugel, das *Komplementärereignis* $\overline{A}$ durch eine *schwarze* Kugel symbolisch dargestellt. Die Ziehung einer weißen Kugel ist daher gleichbedeutend mit dem Eintreten des Ereignisses A.

Nach jeder Ziehung wird die jeweils gezogene Kugel in die Urne *zurückgelegt* (Ziehung *mit* Zurücklegen). Daher bleiben die Wahrscheinlichkeiten p und q für jede Ziehung *konstant* [21]. Wir ziehen nun nacheinander n Kugeln, darunter mögen sich dann genau x *weiße* und somit $n - x$ *schwarze* Kugeln befinden. Unser *mehrstufiges Bernoulli-Experiment* vom Umfang n führe dabei zu der in Bild II-76 dargestellten Anordnung der gezogenen Kugeln [22].

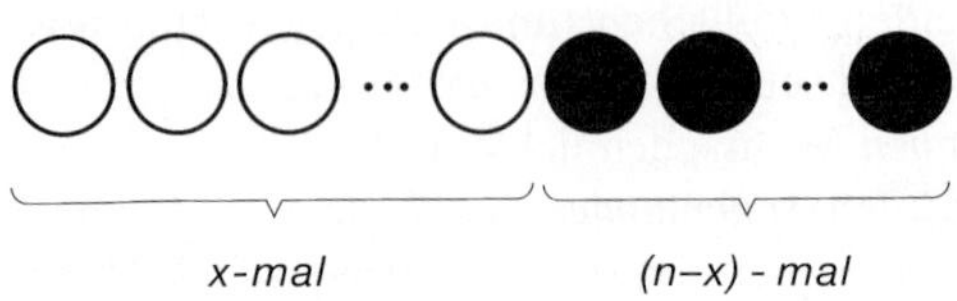

Bild II-76

Da *jede* der x *weißen* Kugeln mit der Wahrscheinlichkeit p und *jede* der $n - x$ *schwarzen* Kugeln mit der Wahrscheinlichkeit q gezogen wurde, ist die Wahrscheinlichkeit für diese spezielle Realisierung der Zufallsvariablen

$$X = \textit{Anzahl der gezogenen weißen Kugeln bei } n \textit{ Ziehungen mit Zurücklegen}$$

---

[21] Befinden sich in der Urne insgesamt N Kugeln, darunter M weiße und somit $N - M$ schwarze Kugeln, so ist $p = \frac{M}{N}$ und $q = \frac{N - M}{N}$.

[22] Bei dieser *speziellen* Realisierung sind wir von der *Annahme* ausgegangen, daß *zunächst* x weiße und *anschließend* $n - x$ schwarze Kugeln gezogen wurden.

nach dem *Multiplikationssatz* für *stochastisch unabhängige* Ereignisse (II-62) durch das Produkt

$$\underbrace{(p \cdot p \cdot p \dots p)}_{x\text{-mal}} \cdot \underbrace{(q \cdot q \cdot q \dots q)}_{(n-x)\text{-mal}} = p^x \cdot q^{n-x} \qquad \text{(II-129)}$$

gegeben.

Es sind jedoch noch weitere Realisierungen des Ereignisses $X = x$ möglich. Sie entstehen offensichtlich durch *Permutation* der insgesamt n gezogenen Kugeln. Diese zerfallen dabei in *zwei* Klassen zu je x *weißen* und $n - x$ *schwarzen* Kugeln. Die *Anzahl* der Permutationen ist dann nach Gleichung (II-5) mit $n_1 = x$ und $n_2 = n - x$ durch den folgenden Ausdruck gegeben:

$$P(n; x; n-x) = \frac{n!}{x!(n-x)!} = \binom{n}{x} \qquad \text{(II-130)}$$

Jede der Permutationen beschreibt dabei eine ganz *spezielle* Realisierung des Ereignisses $X = x$ und tritt daher mit der Wahrscheinlichkeit $p^x \cdot q^{n-x}$ ein. Da alle Realisierungen sich *gegenseitig ausschließen*, addieren sich nach dem *Additionsaxiom* (II-43) die Wahrscheinlichkeiten für die einzelnen Realisierungen und wir erhalten[23]:

$$P(X = x) = \binom{n}{x} p^x \cdot q^{n-x} \qquad (x = 0, 1, 2, \dots, n) \qquad \text{(II-131)}$$

Dies aber ist die gesuchte *Wahrscheinlichkeitsfunktion* $f(x)$ der *diskreten* Binomialverteilung:

$$f(x) = P(X = x) = \binom{n}{x} p^x \cdot q^{n-x} \qquad (x = 0, 1, 2, \dots, n) \qquad \text{(II-132)}$$

n und p sind dabei die *Parameter* der Binomialverteilung, deren *Verteilungstabelle* das folgende Aussehen hat:

x	0	1	2	...	n
$f(x)$	q^n	$\binom{n}{1} q^{n-1} \cdot p$	$\binom{n}{2} q^{n-2} \cdot p^2$	...	p^n

Bild II-77 zeigt die Wahrscheinlichkeitsfunktion einer Binomialverteilung für $n = 6$ und verschiedene Werte der Wahrscheinlichkeit p.

[23] Es gibt genau $\binom{n}{x}$ Realisierungen des Ereignisses $X = x$, jede tritt dabei mit der Wahrscheinlichkeit $p^x \cdot q^{n-x}$ ein.

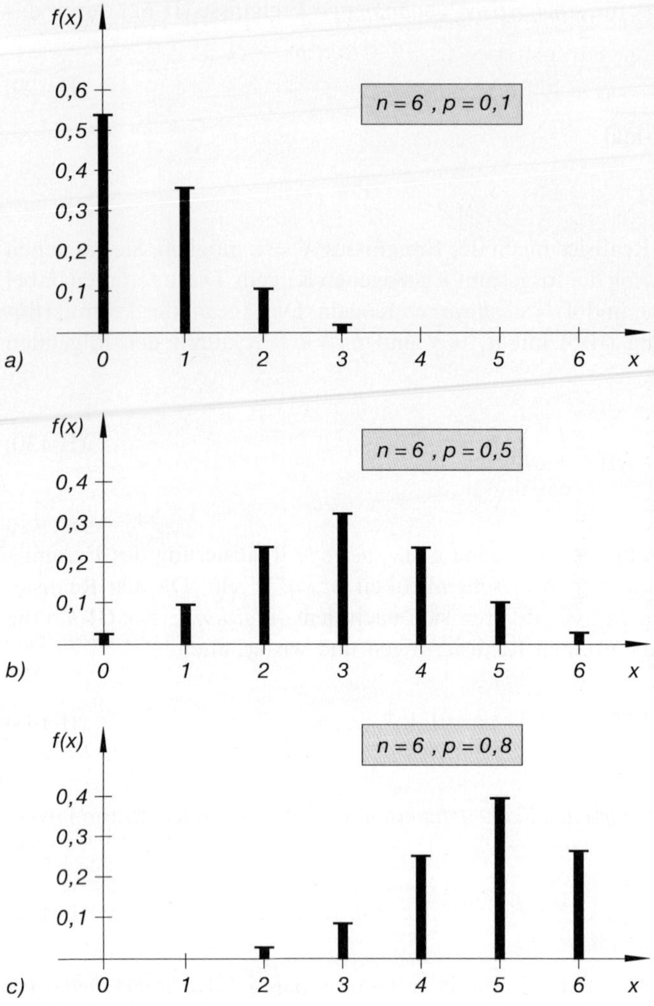

Bild II-77
Wahrscheinlichkeitsfunktion einer Binomialverteilung für den Parameter $n = 6$ und verschiedene Werte der Wahrscheinlichkeit p
a) $p = 0{,}1$
b) $p = 0{,}5$
c) $p = 0{,}8$

Die Bezeichnung *Binomialverteilung* erklärt sich aus der Eigenschaft, daß die in der Verteilungstabelle angegebenen Wahrscheinlichkeiten der Reihe nach den Summanden in der *binomischen Entwicklung* von $(q + p)^n$ entsprechen [24]:

$$(q + p)^n = \underbrace{q^n}_{f(0)} + \underbrace{\binom{n}{1} q^{n-1} \cdot p}_{f(1)} + \underbrace{\binom{n}{2} q^{n-2} \cdot p^2}_{f(2)} + \ldots + \underbrace{p^n}_{f(n)} \qquad \text{(II-133)}$$

Die *Verteilungsfunktion* der Binomialverteilung lautet wie folgt:

$$F(x) = P(X \leqslant x) = \sum_{k \leqslant x} \binom{n}{k} p^k \cdot q^{n-k} \qquad \text{(II-134)}$$

[24] Vergleiche hierzu den *Binomischen Lehrsatz* in Band 1, Abschnitt I.6.

Bild II-78 zeigt den Verlauf der *Wahrscheinlichkeitsfunktion* $f(x)$ und der zugehörigen *Verteilungsfunktion* $F(x)$ für die Parameterwerte $n = 5$ und $p = 0{,}5$.

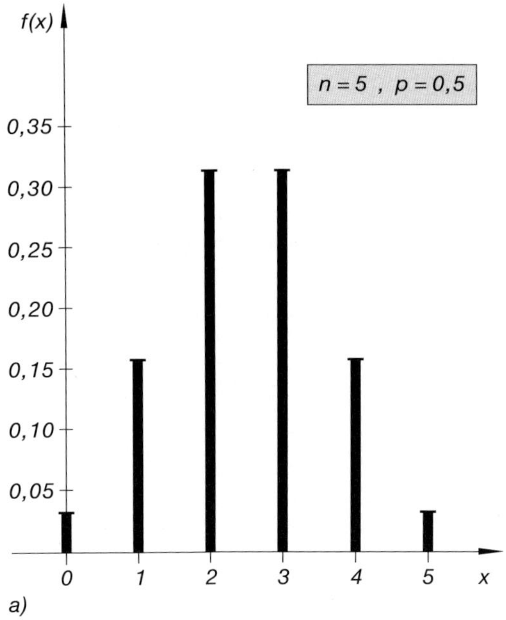

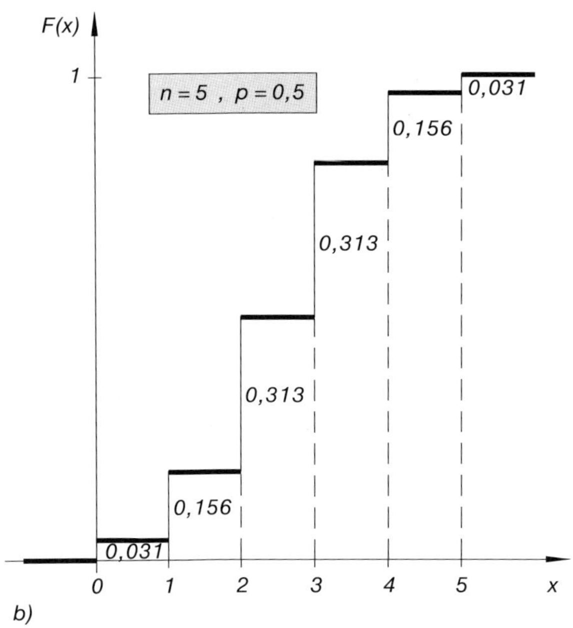

Bild II-78
Wahrscheinlichkeitsfunktion $f(x)$ und zugehörige Verteilungsfunktion $F(x)$ einer Binomialverteilung mit den Parametern $n = 5$ und $p = 0{,}5$
a) Wahrscheinlichkeitsfunktion $f(x)$
b) Verteilungsfunktion $F(x)$

Wir fassen die wichtigsten Aussagen wie folgt zusammen:

Binomialverteilung

Ein *Bernoulli-Experiment* mit den beiden sich *gegenseitig ausschließenden* Ergebnissen (Ereignissen) A und $\overline{A}$ werde n-mal nacheinander ausgeführt (sog. *mehrstufiges Bernoulli-Experiment* vom Umfang n). Dann genügt die *diskrete* Zufallsvariable

X = *Anzahl der Versuche, in denen das Ereignis A eintritt*

der sog. *Binomialverteilung* mit der *Wahrscheinlichkeitsfunktion*

$$f(x) = P(X = x) = \binom{n}{x} p^x \cdot q^{n-x} \qquad (x = 0, 1, 2, \ldots, n) \qquad \text{(II-135)}$$

und der zugehörigen *Verteilungsfunktion*

$$F(x) = P(X \leqslant x) = \sum_{k \leqslant x} \binom{n}{k} p^k \cdot q^{n-k} \qquad (x \geqslant 0) \qquad \text{(II-136)}$$

(für $x < 0$ ist $F(x) = 0$). n und p sind dabei die *Parameter* der Binomialverteilung.

Die *Kennwerte* oder *Maßzahlen* dieser Verteilung lauten:

Mittelwert: $\mu = np$ (II-137)

Varianz: $\sigma^2 = npq = np(1-p)$ (II-138)

Standardabweichung: $\sigma = \sqrt{npq} = \sqrt{np(1-p)}$ (II-139)

Dabei bedeuten:

p: *Konstante* Wahrscheinlichkeit für das Eintreten des Ereignisses A beim Einzelversuch $(0 < p < 1)$

q: *Konstante* Wahrscheinlichkeit für das Eintreten des zu A *komplementären* Ereignisses $\overline{A}$ beim Einzelversuch $(q = 1 - p)$

n: Anzahl der Ausführungen des *Bernoulli-Experiments* (*Umfang* des mehrstufigen *Bernoulli-Experiments*)

Anmerkungen

(1) Die Binomialverteilung ist durch die beiden Parameter n und p *vollständig* bestimmt und wird daher häufig durch das Symbol $B(n, p)$ gekennzeichnet. Für die *Wahrscheinlichkeitsfunktion* $f(x)$ verwendet man auch die Schreibweise $b(x; n, p)$.

(2) Die Binomialverteilung findet überall dort Anwendung, wo *alternative* Entscheidungen zu treffen sind wie z.B. beim *Münzwurf* (*Alternative:* „Zahl" oder „Wappen") oder bei der *Qualitätskontrolle* (*Alternative:* „Einwandfrei" oder „Ausschuß"). *Voraussetzung* dabei ist, daß die Wahrscheinlichkeiten $p = P(A)$ und $q = P(\bar{A}) = 1 - p$ von Experiment zu Experiment *konstant* bleiben. Dies aber bedeutet, daß bei einem *mehrstufigen Bernoulli-Experiment* alle Stufen *voneinander unabhängig* sind. Jede einzelne Ausführung des Bernoulli-Experiments ist also völlig *unabhängig* von den Ergebnissen der *vorangegangenen* Durchführungen und beeinflußt auch in *keinster* Weise *nachfolgende* Ausführungen.

(3) Das Eintreten des Ereignisses A wird häufig auch als *Erfolg*, das Nichteintreten von A (d.h. das Eintreten des *komplementären* Ereignisses $\bar{A}$) als *Mißerfolg* bezeichnet. Der Parameter p wird daher auch als *Erfolgswahrscheinlichkeit* bezeichnet.

Beispiel: Beim Zufallsexperiment „*Wurf eines homogenen Würfels*" interessieren wir uns für das Ereignis A: *Augenzahl „6"*. *Jeder* Wurf mit dieser Augenzahl als Ergebnis wird dann als ein *Erfolg*, jeder zu einem anderen Ergebnis führende Wurf als ein *Mißerfolg* gewertet. Die *Erfolgswahrscheinlichkeit* beträgt hier demnach $p = 1/6$.

(4) Die Wahrscheinlichkeitsfunktion $f(x)$ der Binomialverteilung ist i.a. *unsymmetrisch* und besitzt nur im Sonderfall $p = 0{,}5$ ein Symmetriezentrum (Bild II-77, b)). Dieser Fall tritt beispielsweise beim Zufallsexperiment „*Wurf einer homogenen Münze*" ein (Ereignisse sind A: „Zahl" und $\bar{A}$: „Wappen"; $p = q = 0{,}5$; Zufallsvariable X = *Anzahl „Zahl" bei n Würfen*).

(5) In der Praxis ist die folgende *Rekursionsformel* oft von großem Nutzen:

$$f(x+1) = \frac{(n-x)\,p}{(x+1)\,q} \cdot f(x) \qquad (x = 0, 1, \ldots, n-1) \qquad \text{(II-140)}$$

(6) Im *Sonderfall* $n = 1$, d.h. bei einer *einmaligen* Ausführung des *Bernoulli-Experiments*, kann die Zufallsvariable X nur die Werte 0 und 1 annehmen. Diese Werte beschreiben dabei die beiden möglichen sich aber *ausschließenden* Ereignisse A und $\bar{A}$ wie folgt:

$X = 0$: Das Ereignis $\bar{A}$ ist eingetreten (d.h. das Ereignis A ist *nicht* eingetreten)

$X = 1$: Das Ereignis A ist eingetreten

Die Verteilung der Zufallsvariablen X wird daher in diesem Sonderfall auch als sog. *Null-Eins-Verteilung* bezeichnet (Verteilung einer *alternativen* Grundgesamtheit).

■ **Beispiele**

(1) In einer Urne befinden sich 5 weiße und 3 schwarze Kugeln. Wir ziehen *dreimal* nacheinander eine Kugel *mit* Zurücklegen.

a) Mit welcher Wahrscheinlichkeit werden dabei *genau zwei* weiße Kugeln gezogen?

b) Wie groß ist die Wahrscheinlichkeit dafür, daß *höchstens zwei* weiße Kugeln gezogen werden?

Lösung:

Bei jeder der 3 Ziehungen hat das Ereignis

A: *Ziehung einer weißen Kugel*

die gleiche *Erfolgswahrscheinlichkeit* $p = 5/8$. Das *komplementäre* Ereignis $\overline{A}$ ist dann die Ziehung einer *schwarzen* Kugel. Dies geschieht mit einer Wahrscheinlichkeit von $q = 1 - p = 3/8$. Die Zufallsvariable

X = *Anzahl der gezogenen weißen Kugeln bei drei Ziehungen mit Zurücklegen*

ist somit *binomialverteilt* mit den *Parametern* $n = 3$ und $p = 5/8$. Die zugehörige *Wahrscheinlichkeitsfunktion* lautet daher:

$$f(x) = P(X = x) = \binom{3}{x} \cdot \left(\frac{5}{8}\right)^x \cdot \left(\frac{3}{8}\right)^{3-x} \qquad (x = 0, 1, 2, 3)$$

a) Für $x = 2$ erhalten wir hieraus die gesuchte *Wahrscheinlichkeit* $P(X = 2)$:

$$P(X = 2) = f(2) = \binom{3}{2} \cdot \left(\frac{5}{8}\right)^2 \cdot \left(\frac{3}{8}\right)^1 = \frac{225}{512} = 0{,}439 \approx 0{,}44$$

Mit einer Wahrscheinlichkeit von rund 44% befinden sich unter den drei gezogenen Kugeln *genau zwei* weiße. Mit anderen Worten: Wird dieses *3-stufige Bernoulli-Experiment* 100-mal durchgeführt, so können wir in *ungefähr* 44 Fällen „erwarten", daß sich unter den drei gezogenen Kugeln *genau zwei* weiße Kugeln befinden.

b) Wir berechnen zunächst die Wahrscheinlichkeit für das Ereignis $X = 3$ („*Ziehung von 3 weißen Kugeln*") und daraus nach der Formel

$$P(X \leqslant 2) = 1 - P(X = 3)$$

die gesuchte Wahrscheinlichkeit $P(X \leqslant 2)$ für das Ereignis $X \leqslant 2$. Es ist

$$P(X = 3) = f(3) = \binom{3}{3} \cdot \left(\frac{5}{8}\right)^3 \cdot \left(\frac{3}{8}\right)^0 = \frac{125}{512}$$

und somit

$$P(X \leqslant 2) = 1 - P(X = 3) = 1 - \frac{125}{512} = \frac{387}{512} = 0{,}756 = 75{,}6\,\%$$

In *rund* dreiviertel aller Fälle erwarten wir somit, daß sich unter den 3 gezogenen Kugeln *höchstens* 2 weiße befinden.

(2) In einer Fabrik werden serienmäßig Schrauben mit einem *Ausschußanteil* von 2% hergestellt, d.h. unter 100 hergestellten Schrauben befinden sich im *Mittel* genau 2 unbrauchbare. Mit welchen Wahrscheinlichkeiten finden wir in einer Zufallsstichprobe von 5 Schrauben *genau* 0, 1, 2, 3, 4 bzw. 5 unbrauchbare?

Lösung:

Auch hier handelt es sich um ein *Bernoulli-Experiment*. Die Alternative lautet dabei: *Brauchbare* oder *unbrauchbare* Schraube (*Ausschuß*). Die Wahrscheinlichkeit, beim Ziehen einer Schraube eine *unbrauchbare* zu erhalten, ist dabei $p = 0{,}02$ [25]. Die Zufallsvariable

X = *Anzahl der unbrauchbaren Schrauben unter den 5 entnommenen Schrauben*

ist dann *binomialverteilt* mit den *Parametern* $n = 5$ und $p = 0{,}02$. Ihre *Wahrscheinlichkeitsfunktion* lautet daher ($q = 1 - p = 0{,}98$):

$$f(x) = P(X = x) = \binom{5}{x} \cdot 0{,}02^x \cdot 0{,}98^{5-x} \qquad (x = 0, 1, \ldots, 5)$$

Die zugehörige *Verteilungstabelle* liefert dann die gesuchten Wahrscheinlichkeiten. Sie hat das folgende Aussehen:

x	0	1	2	3	4	5
$P(X = x)$	0,9039	0,0922	0,0038	0,00007	0	0
$P(X = x)$ (in %)	90,4	9,2	0,4	0	0	0

Bild II-79 verdeutlicht diese Verteilung in einem *Wahrscheinlichkeitsdiagramm (Stabdiagramm)*.

So beträgt beispielsweise die Wahrscheinlichkeit dafür, daß die entnommene Stichprobe *genau eine* unbrauchbare Schraube enthält:

$$P(X = 1) = f(1) = 0{,}0922 \approx 9{,}2\,\%$$

Stichproben mit *mehr* als 2 unbrauchbaren Schrauben treten dagegen *praktisch kaum* auf.

---

[25] Dies gilt nur bei einer Ziehung *mit* Zurücklegen. In der Praxis jedoch ist dies aus verschiedenen Gründen *nicht* üblich. Bei großen Stückzahlen spielt es jedoch *keine* Rolle, ob die Ziehung *mit* oder *ohne* Zurücklegen erfolgt. Im nächsten Abschnitt 6.2 werden wir die sog. *hypergeometrische* Verteilung kennenlernen und kommen dabei nochmals auf das angeschnittene Problem zurück.

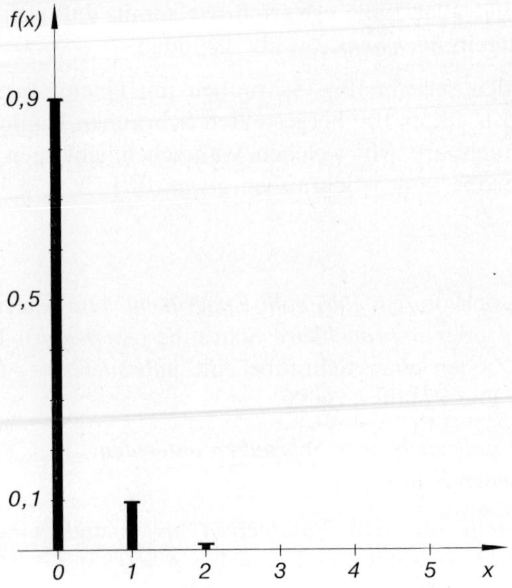

Bild II-79

(3) Ein homogener Würfel wird 100-mal geworfen. Wie oft dürfen wir dabei eine *gerade* Augenzahl erwarten?

Lösung:

In diesem Beispiel lautet die Alternative: *Gerade* oder *ungerade* Augenzahl. Das Ereignis

A: *Gerade Augenzahl*

hat die *Erfolgswahrscheinlichkeit* $p = 1/2$. Denn es tritt genau dann ein, wenn die erzielte Augenzahl eine „2" *oder* eine „4" *oder* eine „6" ergibt, d.h. in 3 von 6 möglichen Fällen. Die Zufallsvariable

$X =$ *Anzahl der Würfe mit einer geraden Augenzahl bei insgesamt 100 Würfen*

ist daher *binomialverteilt* mit den *Parametern* $n = 100$ und $p = 1/2$. Ihr *Erwartungs-* oder *Mittelwert* beträgt dann:

$$\mu = np = 100 \cdot \frac{1}{2} = 50$$

Wir erwarten daher, daß wir bei 100 Würfen *nahezu* 50-mal eine *gerade* Augenzahl beobachten. Die *Varianz* ist

$$\sigma^2 = npq = np(1 - p) = 100 \cdot \frac{1}{2}\left(1 - \frac{1}{2}\right) = 25$$

Die zugehörige *Standardabweichung* $\sigma = \sqrt{25} = 5$ ist dann ein Maß für die *Streuung* der Zufallsvariablen X um ihren Mittelwert $\mu = 50$. ■

6.2 Hypergeometrische Verteilung

In den Anwendungen wird häufig eine spezielle Wahrscheinlichkeitsverteilung benötigt, die unter der Bezeichnung *hypergeometrische* Verteilung bekannt ist. Sie spielt z. B. bei den *Qualitäts-* und *Endkontrollen* eines Herstellers oder den *Abnahmekontrollen* eines Kunden eine große Rolle. Bei der Herleitung dieser *diskreten* Verteilung greifen wir wiederum auf das anschauliche *Urnenmodell* zurück, das uns bereits bei der Binomialverteilung so nützlich war.

Herleitung der hypergeometrischen Verteilung am Urnenmodell

In einer Urne befinden sich N Kugeln, darunter M *weiße* und $N - M$ *schwarze* Kugeln. Nacheinander entnehmen wir ganz zufällig n Kugeln und interessieren uns dabei für die *Wahrscheinlichkeit*, daß sich unter diesen Kugeln genau x *weiße* Kugeln befinden (Bild II-80):

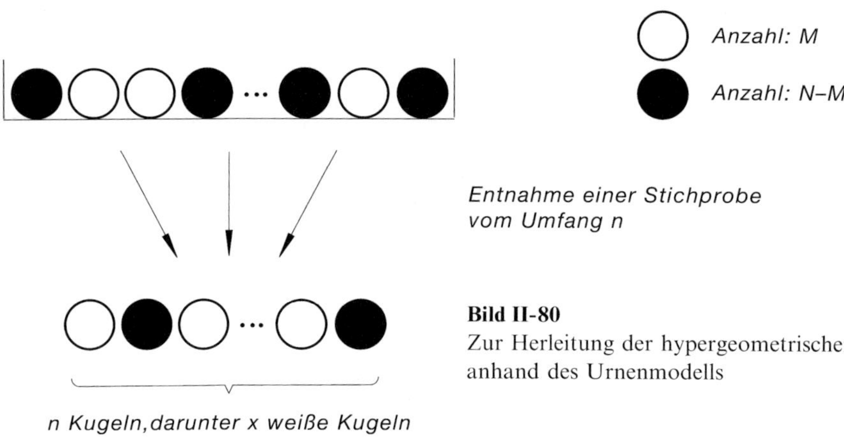

Bild II-80
Zur Herleitung der hypergeometrischen Verteilung anhand des Urnenmodells

Die Lösung unserer Aufgabe hängt dabei noch ganz wesentlich davon ab, ob die Ziehung der Kugeln mit *oder* ohne Zurücklegen erfolgt. Bei einer Ziehung *mit* Zurücklegen ist die Zufallsvariable

$$X = \textit{Anzahl der weißen Kugeln unter den } n \textit{ gezogenen Kugeln}$$

binomialverteilt mit den Parametern n und $p = M/N$ (vgl. hierzu den vorangegangenen Abschnitt 6.1).

Wird dagegen *ohne* Zurücklegen gezogen (wie in der Praxis allgemein üblich), so genügt die Zufallsvariable X *nicht* der Binomialverteilung, sondern der sog. *hypergeometrischen* Verteilung, die wir gleich noch kennenlernen werden.

Zunächst jedoch geben wir noch einige Beispiele für Stichproben, die auf einer Ziehung *ohne* Zurücklegen beruhen:

— *Qualitätskontrollen* eines Herstellers bei laufender Produktion: In *regelmäßigen* Zeitabständen wird dabei kontrolliert, ob z. B. ein bestimmter *Sollwert* auch tatsächlich eingehalten wird;

— *Endkontrollen* eines Herstellers: Sie sollen die Auslieferung *einwandfreier* Ware im vereinbarten Rahmen (z.B. *maximal* 2% Ausschußware) gewährleisten;
— *Abnahmekontrollen* eines Kunden: Überprüfung der angelieferten Ware, ob die Vereinbarungen z.B. bezüglich eines *maximalen* Anteils an Ausschußware auch tatsächlich eingehalten wurden.

Bei der Herleitung der hypergeometrischen Verteilung anhand des Urnenmodells gehen wir nun schrittweise wie folgt vor:

(1) Wir entnehmen der Urne nacheinander n Kugeln *ohne* Zurücklegen (Bild II-80). Dies ist auf genau $m = \binom{N}{n}$ verschiedene Arten möglich. Denn es handelt sich dabei um *Kombinationen n-ter Ordnung* von N Elementen (Kugeln) *ohne* Wiederholung (siehe hierzu Abschnitt 1.3).

(2) Unter den n gezogenen Kugeln sollen sich genau x *weiße* Kugeln befinden. Diese müssen daher aus den insgesamt M *weißen* Kugeln der Urne stammen. Bild II-81 soll diese Aussage verdeutlichen.

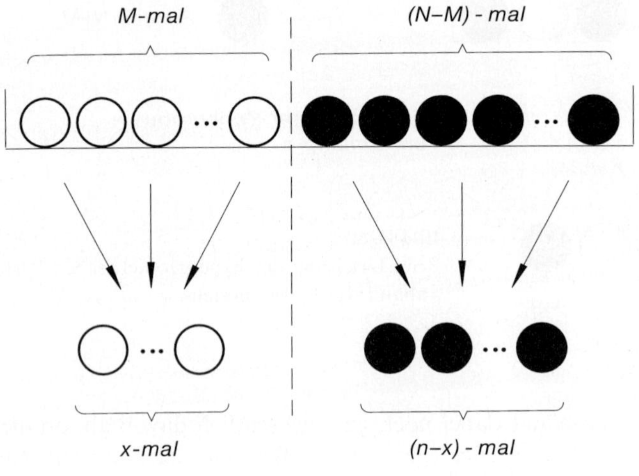

Bild II-81 Entnahme von n Kugeln, darunter befinden sich x weiße und $n - x$ schwarze Kugeln

Bekanntlich können wir aber aus M Elementen (*weißen* Kugeln) x Elemente (*weiße* Kugeln) auf genau $g_1 = \binom{M}{x}$ verschiedene Arten auswählen (wiederum handelt es sich um *Kombinationen ohne* Wiederholung).

(3) Unter den n *gezogenen* Kugeln befinden sich genau $n - x$ *schwarze* Kugeln. Sie entstammen den $N - M$ *schwarzen* Kugeln der Urne und können auf $g_2 = \binom{N-M}{n-x}$ verschiedene Arten gezogen werden (*Kombinationen $(n - x)$-ter Ordnung ohne* Wiederholung; vgl. hierzu Bild II-81).

(4) Somit gibt es genau

$$g = g_1 \cdot g_2 = \binom{M}{x} \cdot \binom{N-M}{n-x} \tag{II-141}$$

verschiedene Möglichkeiten, der Urne n Kugeln so zu entnehmen, daß sich darunter genau x *weiße* und daher $n - x$ *schwarze* Kugeln befinden. Setzen wir diese Anzahl der für das Ereignis $X = x$ *günstigen* Fälle ins Verhältnis zur Anzahl $m = \binom{N}{n}$ der insgesamt *möglichen* Fälle, so erhalten wir die folgende *Wahrscheinlichkeitsfunktion* der sog. *hypergeometrischen* Verteilung:

$$f(x) = P(X = x) = \frac{g}{m} = \frac{\binom{M}{x} \cdot \binom{N-M}{n-x}}{\binom{N}{n}} \tag{II-142}$$

$(x = 0, 1, 2, \ldots, n)$.

Wir fassen zusammen und ergänzen:

Hypergeometrische Verteilung

In einer Urne befinden sich N Kugeln, darunter M *weiße* und $N - M$ *schwarze* Kugeln. Wir entnehmen der Urne ganz zufällig n Kugeln *ohne* Zurücklegen (Bild II-81). Dann genügt die *diskrete* Zufallsvariable

X = Anzahl der weißen Kugeln unter den n gezogenen Kugeln

der sog. *hypergeometrischen* Verteilung mit der *Wahrscheinlichkeitsfunktion*

$$f(x) = P(X = x) = \frac{\binom{M}{x} \cdot \binom{N-M}{n-x}}{\binom{N}{n}} \tag{II-143}$$

$(x = 0, 1, 2, \ldots, n)$ und der *Verteilungsfunktion*

$$F(x) = \sum_{k \leqslant x} \frac{\binom{M}{k} \cdot \binom{N-M}{n-k}}{\binom{N}{n}} \qquad (x \geqslant 0) \tag{II-144}$$

(für $x < 0$ ist $F(x) = 0$). N, M und n sind die *Parameter* der *hypergeometrischen* Verteilung ($N = 1, 2, 3, \ldots$; $M = 1, 2, \ldots, N$; $n = 1, 2, \ldots, N$; $M \leqslant N$; $n \leqslant N$).

Die *Kennwerte* oder *Maßzahlen* dieser Verteilung lauten:

Mittelwert: $\mu = n \dfrac{M}{N}$ (II-145)

Varianz: $\sigma^2 = \dfrac{n M (N - M)(N - n)}{N^2 (N - 1)}$ (II-146)

Standardabweichung: $\sigma = \sqrt{\dfrac{n M (N - M)(N - n)}{N^2 (N - 1)}}$ (II-147)

Anmerkungen

(1) Die Urne repräsentiert eine *Grundgesamtheit* mit N Elementen, die entweder die Eigenschaft A oder $\overline{A}$ besitzen:

○: Träger der Eigenschaft A

●: Träger der Eigenschaft $\overline{A}$

Die *Parameter* N, M und n der *hypergeometrischen* Verteilung haben dann die folgende Bedeutung:

N: Anzahl der Elemente in der *Grundgesamtheit*

M: Anzahl der Elemente in der *Grundgesamtheit* mit der Eigenschaft A

n: Anzahl der *entnommenen* Elemente (Umfang der Stichprobe)

x: Anzahl der Elemente in der *Stichprobe* mit der Eigenschaft A

(2) Die *Wahrscheinlichkeitsfunktion* $f(x)$ der hypergeometrischen Verteilung ist *unsymmetrisch.* Bild II-82 zeigt den Verlauf dieser Funktion für die Parameter $N = 50$, $M = 10$ und $n = 5$.

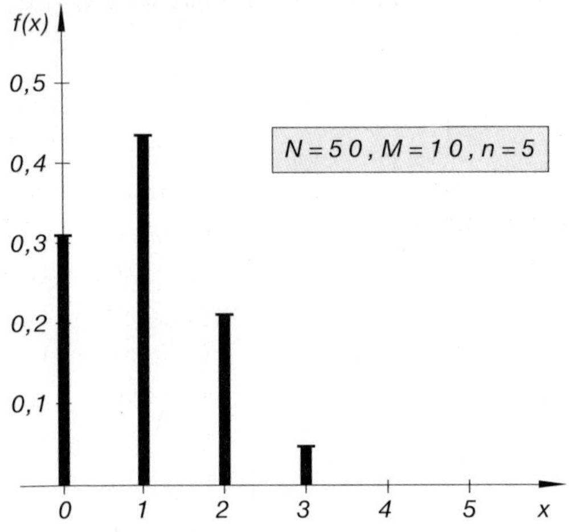

Bild II-82
Wahrscheinlichkeitsfunktion $f(x)$ einer hypergeometrischen Verteilung mit den Parametern $N = 50$, $M = 10$ und $n = 5$

(3) Die hypergeometrische Verteilung ist durch die drei *Parameter* N, M und n *vollständig* bestimmt und wird daher häufig durch das Symbol $H(N, M, n)$ gekennzeichnet. Für die *Wahrscheinlichkeitsfunktion* $f(x)$ ist auch die Schreibweise $h(x; N, M, n)$ üblich.

(4) In der Praxis ist die folgende *Rekursionsformel* oft sehr nützlich:

$$f(x+1) = \frac{(n-x)(M-x)}{(x+1)(N-M-n+x+1)} \cdot f(x) \qquad \text{(II-148)}$$

$(x = 0, 1, \ldots, n-1)$.

(5) **Merke:** Grundsätzlich gilt:

Ziehung *mit* Zurücklegen → *Binomialverteilung*

Ziehung *ohne* Zurücklegen → *hypergeometrische* Verteilung

(6) Bei einer Ziehung *mit* Zurücklegen wird eine *weiße* Kugel bei *jeder* Ziehung mit der *konstanten* Wahrscheinlichkeit $p = M/N$ gezogen. Erfolgt die Ziehung jedoch *ohne* Zurücklegen, so *verändert* sich die Wahrscheinlichkeit p von Ziehung zu Ziehung. Es gilt dann z. B. für die

1. Ziehung: $p = \frac{M}{N}$

2. Ziehung: $p = \frac{M-1}{N-1}$ oder $p = \frac{M}{N-1}$

je nachdem, ob bei der 1. Ziehung eine *weiße* oder eine *schwarze* Kugel gezogen wurde.

u.s.w.

Für *großes* N jedoch, d.h. für $N \gg n$ sind diese Änderungen so *gering*, daß sie keine nennenswerte Rolle spielen. Die hypergeometrische Verteilung läßt sich dann *näherungsweise* durch die rechnerisch bequemere *Binomialverteilung* mit den Parametern n und $p = M/N$ ersetzen:

$$h(x; N, M, n) \approx b(x; n, p) \qquad \text{mit} \qquad p = \frac{M}{N} \qquad \text{(II-149)}$$

In diesem Fall spielt es somit keine große Rolle mehr, ob die entnommene Stichprobe vom Umfang n durch Ziehung mit *oder* ohne Zurücklegen zustande kam.

Faustregel: Die hypergeometrische Verteilung kann *näherungsweise* durch die rechnerisch bequemere *Binomialverteilung* ersetzt werden, wenn die Bedingung $n < 0{,}05\,N$ erfüllt ist.

(7) Für $N \to \infty$ und *konstantes* $p = M/N$ strebt die hypergeometrische Verteilung gegen eine *Binomialverteilung* mit den Parametern n und p.

■ **Beispiel**

Eine Lieferung enthält $N = 100$ Transistoren, die aus einer Massenproduktion mit 5% Ausschuß stammen. Bei der Anlieferung der Ware wird vom Kunden eine *Abnahmekontrolle* in Form einer Stichprobe vom Umfang $n = 4$ *ohne* Zurücklegen durchgeführt. Die entnommenen Transistoren werden dabei auf ihre Funktionstüchtigkeit überprüft. Mit welcher Wahrscheinlichkeit enthält die durchgeführte Stichprobe nur *einwandfreie* Ware?

Lösung:

Die Zufallsvariable

X = Anzahl der in der Stichprobe vom Umfang n = 4 angetroffenen defekten Transistoren

ist *hypergeometrisch* verteilt. Mit $N = 100$, $M = 5$ (5% Ausschuß) und $n = 4$ lautet die *Wahrscheinlichkeitsfunktion* dieser Verteilung wie folgt:

$$f(x) = P(X = x) = \frac{\binom{5}{x} \cdot \binom{100 - 5}{4 - x}}{\binom{100}{4}} = \frac{\binom{5}{x} \cdot \binom{95}{4 - x}}{\binom{100}{4}}$$

($x = 0, 1, 2, 3, 4$). Für $x = 0$ folgt daraus:

$$P(X = 0) = f(0) = \frac{\binom{5}{0} \cdot \binom{95}{4}}{\binom{100}{4}} = \frac{95 \cdot 94 \cdot 93 \cdot 92}{100 \cdot 99 \cdot 98 \cdot 97} = 0{,}8119 \approx 81{,}2\,\%$$

Zu einem ähnlichen Ergebnis kommen wir, wenn wir die hypergeometrische Verteilung *näherungsweise* durch die *Binomialverteilung* mit $n = 4$ und $p = M/N = 0{,}05$ ersetzen. Diese Näherung ist erlaubt, da die *Faustregel* $n < 0{,}05\,N$ hier *erfüllt* ist ($n = 4$, $0{,}05\,N = 0{,}05 \cdot 100 = 5$ und somit $4 < 5$). Die *Wahrscheinlichkeitsfunktion* der Binomialverteilung lautet dann:

$$f(x) = P(X = x) = \binom{4}{x} \cdot 0{,}05^x \cdot 0{,}95^{4-x} \qquad (x = 0, 1, 2, 3, 4)$$

Aus ihr erhalten wir für die gesuchte Wahrscheinlichkeit $P(X = 0)$ den *Näherungswert*

$$P(X = 0) = f(0) = \binom{4}{0} \cdot 0{,}05^0 \cdot 0{,}95^4 = 0{,}8145 \approx 81{,}5\,\%$$

in guter Übereinstimmung mit dem *exakten* Wert von 81,2%. ■

6.3 Poisson-Verteilung

In Naturwissenschaft und Technik stößt man manchmal im Zusammenhang mit *Bernoulli-Experimenten* auf Ereignisse, die mit nur *geringen* Wahrscheinlichkeiten und daher sehr *selten* auftreten. Ein Musterbeispiel für ein solches seltenes Ereignis liefert der *radioaktive Zerfall* eines chemischen Elementes, bei dem die einzelnen Atomkerne mit einer *kleinen* Wahrscheinlichkeit zerfallen, d.h. die Anzahl der pro Sekunde zerfallenden Atomkerne ist *äußerst gering* im Vergleich zur Anzahl der insgesamt vorhandenen Kerne.

Ereignisse dieser Art, die also relativ *selten*, d.h. mit *kleiner* Wahrscheinlichkeit p auftreten, genügen der diskreten *Poisson-Verteilung* mit der *Wahrscheinlichkeitsfunktion*

$$f(x) = P(X = x) = \frac{\mu^x}{x!} \cdot e^{-\mu} \qquad (x = 0, 1, 2, \ldots) \qquad \text{(II-150)}$$

Der in der Verteilung auftretende positive *Parameter* μ ist zugleich der *Erwartungs-* oder *Mittelwert* der Verteilung: $E(X) = \mu$. Die *Varianz* ist $\operatorname{Var}(X) = \sigma^2 = \mu$, d.h. bei einer *Poisson-verteilten* Zufallsvariablen X stimmen Mittelwert μ und Varianz σ^2 *stets* überein. Die *Verteilungsfunktion* der Poisson-Verteilung lautet:

$$F(x) = P(X \leqslant x) = e^{-\mu} \cdot \sum_{k \leqslant x} \frac{\mu^k}{k!} \qquad \text{(II-151)}$$

Bild II-83 zeigt den Verlauf der *Wahrscheinlichkeitsfunktion* $f(x)$ für den Parameterwert $\mu = 1$.

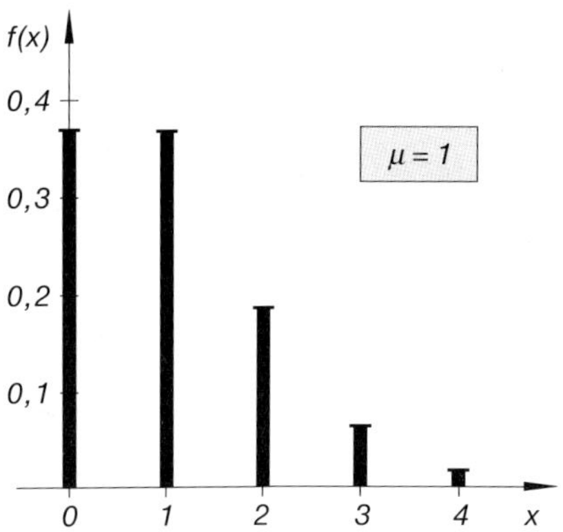

Bild II-83
Wahrscheinlichkeitsfunktion $f(x)$ einer Poisson-Verteilung mit dem Parameter $\mu = 1$

Poisson-Verteilung

Die Verteilung einer *diskreten* Zufallsvariablen X mit der *Wahrscheinlichkeitsfunktion*

$$f(x) = P(X = x) = \frac{\mu^x}{x!} \cdot e^{-\mu} \qquad (x = 0, 1, 2, \ldots) \qquad \text{(II-152)}$$

und der zugehörigen *Verteilungsfunktion*

$$F(x) = P(X \leqslant x) = e^{-\mu} \cdot \sum_{k \leqslant x} \frac{\mu^k}{k!} \qquad \text{(II-153)}$$

heißt *Poisson-Verteilung* mit dem *Parameter* $\mu > 0$ (für $x < 0$ ist $F(x) = 0$).

Die *Kennwerte* oder *Maßzahlen* dieser Verteilung lauten:

Mittelwert: μ (II-154)

Varianz: $\sigma^2 = \mu$ (II-155)

Standardabweichung: $\sigma = \sqrt{\mu}$ (II-156)

Anmerkungen

(1) Die Wahrscheinlichkeitsfunktion $f(x)$ ist *unsymmetrisch* (Bild II-83). Für *große* Mittelwerte μ jedoch wird $f(x)$ *nahezu* symmetrisch, das *Symmetriezentrum* liegt dann in der Nähe des Mittelwertes: $x_0 \approx \mu$ (Bild II-84).

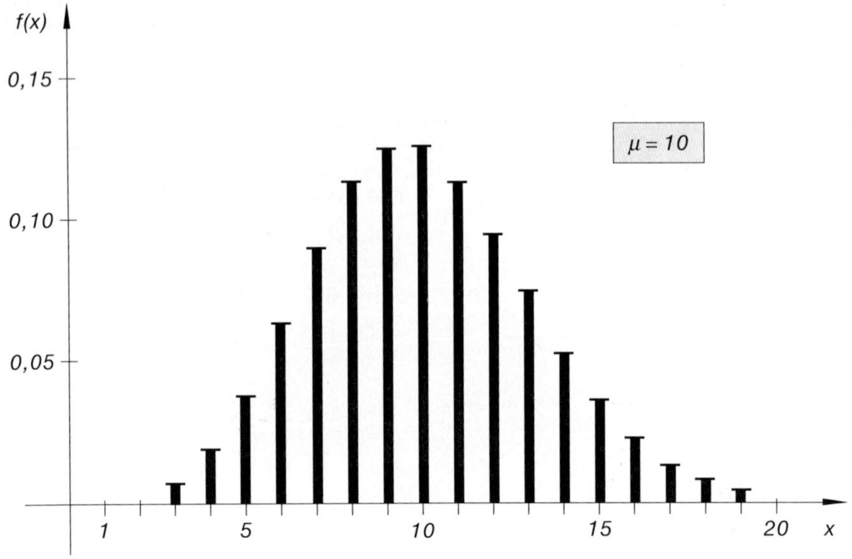

Bild II-84 Für *große* Werte des Parameters μ verläuft die Wahrscheinlichkeitsfunktion $f(x)$ der Poisson-Verteilung *nahezu symmetrisch* zum Mittelwert μ (gezeichnet ist die Verteilung für $\mu = 10$)

(2) Die Poisson-Verteilung ist durch den Parameter μ *vollständig* bestimmt und wird daher häufig durch das Symbol $\mathrm{Ps}(\mu)$ gekennzeichnet.

(3) In der Praxis ist die folgende *Rekursionsformel* oft von großem Nutzen:

$$f(x+1) = \frac{\mu}{x+1} \cdot f(x) \qquad (x = 0, 1, 2, \ldots) \tag{II-157}$$

(4) Die Poisson-Verteilung läßt sich aus der *Binomialverteilung* für den Grenzübergang $n \to \infty$ und $p \to 0$ herleiten, wobei vorausgesetzt wird, daß dabei der Mittelwert $\mu = np$ *konstant* bleibt. Wir folgern daraus: Die *Binomialverteilung* mit den Parametern n und p darf für *großes* n und *kleines* p in guter Näherung durch die rechnerisch bequemere *Poisson-Verteilung* mit dem Parameter (Mittelwert) $\mu = np$ ersetzt werden. Dabei gilt die folgende *Faustregel*:

Faustregel: Die *Binomialverteilung* darf *näherungsweise* durch die *Poisson-Verteilung* ersetzt werden, wenn die beiden Bedingungen

$$np < 10 \qquad \text{und} \qquad n > 1500\,p \tag{II-158}$$

erfüllt sind.

■ **Beispiele**

(1) Beim *radioaktiven* Zerfall ist die Zufallsvariable

X = *Anzahl der Atomkerne, die in einer Sekunde zerfallen*

Poisson-verteilt mit dem Parameter μ. Dieser gibt dabei an, wieviel Atomkerne *durchschnittlich* pro Sekunde zerfallen.

Bei einem speziellen Präparat zerfallen im *Mittel* pro Minute 120 Atomkerne. Wie groß ist die Wahrscheinlichkeit dafür, mit einem Zählgerät *mehr* als zwei Zerfälle pro Sekunde zu registrieren?

Lösung:

Im *Mittel* zerfallen pro Sekunde 2 Atomkerne auf natürliche Art und Weise. Somit ist $\mu = 2$ und die *Wahrscheinlichkeitsfunktion* der *Poisson-verteilten* Zufallsvariablen X lautet daher:

$$f(x) = P(X = x) = \frac{2^x}{x!} \cdot \mathrm{e}^{-2} \qquad (x = 0, 1, 2, \ldots)$$

Das uns interessierende Ereignis $X > 2$ besitzt dann die folgende Wahrscheinlichkeit:

$$P(X > 2) = 1 - P(X = 0) - P(X = 1) - P(X = 2) =$$

$$= 1 - \frac{2^0}{0!} \cdot \mathrm{e}^{-2} - \frac{2^1}{1!} \cdot \mathrm{e}^{-2} - \frac{2^2}{2!} \cdot \mathrm{e}^{-2} =$$

$$= 1 - (1 + 2 + 2) \cdot \mathrm{e}^{-2} = 1 - 5 \cdot \mathrm{e}^{-2} = 0{,}323$$

Physikalische Deutung: Bei 100 Messungen dürfen wir daher in *ungefähr* 32 Fällen erwarten, daß unser Zählgerät während einer Meßzeit von 1 Sekunde *mehr* als 2 radioaktive Zerfälle registriert.

(2) Die Serienproduktion von Glühbirnen erfolge mit einem *Ausschußanteil* von 1%, d.h. im *Mittel* befindet sich unter 100 Glühbirnen *eine* unbrauchbare (defekte). Aus der laufenden Produktion wird eine *Stichprobe* vom Umfang $n = 100$ entnommen. Mit welcher Wahrscheinlichkeit enthält diese Stichprobe *drei oder mehr* defekte Glühbirnen?

Lösung:

Die Zufallsvariable

X = Anzahl der defekten Glühbirnen in der entnommenen Stichprobe vom Umfang n = 100

ist *binomialverteilt* mit den Parametern $n = 100$ und $p = 0{,}01$. Wegen der *kleinen* Wahrscheinlichkeit und der *umfangreichen* Stichprobe genügt die Zufallsvariable X *näherungsweise* einer *Poisson-Verteilung* mit dem Parameter (Mittelwert)

$$\mu = np = 100 \cdot 0{,}01 = 1$$

und der diskreten *Wahrscheinlichkeitsfunktion*

$$f(x) = P(X = x) = \frac{1^x}{x!} \cdot e^{-1} = \frac{e^{-1}}{x!} \qquad (x = 0, 1, 2, \ldots)$$

Denn die Bedingungen der *Faustregel* (II-158) sind erfüllt:

$$np = 100 \cdot 0{,}01 = 1 < 10$$
$$n = 100 > 1500\,p = 1500 \cdot 0{,}01 = 15$$

Wir können dabei den Rechenaufwand noch erheblich reduzieren, in dem wir zunächst die Wahrscheinlichkeit für das Ereignis

A: *In einer Stichprobe vom Umfang n = 100 befinden sich höchstens 2 defekte Glühbirnen*

ermitteln. Es gilt dann:

$$P(A) = P(X = 0) + P(X = 1) + P(X = 2) = f(0) + f(1) + f(2) =$$
$$= \frac{e^{-1}}{0!} + \frac{e^{-1}}{1!} + \frac{e^{-1}}{2!} = e^{-1}\left(1 + 1 + \frac{1}{2}\right) = 0{,}9197$$

Damit besitzt das zu A *komplementäre* Ereignis

$\overline{A}$: *In einer Stichprobe vom Umfang n = 100 befinden sich mindestens 3 defekte Glühbirnen*

die Wahrscheinlichkeit

$$P(\overline{A}) = 1 - P(A) = 1 - 0{,}9197 = 0{,}0803 \approx 8\,\%$$

■

6.4 Gaußsche Normalverteilung

6.4.1 Allgemeine Normalverteilung

Zahlreiche Zufallsvariable in Naturwissenschaft und Technik wie z. B. physikalisch-technische Meßgrößen genügen einer *stetigen* Verteilung mit der *Dichtefunktion*

$$f(x) = \frac{1}{\sqrt{2\pi} \cdot \sigma} \cdot e^{-\frac{1}{2}\left(\frac{x-\mu}{\sigma}\right)^2} \qquad (-\infty < x < \infty) \qquad \text{(II-159)}$$

Bild II-85 zeigt den typischen Verlauf dieser Funktion. Eine Verteilung mit dieser Dichtefunktion heißt *Gaußsche Normalverteilung* oder kurz *Normalverteilung*. Sie spielt in den Anwendungen eine *überragende* und *zentrale* Rolle.

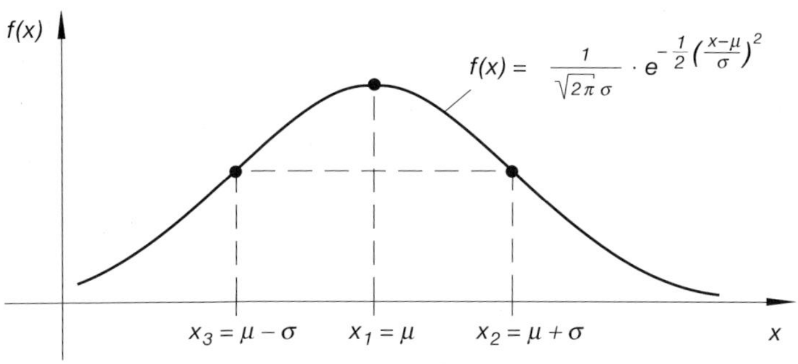

Bild II-85
Dichtefunktion $f(x)$ der Gaußschen Normalverteilung („Gaußsche Glockenkurve")

Die in der Dichtefunktion (II-159) auftretenden *Parameter* μ und $\sigma > 0$ sind zugleich spezielle *Kennwerte* dieser allgemeinen Normalverteilung: μ ist der *Mittel-* oder *Erwartungswert*, σ die *Standardabweichung* und σ^2 die *Varianz* der normalverteilten stetigen Zufallsvariablen X. Die *Verteilungsfunktion* der allgemeinen Normalverteilung besitzt dabei die folgende Integraldarstellung:

$$F(x) = P(-\infty < X \leqslant x) = \frac{1}{\sqrt{2\pi} \cdot \sigma} \cdot \int\limits_{-\infty}^{x} e^{-\frac{1}{2}\left(\frac{t-\mu}{\sigma}\right)^2} dt \qquad \text{(II-160)}$$

Ihr Verlauf ist in Bild II-86 wiedergegeben.

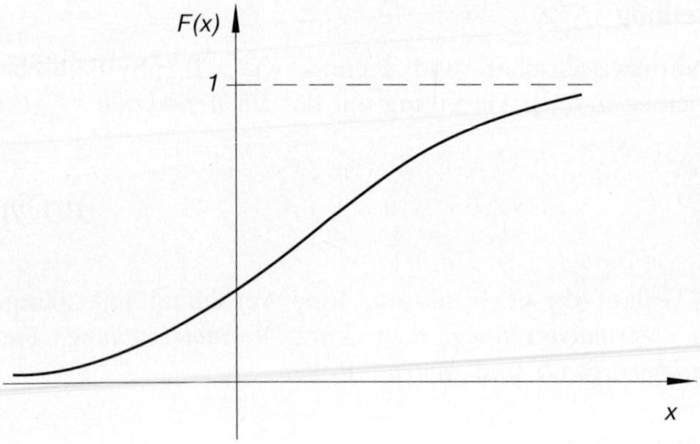

Bild II-86
Verteilungsfunktion $F(x)$ der Gaußschen Normalverteilung

Wir fassen zusammen:

Gaußsche Normalverteilung

Die Verteilung einer *stetigen* Zufallsvariablen X mit der *Dichtefunktion*

$$f(x) = \frac{1}{\sqrt{2\pi} \cdot \sigma} \cdot e^{-\frac{1}{2}\left(\frac{x-\mu}{\sigma}\right)^2} \qquad (-\infty < x < \infty) \qquad \text{(II-161)}$$

und der *Verteilungsfunktion*

$$F(x) = \frac{1}{\sqrt{2\pi} \cdot \sigma} \cdot \int_{-\infty}^{x} e^{-\frac{1}{2}\left(\frac{t-\mu}{\sigma}\right)^2} dt \qquad \text{(II-162)}$$

heißt *Gaußsche Normalverteilung* mit den beiden *Parametern* μ und $\sigma > 0$ (vgl. hierzu Bild II-85 und II-86).

Die *Kennwerte* oder *Maßzahlen* dieser Verteilung lauten:

Mittelwert: μ (II-163)

Varianz: σ^2 (II-164)

Standardabweichung: σ (II-165)

Anmerkungen

(1) Die *Dichtefunktion* $f(x)$ besitzt die folgenden Eigenschaften (Bild II-87):

a) $f(x)$ ist *spiegelsymmetrisch* bezüglich der Geraden $x = \mu$.

b) Das (einzige) *Maximum* liegt bei $x_1 = \mu$ und ist zugleich *Symmetriezentrum*, die beiden *Wendepunkte* liegen *symmetrisch* zum Maximum an den Stellen $x_{2/3} = \mu \pm \sigma$.

c) $f(x)$ ist *normiert*, d.h. die Fläche unter der Dichtefunktion hat den Wert *Eins* (*grau* unterlegte Fläche in Bild II-87):

$$\int_{-\infty}^{\infty} f(x)\, dx = \frac{1}{\sqrt{2\pi} \cdot \sigma} \cdot \int_{-\infty}^{\infty} e^{-\frac{1}{2}\left(\frac{x-\mu}{\sigma}\right)^2} dx = 1 \qquad \text{(II-166)}$$

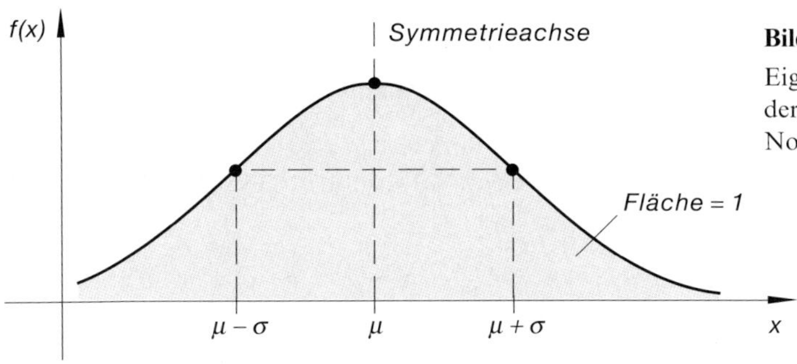

Bild II-87
Eigenschaften der Gaußschen Normalverteilung

(2) Die Gestalt der Dichtefunktion $f(x)$ erinnert an eine *Glocke*. Man spricht daher auch häufig von der *Gaußschen Glockenkurve*.

(3) Während der Parameter μ die Lage des *Maximums* festlegt, bestimmt der zweite Parameter σ *Breite* und *Höhe* der Glockenkurve. Dabei gilt: Je *kleiner* die Standardabweichung σ ist, umso *höher* liegt das Maximum und umso *steiler* fällt die Dichtekurve nach beiden Seiten hin ab. In Bild II-88 wird diese Aussage für den speziellen Wert $\mu = 0$ und verschiedene Werte von σ verdeutlicht.

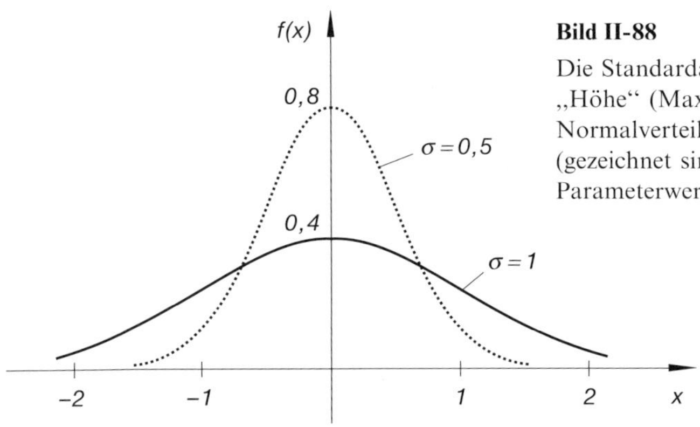

Bild II-88
Die Standardabweichung σ bestimmt „Höhe" (Maximum) und „Breite" der Normalverteilungsdichtefunktion $f(x)$ (gezeichnet sind die Kurven für die Parameterwerte $\sigma = 0{,}5$ und $\sigma = 1$)

(4) Die Gaußsche Normalverteilung mit den *Parametern* μ (Mittelwert) und σ (Standardabweichung) wird häufig auch durch das Symbol $N(\mu; \sigma)$ gekennzeichnet.

6.4.2 Standardnormalverteilung

Die im vorangegangenen Abschnitt behandelte *allgemeine* Gaußsche Normalverteilung mit den Parametern μ und σ läßt sich stets auf die sog. *Standardnormalverteilung* mit den speziellen Parameterwerten $\mu = 0$ und $\sigma = 1$ zurückführen. Dies entspricht einem Übergang von der *normalverteilten* Zufallsvariablen X zur sog. *standardnormalverteilten* Zufallsvariablen U mit Hilfe der linearen *Transformation* (Substitution)

$$U = \frac{X - \mu}{\sigma} \qquad \text{(II-167)}$$

Die *Standardnormalverteilung* besitzt dabei die folgenden wesentlichen Eigenschaften:

Standardnormalverteilung einer stetigen Zufallsvariablen U

Eine *Normalverteilung* mit den Parametern $\mu = 0$ und $\sigma = 1$ heißt *Standardnormalverteilung* oder auch *standardisierte* Normalverteilung. Ihre *Dichtefunktion* ist

$$\varphi(u) = \frac{1}{\sqrt{2\pi}} \cdot e^{-\frac{1}{2}u^2} \qquad (-\infty < u < \infty) \qquad \text{(II-168)}$$

und besitzt den in Bild II-89 dargestellten typischen Verlauf („Glockenkurve").

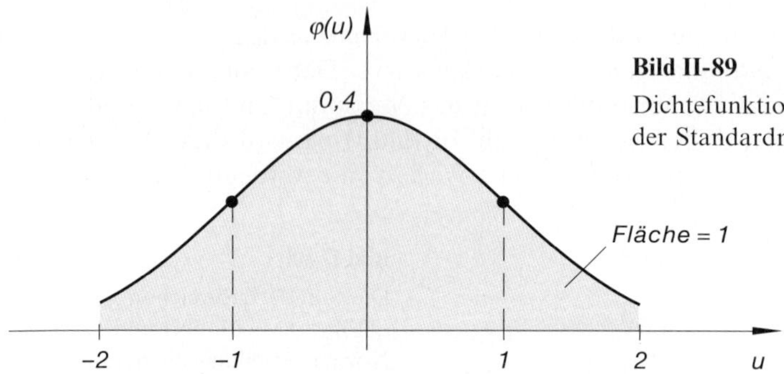

Bild II-89
Dichtefunktion $\varphi(u)$ der Standardnormalverteilung

Die zugehörige *Verteilungsfunktion* lautet:

$$\phi(u) = P(U \leqslant u) = \frac{1}{\sqrt{2\pi}} \cdot \int_{-\infty}^{u} e^{-\frac{1}{2}t^2}\, dt \qquad \text{(II-169)}$$

$(-\infty < u < \infty$; vgl. hierzu Bild II-90).

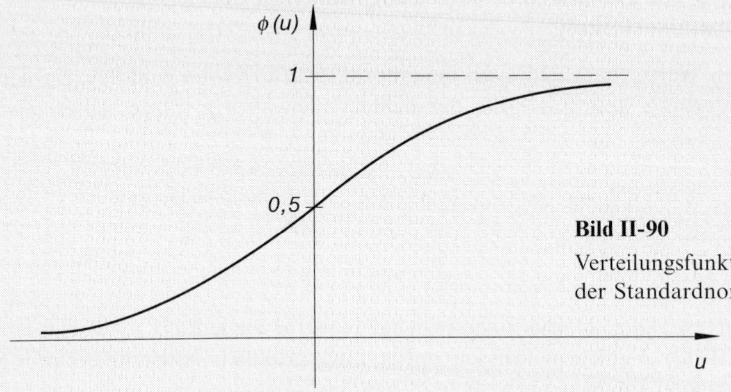

Bild II-90
Verteilungsfunktion $\phi(u)$
der Standardnormalverteilung

Eine *normalverteilte* Zufallsvariable X mit den Parametern μ und σ läßt sich dabei stets mit Hilfe der *Variablentransformation*

$$U = \frac{X - \mu}{\sigma} \qquad \text{(II-170)}$$

in die *standardnormalverteilte* Zufallsvariable U überführen (sog. *Standardisierung* oder Umrechnung in *Standardeinheiten*).

Anmerkungen

(1) Die wichtigsten Eigenschaften der *Dichtefunktion* $\varphi(u)$ der *Standardnormalverteilung* sind (Bild II-89):

a) $\varphi(u)$ ist *achsensymmetrisch*, d. h. eine *gerade* Funktion: $\varphi(-u) = \varphi(u)$.

b) Das *Maximum* liegt bei $u_1 = 0$ und ist zugleich *Symmetriezentrum*, die beiden *Wendepunkte* befinden sich an den Stellen $u_{2/3} = \pm 1$.

c) $\varphi(u)$ ist *normiert*, die in Bild II-89 *grau* unterlegte Fläche besitzt somit den Flächeninhalt *Eins*:

$$\int_{-\infty}^{\infty} \varphi(u)\,du = \frac{1}{\sqrt{2\pi}} \cdot \int_{-\infty}^{\infty} e^{-\frac{1}{2}u^2}\,du = 1 \qquad \text{(II-171)}$$

(2) Die Standardnormalverteilung wird häufig auch durch das spezielle Symbol $N(0; 1)$ gekennzeichnet ($\mu = 0$, $\sigma = 1$).

(3) Eine ausführliche Tabelle der Verteilungsfunktion $\phi(u)$ der *Standardnormalverteilung* befindet sich im Anhang (Tabelle 1).

(4) Die Verteilungsfunktion $\phi(u)$ wird häufig auch als *Gaußsches Fehlerintegral* bezeichnet.

6.4.3 Erläuterungen zur tabellierten Verteilungsfunktion der Standardnormalverteilung

Die Berechnung von Wahrscheinlichkeiten bei einer *normalverteilten* Zufallsvariablen X erfolgt in der Anwendung stets mit Hilfe der in der Integralform dargestellten *Verteilungsfunktion*

$$\phi(u) = \frac{1}{\sqrt{2\pi}} \cdot \int_{-\infty}^{u} e^{-\frac{1}{2}t^2}\, dt \qquad \text{(II-172)}$$

der *Standardnormalverteilung*. Dieses *uneigentliche* Integral ist jedoch *nicht* elementar lösbar. Die Werte dieser Funktion müssen daher mit speziellen Näherungsmethoden wie z.B. der numerischen Integration berechnet werden[26].

Im *Anhang* dieses Bandes befindet sich eine ausführliche *Tabelle* mit den auf das Intervall $u \geqslant 0$ beschränkten Funktionswerten der Verteilungsfunktion $\phi(u)$ (Tabelle 1). Aus dieser Tabelle lassen sich dann die benötigten Funktionswerte von $\phi(u)$ wie folgt ablesen:

(1) Für $u \geqslant 0$ wird die Verteilungsfunktion $\phi(u)$ durch die in Bild II-91 *grau* unterlegte Fläche dargestellt. Der Funktionswert $\phi(u)$ kann dabei *direkt* aus der Tabelle 1 im Anhang entnommen werden. Es gilt dabei stets $\phi(u) \geqslant 0{,}5$ (siehe nachfolgende Zahlenbeispiele).

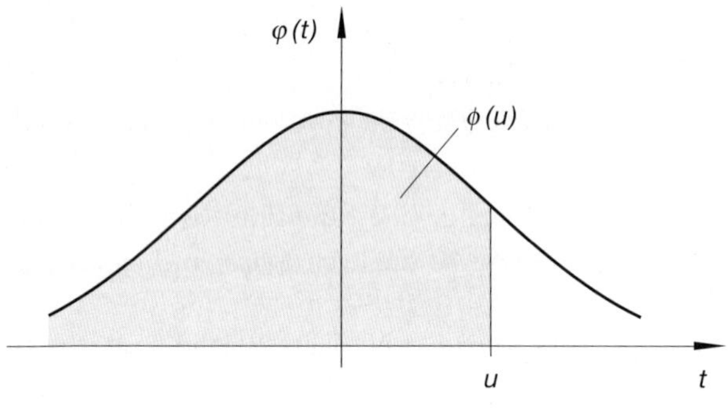

Bild II-91
Die tabellierte Verteilungsfunktion $\phi(u)$ wird durch die *grau* unterlegte Fläche repräsentiert ($u \geqslant 0$)

Zahlenbeispiele

$\phi(1{,}58) = 0{,}9429$

$\phi(2{,}315) = 0{,}9897$ (durch Interpolation)

(2) Für *negative* Argumente (wir setzen dafür $-u$ mit $u > 0$) wird der Funktionswert $\phi(-u)$ durch die in Bild II-92 *grau* unterlegte Fläche repräsentiert. Dabei gilt in diesem Bereich stets $\phi(-u) < 0{,}5$ (siehe nachfolgende Zahlenbeispiele).

---

[26] Vgl. hierzu die in Band 1 ausführlich behandelten Integrationsmethoden (Abschnitt V.8.4).

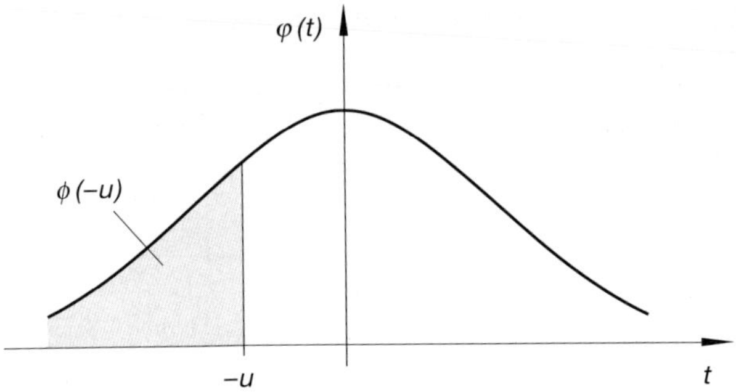

Bild II-92
Zur Berechnung des Funktionswertes $\phi(-u)$ mit Hilfe von Tabelle 1 im Anhang, Teil A

Die Berechnung des Funktionswertes $\phi(-u)$ erfolgt dabei nach der Formel

$$\phi(-u) = 1 - \phi(u) \qquad (u > 0) \qquad \text{(II-173)}$$

wiederum unter Verwendung von Tabelle 1. Diese wichtige Beziehung läßt sich unmittelbar aus Bild II-93 entnehmen, wenn man die *Achsensymmetrie* und die *Normierung* der Dichtefunktion $\varphi(t)$ beachtet (es gilt stets $\phi(u) + \phi(-u) = 1$).

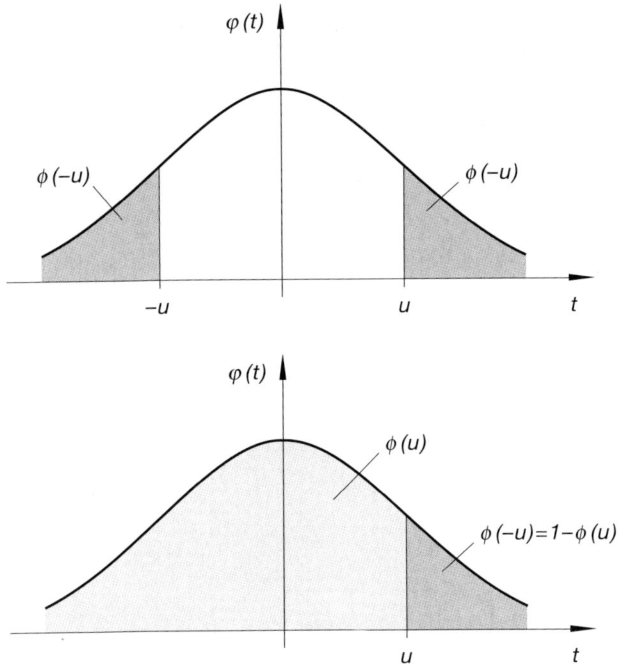

Bild II-93 Zur Herleitung der Beziehung $\phi(-u) = 1 - \phi(u)$ für $u > 0$

Zahlenbeispiele

$\phi(-1{,}25) = 1 - \phi(1{,}25) = 1 - 0{,}8944 = 0{,}1056$

$\phi(-2{,}423) = 1 - \phi(2{,}423) = 1 - 0{,}9923 = 0{,}0077$ (durch Interpolation)

Wir fassen wie folgt zusammen:

Über den Umgang mit der tabellierten Verteilungsfunktion $\phi(u)$ der Standardnormalverteilung (Tabelle 1 im Anhang)

Tabelle 1 im Anhang (Teil A) enthält die Werte der *Verteilungsfunktion* $\phi(u)$ der *Standardnormalverteilung* für $u \geqslant 0$. Dabei gilt:

1. Für *positive* Argumente kann der gesuchte Funktionswert $\phi(u)$ sofort aus der Tabelle 1 entnommen werden.
2. Für *negative* Argumente läßt sich der gesuchte Funktionswert $\phi(-u)$ nach der Formel

$$\phi(-u) = 1 - \phi(u) \qquad (u > 0) \qquad \text{(II-174)}$$

und unter Verwendung von Tabelle 1 bestimmen (der dabei benötigte Funktionswert $\phi(u)$ wird aus der Tabelle 1 entnommen).

■ **Beispiele**

(1) $\phi(0{,}854) = 0{,}8034$

(2) $\phi(-1{,}432) = 1 - \phi(1{,}432) = 1 - 0{,}9239 = 0{,}0761$ (durch Interpolation)

■

6.4.4 Berechnung von Wahrscheinlichkeiten mit Hilfe der tabellierten Verteilungsfunktion der Standardnormalverteilung

Wir beschäftigen uns in diesem Abschnitt mit der Berechnung von Wahrscheinlichkeiten bei einer *normalverteilten* Zufallsvariablen X unter ausschließlicher Verwendung der tabellierten Verteilungsfunktion $\phi(u)$ der *Standardnormalverteilung* (Tabelle 1 im Anhang, Teil A).

(1) Berechnung der Wahrscheinlichkeit $P(X \leqslant x)$

Definitionsgemäß ist

$$P(X \leqslant x) = F(x) = \frac{1}{\sqrt{2\pi} \cdot \sigma} \cdot \int_{-\infty}^{x} \mathrm{e}^{-\frac{1}{2}\left(\frac{t-\mu}{\sigma}\right)^2} dt \qquad \text{(II-175)}$$

und wird durch die in Bild II-94 *grau* unterlegte Fläche dargestellt.

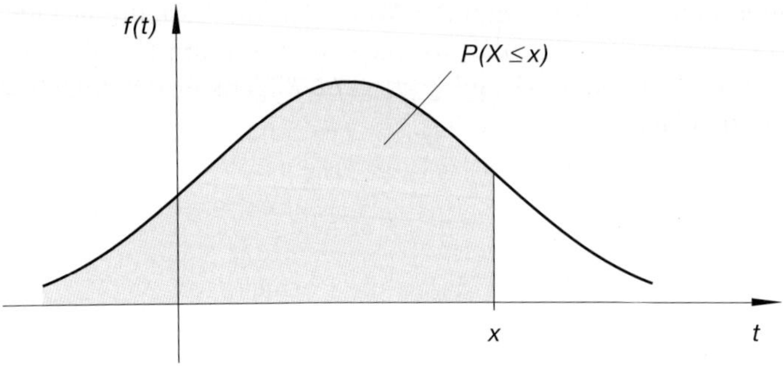

Bild II-94
Die *grau* unterlegte Fläche entspricht der *Wahrscheinlichkeit* $P(X \leq x)$

Wir führen nun die folgende *Integralsubstitution* durch [27]:

$$u = \frac{t - \mu}{\sigma}, \qquad \frac{du}{dt} = \frac{1}{\sigma}, \qquad dt = \sigma\, du \tag{II-176}$$

Dabei transformieren sich die *Integralgrenzen* wie folgt:

Untere Grenze: $t = -\infty \quad \rightarrow \quad u = -\infty$

Obere Grenze: $t = x \quad \rightarrow \quad u = \dfrac{x - \mu}{\sigma}$

Dann aber gilt:

$$F(x) = \frac{1}{\sqrt{2\pi} \cdot \sigma} \cdot \int_{-\infty}^{x} e^{-\frac{1}{2}\left(\frac{t-\mu}{\sigma}\right)^2} dt =$$

$$= \frac{1}{\sqrt{2\pi} \cdot \sigma} \cdot \int_{-\infty}^{\frac{x-\mu}{\sigma}} e^{-\frac{1}{2}u^2} \cdot \sigma\, du = \underbrace{\frac{1}{\sqrt{2\pi}} \cdot \int_{-\infty}^{\frac{x-\mu}{\sigma}} e^{-\frac{1}{2}u^2}\, du}_{\phi\left(\frac{x-\mu}{\sigma}\right)} \tag{II-177}$$

[27] Sie entspricht dem Übergang von der *normalverteilten* Zufallsvariablen X zur zugehörigen *standardnormalverteilten* Zufallsvariablen

$$U = \frac{X - \mu}{\sigma}$$

(sog. Transformation in *Standardeinheiten*).

Das *letzte* Integral der rechten Seite ist aber genau der Wert, den die Verteilungsfunktion $\phi(u)$ der *Standardnormalverteilung* an der Stelle $u = (x - \mu)/\sigma$ annimmt. Daher besteht zwischen den Verteilungsfunktionen $F(x)$ und $\phi(u)$ ganz allgemein der folgende für die Praxis wichtige Zusammenhang:

$$F(x) = \phi\left(\frac{x-\mu}{\sigma}\right) \tag{II-178}$$

Für die Wahrscheinlichkeit $P(X \leqslant x)$ erhalten wir damit die Formel

$$P(X \leqslant x) = F(x) = \phi\underbrace{\left(\frac{x-\mu}{\sigma}\right)}_{u} = \phi(u) \tag{II-179}$$

die wir auch in der Form

$$P(X \leqslant x) = P(U \leqslant u) = \phi(u) \tag{II-180}$$

darstellen können ($u = (x - \mu)/\sigma$).

Dies aber bedeutet: Beim Übergang von der *normalverteilten* Zufallsvariablen X zur zugehörigen *standardnormalverteilten* Zufallsvariablen U geht die Verteilungsfunktion $F(x)$ in die Verteilungsfunktion $\phi(u)$ mit $u = (x - \mu)/\sigma$ über:

$$F(x) \xrightarrow{u = \frac{x-\mu}{\sigma}} \phi(u) \tag{II-181}$$

Diese *lineare* Transformation läßt sich in sehr anschaulicher Weise auch wie folgt bildlich verdeutlichen (Bild II-95).

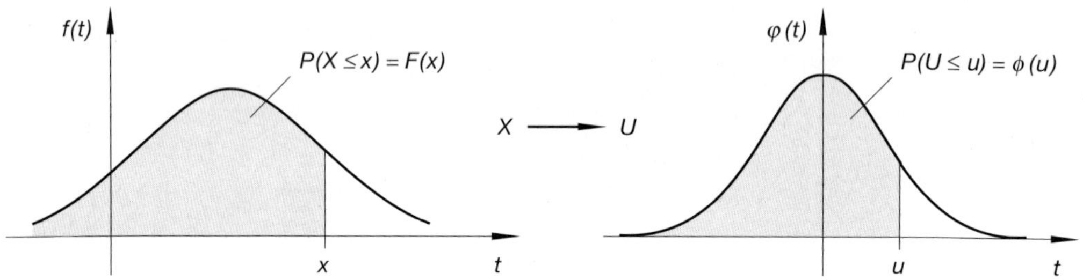

Bild II-95

Zur Berechnung der Wahrscheinlichkeit $P(X \leqslant x)$ mit Hilfe der tabellierten Verteilungsfunktion $\phi(u)$ der Standardnormalverteilung

Die *grau* unterlegten Flächen sind dabei *gleich*, da sich die Wahrscheinlichkeit $P(X \leqslant x)$ bei der linearen Transformation *nicht* verändert: $P(X \leqslant x) = P(U \leqslant u)$.

(2) Berechnung der Wahrscheinlichkeit $P(X \geqslant x)$

Die Berechnung der Wahrscheinlichkeit $P(X \geqslant x)$ erfolgt nach der Formel

$$P(X \geqslant x) = 1 - P(X \leqslant x) = 1 - \phi\underbrace{\left(\frac{x - \mu}{\sigma}\right)}_{u} = 1 - \phi(u) \qquad \text{(II-182)}$$

(Bild II-96; die *Gesamtfläche* unter der Dichtefunktion $f(t)$ besitzt den Wert *Eins*).

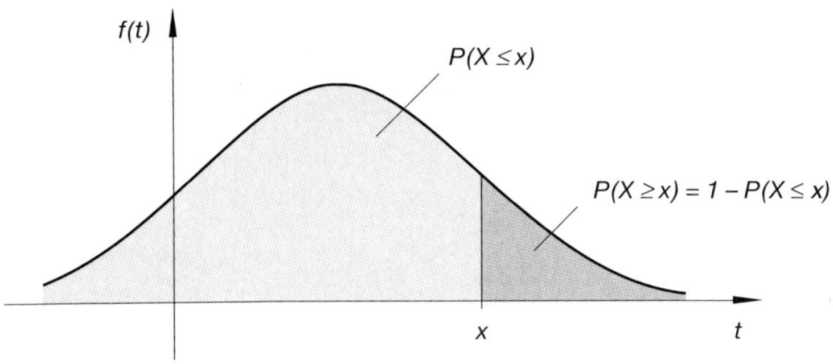

Bild II-96 Zur Herleitung der Beziehung $P(X \geqslant x) = 1 - P(X \leqslant x)$

(3) Berechnung der Wahrscheinlichkeit $P(a \leqslant X \leqslant b)$

Die Wahrscheinlichkeit

$$P(a \leqslant X \leqslant b) = \frac{1}{\sqrt{2\pi} \cdot \sigma} \cdot \int_{a}^{b} \mathrm{e}^{-\frac{1}{2}\left(\frac{x-\mu}{\sigma}\right)^2} dx = F(b) - F(a) \qquad \text{(II-183)}$$

entspricht der in Bild II-97 *grau* unterlegten Fläche.

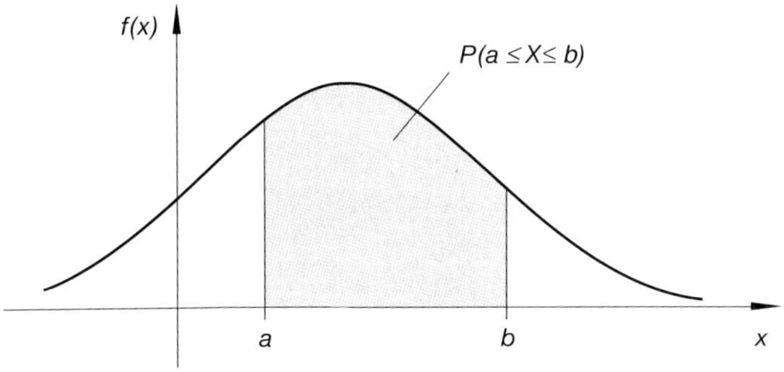

Bild II-97
Die *grau* unterlegte Fläche entspricht der *Wahrscheinlichkeit* $P(a \leqslant X \leqslant b)$

Beim Übergang von der *normalverteilten* Zufallsvariablen X zur zugehörigen *standardnormalverteilten* Zufallsvariablen $U = (X - \mu)/\sigma$ wird daraus unter Berücksichtigung der Beziehung (III-179)

$$P(a \leqslant X \leqslant b) = F(b) - F(a) = \phi\underbrace{\left(\frac{b-\mu}{\sigma}\right)}_{b^*} - \phi\underbrace{\left(\frac{a-\mu}{\sigma}\right)}_{a^*} \qquad \text{(II-184)}$$

oder

$$P(a \leqslant X \leqslant b) = F(b) - F(a) = \phi(b^*) - \phi(a^*) \qquad \text{(II-185)}$$

Dabei sind a^* und b^* die *neuen* Intervallgrenzen, die sich aus den *alten* Grenzen a und b mit Hilfe der *Substitution (Transformation)* $u = (x - \mu)/\sigma$ wie folgt berechnen:

$$\textit{Untere Grenze:}\quad a \to a^* = \frac{a-\mu}{\sigma}$$

$$\textit{Obere Grenze:}\quad b \to b^* = \frac{b-\mu}{\sigma}$$

Somit gilt:

$$P(a \leqslant X \leqslant b) = P(a^* \leqslant U \leqslant b^*) = \phi(b^*) - \phi(a^*) \qquad \text{(II-186)}$$

Beim Übergang von der *normalverteilten* Zufallsvariablen X zur *standardnormalverteilten* Zufallsvariablen $U = (X - \mu)/\sigma$ werden somit die *Intervallgrenzen* a und b in *gleicher* Weise mittransformiert. Das Intervall $a \leqslant X \leqslant b$ geht dabei in das Intervall $a^* \leqslant U \leqslant b^*$ über, wobei sich die Wahrscheinlichkeit *nicht* ändert. In Bild II-98 ist die *Transformation* $X \to U$ *bildlich* dargestellt. Die *grau* unterlegten Flächen, die den Wahrscheinlichkeiten $P(a \leqslant X \leqslant b)$ bzw. $P(a^* \leqslant U \leqslant b^*)$ entsprechen, stimmen dabei überein.

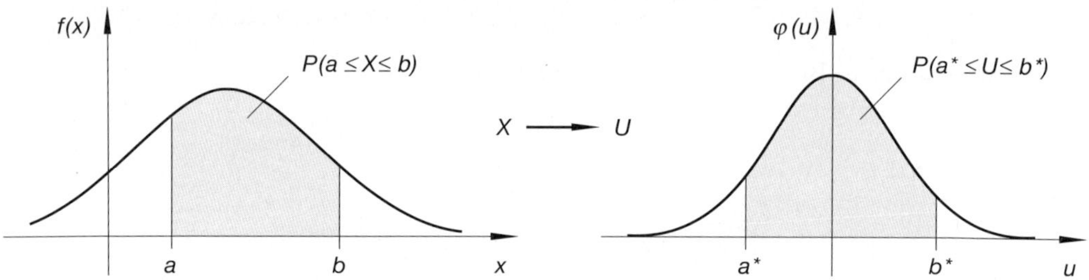

Bild II-98 Zur Berechnung der Wahrscheinlichkeit $P(a \leqslant X \leqslant b)$ mit Hilfe der tabellierten Verteilungsfunktion $\phi(u)$ der Standardnormalverteilung

(4) Berechnung der Wahrscheinlichkeit $P(|X - \mu| \leqslant k\sigma)$

Von besonderem Interesse sind häufig Intervalle, die *symmetrisch* zum Mittelwert μ liegen (Bild II-99).

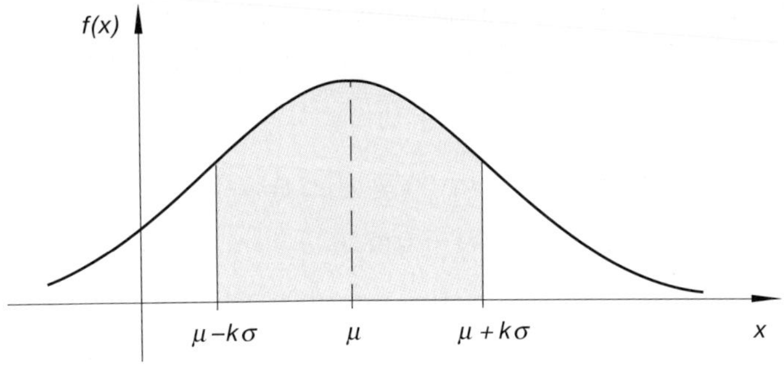

Bild II-99
Die *grau* unterlegte Fläche entspricht der *Wahrscheinlichkeit* $P(|X - \mu| \leqslant k\sigma)$

Der Abstand der beiden Intervallgrenzen von der Intervallmitte μ betrage $k\sigma$ $(k > 0)$[28]. Das Intervall läßt sich dann in der Form

$$\mu - k\sigma \leqslant X \leqslant \mu + k\sigma \qquad \text{(II-187)}$$

oder auch

$$|X - \mu| \leqslant k\sigma \qquad \text{oder} \qquad \left| \frac{X - \mu}{\sigma} \right| \leqslant k \qquad \text{(II-188)}$$

darstellen. Beim Übergang von X zur *standardnormalverteilten* Zufallsvariablen $U = (X - \mu)/\sigma$ wird daraus das Intervall

$$|U| \leqslant k \qquad \text{oder} \qquad -k \leqslant U \leqslant k \qquad \text{(II-189)}$$

Für die Wahrscheinlichkeit $P(|X - \mu| \leqslant k\sigma)$ erhalten wir dann:

$$\begin{aligned} P(|X - \mu| \leqslant k\sigma) &= P(|U| \leqslant k) = P(-k \leqslant U \leqslant k) = \phi(k) - \phi(-k) = \\ &= \phi(k) - [1 - \phi(k)] = 2 \cdot \phi(k) - 1 \end{aligned} \qquad \text{(II-190)}$$

Bei der vorgenommenen Transformation $X \to U$ bleibt wiederum die Fläche unter der betreffenden Dichtefunktion und somit die Wahrscheinlichkeit *erhalten*. Bild II-100 verdeutlicht diese Aussage.

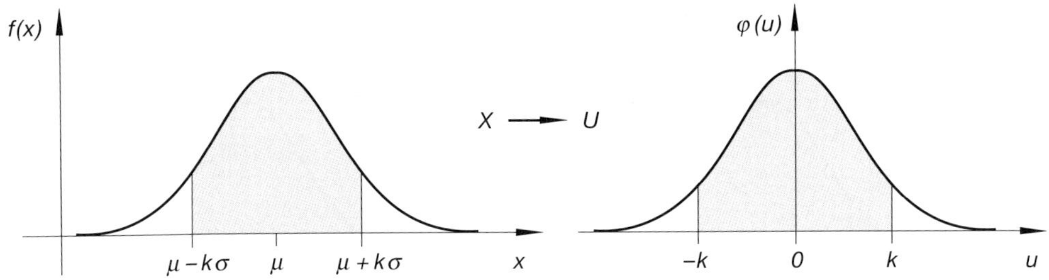

Bild II-100 Zur Berechnung der Wahrscheinlichkeit $P(|X - \mu| \leqslant k\sigma)$ mit Hilfe der tabellierten Verteilungsfunktion $\phi(u)$ der Standardnormalverteilung

[28] Wir geben den Abstand zweckmäßigerweise in *Vielfachen* der Standardabweichung σ an.

Speziell für $k = 1, 2, 3$ erhalten wir die folgenden Ergebnisse:

$k = 1$ (Bild II-101)

$$P(|X - \mu| \leqslant \sigma) = P(\mu - \sigma \leqslant X = \mu + \sigma) = P(-1 \leqslant U \leqslant 1) =$$
$$= 2 \cdot \phi(1) - 1 = 2 \cdot 0{,}8413 - 1 = 0{,}6826 \qquad \text{(II-191)}$$

Somit liegen rund 68,3 % aller Werte der Zufallsvariablen X im abgeschlossenen Intervall $[\mu - \sigma, \mu + \sigma]$.

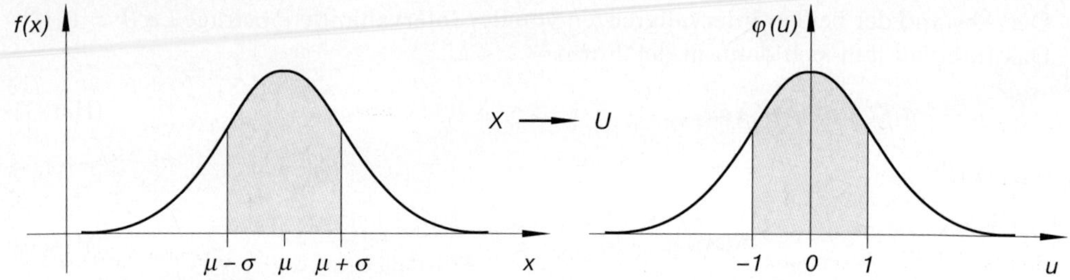

Bild II-101 Zur Berechnung der Wahrscheinlichkeit $P(|X - \mu| \leqslant \sigma)$ mit Hilfe der tabellierten Verteilungsfunktion $\phi(u)$ der Standardnormalverteilung

$k = 2$ (Bild II-102)

$$P(|X - \mu| \leqslant 2\sigma) = P(\mu - 2\sigma \leqslant X \leqslant \mu + 2\sigma) = P(-2 \leqslant U \leqslant 2) =$$
$$= 2 \cdot \phi(2) - 1 = 2 \cdot 0{,}9772 - 1 = 0{,}9544 \qquad \text{(II-192)}$$

Somit liegen rund 95,4 % aller Werte der Zufallsvariablen X im abgeschlossenen Intervall $[\mu - 2\sigma, \mu + 2\sigma]$.

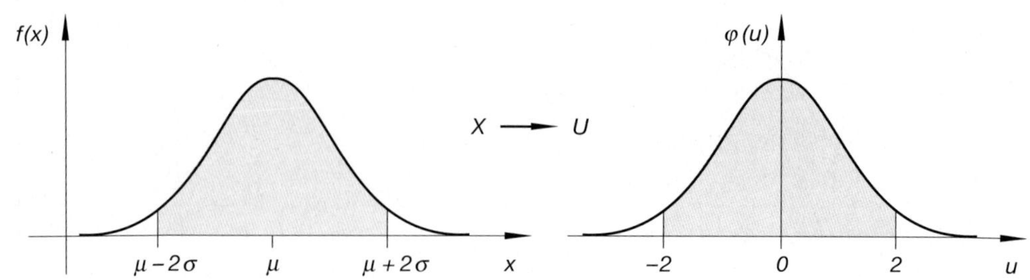

Bild II-102 Zur Berechnung der Wahrscheinlichkeit $P(|X - \mu| \leqslant 2\sigma)$ mit Hilfe der tabellierten Verteilungsfunktion $\phi(u)$ der Standardnormalverteilung

$\boxed{k = 3}$ (Bild II-103)

$$P(|X - \mu| \leqslant 3\sigma) = P(\mu - 3\sigma \leqslant X \leqslant \mu + 3\sigma) = P(-3 \leqslant U \leqslant 3) =$$
$$= 2 \cdot \phi(3) - 1 = 2 \cdot 0{,}9987 - 1 = 0{,}9974 \qquad \text{(II-193)}$$

99,7%, d.h. *fast alle* Werte der Zufallsvariablen X liegen somit im 3σ-Streuungsbereich $[\mu - 3\sigma, \mu + 3\sigma]$.

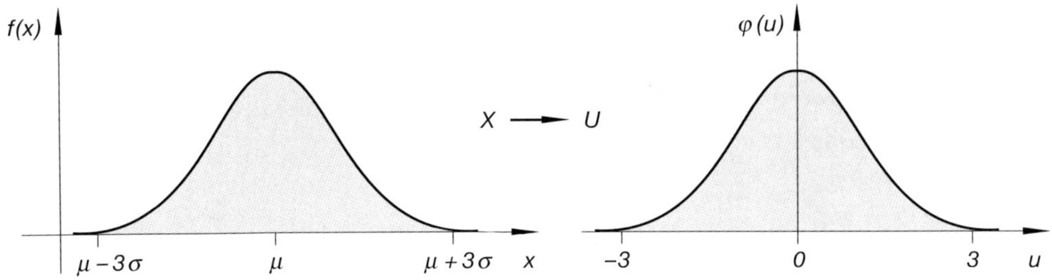

Bild II-103 Zur Berechnung der Wahrscheinlichkeit $P(|X - \mu| \leqslant 3\sigma)$ mit Hilfe der tabellierten Verteilungsfunktion $\phi(u)$ der Standardnormalverteilung

Wir fassen nun die wichtigsten Ergebnisse wie folgt zusammen:

Berechnung von Wahrscheinlichkeiten bei einer normalverteilten Zufallsvariablen mit Hilfe der Verteilungsfunktion $\phi(u)$ der Standardnormalverteilung

Bei einer *normalverteilten* Zufallsvariablen X mit dem Mittelwert μ und der Standardabweichung σ lassen sich die Wahrscheinlichkeiten wie folgt mit Hilfe der Verteilungsfunktion $\phi(u)$ der *Standardnormalverteilung* berechnen (Tabelle 1 im Anhang, Teil A):

(1) $$P(X \leqslant x) = \phi\underbrace{\left(\frac{x - \mu}{\sigma}\right)}_{u} = \phi(u) \qquad \text{(II-194)}$$

(vgl. hierzu die Bilder II-94 und II-95).

(2) $$P(X \geqslant x) = 1 - P(X \leqslant x) = 1 - \phi\underbrace{\left(\frac{x - \mu}{\sigma}\right)}_{u} = 1 - \phi(u) \qquad \text{(II-195)}$$

(vgl. hierzu Bild II-96).

(3) $$P(a \leqslant X \leqslant b) = \phi\underbrace{\left(\frac{b-\mu}{\sigma}\right)}_{b^*} - \phi\underbrace{\left(\frac{a-\mu}{\sigma}\right)}_{a^*} = \phi(b^*) - \phi(a^*) \qquad \text{(II-196)}$$

(vgl. hierzu die Bilder II-97 und II-98).

(4) $$P(|X-\mu| \leqslant k\sigma) = P(\mu - k\sigma \leqslant X \leqslant \mu + k\sigma) = 2 \cdot \phi(k) - 1 \qquad \text{(II-197)}$$

(vgl. hierzu die Bilder II-99 und II-100).

Regel: Die Umrechnung in *Standardeinheiten* erfolgt durch den Übergang von der normalverteilten Zufallsvariablen X mit dem Mittelwert μ und der Standardabweichung σ zur *standardnormalverteilten* Zufallsvariablen

$$U = \frac{X-\mu}{\sigma} \qquad \text{(II-198)}$$

(sog. *Standardtransformation*). Dabei geht die Verteilungsfunktion $F(x)$ in die Verteilungsfunktion $\phi(u)$ der *Standardnormalverteilung* über (Tabelle 1 im Anhang, Teil A). Die Intervallgrenzen werden dabei *mittransformiert*.

■ **Beispiele**

(1) In einem Werk werden serienmäßig *Gewindeschrauben* hergestellt, deren Durchmesser eine *normalverteilte* Zufallsvariable X mit dem *Mittelwert (Sollwert)* $\mu = 10$ mm und der *Standardabweichung* $\sigma = 0{,}2$ mm sei. *Toleriert* werden dabei noch (zufallsbedingte) Abweichungen vom Solldurchmesser bis zu *maximal* 0,3 mm. Welcher Anteil an *Ausschußware* ist zu erwarten?

Lösung:

Wir berechnen zunächst die Wahrscheinlichkeit dafür, daß der Schraubendurchmesser X im *tolerierten* Bereich $(10 \pm 0{,}3)$ mm, d.h. zwischen 9,7 mm und 10,3 mm liegt (*hellgrau* unterlegte Fläche in Bild II-104).

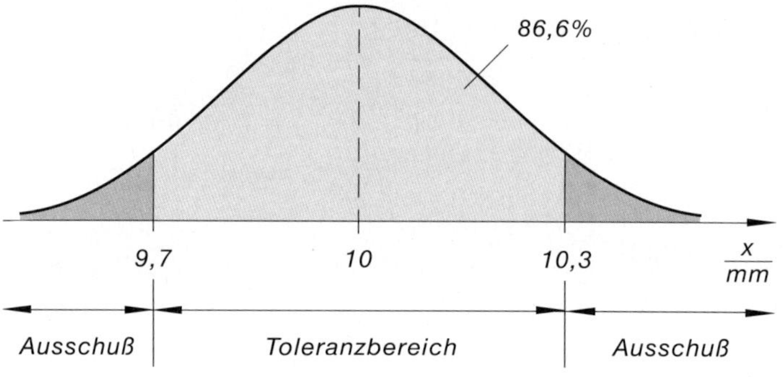

Bild II-104

Zuvor aber rechnen wir die Maximalabweichung von 0,3 mm noch in *Standardeinheiten* um, d.h. in ein Vielfaches (k-faches) der Standardabweichung $\sigma = 0{,}2$ mm:

$$0{,}3 \text{ mm} = k\sigma = k \cdot 0{,}2 \text{ mm} \Rightarrow k = 1{,}5$$

Somit ist

$$P(|X - 10 \text{ mm}| \leqslant 0{,}3 \text{ mm}) = P\left(\left|\frac{X - 10 \text{ mm}}{0{,}2 \text{ mm}}\right| \leqslant 1{,}5\right) =$$

$$= P(|U| \leqslant 1{,}5) = 2 \cdot \phi(1{,}5) - 1 = 2 \cdot 0{,}9332 - 1 = 0{,}8664$$

Rund 86,6% der Schrauben besitzen demnach einen Durchmesser, der innerhalb des *tolerierten* Bereiches $(10 \pm 0{,}3)$ mm liegt (*hellgrauer* Bereich im Bild II-104). Der zu erwartende *Ausschuß* (Anteil an *nicht brauchbaren* Schrauben) beträgt somit rund 13,4% und entspricht der in Bild II-104 *dunkelgrau* unterlegten Fläche.

(2) Die Zufallsvariable X sei *normalverteilt* mit dem *Mittelwert* $\mu = 10$ und der *Varianz* $\sigma^2 = 4$. Wieviel Prozent aller Werte liegen dann im Intervall $5 \leqslant X \leqslant 12$?

Lösung:

Die Umrechnung der Intervallgrenzen $a = 5$ und $b = 12$ in *Standardeinheiten* ergibt:

$$\textit{Untere Grenze:} \quad a \rightarrow a^* = \frac{a - \mu}{\sigma} = \frac{5 - 10}{2} = -2{,}5$$

$$\textit{Obere Grenze:} \quad b \rightarrow b^* = \frac{b - \mu}{\sigma} = \frac{12 - 10}{2} = 1$$

Damit erhalten wir für die gesuchte Wahrscheinlichkeit $P(5 \leqslant X \leqslant 12)$ den folgenden Wert:

$$P(5 \leqslant X \leqslant 12) = P(-2{,}5 \leqslant U \leqslant 1) = \phi(1) - \phi(-2{,}5) =$$

$$= \phi(1) - [1 - \phi(2{,}5)] = \phi(1) + \phi(2{,}5) - 1 =$$

$$= 0{,}8413 + 0{,}9938 - 1 = 0{,}8351$$

Somit fallen rund 83,5% aller Werte in das Intervall $5 \leqslant X \leqslant 12$ (Bild II-105).

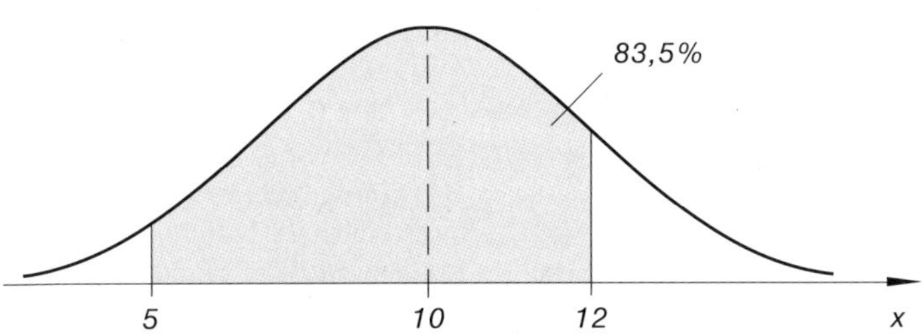

Bild II-105

(3) Die *normalverteilte* Zufallsvariable X mit dem *Mittelwert* μ und der *Standardabweichung* σ soll 50% ihrer Werte in dem *symmetrischen* Intervall $|X - \mu| \leqslant k\sigma$ annehmen (Bild II-106).

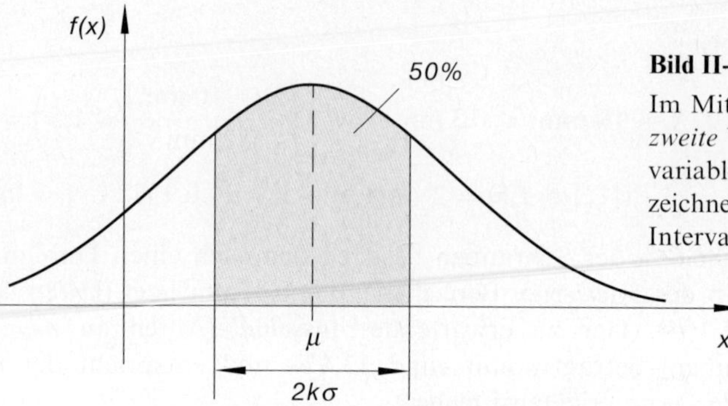

Bild II-106
Im Mittel liegt jeder *zweite* Wert der Zufallsvariablen X im eingezeichneten symmetrischen Intervall der Länge $2k\sigma$

Wir bestimmen den Faktor k aus der Bedingung

$$P(|X - \mu| \leqslant k\sigma) = P(|U| \leqslant k) = 2 \cdot \phi(k) - 1 = 0{,}5$$

Somit ist $\phi(k) = 0{,}75$. Aus der Tabelle 1 im Anhang erhalten wir für k den folgenden Wert:

$$\phi(k) = 0{,}75 \quad \Rightarrow \quad k = 0{,}674 \qquad \text{(interpoliert)}$$

■

6.4.5 Quantile der Standardnormalverteilung

In den Anwendungen der Wahrscheinlichkeitsrechnung sowie in der mathematischen Statistik stellt sich häufig das folgende Problem:

Eine *standardnormalverteilte* Zufallsvariable U soll mit einer *vorgegebenen* Wahrscheinlichkeit p einen Wert unterhalb, oberhalb oder innerhalb bestimmter Grenzen (Schranken) annehmen. Probleme dieser Art treten beispielsweise im Zusammenhang mit *Parameterschätzungen* und *statistischen Prüfverfahren* auf und werden uns noch im nächsten Kapitel des öfteren beschäftigen. Bei einer *einseitigen* Abgrenzung nach *oben* (auf die wir uns hier beschränken wollen) muß dann die zur vorgegebenen Wahrscheinlichkeit p gehörende *Grenze* oder *Schranke* u_p bestimmt werden (Bild II-107).

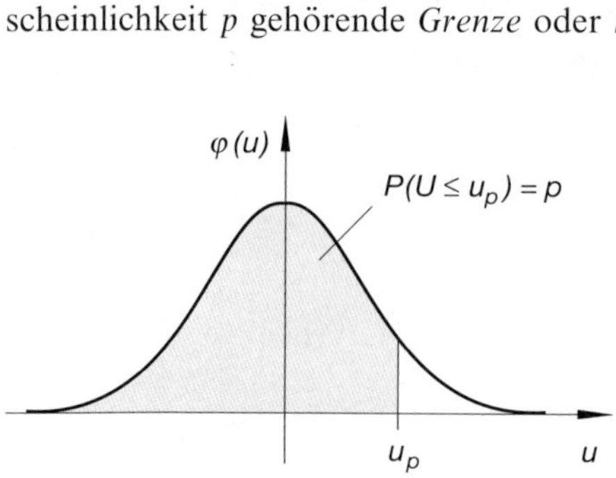

Bild II-107
Zur vorgegebenen Wahrscheinlichkeit p (*grau* unterlegte Fläche) gehört eine eindeutig bestimmte Schranke u_p, die als *Quantil* der Standardnormalverteilung bezeichnet wird

Diese Schranke genügt somit der Gleichung

$$P(U \leqslant u_p) = \phi(u_p) = p \tag{II-199}$$

Dabei gehört zu jedem p genau ein u_p. Die Werte dieser Schranken heißen *Quantile* der Standardnormalverteilung. Sie lassen sich prinzipiell aus der Wertetabelle der Verteilungsfunktion $\phi(u)$ der *Standardnormalverteilung* (Tabelle 1 im Anhang) ermitteln. Allerdings ist das Aufsuchen des Quantils u_p zum vorgegebenen Wahrscheinlichkeitswert p meist recht mühsam. Da solche Probleme in den Anwendungen jedoch sehr häufig auftreten ist es sinnvoll, die gängigen Werte in einer Tabelle zu sammeln.

Im Anhang dieses Buches befindet sich daher eine Tabelle mit den wichtigsten Quantilen der Standardnormalverteilung (Tabelle 2). Mit Hilfe dieser Tabelle lassen sich auch die Intervallgrenzen bei einer *einseitigen* Abgrenzung nach *unten* bzw. einer (symmetrischen) *zweiseitigen* Abgrenzung leicht ermitteln. Die nachfolgenden Beispiele werden dies noch verdeutlichen.

■ **Beispiele**

(1) Die standardnormalverteilte Zufallsvariable U soll mit der Wahrscheinlichkeit $p = 90\,\% = 0{,}9$ einen Wert aus dem Intervall $U \leqslant c$ annehmen (*einseitige* Abgrenzung nach *oben*, *grau* unterlegte Fläche in Bild II-108). Die gesuchte Schranke (Intervallgrenze) c ist in diesem Fall das zum Wahrscheinlichkeitswert $p = 0{,}9$ gehörende *Quantil* $u_p = u_{0,9}$ der Standardnormalverteilung. Wir erhalten unter Verwendung von Tabelle 2 im Anhang:

$$P(U \leqslant c) = \phi(c) = 0{,}9 \quad \rightarrow \quad c = u_{0,9} = 1{,}282$$

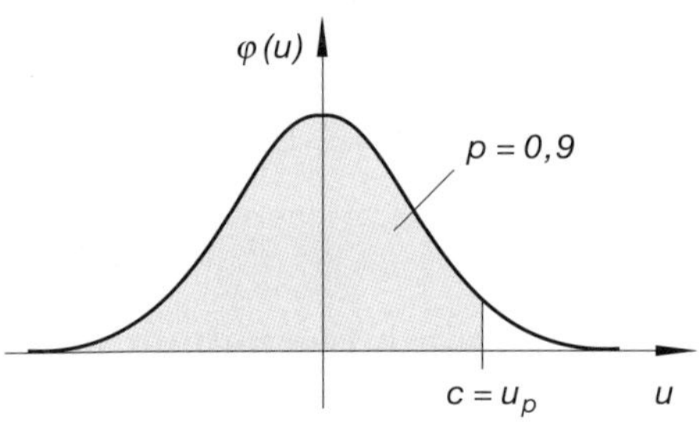

Bild II-108

(2) Die Werte der *standardnormalverteilten* Zufallsvariablen U sollen mit der Wahrscheinlichkeit $p = 90\,\% = 0{,}9$ *oberhalb* der (noch unbekannten) Schranke c liegen (*hellgrau* unterlegter Bereich in Bild II-109).

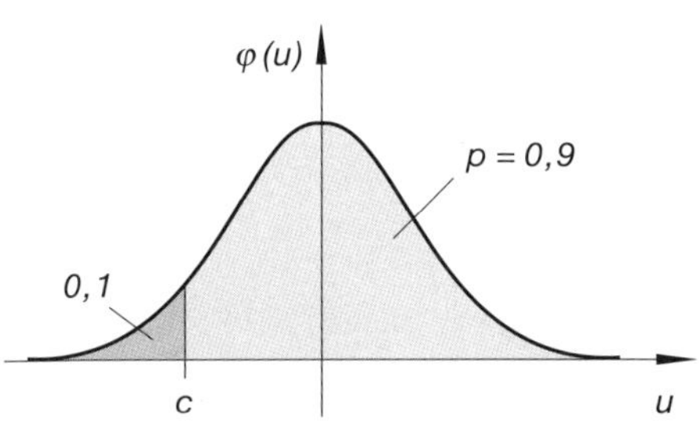

Bild II-109

Bei dieser *einseitigen* Abgrenzung nach *unten* gilt also $P(U > c) = 0{,}9$. Mit Hilfe von Tabelle 2 aus dem Anhang erhalten wir dann:

$$P(U > c) = 1 - P(U \leqslant c) = 1 - \phi(c) = 0{,}9$$

$$\phi(c) = 0{,}1 \;\rightarrow\; c = u_{0,1} = -1{,}282$$

(3) Bei einer *zweiseitigen* Abgrenzung nach Bild II-110 sollen die Werte der *standardnormalverteilten* Zufallsvariablen U mit der Wahrscheinlichkeit $p = 95\% = 0{,}95$ im *symmetrischen* Intervall $-c \leqslant U \leqslant c$ liegen (*hellgrau* unterlegte Fläche).

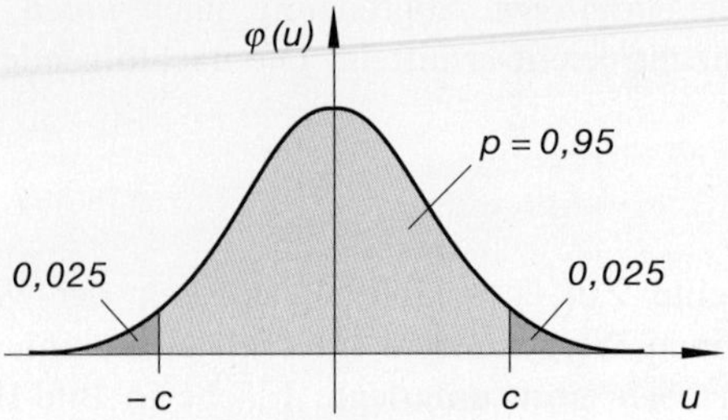

Bild II-110

Wegen der *Achsensymmetrie* der Dichtefunktion $\varphi(u)$ besitzen die beiden *dunkelgrau* unterlegten Flächenstücke jeweils den Flächeninhalt 0,025. Unter Verwendung von Tabelle 2 im Anhang läßt sich dann die obere Grenze c wie folgt bestimmen:

$$P(U \leqslant c) = \phi(c) = 0{,}95 + 0{,}025 = 0{,}975 \;\rightarrow\; c = u_{0,975} = 1{,}960$$

Das gesuchte Intervall lautet somit: $-1{,}960 \leqslant U \leqslant 1{,}960$. ■

6.5 Zusammenhang zwischen der Binomialverteilung und der Normalverteilung

Die Berechnung der Verteilungsfunktion einer *Binomialverteilung* mit der *Wahrscheinlichkeitsfunktion*

$$f_B(x) = P(X = x) = \binom{n}{x} p^x \cdot q^{n-x} \qquad (x = 0, 1, 2, \ldots, n) \qquad \text{(II-200)}$$

erweist sich in der Praxis oft als sehr mühsam und aufwendig. Für *große* Werte von n und p-Werte, die sich deutlich von 0 und 1 unterscheiden, läßt sich jedoch die Binomialverteilung $B(n; p)$ durch die rechnerisch wesentlich bequemere *Gaußsche Normalverteilung* $N(\mu; \sigma)$ mit den Parametern

$$\mu = np \qquad \text{und} \qquad \sigma = \sqrt{npq} = \sqrt{np(1-p)} \qquad \text{(II-201)}$$

näherungsweise ersetzen[29]. Unter den genannten Voraussetzungen gilt also:

$$f_B(x) = P(X = x) = \binom{n}{x} p^x \cdot q^{n-x} \approx \frac{1}{\sqrt{2\pi\, npq}} \cdot e^{-\frac{1}{2}\left(\frac{x - np}{\sqrt{npq}}\right)^2} \qquad \text{(II-202)}$$

($x = 0, 1, 2, \ldots, n$). Diese Näherung wird dabei mit *zunehmendem* n immer besser. Wir geben zunächst ein Beispiel.

■ **Beispiel**

Für $n = 10$ und $p = 1/2$ lautet die *Wahrscheinlichkeitsfunktion* der *Binomialverteilung* wie folgt:

$$f_B(x) = \binom{10}{x} \cdot \left(\frac{1}{2}\right)^x \cdot \left(\frac{1}{2}\right)^{10-x} = \binom{10}{x} \cdot \left(\frac{1}{2}\right)^{10} = \frac{1}{1024} \cdot \binom{10}{x}$$

($x = 0, 1, 2, \ldots, 10$). *Näherungsweise* dürfen wir diese Funktion durch die *Dichtefunktion* $f_N(x)$ der *Normalverteilung* mit den Parametern

$$\mu = np = 10 \cdot \frac{1}{2} = 5 \qquad \text{und} \qquad \sigma = \sqrt{npq} = \sqrt{10 \cdot \frac{1}{2} \cdot \frac{1}{2}} = \sqrt{2{,}5}$$

ersetzen:

$$f_N(x) = \frac{1}{\sqrt{2\pi} \cdot \sqrt{2{,}5}} \cdot e^{-\frac{1}{2}\left(\frac{x-5}{\sqrt{2{,}5}}\right)^2} = \frac{1}{\sqrt{5\pi}} \cdot e^{-\frac{1}{5}(x-5)^2}$$

Die folgende Tabelle zeigt einen *Vergleich* zwischen der *exakten* Verteilung und ihrer *Näherung*:

x	exakter Wert $f_B(x)$	Näherungswert $f_N(x)$
0	0,0010	0,0017
1	0,0098	0,0103
2	0,0439	0,0417
3	0,1172	0,1134
4	0,2051	0,2066
5	0,2461	0,2523
6	0,2051	0,2066
7	0,1172	0,1134
8	0,0439	0,0417
9	0,0098	0,0103
10	0,0010	0,0017

Auch Bild II-111 zeigt deutlich die brauchbare Annäherung der Binomialverteilung $B\left(10; \frac{1}{2}\right)$ durch die Normalverteilung $N(5; \sqrt{2{,}5})$.

[29] Diese Näherung ist eine Folge des *Grenzwertsatzes* von *Moivre* und *Laplace* (vgl. hierzu den späteren Abschnitt 7.6.3).

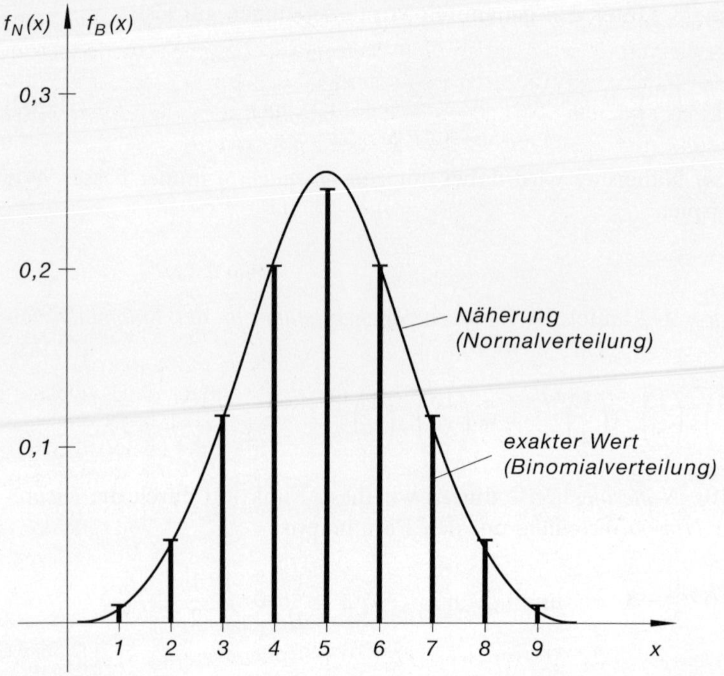

Bild II-111

Annäherung einer Binomialverteilung durch eine Normalverteilung: Die eingezeichneten Punkte (Stabköpfe) liegen in guter Näherung auf der Dichtefunktion einer Normalverteilung

■

Die Annäherung der *Binomialverteilung* $B(n; p)$ durch die *Normalverteilung* $N(\mu = np;$ $\sigma = \sqrt{npq})$ für *große* n ermöglicht nun eine wesentlich *bequemere* Berechnung von Wahrscheinlichkeiten. Eine in der Praxis häufig verrwendtete *Näherungsformel* lautet:

$$P(a \leqslant X \leqslant b) = \sum_{x=a}^{b} \binom{n}{x} p^x \cdot q^{n-x} \approx F(b + 0{,}5) - F(a - 0{,}5) =$$

$$= P(a^* \leqslant U \leqslant b^*) = \phi(b^*) - \phi(a^*) \qquad \text{(II-203)}$$

Dabei ist $F(x)$ die Verteilungsfunktion der *Normalverteilung* mit dem Mittelwert $\mu = np$ und der Standardabweichung $\sigma = \sqrt{npq}$ und $\phi(u)$ die Verteilungsfunktion der *Standardnormalverteilung*. a^* und b^* sind die in *Standardeinheiten* umgerechneten (neuen) Intervallgrenzen:

$$a^* = \frac{(a - 0{,}5) - \mu}{\sigma}, \qquad b^* = \frac{(b + 0{,}5) - \mu}{\sigma} \qquad \text{(II-204)}$$

Dabei wurde an den alten Intervallgrenzen a und b eine sog. *Stetigkeitskorrektur* vorgenommen. Die Zufallsvariable X ist nämlich eine *diskrete* Größe, erscheint jedoch in der Näherung durch die Normalverteilung als eine *stetige* Variable. Im folgenden Beispiel zeigen wir, warum es bei dieser Näherung *sinnvoll* ist, die Intervallgrenzen a und b um jeweils 0,5 Einheiten nach *außen* hin zu verschieben (Bild II-112).

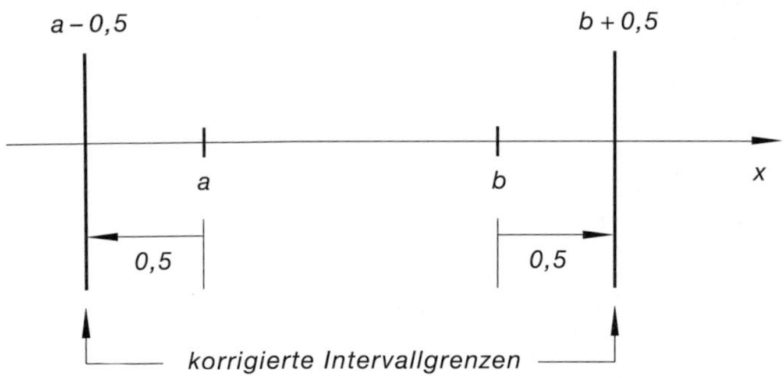

Bild II-112
Wird eine *diskrete* Verteilung (hier: Binomialverteilung) durch eine *stetige* Verteilung (hier: Normalverteilung) angenähert, so müssen die Intervallgrenzen korrigiert werden (sog. *Stetigkeitskorrektur*)

■ **Beispiel**

Eine homogene Münze wird 10-mal geworfen. Wir interessieren uns dabei für die Wahrscheinlichkeit, daß die *diskrete* Zufallsvariable

$X =$ *Anzahl der Würfe mit dem Ergebnis „Zahl"*

einen Wert zwischen 3 und 5 annimmt (*einschließlich* der beiden Grenzen).

Exakte Lösung

Die Zufallsvariable X ist *binomialverteilt* mit den *Parametern* $n = 10$ und $p = 1/2$. Ihre *Wahrscheinlichkeitsfunktion* lautet somit:

$$f_B(x) = \binom{10}{x} \cdot \left(\frac{1}{2}\right)^x \cdot \left(\frac{1}{2}\right)^{10-x} = \binom{10}{x} \cdot \left(\frac{1}{2}\right)^{10} = \frac{1}{1024} \cdot \binom{10}{x}$$

($x = 0, 1, 2, \ldots, 10$). Die *Wahrscheinlichkeit* dafür, bei 10 Würfen mit der Münze drei-, vier- bzw. fünfmal das Ereignis „*Zahl*" zu erhalten, ist dann:

$$P(3 \leqslant X \leqslant 5) = f_B(3) + f_B(4) + f_B(5) =$$

$$= \frac{1}{1024} \cdot \binom{10}{3} + \frac{1}{1024} \cdot \binom{10}{4} + \frac{1}{1024} \cdot \binom{10}{5} =$$

$$= \frac{1}{1024}(120 + 210 + 252) = \frac{582}{1024} = 0{,}5684$$

Wir versuchen nun, dieses Ergebnis anschaulich zu deuten und gehen dabei von dem in Bild II-113 dargestellten *Stabdiagramm* aus. Verschieben wir nun jeden der drei Stäbe um jeweils 0,5 einmal nach links und einmal nach rechts, so erhalten wir die in Bild II-114 *grau* unterlegten Rechtecke. Aus dem Stabdiagramm ist nun ein *Histogramm* geworden. Die Rechtecke haben dabei die gleiche Breite $\Delta x = 1$, ihre Höhen entsprechen der Reihe nach den Stablängen $f_B(3), f_B(4)$ und $f_B(5)$. Die *Flächeninhalte* der drei Rechtecke stimmen dann zahlenmäßig mit den Wahrscheinlichkeitswerten $f_B(3)$, $f_B(4)$ bzw. $f_B(5)$ überein und repräsentieren daher der Reihe nach genau die *Wahrscheinlichkeiten*, daß wir bei 10 Würfen mit der Münze dreimal, viermal bzw. fünfmal das Ereignis „Zahl" erhalten.

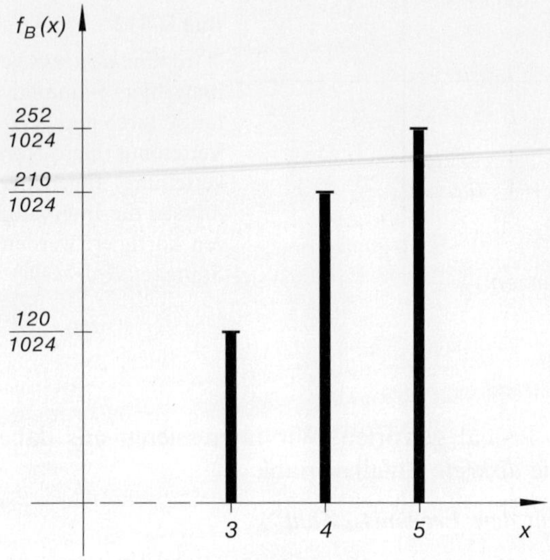

Bild II-113

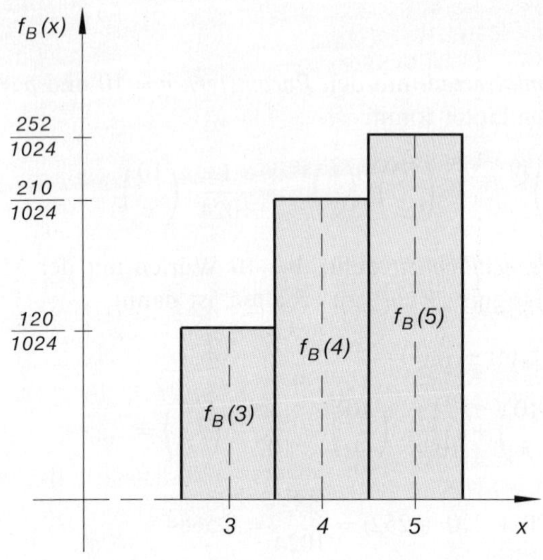

Bild II-114

Die *Gesamtfläche* des Histogramms ist dann die *gesuchte* Wahrscheinlichkeit $P(3 \leqslant X \leqslant 5)$. Sie besitzt den Wert 0,5684. Das entspricht einer Wahrscheinlichkeit von 56,8 %.

Näherungslösung

Die *Binomialverteilung* wird jetzt durch die *Normalverteilung* mit den *Parametern*

$$\mu = np = 10 \cdot \frac{1}{2} = 5 \qquad \text{und} \qquad \sigma = \sqrt{npq} = \sqrt{10 \cdot \frac{1}{2} \cdot \frac{1}{2}} = \sqrt{2{,}5}$$

und der *Dichtefunktion*

$$f_N(x) = \frac{1}{\sqrt{2\pi} \cdot \sqrt{2{,}5}} \cdot e^{-\frac{1}{2}\left(\frac{x-5}{\sqrt{2{,}5}}\right)^2} = \frac{1}{\sqrt{5\pi}} \cdot e^{-\frac{1}{5}(x-5)^2}$$

angenähert. Bild II-115 zeigt den Verlauf der Dichtefunktion. Zusätzlich sind die bereits aus dem *Histogramm* (Bild II-114) vertrauten *Rechtecke* eingezeichnet, die mit ihrer Gesamtfläche die gesuchte *exakte* Wahrscheinlichkeit $P(3 \leqslant X \leqslant 5)$ darstellen.

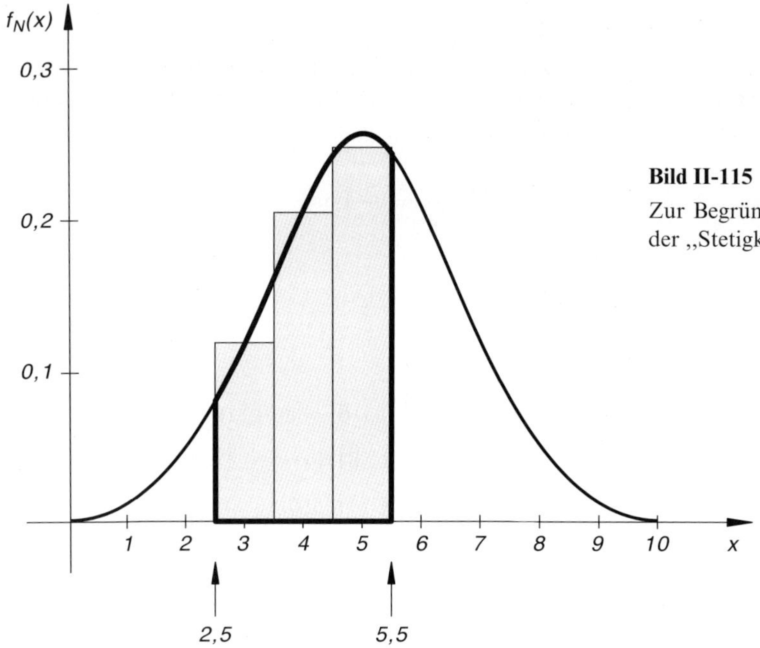

Bild II-115
Zur Begründung der „Stetigkeitskorrektur"

In der *Näherung* durch die *Normalverteilung* werden die drei Rechtecke durch die im Bild *stark* umrandete Fläche unter der Gaußschen Glockenkurve ersetzt. Dabei müssen offensichtlich die alten Intervallgrenzen $a = 3$ und $b = 5$ um jeweils 0,5 nach *außen* hin verschoben werden, um eine *vernünftige* Approximation zu erreichen. Die gesuchte Wahrscheinlichkeit $P(3 \leqslant X \leqslant 5)$ wird dann *näherungsweise* durch die Fläche unter der Gaußschen Glockenkurve zwischen den Grenzen

$$\tilde{a} = a - 0{,}5 = 3 - 0{,}5 = 2{,}5$$

und

$$\tilde{b} = b + 0{,}5 = 5 + 0{,}5 = 5{,}5$$

dargestellt. Man bezeichnet diese Korrektur als *Stetigkeitskorrektur*. Sie beruht darauf, daß eine *diskrete* Verteilung (hier: Binomialverteilung) durch eine *stetige* Verteilung (hier: Normalverteilung) *approximiert* wird und ist daher grundsätzlich durchzuführen. Für die gesuchte Wahrscheinlichkeit gilt dann:

$$P(3 \leqslant X \leqslant 5) \approx \int\limits_{2{,}5}^{5{,}5} \frac{1}{\sqrt{5\pi}} \cdot \mathrm{e}^{-\frac{1}{5}(x-5)^2}\, dx = F(5{,}5) - F(2{,}5)$$

Wir rechnen die bereits *korrigierten* Intervallgrenzen noch in *Standardeinheiten* um, d. h. gehen von der normalverteilten Zufallsvariablen X zur zugehörigen *standardisierten* Zufallsvariablen U über:

$$\tilde{a} = 2{,}5 \;\rightarrow\; a^* = \frac{\tilde{a} - \mu}{\sigma} = \frac{2{,}5 - 5}{\sqrt{2{,}5}} = -1{,}581$$

$$\tilde{b} = 5{,}5 \;\rightarrow\; b^* = \frac{\tilde{b} - \mu}{\sigma} = \frac{5{,}5 - 5}{\sqrt{2{,}5}} = 0{,}316$$

Somit ist

$$\begin{aligned} P(3 \leqslant X \leqslant 5) &\approx P(-1{,}581 \leqslant U \leqslant 0{,}316) = \phi(0{,}316) - \phi(-1{,}581) = \\ &= \phi(0{,}316) - [1 - \phi(1{,}581)] = \phi(0{,}316) + \phi(1{,}581) - 1 = \\ &= 0{,}6240 + 0{,}9430 - 1 = 0{,}5670 \end{aligned}$$

Die gesuchte Wahrscheinlichkeit beträgt somit rund 56,7% in *guter* Übereinstimmung mit dem *exakten* Wert 56,8%.

■

Wir fassen diese für die Praxis so wichtigen Ergebnisse wie folgt zusammen:

Approximation der Binomialverteilung durch die Gaußsche Normalverteilung (für große Werte von *n*)

Die *Binomialverteilung* $B(n;\, p)$ läßt sich für *große* Werte von n durch die rechnerisch wesentlich bequemere *Normalverteilung* $N(\mu;\, \sigma)$ mit dem *Mittelwert*

$$\mu = np \tag{II-205}$$

und der *Standardabweichung*

$$\sigma = \sqrt{npq} = \sqrt{np(1-p)} \qquad (q = 1-p) \tag{II-206}$$

approximieren. Für die *Wahrscheinlichkeitsfunktion* der Binomialverteilung gilt dann *näherungsweise*:

$$f(x) = P(X = x) \approx \frac{1}{\sqrt{2\pi\, npq}} \cdot \mathrm{e}^{-\frac{1}{2}\left(\frac{x-np}{\sqrt{npq}}\right)^2} \tag{II-207}$$

$(x = 0, 1, 2, \ldots, n)$.

Bei der Berechnung von *Wahrscheinlichkeiten* mit dieser Näherung ist zu beachten, daß die Intervallgrenzen einer sog. *Stetigkeitskorrektur* unterzogen werden müssen. Sie besteht in einer *Verschiebung* der Grenzen jeweils um 0,5 nach *außen* hin (vgl. hierzu Bild II-112). Somit gilt unter den genannten Voraussetzungen für die Wahrscheinlichkeit $P(a \leqslant X \leqslant b)$ die folgende *Näherungsformel*:

$$P(a \leqslant X \leqslant b) \approx F(b + 0{,}5) - F(a - 0{,}5) =$$

$$= \phi\underbrace{\left(\frac{(b+0{,}5)-\mu}{\sigma}\right)}_{b^*} - \phi\underbrace{\left(\frac{(a-0{,}5)-\mu}{\sigma}\right)}_{a^*} =$$

$$= \phi(b^*) - \phi(a^*) \tag{II-208}$$

Dabei bedeuten:

$F(x)$: Verteilungsfunktion der *Normalverteilung* mit dem Mittelwert $\mu = np$ und der Standardabweichung $\sigma = \sqrt{npq} = \sqrt{np(1-p)}$

$\phi(u)$: Verteilungsfunktion der *Standardnormalverteilung* (Tabelle 1 im Anhang)

a^*, b^*: In *Standardeinheiten* umgerechnete (*korrigierte*) Intervallgrenzen

Faustregel: Die *Annäherung* der *Binomialverteilung* durch die *Normalverteilung* ist zulässig, wenn die Bedingung

$$npq = np(1-p) > 9 \tag{II-209}$$

erfüllt ist.

Anmerkung

Die *Stetigkeitskorrektur* ist eine unmittelbare Folge der Annäherung einer *diskreten* Verteilung durch eine *stetige* Verteilung (*hier:* Binomialverteilung → Normalverteilung).

6.6 Tabellarische Zusammenstellung der wichtigsten Wahrscheinlichkeitsverteilungen

Die nachfolgende Tabelle 3 gibt eine *Übersicht* über die Eigenschaften der behandelten diskreten und stetigen Wahrscheinlichkeitsverteilungen (z. B. über Parameter, Wahrscheinlichkeits- bzw. Dichtefunktion, Art der Verteilung, Kennwerte wie Mittelwerte, Varianz und Standardabweichung).

6.7 Approximation einer diskreten Verteilung durch eine andere Verteilung, insbesondere durch die Normalverteilung

Zwischen den verschiedenen Wahrscheinlichkeitsverteilungen bestehen gewisse Zusammenhänge. So ist uns aus Abschnitt 6.5 bereits bekannt, daß zwischen der diskreten *Binomialverteilung* und der stetigen *Gaußschen Normalverteilung* der folgende wichtige Zusammenhang besteht:

Eine *binomialverteilte* Zufallsvariable X mit den Parametern n und p läßt sich für hinreichend großes n *näherungsweise* durch eine *Normalverteilung* mit den Parametern

$$\mu = np \qquad \text{und} \qquad \sigma = \sqrt{npq} = \sqrt{np(1-p)} \tag{II-210}$$

beschreiben ($q = 1 - p$). Die Verteilungsfunktion $F(x) = P(X \leqslant x)$ der Binomialverteilung $B(n; p)$ kann dann durch die entsprechende Verteilungsfunktion der Standardnormalverteilung *approximiert* werden[30]:

$$F(x) = P(X \leqslant x) \approx \phi\left(\frac{(x + 0{,}5) - np}{\sqrt{np(1-p)}}\right) \tag{II-211}$$

(unter Berücksichtigung der *Stetigkeitskorrektur*).

Da die *exakte* Bestimmung der Verteilungsfunktion $F(x)$ der Binomialverteilung für großes n sehr aufwendig und mühsam ist, bringt die Annäherung durch die Normalverteilung in der Praxis enorme *Rechenvorteile*. Als *Faustregel* gilt dabei: Die Approximation ist *zulässig*, wenn die Bedingung $np(1 - p) > 9$ erfüllt ist.

Analog lassen sich auch andere diskrete Wahrscheinlichkeitsverteilungen wie die *hypergeometrische* Verteilung $H(N; M; n)$ oder die *Poisson-Verteilung* $\text{Ps}(\mu)$ unter gewissen Voraussetzungen z. B. durch die *Gaußsche Normalverteilung* $N(\mu; \sigma)$ *annähern.* Tabelle 4 gibt eine Übersicht über wichtige Approximationen und nennt die jeweiligen Voraussetzungen in Form einer *Faustregel*.

---

[30] Die Normalverteilung ist die *Grenzverteilung* der Binomialverteilung für $n \to \infty$.

Tabelle 3: Eigenschaften der wichtigsten Wahrscheinlichkeitsverteilungen

Wahrscheinlichkeits-verteilung	Parameter	Wahrscheinlichkeits- bzw. Dichtefunktion	Art der Verteilung	Mittelwert $E(X)$	Varianz [31] $\text{Var}(X)$
(1) Binomial-verteilung $B(n; p)$	n, p $n = 1, 2, 3, \ldots$ $0 < p < 1$	$f(x) = \binom{n}{x} p^x \cdot q^{n-x}$ $(q = 1 - p)$	diskret $x = 0, 1, \ldots, n$	np	$npq = np(1-p)$
(2) Hypergeo-metrische Verteilung $H(N; M; n)$	N, M, n $N = 1, 2, 3, \ldots$ $M = 1, 2, \ldots, N$ $n = 1, 2, \ldots, N$	$f(x) = \dfrac{\binom{M}{x} \cdot \binom{N-M}{n-x}}{\binom{N}{n}}$ $(x \leqslant M;\ n - x \leqslant N - M)$	diskret $x = 0, 1, \ldots, n$	$n \dfrac{M}{N}$	$n \dfrac{M}{N} \left(1 - \dfrac{M}{N}\right) \dfrac{N-n}{N-1}$
(3) Poisson-Verteilung $\text{Ps}(\mu)$	μ $\mu > 0$	$f(x) = \dfrac{\mu^x}{x!} \cdot e^{-\mu}$	diskret $x = 0, 1, 2, \ldots$	μ	μ
(4) Gaußsche Normalverteilung $N(\mu; \sigma)$	μ, σ $-\infty < \mu < \infty$ $\sigma > 0$	$f(x) = \dfrac{1}{\sqrt{2\pi} \cdot \sigma} \cdot e^{-\frac{1}{2}\left(\frac{x-\mu}{\sigma}\right)^2}$	stetig $-\infty < x < \infty$	μ	σ^2
(5) Standardnormal-verteilung $N(0; 1)$	$\mu = 0$ $\sigma = 1$	$\varphi(u) = \dfrac{1}{\sqrt{2\pi}} \cdot e^{-\frac{1}{2}u^2}$	stetig $-\infty < u < \infty$	0	1

[31] Standardabweichung: $\sigma = \sqrt{\text{Var}(X)}$

Tabelle 4: Wichtige Approximationen diskreter Wahrscheinlichkeitsverteilungen

	Approximation durch eine …		
	… Binomialverteilung	… Poisson-Verteilung	… Normalverteilung
(1) Binomialverteilung $B(n; p)$		**Faustregel:** $np \leqslant 10$ und $n \geqslant 1500\,p$ $\text{Ps}(\mu = np)$	**Faustregel:** $np(1-p) > 9$ $N\left(\mu = np;\ \sigma = \sqrt{np(1-p)}\right)$
(2) Hypergeometrische Verteilung $H(N; M; n)$	**Faustregel:** $0{,}1 < \frac{M}{N} < 0{,}9$, $n < 0{,}05\,N$, $n > 10$ $B\left(n; p = \frac{M}{N}\right)$	**Faustregel:** $\frac{M}{N} \leqslant 0{,}1$ oder $\frac{M}{N} \geqslant 0{,}9$, $n < 0{,}05\,N$, $n > 30$ $\text{Ps}\left(\mu = n\frac{M}{N}\right)$	**Faustregel:** $0{,}1 < \frac{M}{N} < 0{,}9$, $n < 0{,}05\,N$, $n > 30$ $N\left(\mu = n\frac{M}{N};\ \sigma = \sqrt{n\frac{M}{N}\left(1-\frac{M}{N}\right)\frac{N-n}{N-1}}\right)$
(3) Poisson-Verteilung $\text{Ps}(\mu)$			**Faustregel:** $\mu > 10$ $N(\mu; \sigma = \sqrt{\mu})$

Anmerkungen zur Tabelle 4

(1) Die Tabelle 4 verdeutlicht die *überragende* und *zentrale* Rolle, die die Gaußsche Normalverteilung in den Anwendungen spielt: Binomialverteilung, hypergeometrische Verteilung und Poisson-Verteilung lassen sich jeweils unter den genannten Voraussetzungen durch eine Normalverteilung *approximieren.* Diese Näherungen beruhen in erster Linie auf dem sog. *zentralen Grenzwertsatz* der Wahrscheinlichkeitsrechnung, den wir am Ende dieses Kapitels noch kennenlernen werden (Abschnitt 7.6.1). Dort werden wir nochmals auf das Problem der Approximation diskreter Verteilungen zurückkommen.

(2) Bei der Approximation einer *diskreten* Verteilung mit der Verteilungsfunktion $F(x) = P(X \leqslant x)$ durch die *Normalverteilung* mit den Parametern μ und σ muß die *Stetigkeitskorrektur* berücksichtigt werden. Diese besteht bekanntlich darin, daß man die Intervallgrenzen um jeweils 0,5 Einheiten nach *außen* hin verschiebt (siehe hierzu Abschnitt 6.5 und insbesondere Bild II-112).

7 Wahrscheinlichkeitsverteilungen von mehreren Zufallsvariablen

Bisher haben wir uns ausschließlich mit Zufallsexperimenten beschäftigt, bei denen die Beobachtung eines *einzigen* Merkmals im Vordergrund stand. In diesem Abschnitt geben wir nun eine kurze Einführung in Zufallsexperimente, bei denen gleichzeitig *zwei* (oder auch mehr) Zufallsgrößen oder Zufallsvariable beobachtet werden. Wir stoßen in diesem Zusammenhang auf *zweidimensionale* Wahrscheinlichkeitsverteilungen und beschreiben diese wiederum durch *Wahrscheinlichkeits-* bzw. *Dichtefunktionen* oder durch die zugehörigen *Verteilungsfunktionen*, die in diesem Fall dann von *zwei* Variablen abhängen.

Von besonderem Interesse in den naturwissenschaftlich-technischen Anwendungen, insbesondere in der Statistik und Fehlerrechnung, sind dabei die Eigenschaften von *Summen* und *Produkten* von (stochastisch unabhängigen) Zufallsvariablen wie z.B. deren Mittelwerte, Varianzen und Standardabweichungen. Abschließend behandeln wir dann zwei für die Praxis besonders wichtige Verteilungen, die *Chi-Quadrat-Verteilung* und die *t-Verteilung* von *Student.* Sie bilden die Grundlage für *statistische Prüfverfahren* („Tests"), die wir im nächsten Kapitel über *Statistik* noch ausführlich beschreiben werden.

7.1 Ein einführendes Beispiel

Wir werfen *gleichzeitig* eine Münze und einen Würfel und beobachten dabei die Zufallsvariablen

$X =$ *Anzahl „Wappen" bei der Münze*

und

$Y =$ *Augenzahl beim Würfel*

Für die Zufallsvariable X gibt es dann nur die beiden möglichen Werte 0 und 1. Sie charakterisieren die folgenden Ereignisse:

$X = 0$: *Auftreten der „Zahl" (d.h. 0-mal „Wappen")*

$X = 1$: *Auftreten des „Wappens" (d.h. 1-mal „Wappen")*

Die Zufallsvariable Y dagegen kann jeden der 6 möglichen Werte 1, 2, 3, 4, 5 und 6 annehmen. Insgesamt gibt es daher $2 \cdot 6 = 12$ verschiedene *Elementarereignisse*, die wir durch eine sog. *zweidimensionale* Zufallsvariable (X, Y) mit der folgenden Wertetabelle beschreiben können:

X \ Y	1	2	3	4	5	6
0	(0; 1)	(0; 2)	(0; 3)	(0; 4)	(0; 5)	(0; 6)
1	(1; 1)	(1; 2)	(1; 3)	(1; 4)	(1; 5)	(1; 6)

So bedeutet z.B. das Wertepaar (1; 5), daß bei der Münze „*Wappen*" und beim Würfel „*5 Augen*" oben liegen.

Da es sich bei unserem Zufallsexperiment um ein *Laplace-Experiment* handelt, treten alle Elementarereignisse mit der *gleichen* Wahrscheinlichkeit auf[32]:

$$P(X = x;\, Y = y) = \frac{1}{12} \qquad (x = 0, 1;\, y = 1, 2, \ldots, 6) \qquad \text{(II-212)}$$

Die *gemeinsame* Verteilung der beiden Zufallsvariablen X und Y ist somit durch die folgende *Verteilungstabelle* gegeben:

X \ Y	1	2	3	4	5	6
0	1/12	1/12	1/12	1/12	1/12	1/12
1	1/12	1/12	1/12	1/12	1/12	1/12

Die *Wahrscheinlichkeitsfunktion* $f(x; y)$ dieser sog. *zweidimensionalen* Verteilung beschreibt dann das Ereignis „$X = x;\, Y = y$" und ist somit eine Funktion von *zwei* unabhängigen Variablen x und y. In unserem Beispiel gilt dann:

$$f(x; y) = P(X = x;\, Y = y) = \begin{cases} \dfrac{1}{12} & \text{für} \quad x = 0, 1;\, y = 1, 2, \ldots, 6 \\ 0 & \text{alle übrigen} \quad (x; y) \end{cases} \qquad \text{(II-213)}$$

[32] Zur symbolischen Schreibweise: $P(X = x;\, Y = y)$ ist die *Wahrscheinlichkeit* dafür, daß bei dem Zufallsexperiment die Zufallsvariable X den Wert x und *gleichzeitig* die Zufallsvariable Y den Wert y annimmt.

Bild II-116 zeigt die graphische Darstellung dieser *diskreten* Funktion in Form eines räumlichen *Stabdiagramms* (alle Stäbe haben die Länge 1/12).

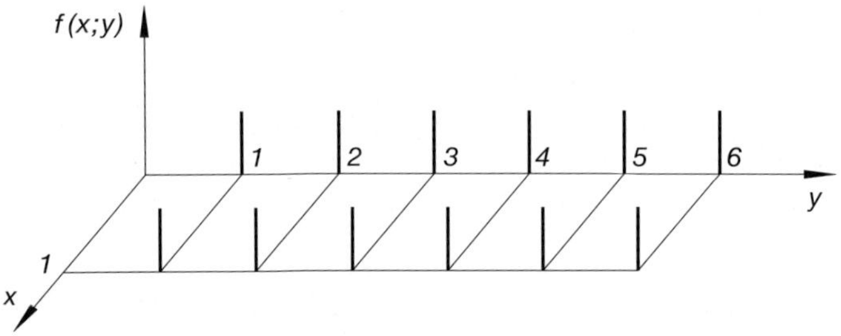

Bild II-116

Addiert man in der Verteilungstabelle die Wahrscheinlichkeitswerte *zeilenweise*, so erhält man genau die Verteilung der 1. Zufallsvariablen X (*Anzahl „Wappen" beim Münzwurf*), beschrieben durch die *Wahrscheinlichkeitsfunktion* $f_1(x)$ mit den folgenden Werten:

$$f_1(0) = \sum_y f(0;y) = \underbrace{\frac{1}{12} + \frac{1}{12} + \ldots + \frac{1}{12}}_{\text{6-mal}} = 6 \cdot \frac{1}{12} = \frac{1}{2}$$

$$f_1(1) = \sum_y f(1;y) = \underbrace{\frac{1}{12} + \frac{1}{12} + \ldots + \frac{1}{12}}_{\text{6-mal}} = 6 \cdot \frac{1}{12} = \frac{1}{2}$$

Summiert wird dabei über sämtliche Werte der Zufallsvariablen Y (hier also über 6 Werte).

Die *Wahrscheinlichkeitsfunktion* $f_1(x)$ beschreibt somit die Verteilung der Zufallsvariablen X und zwar *unabhängig* davon, welchen der 6 möglichen Werte 1, 2, 3, 4, 5 und 6 die zweite Zufallsvariable Y annimmt. Mit anderen Worten: $f_1(x)$ ist die *Wahrscheinlichkeit* für das Ereignis „$X = x$", *unabhängig* von der gewürfelten Augenzahl. Die Funktionswerte von $f_1(x)$ stehen am *rechten* Rand der nachfolgenden Verteilungstabelle und sind *grau* unterlegt:

X \ Y	1	2	3	4	5	6	
0	1/12	1/12	1/12	1/12	1/12	1/12	1/2
1	1/12	1/12	1/12	1/12	1/12	1/12	1/2
	1/6	1/6	1/6	1/6	1/6	1/6	

Rechte Spalte: Wahrscheinlichkeitsfunktion $f_1(x)$ der Zufallsvariablen X (Münze)

Untere Zeile: Wahrscheinlichkeitsfunktion $f_2(y)$ der Zufallsvariablen Y (Würfel)

Bei *spaltenweiser* Addition erhalten wir die Verteilung der 2. Zufallsvariablen Y („*Augenzahl*" *des Würfels*). Ihre Wahrschein*lichkeitsfunktion* $f_2(y)$ besitzt die folgenden Werte:

$$f_2(1) = \sum_x f(x;1) = \frac{1}{12} + \frac{1}{12} = \frac{1}{6}$$

$$f_2(2) = \sum_x f(x;2) = \frac{1}{12} + \frac{1}{12} = \frac{1}{6}$$

$$\vdots$$

$$f_2(6) = \sum_x f(x;6) = \frac{1}{12} + \frac{1}{12} = \frac{1}{6}$$

Dabei wird über sämtliche Werte der Zufallsvariablen X summiert (hier also über zwei Werte). Die *Wahrscheinlichkeitsfunktion* $f_2(y)$ beschreibt somit die Verteilung der Zufallsvariablen Y und zwar *unabhängig* davon, welchen der beiden möglichen Werte 0 und 1 die erste Zufallsvariable X annimmt. Mit anderen Worten: $f_2(y)$ ist die *Wahrscheinlichkeit* für das Ereignis „$Y = y$", *unabhängig* vom Ausgang des Münzwurfs. Die Funktionswerte von $f_2(y)$ sind am *unteren* Rand der Verteilungstabelle ebenfalls *grau* unterlegt. Die beiden (eindimensionalen) Wahrscheinlichkeitsfunktionen $f_1(x)$ und $f_2(y)$ der Zufallsvariablen X bzw. Y werden in diesem Zusammenhang auch als *Randverteilungen* der *zweidimensionalen* Verteilung $(X; Y)$ bezeichnet. Dabei gilt in diesem konkreten Beispiel:

$$f(x; y) = f_1(x) \cdot f_2(y) \qquad \text{(II-214)}$$

7.2 Zweidimensionale Wahrscheinlichkeitsverteilungen

7.2.1 Verteilungsfunktion einer zweidimensionalen Zufallsvariablen

Zufallsexperimente, in denen gleichzeitig *zwei* Merkmale (Eigenschaften) beobachtet werden, lassen sich durch *zweidimensionale* Wahrscheinlichkeitsverteilungen beschreiben. Die den beiden beobachteten Größen zugeordneten Zufallsvariablen bezeichnen wir mit X und Y. Sie bilden eine *zweidimensionale* Zufallsvariable $(X; Y)$, deren Wahrscheinlichkeitsverteilung sich *vollständig* durch die *Verteilungsfunktion*

$$F(x; y) = P(X \leqslant x;\ Y \leqslant y) \qquad \text{(II-215)}$$

darstellen läßt. Dabei ist $P(X \leqslant x;\ Y \leqslant y)$ die Wahrscheinlichkeit dafür, daß die (erste) Zufallsvariable X einen Wert kleiner *oder* gleich x und die (zweite) Zufallsvariable Y *gleichzeitig* einen Wert kleiner *oder* gleich y annimmt.

Verteilungsfunktion einer zweidimensionalen Zufallsvariablen (zweidimensionale Verteilung)

Zufallsexperimente, in denen gleichzeitig *zwei* Merkmale beobachtet werden, führen zu einer *zweidimensionalen* Wahrscheinlichkeitsverteilung der beiden Zufallsvariablen X und Y, die wir zu einer *zweidimensionalen* Zufallsvariablen $(X; Y)$ zusammenfassen. Die Verteilung läßt sich dann *vollständig* durch die *Verteilungsfunktion*

$$F(x; y) = P(X \leqslant x; Y \leqslant y) \qquad \text{(II-216)}$$

darstellen. Dabei ist $P(X \leqslant x; Y \leqslant y)$ die Wahrscheinlichkeit, daß die Zufallsvariable X einen Wert kleiner *oder* gleich x und die Zufallsvariable Y *gleichzeitig* einen Wert kleiner *oder* gleich y annimmt.

Verteilungsfunktionen besitzen folgende *Eigenschaften*:

(1) $$\lim_{x \to -\infty} F(x; y) = \lim_{y \to -\infty} F(x; y) = 0 \qquad \text{(II-217)}$$

(2) $$\lim_{\substack{x \to \infty \\ y \to \infty}} F(x; y) = 1 \qquad \text{(II-218)}$$

(3) Die Wahrscheinlichkeit $P(a_1 < X \leqslant b_1; a_2 < Y \leqslant b_2)$ dafür, daß die Zufallsvariable X einen Wert zwischen a_1 und b_1 und die Zufallsvariable Y *gleichzeitig* einen Wert zwischen a_2 und b_2 annimmt, läßt sich mit Hilfe der Verteilungsfunktion $F(x; y)$ wie folgt berechnen ($a_1 < b_1$, $a_2 < b_2$):

$$P(a_1 < X \leqslant b_1; a_2 < Y \leqslant b_2) =$$
$$= F(b_1; b_2) - F(a_1; b_2) - F(b_1; a_2) + F(a_1; a_2) \qquad \text{(II-219)}$$

(vgl. hierzu Bild II-117)[33].

Anmerkungen

(1) Die *zweidimensionale* Zufallsvariable $(X; Y)$ wird häufig auch als *zweidimensionaler Zufallsvektor* bezeichnet. X und Y sind dabei die beiden *Komponenten* dieses Vektors.

(2) Man sagt auch, $F(x; y)$ beschreibe die *gemeinsame* Verteilung der Zufallsvariablen X und Y.

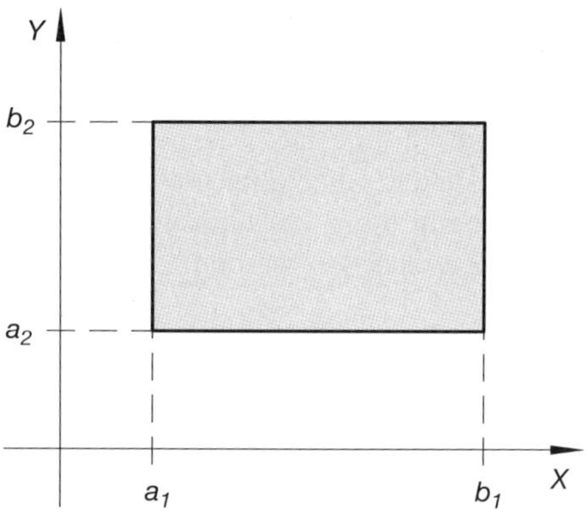

Bild II-117

[33] Sind die Zufallsvariablen X und Y beide *stetig*, so gilt diese Formel auch für den *abgeschlossenen* rechteckigen Bereich $a_1 \leqslant X \leqslant b_1$, $a_2 \leqslant Y \leqslant b_2$.

Bei den weiteren Überlegungen unterscheiden wir noch, ob die Zufallsvariablen X und Y beide *diskret* oder *stetig* sind. Die entsprechenden zweidimensionalen Verteilungen werden dann als *diskrete* bzw. *stetige* Verteilungen bezeichnet.

7.2.2 Diskrete zweidimensionale Verteilung

Eine *zweidimensionle* Zufallsvariable $(X; Y)$ heißt *diskret*, wenn *beide* Komponenten (d.h. X und Y) *diskrete* Zufallsvariable sind. Wir wollen dabei der Einfachheit halber annehmen, daß die diskreten Zufallsvariablen X und Y unabhängig voneinander die *endlich* vielen Werte

$$x_1, x_2, \ldots, x_m \quad \text{bzw.} \quad y_1, y_2, \ldots, y_n \tag{II-220}$$

durchlaufen. Mit

$$P(X = x_i; Y = y_k) = p_{ik} \tag{II-221}$$

bezeichnen wir die *Wahrscheinlichkeit* für das Eintreten des Ereignisses „$X = x_i$; $Y = y_k$“ ($i = 1, 2, \ldots, m$; $k = 1, 2, \ldots, n$). Die *zweidimensionale Verteilungstabelle* hat dann das folgende Aussehen:

X \ Y	y_1	y_2	$\ldots$	y_n	
x_1	p_{11}	p_{12}	$\ldots$	p_{1n}	p_1^*
x_2	p_{21}	p_{22}	$\ldots$	p_{2n}	p_2^*
$\vdots$	$\vdots$	$\vdots$		$\vdots$	$\vdots$
x_m	p_{m1}	p_{m2}	$\ldots$	p_{mn}	p_m^*
	p_1^{**}	p_2^{**}	$\ldots$	p_n^{**}	

Randverteilung $f_1(x)$ (rechte Spalte)

Randverteilung $f_2(y)$ (untere Zeile)

Die Wahrscheinlichkeitsverteilung der *diskreten* zweidimensionalen Zufallsvariablen $(X; Y)$ kann dann vollständig durch die wie folgt definierte *Wahrscheinlichkeitsfunktion* $f(x; y)$ beschrieben werden:

$$f(x; y) = \begin{cases} p_{ik} & \text{für} \quad x = x_i,\ y = y_k \\ 0 & \phantom{\text{für}} \quad \text{alle übrigen } (x; y) \end{cases} \tag{II-222}$$

($i = 1, 2, \ldots, m$; $k = 1, 2, \ldots, n$). Es ist stets $f(x; y) \geqslant 0$ und

$$\sum_{i=1}^{m} \sum_{k=1}^{n} f(x_i; y_k) = 1 \qquad (\textit{Normierung}) \tag{II-223}$$

Die zugehörige *Verteilungsfunktion* lautet damit:

$$F(x;\, y) = \sum_{x_i \leqslant x} \; \sum_{y_k \leqslant y} f(x_i;\, y_k) \tag{II-224}$$

Die sog. *Randverteilungen* der Zufallsvariablen X bzw. Y in der *zweidimensionalen* Zufallsvariablen $(X;\, Y)$ erhält man, indem man in der Verteilungstabelle die Einzelwahrscheinlichkeiten p_{ik} *zeilen-* bzw. *spaltenweise* aufaddiert (*grau* unterlegte Bereiche in der Verteilungstabelle). So ist

$$f_1(x) = \begin{cases} p_i^* & \\ & \text{für} \\ 0 & \end{cases} \quad \begin{array}{l} x = x_i \quad (i = 1, 2, \ldots, m) \\ \\ \text{alle übrigen } x \end{array} \tag{II-225}$$

die *Randverteilung* von X in der *zweidimensionalen* Zufallsvariablen $(X;\, Y)$ und somit die *Wahrscheinlichkeitsfunktion* der Zufallsvariablen X. Analog ist

$$f_2(y) = \begin{cases} p_k^{**} & \\ & \text{für} \\ 0 & \end{cases} \quad \begin{array}{l} y = y_k \quad (k = 1, 2, \ldots, n) \\ \\ \text{alle übrigen } y \end{array} \tag{II-226}$$

die *Randverteilung* von Y in der *zweidimensionalen* Zufallsvariablen $(X;\, Y)$, d.h. die *Wahrscheinlichkeitsfunktion* der Zufallsvariablen Y.

Wir fassen kurz zusammen:

Wahrscheinlichkeitsverteilung einer diskreten zweidimensionalen Zufallsvariablen (diskrete zweidimensionale Verteilung)

Die Wahrscheinlichkeitsverteilung einer *diskreten* zweidimensionalen Zufallsvariablen $(X;\, Y)$ läßt sich durch die normierte *Wahrscheinlichkeitsfunktion*

$$f(x;\, y) = \begin{cases} p_{ik} & \\ & \text{für} \\ 0 & \end{cases} \quad \begin{array}{l} x = x_i,\; y = y_k \\ \\ \text{alle übrigen } (x;\, y) \end{array} \tag{II-227}$$

oder durch die zugehörige *Verteilungsfunktion*

$$F(x;\, y) = \sum_{x_i \leqslant x} \; \sum_{y_k \leqslant y} f(x_i;\, y_k) \tag{II-228}$$

vollständig beschreiben (p_{ik}: Wahrscheinlichkeit dafür, daß die Zufallsvariable X den Wert x_i und die Zufallsvariable Y *gleichzeitig* den Wert y_k annimmt) ($i = 1, 2, \ldots, m;\; k = 1, 2, \ldots, n$).

Die *Randverteilungen* der Variablen X bzw. Y in der *zweidimensionalen* Verteilung erhält man, indem man in der zweidimensionalen Verteilungstabelle die Einzelwahrscheinlichkeiten p_{ik} *zeilen-* bzw. *spaltenweise* aufaddiert (*grau* unterlegte Bereiche in der Verteilungstabelle). Sie sind zugleich die *Wahrscheinlichkeitsfunktionen* $f_1(x)$ und $f_2(y)$ der diskreten *eindimensionalen* Zufallsvariablen X und Y.

Anmerkung

Alle Überlegungen und Aussagen lassen sich *sinngemäß* auch auf Verteilungen von n diskreten Zufallsvariablen $X_1, X_2, \ldots, X_n$, d.h. auf Verteilungen der diskreten *n-dimensionalen* Zufallsvariablen $(X_1; X_2; \ldots; X_n)$ (auch *n-dimensionaler Zufallsvektor* genannt) übertragen.

■ **Beispiel**

Beim *dreimaligen* Wurf einer homogenen Münze sind die folgenden acht gleichwahrscheinlichen Elementarereignisse möglich (Z: Zahl; W: Wappen):

$$ZZZ, ZZW, ZWZ, WZZ, ZWW, WZW, WWZ, WWW$$

Wir beobachten dabei die folgenden *diskreten* Zufallsvariablen:

X = *Anzahl „Zahl" beim ersten Wurf*

Y = *Anzahl „Zahl" bei drei Würfen*

Die Zufallsvariable X kann nur die beiden Werte 0 und 1 annehmen, je nachdem, ob beim 1. Wurf „Wappen" oder „Zahl" erscheint. Für die Zufallsvariable Y sind dagegen die vier Werte 0, 1, 2 und 3 möglich. Wir fassen jetzt die beiden Zufallsvariablen X und Y zu einer diskreten *zweidimensionalen* Zufallsvariablen $(X; Y)$ zusammen, ordnen dann den möglichen Wertepaaren dieser zweidimensionalen Zufallsgröße die entsprechenden Elementarereignisse zu und bestimmen schließlich die Wahrscheinlichkeiten dieser Ereignisse:

$\boxed{X = 0}$ („Wappen" beim 1. Wurf)

$Y = 0$	WWW	$\rightarrow$	$P(X = 0; Y = 0) = 1/8$
$Y = 1$	WWZ, WZW	$\rightarrow$	$P(X = 0; Y = 1) = 2/8$
$Y = 2$	WZZ	$\rightarrow$	$P(X = 0; Y = 2) = 1/8$
$Y = 3$	unmöglich	$\rightarrow$	$P(X = 0; Y = 3) = 0$

$\boxed{X = 1}$ („Zahl" beim 1. Wurf)

$Y = 0$	unmöglich	$\rightarrow$	$P(X = 1; Y = 0) = 0$
$Y = 1$	ZWW	$\rightarrow$	$P(X = 1; Y = 1) = 1/8$
$Y = 2$	ZZW, ZWZ	$\rightarrow$	$P(X = 1; Y = 2) = 2/8$
$Y = 3$	ZZZ	$\rightarrow$	$P(X = 1; Y = 3) = 1/8$

Damit erhalten wir die folgende zweidimensionale *Verteilungstabelle*:

$X \backslash Y$	0	1	2	3	$f_1(x)$
0	$\frac{1}{8}$	$\frac{2}{8}$	$\frac{1}{8}$	0	$\frac{4}{8} = \frac{1}{2}$
1	0	$\frac{1}{8}$	$\frac{2}{8}$	$\frac{1}{8}$	$\frac{4}{8} = \frac{1}{2}$
$f_2(y)$	$\frac{1}{8}$	$\frac{3}{8}$	$\frac{3}{8}$	$\frac{1}{8}$	

Durch *zeilen-* bzw. *spaltenweise* Addition erhalten wir hieraus die Wahrscheinlichkeitsfunktionen der *Randverteilungen* von X bzw. Y in dieser zweidimensionalen Verteilung (*grau* unterlegte Bereiche). Die zugehörigen *Verteilungstabellen* lauten somit:

x_i	0	1
$f_1(x_i)$	$\frac{1}{2}$	$\frac{1}{2}$

y_k	0	1	2	3
$f_2(y_k)$	$\frac{1}{8}$	$\frac{3}{8}$	$\frac{3}{8}$	$\frac{1}{8}$

■

7.2.3 Stetige zweidimensionale Verteilung

Eine *zweidimensionale* Zufallsvariable $(X; Y)$ heißt *stetig*, wenn *beide* Komponenten (d.h. *X und Y*) *stetige* Zufallsvariable sind. In diesem Fall wird die Verteilungsfunktion wie bei der eindimensionalen Verteilung in der *Integralform*, hier also durch ein *uneigentliches Doppelintegral* definiert [34]:

$$F(x; y) = \int_{u=-\infty}^{x} \int_{v=-\infty}^{y} f(u; v)\, dv\, du \qquad \text{(II-229)}$$

Die Integrandfunktion $f(x; y) \geqslant 0$ ist dabei die normierte *Wahrscheinlichkeitsdichte* oder kurz *Dichtefunktion* der *zweidimensionalen* Wahrscheinlichkeitsverteilung. Es gilt somit:

$$\int_{x=-\infty}^{\infty} \int_{y=-\infty}^{\infty} f(x; y)\, dy\, dx = 1 \qquad \text{(II-230)}$$

[34] u und v sind Integrationsvariable.

Die Dichten der *Randverteilungen* erhalten wir durch Integration der zweidimensionalen Dichtefunktion $f(x; y)$ bezüglich der Variablen x bzw. y. Die Randverteilung der Zufallsvariablen X in der zweidimensionalen Verteilung besitzt daher die *Dichtefunktion*

$$f_1(x) = \int_{y=-\infty}^{\infty} f(x; y)\, dy \qquad \text{(II-231)}$$

Analog erhalten wir die *Dichtefunktion* der *Randverteilung* von Y in der *zweidimensionalen* Verteilung:

$$f_2(y) = \int_{x=-\infty}^{\infty} f(x; y)\, dx \qquad \text{(II-232)}$$

Wir fassen diese Ergebnisse kurz zusammen:

Wahrscheinlichkeitsverteilung einer stetigen zweidimensionalen Zufallsvariablen (stetige zweidimensionale Verteilung)

Die Wahrscheinlichkeitsverteilung einer *stetigen* zweidimensionalen Zufallsvariablen $(X; Y)$ läßt sich durch die in der Integralform dargestellte *Verteilungsfunktion*

$$F(x; y) = \int_{u=-\infty}^{x} \int_{v=-\infty}^{y} f(u; v)\, dv\, du \qquad \text{(II-233)}$$

vollständig beschreiben. Dabei ist $f(x; y) \geqslant 0$ die *normierte Dichtefunktion* der Verteilung. Die *Randverteilungen* der Zufallsvariablen X und Y in der *zweidimensionalen* Verteilung besitzen dann die folgenden *Dichten*:

Randverteilung von X

$$f_1(x) = \int_{y=-\infty}^{\infty} f(x; y)\, dy \qquad \text{(II-234)}$$

Randverteilung von Y

$$f_2(y) = \int_{x=-\infty}^{\infty} f(x; y)\, dx \qquad \text{(II-235)}$$

Anmerkungen

(1) $f_1(x)$ ist die Dichtefunktion der Zufallsvariablen X, $f_2(y)$ die Dichtefunktion der Zufallsvariablen Y.

(2) Diese Aussagen lassen sich *sinngemäß* auch auf Verteilungen einer stetigen *n-dimensionalen* Zufallsvariablen $(X_1; X_2; \ldots; X_n)$ übertragen.

■ **Beispiele**

(1) Die Dichtefunktion einer zweidimensionalen *Gleichverteilung* laute wie folgt:

$$f(x;\, y) = \begin{cases} \text{const.} = c & \\ & \text{für} \\ 0 & \end{cases} \quad \begin{array}{l} 0 \leqslant x \leqslant 2,\ 0 \leqslant y \leqslant 5 \\ \\ \text{alle übrigen } (x;\, y) \end{array}$$

(Bild II-118). Wir interessieren uns für die *Verteilungsfunktion* $F(x;\, y)$ und die Wahrscheinlichkeit $P(X \leqslant 1;\, Y \leqslant 3)$.

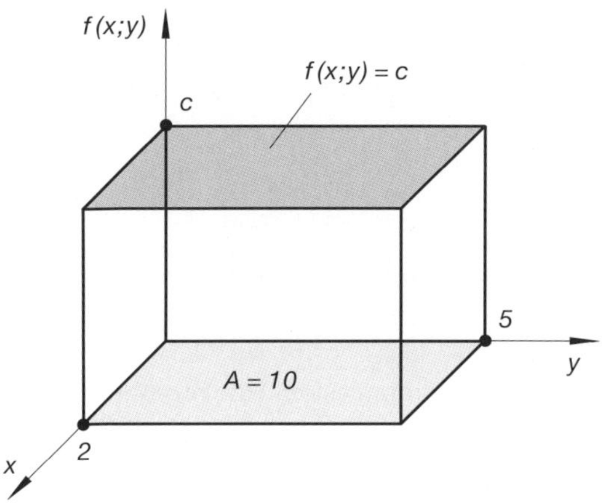

Bild II-118

Zunächst bestimmen wir die Konstante c aus der *Normierungsbedingung* (II-230):

$$\int\limits_{x=-\infty}^{\infty} \int\limits_{y=-\infty}^{\infty} f(x;\, y)\, dy\, dx = \int\limits_{x=0}^{2} \int\limits_{y=0}^{5} c\, dy\, dx = 1$$

Wir erhalten:

$$\int\limits_{x=0}^{2} \int\limits_{y=0}^{5} c\, dy\, dx = c \cdot \underbrace{\int\limits_{x=0}^{2} \int\limits_{y=0}^{5} dy\, dx}_{A\,=\,10} = 10\,c = 1$$

Denn das Doppelintegral $\int\limits_{x=0}^{2} \int\limits_{y=0}^{5} dy\, dx$ beschreibt den *Flächeninhalt* des rechteckigen Definitionsbereiches und besitzt den Wert $A = 10$ (*hellgrau* unterlegtes Rechteck in Bild II-118). Somit ist $c = 0{,}1$.

Die *Verteilungsfunktion* $F(x;\, y)$ läßt sich damit in dem rechteckigen Bereich $0 \leqslant x \leqslant 2,\ 0 \leqslant y \leqslant 5$ durch das folgende *Doppelintegral* darstellen:

$$F(x;\, y) = \int\limits_{u=0}^{x} \int\limits_{v=0}^{y} 0{,}1\, dv\, du = 0{,}1 \cdot \int\limits_{u=0}^{x} \int\limits_{v=0}^{y} dv\, du$$

Wir lösen dieses Integral schrittweise wie folgt:

Innere Integration (nach der Variablen v):

$$\int\limits_{v=0}^{y} dv = \Big[\, v \,\Big]_{v=0}^{y} = y$$

Äußere Integration (nach der Variablen u):

$$\int\limits_{u=0}^{x} y\, du = y \cdot \int\limits_{u=0}^{x} du = y \Big[\, u \,\Big]_{u=0}^{x} = xy$$

Die *Verteilungsfunktion* der zweidimensionalen Verteilung lautet daher im Bereich $0 \leqslant x \leqslant 2,\ 0 \leqslant y \leqslant 5$ wie folgt:

$$F(x;\, y) = 0{,}1\, xy$$

Die gesuchte Wahrscheinlichkeit $P(X \leqslant 1;\, Y \leqslant 3)$ beträgt dann:

$$P(X \leqslant 1;\, Y \leqslant 3) = F(1;\, 3) = 0{,}1 \cdot 1 \cdot 3 = 0{,}3$$

Die *Wahrscheinlichkeit* dafür, daß die Zufallsvariable X einen Wert annimmt, der *höchstens* gleich 1 ist und gleichzeitig die Zufallsvariable Y einen Wert, der *höchstens* gleich 3 ist, beträgt demnach 30%.

(2) Die in der gesamten x, y-Ebene definierte Dichtefunktion

$$f(x;\, y) = \frac{1}{12\pi} \cdot e^{-\frac{1}{2}\left[\left(\frac{x}{3}\right)^2 + \left(\frac{y-2}{2}\right)^2\right]}$$

liefert ein Beispiel für eine *normalverteilte* zweidimensionale Zufallsvariable $(X;\, Y)$ (sog. *zweidimensionale Normalverteilung*).

Wir bestimmen die *Dichtefunktionen* $f_1(x)$ und $f_2(y)$ der *Randverteilungen* der beiden Komponenten X und Y in dieser zweidimensionalen Verteilung. Bei der Auswertung der dabei anfallenden Integrale benutzen wir die bekannte Beziehung [35)]

$$I = \int_{-\infty}^{\infty} e^{-\frac{1}{2}t^2}\, dt = \sqrt{2\pi}$$

Dichtefunktion $f_1(x)$

$$f_1(x) = \int_{y=-\infty}^{\infty} f(x;\, y)\, dy = \frac{1}{12\pi} \cdot \int_{y=-\infty}^{\infty} e^{-\frac{1}{2}\left[\left(\frac{x}{3}\right)^2 + \left(\frac{y-2}{2}\right)^2\right]}\, dy =$$

$$= \frac{1}{12\pi} \cdot e^{-\frac{1}{2}\left(\frac{x}{3}\right)^2} \cdot \underbrace{\int_{-\infty}^{\infty} e^{-\frac{1}{2}\left(\frac{y-2}{2}\right)^2}\, dy}_{I_1}$$

Das Integral I_1 führen wir durch die *Substitution*

$$t = \frac{y-2}{2}, \qquad \frac{dt}{dy} = \frac{1}{2}, \qquad dy = 2\, dt$$

wie folgt auf das bekannte Integral I zurück (die Integrationsgrenzen bleiben dabei erhalten):

$$I_1 = \int_{-\infty}^{\infty} e^{-\frac{1}{2}\left(\frac{y-2}{2}\right)^2}\, dy = \int_{-\infty}^{\infty} e^{-\frac{1}{2}t^2} \cdot 2\, dt = 2 \cdot \underbrace{\int_{-\infty}^{\infty} e^{-\frac{1}{2}t^2}\, dt}_{I} =$$

$$= 2I = 2\sqrt{2\pi}$$

Somit ist

$$f_1(x) = \frac{1}{12\pi} \cdot e^{-\frac{1}{2}\left(\frac{x}{3}\right)^2} \cdot 2\sqrt{2\pi} = \frac{1}{\sqrt{18\pi}} \cdot e^{-\frac{1}{18}x^2}$$

die *Dichtefunktion der* Zufallsvariablen X.

---

35) Es handelt sich um die (umgeformte) *Normierungsbedingung* (II-171) für die Dichtefunktion der Standardnormalverteilung.

Dichtefunktion $f_2(y)$

$$f_2(y) = \int_{x=-\infty}^{\infty} f(x;\, y)\, dx = \frac{1}{12\pi} \cdot \int_{x=-\infty}^{\infty} \mathrm{e}^{-\frac{1}{2}\left[\left(\frac{x}{3}\right)^2 + \left(\frac{y-2}{2}\right)^2\right]}\, dx =$$

$$= \frac{1}{12\pi} \cdot \mathrm{e}^{-\frac{1}{2}\left(\frac{y-2}{2}\right)^2} \cdot \underbrace{\int_{-\infty}^{\infty} \mathrm{e}^{-\frac{1}{2}\left(\frac{x}{3}\right)^2}\, dx}_{I_2}$$

Mit der *Substitution*

$$t = \frac{x}{3}, \qquad \frac{dt}{dx} = \frac{1}{3}, \qquad dx = 3\, dt$$

erhalten wir dann (die Integrationsgrenzen bleiben dabei *unverändert*):

$$I_2 = \int_{-\infty}^{\infty} \mathrm{e}^{-\frac{1}{2}\left(\frac{x}{3}\right)^2}\, dx = \int_{-\infty}^{\infty} \mathrm{e}^{-\frac{1}{2}t^2} \cdot 3\, dt = 3 \cdot \underbrace{\int_{-\infty}^{\infty} \mathrm{e}^{-\frac{1}{2}t^2}\, dt}_{I} =$$

$$= 3\, I = 3\sqrt{2\pi}$$

Damit ist

$$f_2(y) = \frac{1}{12\pi} \cdot \mathrm{e}^{-\frac{1}{2}\left(\frac{y-2}{2}\right)^2} \cdot 3\sqrt{2\pi} = \frac{1}{\sqrt{8\pi}} \cdot \mathrm{e}^{-\frac{1}{2}\left(\frac{y-2}{2}\right)^2}$$

die *Dichtefunktion* der zweiten Komponente *Y*. ■

7.3 Stochastisch unabhängige Zufallsvariable

Häufig werden bei einem Zufallsexperiment *zwei* Größen oder Merkmale X und Y gleichzeitig beobachtet, deren einzelne Ergebnisse jedoch völlig *unabhängig voneinander* sind. Der beobachtete Wert der einen Zufallsvariablen hat also *keinerlei* Einfluß auf den beobachteten Wert der anderen Zufallsvariablen. Wir geben zunächst ein einfaches Beispiel.

■ **Beispiel**

Beim Würfeln mit *unterscheidbaren* homogenen Würfeln können die beiden Zufallsvariablen

$X =$ *Augenzahl des 1. Würfels*

und

$Y =$ *Augenzahl des 2. Würfels*

unabhängig voneinander jeden der insgesamt 6 Werte 1, 2, 3, 4, 5 und 6 annehmen. Die Augenzahl des einen Würfels ist dabei vollkommen *unabhängig* davon, *welches* Ergebnis der andere Würfel bringt. Es handelt sich also um *voneinander unabhängige* Ergebnisse. ■

Diese Überlegungen führen uns zu dem wie folgt definierten Begriff der *stochastischen Unabhängigkeit* von Zufallsvariablen.

Definition: Die Zufallsvariablen X und Y mit den Verteilungsfunktionen $F_1(x)$ und $F_2(y)$ und der *gemeinsamen* zweidimensionalen Verteilungsfunktion $F(x;\, y)$ heißen *stochastisch unabhängig*, wenn die Bedingung

$$F(x;\, y) = F_1(x) \cdot F_2(y) \qquad \text{(II-236)}$$

für *alle* $(x;\, y)$ erfüllt ist.

Anmerkungen

(1) Ist die Bedingung (II-236) jedoch *nicht* erfüllt, so heißen die Zufallsvariablen *stochastisch abhängig*.

(2) Die Bedingung (II-236) bedeutet, daß die beiden *Ereignisse* „$X \leqslant x$" und „$Y \leqslant y$" *stochastisch unabhängig* sind (vgl. hierzu Abschnitt 3.6 über *stochastisch unabhängige* Ereignisse).

(3) Sind X und Y *stochastisch unabhängige* Zufallsvariable, so gilt für die zugehörigen *Wahrscheinlichkeits-* bzw. *Dichtefunktionen* die folgende Beziehung:

$$f(x;\, y) = f_1(x) \cdot f_2(y) \qquad \text{(II-237)}$$

Sie ist eine *notwendige* und *hinreichende* Bedingung für die *stochastische Unabhängigkeit* der Zufallsvariablen X und Y.

(4) Der Begriff der *stochastischen Unabhängigkeit* läßt sich auch auf n Zufallsvariable ausdehnen. Die Zufallsvariablen $X_1, X_2, \ldots, X_n$ mit den *Verteilungsfunktionen* $F_1(x_1), F_2(x_2), \ldots, F_n(x_n)$ und der *gemeinsamen n-dimensionalen Verteilungsfunktion* $F(x_1; x_2; \ldots; x_n)$ heißen *stochastisch unabhängig*, wenn die Beziehung

$$F(x_1; x_2; \ldots; x_n) = F_1(x_1) \cdot F_2(x_2) \ldots F_n(x_n) \qquad \text{(II-238)}$$

für *alle* $(x_1; x_2; \ldots; x_n)$ erfüllt ist.

Die Bedingung

$$f(x_1; x_2; \ldots; x_n) = f_1(x_1) \cdot f_2(x_2) \ldots f_n(x_n) \qquad \text{(II-239)}$$

für die zugehörigen *Wahrscheinlichkeits-* bzw. *Dichtefunktionen* ist dabei *notwendig und hinreichend* für die *stochastische Unabhängigkeit* der n Zufallsvariablen $X_1, X_2, \ldots, X_n$.

(5) In der Praxis ist es oft sehr mühsam und schwierig, die stochastische Unabhängigkeit zweier Zufallsvariabler anhand der Bedingung (II-236) nachzuweisen. In vielen Fällen jedoch läßt sich die Unabhängigkeit *logisch begründen.*

■ **Beispiele**

(1) In einer Urne befinden sich drei weiße und zwei schwarze Kugeln (Bild II-119). Wir entnehmen ihr nacheinander

Bild II-119

zufällig zwei Kugeln und beobachten dabei die wie folgt definierten *diskreten* Zufallsvariablen:

X = *Farbe der bei der 1. Ziehung erhaltenen Kugel*

Y = *Farbe der bei der 2. Ziehung erhaltenen Kugel*

Wir vereinbaren: Wird eine *weiße* Kugel gezogen, so besitzt die entsprechende Zufallsvariable den Wert 0, bei der Ziehung einer *schwarzen* Kugel den Wert 1.

Im weiteren Verlauf müssen wir noch unterscheiden, ob die Ziehung der Kugeln *mit* oder *ohne* Zurücklegen erfolgen soll.

1. Fall: Ziehung mit Zurücklegen

Wir können dieses Zufallsexperiment durch den folgenden *Ereignisbaum* beschreiben (Bild II-120):

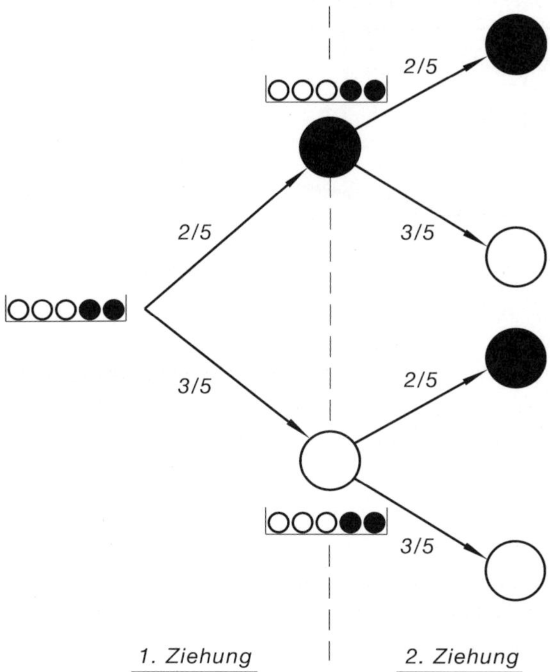

Bild II-120
Ereignisbaum bei einer Ziehung *mit* Zurücklegen

$p(\bigcirc\bigcirc) = \frac{3}{5} \cdot \frac{3}{5} = \frac{9}{25} = 0{,}36$ $\qquad p(\bigcirc\bullet) = \frac{3}{5} \cdot \frac{2}{5} = \frac{6}{25} = 0{,}24$

$p(\bullet\bigcirc) = \frac{2}{5} \cdot \frac{3}{5} = \frac{6}{25} = 0{,}24$ $\qquad p(\bullet\bullet) = \frac{2}{5} \cdot \frac{2}{5} = \frac{4}{25} = 0{,}16$

Die *gemeinsame* Wahrscheinlichkeitsfunktion $f(x;\, y)$ besitzt damit die folgenden Werte:

$$f(0;0) = p(\bigcirc\bigcirc) = 0{,}36$$
$$f(0;1) = p(\bigcirc\bullet) = 0{,}24$$
$$f(1;0) = p(\bullet\bigcirc) = 0{,}24$$
$$f(1;1) = p(\bullet\bullet) = 0{,}16$$

Die *Verteilungstabelle* der *zweidimensionalen* $(X; Y)$-Verteilung besitzt daher das folgende Aussehen:

	$X \backslash Y$	○ 0	● 1	
○	0	0,36	0,24	0,6
●	1	0,24	0,16	0,4
		0,6	0,4	

(Randspalte: $f_1(x)$; Randzeile: $f_2(y)$)

Die durch *zeilen-* bzw. *spaltenweise* Addition erhaltenen *Randverteilungen* liefern uns die Wahrscheinlichkeitsfunktionen $f_1(x)$ und $f_2(y)$ der beiden Zufallsvariablen X und Y und sind in der Verteilungstabelle jeweils *grau* unterlegt. Sie lauten also:

x	0	1
$f_1(x)$	0,6	0,4

y	0	1
$f_2(y)$	0,6	0,4

Wir vermuten dabei, daß die beiden Zufallsvariablen X und Y *stochastisch unabhängig* sind und begründen dies inhaltlich wie folgt: Da die bei der 1. Ziehung entnommene Kugel (ob weiß oder schwarz) *vor* der 2. Ziehung in die Urne *zurückgelegt* wird, haben wir bei *beiden* Ziehungen exakt die *gleiche* Ausgangslage. In der Urne befinden sich in beiden Fällen jeweils drei weiße und zwei schwarze Kugeln. Das Ergebnis der 2. Ziehung muß daher vom Ergebnis der 1. Ziehung *unabhängig* sein.

Zu dem *gleichen* Ergebnis kommen wir, in dem wir die für die stochastische Unabhängigkeit *hinreichende* Bedingung $f(x; y) = f_1(x) \cdot f_2(y)$ für *alle* Wertepaare überprüfen:

$$f(0; 0) = 0{,}36 \qquad f_1(0) \cdot f_2(0) = 0{,}6 \cdot 0{,}6 = 0{,}36 = f(0; 0)$$

$$f(0; 1) = 0{,}24 \qquad f_1(0) \cdot f_2(1) = 0{,}6 \cdot 0{,}4 = 0{,}24 = f(0; 1)$$

$$f(1; 0) = 0{,}24 \qquad f_1(1) \cdot f_2(0) = 0{,}4 \cdot 0{,}6 = 0{,}24 = f(1; 0)$$

$$f(1; 1) = 0{,}16 \qquad f_1(1) \cdot f_2(1) = 0{,}4 \cdot 0{,}4 = 0{,}16 = f(1; 1)$$

Die *hinreichende* Bedingung ist somit *erfüllt*, die beiden Zufallsvariablen X und Y sind daher *stochastisch unabhängig*.

2. Fall: Ziehung ohne Zurücklegen

Wir erhalten diesmal den in Bild II-121 dargestellten *Ereignisbaum*:

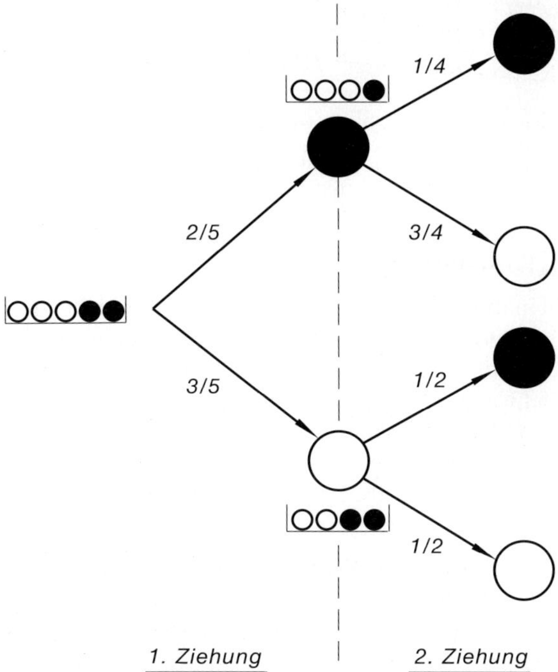

Bild II-121
Ereignisbaum
bei einer Ziehung
ohne Zurücklegen

$$p(\bigcirc\bigcirc) = \frac{3}{5} \cdot \frac{1}{2} = \frac{3}{10} = 0{,}3 \qquad p(\bigcirc\bullet) = \frac{3}{5} \cdot \frac{1}{2} = \frac{3}{10} = 0{,}3$$

$$p(\bullet\bigcirc) = \frac{2}{5} \cdot \frac{3}{4} = \frac{6}{20} = 0{,}3 \qquad p(\bullet\bullet) = \frac{2}{5} \cdot \frac{1}{4} = \frac{2}{20} = 0{,}1$$

Dies führt zu der folgenden *Verteilungstabelle*:

		○	●	
	$X \backslash Y$	0	1	
○	0	0,3	0,3	0,6
●	1	0,3	0,1	0,4
		0,6	0,4	

$f_1(x)$ (Randverteilung, rechte Spalte)

$f_2(y)$ (Randverteilung, untere Zeile)

Die *grau* unterlegten *Randverteilungen* ergeben die folgenden *Wahrscheinlichkeitsfunktionen* für die beiden Zufallsvariablen X und Y:

x	0	1
$f_1(x)$	0,6	0,4

y	0	1
$f_2(y)$	0,6	0,4

Die Zufallsvariablen sind diesmal jedoch *stochastisch abhängig*. Denn wegen

$$f(0;0) = 0{,}3 \qquad \text{und} \qquad f_1(0) \cdot f_2(0) = 0{,}6 \cdot 0{,}6 = 0{,}36$$

und somit

$$f(0;0) \neq f_1(0) \cdot f_2(0)$$

ist die für die Unabhängigkeit *notwendige* (und hinreichende) Bedingung $f(x;y) = f_1(x) \cdot f_2(y)$ *nicht überall* erfüllt. Wir geben dafür die folgende *logische* Erklärung: *Vor* der 2. Ziehung befinden sich in der Urne *entweder* zwei weiße und zwei schwarze Kugeln *oder* drei weiße und eine schwarze Kugel, je nachdem, ob beim erstenmal eine *weiße* oder eine *schwarze* Kugel gezogen wurde. Der Ausgangszustand der Urne vor der 2. Ziehung hängt somit noch vom *Ergebnis* der 1. Ziehung ab. Die Zufallsvariablen X und Y sind daher *stochastisch abhängig*, sie beschreiben also *stochastisch abhängige* Ereignisse.

(2) Ein Sportschütze versucht, das Zentrum einer Zielscheibe zu treffen. Wir nehmen nun an, daß der Einschuß an der Stelle P auf der Scheibe erfolge. Die Lage dieses Punktes fixieren wir durch die *kartesischen* Koordinaten X und Y, wobei wir das Scheibenzentrum als Koordinatenursprung gewählt haben (Bild II-122). Diese Koordinaten beschreiben dann die *Abweichungen* vom angestrebten Ziel in horizontaler bzw. vertikaler Richtung und können als zwei *normalverteilte* stetige Zufallsvariable mit den Mittelwerten $\mu_1 = \mu_2 = 0$ und den (unbekannten) Standardabweichungen σ_1 und σ_2 betrachtet werden. Die Lage des Einschußpunktes P wird also durch eine *zweidimensionale* Zufallsvariable $(X; Y)$ mit normalverteilten Komponenten festgelegt.

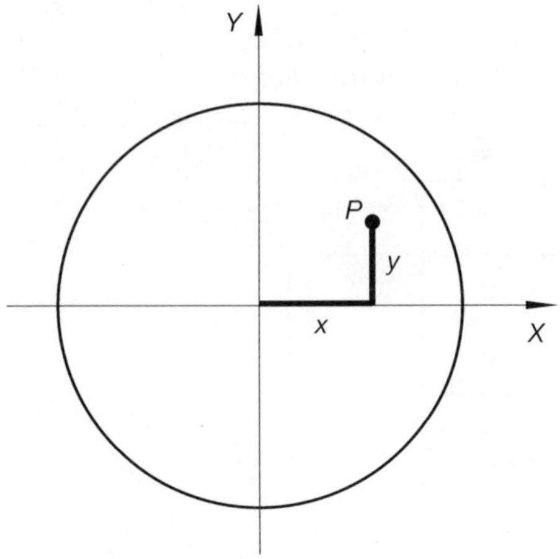

Bild II-122

Der Einschußpunkt P auf der Zielscheibe läßt sich durch die beiden Koordinaten X und Y beschreiben, die hier als *Zufallsvariable* aufzufassen sind

Die zugehörigen Dichtefunktionen $f_1(x)$ und $f_2(y)$ der *normalverteilten* Koordinaten X und Y lauten somit:

$$f_1(x) = \frac{1}{\sqrt{2\pi} \cdot \sigma_1} \cdot e^{-\frac{1}{2}\left(\frac{x}{\sigma_1}\right)^2} \qquad (-\infty < x < \infty)$$

$$f_2(y) = \frac{1}{\sqrt{2\pi} \cdot \sigma_2} \cdot e^{-\frac{1}{2}\left(\frac{y}{\sigma_2}\right)^2} \qquad (-\infty < y < \infty)$$

Ferner können wir davon ausgehen, daß die Abweichungen X und Y völlig *unabhängig voneinander* sind und sich gegenseitig *nicht* beeinflussen. Mit anderen Worten: Wir dürfen die kartesischen Koordinaten X und Y als *stochastisch unabhängige* Zufallsvariable auffassen. Die *gemeinsame* Dichtefunktion $f(x;\, y)$ der *zweidimensionalen* Verteilung erhalten wir daher, in dem wir die Dichten $f_1(x)$ und $f_2(y)$ der beiden eindimensionalen Komponenten X und Y miteinander *multiplizieren*:

$$f(x;\, y) = f_1(x) \cdot f_2(y) =$$

$$= \left(\frac{1}{\sqrt{2\pi} \cdot \sigma_1} \cdot e^{-\frac{1}{2}\left(\frac{x}{\sigma_1}\right)^2}\right) \cdot \left(\frac{1}{\sqrt{2\pi} \cdot \sigma_2} \cdot e^{-\frac{1}{2}\left(\frac{y}{\sigma_2}\right)^2}\right) =$$

$$= \frac{1}{2\pi\sigma_1\sigma_2} \cdot e^{-\frac{1}{2}\left(\frac{x^2}{\sigma_1^2} + \frac{y^2}{\sigma_2^2}\right)}$$

■

7.4 Funktionen von mehreren Zufallsvariablen

Ordnet man den beiden Zufallsvariablen X und Y durch eine eindeutige Vorschrift, z.B. in Form einer Gleichung vom Typ $Z = g(X;\, Y)$ eine neue Variable Z zu, so stellt diese von X und Y abhängige *Funktion* ebenfalls eine *Zufallsvariable* dar. Die *Wahrscheinlichkeitsverteilung* dieser Zufallsvariablen Z läßt sich dabei wiederum durch eine *Wahrscheinlichkeits-* bzw. *Dichtefunktion* $f(z)$ oder aber durch eine *Verteilungsfunktion* $F(z)$ vollständig beschreiben. Es stellt sich dann das folgende Problem:

> Wie ermittelt man in einem konkreten Fall die Funktionen $f(z)$ und $F(z)$ aus der als *bekannt* vorausgesetzten Wahrscheinlichkeits- bzw. Dichtefunktion $f(x;\, y)$ der *zweidimensionalen* Zufallsvariablen $(X;\, Y)$ und der *vorgegebenen* Funktionsgleichung $Z = g(X;\, Y)$?

Wir zeigen die Vorgehensweise an einem einfachen Beispiel.

■ **Beispiel**

Beim Wurf zweier *unterscheidbarer* homogener Würfel (Standardbeispiel 2 aus Abschnitt 2.1) beobachten wir die beiden *stochastisch unabhängigen* Zufallsvariablen

$X =$ *Augenzahl des 1. Würfels*

und

$Y =$ *Augenzahl des 2. Würfels*

Dann ist die *Summe*

$$Z = X + Y$$

eine von X und Y abhängige *Zufallsvariable* (*Funktion*), durch die die beim Wurf beobachtete *Augensumme* beschrieben wird. Z ist dabei wie X und Y eine *diskrete* Zufallsvariable und durchläuft alle ganzzahligen Werte von $z = 2$ bis hin zu $z = 12$. Die insgesamt $6^2 = 36$ möglichen Augenpaare $(X; Y)$ (*Elementarereignisse*) treten dabei alle mit der *gleichen* Wahrscheinlichkeit von $1/36$ auf. Die zweidimensionale Zufallsvariable $(X; Y)$ besitzt somit die folgende *Wahrscheinlichkeitsfunktion*:

$$f(x; y) = \begin{cases} \dfrac{1}{36} & \text{für} \quad x, y = 1, 2, \ldots, 6 \\ 0 & \qquad \text{alle übrigen} \quad (x; y) \end{cases}$$

Die 36 Elementarereignisse (1; 1), (1; 2), (1; 3), ..., (6; 5), (6; 6), lassen sich dabei den möglichen z-Werten wie folgt zuordnen:

z	2	3	4	5	6	7	8	9	10	11	12
	(1;1)	(1;2) (2;1)	(1;3) (2;2) (3;1)	(1;4) (2;3) (3;2) (4;1)	(1;5) (2;4) (3;3) (4;2) (5;1)	(1;6) (2;5) (3;4) (4;3) (5;2) (6;1)	(2;6) (3;5) (4;4) (5;3) (6;2)	(3;6) (4;5) (5;4) (6;3)	(4;6) (5;5) (6;4)	(5;6) (6;5)	(6;6)
absolute Häufigkeit	1	2	3	4	5	6	5	4	3	2	1
$f(z)$	$\frac{1}{36}$	$\frac{2}{36}$	$\frac{3}{36}$	$\frac{4}{36}$	$\frac{5}{36}$	$\frac{6}{36}$	$\frac{5}{36}$	$\frac{4}{36}$	$\frac{3}{36}$	$\frac{2}{36}$	$\frac{1}{36}$

Die in der vorletzten, *hellgrau* unterlegten Zeile festgestellte *absolute* Häufigkeit gibt dabei an, durch wieviel verschiedene Elementarereignisse (geordnete Augenpaare) sich ein vorgegebener Summenwert z zwischen $z = 2$ und $z = 12$ realisieren läßt. Dividiert man diese Zahlen noch durch die Anzahl der insgesamt möglichen Augenpaare, also durch 36, so erhält man die *Wahrscheinlichkeiten* für die verschiedenen möglichen Werte der abhängigen Zufallsvariablen Z. Die letzte (*dunkelgrau* unterlegte) Zeile ist somit die *tabellarische* Darstellung der gesuchten *Wahrscheinlichkeitsfunktion* $f(z)$ (für alle übrigen z ist $f(z) = 0$). ■

Analog wird durch die Funktionsgleichung

$$Z = g(X_1; X_2; \ldots; X_n) \tag{II-240}$$

eine neue Zufallsvariable Z definiert, die eine *Funktion* der n Zufallsvariablen $X_1, X_2, \ldots, X_n$ darstellt.

7.5 Summen und Produkte von Zufallsvariablen

In den Anwendungen treten häufig Zufallsvariable auf, die als *Summe* oder *Produkt* von Zufallsvariablen darstellbar sind. Mit ihren Eigenschaften, insbesondere mit ihren Mittelwerten und Varianzen wollen wir uns in diesem Abschnitt beschäftigen.

7.5.1 Additionssatz für Mittelwerte

X und Y seien zwei diskrete oder stetige Zufallsvariable mit den Mittelwerten $E(X) = \mu_X$ und $E(Y) = \mu_Y$. Dann ist die aus ihnen gebildete *Summe* $Z = X + Y$ ebenfalls eine *Zufallsvariable* mit dem Mittelwert

$$E(Z) = E(X + Y) = E(X) + E(Y) \tag{II-241}$$

oder – in anderer Schreibweise –

$$\mu_Z = \mu_X + \mu_Y \tag{II-242}$$

Dies ist der sog. *Additionssatz für Mittelwerte.* Er lautet in allgemeiner Form wie folgt:

Additionssatz für Mittelwerte (Mittelwert einer Summe von Zufallsvariablen)

Der *Mittelwert* einer aus n (diskreten oder stetigen) Zufallsvariablen $X_1, X_2, \ldots, X_n$ gebildeten *Summe*

$$Z = X_1 + X_2 + \ldots + X_n \tag{II-243}$$

ist gleich der *Summe* der *Mittelwerte* der einzelnen Zufallsvariablen, sofern diese existieren:

$$E(Z) = E(X_1 + X_2 + \ldots + X_n) = E(X_1) + E(X_2) + \ldots + E(X_n) \tag{II-244}$$

oder – in anderer Schreibweise –

$$\mu_Z = \mu_1 + \mu_2 + \ldots + \mu_n \tag{II-245}$$

Dabei bedeuten:

$E(X_i) = \mu_i$: Erwartungs- oder Mittelwert der Zufallsvariablen X_i $(i = 1, 2, \ldots, n)$

$E(Z) = \mu_Z$: Erwartungs- oder Mittelwert der Summe $Z = X_1 + X_2 + \ldots + X_n$

Anmerkung

Der *Additionssatz* läßt sich noch etwas allgemeiner fassen: Für eine aus n Zufallsvariablen $X_1, X_2, \ldots, X_n$ gebildete *Linearkombination* vom Typ

$$Z = a_1 X_1 + a_2 X_2 + \ldots + a_n X_n \qquad \text{(II-246)}$$

gilt:

$$E(Z) = a_1 \cdot E(X_1) + a_2 \cdot E(X_2) + \ldots + a_n \cdot E(X_n) \qquad \text{(II-247)}$$

(a_i: reelle Koeffizienten; $i = 1, 2, \ldots, n$). Wir folgern daraus: Für den Mittelwert der *Differenz* $Z = X - Y$ gilt somit:

$$E(X - Y) = E(X) - E(Y) \qquad \text{(II-248)}$$

■ **Beispiele**

(1) Die Zufallsvariablen X_1, X_2 und X_3 besitzen der Reihe nach die *Mittel-* oder *Erwartungswerte* $\mu_1 = 3$, $\mu_2 = 2$ und $\mu_3 = -1$. Mit Hilfe des *Additionssatzes für Mittelwerte* berechnen wir nun die *Mittelwerte* der folgenden Zufallsvariablen:

$$Z_1 = X_1 + X_2 + X_3 \qquad Z_2 = 2X_1 - 3X_2 + 5X_3$$

$$Z_3 = 5(X_1 + X_3) + X_2 \qquad Z_4 = 2(X_1 - 3X_2) + 3X_3$$

Wir erhalten der Reihe nach:

$$E(Z_1) = \mu_1 + \mu_2 + \mu_3 = 3 + 2 - 1 = 4$$

$$E(Z_2) = 2\mu_1 - 3\mu_2 + 5\mu_3 = 2 \cdot 3 - 3 \cdot 2 + 5 \cdot (-1) = -5$$

$$E(Z_3) = 5(\mu_1 + \mu_3) + \mu_2 = 5(3 - 1) + 2 = 12$$

$$E(Z_4) = 2(\mu_1 - 3\mu_2) + 3\mu_3 = 2(3 - 3 \cdot 2) + 3 \cdot (-1) = -9$$

(2) Beim Zufallsexperiment „*Würfeln mit zwei unterscheidbaren homogenen Würfeln*“ interessieren wir uns für die Zufallsvariable

$Z =$ *Augensumme beider Würfel*

die als *Summe* der beiden Zufallsvariablen

$X =$ *Augenzahl des 1. Würfels*

und

$Y =$ *Augenzahl des 2. Würfels*

darstellbar ist. Die Zufallsvariablen X und Y besitzen dabei nach Beispiel 2 aus Abschnitt 5.1.2 die *Mittelwerte* $\mu_X = 3{,}5$ und $\mu_Y = 3{,}5$. Aus dem *Additionssatz* (II-245) folgt dann für den Mittelwert der *Summe* $Z = X + Y$:

$$\mu_Z = \mu_X + \mu_Y = 3{,}5 + 3{,}5 = 7$$

(in Übereinstimmung mit dem Ergebnis aus Beispiel 1 in Abschnitt 5.3). ■

7.5.2 Multiplikationssatz für Mittelwerte

Wir gehen zunächst wiederum von zwei diskreten oder stetigen Zufallsvariablen X und Y mit den Mittelwerten $E(X) = \mu_X$ und $E(Y) = \mu_Y$ aus, interessieren uns diesmal aber für den Mittelwert des *Produktes* $Z = X \cdot Y$. Es läßt sich dann zeigen, daß im allgemeinen die folgende Ungleichung gilt:

$$E(Z) = E(X \cdot Y) \neq E(X) \cdot E(Y) \qquad \text{(II-249)}$$

Sind die beiden Zufallsvariablen jedoch *stochastisch unabhängig*, so geht die Ungleichung in eine Gleichung über und wir erhalten den sog. *Multiplikationssatz für Mittelwerte* in der speziellen Form

$$E(Z) = E(X \cdot Y) = E(X) \cdot E(Y) \qquad \text{(II-250)}$$

oder – in anderer Schreibweise –

$$\mu_Z = \mu_X \cdot \mu_Y \qquad \text{(II-251)}$$

Er läßt sich wie folgt verallgemeinern:

Multiplikationssatz für Mittelwerte (Mittelwert eines Produktes von stochastisch unabhängigen Zufallsvariablen)

Der *Mittelwert* eines aus n *stochastisch unab*hängigen (diskreten oder stetigen) Zufallsvariablen $X_1, X_2, \ldots, X_n$ gebildeten *Produktes*

$$Z = X_1 \cdot X_2 \ldots X_n \qquad \text{(II-252)}$$

ist gleich dem *Produkt* der *Mittelwerte* der einzelnen Zufallsvariablen, sofern diese existieren:

$$E(Z) = E(X_1 \cdot X_2 \ldots X_n) = E(X_1) \cdot E(X_2) \ldots E(X_n) \qquad \text{(II-253)}$$

oder – in anderer Schreibweise –

$$\mu_Z = \mu_1 \cdot \mu_2 \ldots \mu_n \qquad \text{(II-254)}$$

Dabei bedeuten:

$E(X_i) = \mu_i$: Erwartungs- oder Mittelwert der Zufallsvariablen X_i $(i = 1, 2, \ldots, n)$

$E(Z) = \mu_Z$: Erwartungs- oder Mittelwert des *Produktes* $Z = X_1 \cdot X_2 \ldots X_n$

Anmerkung

Man beachte, daß der Multiplikationssatz für Mittelwerte nur für *stochastisch unabhängige* Zufallsvariable gilt.

■ **Beispiele**

(1) Beim „*Würfeln mit zwei unterscheidbaren homogenen Würfeln*" betrachten wir wiederum die beiden *stochastisch unabhängigen* Zufallsvariablen

$X =$ *Augenzahl des 1. Würfels*

und

$Y =$ *Augenzahl des 2. Würfels*

Dann ist auch das *Produkt* $Z = X \cdot Y$ eine Zufallsvariable mit der folgenden Bedeutung:

$Z =$ *Produkt der Augenzahlen beider Würfel*

Unser Interesse gilt fortan dem *Mittelwert* $\mu_Z = E(Z)$ dieses Produktes, wobei wir zwei *verschiedene* Lösungswege einschlagen werden.

1. Lösungsweg: *Berechnung des Mittelwertes μ_Z mit Hilfe der Wahrscheinlichkeitsfunktion $f(z)$*

Für die Zufallsvariable $Z = X \cdot Y$ sind nur bestimmte ganzzahlige Werte zwischen $z = 1$ (*kleinster* Wert) und $z = 36$ (*größter* Wert) möglich. Die insgesamt $6^2 = 36$ verschiedenen geordneten Augenpaare $(X; Y)$ (*Elementarereignisse*) treten dabei mit der *gleichen* Wahrscheinlichkeit $f(x; y) = 1/36$ auf. Wir stellen nun bei jedem der möglichen Augenpaare den jeweiligen Produktwert $z = x \cdot y$ fest und ordnen dann die Augenpaare den möglichen z-Werten wie folgt zu:

z_i	1	2	3	4	5	6	7	8	9
	(1; 1)	(1; 2) (2; 1)	(1; 3) (3; 1)	(1; 4) (2; 2) (4; 1)	(1; 5) (5; 1)	(1; 6) (2; 3) (3; 2) (6; 1)		(2; 4) (4; 2)	(3; 3)

z_i	10	11	12	13	14	15	16	17	18
	(2; 5) (5; 2)		(2; 6) (3; 4) (4; 3) (6; 2)			(3; 5) (5; 3)	(4; 4)		(3; 6) (6; 3)

z_i	19	20	21	22	23	24	25	26	27
		(4; 5) (5; 4)				(4; 6) (6; 4)	(5; 5)		

z_i	28	29	30	31	32	33	34	35	36
			(5; 6) (6; 5)						(6; 6)

Es treten genau 18 *verschiedene* Produktwerte auf. Wir erhalten damit die folgende *Häufigkeits- bzw. Verteilungstabelle*:

z_i	1	2	3	4	5	6	8	9	10
absolute Häufigkeit	1	2	2	3	2	4	2	1	2
$f(z_i)$	$\frac{1}{36}$	$\frac{2}{36}$	$\frac{2}{36}$	$\frac{3}{36}$	$\frac{2}{36}$	$\frac{4}{36}$	$\frac{2}{36}$	$\frac{1}{36}$	$\frac{2}{36}$

z_i	12	15	16	18	20	24	25	30	36
absolute Häufigkeit	4	2	1	2	2	2	1	2	1
$f(z_i)$	$\frac{4}{36}$	$\frac{2}{36}$	$\frac{1}{36}$	$\frac{2}{36}$	$\frac{2}{36}$	$\frac{2}{36}$	$\frac{1}{36}$	$\frac{2}{36}$	$\frac{1}{36}$

Die *grau* unterlegte letzte Zeile enthält die *Wahrscheinlichkeit* für das Auftreten der verschiedenen z-Werte und ist somit die *tabellarische* Darstellung der *Wahrscheinlichkeitsfunktion* $f(z)$. Mit ihr berechnen wir den *Mittelwert* $\mu_Z = E(Z)$ gemäß der Definitionsformel (II-97):

$$\mu_Z = E(Z) = \sum_i z_i \cdot f(z_i) =$$

$$= 1 \cdot \frac{1}{36} + 2 \cdot \frac{2}{36} + 3 \cdot \frac{2}{36} + \ldots + 36 \cdot \frac{1}{36} = \frac{441}{36} = 12{,}25$$

2. Lösungsweg: *Berechnung des Mittelwertes μ_Z mit Hilfe des Multiplikationssatzes für Mittelwerte*

Da die Zufallsvariablen X und Y *stochastisch unabhängig* sind, können wir den *Multiplikationssatz für Mittelwerte* anwenden. Er liefert uns unter Beachtung von $\mu_X = \mu_Y = 3{,}5$ das bereits vom 1. Lösungsweg her bekannte Ergebnis, allerdings auf einem wesentlich *kürzeren* Wege:

$$\mu_Z = \mu_X \cdot \mu_Y = 3{,}5 \cdot 3{,}5 = 12{,}25$$

Dabei haben wir uns auf das Beispiel (2) aus Abschnitt 5.1.2 gestützt, in dem die *mittlere* Augenzahl beim „*Wurf mit einem homogenen Würfel*" berechnet wurde (Ergebnis: $\mu = 3{,}5$).

(2) Die *stochastisch unabhängigen* Zufallsvariablen X_1, X_2 und X_3 besitzen der Reihe nach die *Mittel-* oder *Erwartungswerte* $\mu_1 = 2$, $\mu_2 = 4$ und $\mu_3 = -5$. Wir wollen mit dem *Multiplikationssatz für Mittelwerte* (und teilweise auch unter Verwendung des *Additionssatzes*) die *Mittelwerte* der folgenden Zufallsvariablen berechnen:

$$Z_1 = X_1 \cdot X_2 \cdot X_3 \qquad Z_2 = X_3(X_2 - X_1)$$

$$Z_3 = (X_1 + 2X_2)(X_1 + X_3) \qquad Z_4 = \frac{1}{100} \cdot X_1^3 \cdot X_2 \cdot X_3^2$$

Das Ergebnis lautet dann wie folgt:

$$E(Z_1) = \mu_1 \cdot \mu_2 \cdot \mu_3 = 2 \cdot 4 \cdot (-5) = -40$$

$$E(Z_2) = \mu_3(\mu_2 - \mu_1) = -5(4-2) = -10$$

$$E(Z_3) = (\mu_1 + 2\mu_2)(\mu_1 + \mu_3) = (2 + 2 \cdot 4)(2-5) = -30$$

$$E(Z_4) = \frac{1}{100} \cdot \mu_1^3 \cdot \mu_2 \cdot \mu_3^2 = \frac{1}{100} \cdot (2)^3 \cdot 4 \cdot (-5)^2 = 8$$

■

7.5.3 Additionssatz für Varianzen

Für die *Varianz* σ_Z^2 einer *Summe* $Z = X + Y$ läßt sich die allgemein gültige Beziehung

$$\sigma_Z^2 = \sigma_X^2 + \sigma_Y^2 + 2\sigma_{XY} \qquad \text{(II-255)}$$

herleiten. Dabei sind σ_X^2 und σ_Y^2 die *Varianzen* der beiden Zufallsvariablen X und Y und σ_{XY} die als *Kovarianz* der Zufallsvariablen X und Y bezeichnete Größe

$$\sigma_{XY} = E(X \cdot Y) - E(X) \cdot E(Y) \qquad \text{(II-256)}$$

Für *stochastisch unabhängige* Zufallsvariable X und Y jedoch gilt nach dem *Multiplikationssatz für Mittelwerte*

$$E(X \cdot Y) = E(X) \cdot E(Y) \qquad \text{(II-257)}$$

und somit $\sigma_{XY} = 0$.

In diesem Sonderfall *stochastisch unabhängiger* Zufallsvariabler nimmt der sog. *Additionssatz für Varianzen* die *spezielle* Form

$$\sigma_Z^2 = \sigma_X^2 + \sigma_Y^2 \qquad \text{(II-258)}$$

an. Er läßt sich wie folgt verallgemeinern:

Additionssatz für Varianzen (Varianz einer Summe von stochastisch unabhängigen Zufallsvariablen)

Die *Varianz* einer aus *n stochastisch unabhängigen* (diskreten oder stetigen) Zufallsvariablen $X_1, X_2, \ldots, X_n$ gebildeten *Summe*

$$Z = X_1 + X_2 + \ldots + X_n \qquad \text{(II-259)}$$

ist gleich der *Summe* der *Varianzen* der einzelnen Zufallsvariablen, sofern diese existieren:

$$\mathrm{Var}(Z) = \mathrm{Var}(X_1 + X_2 + \ldots + X_n) = \\ = \mathrm{Var}(X_1) + \mathrm{Var}(X_2) + \ldots + \mathrm{Var}(X_n) \qquad \text{(II-260)}$$

oder – in anderer Schreibweise –

$$\sigma_Z^2 = \sigma_1^2 + \sigma_2^2 + \ldots + \sigma_n^2 \qquad \text{(II-261)}$$

Dabei bedeuten:

$\mathrm{Var}(X_i) = \sigma_i^2$: Varianz der Zufallsvariablen X_i $(i = 1, 2, \ldots, n)$

$\mathrm{Var}(Z) = \sigma_Z^2$: Varianz der *Summe* $Z = X_1 + X_2 + \ldots + X_n$

Anmerkungen

(1) Man beachte, daß der *Additionssatz für Varianzen* nur für *stochastisch unabhängige* Zufallsvariable gilt.

(2) Dieser Additionssatz läßt sich noch etwas *allgemeiner* fassen: Für eine aus *n stochastisch unabhängigen* Zufallsvariablen $X_1, X_2, \ldots, X_n$ gebildete *Linearkombination* vom Typ

$$Z = a_1 X_1 + a_2 X_2 + \ldots + a_n X_n \qquad \text{(II-262)}$$

gilt:

$$\mathrm{Var}(Z) = a_1^2 \cdot \mathrm{Var}(X_1) + a_2^2 \cdot \mathrm{Var}(X_2) + \ldots + a_n^2 \cdot \mathrm{Var}(X_n) \qquad \text{(II-263)}$$

Wir folgern daraus: Für die Varianz der *Differenz* $Z = X - Y$ gilt somit unter der genannten Voraussetzung:

$$\mathrm{Var}(X - Y) = 1^2 \cdot \mathrm{Var}(X) + (-1)^2 \cdot \mathrm{Var}(Y) = \mathrm{Var}(X) + \mathrm{Var}(Y) \qquad \text{(II-264)}$$

Auch bei einer Differenz $X - Y$ *addieren* sich somit die Varianzen.

■ **Beispiele**

(1) Wir kommen nochmals auf das Beispiel aus dem vorangegangenen Abschnitt zurück („*Wurf mit zwei unterscheidbaren homogenen Würfeln*"). Die beiden *stochastisch unabhängigen* Zufallsvariablen X und Y („*Augenzahl des 1. bzw. 2. Würfels*") besitzen dabei die *Varianzen* $\sigma_X^2 = \sigma_Y^2 = 35/12$. Damit erhalten wir für die *Varianz* ihrer *Summe* $Z = X + Y$ („*Augensumme beider Würfel*") mit Hilfe des *Additionssatzes für Varianzen* den folgenden Wert:

$$\sigma_Z^2 = \sigma_X^2 + \sigma_Y^2 = \frac{35}{12} + \frac{35}{12} = \frac{35}{6} = 5{,}83$$

(2) Bei der in Bild II-123 dargestellten *Parallelschaltung* dreier Kondensatoren *addieren* sich die Einzelkapazitäten C_1, C_2 und C_3 zur Gesamtkapazität C. Die Kapazitäten dieser aus einer Serienproduktion stammenden Kondensatoren können dabei als voneinander *unabhängige* Größen betrachtet werden und besitzen der Reihe nach die folgenden *Mittelwerte* und *Standardabweichungen*:

$$C_1: \quad \mu_1 = 30\,\mu\text{F}, \qquad \sigma_1 = 2\,\mu\text{F}$$
$$C_2: \quad \mu_2 = 50\,\mu\text{F}, \qquad \sigma_2 = 2\,\mu\text{F}$$
$$C_3: \quad \mu_3 = 20\,\mu\text{F}, \qquad \sigma_3 = 1\,\mu\text{F}$$

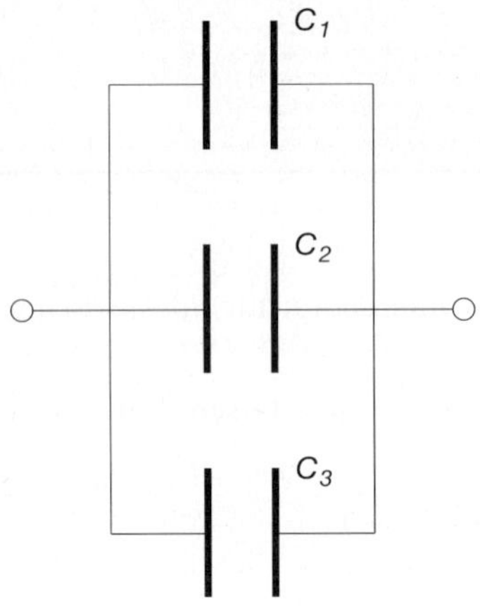

Bild II-123
Parallelschaltung dreier Kondensatoren

Die Gesamtkapazität $C = C_1 + C_2 + C_3$ ist dann eine *Zufallsgröße* mit dem *Mittelwert*

$$\mu = \mu_1 + \mu_2 + \mu_3 = (30 + 50 + 20)\,\mu\text{F} = 100\,\mu\text{F}$$

Aus dem *Additionssatz für Varianzen* erhalten wir für die *Varianz* σ^2 der Gesamtkapazität dann den folgenden Wert:

$$\sigma^2 = \sigma_1^2 + \sigma_2^2 + \sigma_3^2 = (2^2 + 2^2 + 1^2)\,(\mu\text{F})^2 = 9\,(\mu\text{F})^2$$

Die Gesamtkapazität C besitzt somit die *Standardabweichung* $\sigma = 3\,\mu\text{F}$. ■

7.5.4 Eigenschaften einer Summe von stochastisch unabhängigen und normalverteilten Zufallsvariablen

In den Anwendungen hat man es häufig mit *Summen* von Zufallsvariablen zu tun, die sämtlich *normalverteilt* und *stochastisch unabhängig* sind.

Eine aus *n stochastisch unabhängigen* Zufallsvariablen $X_1, X_2, \ldots, X_n$ gebildete Summe

$$Z = X_1 + X_2 + \ldots + X_n \qquad \text{(II-265)}$$

besitzt dann nach dem *Additionssatz für Mittelwerte* den Mittelwert

$$\mu_Z = \mu_1 + \mu_2 + \ldots + \mu_n \qquad \text{(II-266)}$$

und nach dem *Additionssatz für Varianzen* die Varianz

$$\sigma_Z^2 = \sigma_1^2 + \sigma_2^2 + \ldots + \sigma_n^2 \qquad \text{(II-267)}$$

Sind zusätzlich (wie hier vorausgesetzt) sämtliche Summanden *normalverteilt*, so ist auch die Summe Z eine *normalverteilte* Zufallsgröße, wie man zeigen kann.

Der großen Bedeutung wegen fassen wir die wichtigsten Eigenschaften einer solchen Summe wie folgt zusammen:

Eigenschaften einer Summe von stochastisch unabhängigen und normalverteilten Zufallsvariablen

Die Zufallsvariablen $X_1, X_2, \ldots, X_n$ seien *stochastisch unabhängig* und *normalverteilt* mit den Mittelwerten

$$\mu_1, \mu_2, \ldots, \mu_n \qquad \text{(II-268)}$$

und den Varianzen

$$\sigma_1^2, \sigma_2^2, \ldots, \sigma_n^2 \qquad \text{(II-269)}$$

Dann ist die *Summe*

$$Z = X_1 + X_2 + \ldots + X_n \qquad \text{(II-270)}$$

eine ebenfalls *normalverteilte* Zufallsvariable mit dem Mittelwert

$$\mu_Z = \mu_1 + \mu_2 + \ldots + \mu_n \qquad \text{(II-271)}$$

und der Varianz

$$\sigma_Z^2 = \sigma_1^2 + \sigma_2^2 + \ldots + \sigma_n^2 \qquad \text{(II-272)}$$

Anmerkung

Ein in den Anwendungen wichtiger *Sonderfall* liegt vor, wenn die stochastisch unabhängigen und normalverteilten Summanden X_i *denselben* Mittelwert $\mu_i = \mu$ und *dieselbe*

Varianz $\sigma_i^2 = \sigma^2$ besitzen $(i = 1, 2, \ldots, n)$. Dann hat die *normalverteilte* Summe $Z = X_1 + X_2 + \ldots + X_n$ den *Mittelwert*

$$\mu_Z = \underbrace{\mu + \mu + \ldots + \mu}_{n\text{-mal}} = n\mu \tag{II-273}$$

und die *Varianz*

$$\sigma_Z^2 = \underbrace{\sigma^2 + \sigma^2 + \ldots + \sigma^2}_{n\text{-mal}} = n\sigma^2 \tag{II-274}$$

■ **Beispiele**

(1) Wir bilden aus n *unabhängigen* und *normalverteilten* Zufallsvariablen X_1, $X_2, \ldots, X_n$, die alle *denselben* Mittelwert μ und *dieselbe* Varianz σ^2 haben, den *arithmetischen* Mittelwert

$$\overline{X} = \frac{X_1 + X_2 + \ldots + X_n}{n} = \frac{1}{n}(X_1 + X_2 + \ldots + X_n)$$

Zwischen $\overline{X}$ und der Summe $Z = X_1 + X_2 + \ldots + X_n$ besteht dann der *lineare* Zusammenhang $\overline{X} = (1/n) \cdot Z$. Wir können daher die Zufallsvariable $\overline{X}$ als eine *lineare* Funktion der Zufallsvariablen Z auffassen. Für den Mittelwert $\mu_{\overline{X}}$ und die Varianz $\sigma_{\overline{X}}^2$ des *arithmetischen* Mittelwertes $\overline{X}$ erhalten wir dann unter Verwendung der Ergebnisse aus Abschnitt 5.5 und der Beziehungen $\mu_Z = n\mu$ und $\sigma_Z^2 = n\sigma^2$:

$$\mu_{\overline{X}} = E(\overline{X}) = E\left(\frac{1}{n} \cdot Z\right) = \frac{1}{n} \cdot E(Z) = \frac{1}{n}(n\mu) = \mu$$

$$\sigma_{\overline{X}}^2 = \operatorname{Var}(\overline{X}) = \operatorname{Var}\left(\frac{1}{n} \cdot Z\right) = \left(\frac{1}{n}\right)^2 \cdot \operatorname{Var}(Z) = \frac{1}{n^2}(n\sigma^2) = \frac{\sigma^2}{n}$$

$\overline{X}$ besitzt damit *denselben* Mittelwert wie die Zufallsvariablen $X_1, X_2, \ldots, X_n$, während die Varianz auf den *n-ten* Teil zurückgegangen ist. Auf dieses wichtige Ergebnis werden wir im Rahmen der *Fehler- und Ausgleichsrechnung* zurückgreifen (Kap. IV, Abschnitt 3.1).

(2) Der Kern eines *Transformators* wird schichtweise aus Blechen der Dicke X und Zwischenlagen der Dicke Y aufgebaut (Bild II-124). X und Y seien dabei *normalverteilte* Zufallsgrößen mit den folgenden Parametern (Kennwerten):

X: $E(X) = \mu_X = 0{,}6$ mm, $\quad \sigma_X = 0{,}03$ mm

Y: $E(Y) = \mu_Y = 0{,}05$ mm, $\quad \sigma_Y = 0{,}01$ mm

Der Kern bestehe aus insgesamt 100 Blechen und somit 99 Zwischenlagen. Die einzelnen Schichtdicken werden dabei als völlig *unabhängig* voneinander angesehen. Wir interessieren uns nun für die *Wahrscheinlichkeitsverteilung* der Dicke Z des Transformatorkerns.

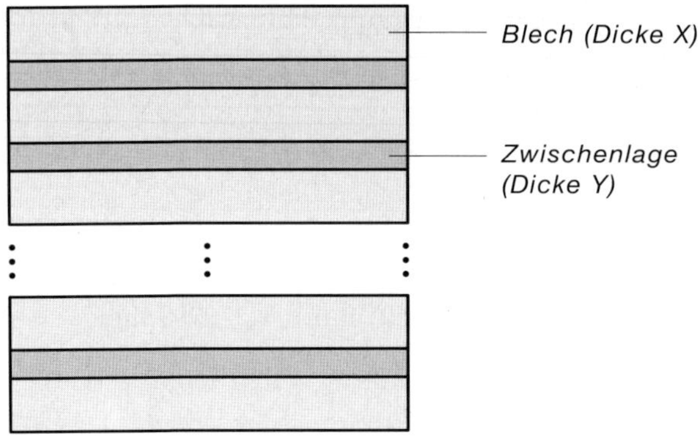

Bild II-124
Schichtweiser Aufbau eines Transformatorkerns

Bei der Lösung der Aufgabe müssen wir folgendes beachten: Wir haben 100 Bleche mit den Dicken $X_1, X_2, \ldots, X_{100}$, die alle die *gleiche* Verteilung besitzen wie die Zufallsvariable X:

$$E(X_i) = E(X) = \mu_X = 0{,}6 \text{ mm}$$

$$\operatorname{Var}(X_i) = \operatorname{Var}(X) = \sigma_X^2 = (0{,}03 \text{ mm})^2$$

($i = 1, 2, \ldots, 100$). Die Dicken der 99 Zwischenlagen beschreiben wir durch die Zufallsvariablen $Y_1, Y_2, \ldots, Y_{99}$, die alle die *gleiche* Verteilung besitzen wie die Zufallsvariable Y:

$$E(Y_k) = E(Y) = \mu_Y = 0{,}05 \text{ mm}$$

$$\operatorname{Var}(Y_k) = \operatorname{Var}(Y) = \sigma_Y^2 = (0{,}01 \text{ mm})^2$$

($k = 1, 2, \ldots, 99$). Die Dicke des Transformatorkerns ist somit eine *Summe* aus genau 199 *unabhängigen* und *normalverteilten* Zufallsvariablen:

$$Z = \sum_{i=1}^{100} X_i + \sum_{k=1}^{99} Y_k$$

Die Zufallsvariable Z besitzt somit nach Gleichung (II-271) den folgenden *Mittelwert*:

$$E(Z) = \sum_{i=1}^{100} E(X_i) + \sum_{k=1}^{99} E(Y_k) = 100 \cdot E(X) + 99 \cdot E(Y) =$$

$$= 100 \cdot \mu_X + 99 \cdot \mu_Y = 100 \cdot 0{,}6 \text{ mm} + 99 \cdot 0{,}05 \text{ mm} = 64{,}95 \text{ mm}$$

Die *Varianz* der Gesamtdicke Z beträgt dann nach dem *Additionssatz für Varianzen* (II-272):

$$\sigma_Z^2 = \operatorname{Var}(Z) = \sum_{i=1}^{100} \operatorname{Var}(X_i) + \sum_{k=1}^{99} \operatorname{Var}(Y_k) =$$

$$= 100 \cdot \operatorname{Var}(X) + 99 \cdot \operatorname{Var}(Y) = 100 \cdot \sigma_X^2 + 99 \cdot \sigma_Y^2 =$$

$$= 100 \cdot (0{,}03 \text{ mm})^2 + 99 \cdot (0{,}01 \text{ mm})^2 = 0{,}0999 \text{ mm}^2$$

Die *Standardabweichung* beträgt somit $\sigma_Z = 0{,}316$ mm.

Da alle 199 unabhängigen Zufallsvariablen $X_1, X_2, \ldots, X_{100}, Y_1, Y_2, \ldots, Y_{99}$ *stochastisch unabhängig* und *normalverteilt* sind, trifft diese Eigenschaft auch auf die *Summe* Z zu. Daher gilt: Die Gesamtdicke Z des Transformatorkerns ist eine *normalverteilte* Zufallsvariable mit dem *Mittelwert* $\mu_Z = 64{,}95$ mm und der *Standardabweichung* $\sigma_Z = 0{,}316$ mm (Bild II-125).

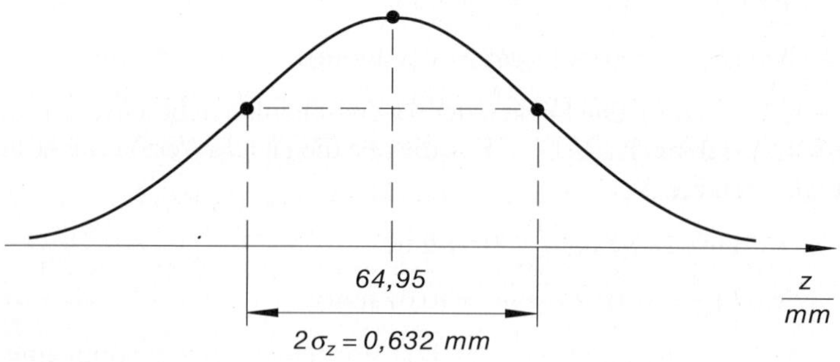

Bild II-125

■

7.6 Über die große Bedeutung der Gaußschen Normalverteilung in den Anwendungen

7.6.1 Zentraler Grenzwertsatz

Im letzten Abschnitt haben wir gesehen, daß die *Summe* von *normalverteilten* Zufallsvariablen ebenfalls eine *normalverteilte* Zufallsgröße darstellt. In den naturwissenschaftlich-technischen Anwendungen hat man es jedoch häufig mit Summen zu tun, deren Summanden *nicht alle* normalverteilt sind oder bei denen die Verteilungen der einzelnen Summanden sogar weitgehend *unbekannt* sind.

Wir geben zunächst zwei wichtige Beispiele aus der Praxis.

■ **Beispiele**

(1) Der *Meßfehler* X einer physikalisch-technischen Meßgröße kann (wie wir in Kapitel IV noch ausführlich begründen werden) als eine *Zufallsgröße* aufgefaßt werden, die sich *additiv* aus einer großen Anzahl voneinander unabhängiger Einzelfehler zusammensetzt. Die Einzelfehler selbst sind wiederum *Zufallsprodukte* und lassen sich somit durch *stochastisch unabhängige Zufallsvariable* beschreiben.

(2) Bei der industriellen Fertigung von Werkstücken auf Maschinen oder Automaten werden stets Abweichungen von den (vorgegebenen) *Sollwerten* beobachtet, die als *Summe* sehr vieler kleiner zufälliger Abweichungen angesehen werden können.

■

Die *Wahrscheinlichkeitsverteilung* einer Summe von Zufallsvariablen bleibt daher meistens *unbekannt*, kann jedoch in vielen Fällen (die beiden soeben genannten Beispiele gehören dazu) unter bestimmten Voraussetzungen als *annähernd normalverteilt* betrachtet werden. Grund dafür ist der sog. *Zentrale Grenzwertsatz der Wahrscheinlichkeitsrechnung*, den wir wie folgt formulieren:

Zentraler Grenzwertsatz der Wahrscheinlichkeitsrechnung

$X_1, X_2, X_3, \ldots, X_n, \ldots$ seien *stochastisch unabhängige* Zufallsvariable, die alle der *gleichen* Verteilungsfunktion mit dem Mittelwert μ und der Varianz σ^2 genügen. Dann konvergiert die Verteilungsfunktion $F_n(u)$ der standardisierten Zufallsvariablen

$$U_n = \frac{(X_1 + X_2 + \ldots + X_n) - n\mu}{\sqrt{n}\,\sigma} \qquad \text{(II-275)}$$

im Grenzfall $n \rightarrow \infty$ gegen die Verteilungsfunktion $\phi(u)$ der *Standardnormalverteilung*:

$$\lim_{n \rightarrow \infty} F_n(u) = \phi(u) = \frac{1}{\sqrt{2\pi}} \cdot \int_0^u e^{-\frac{1}{2}t^2}\, dt \qquad \text{(II-276)}$$

Anmerkung

Einen Beweis dieses wichtigen Grenzwertsatzes findet man z.B. in dem Lehrbuch „Ingenieur-Statistik“ von Heinhold/Gaede (s. Literaturverzeichnis).

Der *zentrale Grenzwertsatz* läßt sich wie folgt interpretieren:

Die Zufallsvariable

$$U_n = \frac{Z_n - n\mu}{\sqrt{n}\,\sigma} \quad \text{mit} \quad Z_n = X_1 + X_2 + \ldots + X_n \tag{II-277}$$

ist für hinreichend großes n *annähernd standardnormalverteilt.* Dies aber bedeutet zugleich, daß die aus n Summanden mit der *gleichen* Verteilungsfunktion bestehende Summe

$$Z_n = X_1 + X_2 + \ldots + X_n \tag{II-278}$$

für hinreichend großes n *annähernd normalverteilt* ist mit dem *Mittelwert* $E(Z_n) = n\mu$ und der *Varianz* $\operatorname{Var}(Z_n) = n\sigma^2$.

7.6.2 Wahrscheinlichkeitsverteilung einer Summe von Zufallsvariablen

Der *zentrale Grenzwertsatz* läßt sich noch etwas allgemeiner formulieren, wenn man die Voraussetzung, daß alle Summanden der *gleichen* Verteilungsfunktion genügen, *fallen* läßt. Man geht dabei von *stochastisch unabhängigen* Zufallsvariablen X_i mit den *Mittelwerten* $E(X_i) = \mu_i$ und den *Varianzen* $\operatorname{Var}(X_i) = \sigma_i^2$ aus und bildet daraus zunächst die *Summe*

$$Z_n = X_1 + X_2 + \ldots + X_n \tag{II-279}$$

die ja bekanntlich nach dem *Additionssatz für Mittelwerte bzw. Varianzen* den *Mittelwert*

$$E(Z_n) = \mu = \mu_1 + \mu_2 + \ldots + \mu_n \tag{II-280}$$

und die *Varianz*

$$\operatorname{Var}(Z_n) = \sigma^2 = \sigma_1^2 + \sigma_2^2 + \ldots + \sigma_n^2 \tag{II-281}$$

besitzt. Es läßt sich dann unter sehr allgemeinen Voraussetzungen [36] zeigen, daß die Verteilungsfunktion $F_n(u)$ der aus Z_n gebildeten *standardisierten* Zufallsvariablen

$$U_n = \frac{Z_n - \mu}{\sigma} \tag{II-282}$$

im Grenzfall $n \to \infty$ gegen die Verteilungsfunktion $\phi(u)$ der *Standardnormalverteilung* konvergiert. Dies aber bedeutet für *hinreichend großes* n: Die Zufallsvariable U_n ist *annähernd standardnormalverteilt* und die Summe Z_n somit *annähernd normalverteilt* mit dem Mittelwert μ und der Varianz σ^2. Für die Praxis bedeutet dies, daß häufig schon Summen mit hinreichend vielen Summanden mit einer völlig ausreichenden Genauigkeit als *normalverteilt* angesehen werden können.

---

[36] Im Rahmen dieser einführenden Darstellung ist es leider nicht möglich, auf diese Voraussetzungen näher einzugehen. Für die hier behandelten Verteilungen sind diese Bedingungen jedoch praktisch immer erfüllt (s. hierzu z.B. „Ingenieur-Statistik“ von Heinhold/Gaede).

Wir fassen diese für Praxis und Anwendung so bedeutenden Aussagen wie folgt zusammen:

Über die Wahrscheinlichkeitsverteilung einer Summe von Zufallsvariablen

In den Anwendungen treten häufig *Summen* von Zufallsvariablen vom allgemeinen Typ

$$Z = X_1 + X_2 + \ldots + X_n \qquad \text{(II-283)}$$

auf, deren Summanden *beliebig verteilte* Zufallsvariable X_i mit den Mittelwerten $E(X_i) = \mu_i$ und den Varianzen $\text{Var}(X_i) = \sigma_i^2$ sind ($i = 1, 2, \ldots, n$). Eine solche Summe kann dann mit einer für die Praxis völlig ausreichenden Genauigkeit als eine *annähernd normalverteilte* Zufallsvariable mit dem *Mittelwert*

$$E(Z) = \mu = \mu_1 + \mu_2 + \ldots + \mu_n \qquad \text{(II-284)}$$

und der *Varianz*

$$\text{Var}(Z) = \sigma^2 = \sigma_1^2 + \sigma_2^2 + \ldots + \sigma_n^2 \qquad \text{(II-285)}$$

angesehen werden, sofern die folgenden *Voraussetzungen* erfüllt sind:

1. Die Summanden $X_1, X_2, \ldots, X_n$ sind *stochastisch unabhängige* Zufallsvariable.
2. Die Anzahl n der Summanden ist *hinreichend groß* (**Faustregel:** $n > 30$).
3. Jeder der n Summanden liefert zur Summe nur einen *geringen* Beitrag, d.h. *kein* Summand dominiert.

Die *Gaußsche Normalverteilung* spielt daher in den technischen Anwendungen eine *überragende* Rolle. Denn in zahlreichen Fällen läßt sich eine Zufallsvariable als *Summe* einer großen Anzahl von *stochastisch unabhängigen* Summanden auffassen und ist somit nach dem „zentralen Grenzwertsatz“ *annähernd normalverteilt.*

Anmerkung

Ob eine Summe $Z = X_1 + X_2 + \ldots + X_n$ *annähernd normalverteilt* ist, läßt sich in der Praxis oft anhand einer *Stichprobe* wie folgt überprüfen:

1. *Graphisch* durch Übertragung der Stichprobenwerte auf ein sog. *Wahrscheinlichkeitspapier*, wobei die Punkte im Falle einer Normalverteilung *nahezu* auf einer *Geraden* liegen.
2. Durch Anwendung eines speziellen *Prüfverfahrens*, in der Statistik als *Anpassungstest* bezeichnet (vgl. hierzu den sog. *Chi-Quadrat-Test* im nächsten Kapitel).

■ **Beispiele**

(1) Der *Meßfehler* X einer physikalisch-technischen Meßgröße läßt sich als *Summe* einer großen Anzahl von *unabhängigen* Einzelfehlern auffassen, die alle jedoch nur einen *geringen* Beitrag zum Gesamtfehler leisten. Daher kann X als eine (annähernd) *normalverteilte* Zufallsvariable angesehen werden. Wir behandeln diesen in der Anwendung so wichtigen Fall im übernächsten Kapitel über *Fehler- und Ausgleichsrechnung* ausführlich.

(2) Das *arithmetische Mittel*

$$\overline{X} = \frac{1}{n}(X_1 + X_2 + \ldots + X_n)$$

aus den n voneinander *unabhängigen* Stichprobenwerten $X_1, X_2, \ldots, X_n$ ist ebenfalls eine *annähernd normalverteilte* Zufallsvariable. Die Stichprobenwerte X_i haben dabei alle die *gleiche* Verteilungsfunktion mit dem Mittelwert μ und der Varianz $\sigma^2 (i = 1, 2, \ldots, n)$. Dann besitzt das *arithmetische Mittel* $\overline{X}$ den Mittelwert $E(\overline{X}) = \mu$ und die Varianz $\mathrm{Var}(\overline{X}) = \sigma^2/n$. Diese Aussage ist in der *Fehlerrechnung* von großer Bedeutung.

(3) Abmessungen von Werkstücken, die von Maschinen oder Automaten gefertigt werden, sind häufig einer *Vielzahl* von zufälligen und voneinander *unabhängigen* Schwankungen unterworfen. Die Abweichung von einem vorgegebenen Sollwert kann daher als *Summe* sehr vieler kleiner Zufallsabweichungen betrachtet werden, die auf verschiedene sich jeweils aber nur *schwach* auswirkende Ursachen zurückzuführen sind. Die Abmessungen können somit als *annähernd normalverteilte* Größen angesehen werden.

■

7.6.3 Grenzwertsatz von Moivre-Laplace

In Abschnitt 6.5 haben wir uns bereits mit der *Approximation* der Binomialverteilung durch die Normalverteilung ausführlich beschäftigt und uns dabei auf den Grenzwertsatz von *Moivre-Laplace* berufen. Er läßt sich aus dem *zentralen Grenzwertsatz* als *Sonderfall* herleiten und lautet wie folgt:

Grenzwertsatz von Moivre-Laplace

X sei eine *binomialverteilte* Zufallsvariable mit den Parametern n und p. Dann konvergiert die Verteilungsfunktion $F_n(z)$ der standardisierten Zufallsvariablen

$$Z = \frac{X - \mu}{\sigma} = \frac{X - np}{\sqrt{np(1-p)}} \qquad \text{(II-286)}$$

für $n \to \infty$ gegen die Verteilungsfunktion $\phi(u)$ der *Standardnormalverteilung*.

Dieser Grenzwertsatz von Moivre-Laplace ist von großer *praktischer* Bedeutung, da er eine wesentlich bequemere (näherungsweise) Berechnung einer Binomialverteilung $B(n; p)$ durch eine *Normalverteilung* $N(\mu; \sigma)$ mit dem Mittelwert $\mu = np$ und der Standardabweichung $\sigma = \sqrt{np(1-p)}$ ermöglicht (nähere Einzelheiten in Abschnitt 6.5).

8 Prüf- oder Testverteilungen

Unter dem Sammelbegriff „*Prüf- oder Testverteilungen*" werden alle diejenigen Wahrscheinlichkeitsverteilungen zusammengefaßt, die in der Statistik im Zusammenhang mit speziellen statistischen *Prüf- oder Testverfahren* benötigt werden. Neben der alles überragenden *Gaußschen Normalverteilung*, die wir in Abschnitt 6.4 bereits ausführlich besprochen haben, spielen dabei zwei weitere *stetige* Verteilungen eine bedeutende Rolle. Es handelt sich dabei um die *Chi-Quadrat-Verteilung* und die *t-Verteilung* von „*Student*". Auf diese Wahrscheinlichkeitsverteilungen werden wir im nächsten Kapitel über Statistik bei zahlreichen *Parameter-* bzw. *Verteilungstests* des öfteren zurückgreifen.

8.1 Chi-Quadrat-Verteilung

Die sog. *Chi-Quadrat-Verteilung* (Kurzschreibweise: χ^2-*Verteilung*) bildet die Grundlage für ein wichtiges *Prüf-* oder *Testverfahren* der Statistik, den *Chi-Quadrat-Test* [37]. Wir gehen dabei von den folgenden Voraussetzungen aus:

$X_1, X_2, \ldots, X_n$ seien *n stochastisch unabhängige* Zufallsvariable, die alle der *Standardnormalverteilung* $N(0; 1)$ genügen, d.h. den Mittelewert $\mu_i = 0$ und die Varianz $\sigma_i^2 = 1$ besitzen $(i = 1, 2, \ldots, n)$. Mit diesen Zufallsvariablen bilden wir durch Quadrieren und anschließendes Aufsummieren die Größe

$$Z = \chi^2 = X_1^2 + X_2^2 + \ldots + X_n^2 \qquad \text{(II-287)}$$

Aus historischen Gründen wird diese Summe durch das Symbol χ^2 gekennzeichnet. Die von n Zufallsvariablen abhängige Funktion $Z = \chi^2$ ist dann eine *stetige* Zufallsvariable mit dem Wertebereich $z \geqslant 0$. Sie genügt dabei einer Verteilung mit der *Dichtefunktion*

$$f(z) = \begin{cases} A_n \cdot z^{\left(\frac{n-2}{2}\right)} \cdot \mathrm{e}^{-\frac{z}{2}} & \text{für} \quad z > 0 \\ 0 & \phantom{\text{für}} \quad z \leqslant 0 \end{cases} \qquad \text{(II-288)}$$

die als *Chi-Quadrat-Verteilung* bezeichnet wird. Bild II-126 zeigt den typischen Verlauf der Dichtefunktion.

---

[37] Der *Chi-Quadrat-Test* (kurz: χ^2-Test) wird in Kapitel III, Abschnitt 5.3 ausführlich behandelt. χ ist dabei ein Buchstabe aus dem *griechischen* Alphabet.

Der *Parameter* n dieser Funktion ist eine *natürliche* Zahl und bestimmt die Anzahl f der *Freiheitsgrade* der Verteilung: $f = n$. Die Konstante A_n in der Funktionsgleichung (II-288) hängt dabei noch vom Freiheitsgrad n ab und wird durch *Normierung* der Dichtefunktion $f(z)$ bestimmt. Diese bildet somit mit der positiven z-Achse eine Fläche vom Flächeninhalt *Eins* (Bild II-126):

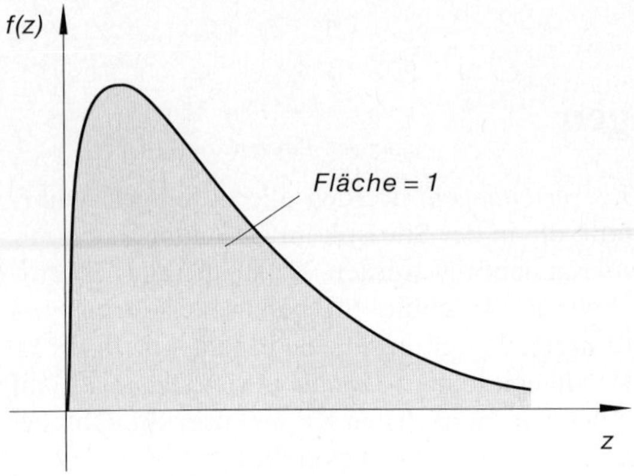

Bild II-126
Typischer Verlauf der normierten Dichtefunktion $f(z)$ einer Chi-Quadrat-Verteilung

$$\int_0^{\infty} f(z)\, dz = A_n \cdot \int_0^{\infty} z^{\left(\frac{n-2}{2}\right)} \cdot e^{-\frac{z}{2}}\, dz = 1 \qquad \text{(II-289)}$$

Die Berechnung dieses uneigentlichen Integrals führt zu einer *nicht-elementaren* Funktion, der sog. *Gammafunktion*

$$\Gamma(\alpha) = \int_0^{\infty} t^{\alpha - 1} \cdot e^{-t}\, dt \qquad (\alpha > 0) \qquad \text{(II-290)}$$

Die *Normierungskonstante* A_n läßt sich dann mit Hilfe dieser Funktion wie folgt ausdrükken:

$$A_n = \frac{1}{2^{\left(\frac{n}{2}\right)} \Gamma\left(\frac{n}{2}\right)} \qquad (n = 1, 2, 3, \ldots) \qquad \text{(II-291)}$$

Die dabei benötigten Funktionswerte $\Gamma\left(\frac{n}{2}\right)$ der *Gamma-Funktion* können mit Hilfe von *Rekursionsformeln leicht* berechnet werden, die wir am Ende dieses Abschnitts in der Tabelle 5 zusammengefaßt haben.

In Bild II-127 ist der Verlauf der Dichtefunktion $f(z)$ für $n = 1$ und $n = 2$ dargestellt. Bild II-128 zeigt den (typischen) Kurvenverlauf für Parameterwerte $n > 2$.

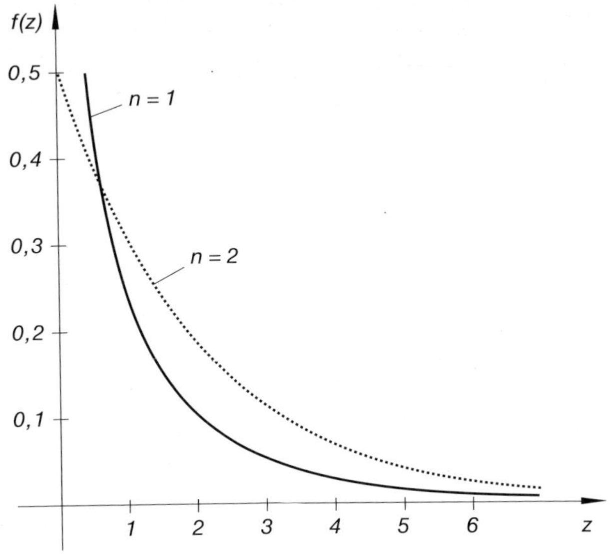

Bild II-127
Verlauf der Dichtefunktion $f(z)$ einer Chi-Quadrat-Verteilung für die Parameter $n = 1$ und $n = 2$

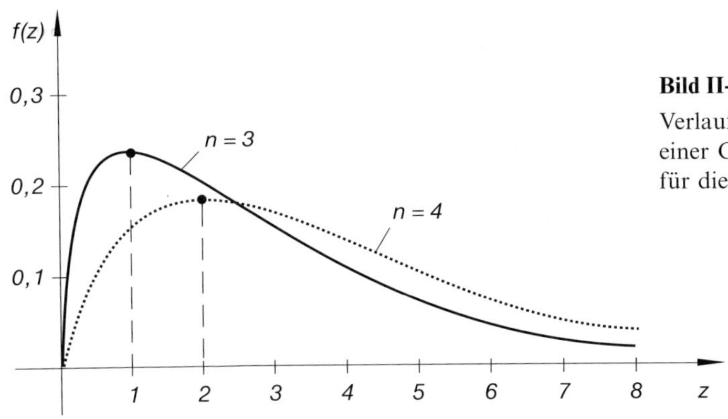

Bild II-128
Verlauf der Dichtefunktion $f(z)$ einer Chi-Quadrat-Verteilung für die Parameter $n = 3$ und $n = 4$

Die *Verteilungsfunktion* der *Chi-Quadrat-Verteilung* hat für $z \geqslant 0$ die Integralform

$$F(z) = A_n \cdot \int_0^z u^{\left(\frac{n-2}{2}\right)} \cdot e^{-\frac{u}{2}} \, du \qquad \text{(II-292)}$$

($F(z) = 0$ für $z < 0$). Die Chi-Quadrat-Verteilung besitzt den *Mittelwert* $\mu = n$ und die *Varianz* $\sigma^2 = 2n$. Ähnlich wie bei der *Poisson-Verteilung* sind auch hier Mittelwert und Varianz durch *einen einzigen* Parameter (hier: n) eindeutig bestimmt.

Wir fassen wie folgt zusammen:

Chi-Quadrat-Verteilung

$X_1, X_2, \ldots, X_n$ seien *stochastisch unabhängige* Zufallsvariable, die alle der *Standardnormalverteilung* $N(0; 1)$ genügen. Die aus ihnen gebildete Quadratsumme

$$Z = \chi^2 = X_1^2 + X_2^2 + \ldots + X_n^2 \qquad \text{(II-293)}$$

ist dann eine *stetige* Zufallsvariable mit dem Wertebereich $z \geqslant 0$ und genügt einer sog. *Chi-Quadrat-Verteilung* mit der *Dichtefunktion*

$$f(z) = \begin{cases} A_n \cdot z^{\left(\frac{n-2}{2}\right)} \cdot \mathrm{e}^{-\frac{z}{2}} & \text{für} \quad z > 0 \\ 0 & \phantom{\text{für}} \quad z \leqslant 0 \end{cases} \qquad \text{(II-294)}$$

(vgl. hierzu die Bilder II-127 und II-128) und der Verteilungsfunktion

$$F(z) = A_n \cdot \int_0^z u^{\left(\frac{n-2}{2}\right)} \cdot \mathrm{e}^{-\frac{u}{2}}\, du \qquad (z > 0) \qquad \text{(II-295)}$$

(für $z \leqslant 0$ ist $F(z) = 0$). Die Verteilung ist dabei durch den *Parameter n* vollständig bestimmt ($n = 1, 2, \ldots$).

Dabei bedeuten:

n: Anzahl f der *Freiheitsgrade* der Verteilung ($n = 1, 2, 3, \ldots$)

A_n: Eine noch vom Freiheitsgrad $f = n$ abhängige *Normierungskonstante*, die mit Hilfe der *Gamma-Funktion* nach Gleichung (II-291) berechnet wird

Die *Chi-Quadrat-Verteilung* besitzt die folgenden durch den Parameter (Freiheitsgrad) n eindeutig bestimmten *Kennwerte* oder *Maßzahlen*:

Mittelwert: $\mu = n$ (II-296)

Varianz: $\sigma^2 = 2n$ (II-297)

Standardabweichung: $\sigma = \sqrt{2n}$ (II-298)

Im Anhang befindet sich eine ausführliche Tabelle der *Quantile* der Chi-Quadrat-Verteilung in Abhängigkeit vom Freiheitsgrad $f = n$ (Tabelle 3).

Anmerkungen

(1) Wichtige Eigenschaften der *Dichtefunktion* $f(z)$ sind:

a) $f(z)$ ist *unsymmetrisch.*

b) $f(z)$ verläuft für $n = 1$ und $n = 2$ *streng monoton fallend* (Bild II-127).

c) Die Dichtefunktion $f(z)$ besitzt bei *mehr* als zwei Freiheitsgraden, d.h. für $n > 2$ ein *absolutes Maximum* an der Stelle $z_1 = n - 2$ (Bild II-128).

(2) Für *große* Freiheitsgrade n läßt sich die *Chi-Quadrat-Verteilung* durch eine *Normalverteilung* mit dem Mittelwert $\mu = n$ und der Varianz $\sigma^2 = 2n$ *annähern.* Die hier meist verwendete **Faustregel** lautet: $n > 100$.

■ **Beispiel**

Z sei eine χ^2-*verteilte* Zufallsvariable mit $f = n = 10$ Freiheitsgraden. Wie muß man die Intervallgrenze a wählen, damit 95% aller Werte im Intervall $Z \leqslant a$ liegen?

Lösung:

Wir müssen die Intervallgrenze a so bestimmen, daß die Bedingung

$$P(Z \leqslant a) = F(a) = 0{,}95$$

erfüllt ist (*hellgrau* unterlegte Fläche in Bild II-129). Aus der Tabelle 3 im Anhang entnehmen wir für $f = n = 10$ Freiheitsgrade den gesuchten Wert der Konstanten a:

$$F(a) = 0{,}95 \xrightarrow{f=10} a = z_{(0{,}95;\,10)} = 18{,}31$$

Die Intervallgrenze a ist das *Quantil* $z_{(0{,}95;\,10)}$ der Chi-Quadrat-Verteilung. Die Zufallsvariable Z nimmt somit mit einer Wahrscheinlichkeit von 95% Werte an, die *höchstens gleich* 18,31 sind.

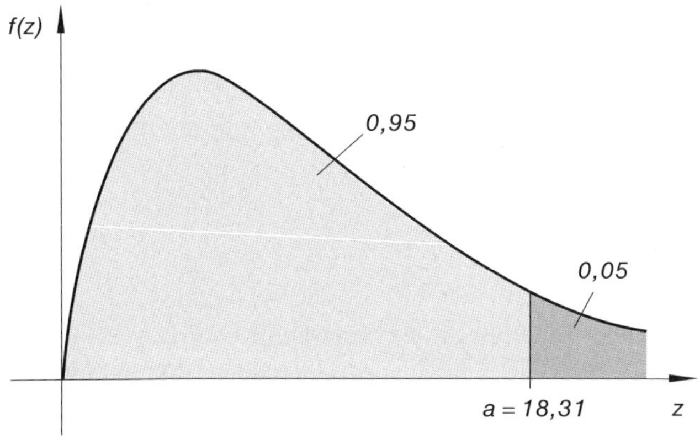

Bild II-129

■

Spezielle Werte und Rekursionsformeln der Gamma-Funktion $\Gamma(\alpha)$

Die nachfolgende Tabelle 5 enthält einige Werte der *Gamma-Funktion* sowie hilfreiche *Rekursionsformeln*, durch die die Berechnung der *Normierungskonstanten* A_n in der Funktionsgleichung (II-294) ermöglicht wird.

Tabelle 5: Spezielle Werte und Rekursionsformeln der Gamma-Funktion $\Gamma(\alpha)$

(1)	$\Gamma\left(\frac{1}{2}\right) = \sqrt{\pi}, \qquad \Gamma(1) = 1$	
(2)	$\Gamma(\alpha + 1) = \alpha \cdot \Gamma(\alpha)$	$(\alpha > 0)$
(3)	$\Gamma(n + 1) = n!$	$(n = 1, 2, 3, \ldots)$
(4)	$\Gamma\left(n + \frac{1}{2}\right) = \frac{1 \cdot 3 \cdot 5 \ldots (2n - 1)}{2^n} \cdot \sqrt{\pi}$	$(n = 1, 2, 3, \ldots)$

8.2 *t*-Verteilung von Student

Eine weitere wichtige Testverteilung ist die sog. *t-Verteilung* von *Student* [38]. Sie bildet die Grundlage für bestimmte *Parametertests* in der mathematischen Statistik. Wir gehen dabei von den folgenden *Voraussetzungen* aus:

X und Y seien zwei *stochastisch unabhängige* Zufallsvariable, wobei X der *Standardnormalverteilung* und Y der *Chi-Quadrat-Verteilung* mit dem Freiheitsgrad n genüge. Die aus diesen Zufallsvariablen gebildete Größe

$$T = \frac{X}{\sqrt{Y/n}} \qquad \text{(II-299)}$$

ist dann eine *stetige* Zufallsvariable, die der sog. *t-Verteilung* mit der *Dichtefunktion*

$$f(t) = A_n \cdot \frac{1}{\left(1 + \frac{t^2}{n}\right)^{(n+1)/2}} \qquad (-\infty < t < \infty) \qquad \text{(II-300)}$$

genügt (Bild II-130). Der *Parameter* n in dieser Funktion ist eine *natürliche* Zahl und heißt *Freiheitsgrad* der t-Verteilung. Wie bei der *Chi-Quadrat-Verteilung* bedeutet auch hier A_n eine noch vom Freiheitsgrad n abhängige *Normierungskonstante*.

[38] Diese Verteilung stammt von dem Mathematiker *Gosset* und wurde von ihm unter dem Pseudonym „Student" veröffentlicht.

Sie wird wiederum so bestimmt, daß die Fläche unter der Dichtefunktion $f(t)$ den Wert *Eins* annimmt (Bild II-130):

$$\int_{-\infty}^{\infty} f(t)\,dt = A_n \cdot \int_{-\infty}^{\infty} \frac{dt}{\left(1 + \frac{t^2}{n}\right)^{(n+1)/2}} = 1 \qquad \text{(II-301)}$$

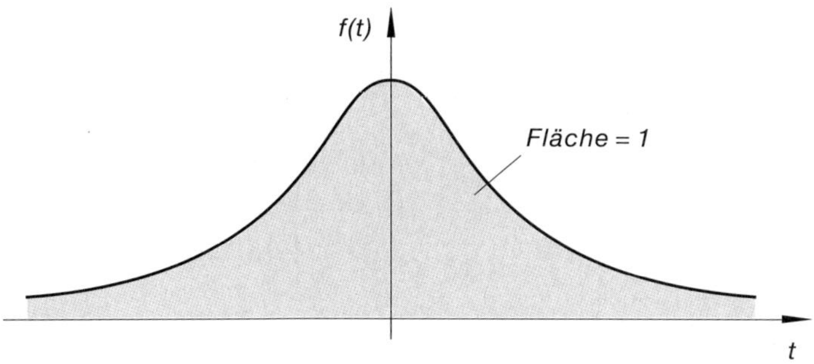

Bild II-130

Typischer Verlauf der normierten Dichtefunktion $f(t)$ einer t-Verteilung von „Student"

Die Berechnung dieser Konstanten führt dabei wieder über die *Gamma-Funktion* und erfolgt nach der Formel

$$A_n = \frac{\Gamma\left(\frac{n+1}{2}\right)}{\sqrt{n\pi} \cdot \Gamma\left(\frac{n}{2}\right)} \qquad (n = 1, 2, 3, \ldots) \qquad \text{(II-302)}$$

unter Verwendung der in Tabelle 5 angegebenen *Rekursionsformeln* (Abschnitt 8.1).

Die *Verteilungsfunktion* der *t-Verteilung* besitzt die Integralform

$$F(t) = A_n \cdot \int_{-\infty}^{t} \frac{du}{\left(1 + \frac{u^2}{n}\right)^{(n+1)/2}} \qquad (-\infty < t < \infty) \qquad \text{(II-303)}$$

Die *t-Verteilung* hat den *Mittelwert* $\mu = 0$ für $n \geqslant 2$ (für $n = 1$ ist der Mittelwert *nicht* vorhanden) und die *Varianz* $\sigma^2 = \frac{n}{n-2}$ für $n \geqslant 3$ (für $n = 1$ und $n = 2$ ist die Varianz *nicht* vorhanden).

t-Verteilung von Student

X und Y seien zwei *stochastisch unabhängige* Zufallsvariable mit den folgenden Eigenschaften:

X: *standardnormalverteilt*

Y: *Chi-Quadrat-verteilt* mit n Freiheitsgraden

Die aus ihnen gebildete Größe

$$T = \frac{X}{\sqrt{Y/n}} \tag{II-304}$$

ist dann eine *stetige* Zufallsvariable, die einer sog. *t-Verteilung* von *Student* mit der *Dichtefunktion*

$$f(t) = A_n \cdot \frac{1}{\left(1 + \frac{t^2}{n}\right)^{(n+1)/2}} \qquad (-\infty < t < \infty) \tag{II-305}$$

(vgl. hierzu Bild II-130) und der Verteilungsfunktion

$$F(t) = A_n \cdot \int\limits_{-\infty}^{t} \frac{du}{\left(1 + \frac{u^2}{n}\right)^{(n+1)/2}} \qquad (-\infty < t < \infty) \tag{II-306}$$

genügt. Die Verteilung ist durch den *Parameter* n vollständig bestimmt ($n = 1, 2, 3, \ldots$).

Dabei bedeuten:

n: Anzahl f der *Freiheitsgrade* der Verteilung ($n = 1, 2, 3, \ldots$)

A_n: Eine noch vom Freiheitsgrad $f = n$ abhängige *Normierungskonstante*, die mit Hilfe der *Gamma-Funktion* nach Gleichung (II-302) berechnet wird

Die *t-Verteilung* von *Student* besitzt die folgenden durch den Parameter (Freiheitsgrad) n eindeutig bestimmten *Kennwerte* oder Maßzahlen:

Mittelwert: $\mu = 0$ für $n \geqslant 2$ (II-307)
(für $n = 1$ existiert *kein* Mittelwert)

Varianz: $\sigma^2 = \frac{2}{n-2}$ für $n \geqslant 3$ (II-308)
(für $n = 1, 2$ existiert *keine* Varianz)

Im Anhang befindet sich eine ausführliche Tabelle der *Quantile* der t-Verteilung in Abhängigkeit vom Freiheitsgrad n (Tabelle 4).

Anmerkungen

(1) Wichtige Eigenschaften der *Dichtefunktion* $f(t)$ sind (Bild II-130):

a) $f(t)$ ist eine *gerade* Funktion (*Achsensymmetrie*);

b) $f(t)$ besitzt an der Stelle $t_1 = 0$ ein *absolutes Maximum*;

c) $f(t)$ nähert sich für $t \to \pm\infty$ asymptotisch der *t-Achse*.

(2) Die Dichtefunktion $f(t)$ zeigt eine gewisse Ähnlichkeit mit der Dichtefunktion der *Standardnormalverteilung* $N(0; 1)$. In der Tat läßt sich zeigen, daß die t-Verteilung für $n \to \infty$ gegen die *Standardnormalverteilung* konvergiert. Bild II-131 verdeutlicht diese Aussage.

Faustregel: Bereits für $n > 30$ darf die *t-Verteilung* in guter Näherung durch die *Standardnormalverteilung* ersetzt werden.

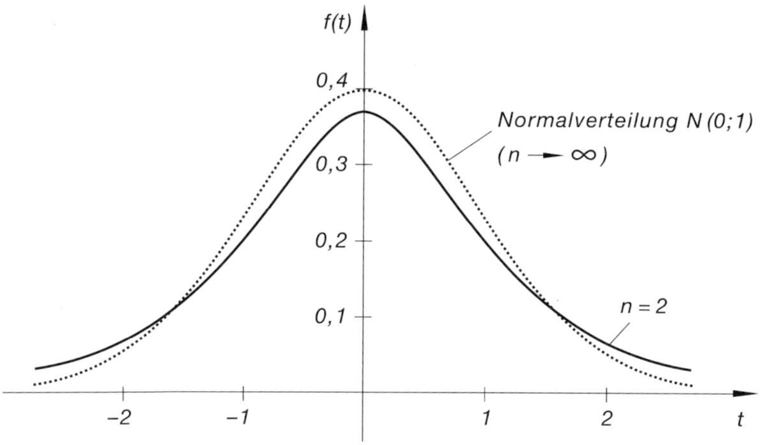

Bild II-131 Für *große* Werte des Parameters (Freiheitsgrades) n darf die t-Verteilung durch die Standardnormalverteilung *näherungsweise* ersetzt werden

■ **Beispiel**

Die Zufallsvariable T genüge der *t-Verteilung* mit $f = n = 10$ Freiheitsgraden. 90% der Werte sollen dabei in das *symmetrische* Intervall $-c \leqslant T \leqslant c$ fallen. Wie lauten die zugehörigen *Intervallgrenzen* (Schranken)?

Lösung:

Wir müssen die Konstante c so bestimmen, daß die Bedingung

$$P(-c \leqslant T \leqslant c) = 0{,}9$$

erfüllt ist (*hellgrau* unterlegte Fläche in Bild II-132). Die beiden *dunkelgrau* unterlegten Flächen haben somit jeweils den Flächeninhalt 0,05. Somit gilt:

$$P(T \leqslant -c) + P(-c \leqslant T \leqslant c) = P(T \leqslant c) = F(c) = 0{,}95$$

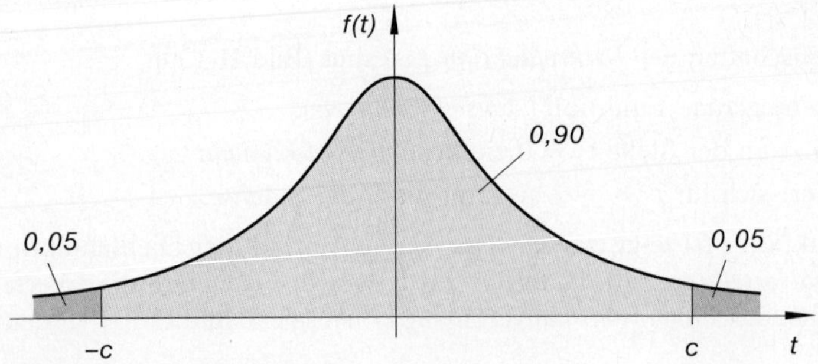

Bild II-132

Den zugehörigen Wert für die obere Schranke c entnehmen wir der Tabelle 4 im Anhang für $f = n = 10$ Freiheitsgrade (es handelt sich dabei um das *Quantil* $t_{(0,95;\,10)}$ der *t-Verteilung*):

$$P(T \leqslant c) = F(c) = 0{,}95 \quad \xrightarrow{f=10} \quad c = t_{(0,95;\,10)} = 1{,}812$$

Somit liegen 90% aller Werte der Zufallsvariablen T im symmetrischen Intervall $-1{,}812 \leqslant T \leqslant 1{,}812$.

■

Übungsaufgaben

Zu Abschnitt 1

1) Wieviel verschiedene Möglichkeiten gibt es, 5 Personen

   a) an einen *rechteckigen* Tisch,

   b) an einen *runden* Tisch

   mit jeweils 5 Stühlen zu plazieren?

2) Für eine *Reihenschaltung* aus 3 Widerständen a, b und c stehen insgesamt 6 *verschiedene* Widerstände $R_1, R_2, \ldots, R_6$ zur Verfügung (Bild II-133). Bestimmen Sie die Anzahl der möglichen verschiedenen Reihenschaltungen, wenn jeder Widerstand *höchstens* einmal in der Schaltung auftreten darf (die Reihenfolge der Widerstände ist dabei *ohne* Bedeutung).

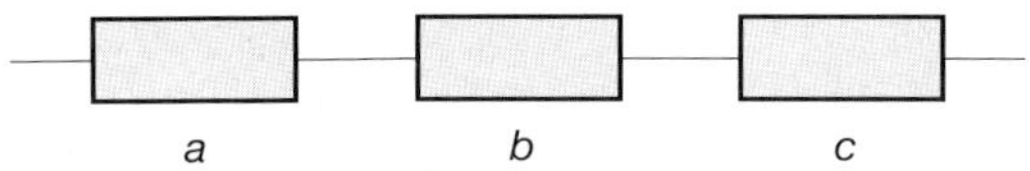

Bild II-133 Reihenschaltung aus drei ohmschen Widerständen

3) Wieviel *2-atomige* Moleküle vom Typ $X\,Y$ lassen sich aus 5 *verschiedenen* atomaren Bausteinen (theoretisch) bilden, wenn jeder Baustein

   a) nur *einmal*,

   b) *mehrmals* (d.h. hier bis zu *zweimal*)

   verwendet werden darf?

4) Wieviel verschiedene Augenpaare $(i; j)$ sind beim Würfeln mit zwei *gleichen* (d.h. *nicht* unterscheidbaren) homogenen Würfeln möglich?

5) In einer Mathematik-Klausur sind 10 Aufgaben zu lösen. Die Klausur gilt dabei als bestanden, wenn *mindestens* 7 Aufgaben, darunter die *ersten* 3 Aufgaben, richtig gelöst wurden. Auf wieviel verschiedene Arten läßt sich diese *Minimalforderung* erfüllen?

6) Die Lieferung von 20 Elektrogeräten eines bestimmten Typs enthält 3 *fehlerhafte* Geräte. Zu Kontrollzwecken wird eine (ungeordnete) Stichprobe vom Umfang $n = 4$ entnommen.

   a) Wieviel verschiedene Stichproben sind insgesamt möglich?

   b) Wie groß ist dabei der Anteil an Stichproben mit genau *einem* fehlerhaften Gerät?

   Hinweis: Die Stichprobe erfolgt (wie in der Praxis allgemein üblich) durch Ziehung *ohne* Zurücklegen.

7) Bild II-134 zeigt ein aus 3 elastischen Federn a, b und c bestehendes System. Es stehen insgesamt 5 *verschiedene* Federn $F_1, F_2, \ldots, F_5$ zur Verfügung. Wieviel verschiedene Federsysteme sind dann möglich?

Hinweis: Beachten Sie dabei, daß durch Vertauschen der Federn b und c *kein* neues System entsteht und jede Feder nur *einmal* zur Verfügung steht.

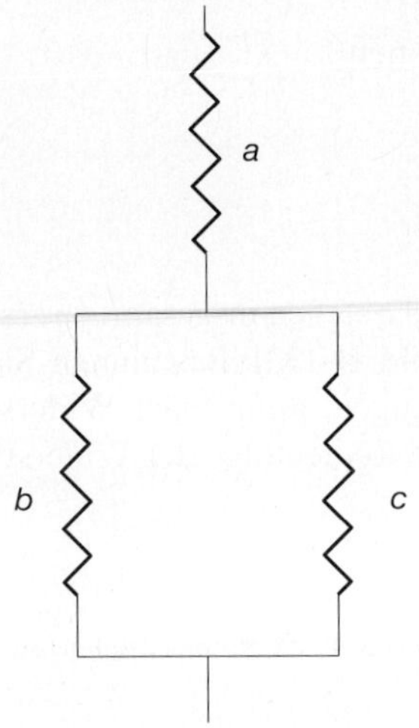

Bild II-134
Kombinierte Reihen-Parallel-Schaltung aus drei elastischen Federn

8) Wieviel verschiedene „Wörter" mit 3 Buchstaben lassen sich aus den 6 Buchstaben a, b, c, d, e und f bilden, wenn jeder Buchstabe

a) nur *einmal*,

b) *mehrmals* (d.h. hier bis zu *dreimal*)

verwendet werden darf?

Anmerkung: Die gebildeten „Wörter" müssen nicht unbedingt einen Sinn ergeben.

9) Eine homogene Münze wird *viermal* geworfen. Wir notieren dabei das jeweilige Ergebnis (also „*Zahl*" oder „*Wappen*") und zwar in der Reihenfolge des Auftretens. So bedeutet z.B. $ZZZW$: Zunächst dreimal hintereinander „Zahl" und dann im 4. Wurf „Wappen". Wieviel verschiedene Endergebnisse sind möglich?

10) Eine Urne enthält 10 Kugeln, die durch die Ziffern $0, 1, 2, \ldots, 9$ unterschieden werden. Wieviel verschiedene *geordnete* Stichproben vom Umfang $k = 3$ können der Urne entnommen werden, wenn die Ziehung der Kugeln

a) *ohne* Zurücklegen,

b) *mit* Zurücklegen

erfolgt?

11) Bei der Kennzeichnung von Kraftfahrzeugen durch 2 Buchstaben und 4 Ziffern (in dieser Reihenfolge) darf die *erste* Ziffer *keine* Null sein. Wieviel verschiedene Kennzeichen sind dann möglich, wenn sowohl jeder Buchstabe als auch jede Ziffer *mehrmals* verwendet werden darf?

Zu Abschnitt 2

1) Eine homogene Münze wird *dreimal* geworfen („*Zahl*": Z; „*Wappen*": W).

   a) Bestimmen Sie die dabei möglichen *Ergebnisse* (*Elementarereignisse*) sowie die *Ergebnismenge* Ω dieses Zufallsexperiments.

   b) Durch welche *Teilmengen* von Ω lassen sich die folgenden Ereignisse beschreiben?

      A: Bei 3 Würfen zweimal „Zahl"
      B: Bei 3 Würfen zweimal „Wappen"
      C: Bei 3 Würfen einmal „Zahl"
      D: Bei 3 Würfen dreimal „Zahl"
      E: Bei 3 Würfen dreimal „Wappen"

   c) Bilden Sie aus den unter b) genannten Ereignissen die folgenden *zusammengesetzten* Ereignisse und deuten Sie diese:

   $$A \cup B,\ A \cap D,\ B \cup E,\ D \cup E,\ A \cap B,\ (C \cup D) \cap B$$

   d) Beschreiben und deuten Sie die Ereignisse $\overline{A}$ und $\overline{D}$.

2) Beim Zufallsexperiment „*Wurf mit zwei nicht unterscheidbaren homogenen Würfeln*" lassen sich die möglichen Ergebnisse (Elementarereignisse) durch *ungeordnete* Augenpaare $(i; j)$ darstellen.

   a) Wie lauten diese *Elementarereignisse* und die zugehörige *Ergebnismenge* Ω?

   b) Beschreiben Sie die folgenden Ereignisse durch *Teilmengen* von Ω:

      A: Die Augensumme beträgt 4
      B: Die Augensumme ist kleiner *oder* gleich 5
      C: Die Augenzahlen beider Würfel sind *ungerade*
      D: Die Augensumme ist *ungerade*
      E: Das Produkt beider Augenzahlen ist *gerade*

3) Bild II-135 zeigt die *Reihen-* bzw. *Parallelschaltung* dreier Glühlampen a_1, a_2 und a_3. A_i sei das Ereignis „*Glühlampe a_i brennt durch*", B das Ereignis „*Unterbrechung des Stromkreises*" ($i = 1, 2, 3$).

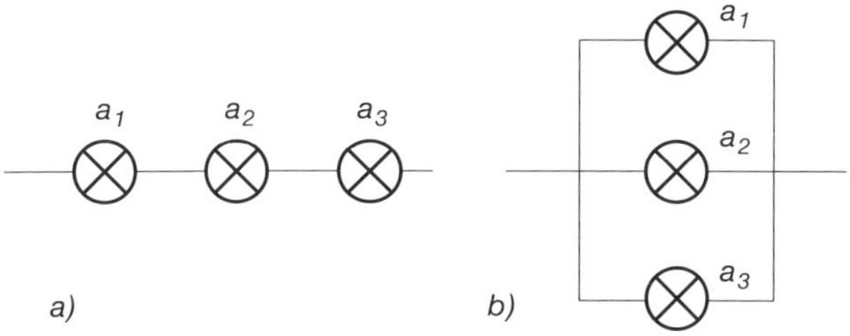

Bild II-135
Stromkreis mit drei Glühlampen
a) Reihenschaltung
b) Parallelschaltung

   a) Beschreiben Sie das Ereignis B mit Hilfe der Ereignisse A_i für beide Schaltungen.

   b) Welche Bedeutung haben die Ereignisse $A_1 \cup A_2$ und $A_2 \cap A_3$?

Zu Abschnitt 3

1) Aus einem Skatspiel mit 32 Karten wird *eine* Karte zufällig entnommen. Wie groß ist die *Wahrscheinlichkeit*,

   a) eine rote Karte,
   b) ein As,
   c) eine Dame oder einen König,
   d) einen schwarzen Buben

   zu ziehen?

2) In einer Warenlieferung von 20 Glühbirnen befinden sich 4 *defekte* Glühbirnen. Zu Kontrollzwecken werden der Lieferung 3 Glühbirnen zufällig und *ohne* Zurücklegen entnommen. Bestimmen Sie die *Wahrscheinlichkeit* dafür, daß diese Stichprobe

   a) *keine,*
   b) *mindestens eine*

   defekte Glühbirne enthält.

3) Ein homogener Würfel wird *zweimal* nacheinander geworfen. Berechnen Sie die *Wahrscheinlichkeit* für die folgenden Ereignisse:

   A: Die Augensumme beträgt 4
   B: Beide Augenzahlen sind *gleich*
   C: Beide Augenzahlen sind durch 3 *teilbar*

4) Für ein Würfelexperiment mit einem auf bestimmte Weise verfälschten Würfel gilt die folgende *Wahrscheinlichkeitsverteilung*:

Augenzahl i	1	2	3	4	5	6
Wahrscheinlichkeit $p_i = p(i)$	p_1	1/8	1/8	p_4	1/8	1/4

   Bekannt ist ferner, daß eine *gerade* Zahl mit der Wahrscheinlichkeit $p(\text{gerade}) = 1/2$ auftritt.

   a) Berechnen Sie die unbekannten Einzelwahrscheinlichkeiten p_1 und p_4.
   b) Mit welchen *Wahrscheinlichkeiten* treten dabei die Ereignisse $A = \{1, 6)$ und $B = \{2, 3, 4\}$ auf?

5) Ein Würfel wurde so manipuliert, daß die geraden Zahlen gegenüber den ungeraden Zahlen mit der *vierfachen* Wahrscheinlichkeit auftreten.

   a) Berechnen Sie die *Wahrscheinlichkeit* für das Auftreten einer *geraden* (g) bzw. *ungeraden* (u) Augenzahl.
   b) Welche *Wahrscheinlichkeit* besitzen die folgenden Ereignisse?

$$A = \{1, 2, 3\}, \quad B = \{1, 6\}, \quad C = \{2, 4, 6\}$$

$$D = \overline{C}, \quad E = B \cup C \quad \text{und} \quad F = B \cap C$$

Hinweis: Die *geraden* Zahlen treten jeweils mit *gleicher* Wahrscheinlichkeit $p(g)$ auf, ebenso die *ungeraden* Zahlen mit jeweils *gleicher* Wahrscheinlichkeit $p(u)$.

6) An einem Schwimmwettbewerb beteiligen sich 3 Schwimmer A, B und C, deren Siegeschancen sich wie 5 : 3 : 1 verhalten. Wie groß ist die *Wahrscheinlichkeit*, daß
   a) Schwimmer C,
   b) Schwimmer *A oder B*

   gewinnt?

7) Eine homogene Münze wird *dreimal* geworfen. Wie groß ist die *Wahrscheinlichkeit*, daß dabei mindestens *zweimal* „Wappen" (W) erscheint?

8) In einer Lieferung von 20 elektronischen Bauelementen eines bestimmten Typs befindet sich 10% *Ausschuß*. Wie groß ist die *Wahrscheinlichkeit* dafür, daß man in einer entnommenen Stichprobe vom Umfang $n = 3$ ausschließlich *einwandfreie* Bauelemente antrifft?

9) Einer Urne mit 8 weißen und 2 schwarzen Kugeln werden nacheinander und *ohne* Zurücklegen 2 Kugeln zufällig entnommen. Bestimmen Sie die *Wahrscheinlichkeit*, daß man bei der 2. Ziehung eine *schwarze* Kugel erhält, wenn bei der 1. Ziehung eine *weiße* Kugel gezogen wurde.

10) Ein homogener Würfel wird *zweimal* geworfen. Wie groß ist die *Wahrscheinlichkeit*, daß die Augensumme beider Würfe *kleiner* als 6 ist, wenn beim 1. Wurf die Augenzahl 2 erzielt wurde?

11) Zwei Sportschützen A und B treffen eine Zielscheibe mit den Wahrscheinlichkeiten $P(A) = 1/3$ und $P(B) = 1/2$. Mit welcher *Wahrscheinlichkeit* wird die Scheibe getroffen, wenn beide Schützen *gleichzeitig* schießen?

12) Eine *Reihenschaltung* aus drei Glühlämpchen a_1, a_2 und a_3 wird von einem Strom durchflossen (Bild II-136). Dabei treten die Ereignisse

    A_i: *Das i-te Glühlämpchen brennt durch*

    unabhängig voneinander mit den konstanten Wahrscheinlichkeiten $p_i = 0{,}2$ ein ($i = 1, 2, 3$). Wie groß ist die Wahrscheinlichkeit für eine *Stromkreisunterbrechung* (Ereignis B)?

    Hinweis: Bestimmen Sie zunächst die Wahrscheinlichkeit des *komplementären* Ereignisses $\overline{B}$.

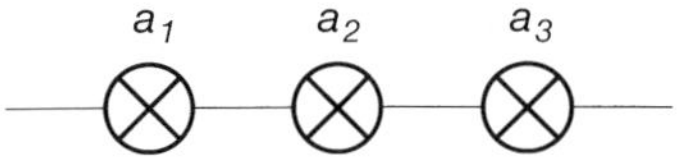

Bild II-136
Reihenschaltung aus drei Glühlämpchen

13) Ein Bogenschütze trifft die Zielscheibe mit der Wahrscheinlichkeit $p = 0{,}6$. Er schießt insgesamt dreimal.

a) Berechnen Sie die Wahrscheinlichkeit, daß er dabei genau *zweimal* die Scheibe trifft.

b) Mit welcher Wahrscheinlichkeit wird die Scheibe *mindestens einmal* getroffen?

14) Bei einem Windhundrennen mit 3 Hunden *a*, *b* und *c* besteht die folgende Gewinnwahrscheinlichkeit:

Windhund	*a*	*b*	*c*
Gewinnwahrscheinlichkeit	$\frac{1}{5}$	$\frac{2}{5}$	$\frac{2}{5}$

Es werden zwei Rennen mit den gleichen Hunden veranstaltet. Berechnen Sie mit Hilfe des *Ereignisbaumes* die Wahrscheinlichkeit dafür, daß

a) Windhund *a* das *erste* und Windhund *b* das *zweite* Rennen,

b) Windhund *c* *beide* Rennen gewinnt.

15) In einer Urne befinden sich 4 weiße (W) und 6 schwarze (S) Kugeln. Eine Kugel wird zufällig entnommen und dafür eine der *anderen* Farbe wieder hineingelegt. Dann wird der Urne eine weitere Kugel entnommen. Bestimmen Sie mit Hilfe des *Ereignisbaumes* die Wahrscheinlichkeit,

a) daß die *zuletzt* gezogene Kugel *weiß* ist,

b) daß man bei *beiden* Ziehungen jeweils Kugeln *gleicher* Farbe erhält,

c) daß *beide* Kugeln *weiß* sind, wenn bekannt ist, daß die gezogenen Kugeln die *gleiche* Farbe haben.

16) In einem Karton befinden sich 5 Glühbirnen, darunter 2 *defekte*. Es wird eine Glühbirne nach der anderen zufällig ausgewählt, bis die beiden defekten Glühbirnen gefunden sind. Mit Hilfe des *Ereignisbaumes* ist die Wahrscheinlichkeit zu bestimmen, daß dieser Zufallsprozeß nach der *dritten* Ziehung beendet ist?

17) Eine Warenlieferung besteht aus 250 Kondensatoren, die auf *drei* Maschinen vom gleichen Typ hergestellt wurden. Dabei gilt:

Maschine	*A*	*B*	*C*
Stückzahl	80	50	120
Ausschuß	2	1	3

Wie groß ist die Wahrscheinlichkeit,

a) daß ein der Lieferung entnommener Kondensator *defekt* ist,

b) daß ein zufällig entnommener *defekter* Kondensator auf der Maschine *C* hergestellt wurde?

Zu Abschnitt 4

1) Die nachfolgenden Verteilungen einer diskreten Zufallsvariablen X sind graphisch durch *Stabdiagram* und *Verteilungskurve* darzustellen:

a)

x_i	-2	-1	1	2
$f(x_i)$	$1/4$	$1/8$	$3/8$	$1/4$

b)

x_i	-3	1	4
$f(x_i)$	$1/4$	$1/2$	$1/4$

c)

x_i	-2	-1	0	1	2
$f(x_i)$	$1/8$	$1/4$	$1/4$	$1/4$	$1/8$

2) Die Wahrscheinlichkeitsverteilung einer diskreten Zufallsvariablen X ist durch die folgende *Verteilungstabelle* gegeben:

x_i	-2	-1	0	1	2	3	4
$f(x_i)$	0,05	0,20	0,25	0,20	0,15	0,10	$p(4)$

a) Bestimmen Sie $f(4) = p(4)$.

b) Zeichnen Sie das zugehörige *Stabdiagramm* der Wahrscheinlichkeitsfunktion $f(x)$ sowie den *treppenförmigen* Verlauf der Verteilungsfunktion $F(x)$.

3) Eine homogene Münze wird *dreimal* geworfen. Bestimmen Sie die Verteilung der Zufallsvariablen

$X =$ *Anzahl „Wappen" bei drei Würfen*

a) Zeichnen Sie das zugehörige *Stabdiagramm* sowie den Verlauf der *Verteilungsfunktion* $F(x)$.

b) Berechnen Sie die Wahrscheinlichkeit $P(1 \leqslant X \leqslant 2)$.

4) In einer Lieferung von 10 Glühbirnen vom gleichen Typ befinden sich 2 *defekte*. Zu Kontrollzwecken werden 3 Glühbirnen zufällig entnommen. Die Zufallsvariable X beschreibe die *Anzahl* der dabei erhaltenen *defekten* Glühbirnen.

a) Bestimmen Sie die *Verteilung* der Zufallsvariablen X.

b) Wie groß ist die Wahrscheinlichkeit, daß sich in einer solchen Stichprobe genau eine *defekte* Glühbirne befindet?

5) Ein Bogenschütze trifft die Zielscheibe mit der Wahrscheinlichkeit $p = 0{,}8$.

a) Bestimmen Sie die *Wahrscheinlichkeitsverteilung* der diskreten Zufallsvariablen

$$X = \textit{Anzahl der abgegebenen Schüsse bis zum 1. Treffer}$$

b) Wie groß ist die Wahrscheinlichkeit dafür, die Scheibe bei insgesamt 3 abgegebenen Schüssen zu treffen?

6) X sei eine stetige Zufallsvariable mit der Dichtefunktion $f(x)$. Bestimmen Sie die jeweilige *Verteilungsfunktion* $F(x)$:

a) $f(x) = \frac{1}{2}x \qquad (0 \leqslant x \leqslant 2)$

b) $f(x) = \lambda \cdot \mathrm{e}^{-\lambda x} \qquad (x \geqslant 0;\ \lambda > 0)$

c) $f(x) = \frac{1}{x^2} \qquad (x \geqslant 1)$

Außerhalb der angegebenen Intervalle ist $f(x) = 0$.

7) Bestimmen Sie den jeweiligen *Parameter* in der Dichtefunktion $f(x)$ der stetigen Zufallsvariablen X durch *Normierung*:

a) $f(x) = 2x + b \qquad (0 \leqslant x \leqslant 4)$

b) $f(x) = c \qquad (a \leqslant x \leqslant b)$

c) $f(x) = a(1 + x) \qquad (-1 \leqslant x \leqslant 1)$

Außerhalb der angegebenen Intervalle ist $f(x) = 0$.

8) Eine stetige Zufallsvariable X besitzt die *Dichtefunktion*

$$f(x) = \begin{cases} kx & \\ & \text{für} \\ 0 & \end{cases} \quad \begin{array}{l} 0 \leqslant x \leqslant 10 \\ \\ \text{alle übrigen } x \end{array}$$

a) Bestimmen Sie den *Parameter* k.

b) Berechnen Sie anschließend die folgenden Wahrscheinlichkeiten:

$P(X \leqslant -2), \qquad P(1 \leqslant X \leqslant 2), \qquad P(X \geqslant 5), \qquad P(3 \leqslant X \leqslant 8)$

9) Die *Dichtefunktion* einer stetigen Verteilung laute:

$$f(x) = \begin{cases} ax^2(2-x) & \\ & \text{für} \\ 0 & \end{cases} \quad \begin{array}{l} 0 \leqslant x \leqslant 2 \\ \\ \text{alle übrigen } x \end{array}$$

a) Bestimmen Sie den *Parameter* a.

b) Wie lautet die zugehörige *Verteilungsfunktion*?

c) Berechnen Sie die *Wahrscheinlichkeit*, daß die Zufallsvariable X einen Wert kleiner *oder* gleich 1 annimmt.

10) Gegeben ist die *Verteilungsfunktion*

$$F(x) = a \cdot \arctan x + b \qquad (-\infty < x < \infty)$$

einer stetigen Zufallsvariablen X.

a) Bestimmen Sie die beiden *Parameter* a und b.

b) Wie lautet die *Dichtefunktion* $f(t)$ dieser Verteilung?

11) Die Lebensdauer T eines bestimmten elektronischen Bauelements genüge einer *Exponentialverteilung* mit der *Dichtefunktion*

$$f(t) = \begin{cases} \lambda \cdot e^{-\lambda t} & \text{für } t \geqslant 0 \\ 0 & \text{für } t < 0 \end{cases}$$

($\lambda > 0$). Wie groß ist die *Wahrscheinlichkeit* dafür, daß ein Bauelement *mindestens* bis zum Zeitpunkt $t = 2\lambda^{-1}$ *funktionstüchtig* bleibt?

12) Die Lebensdauer T eines bestimmten elektronischen Bauelements sei eine stetige Zufallsvariable mit der *Verteilungsfunktion*

$$F(t) = 1 - (1 + 0{,}2\,t) \cdot e^{-0{,}2t} \qquad (t \geqslant 0)$$

a) Bestimmen Sie die zugehörige *Dichtefunktion* $f(t)$.

b) Berechnen Sie die Wahrscheinlichkeit $P(1 \leqslant T \leqslant 5)$.

Zu Abschnitt 5

1) Welchen *Erwartungswert* besitzen die folgenden diskreten Verteilungen:

a)

x_i	-1	0	1	2	3
$f(x_i)$	0,1	0,3	0,4	0,15	0,05

b)

x_i	-2	-1	0	1	4	5	10
$f(x_i)$	$\frac{1}{12}$	$\frac{2}{12}$	$\frac{2}{12}$	$\frac{3}{12}$	$\frac{2}{12}$	$\frac{1}{12}$	$\frac{1}{12}$

2) Wie groß ist der *Erwartungswert* der stetigen Zufallsvariablen X mit der Dichtefunktion

$$f(x) = 0{,}5\,(1 + x) \qquad (-1 \leqslant x \leqslant 1)$$

(für alle übrigen x ist $f(x) = 0$)?

3) Die *Verteilungstabelle* einer diskreten Verteilung laute:

x_i	-2	-1	1	2
$f(x_i)$	1/8	3/8	1/4	1/4

a) Welchen *Erwartungswert* besitzt diese Verteilung?

b) Berechnen Sie den *Erwartungswert* der von X abhängigen Funktionen $Z_1 = g_1(X) = 5X + 2$ und $Z_2 = g_2(X) = X^2$.

4) Beim Wurf mit 3 homogenen Münzen ist die Zufallsvariable

X = Anzahl „Wappen" bei 3 Würfen

wie folgt verteilt:

x_i	0	1	2	3
$f(x_i)$	1/8	3/8	3/8	1/8

a) Welchen *Gewinn* kann ein Spieler bei diesem Glücksspiel pro Spiel erwarten, wenn die folgende Gewinntabelle gilt:

x_i	0	1	2	3
Gewinn $z_i = g(x_i)$ (in DM)	1	2	3	8

Hinweis: Die Gewinnerwartung des Spielers ist der *Erwartungswert* der Gewinnfunktion $Z = g(X)$.

b) Ist dieses Glücksspiel für einen Spieler „günstig", wenn sein Wetteinsatz pro Spiel 4 DM beträgt?

5) Berechnen Sie den *Mittelwert* μ, die *Varianz* σ^2 und die *Standardabweichung* σ der folgenden diskreten Verteilungen:

a)

x_i	-2	2	4	6	8
$f(x_i)$	1/4	1/6	1/4	1/4	1/12

b)

x_i	-2	1	2	3	4
$f(x_i)$	1/8	1/4	1/2	1/16	1/16

c)

x_i	-2	-1	0	1	2	3	4
$f(x_i)$	0,05	0,20	0,25	0,20	0,15	0,10	0,05

6) Die diskrete Zufallsvariable X besitzt die folgende *Wahrscheinlichkeitsverteilung*:

x_i	-2	-1	0	1	2	3
$f(x_i)$	0,2	0,3	0,2	0,1	0,05	0,15

a) Berechnen Sie *Mittelwert* μ, *Varianz* σ^2 und *Standardabweichung* σ dieser Verteilung.

b) Wie lauten die *entsprechenden* Kennwerte der von X abhängigen Funktion $Z = (X - \mu)^2$ mit $\mu = E(X)$?

7) In einer Lieferung von 10 Glühbirnen befinden sich 2 *defekte*. Wieviel *defekte* Glühbirnen kann man *im Mittel* in einer Stichprobe vom Umfang $n = 3$ erwarten, die der angelieferten Ware zu Kontrollzwecken entnommen wird?

Hinweis: Verwenden Sie die Ergebnisse aus Aufgabe 4 in Abschnitt 4 (Zufallsvariable: X = *Anzahl der in der Stichprobe enthaltenen defekten Glühbirnen*).

8) Eine homogene Münze wird solange geworfen, bis „Zahl" (Z) oder insgesamt *dreimal* „Wappen" (W) erscheint. Die Zufallsvariable X beschreibe die *Anzahl* der ausgeführten Würfe bis zum *Eintritt* dieses Ereignisses.

a) Bestimmen sie die *Verteilung* der Zufallsvariablen X.

b) Wieviel Würfe sind *im Mittel* auszuführen, bis das beschriebene Ereignis eintritt?

9) Die stetige Zufallsvariable X besitze die jeweils angegebene *Dichtefunktion* $f(x)$. Berechnen Sie den *Mittel-* oder *Erwartungswert* μ, die *Varianz* σ^2 sowie die *Standardabweichung* σ.

a) $f(x) = \text{const.} = c \qquad (a \leqslant x \leqslant b)$

b) $f(x) = mx \qquad (0 \leqslant x \leqslant 10)$

Außerhalb des jeweils angegebenen Intervalls gilt stets $f(x) = 0$.

10) Eine stetige Zufallsvariable X genüge einer sog. *Gamma-Verteilung* mit der Dichtefunktion

$$f(x) = \begin{cases} \lambda^2 \cdot x \cdot e^{-\lambda x} & \\ & \text{für} \\ 0 & \end{cases} \quad \begin{matrix} x > 0 \\ \\ x \leqslant 0 \end{matrix}$$

($\lambda > 0$). Berechnen Sie die *Kennwerte* oder *Maßzahlen* μ, σ^2 und σ.

11) Welchen *Mittelwert* und welche *Varianz* besitzt eine stetig verteilte Zufallsvariable X mit der *Dichtefunktion*

$$f(x) = ax^2(1 - x) \qquad (0 \leqslant x \leqslant 1)$$

(für alle übrigen x verschwindet $f(x)$)?

12) Die Lebensdauer eines bestimmten elektronischen Bauelements kann als eine Zufallsgröße T mit der *Verteilungsfunktion*

$$F(t) = \begin{cases} 1 - (1 + 0{,}2\,t) \cdot e^{-0{,}2t} & \\ & \text{für} \\ 0 & \end{cases} \quad \begin{matrix} t \geqslant 0 \\ \\ t < 0 \end{matrix}$$

aufgefaßt werden. Welche *durchschnittliche* Lebensdauer hat ein solches Bauelement?

13) Die stetige Zufallsvariable X genüge einer *Exponentialverteilung* mit der *Dichtefunktion*

$$f(x) = \lambda \cdot e^{-\lambda x} \qquad (x \geqslant 0;\ \lambda > 0)$$

(für alle übrigen x ist $f(x) = 0$). Bestimmen Sie den jeweiligen *Mittelwert* der folgenden von X abhängigen Funktionen:

a) $Z = e^{-X}$ b) $Z = 2X + 1$ c) $Z = X^2$

14) Die Zufallsvariable X besitze den Mittelwert $E(X) = \mu_X = 2$ und die Varianz $\operatorname{Var}(X) = \sigma_X^2 = 0{,}5$. Berechnen Sie die *entsprechenden* Kennwerte der folgenden *linearen* Funktionen von X:

a) $Z = 2X - 3$ b) $Z = -0{,}5\,X + 2$ c) $Z = 10X$ d) $Z = 2$

Zu Abschnitt 6

1) X sei eine *binomialverteilte* Zufallsvariable mit den Parametern $n = 8$ und $p = 0{,}2$.

a) Bestimmen Sie die *Verteilungstabelle* und zeichnen Sie das zugehörige *Stabdiagramm.*

b) Berechnen Sie die folgenden Wahrscheinlichkeiten: $P(X = 0)$, $P(X \geqslant 5)$, $P(1 \leqslant X \leqslant 3)$

2) Eine homogene Münze wird *zehnmal* geworfen. Wie groß ist die Wahrscheinlichkeit, daß das Ereignis „Zahl"

a) *keinmal,*

b) *genau zweimal,*

c) *mindestens viermal*

auftritt?

d) Mit welcher Wahrscheinlichkeit erhalten wir bei 10 Würfen je *fünfmal* „Zahl" und „Wappen"?

3) Ein homogener Würfel wird *fünfmal* geworfen. Dabei wird das Auftreten der Augenzahl 1 oder 2 als *Erfolg*, das Auftreten der übrigen Augenzahlen als *Mißerfolg* gewertet. Man berechne die Wahrscheinlichkeit für einen

a) *zweifachen,*

b) *mindestens dreifachen*

Erfolg.

4) Ein homogener Würfel wird *300-mal* geworfen. Wie oft können wir dabei erwarten, daß eine durch 3 *teilbare* Augenzahl auftritt?

5) Aus einem Skatspiel mit 32 Karten wird *eine* Karte zufällig entnommen und nach der Ziehung wieder *zurückgelegt*. Dann werden die Karten neu gemischt. Wie oft muß man eine Karte ziehen, damit die Wahrscheinlichkeit dafür, *mindestens ein* „rotes As" zu ziehen, größer als 0,5 ist?

6) Die Herstellung von Gewindeschrauben erfolge mit einem *Ausschußanteil* von 2%. Wieviel *nicht brauchbare* Schrauben befinden sich *im Mittel* in einer Schachtel mit 250 Schrauben? Wie groß sind *Varianz* σ^2 und *Standardabweichung* σ dieser Binomialverteilung?

7) Ein Sportschütze trifft eine Zielscheibe mit der Wahrscheinlichkeit $p = 1/3$. Er gibt insgesamt 5 Schüsse ab. Wie groß ist die Wahrscheinlichkeit dafür, daß er die Scheibe

a) *keinmal,*

b) *genau dreimal,*

c) *mindestens dreimal*

trifft?

8) X sei eine *hypergeometrische* Zufallsvariable mit den Parametern $N = 10$, $M = 4$ und $n = 3$. Man berechne die folgenden Wahrscheinlichkeiten:

a) $P(X = 0)$ b) $P(1 \leqslant X \leqslant 3)$ c) $P(X < 2)$

9) Unter 40 Packungen, die laut Aufschrift je 10 Ziernägel enthalten sollen, befinden sich 4 *unvollständige* Packungen (sie enthalten *weniger* Ziernägel als angegeben). Wie groß ist die Wahrscheinlichkeit, daß man

a) beim Kauf von einer Packung eine *vollständige* Packung,

b) beim Kauf von 10 Packungen jedoch genau *zwei unvollständige* Packungen

erhält?

10) Einer Urne mit 5 Kugeln, darunter 3 weißen und zwei schwarzen, entnehmen wir nacheinander zufällig und *ohne* Zurücklegen 2 *Kugeln*. Bestimmen Sie die *Verteilung* der Zufallsvariablen

$$X = \textit{Anzahl der gezogenen weißen Kugeln}$$

und zeichnen Sie das zugehörige *Stabdiagramm*.

11) X sei eine *Poisson-verteilte* Zufallsvariable mit dem Parameter $\mu = 3$. Berechnen Sie die folgenden Wahrscheinlichkeiten:

a) $P(X = 0)$ b) $P(X \leqslant 3)$ c) $P(X > 3)$ d) $P(1 \leqslant X \leqslant 5)$

12) Bei einem Kernreaktor werden an die Brennelemente extrem hohe Qualitätsanforderungen gestellt. Die Wahrscheinlichkeit dafür, daß ein Brennelement diesen hohen Anforderungen *nicht* genüge, betrage $p = 10^{-4}$. Wie groß ist die Wahrscheinlichkeit, daß *alle* 1500 Brennelemente eines Reaktors die vorgeschriebenen Qualitätsbedingungen erfüllen?

13) U sei eine *standardnormalverteilte* Zufallsvariable. Berechnen Sie mit Hilfe der Verteilungsfunktion $\phi(u)$ (Tabelle 1 im Anhang, Teil A) die folgenden Wahrscheinlichkeiten:

a) $P(U \leqslant 1{,}52)$ b) $P(U \leqslant -0{,}42)$
c) $P(0{,}2 \leqslant U \leqslant 2{,}13)$ d) $P(-1{,}01 \leqslant U \leqslant -0{,}25)$
e) $P(-1 \leqslant U \leqslant 1)$ f) $P(|U| \leqslant 1{,}69)$
g) $P(U \geqslant 0{,}95)$ h) $P(U \geqslant -2{,}13)$

14) Bestimmen Sie anhand von Tabelle 1 im Anhang (Teil A) die jeweils unbekannte *Intervallgrenze* (U: *standardnormalverteilte* Zufallsvariable):

a) $P(U \leqslant a) = 0{,}5$ b) $P(U \leqslant a) = 0{,}3210$
c) $P(0{,}15 \leqslant U \leqslant b) = 0{,}35$ d) $P(-0{,}22 \leqslant U \leqslant b) = 0{,}413$
e) $P(-a \leqslant U \leqslant a) = 0{,}95$ f) $P(|U| \leqslant c) = 0{,}4682$
g) $P(U \geqslant a) = 0{,}8002$ h) $P(U \geqslant a) = 0{,}4010$

15) X sei eine *normalverteilte* Zufallsvariable mit dem Mittelwert $\mu = 6$ und der Standardabweichung $\sigma = 2$. Die folgenden Werte von X sind in *Standardeinheiten* umzurechnen:

a) 10,42 b) 0,86 c) 2,5 d) $-4{,}68$ e) $\mu \pm 3{,}2\,\sigma$ f) 18

16) Die Zufallsvariable X ist *normalverteilt* mit dem Mittelwert $\mu = 2$ und der Standardabweichung $\sigma = 0{,}5$. Berechnen Sie die folgenden Wahrscheinlichkeiten durch Umrechnung in *Standardeinheiten* und unter Verwendung der Verteilungsfunktion $\phi(u)$ der *Standardnormalverteilung* (Tabelle 1 im Anhang, Teil A):

a) $P(X \leqslant 2{,}52)$ b) $P(X \leqslant 0{,}84)$
c) $P(X \leqslant -1{,}68)$ d) $P(-0{,}5 \leqslant X \leqslant 4{,}5)$
e) $P(-1{,}86 \leqslant X \leqslant -0{,}24)$ f) $P(-3 \leqslant X \leqslant 3)$
g) $P(|X| \leqslant 2{,}13)$ h) $P(X \geqslant 0{,}98)$

17) Die Kapazität eines in großer Stückzahl hergestellten Kondensators kann als eine *normalverteilte* Zufallsvariable X angesehen werden.

a) Mit welchem *Ausschußanteil* ist zu rechnen, wenn die Kapazität *höchstens* um 5% vom Sollwert (Mittelwert) $\mu = 100\,\mu\text{F}$ abweichen darf und die Standardabweichung $\sigma = 4\,\mu\text{F}$ beträgt?

b) Wie ändert sich dieser Ausschußanteil, wenn nur Kapazitätswerte zwischen 98 µF und 104 µF toleriert werden?

18) Die in einer Mathematik-Klausur erzielte Punktzahl läßt sich als eine *normalverteilte* Zufallsgröße X auffassen. In einem konkreten Fall ergab sich eine *Normalverteilung* mit dem Mittelwert $\mu = 20$ und der Standardabweichung $\sigma = 4$ (in Punkten). 60% der teilgenommenen Studenten erhielten den Übungsschein. Welche *Mindestpunktzahl* war daher zu erreichen?

19) Von 5000 Studenten einer Fachhochschule wurde das Gewicht bestimmt. Die Zufallsgröße

$$X = \textit{Gewicht eines Studenten}$$

erwies sich dabei als eine *normalverteilte* Zufallsvariable mit dem Mittelwert $\mu = 75$ kg und der Standardabweichung $\sigma = 5$ kg. Wieviele der untersuchten Studenten hatten dabei

a) ein Gewicht zwischen 69 kg und 80 kg,

b) ein Gewicht *über* 80 kg,

c) ein Gewicht *unter* 65 kg?

20) In einem Weingut wird auf einer automatischen Abfüllanlage Wein in 0,75-Liter-Flaschen gefüllt. Das Abfüllvolumen X kann dabei nach den Angaben des Herstellers als eine *normalverteilte* Zufallsvariable mit dem Mittelwert $\mu = 0{,}75\ \mathrm{l} = 750\ \mathrm{cm}^3$ und der Standardabweichung $\sigma = 20\ \mathrm{cm}^3$ angenommen werden:

a) Wie groß ist die Wahrscheinlichkeit dafür, daß eine abgefüllte Weinflasche *weniger* als 730 cm^3 Wein enthält?

b) Berechnen Sie die Wahrscheinlichkeit, daß das abgefüllte Weinvolumen vom Sollwert (Mittelwert) um *maximal* 2% abweicht.

21) Ein bestimmter Massenartikel wird mit einem *Ausschußanteil* von 1% produziert. Berechnen Sie die Wahrscheinlichkeit dafür, daß eine der Gesamtproduktion entnommen Stichprobe vom Umfang $n = 100$

a) genau *zwei* Ausschußstücke,

b) *mehr als zwei* Ausschußstücke

enthält.

Hinweis: Die *binomialverteilte* Zufallsvariable

$$X = \textit{Anzahl der Ausschußstücke in einer Stichprobe von Umfang } n = 100$$

läßt sich hier durch die rechnerisch bequemere *Poisson-Verteilung* annähern.

22) Eine homogene Münze wird 20-*mal* geworfen. Die *binomialverteilte* Zufallsvariable

$$X = \textit{Anzahl „Wappen" bei 20 Würfen}$$

kann in guter Näherung durch eine *Normalverteilung* approximiert werden. Berechnen Sie mit dieser Näherung die Wahrscheinlichkeit dafür, daß *mindestens* 8 und *höchstens* 12 der insgesamt 20 Würfe zum Ergebnis „Wappen" führen.

23) Ein homogener Würfel wird *360-mal* geworfen. Mit welcher Wahrscheinlichkeit nimmt dabei die *binomialverteilte* Zufallsvariable

$$X = \textit{Anzahl der Würfe mit der Augenzahl 1 oder 6 bei insgesamt 360 Würfen}$$

Werte zwischen 100 und 140 an, wenn man die Approximation durch eine *Normalverteilung* zugrunde legt?

24) Die Wahrscheinlichkeit dafür, daß ein bestimmter Gerätetyp einer Zuverlässigkeitsprüfung *nicht* standhält, betrage $p = 0{,}06$. Es werden insgesamt 200 Geräte unabhängig voneinander dieser Prüfung unterzogen. Berechnen Sie die Wahrscheinlichkeit, daß von diesen Geräten *mindestens* 10 und *höchstens* 15 diese Zuverlässigkeitsprüfung *nicht* bestehen.

Hinweis: Man verwende die Approximation durch die *Normalverteilung*.

Zu Abschnitt 7

1) Bestimmen Sie aus der jeweils vorgegebenen Verteilungstabelle der diskreten zweidimensionalen Zufallsvariablen $(X; Y)$ die *Verteilungen* der beiden Komponenten X und Y (*Randverteilungen*) sowie deren *Erwartungswerte* und *Varianzen*:

a)

X \ Y	−2	1	4
1	1/8	1/4	1/8
3	1/8	1/8	1/4

b)

X \ Y	−2	−1	1	2
0	0,15	0,05	0,10	0,30
1	0,10	0,10	0,05	0,15

2) Die diskreten Zufallsvariablen X und Y sind *stochastisch unabhängig* und wie folgt verteilt:

x_i	1	2	3
$f_1(x_i)$	0,2	0,5	0,3

y_i	0	2	3	6
$f_2(y_i)$	0,1	0,2	0,4	0,3

Bestimmen Sie die Wahrscheinlichkeitsfunktion der *gemeinsamen* Verteilung von X und Y.

3) Gegeben ist die *unvollständige* Verteilungstabelle der diskreten zweidimensionalen Zufallsvariablen $(X; Y)$:

$X \backslash Y$	0	1	2	
2		0,08	0,04	0,4
4	0,14			0,2
6			0,04	
	0,7		0,1	

a) Bestimmen Sie die *fehlenden* Einzelwahrscheinlichkeiten.

b) Wie lauten die *Wahrscheinlichkeitsfunktionen* der beiden Komponenten sowie deren *Mittelwerte* und *Varianzen*?

c) Zeigen Sie: Die Zufallsvariablen X und Y sind *stochastisch unabhängig*.

4) Die *Verteilungstabelle* der diskreten zweidimensionalen Zufallsvariablen $(X; Y)$ laute:

$X \backslash Y$	0	1	2
1	1/16	1/8	1/16
2	1/8	1/4	1/8
3	1/16	1/8	1/16

a) Bestimmen Sie die Wahrscheinlichkeitsfunktionen der *Randverteilungen* von X und Y in dieser zweidimensionalen Verteilung.

b) Bestimmen Sie die *Erwartungswerte* $E(X)$ und $E(Y)$ sowie die *Varianzen* $\operatorname{Var}(X)$ und $\operatorname{Var}(Y)$.

c) Handelt es sich bei den Komponenten X und Y um *stochastisch unabhängige* Zufallsvariable?

5) Die Verteilung einer stetigen zweidimensionalen Zufallsvariablen $(X; Y)$ besitze die *Dichtefunktion*

$$f(x; y) = \begin{cases} k \cdot e^{-2x-y} & \text{für} \quad x \geqslant 0, \quad y \geqslant 0 \\ 0 & \text{alle übrigen} \quad (x; y) \end{cases}$$

a) Bestimmen Sie die Konstante k.
b) Wie lauten die *Dichten* $f_1(x)$ und $f_2(y)$ der *Randverteilungen*?
c) Bestimmen Sie die *Erwartungswerte* $E(X)$ und $E(Y)$ sowie die *Varianzen* $\mathrm{Var}(X)$ und $\mathrm{Var}(Y)$.
d) Berechnen Sie die Wahrscheinlichkeit $P(0 \leqslant X \leqslant 2;\ 0 \leqslant Y \leqslant 3)$.

6) Die *stochastisch unabhängigen* stetigen Zufallsvariablen X und Y besitzen die folgenden *Dichtefunktionen*:

$$f_1(x) = \frac{1}{4}\,(x + 1) \qquad (0 \leqslant x \leqslant 2)$$

$$f_2(y) = y + \frac{1}{2} \qquad (0 \leqslant y \leqslant 1)$$

(im übrigen Bereich verschwinden diese Funktionen).
a) Bestimmen Sie die *Dichtefunktion* $f(x;\ y)$ der *gemeinsamen* Verteilung.
b) Wie lautet die *Verteilungsfunktion* $F(x;\ y)$ der *gemeinsamen* Verteilung?
c) Berechnen Sie die Wahrscheinlichkeit $P(0 \leqslant X \leqslant 1;\ 0 \leqslant Y \leqslant 1)$.

7) Bestimmen Sie aus der vorgegebenen *gemeinsamen* Verteilung die *Wahrscheinlichkeitsfunktionen* $f_1(x)$ und $f_2(y)$ der beiden Komponenten X und Y und prüfen Sie diese auf *stochastische Unabhängigkeit*:

a)

X \ Y	0	1	2
0	1/16	1/8	1/16
1	1/16	1/4	1/16
2	1/8	1/8	1/8

b)

X \ Y	0	1	2
1	0,40	0,24	0,16
2	0,10	0,06	0,04

8) Die diskreten Zufallsvariablen X und Y mit den folgenden Verteilungsfunktionen sind *stochastisch unabhängig*:

x_i	1	2	3
$f_1(x_i)$	0,5	0,3	0,2

y_k	5	10	15
$f_2(y_k)$	0,15	0,6	0,25

Bestimmen Sie die *gemeinsame* Verteilung.

9) Die Zufallsvariablen X_1, X_2, X_3 und X_4 besitzen die folgenden Mittel- oder Erwartungswerte:

X_i	X_1	X_2	X_3	X_4
$\mu_i = E(X_i)$	2	5	-3	1

Bestimmen Sie den *Erwartungswert* der folgenden Zufallsvariablen:

a) $Z_1 = X_1 + 2X_2 - 5X_4$ b) $Z_2 = X_1 + 2X_2 - 3(X_3 + X_4)$

c) $Z_4 = X_1 + X_2 + 2X_3 - X_4$

10) Die *stochastisch unabhängigen* Zufallsvariablen X_i besitzen die Mittelwerte $\mu_i = E(X_i) = 2i^2$ $(i = 1, 2, 3, 4)$. Welchen *Mittelwert* besitzen dann die folgenden Produkte?

a) $Z_1 = X_1 \cdot X_2 \cdot X_3 \cdot X_4$ b) $Z_2 = X_1 \cdot (X_2 + X_3)$

c) $Z_3 = (X_1 - X_2) \cdot (X_1 + X_2)$ d) $Z_4 = 3X_1 \cdot X_4^2$

11) Die *stochastisch unabhängigen* Zufallsvariablen X_1, X_2, X_3 und X_4 besitzen die folgenden Mittelwerte und Varianzen:

X_i	X_1	X_2	X_3	X_4
$\mu_i = E(X_i)$	2	8	-2	3
$\sigma_i^2 = \text{Var}(X_i)$	1	2	5	3

Bestimmen Sie *Mittelwert* und *Varianz* der folgenden Linearkombinationen:

a) $Z_1 = X_1 - 3X_2 + X_4$ b) $Z_2 = X_1 + 2(X_2 - X_3)$

c) $Z_3 = X_1 + X_2 + X_3 + X_4$ d) $Z_4 = 2(X_1 - X_2) + 3X_3$

12) Die *stochastisch unabhängigen* Zufallsvariablen X_1, X_2 und X_3 besitzen der Reihe nach die Mittelwerte $\mu_1 = 2$, $\mu_2 = -4$, $\mu_3 = 5$ und die Standardabweichungen $\sigma_1 = 1$, $\sigma_2 = 2$, $\sigma_3 = 3$. Bestimmen Sie die *Mittelwerte, Varianzen* und *Standardabweichungen* der folgenden Zufallsvariablen:

a) $Z = \frac{1}{2}(X_1 + X_2) - X_3$ b) $Z = 2(X_1 + X_3) - 3X_2$

13) X sei eine *normalverteilte* Zufallsvariable mit den Parametern μ und σ. Was läßt sich über die Verteilung der Zufallsvariablen $Z = aX + b$ mit $a > 0$ aussagen?

14) Bild II-137 zeigt eine *Reihenschaltung* aus drei ohmschen Widerständen R_1, R_2 und R_3, die wir als voneinander *unabhängige* und *normalverteilte* Zufallsgrößen mit den folgenden Mittelwerten und Standardabweichungen auffassen können:

$$R_1: \ \mu_1 = 200\,\Omega, \qquad \sigma_1 = 2\,\Omega$$
$$R_2: \ \mu_2 = 120\,\Omega, \qquad \sigma_2 = 1\,\Omega$$
$$R_3: \ \mu_3 = 180\,\Omega, \qquad \sigma_3 = 2\,\Omega$$

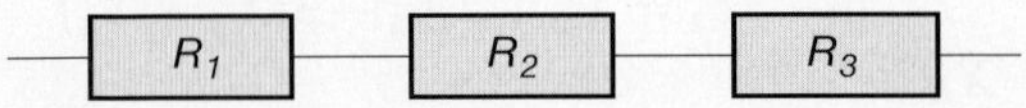

Bild II-137
Reihenschaltung aus drei ohmschen Widerständen

a) Bestimmen Sie den *Mittelwert* μ und die *Standardabweichung* σ des Gesamtwiderstandes $R = R_1 + R_2 + R_3$.

b) Bestimmen Sie ein zum Mittelwert μ *symmetrisches* Intervall, in dem der Gesamtwiderstand R mit einer Wahrscheinlichkeit von 95% anzutreffen ist.

15) Gegeben sind zwei *stochastisch unabhängige* und *normalverteilte* Zufallsvariable X und Y mit den folgenden Parametern:

$$X: \ \mu_X = 10, \qquad \sigma_X = 3$$
$$Y: \ \mu_Y = 20, \qquad \sigma_Y = 4$$

Bestimmen Sie die *Dichtefunktion* der Summe $Z = X + Y$.

III Grundlagen der mathematischen Statistik

1 Grundbegriffe

1.1 Ein einführendes Beispiel

Ein wichtiges Beispiel für die Anwendung statistischer Methoden in der Praxis liefert die *Qualitätskontrolle* bei der Herstellung sog. *Massenartikel.* Nehmen wir den folgenden konkreten Fall an:

Ein Betrieb produziere als Zulieferer für einen bestimmten Elektrokonzern Kondensatoren mit einer vorgeschriebenen Kapazität von $C_0 = 100\ \mu\text{F}$ in großer Stückzahl. *Kein Produktionsablauf ist jedoch so vollkommen, daß alle hergestellten Stücke gleich ausfallen.* Gründe dafür sind u.a.:

- *Verschleiß-* und *Abnutzungserscheinungen* an den produzierenden Maschinen und Automaten
- *Inhomogenitäten* des verarbeiteten Materials
- Menschliche Unzulänglichkeiten

Folglich werden die Kapazitätswerte mehr oder weniger stark vom vorgegebenen Sollwert 100 µF *abweichen.* Diese Fakten sind natürlich auch dem Elektrokonzern bekannt. Er akzeptiert daher auch solche Kondensatoren, deren Kapazität nur *geringfügig* vom Sollwert abweicht. Die zwischen dem Hersteller und dem Elektrokonzern getroffene Vereinbarung kann beispielsweise so aussehen, daß die Kapazität um *maximal* 1 µF vom Sollwert 100 µF nach oben oder unten abweichen darf. Mit anderen Worten: Es werden vom Kunden alle Kondensatoren akzeptiert, deren Kapazität zwischen 99 µF und 101 µF liegt. Bild III-1 verdeutlicht diesen *Toleranzbereich*:

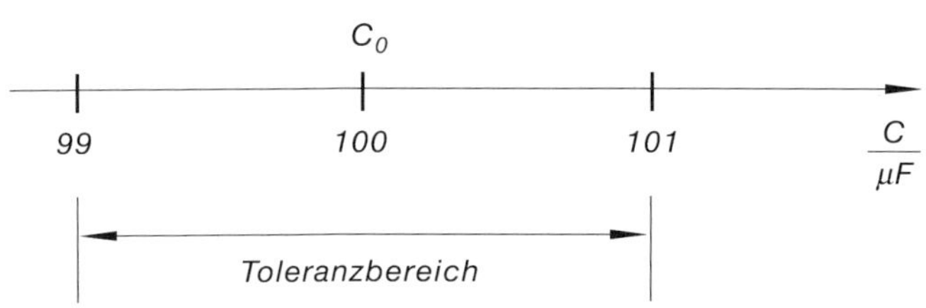

Bild III-1

Der Hersteller der Kondensatoren wird daher die Produktion *überwachen*, um sicher zu gehen, daß seine Ware auch den Anforderungen des Kunden entspricht. Anderenfalls muß er das Risiko in Kauf nehmen, daß der Elektrokonzern die gelieferten Kondensatoren als *fehlerhaft* zurückweist. Die *statistische Qualitätskontrolle* des Herstellers besteht nun darin, daß er in *regelmäßigen* Zeitabständen (z.B. stündlich) stets eine gewisse (aber gleichbleibende) Anzahl von Kondensatoren (z.B. jeweils 10 Stück) *wahllos* (d.h. zufällig) aus der laufenden Produktion herausgreift und deren Kapazität bestimmt. Es handelt sich um sog. *Zufallsstichproben* vom Umfang 10. Die einzelnen Werte einer solchen Stichprobe werden dabei einer sog. *Grundgesamtheit* entnommen. In unserem Beispiel käme als Grundgesamtheit z.B. die Tagesproduktion an Kondensatoren infrage.

Bei *jeder* Stichprobe werden aber die einzelnen Stichprobenwerte mehr oder weniger stark vom vorgegebenen Sollwert $C_0 = 100\,\mu\text{F}$ abweichen. Eine solche Stichprobe könnte beispielsweise wie folgt aussehen:

$$99;\,101;\,102;\,102;\,99;\,98;\,100;\,101;\,101;\,102$$

(alle Angaben in μF). Die *Auswertung* einer Stichprobe erfolgt dann durch Bildung eines *Mittelwertes* und Angabe eines geeigneten *Genauigkeitsmaßes*, das in gewisser Weise die *Streuung* der einzelnen Stichprobenwerte um den Mittelwert charakterisiert. Mit diesen *statistischen Kennwerten* oder *Maßzahlen* einer Stichprobe werden wir uns später noch ausführlich beschäftigen (Abschnitt 2).

Mit Hilfe *mathematischer Modelle* aus der Wahrscheinlichkeitsrechnung ist der Hersteller nun in der Lage, durch einen *Vergleich* des Stichprobenmittelwertes mit dem Sollwert C_0 festzustellen, ob die produzierte Ware auch den Anforderungen des Kunden entspricht oder ob die festgestellten Abweichungen *außerhalb* des vereinbarten Toleranzbereiches liegen. In diesem Fall wird er die laufende Produktion *stoppen* und auf *Fehlersuche* gehen.

1.2 Zufallsstichproben aus einer Grundgesamtheit

Eine *grundlegende* Aufgabe der Statistik besteht darin, Kenntnisse und Informationen über die Eigenschaften oder Merkmale einer bestimmten Menge von Objekten (Elementen) zu gewinnen, ohne daß dabei *alle* Objekte in die Untersuchung miteinbezogen werden müssen. Dies ist nämlich aus den folgenden Gründen meist auch gar nicht möglich:

- Zu *hoher* Zeit- und Kostenaufwand
- Die Anzahl der Elemente, die untersucht werden müßten, ist zu *groß*
- Die Untersuchungsobjekte könnten unter Umständen *zerstört* werden (Beispiel: Um die *Lebensdauer* eines elektronischen Bauelementes oder einer Glühbirne bestimmen zu können, müßten diese bis zur vollständigen Zerstörung belastet werden)

Eine solche Menge von *gleichartigen* Objekten oder Elementen heißt *Grundgesamtheit*. Im einführenden Beispiel aus Abschnitt 1.1 besteht diese Grundgesamtheit aus *allen* an einem Tage produzierten Kondensatoren. Eine Grundgesamtheit kann dabei *endlich* oder *unendlich* sein, je nachdem ob sie endlich oder unendlich viele Elemente enthält.

Aus den bereits genannten Gründen läßt sich die Untersuchung gewisser Eigenschaften oder Merkmale einer Grundgesamtheit *nicht* als Ganzes durchführen, sondern muß vielmehr auf eine *Teilmenge* mit n Elementen beschränkt werden. Wir entnehmen daher der Grundgesamtheit eine sog. *Stichprobe* vom Umfang n und erhoffen uns daraus gewisse Aufschlüsse und Informationen über die Grundgesamtheit selbst. Die Entnahme der Elemente muß dabei *zufällig* erfolgen, d.h. die Auswahl der n Elemente muß *wahllos* und *voneinander unabhängig* geschehen, wobei grundsätzlich *jedes* Element die *gleiche* Chance haben muß, gezogen zu werden. Man spricht daher auch von einer *Zufallsstichprobe*, von der man erwartet, daß sie in gewisser Weise die Grundgesamtheit repräsentiert. Das bei der Stichprobenuntersuchung interessierende Merkmal kennzeichnen wir durch die *Zufallsvariable* X. Es folgt dann die Feststellung des Wertes dieser Zufallsvariablen bei einem jeden der n gezogenen Elemente [1]. Das Ergebnis einer solchen Stichprobe vom Umfang n läßt sich dann (in der Reihenfolge der Ziehung) durch die n *Stichprobenwerte*

$$x_1, x_2, \ldots, x_n \qquad \text{(III-1)}$$

ausdrücken. Diese Werte sind sog. *Realisierungen* der Zufallsvariablen X und werden häufig auch als *Merkmalswerte* bezeichnet.

Grundgesamtheit und Zufallsstichproben

(1) Unter einer *Grundgesamtheit* verstehen wir die Gesamtheit *gleichartiger* Objekte oder Elemente, die hinsichtlich eines bestimmten *Merkmals* untersucht werden sollen. Das interessierende Merkmal beschreiben wir dabei durch eine *Zufallsvariable* X.

(2) Eine aus der Grundgesamtheit nach dem „Zufallsprinzip" herausgegriffene *Teilmenge* mit n Elementen wird als *Zufallsstichprobe* vom Umfang n bezeichnet [2]. Die Auswahl der Elemente muß also *wahllos* und *unabhängig voneinander* geschehen; *alle* Elemente der Grundgesamtheit müssen dabei grundsätzlich die *gleiche* Chance haben, ausgewählt (d.h. gezogen) zu werden. Die beobachteten Merkmalswerte $x_1, x_2, \ldots, x_n$ der n Elemente sind *Realisierungen* der Zufallsvariablen X und heißen *Stichprobenwerte.*

(3) Aus verschiedenen Gründen (u.a. aus *Zeit-* und *Kostengründen*) ist es in der Praxis meist *nicht* möglich, *alle* Elemente einer endlichen oder unendlichen Grundgesamtheit auf ein bestimmtes Merkmal X hin zu untersuchen [3]. Man beschränkt sich daher auf die Untersuchung einer *Stichprobe* vom Umfang n, die man der Grundgesamtheit nach dem *Zufallsprinzip* entnommen hat.
Die *Aufgabe* der *mathematischen Statistik* besteht dann u.a. darin, aus einer solchen Zufallsstichprobe mit Hilfe der *Wahrscheinlichkeitsrechnung* gewisse *Rückschlüsse* auf die Grundgesamtheit zu ermöglichen.

Anmerkung

In den Anwendungen wird eine Grundgesamtheit als *unendlich* betrachtet, wenn die entnommene Stichprobe nicht mehr als 5% der Elemente der Grundgesamtheit enthält.

---

[1] In Naturwissenschaft und Technik ist das interessierende Merkmal X meist eine physikalisch-technische Größe, deren Werte aus einer Maßzahl und einer Einheit bestehen (sog. *quantitatives* Merkmal; siehe hierzu das nachfolgende Beispiel (1)). Es gibt aber auch Merkmale *qualitativer* Natur (siehe hierzu das nachfolgende Beispiel (2)).

[2] Wir werden im folgenden die meist kürzere Bezeichnung „*Stichprobe vom Umfang n*" benutzen.

[3] Wir beschränken uns zunächst auf die Untersuchung *eines* Merkmals.

■ **Beispiele**

(1) Die Kapazität der Kondensatoren aus einer Serienproduktion ist ein *quantitatives* Merkmal. In unserem einführenden Beispiel war für die Kapazität ein *Sollwert* von 100 μF vorgegeben. Zu *Kontrollzwecken* wurde der Grundgesamtheit (d.h. hier der Tagesproduktion von Kondensatoren) eine *Zufallsstichprobe* vom Umfang $n = 10$ entnommen, die dabei das folgende Aussehen zeigte:

lfd. Nr. der Stichprobe	1	2	3	4	5	6	7	8	9	10
Kapazität (in μF)	99	101	102	102	99	98	100	101	101	102

(2) Bei der *Funktionsprüfung* seriengleicher Bauelemente interessiert das *qualitative* Merkmal *„Das Bauelement ist funktionstüchtig"*. Mögliche Ergebnisse („Werte") einer solchen Prüfung sind dann *„ja"* und *„nein"*. Sie lassen sich auch durch Zahlen *verschlüsseln*, z.B. in der folgenden Weise:

Funktionstüchtigkeit vorhanden ↗ ja → 0 ↘ nein → 1 ■

1.3 Häufigkeitsverteilung einer Stichprobe

1.3.1 Häufigkeitsfunktion einer Stichprobe

Gegeben sei eine *Stichprobe* vom Umfang n aus einer (endlichen oder unendlichen) Grundgesamtheit:

$$x_1, x_2, \ldots, x_n \tag{III-2}$$

Die *Beobachtungs-* oder *Stichprobenwerte* x_i des interessierenden Merkmals haben wir dabei zunächst in der Reihenfolge ihres Aufretens in einer sog. *Urliste* aufgeführt. Wir *ordnen* nun die Stichprobenwerte nach ihrer *Größe* (Bild III-2):

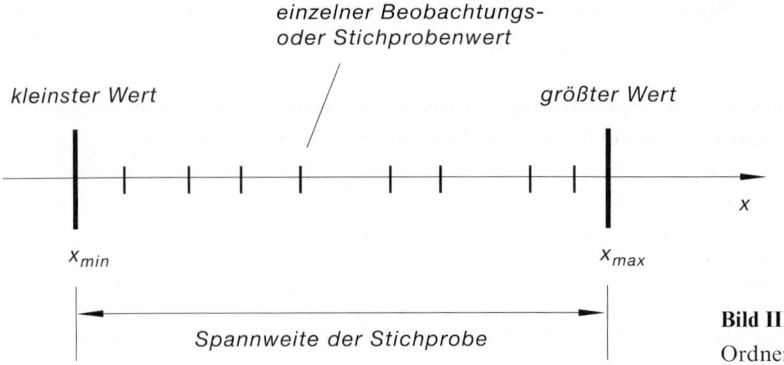

Bild III-2
Ordnen einer Stichprobe

Der Abstand zwischen dem *kleinsten* und dem *größten* Wert heißt *Spannweite* der Stichprobe [4]. Im allgemeinen werden dabei gewisse Stichprobenwerte *mehrmals* auftreten. Dies gilt insbesondere für *umfangreiche* Stichproben. Bei unseren weiteren Überlegungen gehen wir daher von einer Stichprobe vom Umfang n aus, in der k *verschiedene* Werte $x_1, x_2, \ldots, x_k$ auftreten ($k < n$). Wir stellen nun fest, wie oft jeder Stichprobenwert x_i in der Stichprobe enthalten ist ($i = 1, 2, \ldots, k$). Diese natürliche Zahl heißt *absolute Häufigkeit* n_i des Stichprobenwertes x_i. Dabei gilt

$$\sum_{i=1}^{k} n_i = n_1 + n_2 + \ldots + n_k = n \qquad \text{(III-3)}$$

Die *relative Häufigkeit* h_i erhält man, indem man die absolute Häufigkeit n_i durch die Anzahl n der Stichprobenwerte dividiert:

$$h_i = \frac{n_i}{n} \qquad (i = 1, 2, \ldots, k) \qquad \text{(III-4)}$$

Dabei gelten folgende Beziehungen:

$$0 < h_i \leqslant 1 \qquad \text{und} \qquad \sum_{i=1}^{k} h_i = h_1 + h_2 + \ldots + h_k = 1 \qquad \text{(III-5)}$$

Es gehört somit zu *jedem* Stichprobenwert x_i genau *ein* n_i bzw. h_i. Die Stichprobe kann dann vollständig durch die folgende *Verteilungstabelle* beschrieben werden:

Stichprobenwert x_i	x_1	x_2	x_3	x_4	...	x_k
absolute Häufigkeit n_i	n_1	n_2	n_3	n_4	...	n_k
relative Häufigkeit h_i	h_1	h_2	h_3	h_4	...	h_k

Die *Verteilung* der einzelnen Stichprobenwerte in der Stichprobe läßt sich daher durch die wie folgt definierte *Häufigkeitsfunktion* $f(x)$ darstellen:

$$f(x) = \begin{cases} h_i & \text{für} \quad x = x_i \quad (i = 1, 2, \ldots, k) \\ 0 & \phantom{\text{für}} \quad \text{alle übrigen } x \end{cases} \qquad \text{(III-6)}$$

Sie ordnet jedem *Stichprobenwert* x_i als Funktionswert die *relative* Häufigkeit h_i zu und allen Werten x, die *nicht* in der Stichprobe auftreten, den Wert *Null*.

Die *Häufigkeitsfunktion* $f(x)$ läßt sich graphisch in sehr anschaulicher Weise durch ein *Stabdiagramm* darstellen, wobei die Stablänge der relativen Häufigkeit h_i des einzelnen Stichprobenwertes x_i entspricht (Bild III-3; die Stabbreite ist *ohne* Bedeutung).

[4] Die *Spannweite* kann als ein besonders einfaches Maß für die *Streuung* der Stichprobenwerte angesehen werden.

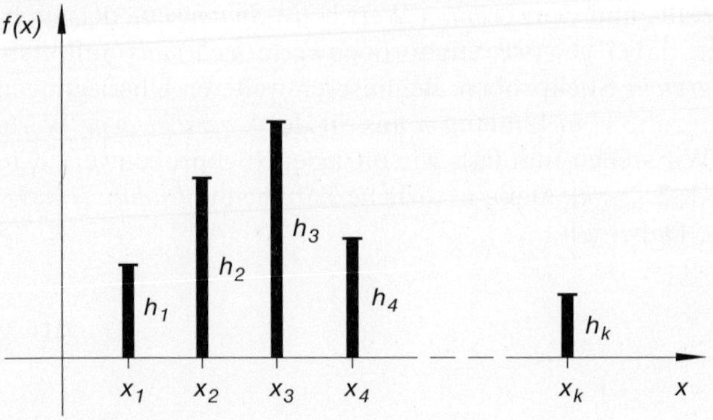

Bild III-3
Bildliche Darstellung einer Häufigkeitsfunktion $f(x)$ durch ein Stabdiagramm

Wir fassen die Ergebnisse wie folgt zusammen:

Häufigkeitsverteilung einer Stichprobe

Gegeben sei eine *Stichprobe* vom Umfang n aus einer bestimmten Grundgesamtheit. Zunächst *ordnen* wir die Stichprobenwerte ihrer *Größe* nach und stellen anschließend die *relative Häufigkeit* h_i der insgesamt k *verschiedenen* Stichprobenwerte $x_1, x_2, \ldots, x_k$ fest ($i = 1, 2, \ldots, k$; $k < n$).
Die *Häufigkeitsverteilung* dieser Stichprobe läßt sich dann durch die *Häufigkeitsfunktion*

$$f(x) = \begin{cases} h_i & \text{für} \quad x = x_i \quad (i = 1, 2, \ldots, k) \\ 0 & \phantom{\text{für}} \quad \text{alle übrigen } x \end{cases} \qquad \text{(III-7)}$$

vollständig beschreiben. Die graphische Darstellung dieser Funktion erfolgt in Form eines *Stabdiagramms* nach Bild III-3.

■ **Beispiel**

Aus der laufenden Tagesproduktion von Gewindeschrauben mit einem *Solldurchmesser* von $x_0 = 5{,}0$ mm wurde eine Stichprobe vom Umfang $n = 25$ entnommen. Dabei ergab sich die folgende *Urliste* (alle Werte in mm):

4,9; 4,8; 5,0; 5,2; 5,2; 5,1; 4,7; 5,0; 5,0; 4,9; 4,8; 4,9; 5,1; 5,0; 5,0; 5,1; 5,0; 4,9; 4,8; 4,9; 4,9; 5,0; 5,0; 5,1; 5,0

Es treten nur 6 *verschiedene* Werte auf. Der Größe nach geordnet lauten diese:

4,7; 4,8; 4,9; 5,0; 5,1; 5,2 (in mm)

Mit einer *Strichliste* bestimmen wir zunächst die *absolute* Häufigkeit n_i dieser Werte:

Stichprobenwert x_i (in mm)	4,7	4,8	4,9	5,0	5,1	5,2
n_i	/	///	𝍸 /	𝍸 ////	////	//

Daraus erhalten wir dann die folgende *Verteilungstabelle*:

$\frac{x_i}{\text{mm}}$	4,7	4,8	4,9	5,0	5,1	5,2
n_i	1	3	6	9	4	2
h_i	0,04	0,12	0,24	0,36	0,16	0,08

Bild III-4 zeigt das zugehörige *Stabdiagramm* der Häufigkeitsfunktion $f(x)$, deren Werte in der Verteilungstabelle *grau* unterlegt sind.

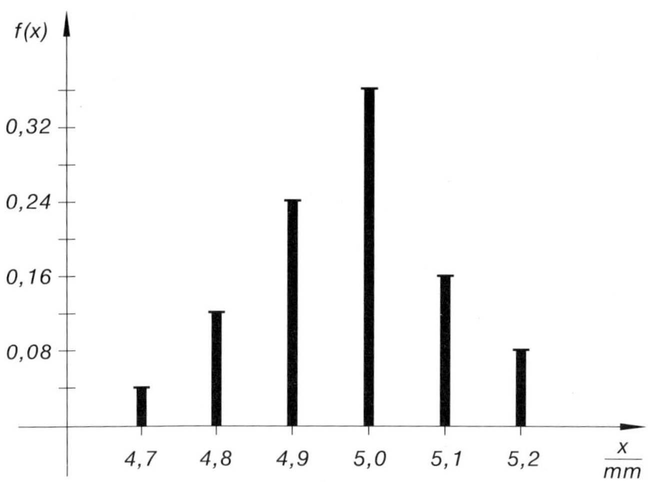

Bild III-4

■

1.3.2 Verteilungsfunktion einer Stichprobe

Die Häufigkeitsverteilung einer Stichprobe läßt sich eindeutig und vollständig durch die *Häufigkeitsfunktion* $f(x)$ oder aber durch die wie folgt definierte *Summenhäufigkeits-* oder *Verteilungsfunktion* $F(x)$ beschreiben:

Definition: Die *Summe* der relativen Häufigkeiten aller Stichprobenwerte, die kleiner *oder* gleich x sind, heißt *Summenhäufigkeits-* oder *Verteilungsfunktion* $F(x)$ der Stichprobe:

$$F(x) = \sum_{x_i \leqslant x} f(x_i) \qquad \text{(III-8)}$$

In der graphischen Abbildung erhalten wir eine sog. *Treppenfunktion*, wie in Bild III-5 dargestellt. Diese *stückweise konstante* Funktion erfährt an der Stelle des Stichprobenwertes x_i jeweils einen *Sprung* der Höhe $f(x_i) = h_i$. Nach dem *letzten* Sprung, der an der Stelle x_k erfolgt, erreicht die Verteilungsfunktion $F(x)$ dann den *Endwert* Eins.

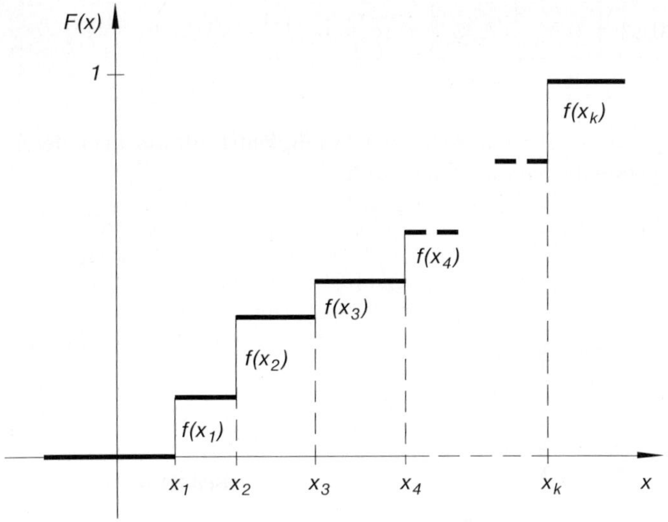

Bild III-5
Summenhäufigkeits- oder Verteilungsfunktion $F(x)$ („Treppenfunktion")

■ **Beispiel**

Wir kehren zu dem Beispiel aus dem vorangegangenen Abschnitt zurück. Für den Durchmesser der Gewindeschrauben ergab sich dabei die folgende *Verteilungstabelle* (*Häufigkeitsfunktion*):

$\frac{x_i}{\text{mm}}$	4,7	4,8	4,9	5,0	5,1	5,2
$f(x_i)$	0,04	0,12	0,24	0,36	0,16	0,08

Daraus erhalten wir durch *Summenbildung* die zugehörige *Verteilungsfunktion* $F(x)$ in Form der folgenden Wertetabelle:

$\frac{x_i}{\text{mm}}$	4,7	4,8	4,9	5,0	5,1	5,2
$F(x_i)$	0,04	0,16	0,40	0,76	0,92	1

$F(x)$ springt an den Stellen $x_1 = 4{,}7$, $x_2 = 4{,}8$, $x_3 = 4{,}9$, $x_4 = 5{,}0$, $x_5 = 5{,}1$ und $x_6 = 5{,}2$ der Reihe nach um die Werte 0,04, 0,12, 0,24, 0,36, 0,16 und 0,08 und erreicht dabei nach dem *letzten* Sprung den Endwert *Eins* (Bild III-6).

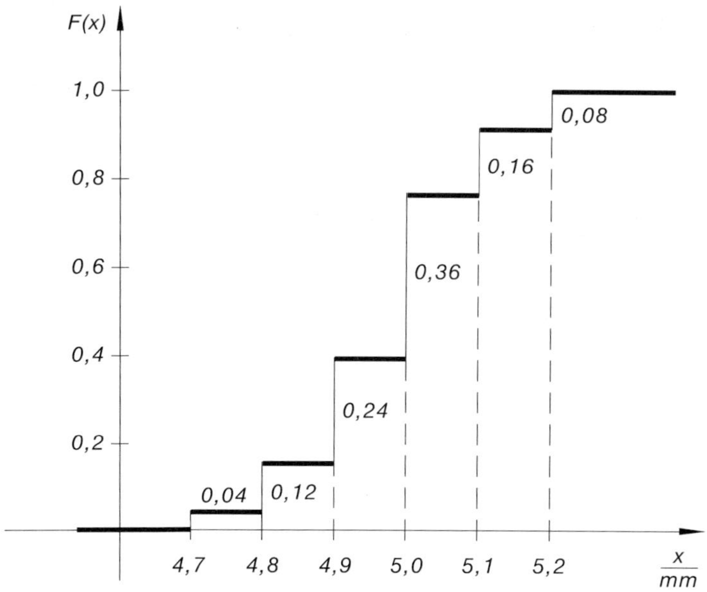

Bild III-6

■

1.3.3 Gruppierung der Stichprobenwerte bei umfangreichen Stichproben (Einteilung in Klassen)

Bei *umfangreichen* Stichproben mit vielen verschiedenen Werten gruppiert man die Stichprobenwerte zweckmäßigerweise in sog. *Klassen*. Zunächst wird die Stichprobe *geordnet* und der *kleinste* und *größte* Wert bestimmt ($x_{\min}$ bzw. $x_{\max}$). Dann wird das Intervall I festgelegt, in dem *sämtliche* Stichprobenwerte liegen und dieses schließlich in k Teilintervalle ΔI_i *gleicher* Breite Δx zerlegt (sog. *Klassen* gleicher Breite, Bild III-7)[5)].

5) Als *Randpunkte* des Intervalls I können z. B. die Stichprobenwerte $x_{\min}$ und $x_{\max}$ gewählt werden. In vielen Fällen ist es jedoch *zweckmäßiger*, die beiden Randpunkte weiter außen zu wählen, um eine *bessere* Klasseneinteilung zu erzielen (siehe hierzu auch das nachfolgende Beispiel).

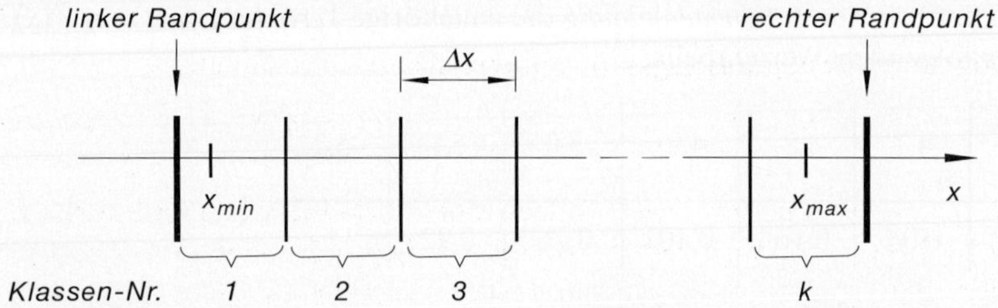

Bild III-7 Einteilung der Stichprobenwerte in Klassen gleicher Breite Δx

Die Mitte eines jeden Klassenintervalles ΔI_i heißt *Klassenmitte* $\tilde{x}_i$ (Bild III-8):

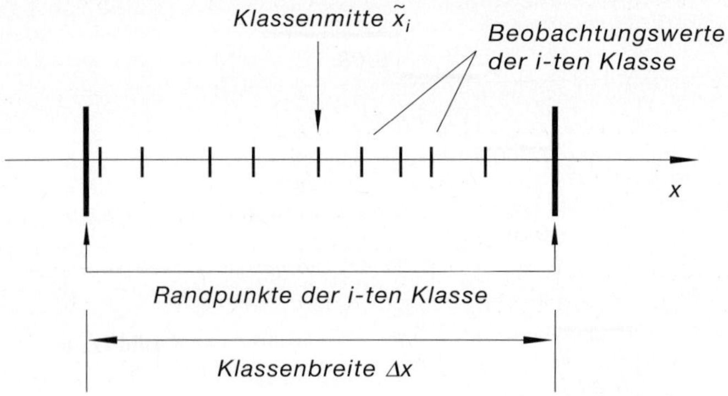

Bild III-8
Zum Begriff der Klassenmitte

Bei der Klassenbildung sollten dabei die folgenden *Regeln* beachtet werden:

Allgemeine Regeln für die Gruppierung einer umfangreichen Stichprobe (Einteilung der Stichprobenwerte in Klassen)

(1) Man wähle möglichst Klassen *gleicher* Breite Δx.

(2) Die Klasseneinteilung sollte so gewählt werden, daß die *Klassenmitten* durch möglichst einfache Zahlen (z. B. ganze Zahlen) charakterisiert werden.

(3) Fällt ein Stichprobenwert in einen der beiden *Randpunkte* einer Klasse, so zählt man ihn je zur *Hälfte* den beiden angrenzenden Klassen zu.

(4) Bei der Festlegung der *Anzahl k* der Klassen bei n Stichprobenwerten verwende man die folgende **Faustregel**:

$$k \approx \sqrt{n} \qquad \text{für} \qquad 50 < n < 500 \qquad \text{(III-9)}$$

Bei Stichproben mit einem Umfang $n > 500$ wähle man *höchstens* $k = 30$ Klassen.

Anmerkung

Eine weitere häufig empfohlene **Faustregel** für die Klassenanzahl k lautet:

$$k \leqslant 5 \cdot \lg n \qquad \text{(III-10)}$$

Durch *Auszählen* stellen wir nun fest, welche Stichprobenwerte in welche Klasse fallen. Die Anzahl n_i der Stichprobenwerte, die in der i-ten Klasse liegen, heißt *absolute Klassenhäufigkeit*. Dividiert man diese durch die Anzahl n aller Stichprobenwerte, so erhält man die *relative Klassenhäufigkeit*

$$h_i = \frac{n_i}{n} \qquad (i = 1, 2, \ldots, k) \qquad \text{(III-11)}$$

Für die Weiterverarbeitung der Stichprobenwerte wollen wir vereinbaren, daß *allen* Elementen einer Klasse genau die *Klassenmitte* als Wert zugeordnet wird. Wir erhalten damit die folgende *Verteilungstabelle*:

Klassenmitte $\tilde{x}_i$	$\tilde{x}_1$	$\tilde{x}_2$	$\tilde{x}_3$	$\tilde{x}_4$	...	$\tilde{x}_k$
relative Klassenhäufigkeit h_i	h_1	h_2	h_3	h_4	...	h_k

Die *Häufigkeitsfunktion* $f(x)$ einer solchen sog. *gruppierten* Stichprobe beschreibt dann die *relative Klassenhäufigkeit* h_i in Abhängigkeit von der Klassenmitte $\tilde{x}_i$:

$$f(x) = \begin{cases} h_i & \text{für} \quad x = \tilde{x}_i \quad (i = 1, 2, \ldots, k) \\ 0 & \text{alle übrigen } x \end{cases} \qquad \text{(III-12)}$$

Der Verlauf dieser Funktion läßt sich graphisch durch ein *Stabdiagramm* oder durch ein sog. *Histogramm* verdeutlichen. Beim *Stabdiagramm* trägt man dabei über der Klassenmitte $\tilde{x}_i$ die *relative* Klassenhäufigkeit h_i ab (d.h. einen Stab der *Länge* h_i; Bild III-9).

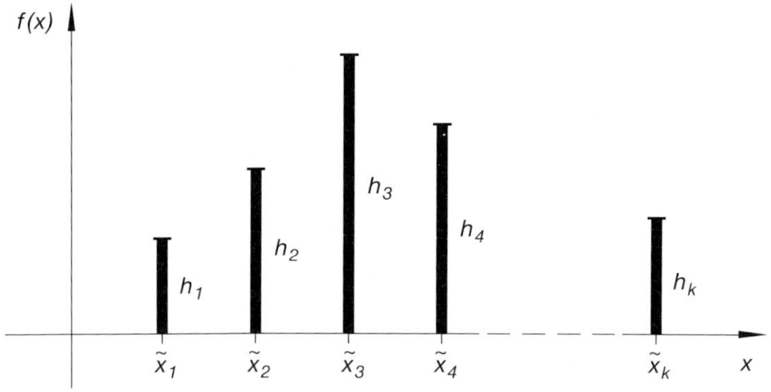

Bild III-9
Stabdiagramm einer gruppierten Stichprobe

Ein *Histogramm* oder *Staffelbild* entsteht, wenn man über den Klassen gleicher Breite Δx Rechtecke errichtet, deren Höhen den relativen Klassenhäufigkeiten entsprechen. Man erhält dann den in Bild III-10 skizzierten *säulenförmigen* Graph. Die *Flächeninhalte* der Rechtecke sind dabei den *relativen* Klassenhäufigkeiten *proportional*.

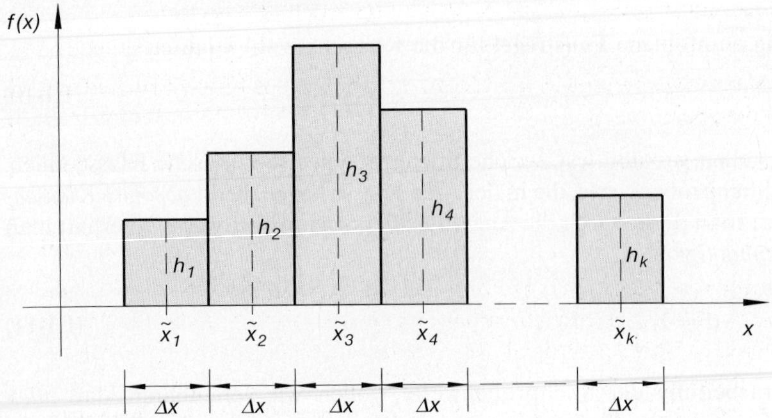

Bild III-10 Histogramm einer gruppierten Stichprobe

Die *Verteilungsfunktion* $F(x)$ der *gruppierten* Stichprobe ist die *Summe* der relativen Klassenhäufigkeiten aller Klassen, deren Mitten $\tilde{x}_i$ kleiner *oder* gleich x sind:

$$F(x) = \sum_{\tilde{x}_i \leqslant x} f(\tilde{x}_i) \qquad \text{(III-13)}$$

Bild III-11 zeigt den zugehörigen Funktionsgraph, eine *Treppenfunktion*, die in den Klassenmitten $\tilde{x}_1, \tilde{x}_2, \ldots, \tilde{x}_k$ der Reihe nach *Sprünge* der Größe $f(\tilde{x}_1) = h_1$, $f(\tilde{x}_2) = h_2, \ldots, f(\tilde{x}_k) = h_k$ macht.

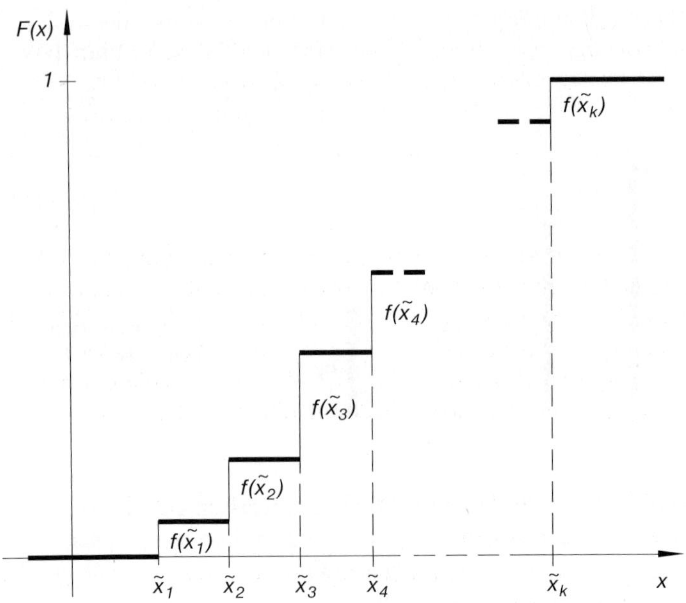

Bild III-11
Verteilungsfunktion $F(x)$ einer gruppierten Stichprobe („Treppenfunktion“)

Wir fassen die wichtigsten Ergebnisse dieses Abschnitts wie folgt zusammen:

Häufigkeitsverteilung einer gruppierten Stichprobe (d.h. einer in Klassen eingeteilten umfangreichen Stichprobe)

Gegeben sei eine *umfangreiche* Stichprobe aus n Beobachtungs- oder Stichprobenwerten

$$x_1, x_2, \ldots, x_n \qquad \text{(III-14)}$$

Die Stichprobenwerte werden zunächst ihrer Größe nach *geordnet* und dann in k *Klassen* möglichst *gleicher* Breite aufgeteilt, wobei die weiter oben genannten *„Allgemeinen Regeln für die Gruppierung einer umfangreichen Stichprobe"* zu beachten sind. Dann erfolgt die Feststellung der *relativen* Klassenhäufigkeit h_i $(i = 1, 2, \ldots, k)$. Bei der weiteren Verarbeitung der Daten wird jeder in die i-te Klasse fallende Stichprobenwert näherungsweise durch die *Klassenmitte* $\tilde{x}_i$ ersetzt.

Die *Häufigkeitsverteilung* dieser sog. *gruppierten* Stichprobe läßt sich dann durch die *Häufigkeitsfunktion*

$$f(x) = \begin{cases} h_i & \text{für} \quad x = \tilde{x}_i \quad (i = 1, 2, \ldots, k) \\ 0 & \phantom{\text{für}} \quad \text{alle übrigen } x \end{cases} \qquad \text{(III-15)}$$

oder durch die *Verteilungsfunktion* (auch *Summenhäufigkeitsfunktion* oder *empirische Verteilungsfunktion* genannt)

$$F(x) = \sum_{\tilde{x}_i \leqslant x} f(\tilde{x}_i) \qquad \text{(III-16)}$$

vollständig beschreiben (summiert wird dabei über *alle* Klassenmitten $\tilde{x}_i$, die kleiner *oder* gleich x sind).

Die graphische Darstellung der *Häufigkeitsfunktion* $f(x)$ erfolgt in Form eines *Stabdiagramms* (Bild III-9) oder eines *Histogramms* (Bild III-10), während der Graph der *Verteilungsfunktion* $F(x)$ zu einer *Treppenfunktion* führt (Bild III-11).

■ **Beispiel**

Aus der laufenden Serienproduktion von Ohmschen Widerständen mit einem *Sollwert* von $100\,\Omega$ wurde eine Stichprobe vom Umfang $n = 50$ entnommen. Die Widerstandswerte lagen dabei zwischen $x_{\min} = 96{,}7\,\Omega$ und $x_{\max} = 104{,}2\,\Omega$ (Bild III-12). Die *Spannweite* beträgt somit nahezu $8\,\Omega$. Wir wählen daher zweckmäßigerweise die *Intervallrandpunkte* bei $96{,}5\,\Omega$ und $104{,}5\,\Omega$ und unterteilen dieses Intervall der Länge $8\,\Omega$ in 8 Teilintervalle (Klassen) *gleicher* Breite $\Delta x = 1\,\Omega$[6].

---

[6] Die *Faustregeln* (III-9) und (III-10) liefern hier für die Klassenzahl k die folgenden Werte:

$$k \approx \sqrt{50} \approx 7 \qquad \text{bzw.} \qquad k \leqslant 5 \cdot \lg 50 \approx 8$$

Wegen einer Spannweite von nahezu $8\,\Omega$ haben wir uns hier zweckmäßigerweise für $k = 8$ Klassen mit einer *ganzzahligen* Klassenbreite von $1\,\Omega$ entschieden.

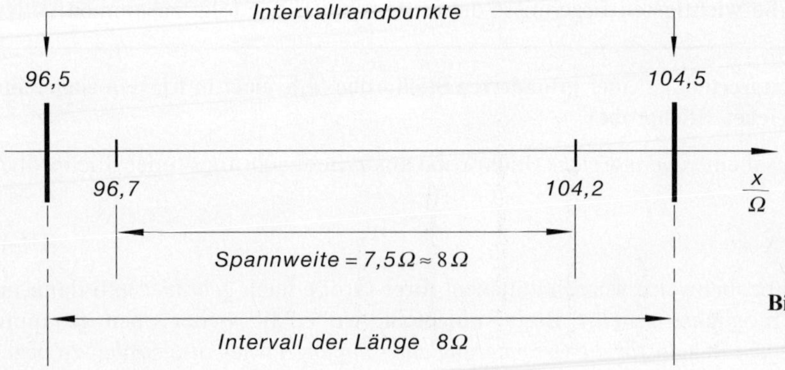

Bild III-12

Für die *Klassenmitten* erhalten wir dann die *ganzzahligen* Werte 97, 98, …, 104 (alle Werte in Ω). Die hier nicht aufgeführte Urliste führte bei dieser Klasseneinteilung zu der folgenden *Häufigkeitsverteilung*:

Klassen-Nr. i	Klassengrenzen (in Ω)	Klassenmitte $\tilde{x}_i$ (in Ω)	absolute Klassenhäufigkeit n_i	relative Klassenhäufigkeit h_i
1	96,5 … 97,5	97	2	0,04
2	97,5 … 98,5	98	5	0,10
3	98,5 … 99,5	99	10	0,20
4	99,5 … 100,5	100	13	0,26
5	100,5 … 101,5	101	9	0,18
6	101,5 … 102,5	102	6	0,12
7	102,5 … 103,5	103	4	0,08
8	103,5 … 104,5	104	1	0,02
$\sum$			50	1

Damit erhalten wir das in Bild III-13 dargestellte *Stabdiagramm*.

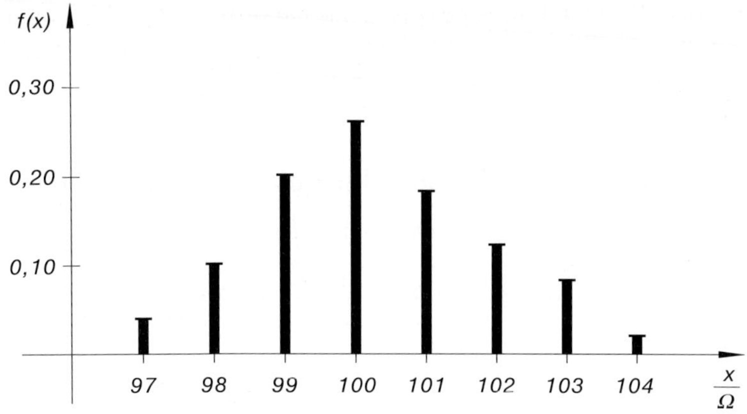

Bild III-13

Im *Histogramm* nach Bild III-14 repräsentiert der Flächeninhalt des i-ten Rechtecks die *relative* Klassenhäufigkeit h_i der i-ten Klasse ($i = 1, 2, \ldots, 8$). So wird z.B. die relative Klassenhäufigkeit $h_4 = 0{,}26$ der *vierten* Klasse mit der Klassenmitte $\tilde{x}_4 = 100\,\Omega$ durch die im Bild *dunkelgrau* unterlegte Rechtecksfläche dargestellt.

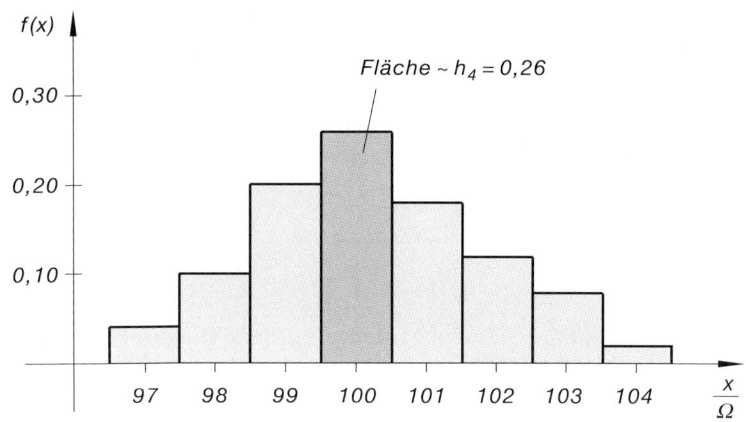

Bild III-14

■

2 Kennwerte oder Maßzahlen einer Stichprobe

Wie wir inzwischen wissen, läßt sich eine Stichprobe durch ihre *Häufigkeitsverteilung*, d.h. entweder durch ihre *Häufigkeitsfunktion* $f(x)$ oder aber durch ihre *Verteilungsfunktion* $F(x)$ vollständig beschreiben. Daneben besteht die Möglichkeit, die Stichprobe durch bestimmte *statistische Kennwerte* (auch *Maßzahlen* genannt) zu charakterisieren, wenn auch in unvollständiger Weise [7]. Wir beschränken uns dabei in diesem Abschnitt auf die *wichtigsten* Kennwerte, nämlich auf den *Mittelwert* $\bar{x}$, die *Varianz* s^2 und die *Standardabweichung* s.

2.1 Mittelwert, Varianz und Standardabweichung einer Stichprobe

Der wohl wichtigste Kennwert einer Stichprobe vom Umfang n mit den ihrer Größe nach geordneten Stichprobenwerten $x_1, x_2, \ldots, x_n$ ist der *Mittelwert* $\bar{x}$ (Bild III-15). Er kennzeichnet die *Mitte* der Stichprobe, d.h. den *durchschnittlichen* Wert aller n Stichprobenwerte und ist wie folgt definiert:

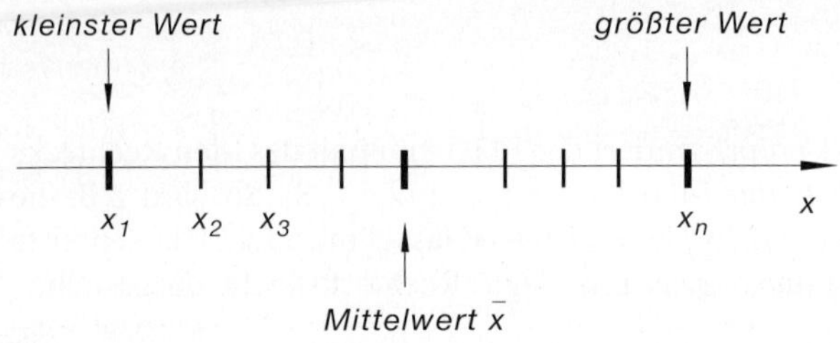

Bild III-15
Mittelwert $\bar{x}$ einer Stichprobe $x_1, x_2, \ldots, x_n$

Definition: Der *Mittelwert* $\bar{x}$ einer Stichprobe $x_1, x_2, \ldots, x_n$ vom Umfang n ist das *arithmetische Mittel* der Stichprobenwerte:

$$\bar{x} = \frac{x_1 + x_2 + \ldots + x_n}{n} = \frac{1}{n} \cdot \sum_{i=1}^{n} x_i \qquad \text{(III-17)}$$

Anmerkungen

(1) Weitere übliche Bezeichnungen für den Mittelwert $\bar{x}$ einer Stichprobe sind *Stichprobenmittelwert* oder *empirischer* Mittelwert.

(2) Der Stichprobenmittelwert $\bar{x}$ ist ein sog. *Lageparameter*, der die *durchschnittliche* Lage der Stichprobenwerte auf einer Zahlengeraden festlegt. Manchmal (bei naturwissenschaftlich-technischen Anwendungen jedoch relativ selten) werden auch folgende Lageparameter zur Kennzeichnung der „Stichprobenmitte“ verwendet:

a) *Median-* oder *Zentralwert*: Stichprobenwert, der genau in der *Mitte* einer geordneten Stichprobe steht (d.h. links *und* rechts von diesem Wert befinden sich *gleichviele* Stichprobenwerte)

b) *Modalwert*: Stichprobenwert, der in der Stichprobe am *häufigsten* vorkommt

---

[7] Man spricht in diesem Zusammenhang auch von *empirischen* Kennwerten (im Unterschied zu den Kennwerten einer *Wahrscheinlichkeitsverteilung*).

Da die einzelnen Stichprobenwerte x_i um ihren Mittelwert $\bar{x}$ *streuen* (vgl. hierzu Bild III-15), benötigen wir noch ein geeignetes *Streuungsmaß*, das in gewisser Weise die Größe der Abweichungen charakterisiert [8]. Die *Summe* der Abweichungen $v_i = x_i - \bar{x}$ der einzelnen Strichprobenwerte vom Mittelwert scheidet dabei als Streuungsmaß aus, da sie *stets* den Wert *Null* ergibt und somit lediglich zu *Kontrollzwecken* geeignet ist:

$$\sum_{i=1}^{n} v_i = \sum_{i=1}^{n} (x_i - \bar{x}) = \underbrace{\sum_{i=1}^{n} x_i}_{n\bar{x}} - n\bar{x} = n\bar{x} - n\bar{x} = 0 \qquad \text{(III-18)}$$

Ein *geeignetes* Streuungsmaß läßt sich nach *Gauß* aus den *Abweichungsquadraten* $v_i^2 = (x_i - \bar{x})^2$ wie folgt bilden:

Definitionen: (1) Die aus den Abweichungsquadraten $v_i^2 = (x_i - \bar{x})^2$ gebildete Größe

$$s^2 = \frac{(x_1 - \bar{x})^2 + (x_2 - \bar{x})^2 + \ldots + (x_n - \bar{x})^2}{n-1} =$$

$$= \frac{1}{n-1} \cdot \sum_{i=1}^{n} (x_i - \bar{x})^2 \qquad \text{(III-19)}$$

heißt *Varianz* der Stichprobe.

(2) Die Quadratwurzel aus der Varianz s^2 heißt *Standardabweichung* s der Stichprobe.

Anmerkungen

(1) Weitere übliche Bezeichnungen für die *Varianz* s^2 einer Stichprobe sind *Stichprobenvarianz* oder auch *empirische* Varianz.

(2) *Beide* Kennwerte, sowohl die *Varianz* s^2 als auch die *Standardabweichung* s, sind ein *Maß* für die *Streuung* der Stichprobenwerte $x_1, x_2, \ldots, x_n$ um ihren Mittelwert $\bar{x}$. Die Standardabweichung s hat dabei den Vorteil, daß sie *dieselbe* Dimension und Einheit besitzt wie die einzelnen Stichprobenwerte und deren Mittelwert $\bar{x}$.

(3) Die Varianz s^2 ist eine Art *mittleres* Abweichungsquadrat. Es gilt stets $s^2 > 0$ und somit auch $s > 0$, sofern nicht *alle* Stichprobenwerte *gleich* sind (in diesem Sonderfall ist $s^2 = 0$ und somit auch $s = 0$).

---

[8] Die Angabe des Stichprobenmittelwertes $\bar{x}$ allein reicht zur Charakterisierung der Häufigkeitsverteilung *nicht* aus, da empirische Verteilungen mit *demselben* Mittelwert völlig *verschieden* aussehen können.

(4) Es überrascht zunächst, daß bei der Bildung der Varianz die Summe der Abweichungsquadrate nicht (wie eigentlich naheliegend) durch die Anzahl n der Stichprobenwerte, sondern durch die Zahl $n - 1$ dividiert wird. Eine ausreichende Begründung ist an dieser Stelle nicht möglich, wir reichen sie aber später nach (vgl. hierzu Abschnitt 3.2.4).

(5) Für *praktische* Berechnungen der Varianz s^2 ist die mit der Definition (III-19) *gleichwertige* Formel

$$s^2 = \frac{1}{n-1} \left[\sum_{i=1}^{n} x_i^2 - n \cdot \bar{x}^2 \right] \tag{III-20}$$

oft besser geeignet.

■ **Beispiel**

Die Untersuchung des *Wirkungsgrades X* von 5 seriengleichen Kesseln einer Öl-Heizungsanlage eines bestimmten Fabrikats führte zu der folgenden *Urliste*:

92,4; 91,9; 92,0; 91,8; 91,9 (alle Werte in %)

Wir bestimmen *Mittelwert* $\bar{x}$, *Varianz* s^2 und *Standardabweichung* s dieser Stichprobe:

i	x_i (in %)	$x_i - \bar{x}$ (in %)	$(x_i - \bar{x})^2$ (in %²)	x_i^2 (in %²)
1	92,4	0,4	0,16	8537,76
2	91,9	− 0,1	0,01	8445,61
3	92,0	0	0	8464
4	91,8	− 0,2	0,04	8427,24
5	91,9	− 0,1	0,01	8445,61
$\sum$	460	0	0,22	42320,22

Für den *Mittelwert* $\bar{x}$ erhalten wir nach der Definitionsformel (III-17):

$$\bar{x} = \frac{1}{5} \cdot \sum_{i=1}^{5} x_i = \frac{1}{5} \cdot 460 = 92 \qquad \text{(in \%)}$$

Die Berechnung der *Varianz* s^2 und damit der *Standardabweichung* s soll zunächst nach der Definitionsformel (III-19) erfolgen:

$$s^2 = \frac{1}{5-1} \cdot \sum_{i=1}^{5} (x_i - \bar{x})^2 = \frac{1}{4} \cdot 0{,}22 = 0{,}055 \approx 0{,}06 \qquad (\text{in } \%^2)$$

$$s = \sqrt{s^2} = \sqrt{0{,}055} = 0{,}235 \approx 0{,}24 \qquad (\text{in } \%)$$

Die rechnerisch bequemere Formel (III-20) führt natürlich zum *gleichen* Ergebnis:

$$s^2 = \frac{1}{5-1} \left[\sum_{i=1}^{5} x_i^2 - n \cdot \bar{x}^2 \right] = \frac{1}{4} \cdot (42320{,}22 - 5 \cdot 92^2) = 0{,}055 \approx 0{,}06 \qquad (\text{in } \%^2)$$

Der *mittlere* Wirkungsgrad der Heizkessel beträgt somit $\bar{x} = 92\%$. *Varianz* $s^2 \approx 0{,}06\%^2$ und *Standardabweichung* $s \approx 0{,}24\%$ kennzeichnen dabei die *Streuung* der Einzelwerte um diesen Mittelwert. ■

2.2 Spezielle Berechnungsformeln für die Kennwerte einer Stichprobe

2.2.1 Berechnung der Kennwerte unter Verwendung der Häufigkeitsfunktion

$f(x)$ sei die *Häufigkeitsfunktion* der (geordneten) Stichprobe vom Umfang n mit der folgenden *Verteilungstabelle*:

x_i	x_1	x_2	x_3	...	x_k
$f(x_i)$	$f(x_1)$	$f(x_2)$	$f(x_3)$	...	$f(x_k)$

Mittelwert $\bar{x}$ und *Varianz* s^2 lassen sich dann wie folgt aus dieser Tabelle berechnen:

Berechnung des Mittelwertes $\bar{x}$ und der Varianz s^2 einer Stichprobe unter Verwendung der Häufigkeitsfunktion

Gegeben sei eine *geordnete* Stichprobe vom Umfang n mit k *verschiedenen* Stichprobenwerten $x_1, x_2, \ldots, x_k$ und der *Häufigkeitsfunktion* $f(x)$. *Mittelwert* $\bar{x}$ und *Varianz* s^2 dieser Stichprobe lassen sich dann wie folgt berechnen:

$$\bar{x} = \sum_{i=1}^{k} x_i \cdot f(x_i) \qquad \text{(III-21)}$$

$$s^2 = \frac{n}{n-1} \cdot \sum_{i=1}^{k} (x_i - \bar{x})^2 \cdot f(x_i) \qquad \text{(III-22)}$$

Anmerkung

Für *praktische* Berechnungen der Varianz s^2 ist die *gleichwertige* Formel

$$s^2 = \frac{n}{n-1}\left[\sum_{i=1}^{k} x_i^2 \cdot f(x_i) - \bar{x}^2\right] \qquad \text{(III-23)}$$

oft rechnerisch *bequemer*.

■ **Beispiel**

Aus einer Serienfabrikation von Gewindeschrauben wurden *wahllos* 100 Schrauben entnommen und der jeweilige *Durchmesser* bestimmt. Diese Stichprobe vom Umfang $n = 100$ führte dabei zu der folgenden *Verteilungstabelle*:

$\frac{x_i}{\text{mm}}$	3,50	3,51	3,52	3,53	3,54	3,55	3,56	3,57
$f(x_i)$	0,03	0,08	0,22	0,30	0,18	0,10	0,06	0,03

Wir berechnen den *Mittelwert* $\bar{x}$, die *Varianz* s^2 und die *Standardabweichung* s dieser Stichprobe unter Verwendung der folgenden Tabelle:

i	$\frac{x_i}{\text{mm}}$	$f(x_i)$	$\frac{x_i \cdot f(x_i)}{\text{mm}}$	$\frac{x_i - \bar{x}}{\text{mm}}$	$\frac{(x_i - \bar{x})^2}{10^{-4}\,\text{mm}^2}$	$\frac{(x_i - \bar{x})^2}{10^{-4}\,\text{mm}^2} \cdot f(x_i)$
1	3,50	0,03	0,1050	− 0,0321	10,3041	0,309 123
2	3,51	0,08	0,2808	− 0,0221	4,8841	0,390 728
3	3,52	0,22	0,7744	− 0,0121	1,4641	0,322 102
4	3,53	0,30	1,0590	− 0,0021	0,0441	0,013 230
5	3,54	0,18	0,6372	0,0079	0,6241	0,112 338
6	3,55	0,10	0,3550	0,0179	3,2041	0,320 410
7	3,56	0,06	0,2136	0,0279	7,7841	0,467 046
8	3,57	0,03	0,1071	0,0379	14,3641	0,430 923
$\sum$		1,00	3,5321			2,3659

Mittelwert:

$$\bar{x} = \sum_{i=1}^{8} x_i \cdot f(x_i) = 3{,}5321 \text{ mm} \approx 3{,}532 \text{ mm}$$

Varianz:

$$s^2 = \frac{100}{100-1} \cdot \sum_{i=1}^{8} (x_i - \bar{x})^2 \cdot f(x_i) = \frac{100}{99} \cdot 2{,}3659 \cdot 10^{-4}\,\text{mm}^2 =$$

$$= 2{,}39 \cdot 10^{-4}\,\text{mm}^2 \approx 2{,}4 \cdot 10^{-4}\,\text{mm}^2$$

Standardabweichung:

$$s = \sqrt{s^2} = \sqrt{2{,}39 \cdot 10^{-4}\,\text{mm}^2} = 1{,}55 \cdot 10^{-2}\,\text{mm} = 0{,}0155\,\text{mm} \approx 0{,}016\,\text{mm}$$

Die Schrauben in der entnommenen Stichprobe besitzen somit einen *mittleren* Durchmesser von $\bar{x} = 3{,}532$ mm. Die *Streuung* der Einzelwerte um diesen Mittelwert wird durch die *Standardabweichung* $s = 0{,}016$ mm charakterisiert.

■

2.2.2 Berechnung der Kennwerte einer gruppierten Stichprobe

$f(x)$ sei die *Klassenhäufigkeitsfunktion* einer in k Klassen aufgeteilten Stichprobe vom Umfang n mit der folgenden *Verteilungstabelle*:

$\tilde{x}_i$	$\tilde{x}_1$	$\tilde{x}_2$	$\tilde{x}_3$	...	$\tilde{x}_k$
$f(\tilde{x}_i)$	$f(\tilde{x}_1)$	$f(\tilde{x}_2)$	$f(\tilde{x}_3)$	...	$f(\tilde{x}_k)$

$\tilde{x}_1, \tilde{x}_2, \ldots, \tilde{x}_k$ sind dabei die *Klassenmitten*. Es gelten dann die bereits aus dem vorangegangenen Abschnitt bekannten Formeln für den Mittelwert $\bar{x}$ und die Varianz s^2, wenn man dort die verschiedenen Stichprobenwerte $x_1, x_2, \ldots, x_k$ durch die *Klassenmitten* $\tilde{x}_1, \tilde{x}_2, \ldots, \tilde{x}_k$ ersetzt.

Berechnung des Mittelwertes $\bar{x}$ und der Varianz s^2 einer gruppierten Stichprobe unter Verwendung der Klassenhäufigkeitsfunktion

Gegeben sei eine in k *Klassen* aufgeteilte Stichprobe vom Umfang n mit den *Klassenmitten* $\tilde{x}_1, \tilde{x}_2, \ldots, \tilde{x}_k$ und der zugehörigen *Klassenhäufigkeitsfunktion* $f(x)$. *Mittelwert* $\bar{x}$ und *Varianz* s^2 dieser gruppierten Stichprobe lassen sich dann wie folgt berechnen:

$$\bar{x} = \sum_{i=1}^{k} \tilde{x}_i \cdot f(\tilde{x}_i) \qquad \text{(III-24)}$$

$$s^2 = \frac{n}{n-1} \cdot \sum_{i=1}^{k} (\tilde{x}_i - \bar{x})^2 \cdot f(\tilde{x}_i) \qquad \text{(III-25)}$$

Anmerkung

In der *Praxis* verwendet man zur Berechnung der Varianz s^2 meist die rechnerisch *bequemere* (und der Definitionsformel III-25 *gleichwertige*) Formel

$$s^2 = \frac{n}{n-1} \left[\sum_{i=1}^{k} \tilde{x}_i^2 \cdot f(\tilde{x}_i) - \bar{x}^2 \right] \tag{III-26}$$

■ **Beispiel**

Wir kommen nochmals auf das Beispiel in Abschnitt 1.3.3 zurück (Entnahme einer Stichprobe vom Umfang $n = 50$ aus einer Serienproduktion von ohmschen Widerständen mit dem *Sollwert* 100 Ω). Die Stichprobenwerte hatten wir dabei in 8 Klassen der Breite $\Delta x = 1\ \Omega$ mit den *ganzzahligen* Klassenmitten 97 Ω, 98 Ω, …, 104 Ω aufgeteilt. Diese Klasseneinteilung führte dann zu der folgenden *Klassenhäufigkeitsfunktion* $f(x)$ (vgl. hierzu auch das in Bild III-13 dargestellte *Stabdiagramm*):

Klassen-Nr. i	1	2	3	4	5	6	7	8
Klassenmitte $\tilde{x}_i$ (in Ω)	97	98	99	100	101	102	103	104
$f(\tilde{x}_i)$	0,04	0,10	0,20	0,26	0,18	0,12	0,08	0,02

Wir bestimmen den Mittelwert $\bar{x}$, die *Varianz* s^2 und die *Standardabweichung* s dieser Stichprobe unter Verwendung der nachfolgenden Tabelle:

Klasse Nr. i	Klassenmitte $\tilde{x}_i$ (in Ω)	$f(\tilde{x}_i)$	$\tilde{x}_i \cdot f(\tilde{x}_i)$ (in Ω)	$\tilde{x}_i^2$ (in Ω^2)	$\tilde{x}_i^2 \cdot f(\tilde{x}_i)$ (in Ω^2)
1	97	0,04	3,88	9 409	376,36
2	98	0,10	9,80	9 604	960,4
3	99	0,20	19,80	9 801	1 960,20
4	100	0,26	26,00	10 000	2 600,00
5	101	0,18	18,18	10 201	1 836,18
6	102	0,12	12,24	10 404	1 248,48
7	103	0,08	8,24	10 609	848,72
8	104	0,02	2,08	10 816	216,32
$\sum$		1	100,22		10 046,66

Mittelwert:

$$\bar{x} = \sum_{i=1}^{8} \tilde{x}_i \cdot f(\tilde{x}_i) = 100{,}22\ \Omega$$

Varianz (nach der Formel (III-26) berechnet):

$$s^2 = \frac{50}{50-1}\left[\sum_{i=1}^{8} \tilde{x}_i^2 \cdot f(\tilde{x}_i) - \bar{x}^2\right] =$$

$$= \frac{50}{49}\left[10\,046{,}66\ \Omega^2 - (100{,}22\ \Omega)^2\right] = 2{,}6649\ \Omega^2 \approx 2{,}665\ \Omega^2$$

Standardabweichung:

$$s = \sqrt{s^2} = \sqrt{2{,}6649\ \Omega^2} = 1{,}6325\ \Omega \approx 1{,}633\ \Omega$$

Die entnommenen Widerstände besitzen im *Mittel* einen Wert von $\bar{x} = 100{,}22\ \Omega$. Die *mittlere* Abweichung der einzelnen Widerstandswerte von diesem Mittelwert wird durch die *Standardabweichung* $s = 1{,}633\ \Omega$ beschrieben.

■

3 Statistische Schätzmethoden für die unbekannten Parameter einer Wahrscheinlichkeitsverteilung („Parameterschätzungen")

3.1 Aufgaben der Parameterschätzung

Eine Grundgesamtheit, deren Elemente wir hinsichtlich eines bestimmten Merkmals X betrachten, ist bekanntlich durch die *Verteilungsfunktion* $F(x)$ der Zufallsvariablen X *vollständig* charakterisiert. Wir drücken diesen Sachverhalt kurz und knapp wie folgt aus: „Die Grundgesamtheit besitzt die Verteilungsfunktion $F(x)$". In den Anwendungen aber stellt sich dann häufig das folgende Problem:

Die Verteilungsfunktion $F(x)$ einer Grundgesamtheit ist zwar von der *Art* her bekannt, enthält jedoch noch *unbekannte* Parameter. So hat man es in vielen Fällen mit *Normalverteilungen* zu tun, deren Parameter μ und σ jedoch noch *unbekannt* sind. Es ergeben sich daraus dann folgende Fragestellungen:

1. *Wie erhält man auf der Basis einer konkreten Stichprobe Schätz- oder Näherungswerte für die unbekannten Parameter?*
2. *Wie genau und wie sicher sind solche Schätzwerte?*

Mit der *ersten* Frage werden wir uns in den nachfolgenden Abschnitten 3.2 und 3.3 auseinandersetzen und dabei sehen, wie man unter Verwendung einer konkreten Stichprobe mit Hilfe sog. *Schätzfunktionen* Näherungs- oder Schätzwerte für die unbekannten Parameter einer Wahrscheinlichkeitsverteilung erhalten kann.

Die *zweite* Frage führt uns dann zu den sog. *Konfidenz-* oder *Vertrauensintervallen*, die wir in Abschnitt 3.4 ausführlich behandeln werden. Dort werden wir zeigen, wie sich durch Stichprobenuntersuchungen *Intervalle* bestimmen lassen, die einen unbekannten Parameter der Verteilung mit einer *vorgegebenen* (großen) Wahrscheinlichkeit überdecken.

Man bezeichnet daher diese auf Stichprobenuntersuchungen beruhenden statistischen Schätzmethoden als *Parameterschätzungen* und unterscheidet dabei noch wie folgt zwischen einer *Punkt-* und einer *Intervallschätzung*:

Aufgaben der Parameterschätzung

Die Wahrscheinlichkeitsverteilung einer Zufallsvariablen X sei zwar vom *Typ* her bekannt, enthalte jedoch noch *unbekannte* statistische Parameter. So hat man es in den Anwendungen häufig mit *Normalverteilungen* zu tun, deren Parameter μ und σ bzw. σ^2 jedoch *unbekannt* sind. Zu den *Aufgaben* der Parameterschätzung gehören dann insbesondere:

1. Bestimmung von *Schätz-* und *Näherungswerten* für die *unbekannten* Parameter der Verteilung unter Verwendung einer konkreten *Stichprobe*, die der betreffenden Grundgesamtheit entnommen wird. Da der Schätzwert eines Parameters in der bildlichen Darstellung einem *Punkt* auf der Zahlengeraden entspricht, nennt man diese Art der Parameterschätzung auch *Punktschätzung*.
2. Konstruktion von sog. *Konfidenz-* oder *Vertrauensintervallen*, in denen die unbekannten Parameter mit einer *vorgegebenen* Wahrscheinlichkeit vermutet werden. Man spricht daher in diesem Zusammenhang auch von einer *Intervall-* oder *Bereichsschätzung*.

3.2 Schätzfunktionen und Schätzwerte für die unbekannten Parameter einer Wahrscheinlichkeitsverteilung („Punktschätzungen")

Wir beschäftigen uns in diesem Abschnitt mit der *Schätzung* von *unbekannten* Mittelwerten, Varianzen und Anteilswerten („Erfolgswahrscheinlichkeiten" einer Binomialverteilung). Ein Verfahren zur Gewinnung von Schätzfunktionen werden wir dann im nächsten Abschnitt kennenlernen (*Maximum-Likelihood-Methode*). Beginnen wollen wir aber mit einem anschaulichen Beispiel.

3.2.1 Ein einführendes Beispiel

Beim *radioaktiven* Zerfall eines bestimmten chemischen Elementes zerfallen die einzelnen Atomkerne auf natürliche Art und Weise *regellos* und *unabhängig voneinander* nach den Gesetzmäßigkeiten der mathematischen Statistik. Die *diskrete* Zufallsvariable

X = *Anzahl der Atomkerne, die in einem bestimmten Zeitintervall* Δt *zerfallen*

erweist sich dabei als eine geeignete Größe zur Beschreibung dieses statistischen Vorgangs. Sie genügt einer *Poisson-Verteilung* mit der Wahrscheinlichkeitsfunktion

$$f(x) = P(X = x) = \frac{\mu^x}{x!} \cdot e^{-\mu} \qquad (x = 0, 1, 2, \ldots) \qquad \text{(III-27)}$$

Der dabei meist *unbekannte* Parameter μ in dieser Verteilung ist der *Erwartungs-* oder *Mittelwert* der Zufallsvariablen X und gibt an, wieviele Atomkerne *im Mittel* in dem gewählten Zeitintervall Δt zerfallen. In der Praxis stellt sich dann die Aufgabe, diesen Parameter aus einer konkreten Stichprobe zu *schätzen*. Wir gehen dabei wie folgt vor: In n aufeinander folgenden Zeitintervallen gleicher Länge Δt messen wir mit einem Zählgerät, wieviele Atomkerne in diesem Zeitraum jeweils zerfallen. Wir erhalten dabei der Reihe nach $x_1, x_2, x_3, \ldots, x_n$ Zerfälle:

Zeitintervall Nr. i	1	2	3	...	n
Anzahl x_i der Atomkerne, die im i-ten Zeitintervall zerfallen sind	x_1	x_2	x_3	...	x_n

Es liegt dann nahe, den *arithmetischen Mittelwert* $\bar{x}$ dieser Stichprobe als *Schätz-* oder *Näherungswert* für den unbekannten Mittelwert μ der Verteilung zu betrachten:

$$\mu \approx \bar{x} = \frac{1}{n} \cdot \sum_{i=1}^{n} x_i = \frac{x_1 + x_2 + \ldots + x_n}{n} \qquad \text{(III-28)}$$

In Abschnitt 3.3.2.2 werden wir dann näher begründen, warum der Stichprobenmittelwert $\bar{x}$ in der Tat als *Schätzwert* für den Parameter μ *geeignet* ist. Der durch die Poisson-Verteilung (III-27) charakterisierte radioaktive Zerfall ist damit durch die Näherung $\mu \approx \bar{x}$ *vollständig* und *eindeutig* beschrieben.

3.2.2 Schätz- und Stichprobenfunktionen

Für die *Schätzung* der unbekannten Parameter einer Wahrscheinlichkeitsverteilung werden spezielle Funktionen benötigt. Sie ermöglichen die *näherungsweise* Berechnung dieser Parameter unter Verwendung einer konkreten *Stichprobe*, die man der entsprechenden Grundgesamtheit entnommen hat. Wir wollen in diesem Abschnitt zunächst am Beispiel des Mittelwertes μ einer Verteilung die wichtigen Begriffe einer *Schätz-* und *Stichprobenfunktion* einführen, uns dann den besonderen Eigenschaften dieser Funktionen zuwenden und abschließend Kriterien für „*optimale*" Schätzfunktionen aufstellen.

Schätzung des Mittelwertes

Es läßt sich zeigen, daß der *Mittelwert* $\bar{x}$ einer konkreten Zufallsstichprobe $x_1, x_2, \ldots, x_n$ als ein geeigneter *Schätz-* oder *Näherungswert* für den unbekannten *Mittelwert* μ der Wahrscheinlichkeitsverteilung der zugehörigen Zufallsvariablen X betrachtet werden kann [9]:

$$\mu \approx \hat{\mu} = \bar{x} = \frac{1}{n} \cdot \sum_{i=1}^{n} x_i = \frac{x_1 + x_2 + \ldots + x_n}{n} \qquad \text{(III-29)}$$

Diesen Schätzwert fassen wir als einen *speziellen* Wert oder eine *Realisierung* der Funktion

$$\bar{X} = \frac{1}{n} \cdot \sum_{i=1}^{n} X_i = \frac{X_1 + X_2 + \ldots + X_n}{n} \qquad \text{(III-30)}$$

auf. $X_1, X_2, \ldots, X_n$ sind dabei *stochastisch unabhängige* Zufallsvariable, die alle die *gleiche* Verteilung besitzen wie die Zufallsgröße X (Mittelwert μ, Varianz σ^2) und x_1, $x_2, \ldots, x_n$ die *Werte* dieser Zufallsvariablen anhand der entnommenen konkreten Stichprobe. Die von den n Zufallsvariablen X_1, $X_2, \ldots, X_n$ abhängige Funktion $\bar{X}$ ist dann ebenfalls eine *Zufallsvariable* und wird in diesem Zusammenhang als eine *Schätzfunktion* für den unbekannten *Mittelwert* μ der Zufallsvariablen X bezeichnet.

Stichprobenfunktionen

Die Zufallsvariable $\bar{X}$ ist ein *erstes* Beispiel für eine sog. *Stichprobenfunktion.* Darunter versteht man in der mathematischen Statistik ganz allgemein eine *Funktion* (Zufallsvariable), die von n *unabhängigen* Zufallsvariablen X_1, $X_2, \ldots, X_n$ abhängt, die alle der gleichen Verteilungsfunktion $F(x)$ genügen. Die *unabhängigen* Zufallsvariablen $X_1, X_2, \ldots, X_n$ können dabei auch als die *Komponenten* einer *n-dimensionalen* Zufallsgröße

$$(X_1; X_2; \ldots; X_n) \qquad \text{(III-31)}$$

die häufig auch als *Zufallsvektor* $\vec{X}$ bezeichnet wird, aufgefaßt werden. Sie beschreibt (in sehr abstrakter Weise) eine sog. *mathematische Stichprobe.* Eine Stichprobenuntersuchung führt dann stets zu einer *konkreten* Stichprobe mit den Stichprobenwerten $(x_1, x_2, \ldots, x_n)$, die wir als eine *Realisierung* der n-dimensionalen Zufallsgröße $(X_1; X_2; \ldots; X_n)$ interpretieren:

$$\begin{array}{ll} n\text{-dimensionale Zufallsgröße} & (X_1;\ X_2;\ \ldots;\ X_n) \\ & \ \ \downarrow \quad\ \downarrow \qquad\quad \downarrow \\ \text{konkrete Stichprobe} & (x_1;\ x_2;\ \ldots;\ x_n) \end{array}$$

In den nachfolgenden Abschnitten werden wir noch weitere Stichprobenfunktionen kennenlernen.

---

[9] *Schätzwerte* kennzeichnen wir durch ein „Dach". Beispiel: $\hat{\mu}$ ist ein *Schätzwert* für den Parameter (Mittelwert) μ.

Besondere Eigenschaften der Schätzfunktion $\overline{X}$

Wir kehren nun zu der Stichprobenfunktion $\overline{X}$, der *Schätzfunktion* für den *Mittelwert* μ, zurück. Für *verschiedene* Stichproben erhalten wir im allgemeinen *verschiedene* Stichprobenmittelwerte $\bar{x}$ und damit auch *verschiedene* Schätzwerte $\hat{\mu}$ für den unbekannten Mittelwert μ der Grundgesamtheit [10]. Unsere Schätzfunktion $\overline{X}$ besitzt dabei drei besonders wünschenswerte Eigenschaften, die uns z.T. bereits aus Kapitel II, Abschnitt 7.5.4 (1. Beispiel) bekannt sind:

(1) Die Schätzfunktion $\overline{X}$ besitzt den *Erwartungswert* μ:

$$E(\overline{X}) = \mu \tag{III-32}$$

Eine Schätzfunktion mit dieser Eigenschaft heißt *erwartungstreu*. $\overline{X}$ ist somit eine *erwartungstreue* Schätzfunktion für den unbekannten *Mittelwert* μ der Grundgesamtheit.

(2) Für die *Varianz* $\operatorname{Var}(\overline{X})$ gilt bekanntlich:

$$\operatorname{Var}(\overline{X}) = \frac{\sigma^2}{n} \tag{III-33}$$

Dies aber bedeutet, daß die *Varianz* der Schätzfunktion $\overline{X}$ mit *zunehmendem* Stichprobenumfang *n abnimmt* und für $n \to \infty$ gegen *Null* strebt. Mit anderen Worten: *Die Werte der Zufallsvariablen $\overline{X}$ streuen mit zunehmendem n immer geringer um den (unbekannten) Mittelwert μ.* Die Schätzfunktion $\overline{X}$ ist – wie man sagt – *konsistent*. Damit bringt man ganz allgemein zum Ausdruck, daß die Wahrscheinlichkeit dafür, daß sich die Werte einer Schätzfunktion *beliebig wenig* von dem zu schätzenden (unbekannten) Parameter der Grundgesamtheit unterscheiden, für $n \to \infty$ gegen den Wert *Eins* konvergiert.

(3) Unsere Schätzfunktion $\overline{X}$ ist aber nur *eine* von *mehreren* möglichen *erwartungstreuen* Schätzfunktionen für den Mittelwert μ. Es läßt sich jedoch zeigen, daß es bei *gleichem* Stichprobenumfang *n keine* andere erwartungstreue Schätzfunktion für den Parameter μ mit einer *kleineren* Varianz gibt. Die Schätzfunktion $\overline{X}$ heißt daher *wirksam* oder *effizient*.

Kriterien für eine „optimale" Schätzfunktion

Die Schätzung eines unbekannten Parameters ϑ erfolgt also mit Hilfe einer geeigneten *Stichprobenfunktion*

$$\Theta = g(X_1; X_2; \ldots; X_n) \tag{III-34}$$

die in diesem Zusammenhang als *Schätzfunktion* für den Parameter ϑ bezeichnet wird.

---

[10] Der *Mittelwert* $\bar{x}$ einer Stichprobe ist eine *Funktion* der n unabhängigen Stichprobenwerte $x_1, x_2, \ldots, x_n$.

Eine solche Schätzfunktion wird als „optimal“ betrachtet, wenn sie die folgenden Kriterien erfüllt:

Kriterien für eine „optimale“ Schätzfunktion eines unbekannten statistischen Parameters

Schätzfunktionen für einen unbekannten statistischen *Parameter* ϑ sind spezielle *Stichprobenfunktionen* vom Typ

$$\Theta = g(X_1; X_2; \ldots; X_n) \qquad \text{(III-35)}$$

die für *jede* konkrete Stichprobe $x_1, x_2, \ldots, x_n$ einen *Schätzwert*

$$\hat{\vartheta} = g(x_1; x_2; \ldots; x_n) \qquad \text{(III-36)}$$

für den Parameter ϑ liefern ($X_1, X_2, \ldots, X_n$: *unabhängige* Zufallsvariable, die alle die *gleiche* Verteilungsfunktion $F(x)$ besitzen). Eine Schätzfunktion Θ wird dabei als „optimal“ angesehen, wenn sie die folgenden Eigenschaften besitzt:

1. Die Schätzfunktion Θ ist *erwartungstreu*, d.h. ihr Erwartungswert ist gleich dem zu schätzenden Parameter:

   $$E(\Theta) = \vartheta \qquad \text{(III-37)}$$

2. Die Schätzfunktion Θ ist *konsistent* (*passend*), d.h. Θ konvergiert mit zunehmendem Stichprobenumfang n gegen den Parameter ϑ.
3. Die Schätzfunktion Θ ist *effizient* (*wirksam*), d.h. es gibt bei *gleichem* Stichprobenumfang n *keine* andere erwartungstreue Schätzfunktion mit einer *kleineren* Varianz.

Anmerkung

Ein Musterbeispiel für eine „optimale“ Schätzfunktion liefert die durch Gleichung (III-30) definierte Schätzfunktion $\overline{X}$ für den *Mittelwert* μ.

3.2.3 Schätzungen für den Mittelwert μ

Wie wir aus dem vorherigen Abschnitt bereits wissen, liefert der *arithmetische* Mittelwert $\bar{x}$ einer Zufallsstichprobe $x_1, x_2, \ldots, x_n$ einen geeigneten *Schätz-* oder *Näherungswert* $\hat{\mu}$ für den unbekannten *Mittelwert* μ der Wahrscheinlichkeitsverteilung der zugehörigen Zufallsvariablen X:

$$\mu \approx \hat{\mu} = \bar{x} = \frac{1}{n} \cdot \sum_{i=1}^{n} x_i \qquad \text{(III-38)}$$

Die zugehörige *Schätzfunktion* ist die Stichprobenfunktion

$$\overline{X} = \frac{1}{n} \cdot \sum_{i=1}^{n} X_i \qquad \text{(III-39)}$$

die zu jeder konkreten Stichprobe einen „optimalen“ Schätzwert für den Mittelwert μ liefert. „Optimal“ bedeutet in diesem Zusammenhang, daß diese Schätzfunktion unter allen möglichen Schätzfunktionen den jeweils „besten“ Näherungswert für μ bringt. Wir werden später diese wichtige Schätzfunktion für den unbekannten Mittelwert μ einer Verteilung mit Hilfe der *Maximum-Likelihood-Methode* herleiten (Abschnitt 3.3.2.3).

3.2.4 Schätzungen für die Varianz σ^2

Die Varianz s^2 einer Zufallsstichprobe $x_1, x_2, \ldots, x_n$ liefert einen geeigneten *Schätz-* oder *Näherungswert* $\hat{\sigma}^2$ für die *unbekannte* Varianz σ^2 der Wahrscheinlichkeitsverteilung der zugehörigen Zufallsvariablen X:

$$\sigma^2 \approx \hat{\sigma}^2 = s^2 = \frac{1}{n-1} \cdot \sum_{i=1}^{n} (x_i - \bar{x})^2 \qquad \text{(III-40)}$$

Die zugehörige *Schätzfunktion* ist die Stichprobenfunktion

$$S^2 = \frac{1}{n-1} \cdot \sum_{i=1}^{n} (X_i - \overline{X})^2 \qquad \text{(III-41)}$$

Sie ist (ebenso wie $\overline{X}$) *erwartungstreu*, d.h. es gilt:

$$E(S^2) = \sigma^2 \qquad \text{(III-42)}$$

Genau diese wichtige Eigenschaft der *Erwartungstreue* ist der Grund dafür, daß in der Definitionsgleichung für die *Varianz* s^2 einer *Stichprobe* die Summe der Abweichungsquadrate *nicht* (wie naheliegend) durch die Anzahl n der Stichprobenwerte geteilt wird, sondern durch die Zahl $n - 1$ (vgl. hierzu Abschnitt 2.1). Vereinzelt wird auch die Stichprobenfunktion

$$S^{*2} = \frac{1}{n} \cdot \sum_{i=1}^{n} (X_i - \overline{X})^2 \qquad \text{(III-43)}$$

als *Schätzfunktion* für die unbekannte *Varianz* σ^2 verwendet [11)]. Sie hat jedoch den Nachteil, daß sie *nicht* erwartungstreu ist.

[11)] Diese Schätzfunktion erhält man, wenn man die *Maximum-Likelihood-Methode* auf eine normalverteilte Grundgesamtheit anwendet (vgl. hierzu den nachfolgenden Abschnitt 3.3.2.3).

Als Schätzfunktion für die *Standardabweichung* σ der Grundgesamtheit verwendet man die Stichprobenfunktion $S = \sqrt{S^2}$, d.h. die Quadratwurzel aus der Stichprobenvarianz S^2. Diese Funktion ist jedoch *nicht erwartungstreu.*

3.2.5 Schätzungen für einen Anteilswert p (Parameter p einer Binomialverteilung)

Bei einem *Bernoulli-Experiment* trete das Ereignis A mit der *unbekannten* Wahrscheinlichkeit p ein, das *komplementäre* Ereignis $\bar{A}$ somit mit der Wahrscheinlichkeit $q = 1 - p$. Der Parameter p, auch *Anteilswert* oder *Erfolgswahrscheinlichkeit* genannt, läßt sich dann anhand einer Stichprobe vom Umfang n wie folgt schätzen:

Das *Bernoulli-Experiment* wird insgesamt n-mal durchgeführt und dabei die Anzahl k der *Erfolge* festgestellt [12]. Dann ist die *relative* Häufigkeit $h(A) = k/n$, mit der das Ereignis A („Erfolg") eingetreten ist, ein *Schätz-* oder *Näherungswert* für den *unbekannten* Parameter p der *binomialverteilten* Grundgesamtheit, der diese Stichprobe entnommen wurde:

$$p \approx \hat{p} = h(A) = \frac{k}{n} \qquad \text{(III-44)}$$

Die zugehörige *Schätzfunktion* ist

$$\hat{P} = \frac{X}{n} \qquad \text{(III-45)}$$

wobei durch die Zufallsvariable X die Anzahl der „Erfolge" bei einer n-fachen Ausführung des *Bernoulli-Experiments* beschrieben wird.

Die Zufallsvariable X genügt bekanntlich einer *Binomialverteilung* mit dem *Erwartungs-* oder *Mittelwert* $E(X) = \mu = np$ und der *Varianz* $\mathrm{Var}(X) = \sigma^2 = np(1 - p)$ (vgl. hierzu Kapitel II, Abschnitt 6.1). Die *Schätzfunktion* $\hat{P} = X/n$ für den *Anteilswert* p ist dann ebenfalls *binomialverteilt* mit dem *Erwartungs-* oder *Mittelwert* $E(\hat{P}) = p$ und der Varianz $\mathrm{Var}(\hat{P}) = p(1 - p)/n$.

3.2.6 Tabellarische Zusammenstellung der wichtigsten Schätzfunktionen und ihrer Schätzwerte

Tabelle 1 gibt einen Überblick über die *Schätzfunktionen* und die zugehörigen, aus einer *konkreten* Zufallsstichprobe gewonnenen *Schätzwerte* für die wichtigsten statistischen Parameter und Kennwerte einer beliebigen Grundgesamtheit:

---

[12] Das Eintreten des Ereignisses A werten wir als *Erfolg*, das Nichteintreten von A (und somit das Eintreten des *komplementären* Ereignisses $\bar{A}$) als *Mißerfolg*.

Tabelle 1: Schätzfunktionen und zugehörige Schätzwerte für die wichtigsten statistischen Parameter und Kennwerte einer beliebigen Grundgesamtheit

Unbekannter Parameter	Schätzfunktion für den unbekannten Parameter	Schätzwert für den unbekannten Parameter (aus einer konkreten Stichprobe ermittelt)
(1) Erwartungs- oder Mittelwert $E(X) = \mu$	$\overline{X} = \frac{1}{n} \cdot \sum_{i=1}^{n} X_i$	Mittelwert der konkreten Stichprobe $x_1, x_2, \ldots, x_n$: $\hat{\mu} = \bar{x} = \frac{1}{n} \cdot \sum_{i=1}^{n} x_i$
(2) Varianz $\operatorname{Var}(X) = \sigma^2$	$S^2 = \frac{1}{n-1} \cdot \sum_{i=1}^{n} (X_i - \overline{X})^2$	Varianz der konkreten Stichprobe $x_1, x_2, \ldots, x_n$: $\hat{s}^2 = s^2 = \frac{1}{n-1} \cdot \sum_{i=1}^{n} (x_i - \bar{x})^2$
(3) Anteilswert p für das Ereignis A („Erfolg“) bei einem Bernoulli-Experiment (Parameter p einer Binomialverteilung)	$\hat{P} = \frac{X}{n}$ X = Anzahl der „Erfolge“ bei n-facher Ausführung des Bernoulli-Experiments	Relative Häufigkeit für das Ereignis A („Erfolg“) bei n-facher Ausführung des Bernoulli-Experiments: $\hat{p} = h(A) = \frac{k}{n}$ k: Anzahl der Erfolge

Anmerkungen zur Tabelle 1

(1) Die Schätzfunktionen $\overline{X}$, S^2 und $\hat{P}$ sind *erwartungstreu* und *konsistent*, $\overline{X}$ und $\hat{P}$ auch *effizient*.

(2) Die Zufallsvariablen X_i genügen alle der *gleichen* Verteilung (Mittelwert μ, Varianz σ^2). Sind sie außerdem noch alle *normalverteilt*, so ist auch die Schätzfunktion $\overline{X}$ eine *normalverteilte* Zufallsgröße mit dem Erwartungs- oder Mittelwert $E(\overline{X}) = \mu$ und der Varianz $\operatorname{Var}(\overline{X}) = \sigma^2/n$.

(3) Bei *beliebig* verteilten Zufallsvariablen X_i mit $E(X_i) = \mu$ und $\operatorname{Var}(X_i) = \sigma^2$ folgt aus dem *Zentralen Grenzwertsatz* der Wahrscheinlichkeitsrechnung (Kap. II, Abschnitt 7.6.1), daß die Schätzfunktion $\overline{X}$ *näherungsweise normalverteilt* ist mit dem Mittelwert $E(\overline{X}) = \mu$ und der Varianz $\operatorname{Var}(\overline{X}) = \sigma^2/n$.

(4) Die *binomialverteilte* Zufallsvariable $\hat{P}$ ist bei *umfangreichen* Stichproben *näherungsweise normalverteilt* mit dem Mittelwert $E(\hat{P}) = p$ und der Varianz $\operatorname{Var}(\hat{P}) = p(1-p)/n$. Diese Aussage folgt aus dem *Grenzwertsatz* von *Moivre* und *Laplace* (Kap. II, Abschnitt 7.6.3).

(5) Die Stichprobenfunktion $S = \sqrt{S^2}$ ist eine *Schätzfunktion* für die *Standardabweichung* σ der Grundgesamtheit. Sie ist jedoch *nicht* erwartungstreu, d.h. es gilt:

$$E(S) \neq \sigma \qquad \text{(III-46)}$$

Tabelle 2 enthält eine Zusammenstellung der Schätzwerte für die Parameter *spezieller* Wahrscheinlichkeitsverteilungen, die in den technischen Anwendungen eine besondere Rolle spielen:

Tabelle 2: Schätzwerte für die Parameter spezieller Wahrscheinlichkeitsverteilungen, ermittelt aus einer konkreten Stichprobe

Verteilung [13]	Schätzwert für…	Bemerkungen
(1) **Binomialverteilung** $f(x) = \binom{n}{x} p^x (1-p)^{n-x}$ $(x = 0, 1, \ldots, n)$	Parameter p: $\hat{p} = \frac{k}{n}$	k: Anzahl der „Erfolge" bei einer n-fachen Ausführung des Bernoulli-Experiments
(2) **Poisson-Verteilung** $f(x) = \frac{\mu^x}{x!} \cdot e^{-\mu}$ $(x = 0, 1, 2, \ldots)$	Mittelwert μ: $\hat{\mu} = \bar{x}$	$\bar{x}$: Mittelwert der Stichprobe
(3) **Exponentialverteilung** $f(x) = \lambda \cdot e^{-\lambda x}$ $(x \geqslant 0)$	Parameter λ: $\hat{\lambda} = \frac{1}{\bar{x}}$	$\bar{x}$: Mittelwert der Stichprobe
(4) **Gaußsche Normalverteilung** $f(x) = \frac{1}{\sqrt{2\pi} \cdot \sigma} \cdot e^{-\frac{1}{2}\left(\frac{x-\mu}{\sigma}\right)^2}$ $(-\infty < x < \infty)$	a) Mittelwert μ: $\hat{\mu} = \bar{x}$ b) Varianz σ^2: $\hat{\sigma}^2 = s^2$	$\bar{x}$: Mittelwert der Stichprobe s^2: Varianz der Stichprobe

Anmerkung zur Tabelle 2

Die Herleitung der angegebenen Formeln zur Berechnung der Schätzwerte erfolgt exemplarisch im nächsten Abschnitt mit Hilfe der sog. *Maximum-Likelihood-Methode.*

[13] Es ist die jeweilige Wahrscheinlichkeits- bzw. Dichtefunktion $f(x)$ angegeben.

■ **Beispiele**

(1) Die *Lebensdauer* T eines bestimmten elektronischen Bauelements genüge einer *Exponentialverteilung* mit dem *unbekannten* Parameter λ. Wir ermitteln einen *Schätzwert* $\hat{\lambda}$ für diesen Parameter anhand der folgenden Stichprobe (8 Elemente wurden *zufällig* entnommen und die jeweilige Lebensdauer t_i in Stunden (h) bestimmt):

i	1	2	3	4	5	6	7	8
$\frac{t_i}{h}$	950	980	1150	770	1230	1210	990	1120

Die Stichprobe ergibt den *Mittelwert*

$$\bar{t} = \frac{1}{8} \cdot \sum_{i=1}^{8} t_i = \frac{1}{8}(950 + 980 + \ldots + 1120)\,\text{h} = 1050\,\text{h}$$

Somit ist

$$\hat{\lambda} = \frac{1}{\bar{t}} = \frac{1}{1050\,\text{h}} = \frac{1}{1050}\,\text{h}^{-1} \approx 0{,}00095\,\text{h}^{-1}$$

ein *Schätzwert* für den unbekannten Parameter λ der zugrunde gelegten Exponentialverteilung. Die *mittlere* Lebensdauer der elektronischen Bauelemente beträgt daher *näherungsweise* $E(T) \approx \bar{t} = 1050$ h.

(2) Es soll der *Ausschußanteil* p einer Serienproduktion von Glühbirnen mittels einer Stichprobenuntersuchung *geschätzt* werden. Aus diesem Grunde wurde eine Stichprobe von $n = 300$ Stück entnommen, wobei sich $k = 6$ Glühbirnen als *defekt* erwiesen. Somit ist

$$\hat{p} = \frac{k}{n} = \frac{6}{300} = 0{,}02 = 2\%$$

ein *Schätzwert* für den (unbekannten) Ausschußanteil p in der Gesamtproduktion.

■

3.3 Ein Verfahren zur Gewinnung von Schätzfunktionen

Es gibt eine Reihe von Verfahren zur Gewinnung von *Schätzfunktionen* für die *unbekannten* Parameter einer Wahrscheinlichkeitsverteilung. Das wohl bedeutendste Verfahren ist die sog. *Maximum-Likelihood-Methode*, mit der wir uns in diesem Abschnitt ausschließlich beschäftigen werden.

3.3.1 Maximum-Likelihood-Methode

Wir gehen zunächst von den folgenden Überlegungen aus:

X sei eine *diskrete* Zufallsvariable, deren Wahrscheinlichkeitsfunktion $f(x)$ noch einen *unbekannten* Parameter ϑ enthalte, der aus einer *Zufallsstichprobe* mit n voneinander unabhängigen Stichprobenwerten $x_1, x_2, \ldots, x_n$ *geschätzt* werden soll. Die Zufallsvariable X nimmt dabei die einzelnen Stichprobenwerte mit den folgenden Wahrscheinlichkeiten an:

x_i	x_1	x_2	...	x_n
$P(X = x_i) = f(x_i)$	$f(x_1)$	$f(x_2)$	...	$f(x_n)$

Wegen der *Unabhängigkeit* der Stichprobenwerte ist nach dem *Multiplikationssatz* der Wahrscheinlichkeitsrechnung (Kapitel II, Abschnitt 3.5 bzw. 3.6) die *Wahrscheinlichkeit* dafür, eine Stichprobe zu erhalten, die gerade die speziellen Werte $x_1, x_2, \ldots, x_n$ enthält, durch das *Produkt*

$$L = f(x_1) \cdot f(x_2) \ldots f(x_n) \qquad \text{(III-47)}$$

gegeben. Diese Funktion hängt somit von den n Variablen (Stichprobenwerten) $x_1, x_2, \ldots, x_n$ ab, *zusätzlich* aber auch noch von dem *unbekannten* Parameter ϑ der Wahrscheinlichkeitsfunktion $f(x)$ [14]. Für eine *vorgegebene* konkrete Stichprobe (d.h. für *feste* Werte $x_1, x_2, \ldots, x_n$) kann daher L als eine nur *vom Parameter* ϑ abhängige Funktion betrachtet werden. Man bezeichnet diese Funktion als *Likelihood-Funktion* und schreibt dafür symbolisch

$$L = L(\vartheta) = f(x_1; \vartheta) \cdot f(x_2; \vartheta) \ldots f(x_n; \vartheta) \qquad \text{(III-48)}$$

Der Parameter ϑ wird nun so bestimmt, daß diese Funktion einen *möglichst großen* Wert annimmt. Wir unterstellen somit, daß die vorgegebene Stichprobe unter allen denkbaren (möglichen) Stichproben mit der *größten* Wahrscheinlichkeit auftritt. Man erhält auf diese Weise einen *Schätzwert* $\hat{\vartheta}$ für den unbekannten Parameter ϑ. Er läßt sich leicht aus der für ein (relatives) Maximum *notwendigen* Bedingung

$$\frac{\partial L}{\partial \vartheta} = 0 \qquad \text{(III-49)}$$

ermitteln und ist dabei durch die n Stichprobenwerte $x_1, x_2, \ldots, x_n$ *eindeutig* bestimmt [15].

Im Falle einer *stetigen* Zufallsvariablen X muß die *Likelihood-Funktion* (III-48) mit der entsprechenden *Dichtefunktion* $f(x; \vartheta)$ gebildet werden, die dann ebenfalls noch von einem *unbekannten* Parameter ϑ abhängt.

---

[14] Der Wert der Wahrscheinlichkeitsfunktion hängt formal von x *und* ϑ ab. Wir schreiben daher ab sofort $f(x; \vartheta)$ anstatt von $f(x)$.

[15] Die *Likelihood-Funktion* $L = L(\vartheta)$ hängt (formal betrachtet) auch noch von den n Stichprobenwerten $x_1, x_2, \ldots, x_n$ ab, die jedoch bei der Bildung der Ableitung als *feste* Größen angesehen werden. Wir schreiben daher die Ableitung von L nach dem Parameter ϑ als *partielle* Ableitung.

Wir fassen diese Ergebnisse wie folgt zusammen:

Maximum-Likelihood-Methode zur Gewinnung von Schätzfunktionen für die unbekannten Parameter einer Wahrscheinlichkeitsverteilung

X sei eine Zufallsvariable, deren *Wahrscheinlichkeits-* bzw. *Dichtefunktion* $f(x; \vartheta)$ noch einen *unbekannten* Parameter ϑ enthalte. Für diesen Parameter läßt sich dann unter Verwendung einer Stichprobe vom Umfang n mit den Stichprobenwerten $x_1, x_2, \ldots, x_n$ wie folgt ein *Schätz-* oder *Näherungswert* $\hat{\vartheta}$ bestimmen:

1. Zunächst wird die *Likelihood-Funktion* aufgestellt:

$$L = L(\vartheta) = f(x_1; \vartheta) \cdot f(x_2; \vartheta) \ldots f(x_n; \vartheta) \qquad \text{(III-50)}$$

Sie ist (bei *fest* vorgegebenen Werten $x_1, x_2, \ldots, x_n$) eine reine Funktion des noch *unbekannten* Parameters ϑ, d.h. $L = L(\vartheta)$.

2. Als *Schätzwert* $\hat{\vartheta}$ für den Parameter ϑ betrachten wir denjenigen Wert, für den die Likelihood-Funktion $L(\vartheta)$ ihr *Maximum* annimmt. Der *Schätzwert* $\hat{\vartheta}$ wird somit aus der für ein Maximum *notwendigen* Bedingung

$$\frac{\partial L}{\partial \vartheta} = 0 \qquad \text{(III-51)}$$

ermittelt. Er ist noch von den n Stichprobenwerten $x_1, x_2, \ldots, x_n$ abhängig, d.h. eine *Funktion*

$$\hat{\vartheta} = g(x_1; x_2; \ldots; x_n) \qquad \text{(III-52)}$$

Die zugehörige *Schätzfunktion*

$$\Theta = g(X_1; X_2; \ldots; X_n) \qquad \text{(III-53)}$$

heißt *Maximum-Likelihood-Schätzfunktion* für den unbekannten Parameter ϑ.

Anmerkungen

(1) Wir verweisen nochmals (um Mißverständnisse und Verwechslungen zu vermeiden) auf die unterschiedliche Bedeutung der folgenden Symbole:

ϑ: Unbekannter *Parameter*

$\hat{\vartheta}$: *Schätzwert* für den unbekannten Parameter ϑ

Θ: *Schätzfunktion* (*Stichprobenfunktion*) für den unbekannten Parameter ϑ, die für jede konkrete Stichprobe einen Schätzwert $\hat{\vartheta}$ liefert

(2) Man beachte die Bedeutung der Faktoren $f(x_i; \vartheta)$ in der *Likelihood-Funktion* (III-50):

$f(x; \vartheta)$ ↗ *Wahrscheinlichkeitsfunktion* bei einer *diskreten* Zufallsvariablen X

$f(x; \vartheta)$ ↘ *Dichtefunktion* bei einer *stetigen* Zufallsvariablen X

(3) Enthält die Wahrscheinlichkeits- bzw. Dichtefunktion *mehrere* unbekannte Parameter $\vartheta_1, \vartheta_2, \ldots, \vartheta_r$, so hängt auch die zugehörige *Likelihood-Funktion* noch von diesen Parametern ab:

$$L = L(\vartheta_1; \vartheta_2; \ldots; \vartheta_r) \qquad \text{(III-54)}$$

Die *Schätzwerte* $\hat{\vartheta}_1, \hat{\vartheta}_2, \ldots, \hat{\vartheta}_r$ für die Parameter werden dann aus den für ein Maximum *notwendigen* Bedingungen

$$\frac{\partial L}{\partial \vartheta_1} = 0, \quad \frac{\partial L}{\partial \vartheta_2} = 0, \quad \ldots \quad , \frac{\partial L}{\partial \vartheta_r} = 0 \qquad \text{(III-55)}$$

ermittelt. Man erhält auf diese Weise ein Gleichungssystem mit r Gleichungen und ebenso vielen Unbekannten, aus dem sich dann die *Schätzwerte* für die unbekannten Parameter in Abhängigkeit von den n Stichprobenwerten $x_1, x_2, \ldots, x_n$ berechnen lassen (*Maximum-Likelihood-Schätzfunktionen* bzw. *Schätzwerte*).

(4) Die Berechnung der Schätzwerte für die unbekannten Parameter läßt sich meist *wesentlich vereinfachen*, wenn man die für das gesuchte Maximum notwendigen Bedingungen auf die *logarithmierte* Likelihood-Funktion

$$L^* = \ln L = \ln L(\vartheta_1; \vartheta_2; \ldots; \vartheta_r) \qquad \text{(III-56)}$$

anwendet. Dies ist erlaubt, da $\ln L$ eine *streng monoton wachsende* Funktion von L ist und somit genau dort ein Maximum annimmt, wo L selbst *maximal* wird. Die *notwendigen* Bedingungen lauten dann wie folgt:

$$\frac{\partial}{\partial \vartheta_1}(\ln L) = 0, \quad \frac{\partial}{\partial \vartheta_2}(\ln L) = 0, \quad \ldots \quad , \frac{\partial}{\partial \vartheta_r}(\ln L) = 0 \qquad \text{(III-57)}$$

Regel: Die Likelihood-Funktion wird zunächst *logarithmiert* und dann nach den einzelnen Parametern $\vartheta_1, \vartheta_2, \ldots, \vartheta_r$ *partiell differenziert*. Diese Ableitungen werden schließlich alle gleich Null gesetzt. Aus dem erhaltenen Gleichungssystem lassen sich dann die unbekannten Parameter (näherungsweise) berechnen.

3.3.2 Anwendungen auf spezielle Wahrscheinlichkeitsverteilungen

3.3.2.1 Binomialverteilung

Bei einem *Bernoulli-Experiment* trete das Ereignis A mit der *unbekannten* Wahrscheinlichkeit p ein. Bei einer n-fachen Ausführung dieses Experiments ist die Wahrscheinlichkeit dafür, daß dabei genau x-mal das Ereignis A eintritt, durch die Wahrscheinlichkeitsfunktion

$$f(x) = \binom{n}{x} p^x (1-p)^{n-x} \qquad (x = 0, 1, \ldots, n) \qquad \text{(III-58)}$$

der diskreten *Binomialverteilung* gegeben. Um den Wert des unbekannten Parameters p, häufig auch *Anteilswert* oder *Erfolgswahrscheinlichkeit* genannt [16], abzuschätzen, entnehmen wir der Grundgesamtheit wie folgt eine *Stichprobe* vom Umfang n:

Das *Bernoulli-Experiment* wird n-mal unabhängig voneinander ausgeführt, wobei genau k-mal das Ereignis A („Erfolg") und somit $(n-k)$-mal das *komplementäre* Ereignis $\overline{A}$ („Mißerfolg") eintrete. Da das Ereignis A dabei jeweils mit der Wahrscheinlichkeit p, das komplementäre Ereignis $\overline{A}$ jeweils mit der Wahrscheinlichkeit $q = 1 - p$ eintritt, ist die Gesamtwahrscheinlichkeit für k-mal „Erfolg" (Ereignis A) und $(n-k)$-mal „Mißerfolg" (Ereignis $\overline{A}$) durch das Produkt

$$p^k q^{n-k} = p^k (1-p)^{n-k} \tag{III-59}$$

gegeben. Dieser Ausdruck liefert zugleich die benötigte *Likelihood-Funktion*, die somit die folgende Gestalt besitzt:

$$L = L(p) = p^k (1-p)^{n-k} \tag{III-60}$$

(n und k sind dabei als *feste* Werte anzusehen). Zweckmäßigerweise gehen wir nun zur *logarithmierten* Likelihood-Funktion $L^* = \ln L$ über:

$$L^* = \ln L = \ln [p^k (1-p)^{n-k}] \tag{III-61}$$

Durch Anwendung elementarer *logarithmischer Rechenregeln* erhalten wir hieraus:

$$L^* = \ln p^k + \ln (1-p)^{n-k} = k \cdot \ln p + (n-k) \cdot \ln (1-p) \tag{III-62}$$

Wir differenzieren diese Funktion nun *partiell* nach dem Parameter p:

$$\frac{\partial L^*}{\partial p} = \frac{\partial}{\partial p} [k \cdot \ln p + (n-k) \cdot \ln (1-p)] =$$

$$= k \cdot \frac{1}{p} + (n-k) \cdot \frac{1}{1-p} \cdot (-1) = \frac{k}{p} - \frac{n-k}{1-p} \tag{III-63}$$

Die *notwendige* Bedingung (III-51) bzw. (III-57) für das gesuchte *Maximum* lautet daher:

$$\frac{k}{\hat{p}} - \frac{n-k}{1-\hat{p}} = 0 \tag{III-64}$$

Durch Auflösen dieser Gleichung nach $\hat{p}$ erhalten wir für den unbekannten Parameter p der Binomialverteilung den folgenden *Näherungs-* oder *Schätzwert*:

$$\hat{p} = \frac{k}{n} \tag{III-65}$$

Dieser Schätzwert ist somit nichts anderes als die *empirisch* bestimmte *relative Häufigkeit* $p(A)$ des Ereignisses A bei einer n-fachen Ausführung des *Bernoulli-Experiments*.

[16] Wiederum gilt: Eintreten des Ereignisses A bedeutet *Erfolg*, Eintreten des *komplementären* Ereignisses $\overline{A}$ daher *Mißerfolg*.

Die zugehörige *Schätzfunktion* ist die bereits aus Abschnitt 3.2.5 bekannte Stichprobenfunktion

$$\hat{P} = \frac{X}{n} \tag{III-66}$$

(die Zufallsvariable X beschreibt dabei die Anzahl der „Erfolge" bei einer n-fachen Ausführung des *Bernoulli-Experiments*).

■ **Beispiel**

Um den *Ausschußanteil* p in der Tagesproduktion von Glühbirnen zu schätzen, wurde eine Stichprobe vom Umfang $n = 120$ entnommen. Dabei erwiesen sich $k = 6$ Glühbirnen als *nicht* brauchbar. Die *Maximum-Likelihood-Methode* liefert dann für den Ausschußanteil p den folgenden *Näherungs-* oder *Schätzwert*:

$$\hat{p} = \frac{k}{n} = \frac{6}{120} = \frac{1}{20} = 0{,}05 = 5\%$$

Wir können somit davon ausgehen, daß *im Mittel* jede zwanzigste Glühbirne in der Tagesproduktion *unbrauchbar* ist.

■

3.3.2.2 Poisson-Verteilung

Die Zufallsvariable X genüge einer *Poisson-Verteilung* mit der *Wahrscheinlichkeitsfunktion*

$$f(x; \mu) = \frac{\mu^x}{x!} \cdot e^{-\mu} \qquad (x = 0, 1, 2, \ldots) \tag{III-67}$$

Der *unbekannte* Parameter (Mittelwert) μ läßt sich dann aus einer konkreten Stichprobe vom Umfang n mit den Stichprobenwerten $x_1, x_2, \ldots, x_n$ nach der *Maximum-Likelihood-Methode* wie folgt schätzen:

Zunächst stellen wir die *Likelihood-Funktion* auf:

$$\begin{aligned} L = L(\mu) &= f(x_1; \mu) \cdot f(x_2; \mu) \ldots f(x_n; \mu) = \\ &= \left(\frac{\mu^{x_1}}{x_1!} \cdot e^{-\mu}\right)\left(\frac{\mu^{x_2}}{x_2!} \cdot e^{-\mu}\right) \cdots \left(\frac{\mu^{x_n}}{x_n!} \cdot e^{-\mu}\right) = \\ &= \left(\frac{\mu^{x_1}}{x_1!} \cdot \frac{\mu^{x_2}}{x_2!} \cdots \frac{\mu^{x_n}}{x_n!}\right) \cdot \underbrace{(e^{-\mu} \cdot e^{-\mu} \ldots e^{-\mu})}_{n\text{-mal}} = \frac{\mu^{(x_1 + x_2 + \ldots + x_n)}}{x_1!\, x_2! \ldots x_n!} \cdot e^{-n\mu} \end{aligned} \tag{III-68}$$

Durch *Logarithmieren* unter Verwendung elementarer Rechenregeln für Logarithmen wird daraus:

$$L^* = L^*(\mu) = \ln L(\mu) = \ln \left[\frac{\mu^{(x_1 + x_2 + \ldots + x_n)}}{x_1!\, x_2! \ldots x_n!} \cdot \mathrm{e}^{-n\mu} \right] =$$

$$= \ln \left[\frac{\mu^{(x_1 + x_2 + \ldots + x_n)}}{x_1!\, x_2! \ldots x_n!} \right] + \ln (\mathrm{e}^{-n\mu}) =$$

$$= \ln (\mu^{(x_1 + x_2 + \ldots + x_n)}) - \ln (x_1!\, x_2! \ldots x_n!) - n\mu =$$

$$= (x_1 + x_2 + \ldots + x_n) \cdot \ln \mu - \ln (x_1!\, x_2! \ldots x_n!) - n\mu \qquad \text{(III-69)}$$

Die benötigte *partielle* Ableitung von L^* nach dem Parameter μ lautet damit:

$$\frac{\partial L^*}{\partial \mu} = (x_1 + x_2 + \ldots + x_n) \cdot \frac{1}{\mu} - n \qquad \text{(III-70)}$$

Die für das gesuchte Maximum *notwendige* Bedingung (III-51) bzw. (III-57) führt damit auf die Gleichung

$$(x_1 + x_2 + \ldots + x_n) \cdot \frac{1}{\hat{\mu}} - n = 0 \qquad \text{(III-71)}$$

aus der wir dann den folgenden *Maximum-Likelihood-Schätzwert* für den unbekannten Mittelwert μ erhalten:

$$\hat{\mu} = \frac{x_1 + x_2 + \ldots + x_n}{n} = \bar{x} \qquad \text{(III-72)}$$

Der *Schätzwert* $\hat{\mu}$ erweist sich dabei als der *Mittelwert* $\bar{x}$ der vorgelegten Stichprobe: $\mu \approx \hat{\mu} = \bar{x}$.

■ **Beispiel**

Beim natürlichen *radioaktiven* Zerfall zerfallen die Atomkerne völlig *regellos* und *unabhängig voneinander* nach den Gesetzmäßigkeiten der mathematischen Statistik. Die Zufallsvariable

X = *Anzahl der Atomkerne, die in einem bestimmten Zeitintervall* Δt *zerfallen*

genügt dabei näherungsweise einer *Poisson-Verteilung* mit der Wahrscheinlichkeitsfunktion

$$f(x) = \frac{\mu^x}{x!} \cdot \mathrm{e}^{-\mu} \qquad (x = 0, 1, 2, \ldots)$$

Der noch *unbekannte* Parameter μ beschreibt dabei die *mittlere* Anzahl der im (festen) Zeitintervall Δt stattgefundenen Zerfälle.

In einem Experiment wurde in $n = 200$ aufeinander folgenden Zeitintervallen einer bestimmten (hier nicht näher interessierenden) Länge Δt die jeweilige Anzahl der zerfallenen Atomkerne eines speziellen radioaktiven Präparates mit einem Zählgerät gemessen. Es ergab sich dabei das folgende Meßprotokoll (es wurden bis zu 10 Zerfälle pro Zeitintervall Δt gemessen):

Anzahl x_i der Atomkerne, die in dem Zeitintervall Δt zerfallen sind	Anzahl n_i von Zeitintervallen der Länge Δt, in denen x_i Atomkerne zerfallen sind	$n_i x_i$
0	4	0
1	16	16
2	31	62
3	40	120
4	38	152
5	33	165
6	19	114
7	10	70
8	5	40
9	3	27
10	1	10
$\sum$	200	776

Der *Mittelwert* dieser Stichprobe beträgt somit

$$\bar{x} = \frac{1}{200} \cdot \sum_{i=0}^{10} n_i x_i = \frac{776}{200} = 3{,}88$$

und ist zugleich ein *Näherungs-* oder *Schätzwert* für den unbekannten Parameter (Mittelwert) μ der *Poisson-verteilten* Grundgesamtheit:

$$\mu \approx \hat{\mu} = \bar{x} = 3{,}88$$

Somit zerfallen im Zeitintervall Δt *durchschnittlich* 3,88 Atomkerne.

■

3.3.2.3 Gaußsche Normalverteilung

Die unbekannten Parameter μ und σ einer *normalverteilten* Grundgesamtheit mit der *Dichtefunktion*

$$f(x; \mu; \sigma) = \frac{1}{\sqrt{2\pi} \cdot \sigma} \cdot e^{-\frac{1}{2}\left(\frac{x-\mu}{\sigma}\right)^2} = \frac{1}{\sqrt{2\pi} \cdot \sigma} \cdot e^{-\frac{(x-\mu)^2}{2\sigma^2}} \qquad \text{(III-73)}$$

können nach dem *Maximum-Likelihood-Prinzip* aus einer konkreten Stichprobe vom Umfang n mit den Stichprobenwerten $x_1, x_2, \ldots, x_n$ wie folgt geschätzt werden:
Wir stellen zunächst die *Likelihood-Funktion* $L = L(\mu; \sigma)$ auf:

$$L = L(\mu; \sigma) = f(x_1; \mu; \sigma) \ldots f(x_n; \mu; \sigma) =$$

$$= \left[\frac{1}{\sqrt{2\pi} \cdot \sigma} \cdot e^{-\frac{(x_1-\mu)^2}{2\sigma^2}}\right] \cdots \left[\frac{1}{\sqrt{2\pi} \cdot \sigma} \cdot e^{-\frac{(x_n-\mu)^2}{2\sigma^2}}\right] =$$

$$= \left(\frac{1}{\sqrt{2\pi} \cdot \sigma}\right) \cdots \left(\frac{1}{\sqrt{2\pi} \cdot \sigma}\right) \cdot e^{-\frac{(x_1-\mu)^2}{2\sigma^2}} \cdots e^{-\frac{(x_n-\mu)^2}{2\sigma^2}} =$$

$$= \frac{1}{(\sqrt{2\pi} \cdot \sigma)^n} \cdot e^{-\frac{1}{2\sigma^2}[(x_1-\mu)^2 + \ldots + (x_n-\mu)^2]} = \frac{1}{(\sqrt{2\pi} \cdot \sigma)^n} \cdot e^{-\frac{\alpha}{2\sigma^2}} \qquad \text{(III-74)}$$

Der besseren Übersicht wegen haben wir dabei die folgende (vorübergehende) Abkürzung eingeführt:

$$\alpha = (x_1 - \mu)^2 + \ldots + (x_n - \mu)^2 = \sum_{i=1}^{n} (x_i - \mu)^2 \qquad \text{(III-75)}$$

Durch *Logarithmierung* der Likelihood-Funktion erhalten wir dann:

$$L^* = L^*(\mu; \sigma) = \ln L(\mu; \sigma) = \ln \left[\frac{1}{(\sqrt{2\pi} \cdot \sigma)^n} \cdot e^{-\frac{\alpha}{2\sigma^2}}\right] =$$

$$= \ln\left(\frac{1}{(\sqrt{2\pi} \cdot \sigma)^n}\right) + \ln\left(e^{-\frac{\alpha}{2\sigma^2}}\right) = \ln 1 - \ln(\sqrt{2\pi} \cdot \sigma)^n - \frac{\alpha}{2\sigma^2} =$$

$$= -n \cdot \ln(\sqrt{2\pi} \cdot \sigma) - \frac{\alpha}{2\sigma^2} = -n \cdot \ln\sqrt{2\pi} - n \cdot \ln\sigma - \frac{\alpha}{2\sigma^2} =$$

$$= -n \cdot \ln\sqrt{2\pi} - n \cdot \ln\sigma - \frac{1}{2\sigma^2} \cdot \sum_{i=1}^{n} (x_i - \mu)^2 \qquad \text{(III-76)}$$

Die benötigten *partiellen* Ableitungen 1. Ordnung dieser Funktion lauten dann:

$$\frac{\partial L^*}{\partial \mu} = -\frac{1}{2\sigma^2} \cdot \sum_{i=1}^{n} 2(x_i - \mu) \cdot (-1) = \frac{1}{\sigma^2} \cdot \sum_{i=1}^{n} (x_i - \mu) \tag{III-77}$$

$$\frac{\partial L^*}{\partial \sigma} = -n \cdot \frac{1}{\sigma} - \frac{1}{2}(-2\sigma^{-3}) \cdot \sum_{i=1}^{n} (x_i - \mu)^2 = -\frac{n}{\sigma} + \frac{1}{\sigma^3} \cdot \sum_{i=1}^{n} (x_i - \mu)^2 \tag{III-78}$$

Die *notwendigen* Bedingungen (III-57) für das gesuchte *Maximum* der Likelihood-Funktion führen damit zu dem folgenden Gleichungssystem:

$$\begin{gathered} \frac{1}{\hat{\sigma}^2} \cdot \sum_{i=1}^{n} (x_i - \hat{\mu}) = 0 \\ -\frac{n}{\hat{\sigma}} + \frac{1}{\hat{\sigma}^3} \cdot \sum_{i=1}^{n} (x_i - \hat{\mu})^2 = 0 \end{gathered} \tag{III-79}$$

Aus der *ersten* Gleichung folgt unmittelbar

$$\sum_{i=1}^{n} (x_i - \hat{\mu}) = \sum_{i=1}^{n} x_i - \sum_{i=1}^{n} \hat{\mu} = \sum_{i=1}^{n} x_i - n\hat{\mu} = 0 \tag{III-80}$$

und somit

$$\hat{\mu} = \frac{1}{n} \cdot \sum_{i=1}^{n} x_i = \bar{x} \tag{III-81}$$

Die *Maximum-Likelihood-Schätzung* für den *Mittelwert* μ führt somit auf den *Mittelwert* $\bar{x}$ der Stichprobe: $\mu \approx \hat{\mu} = \bar{x}$. Die zugehörige *Schätzfunktion* ist die bereits aus Abschnitt 3.2.3 bekannte Stichprobenfunktion

$$\overline{X} = \frac{1}{n} \cdot \sum_{i=1}^{n} X_i \tag{III-82}$$

Einen *Schätzwert* für die Varianz σ^2 der normalverteilten Grundgesamtheit erhalten wir aus der *zweiten* der Gleichungen (III-79) unter Berücksichtigung von $\hat{\mu} = \bar{x}$:

$$\hat{\sigma}^2 = \frac{1}{n} \cdot \sum_{i=1}^{n} (x_i - \bar{x})^2 \tag{III-83}$$

Die dieser Schätzung zugrundeliegende *Maximum-Likelihood-Schätzfunktion*

$$S^{*2} = \frac{1}{n} \cdot \sum_{i=1}^{n} (X_i - \overline{X})^2 \tag{III-84}$$

ist jedoch *nicht* erwartungstreu. Sie unterscheidet sich von der in Abschnitt 3.2.4 angegebenen *erwartungstreuen* Schätzfunktion S^2 um einen *konstanten* Faktor. Es gilt:

$$S^{*2} = \frac{n-1}{n} \cdot S^2 \tag{III-85}$$

Für *großes* n ist jedoch *näherungsweise* $S^{*2} = S^2$.

■ **Beispiel**

X sei eine *normalverteilte* Zufallsvariable mit den *unbekannten* Parametern μ und σ (bzw. σ^2), deren Werte aus der folgenden Stichprobe vom Umfang $n = 10$ mit Hilfe der *Maximum-Likelihood-Schätzfunktionen* geschätzt werden sollen:

Stichproben-Nr. i	1	2	3	4	5	6	7	8	9	10
x_i	248	250	251	251	247	252	248	250	248	255

Die *Schätzwerte* $\hat{\mu}$ und $\hat{\sigma}^2$ lassen sich dann unter Verwendung der nachfolgenden Tabelle leicht berechnen:

i	x_i	$x_i - \bar{x}$	$(x_i - \bar{x})^2$
1	248	−2	4
2	250	0	0
3	251	1	1
4	251	1	1
5	247	−3	9
6	252	2	4
7	248	−2	4
8	250	0	0
9	248	−2	4
10	255	5	25
$\sum$	2500	0	52

Schätzwert für den Mittelwert μ:

$$\mu \approx \hat{\mu} = \bar{x} = \frac{1}{10} \cdot \sum_{i=1}^{10} x_i = \frac{1}{10} \cdot 2500 = 250$$

Schätzwert für die Varianz σ^2:

$$\sigma^2 \approx \hat{\sigma}^2 = \frac{1}{10} \cdot \sum_{i=1}^{10} (x_i - \bar{x})^2 = \frac{1}{10} \cdot 52 = 5{,}2$$

Die Stichprobenwerte entstammen somit einer *normalverteilten* Grundgesamtheit mit dem *Mittelwert* $\mu \approx 250$ und der *Varianz* $\sigma^2 \approx 5{,}2$. ■

3.4 Vertrauens- oder Konfidenzintervalle für die unbekannten Parameter einer Wahrscheinlichkeitsverteilung („Intervallschätzungen")

3.4.1 Vertrauens- oder Konfidenzintervalle und statistische Sicherheit

In den vorangegangenen Abschnitten haben wir uns ausführlich mit der *näherungsweisen* Berechnung (*Schätzung*) der unbekannten Parameter einer Wahrscheinlichkeitsverteilung beschäftigt und gezeigt, wie man aus einer konkreten Stichprobe mit Hilfe geeigneter Schätzfunktionen *Näherungs-* oder *Schätzwerte* für die betreffenden Parameter erhält. *Diese sog. Punktschätzung ermöglicht jedoch keinerlei Aussagen über die Genauigkeit und Sicherheit der Schätzung.* Der aus einer Zufallsstichprobe gewonnene Schätzwert für einen Parameter *kann* nämlich noch erheblich vom *tatsächlichen* (aber unbekannten) Wert abweichen, insbesondere bei *kleinem* Stichprobenumfang.

Wir wollen uns daher im folgenden mit diesem wichtigen Thema näher auseinandersetzen. Die konkrete Fragestellung lautet dabei: *Wie genau und sicher sind die aus Stichprobenuntersuchungen mit Hilfe von Schätzfunktionen bestimmten Näherungs- oder Schätzwerte für die unbekannten Parameter?*

Es liegt daher nahe, anhand einer konkreten Stichprobe ein Intervall $[c_u; c_0]$ zu bestimmen, das den unbekannten Parameter *mit Sicherheit* enthält (Bild III-16):

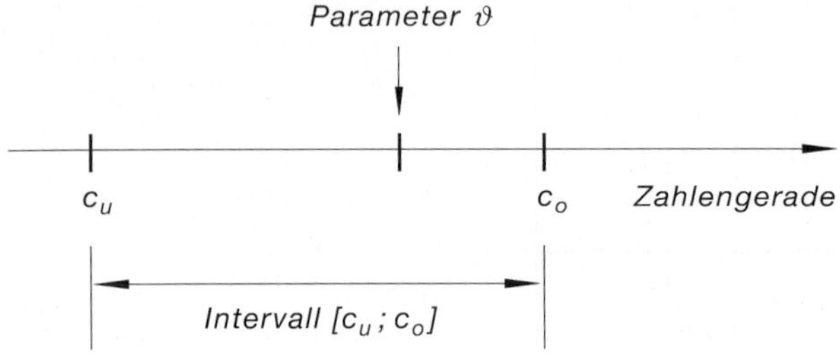

Bild III-16

Ein solches Intervall kann es jedoch *nicht* geben, da *absolut sichere* Rückschlüsse von einer Zufallsstichprobe auf die zugehörige Grundgesamtheit grundsätzlich *nicht* möglich sind [17]. Auch der Versuch, ein Intervall $[c_u; c_0]$ anzugeben, das den unbekannten Parameter ϑ mit einer *großen* Wahrscheinlichkeit γ enthält, muß *scheitern* $(0 < \gamma < 1)$. Denn die Aussage

$$c_u \leqslant \vartheta \leqslant c_0 \tag{III-86}$$

(„der Parameter ϑ liegt zwischen den *Schranken* c_u und c_0") ist entweder *richtig*, dann aber gilt

$$P(c_u \leqslant \vartheta \leqslant c_0) = 1 \tag{III-87}$$

oder sie ist *falsch*. In diesem Fall gilt

$$P(c_u \leqslant \vartheta \leqslant c_0) = 0 \tag{III-88}$$

Der Fall

$$P(c_u \leqslant \vartheta \leqslant c_0) = \gamma \tag{III-89}$$

mit $0 < \gamma < 1$ ist somit *nicht* möglich!

Diese Überlegungen zwingen uns nun, wie folgt vorzugehen:

Wir bestimmen zwei *Zufallsgrößen* Θ_u und Θ_0 so, daß sie mit einer beliebig gewählten, aber *großen* Wahrscheinlichkeit γ Werte annehmen, die den wahren, aber unbekannten Parameterwert ϑ *einschließen* [18]. Somit gilt

$$P(\Theta_u \leqslant \vartheta \leqslant \Theta_0) = \gamma \tag{III-90}$$

Die *Werte* der beiden Zufallsvariablen Θ_u und Θ_0 müssen sich dabei aus den Stichprobenwerten $x_1, x_2, \ldots, x_n$ einer vorgegebenen konkreten Stichprobe berechnen lassen und *variieren* daher von Stichprobe zu Stichprobe. Die Zufallsvariablen Θ_u und Θ_0 sind demnach *Stichprobenfunktionen* der *n unabhängigen* Zufallsvariablen $X_1, X_2, \ldots, X_n$, die alle die *gleiche* Verteilungsfunktion besitzen wie die Zufallsvariable X. Sie sind zugleich auch *Schätzfunktionen* des Parameters ϑ.

Sind die beiden *Stichproben-* oder *Schätzfunktionen*

$$\Theta_u = g_u(X_1; X_2; \ldots; X_n) \tag{III-91}$$

und

$$\Theta_0 = g_0(X_1; X_2; \ldots; X_n) \tag{III-92}$$

bekannt [19], so erhält man aus einer *konkreten* Stichprobe vom Umfang n durch Einsetzen der Stichprobenwerte $x_1, x_2, \ldots, x_n$ in diese Funktionen zwei Werte c_u und c_0:

---

[17] Von den *trivialen* Fällen wird abgesehen. Dazu zählen wir Aussagen wie die folgenden:
— „Der Parameterwert ϑ liegt zwischen $-\infty$ und $+\infty$"
— „Die Erfolgswahrscheinlichkeit p bei einem Bernoulli-Experiment liegt zwischen 0 und 1"

[18] Man wählt in der Praxis meist $\gamma = 0{,}95$ oder $\gamma = 0{,}99$, manchmal auch $\gamma = 0{,}999$.

[19] Θ_u und Θ_0 sind die Grenzen des *Zufallsintervalls* $[\Theta_u; \Theta_0]$, das den Parameter ϑ mit der Wahrscheinlichkeit γ *überdeckt*. Die Wahl der verwendeten Stichprobenfunktionen Θ_u und Θ_0 wird in den nächsten Abschnitten am jeweiligen konkreten Problem näher erläutert.

$$\begin{aligned} c_u &= g_u(x_1; x_2; \ldots; x_n) \\ c_0 &= g_0(x_1; x_2; \ldots; x_n) \end{aligned} \qquad \text{(III-93)}$$

Sie bilden die Grenzen eines Intervalls, das in der Statistik als *Vertrauens-* oder *Konfidenzintervall* für den unbekannten Parameter ϑ bezeichnet wird. Die Intervallrandpunkte c_u und c_0 heißen daher auch *Vertrauens-* oder *Konfidenzgrenzen* (Bild III-17)[20].

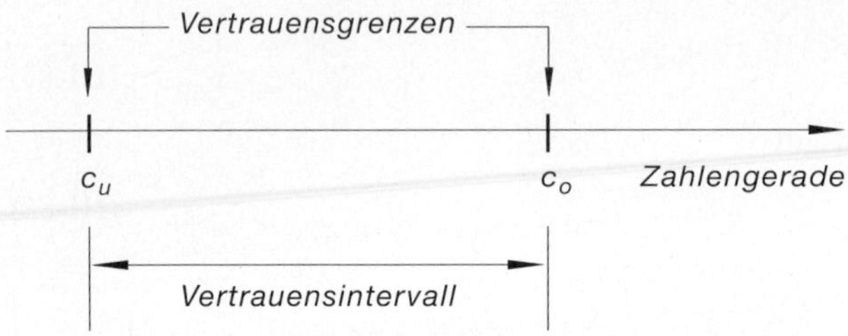

Bild III-17
Vertrauens- oder Konfidenzintervall

Das aus der *konkreten* Stichprobe bestimmte *Vertrauensintervall* $c_u \leqslant \vartheta \leqslant c_0$ ist eine *Realisierung* des Zufallsintervalls mit den Grenzen Θ_u und Θ_0. Die vorgegebene Wahrscheinlichkeit γ heißt in diesem Zusammenhang auch *statistische Sicherheit* oder *Vertrauens-* oder *Konfidenzniveau.* $\alpha = 1 - \gamma$ ist die sog. *Irrtumswahrscheinlichkeit.*

Das *vor* der Stichprobenuntersuchung gewählte *Vertrauensniveau* $\gamma = 1 - \alpha$ ist somit die *Wahrscheinlichkeit* dafür, aus einer konkreten Zufallsstichprobe ein Vertrauens- oder Konfidenzintervall zu erhalten, das den *wahren* (aber unbekannten) Parameterwert ϑ *enthält.* Man wird daher für *großes* γ (d. h. für $\gamma = 0{,}95$ oder $\gamma = 0{,}99$ oder ähnliche Werte) meist eine *richtige* Entscheidung treffen. Die *statistische Sicherheit* $\gamma = 1 - \alpha$ kann nämlich wie folgt sehr anschaulich gedeutet werden: Da die Intervallgrenzen (Vertrauensgrenzen) c_u und c_0 noch von den Stichprobenwerten $x_1, x_2, \ldots, x_n$ abhängen und sich somit von Stichprobe zu Stichprobe *verändern*, erhalten wir für *jede* Zufallsstichprobe ein etwas *anderes* Vertrauensintervall. Von 100 Vertrauensintervallen für den unbekannten Parameter ϑ, die aus ebenso vielen Zufallsstichproben ermittelt wurden, *enthalten* dann ungefähr $\gamma \cdot 100$ Intervalle den *wahren* Parameterwert und nur ca. $\alpha \cdot 100$ dieser Vertrauensintervalle werden diesen Wert *nicht* enthalten. Mit anderen Worten: In rund $\gamma \cdot 100$ Fällen wird eine *richtige* und in rund $\alpha \cdot 100$ Fällen eine *falsche* Entscheidung getroffen.

Die Bestimmung eines Vertrauensintervalls für einen unbekannten Parameter ϑ ist dabei nur möglich, wenn die *Verteilungsfunktion* der verwendeten Schätzfunktion für ϑ *bekannt* ist. Die Vertrauensgrenzen c_u und c_0 lassen sich dann für ein vorgegebenes Vertrauensniveau $\gamma = 1 - \alpha$ aus der Bedingung (III-90) und unter Verwendung einer konkreten Stichprobe berechnen. Wie man in einem konkreten Fall ein Vertrauensintervall bestimmt, werden wir in den nächsten Abschnitten für die Parameter μ und σ^2 einer Normalverteilung und den Parameter p einer Binomialverteilung noch ausführlich zeigen.

---

[20] Die Stichprobenfunktionen Θ_u und Θ_0 sind somit *Schätzfunktionen* für die beiden Vertrauensgrenzen.

Zu beachten ist ferner, daß die Vertrauensgrenzen c_u und c_0 nicht nur von den Stichprobenwerten $x_1, x_2, \ldots, x_n$ abhängen, sondern auch noch von dem gewählten *Vertrauensniveau* $\gamma = 1 - \alpha$. Dabei gilt: Je *größer* γ, umso *länger* (breiter) werden die Vertrauensintervalle. Mit anderen Worten: Will man eine *große* statistische Sicherheit γ (und somit eine *geringe* Irrtumswahrscheinlichkeit α) erreichen, so muß man dafür ein relativ *breites* Vertrauensintervall in Kauf nehmen (Bild III-18). Die Länge $l = c_0 - c_u$ des Vertrauensintervalls ist dann ein Maß für die *Genauigkeit* der Parameterschätzung und *verringert* sich mit *zunehmendem* Stichprobenumfang n. Welches Vertrauensniveau in der Praxis gewählt wird, muß dabei einzig und alleine am *konkreten* Problem entschieden werden.

Wir fassen die wichtigsten Ergebnisse wie folgt zusammen:

Vertrauens- oder Konfidenzintervalle für den unbekannten Parameter ϑ einer vom Typ her bekannten Wahrscheinlichkeitsverteilung

X sei eine Zufallsvariable, deren Wahrscheinlichkeitsverteilung (Verteilungsfunktion) noch einen *unbekannten* Parameter ϑ enthalte. Für diesen Parameter läßt sich dann unter Verwendung einer *konkreten* Zufallsstichprobe $x_1, x_2, \ldots, x_n$ wie folgt schrittweise ein sog. *Vertrauens-* oder *Konfidenzintervall* bestimmen:

1. Wir wählen zunächst ein bestimmtes *Vertrauens-* oder *Konfidenzniveau* $\gamma = 1 - \alpha$ $(0 < \gamma < 1)$. α ist dabei die sog. *Irrtumswahrscheinlichkeit*.
2. Dann werden für den Parameter ϑ zwei *Stichproben-* oder *Schätzfunktionen*

$$\Theta_u = g_u(X_1; X_2; \ldots; X_n) \qquad \text{(III-94)}$$

und

$$\Theta_0 = g_0(X_1; X_2; \ldots; X_n) \qquad \text{(III-95)}$$

bestimmt, die mit der gewählten Wahrscheinlichkeit $\gamma = 1 - \alpha$ (auch *statistische Sicherheit* genannt) den *wahren* Wert des Parameters ϑ einschließen:

$$P(\Theta_u \leqslant \vartheta \leqslant \Theta_0) = \gamma = 1 - \alpha \qquad \text{(III-96)}$$

3. Aus der vorgegebenen konkreten Stichprobe $x_1, x_2, \ldots, x_n$ werden die *Werte* der beiden Stichprobenfunktionen Θ_u und Θ_0 berechnet:

$$\left.\begin{array}{l} c_u = g_u(x_1; x_2; \ldots; x_n) \\ c_0 = g_0(x_1; x_2; \ldots; x_n) \end{array}\right\} \qquad \text{(III-97)}$$

Sie liefern uns die *Grenzen* des gesuchten *Vertrauens-* oder *Konfidenzintervalls*.

4. Das *Vertrauens-* oder *Konfidenzintervall* für den unbekannten Parameter ϑ lautet damit wie folgt:

$$c_u \leqslant \vartheta \leqslant c_0 \qquad \text{(III-98)}$$

Der *wahre* Wert des Parameters ϑ liegt dann mit einem *Vertrauen* von $\gamma \cdot 100\%$ in diesem Intervall.

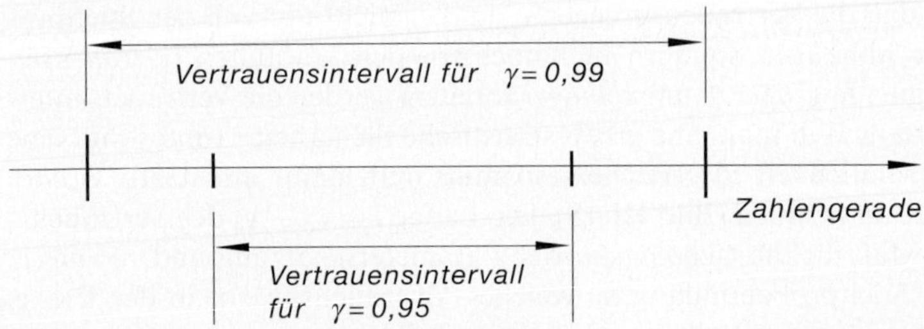

Bild III-18 Die Vertrauensintervalle werden mit zunehmender statistischer Sicherheit γ immer breiter

Anmerkung

Wir können somit davon ausgehen, daß die aus einer *langen* Serie von Zufallsstichproben ermittelten Vertrauensintervalle in etwa $\gamma \cdot 100\%$ aller Fälle den unbekannten Parameter ϑ *enthalten* und nur in etwa $\alpha \cdot 100\%$ aller Fälle diesen Parameter *nicht* enthalten. Wir treffen daher in $\gamma \cdot 100\%$ aller Fälle eine *richtige* Entscheidung.

■ **Beispiel**

Wir wählen in einem konkreten Anwendungsfall ein Vertrauensniveau von $\gamma = 0{,}95 = 95\%$. Entnimmt man der betreffenden Grundgesamtheit 100 (voneinander unabhängige) Stichproben, so können wir darauf *vertrauen*, daß in etwa 95 Fällen der unbekannte Parameter ϑ *in* das zugehörige Vertrauensintervall fällt und nur in etwa 5 Fällen *außerhalb* des Vertrauensintervalls liegt. Die Irrtumswahrscheinlichkeit ist somit $\alpha = 1 - \gamma = 1 - 0{,}95 = 0{,}05 = 5\%$. Wir treffen somit in etwa 95 Fällen eine *richtige* und in etwa 5 Fällen eine *falsche* Entscheidung.

■

3.4.2 Vertrauensintervalle für den unbekannten Mittelwert μ einer Normalverteilung bei bekannter Varianz σ^2

Wir gehen von einer *normalverteilten* Zufallsvariablen X mit dem *unbekannten* Mittelwert μ und der als *bekannt* vorausgesetzten Varianz σ^2 aus. Unter Verwendung einer konkreten Stichprobe $x_1, x_2, \ldots, x_n$ soll dann auf dem *vorgegebenen* Vertrauensniveau $\gamma = 1 - \alpha$ das zugehörige *Vertrauens-* oder *Konfidenzintervall* für den unbekannten Mittelwert μ bestimmt werden. Als *Schätzfunktion* für den Mittelwert μ verwenden wir die bereits aus Abschnitt 3.2.3 bekannte *Stichprobenfunktion*

$$\overline{X} = \frac{X_1 + X_2 + \ldots + X_n}{n} = \frac{1}{n} \cdot \sum_{i=1}^{n} X_i \qquad \text{(III-99)}$$

$\overline{X}$ ist dabei bekanntlich eine *normalverteilte* Zufallsvariable mit dem Mittelwert $E(\overline{X}) = \mu$ und der Varianz $\operatorname{Var}(\overline{X}) = \sigma^2/n$ (vgl. hierzu Abschnitt 3.2.2).

Dann ist die zugehörige *standardisierte* Zufallsvariable

$$U = \frac{\overline{X} - \mu}{\sigma / \sqrt{n}} \qquad \text{(III-100)}$$

standardnormalverteilt (Mittelwert $E(U) = 0$; Varianz $\operatorname{Var}(U) = 1$). Für U und somit auch für $\overline{X}$ läßt sich schrittweise wie folgt ein *Vertrauensintervall* konstruieren:

(1) Wir wählen zunächst ein bestimmtes *Vertrauensniveau* $\gamma = 1 - \alpha$ $(0 < \gamma < 1)$. In den technischen Anwendungen übliche Werte sind: $\gamma = 0{,}95 = 95\%$ oder $\gamma = 0{,}99 = 99\%$. α ist dabei die *Irrtumswahrscheinlichkeit*.

(2) Die Zufallsvariable U soll dann mit der gewählten Wahrscheinlichkeit $\gamma = 1 - \alpha$ einen Wert aus dem *symmetrischen* Intervall $-c \leqslant U \leqslant c$ annehmen (Bild III-19). Somit gilt:

$$P(-c \leqslant U \leqslant c) = \gamma = 1 - \alpha \qquad \text{(III-101)}$$

Den zugehörigen Wert für die *Schranke* c entnehmen wir der Tabelle 2 im Anhang (Tabelle der *Quantile der Standardnormalverteilung*).

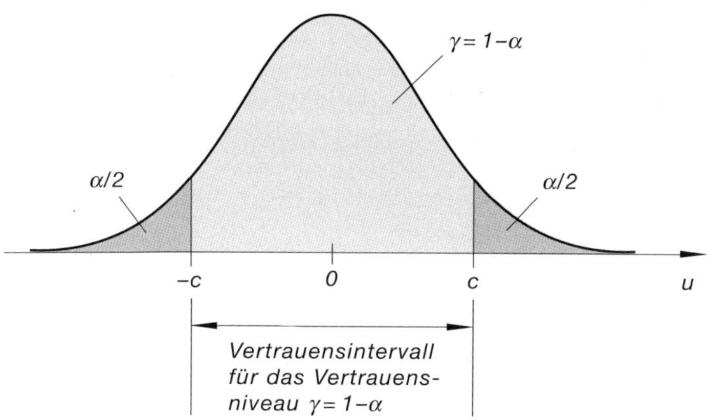

Bild III-19 Zur Berechnung der Schranke c (die *hellgrau* unterlegte Fläche entspricht dem gewählten Vertrauensniveau $\gamma = 1 - \alpha$, die *dunkelgrau* unterlegte Fläche der Irrtumswahrscheinlichkeit α)

(3) Unter Verwendung der Beziehung (III-100) können wir das Intervall $-c \leqslant U \leqslant c$ auch in der Form

$$-c \leqslant \frac{\overline{X} - \mu}{\sigma / \sqrt{n}} \leqslant c \qquad \text{(III-102)}$$

darstellen.

Mit Hilfe elementarer algebraischer Umformungen läßt sich hieraus schließlich eine *Ungleichung* für den unbekannten *Mittelwert* μ wie folgt herleiten:

$$-c \leqslant \frac{\overline{X} - \mu}{\sigma/\sqrt{n}} \leqslant c \qquad \left| \quad \text{mit } \frac{\sigma}{\sqrt{n}} \text{ multiplizieren} \right.$$

$$-c \frac{\sigma}{\sqrt{n}} \leqslant \overline{X} - \mu \leqslant c \frac{\sigma}{\sqrt{n}} \qquad \left| \quad \text{mit } -1 \text{ multiplizieren} \right.$$

$$c \frac{\sigma}{\sqrt{n}} \geqslant \mu - \overline{X} \geqslant -c \frac{\sigma}{\sqrt{n}} \qquad \left| \quad \text{Seiten vertauschen} \right.$$

$$-c \frac{\sigma}{\sqrt{n}} \leqslant \mu - \overline{X} \leqslant c \frac{\sigma}{\sqrt{n}} \qquad \left| \quad \overline{X} \text{ addieren} \right.$$

$$\overline{X} - c \frac{\sigma}{\sqrt{n}} \leqslant \mu \leqslant \overline{X} + c \frac{\sigma}{\sqrt{n}} \tag{III-103}$$

Die Bedingung (III-101) geht damit über in

$$P\Big(\underbrace{\overline{X} - c \frac{\sigma}{\sqrt{n}}}_{\Theta_u} \leqslant \mu \leqslant \underbrace{\overline{X} + c \frac{\sigma}{\sqrt{n}}}_{\Theta_0}\Big) = \gamma = 1 - \alpha \tag{III-104}$$

oder

$$P(\Theta_u \leqslant \mu \leqslant \Theta_0) = \gamma = 1 - \alpha \tag{III-105}$$

Die Zufallsvariablen

$$\Theta_u = \overline{X} - c \frac{\sigma}{\sqrt{n}} \qquad \text{und} \qquad \Theta_0 = \overline{X} + c \frac{\sigma}{\sqrt{n}} \tag{III-106}$$

sind dabei *Schätzfunktionen* für die gesuchten *Vertrauensgrenzen* c_u und c_0.

(4) Die Berechnung dieser Vertrauensgrenzen erfolgt dann anhand einer *konkreten* Stichprobe $x_1, x_2, \ldots, x_n$, in dem man in die Schätzfunktionen Θ_u und Θ_0 für $\overline{X}$ den aus der Stichprobe $x_1, x_2, \ldots, x_n$ berechneten Mittelwert $\bar{x}$ einsetzt. Das *Vertrauensintervall* für den unbekannten Mittelwert μ der *normalverteilten* Grundgesamtheit lautet damit wie folgt:

$$\bar{x} - c \frac{\sigma}{\sqrt{n}} \leqslant \mu \leqslant \bar{x} + c \frac{\sigma}{\sqrt{n}} \tag{III-107}$$

Dieses Intervall mit den beiden Grenzen (Vertrauensgrenzen)

$$c_u = \bar{x} - c \frac{\sigma}{\sqrt{n}} \qquad \text{und} \qquad c_0 = \bar{x} + c \frac{\sigma}{\sqrt{n}} \tag{III-108}$$

und der Länge $l = 2c\sigma/\sqrt{n}$ enthält dann mit einem *Vertrauen* von $\gamma \cdot 100\%$ den *wahren* (aber unbekannten) Wert des Mittelwertes μ (Bild III-20).

Wir fassen dieses wichtige Ergebnis wie folgt zusammen:

Bestimmung eines Vertrauensintervalls für den unbekannten Mittelwert μ einer Normalverteilung bei bekannter Varianz σ^2

X sei eine *normalverteilte* Zufallsvariable mit dem *unbekannten* Mittelwert μ und der als *bekannt* vorausgesetzten Varianz σ^2. Für den *Mittelwert* μ läßt sich dann unter Verwendung einer konkreten Stichprobe $x_1, x_2, \ldots, x_n$ schrittweise wie folgt ein *Vertrauens-* oder *Konfidenzintervall* bestimmen:

1. Wir wählen zunächst ein bestimmtes *Vertrauensniveau* γ (in der Praxis meist $\gamma = 0{,}95 = 95\%$ oder $\gamma = 0{,}99 = 99\%$).
2. Berechnung der Konstanten c aus der Bedingung

$$P(-c \leqslant U \leqslant c) = \gamma \qquad \text{(III-109)}$$

für die *standardnormalverteilte* Zufallsvariable

$$U = \frac{\overline{X} - \mu}{\sigma/\sqrt{n}} \qquad \text{(III-110)}$$

unter Verwendung von Tabelle 2 im Anhang (vgl. hierzu die *hellgrau* unterlegte Fläche in Bild III-19).

Dabei bedeuten:

$\overline{X}$: *Schätzfunktion* für den unbekannten *Mittelwert* μ der normalverteilten Grundgesamtheit (vgl. hierzu Abschnitt 3.2.3)

σ: *Standardabweichung* der normalverteilten Grundgesamtheit (hier als *bekannt* vorausgesetzt)

n: *Umfang* der verwendeten Stichprobe

3. Berechnung des *Mittelwertes* $\bar{x}$ der konkreten Stichprobe $x_1, x_2, \ldots, x_n$.
4. Das *Vertrauensintervall* für den unbekannten *Mittelwert* μ der normalverteilten Grundgesamtheit lautet dann wie folgt:

$$\bar{x} - c\frac{\sigma}{\sqrt{n}} \leqslant \mu \leqslant \bar{x} + c\frac{\sigma}{\sqrt{n}} \qquad \text{(III-111)}$$

(vgl. hierzu Bild III-20). Der *wahre* Wert des Mittelwertes μ liegt dabei mit einem *Vertrauen* von $\gamma \cdot 100\%$ in diesem Intervall.

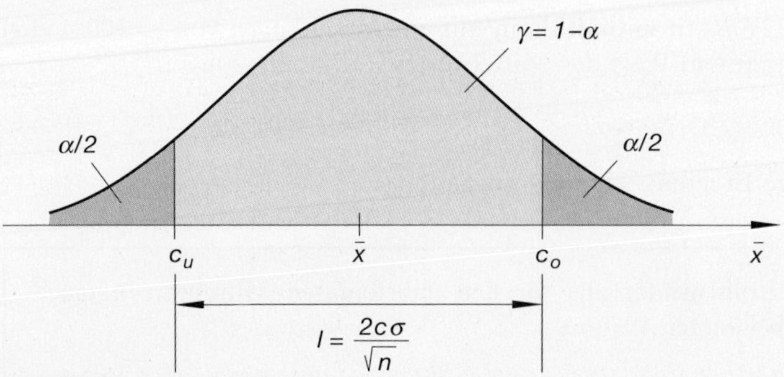

Bild III-20 Vertrauensintervall für den unbekannten Mittelwert μ einer Normalverteilung (bei bekannter Varianz σ^2)

Anmerkungen

(1) Bei vielen Meßinstrumenten, Maschinen und Automaten wird die Varianz σ^2 bereits vom Hersteller als eine Art *Gerätekonstante* mitangegeben.

(2) Häufig wird auch die *Irrtumswahrscheinlichkeit* α vorgegeben (meist $\alpha = 0{,}05 = 5\%$ oder $\alpha = 0{,}01 = 1\%$). Das *Vertrauensniveau* oder die *statistische Sicherheit* ist dann $\gamma = 1 - \alpha$.

(3) Das Vertrauensintervall besitzt die *Länge* $l = 2c\sigma/\sqrt{n}$ und hängt somit noch von der Standardabweichung σ, dem Stichprobenumfang n und dem Vertrauensniveau $\gamma = 1 - \alpha$ ab (Bild III-21)[21]. Für *feste* Werte von σ und γ gilt daher:

$$l \sim \frac{1}{\sqrt{n}} \tag{III-112}$$

Dies aber bedeutet, daß eine *Verkürzung* des Vertrauensintervalls stets durch eine entsprechende *Vergrößerung* des Stichprobenumfangs n erreicht werden kann.

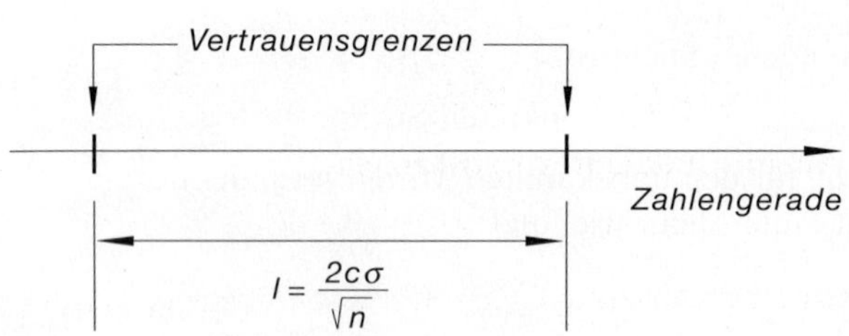

Bild III-21

[21] Die aus Gleichung (III-109) berechnete Konstante c ist nämlich noch von dem gewählten Vertrauensniveau γ abhängig.

■ **Beispiele**

(1) Die *Längenmessung* von 10 Schrauben, die nach dem Zufallsprinzip aus einem bestimmten Sortiment ausgewählt wurden, führte zu dem folgenden Ergebnis:

i	1	2	3	4	5	6	7	8	9	10
$\frac{x_i}{\text{mm}}$	10	8	9	10	11	11	9	12	8	12

Wir setzen dabei voraus, daß diese Stichprobe aus einer *normalverteilten* Grundgesamtheit mit der *Varianz* $\sigma^2 = 4\,\text{mm}^2$ stammt und wollen für den unbekannten *Mittelwert* μ ein *Vertrauensintervall* zum Vertrauensniveau $\gamma = 0{,}95 = 95\%$ bestimmen. Dabei gehen wir schrittweise wie folgt vor:

1. Schritt: Das Vertrauensniveau γ ist bereits *vorgegeben*: $\gamma = 0{,}95$.

2. Schritt: Die Bestimmungsgleichung für die Konstante c lautet damit (Bild III-22):

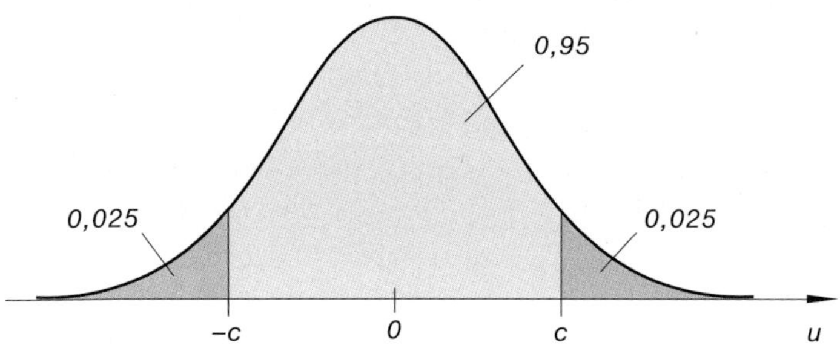

Bild III-22

$$P(-c \leqslant U \leqslant c) = 0{,}95$$

Daraus folgt dann weiter:

$$P(-c \leqslant U \leqslant c) = \phi(c) - \phi(-c) = \phi(c) - [1 - \phi(c)] =$$
$$= 2 \cdot \phi(c) - 1 = 0{,}95$$

Aus Tabelle 2 im Anhang erhalten wir schließlich:

$$\phi(c) = 0{,}975 \quad \longrightarrow \quad c = u_{0{,}975} = 1{,}960$$

Die gesuchte Konstante (Schranke) c ist somit das *Quantil* $u_{0{,}975}$ der Standardnormalverteilung.

3. Schritt: Wir berechnen den *Mittelwert* $\bar{x}$ der Stichprobe und erhalten:

$$\bar{x} = \frac{1}{10} \cdot \sum_{i=1}^{10} x_i = \frac{1}{10}(10 + 8 + 9 + \ldots + 12)\,\text{mm} = 10\,\text{mm}$$

4. Schritt: Mit $n = 10$, $\bar{x} = 10$ mm und $\sigma = 2$ mm berechnen wir zweckmäßigerweise zunächst die folgende *Hilfsgröße*:

$$k = c\,\frac{\sigma}{\sqrt{n}} = 1{,}960 \cdot \frac{2\text{ mm}}{\sqrt{10}} = 1{,}240\text{ mm}$$

Das *Vertrauensintervall* für den *Mittelwert* μ der normalverteilten Grundgesamtheit lautet damit:

$$\bar{x} - k \leqslant \mu \leqslant \bar{x} + k$$

$$(10 - 1{,}240)\text{ mm} \leqslant \mu \leqslant (10 + 1{,}240)\text{ mm}$$

$$\boxed{8{,}760\text{ mm} \leqslant \mu \leqslant 11{,}240\text{ mm}}$$

Wir können daher mit einem *Vertrauen* von 95% davon ausgehen, daß der *wahre* Wert von μ in diesem Intervall der Länge $l = 2k = 2{,}480$ mm liegt (Bild III-23).

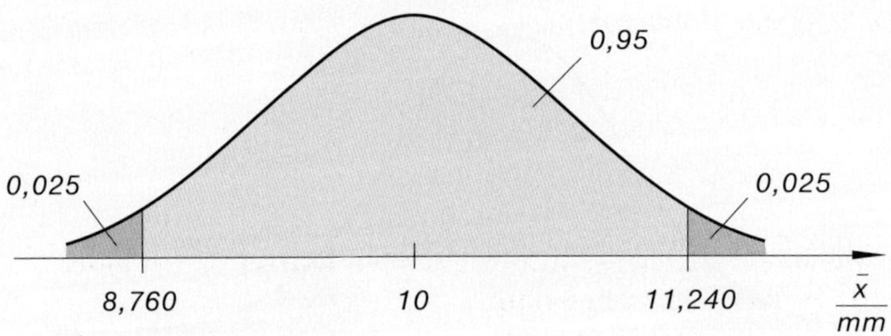

Bild III-23

(2) Einer *normalverteilten* Grundgesamtheit mit der Varianz $\sigma^2 = 100$ soll eine Stichprobe vom Umfang n entnommen werden. Wie groß muß man den *Stichprobenumfang* wählen, damit das Vertrauensintervall für den unbekannten Mittelwert μ bei einem Vertrauensniveau von $\gamma = 99\%$ die Länge $l = 2$ besitzt?

Lösung:

Zunächst lösen wir die Gleichung $l = 2c\sigma/\sqrt{n}$ für die Länge des Vertrauensintervalls nach n auf und erhalten:

$$\sqrt{n} = \frac{2c\sigma}{l} \quad \Rightarrow \quad n = \left(\frac{2c\sigma}{l}\right)^2$$

Die noch unbekannte Konstante c läßt sich dabei aus der Bedingung

$$P(-c \leqslant U \leqslant c) = 0{,}99$$

mit Hilfe der Tabelle 2 im Anhang wie folgt bestimmen (Bild III-24):

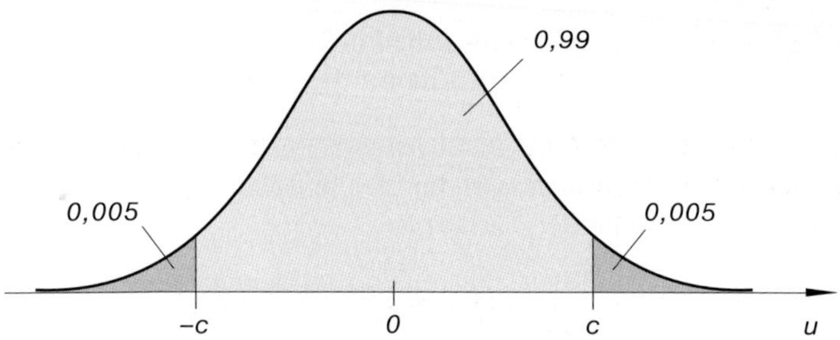

Bild III-24

$$P(-c \leqslant U \leqslant c) = \phi(c) - \phi(-c) = \phi(c) - [1 - \phi(c)] =$$
$$= 2 \cdot \phi(c) - 1 = 0{,}99$$

$$\phi(c) = 0{,}995 \quad \longrightarrow \quad c = u_{0,995} = 2{,}576$$

Die gesuchte Konstante c ist somit das *Quantil* $u_{0,995} = 2{,}576$ der Standardnormalverteilung.

Der gesuchte *Stichprobenumfang* beträgt damit:

$$n = \left(\frac{2c\sigma}{l}\right)^2 = \left(\frac{2 \cdot 2{,}576 \cdot 10}{2}\right)^2 = 25{,}76^2 \approx 664$$ ■

3.4.3 Vertrauensintervalle für den unbekannten Mittelwert μ einer Normalverteilung bei unbekannter Varianz σ^2

X sei eine *normalverteilte* Zufallsvariable mit dem *unbekannten* Mittelwert μ und der ebenfalls *unbekannten* Varianz σ^2. Anhand einer *konkreten* Stichprobe $x_1, x_2, \ldots, x_n$ soll für ein (beliebig vorgegebenes) Vertrauensniveau $\gamma = 1 - \alpha$ das zugehörige *Vertrauens-* oder *Konfidenzintervall* für den unbekannten *Mittelwert* μ der normalverteilten Grundgesamtheit bestimmt werden. Im Gegensatz zum vorangegangenen Abschnitt ist diesmal auch die *Varianz* σ^2 und damit auch die *Standardabweichung* σ *unbekannt*. Bei der Herleitung eines Vertrauensintervalls für den Mittelwert μ muß daher die bisher verwendete *standardnormalverteilte* Zufallsvariable $U = \dfrac{\overline{X} - \mu}{\sigma/\sqrt{n}}$ durch die Zufallsgröße

$$T = \frac{\overline{X} - \mu}{S/\sqrt{n}} \tag{III-113}$$

ersetzt werden. S ist dabei die aus Abschnitt 3.2.4 bekannte Schätzfunktion für die unbekannte *Standardabweichung* σ der Grundgesamtheit. Es läßt sich zeigen, daß die Zufallsvariable T *der t-Verteilung* von *Student* mit $f = n - 1$ Freiheitsgraden genügt. Die Grenzen des gesuchten Vertrauensintervalls müssen dabei so bestimmt werden, daß die Zufallsgröße T mit der gewählten Wahrscheinlichkeit $\gamma = 1 - \alpha$ Werte aus dem *symmetrischen* Intervall $-c \leqslant T \leqslant c$ annimmt (Bild III-25).

Aus der Bedingung

$$P(-c \leqslant T \leqslant c) = \gamma = 1 - \alpha \tag{III-114}$$

läßt sich dann die *Schranke* c mit Hilfe von Tabelle 4 im Anhang leicht berechnen (Tabelle der *Quantile der t-Verteilung*). Wir erhalten damit das folgende *Lösungsschema*:

Bestimmung eines Vertrauensintervalls für den unbekannten Mittelwert μ einer Normalverteilung bei unbekannter Varianz σ^2

X sei eine *normalverteilte* Zufallsvariable mit dem *unbekannten* Mittelwert μ und der ebenfalls *unbekannten* Varianz σ^2. Für den *Mittelwert* μ läßt sich dann unter Verwendung einer konkreten Zufallsstichprobe $x_1, x_2, \ldots, x_n$ schrittweise wie folgt ein *Vertrauens-* oder *Konfidenzintervall* bestimmen:

1. Wir wählen zunächst ein bestimmtes *Vertrauensniveau* (in der Praxis meist $\gamma = 0{,}95 = 95\%$ oder $\gamma = 0{,}99 = 99\%$).
2. Berechnung der Konstanten c aus der Bedingung

$$P(-c \leqslant T \leqslant c) = \gamma \tag{III-115}$$

für die einer *t-Verteilung* mit $f = n - 1$ Freiheitsgraden genügende Zufallsvariablen

$$T = \frac{\overline{X} - \mu}{S/\sqrt{n}} \tag{III-116}$$

unter Verwendung von Tabelle 4 im Anhang (vgl. hierzu die *hellgrau* unterlegte Fläche in Bild III-25).

Dabei bedeuten:

$\overline{X}$: *Schätzfunktion* für den unbekannten *Mittelwert* μ der normalverteilten Grundgesamtheit (vgl. hierzu Abschnitt 3.2.3)

S: *Schätzfunktion* für die unbekannte *Standardabweichung* σ der normalverteilten Grundgesamtheit (vgl. hierzu Abschnitt 3.2.4)

n: *Umfang* der verwendeten Stichprobe

3. Berechnung des *Mittelwertes* $\bar{x}$ und der *Varianz* s^2 bzw. der *Standardabweichung* s der konkreten Stichprobe $x_1, x_2, \ldots, x_n$.
4. Das *Vertrauensintervall* für den unbekannten *Mittelwert* μ der normalverteilten Grundgesamtheit lautet dann wie folgt:

$$\bar{x} - c\,\frac{s}{\sqrt{n}} \leqslant \mu \leqslant \bar{x} + c\,\frac{s}{\sqrt{n}} \tag{III-117}$$

(vgl. hierzu Bild III-25). Der *wahre* Wert des Mittelwertes μ liegt dabei mit einem *Vertrauen* von $\gamma \cdot 100\%$ in diesem Intervall.

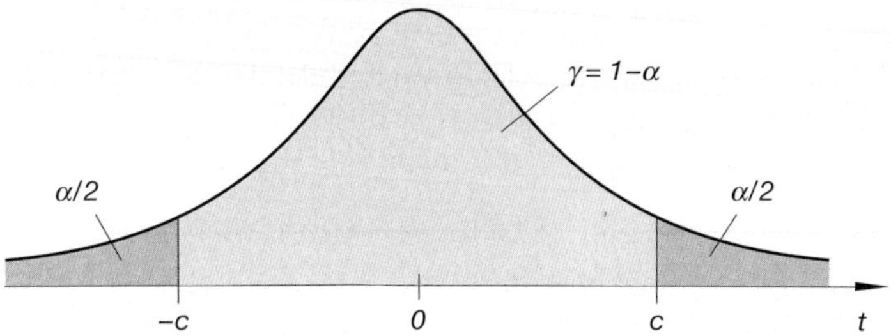

Bild III-25
Zur Berechnung der Schranke c (die *hellgrau* unterlegte Fläche entspricht dem gewählten Vertrauensniveau $\gamma = 1 - \alpha$, die *dunkelgrau* unterlegte Fläche der Irrtumswahrscheinlichkeit α)

Anmerkungen

(1) Häufig wird auch die *Irrtumswahrscheinlichkeit* α vorgegeben (meist $\alpha = 0{,}05 = 5\%$ oder $\alpha = 0{,}01 = 1\%$). Das *Vertrauensniveau* oder die *statistische Sicherheit* ist dann $\gamma = 1 - \alpha$.

(2) Das Vertrauensintervall besitzt die *Länge* $l = 2cs/\sqrt{n}$ und hängt somit noch von dem gewählten Vertrauensniveau $\gamma = 1 - \alpha$, dem Stichprobenumfang n und der Standardabweichung s der Stichprobe ab (Bild III-26). Für *feste* Werte von γ und s gilt somit:

$$l \sim \frac{1}{\sqrt{n}} \qquad \text{(III-118)}$$

Eine *Verkürzung* des Vertrauensintervalls läßt sich daher stets durch eine entsprechende *Vergrößerung* des Stichprobenumfangs n erreichen.

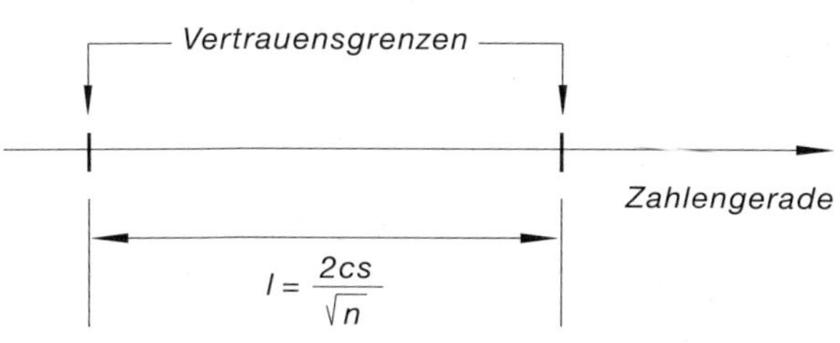

Bild III-26

(3) Bei *unbekannter* Varianz σ^2 sind die Vertrauensintervalle für den Mittelwert μ stets *breiter* als bei bekannter Varianz (bei *gleichem* Vertrauensniveau γ und *gleichem* Stichprobenumfang n).

(4) Bei *umfangreichen* Stichproben (*Faustregel*: $n > 30$) kann die *unbekannte* Standardabweichung σ der Grundgesamtheit durch die Standardabweichung s der Stichprobe *geschätzt* werden: $\sigma \approx s$. In diesem *Sonderfall* darf man daher von einer normalverteilten Grundgesamtheit mit der *bekannten* Varianz $\sigma^2 \approx s^2$ ausgehen und das bereits im vorangegangenen Abschnitt 3.4.2 besprochene Verfahren zur Bestimmung eines *Vertrauens-* oder *Konfidenzintervalls* für den *Mittelwert* μ einer normalverteilten Grundgesamtheit anwenden [22].

---

[22] Wir erinnern: Die *t-Verteilung* von *Student* strebt für $n \to \infty$ gegen die *Standardnormalverteilung* (vgl. hierzu Kap. II, Abschnitt 8.2).

■ **Beispiel**

Die Messung von 8 *Widerständen*, die rein zufällig einer laufenden Serienproduktion entnommen wurden, führte zu dem folgenden Meßprotokoll:

i	1	2	3	4	5	6	7	8
$\frac{x_i}{\Omega}$	100	104	98	96	101	104	98	99

Wir setzen dabei voraus, daß diese Stichprobe aus einer *normalverteilten* Grundgesamtheit stammt, deren Mittelwert μ und Varianz σ^2 beide *unbekannt* sind. Es soll ein *Vertrauens-* oder *Konfidenzintervall* für den *Mittelwert* μ bestimmt werden.

Wir lösen die gestellte Aufgabe dann schrittweise wie folgt:

1. Schritt: Als Vertrauensniveau wählen wir $\gamma = 0{,}95$.

2. Schritt: Die Bestimmungsgleichung für die Konstante c lautet damit (Bild III-27):

$$P(-c \leqslant T \leqslant c) = 0{,}95$$

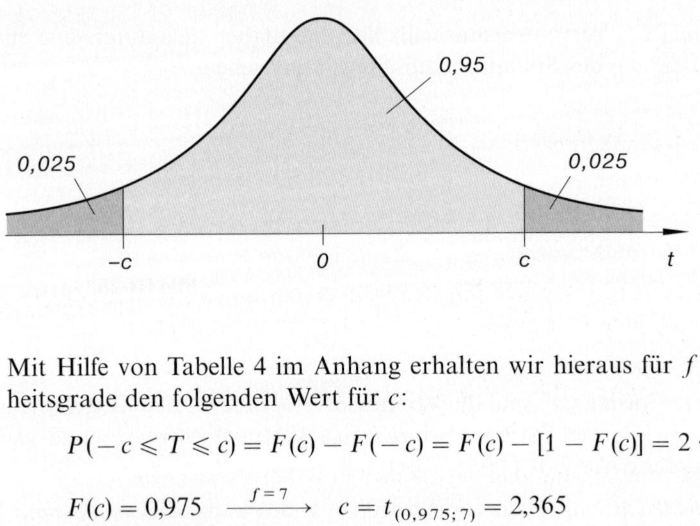

Bild III-27

Mit Hilfe von Tabelle 4 im Anhang erhalten wir hieraus für $f = n - 1 = 7$ Freiheitsgrade den folgenden Wert für c:

$$P(-c \leqslant T \leqslant c) = F(c) - F(-c) = F(c) - [1 - F(c)] = 2 \cdot F(c) - 1 = 0{,}95$$

$$F(c) = 0{,}975 \quad \xrightarrow{f=7} \quad c = t_{(0{,}975;\,7)} = 2{,}365$$

Die gesuchte Konstante c ist somit das *Quantil* $t_{(0{,}975;\,7)}$ der *t-Verteilung*.

3. Schritt: Wir berechnen nun den *Mittelwert* $\bar{x}$ und die *Standardabweichung* s der Stichprobe mit Hilfe der folgenden Tabelle:

i	$\frac{x_i}{\Omega}$	$\frac{x_i - \bar{x}}{\Omega}$	$\frac{(x_i - \bar{x})^2}{\Omega^2}$
1	100	0	0
2	104	4	16
3	98	−2	4
4	96	−4	16
5	101	1	1
6	104	4	16
7	98	−2	4
8	99	−1	1
$\sum$	800	0	58

$$\bar{x} = \frac{1}{8} \cdot \sum_{i=1}^{8} x_i = \frac{1}{8} \cdot 800\,\Omega = 100\,\Omega$$

$$s^2 = \frac{1}{8-1} \cdot \sum_{i=1}^{8} (x_i - \bar{x})^2 = \frac{1}{7} \cdot 58\,\Omega^2 = 8{,}286\,\Omega^2$$

$$s = \sqrt{s^2} = \sqrt{8{,}286\,\Omega^2} = 2{,}878\,\Omega$$

4. Schritt: Mit $n = 8$, $c = 2{,}365$ und $s = 2{,}878\,\Omega$ berechnen wir zweckmäßigerweise zunächst die folgende *Hilfsgröße*:

$$k = c\,\frac{s}{\sqrt{n}} = 2{,}365 \cdot \frac{2{,}878\,\Omega}{\sqrt{8}} = 2{,}406\,\Omega$$

Das *Vertrauensintervall* für den unbekannten *Mittelwert* μ der normalverteilten Grundgesamtheit lautet damit:

$$\bar{x} - k \leqslant \mu \leqslant \bar{x} + k$$

$$(100 - 2{,}406)\,\Omega \leqslant \mu \leqslant (100 + 2{,}406)\,\Omega$$

$$\boxed{97{,}594\,\Omega \leqslant \mu \leqslant 102{,}406\,\Omega}$$

Der *wahre* Wert von μ liegt daher mit einem *Vertrauen* von 95% in diesem Intervall der Länge $l = 2k = 4{,}812\,\Omega$.

■

3.4.4 Vertrauensintervalle für die unbekannte Varianz σ^2 einer Normalverteilung

Um die *Gleichmäßigkeit* eines Massenproduktes beurteilen zu können, benötigt man neben dem Mittelwert μ der interessierenden Zufallsgröße X noch zusätzliche Kenntnisse über deren *Varianz* σ^2, die ja als Streuungsmaß Aufschluß über die *Größe* der Schwankungen gibt, denen das Merkmal X unterworfen ist. Dieser Parameter ist jedoch in der Praxis oft *unbekannt* und muß daher *geschätzt* werden. Ähnlich wie für den Mittelwert μ läßt sich auch für die *Varianz* σ^2 einer *normalverteilten* Grundgesamtheit ein *Vertrauens-* oder *Konfidenzintervall* bestimmen. Bei unseren weiteren Überlegungen gehen wir wiederum von einer *normalverteilten* Grundgesamtheit mit dem (bekannten oder unbekannten) Mittelwert μ und der *unbekannten* Varianz σ^2 aus. Wir stellen uns dabei die Aufgabe, aus einer konkreten Zufallsstichprobe $x_1, x_2, \ldots, x_n$ ein *Vertrauens-* oder *Konfidenzintervall* für die unbekannte *Varianz* σ^2 zu bestimmen. Als *Schätzfunktion* für die Varianz σ^2 verwenden wir die bereits aus Abschnitt 3.2.4 bekannte *Stichprobenfunktion* S^2 und bilden mit ihr die Zufallsvariable (Stichprobenfunktion)

$$Z = (n-1)\frac{S^2}{\sigma^2} \qquad \text{(III-119)}$$

die einer *Chi-Quadrat-Verteilung* mit $f = n - 1$ Freiheitsgraden genügt. Nach *Vorgabe* eines bestimmten Vertrauensniveaus $\gamma = 1 - \alpha$ lassen sich dann zwei Schranken c_1 und c_2 so bestimmen, daß diese Zufallsvariable mit der gewählten Wahrscheinlichkeit $\gamma = 1 - \alpha$ Werte aus dem Intervall $c_1 \leqslant Z \leqslant c_2$ annimmt. Die Berechnung der Intervallgrenzen erfolgt dabei aus der Bedingung

$$P(c_1 \leqslant Z \leqslant c_2) = \gamma = 1 - \alpha \qquad \text{(III-120)}$$

Der Flächenanteil der *Irrtumswahrscheinlichkeit* α wird dabei *gleichmäßig* auf *beide* Seiten der Dichtefunktion $f(z)$ verteilt (Bild III-28).

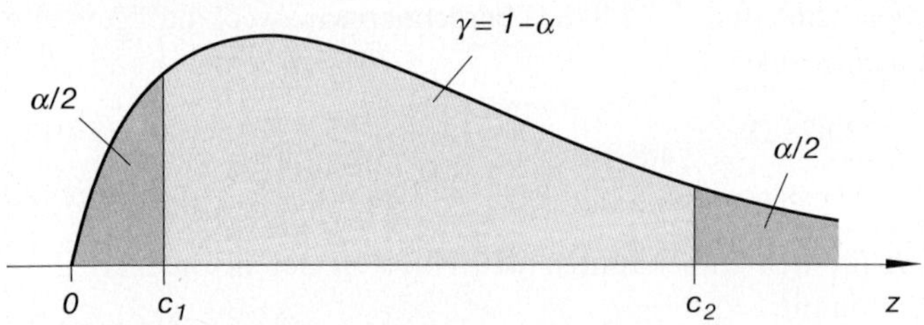

Bild III-28
Zur Berechnung der Schranken c_1 und c_2 (die *hellgraue* Fläche entspricht dem Vertrauensniveau $\gamma = 1 - \alpha$, die *dunkelgraue* der Irrtumswahrscheinlichkeit α)

Für die Intervallgrenzen c_1 und c_2 ergeben sich dann aus Bild III-28 unmittelbar die folgenden *Bestimmungsgleichungen*:

$$\begin{aligned} P(Z \leqslant c_1) &= F(c_1) = \frac{\alpha}{2} = \frac{1}{2}(1-\gamma) \\ P(Z \leqslant c_2) &= F(c_2) = 1 - \frac{\alpha}{2} = 1 - \frac{1}{2}(1-\gamma) = \frac{1}{2}(1+\gamma) \end{aligned} \qquad \text{(III-121)}$$

Aus diesen Gleichungen lassen sich c_1 und c_2 mit Hilfe der *tabellierten* Verteilungsfunktion $F(z)$ der *Chi-Quadrat-Verteilung* mit $f = n - 1$ Freiheitsgraden leicht berechnen (Tabelle 3 im Anhang). Aus der Ungleichung

$$c_1 \leqslant Z \leqslant c_2 \qquad \text{oder} \qquad c_1 \leqslant (n-1)\frac{S^2}{\sigma^2} \leqslant c_2 \tag{III-122}$$

folgt dann eine entsprechende Ungleichung für die *Varianz* σ^2:

$$(n-1)\frac{S^2}{c_2} \leqslant \sigma^2 \leqslant (n-1)\frac{S^2}{c_1} \tag{III-123}$$

Für die *Schätzfunktion* S^2 der Varianz setzen wir noch den aus der konkreten Stichprobe $x_1, x_2, \ldots, x_n$ ermittelten *Schätzwert* s^2 (d.h. die *Stichprobenvarianz*) ein und erhalten dann das gewünschte *Vertrauens-* oder *Konfidenzintervall* für die unbekannte *Varianz* σ^2 in der Form

$$(n-1)\frac{s^2}{c_2} \leqslant \sigma^2 \leqslant (n-1)\frac{s^2}{c_1} \tag{III-124}$$

Wir fassen die wichtigsten Ergebnisse zusammen:

Bestimmung eines Vertrauensintervalls für die unbekannte Varianz σ^2 einer Normalverteilung

X sei eine *normalverteilte* Zufallsvariable mit dem (bekannten oder unbekannten) Mittelwert μ und der *unbekannten* Varianz σ^2. Für die *Varianz* σ^2 läßt sich dann unter Verwendung einer konkreten Zufallsstichprobe $x_1, x_2, \ldots, x_n$ wie folgt schrittweise ein *Vertrauens-* oder *Konfidenzintervall* bestimmen:

1. Wir wählen zunächst ein bestimmtes *Vertrauensniveau* γ (in der Praxis meist $\gamma = 0{,}95 = 95\%$ oder $\gamma = 0{,}99 = 99\%$).
2. Berechnung der beiden Konstanten c_1 und c_2 aus der Bedingung

$$P(c_1 \leqslant Z \leqslant c_2) = \gamma \tag{III-125}$$

für die einer *Chi-Quadrat-Verteilung* mit $f = n - 1$ Freiheitsgraden genügenden Zufallsvariablen

$$Z = (n-1)\frac{S^2}{\sigma^2} \tag{III-126}$$

oder aus den beiden *gleichwertigen* Bestimmungsgleichungen

$$F(c_1) = \frac{1}{2}(1-\gamma) \qquad \text{und} \qquad F(c_2) = \frac{1}{2}(1+\gamma) \tag{III-127}$$

unter Verwendung von Tabelle 3 im Anhang (vgl. hierzu die *hellgrau* unterlegte Fläche in Bild III-28).

Dabei bedeuten:

S^2: *Schätzfunktion* für die unbekannte *Varianz* σ^2 der normalverteilten Grundgesamtheit (vgl. hierzu Abschnitt 3.2.4)

n: *Umfang* der verwendeten Stichprobe

$F(z)$: Verteilungsfunktion der Chi-Quadrat-Verteilung mit $f = n - 1$ Freiheitsgraden (Tabelle 3 im Anhang)

3. Berechnung der *Varianz* s^2 der konkreten Stichprobe $x_1, x_2, \ldots, x_n$.
4. Das *Vertrauensintervall* für die unbekannte *Varianz* σ^2 der normalverteilten Grundgesamtheit lautet dann wie folgt:

$$\frac{(n-1)\,s^2}{c_2} \leqslant \sigma^2 \leqslant \frac{(n-1)\,s^2}{c_1} \qquad \text{(III-128)}$$

Der *wahre* Wert der Varianz σ^2 liegt dabei mit einem *Vertrauen* von $\gamma \cdot 100\%$ in diesem Intervall.

Anmerkungen

(1) Häufig wird auch die *Irrtumswahrscheinlichkeit* α vorgegeben (meist $\alpha = 0{,}05 = 5\%$ oder $\alpha = 0{,}01 = 1\%$). Das *Vertrauensniveau* oder die *statistische Sicherheit* ist dann $\gamma = 1 - \alpha$.

(2) Man beachte: Die *Vertrauensgrenzen* sind eindeutig durch das vorgegebene Vertrauensniveau $\gamma = 1 - \alpha$ sowie den Umfang n und die Varianz s^2 der vorgelegten Stichprobe bestimmt.

(3) Das Vertrauensintervall besitzt die Länge $l = \dfrac{(n-1)(c_2 - c_1)\,s^2}{c_1\,c_2}$.

(4) Aus dem Vertrauensintervall (III-128) für die Varianz σ^2 erhält man durch Wurzelziehen ein entsprechendes Vertrauensintervall für die *Standardabweichung* σ.

■ **Beispiel**

Wir kommen nochmals auf das Beispiel des vorangegangenen Abschnitts zurück (Messung von $n = 8$ ohmschen Widerständen aus einer normalverteilten Grundgesamtheit, deren Mittelwert μ und Varianz σ^2 beide *unbekannt* sind) und bestimmen nun ein *Vertrauens-* oder *Konfidenzintervall* für die unbekannte *Varianz* σ^2 bei einem vorgegebenen Vertrauensniveau von $\gamma = 0{,}95 = 95\%$.

1. Schritt: Das Vertrauensniveau ist bereits vorgegeben: $\gamma = 0{,}95$. Die *Irrtumswahrscheinlichkeit* beträgt somit $\alpha = 0{,}05$.

2. Schritt: Die Konstanten c_1 und c_2 werden aus den folgenden *Bestimmungsgleichungen* ermittelt (Bild III-29):

$$F(c_1) = \frac{1}{2}(1 - \gamma) = \frac{1}{2}(1 - 0{,}95) = 0{,}025$$

$$F(c_2) = \frac{1}{2}(1 + \gamma) = \frac{1}{2}(1 + 0{,}95) = 0{,}975$$

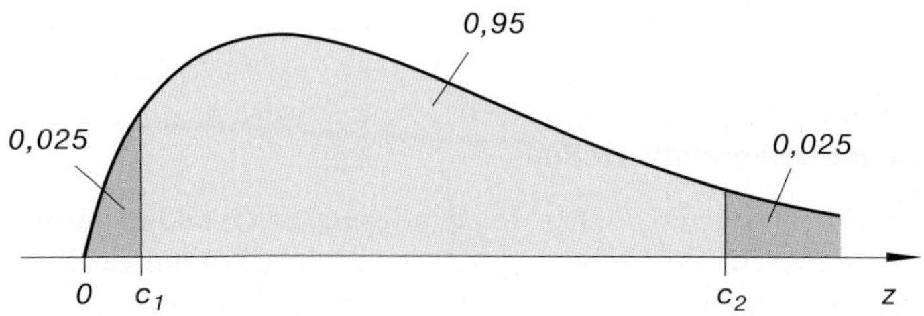

Bild III-29

Unter Verwendung von Tabelle 3 im Anhang erhalten wir für $f = n - 1 = 8 - 1 = 7$ Freiheitsgrade die folgenden Werte:

$$F(c_1) = 0{,}025 \xrightarrow{f=7} c_1 = z_{(0{,}025;\,7)} = 1{,}69$$

$$F(c_2) = 0{,}975 \xrightarrow{f=7} c_2 = z_{(0{,}975;\,7)} = 16{,}01$$

Die gesuchten Konstanten c_1 und c_2 entsprechen somit den beiden Quantilen $z_{(0{,}025;\,7)} = 1{,}69$ und $z_{(0{,}975;\,7)} = 16{,}01$ der *Chi-Quadrat-Verteilung* mit $f = 7$ Freiheitsgraden.

3. Schritt: Die Varianz s^2 der Stichprobe wurde bereits im Beispiel des vorangegangenen Abschnitts 3.4.3 zu $s^2 = 8{,}286\ \Omega^2$ ermittelt.

4. Schritt: Mit $n = 8$, $s^2 = 8{,}286\ \Omega^2$, $c_1 = 1{,}69$ und $c_2 = 16{,}01$ berechnen wir zunächst die beiden *Vertrauensgrenzen*:

$$k_1 = \frac{(n-1)\,s^2}{c_2} = \frac{(8-1) \cdot 8{,}286\ \Omega^2}{16{,}01} = 3{,}623\ \Omega^2$$

$$k_2 = \frac{(n-1)\,s^2}{c_1} = \frac{(8-1) \cdot 8{,}286\ \Omega^2}{1{,}69} = 34{,}321\ \Omega^2$$

Das *Vertrauensintervall* für die unbekannte *Varianz* σ^2 der normalverteilten Grundgesamtheit lautet damit:

$$k_1 \leqslant \sigma^2 \leqslant k_2$$

$$\boxed{3{,}623\ \Omega^2 \leqslant \sigma^2 \leqslant 34{,}321\ \Omega^2}$$

Der *wahre* Wert der Varianz σ^2 liegt dabei mit einem Vertrauen von 95% in diesem Intervall.

Für die *Standardabweichung* erhält man damit das folgende *Vertrauensintervall* (bei einer Irrtumswahrscheinlichkeit von ebenfalls 5%):

$$\sqrt{3{,}623\ \Omega^2} \leqslant \sigma \leqslant \sqrt{34{,}321\ \Omega^2}$$

$$\boxed{1{,}903\ \Omega \leqslant \sigma \leqslant 5{,}858\ \Omega}$$

■

3.4.5 Vertrauensintervalle für einen unbekannten Anteilswert p (Parameter p einer Binomialverteilung)

Auch für den *unbekannten* Parameter p einer *binomialverteilten* Grundgesamtheit läßt sich auf dem vorgegebenen Vertrauensniveau $\gamma = 1 - \alpha$ aus einer konkreten Stichprobe ein *Vertrauens-* oder *Konfidenzintervall* bestimmen, das mit einem *Vertrauen* von $\gamma \cdot 100\%$ den *wahren* Wert des Parameters p enthält. Wir gehen dabei von den folgenden Überlegungen aus:

p sei die *unbekannte* Wahrscheinlichkeit dafür, daß bei einem *Bernoulli-Experiment* das Ereignis A eintrete. Die Wahrscheinlichkeit für das Eintreten des *komplementären* Ereignisses $\overline{A}$ ist dann $q = 1 - p$. In Abschnitt 3.2.5 haben wir uns bereits mit der *Schätzung* des Parameters p beschäftigt und dabei gezeigt, wie man aus einer konkreten Stichprobe einen *Schätzwert* $\hat{p}$ erhält. Eine solche Stichprobe besteht nun in einer *n-fachen* Ausführung des *Bernoulli-Experiments*, wobei die Anzahl k der dabei erzielten „Erfolge" festgestellt wird (das Eintreten des Ereignisses A werten wir wiederum als „Erfolg", das Eintreten des *komplementären* Ereignisses $\overline{A}$ als „*Mißerfolg*"). Dann ist $\hat{p} = k/n$ ein *Schätz-* oder *Näherungswert* für die unbekannte *Erfolgswahrscheinlichkeit* (den *Anteilswert*) p. Für diesen Parameter läßt sich nun unter gewissen Voraussetzungen auch ein *Vertrauens-* oder *Konfidenzintervall* bestimmen, dessen Grenzen symmetrisch zum Schätzwert $\hat{p} = k/n$ angeordnet sind (Bild III-30).

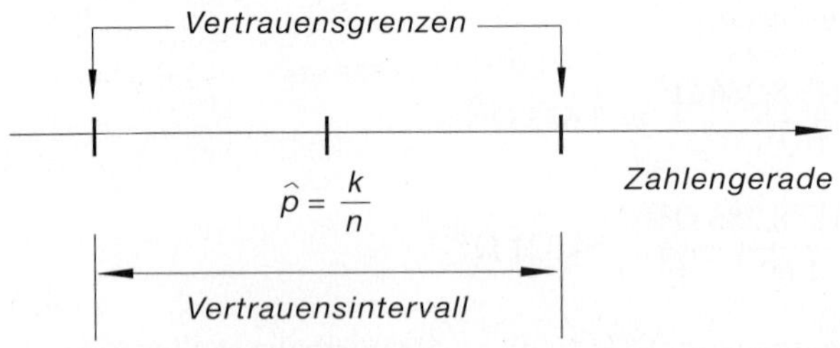

Bild III-30
Vertrauensintervall für den unbekannten Anteilswert p (Parameter p einer Binomialverteilung)

Bei der Herleitung des Vertrauensintervalls gehen wir von der Zufallsvariablen

X = *Anzahl der „Erfolge" bei einer n-fachen Ausführung des Bernoulli-Experiments*

aus, die nach Abschnitt 6.1 aus Kapitel II *binomialverteilt* ist mit den Parametern n und p. Setzen wir *umfangreiche* Stichproben voraus, was wir im folgenden stets tun wollen, so folgt aus dem *Grenzwertsatz* von *Moivre und Laplace* unmittelbar, daß diese Zufallsvariable sogar als *nahezu normalverteilt* betrachtet werden kann mit dem Mittel- oder Erwartungswert $E(X) = \mu = np$ und der Varianz $\operatorname{Var}(X) = \sigma^2 = np(1-p)$. Dann aber ist die zugehörige *standardisierte* Zufallsvariable

$$U = \frac{X - \mu}{\sigma} = \frac{X - np}{\sqrt{np(1-p)}} \tag{III-129}$$

näherungsweise standardnormalverteilt. Als Schätzfunktion für den unbekannten Anteilswert p (Parameter p der Binomialverteilung) verwenden wir die bereits aus den Abschnitten 3.2.5 und 3.3.2.1 bekannte *Maximum-Likelihood-Schätzfunktion*

$$\hat{P} = \frac{X}{n} \tag{III-130}$$

Somit ist $X = n\hat{P}$ und die standardnormalverteilte Zufallsvariable U aus Gleichung (III-129) läßt läßt sich auch in der Form

$$U = \frac{X - np}{\sqrt{np(1-p)}} = \frac{n\hat{P} - np}{\sqrt{np(1-p)}} \tag{III-131}$$

darstellen. Die *Grenzen* des gesuchten Vertrauensintervalls werden nun so bestimmt, daß die Zufallsvariable U mit der vorgegebenen Wahrscheinlichkeit $\gamma = 1 - \alpha$ Werte aus dem symmetrischen Intervall $-c \leqslant U \leqslant c$ annimmt (Bild III-31).

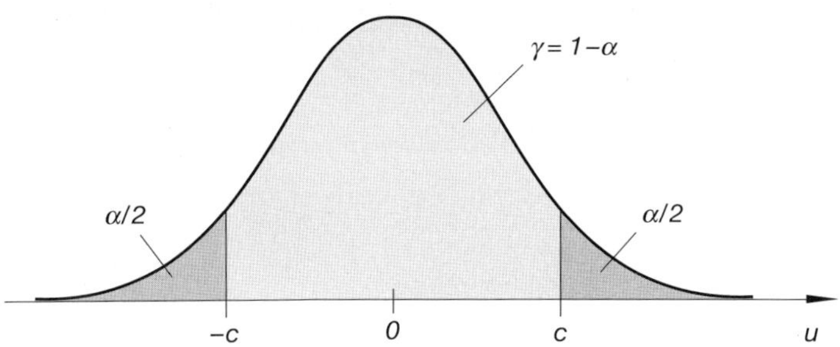

Bild III-31
Zur Berechnung der Schranke c (die *hellgrau* unterlegte Fläche entspricht dem gewählten Vertrauensniveau $\gamma = 1 - \alpha$, die *dunkelgrau* unterlegte Fläche der Irrtumswahrscheinlichkeit α)

Aus der Bedingung

$$P(-c \leqslant U \leqslant c) = \gamma = 1 - \alpha \tag{III-132}$$

läßt sich dann die Schranke c mit Hilfe von Tabelle 2 im Anhang (Tabelle der *Quantile der Standardnormalverteilung*) leicht bestimmen. Aus der Ungleichung

$$-c \leqslant U \leqslant c \qquad \text{oder} \qquad -c \leqslant \frac{n\hat{P} - np}{\sqrt{np(1-p)}} \leqslant c \tag{III-133}$$

erhalten wir dann nach einigen elementaren Umformungen eine entsprechende Ungleichung für den Parameter p.

Sie lautet:

$$\hat{P} - \frac{c}{n}\sqrt{np(1-p)} \leqslant p \leqslant \hat{P} + \frac{c}{n}\sqrt{np(1-p)} \qquad \text{(III-134)}$$

Die beiden Intervallgrenzen enthalten noch jeweils die Schätzfunktion $\hat{P}$ sowie den unbekannten Parameter p. Wir ersetzen diese Größen durch den aus der konkreten Stichprobe ermittelten *Schätzwert* $\hat{p}$ und erhalten auf diese Weise eine brauchbare *Näherung* für das gesuchte *Vertrauensintervall* des Parameters p:

$$\hat{p} - \frac{c}{n}\sqrt{n\hat{p}(1-\hat{p})} \leqslant p \leqslant \hat{p} + \frac{c}{n}\sqrt{n\hat{p}(1-\hat{p})} \qquad \text{(III-135)}$$

Wir fassen die einzelnen Schritte wie folgt zusammen:

Bestimmung eines Vertrauensintervalls für einen unbekannten Anteilswert p (Parameter p einer Binomialverteilung) unter Verwendung einer umfangreichen Stichprobe

Der Parameter p einer Binomialverteilung sei *unbekannt*. Wir entnehmen daher zunächst der binomialverteilten Grundgesamtheit eine *umfangreiche* Stichprobe, in dem wir das *Bernoulli-Experiment*, das dieser Verteilung zugrunde liegt, n-mal nacheinander ausführen und dabei die Anzahl k der erzielten „Erfolge" feststellen[23)]. Als „Erfolg" werten wir dabei wiederum das Eintreten des Ereignisses A, als „Mißerfolg" demnach das Eintreten des zu *A komplementären* Ereignisses $\bar{A}$. Die *beobachtete relative Häufigkeit* für das Ereignis A („Erfolg") beträgt somit $h(A) = k/n$ und ist bekanntlich ein *Schätzwert* für den unbekannten Parameter p der Binomialverteilung (Anteilswert p).

Unter Verwendung dieser Stichprobe läßt sich dann für den unbekannten Parameter p schrittweise wie folgt ein *Vertrauens-* oder *Konfidenzintervall* konstruieren:

1. Wir wählen zunächst ein bestimmtes Vertrauensniveau γ (in der Praxis meist $\gamma = 0{,}95 = 95\%$ oder $\gamma = 0{,}99 = 99\%$).
2. Berechnung der Konstanten c aus der Bedingung

$$P(-c \leqslant U \leqslant c) = \gamma \qquad \text{(III-136)}$$

für die (näherungsweise) *standardnormalverteilte* Zufallsvariable

$$U = \frac{n\hat{P} - np}{\sqrt{np(1-p)}} \qquad \text{(III-137)}$$

unter Verwendung von Tabelle 2 im Anhang (vgl. hierzu die *hellgrau* unterlegte Fläche in Bild III-31).

---

23) Die Stichprobe wird als *umfangreich* angesehen, wenn der Stichprobenumfang n die Bedingung $n\hat{p}(1-\hat{p}) > 9$ erfüllt. $\hat{p}$ ist dabei der aus der Stichprobe erhaltene *Schätzwert* für den unbekannten Parameter p.

Dabei bedeuten:

$\hat{P}$: *Schätzfunktion* für den Parameter p einer binomialverteilten Grundgesamtheit (vgl. hierzu Abschnitt 3.2.5)

n: *Umfang* der verwendeten Stichprobe

3. Berechnung des *Schätzwertes* $\hat{p} = k/n$ für den Parameter p aus der konkreten Stichprobe („k Erfolge bei insgesamt n Ausführungen des Bernoulli-Experiments“).
4. Unter der *Voraussetzung*, daß die Bedingung

$$\Delta = n\hat{p}(1 - \hat{p}) > 9 \qquad \text{(III-138)}$$

für eine *umfangreiche* Stichprobe erfüllt ist, lautet das *Vertrauensintervall* für den unbekannten Parameter p der binomialverteilten Grundgesamtheit wie folgt:

$$\hat{p} - \frac{c}{n}\sqrt{\Delta} \leqslant p \leqslant \hat{p} + \frac{c}{n}\sqrt{\Delta} \qquad \text{(III-139)}$$

(vgl. hierzu Bild III-32). Der *wahre* Wert des Parameters p liegt dann mit einem *Vertrauen* von $\gamma \cdot 100\%$ in diesem Intervall.

Anmerkungen

(1) Häufig wird auch die *Irrtumswahrscheinlichkeit* α vorgegeben (meist $\alpha = 0{,}05 = 5\%$ oder $\alpha = 0{,}01 = 1\%$). Das *Vertrauensniveau* oder die *statistische Sicherheit* ist dann $\gamma = 1 - \alpha$.

(2) Die Länge $l = 2(c/n)\sqrt{\Delta}$ des Vertrauensintervalls hängt noch vom Vertrauensniveau $\gamma = 1 - \alpha$, dem Stichprobenumfang n und dem Schätzwert $\hat{p} = k/n$ für den Anteilswert (Parameter) p ab (vgl. Bild III-32). Eine *Verkürzung* des Intervalls läßt sich dabei stets durch eine entsprechende *Vergrößerung* des Stichprobenumfangs n erreichen.

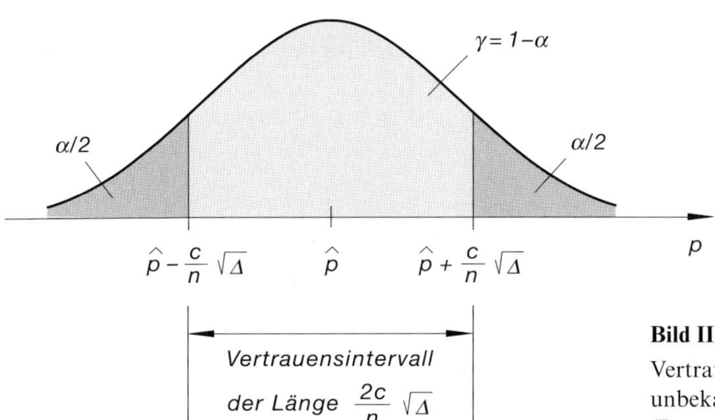

Bild III-32
Vertrauensintervall für den unbekannten Anteilswert p (Parameter p einer Binomialverteilung)

■ **Beispiel**

Ein bestimmtes mechanisches Bauelement wird in großer Stückzahl hergestellt. Mit Hilfe einer *umfangreichen* Stichprobe soll der *Ausschußanteil* p in dieser Produktion geschätzt werden. Zu diesem Zweck wurde der *binomialverteilten* Grundgesamtheit eine Stichprobe vom Umfang $n = 500$ entnommen. In ihr befanden sich $k = 25$ *nicht funktionsfähige* (also defekte) Bauelemente. Wir bestimmen nun für den unbekannten Parameter (Ausschußanteil) p ein *Vertrauens-* oder *Konfidenzintervall* zum Vertrauensniveau $\gamma = 0{,}99 = 99\%$, wobei wir schrittweise wie folgt vorgehen:

1. Schritt: Das Vertrauensniveau ist bereits vorgegeben: $\gamma = 0{,}99$.

2. Schritt: Wir berechnen die Konstante c aus der Bedingung

$$P(-c \leqslant U \leqslant c) = \gamma = 0{,}99$$

(Bild III-33). Unter Verwendung von Tabelle 2 im Anhang erhalten wir dann:

$$P(-c \leqslant U \leqslant c) = \phi(c) - \phi(-c) = \phi(c) - [1 - \phi(c)] =$$
$$= 2 \cdot \phi(c) - 1 = 0{,}99$$
$$\phi(c) = 0{,}995 \quad \longrightarrow \quad c = u_{0{,}995} = 2{,}576$$

Die gesuchte Konstante ist demnach das Quantil $u_{0{,}995} = 2{,}576$ der Standardnormalverteilung.

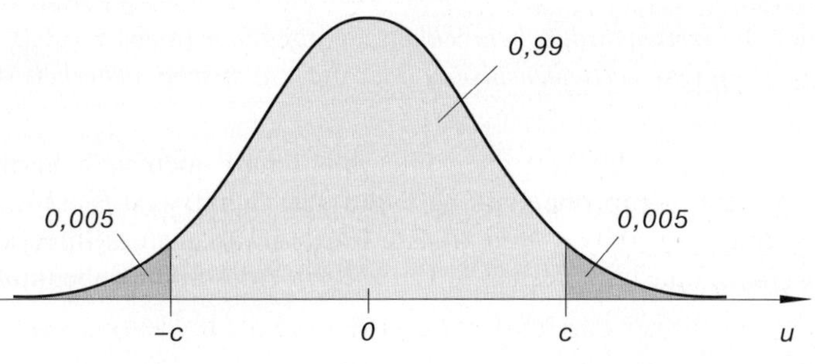

Bild III-33

3. Schritt: Mit $n = 500$ und $k = 25$ ergibt sich für den unbekannten Ausschußanteil p der folgende *Schätzwert*:

$$\hat{p} = \frac{k}{n} = \frac{25}{500} = 0{,}05 = 5\%$$

4. Schritt: Die Bedingung (III-138) für eine *umfangreiche* Stichprobe ist hier erfüllt:

$$\Delta = n\hat{p}(1 - \hat{p}) = 500 \cdot 0{,}05\,(1 - 0{,}05) = 23{,}75 > 9$$

Zweckmäßigerweise berechnen wir jetzt zunächst die folgende *Hilfsgröße*:

$$k = \frac{c}{n}\sqrt{\Delta} = \frac{2{,}576}{500}\sqrt{23{,}75} = 0{,}0251$$

Das *Vertrauens-* oder *Konfidenzintervall* für den unbekannten *Ausschußanteil* p lautet somit:

$$\hat{p} - k \leqslant p \leqslant \hat{p} + k$$

$$0{,}05 - 0{,}0251 \leqslant p \leqslant 0{,}05 + 0{,}0251$$

$$\boxed{0{,}0249 \leqslant p \leqslant 0{,}0751}$$

Der *wahre* Wert von p liegt daher mit einem *Vertrauen* von 99% zwischen rund 2,5% und 7,5%. ■

3.4.6 Vertrauensintervalle für den unbekannten Mittelwert μ einer beliebigen Verteilung

In den Abschnitten 3.4.2 und 3.4.3 haben wir uns ausführlich mit den Vertrauensintervallen für den unbekanten Mittelwert μ einer *normalverteilten* Zufallsvariablen X beschäftigt. In den Anwendungen hat man es jedoch auch häufig mit Zufallsvariablen zu tun, deren Wahrscheinlichkeitsverteilungen *unbekannt* sind. Wir gehen daher bei unseren weiteren Überlegungen von einer *beliebig verteilten* Zufallsvariablen X aus. Für den unbekannten *Mittelwert* μ dieser (nicht näher bekannten) Verteilung soll nun näherungsweise ein *Vertrauens-* oder *Konfidenzintervall* bestimmt werden. Als *Schätzfunktion* für den Mittelwert μ verwenden wir wiederum die bereits bekannte Stichprobenfunktion

$$\overline{X} = \frac{X_1 + X_2 + \ldots + X_n}{n} = \frac{1}{n} \cdot \sum_{i=1}^{n} X_i \qquad \text{(III-140)}$$

$X_1, X_2, \ldots, X_n$ sind dabei Zufallsvariable mit der *gleichen* Verteilung wie X (d.h. Mittelwert μ, Varianz σ^2). Bekanntlich besitzt dann die Schätzfunktion $\overline{X}$ den Mittelwert $E(\overline{X}) = \mu$ und die Varianz $\mathrm{Var}(\overline{X}) = \sigma^2/n$.

Die *Art* der Verteilung von X und damit auch von $\overline{X}$ ist und bleibt weiterhin *unbekannt*! Aus dem *Zentralen Grenzwertsatz der Wahrscheinlichkeitsrechnung* folgt jedoch, daß die Schätzfunktion $\overline{X}$ als *annähernd normalverteilt* betrachtet werden kann mit dem Mittelwert μ und der Varianz σ^2/n, wenn nur der Umfang n der verwendeten Zufallsstichprobe *hinreichend groß* ist (**Faustregel:** $n > 30$). Dies aber bedeutet, daß wir die bereits in den Abschnitten 3.4.2 und 3.4.3 besprochenen Methoden zur Konstruktion von Vertrauensintervallen für den Mittelwert μ einer normalverteilten Grundgesamtheit als *Näherungsverfahren* auch auf *beliebig verteilte* Zufallsvariable anwenden dürfen. Mit anderen Worten: *Die Schätzfunktion $\overline{X}$ kann als nahezu normalverteilt angenommen werden, obwohl keine normalverteilte (sondern eine beliebig verteilte) Grundgesamtheit vorliegt, sofern der Stichprobenumfang hinreichend groß ist.*

Wir fassen diese für die Anwendungen wichtigen Aussagen wie folgt zusammen:

Vertrauensintervalle für den unbekannten Mittelwert μ einer beliebig verteilten Grundgesamtheit

X sei eine *beliebig verteilte* Zufallsvariable mit dem *unbekannten* Mittelwert μ und der (bekannten oder unbekannten) Varianz σ^2. Für die Konstruktion von *Vertrauensintervallen* für den Mittelwert μ gelten dann bei Verwendung *hinreichend großer* Stichproben (**Faustregel:** Stichprobenumfang $n > 30$) die bereits in den Abschnitten 3.4.2 und 3.4.3 beschriebenen Methoden. Sie liefern in guter Näherung *brauchbare* Vertrauensintervalle, wobei noch *zwei* Fälle zu unterscheiden sind:

1. Ist die Varianz σ^2 der Grundgesamtheit *bekannt*, so ist das in Abschnitt 3.4.2 beschriebene Verfahren anzuwenden (*Standardnormalverteilung*).
2. Bei *unbekannter* Varianz σ^2 ist dagegen die in Abschnitt 3.4.3 dargestellte Methode anzuwenden (*t-Verteilung* von *Student* mit $f = n - 1$ Freiheitsgraden).

Allgemein gilt dabei: Die Näherung ist umso *besser*, je *größer* der Umfang n der verwendeten Stichprobe ist. Für *großes* n besteht dann *kein wesentlicher* Unterschied mehr zwischen den beiden Vertrauensintervallen, die man durch die Fallunterscheidung erhält.

Anmerkung

Auch für die unbekannte *Varianz* σ^2 einer *beliebigen* Verteilung lassen sich Näherungsverfahren zur Bestimmung von Vertrauensintervallen angeben. Wir verweisen auf die spezielle Fachliteratur (siehe Literaturverzeichnis).

4 Statistische Prüfverfahren für die unbekannten Parameter einer Wahrscheinlichkeitsverteilung („Parametertests")

4.1 Ein einführendes Beispiel

Wir interessieren uns für den *mittleren* Benzinverbrauch eines bestimmten Autotyps und führen aus diesem Grund die stetige Zufallsvariable

X = *Benzinverbrauch eines Autos vom ausgewählten Typ*

ein (alle Angaben üblicherweise in „Liter pro 100 km").

Bei unseren weiteren Überlegungen gehen wir dabei von der realistischen Annahme aus, daß der Benzinverbrauch X eine *normalverteilte* Zufallsvariable mit dem Mittelwert μ und der Varianz σ^2 darstellt. Von Seiten des Automobilherstellers wird ein *mittlerer* Benzinverbrauch von $\mu = \mu_0$ angegeben. Diese Angabe soll nun durch ein geeignetes statistisches Verfahren auf der Basis einer *Stichprobenuntersuchung* überprüft werden. Dabei gehen wir schrittweise wie folgt vor:

(1) Zunächst formulieren wir die Angabe des Herstellers über den mittleren Benzinverbrauch als sog. *Nullhypothese*:

$$H_0 : \mu = \mu_0 \tag{III-141}$$

Mit anderen Worten: Wir gehen zunächst von der *Annahme* oder *Vermutung* aus, daß die Angaben des Herstellers tatsächlich *zutreffen*. Alternativ zur Nullhypothese H_0 stellen wir dann die Hypothese

$$H_1 : \mu \neq \mu_0 \tag{III-142}$$

zur Diskussion. Diese sog. *Alternativhypothese* besagt, daß der mittlere Benzinverbrauch μ von μ_0 *verschieden*, d.h. kleiner *oder* größer als μ_0 ist. Sollten wir nämlich nach Durchführung des Prüfverfahrens zu dem Schluß kommen, daß die Angaben des Herstellers (d.h. die Nullhypothese H_0) *nicht haltbar* sind, so dürfen wir mit ruhigem Gewissen davon ausgehen, daß die *Alternativhypothese* H_1 zutrifft.

(2) Um die Nullhypothese H_0 zu überprüfen, wählen wir nach dem Zufallsprinzip n Testfahrzeuge aus, ermitteln ihren jeweiligen Benzinverbrauch x_i $(i = 1, 2, \ldots, n)$ und *vergleichen* dann den hieraus gebildeten *Mittelwert* $\bar{x}$ mit der Angabe des Herstellers, d.h. mit dem Wert $\mu = \mu_0$. Im Sinne der Statistik haben wir der normalverteilten Grundgesamtheit[24)] eine *Stichprobe* vom Umfang n entnommen und daraus anschließend den *Stichprobenmittelwert* $\bar{x}$ berechnet. Dieser spezielle Wert ist eine *Realisierung* der Zufallsvariablen $\overline{X}$, d.h. der bereits aus Abschnitt 3.2.2 bekannten *Schätzfunktion* für den *Mittelwert* μ der Grundgesamtheit. $\overline{X}$ wird in diesem Zusammenhang auch als *Testgröße* oder *Testvariable* bezeichnet.

Für *verschiedene* Stichproben werden wir dabei i.a. *verschiedene* Mittelwerte erhalten und diese wiederum werden vom *hypothetischen* Mittelwert $\mu = \mu_0$ mehr oder weniger stark *abweichen*. Wir müssen nun in der Lage sein anhand eines geeigneten Maßes feststellen zu können, ob die beobachtete Abweichung des Stichprobenmittelwertes $\bar{x}$ vom hypothetischen Mittelwert $\mu = \mu_0$ *zufallsbedingt* oder aber *signifikant* ist, d.h. ihre Ursache in der *falschen* Nullhypothese H_0 hat.

Um einen *sinnvollen Vergleich* des Stichprobenmittelwertes $\bar{x}$ mit der Herstellerangabe (Nullhypothese) $\mu = \mu_0$ zu ermöglichen, wählen wir nun eine (kleine) sog. *Signifikanzzahl* α zwischen 0 und 1. Etwas später werden wir dann sehen, daß diese Zahl die *Wahrscheinlichkeit* für eine bestimmte *Fehlentscheidung* darstellt, die man bei *jedem* statistischen Prüfverfahren („Test") in Kauf nehmen muß. Die Signifikanzzahl α wird daher auch folgerichtig als *Irrtumswahrscheinlichkeit* bezeichnet[25)].

---

24) Als *Grundgesamtheit* können wir beispielsweise die Menge aller in einem *Monat* produzierten Autos vom ausgewählten Typ betrachten.

25) Aus dem genannten Grund wird α in der Praxis *klein* gewählt. Übliche Werte sind z.B. $\alpha = 0{,}05 = 5\%$ oder $\alpha = 0{,}01 = 1\%$.

(3) Nach der Wahl der Signifikanzzahl (Irrtumswahrscheinlichkeit) α läßt sich nun eine Konstante c^*, auch *kritischer* Wert genannt, so bestimmen, daß die *Testgröße* $\overline{X}$ bei *richtiger* Nullhypothese H_0 mit der *statistischen Sicherheit* $\gamma = 1 - \alpha$ in das symmetrische Intervall

$$\mu_0 - c^* \leqslant \overline{X} \leqslant \mu_0 + c^* \tag{III-143}$$

fällt (Bild III-34). Die Intervallgrenzen $\mu_0 - c^*$ und $\mu_0 + c^*$ heißen *kritische Grenzen*. Der *kritische* Wert c^* wird dann aus der Bedingung

$$P(\mu_0 - c^* \leqslant \overline{X} \leqslant \mu_0 + c^*)_{H_0} = \gamma = 1 - \alpha \tag{III-144}$$

ermittelt, wobei man zunächst die Testgröße $\overline{X}$ *standardisiert* $\left(\overline{X} \rightarrow U = \dfrac{\overline{X} - \mu_0}{\sigma/\sqrt{n}}\right)$ und anschließend die Tabelle 2 im Anhang verwendet (Tabelle der *Quantile der Standardnormalverteilung*)[26].

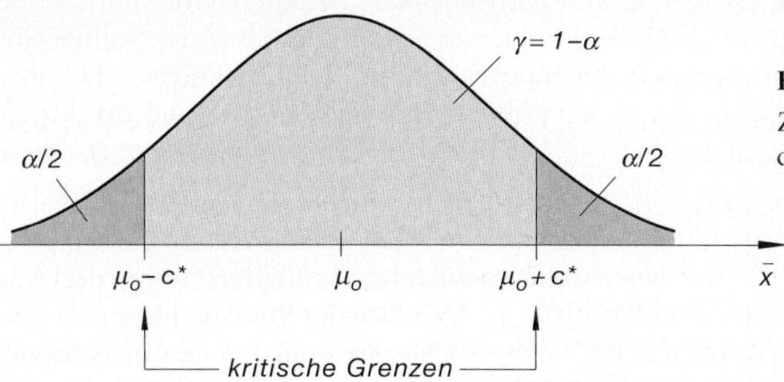

Bild III-34
Zur Berechnung der kritischen Grenzen

(4) Wir sind nun in der Lage, eine *Entscheidung* zu fällen, sollten dabei jedoch nie vergessen, daß diese aufgrund einer *einzigen* Stichprobenuntersuchung zustande kommt:

1. Fall: Fällt der aus einer konkreten Stichprobe ermittelte Stichprobenmittelwert $\bar{x}$ in dieses Intervall (auch *nicht-kritischer* Bereich oder *Annahmebereich* genannt), so darf die Abweichung zwischen $\bar{x}$ und μ_0 als rein *zufallsbedingt* angesehen werden, und die Nullhypothese wird *beibehalten*, d.h. sie kann *nicht abgelehnt* oder *verworfen* werden (Bild III-35). Mit anderen Worten: Die Auswertung unserer Stichprobe liefert *keinen* Grund, an den Angaben des Automobilherstellers bezüglich des mittleren Benzinverbrauchs zu zweifeln. Wir können daher davon ausgehen, daß der mittlere Benzinverbrauch μ tatsächlich μ_0 beträgt, ohne uns dessen jedoch *absolut* sicher zu sein. Das verwendete Stichprobenmaterial spricht zumindest *nicht* gegen die Nullhypothese. Dies aber bedeutet keineswegs, daß H_0 richtig ist – die Nullhypothese kann *sowohl* richtig *als auch* falsch sein.

[26] Die Varianz σ^2 der normalverteilten Zufallsvariablen X wird dabei als *bekannt* vorausgesetzt. Andernfalls ist die *t-Verteilung* von *Student* zu verwenden (vgl. hierzu auch die nachfolgenden Abschnitte 4.5.1 und 4.5.2). Die Berechnung des *kritischen* Wertes c^* erfolgt dabei immer unter der *Voraussetzung*, daß die Nullhypothese $H_0: \mu = \mu_0$ auch tatsächlich *zutrifft*. Der Index „H_0" am Wahrscheinlichkeitssymbol P soll an diese Voraussetzung erinnern. Ausführliche Einzelheiten zur Berechnung des kritischen Wertes c^* erfolgen später im Zusammenhang mit den speziellen Parametertests in Abschnitt 4.5.

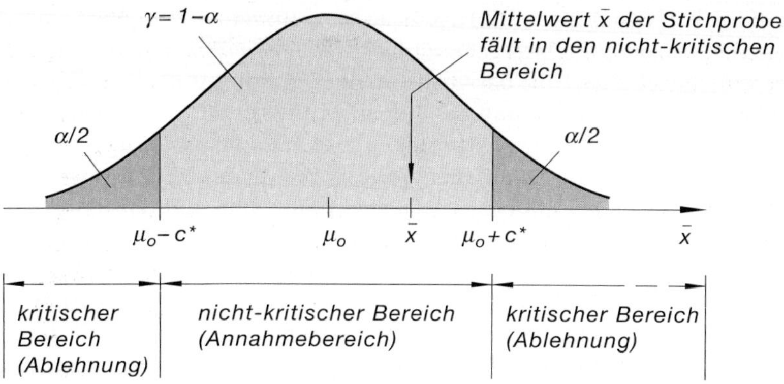

Bild III-35 Der Stichprobenmittelwert $\bar{x}$ fällt in den nicht-kritischen Bereich (Annahmebereich), die Nullhypothese $H_0 : \mu = \mu_0$ wird daher beibehalten, d.h. nicht abgelehnt

2. Fall: Fällt der Stichprobenmittelwert $\bar{x}$ jedoch in den sog. *kritischen* Bereich oder *Ablehnungsbereich*, d.h. in das Intervall $|\bar{x} - \mu_0| > c^*$, so ist die Wahrscheinlichkeit dafür, daß die Abweichung zwischen $\bar{x}$ und μ_0 rein zufällig ist, *sehr gering*, nämlich gleich der kleinen Signifikanzzahl α (also z.B. gleich $\alpha = 5\%$ oder $\alpha = 1\%$). Die Nullhypothese H_0 ist daher *nicht* haltbar und muß somit zugunsten der Alternativhypothese H_1 *abgelehnt* oder *verworfen* werden (Bild III-36). Mit anderen Worten: Wir können die Angaben des Automobilherstellers als *falsch* betrachten und davon ausgehen, daß der mittlere Benzinverbrauch μ größer *oder* kleiner als μ_0 ist. Die Nullhypothese $H_0 : \mu = \mu_0$ wird somit auf dem Signifikanzniveau α zugunsten der Alternativhypothese $H_1 : \mu \neq \mu_0$ *verworfen.*

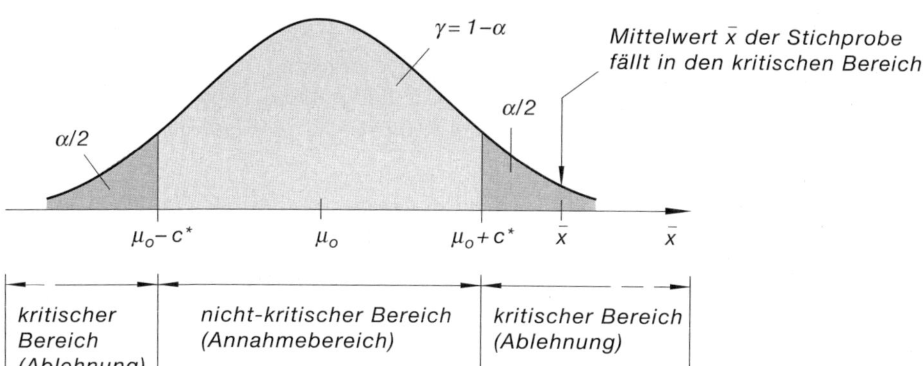

Bild III-36 Der Stichprobenmittelwert $\bar{x}$ fällt in den kritischen Bereich, die Nullhypothese $H_0 : \mu = \mu_0$ wird daher zugunsten der Alternativhypothese $H_1 : \mu \neq \mu_0$ verworfen

Eines sollten wir dabei jedoch stets im Auge behalten: *Absolut sichere Rückschlüsse von einer Zufallsstichprobe auf die entsprechende Grundgesamtheit sind grundsätzlich nicht möglich.* Es besteht daher *immer* die Möglichkeit eines *Irrtums*, d.h. einer *falschen* Entscheidung. Nehmen wir einmal an, daß die Angaben unseres Automobilherstellers tatsächlich *zutreffen*, der mittlere Benzinverbrauch μ also wie behauptet μ_0 beträgt. Dann könnten wir beim Testen auf eine Zufallsstichprobe stoßen, deren Mittelwert $\bar{x}$ *zufälligerweise* in den *kritischen* Bereich (Ablehnungsbereich) fällt und müßten dann aufgrund unserer Kriterien die Nullhypothese $\mu = \mu_0$ *ablehnen*, obwohl sie *richtig* ist (vgl. hierzu Bild III-36). Damit aber würden wir (wenn auch *unbewußt*) eine *Fehlentscheidung* treffen. Das *Risiko* für eine solche aufgrund einer Stichprobenuntersuchung getroffene *falsche* Entscheidung ist dabei quantitativ durch die vor Testbeginn gewählte *Signifikanzzahl* α gegeben. Damit ist α die Wahrscheinlichkeit dafür, eine an sich *richtige* Nullhypothese *ablehnen* zu müssen. Die Signifikanzzahl α wird somit zu Recht als *Irrtumswahrscheinlichkeit* bezeichnet.

4.2 Statistische Hypothesen und Parametertests

Unter einer *statistischen Hypothese* (kurz: Hypothese) versteht man irgendwelche Annahmen, Vermutungen oder Behauptungen über die Wahrscheinlichkeitsverteilung einer Zufallsvariablen oder Grundgesamtheit und deren Parameter. Ein *Parametertest* ist ein *statistisches Prüfverfahren* für einen *unbekannten* Parameter in der Wahrscheinlichkeitsverteilung einer Zufallsvariablen oder Grundgesamtheit, wobei die *Art* der Verteilung (d.h. der *Verteilungstyp* wie z.B. Binomialverteilung oder Gaußsche Normalverteilung) als *bekannt* vorausgesetzt wird. Ein solcher *Test* dient der *Überprüfung* einer Hypothese über einen bestimmten Parameter der Verteilung mit Hilfe einer *Stichprobenuntersuchung* der betreffenden Grundgesamtheit. Die zu überprüfende Hypothese wird meist als *Nullhypothese* H_0 bezeichnet. Ihr wird oft eine *Alternativhypothese* H_1 gegenübergestellt. Es ist dann das erklärte *Ziel* eines Parametertests, eine *Entscheidung* darüber zu ermöglichen, ob man die Nullhypothese H_0 *beibehalten* (d.h. *nicht ablehnen*) kann, da die Auswertung des verwendeten Stichprobenmaterials in *keinem* Widerspruch zur Nullhypothese steht oder ob man sie zugunsten der Alternativhypothese H_1 *ablehnen* oder *verwerfen* muß. Mit einem Parametertest kann also über Ablehnung *oder* Beibehaltung (Nichtablehnung) einer aufgestellten Hypothese („Nullhypothese") entschieden werden. Allerdings: *Wie auch immer die Entscheidung ausfallen sollte, sie kann richtig aber auch falsch sein.*

■ **Beispiele**

(1) Beim Zufallsexperiment „*Wurf einer Münze*" tritt das Ereignis A: „*Zahl*" mit der Wahrscheinlichkeit $p = 0{,}5$ ein, falls diese Münze *echt* (d.h. *unverfälscht*) ist. Wir prüfen die Echtheit dieser Münze, in dem wir der *Nullhypothese*

$$H_0: p(A) = 0{,}5$$

die *Alternativhypothese*

$$H_1: p(A) \neq 0{,}5$$

gegenüberstellen. Es handelt sich hierbei um einen sog. *zweiseitigen* Parametertest, da die Alternativhypothese Parameterwerte nach *beiden* Seiten hin zuläßt (sowohl $p < 0{,}5$ als auch $p > 0{,}5$ ist möglich).

(2) Ein Großhändler bestellt direkt beim Hersteller einen größeren Posten eines bestimmten elektronischen Bauelements und vereinbart dabei, daß die Ware einen *maximalen* Ausschußanteil von $p_0 = 1\%$ enthalten darf. Bei der *Anlieferung* der Ware wird er daher mit einem speziellen statistischen Test *prüfen*, ob die vereinbarte maximale Ausschußquote auch *nicht überschritten* wurde. Der Großhändler wird daher die *Nullhypothese*

$$H_0 : p \leqslant p_0 = 1\%$$

gegen die Alternativhypothese

$$H_1 : p > p_0 = 1\%$$

testen (sog. *einseitiger* Parametertest, da hier die Alternativhypothese nur Werte $p > p_0$ zuläßt). Sollte dabei die Testentscheidung zugunsten der *Alternativhypothese* H_1 ausfallen, so darf er davon ausgehen, daß der Auschußanteil p *größer* ist als vereinbart, d.h. *größer* als 1% ist. Er wird in diesem Fall die Annahme der gelieferten Bauelemente *verweigern*. Trotzdem kann die getroffene Entscheidung durchaus *falsch* sein! Denn alle Testentscheidungen sind grundsätzlich mit einem gewissen *Risiko* verbunden (nähere Einzelheiten in Abschnitt 4.4). Die Wahrscheinlichkeit für eine *Fehlentscheidung* ist jedoch in diesem Fall *höchstens* gleich der Signifikanzzahl α und diese kann ja vor Testbeginn entsprechend *klein* gewählt werden (z.B. $\alpha = 0{,}01 = 1\%$).

■

4.3 Planung und Durchführung eines Parametertests

In enger Anlehnung an unser einführendes Beispiel aus Abschnitt 4.1 empfehlen wir, den Ablauf eines *Parametertests* wie folgt zu planen und durchzuführen:

Über Planung und Durchführung eines Parametertests

Die Wahrscheinlichkeitsverteilung einer Zufallsvariablen X sei zwar von der *Art* her bekannt, enthalte jedoch noch einen oder sogar mehrere *unbekannte* Parameter. So hat man es in den Anwendungen häufig mit *Normalverteilungen* zu tun, deren Parameter μ und σ bzw. σ^2 jedoch *unbekannt* sind. Ein *Parametertest* für den unbekannten Parameter ϑ einer Wahrscheinlichkeitsverteilung läßt sich dann schrittweise wie folgt planen und durchführen:

1. Zunächst formulieren wir *Nullhypothese* H_0 und *Alternativhypothese* H_1 anhand der vorgegebenen *konkreten* Fragestellung. Zum Beispiel testen wir die

   Nullhypothese $H_0 : \vartheta = \vartheta_0$ (III-145)

   („der Parameter ϑ besitzt den Wert ϑ_0") gegen die

   Alternativhypothese $H_1 : \vartheta \neq \vartheta_0$ (III-146)

   („der Wert des Parameters ϑ ist von ϑ_0 *verschieden*"). Es handelt sich hierbei um einen *zweiseitigen* Parametertest, da die Alternativhypothese H_1 sowohl Parameterwerte $\vartheta < \vartheta_0$ als auch solche $\vartheta > \vartheta_0$, d.h. Parameterwerte nach *beiden* Seiten hin zuläßt.

2. Wir wählen dann eine bestimmte *Signifikanzzahl* α, häufig auch *Signifikanzniveau* genannt ($0 < \alpha < 1$). Sie ist die *Wahrscheinlichkeit* dafür, daß die Nullhypothese H_0 *abgelehnt* wird, obwohl sie *richtig* ist (sog. *Fehler 1. Art*; siehe hierzu Abschnitt 4.4) und heißt daher auch *Irrtumswahrscheinlichkeit*. In der Praxis wird α sehr *klein* gewählt, übliche Werte sind $\alpha = 0{,}05 = 5\%$ oder $\alpha = 0{,}01 = 1\%$.

3. Für die Durchführung des Parametertests wird eine geeignete *Test-* oder *Prüfvariable* T bestimmt, die noch von den n unabhängigen Zufallsvariablen $X_1, X_2, \ldots, X_n$ abhängt, die alle die *gleiche* Verteilung besitzen wie die Zufallsvariable X:

$$T = g(X_1; X_2; \ldots; X_n) \qquad \text{(III-147)}$$

Bei dieser Testvariablen handelt es sich also um eine dem konkreten Problem angepaßte *Stichprobenfunktion* (Zufallsvariable), deren Wahrscheinlichkeitsverteilung als *bekannt* vorausgesetzt werden muß[27].

4. Wir bestimmen jetzt auf der Basis der gewählten Signifikanzzahl α zwei sog. *kritische Grenzen* c_u und c_0 derart, daß die Testvariable T mit der Wahrscheinlichkeit $\gamma = 1 - \alpha$ Werte aus dem Intervall

$$c_u \leqslant T \leqslant c_0 \qquad \text{(III-148)}$$

annimmt (Bild III-37)[28]. Diese Grenzen *trennen* dabei den *nicht-kritischen* Bereich (d.h. das Intervall $c_u \leqslant t \leqslant c_0$) vom *kritischen* Bereich und lassen sich aus der vorgegebenen Signifikanzzahl α und der (als *bekannt* vorausgesetzten) Wahrscheinlichkeitsverteilung der Testvariablen T berechnen.

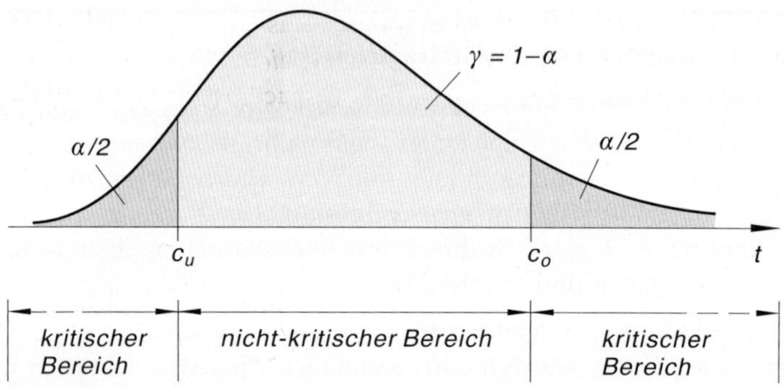

Bild III-37 Die kritischen Grenzen c_u und c_0 trennen den kritischen Bereich vom nicht-kritischen Bereich

[27] In *einfachen* Fällen erweist sich dabei die ausgewählte Testvariable T als eine *Schätzfunktion* θ des unbekannten Parameters ϑ. Im allgemeinen jedoch gilt: Zwischen der Testvariablen T und der Schätzfunktion θ des Parameters ϑ besteht ein gewisser *Zusammenhang*. Im nachfolgenden Abschnitt 4.5 werden wir für spezielle Parameter zeigen, wie man mit Hilfe von bekannten Schätzfunktionen *geeignete* Testvariable erhält.

[28] α ist die Wahrscheinlichkeit dafür, daß der Wert der Testvariablen T *außerhalb* dieses Intervalls liegt.

Die Bestimmungsgleichung für die *kritischen Grenzen* c_u und c_0 lautet somit:

$$P(c_u \leqslant T \leqslant c_0)_{H_0} = \gamma = 1 - \alpha \tag{III-149}$$

(vgl. hierzu die *hellgrau* unterlegte Fläche in Bild III-37). Die Berechnung dieser Grenzen erfolgt dabei stets unter der *Voraussetzung*, daß die Nullhypothese H_0 auch tatsächlich *zutrifft*. Der Index „H_0" am Wahrscheinlichkeitssymbol P soll daran erinnern. Aus dieser Gleichung können dann die *kritischen Grenzen* unter Verwendung der (im Anhang tabellierten) *Verteilungsfunktion* von T leicht ermittelt werden.

5. Wir berechnen jetzt den *Wert* der Testvariablen T aus einer vorgebenen *konkreten* Stichprobe $x_1, x_2, \ldots, x_n$ vom Umfang n, in dem wir diese Werte der Reihe nach für die unabhängigen Zufallsvariablen $X_1, X_2, \ldots, X_n$ der Testvariablen $T = g(X_1; X_2; \ldots; X_n)$ einsetzen. Der so erhaltene Funktionswert

$$\hat{t} = g(x_1; x_2; \ldots; x_n) \tag{III-150}$$

wird als *Test-* oder *Prüfwert* von T bezeichnet.

Hinweis: Zu dem *Testwert* $\hat{t}$ der Testvariablen T gehört stets ein entsprechender Wert $\hat{\vartheta}$ des Parameters ϑ, der meist als *Schätzwert* bezeichnet wird. Dieser Schätzwert $\hat{\vartheta}$ läßt sich dabei leicht aus dem zugehörigen Testwert $\hat{t}$ berechnen (vgl. hierzu die speziellen Parametertests in Abschnitt 4.5).

6. **Testentscheidung:** Wir sind jetzt in der Lage, eine *Entscheidung* über Ablehnung (Verwerfung) *oder* Beibehaltung (Nichtablehnung) der Nullhypothese H_0 zu treffen.

1. Fall: Der *Test-* oder *Prüfwert* $\hat{t}$ fällt in den *nicht-kritischen* Bereich der Testvariablen T, d.h. es gilt $c_u \leqslant \hat{t} \leqslant c_0$ (Bild III-38). Die Nullhypothese H_0 wird dann *beibehalten*, d.h. sie kann auf der Basis der verwendeten Zufallsstichprobe und der gewählten Signifikanzzahl α *nicht abgelehnt* oder *verworfen* werden. Man bezeichnet daher diesen Bereich auch als *Annahme-* oder *Nichtablehnungsbereich.*

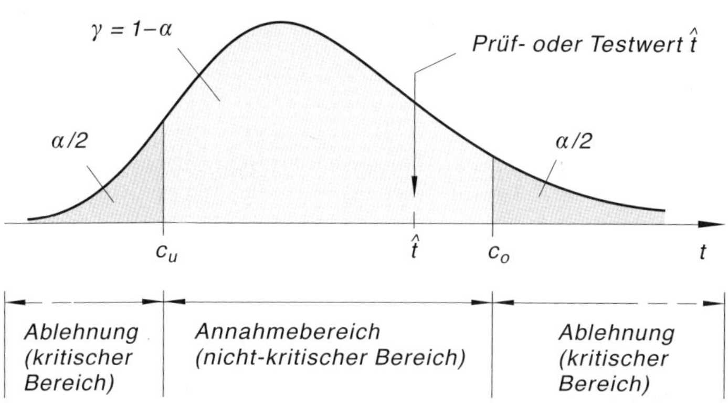

Bild III-38 Der Prüf- oder Testwert $\hat{t}$ fällt in den nicht-kritischen Bereich (Annahmebereich), die Nullhypothese $H_0 : \vartheta = \vartheta_0$ wird daher beibehalten, d.h. nicht abgelehnt

Die Abweichung zwischen dem Schätzwert $\hat{\vartheta}$ und dem angenommenen (vermuteten) Wert ϑ_0 des Parameters ϑ ist somit in diesem Fall rein *zufallsbedingt*. Diese Aussage trifft dabei mit der *Wahrscheinlichkeit* oder *statistischen Sicherheit* $\gamma = 1 - \alpha$ zu [29]. Wir dürfen daher davon ausgehen, daß der Parameter ϑ tatsächlich den Wert ϑ_0 besitzt, können uns dessen aber nicht absolut sicher sein. *Beibehalten* der Nullhypothese H_0 bedeutet also keineswegs, daß H_0 richtig ist, sondern lediglich, daß das verwendete Stichprobenmaterial *nicht* gegen die Nullhypothese spricht. Diese kann daher sowohl richtig als auch falsch sein (wir wissen es nicht und können aufgrund einer Stichprobe auch keine absolute Entscheidung treffen).

2. Fall: Der *Test-* oder *Prüfwert* $\hat{t}$ fällt in den *kritischen* Bereich (Bild III-39). Die Nullhypothese H_0 ist dann *nicht haltbar*, wir müssen sie zugunsten der Alternativhypothese H_1 *ablehnen* oder *verwerfen* [30]. Daher wird der *kritische* Bereich auch als *Ablehnungs-* oder *Verwerfungsbereich* bezeichnet. In diesem Fall weicht der Schätzwert $\hat{\vartheta}$ des unbekannten Parameters ϑ *signifikant* vom angenommenen (d.h. vermuteten) Wert ϑ_0 ab. Diese Abweichung kann *nicht* mehr durch den Zufall allein erklärt werden, sondern beruht offenbar auf einer *falschen* Nullhypothese H_0. Wir dürfen daher davon ausgehen, daß der Parameter ϑ in Wirklichkeit einen von ϑ_0 *verschiedenen* Wert besitzt (mit absoluter Sicherheit wissen wir das allerdings nicht).

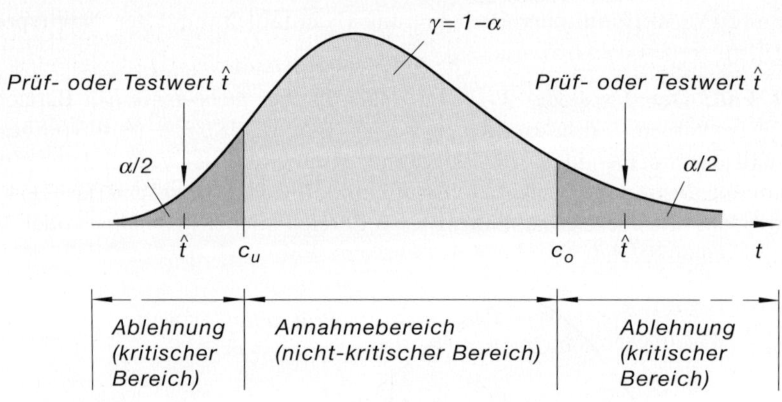

Bild III-39 Der Prüf- oder Testwert $\hat{t}$ fällt in den kritischen Bereich, die Nullhypothese $H_0 : \vartheta = \vartheta_0$ wird daher zugunsten der Alternativhypothese $H_1 : \vartheta \neq \vartheta_0$ abgelehnt

[29] Die Möglichkeit eines *Irrtums*, d.h. einer *Fehlentscheidung* ist grundsätzlich *immer* gegeben. Die Irrtumswahrscheinlichkeit beträgt hier α (vgl. hierzu auch den nachfolgenden Abschnitt 4.4).

[30] Dies bedeutet, daß wir uns für die Alternativhypothese H_1 entscheiden.

Anmerkungen

(1) Die *Test- oder Prüfvariable T* wird häufig auch als *Test-* oder *Prüfgröße*, manchmal auch als *Test-* oder *Prüffunktion* bezeichnet.

(2) Man beachte, daß die Bestimmung der *kritischen Grenzen* nur möglich ist, wenn die Wahrscheinlichkeitsverteilung der Testgröße *T bekannt* ist.

Beispiel: X sei eine *normalverteilte* Zufallsgröße. Dann ist die Testgröße $\overline{X}$ (d.h. die *Schätzfunktion* für den *Mittelwert* μ der normalverteilten Grundgesamtheit) ebenfalls *normalverteilt*.

(3) In Abschnitt 4.5 werden wir uns mit den wichtigsten Parametertests vertraut machen und dabei zeigen, wie man für *spezielle* Parameter unter Verwendung bereits bekannter Schätzfunktionen *geeignete* Testvariable mit *bekannter* Wahrscheinlichkeitsverteilung erhält.

(4) Neben dem hier ausführlich besprochenen *zweiseitigen* Parametertest gibt es auch die Möglichkeit *einseitiger* Tests.

Beispiel: Wir testen die *Nullhypothese*

$$H_0: \vartheta \leqslant \vartheta_0 \qquad \text{(III-151)}$$

(„der Parameter ϑ ist kleiner *oder* gleich ϑ_0") gegen die *Alternativhypothese*

$$H_1: \vartheta > \vartheta_0 \qquad \text{(III-152)}$$

(„der Parameter ϑ ist *größer* als ϑ_0").

Es handelt sich hierbei um einen *einseitigen* Test, da die Alternativhypothese nur Parameterwerte *größer* als ϑ_0 zuläßt. Es gibt jetzt nur *eine* kritische Grenze c. Sie läßt sich aus der Bedingung

$$P(T \leqslant c)_{H_0} = \gamma = 1 - \alpha \qquad \text{(III-153)}$$

für die verwendete *Test-* oder *Prüfvariable T* mit Hilfe der entsprechenden Verteilungsfunktion leicht berechnen (Bild III-40).

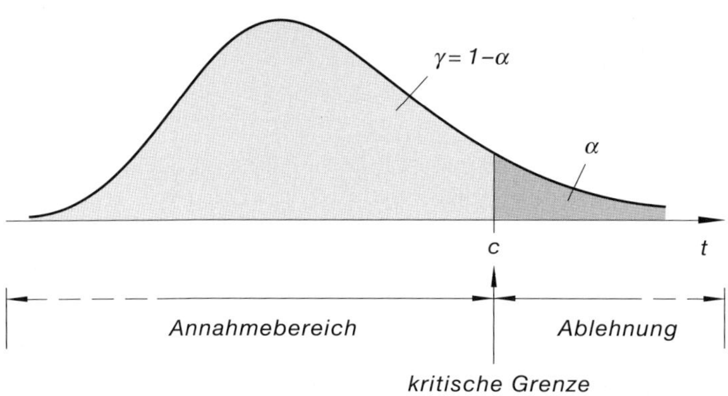

Bild III-40
Annahmebereich bei einem *einseitigen* Parametertest (Abgrenzung nach *oben*)

(5) Häufig wird auf eine Alternativhypothese *verzichtet*. Falls dann keine *signifikante* oder (wie man auch sagt) *statistisch gesicherte* Abweichung vorliegt, wird die Nullhypothese H_0 *beibehalten*, d.h. *nicht abgelehnt*. Dies bedeutet aber keineswegs, daß H_0 als richtig angenommen wird, sondern besagt lediglich, daß das Ergebnis der Stichprobenuntersuchung in *keinem* Widerspruch zur Nullhypothese H_0 steht. Ein *Musterbeispiel* aus dem technischen Bereich liefert die Überprüfung eines bestimmten *Sollwertes* (Hypothese: $\mu = \mu_0$). Es interessiert dabei häufig nur, ob der Sollwert μ_0 eingehalten wird *oder* nicht.

4.4 Mögliche Fehlerquellen bei einem Parametertest

Am Ende eines Parametertests ist stets eine *Entscheidung* zu fällen. Sie kann dabei zugunsten der Nullhypothese H_0 oder der Alternativhypothese H_1 ausfallen. In beiden Fällen werden gewisse *Rückschlüsse* von einer Zufallsstichprobe auf die entsprechende Grundgesamtheit gezogen. Wir müssen dabei jedoch bedenken, daß es *absolut sichere* Schlüsse grundsätzlich *nicht* gibt. Bei einer Testentscheidung besteht somit *immer* die Möglichkeit eines *Irrtums*, d.h. einer *Fehlentscheidung*. Mit anderen Worten: *Bei jeder Testentscheidung besteht eine bestimmte Wahrscheinlichkeit dafür, daß die getroffene Entscheidung falsch ist*. Dabei werden *zwei* Arten von Fehlern unterschieden:

Definitionen: (1) Ein *Fehler 1. Art* liegt vor, wenn eine an sich *richtige* Nullhypothese H_0 *abgelehnt* wird. Die Wahrscheinlichkeit für einen Fehler 1. Art wird mit α bezeichnet.

(2) Ein *Fehler 2. Art* wird begangen, wenn eine an sich *falsche* Nullhypothese H_0 *beibehalten*, d.h. *nicht abgelehnt* wird. Die Wahrscheinlichkeit für einen Fehler 2. Art wird mit β bezeichnet.

In beiden Fällen wurde eine *falsche* Entscheidung gefällt! Wir erläutern nun die möglichen Fehler 1. Art und 2. Art etwas näher am Beispiel eines *einseitigen* Parametertest, bei dem die *Nullhypothese*

$$H_0: \vartheta = \vartheta_0 \tag{III-154}$$

gegen die *Alternativhypothese*

$$H_1: \vartheta > \vartheta_0 \tag{III-155}$$

getestet werden soll.

Fehler 1. Art

Die *kritische Grenze c* wird bekanntlich so bestimmt, daß die Testvariable T bei *richtiger* Nullhypothese H_0 und vorgegebener Signifikanzzahl α mit einer Wahrscheinlichkeit von α Werte annimmt, die in den *kritischen* Bereich oder *Ablehnungsbereich* fallen (*dunkelgrau* unterlegte Fläche in Bild III-41). Wir haben dabei *vorausgesetzt*, daß ϑ_0 der *wahre* Wert des Parameters ϑ ist. Der Einfachheit halber nehmen wir desweiteren an, daß die verwendete Testvariable (Prüfgröße) T eine *Schätzfunktion* des betreffenden Parameters ϑ ist. Der *Test-* oder *Prüfwert* von T ist dann identisch mit dem *Schätzwert* $\hat{\vartheta}$ des Parameters.

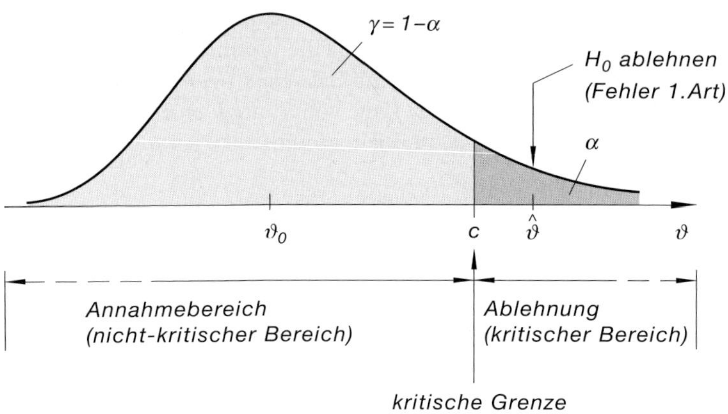

Bild III-41 Die *dunkelgrau* unterlegte Fläche α ist die Wahrscheinlichkeit dafür, einen *Fehler 1. Art* zu begehen, d. h. eine an sich richtige Nullhypothese verwerfen zu müssen

Fällt nun der aus einer *konkreten* Stichprobe berechnete *Testwert* $\hat{\vartheta}$ in den *Ablehnungsbereich* $\vartheta > c$, so müssen wir die an sich *richtige* Nullhypothese $H_0 : \vartheta = \vartheta_0$ *irrtümlicherweise verwerfen* und begehen damit genau einen *Fehler 1. Art*. Seine Größe entspricht dabei der vorgegebenen Signifikanzzahl α, die daher auch folgerichtig – wie bereits erwähnt – als *Irrtumswahrscheinlichkeit* bezeichnet und durch die in Bild III-41 *dunkelgrau* unterlegte Fläche repräsentiert wird.

■ **Beispiel**

Ein Großhändler bezieht direkt vom Hersteller einen größeren Posten eines bestimmten elektronischen Bauelements. Bei der Anlieferung der Ware wird er eine sog. *Abnahmekontrolle* durchführen, um zu *prüfen*, ob die vereinbarten Lieferbedingungen (z. B. *maximal* 1% „Ausschußware") auch eingehalten wurden. Aus diesem Grunde entnimmt er der Lieferung eine *Zufallsstichprobe*. Fällt dabei der aus der Stichprobe berechnete Wert der Testgröße (hier: *Anteilswert* „Ausschuß") in den *nicht-kritischen* Bereich (*Annahmebereich*), so wird der Großhändler die angelieferte Ware auch *abnehmen*. Fällt der Testwert jedoch in den *kritischen* Bereich (*Ablehnungsbereich*), so wird er die Annahme der Ware *verweigern*. Die zwischen Großhändler und Produzent vorher vereinbarte Signifikanzzahl α ist dabei die *Wahrscheinlichkeit* dafür, eine an sich *einwandfreie* Lieferung aufgrund einer Zufallsstichprobe *zurückzuweisen*, weil der Wert der Testgröße (hier also der *Anteilswert* „Ausschuß") *zufälligerweise* in den *kritischen* Bereich der Testgröße fällt. Einen solchen *Fehler 1. Art* bezeichnet man daher in der Praxis häufig auch als *Produzentenrisiko*.

■

Fehler 2. Art

Ein *Fehler 2. Art* liegt vor, wenn eine Nullhypothese H_0 *beibehalten*, d.h. *nicht abgelehnt* wird, obwohl sie *falsch* ist. Bild III-42 zeigt die als *richtig* angenommene Verteilung mit dem Parameterwert ϑ_0 und zugleich die *tatsächliche* Verteilung mit dem *wahren* Parameterwert ϑ_1 [31]. In dieser Abbildung wird die *Wahrscheinlichkeit* β für einen *Fehler 2. Art* durch die *hellgrau* unterlegte Fläche dargestellt (Fläche unter der Dichtefunktion der *wahren* Verteilung in den Grenzen von $-\infty$ bis zur *kritischen Grenze c*). Die Größe dieser Wahrscheinlichkeit hängt dabei noch von der Lage von ϑ_1 ab. Den entsprechenden funktionalen Zusammenhang zwischen β und ϑ_1 bezeichnet man als *Operationscharakteristik*: $\beta = \beta(\vartheta_1)$.

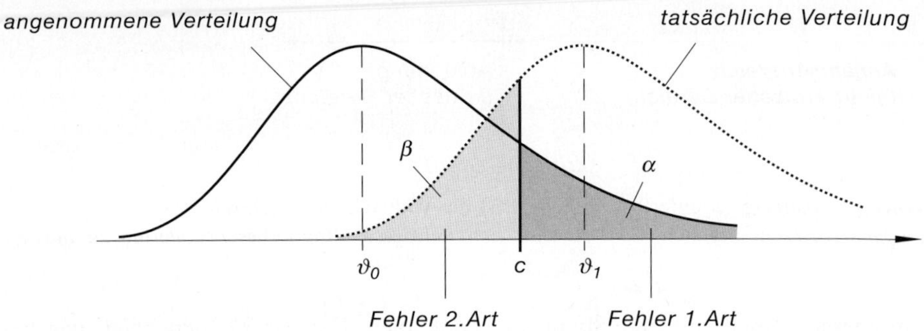

Bild III-42 Fehler 1. und 2. Art

■ **Beispiel**

Wir kommen nochmals auf das vorangegangene Beispiel zurück (*Abnahmekontrolle* bei einer Warenlieferung). In diesem Beispiel ist β die *Wahrscheinlichkeit* dafür, daß der Großhändler die Lieferung der elektronischen Bauelemente *annimmt*, obwohl sie *nicht* den vereinbarten Bedingungen (hier: *maximaler* „Ausschußanteil" von 1%) entspricht, weil die Lieferung insgesamt einen zu *hohen* Anteil an Ausschußware enthält (was der Großhändler aber nicht weiß). Diese *Fehlentscheidung* tritt genau dann ein, wenn der aus der entnommenen Zufallsstichprobe berechnete Wert der Testvariablen (hier also der *Anteilswert* „Ausschußware") *zufälligerweise* in den *nicht-kritischen* Bereich (Annahmebereich) fällt. Daher wird ein solcher *Fehler 2. Art* häufig auch als *Konsumentenrisiko* bezeichnet.

■

Zusammenhang zwischen den Fehlern 1. und 2. Art

Eine in der Praxis wichtige Fragestellung lautet somit: *Wie lassen sich diese Fehler 1. und 2. Art möglichst klein halten?*

Dazu betrachten wir eingehend Bild III-43, in dem die als *richtig angenommene* Verteilung (Parameter ϑ_0) und die *tatsächliche* Verteilung (Parameter ϑ_1) sowie die *Fehler 1.* und

---

[31] Dargestellt ist der Fall $\vartheta_1 > \vartheta_0$.

2. Art anschaulich dargestellt sind. Diesem Bild können wir unmittelbar entnehmen, daß eine *Verkleinerung* von α *automatisch* eine *Vergrößerung* von β nach sich zieht (Übergang von Bild a) zu Bild b)). Denn eine *Verkleinerung* von α (im Bild durch die *dunkelgrau* unterlegte Fläche veranschaulicht) bedeutet eine Verschiebung der kritischen Grenze c nach *rechts*, wobei aber automatisch β (im Bild durch die *hellgrau* unterlegte Fläche dargestellt) *zunimmt*. Umgekehrt gilt: Wird β *verkleinert*, so *vergrößert* sich dabei α (dies entspricht einer Verschiebung der kritischen Grenze c nach *links*).

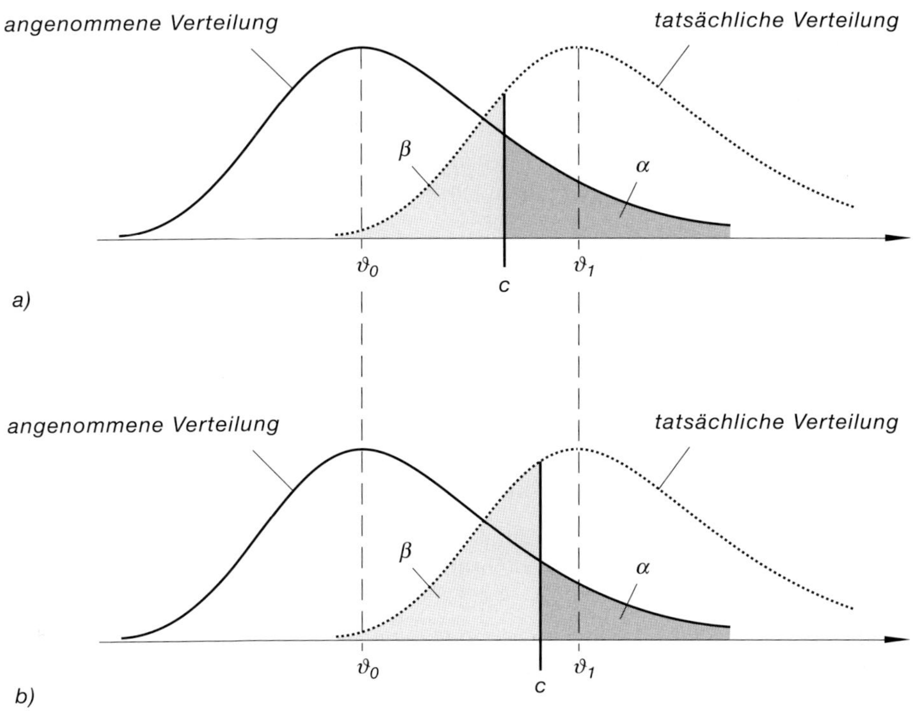

Bild III-43 Zum Zusammenhang zwischen einem Fehler 1. und 2. Art: Eine Verkleinerung des Fehlers 1. Art (α) bewirkt stets eine Vergrößerung des Fehlers 2. Art (β) (Übergang von Bild a) zu Bild b))

Entscheidet man sich in einem *konkreten* Fall z.B. für ein *sehr kleines* α und damit für ein *sehr geringes* Risiko, eine an sich *richtige* Nullhypothese H_0 *ablehnen* zu müssen, so nimmt man gleichzeitig ein *deutlich erhöhtes* Risiko für einen *Fehler 2. Art* in Kauf. Man muß daher stets von Fall zu Fall sehr sorgfältig abwägen, welcher der beiden Fehler letztendlich die *größeren* Konsequenzen nach sich zieht.

In der Praxis geht man daher meist wie folgt vor: Zunächst wählt man die (kleine) *Signifikanzzahl* α und damit das Risiko für einen *Fehler 1. Art*. Dann bestimmt man die *kritische Grenze* c und daraus die *Wahrscheinlichkeit* β für einen *Fehler 2. Art* in Abhängigkeit vom Parameterwert ϑ_1. Der Fehler 2. Art läßt sich dabei (bei *fest* vorgegebener

Irrtumswahrscheinlichkeit α) nur durch eine *Erhöhung* des Stichprobenumfangs *n verringern*! Man kann nämlich zeigen, daß die beiden Dichtekurven in Bild III-43 (sie entsprechen den Parameterwerten ϑ_0 und ϑ_1) umso *steiler* verlaufen, je *größer* der Stichprobenumfang *n* ist, wobei sich gleichzeitig die *hellgrau* unterlegte Bildfläche, die der Wahrscheinlichkeit β für einen Fehler 2. Art entspricht, *verkleinert*. Die Überlappung der beiden Verteilungskurven nimmt somit mit *zunehmendem* Stichprobenumfang *n ab*, der Parametertest hat dabei an „Trennschärfe" gewonnen.

Wir fassen die wichtigsten Aussagen zusammen:

Über mögliche Fehler 1. und 2. Art beim Prüfen von Hypothesen

Beim Prüfen von statistischen Hypothesen (z.B. bei Parametertests) ist grundsätzlich *immer* die Möglichkeit einer *Fehlentscheidung* gegeben. Die möglichen *Fehler 1.* und *2. Art* treten dabei mit den folgenden Wahrscheinlichkeiten auf:

α: Wahrscheinlichkeit dafür, eine an sich *richtige* Nullhypothese H_0 *abzulehnen*, d.h. einen *Fehler 1. Art* zu begehen (auch *Risiko 1. Art* oder *Irrtumswahrscheinlichkeit* genannt)

β: Wahrscheinlichkeit dafür, eine an sich *falsche* Nullhypothese H_0 *beizubehalten* (*nicht abzulehnen*), d.h. einen *Fehler 2. Art* zu begehen (auch *Risiko 2. Art* genannt)

Beim Testen sollten daher folgende Hinweise beachtet werden:

1. Zwischen den Wahrscheinlichkeiten α und β für die *Fehler 1.* und *2. Art* besteht ein relativ komplizierter Zusammenhang folgender Art (vgl. hierzu Bild III-43):
   Soll bei *gleichbleibendem* Stichprobenumfang *n* die Irrtumswahrscheinlichkeit α *verkleinert* werden, so muß man gleichzeitig eine *Vergrößerung* der Wahrscheinlichkeit β in Kauf nehmen (und umgekehrt).
2. Sind bei einer *irrtümlichen Ablehnung* einer an sich *richtigen* Nullhypothese H_0 schwerwiegende Folgen zu befürchten, so wähle man α *sehr klein* (z.B. $\alpha = 0{,}01$ oder $\alpha = 0{,}001$). Man nimmt dabei allerdings (bewußt!) ein *erhöhtes* Risiko für einen *Fehler 2. Art* in Kauf.
3. Man sollte dagegen α *nicht zu klein* wählen (z.B. $\alpha = 0{,}1$ oder $\alpha = 0{,}05$), wenn bei einer *irrtümlichen* Annahme einer an sich *falschen* Nullhypothese H_0 mit schwerwiegenden Folgen zu rechnen ist. Dabei wird dann bewußt ein *größeres* Risiko für einen *Fehler 1. Art* in Kauf genommen.
4. Soll das Risiko für einen *Fehler 2. Art*, d.h. β *verringert* werden, *ohne* dabei gleichzeitig die Wahrscheinlichkeit α für einen *Fehler 1. Art* vergrößern zu müssen, so ist dieses Ziel nur durch eine entsprechende *Erhöhung* des Stichprobenumfangs *n* erreichbar (Verbesserung der sog. *Trennschärfe* des Tests).

Anmerkungen

(1) Grundsätzlich lassen sich die Risiken 1. und 2. Art (d.h. α und β) *beliebig klein* halten, in dem man entsprechend *umfangreiche* Stichproben verwendet. Aus Kosten- und Zeitgründen ist dies jedoch in der Praxis nur selten möglich.

(2) Häufig wird bei einem Parametertest nur die Irrtumswahrscheinlichkeit α vorgegeben und auf eine Alternativhypothese H_1 *verzichtet*. Ein solcher Test wird als *Signifikanztest* bezeichnet.

(3) Für nähere Einzelheiten zu diesem wichtigen aber auch sehr komplizierten Thema verweisen wir auf die spezielle Fachliteratur (siehe Literaturverzeichnis).

4.5 Spezielle Parametertests

In diesem Abschnitt wenden wir den in Abschnitt 4.3 beschriebenen Parametertest auf die in der Praxis besonders wichtige *Gaußsche Normalverteilung* sowie die *Binomialverteilung* an. Bei der *Formulierung* der Tests beschränken wir uns dabei auf die *zweiseitige* Fragestellung. Die Vorgehensweise ist weitgehend die gleiche wie bei der Herleitung der Vertrauens- oder Konfidenzintervalle in Abschnitt 3.4.

4.5.1 Tests für den unbekannten Mittelwert μ einer Normalverteilung bei bekannter Varianz σ^2

X sei eine *normalverteilte* Zufallsvariable mit dem *unbekannten* Mittelwert μ und der als *bekannt* vorausgesetzten Varianz σ^2. Wir *vermuten* jedoch, daß der *Mittelwert* μ einen bestimmten Wert μ_0 besitzt und testen daher unter Verwendung einer konkreten Stichprobe $x_1, x_2, \ldots, x_n$ die

Nullhypothese $H_0: \mu = \mu_0$ (III-156)

gegen die

Alternativhypothese $H_1: \mu \neq \mu_0$ (III-157)

Dieser *zweiseitige* Parametertest verläuft dabei nach dem aus Abschnitt 4.3 bekannten Schema schrittweise wie folgt:

(1) Zunächst wählen wir eine bestimmte *Signifikanzzahl* (*Irrtumswahrscheinlichkeit*) α $(0 < \alpha < 1)$.

(2) Als *Schätzfunktion* für den unbekannten *Mittelwert* μ der Normalverteilung verwenden wir die aus Abschnitt 3.2.3 bereits bekannte *Stichprobenfunktion*

$$\overline{X} = \frac{X_1 + X_2 + \ldots + X_n}{n} \qquad \text{(III-158)}$$

Dabei sind $X_1, X_2, \ldots, X_n$ voneinander *unabhängige* und *normalverteilte* Zufallsvariable mit der *gleichen* Verteilung wie die Zufallsvariable X (Mittelwert μ_0, Varianz σ^2)[32]. Dann ist bekanntlich auch die Schätzfunktion $\overline{X}$ *normalverteilt* mit dem Mittelwert μ_0 und der Varianz σ^2/n.

[32] Unter der *Voraussetzung*, daß die Nullhypothese $H_0: \mu = \mu_0$ *zutrifft*.

(3) Die Berechnung der *kritischen Grenzen* $\mu_0 \mp c^*$ bzw. des *kritischen* Wertes c^* für die Zufallsvariable $\overline{X}$ erfolgt dann aus der Bedingung

$$P(\mu_0 - c^* \leqslant \overline{X} \leqslant \mu_0 + c^*)_{H_0} = 1 - \alpha \tag{III-159}$$

(*hellgrau* unterlegte Fläche in Bild III-44)

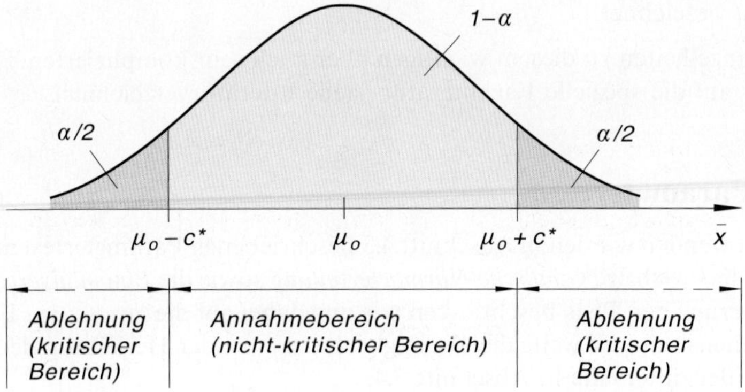

Bild III-44 Kritischer und nicht-kritischer Bereich bei einem zweiseitigen Test für den unbekannten Mittelwert μ einer Normalverteilung (bei bekannter Varianz σ^2)

Zweckmäßigerweise gehen wir nun von der Zufallsvariablen $\overline{X}$ zur zugehörigen *standardisierten* Zufallsvariablen

$$U = \frac{\overline{X} - \mu_0}{\sigma/\sqrt{n}} \tag{III-160}$$

über. Diese Zufallsvariable ist *standardnormalverteilt* und eignet sich als *Testvariable* (*Prüfgröße*) für diesen Parametertest. Die Bedingung (III-159) geht bei der vorgenommenen *Variablentransformation* (*Standardisierung*) $\overline{X} \rightarrow U$ dabei über in

$$P\left(-\frac{c^*\sqrt{n}}{\sigma} \leqslant U \leqslant \frac{c^*\sqrt{n}}{\sigma}\right)_{H_0} = 1 - \alpha \tag{III-161}$$

oder – unter Verwendung der Abkürzung $c = c^*\sqrt{n}/\sigma$ –

$$P(-c \leqslant U \leqslant c)_{H_0} = 1 - \alpha \tag{III-162}$$

Die Konstante c ist der *kritische* Wert für die *Testvariable* U, die *kritischen Grenzen* liegen somit an den Stellen $c_u = -c$ und $c_0 = c$ (*hellgrau* unterlegte Fläche in Bild III-45). Der *kritische* Bereich wird somit durch die Ungleichung $|U| > c$ beschrieben (*dunkelgrau* unterlegte Fläche in Bild III-45). Die Berechnung des *kritischen* Wertes c erfolgt dann aus der Bedingung (III-162) mit Hilfe von Tabelle 2 im Anhang (Tabelle der *Quantile der Standardnormalverteilung*).

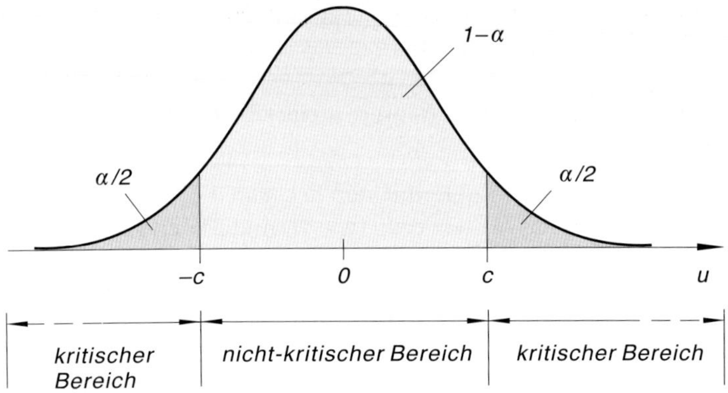

Bild III-45 Zur Bestimmung des kritischen Wertes c für die standardnormalverteilte Testvariable U

(4) Wir berechnen nun den *Mittelwert* $\bar{x}$ der vorgegebenen konkreten Stichprobe $x_1, x_2, \ldots, x_n$. Die *Testvariable* U aus Gleichung (III-160) erhält damit den folgenden *Test-* oder *Prüfwert*:

$$\hat{u} = \frac{\bar{x} - \mu_0}{\sigma / \sqrt{n}} \tag{III-163}$$

(5) **Testentscheidung:** Fällt der *Test-* oder *Prüfwert* $\hat{u}$ in den *nicht-kritischen* Bereich (*Annahmebereich*), d.h. gilt

$$-c \leqslant \hat{u} \leqslant c \tag{III-164}$$

so wird die Nullhypothese $H_0: \mu = \mu_0$ *beibehalten*, andernfalls aber zugunsten der Alternativhypothese $H_1: \mu \neq \mu_0$ *verworfen*. „*Beibehalten*" bedeutet dabei lediglich, daß die Nullhypothese H_0 aufgrund der verwendeten Stichprobe *nicht abgelehnt* werden kann. Bild III-46 verdeutlicht diese Testentscheidung.

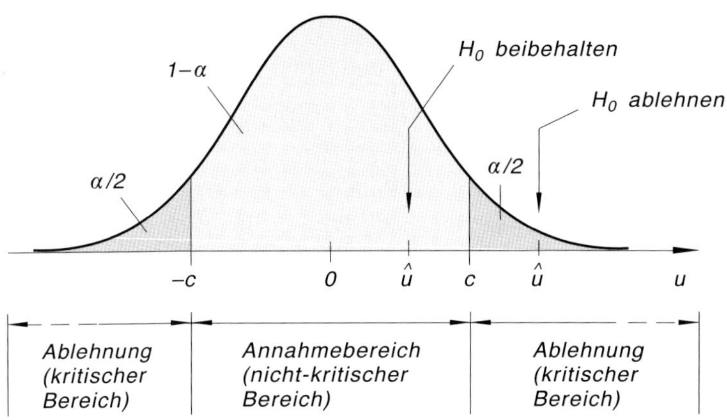

Bild III-46 Testentscheidung über Beibehaltung oder Ablehnung der Nullhypothese $H_0: \mu = \mu_0$

Wir fassen diesen speziellen Parametertest wie folgt zusammen:

Zweiseitiger Test für den unbekannten Mittelwert μ einer Normalverteilung bei bekannter Varianz σ^2

X sei eine *normalverteilte* Zufallsvariable mit der *bekannten* Varianz σ^2. Es soll *geprüft* werden, ob der *unbekannte* Mittelwert μ (wie vermutet) den speziellen Wert μ_0 besitzt ($\mu = \mu_0$). Auf der Basis einer *Zufallsstichprobe* $x_1, x_2, \ldots, x_n$ vom Umfang n testen wir daher die

$$\textit{Nullhypothese } H_0: \mu = \mu_0 \tag{III-165}$$

gegen die

$$\textit{Alternativhypothese } H_1: \mu \neq \mu_0 \tag{III-166}$$

Die Durchführung dieses *zweiseitigen* Parametertests erfolgt dabei schrittweise wie folgt:

1. Wir wählen zunächst eine bestimmte *Signifikanzzahl* (*Irrtumswahrscheinlichkeit*) α (in der Praxis meist $\alpha = 0{,}05 = 5\%$ oder $\alpha = 0{,}01 = 1\%$).
2. *Test-* oder *Prüfvariable* ist die *standardnormalverteilte* Zufallsvariable

$$U = \frac{\overline{X} - \mu_0}{\sigma / \sqrt{n}} \tag{III-167}$$

Dabei bedeuten:

$\overline{X}$: *Schätzfunktion* für den unbekannten *Mittelwert* μ der normalverteilten Grundgesamtheit (vgl. hierzu Abschnitt 3.2.3)

μ_0: *Vermuteter* Wert des unbekannten Mittelwertes μ

σ: *Standardabweichung* der normalverteilten Grundgesamtheit (wird hier als *bekannt* vorausgesetzt)

n: *Umfang* der verwendeten Stichprobe

Die Berechnung des *kritischen* Wertes c und damit der *kritischen Grenzen* $\mp c$ erfolgt aus der Bedingung

$$P(-c \leqslant U \leqslant c)_{H_0} = 1 - \alpha \tag{III-168}$$

unter Verwendung von Tabelle 2 im Anhang (vgl. hierzu auch die *hellgrau* unterlegte Fläche in Bild III-45). Der *nicht-kritische* Bereich (*Annahmebereich*) lautet dann:

$$-c \leqslant u \leqslant c \tag{III-169}$$

3. Berechnung des *Mittelwertes* $\bar{x}$ der konkreten Stichprobe $x_1, x_2, \ldots, x_n$ sowie des *Test-* oder *Prüfwertes*

$$\hat{u} = \frac{\bar{x} - \mu_0}{\sigma/\sqrt{n}} \qquad \text{(III-170)}$$

der *Testvariablen U.*

4. **Testentscheidung:** Fällt der *Test-* oder *Prüfwert* $\hat{u}$ in den *nicht-kritischen* Bereich (*Annahmebereich*), d. h. gilt

$$-c \leqslant \hat{u} \leqslant c \qquad \text{(III-171)}$$

so wird die Nullhypothese $H_0: \mu = \mu_0$ *beibehalten*, anderenfalls zugunsten der Alternativhypothese $H_1: \mu \neq \mu_0$ *verworfen* (vgl. hierzu Bild III-46). „*Beibehalten*" bedeutet dabei lediglich, daß die Nullhypothese H_0 aufgrund der verwendeten Stichprobe *nicht abgelehnt* werden kann.

Anmerkungen

(1) Bei der *Rücktransformation* $U \to \overline{X}$ mittels der Transformationsgleichung (III-167) erhält man für die Schätzfunktion $\overline{X}$ den *kritischen* Wert $c^* = c\,\sigma/\sqrt{n}$ und damit den *nichtkritischen* Bereich (*Annahmebereich*)

$$\mu_0 - c^* \leqslant \bar{x} \leqslant \mu_0 + c^* \qquad \text{(III-172)}$$

(vgl. hierzu auch Bild III-44). Die *Testentscheidung* lautet dann für die Zufallsvariable $\overline{X}$ wie folgt: Fällt der aus der Stichprobe berechnete Mittelwert $\bar{x}$ in dieses Intervall, so wird die Nullhypothese H_0 beibehalten, d.h. *nicht abgelehnt*, anderenfalls muß sie zugunsten der Alternativhypothese H_1 *verworfen* werden.

(2) Analog verlaufen die *einseitigen* Parametertests. In diesen Fällen gibt es aber nur jeweils *eine* kritische Grenze c. Sie läßt sich aus den folgenden Bedingungen mit Hilfe von Tabelle 2 im Anhang leicht ermitteln:

1. Fall: Abgrenzung nach oben (Bild III-47)

$H_0: \mu \leqslant \mu_0$

$H_1: \mu > \mu_0$

$P(U \leqslant c)_{H_0} = 1 - \alpha$

Annahmebereich: $u \leqslant c$

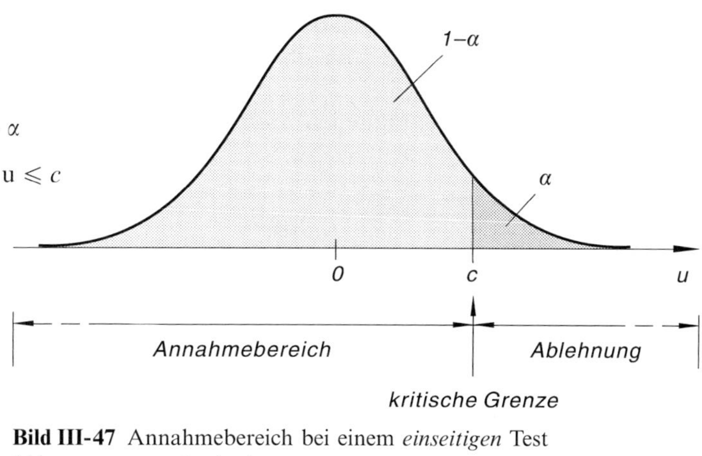

Bild III-47 Annahmebereich bei einem *einseitigen* Test (Abgrenzung nach *oben*)

2. Fall: Abgrenzung nach unten (Bild III-48)

$H_0: \mu \geqslant \mu_0$

$H_1: \mu < \mu_0$

$P(U < c)_{H_0} = \alpha$

Annahmebereich: $u \geqslant c$

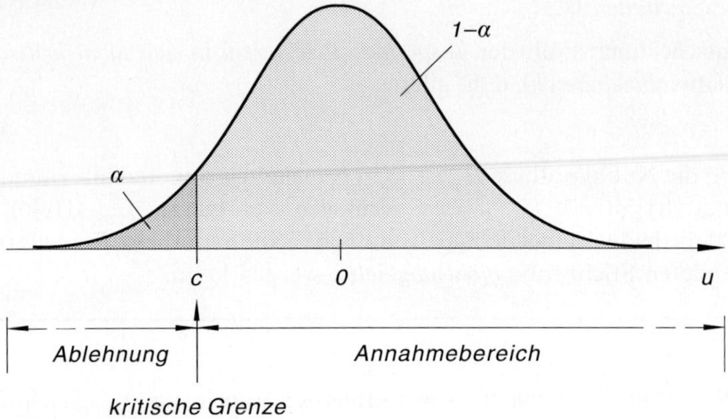

Bild III-48 Annahmebereich bei einem *einseitigen* Test (Abgrenzung nach *unten*)

■ **Beispiele**

(1) 10 Nägel aus einem bestimmten Sortiment haben die folgende Länge:

i	1	2	3	4	5	6	7	8	9	10
$\frac{x_i}{\text{mm}}$	20	22	19	22	18	21	18	19	21	20

Sie stammen aus einer *normalverteilten* Grundgesamtheit mit der *Varianz* $\sigma^2 = 9\ \text{mm}^2$. Man teste auf einem *Signifikanzniveau* von $\alpha = 0{,}01 = 1\%$ die *Hypothese*, daß diese Stichprobe einer Grundgesamtheit mit dem *Mittelwert* $\mu_0 = 22$ mm entnommen wurde (*zweiseitiger* Parametertest).

Lösung:

Wir testen die *Nullhypothese*

$$H_0: \mu = \mu_0 = 22\ \text{mm}$$

gegen die *Alternativhypothese*

$$H_1: \mu \neq 22\ \text{mm}$$

schrittweise wie folgt:

1. Schritt: Die *Signifikanzzahl* oder *Irrtumswahrscheinlichkeit* α ist bereits vorgegeben: $\alpha = 0{,}01$.

2. Schritt: Die Bestimmungsgleichung für den *kritischen* Wert c der *normalverteilten* Testvariablen

$$U = \frac{\overline{X} - \mu_0}{\sigma/\sqrt{n}} = \frac{\overline{X} - 22\ \text{mm}}{3\ \text{mm}/\sqrt{10}}$$

lautet:

$$P(-c \leqslant U \leqslant c)_{H_0} = 1 - \alpha = 1 - 0{,}01 = 0{,}99$$

Hieraus erhalten wir unter Verwendung von Tabelle 2 im Anhang den folgenden Wert für die unbekannte *Schranke* c:

$$P(-c \leqslant U \leqslant c)_{H_0} = \phi(c) - \phi(-c) = \phi(c) - [1 - \phi(c)] =$$
$$= 2 \cdot \phi(c) - 1 = 0{,}99$$

$$\phi(c) = 0{,}995 \quad \longrightarrow \quad c = u_{0,995} = 2{,}576$$

Der *nicht-kritische* Bereich oder *Annahmebereich* wird somit durch das *symmetrische* Intervall

$$-2{,}576 \leqslant u \leqslant 2{,}576$$

beschrieben.

3. Schritt: Der *Stichprobenmittelwert* $\bar{x}$ beträgt

$$\bar{x} = \frac{1}{10} \cdot \sum_{i=1}^{10} x_i = \frac{1}{10}(20 + 22 + \ldots + 20)\ \text{mm} = 20\ \text{mm}$$

Die Testvariable U besitzt demnach den folgenden *Testwert*:

$$\hat{u} = \frac{\bar{x} - \mu_0}{\sigma/\sqrt{n}} = \frac{(20 - 22)\ \text{mm}}{3\ \text{mm}/\sqrt{10}} = -2{,}108$$

4. Schritt (Testentscheidung): Der *Testwert* $\hat{u} = -2{,}108$ fällt in den *Annahmebereich*, d.h. es gilt $-2{,}576 \leqslant \hat{u} \leqslant 2{,}576$ (Bild III-49). Die Nullhypothese $H_0: \mu = \mu_0 = 22$ mm kann daher aufgrund der verwendeten Stichprobe *nicht abgelehnt* werden. Mit anderen Worten: Wir können davon ausgehen, daß die normalverteilte Grundgesamtheit, aus der wir die Stichprobe entnommen haben, den Mittelwert $\mu_0 = 22$ mm besitzt.

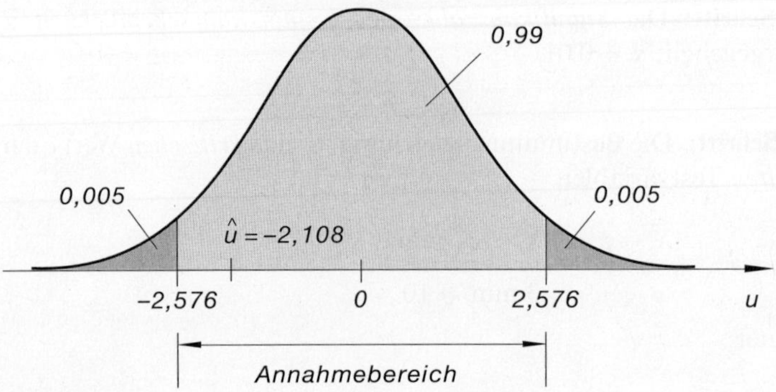

Bild III-49
Der Testwert $\hat{u} = -2{,}108$ fällt in den Annahmebereich, die Nullhypothese $H_0 : \mu = \mu_0 = 22$ mm wird daher beibehalten, d.h. nicht abgelehnt

Anmerkung

Für die Zufallsvariable $\overline{X}$ erhalten wir den *kritischen* Wert

$$c^* = \frac{c\,\sigma}{\sqrt{n}} = \frac{2{,}576 \cdot 3 \text{ mm}}{\sqrt{10}} = 2{,}44 \text{ mm}$$

und damit nach (III-172) den *Annahmebereich*

$$(22 - 2{,}44) \text{ mm} \leqslant \bar{x} \leqslant (22 + 2{,}44) \text{ mm}$$

$$\boxed{19{,}56 \text{ mm} \leqslant \bar{x} \leqslant 24{,}44 \text{ mm}}$$

Der beobachtete Stichprobenmittelwert $\bar{x} = 20$ mm liegt in diesem Intervall (Bild III-50):

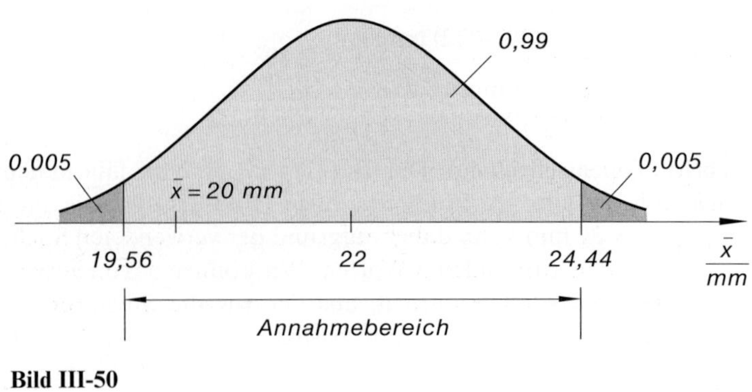

Bild III-50

(2) Einer *normalverteilten* Grundgesamtheit mit der *Varianz* $\sigma^2 = 4$ wurde eine Zufallsstichprobe vom Umfang $n = 10$ entnommen. Dabei ergab sich ein *Stichprobenmittelwert* von $\bar{x} = 12$. Man teste die *Nullhypothese*

$$H_0 : \mu \leqslant \mu_0 = 10$$

gegen die *Alternativhypothese*

$$H_1 : \mu > 10$$

für eine vorgegebene *Irrtumswahrscheinlichkeit* oder *Signifikanzzahl* von $\alpha = 5\%$ (*einseitiger* Parametertest).

Lösung:

1. Schritt: Die *Signifikanzzahl* ist bereits vorgegeben: $\alpha = 0{,}05$.

2. Schritt: Die *kritische Grenze* c für die *standardnormalverteilte* Testvariable

$$U = \frac{\overline{X} - \mu_0}{\sigma/\sqrt{n}} = \frac{\overline{X} - 10}{2/\sqrt{10}}$$

berechnen wir aus der Bedingung

$$P(U > c)_{H_0} = \alpha = 0{,}05$$

oder der *gleichwertigen* Bedingung

$$P(U \leqslant c)_{H_0} = 1 - \alpha = 1 - 0{,}05 = 0{,}95$$

unter Verwendung von Tabelle 2 im Anhang:

$$P(U \leqslant c)_{H_0} = \phi(c) = 0{,}95 \quad \longrightarrow \quad c = u_{0,95} = 1{,}645$$

Der *nicht-kritische* Bereich (*Annahmebereich*) lautet somit (Bild III-51):

$$u \leqslant 1{,}645$$

3. Schritt: Wir berechnen nun den *Wert* der Testgröße U:

$$\hat{u} = \frac{\bar{x} - \mu_0}{\sigma/\sqrt{n}} = \frac{12 - 10}{2/\sqrt{10}} = 3{,}162$$

4. Schritt (Testentscheidung): Der *Testwert* $\hat{u} = 3{,}162$ liegt *im* kritischen Bereich $u > 1{,}645$ (Bild III-51). Die Nullhypothese $H_0 : \mu \leqslant \mu_0 = 10$ muß daher auf dem Signifikanzniveau $\alpha = 5\%$ zugunsten der Alternativhypothese $H_1 : \mu > 10$ *abgelehnt* werden. Wir können somit davon ausgehen, daß der unbekannte Mittelwert μ der normalverteilten Grundgesamtheit *größer* ist als 10.

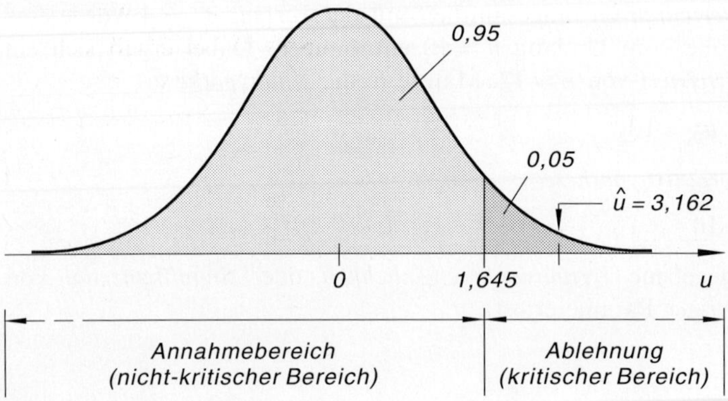

Bild III-51 Der Testwert $\hat{u} = 3{,}162$ fällt in den kritischen Bereich, die Nullhypothese $H_0 : \mu \leqslant \mu_0 = 10$ wird daher verworfen

■

4.5.2 Tests für den unbekannten Mittelwert μ einer Normalverteilung bei unbekannter Varianz σ^2

X sei wiederum eine *normalverteilte* Zufallsvariable. Neben dem Mittelwert μ ist diesmal aber auch die Varianz σ^2 *unbekannt*. Wir *vermuten* jedoch, daß der *Mittelwert* μ einen bestimmten Wert μ_0 besitzt ($\mu = \mu_0$) und *testen* daher unter sonst ähnlichen Bedingungen wie im vorangegangenen Abschnitt 4.5.1 die

$$\textit{Nullhypothese } H_0 : \mu = \mu_0 \qquad \text{(III-173)}$$

gegen die

$$\textit{Alternativhypothese } H_1 : \mu \neq \mu_0 \qquad \text{(III-174)}$$

Testvariable ist diesmal wegen der *unbekannten* Varianz σ^2 die Zufallsvariable

$$T = \frac{\overline{X} - \mu_0}{S/\sqrt{n}} \qquad \text{(III-175)}$$

Dabei ist S die bereits aus Abschnitt 3.2.4 bekannte *Schätzfunktion* für die (ebenfalls unbekannte) *Standardabweichung* σ und n der *Umfang* der Zufallsstichprobe, die diesem *zweiseitigen* Parametertest zugrunde gelegt wird. Die Testvariable T genügt dann der *t-Verteilung* von *Student* mit $f = n - 1$ Freiheitsgraden. Bei der Berechnung des *kritischen* Wertes c bzw. der *kritischen Grenzen* $c_u = -c$ und $c_0 = c$ ist daher diesmal die Verteilungsfunktion $F(t)$ der *t-Verteilung mit* $f = n - 1$ Freiheitsgraden zu verwenden.

Der *zweiseitige* Parametertest für den *Mittelwert* μ verläuft dann wie folgt:

Zweiseitiger Test für den unbekannten Mittelwert μ einer Normalverteilung bei unbekannter Varianz σ^2

X sei eine *normalverteilte* Zufallsvariable mit der *unbekannten* Varianz σ^2. Es soll *geprüft* werden, ob der ebenfalls unbekannte Mittelwert μ (wie vermutet) den speziellen Wert μ_0 besitzt ($\mu = \mu_0$). Auf der Basis einer *Zufallsstichprobe* $x_1, x_2, \ldots, x_n$ vom Umfang n testen wir daher die

Nullhypothese $H_0: \mu = \mu_0$ (III-176)

gegen die

Alternativhypothese $H_1: \mu \neq \mu_0$ (III-177)

Die Durchführung dieses *zweiseitigen* Parametertests erfolgt dabei schrittweise wie folgt:

1. Wir wählen zunächst eine bestimmte *Signifikanzzahl* (*Irrtumswahrscheinlichkeit*) α (in der Praxis meist $\alpha = 0{,}05 = 5\%$ oder $\alpha = 0{,}01 = 1\%$).
2. *Test-* oder *Prüfvariable* ist die Zufallsvariable

$$T = \frac{\overline{X} - \mu_0}{S/\sqrt{n}} \qquad \text{(III-178)}$$

die der *t-Verteilung* von *Student* mit $f = n - 1$ Freiheitsgraden genügt.

Dabei bedeuten:

$\overline{X}$: *Schätzfunktion* für den unbekannten *Mittelwert* μ der normalverteilten Grundgesamtheit (vgl. hierzu Abschnitt 3.2.3)

μ_0: *Vermuteter* Wert des unbekannten Mittelwertes μ

S: *Schätzfunktion* für die unbekannte Standardabweichung σ der normalverteilten Grundgesamtheit (vgl. hierzu Abschnitt 3.2.4)

n: *Umfang* der verwendeten Stichprobe

Die Berechnung des *kritischen* Wertes c und damit der *kritischen Grenzen* $\mp c$ erfolgt aus der Bedingung

$$P(-c \leqslant T \leqslant c)_{H_0} = 1 - \alpha \qquad \text{(III-179)}$$

unter Verwendung von Tabelle 4 im Anhang (vgl. hierzu auch die *hellgrau* unterlegte Fläche in Bild III-52). Der *nicht-kritische* Bereich (*Annahmebereich*) lautet dann:

$$-c \leqslant t \leqslant c \qquad \text{(III-180)}$$

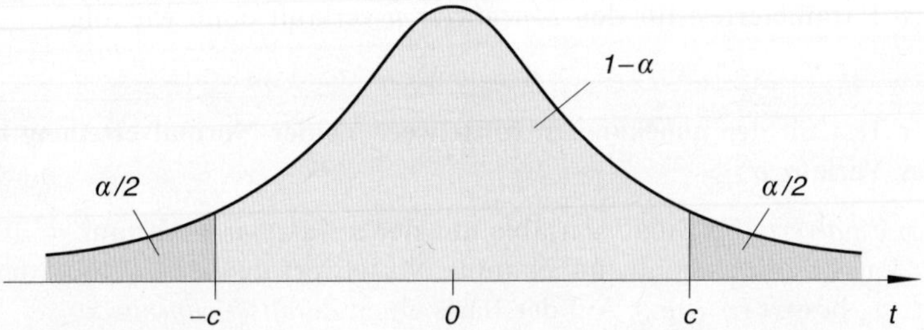

Bild III-52 Zur Bestimmung des kritischen Wertes c für die einer t-Verteilung genügende Testvariable T

3. Berechnung des *Mittelwertes* $\bar{x}$ und der *Standardabweichung* s der vorgegebenen konkreten Stichprobe $x_1, x_2, \ldots, x_n$ sowie des *Test-* oder *Prüfwertes*

$$\hat{t} = \frac{\bar{x} - \mu_0}{s/\sqrt{n}} \tag{III-181}$$

der *Testvariablen T.*

4. **Testentscheidung:** Fällt der *Test-* oder *Prüfwert* $\hat{t}$ in den *nicht-kritischen* Bereich (*Annahmebereich*), d. h. gilt

$$-c \leqslant \hat{t} \leqslant c \tag{III-182}$$

so wird die Nullhypothese $H_0: \mu = \mu_0$ *beibehalten*, anderenfalls zugunsten der Alternativhypothese $H_1: \mu \neq \mu_0$ verworfen (Bild III-53). „*Beibehalten*" bedeutet dabei lediglich, daß die Nullhypothese H_0 aufgrund der verwendeten Stichprobe *nicht abgelehnt* werden kann.

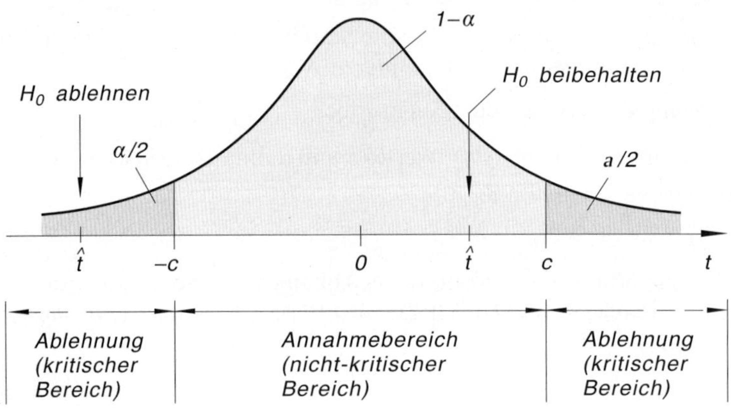

Bild III-53 Testentscheidung über Beibehaltung oder Ablehnung der Nullhypothese $H_0: \mu = \mu_0$

Anmerkungen

(1) Bei der *Rücktransformation* $T \rightarrow \overline{X}$ mittels der Transformationsgleichung (III-178) erhält man für die Zufallsvariable $\overline{X}$ den *kritischen* Wert $c^* = c\,s/\sqrt{n}$ und damit den *nichtkritischen* Bereich (*Annahmebereich*)

$$\mu_0 - c^* \leqslant \bar{x} \leqslant \mu_0 + c^* \qquad \text{(III-183)}$$

(vgl. hierzu auch Bild III-54). Fällt der aus der *Stichprobe* berechnete Mittelwert $\bar{x}$ *in* dieses Intervall, so wird die Nullhypothese H_0 *beibehalten*, anderenfalls muß sie zugunsten der Alternativhypothese H_1 *verworfen* werden.

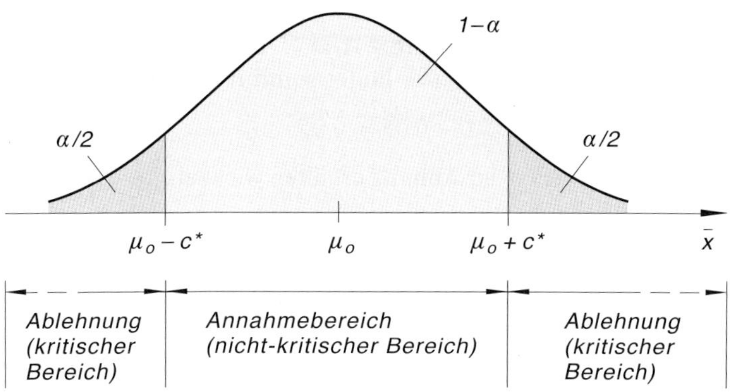

Bild III-54 Annahmebereich bei einem zweiseitigen Test für den unbekannten Mittelwert μ einer Normalverteilung (bei unbekannter Varianz σ^2)

(2) Bei *einseitigen* Tests gelten sinngemäß die in Abschnitt 4.5.1 in Anmerkung (2) gemachten Bemerkungen, wobei bei der Berechnung der *kritischen Grenze c* die *t-Verteilung* von *Student* mit $f = n - 1$ Freiheitsgraden anstelle der Standardnormalverteilung zu verwenden ist.

(3) Bei einer *umfangreichen* Stichprobe (**Faustregel:** $n > 30$) ist die durch Gleichung (III-178) definierte Testvariable T *näherungsweise standardnormalverteilt* und wir dürfen daher das in Abschnitt 4.5.1 besprochene Testverfahren anwenden ($\sigma^2 \approx s^2$).

■ **Beispiel**

Ein Hersteller produziert in großen Mengen Zylinderscheiben mit einem *Solldurchmesser* von 20,2 mm. Um die *Einhaltung* dieses Sollwertes zu *überprüfen*, wird aus der laufenden Produktion eine *Stichprobe* vom Umfang $n = 16$ entnommen. Die Auswertung dieser Stichprobe ergibt dabei einen *mittleren* Durchmesser von $\bar{x} = 20{,}6$ mm mit einer *empirischen* Standardabweichung von $s = 0{,}5$ mm. Unter Verwendung dieser Stichprobe testen wir die *Nullhypothese*

$$H_0: \mu = \mu_0 = 20{,}2 \text{ mm}$$

gegen die *Alternativhypothese*

$$H_1: \mu \neq \mu_0 = 20{,}2 \text{ mm}$$

auf dem *Signifikanzniveau* $\alpha = 0{,}05 = 5\%$. Der Test soll dabei *zweiseitig* durchgeführt werden, wobei der Durchmesser X der Zylinderscheiben als eine *normalverteilte* Zufallsvariable angesehen werden kann.

Wir lösen diese Aufgabe jetzt schrittweise wie folgt:

1. Schritt: Das *Signifikanzniveau* ist bereits vorgegeben: $\alpha = 0{,}05$.

2. Schritt: Die *Testvariable*

$$T = \frac{\overline{X} - \mu_0}{S/\sqrt{n}} = \frac{\overline{X} - 20{,}2\text{ mm}}{S/\sqrt{16}} = \frac{\overline{X} - 20{,}2\text{ mm}}{S/4}$$

genügt der *t-Verteilung* mit $f = n - 1 = 16 - 1 = 15$ Freiheitsgraden. Die Bestimmungsgleichung für den *kritischen* Wert c lautet somit (Bild III-55):

$$P(-c \leqslant T \leqslant c)_{H_0} = 1 - \alpha = 1 - 0{,}05 = 0{,}95$$

Unter Verwendung von Tabelle 4 im Anhang erhalten wir (bei $f = 15$ Freiheitsgraden):

$$P(-c \leqslant T \leqslant c)_{H_0} = F(c) - F(-c) = F(c) - [1 - F(c)] =$$
$$= 2 \cdot F(c) - 1 = 0{,}95$$

$$F(c) = 0{,}975 \quad \xrightarrow{f=15} \quad c = t_{(0{,}975;\,15)} = 2{,}131$$

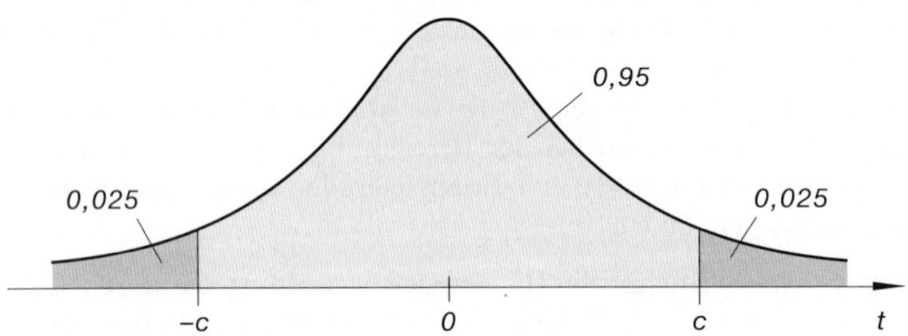

Bild III-55

Damit ergibt sich der folgende *nicht-kritische* Bereich (*Annahmebereich*; vgl. hierzu auch Bild III-56):

$$-2{,}131 \leqslant t \leqslant 2{,}131$$

3. Schritt: Mit $\mu_0 = 20{,}2$ mm, $n = 16$, $\bar{x} = 20{,}6$ mm und $s = 0{,}5$ mm erhalten wir für die Testvariable T einen *Test-* oder *Prüfwert* von

$$\hat{t} = \frac{\bar{x} - \mu_0}{s/\sqrt{n}} = \frac{(20{,}6 - 20{,}2)\text{ mm}}{0{,}5\text{ mm}/\sqrt{16}} = 3{,}2$$

4. Schritt (Testentscheidung): Der *Testwert* $\hat{t} = 3{,}2$ fällt in den *kritischen* Bereich $|t| > 2{,}131$ (Bild III-56). Die Nullhypothese $H_0: \mu = \mu_0 = 20{,}2$ mm ist somit *abzulehnen.*

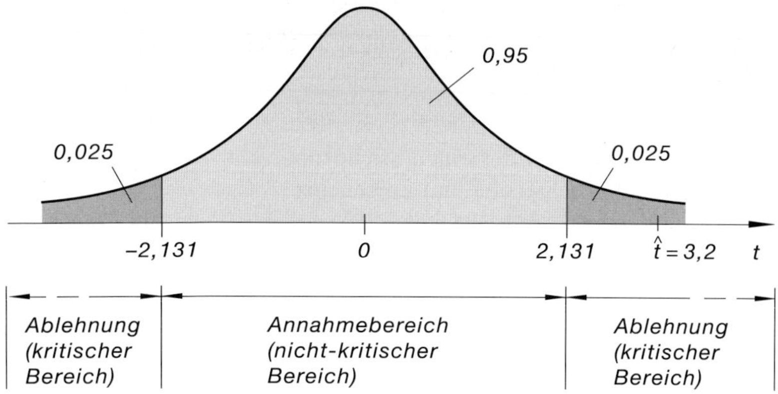

Bild III-56 Der Testwert $\hat{t} = 3{,}2$ fällt in den kritischen Bereich, die Nullhypothese $H_0 : \mu = \mu_0 = 20{,}2$ mm wird daher abgelehnt

Die Abweichung des Stichprobenmittelwertes $\bar{x} = 20{,}6$ mm vom vorgeschriebenen Sollwert $\mu_0 = 20{,}2$ mm ist also *signifikant* und kann nicht mehr allein aus der *Zufälligkeit* der verwendeten Stichprobe erklärt werden. Der Produktionsprozeß wird daher *unterbrochen* und die Fehlersuche eingeleitet.

■

4.5.3 Tests für die Gleichheit der unbekannten Mittelwerte μ_1 und μ_2 zweier Normalverteilungen (Differenzentests)

4.5.3.1 Abhängige und unabhängige Stichproben

In der Anwendung stellt sich häufig das Problem festzustellen, ob die *Mittelwerte* μ_1 und μ_2 zweier *normalverteilter* Grundgesamtheiten *übereinstimmen* oder ob sie sich *signifikant* voneinander *unterscheiden*. Zu Prüfzwecken entnehmen wir daher den beiden Grundgesamtheiten, die wir durch die Zufallsvariablen X und Y beschreiben, zunächst jeweils eine Zufallsstichprobe [33]:

$$x_1, x_2, \ldots, x_{n_1} \qquad \text{bzw.} \qquad y_1, y_2, \ldots, y_{n_2} \tag{III-184}$$

Unter Verwendung dieser Stichproben soll dann die

$$\textit{Nullhypothese } H_0 : \mu_1 = \mu_2 \tag{III-185}$$

gegen die

$$\textit{Alternativhypothese } H_1 : \mu_1 \neq \mu_2 \tag{III-186}$$

getestet werden. Der Ablauf dieses *zweiseitigen* Tests hängt dabei noch ganz wesentlich davon ab, ob die verwendeten Stichproben voneinander *abhängig* sind oder ob es sich um *unabhängige* Stichproben handelt. Definitionsgemäß gilt:

---

[33] Die beiden Stichproben können durchaus von *unterschiedlichem* Umfang sein ($n_1 \neq n_2$).

Definition: Zwei Stichproben heißen voneinander *abhängig*, wenn sie die folgenden Bedingungen erfüllen:

1. Die Stichproben haben den *gleichen* Umfang.
2. Zu *jedem* Wert der einen Stichprobe gehört genau *ein* Wert der anderen Stichprobe und umgekehrt.

Anmerkungen

(1) Zwischen *abhängigen* Stichproben besteht somit eine *Kopplung*. Man spricht daher in diesem Zusammenhang auch von *verbundenen* oder *korrelierten* Stichproben.

(2) Zwei Stichproben, die diese beiden Bedingungen *nicht* zugleich erfüllen, heißen dagegen voneinander *unabhängig* (*unabhängige* Stichproben). So sind beispielsweise zwei Stichproben von *unterschiedlichem* Umfang stets voneinander *unabhängig*.

Wir erläutern diese Begriffe an zwei einfachen Beispielen.

■ **Beispiele**

(1) Der *Vergleich* zweier Meßverfahren oder zweier Meßgeräte führt häufig zu *abhängigen* oder *verbundenen* Stichproben, wie das folgende Beispiel zeigen soll:

Aus einer Serienproduktion von Widerständen mit einem bestimmten vorgegebenen *Sollwert* (der hier nicht näher interessiert) entnehmen wir wahllos n Widerstände, die wir der Reihe nach von 1 bis n durchnumerieren und durch die Symbole

$$R_1, R_2, \ldots, R_n$$

kennzeichnen. Dann messen wir den Widerstandswert eines jeden dieser Widerstände mit zwei *verschiedenen* Meßgeräten und erhalten somit für den i-ten Widerstand R_i genau *zwei* Meßwerte x_i und y_i ($i = 1, 2, \ldots, n$). Die beiden Meßreihen

$$x_1, x_2, \ldots, x_n \qquad \text{und} \qquad y_1, y_2, \ldots, y_n$$

sind vom *gleichen* Umfang und können dabei als Stichproben aus zwei *normalverteilten* Grundgesamtheiten aufgefaßt werden, die wir durch die Zufallsvariablen X und Y beschreiben. Offensichtlich handelt es sich dabei um zwei *abhängige* oder *verbundene* Stichproben:

Meßgerät A	$x_1, x_2, \ldots, x_n$
Meßgerät B	$y_1, y_2, \ldots, y_n$

Die *umkehrbar eindeutige* Zuordnungsvorschrift lautet:

$$x_i \leftrightarrow y_i \qquad (i = 1, 2, \ldots, n)$$

Zum Widerstand R_i gehört somit das Wertpaar $(x_i; y_i)$.

(2) Ein Automobilhersteller produziert einen bestimmten Autotyp an zwei verschiedenen Standorten A und B. Um den *mittleren Benzinverbrauch* der Fahrzeuge in Abhängigkeit von ihrem Produktionsstandort miteinander vergleichen zu können, werden in beiden Werken *Testfahrzeuge* ausgewählt und deren *mittlerer* Benzinverbrauch ermittelt:

Standort A (n_1 Testfahrzeuge)	$x_1, x_2, \ldots, x_{n_1}$
Standort B (n_2 Testfahrzeuge)	$y_1, y_2, \ldots, y_{n_2}$

Dabei bedeuten:

x_i: Mittlerer Benzinverbrauch des i-ten Testfahrzeugs aus Werk A $(i = 1, 2, \ldots, n_1)$

y_k: Mittlerer Benzinverbrauch des k-ten Testfahrzeugs aus Werk B $(k = 1, 2, \ldots, n_2)$

Die beiden Stichproben sind offensichtlich voneinander *unabhängig*, da *keinerlei* Zusammenhang zwischen den Fahrzeugen der beiden Werke erkennbar ist. Diese Aussage gilt auch im Sonderfall $n_1 = n_2$, d.h. wenn aus beiden Werken *gleichviele* Testfahrzeuge ausgesucht werden.

■

4.5.3.2 Differenzentests bei abhängigen Stichproben

Bei *abhängigen* oder *verbundenen* Stichproben läßt sich der *Differenzentest* auf die in den Abschnitten 4.5.1 und 4.5.2 beschriebenen Parametertests für den Mittelwert μ einer normalverteilten Grundgesamtheit zurückführen.

Wir beschreiben den *zweiseitigen* Differenzentest wie folgt:

Zweiseitiger Test für die Gleichheit der unbekannten Mittelwerte μ_1 und μ_2 zweier Normalverteilungen unter Verwendung abhängiger Stichproben (sog. Differenzentest für Mittelwerte bei abhängigen Stichproben)

X und Y seien zwei *normalverteilte* Zufallsvariable mit den *unbekannten* Mittelwerten μ_1 und μ_2. Es soll *geprüft* werden, ob die beiden Mittelwerte (wie vermutet) *übereinstimmen* ($\mu_1 = \mu_2$). Auf der Basis zweier *abhängiger* Stichproben

$$x_1, x_2, \ldots, x_n \quad \text{und} \quad y_1, y_2, \ldots, y_n \qquad \text{(III-187)}$$

vom (gleichen) Umfang n testen wir daher die

$$\textit{Nullhypothese } H_0: \mu_1 = \mu_2 \qquad \text{(III-188)}$$

gegen die

$$\textit{Alternativhypothese } H_1: \mu_1 \neq \mu_2 \qquad \text{(III-189)}$$

Diesen *zweiseitigen* Parametertest führen wir zweckmäßigerweise auf einen entsprechenden Test des *Hilfsparameters*

$$\mu = \mu_1 - \mu_2 \qquad \text{(III-190)}$$

(*Differenz* der beiden Mittelwerte μ_1 und μ_2) zurück. Getestet wird dann die

$$\textit{Nullhypothese } H_0: \mu = 0 \qquad \text{(III-191)}$$

gegen die

$$\textit{Alternativhypothese } H_1: \mu \neq 0 \qquad \text{(III-192)}$$

(sog. *Differenzentest* für Mittelwerte bei abhängigen Stichproben).

Zunächst bildet man aus den beiden *abhängigen* Stichproben die entsprechenden *Differenzen*

$$z_i = x_i - y_i \qquad (i = 1, 2, \ldots, n) \qquad \text{(III-193)}$$

und betrachtet diese Werte dann als Stichprobenwerte einer *neuen* Stichprobe vom Umfang n:

$$z_1, z_2, \ldots, z_n \qquad \text{(III-194)}$$

Es läßt sich dann mit den in den Abschnitten 4.5.1 und 4.5.2 beschriebenen Verfahren prüfen, ob der *Mittelwert* $\bar{z} = \bar{x} - \bar{y}$ dieser Stichprobe in den Annahmebereich fällt *oder* nicht. Fällt der Mittelwert $\bar{z}$ in den *Annahmebereich*, so wird die Nullhypothese $H_0: \mu = 0$ bzw. $H_0: \mu_1 = \mu_2$ *beibehalten*, d.h. *nicht abgelehnt* und wir können dann davon ausgehen, daß die Mittelwerte μ_1 und μ_2 der beiden normalverteilten Grundgesamtheiten *übereinstimmen*. Anderenfalls wird die Nullhypothese H_0 zugunsten der Alternativhypothese $H_1: \mu \neq 0$ bzw. $H_1: \mu_1 \neq \mu_2$ *verworfen*. Die *Mittelwerte* μ_1 und μ_2 der beiden normalverteilten Grundgesamtheiten können in diesem Fall dann als *verschieden* betrachtet werden.

Anmerkung

Es wird also getestet, ob die durch *Differenzbildung* erhaltene Stichprobe $z_1, z_2, \ldots, z_n$ einer *normalverteilten* Grundgesamtheit mit dem *Mittelwert* $\mu = 0$ entstammt. Wir müssen dabei noch *zwei* Fälle unterscheiden, je nachdem ob die Varianz σ^2 dieser Grundgesamtheit bekannt *oder* unbekannt ist:

1. Fall: Die Varianzen σ_1^2 und σ_2^2 der beiden Zufallsvariablen X und Y sind *bekannt*. Dann aber gilt

$$\sigma^2 = \frac{\sigma_1^2}{n} + \frac{\sigma_2^2}{n} = \frac{\sigma_1^2 + \sigma_2^2}{n} \tag{III-195}$$

und wir können das in Abschnitt 4.5.1 besprochene Prüfverfahren anwenden (die verwendete Testvariable ist in diesem Fall *standardnormalverteilt*).

Diese Aussage gilt *näherungsweise* auch bei *unbekannten* Varianzen, sofern die verwendeten abhängigen Stichproben *hinreichend umfangreich* sind (**Faustregel**: $n > 30$). In diesem Fall verwendet man als *Schätzwert* für die unbekannte Varianz σ^2 die *Stichprobenvarianz* s^2 (d.h. die Varianz der Stichprobe $z_1, z_2, \ldots, z_n$). In der Praxis wird man daher nach Möglichkeit immer auf *umfangreiche abhängige* Stichproben zurückgreifen.

2. Fall: Die Varianzen σ_1^2 und σ_2^2 der beiden Zufallsvariablen X und Y sind *unbekannt*. Dann bleibt auch die Varianz σ^2 *unbekannt* und wir müssen das in Abschnitt 4.5.2 dargestellte Testverfahren verwenden (die Testvariable genügt jetzt einer *t-Verteilung* mit $f = n - 1$ Freiheitsgraden). Dieser Fall tritt ein bei *kleinen abhängigen* Stichproben mit $n \leqslant 30$.

■ **Beispiel**

Zwei *verschiedene* Meßmethoden für elektrische Widerstände sollen miteinander *verglichen* werden. Aus diesem Grund wurden an 6 Widerständen *Parallelmessungen* vorgenommen, die zu dem folgenden Meßprotokoll führten (x_i: Meßwerte nach der Methode A; y_i: Meßwerte nach der Methode B; alle Werte in Ω):

i	1	2	3	4	5	6
x_i	100,5	102,0	104,3	101,5	98,4	102,9
y_i	98,2	99,1	102,4	101,1	96,2	101,8

Zu jedem der 6 Widerstände gehört genau ein Wertepaar $(x_i; y_i)$. Es handelt sich also um *abhängige* Stichproben (Meßreihen). Durch *Differenzbildung* $z_i = x_i - y_i$ erhalten wir dann die folgende Stichprobe (alle Werte in Ω):

i	1	2	3	4	5	6
z_i	2,3	2,9	1,9	0,4	2,2	1,1

Wir betrachten die beiden Meßmethoden A und B dabei als *gleichwertig*, wenn diese Stichprobe aus einer (normalverteilten) Grundgesamtheit mit dem Mittelwert $\mu = 0$ stammt. Daher testen wir jetzt die *Nullhypothese*

$$H_0: \mu = 0$$

gegen die *Alternativhypothese*

$$H_1: \mu \neq 0$$

auf dem Signifikanzniveau $\alpha = 0{,}01$ wie folgt:

1. Schritt: Das Signifikanzniveau ist vorgegeben: $\alpha = 0{,}01$.

2. Schritt: Wegen der *unbekannten* Varianz σ^2 müssen wir die *Testvariable*

$$T = \frac{\overline{Z} - \mu_0}{S/\sqrt{n}} = \frac{\overline{Z}}{S/\sqrt{6}}$$

verwenden, die der *t-Verteilung* mit $f = n - 1 = 5$ Freiheitsgraden genügt. Den *kritischen* Wert c bestimmen wir dann aus der Bestimmungsgleichung

$$P(-c \leqslant T \leqslant c)_{H_0} = 1 - \alpha = 1 - 0{,}01 = 0{,}99$$

unter Verwendung von Tabelle 4 im Anhang (Bild III-57):

$$P(-c \leqslant T \leqslant c)_{H_0} = F(c) - F(-c) = F(c) - [1 - F(c)] =$$
$$= 2 \cdot F(c) - 1 = 0{,}99$$

$$F(c) = 0{,}995 \xrightarrow{f=5} c = t_{(0{,}995;\,5)} = 4{,}032$$

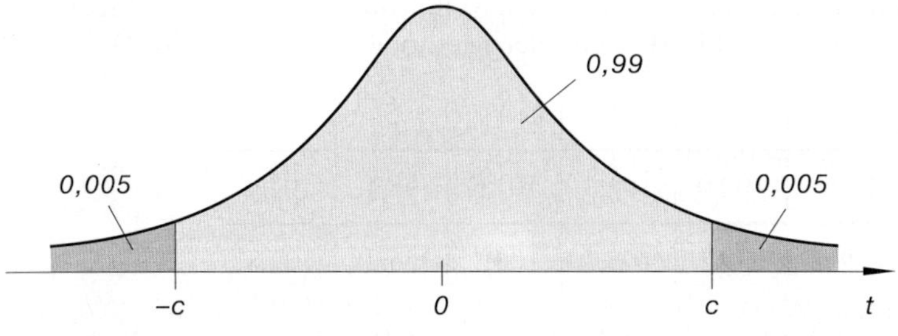

Bild III-57

Der *nicht-kritische* Bereich (*Annahmebereich*) lautet daher:

$$-4{,}032 \leqslant t \leqslant 4{,}032$$

3. Schritt: Wir berechnen nun den *Mittelwert* $\bar{z}$ und die *Standardabweichung* s der Stichprobe unter Verwendung der folgenden Tabelle:

i	$\frac{z_i}{\Omega}$	$\frac{z_i - \bar{z}}{\Omega}$	$\frac{(z_i - \bar{z})^2}{\Omega^2}$
1	2,3	0,5	0,25
2	2,9	1,1	1,21
3	1,9	0,1	0,01
4	0,4	− 1,4	1,96
5	2,2	0,4	0,16
6	1,1	− 0,7	0,49
$\sum$	10,8	0	4,08

$$\bar{z} = \frac{1}{6} \cdot \sum_{i=1}^{6} z_i = \frac{1}{6} \cdot 10{,}8\ \Omega = 1{,}8\ \Omega$$

$$s^2 = \frac{1}{6-1} \cdot \sum_{i=1}^{6} (z_i - \bar{z})^2 = \frac{1}{5} \cdot 4{,}08\ \Omega^2 = 0{,}816\ \Omega^2$$

$$s = \sqrt{0{,}816\ \Omega^2} = 0{,}903\ \Omega$$

Damit erhalten wir für die Testvariable T den folgenden *Test-* oder *Prüfwert*:

$$\hat{t} = \frac{\bar{z} - \mu_0}{s/\sqrt{n}} = \frac{(1{,}8 - 0)\ \Omega}{0{,}903\ \Omega/\sqrt{6}} = 4{,}883$$

4. Schritt (Testentscheidung): Der *Testwert* $\hat{t} = 4{,}883$ fällt in den *kritischen* Bereich $|t| > 4{,}032$ (Bild III-58). Die Nullhypothese $H_0: \mu = \mu_0 = 0$ ist somit *abzulehnen.* Die beiden Meßmethoden können daher *nicht* als gleichwertig angesehen werden.

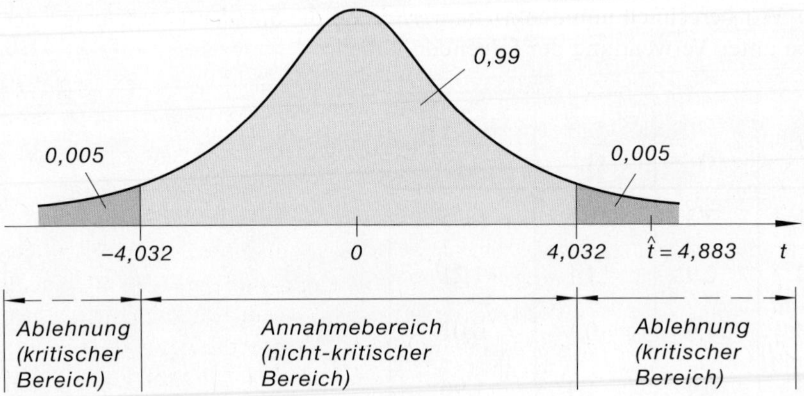

Bild III-58 Der Testwert $\hat{t} = 4{,}883$ fällt in den kritischen Bereich, die Nullhypothese $H_0 : \mu = \mu_0 = 0$ wird daher abgelehnt

■

4.5.3.3 Differenzentests bei unabhängigen Stichproben

Wir testen jetzt die

$$\textit{Nullhypothese } H_0 : \mu_1 = \mu_2 \qquad \text{(III-196)}$$

gegen die

$$\textit{Alternativhypothese } H_1 : \mu_1 \neq \mu_2 \qquad \text{(III-197)}$$

unter Verwendung von *unabhängigen* Stichproben

$$x_1, x_2, \ldots, x_{n_1} \qquad \text{und} \qquad y_1, y_2, \ldots, y_{n_2} \qquad \text{(III-198)}$$

mit den Stichprobenumfängen n_1 und n_2. Der *Differenzentest* hängt dabei noch ganz wesentlich davon ab, ob die Varianzen σ_1^2 und σ_2^2 der beiden zugehörigen *normalverteilten* Zufallsvariablen X und Y bekannt sind *oder* nicht. Wir unterscheiden daher noch *zwei* Fälle:

1. Fall: Differenzentest für die Mittelwerte μ_1 und μ_2 zweier Normalverteilungen mit bekannten Varianzen σ_1^2 und σ_2^2

Trifft die Nullhypothese H_0 zu, gilt also $\mu_1 = \mu_2$ und sind die Varianzen σ_1^2 und σ_2^2 der beiden *normalverteilten* Grundgesamtheiten *bekannt*, so ist die Zufallsvariable $Z = \overline{X} - \overline{Y}$ ebenfalls *normalverteilt* mit dem *Mittelwert* $\mu = 0$ und der Varianz

$$\sigma^2 = \frac{\sigma_1^2}{n_1} + \frac{\sigma_2^2}{n_2} \qquad \text{(III-199)}$$

$\overline{X}$ und $\overline{Y}$ sind dabei die bereits aus Abschnitt 3.2.3 bekannten *Schätzfunktionen* für die beiden unbekannten *Mittelwerte* μ_1 und μ_2.

Als *Testvariable* eignet sich dann die *standardnormalverteilte* Zufallsvariable

$$U = \frac{Z}{\sigma} = \frac{\overline{X} - \overline{Y}}{\sigma} \qquad \text{(III-200)}$$

Die *Nullhypothese*

$$H_0: \mu_1 = \mu_2 \qquad \text{(III-201)}$$

wird dabei nur dann *beibehalten* (d.h. *nicht abgelehnt*), wenn die aus den beiden Stichprobenmittelwerten $\bar{x}$ und $\bar{y}$ gebildete Differenz $\bar{x} - \bar{y}$ *nicht signifikant* vom Wert *Null* abweicht. Die *kritischen* Grenzen $\mp c^*$ müssen daher nach Vorgabe einer (kleinen) Signifikanzzahl (Irrtumswahrscheinlichkeit) α so bestimmt werden, daß die Werte der Zufallsvariablen $Z = \overline{X} - \overline{Y}$ mit der *statistischen Sicherheit* (Wahrscheinlichkeit) $\gamma = 1 - \alpha$ in den *nicht-kritischen* Bereich (*Annahmebereich*) fallen (*hellgrau* unterlegte Fläche in Bild III-59).

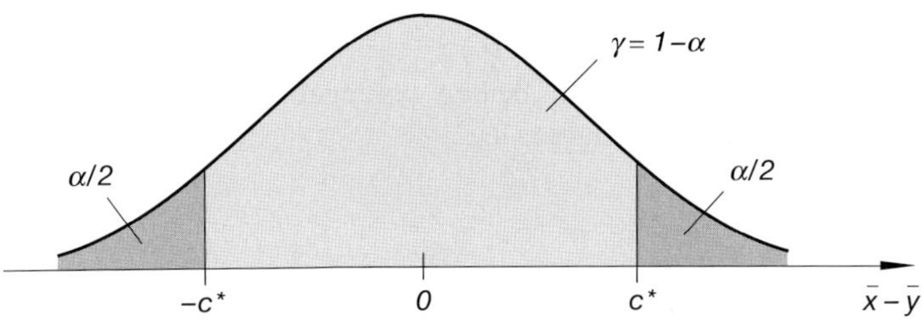

Bild III-59 Zur Bestimmung der kritischen Grenzen $\mp c^*$ für die Zufallsvariable $Z = \overline{X} - \overline{Y}$

Die Bedingung für den *kritischen* Wert c^* lautet somit:

$$P(-c^* \leqslant \overline{X} - \overline{Y} \leqslant c^*)_{H_0} = \gamma = 1 - \alpha \qquad \text{(III-202)}$$

Beim Übergang von der Zufallsvariablen $Z = \overline{X} - \overline{Y}$ zur *standardnormalverteilten* Testvariablen $U = \frac{Z}{\sigma} = \frac{\overline{X} - \overline{Y}}{\sigma}$ wird daraus die Bedingung

$$P\left(-\frac{c^*}{\sigma} \leqslant U \leqslant \frac{c^*}{\sigma}\right)_{H_0} = \gamma = 1 - \alpha \qquad \text{(III-203)}$$

die wir unter Verwendung der Abkürzung $c = c^*/\sigma$ auch wie folgt schreiben können:

$$P(-c \leqslant U \leqslant c)_{H_0} = \gamma = 1 - \alpha \qquad \text{(III-204)}$$

Die Konstante c, d.h. der *kritische* Wert für die Testvariable U läßt sich mit Hilfe von Tabelle 2 im Anhang bestimmen (Tabelle der *Quantile der Standardnormalverteilung*). Der *Annahmebereich* oder *nicht-kritische* Bereich liegt dann zwischen den beiden Grenzen $c_u = -c$ und $c_0 = c$ (Bild III-60).

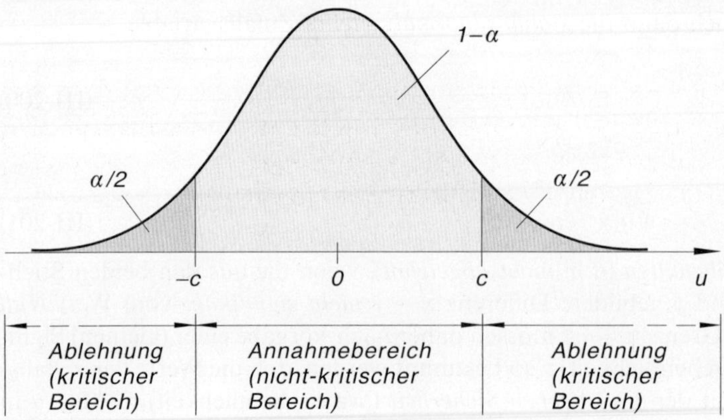

Bild III-60 Zur Bestimmung des kritischen Wertes c für die standardnormalverteilte Testvariable U

Wir berechnen nun die *Mittelwerte* $\bar{x}$ und $\bar{y}$ der beiden vorgegebenen unabhängigen Stichproben und daraus den *Wert* der Testvariablen U:

$$\hat{u} = \frac{\bar{x} - \bar{y}}{\sigma} \tag{III-205}$$

Es folgt dann die *Testentscheidung*: Fällt der *Test-* oder *Prüfwert* $\hat{u}$ in das Intervall

$$-c \leqslant u \leqslant c \tag{III-206}$$

(*Annahmebereich*), so wird die Nullhypothese $H_0: \mu_1 = \mu_2$ *beibehalten* (d.h. *nicht abgelehnt*), anderenfalls aber zugunsten der Alternativhypothese $H_1: \mu_1 \neq \mu_2$ *abgelehnt* (Bild III-61).

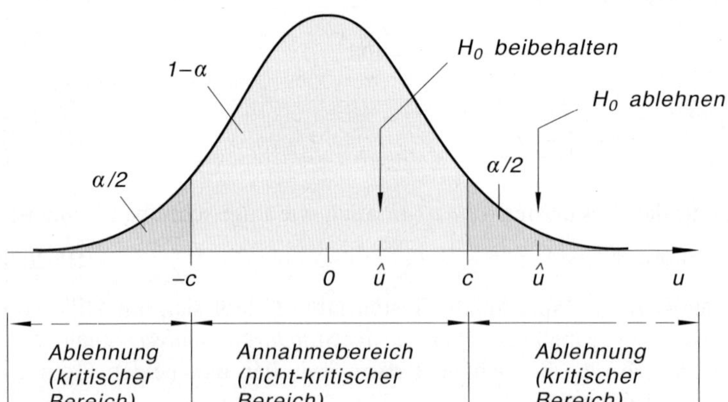

Bild III-61 Testentscheidung über Beibehaltung oder Ablehnung der Nullhypothese $H_0: \mu_1 = \mu_2$

Wir fassen diesen Parametertest wie folgt zusammen:

Zweiseitiger Test für die Gleichheit der unbekannten Mittelwerte μ_1 und μ_2 zweier Normalverteilungen mit den bekannten Varianzen σ_1^2 und σ_2^2 unter Verwendung unabhängiger Stichproben (Differenzentest für Mittelwerte bei bekannten Varianzen und Verwendung unabhängiger Stichproben)

X und Y seien zwei *unabhängige* und *normalverteilte* Zufallsvariable mit den *unbekannten* Mittelwerten μ_1 und μ_2, aber *bekannten* Varianzen σ_1^2 und σ_2^2. Es soll *geprüft* werden, ob die beiden Mittelwerte (wie vermutet) *übereinstimmen* ($\mu_1 = \mu_2$). Auf der Basis zweier *unabhängiger* Zufallsstichproben

$$x_1, x_2, \ldots, x_{n_1} \quad \text{und} \quad y_1, y_2, \ldots, y_{n_2} \tag{III-207}$$

mit den Stichprobenumfängen n_1 und n_2 testen wir daher die

$$\textit{Nullhypothese } H_0: \mu_1 = \mu_2 \tag{III-208}$$

gegen die

$$\textit{Alternativhypothese } H_1: \mu_1 \neq \mu_2 \tag{III-209}$$

Die Durchführung dieses *zweiseitigen* Parametertests erfolgt dabei schrittweise wie folgt:

1. Wir wählen zunächst eine bestimmte *Signifikanzzahl* (*Irrtumswahrscheinlichkeit*) α (in der Praxis meist $\alpha = 0{,}05 = 5\%$ oder $\alpha = 0{,}01 = 1\%$).
2. *Test-* oder *Prüfvariable* ist die *standardnormalverteilte* Zufallsvariable

$$U = \frac{\overline{X} - \overline{Y}}{\sigma} \quad \text{mit} \quad \sigma = \sqrt{\frac{\sigma_1^2}{n_1} + \frac{\sigma_2^2}{n_2}} \tag{III-210}$$

Dabei bedeuten:

$\overline{X}, \overline{Y}$: *Schätzfunktionen* für die unbekannten *Mittelwerte* μ_1 und μ_2 der beiden normalverteilten Grundgesamtheiten (vgl. hierzu Abschnitt 3.2.3)

σ_1, σ_2: *Standardabweichungen* der beiden normalverteilten Grundgesamtheiten (hier als *bekannt* vorausgesetzt)

n_1, n_2: *Umfänge* der verwendeten *unabhängigen* Stichproben

σ: *Standardabweichung* der Zufallsvariablen $\overline{X} - \overline{Y}$

Die Berechnung des *kritischen* Wertes c und damit der *kritischen Grenzen* $\mp c$ erfolgt aus der Bedingung

$$P(-c \leqslant U \leqslant c)_{H_0} = 1 - \alpha \tag{III-211}$$

unter Verwendung von Tabelle 2 im Anhang (vgl. hierzu die *hellgrau* unterlegte Fläche in Bild III-60). Der *nicht-kritische* Bereich (*Annahmebereich*) lautet dann:

$$-c \leqslant u \leqslant c \tag{III-212}$$

3. Berechnung der *Mittelwerte* $\bar{x}$ und $\bar{y}$ der beiden vorgegebenen unabhängigen Stichproben sowie des *Test-* oder *Prüfwertes*

$$\hat{u} = \frac{\bar{x} - \bar{y}}{\sigma} \qquad \text{(III-213)}$$

der Testvariablen U.

4. **Testentscheidung:** Fällt der *Test-* oder *Prüfwert* $\hat{u}$ in den *nicht-kritischen* Bereich (*Annahmebereich*), d.h. gilt

$$-c \leqslant \hat{u} \leqslant c \qquad \text{(III-214)}$$

so wird die Nullhypothese $H_0: \mu_1 = \mu_2$ *beibehalten*, anderenfalls zugunsten der Alternativhypothese $H_1: \mu_1 \neq \mu_2$ *verworfen* (vgl. hierzu Bild III-61). „*Beibehalten*" bedeutet dabei lediglich, daß man die Nullhypothese H_0 aufgrund der verwendeten Stichprobe *nicht ablehnen* kann.

Anmerkungen

(1) Für die Zufallsvariable $Z = \overline{X} - \overline{Y} = \sigma U$ erhält man somit den *kritischen* Wert

$$c^* = c\sigma = c \cdot \sqrt{\frac{\sigma_1^2}{n_1} + \frac{\sigma_2^2}{n_2}} \qquad \text{(III-215)}$$

Fällt die aus den beiden Stichprobenmittelwerten $\bar{x}$ und $\bar{y}$ gebildete Differenz $\bar{x} - \bar{y}$ in den *Annahmebereich*

$$-c^* \leqslant \bar{x} - \bar{y} \leqslant c^* \qquad \text{(III-216)}$$

so wird die Nullhypothese H_0 *beibehalten* (d.h. *nicht abgelehnt*), anderenfalls muß sie zugunsten der Alternativhypothese H_1 *verworfen* werden (Bild III-62).

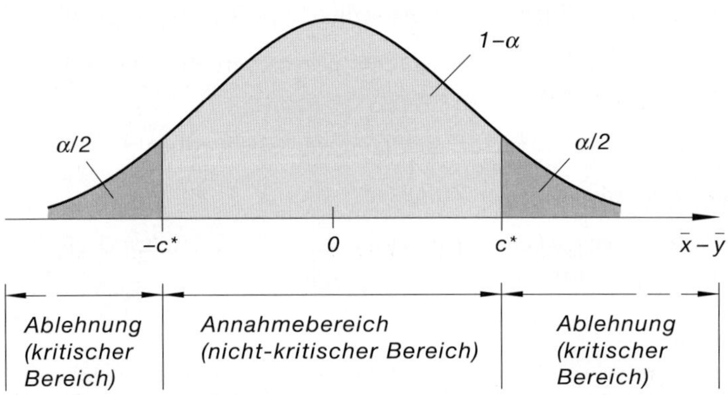

Bild III-62 Annahmebereich beim zweiseitigen Differenzentest für Mittelwerte (bei bekannten Varianzen und Verwendung unabhängiger Stichproben)

(2) Dieser *Differenzentest* läßt sich auch für *einseitige* Fragestellungen durchführen. In diesem Fall gibt es nur *eine* kritische Grenze (vgl. hierzu Anmerkung (2) in Abschnitt 4.5.1).

(3) Bei *umfangreichen* Stichproben (**Faustregel:** $n_1, n_2 > 30$) dürfen die Varianzen σ_1^2 und σ_2^2 *näherungsweise* durch ihre *Schätzwerte* s_1^2 und s_2^2, d.h. durch die *Stichprobenvarianzen* ersetzt werden, falls sie *unbekannt* sein sollten (vgl. hierzu das nachfolgende Beispiel).

■ **Beispiel**

Mit dem *Differenzentest* soll geprüft werden, ob die auf zwei *verschiedenen* Maschinen A und B hergestellten Glühbirnen im Mittel – wie vermutet wird – die *gleiche* Lebensdauer besitzen. Dabei können wir davon ausgehen, daß die beiden Zufallsvariablen

X = *Lebensdauer einer auf der Maschine A produzierten Glühbirne*

und

Y = *Lebensdauer einer auf der Maschine B produzierten Glühbirne*

normalverteilt sind. Zu Prüfzwecken entnehmen wir daher den beiden (normalverteilten) Grundgesamtheiten jeweils eine Stichprobe, deren Auswertung zu dem folgenden Ergebnis führte (Angabe von Umfang, Mittelwert und Standardabweichung der jeweiligen Stichprobe):

Maschine A	$n_1 = 80$,	$\bar{x} = 520$ h,	$s_1 = 50$ h
Maschine B	$n_2 = 50$,	$\bar{y} = 500$ h,	$s_2 = 45$ h

Da die Stichprobenumfänge *hinreichend groß* sind ($n_1 = 80 > 30$, $n_2 = 50 > 30$), dürfen wir die *unbekannten* Varianzen σ_1^2 und σ_2^2 der beiden Grundgesamtheiten *näherungsweise* durch die *Stichprobenvarianzen*

$$s_1^2 = (50 \text{ h})^2 = 2500 \text{ h}^2 \qquad \text{und} \qquad s_2^2 = (45 \text{ h})^2 = 2025 \text{ h}^2$$

ersetzen. Wir testen jetzt die *Nullhypothese*

$$H_0: \mu_1 = \mu_2$$

gegen die *Alternativhypothese*

$$H_1: \mu_1 \neq \mu_2$$

schrittweise wie folgt:

1. Schritt: Wir wählen als *Signifikanzzahl* (*Irrtumswahrscheinlichkeit*) $\alpha = 0{,}01$.

2. Schritt: Berechnung der *Varianz* σ^2 der Zufallsvariablen $Z = \overline{X} - \overline{Y}$ nach Gleichung (III-199):

$$\sigma^2 = \frac{\sigma_1^2}{n_1} + \frac{\sigma_2^2}{n_2} \approx \frac{s_1^2}{n_1} + \frac{s_2^2}{n_2} = \left(\frac{2500}{80} + \frac{2025}{50}\right) \mathrm{h}^2 = 71{,}75 \; \mathrm{h}^2$$

Die *Standardabweichung* beträgt somit $\sigma = \sqrt{71{,}75 \; \mathrm{h}^2} = 8{,}471 \; \mathrm{h}$. Der *kritische* Wert c für unsere *standardnormalverteilte* Testvariable

$$U = \frac{\overline{X} - \overline{Y}}{\sigma} = \frac{\overline{X} - \overline{Y}}{8{,}471 \; \mathrm{h}}$$

wird aus der Bedingung

$$P(-c \leqslant U \leqslant c)_{H_0} = 1 - \alpha = 1 - 0{,}01 = 0{,}99$$

wie folgt unter Verwendung von Tabelle 2 im Anhang bestimmt (vgl. hierzu Bild III-63):

$$P(-c \leqslant U \leqslant c)_{H_0} = \phi(c) - \phi(-c) = \phi(c) - [1 - \phi(c)] =$$
$$= 2 \cdot \phi(c) - 1 = 0{,}99$$

$$\phi(c) = 0{,}995 \quad \longrightarrow \quad c = u_{0{,}995} = 2{,}576$$

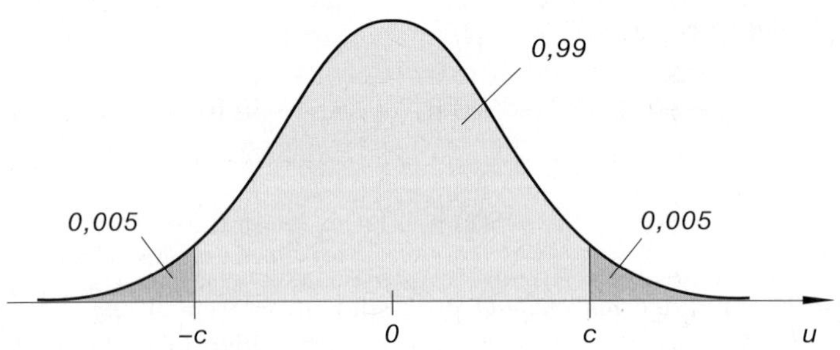

Bild III-63

Der *nicht-kritische* Bereich (*Annahmebereich*) ist somit durch das symmetrische Intervall

$$-2{,}576 \leqslant u \leqslant 2{,}576$$

gegeben (Bild III-64).

3. Schritt: Mit $\bar{x} = 520 \; \mathrm{h}$, $\bar{y} = 500 \; \mathrm{h}$ und $\sigma = 8{,}471 \; \mathrm{h}$ erhalten wir für die Testvariable U den folgenden *Test-* oder *Prüfwert*:

$$\hat{u} = \frac{\bar{x} - \bar{y}}{\sigma} = \frac{(520 - 500) \; \mathrm{h}}{8{,}471 \; \mathrm{h}} = 2{,}361$$

4. Schritt (Testentscheidung): Unser *Testwert* $\hat{u} = 2{,}361$ fällt in den *Annahmebereich*, d.h. es gilt $-2{,}576 \leqslant \hat{u} \leqslant 2{,}576$ (Bild III-64). Die *Testentscheidung* lautet daher: Aufgrund der verwendeten Stichprobe kann die Nullhypothese $H_0: \mu_1 = \mu_2$ *nicht abgelehnt* werden. Wir können somit davon ausgehen, daß beide Maschinen Glühbirnen von *gleicher* mittlerer Lebensdauer produzieren. Zumindest spricht das Stichprobenmaterial *nicht* gegen diese Annahme.

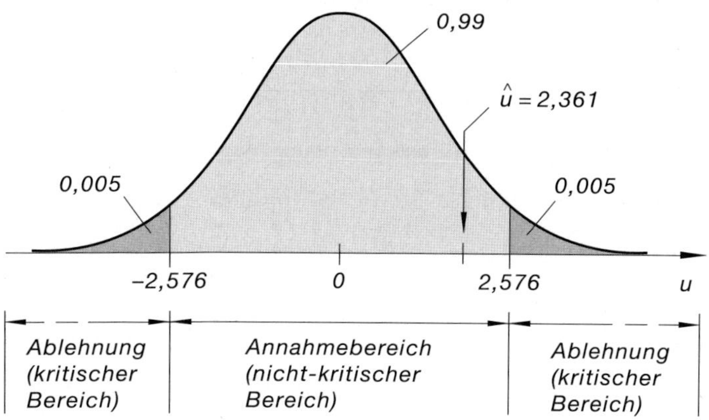

Bild III-64 Der Testwert $\hat{u} = 2{,}361$ fällt in den Annahmebereich, die Nullhypothese $H_0 : \mu_1 = \mu_2$ wird daher beibehalten, d.h. nicht abgelehnt

■

2. Fall: Differenzentest für die Mittelwerte μ_1 und μ_2 zweier Normalverteilungen mit gleicher, aber unbekannter Varianz ($\sigma_1^2 = \sigma_2^2$)

Bisher sind wir von *normalverteilten* Zufallsvariablen X und Y mit *bekannten* Varianzen σ_1^2 und σ_2^2 ausgegangen. Etwas anders liegen die Verhältnisse, wenn die Varianzen zwar als *gleich* angesehen werden können ($\sigma_1^2 = \sigma_2^2$), jedoch *unbekannt* sind. In diesem Fall verwendet man (unter sonst *gleichen* Voraussetzungen) als *Testgröße* die Zufallsvariable

$$T = \sqrt{\frac{n_1 n_2 (n_1 + n_2 - 2)}{n_1 + n_2}} \cdot \frac{\overline{X} - \overline{Y}}{\sqrt{(n_1 - 1) S_1^2 + (n_2 - 1) S_2^2}} \qquad \text{(III-217)}$$

die der *t-Verteilung* von *Student* mit $f = n_1 + n_2 - 2$ Freiheitsgraden genügt [34]. n_1 und n_2 sind dabei wiederum die *Umfänge* der verwendeten *unabhängigen* Zufallsstichproben, S_1^2 und S_2^2 die bereits aus Abschnitt 3.2.4 bekannten *Schätzfunktionen* für die unbekannten *Varianzen* σ_1^2 und σ_2^2.

[34] Unter der *Voraussetzung*, daß die Nullhypothese $H_0: \mu_1 = \mu_2$ *zutrifft*.

Der *zweiseitige* Parametertest verläuft jetzt nach dem folgenden Schema:

Zweiseitiger Test für die Gleichheit der unbekannten Mittelwerte μ_1 und μ_2 zweier Normalverteilungen mit gleicher, aber unbekannter Varianz ($\sigma_1^2 = \sigma_2^2$) unter Verwendung unabhängiger Stichproben (Differenzentest für Mittelwerte bei gleicher, aber unbekannter Varianz und Verwendung unabhängiger Stichproben)

X und Y seien zwei *unabhängige* und *normalverteilte* Zufallsvariable mit den *unbekannten* Mittelwerten μ_1 und μ_2 und zwar *gleicher*, aber *unbekannter* Varianz ($\sigma_1^2 = \sigma_2^2$). Es soll *geprüft* werden, ob die beiden Mittelwerte (wie vermutet) *übereinstimmen* ($\mu_1 = \mu_2$). Auf der Basis zweier *unabhängiger* Zufallsstichproben

$$x_1, x_2, \ldots, x_{n_1} \quad \text{und} \quad y_1, y_2, \ldots, y_{n_2} \tag{III-218}$$

mit den Stichprobenumfängen n_1 und n_2 testen wir daher die

$$\textit{Nullhypothese } H_0: \mu_1 = \mu_2 \tag{III-219}$$

gegen die

$$\textit{Alternativhypothese } H_1: \mu_1 \neq \mu_2 \tag{III-220}$$

Die Durchführung dieses *zweiseitigen* Parametertests erfolgt dabei schrittweise wie folgt:

1. Wir wählen zunächst eine bestimmte *Signifikanzzahl* (*Irrtumswahrscheinlichkeit*) α (in der Praxis meist $\alpha = 0{,}05 = 5\%$ oder $\alpha = 0{,}01 = 1\%$).
2. *Test-* oder *Prüfvariable* ist die Zufallsvariable

$$T = \sqrt{\frac{n_1 n_2 (n_1 + n_2 - 2)}{n_1 + n_2}} \cdot \frac{\overline{X} - \overline{Y}}{\sqrt{(n_1 - 1) S_1^2 + (n_2 - 1) S_2^2}} \tag{III-221}$$

die der *t-Verteilung* von *Student* mit $f = n_1 + n_2 - 2$ Freiheitsgraden genügt.

Dabei bedeuten:

$\overline{X}, \overline{Y}$: *Schätzfunktionen* für die unbekannten *Mittelwerte* μ_1 und μ_2 der beiden normalverteilten Grundgesamtheiten (vgl. hierzu Abschnitt 3.2.3)

S_1^2, S_2^2: *Schätzfunktionen* für die zwar gleichen, jedoch unbekannten *Varianzen* σ_1^2 und σ_2^2 der beiden normalverteilten Grundgesamtheiten (vgl. hierzu Abschnitt 3.2.4)

n_1, n_2: *Umfänge* der verwendeten *unabhängigen* Stichproben

Die Berechnung des *kritischen* Wertes c und damit der *kritischen Grenzen* $\mp c$ erfolgt aus der Bedingung

$$P(-c \leqslant T \leqslant c)_{H_0} = 1 - \alpha \tag{III-222}$$

unter Verwendung von Tabelle 4 im Anhang (vgl. hierzu die *hellgrau* unterlegte Fläche in Bild III-65). Der *nicht-kritische* Bereich (*Annahmebereich*) lautet dann:

$$-c \leqslant t \leqslant c \qquad \text{(III-223)}$$

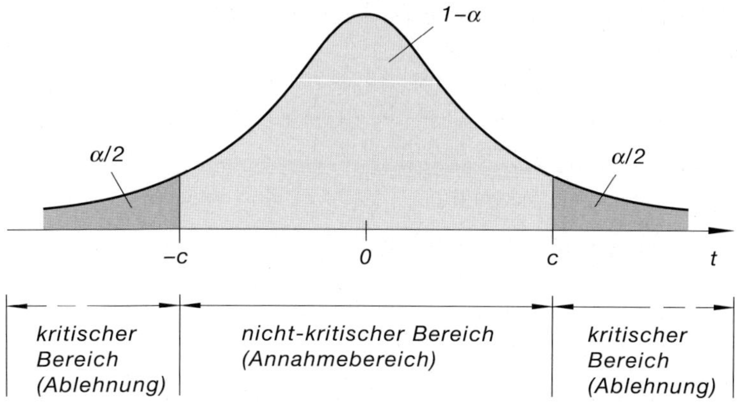

Bild III-65 Zur Bestimmung des kritischen Wertes c für die einer t-Verteilung genügende Testvariable T

3. Berechnung der *Mittelwerte* $\bar{x}$ und $\bar{y}$ und der *Varianzen* s_1^2 und s_2^2 der beiden vorgebenen *unabhängigen* Stichproben sowie des *Hilfsparameters*

$$s^2 = \frac{(n_1 - 1)\, s_1^2 + (n_2 - 1)\, s_2^2}{n_1 + n_2 - 2} \qquad \text{(III-224)}$$

Daraus wird dann der *Test-* oder *Prüfwert*

$$\hat{t} = \sqrt{\frac{n_1 n_2}{n_1 + n_2}} \cdot \frac{\bar{x} - \bar{y}}{s} \qquad \text{(III-225)}$$

der Testvariablen T bestimmt.

4. **Testentscheidung:** Fällt der *Test-* oder *Prüfwert* $\hat{t}$ in den *nicht-kritischen* Bereich (*Annahmebereich*), d.h. gilt

$$-c \leqslant \hat{t} \leqslant c \qquad \text{(III-226)}$$

so wird die Nullhypothese $H_0: \mu_1 = \mu_2$ *beibehalten*, anderenfalls zugunsten der Alternativhypothese $H_1: \mu_1 \neq \mu_2$ *verworfen* (Bild III-66). „*Beibehalten*" bedeutet in diesem Zusammenhang lediglich, daß man die Nullhypothese H_0 aufgrund der verwendeten Stichprobe *nicht ablehnen* kann.

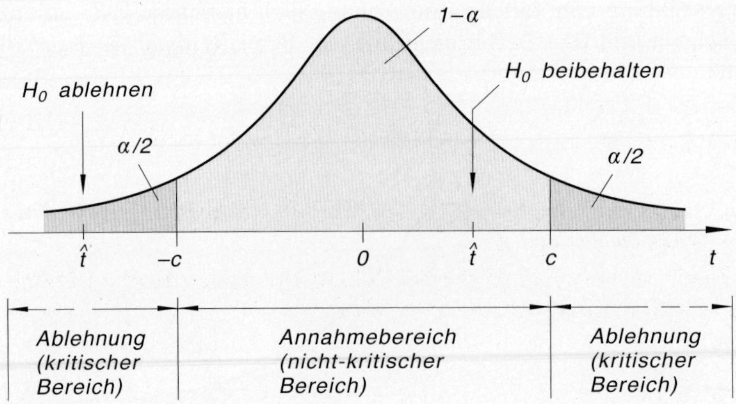

Bild III-66 Testentscheidung über Beibehaltung oder Ablehnung der Nullhypothese $H_0: \mu_1 = \mu_2$

Anmerkungen

(1) Bei *gleichem* Stichprobenumfang ($n_1 = n_2 = n$) vereinfacht sich die Formel (III-225) zur Ermittlung des *Test-* oder *Prüfwertes* wie folgt:

$$\hat{t} = \sqrt{n} \cdot \frac{\bar{x} - \bar{y}}{\sqrt{s_1^2 + s_2^2}} = \sqrt{\frac{n}{s_1^2 + s_2^2}} \cdot (\bar{x} - \bar{y}) \qquad \text{(III-227)}$$

(2) Dieser Differenzentest läßt sich auch für *einseitige* Fragestellungen durchführen. In diesem Fall gibt es nur *eine* kritische Grenze (vgl. Anmerkung (2) in Abschnitt 4.5.1).

(3) Wird die Nullhypothese $H_0: \mu_1 = \mu_2$ *beibehalten* (d.h. *nicht abgelehnt*), so gelten die folgenden Beziehungen:

$$\mu_1 = \mu_2 \quad \text{und} \quad \sigma_1^2 = \sigma_2^2 \qquad \text{(III-228)}$$

Die beiden unabhängigen Stichproben stammen somit aus der *gleichen* Grundgesamtheit.

■ **Beispiel**

Durch eine *Stichprobenuntersuchung* soll die *Leistung* zweier Ölpumpen miteinander *verglichen* werden. Wir setzen dabei voraus, daß die beiden Zufallsvariablen

X = *Gefördertes Ölvolumen pro Minute bei Pumpe A*

und

Y = *Gefördertes Ölvolumen pro Minute bei Pumpe B*

normalverteilt sind und die *gleiche*, aber *unbekannte* Varianz besitzen ($\sigma_1^2 = \sigma_2^2$).

Eine *konkrete* Stichprobenuntersuchung erbrachte das folgende Ergebnis:

Pumpe A	$n_1 = 10,$	$\bar{x} = 50\ \text{l/min},$	$s_1 = 4{,}2\ \text{l/min}$
Pumpe B	$n_2 = 12,$	$\bar{y} = 45\ \text{l/min},$	$s_2 = 4{,}8\ \text{l/min}$

Können wir aus diesen *unabhängigen* Stichproben schließen, daß die Pumpe B *weniger* leistet als die Pumpe A?

Um diese Frage beantworten zu können, führen wir einen *einseitigen* Differenzentest durch. Wir testen dabei die *Nullhypothese*

$$H_0: \mu_1 \leqslant \mu_2$$

gegen die *Alternativhypothese*

$$H_1: \mu_1 > \mu_2$$

schrittweise wie folgt:

1. Schritt: Als *Signifikanzzahl* (*Irrtumswahrscheinlichkeit*) wählen wir $\alpha = 0{,}05$.

2. Schritt: Die *Testvariable* T aus Gleichung (III-221) nimmt dann mit der *statistischen Sicherheit* $\gamma = 1 - \alpha = 0{,}95$ Werte aus dem *einseitigen* Intervall $T \leqslant c$ an (Bild III-67):

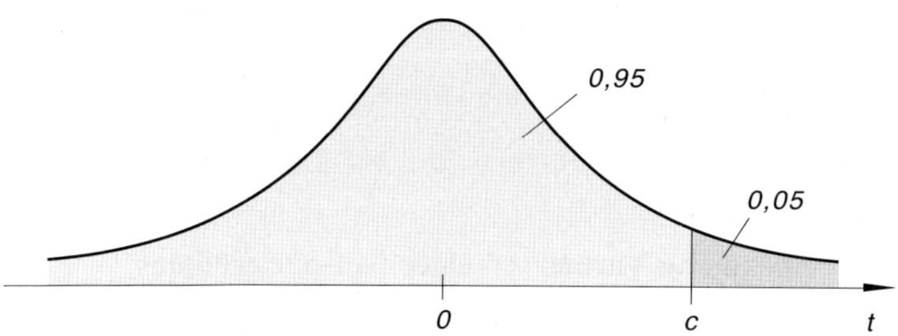

Bild III-67

Aus der Bedingung

$$P(T \leqslant c)_{H_0} = 1 - \alpha = 1 - 0{,}05 = 0{,}95$$

bestimmen wir mit Hilfe der Tabelle 4 im Anhang die *kritische Grenze* c (Anzahl der Freiheitsgrade: $f = n_1 + n_2 - 2 = 10 + 12 - 2 = 20$):

$$P(T \leqslant c)_{H_0} = F(c) = 0{,}95 \xrightarrow{f=20} c = t_{(0{,}95;\,20)} = 1{,}725$$

Der *nicht-kritische* Bereich (*Annahmebereich*) lautet somit (Bild III-68):

$$t \leqslant 1{,}725$$

3. Schritt: Aus den *bekannten* Mittelwerten und Varianzen der beiden unabhängigen Stichproben berechnen wir zunächst die *Hilfsgröße* s^2 nach Formel (III-224):

$$s^2 = \frac{(n_1 - 1)\,s_1^2 + (n_2 - 1)\,s_2^2}{n_1 + n_2 - 2} = \left(\frac{9 \cdot 4{,}2^2 + 11 \cdot 4{,}8^2}{20}\right)\frac{\text{l}^2}{\text{min}^2} = 20{,}61\ \frac{\text{l}^2}{\text{min}^2}$$

Daraus erhalten wir den folgenden *Test-* oder *Prüfwert* für unsere Testvariable T:

$$\hat{t} = \sqrt{\frac{n_1 n_2}{n_1 + n_2}} \cdot \frac{\bar{x} - \bar{y}}{s} = \sqrt{\frac{10 \cdot 12}{22}} \cdot \frac{(50 - 45)\,\text{l/min}}{\sqrt{20{,}61}\,\text{l/min}} = 2{,}572$$

4. Schritt (Testentscheidung): Der aus der Stichprobenuntersuchung erhaltene *Test-* oder *Prüfwert* $\hat{t} = 2{,}572$ fällt in den *kritischen* Bereich $t > 1{,}725$ (Bild III-68). Wir müssen daher die Nullhypothese $H_0: \mu_1 \leqslant \mu_2$ zugunsten der Alternativhypothese $H_1: \mu_1 > \mu_2$ *verwerfen* und können somit davon ausgehen, daß (bei einer Irrtumswahrscheinlichkeit von 5%) die Pumpe B tatsächlich *weniger* leistet als die Pumpe A.

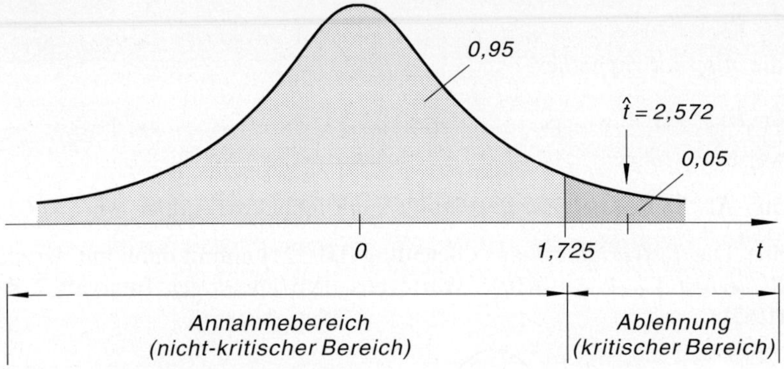

Bild III-68 Der Testwert $\hat{t} = 2{,}572$ fällt in den kritischen Bereich, die Nullhypothese $H_0: \mu_1 \leqslant \mu_2$ wird daher verworfen

■

4.5.4 Tests für die unbekannte Varianz σ^2 einer Normalverteilung

Um beispielsweise die *Gleichmäßigkeit* eines Produktionsablaufes oder die *Genauigkeit* eines Meßinstrumentes beurteilen und bewerten zu können, benötigt man Kenntnisse über die *Varianzen* der entsprechenden Zufallsgrößen. Diese aber sind in der Praxis meist *unbekannt*. Eine in den technischen Anwendungen daher häufig auftretende Aufgabe besteht darin, mit Hilfe einer *Stichprobenuntersuchung* zu prüfen, ob die *unbekannte* Varianz σ^2 einer normalverteilten Zufallsvariablen X einen bestimmten Wert σ_0^2 besitzt, wie man z.B. aufgrund langjähriger Erfahrungen vermutet oder infolge einer speziellen Maschinen- oder Automateneinstellung erwartet. Bei der Lösung dieser Aufgabe erweist sich die Zufallsvariable

$$Z = (n-1)\,\frac{S^2}{\sigma_0^2} \qquad \text{(III-229)}$$

als eine geeignete *Test-* oder *Prüfvariable*, wobei n der Umfang der verwendeten Stichprobe $x_1, x_2, \ldots, x_n$ und S^2 die bereits aus Abschnitt 3.2.4 bekannte *Schätzfunktion* für die unbekannte *Varianz* σ^2 sind. Die Testvariable Z genügt dabei der *Chi-Quadrat-Verteilung* mit $f = n - 1$ Freiheitsgraden.

Der *zweiseitige* Parametertest verläuft dann nach dem folgenden Schema:

Zweiseitiger Test für die unbekannte Varianz σ^2 einer Normalverteilung

X sei eine *normalverteilte* Zufallsvariable. Es soll *geprüft* werden, ob die unbekannte *Varianz* σ^2 (wie vermutet) einen bestimmten Wert σ_0^2 besitzt ($\sigma^2 = \sigma_0^2$). Auf der Basis einer *Zufallsstichprobe* $x_1, x_2, \ldots, x_n$ vom Umfang n testen wir daher die

Nullhypothese $H_0: \sigma^2 = \sigma_0^2$ (III-230)

gegen die

Alternativhypothese $H_1: \sigma^2 \neq \sigma_0^2$ (III-231)

Die Durchführung dieses *zweiseitigen* Parametertests erfolgt dabei schrittweise wie folgt:

1. Wir wählen zunächst eine bestimmte *Signifikanzzahl* (*Irrtumswahrscheinlichkeit*) α (in der Praxis meist $\alpha = 0{,}05 = 5\%$ oder $\alpha = 0{,}01 = 1\%$).
2. *Test-* oder *Prüfvariable* ist die Zufallsvariable

$$Z = (n-1)\frac{S^2}{\sigma_0^2} \qquad \text{(III-232)}$$

Dabei bedeuten:

S^2: *Schätzfunktion* für die unbekannte *Varianz* σ^2 der normalverteilten Grundgesamtheit (vgl. hierzu Abschnitt 3.2.4)

σ_0^2: *Vermuteter* Wert der unbekannten Varianz σ^2

n: *Umfang* der verwendeten Stichprobe

Die *Testvariable* Z genügt der *Chi-Quadrat-Verteilung* mit $f = n - 1$ Freiheitsgraden. Die Berechnung der beiden *kritischen Grenzen* c_1 und c_2 erfolgt dabei nach Bild III-69 aus der Bedingung

$$P(c_1 \leqslant Z \leqslant c_2)_{H_0} = 1 - \alpha \qquad \text{(III-233)}$$

oder aus den beiden *gleichwertigen* Bestimmungsgleichungen

$$F(c_1) = \frac{\alpha}{2} \quad \text{und} \quad F(c_2) = 1 - \frac{\alpha}{2} \qquad \text{(III-234)}$$

mit Hilfe der tabellierten Verteilungsfunktion $F(z)$ der *Chi-Quadrat-Verteilung* mit $f = n - 1$ Freiheitsgraden (Tabelle 3 im Anhang enthält die *Quantile* dieser Verteilung in Abhängigkeit vom Freiheitsgrad).

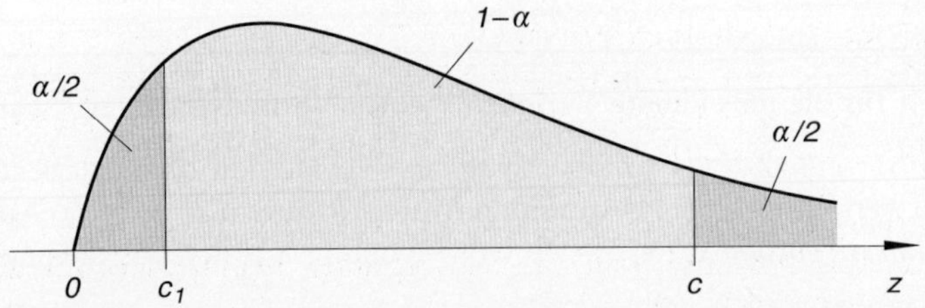

Bild III-69 Zur Bestimmung der kritischen Grenzen c_1 und c_2 für die einer Chi-Quadrat-Verteilung genügende Testvariable Z

Der *nicht-kritische* Bereich (*Annahmebereich*) lautet dann:

$$c_1 \leqslant z \leqslant c_2 \tag{III-235}$$

3. Berechnung der *Varianz* s^2 der vorgegebenen konkreten Stichprobe und des *Test-* oder *Prüfwertes*

$$\hat{z} = (n-1)\,\frac{s^2}{\sigma_0^2} \tag{III-236}$$

der *Testvariablen* Z.

4. **Testentscheidung:** Fällt der *Prüf-* oder *Testwert* $\hat{z}$ in den *nicht-kritischen* Bereich (*Annahmebereich*), d.h. gilt

$$c_1 \leqslant \hat{z} \leqslant c_2 \tag{III-237}$$

so wird die Nullhypothese $H_0: \sigma^2 = \sigma_0^2$ *beibehalten*, anderenfalls zugunsten der Alternativhypothese $H_1: \sigma^2 \neq \sigma_0^2$ *verworfen* (Bild III-70). „*Beibehalten*" bedeutet in diesem Zusammenhang lediglich, daß man aufgrund der verwendeten Stichprobe die Nullhypothese H_0 *nicht ablehnen* kann.

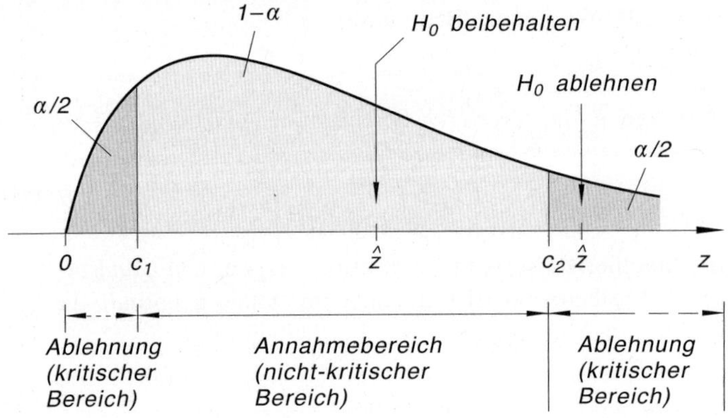

Bild III-70 Testentscheidung über Beibehaltung oder Ablehnung der Nullhypothese $H_0: \sigma^2 = \sigma_0^2$

Anmerkungen

(1) Der beschriebene Test ist zugleich auch ein Test für die (ebenfalls unbekannte) *Standardabweichung* σ der normalverteilten Grundgesamtheit. Der Nullhypothese $H_0: \sigma = \sigma_0$ für die Standardabweichung entspricht dabei die Nullhypothese $H_0: \sigma^2 = \sigma_0^2$ für die Varianz.

(2) Analog verlaufen die *einseitigen* Parametertests, bei denen es jeweils nur *eine* kritische Grenze c gibt. Diese läßt sich aus den folgenden Bedingungen mit Hilfe von Tabelle 3 im Anhang leicht bestimmen:

1. Fall: Abgrenzung nach oben (Bild III-71)

$H_0: \sigma^2 \leqslant \sigma_0^2; \qquad H_1: \sigma^2 > \sigma_0^2$

$P(Z \leqslant c)_{H_0} = 1 - \alpha$

Annahmebereich: $z \leqslant c$

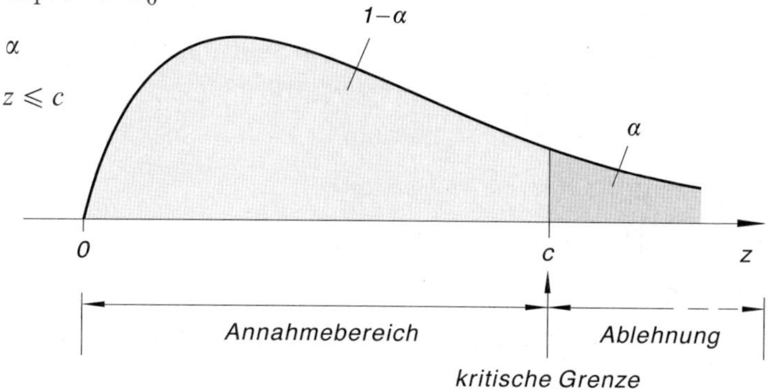

Bild III-71 Annahmebereich bei einem *einseitigen* Test (Abgrenzung nach *oben*)

2. Fall: Abgrenzung nach unten (Bild III-72)

$H_0: \sigma^2 \geqslant \sigma_0^2; \qquad H_1: \sigma^2 < \sigma_0^2$

$P(Z < c)_{H_0} = \alpha$

Annahmebereich: $z \geqslant c$

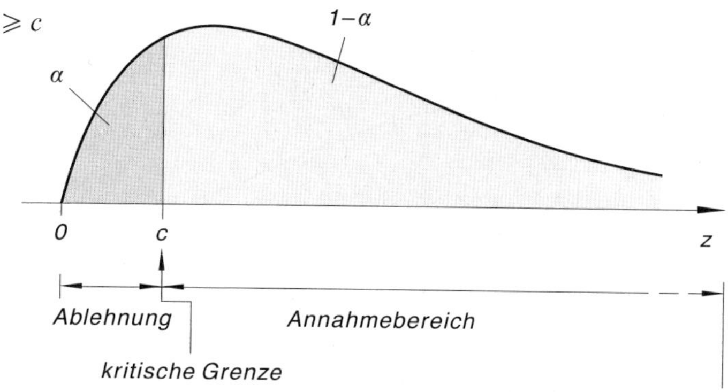

Bild III-72 Annahmebereich bei einem *einseitigen* Test (Abgrenzung nach *unten*)

■ **Beispiel**

Bei der Serienherstellung von Schrauben mit einer bestimmten Länge kann die Zufallsvariable

$$X = \textit{Länge einer Schraube}$$

als eine *normalverteilte* Größe betrachtet werden. Aufgrund langjähriger Erfahrungen weiß man, daß die *Standardabweichung* einen Wert von $\sigma_0 = 1{,}2$ mm besitzt. Eine zu *Kontrollzwecken* entnommene *Zufallsstichprobe* vom Umfang $n = 25$ ergab jedoch eine *empirische* Standardabweichung von $s = 1{,}5$ mm. Kann diese Abweichung noch durch *zufällige* Schwankungen erklärt werden oder ist sie *signifikant*?

Lösung:

Um eine *Entscheidung* treffen zu können, ob die beobachtete Abweichung zufallsbedingt ist *oder* nicht, führen wir hier sinnvoller Weise einen *einseitigen* Parametertest durch und testen daher die *Nullhypothese*

$$H_0: \sigma^2 \leqslant \sigma_0^2 = 1{,}44 \text{ mm}^2$$

gegen die *Alternativhypothese*

$$H_1: \sigma^2 > \sigma_0^2 = 1{,}44 \text{ mm}^2$$

schrittweise wie folgt:

1. Schritt: Wir wählen das *Signifikanzniveau* $\alpha = 0{,}01$.

2. Schritt: Die *Testvariable*

$$Z = (n-1)\frac{S^2}{\sigma_0^2} = 24 \cdot \frac{S^2}{1{,}44 \text{ mm}^2}$$

genügt dann einer *Chi-Quadrat-Verteilung* mit $f = n - 1 = 24$ Freiheitsgraden. Die Berechnung der *kritischen Grenze* c erfolgt dabei aus der Bedingung

$$P(Z \leqslant c)_{H_0} = 1 - \alpha = 1 - 0{,}01 = 0{,}99$$

(Bild III-73).

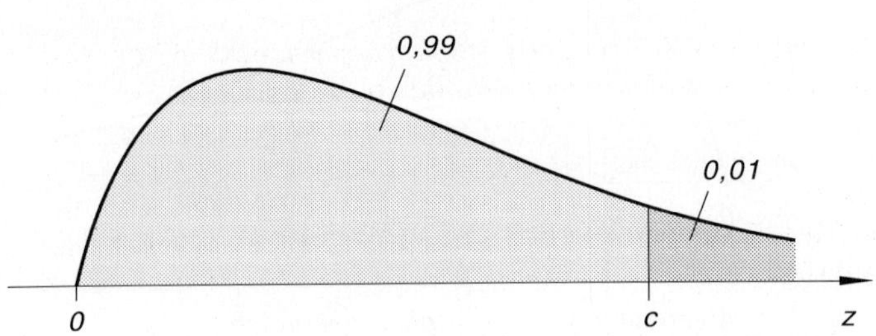

Bild III-73

Unter Verwendung von Tabelle 3 aus dem Anhang erhalten wir:

$$P(Z \leqslant c)_{H_0} = F(c) = 0{,}99 \quad \xrightarrow{f=24} \quad c = z_{(0,99;\,24)} = 43$$

Der *nicht-kritische* Bereich (*Annahmebereich*) lautet somit (Bild III-74):

$$z \leqslant 43$$

3. Schritt: Mit $n = 25$, $s^2 = 2{,}25\ \text{mm}^2$ und $\sigma_0^2 = 1{,}44\ \text{mm}^2$ erhalten wir den *Test-* oder *Prüfwert*

$$\hat{z} = (n-1)\frac{s^2}{\sigma_0^2} = 24 \cdot \frac{2{,}25\ \text{mm}^2}{1{,}44\ \text{mm}^2} = 37{,}5$$

für die *Testvariable* Z.

4. Schritt (Testentscheidung): Da der *Test-* oder *Prüfwert* $\hat{z} = 37{,}5$ in den *Annahmebereich* $z \leqslant 43$ fällt, kann die Nullhypothese $H_0: \sigma^2 \leqslant \sigma_0^2 = 1{,}44\ \text{mm}^2$ auf der Basis der verwendeten Stichprobe *nicht abgelehnt* werden (Bild III-74). Die Abweichung der Stichprobenvarianz $s^2 = 2{,}25\ \text{mm}^2$ vom langjährigen Erfahrungswert $\sigma_0^2 = 1{,}44\ \text{mm}^2$ ist daher auf dem gewählten Signifikanzniveau $\alpha = 0{,}01 = 1\%$ als *zufallsbedingt zu* betrachten. Die *gleiche* Aussage gilt dann auch für die *Standardabweichung*, d.h. wir können davon ausgehen, daß die Standardabweichung den Wert $\sigma = \sigma_0 = 1{,}2$ mm besitzt.

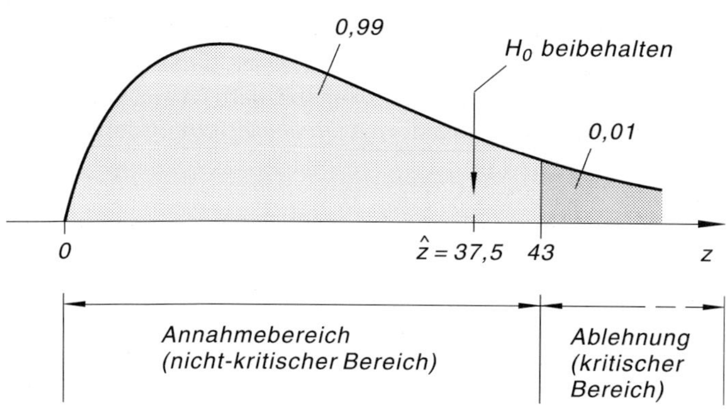

Bild III-74 Der Testwert $\hat{z} = 37{,}5$ fällt in den Annahmebereich, die Nullhypothese $H_0: \sigma^2 \leqslant \sigma_0^2 = 1{,}44\ \text{mm}^2$ wird daher beibehalten, d.h. nicht abgelehnt

■

4.5.5 Tests für einen unbekannten Anteilswert p (Parameter p einer Binomialverteilung)

In einer *statistischen Qualitätskontrolle* hat man es häufig mit einer *binomialverteilten* Grundgesamtheit zu tun, deren Parameter p jedoch *unbekannt* ist. Ein Musterbeispiel dafür ist der *Ausschußanteil* p bei der Serienfabrikation von speziellen Bauelementen, d.h. also der Anteil p an *fehlerhaften* Teilen in der Gesamtproduktion.

Wird in einem konkreten Fall dabei *vermutet*, daß dieser Parameter einen bestimmten Wert p_0 besitzt ($p = p_0$), so läßt sich diese Hypothese durch einen geeigneten Parametertest *überprüfen*. Man testet dann mittels einer Stichprobenuntersuchung die *Nullhypothese*

$$H_0 : p = p_0 \qquad \text{(III-238)}$$

gegen die *Alternativhypothese*

$$H_1 : p \neq p_0 \qquad \text{(III-239)}$$

nach dem bereits bekannten Schema schrittweise wie fogt:

(1) Wir wählen zunächst wieder eine bestimmte (kleine) *Signifikanzzahl* (*Irrtumswahrscheinlichkeit*) α $(0 < \alpha < 1)$.

(2) Als *Schätzfunktion* für den unbekannten Parameter p verwenden wir die *Maximum-Likelihood-Schätzfunktion*

$$\hat{P} = \frac{X}{n} \qquad \text{(III-240)}$$

die uns bereits aus den Abschnitten 3.2.5 und 3.3.2.1 vertraut ist [35]. Diese Zufallsvariable ist *binomialverteilt* mit dem Mittel- oder Erwartungswert $E(\hat{P}) = p_0$ und der Varianz $\operatorname{Var}(\hat{P}) = p_0(1 - p_0)/n$ (immer unter der Voraussetzung, daß die Nullhypothese $H_0 : p = p_0$ auch *zutrifft*). Bei Verwendung *umfangreicher* Stichproben [36] folgt dann aus dem *Grenzwertsatz von Moivre und Laplace*, daß sich die *Schätzfunktion* $\hat{P}$ *annähernd normalverteilt* verhält und zwar mit dem Mittelwert $\mu = p_0$ und der Varianz $\sigma^2 = p_0(1 - p_0)/n$. Die zugehörige *standardisierte* Zufallsvariable

$$U = \frac{\hat{P} - \mu}{\sigma} = \frac{\hat{P} - p_0}{\sqrt{\dfrac{p_0(1 - p_0)}{n}}} = \sqrt{\frac{n}{p_0(1 - p_0)}} \cdot (\hat{P} - p_0) \qquad \text{(III-241)}$$

ist dann *näherungsweise standardnormalverteilt* und erweist sich als eine geeignete *Testvariable* für diesen Parametertest.

(3) Der weitere Ablauf dieses *zweiseitigen* Tests verläuft dann wie bereits in Abschnitt 4.5.1 ausführlich beschrieben.

---

[35] Die Zufallsvariable

X = *Anzahl der „Erfolge" bei einer n-fachen Ausführung des Bernoulli-Experiments*

ist *normalverteilt* mit dem Mittelwert $E(X) = np_0$ und der Varianz $\operatorname{Var}(X) = np_0(1 - p_0)$ (vgl. hierzu Kapitel II, Abschnitt 6.1). Als „Erfolg" wird dabei das Eintreten des Ereignisses A gewertet.

[36] **Faustregel:** Eine Stichprobe wird als *umfangreich* betrachtet, wenn die Bedingung $np_0(1 - p_0) > 9$ erfüllt ist.

Zweiseitiger Test für einen unbekannten Anteilswert p (Parameter p einer Binomialverteilung) unter Verwendung einer umfangreichen Stichprobe

Es soll *geprüft* werden, ob ein *unbekannter* Anteilswert p (Parameter p einer Binomialverteilung) einen bestimmten Wert p_0 besitzt ($p = p_0$). Wir entnehmen zu diesem Zweck der *binomialverteilten* Grundgesamtheit eine *umfangreiche* Stichprobe, d.h. eine Stichprobe, deren Umfang n der Bedingung

$$n p_0 (1 - p_0) > 9 \qquad \text{(III-242)}$$

genügt. Die Stichprobe selbst besteht dann darin, daß wir das *Bernoulli-Experiment* n-mal nacheinander ausführen und dabei die Anzahl k der „Erfolge" feststellen. Als „Erfolg" werten wir wiederum das Eintreten des Ereignisses A, „Mißerfolg" bedeutet demnach, daß das *komplementäre* Ereignis $\overline{A}$ eintritt. Die *beobachtete relative Häufigkeit* für das Ereignis A („Erfolg") beträgt somit $h(A) = k/n$. Unter Verwendung dieser Stichprobe testen wir dann die

$$\textit{Nullhypothese } H_0 : p = p_0 \qquad \text{(III-243)}$$

gegen die

$$\textit{Alternativhypothese } H_1 : p \neq p_0 \qquad \text{(III-244)}$$

Die Durchführung dieses *zweiseitigen* Parametertests erfolgt schrittweise wie folgt:

1. Wir wählen zunächst eine bestimmte *Signifikanzzahl* (*Irrtumswahrscheinlichkeit*) α (in der Praxis meist $\alpha = 0{,}05 = 5\%$ oder $\alpha = 0{,}01 = 1\%$).

2. *Test-* oder *Prüfvariable* ist die *näherungsweise standardnormalverteilte* Zufallsvariable

$$U = \sqrt{\frac{n}{p_0(1 - p_0)}} \cdot (\hat{P} - p_0) \qquad \text{(III-245)}$$

Dabei bedeuten:

$\hat{P}$: *Schätzfunktion* für den unbekannten Parameter p der binomialverteilten Grundgesamtheit (vgl. hierzu Abschnitt 3.2.5)

p_0: *Vermuteter* Wert des unbekannten Parameters p

n: *Umfang* der verwendeten Stichprobe (Anzahl der Ausführungen des *Bernoulli-Experiments*)

Die Berechnung des *kritischen* Wertes c und damit der *kritischen Grenzen* $\mp c$ erfolgt dabei aus der Bedingung

$$P(-c \leqslant U \leqslant c)_{H_0} = 1 - \alpha \qquad \text{(III-246)}$$

unter Verwendung von Tabelle 2 im Anhang (vgl. hierzu die *hellgrau* unterlegte Fläche in Bild III-75). Der *nicht-kritische* Bereich (*Annahmebereich*) lautet dann:

$$-c \leqslant u \leqslant c \qquad \text{(III-247)}$$

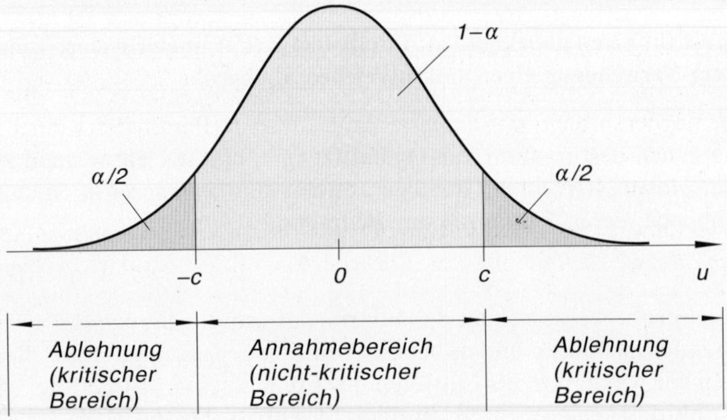

Bild III-75

3. Berechnung des *Schätzwertes* $\hat{p} = h(A) = k/n$ für den Parameter p aus der vorgegebenen konkreten Stichprobe (n-fache Ausführung des Bernoulli-Experimentes, dabei k-mal „Erfolg") sowie des *Test-* oder *Prüfwertes*

$$\hat{u} = \sqrt{\frac{n}{p_0(1 - p_0)}} \cdot (\hat{p} - p_0) \qquad \text{(III-248)}$$

der *Testvariablen* U.

4. **Testentscheidung:** Fällt der *Test-* oder *Prüfwert* $\hat{u}$ in den *nicht-kritischen* Bereich (*Annahmebereich*), d.h. gilt

$$-c \leqslant \hat{u} \leqslant c \qquad \text{(III-249)}$$

so wird die Nullhypothese $H_0: p = p_0$ *beibehalten*, anderenfalls zugunsten der Alternativhypothese $H_1: p \neq p_0$ *verworfen* (Bild III-76). „*Beibehalten*" bedeutet in diesem Zusammenhang lediglich, daß man aufgrund der verwendeten Stichprobe die Nullhypothese H_0 *nicht ablehnen* kann.

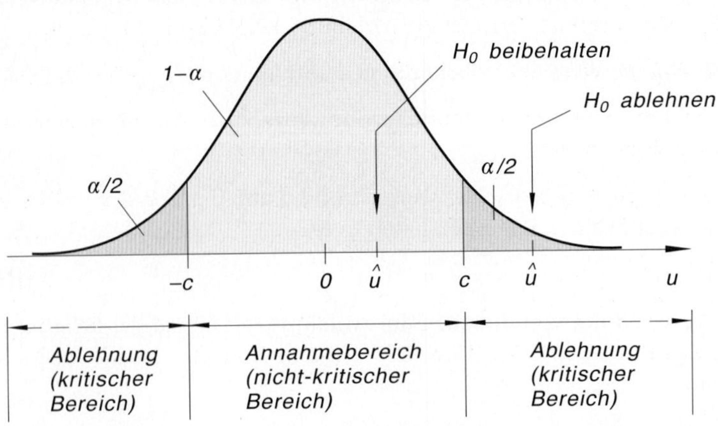

Bild III-76

Anmerkungen

(1) Man beachte, daß dieser Parametertest nur für *umfangreiche* Stichproben gilt, d.h. für solche, die der Bedingung $np_0(1 - p_0) > 9$ genügen. Bei *kleinem* Stichprobenumfang ist diese Bedingung jedoch *nicht* erfüllt und das angegebene Prüfverfahren daher *nicht* anwendbar. Wir müssen in diesem Fall auf die Spezialliteratur verweisen (siehe Literaturverzeichnis).

(2) Analog verlaufen die *einseitigen* Parametertests. In diesen Fällen gibt es jeweils nur *eine* kritische Grenze c. Die näheren Einzelheiten sind in Abschnitt 4.5.1, Anmerkung (2) bereits ausführlich beschrieben. Sie gelten *sinngemäß* auch für diesen Parametertest.

■ **Beispiel**

Der Hersteller eines bestimmten elektronischen Bauelements behauptet, daß seine Produktion *höchstens* 4% Ausschuß enthalte. Bei der Anlieferung eines größeren Postens dieser Elemente wurde von Seiten des Abnehmers ein *Gütekontrolle* durchgeführt. Sie bestand in diesem Fall in einer *Stichprobenuntersuchung* von $n = 300$ Bauelementen. Unter ihnen befanden sich dabei $k = 15$ *funktionsuntüchtige* (d.h. *defekte*) Teile. Man überprüfe die Angaben des Herstellers auf einem Signifikanzniveau von $\alpha = 0{,}01$.

Lösung:

Da in diesem Fall nur die Abweichungen nach *oben* interessieren [37], wenden wir hier ein *einseitiges* Prüfverfahren an und testen die *Nullhypothese*

$$H_0 : p \leqslant p_0 = 0{,}04$$

gegen die *Alternativhypothese*

$$H_1 : p > p_0 = 0{,}04$$

Die Voraussetzung einer *umfangreichen* Stichprobe ist dabei gegeben, da die Bedingung (III-242) *erfüllt* ist:

$$np_0(1 - p_0) = 300 \cdot 0{,}04 \cdot 0{,}96 = 11{,}52 > 9$$

1. Schritt: Die *Signifikanzzahl* (*Irrtumswahrscheinlichkeit*) ist vorgegeben: $\alpha = 0{,}01$.

2. Schritt: Wir berechnen die *kritische Grenze c* der *standardnormalverteilten* Testvariablen

$$U = \sqrt{\frac{n}{p_0(1 - p_0)}} \cdot (\hat{P} - p_0) = \sqrt{\frac{300}{0{,}04 \cdot 0{,}96}} \cdot (\hat{P} - 0{,}04) = 88{,}388\,(\hat{P} - 0{,}04)$$

aus der Bedingung

$$P(U \leqslant c)_{H_0} = 1 - \alpha = 1 - 0{,}01 = 0{,}99$$

(Bild III-77).

[37] Gegen einen Ausschußanteil *unterhalb* von 4% hat keiner etwas einzuwenden!

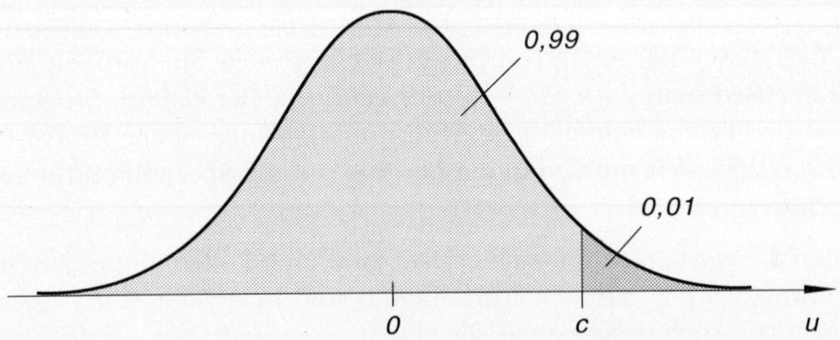

Bild III-77

Unter Verwendung von Tabelle 2 im Anhang erhalten wir dann für die unbekannte *Schranke c* den folgenden Wert:

$$P(U \leqslant c)_{H_0} = \phi(c) = 0{,}99 \quad \longrightarrow \quad c = u_{0,99} = 2{,}326$$

Der *nicht-kritische* Bereich (*Annahmebereich*) lautet damit (Bild III-78):

$$u \leqslant 2{,}326$$

3. Schritt: Der *Schätzwert* für den unbekannten Parameter (Anteilswert) p beträgt

$$\hat{p} = \frac{k}{n} = \frac{15}{300} = 0{,}05$$

Somit besitzt die Testvariable U den *Test-* oder *Prüfwert*

$$\hat{u} = 88{,}388\,(\hat{p} - 0{,}04) = 88{,}388\,(0{,}05 - 0{,}04) = 0{,}884$$

4. Schritt (Testentscheidung): Der *Test-* oder *Prüfwert* $\hat{u} = 0{,}884$ fällt in den *Annahmebereich* $u \leqslant 2{,}326$ (Bild III-78). Die Nullhypothese $H_0: p \leqslant p_0 = 0{,}04$ wird daher *beibehalten*, d.h. es gibt aufgrund der verwendeten Stichprobe *keinen* Anlaß, an den Angaben des Herstellers bezüglich eines *maximalen* Ausschußanteils von 4% zu zweifeln. Die *Abweichung* des aus der Stichprobe ermittelten Anteils $\hat{p} = 0{,}05 = 5\%$ von dem vom Hersteller angegebenen Anteilswert $p_0 = 0{,}04 = 4\%$ ist bei dem gewählten Signifikanzniveau von $\alpha = 0{,}01 = 1\%$ *nicht signifikant* und somit *zufallsbedingt*.

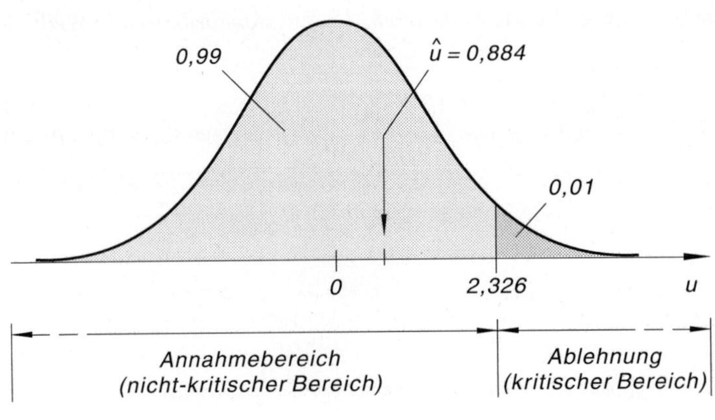

Bild III-78

■

4.6 Ein Anwendungsbeispiel: Statistische Qualitätskontrolle unter Verwendung von Kontrollkarten

Bei der Herstellung von *Massenprodukten* müssen für bestimmte Größen vorgegebene *Sollwerte* innerhalb gewisser Toleranzen eingehalten werden. Wir nennen einige einfache Beispiele:

■ **Beispiele**

(1) Bei der Serienproduktion von *Kondensatoren* wird für die *Kapazität* ein bestimmter *Sollwert* μ_0 vorgeschrieben.

(2) *Metallstäbe* aus einer bestimmten Legierung sollen eine bestimmte *Zugfestigkeit* μ_0 aufweisen, die *nicht* unterschritten werden darf.

(3) Bei der Serienfertigung von *Wellen* wird für den *Durchmesser* die Einhaltung eines bestimmten *Sollwertes* μ_0 gefordert. ■

Die *Erfahrung* lehrt jedoch, daß auch bei *sorgfältigster* Fertigung und Verwendung *hochwertiger* Materialien stets *Abweichungen* vom vorgeschriebenen Sollwert auftreten, die im wesentlichen durch

— *Inhomogenitäten* des verwendeten Materials,
— *Abnutzungs-* und *Verschleißerscheinungen* bei den produzierenden Maschinen und Automaten, und nicht zuletzt auch durch
— menschliche *Unzulänglichkeiten*

bedingt sind. Um die Qualität des erzeugten Produktes zu *sichern*, ist es daher notwendig, die Produktion zu *überwachen*, um gegebenenfalls regulierend eingreifen zu können.

Unter *statistischer Qualitätskontrolle* versteht man die permanente Überwachung eines Produktionsprozesses mit Hilfe spezieller statistischer Methoden. Die Qualitätskontrolle dient somit der *Einhaltung* bestimmter vorgegebener Sollwerte oder Normen, wobei durch einen rechtzeitigen Eingriff in den Fertigungsprozeß Ausschußware weitgehend *vermieden* oder zumindest auf ein *Minimum* beschränkt werden kann.

Wir wollen uns jetzt mit einer typischen Aufgabe der statistischen Qualitätskontrolle näher auseinandersetzen: Bei der Herstellung eines Massenartikels soll für den *Mittelwert* μ des dabei interessierenden Merkmals X ein bestimmter *Sollwert* μ_0 eingehalten werden und zwar während des gesamten Fertigungsprozesses [38]. Mit Hilfe der statistischen Qualitätskontrolle sind wir dann in der Lage, diese Forderung zu erfüllen. Wir gehen dabei zunächst von der *Annahme* (*Nullhypothese*) aus, daß diese Forderung *erfüllt* ist, d.h. daß der Sollwert μ_0 während der gesamten Produktion tatsächlich *eingehalten* wird.

---

[38] Die Größe X kann beispielsweise die *Kapazität* eines in Massen produzierten Kondensators sein. Es wird dann z.B. gefordert, daß die *normalverteilte* Zufallsvariable

$$X = \textit{Kapazität eines Kondensators}$$

während der gesamten Produktion den *konstanten* Mittelwert $\mu = \mu_0$ besitzt.

Unsere *Nullhypothese* lautet daher:

$$H_0 : \mu = \mu_0 \tag{III-250}$$

Wir testen sie dann gegen die *Alternativhypothese*

$$H_1 : \mu \neq \mu_0 \tag{III-251}$$

auf dem allgemein üblichen *Signifikanzniveau* $\alpha = 0{,}01 = 1\%$ schrittweise wie folgt[39]:

(1) Stichprobenentnahme aus der laufenden Produktion in regelmäßigen Zeitabständen

In *regelmäßigen Zeitabständen* (z.B. jede Stunde) wird der laufenden Produktion eine Zufallsstichprobe vom *gleichbleibenden* Umfang n entnommen und der jeweilige Stichprobenmittelwert $\bar{x}$ bestimmt.

(2) Bestimmung des Toleranzbereiches

Um die ermittelten Stichprobenmittelwerte in sinnvoller Weise mit dem vorgegebenen Sollwert μ_0 *vergleichen* zu können, benötigen wir den zum Signifikanzniveau $\alpha = 0{,}01 = 1\%$ gehörenden *nicht-kritischen* Bereich (Annahmebereich), der in diesem Zusammenhang als *Toleranzbereich* bezeichnet wird. Bei einer *normalverteilten* Zufallsvariablen X ist dieser Bereich – wie wir etwas später noch zeigen werden – durch das symmetrische Intervall

$$\mu_0 - 2{,}576 \cdot \frac{\sigma}{\sqrt{n}} \leqslant \bar{x} \leqslant \mu_0 + 2{,}576 \cdot \frac{\sigma}{\sqrt{n}} \tag{III-252}$$

gegeben. Die *kritischen Grenzen*

$$c_u = \mu_0 - 2{,}576 \cdot \frac{\sigma}{\sqrt{n}} \quad \text{und} \quad c_0 = \mu_0 + 2{,}576 \cdot \frac{\sigma}{\sqrt{n}} \tag{III-253}$$

heißen hier *Toleranz-* oder *Kontrollgrenzen* (Bild III-79). Dabei ist σ die als *bekannt* vorausgesetzte *Standardabweichung* der normalverteilten Grundgesamtheit und n der *Umfang* der entnommenen Stichprobe[40].

Zur Herleitung des Toleranzbereiches

Der *Toleranzbereich* ist nichts anderes als der zum Signifikanzniveau $\alpha = 0{,}01$ gehörige *nicht-kritische* Bereich der Zufallsgröße $\overline{X}$. Somit gilt (vgl. hierzu Bild III-79):

$$\begin{aligned} P(c_u \leqslant \overline{X} \leqslant c_0)_{H_0} &= P(\mu_0 - c^* \leqslant \overline{X} \leqslant \mu_0 + c^*)_{H_0} = \\ &= 1 - \alpha = 1 - 0{,}01 = 0{,}99 \end{aligned} \tag{III-254}$$

(c^* ist der *kritische* Wert).

---

[39] Es handelt sich hier im wesentlichen um den in Abschnitt 4.5.1 besprochenen *zweiseitigen* Test für den *Mittelwert* μ einer Normalverteilung.

[40] Ist σ jedoch *unbekannt*, so kann man mit Hilfe einer sog. *Vorlaufstichprobe* einen *Schätzwert* für σ ermitteln. Man ersetzt dabei σ *näherungsweise* durch die Standardabweichung s dieser Vorlaufstichprobe: $\sigma \approx s$.

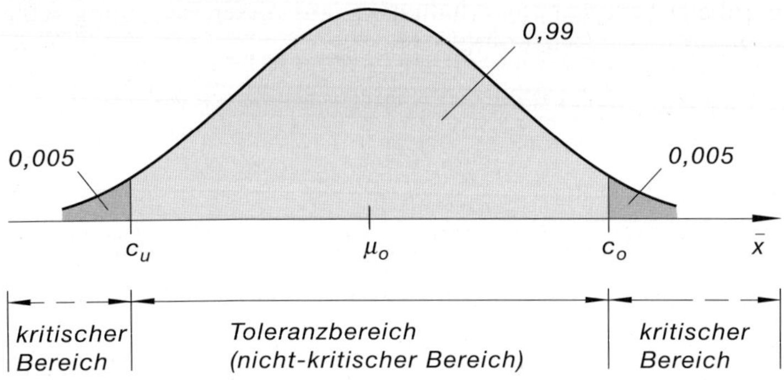

Bild III-79 Toleranzbereich bei der statistischen Qualitätskontrolle

Beim Übergang von der normalverteilten Zufallsvariablen $\overline{X}$ zur *standardisierten* (und somit *standardnormalverteilten*) Zufallsvariablen

$$U = \frac{\overline{X} - \mu_0}{\sigma/\sqrt{n}} \tag{III-255}$$

geht die Gleichung (III-254) über in

$$P(-c \leqslant U \leqslant c)_{H_0} = 0{,}99 \tag{III-256}$$

wobei wir bereits die Abkürzung

$$c = c^* \frac{\sqrt{n}}{\sigma} \quad \text{bzw.} \quad c^* = c \frac{\sigma}{\sqrt{n}} \tag{III-257}$$

verwendet haben (Bild III-80).

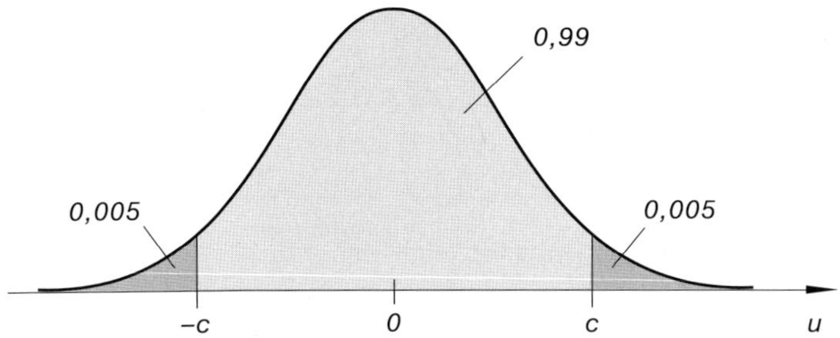

Bild III-80 Bestimmung des kritischen Wertes c für die standardnormalverteilte Zufallsvariable U

Mit Hilfe von Tabelle 2 im Anhang erhalten wir aus dieser Beziehung schließlich den folgenden Wert für die gesuchte Konstante c:

$$P(-c \leqslant U \leqslant c)_{H_0} = \phi(c) - \phi(-c) = \phi(c) - [1 - \phi(c)] = \\ = 2 \cdot \phi(c) - 1 = 0{,}99 \qquad \text{(III-258)}$$

$$\phi(c) = 0{,}995 \quad \longrightarrow \quad c = u_{0{,}995} = 2{,}576 \qquad \text{(III-259)}$$

Ein *Stichprobenmittelwert* $\bar{x}$ fällt damit in den *Toleranzbereich*, wenn er die Bedingung

$$\mu_0 - 2{,}576 \cdot \frac{\sigma}{\sqrt{n}} \leqslant \bar{x} \leqslant \mu_0 + 2{,}576 \cdot \frac{\sigma}{\sqrt{n}} \qquad \text{(III-260)}$$

erfüllt.

(3) Vergleich des Stichprobenmittelwertes $\bar{x}$ mit dem Sollwert μ_0 und Entscheidungsfindung

Wir sind jetzt in der Lage, die Qualität der laufenden Produktion zu *beurteilen* und eine *Entscheidung* darüber zu fällen, ob der geforderte Sollwert μ_0 auch *eingehalten* wird oder ob *nicht tolerierbare* Abweichungen auftreten.

1. Fall: Fällt der Stichprobenmittelwert $\bar{x}$ einer entnommenen Stichprobe in den *nicht-kritischen* Bereich, d.h. in den *Toleranzbereich*, so wird die Abweichung vom Sollwert μ_0 als *zufallsbedingt* angesehen und *toleriert*. Es besteht daher in diesem Fall *kein* Grund, in den laufenden Fertigungsprozeß einzugreifen (Bild III-81).

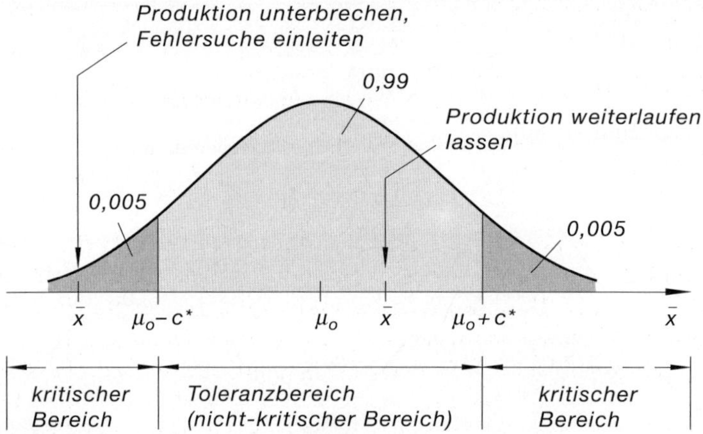

Bild III-81 Fällt der Stichprobenmittelwert $\bar{x}$ in den Toleranzbereich, so läßt man die Produktion weiterlaufen, anderenfalls wird diese unterbrochen und die Fehlersuche eingeleitet

2. Fall: Liegt der Mittelwert $\bar{x}$ der Stichprobe jedoch im *kritischen* Bereich (d.h. *außerhalb* des Toleranzbereiches), so kann die beobachtete Abweichung zum Sollwert μ_0 *nicht* mehr aus der Zufälligkeit der Stichprobe erklärt werden, sondern muß als *signifikant* angesehen werden (Bild III-81). Die Produktion wird in diesem Fall *unterbrochen*, man geht auf *Fehlersuche* und behebt schließlich die gefundenen Fehler (z.B. durch Neueinstellung der Maschinen und Automaten usw.).

(4) Kontrollkarten

Der Verlauf eines Fertigungsprozesses läßt sich in sehr anschaulicher Weise auf einer sog. *Kontrollkarte* wie folgt darstellen (Bild III-82):

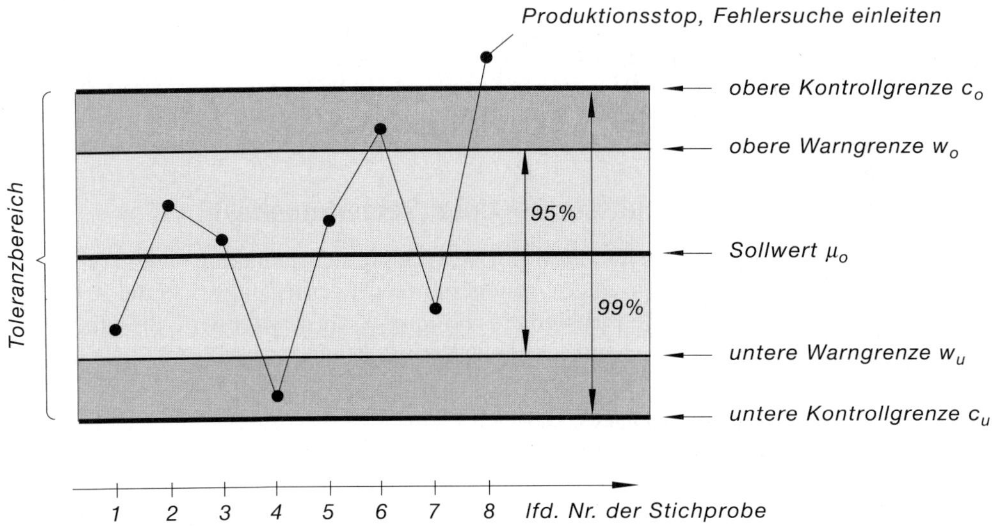

Bild III-82 Muster einer Kontrollkarte mit Kontroll- und Warngrenzen

Die in *regelmäßigen* Zeitabständen ermittelten *Stichprobenmittelwerte* $\bar{x}$ werden dabei in der zeitlichen Reihenfolge der Stichprobenentnahme als *Punkte* in die Kontrollkarte eingetragen. Dann wird der *Istzustand* (Stichprobenmittelwert $\bar{x}$) mit dem *Sollzustand* (Sollwert μ_0) *verglichen*. Liegt ein Wert *außerhalb* des Toleranzbereiches (*grau* unterlegte Fläche in Bild III-82), so wird die laufende Produktion zunächst *gestoppt* und die *Fehlersuche* eingeleitet. Im Bild ist dies der Fall bei der Stichprobe Nr. 8. Zur *zusätzlichen* Sicherheit werden häufig noch die sog. *Warngrenzen* eingezeichnet, die einem *Signifikanzniveau* von $\alpha = 0{,}05 = 5\%$ entsprechen. Sie liegen bei

$$w_u = \mu_0 - 1{,}960 \cdot \frac{\sigma}{\sqrt{n}} \quad \text{und} \quad w_0 = \mu_0 + 1{,}960 \cdot \frac{\sigma}{\sqrt{n}} \qquad \text{(III-261)}$$

Fällt dabei ein Stichprobenmittelwert $\bar{x}$ in den *dunkelgrau* dargestellten Bereich zwischen Warn- und Kontrollgrenzen (im Bild gilt dies für die Stichproben Nr. 4 und Nr. 6), so wird sicherheitshalber eine *weitere* Stichprobe entnommen (Wiederholung des Tests und gegebenenfalls Abbruch der Produktion und Fehlersuche).

5 Statistische Prüfverfahren für die unbekannte Verteilungsfunktion einer Wahrscheinlichkeitsverteilung („Anpassungs- oder Verteilungstests")

5.1 Aufgaben eines Anpassungs- oder Verteilungstests

Mit den in Abschnitt 4 behandelten *Parametertests* lassen sich Annahmen oder Hypothesen über unbekannte *Parameter* einer Grundgesamtheit überprüfen, wobei die *Art* bzw. der *Typ* der Wahrscheinlichkeitsverteilung als *bekannt* vorausgesetzt wird. So haben wir z. B. spezielle Tests für den Mittelwert μ und die Varianz σ^2 einer *normalverteilten* Grundgesamtheit kennengelernt.

Ein *Anpassungs-* oder *Verteilungstest* dagegen dient der Überprüfung einer Hypothese über die *Art* der unbekannten Wahrscheinlichkeitsverteilung. Es wird somit der Versuch unternommen, einer Grundgesamtheit mit einer *unbekannten* Verteilungsfunktion $F(x)$ eine *bekannte* Verteilungsfunktion $F_0(x)$ „anzupassen". Die *Nullhypothese* H_0 lautet daher wie folgt:

$$H_0: F(x) = F_0(x) \qquad \text{(III-262)}$$

(„Die Zufallsvariable X genügt einer Wahrscheinlichkeitsverteilung mit der *Verteilungsfunktion* $F_0(x)$"). Ihr stellen wir *alternativ* die Hypothese

$$H_1: F(x) \neq F_0(x) \qquad \text{(III-263)}$$

gegenüber. Sie besagt, daß $F_0(x)$ *nicht* die gesuchte Verteilungsfunktion der Zufallsvariablen X ist.

Die *Überprüfung* einer solchen Hypothese über die *Art* der Verteilungsfunktion erfolgt dann mit einem speziellen *Anpassungs-* oder *Verteilungstest* unter Verwendung einer *Zufallsstichprobe*, die man der betreffenden Grundgesamtheit entnommen hat. Geprüft wird dabei, ob die aus der Stichprobe gewonnenen Informationen über die unbekannte Verteilungsfunktion $F(x)$ mit der *angenommenen*, d. h. *theoretischen* Verteilungsfunktion $F_0(x)$ *verträglich* sind. Verglichen wird dabei die *beobachtete* Verteilung der Zufallsgröße X in der entnommenen Stichprobe mit der *theoretisch* zu erwartenden Verteilung aufgrund der Nullhypothese H_0. Der Anpassungs- oder Verteilungstest ermöglicht dann eine *Entscheidung* darüber, ob man die Nullhypothese H_0: $F(x) = F_0(x)$ *beibehalten* kann oder zugunsten der Alternativhypothese $H_1 : F(x) \neq F_0(x)$ *verwerfen* muß.

Wir fassen zusammen:

Aufgaben eines Anpassungs- oder Verteilungstests

Einer Zufallsvariablen X mit der *unbekannten* Verteilungsfunktion $F(x)$ soll eine *bekannte* Verteilungsfunktion $F_0(x)$ „angepaßt" werden. Die Aufgabe eines *Anpassungs-* oder *Verteilungstests* besteht dann darin, zu *prüfen*, ob die aus einer *Zufallsstichprobe* $x_1, x_2, \ldots, x_n$ erhaltenen Informationen über die unbekannte Verteilungsfunktion $F(x)$ mit der angenommenen (hypothetischen) Verteilungsfunktion $F_0(x)$ *verträglich* sind. Es ist daher das Ziel eines solchen Tests, eine *Entscheidung* über Beibehaltung oder Ablehnung der aufgestellten Nullhypothese

$$H_0: F(x) = F_0(x) \qquad \text{(III-264)}$$

zu ermöglichen.

$F_0(x)$: Verteilungsfunktion der Zufallsvariablen X

5.2 Ein einführendes Beispiel

Beim Zufallsexperiment „*Würfeln mit einem homogenen Würfel*" erwarten wir, daß *jede* der sechs möglichen Augenzahlen 1, 2, …, 6 mit der *gleichen* Wahrscheinlichkeit auftritt:

$$p_i = \frac{1}{6} \qquad (i = 1, 2, \ldots, 6) \qquad \text{(III-265)}$$

(p_i: Wahrscheinlichkeit dafür, bei einem Wurf die Augenzahl „i" zu erzielen). Somit lautet unsere *Erwartung* bei 120 Würfen wie folgt: *Jede der sechs Augenzahlen tritt genau* 20-*mal auf.* Diese absoluten Häufigkeiten

$$n_i = 20 \qquad (i = 1, 2, \ldots, 6) \qquad \text{(III-266)}$$

sind die *theoretisch* zu erwartenden Werte. Sie beruhen auf der *Annahme*, daß die Zufallsvariable

$$X = \textit{Erreichte Augenzahl beim Wurf mit einem homogenen Würfel}$$

tatsächlich einer *Gleichverteilung* genügt, d. h. auf der Nullhypothese H_0, daß *alle* Augenzahlen mit der *gleichen* Wahrscheinlichkeit auftreten.

In einem *konkreten* Fall (einer Zufallsstichprobe) ergab sich bei insgesamt 120 ausgeführten Würfen die folgende (empirische) *Häufigkeitsverteilung*:

Augenzahl i	Beobachtete absolute Häufigkeit n_i	Theoretisch erwartete absolute Häufigkeit n_i^*	Differenz $\Delta n_i = n_i - n_i^*$
1	15	20	-5
2	19	20	-1
3	22	20	2
4	21	20	1
5	17	20	-3
6	26	20	6
$\sum$	120	120	0

Ein Vergleich zwischen den *beobachteten* und den *theoretisch* erwarteten Häufigkeiten zeigt zum Teil erhebliche Abweichungen, die auch in den zugehörigen *Stabdiagrammen* deutlich zum Ausdruck kommen (Bild III-83):

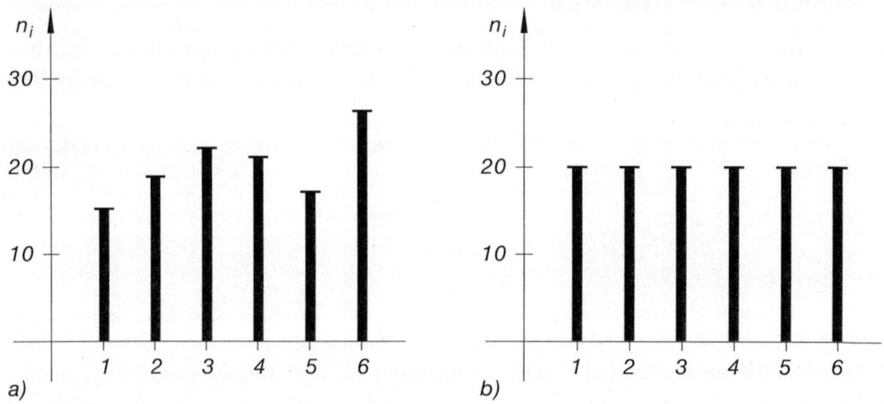

Bild III-83 Häufigkeitswerte für die „Augenzahl" beim Wurf mit einem Würfel
a) *Beobachtete* Verteilung b) *Theoretisch* „erwartete" Verteilung

Wir stehen daher vor dem folgenden Problem:

Ist die beobachtete Häufigkeitsverteilung im Widerspruch zur theoretisch erwarteten Gleichverteilung oder sind die festgestellten Abweichungen rein zufallsbedingt?

Mit anderen Worten: Ist die entnommene Stichprobe vom Umfang $n = 120$ in *Einklang* zu bringen mit der Annahme (Nullhypothese)

$$H_0 : p_i = \frac{1}{6} \qquad (i = 1, 2, \ldots, 6) \qquad \text{(III-267)}$$

oder *widerspricht* sie dieser Annahme? Läßt sich also diese *Hypothese* über die *Gleichverteilung* der möglichen Augenzahlen *vertreten* oder müssen wir sie aufgrund der Stichprobenuntersuchung *zurückweisen*?

Wir möchten also eine spezielle *Annahme* (*Nullhypothese*) über die *Art* der Wahrscheinlichkeitsverteilung einer Grundgesamtheit überprüfen und dabei auf der Grundlage einer Zufallsstichprobe, die dieser Grundgesamtheit entnommen wurde, eine *Entscheidung* über Beibehaltung *oder* Ablehnung der Nullhypothese fällen.

Im nächsten Abschnitt behandeln wir daher zunächst das wohl *wichtigste* Prüfverfahren für die *unbekannte* Verteilungsfunktion einer Wahrscheinlichkeitsverteilung, nämlich den sog. *Chi-Quadrat-Test* („χ^2-Test“), und kommen im Anschluß daran nochmals auf dieses einführende Beispiel ausführlich zurück.

5.3 Chi-Quadrat-Test („χ^2-Test“)

Wir behandeln in diesem Abschnitt den wohl bekanntesten und wichtigsten *Anpassungs-* oder *Verteilungstest*, den sog. *Chi-Quadrat-Test* („χ^2*-Test*“). Er beruht auf einem *Vergleich* der aus einer *Zufallsstichprobe* $x_1, x_2, \ldots, x_n$ gewonnenen *empirischen* Häufigkeitsverteilung mit der *theoretisch erwarteten* Verteilung, die man aus der als *wahr angenommenen* Verteilungsfunktion $F_0(x)$ der Grundgesamtheit, aus der die Stichprobe stammt, berechnet hat. Wir testen dabei die *Nullhypothese*

$$H_0 : F(x) = F_0(x) \qquad \text{(III-268)}$$

gegen die *Alternativhypothese*

$$H_1 : F(x) \neq F_0(x) \qquad \text{(III-269)}$$

Planung und Durchführung des *Chi-Quadrat-Tests* verlaufen dann schrittweise wie folgt:

(1) Unterteilung der Stichprobe in Klassen, Feststellung der absoluten Klassenhäufigkeiten (Besetzungszahlen)

Die n Stichprobenwerte $x_1, x_2, \ldots, x_n$ werden in k *Klassen* (Intervalle) $I_1, I_2, \ldots, I_k$ unterteilt ($k < n$). *Jede* Klasse sollte dabei erfahrungsgemäß *mindestens* 5 Stichprobenwerte enthalten. Dann werden die *absoluten Klassenhäufigkeiten* (*Besetzungszahlen*) $n_1, n_2, \ldots, n_k$ festgestellt, wobei

$$n_1 + n_2 + \ldots + n_k = n \qquad \text{(III-270)}$$

gilt (Spalten 1 und 2 in der nachfolgenden Tabelle 3).

(2) Berechnung der theoretisch erwarteten absoluten Klassenhäufigkeiten

Aus der als *wahr angenommenen* Verteilungsfunktion $F_0(x)$ berechnet man zunächst für jede Klasse I_i die zugehörige *Klassenwahrscheinlichkeit* p_i[41] und daraus die *hypothetische*, d. h. *theoretisch* zu erwartende Anzahl $n_i^* = n\,p_i$ der Stichprobenwerte in I_i (Spalten 3 und 4 in Tabelle 3).

Tabelle 3: Chi-Quadrat-Test

Klasse Nr. i	n_i (beobachtet)	p_i (theoretisch)	$n_i^* = n\,p_i$ (theoretisch)	$\Delta n_i = n_i - n_i^*$	$\frac{(\Delta n_i)^2}{n_i^*}$
1	n_1	p_1	$n_1^* = n\,p_1$	$n_1 - n_1^*$	$\frac{(n_1 - n_1^*)^2}{n_1^*}$
2	n_2	p_2	$n_2^* = n\,p_2$	$n_2 - n_2^*$	$\frac{(n_2 - n_2^*)^2}{n_2^*}$
⋮	⋮	⋮	⋮	⋮	⋮
k	n_k	p_k	$n_k^* = n\,p_k$	$n_k - n_k^*$	$\frac{(n_k - n_k^*)^2}{n_k^*}$
$\sum$	n	1	n	0	$\hat{\chi}^2$

(3) Festlegung eines geeigneten Maßes für die Abweichung zwischen der beobachteten und der theoretischen Verteilung

Ein geeignetes *Maß* für die *Abweichung* zwischen empirischer und hypothetischer Verteilung ist nach *Pearson* die Maßzahl

$$\hat{\chi}^2 = \sum_{i=1}^{k} \frac{(n_i - n_i^*)^2}{n_i^*} = \sum_{i=1}^{k} \frac{(\Delta n_i)^2}{n_i^*} \qquad \text{(III-271)}$$

Sie wird gebildet, indem man zunächst *klassenweise* die *Differenz* $\Delta n_i = n_i - n_i^*$ zwischen der beobachteten und der theoretisch erwarteten absoluten Klassenhäufigkeit feststellt (Spalte 5), diese Differenz *quadriert* und durch die hypothetische Klassenhäufigkeit n_i^* *dividiert* (Spalte 6) und dann anschließend die Beiträge aller Klassen *aufaddiert* (Summenwert der Spalte 6). Bei einer „guten" Übereinstimmung zwischen den empirischen und den hypothetischen Werten erwarten wir *kleine* Abweichungsquadrate $(\Delta n_i)^2$ und somit auch einen *kleinen* Wert für das *Abweichungsmaß* $\hat{\chi}^2$.

---

[41] p_i ist die Wahrscheinlichkeit dafür, daß ein Stichprobenwert in die i-te Klasse fällt (immer unter der *Voraussetzung*, daß $F_0(x)$ die *wahre* Verteilungsfunktion ist).

Die Maßzahl $\hat{\chi}^2$ ist dabei ein *spezieller* Wert der *Testvariablen* oder *Prüfgröße*

$$Z = \chi^2 = \sum_{i=1}^{k} \frac{(N_i - n_i^*)^2}{n_i^*} = \sum_{i=1}^{k} \frac{(N_i - n p_i)^2}{n p_i} \qquad \text{(III-272)}$$

den diese Variable für die vorgegebene konkrete Stichprobe annimmt. Dabei bedeutet N_i die wie folgt definierte *Zufallsvariable*:

N_i = *Beobachtete Anzahl der Stichprobenwerte in der i-ten Klasse* (*empirische absolute Klassenhäufigkeit*)

Die Testvariable $Z = \chi^2$ genügt für *großes n*, d.h. bei Verwendung *umfangreicher* Stichproben (**Faustregel**: $n > 50$) *näherungsweise* einer *Chi-Quadrat-Verteilung* mit $f = k - 1$ Freiheitsgraden, wenn *alle* Parameter in der als *wahr angenommenen* Verteilungsfunktion $F_0(x)$ *bekannt* sind[42].

(4) Wahl einer Signifikanzzahl α und Berechnung der kritischen Grenze c

Wir wählen jetzt eine kleine *Signifikanzzahl* α (in der Praxis meist $\alpha = 0{,}05 = 5\,\%$ oder $\alpha = 0{,}01 = 1\,\%$) und bestimmen dann eine *kritische Grenze c* so, daß die Werte der Testvariablen $Z = \chi^2$ mit der Wahrscheinlichkeit $\gamma = 1 - \alpha$ *unterhalb* dieser kritischen Grenze liegen. Somit gilt:

$$P(Z \leqslant c)_{H_0} = \gamma = 1 - \alpha \qquad \text{(III-273)}$$

(*hellgrau* unterlegte Fläche in Bild III-84).

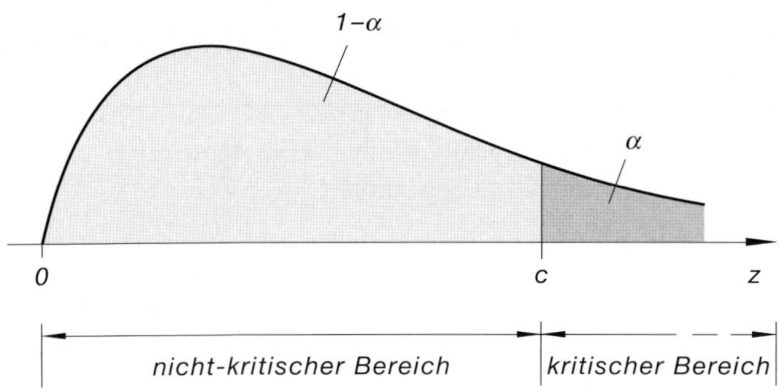

Bild III-84 Zur Bestimmung der kritischen Grenze c für die einer Chi-Quadrat-Verteilung genügende Testvariable $Z = \chi^2$

Die *kritische Grenze c* teilt dabei das Intervall $z = \chi^2 \geqslant 0$ in einen *nicht-kritischen* und einen *kritischen* Bereich und läßt sich mit Hilfe der Tabelle 3 im Anhang (Tabelle der *Quantile der Chi-Quadrat-Verteilung*) leicht bestimmen.

[42] Siehe hierzu Anmerkung (1) im Anschluß an die Zusammenfassung.

(5) Berechnung des Test- oder Prüfwertes $\hat{z} = \hat{\chi}^2$ und Testentscheidung

Liegt der aus der Stichprobe berechnete *Test-* oder *Prüfwert* $\hat{z} = \hat{\chi}^2$ der Testvariablen $Z = \chi^2$ *unterhalb* der kritischen Grenze c, d.h. gilt $\hat{z} = \hat{\chi}^2 \leqslant c$, so wird die Nullhypothese $H_0: F(x) = F_0(x)$ *beibehalten*, anderenfalls zugunsten der Alternativhypothese $H_1: F(x) \neq F_0(x)$ *abgelehnt* (Bild III-85). Die gewählte Signifikanzzahl α ist dabei die *Irrtumswahrscheinlichkeit*, d.h. die Wahrscheinlichkeit dafür, eine an sich *richtige* Nullhypothese H_0 *abzulehnen* (Fehler 1. Art).

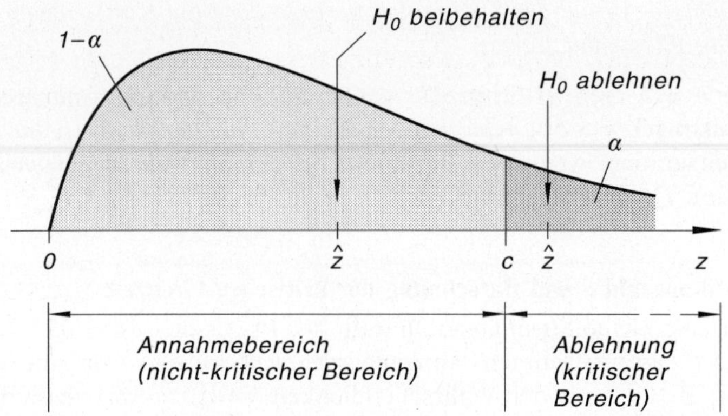

Bild III-85 Testentscheidung über Beibehaltung oder Ablehnung der Nullhypothese $H_0: F(x) = F_0(x)$

Wir fassen die einzelnen Schritte dieses wichtigen *Chi-Quadrat-Tests* wie folgt zusammen:

Chi-Quadrat-Test („χ^2-Test") zur Überprüfung einer Hypothese über die unbekannte Verteilungsfunktion $F(x)$ einer Grundgesamtheit

X sei eine Zufallsvariable mit der *unbekannten* Verteilungsfunktion $F(x)$. Auf der Basis einer *Zufallsstichprobe* $x_1, x_2, \ldots, x_n$ soll *geprüft* werden, ob $F_0(x)$ die Verteilungsfunktion der Grundgesamtheit ist, aus der diese Stichprobe stammt. Wir setzen dabei zunächst voraus, daß *sämtliche* Parameter der als *wahr angenommenen* Verteilungsfunktion $F_0(x)$ *bekannt* sind und testen unter dieser Voraussetzung die

Nullhypothese H_0: $F(x) = F_0(x)$ (III-274)

gegen die

Alternativhypothese H_1: $F(x) \neq F_0(x)$ (III-275)

schrittweise wie folgt[43]:

[43] Die Nullhypothese besagt: $F_0(x)$ ist die *wahre* Verteilungsfunktion der Grundgesamtheit, aus der die Zufallsstichprobe $x_1, x_2, \ldots, x_n$ entnommen wurde.

1. Unterteilung der n Stichprobenwerte in k *Klassen* (Intervalle) $I_1, I_2, \ldots, I_k$ und Feststellung der *absoluten Klassenhäufigkeiten* (*Besetzungszahlen*) $n_1, n_2, \ldots, n_k$, wobei

$$n_1 + n_2 + \ldots + n_k = n \qquad \text{(III-276)}$$

gilt. Erfahrungsgemäß sollte dabei *jede* Klasse *mindestens* 5 Werte der vorgegebenen konkreten Stichprobe enthalten[44].

2. Für *jede* Klasse I_i wird unter Verwendung der als *wahr angenommenen* Verteilungsfunktion $F_0(x)$ zunächst die Wahrscheinlichkeit p_i und daraus die Anzahl $n_i^* = n\,p_i$ der *theoretisch* erwarteten Stichprobenwerte in I_i berechnet (*hypothetische* absolute Häufigkeit; $i = 1, 2, \ldots, k$).

3. *Test-* oder *Prüfvariable* ist die Zufallsvariable

$$Z = \chi^2 = \sum_{i=1}^{k} \frac{(N_i - n_i^*)^2}{n_i^*} = \sum_{i=1}^{k} \frac{(N_i - n\,p_i)^2}{n\,p_i} \qquad \text{(III-277)}$$

die der *Chi-Quadrat-Verteilung* mit $f = k - 1$ Freiheitsgraden genügt.

Dabei bedeuten:

N_i: Zufallsvariable, die die *empirische absolute Häufigkeit* in der i-ten Klasse beschreibt

n_i^*: *Theoretisch erwartete absolute Klassenhäufigkeit*, berechnet unter Verwendung der als wahr *angenommenen* Verteilungsfunktion $F_0(x)$ der Grundgesamtheit ($n_i^* = n\,p_i$)

p_i: *Hypothetische Wahrscheinlichkeit* dafür, daß die Zufallsvariable X einen Wert aus der *i-ten* Klasse annimmt (berechnet mit der als wahr *angenommenen* Verteilungsfunktion $F_0(x)$)

n: *Umfang* der verwendeten Stichprobe

Wir berechnen dann anhand der vorgegebenen (und in k Klassen unterteilten) konkreten Stichprobe $x_1, x_2, \ldots, x_n$ den *Test-* oder *Prüfwert*

$$\hat{z} = \hat{\chi}^2 = \sum_{i=1}^{k} \frac{(n_i - n_i^*)^2}{n_i^*} = \sum_{i=1}^{k} \frac{(n_i - n\,p_i)^2}{n\,p_i} \qquad \text{(III-278)}$$

der Testvariablen $Z = \chi^2$.

[44] Gegebenenfalls müssen nachträglich Klassen zusammengelegt werden.

4. Jetzt wählen wir eine kleine *Signifikanzzahl* (*Irrtumswahrscheinlichkeit*) α (in der Praxis meist $\alpha = 0{,}05 = 5\,\%$ oder $\alpha = 0{,}01 = 1\,\%$) und bestimmen die *kritische Grenze* c aus der Bedingung

$$P(Z \leqslant c)_{H_0} = 1 - \alpha \qquad \text{(III-279)}$$

unter Verwendung von Tabelle 3 im Anhang (vgl. hierzu die *hellgrau* unterlegte Fläche in Bild III-84). Der *nicht-kritische* Bereich (*Annahmebereich*) lautet dann:

$$z = \chi^2 \leqslant c \qquad \text{(III-280)}$$

5. **Testentscheidung:** Fällt der *Test-* oder *Prüfwert* $\hat{z} = \hat{\chi}^2$ in den *nicht-kritischen* Bereich (*Annahmebereich*), d.h. gilt

$$\hat{z} = \hat{\chi}^2 \leqslant c \qquad \text{(III-281)}$$

so wird die Nullhypothese $H_0: F(x) = F_0(x)$ *beibehalten*, d.h. *nicht abgelehnt* und wir dürfen davon ausgehen, daß die untersuchte Grundgesamtheit einer Wahrscheinlichkeitsverteilung mit der Verteilungsfunktion $F_0(x)$ genügt (die Stichprobe steht in *keinem* Widerspruch zur Nullhypothese). Andernfalls muß die Nullhypothese H_0 zugunsten der Alternativhypothese $H_1: F(x) \neq F_0(x)$ *abgelehnt* werden (vgl. hierzu Bild III-85).

Anmerkungen

(1) Sind ein *oder* mehrere Parameter der als wahr angenommenen Verteilungsfunktion $F_0(x)$ *unbekannt*, so muß man zunächst für diese Parameter unter Verwendung der vorgegebenen konkreten Stichprobe *Näherungs-* oder *Schätzwerte* bestimmen (z.B. mit Hilfe der *Maximum-Likelihood-Methode*). Die Anzahl der Freiheitsgrade *vermindert* sich dabei um die Anzahl der zu *schätzenden* Parameter.

Beispiel: Sind bei angenommener *Normalverteilung* $N(\mu; \sigma)$ sowohl μ als auch σ *unbekannt* und daher aus der Stichprobe mit Hilfe von Schätzfunktionen zu *schätzen*, so ist die Anzahl der Freiheitsgrade gleich $f = (k-1) - 2 = k - 3$.

Allgemein gilt:

$$f = (k-1) - r \qquad \text{(III-282)}$$

r: Anzahl der *unbekannten* Parameter in der angenommenen Verteilungsfunktion $F_0(x)$, die noch aus der Stichprobe *geschätzt* werden müssen

(2) Bei einer *diskreten* Zufallsvariablen X sind die Klassen die möglichen Werte selbst (siehe hierzu das nachfolgende Beispiel (1)).

■ **Beispiele**

(1) Wir kommen auf das einführende Beispiel aus Abschnitt 5.2 zurück. Bei $n = 120$ Würfen mit einem homogenen Würfel erhielten wir das folgende Ergebnis (*Häufigkeitsverteilung* der 6 möglichen Augenzahlen):

Augenzahl i	1	2	3	4	5	6
absolute Häufigkeit n_i	15	19	22	21	17	26

Mit Hilfe des *Chi-Quadrat-Tests* soll jetzt geprüft werden, ob die *Nullhypothese*

H_0: *Alle 6 möglichen Augenzahlen sind gleichwahrscheinlich*

aufrecht erhalten werden kann oder ob man diese Annahme verwerfen muß. Mit anderen Worten: Wir wollen mit dem *Chi-Quadrat-Test* prüfen, ob es sich bei unserem Würfelexperiment (wie vermutet) um ein *Laplace-Experiment* handelt oder nicht.

Wir lösen diese Aufgabe nun schrittweise wie folgt:

1. Schritt: Wir haben $k = 6$ Klassen. Sie entsprechen den 6 Augenzahlen (Spalte 1 in der folgenden Tabelle). Die *beobachteten absoluten Häufigkeiten* n_i bilden die 2. Spalte.

2. Schritt: Nach unserer Annahme (Nullhypothese H_0) sind *alle* Augenzahlen *gleichwahrscheinlich.* Somit ist $p_i = 1/6$ ($i = 1, 2, \ldots, 6$; Spalte 3). Durch Multiplikation mit $n = 120$ erhalten wir daraus die Anzahl n_i^* der *theoretisch* erwarteten Stichprobenwerte (Spalte 4):

$$n_i^* = n\,p_i = 120 \cdot \frac{1}{6} = 20 \qquad (i = 1, 2, \ldots, 6)$$

Klasse (Augenzahl i)	n_i	p_i	$n_i^* = n p_i$	$\Delta n_i = n_i - n_i^*$	$\frac{(\Delta n_i)^2}{n_i^*}$
1	15	1/6	20	−5	25/20
2	19	1/6	20	−1	1/20
3	22	1/6	20	2	4/20
4	21	1/6	20	1	1/20
5	17	1/6	20	−3	9/20
6	26	1/6	20	6	36/20
$\sum$	120	1	120	0	76/20

3. Schritt: Wir bilden jetzt die *Differenzen* $\Delta n_i = n_i - n_i^*$, (Spalte 5) und daraus die „Abweichungsmaße" $\frac{(\Delta n_i)^2}{n_i^*}$ (Spalte 6). Durch Summation der letzten Spalte erhalten wir den gesuchten *Test-* oder *Prüfwert* unserer Testvariablen $Z = \chi^2$:

$$\hat{z} = \hat{\chi}^2 = \sum_{i=1}^{6} \frac{(n_i - n_i^*)^2}{n_i^*} = \sum_{i=1}^{6} \frac{(\Delta n_i)^2}{n_i^*} = \frac{76}{20} = 3{,}8$$

4. Schritt: Als *Signifikanzzahl* (*Irrtumswahrscheinlichkeit*) wählen wir $\alpha = 0{,}05$. Die Berechnung der *kritischen Grenze c* erfolgt dann aus der Bedingung

$$P(Z \leqslant c)_{H_0} = P(\chi^2 \leqslant c)_{H_0} = 1 - \alpha = 1 - 0{,}05 = 0{,}95$$

mit Hilfe von Tabelle 3 im Anhang (Anzahl der Freiheitsgrade: $f = k - 1 = 6 - 1 = 5$):

$$P(Z \leqslant c)_{H_0} = F(c) = 0{,}95 \quad \xrightarrow{f=5} \quad c = z_{(0{,}95;\,5)} = 11{,}07$$

Der *nicht-kritische* Bereich (*Annahmebereich*) lautet somit (Bild III-86):

$$z = \chi^2 \leqslant 11{,}07$$

5. Schritt (Testentscheidung): Der *Test-* oder *Prüfwert* $\hat{z} = \hat{\chi}^2 = 3{,}8$ fällt in den *Annahmebereich*, d.h. es gilt $\hat{z} = \hat{\chi}^2 \leqslant 11{,}07$ (Bild III-86). Die Nullhypothese H_0 wird somit *beibehalten*, d.h. wir können sie aufgrund der verwendeten Stichprobe *nicht ablehnen*. Es gibt somit *keinen* Anlaß, an der Gleichverteilung der Augenzahlen zu zweifeln. Es handelt sich also bei unserem Würfelexperiment (wie vermutet) um ein *Laplace-Experiment*.

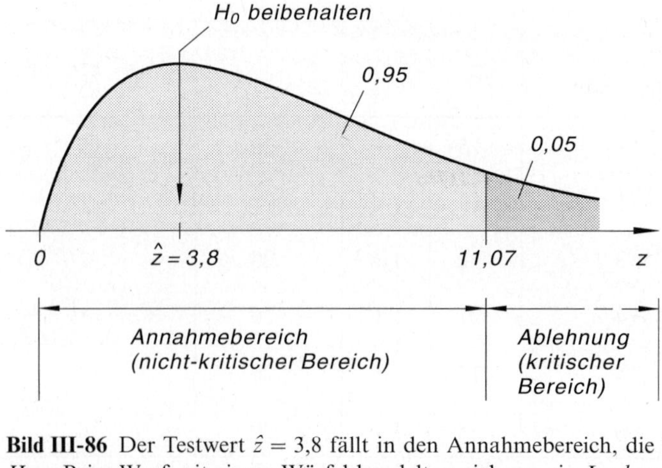

Bild III-86 Der Testwert $\hat{z} = 3{,}8$ fällt in den Annahmebereich, die Nullhypothese H_0: „Beim Wurf mit einem Würfel handelt es sich um ein *Laplace*-Experiment" wird daher beibehalten, d.h. nicht abgelehnt

(2) Eine Stichprobenuntersuchung von $n = 100$ ohmschen Widerständen aus einer Serienproduktion ergab die folgende *Häufigkeitsverteilung*, wobei die Meßwerte bereits in $k = 6$ Klassen mit der Klassenbreite $\Delta x = 1\,\Omega$ und den angegebenen Klassenmitten $\tilde{x}_i$ eingeteilt wurden:

$\frac{\tilde{x}_i}{\Omega}$	48,5	49,5	50,5	51,5	52,5	53,5
n_i	5	11	35	29	13	7

Wir vermuten, daß diese Stichprobe aus einer *normalverteilten* Grundgesamtheit stammt, deren Mittelwert μ und Varianz σ^2 jedoch beide *unbekannt* sind. Daher testen wir diese *Nullhypothese* mit Hilfe des *Chi-Quadrat-Tests* schrittweise wie folgt:

1. Schritt: Die Stichprobenwerte sind bereits in $k = 6$ Klassen aufgeteilt, die *beobachteten absoluten Häufigkeiten* n_i sind bekannt. Jede Klasse enthält dabei (wie gefordert) *mindestens* 5 Werte.

2. Schritt: Die Parameter μ und σ der *angenommenen* Normalverteilung mit der Verteilungsfunktion

$$F_0(x) = \phi\left(\frac{x - \mu}{\sigma}\right)$$

sind *unbekannt* und müssen daher zunächst aus der vorliegenden Stichprobe mit Hilfe der bereits aus den Abschnitten 3.2.3 und 3.2.4 bekannten Schätzfunktionen und der nachfolgenden Tabelle *geschätzt* werden:

Klasse i	$\frac{\tilde{x}_i}{\Omega}$	n_i	$\frac{n_i \tilde{x}_i}{\Omega}$	$\frac{\tilde{x}_i - \bar{x}}{\Omega}$	$\frac{n_i(\tilde{x}_i - \bar{x})^2}{\Omega^2}$
1	48,5	5	242,5	−2,55	32,5125
2	49,5	11	544,5	−1,55	26,4275
3	50,5	35	1767,5	−0,55	10,5875
4	51,5	29	1493,5	0,45	5,8725
5	52,5	13	682,5	1,45	27,3325
6	53,5	7	374,5	2,45	42,0175
$\sum$		100	5105		144,75

$$\textit{Mittelwert: } \bar{x} = \frac{1}{100} \cdot \sum_{i=1}^{6} n_i \tilde{x}_i = \frac{1}{100} \cdot 5105 = 51{,}05 \qquad (\text{in } \Omega)$$

$$\textit{Varianz: } s^2 = \frac{1}{99} \cdot \sum_{i=1}^{6} n_i (\tilde{x}_i - \bar{x})^2 = \frac{1}{99} \cdot 144{,}75 = 1{,}4621 \qquad (\text{in } \Omega^2)$$

$$\textit{Standardabweichung: } s = \sqrt{s^2} = \sqrt{1{,}4621} = 1{,}2092 \qquad (\text{in } \Omega)$$

Damit ergeben sich für den Mittelwert μ und die Standardabweichung σ der als *normalverteilt* angenommenen Grundgesamtheit die folgenden *Schätzwerte*:

$$\mu \approx \bar{x} = 51{,}05 \qquad \text{und} \qquad \sigma \approx s = 1{,}209$$

(beide Werte in Ω). Mit der (angenommenen) Verteilungsfunktion

$$F_0(x) = \phi\left(\frac{x - \mu}{\sigma}\right) = \phi\left(\frac{x - 51{,}05}{1{,}209}\right)$$

berechnen wir jetzt unter Verwendung von Tabelle 1 aus dem Anhang die *Wahrscheinlichkeit* p_i dafür, daß ein Wert in die i-te Klasse fällt und daraus schließlich die *Anzahl* $n_i^* = n p_i = 100\, p_i$ der *theoretisch* in der i-ten Klasse zu erwartenden Stichprobenwerte ($i = 1, 2, \ldots, 6$). Weil X hier eine *stetige* Zufallsvariable ist, müssen wir bei der Berechnung von p_i die folgenden Klassengrenzen berücksichtigen (Bild III-87):

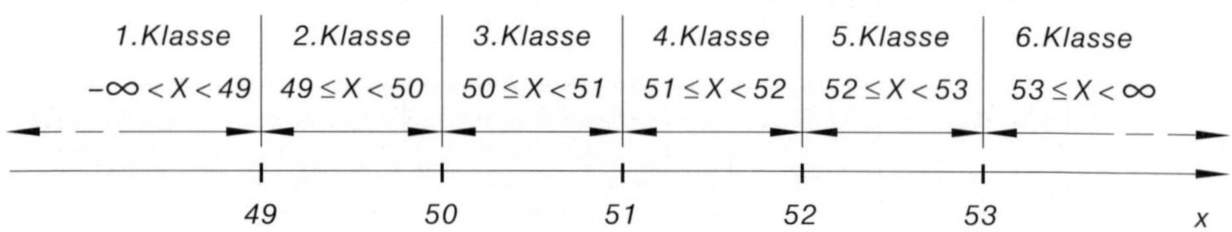

Bild III-87 Festlegung der Klassengrenzen

Berechnung der Wahrscheinlichkeit p_i ($i = 1, 2, \ldots, 6$)

1. Klasse: $-\infty < X < 49$ (vgl. hierzu Bild III-88)

$$p_1 = P(X < 49) = F_0(49) = \phi\left(\frac{49 - 51{,}05}{1{,}209}\right) = \phi(-1{,}696) =$$

$$= 1 - \phi(1{,}696) = 1 - 0{,}9551 = 0{,}0449$$

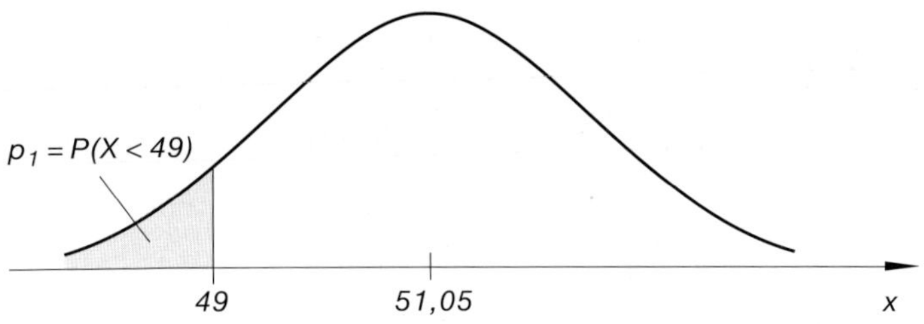

Bild III-88 Berechnung der Wahrscheinlichkeit $p_1 = P(X < 49)$

2. Klasse: $49 \leqslant X < 50$ (vgl. hierzu Bild III-89)

$$p_2 = P(49 \leqslant X < 50) = F_0(50) - F_0(49) =$$

$$= \phi\left(\frac{50 - 51{,}05}{1{,}209}\right) - \phi\left(\frac{49 - 51{,}05}{1{,}209}\right) = \phi(-0{,}868) - \phi(-1{,}696) =$$

$$= [1 - \phi(0{,}868)] - [1 - \phi(1{,}696)] = \phi(1{,}696) - \phi(0{,}868) =$$

$$= 0{,}9551 - 0{,}8073 = 0{,}1478$$

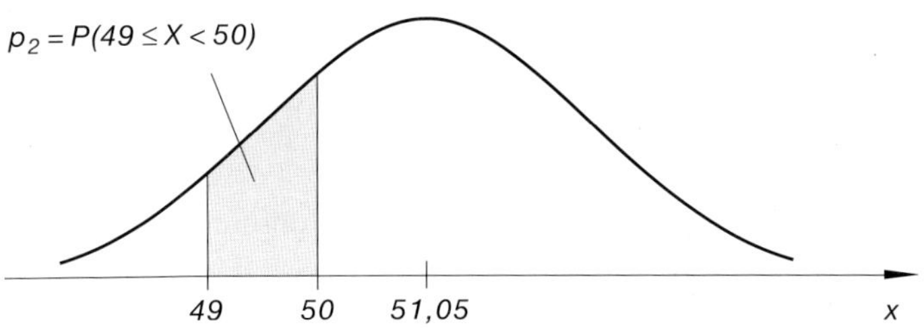

Bild III-89 Berechnung der Wahrscheinlichkeit $p_2 = P(49 \leqslant X < 50)$

3. Klasse: $50 \leqslant X < 51$

$$p_3 = P(50 \leqslant X < 51) = F_0(51) - F_0(50) =$$

$$= \phi\left(\frac{51 - 51{,}05}{1{,}209}\right) - \phi\left(\frac{50 - 51{,}05}{1{,}209}\right) =$$

$$= \phi(-0{,}041) - \phi(-0{,}868) = [1 - \phi(0{,}041)] - [1 - \phi(0{,}868)] =$$

$$= \phi(0{,}868) - \phi(0{,}041) = 0{,}8073 - 0{,}5164 = 0{,}2909$$

4. Klasse: $51 \leqslant X < 52$

$$p_4 = P(51 \leqslant X < 52) = F_0(52) - F_0(51) =$$

$$= \phi\left(\frac{52 - 51{,}05}{1{,}209}\right) - \phi\left(\frac{51 - 51{,}05}{1{,}209}\right) =$$

$$= \phi(0{,}786) - \phi(-0{,}041) = \phi(0{,}786) - [1 - \phi(0{,}041)] =$$

$$= \phi(0{,}786) + \phi(0{,}041) - 1 = 0{,}7840 + 0{,}5164 - 1 = 0{,}3004$$

5. Klasse: $52 \leqslant X < 53$

$$p_5 = P(52 \leqslant X < 53) = F_0(53) - F_0(52) =$$

$$= \phi\left(\frac{53 - 51{,}05}{1{,}209}\right) - \phi\left(\frac{52 - 51{,}05}{1{,}209}\right) =$$

$$= \phi(1{,}613) - \phi(0{,}786) = 0{,}9466 - 0{,}7840 = 0{,}1626$$

6. Klasse: $53 \leqslant X < \infty$

$$p_6 = P(53 \leqslant X < \infty) = 1 - \sum_{i=1}^{5} p_i =$$

$$= 1 - (0{,}0449 + 0{,}1478 + 0{,}2909 + 0{,}3004 + 0{,}1626) = 0{,}0534$$

Damit erhalten wir die folgende Tabelle für unseren *Chi-Quadrat-Test*:

Klasse i	$\dfrac{\tilde{x}_i}{\Omega}$	n_i	p_i	$n_i^* = np_i$	$\Delta n_i = n_i - n_i^*$	$\dfrac{(\Delta n_i)^2}{n_i^*}$
1	48,5	5	0,0449	4,49	0,51	0,0579
2	49,5	11	0,1478	14,78	− 3,78	0,9667
3	50,5	35	0,2909	29,09	5,91	1,2007
4	51,5	29	0,3004	30,04	− 1,04	0,0360
5	52,5	13	0,1626	16,26	− 3,26	0,6536
6	53,5	7	0,0534	5,34	1,66	0,5160
$\sum$		100	1	100	0	3,4309

Spalte 4 enthält die soeben berechneten Wahrscheinlichkeiten p_i, Spalte 5 die daraus ermittelten *hypothetischen absoluten Häufigkeiten* $n_i^* = n p_i = 100\, p_i$.

3. Schritt: Die Tabelle enthält in der 6. Spalte die *Differenzen* $\Delta n_i = n_i - n_i^*$ und in der 7. Spalte die für den Prüfwert $\hat{z} = \hat{\chi}^2$ benötigten „Abweichungsmaße“ $\frac{(\Delta n_i)^2}{n_i^*}$. Summiert man die Werte der letzten Spalte auf, so erhält man den gesuchten *Test-* oder *Prüfwert* der Testvariablen $Z = \chi^2$:

$$\hat{z} = \hat{\chi}^2 = 3{,}4309$$

4. Schritt: Wir wählen die *Signifikanzzahl* (*Irrtumswahrscheinlichkeit*) $\alpha = 0{,}01$. Die *kritische Grenze c* berechnen wir aus der Bedingung

$$P(Z \leqslant c)_{H_0} = 1 - \alpha = 1 - 0{,}01 = 0{,}99$$

mit Hilfe von Tabelle 3 im Anhang (Anzahl der Freiheitsgrade: $f = (k-1) - r = (6-1) - 2 = 3$):

$$P(Z \leqslant c)_{H_0} = F(c) = 0{,}99 \xrightarrow{f=3} c = z_{(0{,}99;\,3)} = 11{,}35$$

Der *nicht-kritische* Bereich (*Annahmebereich*) lautet somit (Bild III-90):

$$z = \chi^2 \leqslant 11{,}35$$

5. Schritt (Testentscheidung): Der *Test-* oder *Prüfwert* $\hat{z} = \hat{\chi}^2 = 3{,}4309$ fällt in den *Annahmebereich*, d.h. es gilt $\hat{z} = \hat{\chi}^2 \leqslant 11{,}35$ (Bild III-90). Die Nullhypothese H_0 wird somit *beibehalten*, d.h. *nicht abgelehnt*. Wir können daher davon ausgehen, daß die vorliegende Stichprobe aus einer *normalverteilten* Grundgesamtheit mit der folgenden Verteilungsfunktion stammt:

$$F(x) = F_0(x) = \phi\left(\frac{x - 51{,}05\,\Omega}{1{,}209\,\Omega}\right)$$

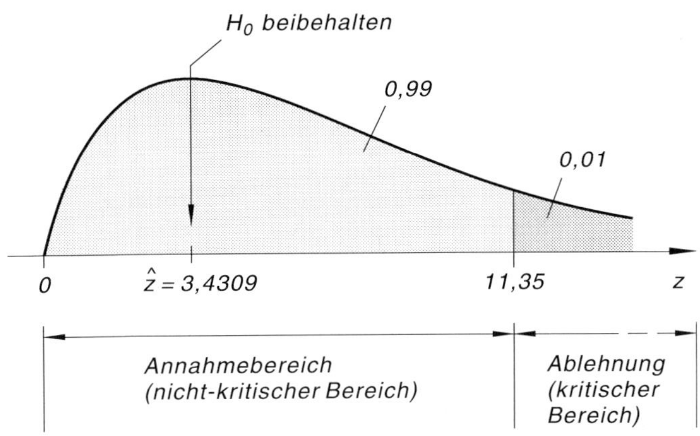

Bild III-90 Der Testwert $\hat{z} = 3{,}4309$ fällt in den Annahmebereich, die Nullhypothese H_0: „Die vorliegende Stichprobe stammt aus einer *normalverteilten* Grundgesamtheit“ wird daher beibehalten, d.h. nicht abgelehnt

■

6 Korrelation und Regression

6.1 Korrelation

6.1.1 Korrelationskoeffizient einer zweidimensionalen Stichprobe

Wir wollen uns in diesem Abschnitt ausschließlich mit solchen Zufallsexperimenten beschäftigen, in denen gleichzeitig *zwei* Merkmale beobachtet werden, die wir durch die Zufallsvariablen X und Y beschreiben. Uns interessiert dabei, ob es zwischen diesen Größen irgendeine *Beziehung* oder einen *Zusammenhang* gibt, wobei wir X und Y als völlig *gleichberechtigte* Variable betrachten[46]. Besteht eine solche Abhängigkeit zwischen den beiden Zufallsvariablen X und Y, so spricht man bei dieser Betrachtungsweise von einer *Korrelation* zwischen X und Y.

Zwei klassische Beispiele sollen diesen Begriff näher erläutern.

■ **Beispiele**

(1) Bei einer bestimmten Stahlsorte interessiert man sich z.B. dafür, ob zwischen dem Kohlenstoffgehalt X und der Zugfestigkeit Y ein Zusammenhang besteht, d.h. ob die beiden Zustandsvariablen X und Y *korreliert* sind.

(2) Zwischen der Drehzahl X und der Leistung Y eines Motors besteht ein bestimmter Zusammenhang, d.h. die beiden Größen sind *korreliert*.

■

Um nun festzustellen, ob zwischen den Zufallsvariablen X und Y eine *Korrelation* besteht, wird der zweidimensionalen Grundgesamtheit eine *Stichprobe* vom Umfang n entnommen. Sie besteht aus den n geordneten Wertepaaren

$$(x_1; y_1), (x_2; y_2), \ldots, (x_n; y_n) \qquad \text{(III-283)}$$

die wir in einem rechtwinkeligen x, y-Koordinatensystem als Punkte (*Stichprobenpunkte* genannt) bildlich darstellen. Sie bilden in ihrer Gesamtheit eine sog. *Punktwolke*. Man erhält auf diese Weise ein sehr anschauliches *Streuungsdiagramm*, wie in Bild III-91 dargestellt.

Uns interessieren jetzt spezielle *Kennwerte* oder *Maßzahlen*, die den *Zusammenhang* bzw. die *Wechselwirkung* zwischen den beiden Merkmalen X und Y in geeigneter Weise charakterisieren. Zunächst aber „trennen" wir die x- und y-Komponenten der zweidimensionalen Stichprobe (III-283) voneinander und erhalten die beiden (eindimensionalen) Stichproben

$$x_1, x_2, \ldots, x_n \qquad \text{und} \qquad y_1, y_2, \ldots, y_n \qquad \text{(III-284)}$$

[46] Wir unterscheiden hier also *nicht* zwischen unabhängiger und abhängiger Variable.

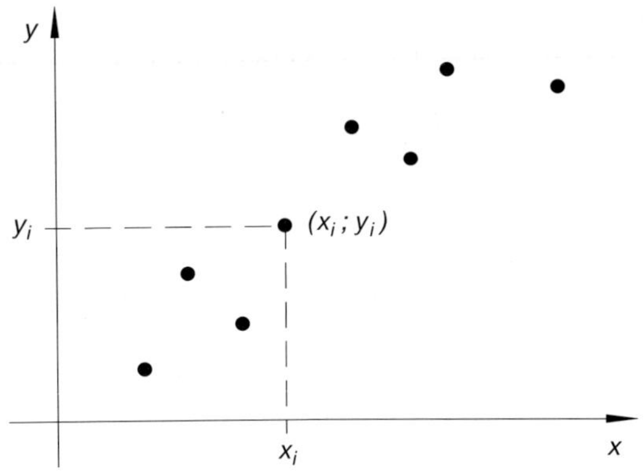

Bild III-91
Streuungsdiagramm („Punktwolke") einer zweidimensionalen Stichprobe

mit den (arithmetischen) *Mittelwerten*

$$\bar{x} = \frac{1}{n} \cdot \sum_{i=1}^{n} x_i \quad \text{und} \quad \bar{y} = \frac{1}{n} \cdot \sum_{i=1}^{n} y_i \qquad \text{(III-285)}$$

und den *Varianzen*

$$s_x^2 = \frac{1}{n-1} \cdot \sum_{i=1}^{n} (x_i - \bar{x})^2 \quad \text{und} \quad s_y^2 = \frac{1}{n-1} \cdot \sum_{i=1}^{n} (y_i - \bar{y})^2 \qquad \text{(III-286)}$$

Wir führen jetzt zwei *Kennwerte* ein, die in gewisser Weise den *wechselseitigen Zusammenhang* zwischen den beiden Zufallsvariablen X und Y kennzeichnen:

Definition: Ist $(x_1; y_1), (x_2; y_2), \ldots, (x_n; y_n)$ eine zweidimensionale Stichprobe vom Umfang n, so heißt

$$s_{xy} = \frac{1}{n-1} \cdot \sum_{i=1}^{n} (x_i - \bar{x})(y_i - \bar{y}) \qquad \text{(III-287)}$$

die *empirische Kovarianz* und

$$r = \frac{s_{xy}}{s_x \cdot s_y} \qquad \text{(III-288)}$$

der *empirische Korrelationskoeffizient* der zweidimensionalen Stichprobe (s_x, s_y: Standardabweichungen der x- und y-Komponenten in der Stichprobe; $s_x \neq 0$, $s_y \neq 0$).

Anmerkungen

(1) Der Korrelationskoeffizient r ist eine *dimensionslose* Größe. Man erhält ihn aus der Kovarianz s_{xy} durch *Normierung.*

(2) Für praktische Rechnungen verwendet man meist die folgenden (gleichwertigen) Formeln:

$$s_{xy} = \frac{1}{n-1}\left(\sum_{i=1}^{n} x_i y_i - n\bar{x}\bar{y}\right) \tag{III-289}$$

$$r = \frac{\sum_{i=1}^{n} x_i y_i - n\bar{x}\bar{y}}{\sqrt{\left(\sum_{i=1}^{n} x_i^2 - n\bar{x}^2\right)\left(\sum_{i=1}^{n} y_i^2 - n\bar{y}^2\right)}} \tag{III-290}$$

Es läßt sich zeigen, daß der empirische Korrelationskoeffizient r nur Werte zwischen -1 und $+1$ annehmen kann: $-1 \leqslant r \leqslant 1$. In Bild III-92 sind die Punktwolken von acht Stichproben mit *verschiedenen* Korrelationskoeffizienten dargestellt (Stichprobenumfang $n = 6$). Anhand dieser *Streuungsdiagramme* können wir erkennen, daß die Stichprobenpunkte $(x_i; y_i)$ offensichtlich immer dann *nahezu* auf einer *Geraden* liegen, wenn sich der zugehörige Korrelationskoeffizient r nur wenig von $+1$ oder -1 unterscheidet. In den Extremfällen $r = 1$ und $r = -1$, d.h. für $|r| = 1$ liegen die Stichprobenpunkte dabei exakt auf einer Geraden.

Bild III-92

i	1	2	3	4	5	6
x_i	1	2	4	6	7	10
y_i	3	5	9	13	15	21

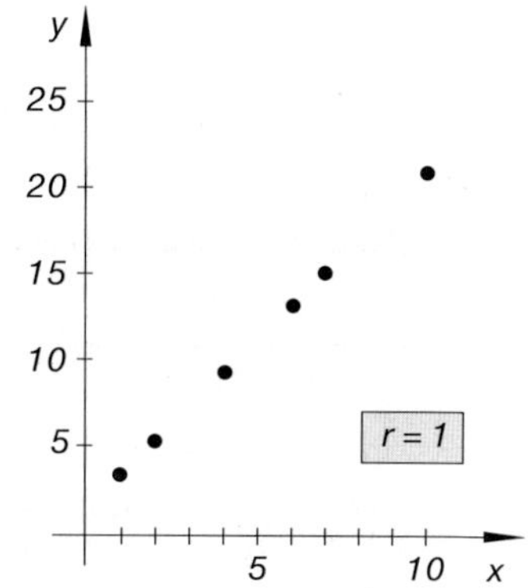

Bild III-92 (Fortsetzung)

i	1	2	3	4	5	6
x_i	1	2	4	6	7	10
y_i	2	6	5	13	18	20

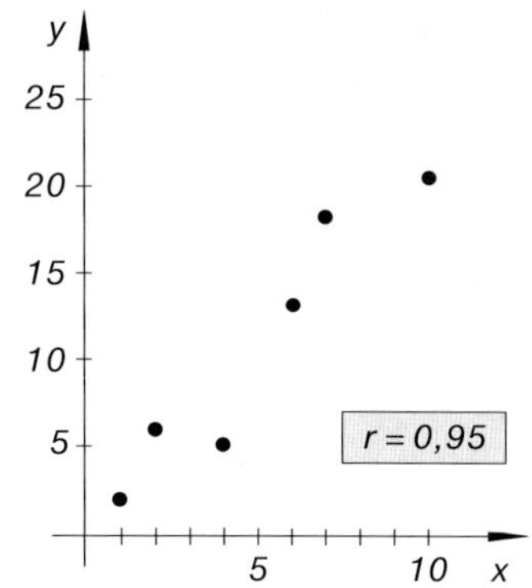

i	1	2	3	4	5	6
x_i	1	2	4	6	7	10
y_i	3	10	4	4	18	14

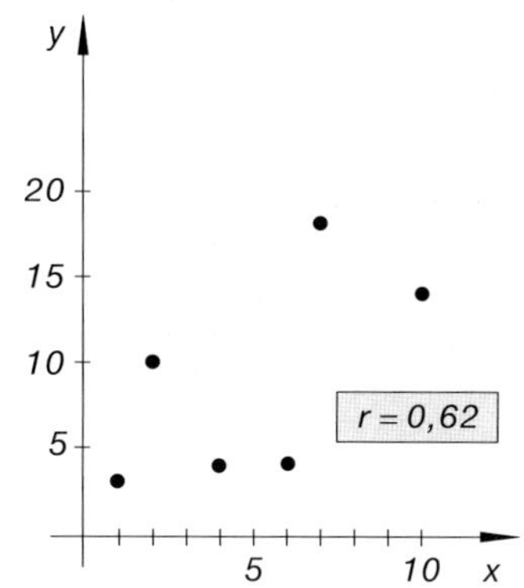

i	1	2	3	4	5	6
x_i	1	2	4	6	7	10
y_i	5	14	2	3	19	14

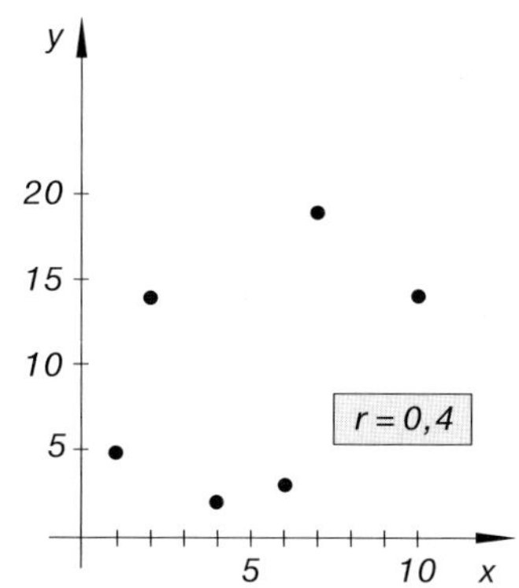

Bild III-92 (Fortsetzung)

Bild III-92 (Fortsetzung)

i	1	2	3	4	5	6
x_i	1	2	4	6	7	10
y_i	6	2	9	4	5	5

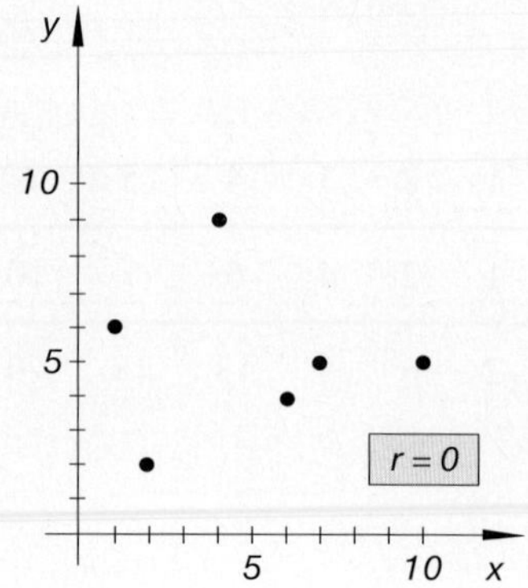

i	1	2	3	4	5	6
x_i	1	2	4	6	7	10
y_i	13	19	3	2	14	6

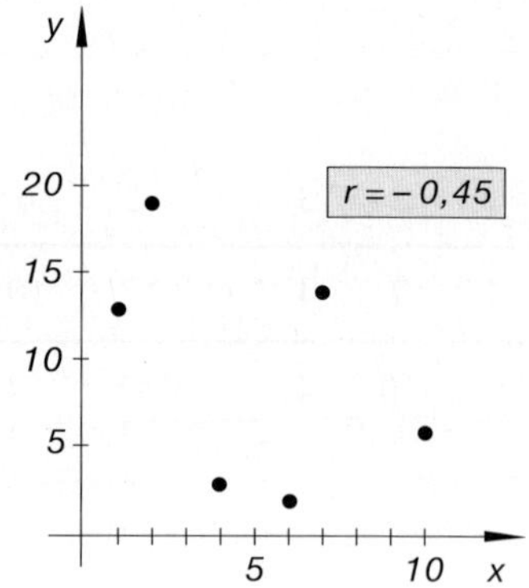

i	1	2	3	4	5	6
x_i	1	2	4	6	7	10
y_i	13	10	11	8	2	1

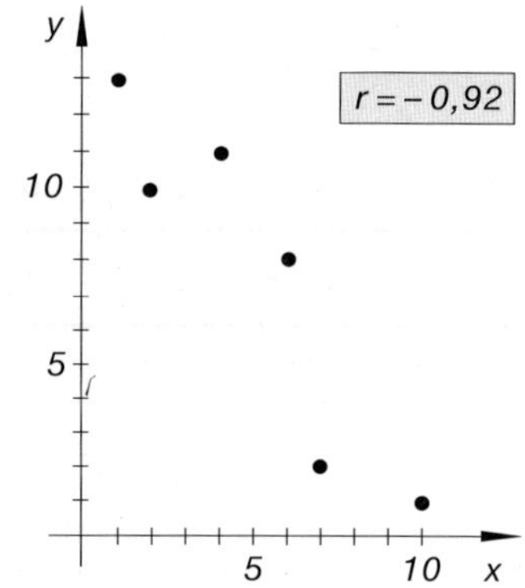

Bild III-92 (Fortsetzung)

Bild III-92 (Fortsetzung)

i	1	2	3	4	5	6
x_i	1	2	4	6	7	10
y_i	13	12	10	8	7	4

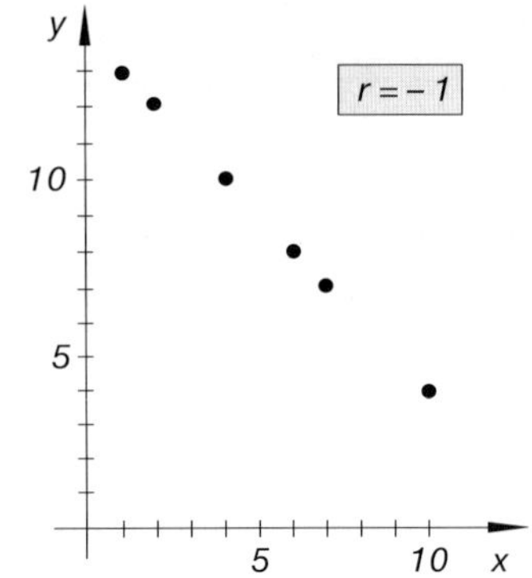

Bild III-92 Über den Zusammenhang zwischen der Gestalt einer Punktwolke und dem Wert des empirischen Korrelationskoeffizienten r (eingezeichnet sind 8 Punktwolken mit Korrelationskoeffizienten zwischen $r = +1$ und $r = -1$)

In dem anderen Extremfall $r = 0$ ist *keine* Korrelation erkennbar. Der *empirische Korrelationskoeffizient* r kann daher als ein geeignetes Maß für die *Stärke* oder den *Grad* der *linearen* Abhängigkeit zwischen den beiden Zufallsvariablen X und Y angesehen werden. Dabei gilt: Je *weniger* sich r von $+1$ bzw. -1 unterscheidet, umso *„besser"* liegen die Stichprobenpunkte $(x_i; y_i)$ auf einer *Geraden. Der Wert des empirischen Korrelationskoeffizienten r mißt somit in gewisser Weise, wie „gut" eine Gerade den Zusammenhang zwischen X und Y beschreibt.* Für $|r| = 1$ besteht offensichtlich eine *exakte lineare* Abhängigkeit zwischen den beiden Zufallsvariablen (Bild III-93)

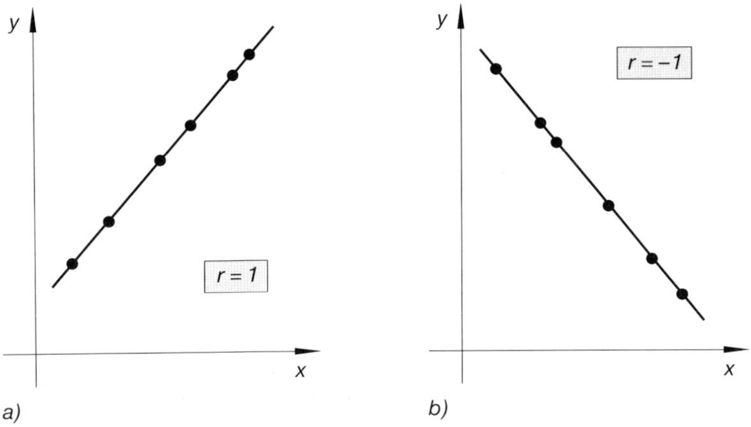

Bild III-93 Für $|r| = 1$ liegen sämtliche Stichprobenpunkte auf einer Geraden
a) $r = 1 \rightarrow$ Gerade mit *positiver* Steigung
b) $r = -1 \rightarrow$ Gerade mit *negativer* Steigung

Wir fassen die wichtigsten Aussagen wie folgt zusammen:

Eigenschaften des empirischen Korrelationskoeffizienten r einer zweidimensionalen Stichprobe

Der durch Gleichung (III-288) definierte *empirische Korrelationskoeffizient* r einer zweidimensionalen Stichprobe $(x_1; y_1), (x_2; y_2), \ldots, (x_n; y_n)$ ist ein geeignetes Maß für die *Stärke* oder den *Grad* der *linearen* Abhängigkeit zwischen den beiden Zufallsvariablen X und Y. Er besitzt die folgenden Eigenschaften:

1. Der empirische Korrelationskoeffizient r kann nur Werte zwischen -1 und $+1$ annehmen:

$$-1 \leqslant r \leqslant 1 \qquad \text{(III-291)}$$

2. Die Stichprobenpunkte $(x_i; y_i)$ liegen *genau dann* auf einer *Geraden* $y = ax + b$, wenn der empirische Korrelationskoeffizient r den Betrag $|r| = 1$ besitzt, d.h. $r = -1$ oder $r = +1$ ist. Die Steigung dieser Geraden ist dabei für $r = +1$ *positiv* und für $r = -1$ *negativ* (vgl. hierzu Bild III-93).

3. Je weniger sich der empirische Korrelationskoeffizient r *betragsmäßig* von 1 unterscheidet, um so „besser" liegen die Stichprobenpunkte auf einer *Geraden*. Für $r = 0$ besteht *kein* linearer Zusammenhang zwischen den beiden Zufallsvariablen X und Y.

Anmerkungen

(1) Man beachte: $r = 0$ bedeutet lediglich, daß zwischen den Variablen X und Y *kein linearer* Zusammenhang besteht, jedoch *keinesfalls*, daß die beiden Zufallsvariablen stochastisch unabhängig sind. Der (empirische) Korrelationskoeffizient r mißt nur die *Stärke* (den *Grad*) der *linearen* Abhängigkeit, nicht aber die Stärke der Abhängigkeit an sich!

(2) Zwischen den beiden Zufallsvariablen X und Y muß ein sachlich begründeter innerer Zusammenhang bestehen. Ansonsten ist die Berechnung von r nicht sinnvoll und führt zu einer sog. „Scheinkorrelation".

■ **Beispiele**

(1) Gegeben ist die folgende zweidimensionale Stichprobe vom Umfang $n = 8$:

i	1	2	3	4	5	6	7	8
x_i	1	2	5	6	8	10	11	13
y_i	1	1	3	4	5	7	9	10

Die Berechnung der *empirischen Kovarianz* s_{xy} und des *empirischen Korrelationskoeffizienten* r soll dabei unter Verwendung der Definitionsformeln mit Hilfe der folgenden Tabelle erfolgen:

i	x_i	y_i	$x_i - \bar{x}$	$(x_i - \bar{x})^2$	$y_i - \bar{y}$	$(y_i - \bar{y})^2$	$(x_i - \bar{x})(y_i - \bar{y})$
1	1	1	−6	36	−4	16	24
2	2	1	−5	25	−4	16	20
3	5	3	−2	4	−2	4	4
4	6	4	−1	1	−1	1	1
5	8	5	1	1	0	0	0
6	10	7	3	9	2	4	6
7	11	9	4	16	4	16	16
8	13	10	6	36	5	25	30
$\sum$	56	40	0	128	0	82	101

Wir benötigen zunächst die *Mittelwerte*, *Varianzen* und *Standardabweichungen* der x- bzw. y-Komponenten:

$$\bar{x} = \frac{1}{8} \cdot \sum_{i=1}^{8} x_i = \frac{1}{8} \cdot 56 = 7$$

$$\bar{y} = \frac{1}{8} \cdot \sum_{i=1}^{8} y_i = \frac{1}{8} \cdot 40 = 5$$

$$s_x^2 = \frac{1}{8-1} \cdot \sum_{i=1}^{8} (x_i - \bar{x})^2 = \frac{1}{7} \cdot 128 = 18{,}2857 \quad \Rightarrow \quad s_x = 4{,}2762$$

$$s_y^2 = \frac{1}{8-1} \cdot \sum_{i=1}^{8} (y_i - \bar{y})^2 = \frac{1}{7} \cdot 82 = 11{,}7143 \quad \Rightarrow \quad s_y = 3{,}4226$$

Damit erhalten wir für die *empirische Kovarianz* s_{xy} und den *empirischen Korrelationskoeffizienten* r die folgenden Werte:

$$s_{xy} = \frac{1}{8-1} \cdot \sum_{i=1}^{8} (x_i - \bar{x})(y_i - \bar{y}) = \frac{1}{7} \cdot 101 = 14{,}4286$$

$$r = \frac{s_{xy}}{s_x \cdot s_y} = \frac{14{,}4286}{4{,}2762 \cdot 3{,}4226} = 0{,}9858 \approx 0{,}986$$

Der Korrelationskoeffizient der Stichprobe liegt nahe am „Grenzwert" 1, die Stichprobenpunkte daher *nahezu* auf einer *Geraden* (Bild III-94). Die im Bild eingezeichnete „Hilfsgerade" soll diese Aussage noch verdeutlichen.

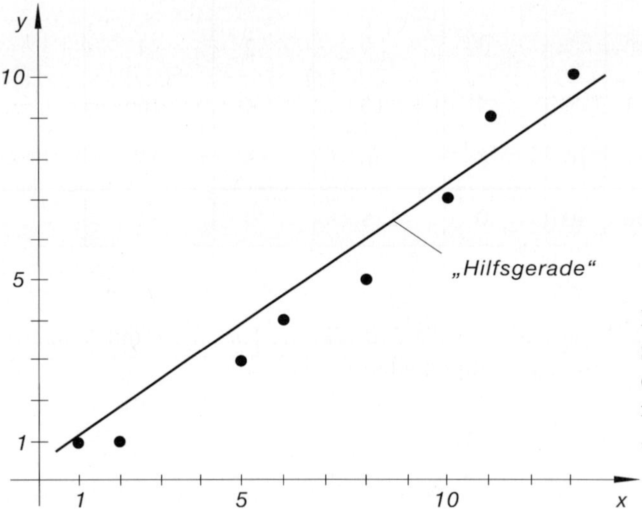

Bild III-94
Streuungsdiagramm („Punktwolke") mit eingezeichneter „Hilfsgerade"

(2) Bei einem Dieselmotor wurde die Abhängigkeit zwischen der Drehzahl X (in Umdrehungen pro Minute) und der Leistung Y (in PS) untersucht. Wir wollen den *empirischen Korrelationskoeffizienten* r der zweidimensionalen Stichprobe

i	1	2	3	4	5	6	7
x_i	500	1000	1500	2000	2500	3000	3500
y_i	5	8	12	17	24	31	36

bestimmen, wobei diesmal die rechnerisch bequemere Formel (III-290) benutzt werden soll.

Unter Verwendung der nachstehenden Tabelle folgt dann:

i	x_i	y_i	$x_i^2 \cdot 10^{-4}$	y_i^2	$x_i y_i \cdot 10^{-2}$
1	500	5	25	25	25
2	1000	8	100	64	80
3	1500	12	225	144	180
4	2000	17	400	289	340
5	2500	24	625	576	600
6	3000	31	900	961	930
7	3500	36	1225	1296	1260
$\sum$	14000	133	3500	3355	3415

Mittelwerte:

$$\bar{x} = \frac{1}{7} \cdot \sum_{i=1}^{7} x_i = \frac{1}{7} \cdot 14000 = 2000, \qquad \bar{y} = \frac{1}{7} \cdot \sum_{i=1}^{7} y_i = \frac{1}{7} \cdot 133 = 19$$

Korrelationskoeffizient:

$$r = \frac{\sum_{i=1}^{7} x_i y_i - 7 \bar{x} \bar{y}}{\sqrt{\left(\sum_{i=1}^{7} x_i^2 - 7 \cdot \bar{x}^2\right)\left(\sum_{i=1}^{7} y_i^2 - 7 \cdot \bar{y}^2\right)}} =$$

$$= \frac{3415 \cdot 10^2 - 7 \cdot 2000 \cdot 19}{\sqrt{(3500 \cdot 10^4 - 7 \cdot 2000^2)\,(3355 - 7 \cdot 19^2)}} = 0{,}9917$$

Bild III-95 zeigt das zugehörige *Streuungsdiagramm*, d.h. die *Punktwolke* der zweidimensionalen Stichprobe. Auch hier liegen die Punkte *nahezu* auf einer *Geraden*, da der empirische Korrelationskoeffizient den Wert $r = 0{,}9917$ besitzt und sich somit nur *geringfügig* von 1 unterscheidet. Die im Bild eingezeichnete „Hilfsgerade" dient dabei der Verdeutlichung dieser Aussage.

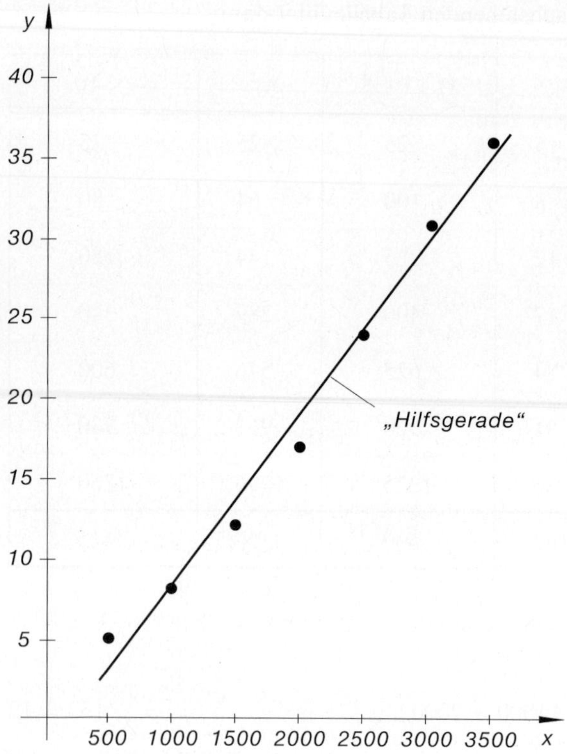

Bild III-95
Streuungsdiagramm („Punktwolke") mit eingezeichneter „Hilfsgerade"

■

6.1.2 Korrelationskoeffizient einer zweidimensionalen Grundgesamtheit

Wir betrachten nun die zweidimensionale *Grundgesamtheit*, aus der wir die Stichprobe $(x_1; y_1), (x_2; y_2), \ldots, (x_n; y_n)$ entnommen haben. In Kap. II, Abschnitt 7.5.3 haben wir bereits eine Größe kennengelernt, die etwas aussagt über den *Grad* der Abhängigkeit zwischen zwei Zufallsvariablen X und Y. Es handelt sich um die sog. *Kovarianz* von X und Y, definiert durch die Gleichung

$$\sigma_{XY} = E[(X - \mu_X)(Y - \mu_Y)] = E(X \cdot Y) - E(X) \cdot E(Y) \qquad \text{(III-292)}$$

Dabei sind

$$E(X) = \mu_X \qquad \text{und} \qquad E(Y) = \mu_Y \qquad \text{(III-293)}$$

die *Mittel-* oder *Erwartungswerte* von X und Y. Aus der Kovarianz σ_{XY} erhält man durch Normierung den *Korrelationskoeffizienten* ϱ von X und Y:

$$\varrho = \frac{\sigma_{XY}}{\sigma_X \cdot \sigma_Y} \qquad \text{(III-294)}$$

(σ_X, σ_Y: *Standardabweichungen* von X und Y; $\sigma_X \neq 0$, $\sigma_Y \neq 0$).

Zwei Zufallsvariable X und Y werden dabei als *unkorreliert* bezeichnet, wenn der zugehörige Korrelationskoeffizient *verschwindet* ($\varrho = 0$). Sind die beiden Zufallsvariablen *stochastisch unabhängig*, so sind sie auch *unkorreliert*.

Denn im Falle der Unabhängigkeit gilt ja

$$E(X \cdot Y) = E(X) \cdot E(Y) \qquad \text{(III-295)}$$

und somit

$$\sigma_{XY} = E(X \cdot Y) - E(X) \cdot E(Y) = E(X) \cdot E(Y) - E(X) \cdot E(Y) = 0 \qquad \text{(III-296)}$$

Damit ist auch $\varrho = 0$, d.h. *stochastisch unabhängige* Zufallsgrößen sind stets *unkorreliert*. Die Umkehrung dieser Aussage gilt jedoch i.a. *nicht*, d.h. aus $\varrho = 0$ dürfen wir *keinesfalls* auf die stochastische Unabhängigkeit von X und Y schließen, es sei denn, es handelt sich um *normalverteilte* Zufallsvariable. Der Korrelationskoeffizient ϱ zweier Zufallsvariabler X und Y besitzt dabei ganz *ähnliche* Eigenschaften wie der empirische Korrelationskoeffizient r, der einen *Schätz-* oder *Näherungswert* für ϱ darstellt:

Einige Eigenschaften des Korrelationskoeffizienten ϱ zweier Zufallsvariabler

Der durch Gleichung (III-294) definierte *Korrelationskoeffizient* ϱ der Zufallsvariablen X und Y ist ein geeignetes *Maß* für die *Stärke* oder den *Grad* der *linearen* Abhängigkeit zwischen X und Y, jedoch *kein* Maß für die Abhängigkeit dieser Größen an sich[47]. Er besitzt die folgenden Eigenschaften:

1. Der Korrelationskoeffizient ϱ der Zufallsvariablen X und Y kann nur Werte zwischen -1 und $+1$ annehmen:

$$-1 \leqslant \varrho \leqslant 1 \qquad \text{(III-297)}$$

2. Zwischen den Zufallsvariablen X *und* Y besteht *genau dann* eine *lineare* Beziehung vom Typ $Y = a^* X + b^*$, wenn $|\varrho| = 1$ ist.

3. *Stochastisch unabhängige* Zufallsvariable X und Y sind stets *unkorreliert* ($\varrho = 0$). Die Umkehrung dieser Aussage gilt jedoch nur, wenn X und Y beide *normalverteilt* sind, d.h. zwei *normalverteilte* Zufallsvariable sind genau dann *stochastisch unabhängig*, wenn sie *unkorreliert* sind. Im allgemeinen jedoch gilt: *Verschwindet* der Korrelationskoeffizient ϱ zweier Zufallsvariabler X und Y, so bedeutet dies lediglich, daß zwischen den beiden Variablen *keine lineare* Abhängigkeit besteht. Die Zufallsvariablen können aber in diesem Fall durchaus eine (nichtlineare) stochastische Bindung haben.

4. Entnimmt man der zweidimensionalen $(X; Y)$-Grundgesamtheit eine Stichprobe

$$(x_1; y_1), (x_2; y_2), \ldots, (x_n; y_n) \qquad \text{(III-298)}$$

vom Umfang n, so liefert der aus dieser Stichprobe berechnete *empirische* Korrelationskoeffizient r einen *Schätz-* oder *Näherungswert* für den (unbekannten) Korrelationskoeffizienten ϱ der Zufallsvariablen X und Y:

$$\varrho \approx r \qquad \text{(III-299)}$$

---

[47] Es gibt Fälle, in denen zwischen zwei *unkorrelierten* Zufallsvariablen X und Y sogar ein funktionaler Zusammenhang in Form einer Gleichung $Y = f(X)$ besteht.

Anmerkung

Falls die Zufallsvariablen X und Y beide *normalverteilt* sind, lassen sich die folgenden Probleme mit Hilfe spezieller statistischer Prüfverfahren („Tests") lösen:

a) Sind X und Y *stochastisch unabhängig*?

Man testet dann die *Nullhypothese* $H_0 : \varrho = 0$ z.B. gegen die *Alternativhypothese* $H_1 : \varrho \neq 0$.

b) Besitzt der Korrelationskoeffizient ϱ (wie vermutet) den Wert ϱ_0?

Es wird die *Stärke* (d.h. der *Grad*) der *linearen* Abhängigkeit geprüft. Getestet wird dann die *Nullhypothese* $H_0 : \varrho = \varrho_0$ gegen die *Alternativhypothese* $H_1 : \varrho \neq \varrho_0$.

Im Rahmen dieser (einführenden) Darstellung können wir auf diese Tests nicht näher eingehen und verweisen auf die im Literaturverzeichnis angegebene weiterführende Literatur.

■ **Beispiel**

Die *diskreten* Zufallsvariablen X und Y besitzen die folgende *gemeinsame Verteilung* (die Wahrscheinlichkeitsfunktionen der Randverteilungen sind *grau* unterlegt):

X \ Y	0	1	$f_1(x)$
−1	1/9	2/9	1/3
0	1/9	2/9	1/3
1	1/9	2/9	1/3
$f_2(y)$	1/3	2/3	

Die Kovarianz σ_{XY} und der Korrelationskoeffizient ϱ *verschwinden* beide. Denn aus

$$E(X) = -1 \cdot \frac{1}{3} + 0 \cdot \frac{1}{3} + 1 \cdot \frac{1}{3} = -\frac{1}{3} + \frac{1}{3} = 0, \qquad E(Y) = 0 \cdot \frac{1}{3} + 1 \cdot \frac{2}{3} = \frac{2}{3}$$

$$E(X \cdot Y) = (-1) \cdot 0 \cdot \frac{1}{9} + (-1) \cdot 1 \cdot \frac{2}{9} + 0 \cdot 0 \cdot \frac{1}{9} + 0 \cdot 1 \cdot \frac{2}{9} +$$

$$+ 1 \cdot 0 \cdot \frac{1}{9} + 1 \cdot 1 \cdot \frac{2}{9} = -\frac{2}{9} + \frac{2}{9} = 0$$

folgt nach der Definitionsgleichung (III-292)

$$\sigma_{XY} = E(X \cdot Y) - E(X) \cdot E(Y) = 0 - 0 \cdot \frac{2}{3} = 0$$

und daher auch $\varrho = 0$. Die Zufallsvariablen X und Y sind daher *unkorreliert*.

■

6.2 Regression

In Naturwissenschaft und Technik stellt sich häufig das folgende Problem:

Zwischen einer (meist *gewöhnlichen*) Variablen X und einer *Zufallsvariablen* Y bestehe eine gewisse stochastische Bindung [48]. Die sog. *Regressionsanalyse* hat dann die Aufgabe, die *Art* des Zusammenhangs zwischen den beiden Variablen X und Y festzustellen und zwar mit Hilfe einer *Stichprobe* $(x_1; y_1), (x_2; y_2), \ldots, (x_n; y_n)$ und eines geeigneten *Ansatzes* in Form einer Kurvengleichung $Y = f(X)$, die noch gewisse aus den Stichprobenpunkten berechenbare *Parameter* enthält. Dabei wird X als *unabhängige* und Y als eine von X *abhängige* Variable angesehen.

In der Statistik bezeichnet man eine solche „einseitige" Abhängigkeit als *Regression* von Y bezüglich X. Hat man die Gleichung der sog. *Regressions-* oder *Ausgleichskurve* bestimmt, so läßt sich zu einem vorgegebenen Wert x der unabhängigen Variablen X der Wert der abhängigen Variablen Y *schätzen* (Bild III-96).

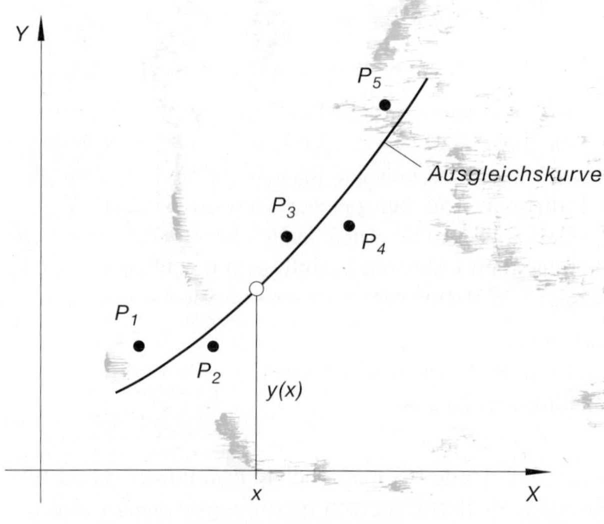

Bild III-96
Stichprobenpunkte mit „Ausgleichs- oder Regressionskurve"

In der Technik ist die (als unabhängig betrachtete) Variable X meist eine *gewöhnliche* Variable, die bestimmte *feste* Werte annehmen kann, die auch bei einer mehrfachen Versuchswiederholung *unverändert* bleiben. Allerdings wird man für jeden *fest* vorgegebenen Wert $X = x$ stets etwas *voneinander abweichende* Werte für die abhängige Zufallsvariable $Y(x)$ erhalten. Diese Werte werden dabei um den (unbekannten) *Mittel-* oder *Erwartungswert* $E(Y(x))$ entsprechend der Wahrscheinlichkeitsverteilung von Y *streuen* (Bild III-97).

[48] X *kann* auch eine Zufallsvariable sein, Y dagegen *ist* stets eine Zufallsvariable.

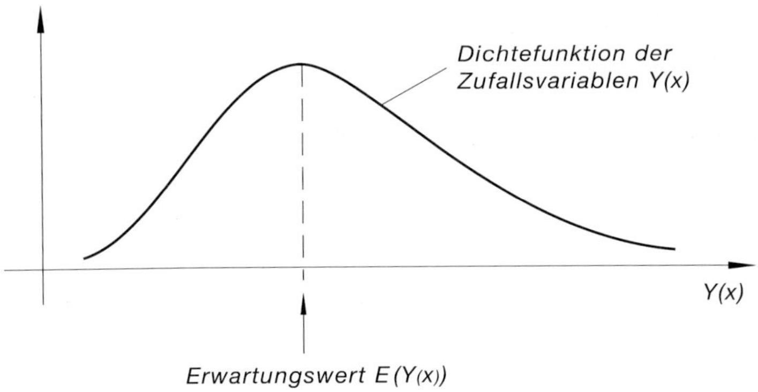

Bild III-97

Wir geben hierzu ein anschauliches Beispiel.

■ **Beispiel**

Der *Bremsweg* Y eines Autos ist – wie jeder aus eigener Erfahrung weiß – eine in hohem Maße von der *Geschwindigkeit* X abhängige Größe[49]. *Jedoch ist* Y *durch* X *keineswegs eindeutig bestimmt*! Wird nämlich der Bremsvorgang (mit dem *gleichen* Auto auf der *gleichen* Fahrbahn und bei *gleicher* Geschwindigkeit $X = x$) mehrmals wiederholt, so miß man stets etwas *voneinander abweichende Werte für den Bremsweg* $Y(x)$. Denn die folgenden Faktoren beeinflussen u.a. ebenfalls (wenn auch vergleichsweise geringfügig) den Bremsweg:

— Zustand der Bremsen und Reifen
— Beschaffenheit der Fahrbahn (z.B. Trockenheit, Nässe)
— Umwelteinflüsse wie z.B. Windverhältnisse
— Verhalten des Fahrers beim Bremsen

Die genannten Faktoren können und werden sich nämlich in *unkontrollierbarer* und *regelloser* Weise von Bremsversuch zu Bremsversuch (geringfügig) *ändern* und bewirken in ihrer Gesamtheit die beobachtete *Streuung* der Bremswegwerte. Im Sinne der Statistik dürfen wir daher den Bremsweg $Y = Y(X = x) = Y(x)$ als eine *Zufallsgröße* auffassen. Wir sind somit *nicht* in der Lage, für eine *vorgegebene* Geschwindigkeit $X = x$ den *genauen* Wert des Bremsweges vorauszusagen (da wir die augenblicklichen äußeren „Störeinflüsse" *nicht* kennen). Wir können über den Bremsweg lediglich *wahrscheinlichkeitstheoretische* Aussagen machen, sofern die Wahrscheinlichkeitsverteilung der Zufallsvariablen Y überhaupt bekannt ist!

■

---

[49] X ist die Geschwindigkeit des Fahrzeugs unmittelbar vor Beginn des Bremsvorgangs, Y der bis zum Stillstand zurückgelegte Weg (Bremsweg).

Regressions- oder Ausgleichskurven

Meist läßt sich anhand der „Punktwolke" ein *geeigneter Lösungsansatz* für die gesuchte *Regressions-* oder *Ausgleichskurve* ermitteln. Im einfachsten Fall liegen die Stichprobenpunkte *nahezu* auf einer *Geraden* (Bild III-98). In diesem wichtigsten und häufigsten Fall spricht man daher von *linearer* Regression und wählt als Lösungsansatz eine *lineare* Funktion vom allgemeinen Typ

$$y = ax + b \qquad \text{(III-300)}$$

die als (empirische) *Regressions-* oder *Ausgleichsgerade* bezeichnet wird (Bild III-98).

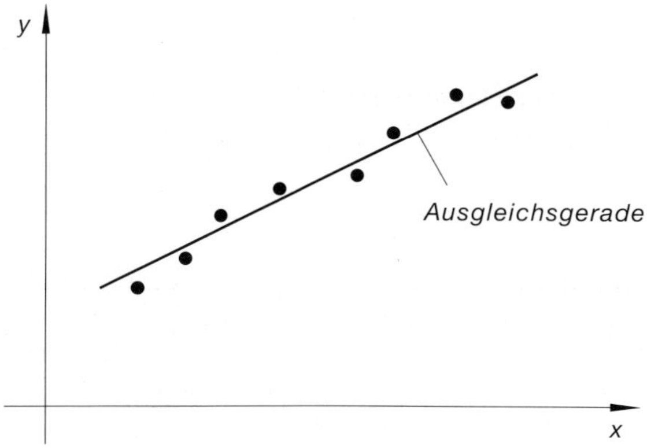

Bild III-98
Ausgleichs- oder Regressionsgerade

Die noch unbekannten *Parameter a* und *b* dieser Geraden (d.h. Steigung *a* und Achsenabschnitt *b*) lassen sich aus den vorgegebenen Stichprobenpunkten durch „Ausgleichung" nach der von *Gauß* stammenden *„Methode der kleinsten Quadrate"* leicht bestimmen. Wir werden dieses Verfahren im nachfolgenden Kapitel über „Fehler- und Ausgleichsrechnung" ausführlich behandeln.

In vielen Fällen jedoch muß man aufgrund des Erscheinungsbildes der „Punktwolke" einen *nichtlinearen* Lösungsansatz wählen. Man spricht dann von *nicht-linearer* Regression. Eine „Punktwolke" wie in Bild III-99 z.B. legt einen *parabelförmigen* Lösungsansatz vom Typ

$$y = ax^2 + bx + c \qquad \text{(III-301)}$$

als „Ausgleichskurve" nahe. Die noch unbekannten Koeffizienten *a*, *b* und *c* dieser *Regressions-* oder *Ausgleichsparabel* können dann wiederum nach der *„Gaußschen Methode der kleinsten Quadrate"* bestimmt werden. Auch diesen Fall werden wir im nächsten Kapitel ausführlich behandeln.

Als *nichtlineare* Lösungsansätze kommen z.B. Polynomfunktionen höheren Grades, Potenzfunktionen, Exponential- und Logarithmusfunktionen und manchmal auch (einfache) gebrochenrationale Funktionen infrage. Man muß sich dabei im konkreten Fall anhand des vorliegenden *Streuungsdiagramms* (d.h. der *Punktwolke* der Stichprobe) stets für einen *speziellen* Lösungsansatz entscheiden (z.B. für eine Gerade oder eine Parabel).

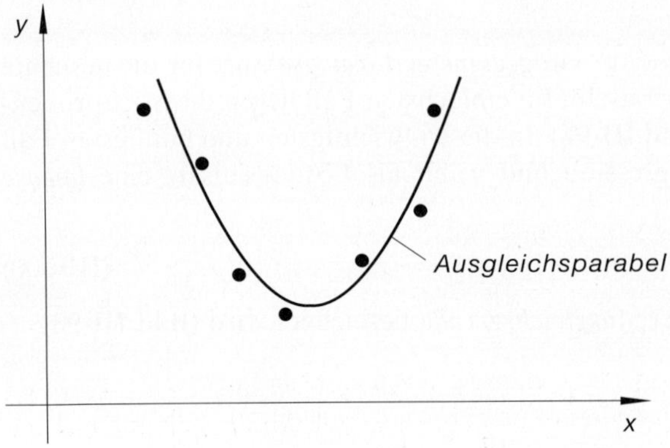

Bild III-99
Ausgleichs- oder Regressionsparabel

Die in dem gewählten Ansatz enthaltenen Parameter lassen sich dann unter Verwendung der vorgegebenen Stichprobe mit Hilfe der „*Gaußschen Methode der kleinsten Quadrate*" eindeutig bestimmen.

Wir fassen die wichtigsten Aussagen wie folgt zusammen:

Regressions- oder Ausgleichskurven

Besteht zwischen einer (im technischen Bereich meist *gewöhnlichen*) Variablen X und einer *Zufallsvariablen* Y eine gewisse *stochastische Bindung*, so läßt sich aus einer zweidimensionalen Stichprobe

$$(x_1; y_1),\ (x_2; y_2),\ \ldots,\ (x_n; y_n) \qquad \text{(III-302)}$$

schrittweise wie folgt eine (empirische) *Regressions-* oder *Ausgleichskurve* bestimmen, durch die die Abhängigkeit der Zufallsvariablen Y von der (gewöhnlichen oder Zufalls-) Variablen X beschrieben wird:

1. Die Stichprobenpaare $(x_1; y_1), (x_2; y_2), \ldots, (x_n; y_n)$ werden zunächst in einem rechtwinkligen x, y-Koordinatensystem durch Punkte („Stichprobenpunkte") bildlich dargestellt und ergeben in ihrer Gesamtheit eine *Punktwolke* (vgl. hierzu Bild III-96). Aufgrund dieses *Streuungsdiagramms* entscheidet man sich dann für einen *speziellen Lösungsansatz*, z.B. für eine Gerade, Parabel oder Exponentialfunktion. Damit ist der *Typ* der Ausgleichskurve *eindeutig* festgelegt.

2. Die im Lösungsansatz enthaltenen (noch unbekannten) Kurvenparameter werden unter Verwendung der vorgegebenen Stichprobe dann so bestimmt, daß sich die Kurve den Stichprobenpunkten „optimal" anpaßt.

   Die *Ausgleichung*, d.h. das Auffinden derjenigen Kurve vom ausgewählten Typ, die sich den Stichprobenpunkten „am besten" anpaßt, erfolgt dabei mit Hilfe der „*Gaußschen Methode der kleinsten Quadrate*", die stets eine eindeutige Lösung liefert und im nächsten Kapitel (Abschnitt 5) ausführlich behandelt wird.

■ **Beispiele**

(1) Die zweidimensionale Stichprobe

i	1	2	3	4	5	6
x_i	0	1	2	3	4	5
y_i	− 0,9	1,45	4,1	6,4	9,1	11,3

ergibt das in Bild III-100 dargestellte *Streuungsdiagramm.* Aufgrund der *Punktwolke* erkennen wir ein hohes Maß an *linearer* Abhängigkeit zwischen den entsprechenden Zufallsvariablen. Es liegt daher nahe, einen *linearen* Lösungsansatz vom Typ

$$y = ax + b$$

für die *Regressions-* oder *Ausgleichskurve* zu wählen. Die Berechnung der Kurvenparameter a und b erfolgt im nächsten Kapitel (Übungsaufgabe 4 aus Kap. IV, Abschnitt 5).

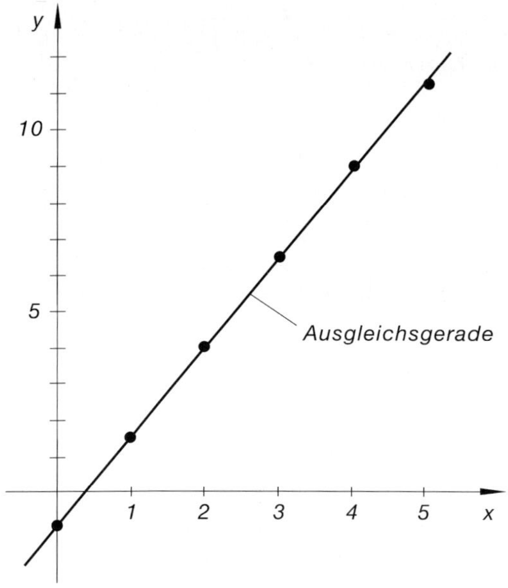

Bild III-100

(2) Die bildliche Darstellung der fünf Stichprobenpunkte

i	1	2	3	4	5
x_i	0	2	3	5	7
y_i	2	0	0	1	4

führt zu der in Bild III-101 skizzierten *Punktwolke*. Aufgrund dieses *Streuungsdiagramms* entscheiden wir uns für eine *parabelförmige* Ausgleichskurve vom Typ

$$y = ax^2 + bx + c$$

Die Bestimmung der drei Kurvenparameter a, b und c erfolgt im nächsten Kapitel (Übungsaufgabe 6 aus Kap. IV, Abschnitt 5).

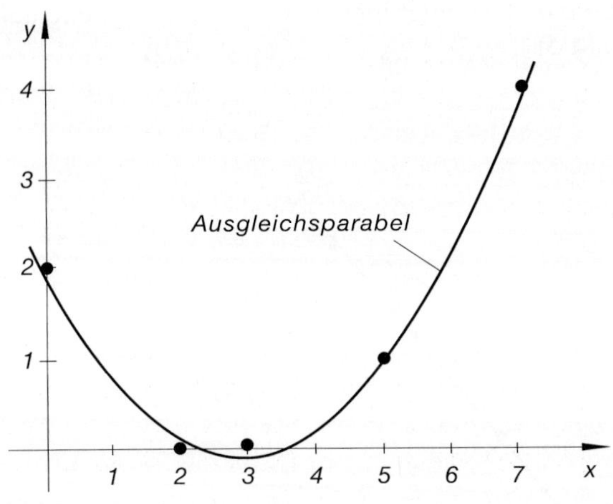

Bild III-101

■

Übungsaufgaben

Zu Abschnitt 1

1) Beim *10-maligen* Wurf eines Würfels ergaben sich die folgenden Augenzahlen:

2 1 4 6 3 6 4 4 3 5

Bestimmen Sie die *absolute* und *relative* Häufigkeit und zeichnen Sie das zugehörige *Stabdiagramm*.

2) Für die folgenden Stichproben bestimme man *Häufigkeitsfunktion* $f(x)$ und *Verteilungsfunktion* $F(x)$ und zeichne das zugehörige *Stabdiagramm* sowie die *Treppenfunktion*:

a) 20 Schrauben aus einem Sortiment (X: Schraubenlänge in mm)

$\frac{x_i}{\text{mm}}$	39,7	39,8	39,9	40,0	40,1	40,2
n_i	1	3	4	6	4	2

b) 25 ohmsche Widerstände aus einer Serienproduktion (X: Widerstand in Ω)

$\frac{x_i}{\Omega}$	97	98	99	100	101	102	103
n_i	1	3	4	9	5	2	1

c) Kapizitätsmessung an 50 Kondensatoren (X: Kapazität in μF)

$\frac{x_i}{\mu\text{F}}$	10,1	10,2	10,3	10,4	10,5
n_i	6	11	19	9	5

3) Ein Würfel wurde *500-mal* geworfen. Die möglichen Augenzahlen X waren dabei wie folgt verteilt:

Augenzahl x_i	1	2	3	4	5	6
n_i	102	88	80	65	90	75

Zeichnen Sie das *Stabdiagramm* und die *Verteilungskurve* dieser Häufigkeitsverteilung.

4) Beim gleichzeitigen Wurf *dreier* Münzen erhielt man für die dabei beobachtete Zufallsvariable

$$X = \textit{Anzahl „Wappen“}$$

bei 200 Versuchsausführungen die folgende Häufigkeitstabelle:

x_i	0	1	2	3
n_i	20	82	73	25

a) Bestimmen Sie die *Häufigkeitsfunktion* $f(x)$ und die *Verteilungsfunktion* $F(x)$.

b) Stellen Sie diese Funktionen bildlich dar (*Stabdiagramm, Treppenfunktion*).

c) Wieviel Prozent aller Würfe brachten *mindestens einmal*, aber *höchstens zweimal* „Wappen“?

5) Die *Lebensdauer* X eines bestimmten elektronischen Bauelements wurde mittels einer Stichprobe vom Umfang $n = 80$ untersucht und führte zu dem folgenden Ergebnis (Gruppierung der Daten in 7 Klassen):

Klasse i	Lebensdauer (in h)	Anzahl der Bauelemente
1	$400 \leqslant x \leqslant 450$	3
2	$450 < x \leqslant 500$	11
3	$500 < x \leqslant 550$	20
4	$550 < x \leqslant 600$	23
5	$600 < x \leqslant 650$	14
6	$650 < x \leqslant 700$	7
7	$700 < x \leqslant 750$	2

a) Bestimmen Sie hieraus die *Häufigkeitsfunktion* $f(x)$ und die *Verteilungsfunktion* $F(x)$ in Abhängigkeit von der Klassenmitte.

b) Bestimmen Sie den prozentualen Anteil an Bauelementen in dieser Stichprobe mit einer Lebensdauer von *höchstens* 500 Stunden bzw. einer Lebensdauer von *mindestens* 600 Stunden.

c) Zeichnen Sie das *Histogramm* dieser Häufigkeitsverteilung.

6) Mit einer automatischen Abfüllanlage wird Wein in Literflaschen gefüllt. Eine nachträgliche Stichprobenuntersuchung an $n = 100$ gefüllten Flaschen ergab die folgenden *Fehlmengen*, beschrieben durch die Zufallsvariable X (in cm^3):

Klasse i	Fehlmenge (in cm^3)	Anzahl der Flaschen
1	$0 \leqslant x \leqslant 10$	38
2	$10 < x \leqslant 20$	26
3	$20 < x \leqslant 30$	17
4	$30 < x \leqslant 40$	11
5	$40 < x \leqslant 50$	6
6	$50 < x \leqslant 60$	2

a) Bestimmen Sie *Häufigkeits*- und *Verteilungsfunktion.*

b) Zeichnen Sie das zugehörige *Histogramm.*

c) Bestimmen Sie den *prozentualen* Anteil an Flaschen mit einer Fehlmenge $X > 20\ cm^3$.

7) An 40 Testfahrzeugen eines neuen Autotyps wurde der *Benzinverbrauch* X in Liter pro 100 km Fahrleistung bestimmt. Die *Urliste* hatte dabei das folgende Aussehen (alle Werte in l/100 km):

10,1	10,6	10,9	10,0	10,4	10,5	9,7	10,5
10,4	10,1	10,8	9,2	10,2	10,3	10,5	9,2
10,2	10,5	9,4	10,2	9,6	10,2	9,7	10,2
10,8	9,9	10,5	10,6	9,8	10,7	11,2	10,8
9,0	10,0	10,5	10,4	11,4	10,4	10,1	10,4

a) *Gruppieren* Sie diese Daten in 5 Klassen der Breite 0,5 und ermitteln Sie die *Häufigkeitsfunktion.*

b) Zeichnen Sie das zugehörige *Histogramm.*

Zu Abschnitt 2

1) – 7) Die Übungsaufgaben 1) bis 7) in Abschnitt 1 beschäftigen sich mit den Häufigkeitsverteilungen von Stichproben. Bestimmen Sie die jeweiligen *Mittelwerte*, *Standardabweichungen* und *Varianzen*.

8) $x_1, x_2, \ldots, x_n$ sei eine beliebige Stichprobe. Zeigen Sie: Die Funktion

$$S(c) = \sum_{i=1}^{n} (x_i - c)^2$$

nimmt für $c = \bar{x}$ ihren *kleinsten* Wert an ($\bar{x}$ ist der *arithmetische Mittelwert* der Stichprobe).

Zu Abschnitt 3

1) Die *Lebensdauer* T zahlreicher elektronischer und mechanischer Bauelemente läßt sich in guter Näherung durch eine *Exponentialverteilung* mit der *normierten* Dichtefunktion

$$f(t; \lambda) = \lambda \cdot e^{-\lambda t} \qquad \text{für } t \geqslant 0$$

beschreiben (für $t < 0$ verschwindet diese Funktion). Bestimmen Sie nach der *Maximum-Likelihood-Methode* einen *Schätzwert* für den unbekannten Parameter $\lambda > 0$ unter Verwendung einer vorgegebenen Stichprobe $t_1, t_2, \ldots, t_n$.

2) Die *Lebensdauer* T von Glühlampen kann in guter Näherung als *exponentialverteilt* angesehen werden. *Schätzen* Sie anhand der folgenden konkreten Stichprobe den unbekannten Parameter λ der Verteilung:

i	1	2	3	4	5	6	7	8
$\frac{t_i}{\text{h}}$	250	210	400	320	190	210	240	292

3) Die Zufallsvariable X beschreibe die Anzahl der Gespräche, die von einer Telefonzentrale zu einer bestimmten Tageszeit pro Stunde vermittelt werden. X kann dabei als eine näherungsweise *Poisson-verteilte* Zufallsvariable betrachtet werden. Bestimmen Sie den unbekannten Parameter μ dieser Verteilung anhand der folgenden Stichprobe:

i	1	2	3	4	5	6
$\frac{x_i}{\text{h}}$	160	145	155	136	140	152

4) X sei eine *normalverteilte* Zufallsvariable, deren Mittelwert μ jedoch *unbekannt* sei. Bestimmen Sie anhand der Stichprobe

i	1	2	3	4	5	6	7	8	9	10
x_i	140	162	128	132	136	148	140	128	135	158

ein *Vertrauensintervall* für den Mittelwert μ

a) bei *bekannter* Varianz $\sigma^2 = 9$,

b) bei *unbekannter* Varianz σ^2.

Als *Vertrauensniveau* wähle man $\gamma = 95\%$.

5) Der *Durchmesser* X der auf einer bestimmten Maschine hergestellten Schrauben sei eine *normalverteilte* Zufallsvariable. Eine Stichprobe vom Umfang $n = 100$, entnommen aus einer Tagesproduktion, ergab dabei das folgende Ergebnis: $\bar{x} = 0{,}620$ cm, $s = 0{,}035$ cm. Bestimmen Sie die *Vertrauensgrenzen* für den *unbekannten* Mittelwert μ bei einer *Irrtumswahrscheinlichkeit* von $\alpha = 5\%$.

6) X sei eine *normalverteilte* Zufallsgröße mit dem unbekannten Mittelwert μ und der ebenfalls unbekannten Varianz σ^2. Eine Stichprobe vom Umfang $n = 10$ ergab den arithmetischen Mittelwert $\bar{x} = 102$ und die empirische Varianz $s^2 = 16$. Bestimmen Sie für μ und σ^2 jeweils ein *Vertrauensintervall* zum Vertrauensniveau $\gamma = 99\%$.

7) Für einen neuen Autotyp wurde ein bestimmter Motor weiterentwickelt, dessen Leistung X (in PS) als eine *normalverteilte* Zufallsvariable betrachtet werden kann. Eine Stichprobenuntersuchung an $n = 8$ wahllos herausgegriffenen Motoren brachte das folgende Ergebnis:

i	1	2	3	4	5	6	7	8
$\frac{x_i}{\text{PS}}$	100,5	96,5	99,0	97,8	100,4	103,5	100,3	98,0

Bestimmen Sie jeweils ein *Vertrauensintervall* für den unbekannten *Mittelwert* μ und die unbekannte *Varianz* σ^2 bei einer vorgegebenen Irrtumswahrscheinlichkeit von $\alpha = 5\%$.

8) Die *Tragfähigkeit* X eines Balkens soll als eine *normalverteilte* Zufallsvariable betrachtet werden. Eine Stichprobenuntersuchung vom Umfang $n = 16$ ergab folgende Werte:

$$\bar{x} = 12{,}54 \text{ kN}, \qquad s = 1{,}02 \text{ kN}$$

Bestimmen Sie auf der Basis dieser Stichprobe jeweils ein *Vertrauensintervall* für den unbekannten *Mittelwert* μ und die unbekannte *Varianz* σ^2. Das Vertrauensniveau sei $\gamma = 95\%$.

9) In einer Versuchsreihe wurde die *Dichte* X einer Eisenkugel insgesamt 20-mal gemessen, wobei nur 6 verschiedene Meßwerte mit der folgenden *Häufigkeitsverteilung* auftraten:

x_i (in g/cm^3)	7,79	7,80	7,81	7,82	7,84	7,85
absolute Häufigkeit n_i	3	3	5	4	3	2

Bestimmen Sie anhand dieser Stichprobe ein *Vertrauensintervall* für den unbekannten *Mittelwert* μ der als *normalverteilt* betrachteten Meßgröße X (vorgegebenes Vertrauensniveau: $\gamma = 99\%$).

10) Bei der *Qualitätskontrolle* eines bestimmten elektronischen Bauteils befanden sich in einer Zufallsstichprobe vom Umfang $n = 500$ genau $k = 27$ *defekte* Teile. Bestimmen Sie einen *Schätzwert* für den unbekannten „Ausschußanteil" p der Gesamtproduktion und geben Sie ein *Vertrauensintervall* für diesen Parameter zum Vertrauensniveau

a) $\gamma = 95\%$, b) $\gamma = 99\%$

an.

11) Beim Würfeln mit einem homogenen Würfel soll das Auftreten einer *geraden* Augenzahl als „Erfolg" gewertet werden. Bei $n = 100$ unabhängigen Würfen trat dieses Ereignis genau 55-mal ein. *Schätzen* Sie die unbekannte „Erfolgswahrscheinlichkeit" p und bestimmen Sie für diesen Parameter ein *Vertrauensintervall* bei einer Irrtumswahrscheinlichkeit von $\alpha = 1\%$.

12) Eine Urne enthält schwarze und weiße Kugeln, deren Anteile jedoch *unbekannt* sind. Um den Anteil p an *schwarzen* Kugeln zu schätzen, wurde der Urne 100-mal eine Kugel *mit* Zurücklegen entnommen. Dabei erhielt man das folgende Ergebnis:

Farbe der gezogenen Kugel	schwarz	weiß
Anzahl der gezogenen Kugeln	68	32

Ermitteln Sie auf einem Konfidenzniveau von $\gamma = 95\%$ ein *Konfidenzintervall* für den unbekannten Parameter p.

13) Aus einer Sonderprägung wurden $n = 100$ Münzen nach dem Zufallsprinzip ausgewählt und ihre *Masse* X bestimmt. Man erhielt dabei einen Stichprobenmittelwert von $\bar{x} = 5{,}43$ g mit einer Streuung von $s^2 = 0{,}09$ g^2. Der Verteilungstyp der Zufallsvariablen X ist jedoch *unbekannt*. Bestimmen Sie mit Hilfe des *Zentralen Grenzwertsatzes der Wahrscheinlichkeitsrechnung* auf einem Vertrauensniveau von $\gamma = 95\%$ die *Vertrauensintervalle* für den unbekannten *Mittelwert* μ und die unbekannte *Standardabweichung* σ.

Zu Abschnitt 4

1) Ein Hersteller produziert in großer Stückzahl elektrische Widerstände mit dem *Sollwert* $\mu_0 = 100\,\Omega$. Der *ohmsche Widerstand* X kann dabei als eine *annähernd normalverteilte* Zufallsvariable angesehen werden. Nach Angaben des Herstellers wird der vorgegebene Sollwert $\mu_0 = 100\,\Omega$ auch eingehalten. Eine Stichprobe vom Umfang $n = 10$ ergab jedoch einen *empirischen Mittelwert* von $\bar{x} = 102\,\Omega$. Man teste mit einer Irrtumswahrscheinlichkeit von $\alpha = 1\%$ die *Nullhypothese* $H_0: \mu = \mu_0 = 100\,\Omega$ gegen die *Alternativhypothese* $H_1: \mu \neq \mu_0 = 100\,\Omega$. Aufgrund langjähriger Erfahrungen darf dabei von einer Standardabweichung $\sigma = 3\,\Omega$ ausgegangen werden.

2) In einem Werk werden Glühlampen hergestellt, deren *Lebensdauer* X als eine *normalverteilte* Zufallsvariable mit dem Mittelwert $\mu_0 = 1500$ h und der Standardabweichung $\sigma = 80$ h betrachtet werden kann. Durch eine *geringfügige* Materialänderung erhofft sich der Hersteller eine *Vergrößerung* der mittleren Lebensdauer. Eine Stichprobenuntersuchung an 50 Glühlampen der neuen Serie scheint dies zu bestätigen: Für die mittlere Lebensdauer erhielt man den Wert $\bar{x} = 1580$ h. Können wir aus dieser Stichprobe den Schluß ziehen, daß sich die Lebensdauer *signifikant erhöht* hat?

   Testen Sie bei einer Irrtumswahrscheinlichkeit von $\alpha = 1\%$ die *Nullhypothese* $H_0: \mu = \mu_0 = 1500$ h gegen die *Alternativhypothese* $H_1: \mu > \mu_0 = 1500$ h. Bei dem Test wird vorausgesetzt, daß sich die Standardabweichung σ durch die Materialänderung *nicht verändert* hat.

3) Die *Reißlast* X eines Seiles ist laut Hersteller eine *normalverteilte* Zufallsgröße mit dem Mittelwert $\mu_0 = 5{,}20$ kN. Eine Stichprobe vom Umfang $n = 20$ führte jedoch zu den folgenden Kennwerten: $\bar{x} = 5{,}02$ kN; $s = 0{,}12$ kN. *Prüfen* Sie mit einer Irrtumswahrscheinlichkeit von $\alpha = 5\%$, ob die aufgrund dieser Stichprobe geäußerten *Zweifel* an der Richtigkeit der Herstellerangabe $\mu_0 = 5{,}20$ kN berechtigt sind.

4) In einem Werk werden Schrauben produziert, deren Länge X eine *normalverteilte* Zufallsgröße mit dem Mittelwert $\mu_0 = 21$ mm sei. Eine Zufallsstichprobe führte zu dem folgenden Ergebnis:

   $$n = 25; \qquad \bar{x} = 20{,}5 \text{ mm}; \qquad s = 1{,}5 \text{ mm}$$

   Prüfen Sie mit der Irrtumswahrscheinlichkeit $\alpha = 1\%$, ob die Abweichung des beobachteten Stichprobenmittelwertes $\bar{x} = 20{,}5$ mm vom Sollwert $\mu_0 = 21$ mm *signifikant* oder *zufallsbedingt* ist.

5) Ein Automobilhersteller bringt ein neues PKW-Modell auf den Markt, dessen Benzinverbrauch X (in Liter pro 100 km Fahrleistung) eine *normalverteilte* Zufallsvariable mit dem Mittelwert $\mu_0 = 8{,}2$ l/100 km sein soll. Die Redaktion einer Fachzeitschrift überprüft diese Angabe an $n = 36$ zufällig ausgewählten Testfahrzeugen und kommt dabei zu folgendem Ergebnis:

   $$\bar{x} = 9{,}1 \text{ l/100 km}; \qquad s = 2{,}3 \text{ l/100 km}$$

Der Stichprobenmittelwert $\bar{x}$ ist also deutlich *höher* als der vom Hersteller angegebene Wert μ_0. *Testen* Sie mit der Irrtumswahrscheinlichkeit $\alpha = 5\%$, ob die Angabe des Hersteller bezüglich des Mittelwertes μ noch länger aufrecht erhalten werden kann.

6) Zwei *verschiedene* Meßmethoden für Widerstände sollen miteinander verglichen werden. Vergleichsmessungen an 5 Widerständen ergaben dabei das folgende Meßprotokoll:

i	1	2	3	4	5
1. Methode: Meßwert x_i (in Ω)	100,5	102,4	104,3	101,5	98,4
2. Methode: Meßwert y_i (in Ω)	98,2	99,1	102,4	101,1	96,2

Testen Sie mit der Irrtumswahrscheinlichkeit $\alpha = 1\%$, ob beide Meßmethoden als *gleichwertig* angesehen werden können oder ob die beobachteten Abweichungen *signifikant* sind.

7) In zwei Werken A und B wird ein bestimmtes elektronisches Bauelement nach dem *gleichen* Verfahren hergestellt. Es wird jedoch *vermutet*, daß die im Werk B produzierten Teile eine *höhere* Lebensdauer besitzen. Die folgende Stichprobenuntersuchung scheint dies zu bestätigen:

Werk	Anzahl der getesteten Elemente	mittlere Lebensdauer (in h)	Standardabweichung (in h)
A	$n_1 = 100$	$\bar{x} = 1540$	$s_1 = 142$
B	$n_2 = 120$	$\bar{y} = 1600$	$s_2 = 150$

Testen Sie mit einer Irrtumswahrscheinlichkeit von $\alpha = 1\%$ die Behauptung, daß die im Werk B hergestellten elektronischen Bauelemente eine *höhere* Lebensdauer besitzen.

Wir setzen dabei voraus, daß die Werte aus *normalverteilten* Grundgesamtheiten mit *gleicher* (aber unbekannter) Varianz stammen.

8) Die folgenden Stichproben stammen aus zwei *normalverteilten* Grundgesamtheiten mit *gleicher* (aber unbekannter) Varianz:

i	1	2	3	4	5
x_i	5,98	6,02	6,10	5,82	6,04
y_i	6,06	6,08	6,12	6,00	5,94

Es wird behauptet, daß auch ihre Mittelwerte *übereinstimmen*. *Prüfen* Sie mit der Irrtumswahrscheinlichkeit $\alpha = 1\%$, ob diese Behauptung tatsächlich zutrifft.

9) Eine Maschine produziert Wellen von hoher Präzision. Als *Genauigkeitsmaß* wird dabei die Standardabweichung σ_0 des Wellendurchmessers X betrachtet. Die Maschine wurde dabei so eingestellt, daß $\sigma_0 = 0{,}2$ mm beträgt. Zu Kontrollzwecken wurde eine Zufallsstichprobe vom Umfang $n = 12$ entnommen. Ihre Auswertung ergab jedoch eine *empirische* Standardabweichung von $s = 0{,}4$ mm. Muß die Maschine neu eingestellt werden? *Testen* Sie daher mit einer Irrtumswahrscheinlichkeit von $\alpha = 5\%$ die *Nullhypothese* $H_0: \sigma^2 \leqslant \sigma_0^2$ gegen die *Alternativhypothese* $H_1: \sigma^2 > \sigma_0^2$ und treffen Sie eine *Entscheidung*. Ändert sich diese, wenn dieser Test mit der Irrtumswahrscheinlichkeit $\alpha = 1\%$ durchgeführt wird?

10) Der Hersteller eines Massenartikels behauptet, seine Ware enthalte einen Ausschußanteil von *höchstens* 3%. Bei einer *Qualitätskontrolle* werden in einer Stichprobe von $n = 400$ Teilen genau 20 *unbrauchbare* Teile gefunden. Steht diese Untersuchung im Einklang mit der Behauptung des Herstellers? Treffen Sie eine *Entscheidung*, in dem Sie bei einer Irrtumswahrscheinlichkeit von $\alpha = 5\%$ die *Nullhypothese* $H_0: p \leqslant p_0 = 0{,}03$ gegen die *Alternativhypothese* $H_1: p > p_0 = 0{,}03$ *testen*.

11) Bei 200 Würfen mit einem Würfel erhielt man 88-mal eine *gerade* Augenzahl. Prüfen Sie auf dem Signifikanzniveau $\alpha = 5\%$, ob es sich dabei um einen „unverfälschten" Würfel handeln kann.

Hinweis: Bei einem „unverfälschten" Würfel tritt eine *gerade* Augenzahl mit der Wahrscheinlichkeit $p_0 = 1/2$ auf.

Zu Abschnitt 5

1) Beim Wurf einer Münze erhielt man bei 150 Würfen 65-mal „*Zahl*". *Testen* Sie mit einer Irrtumswahrscheinlichkeit von $\alpha = 5\%$, ob die aufgrund dieser Zufallsstichprobe geäußerten Zweifel an der „Echtheit" der Münze berechtigt sind.

2) Ein Würfel wurde 300-mal geworfen. Dabei erhielt man die folgende *Häufigkeitsverteilung* für die 6 möglichen Augenzahlen:

Augenzahl i	1	2	3	4	5	6
absolute Häufigkeit n_i	35	39	70	62	56	38

Testen Sie mit Hilfe des *Chi-Quadrat-Tests* auf dem Signifikanzniveau $\alpha = 1\%$, ob diese Zufallsstichprobe *gegen* eine Gleichverteilung der Augenzahl spricht.

3) Es wird *vermutet*, daß die Zufallsvariable X einer *Poisson-Verteilung* mit dem unbekannten Parameter (Mittelwert) μ genügt. Zu welchem Ergebnis führt ein auf dem Signifikanzniveau $\alpha = 5\%$ durchgeführter *Chi-Quadrat-Test*, dem die folgende Stichprobe zugrunde gelegt wird:

x_i	0	1	2	3	4	5
absolute Häufigkeit n_i	27	31	22	12	6	2

(Stichprobenumfang: $n = 100$)

4) Um den *mittleren Benzinverbrauch* eines neuentwickelten PKW's zu bestimmen, wurden 100 Testfahrzeuge ausgewählt und an ihnen der Benzinverbrauch X in Liter pro 100 km festgestellt. Die Stichprobenuntersuchung führte zu dem folgenden Ergebnis (alle Werte in l/100 km):

Klassenintervall	$x < 8$	$8 \leqslant x < 8{,}5$	$8{,}5 \leqslant x < 9$	$9 \leqslant x < 9{,}5$	$9{,}5 \leqslant x$
absolute Häufigkeit	8	20	36	24	12

Testen Sie auf einem Signifikanzniveau von $\alpha = 1\%$, ob die Zufallsvariable X *normalverteilt* ist.

Zu Abschnitt 6

1) Berechnen Sie die *Kovarianz* s_{xy} und den *Korrelationskoeffizienten* r der folgenden Stichproben und skizzieren Sie die jeweilige *Punktwolke*:

a)

i	1	2	3	4	5	6
x_i	2	2	4	1	5	4
y_i	3	2	4	2	4	2

b)

i	1	2	3	4	5
x_i	2	4	6	8	10
y_i	20	17	13	10	6

2) Bei 10 Personen wurden gleichzeitig die Merkmale

$X =$ *Körperlänge* (in cm) und $Y =$ *Körpergewicht* (in kg)

untersucht:

i	1	2	3	4	5	6	7	8	9	10
x_i	165	175	167	175	180	166	169	180	176	168
y_i	56	70	62	71	81	58	60	79	73	61

Zeichnen Sie das *Streuungsdiagramm* und berechnen Sie den (*empirischen*) *Korrelationskoeffizienten* r dieser Stichprobe.

3) Die Untersuchung der *Temperaturabhängigkeit* eines ohmschen Widerstandes führte zu der folgenden Stichprobe (Meßwertepaare):

i	1	2	3	4	5	6	7	8
$\frac{T_i}{°C}$	20	25	30	40	50	60	65	80
$\frac{R}{\Omega}$	16,30	16,44	16,61	16,81	17,10	17,37	17,38	17,86

Berechnen Sie die *empirischen* Varianzen s_T^2, s_R^2 sowie die empirische *Kovarianz* s_{TR} und den *empirischen* Korrelationskoeffizienten r.

4) Die Untersuchung der Lösbarkeit L von $NaNO_3$ in Wasser in Abhängigkeit von der Temperatur T führte zu den folgenden Stichprobenpunkten (Meßpunkten):

i	1	2	3	4	5	6
T_i	0	20	40	60	80	100
L_i	70,7	88,3	104,9	124,7	148,0	176,0

(Löslichkeit L in Gramm pro 100 Gramm Wasser, Temperatur T in Grad Celsius).

Berechnen Sie den *Korrelationskoeffizienten* r und zeichnen Sie die *Punktwolke* dieser Stichprobe. Wählen Sie dann aufgrund dieser bildlichen Darstellung einen geeigneten *Lösungsansatz* für die *Regressions-* oder *Ausgleichskurve* (T ist die unabhängige, L die abhängige Variable). Die Berechnung der Kurvenparameter kann erst im nächsten Kapitel erfolgen (Aufgabe 5 aus Kap. IV, Abschnitt 5).

5) Gegeben ist jeweils die *gemeinsame* Verteilung der beiden *diskreten* Zufallsvariablen X und Y. Berechnen Sie die *Kovarianz* σ_{XY} und den *Korrelationskoeffizienten* ϱ:

a)

X \ Y	-1	1
-1	1/4	1/4
1	1/4	1/4

b)

X \ Y	0	1
0	1/3	4/15
1	4/15	2/15

6) Zeigen Sie: Die folgenden fünf Stichprobenpunkte (Meßpunkte) liegen *exakt* auf einer *Geraden* (Beweis!):

i	1	2	3	4	5
x_i	0	1,5	4	5	2,5
y_i	3	6	11	13	8

Bestimmen Sie auf *elementarem* Wege die Gleichung dieser Geraden!

IV Fehler- und Ausgleichsrechnung

1 „Fehlerarten“ (systematische und zufällige Meßabweichungen). Aufgaben der Fehler- und Ausgleichsrechnung

In Naturwissenschaft und Technik stellt sich häufig die Aufgabe, den *Wert* einer physikalisch-technischen Größe X durch *Messungen* zu ermitteln. Der Meßvorgang beruht dabei auf einer bestimmten *Meßmethode* und erfolgt unter Verwendung bestimmter *Meßinstrumente*. Die *Erfahrung* lehrt nun, daß *jede* Messung – selbst bei sorgfältigster Vorbereitung und Durchführung und Verwendung hochwertiger Meßgeräte – stets mit „Fehlern“ der verschiedensten Art behaftet ist, die in der modernen Fehlerrechnung als *Meßabweichungen* oder kurz als *Abweichungen* bezeichnet werden [1]. Bei einer wiederholten Messung der Größe X erhält man daher voneinander *abweichende* Meßwerte, die wir der Reihe nach mit

$$x_1, x_2, \ldots, x_n \tag{IV-1}$$

bezeichnen. Sie bilden eine *Meßreihe* mit n Meß- oder Beobachtungswerten. Die Abweichung des i-ten Meßwertes x_i vom „wahren“ Wert x_w der Größe X heißt „wahrer Fehler“ Δx_{iw} und ist durch die Gleichung

$$\Delta x_{iw} = x_i - x_w \tag{IV-2}$$

definiert. In der Praxis jedoch bleiben x_w und Δx_{iw} meist *unbekannt*.

Worauf beruhen nun eigentlich Meßabweichungen („Meßfehler“) und wie kommen sie zustande?

Sicher ist, daß sie stets auf das *gleichzeitige* Einwirken einer meist sehr *großen* Anzahl verschiedenartiger äußerer Störeinflüsse auf Meßinstrumente, Meßverfahren und Beobachter zurückzuführen sind. Zu solchen Einflüssen zählen beispielsweise:

- *Unvollkommenheit* des verwendeten Meßinstruments, der zugrunde liegenden Meßmethode und des Meßobjektes
- *Umwelteinflüsse* wie z.B. geringfügige Schwankungen der Temperatur, des Luftdrucks und der Luftfeuchtigkeit oder das Einwirken elektromagnetischer Felder
- Einflüsse, die mit der *Person* des Beobachters verbunden sind, wie z.B. Unaufmerksamkeit bei der Messung oder mangelnde Sehschärfe usw.

---

[1] In der DIN-NORM 1319 (Teil 3) wird empfohlen, die Bezeichnung „Fehler“ durch „Meßabweichung“ (kurz „Abweichung“ genannt) zu ersetzen (vgl. hierzu auch die Anmerkungen am Ende dieses Abschnitts).

Ihrer *Art* nach unterscheiden wir dabei zwischen

— *groben* Fehlern,
— *systematischen* Abweichungen („*systematischen* Fehlern") und
— *zufälligen* Abweichungen („*zufälligen*" oder „*statistischen* Fehlern").

Grobe Fehler

Grobe Fehler sind Fehler im eigentlichen Sinne. Sie entstehen durch *fehlerhaftes* Verhalten des Beobachters, beispielsweise durch *falsches* Ablesen von Meßwerten oder durch Verwendung eines *beschädigten* und daher nicht mehr funktionsfähigen Meßinstrumentes. Grobe Fehler sind somit stets *vermeidbar*.

Systematische Abweichungen („systematische Fehler") [2)]

Systematische Meßabweichungen beruhen auf *ungenauen* Meßmethoden und *fehlerhaften* Meßinstrumenten. Bei einem falsch geeichten Ampèremeter beispielsweise fallen alle Meßwerte *entweder* zu groß *oder* zu klein aus. Eine weitere häufig auftretende *systematische* Meßabweichung beruht auf dem sog. *Parallaxenfehler* beim Ablesen eines Meßwertes auf einer Skala: Alle Werte werden unter einem bestimmten Winkel und daher *einseitig verfälscht* abgelesen. Eine *systematische* Abweichung erkennt man stets daran, daß *alle* Meßwerte *einseitig*, d.h. in *gleicher* Weise verfälscht sind. Sie ist somit durch ein bestimmtes *Vorzeichen* gekennzeichnet (entweder werden alle Werte zu groß oder aber zu klein gemessen). Wird eine *systematische* Meßabweichung als eine solche erkannt, so muß sie im Meßergebnis durch ein *Korrekturglied* berücksichtigt werden. Man erhält dann einen *korrigierten* oder *berichtigten* Meßwert. In vielen Fällen jedoch lassen sich *systematische* Abweichungen bei sorgfältiger Vorbereitung und Durchführung der Messung und Verwendung hochwertiger Meßinstrumente *nahezu vermeiden* oder zumindest auf ein *vernachlässigbares* Maß reduzieren.

Zufällige Abweichungen („zufällige" oder „statistische Fehler") [3)]

Zufällige Meßabweichungen entstehen durch Einwirkung einer Vielzahl von *unkontrollierbaren* Störeinflüssen („Einzelfehlern") und sind stets *regellos* verteilt. Sie verfälschen das Meßergebnis in *unkontrollierbarer* Weise. *Zufallsabweichungen* sind beispielsweise auf gewisse Mängel an den Meßinstrumenten, die auch bei sorgfältigster Fertigung auftreten, oder auf geringfügige Schwankungen der äußeren Versuchsbedingungen wie z.B. Temperatur-, Luftdruck- und Feuchtigkeitsänderungen zurückzuführen. Weitere Störeinflüsse sind mechanische Erschütterungen, elektrische und magnetische Felder usw.. Die *zufälligen* Meßabweichungen unterliegen als *unkontrollierbare* und stets *regellos* auftretende Abweichungen den Gesetzmäßigkeiten der *mathematischen Statistik* und werden daher auch als *statistische* Meßabweichungen bezeichnet.

[2)] *Systematische* Abweichungen wurden früher als „*systematische* Fehler" bezeichnet.

[3)] *Zufällige* Abweichungen wurden früher als *zufällige* oder *statistische* „Fehler" bezeichnet.

Die *groben* Fehler und die *systematischen* Meßabweichungen („systematischen Fehler") schließen wir von allen weiteren Betrachtungen aus, da sie – im *Gegensatz* zu den *zufälligen* Meßabweichungen („zufälligen Fehlern") – *vermeidbar* und daher mit den Hilfsmitteln der mathematischen Statistik *nicht erfaßbar* sind [4]. Im Sinne der Statistik ist daher ein Meßvorgang als eine *Zufallsbeobachtung*, das Auftreten eines bestimmten Meßwertes bzw. einer bestimmten Meßabweichung als ein *zufälliges Ereignis* und eine aus n Meßwerten $x_1, x_2, \ldots, x_n$ bestehende Meßreihe als eine *Stichprobe* aus der (als unendlich angenommenen) Grundgesamtheit aller möglichen Meßwerte aufzufassen.

Es gibt daher *keine* Möglichkeit, den „wahren" Wert x_w einer Meßgröße X zu bestimmen. Die Einzelwerte $x_1, x_2, \ldots, x_n$ einer Meßreihe sind vielmehr *Realisierungen einer Zufallsvariablen*, nämlich der Meßgröße X, die einer bestimmten Wahrscheinlichkeitsverteilung mit dem *Erwartungs-* oder *Mittelwert* $E(X) = \mu$ und der *Varianz* $\operatorname{Var}(X) = \sigma^2$ bzw. der *Standardabweichung* σ genügt [5].

Die *Fehler- und Ausgleichsrechnung* beschäftigt sich mit der *Erfassung*, *Verarbeitung* und *Beurteilung* von Meßwerten und ihren *zufälligen* Meßabweichungen („Zufallsfehlern") auf der Grundlage der Wahrscheinlichkeitsrechnung und mathematischen Statistik.

Ihre wichtigsten Aufgaben sind:

1. *Auswertung* und *Beurteilung* einer Meßreihe durch Bildung eines geeigneten *Mittelwertes* und Angabe eines *Genauigkeitsmaßes*.
2. Untersuchung der *Fortpflanzung* von (zufälligen) Meßabweichungen (*Fehlerfortpflanzung*).
3. Bestimmung einer sog. *Ausgleichs-* oder *Regressionskurve*, die den funktionalen Zusammenhang zwischen zwei Meßgrößen „optimal" beschreibt.

Die zuerst angeschnittene Aufgabe wird mit Hilfe der Begriffe *arithmetischer Mittelwert*, *Standardabweichung* bzw. *Varianz*, *Vertrauensbereich für den Mittelwert* und *Meßunsicherheit* gelöst. Die zweite Aufgabe führt uns zu dem *Gaußschen Fehlerfortpflanzungsgesetz* (auch *Varianzfortpflanzungsgesetz* genannt). In diesem Zusammenhang soll auch an die bereits in Band 2 behandelte „*lineare Fehlerfortpflanzung*" erinnert werden (Abschnitt IV.2.5.5). Im Rahmen der Ausgleichsrechnung beschäftigen wir uns schließlich mit dem in den technischen Anwendungen wichtigen Problem, eine Kurve so zu bestimmen, daß sie sich n vorgegebenen Meßpunkten $P_i = (x_i; y_i)$ $(i = 1, 2, \ldots, n)$ „möglichst gut" anpaßt (Bestimmung einer *Ausgleichskurve*).

[4] Diese Aussage trifft für die *systematischen* Abweichungen nur *bedingt* zu. Grundsätzlich lassen sich *systematische* Meßabweichungen meist *nicht* vermeiden. Sie bleiben in vielen Fällen *unerkannt*. Wir gehen jedoch im Rahmen dieser einführenden Darstellung stets davon aus, daß eventuell vorhandene *systematische* Abweichungen *vernachlässigbar klein* sind.

[5] Wir werden im nächsten Abschnitt zeigen, daß man eine Meßgröße X als eine (in der Regel annähernd normalverteilte) *Zufallsvariable* auffassen kann. Daher verwenden wir – wie in der Wahrscheinlichkeitsrechnung und Statistik allgemein üblich – lateinische *Großbuchstaben* zur Kennzeichnung von Meßgrößen. Der unbekannte „*wahre*" Wert x_w einer Meßgröße X entspricht dabei dem *Mittel-* oder *Erwartungswert* $E(X) = \mu$ der unendlichen Grundgesamtheit, die aus allen möglichen Meßwerten besteht.

Wir fassen die wichtigsten Aussagen zusammen:

Aufgaben der Fehler- und Ausgleichsrechnung

Die *Fehlerrechnung* beschäftigt sich mit den Meßwerten und ihren *zufälligen* Meßabweichungen („zufälligen Fehlern") auf der Grundlage der Wahrscheinlichkeitsrechnung und mathematischen Statistik. Zu ihren wichtigsten Aufgaben gehören u.a.:

1. *Auswertung* und *Beurteilung* einer Meßreihe durch
   — Bildung eines *Mittelwertes*,
   — Angabe eines *Genauigkeitsmaßes* für die *Einzelmessungen* (Standardabweichung bzw. Varianz der Einzelmessung) und
   — Angabe eines *Genauigkeitsmaßes* für den *Mittelwert* (Standardabweichung des Mittelwertes, Vertrauensbereich für den Mittelwert, Meßunsicherheit des Mittelwertes).
2. Untersuchung der *Fortpflanzung* von *zufälligen* Meßabweichungen bei einer „indirekten Meßgröße", die von mehreren *direkt* gemessenen Größen abhängt (*Gaußsches Fehlerfortpflanzungsgesetz*, auch *Varianzfortpflanzungsgesetz* genannt).
3. Bestimmung einer *Ausgleichskurve*, die sich vorgegebenen Meßpunkten in „optimaler" Weise anpaßt.

Anmerkungen

(1) Die in der technischen Literatur und in der Praxis noch häufig verwendeten Begriffe *zufälliger* bzw. *systematischer Fehler* wurden in der DIN-NORM 1319 (Teil 3) durch die Bezeichnungen *zufällige* bzw. *systematische Meßabweichung* (auch kurz „*Abweichung*" genannt) ersetzt:

zufälliger *Fehler* → zufällige *Abweichung*
systematischer *Fehler* → systematische *Abweichung*

Die neuen Bezeichnungen scheinen sich jedoch nur langsam durchzusetzen. Um Mißverständnisse zu vermeiden, werden wir hier der besseren „Überbrückung" wegen meist *beide* Bezeichnungen verwenden, wobei wir im Regelfall die *alte* Bezeichnung in Klammern setzen. Z.B.:

zufällige Abweichung (*zufälliger Fehler*)

(2) Es wird grundsätzlich vorausgesetzt, daß *keine* groben Fehler vorliegen (denn diese sind *vermeidbar*) und eventuell vorhandene *systematische* Meßabweichungen („*systematische* Fehler") *vernachlässigbar* sind. Unter den *Meßabweichungen* oder kurz *Abweichungen* verstehen wir daher im folgenden *stets* die „*zufälligen*" *Abweichungen.*

2 Statistische Verteilung der Meßwerte und Meßabweichungen („Meßfehler“)

2.1 Häufigkeitsverteilungen

Eine physikalisch-technische Größe X werde unter den folgenden Bedingungen n-mal gemessen („Messungen *gleicher* Genauigkeit“):

1. Die Meßwerte unterliegen dem *gleichen* Genauigkeitsmaß (*gleiches* Meßobjekt, *gleiche* Meßmethode, *gleiches* Meßinstrument, alle Messungen werden von *ein* und *derselben* Person in *kurzen* Zeitabständen am *gleichen* Ort durchgeführt)[6].
2. Die Meßwerte sind *voneinander unabhängig*, d.h. keine Messung beeinflußt in irgendeiner Weise eine nachfolgende Messung.
3. Die auftretenden Meßabweichungen sind ausschließlich *zufälliger* Art.

Die Meßreihe $x_1, x_2, \ldots, x_n$ kann dann nach den Ausführungen des letzten Abschnitts als eine *Stichprobe* aus der (unendlichen) Grundgesamtheit aller möglichen Meßwerte verstanden werden. Wir wollen uns nun mit der *Häufigkeitsverteilung* einer solchen Meßreihe näher befassen. Dazu werden die Meßdaten (Meßwerte) x_i zunächst der Größe nach *geordnet* und dann in der aus Kap. III, Abschnitt 1.3.3 bekannten Art und Weise in k *Klassen* gleicher Länge (Breite) Δx aufgeteilt[7]. Die *absolute* Klassenhäufigkeit n_i gibt dann die Anzahl der Meßwerte in der i-ten Klasse an, wobei stets

$$\sum_{i=1}^{k} n_i = n \qquad \text{(IV-3)}$$

gilt. Geht man zu den *relativen* Klassenhäufigkeiten $h_i = n_i/n$ über, so ist

$$0 \leqslant h_i \leqslant 1 \qquad \text{und} \qquad \sum_{i=1}^{k} h_i = 1 \qquad \text{(IV-4)}$$

Die *Häufigkeitsverteilung* einer Meßreihe läßt sich dann sehr anschaulich in einem *Histogramm* darstellen. In Bild IV-1 haben wir die *absolute* Klassenhäufigkeit n_i über der *Klassenmitte* $\tilde{x}_i$ aufgetragen ($i = 1, 2, \ldots, k$). Statt der *absoluten* Klassenhäufigkeit n_i kann man auch die *relative* Klassenhäufigkeit h_i gegen die Klassenmitte $\tilde{x}_i$ auftragen.

---

[6] Man spricht in diesem Zusammenhang auch von *Wiederholungsbedingungen*.

[7] Eine Einteilung in Klassen ist allerdings nur bei *umfangreichen* Meßreihen sinnvoll (vgl. hierzu Kap. III, Abschnitt 1.3.3).

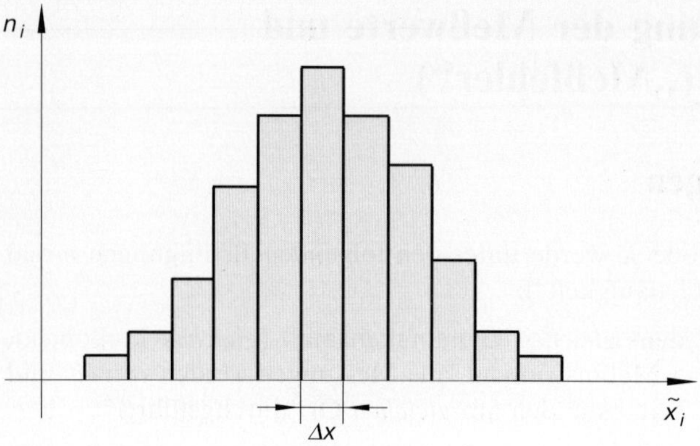

Bild IV-1
Histogramm

■ **Beispiel**

In einem Versuch wurde der *ohmsche Widerstand R* einer Spule insgesamt 80-mal gemessen, wobei sich Werte zwischen 200,6 Ω und 210,3 Ω ergaben. Eine Unterteilung in 10 Klassen der Breite $\Delta R = 1\ \Omega$ führte zu der folgenden *Häufigkeitsverteilung*:

Klassen-Nr. i	Klassengrenzen (in Ω)	Klassenmitte (in Ω)	Absolute Klassenhäufigkeit n_i
1	200,5 … 201,5	201	1
2	201,5 … 202,5	202	3
3	202,5 … 203,5	203	10
4	203,5 … 204,5	204	14
5	204,5 … 205,5	205	19
6	205,5 … 206,5	206	15
7	206,5 … 207,5	207	9
8	207,5 … 208,5	208	6
9	208,5 … 209,5	209	2
10	209,5 … 210,5	210	1
			$\sum = 80$

Das zugehörige *Histogramm* ist in Bild IV-2 dargestellt (aufgetragen wurde die *absolute* Klassenhäufigkeit n_i gegen die Klassenmitte).

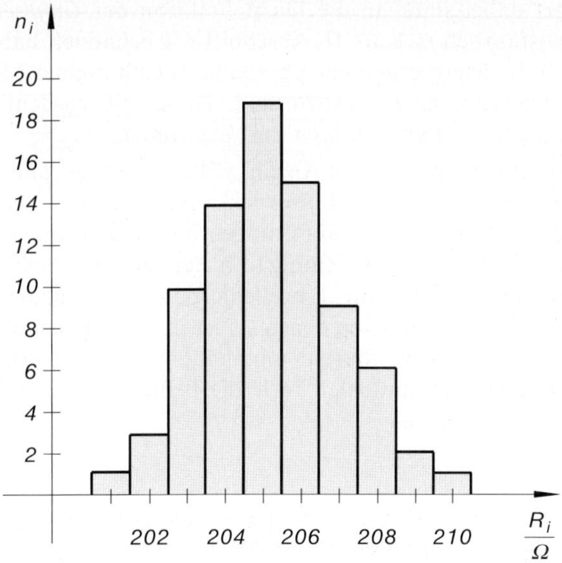

Bild IV-2

■

2.2 Normalverteilte Meßgrößen

Die *diskrete* Häufigkeitsverteilung aus Bild IV-1 geht in eine *kontinuierliche* (*stetige*) Verteilung über, wenn die Anzahl n der Messungen beliebig *erhöht* ($n \to \infty$) und gleichzeitig die Klassenbreite Δx beliebig *verkleinert* wird ($\Delta x \to 0$). Die Verteilung der Meßdaten wird dann durch eine *Verteilungsdichtefunktion* $f(x)$ beschrieben, von der wir aufgrund der *Erfahrungen* die folgenden Eigenschaften erwarten:

1. Die Meßwerte sind *symmetrisch* um ein Maximum verteilt, d.h. *betragsmäßig* gleich große positive und negative Abweichungen treten mit *gleicher* Häufigkeit (Wahrscheinlichkeit) auf.
2. Je *größer* die Abweichung eines Meßwertes vom Maximum ist, umso *geringer* ist seine Häufigkeit (Wahrscheinlichkeit). $f(x)$ ist somit eine vom Maximum nach beiden Seiten hin *monoton abfallende* Funktion.

Wir „erwarten" daher für die Dichtefunktion $f(x)$ der Grundgesamtheit, die als eine *hypothetische* Meßreihe mit *unendlich* vielen Meßwerten aufgefaßt werden kann, einen Kurvenverlauf wie in Bild IV-3 dargestellt.

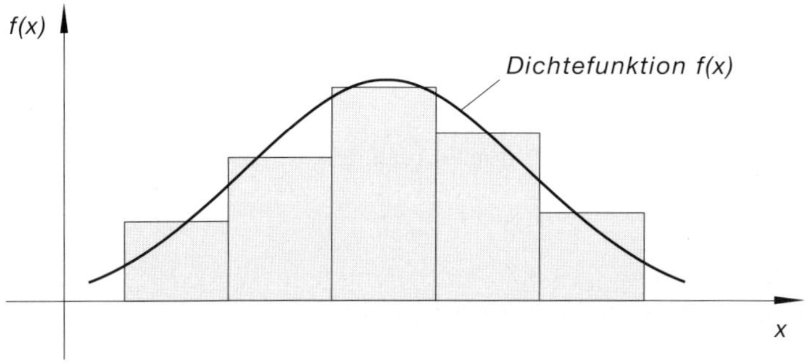

Bild IV-3
Übergang von einer *diskreten* Verteilung (Histogramm, *grau* unterlegt) zur *stetigen* Verteilung (Dichtefunktion $f(x)$)

Die „erwartete" Verteilung erinnert dabei stark an die Dichtefunktion der *Gaußschen Normalverteilung*, die wir bereits ausführlich in Kap. II, Abschnitt 6.4 behandelt haben. In der Tat lehrt die *Erfahrung*, daß die Meßwerte einer physikalisch-technischen Meßgröße X in den *meisten* Fällen *annähernd normalverteilt* sind. Diese außerordentlich bedeutsame Feststellung läßt sich auch wie folgt erklären und begründen:

Jeder Meßvorgang unterliegt bekanntlich einer *großen* Anzahl völlig *regelloser* und *unkontrollierbarer* kleinerer Einflüsse (z.B. Temperatur-, Luftdruck- und Luftfeuchtigkeitsschwankungen, Störeinflüsse durch mechanische Erschütterungen und elektro-magnetische Felder usw.). Die beobachtete *zufällige* Meßabweichung (d.h. der „zufällige Fehler") Z setzt sich somit *additiv* aus einer großen Anzahl von „Einzelfehlern" zusammen, die wir als *unabhängig* voneinander betrachten dürfen und von denen *keiner* in irgendeiner Weise dominiert. Diese „Einzelfehler" können dann durch unabhängige *Zufallsvariable* $Z_1, Z_2, \ldots, Z_m$ beschrieben werden. Der „Gesamtfehler", d.h. die beobachtete zufällige Meßabweichung läßt sich dann durch die *Summe*

$$Z = Z_1 + Z_2 + \ldots + Z_m \qquad \text{(IV-5)}$$

darstellen, die nach dem *Zentralen Grenzwertsatz der Wahrscheinlichkeitsrechnung* als eine *annähernd normalverteilte* Zufallsvariable (Zufallsgröße) betrachtet werden darf und zwar unabhängig von den (meist unbekannten) Verteilungen der einzelnen Summanden $Z_1, Z_2, \ldots, Z_m$. Die Meßgröße X kann daher im *Regelfall* als eine (annähernd) *normalverteilte* Zufallsgröße aufgefaßt werden.

Bei allen weiteren Überlegungen gehen wir daher von einer *normalverteilten* Meßgröße X mit der *normierten* Dichtefunktion

$$f(x) = \frac{1}{\sqrt{2\pi}\,\sigma} \cdot e^{-\frac{1}{2}\left(\frac{x-\mu}{\sigma}\right)^2} \qquad (-\infty < x < \infty) \qquad \text{(IV-6)}$$

aus. Sie besitzt den in Bild IV-4 dargestellten typischen Verlauf einer *Glockenkurve*.

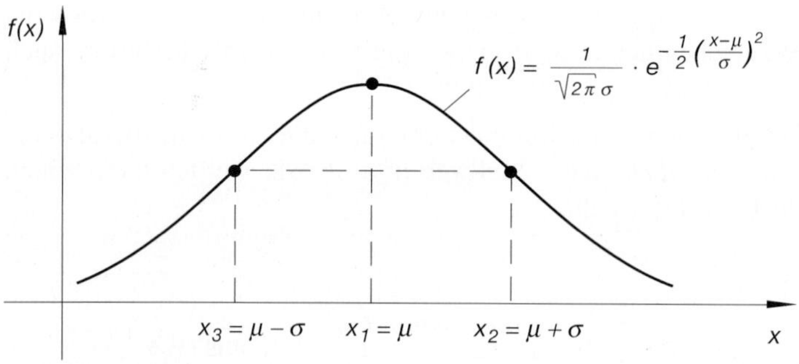

Bild IV-4 Dichtefunktion $f(x)$ der Gaußschen Normalverteilung („Gaußsche Glockenkurve")

Die in der Normalverteilung (IV-6) enthaltenen *Kennwerte* (*Parameter*) μ und $\sigma > 0$ haben dabei die folgende Bedeutung:

μ: *Mittel-* oder *Erwartungswert* der Grundgesamtheit (häufig auch „wahrer" Wert x_w der Meßgröße X genannt: $E(X) = \mu = x_w$)[8)]

σ: *Standardabweichung* der Grundgesamtheit (σ^2 ist die *Varianz* der Grundgesamtheit)

Wir gehen jetzt noch etwas näher auf die beiden Verteilungsparameter μ und σ ein:

Mittel- oder Erwartungswert $E(X) = \mu$

Angenommen, wir wären in der Lage, unsere Messung *beliebig oft* zu wiederholen. Dann würde in der aus *unendlich* vielen Meßwerten bestehenden (hypothetischen) Meßreihe

$$x_1, x_2, x_3, \ldots, x_n, \ldots \qquad \text{(IV-7)}$$

der spezielle Meßwert μ mit der *größten* Häufigkeit (Wahrscheinlichkeit) auftreten. Die Dichtefunktion $f(x)$ besitzt somit an der Stelle $x_1 = \mu$ ihr *absolutes Maximum* (Bild IV-4). Der *Mittel-* oder *Erwartungswert* μ ist somit der „wahrscheinlichste" Wert der Zufallsgröße (Meßgröße) X und wird daher zu Recht als eine Art *Mittelwert der unendlichen Meßreihe* (Grundgesamtheit) angesehen.

Standardabweichung σ

Die Verteilungsfunktion $f(x)$ der Normalverteilung besitzt an der Stelle $x_1 = \mu$ ihr *absolutes Maximum* und *symmetrisch* dazu *Wendepunkte* an den Stellen $x_{2/3} = \mu \pm \sigma$ (Bild IV-4). Um die Bedeutung der Standardabweichung σ besser erkennen zu können, betrachten wir den Verlauf dieser Funktion für den speziellen Mittelwert $\mu = 0$ und verschiedene Werte des Parameters σ. Bild IV-5 verdeutlicht, daß die Standardabweichung σ im wesentlichen „Höhe" und „Breite" der Dichtefunktion $f(x)$ bestimmt.

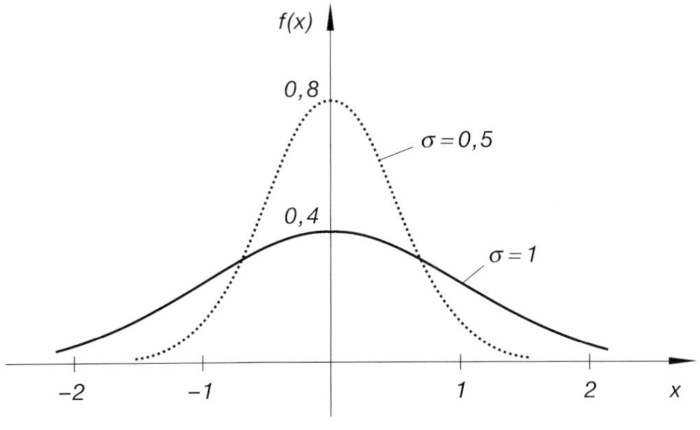

Bild IV-5
Die Standardabweichung σ bestimmt „Höhe" (Maximum) und „Breite" der Normalverteilungsdichtefunktion $f(x)$

8) Die Aussage „*Mittelwert* μ = *wahrer Wert* x_w" gilt nur, wenn *keine* systematischen Meßabweichungen auftreten, was wir jedoch verabredungsgemäß stets *voraussetzen*.

Je *kleiner* σ ist, um so *stärker* ist das Maximum ausgeprägt und um so *steiler* fällt die Gaußsche Glockenkurve nach beiden Seiten hin ab. Die Standardabweichung σ kann somit als ein geeignetes Maß für die *Streuung* der Meßwerte x_i um den „wahren" (aber unbekannten) Wert $x_w = \mu$ angesehen werden. Die *Präzision* einer Messung wird somit ganz wesentlich durch den „Breiteparameter" σ bestimmt. Offensichtlich gilt die folgende *Regel*:

kleines σ → schmale Kurve → hohe Genauigkeit

großes σ → breite Kurve → geringe Genauigkeit

Die *Wahrscheinlichkeit* $P(a \leqslant X \leqslant b)$ dafür, daß der Meßwert in das Intervall $[a; b]$ fällt, ist bekanntlich durch das Integral

$$P(a \leqslant X \leqslant b) = \int_a^b f(x)\, dx = \frac{1}{\sqrt{2\pi}\,\sigma} \cdot \int_a^b \mathrm{e}^{-\frac{1}{2}\left(\frac{x-\mu}{\sigma}\right)^2} dx \qquad \text{(IV-8)}$$

gegeben (*grau* unterlegte Fläche in Bild IV-6).

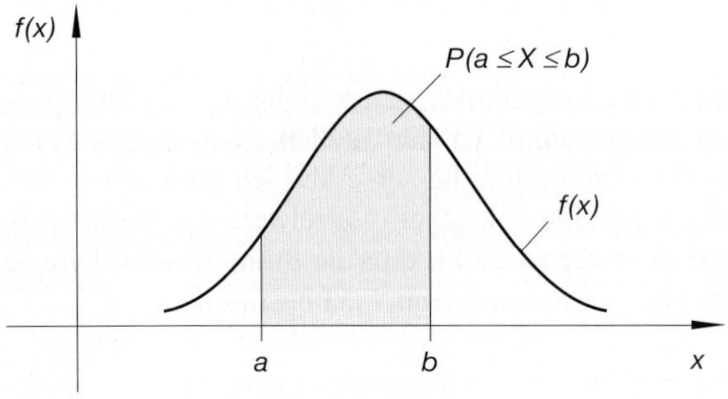

Bild IV-6 Die *grau* unterlegte Fläche ist ein Maß für die *Wahrscheinlichkeit*, bei einer Messung einen im Intervall $[a; b]$ gelegenen Meßwert zu erhalten

Die Bedeutung der Standardabweichung σ als *Genauigkeitsmaß* für unsere Messungen wird auch deutlich, wenn wir die um den Mittelwert μ *symmetrisch* angeordneten Intervalle $[\mu - \sigma; \mu + \sigma]$, $[\mu - 2\sigma; \mu + 2\sigma]$ und $[\mu - 3\sigma; \mu + 3\sigma]$ näher betrachten (Bild IV-7).

In Kap. II, Abschnitt 6.4.4 haben wir bereits gezeigt, daß sich in diesen Intervallen der Reihe nach 68,3%, 95,5% und 99,7% aller Meßwerte befinden. Wir erwarten daher bei 100 Einzelmessungen, daß *rund* 68 Meßwerte um *höchstens eine* Standardabweichung vom Mittelwert μ abweichen. Bei *kleinem* σ liegen also rund 68% der Meßwerte in der *unmittelbaren* Nähe des Mittelwertes μ (Bild IV-7, a)).

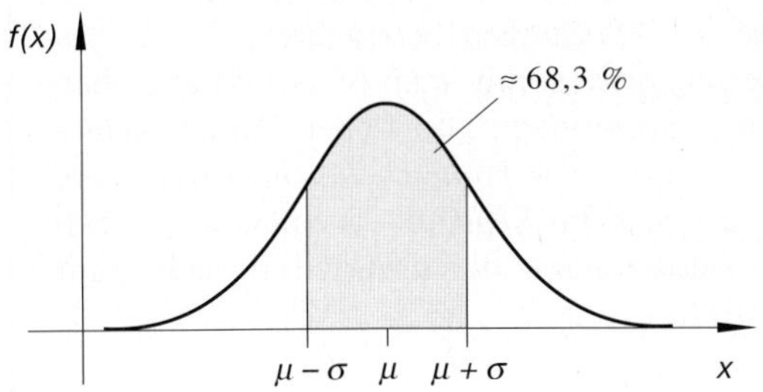

a)

a) σ-Bereich um den Mittelwert μ

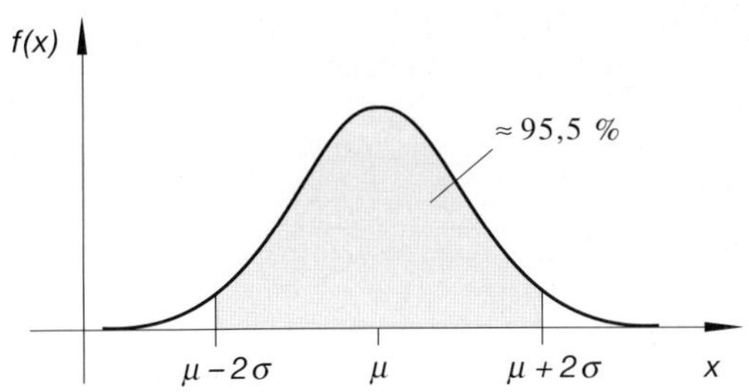

b)

b) 2σ-Bereich um den Mittelwert μ

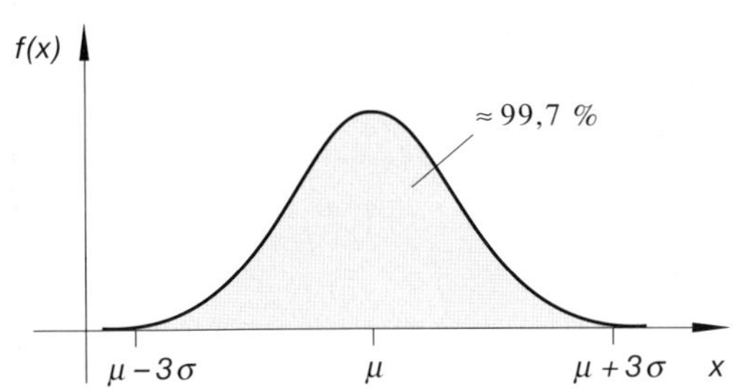

c)

c) 3σ-Bereich um den Mittelwert μ

Bild IV-7 Zur Deutung der Standardabweichung σ als Maß für die *Streuung* der einzelnen Meßwerte x_i um den Mittelwert μ

Wir fassen die wichtigsten Aussagen wie folgt zusammen:

Über die Wahrscheinlichkeitsverteilung einer physikalisch-technischen Meßgröße

Jeder Meßvorgang unterliegt – selbst bei größter Sorgfalt und Verwendung hochwertiger Meßinstrumente – stets einer *großen* Anzahl völlig *regelloser* und *unkontrollierbarer* kleinerer Störeinflüsse. Die bei Messungen beobachteten *zufälligen* Abweichungen („zufälligen Fehler") setzen sich somit *additiv* aus zahlreichen voneinander *unabhängigen* „Einzelfehlern" zusammen, von denen jedoch *keiner* dominant ist. Aus dem *Zentralen Grenzwertsatz der Wahrscheinlichkeitsrechnung* können wir daher folgern, daß eine Meßgröße X im *Regelfall* als eine (annähernd) *normalverteilte* Zufallsvariable aufgefaßt werden kann, deren Verteilung sich somit durch die *normierte* Dichtefunktion

$$f(x) = \frac{1}{\sqrt{2\pi}\,\sigma} \cdot e^{-\frac{1}{2}\left(\frac{x-\mu}{\sigma}\right)^2} \qquad (-\infty < x < \infty) \qquad \text{(IV-9)}$$

beschreiben läßt. Bild IV-4 zeigt den typischen Verlauf dieser *Gaußschen Glockenkurve*, deren Parameter μ und σ die folgende Bedeutung besitzen:

μ: *Mittel-* oder *Erwartungswert* der Grundgesamtheit (häufig auch „wahrer" Wert der Meßgröße X genannt) [9)]

σ: *Standardabweichung* der Grundgesamtheit

σ^2: *Varianz* der Grundgesamtheit

Das *absolute Maximum* der Dichtefunktion $f(x)$ liegt bei $x_1 = \mu$, die „Breite" der Kurve wird im wesentlichen durch den Parameter σ bestimmt (*Wendepunkte* an den Stellen $x_{2/3} = \mu \pm \sigma$; vgl. Bild IV-4).

Die *Wahrscheinlichkeit* dafür, daß ein Meßwert in das Intervall $[a, b]$ fällt, ist dabei durch das Integral

$$P(a \leqslant X \leqslant b) = \frac{1}{\sqrt{2\pi}\,\sigma} \cdot \int_a^b e^{-\frac{1}{2}\left(\frac{x-\mu}{\sigma}\right)^2} dx \qquad \text{(IV-10)}$$

gegeben (*grau* unterlegte Fläche in Bild IV-6). Insbesondere gilt (vgl. hierzu Bild IV-7):

— 68,3% aller Meßwerte liegen im Intervall $[\mu - \sigma; \mu + \sigma]$
— 95,5% aller Meßwerte liegen im Intervall $[\mu - 2\sigma; \mu + 2\sigma]$
— 99,7%, d.h. *fast alle* Meßwerte liegen im Intervall $[\mu - 3\sigma; \mu + 3\sigma]$

[9)] Die *unendliche* Grundgesamtheit besteht aus *allen möglichen* Meßwerten der Größe X.

Anmerkungen

(1) Wir weisen der großen Bedeutung wegen nochmals darauf hin, daß diese Aussagen nur für *zufällige* Meßabweichungen („zufällige Fehler") gelten. Eventuell auftretende *systematische* Abweichungen („*systematische Fehler*") werden daher stets als *vernachlässigbar* betrachtet.

(2) Im *Normalfall* (d.h. in der *Regel*) genügen die Meßwerte und Meßabweichungen („Meßfehler") *näherungsweise* einer *Gaußschen Normalverteilung*. Man sagt dann: Meßwerte und Meßabweichungen („Meßfehler") sind nach Gauß *normalverteilt*. Wir wollen aber nicht verschweigen, daß es sich hierbei streng genommen nur um eine *Modellverteilung* handelt, die jedoch der Wirklichkeit oft sehr nahe kommt.

(3) Es gibt auch Meßreihen, die *keiner* Normalverteilung folgen. Im konkreten Fall läßt sich z.B. mit Hilfe des *Wahrscheinlichkeitspapiers* oder mit dem *Chi-Quadrat-Test* prüfen, ob eine Normalverteilung vorliegt oder nicht.

3 Auswertung einer Meßreihe

3.1 Mittelwert und Standardabweichung

Gegeben sei eine aus n Meßwerten bestehende Meßreihe $x_1, x_2, \ldots, x_n$, von der wir voraussetzen, daß sie die in Abschnitt 2 dargelegten Eigenschaften besitzt (Messungen *gleicher* Genauigkeit, *unabhängige* Beobachtung der Meßwerte, *normalverteilt* nach Gauß). Die Meßgröße X genügt dabei einer *Normalverteilung* mit dem *Mittelwert* μ und der *Standardabweichung* σ (Bild IV-8). Beide Parameter sind jedoch *unbekannt*. Die Aufgabe der Fehlerrechnung besteht nun darin, aus den vorgelegten Meßwerten $x_1, x_2, \ldots, x_n$ „möglichst gute" *Schätzwerte* für diese Parameter zu bestimmen.

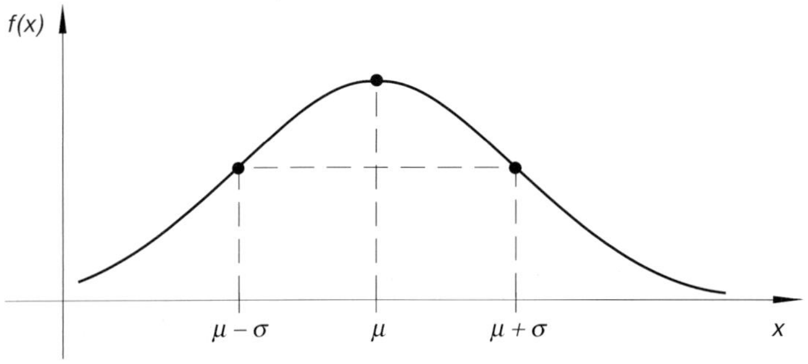

Bild IV-8 Dichtefunktion der Gaußschen Normalverteilung mit dem Mittelwert μ und der Standardabweichung σ

Mittelwert $\bar{x}$ einer Meßreihe

Da die vorliegende Meßreihe im Sinne der Statistik eine *Stichprobe* darstellt, ist bekanntlich der *arithmetische Mittelwert*

$$\bar{x} = \frac{1}{n}(x_1 + x_2 + \ldots + x_n) = \frac{1}{n} \cdot \sum_{i=1}^{n} x_i \tag{IV-11}$$

der „beste" *Schätzwert* für den unbekannten „wahren" Wert (Mittelwert) μ der Meßgröße X (vgl. hierzu Kap. III, Abschnitt 3.2.3). Zu diesem Ergebnis gelangt man auch durch *Ausgleichung* der streuenden Meßwerte nach der von *Gauß* stammenden *„Methode der kleinsten Quadrate"* [10]. Wir führen zu diesem Zweck zunächst die Abweichungen v_i der Meßwerte x_i vom (noch zu bestimmenden) Mittelwert $\bar{x}$ ein:

$$v_i = x_i - \bar{x} \qquad (i = 1, 2, \ldots, n) \tag{IV-12}$$

Diese auch als „scheinbare Fehler" bezeichneten Größen werden nun *quadriert* und anschließend *aufaddiert*. Wir erhalten dann die noch vom (unbekannten) Mittelwert $\bar{x}$ abhängige *Summe aller Abweichungsquadrate*:

$$S(\bar{x}) = \sum_{i=1}^{n} v_i^2 = \sum_{i=1}^{n} (x_i - \bar{x})^2 \tag{IV-13}$$

Der nach Gauß *günstigste* Wert für $\bar{x}$ ist dabei derjenige, für den diese Summe ein *Minimum* annimmt:

$$S(\bar{x}) = \sum_{i=1}^{n} (x_i - \bar{x})^2 \;\rightarrow\; \text{Minimum} \tag{IV-14}$$

Wir bestimmen $\bar{x}$ nun so, daß die Funktion $S(\bar{x})$ die für ein Minimum *hinreichenden* Bedingungen $S'(\bar{x}) = 0$ und $S''(\bar{x}) > 0$ erfüllt. Die dabei benötigten Ableitungen lauten:

$$\begin{aligned} S'(\bar{x}) &= \frac{d}{d\bar{x}}\left(\sum_{i=1}^{n} (x_i - \bar{x})^2\right) = \sum_{i=1}^{n} 2(x_i - \bar{x}) \cdot (-1) = -2 \cdot \sum_{i=1}^{n} (x_i - \bar{x}) = \\ &= -2\,[(x_1 - \bar{x}) + (x_2 - \bar{x}) + \ldots + (x_n - \bar{x})] = \\ &= -2\,[(x_1 + x_2 + \ldots + x_n) - n\bar{x}] = -2\left(\sum_{i=1}^{n} x_i - n\bar{x}\right) \end{aligned} \tag{IV-15}$$

$$S''(\bar{x}) = \frac{d}{d\bar{x}}\left[-2\left(\sum_{i=1}^{n} x_i - n\bar{x}\right)\right] = 2n > 0 \tag{IV-16}$$

---

[10] Diese Bezeichnung ist unglücklich gewählt. Es müßte besser heißen: *„Methode der kleinsten Quadratsumme"*. Dieses für die Fehler- und Ausgleichsrechnung *typische* Verfahren läßt sich mit Hilfe der *Maximum-Likelihood-Methode* leicht herleiten (vgl. hierzu Kap. III, Abschnitt 3.3).

Aus der *notwendigen* Bedingung $S'(\bar{x})$ folgt zunächst

$$\sum_{i=1}^{n} x_i - n\bar{x} = 0 \qquad \text{(IV-17)}$$

und damit

$$\bar{x} = \frac{1}{n} \cdot \sum_{i=1}^{n} x_i = \frac{1}{n}(x_1 + x_2 + \ldots + x_n) \qquad \text{(IV-18)}$$

Wegen $S''(\bar{x}) = 2n > 0$ handelt es sich dabei um das gesuchte *Minimum*. Das *arithmetische Mittel* ist demnach der „beste" *Schätzwert* für den meist unbekannt bleibenden „wahren" Wert der Meßgröße X, d.h. $\bar{x}$ ist der „beste" *Schätzwert* für den Mittelwert μ der (normalverteilten) Grundgesamtheit, die aus allen möglichen Meßwerten besteht.

Standardabweichung *s* einer Meßreihe

Die *Streuung* der einzelnen Meßwerte x_i um den arithmetischen Mittelwert $\bar{x}$ läßt sich durch die *Standardabweichung*

$$s = \sqrt{\frac{1}{n-1} \cdot \sum_{i=1}^{n} v_i^2} = \sqrt{\frac{1}{n-1} \cdot \sum_{i=1}^{n} (x_i - \bar{x})^2} \qquad \text{(IV-19)}$$

charakterisieren (vgl. hierzu auch Kap. III, Abschnitt 2.1). Sie ist ein Maß für die *Zuverlässigkeit* und *Genauigkeit* der *Einzelmessung* [11]. Zugleich ist die Standardabweichung s der „beste" *Schätzwert* für die unbekannte Standardabweichung σ der normalverteilten Grundgesamtheit. Wir können somit erwarten, daß z.B. von 100 weiteren Einzelmessungen *rund* 68 Meßwerte in das Intervall mit den Grenzen $\bar{x} - s$ und $\bar{x} + s$ fallen (Bild IV-9).

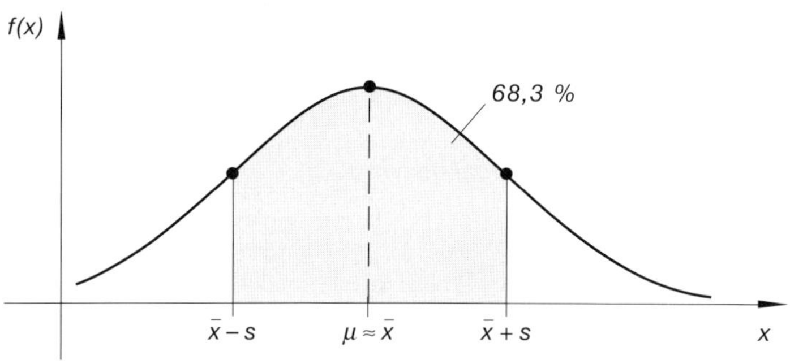

Bild IV-9 Rund 68,3% aller Meßwerte unterscheiden sich vom Mittelwert $\mu \approx \bar{x}$ um höchstens eine Standardabweichung $\sigma \approx s$

[11] Die *Standardabweichung* s wurde früher auch als *mittlerer Fehler der Einzelmessung* bezeichnet.

Standardabweichung $s_{\bar{x}}$ des Mittelwertes $\bar{x}$

Bei der Berechnung des arithmetischen Mittelwertes $\bar{x}$ nach Formel (IV-18) werden *alle* n Einzelmessungen in *gleicher* Weise berücksichtigt. Wir dürfen daher zu Recht erwarten, daß das arithmetische Mittel $\bar{x}$ einen *zuverlässigeren* Schätzwert für den unbekannten Mittelwert μ liefert als *jeder* einzelne Meßwert x_i für sich alleine genommen. Der arithmetische Mittelwert $\bar{x}$ läßt sich nämlich als eine *Realisierung der normalverteilten Zufallsgröße*

$$\overline{X} = \frac{1}{n}(X_1 + X_2 + \ldots + X_n) = \frac{1}{n} \cdot \sum_{i=1}^{n} X_i \qquad \text{(IV-20)}$$

auffassen, die wir bereits in Kap. III. Abschnitt 3.2.3 als *Schätzfunktion* für den Mittelwert μ kennengelernt haben [12]. Wenn wir die aus *verschiedenen* Meßreihen vom *gleichen* Umfang (jeweils n Einzelmessungen!) mittels der Schätzfunktion $\overline{X}$ berechneten Mittelwerte $\bar{x}$ miteinander vergleichen, werden wir feststellen, daß diese ebenso wie die einzelnen Meßwerte um den „wahren" Wert (Mittelwert) μ *streuen*. Wir werden später zeigen, daß diese Streuung mit der *Standardabweichung*

$$s_{\bar{x}} = \frac{s}{\sqrt{n}} = \sqrt{\frac{1}{n(n-1)} \cdot \sum_{i=1}^{n} (x_i - \bar{x})^2} \qquad \text{(IV-21)}$$

erfolgt, die daher als *Standardabweichung des Mittelwertes* $\bar{x}$ bezeichnet wird. Sie liefert einen *Schätzwert* für die unbekannte Standardabweichung $\sigma_{\overline{X}} = \sigma/\sqrt{n}$ der Schätzfunktion $\overline{X}$. Die Standardabweichung $s_{\bar{x}}$ des Mittelwertes $\bar{x}$ kennzeichnet die *Genauigkeit* des Mittelwertes $\bar{x}$ und ist *kleiner* als die Standardabweichung s der Einzelmessungen (Bild IV-10). Dies bestätigt unsere Vermutung, daß der *arithmetische Mittelwert* $\bar{x}$ sicher ein *zuverlässigerer* Schätzwert für den „wahren" Wert μ darstellt als ein einzelner Meßwert.

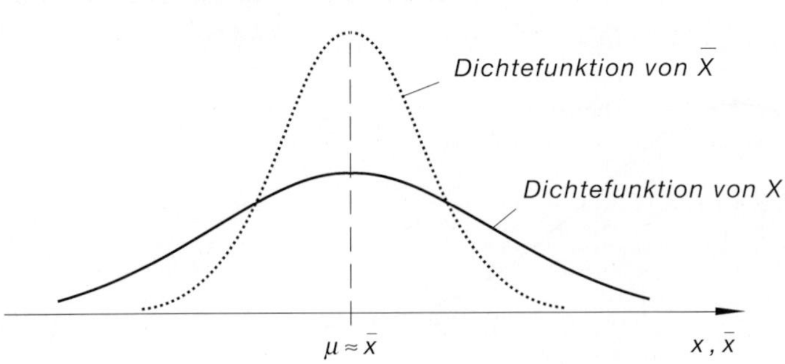

Bild IV-10
Die Standardabweichung des Mittelwertes $\bar{x}$ ist *kleiner* als die Standardabweichung der Einzelmessung

[12] Wir erinnern: Die *normalverteilten* Zufallsvariablen $X_1, X_2, \ldots, X_n$ genügen alle der *gleichen* Verteilung wie die Meßgröße X. Sie besitzen daher jeweils den Mittelwert μ und die Standardabweichung σ. Die Zufallsvariable $\overline{X}$ ist dann *normalverteilt* mit dem Mittelwert $\mu_{\overline{X}} = \mu$ und der Standardabweichung $\sigma_{\overline{X}} = \sigma/\sqrt{n}$.

Wir fassen diese Ergebnisse wie folgt zusammen:

Mittelwert und Standardabweichung einer normalverteilten Meßreihe

Als „Wert" (Meßwert) einer *normalverteilten* physikalisch-technischen Größe X wird der aus n *unabhängigen* Einzelmessungen $x_1, x_2, \ldots, x_n$ gebildete *arithmetische Mittelwert*

$$\bar{x} = \frac{1}{n}(x_1 + x_2 + \ldots + x_n) = \frac{1}{n} \cdot \sum_{i=1}^{n} x_i \qquad \text{(IV-22)}$$

betrachtet. Er ist der „beste" *Schätzwert* für den (unbekannten) „wahren" Wert (Mittelwert) μ der Meßgröße X.

Ein geeignetes Maß für die *Streuung* der *Einzelmessungen* x_i ist die *Standardabweichung*

$$s = \sqrt{\frac{1}{n-1} \cdot \sum_{i=1}^{n} (x_i - \bar{x})^2} \qquad \text{(IV-23)}$$

(auch *Standardabweichung der Meßreihe* genannt).

Die *Standardabweichung* $s_{\bar{x}}$ *des Mittelwertes* $\bar{x}$ beträgt

$$s_{\bar{x}} = \frac{s}{\sqrt{n}} = \sqrt{\frac{1}{n(n-1)} \cdot \sum_{i=1}^{n} (x_i - \bar{x})^2} \qquad \text{(IV-24)}$$

und beschreibt die *Streuung* der aus verschiedenen Meßreihen erhaltenen Mittelwerte $\bar{x}$ um den „wahren" Wert (Mittelwert) μ.

Anmerkungen

(1) Eine *Kontrolle* der Mittelwertbildung nach Gleichung (IV-22) ermöglicht die Summe der Abweichungen, die stets *verschwindet*:

$$\sum_{i=1}^{n} v_i = \sum_{i=1}^{n} (x_i - \bar{x}) = \sum_{i=1}^{n} x_i - n\bar{x} = \sum_{i=1}^{n} x_i - n\left(\frac{1}{n} \cdot \sum_{i=1}^{n} x_i\right) =$$

$$= \sum_{i=1}^{n} x_i - \sum_{i=1}^{n} x_i = 0 \qquad \text{(IV-25)}$$

(2) Man beachte, daß die Standardabweichung s mit der *Summe der Abweichungsquadrate* gebildet wird. Diese besitzt für den arithmetischen Mittelwert $\bar{x}$ ihren *kleinsten* Wert („*Methode der kleinsten Quadrate*“).

(3) Die Standardabweichung s einer Meßreihe wird sich nur *geringfügig* ändern, wenn man die Anzahl n der Einzelmessungen *vergrößert*. Daher gilt für die Standardabweichung $s_{\bar{x}}$ des Mittelwertes $\bar{x}$ *näherungsweise*:

$$s_{\bar{x}} \sim \frac{1}{\sqrt{n}} \qquad \text{(IV-26)}$$

Die *Genauigkeit* des Meßergebnisses läßt sich daher prinzipiell durch eine *Erhöhung* der Anzahl n der Einzelmessungen verbessern. Aus *Zeit-* und *Kostengründen* ist dies jedoch in der Praxis meist *nicht* möglich.

(4) Bei unseren Überlegungen sind wir von einer *Normalverteilung* der Meßwerte $x_1, x_2, \ldots, x_n$ mit der Dichtefunktion

$$f(x) = \frac{1}{\sqrt{2\pi}\,\sigma} \cdot \mathrm{e}^{-\frac{1}{2}\left(\frac{x-\mu}{\sigma}\right)^2} \qquad \text{(IV-27)}$$

ausgegangen. Der Mittelwert $\bar{x}$ ist dann als *Schätz-* oder *Näherungswert* des Mittel- oder Erwartungswertes μ der Grundgesamtheit aller möglichen Meßwerte aufzufassen. Die Standardabweichung s der Einzelmessung liefert einen *Schätz-* oder *Näherungswert* für die Standardabweichung σ der Normalverteilung, ebenso ist s^2 ein *Schätzwert* für die Varianz σ^2. Es gilt somit:

$$\mu \approx \bar{x}, \qquad \sigma \approx s, \qquad \sigma^2 \approx s^2 \qquad \text{(IV-28)}$$

(5) Die Standardabweichung s der *Einzelmessung* wurde früher auch als „mittlerer Fehler der Einzelmessung“, die Standardabweichung $s_{\bar{x}}$ des *Mittelwertes* auch als „mittlerer Fehler des Mittelwertes“ bezeichnet.

■ **Beispiele**

(1) Wir bestimmen anhand des folgenden Meßprotokolls einer Widerstandsmessung den *arithmetischen Mittelwert* $\overline{R}$ sowie die *Standardabweichungen* s_R und $s_{\overline{R}}$ der *Einzelmessung* bzw. des *Mittelwertes*:

i	$\frac{R_i}{\Omega}$	$\frac{R_i - \overline{R}}{\Omega}$	$\frac{(R_i - \overline{R})^2}{\Omega^2}$
1	151,5	1,2	1,44
2	149,7	– 0,6	0,36
3	149,1	– 1,2	1,44
4	150,3	0	0
5	151,3	1,0	1,00
6	150,9	0,6	0,36
7	150,6	0,3	0,09
8	149,8	– 0,5	0,25
9	149,4	– 0,9	0,81
10	150,4	0,1	0,01
$\sum$	1503,0	0	5,76

Arithmetischer Mittelwert:

$$\overline{R} = \frac{1}{10} \cdot \sum_{i=1}^{10} R_i = \frac{1}{10} \cdot 1503{,}0\ \Omega = 150{,}3\ \Omega$$

Standardabweichung der Einzelmessung:

$$s_R = \sqrt{\frac{1}{10-1} \cdot \sum_{i=1}^{10} (R_i - \overline{R})^2} = \sqrt{\frac{1}{9} \cdot 5{,}76\ \Omega^2} = 0{,}8\ \Omega$$

Standardabweichung des Mittelwertes:

$$s_{\overline{R}} = \frac{s_R}{\sqrt{n}} = \frac{0{,}8\ \Omega}{\sqrt{10}} = 0{,}25\ \Omega \approx 0{,}3\ \Omega$$

(2) In einem Versuch wurde der *Durchmesser d* einer zylindrischen Scheibe insgesamt 6-mal mit gleicher Genauigkeit gemessen. Es ergaben sich dabei die folgenden Werte:

5,61 cm, 5,59 cm, 5,50 cm, 5,68 cm, 5,65 cm, 5,52 cm

Man berechne den *Mittelwert* des Durchmessers sowie die *Standardabweichung* der *Einzelmessung* und des *Mittelwertes.*

Lösung:
Aus den Meßdaten bilden wir die folgende Tabelle:

i	$\frac{d_i}{\text{cm}}$	$\frac{d_i - \bar{d}}{\text{cm}}$	$\frac{(d_i - \bar{d})^2 \cdot 10^4}{\text{cm}^2}$
1	5,61	0,018	3,24
2	5,59	− 0,002	0,04
3	5,50	− 0,092	84,64
4	5,68	0,088	77,44
5	5,65	0,058	33,64
6	5,52	− 0,072	51,84
Σ	33,55	− 0,002 (≈ 0)	250,84

Mittelwert des Durchmessers:

$$\bar{d} = \frac{1}{6} \cdot \sum_{i=1}^{6} d_i = \frac{1}{6} \cdot 33{,}55 \text{ cm} = 5{,}592 \text{ cm} \approx 5{,}59 \text{ cm}$$

Standardabweichung der Einzelmessung:

$$s_d = \sqrt{\frac{1}{6-1} \cdot \sum_{i=1}^{6} (d_i - \bar{d})^2} = \sqrt{\frac{1}{5} \cdot 250{,}84 \cdot 10^{-4} \text{ cm}^2} = 0{,}07 \text{ cm}$$

Standardabweichung des Mittelwertes:

$$s_{\bar{d}} = \frac{s_d}{\sqrt{n}} = \frac{0{,}07 \text{ cm}}{\sqrt{6}} = 0{,}03 \text{ cm}$$

■

3.2 Vertrauensbereich für den Mittelwert μ, Meßunsicherheit, Meßergebnis

Der aus einer Meßreihe $x_1, x_2, \ldots, x_n$ ermittelte arithmetische Mittelwert $\bar{x}$ ist – wie wir inzwischen wissen – der „beste" *Schätz-* oder *Näherungswert* für den (unbekannten) „wahren" Wert (Mittelwert) μ der *normalverteilten* Meßgröße X. Wir können daher nicht erwarten, daß $\bar{x}$ und μ übereinstimmen, da der arithmetische Mittelwert $\bar{x}$ immer das Ergebnis einer *Zufallsstichprobe* ist und sich somit von Meßreihe zu Meßreihe (wenn i.a. auch nur geringfügig) *verändern* wird. Die aus *verschiedenen* Meßreihen vom *gleichen* Umfang n bestimmten Mittelwerte $\bar{x}$ *streuen* also um den Mittelwert μ, wie in Bild IV-11 verdeutlicht.

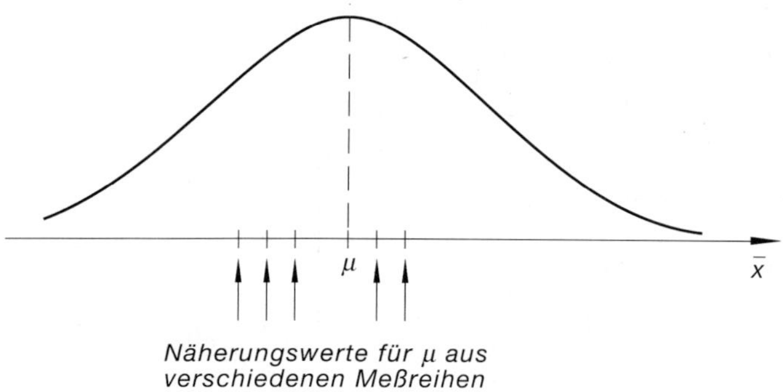

Bild IV-11
Die aus verschiedenen Meßreihen ermittelten Mittelwerte $\bar{x}$ streuen um den (unbekannten) Mittelwert μ der normalverteilten Meßgröße

Vertrauensbereich für den Mittelwert μ

Wir sind jedoch in der Lage, ein um den arithmetischen Mittelwert $\bar{x}$ symmetrisches *Intervall* anzugeben, das den unbekannten Mittelwert μ mit einer *vorgegebenen* (großen) Wahrscheinlichkeit $P = \gamma$ *überdeckt*. Genau dieses Problem aber haben wir bereits in Kap. III, Abschnitt 3.4.2 und 3.4.3 ausführlich erörtert. Es handelt sich nämlich um die Konstruktion eines *Vertrauensintervalles*, in dem der unbekannte Mittelwert μ mit einer vorgegebenen Wahrscheinlichkeit γ vermutet wird [13]. Bei *unbekannter* Standardabweichung σ der normalverteilten Grundgesamtheit (dies ist der *Normalfall*) ergaben sich dabei die folgenden *Vertrauensgrenzen* (Bild IV-12):

$$\begin{aligned} &\textit{Untere}\ \text{Vertrauensgrenze:}\quad \bar{x} - t\,\frac{s}{\sqrt{n}} \\ &\textit{Obere}\ \text{Vertrauensgrenze:}\quad \bar{x} + t\,\frac{s}{\sqrt{n}} \end{aligned} \qquad \text{(IV-29)}$$

[13] Die vorgegebene Wahrscheinlichkeit wird in diesem Zusammemhang auch als *Vertrauensniveau* oder als *statistische Sicherheit* bezeichnet.

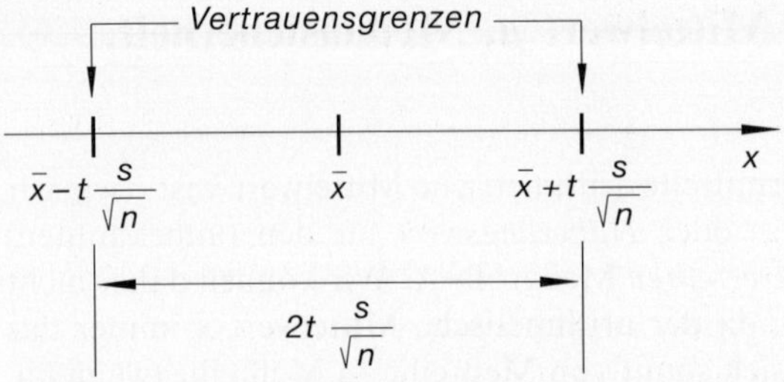

Bild IV-12
Vertrauensbereich für den Mittelwert μ

s ist dabei die *Standardabweichung* der Meßreihe, n die *Anzahl* der Einzelmessungen und t ein *Zahlenfaktor* (*Parameter*), der noch von dem gewählten Vertrauensniveau (hier häufig auch statistische Sicherheit genannt) $P = \gamma$ *und* der Anzahl n der Einzelmessungen abhängt [14]. Die nachfolgende Tabelle 1 enthält die benötigten Werte für den Parameter t in Abhängigkeit von der Anzahl n der Einzelmessungen für die statistischen Sicherheiten

$$\gamma = 68{,}3\%, \quad \gamma = 90\%, \quad \gamma = 95\% \quad \text{und} \quad \gamma = 99\%.$$

Der *Vertrauensbereich* für den unbekannten Mittelwert μ lautet damit:

$$\bar{x} - t\frac{s}{\sqrt{n}} \leqslant \mu \leqslant \bar{x} + t\frac{s}{\sqrt{n}} \qquad \text{(IV-30)}$$

Mit einem *Vertrauen* von γ erwarten wir daher, daß der (unbekannte) „wahre" Wert μ der Meßgröße X *in* diesem Intervall liegt.

Meßunsicherheit und Meßergebnis

In der Fehlerrechnung ist es üblich, diesen *Vertrauensbereich* wie folgt anzugeben:

$$(\text{Meßwert von } X) = \bar{x} \pm t\frac{s}{\sqrt{n}} \qquad \text{(IV-31)}$$

[14] t genügt der Bedingung

$$P(-t \leqslant T \leqslant t) = \gamma$$

(*grau* unterlegte Fläche in Bild IV-13). Dabei ist T eine Zufallsvariable, die der *t-Verteilung von Student* mit $f = n - 1$ Freiheitsgraden folgt (siehe hierzu Kap. II, Abschnitt 8.2).

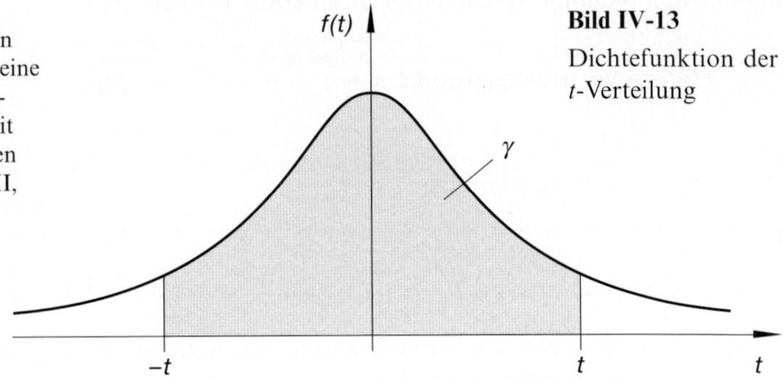

Bild IV-13
Dichtefunktion der t-Verteilung

Verkürzt schreiben wir dann für das *Meßergebnis*:

$$x = \bar{x} \pm t \frac{s}{\sqrt{n}} \qquad \text{(IV-32)}$$

Tabelle 1: Werte für den Zahlenfaktor (Parameter) t in Abhängigkeit von der Anzahl n der Meßwerte und dem gewählten Vertrauensniveau γ

Anzahl n der Meßwerte	Vertrauensniveau (statistische Sicherheit)			
	$\gamma = 68{,}3\%$	$\gamma = 90\%$	$\gamma = 95\%$	$\gamma = 99\%$
2	1,84	6,31	12,71	63,66
3	1,32	2,92	4,30	9,93
4	1,20	2,35	3,18	5,84
5	1,15	2,13	2,78	4,60
6	1,11	2,02	2,57	4,03
7	1,09	1,94	2,45	3,71
8	1,08	1,90	2,37	3,50
9	1,07	1,86	2,31	3,36
10	1,06	1,83	2,26	3,25
15	1,04	1,77	2,14	2,98
20	1,03	1,73	2,09	2,86
30	1,02	1,70	2,05	2,76
50	1,01	1,68	2,01	2,68
100	1,00	1,66	1,98	2,63
⋮	⋮	⋮	⋮	⋮
∞	1,00	1,65	1,96	2,58

Die *halbe* Breite des Vertrauensbereiches, d.h. der *Abstand* zwischen der unteren bzw. oberen Vertrauensgrenze und dem arithmetischen Mittelwert $\bar{x}$ wird als *Meßunsicherheit* bezeichnet und durch das Symbol Δx gekennzeichnet (Bild IV-14)[15]. Somit ist

$$\Delta x = t\,\frac{s}{\sqrt{n}} \qquad \text{oder auch} \qquad \Delta x = t \cdot s_{\bar{x}} \tag{IV-33}$$

und das *Meßergebnis* läßt sich daher auch in der Form

$$x = \bar{x} \pm \Delta x \tag{IV-34}$$

angeben.

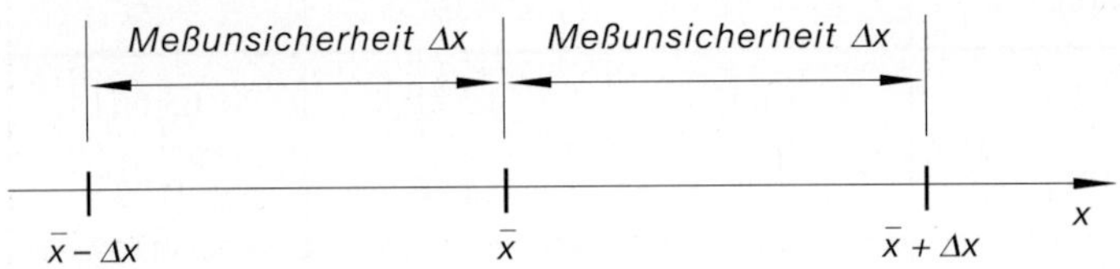

Bild IV-14
Zum Begriff der Meßunsicherheit

Ist die Standardabweichung σ der normalverteilten Grundgesamtheit jedoch *bekannt* (z.B. aufgrund der *Erfahrungen* aus früheren Messungen), so ist bei der Berechnung der Vertrauensgrenzen des Mittelwertes μ statt der t-Verteilung von „Student" die *Standardnormalverteilung* zu nehmen. Der Faktor t in den Gleichungen (IV-32) und (IV-33) ist dann nur noch von dem gewählten *Vertrauensniveau* $P = \gamma$ abhängig und entspricht daher dem „*Grenzwert*" t_∞ (d.h. dem t-Wert für $n \to \infty$) in der *letzten* (*grau* unterlegten) Zeile von Tabelle 1. Das *Meßergebnis* lautet daher in diesem *Sonderfall* wie folgt (Bild IV-15):

$$x = \bar{x} \pm \Delta x = \bar{x} \pm t_\infty\,\frac{\sigma}{\sqrt{n}} \tag{IV-35}$$

Die *Meßunsicherheit* beträgt somit

$$\Delta x = t_\infty\,\frac{\sigma}{\sqrt{n}} \tag{IV-36}$$

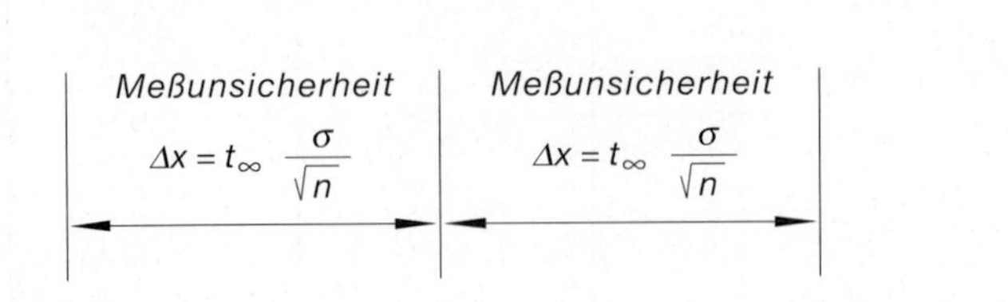

Bild IV-15
Zur Angabe eines Meßergebnisses

---

[15] Die *Meßunsicherheit* wird häufig auch durch das Symbol u gekennzeichnet.

Die wichtigsten Ergebnisse fassen wir jetzt wie folgt zusammen:

Auswertung einer Meßreihe

Das *Meßergebnis* einer aus n unabhängigen Meßwerten *gleicher* Genauigkeit bestehenden *normalverteilten* Meßreihe $x_1, x_2, \ldots, x_n$ wird in der Form

$$x = \bar{x} \pm \Delta x \qquad \text{(IV-37)}$$

angegeben (Bild IV-14). Dabei ist $\bar{x}$ der *arithmetische Mittelwert*

$$\bar{x} = \frac{1}{n} \cdot \sum_{i=1}^{n} x_i = \frac{1}{n} (x_1 + x_2 + \ldots + x_n) \qquad \text{(IV-38)}$$

und Δx die *Meßunsicherheit*

$$\Delta x = t \frac{s}{\sqrt{n}} = t \, s_{\bar{x}} \qquad \text{(IV-39)}$$

Ferner bedeuten:

s: *Standardabweichung der Meßreihe*

$$s = \sqrt{\frac{1}{n-1} \cdot \sum_{i=1}^{n} (x_i - \bar{x})^2} \qquad \text{(IV-40)}$$

$s_{\bar{x}}$: *Standardabweichung des Mittelwertes* $\bar{x}$

$$s_{\bar{x}} = \frac{s}{\sqrt{n}} = \sqrt{\frac{1}{n(n-1)} \cdot \sum_{i=1}^{n} (x_i - \bar{x})^2} \qquad \text{(IV-41)}$$

n: *Anzahl* der Meßwerte

t: *Zahlenfaktor*, der noch vom gewählten *Vertrauensniveau* γ und der *Anzahl* n der Meßwerte abhängt und aus der Tabelle 1 entnommen wird (*t-Verteilung* mit $f = n - 1$ Freiheitsgraden für $\gamma = 68{,}3\%$, $\gamma = 90\%$, $\gamma = 95\%$ und $\gamma = 99\%$)

Die *Standardabweichung* s der Meßreihe ist dabei ein Maß für die *Streuung* der Einzelwerte x_i um den arithmetischen Mittelwert $\bar{x}$. Durch die *Meßunsicherheit* Δx werden die Grenzen eines *Vertrauensbereiches* festgelegt, in dem der unbekannte Erwartungswert μ (d.h. der „wahre" Wert der Meßgröße X) mit der gewählten Wahrscheinlichkeit $P = \gamma$ *vermutet* wird (vgl. hierzu die Bilder IV-12 und IV-14).

Anmerkungen

(1) γ ist die *Wahrscheinlichkeit* dafür, daß der unbekannte Mittelwert μ *innerhalb* der angegebenen Vertrauensgrenzen $\bar{x} \pm \Delta x$ liegt. In Naturwissenschaft und Technik verwendet man meist $\gamma = 95\%$ oder $\gamma = 99\%$. Häufig setzt man auch $\gamma = 1 - \alpha$, wobei α die sog. *Irrtumswahrscheinlichkeit* bedeutet. Diese *muß* dabei in Kauf genommen werden, um überhaupt ein Vertrauensintervall angeben zu können! Dabei gilt: Je *kleiner* die Irrtumswahrscheinlichkeit α ist, um so *breiter* wird das Vertrauensintervall.

(2) Ist die Standardabweichung σ der Grundgesamtheit jedoch *bekannt* (z.B. aus früheren Messungen), so ist der Zahlenfaktor t in Gleichung (IV-39) durch den „Grenzwert" t_∞ zu ersetzen (*grau* unterlegte letzte Zeile in der Tabelle 1).

(3) Die Angabe des *Meßergebnisses* in der Form

$$x = \bar{x} \pm \Delta x = \bar{x} \pm t \frac{s}{\sqrt{n}} \qquad \text{(IV-42)}$$

beruht auf der Voraussetzung, daß weder *grobe* Fehler noch *systematische* Abweichungen auftreten. In der Praxis jedoch lassen sich *systematische* Meßabweichungen nie ganz ausschließen. Werden diese aber als solche erkannt, so muß der arithmetische Mittelwert $\bar{x}$ durch ein *Korrekturglied* K berichtigt werden. Der sog. *korrigierte* oder *berichtigte* Mittelwert $\bar{x}_K$ lautet damit:

$$\bar{x}_K = \bar{x} + K \qquad \text{(IV-43)}$$

Das *endgültige* Meßergebnis wird dann in der Form

$$x = \bar{x}_K \pm \Delta x = (\bar{x} + K) \pm \Delta x \qquad \text{(IV-44)}$$

angegeben, wobei Δx die *Meßunsicherheit* bedeutet, die sich aus einer *Zufallskomponente* $(\Delta x)_z = t \dfrac{s}{\sqrt{n}}$ und einer *systematischen* Komponente $(\Delta x)_s$ zusammensetzt. Der „wahre" Wert μ der Meßgröße X wird dann mit der gewählten Wahrscheinlichkeit $P = \gamma$ in dem Vertrauensbereich mit den Grenzen $\bar{x}_K - \Delta x$ und $\bar{x}_K + \Delta x$ vermutet (Bild IV-16).

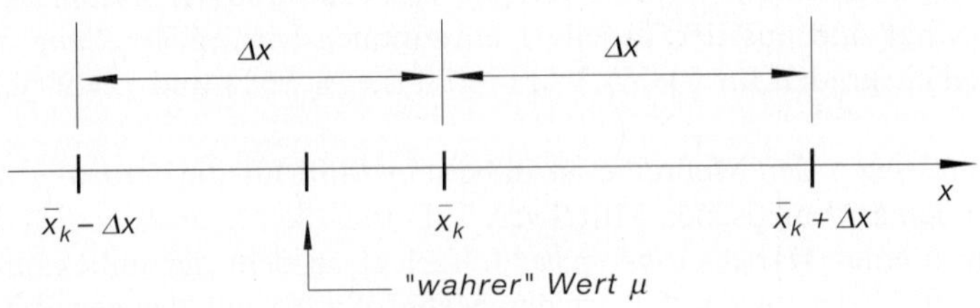

Bild IV-16 Korrigiertes Meßergebnis

Der an näheren Einzelheiten interessierte Leser wird auf die DIN-NORM 1319 (Teil 3) verwiesen.

(4) Ist die Verteilung einer Meßgröße jedoch *unbekannt*, so ist es *nicht* möglich, für den Erwartungswert μ einen Vertrauensbereich (verbunden mit einer Wahrscheinlichkeitsaussage) anzugeben. Man setzt dann meist für die *Meßunsicherheit*

$$\Delta x = (\Delta x)_z = \frac{s}{\sqrt{n}} \tag{IV-45}$$

und gibt das *Meßergebnis* in der Form

$$x = \bar{x} \pm \Delta x = \bar{x} \pm (\Delta x)_z = \bar{x} \pm \frac{s}{\sqrt{n}} \tag{IV-46}$$

an.

(5) In der Fehlerrechnung wird noch zwischen *absoluten*, *relativen* und *prozentualen* „Fehlern" (Meßabweichungen, Meßunsicherheiten) unterschieden. *Absolute* „Fehler" stimmen mit der Meßgröße X in *Dimension* und *Einheit* überein. *Relative* und *prozentuale* „Fehler" sind dagegen *dimensionslose* Größen. Sie werden wie folgt berechnet:

$$\textit{relativer}\ \text{„Fehler"} = \left| \frac{\textit{absoluter}\ \text{„Fehler"}}{\text{Mittelwert}\ \bar{x}} \right|$$

$$\textit{prozentualer}\ \text{„Fehler"} = (\textit{relativer}\ \text{„Fehler"}) \cdot 100\%$$

■ **Beispiele**

(1) Für die *Schwingungsdauer* T eines Fadenpendels ergaben sich folgende Meßwerte gleicher Genauigkeit:

1,254 s, 1,260 s, 1,250 s, 1,251 s, 1,245 s, 1,258 s

Wir berechnen zunächst den *Mittelwert* und die *Standardabweichung* dieser aus 6 Einzelmessungen bestehenden Meßreihe:

i	$\frac{T_i}{\text{s}}$	$\frac{T_i - \overline{T}}{\text{s}}$	$\frac{(T_i - \overline{T})^2 \cdot 10^6}{\text{s}^2}$
1	1,254	0,001	1
2	1,260	0,007	49
3	1,250	− 0,003	9
4	1,251	− 0,002	4
5	1,245	− 0,008	64
6	1,258	0,005	25
$\sum$	7,518	0	152

Arithmetischer Mittelwert:

$$\overline{T} = \frac{1}{6} \cdot \sum_{i=1}^{6} T_i = \frac{1}{6} \cdot 7{,}518 \text{ s} = 1{,}253 \text{ s}$$

Standardabweichung der Einzelmessung:

$$s = \sqrt{\frac{1}{6-1} \cdot \sum_{i=1}^{6} (T_i - \overline{T})^2} = \sqrt{\frac{1}{5} \cdot 152 \cdot 10^{-6} \text{ s}^2} =$$

$$= 5{,}51 \cdot 10^{-3} \text{ s} \approx 6 \cdot 10^{-3} \text{ s} = 0{,}006 \text{ s}$$

Wir bestimmen jetzt ein *Vertrauensintervall* für den (unbekannten) „wahren“ Wert der Meßgröße T auf dem *Vertrauensniveau* $\gamma = 95\%$. Für die *Meßunsicherheit* ΔT erhalten wir nach Formel (IV-39) mit $s = 0{,}006$ s, $n = 6$ und dem aus der Tabelle 1 entnommenen Wert $t = 2{,}57$:

$$\Delta T = t \frac{s}{\sqrt{n}} = 2{,}57 \cdot \frac{0{,}006 \text{ s}}{\sqrt{6}} = 0{,}006 \text{ s}.$$

Die *Vertrauensgrenzen* liegen daher bei:

Untere Vertrauensgrenze: $\overline{T} - \Delta T = (1{,}253 - 0{,}006) \text{ s} = 1{,}247 \text{ s}$

Obere Vertrauensgrenze: $\overline{T} + \Delta T = (1{,}253 + 0{,}006) \text{ s} = 1{,}259 \text{ s}$

Das *Meßergebnis* lautet damit wie folgt:

$$T = (1{,}253 \pm 0{,}006) \text{ s}$$

Der „wahre“ Wert von T liegt daher mit einem *Vertrauen* von 95% zwischen 1,247 s und 1,259 s (Bild IV-17).

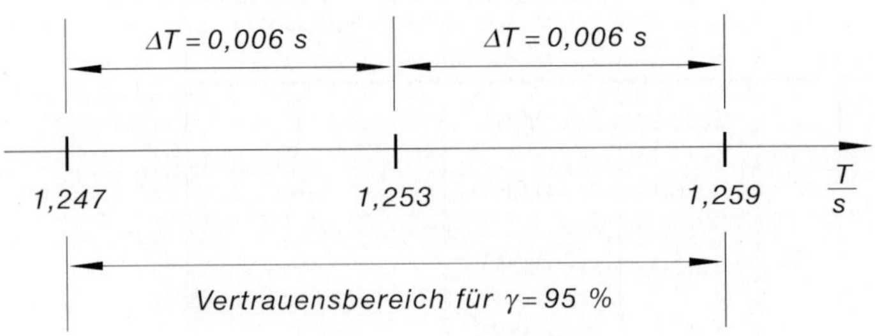

Bild IV-17

(2) Die *Kapazität* eines Kondensators wurde 20-mal gemessen. Die Auswertung der Meßreihe ergab dabei eine *mittlere* Kapazität von $\overline{C} = 56{,}8$ µF und eine *Standardabweichung* von $s = 1{,}9$ µF.

a) Wie lauten die *Vertrauensgrenzen* für den „wahren" Wert (Mittelwert) bei einer *Irrtumswahrscheinlichkeit* von $\alpha_1 = 1\%$?

b) Wie *ändern* sich diese Grenzen, wenn man die *größere* Irrtumswahrscheinlichkeit $\alpha_2 = 5\%$ in Kauf nehmen will?

Lösung:

a) Wir berechnen zunächst die *Meßunsicherheit* nach Formel (IV-39). Mit $n = 20$, $s = 1{,}9\ \mu\text{F}$ und dem t-Wert $t_1 = 2{,}86$ (aus der Tabelle 1 entnommen für $\gamma_1 = 1 - \alpha_1 = 99\%$ und $n = 20$) erhalten wir:

$$\Delta C = t_1 \frac{s}{\sqrt{n}} = 2{,}86 \cdot \frac{1{,}9\ \mu\text{F}}{\sqrt{20}} = 1{,}2\ \mu\text{F}$$

Die *Vertrauensgrenzen* liegen damit für das gewählte Vertrauensniveau von 99% bei:

Untere Vertrauensgrenze: $\bar{C} - \Delta C = (56{,}8 - 1{,}2)\ \mu\text{F} = 55{,}6\ \mu\text{F}$

Obere Vertrauensgrenze: $\bar{C} + \Delta C = (56{,}8 + 1{,}2)\ \mu\text{F} = 58{,}0\ \mu\text{F}$

Das *Meßergebnis* lautet daher wie folgt (Bild IV-18):

$$C = (56{,}8 \pm 1{,}2)\ \mu\text{F}$$

b) Bei der *größeren* Irrtumswahrscheinlichkeit $\alpha_2 = 5\%$ liegen die Vertrauensgrenzen *näher zusammen*. Jetzt ist $t_2 = 2{,}09$ (aus der Tabelle 1 entnommen für $\gamma_2 = 1 - \alpha_2 = 95\%$ und $n = 20$). Wir erhalten diesmal eine *Meßunsicherheit* von

$$\Delta C = t_2 \frac{s}{\sqrt{n}} = 2{,}09 \cdot \frac{1{,}9\ \mu\text{F}}{\sqrt{20}} = 0{,}9\ \mu\text{F}$$

und damit das folgende *Meßergebnis*:

$$C = (56{,}8 \pm 0{,}9)\ \mu\text{F}$$

Die *Vertrauensgrenzen* liegen jetzt bei 55,9 µF und 57,7 µF (Bild IV-18).

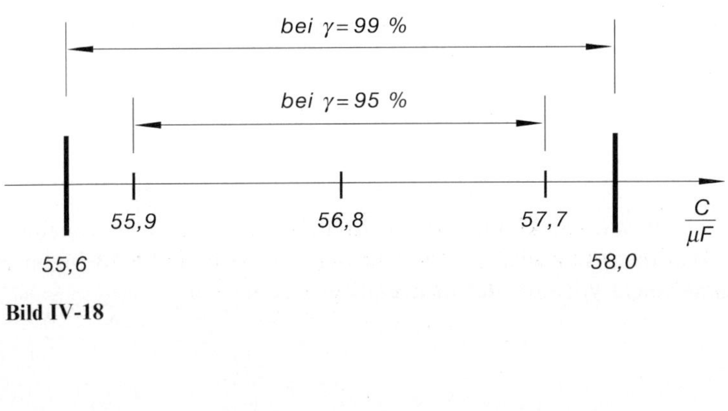

Bild IV-18 ■

4 „Fehlerfortpflanzung" nach Gauß

4.1 Ein einführendes Beispiel

Die Schwingungsdauer T eines (reibungsfrei schwingenden) Federpendels hängt bekanntlich wie folgt von der Federkonstanten (Richtkraft) D und der Schwingungsmasse m ab (Bild IV-19):

$$T = 2\pi \sqrt{\frac{m}{D}} \qquad \text{(IV-47)}$$

Durch Auflösen nach D erhalten wir hieraus die Funktion

$$D = f(m; T) = 4\pi^2 \cdot \frac{m}{T^2} \qquad \text{(IV-48)}$$

aus der sich die Federkonstante berechnen läßt, wenn die Werte für Masse und Schwingungsdauer bekannt sind. Wir stellen uns daher die folgende Aufgabe:
Die *unbekannte* Federkonstante D des Federpendels soll aus Messungen der Schwingungsmasse m und der Schwingungsdauer T bestimmt werden. Die Federkonstante D wird also *nicht direkt* gemessen, sondern auf *indirektem* Wege aus den Meßwerten von m und T *berechnet*. Man spricht daher in diesem Zusammenhang auch von *indirekter* oder *vermittelnder Beobachtung*.

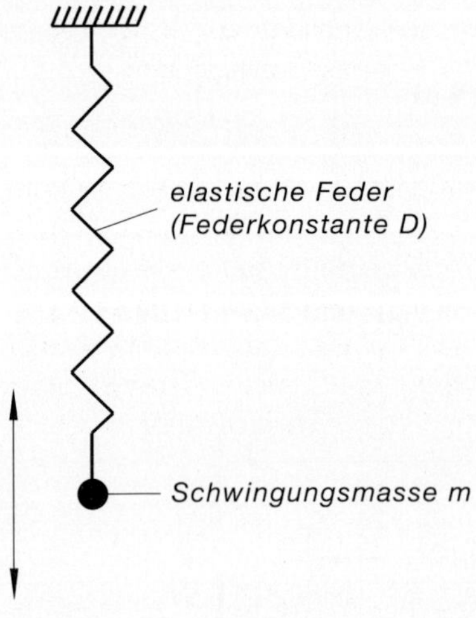

Bild IV-19
Federpendel

Im Sinne der Statistik können wir die Meßgrößen m und T als voneinander *unabhängige* und *normalverteilte Zufallsgrößen* auffassen. Masse m und Schwingungsdauer T werden nun *unabhängig* voneinander mehrmals gemessen.

Die Auswertung der dabei erhaltenen Meßreihen liefert uns die folgenden Kennwerte:

$\overline{m}, \overline{T}$: *Mittelwerte* der Meßgrößen m und T

s_m, s_T: *Standardabweichungen* der *Einzelmessungen* beider Meßgrößen

$s_{\overline{m}}, s_{\overline{T}}$: *Standardabweichungen* der beiden *Mittelwerte* $\overline{m}$ und $\overline{T}$

Unser Interesse gilt dann den folgenden Problemen:

(1) Wie berechnet man den *Mittelwert* $\overline{D}$ der unbekannten Federkonstanten D, d.h. den *Mittelwert* $\overline{D}$ der von den beiden Meßgrößen m und T abhängigen Zufallsgröße $D = f(m; T)$?

(2) Wie läßt sich die *Standardabweichung* s_D der abhängigen Größe D aus den Standardabweichungen s_m und s_T der beiden unabhängigen Meßgrößen m und T bestimmen?

(3) Welcher Zusammenhang besteht zwischen den entsprechenden *Standardabweichungen* der *Mittelwerte*?

(4) Wie läßt sich die *Unsicherheit* des indirekt bestimmten Mittelwertes $\overline{D}$ aus den Unsicherheiten der Messungen von m und T ermitteln?

Mit den soeben an einem konkreten Beispiel angeschnittenen Fragestellungen werden wir uns in den nächsten beiden Abschnitten ausführlich auseinandersetzen.

4.2 Mittelwert einer „indirekten" Meßgröße

In den Anwendungen stellt sich häufig das Problem, den *Wert* einer Größe Z zu bestimmen, die noch von zwei weiteren voneinander *unabhängigen* und *normalverteilten* Größen X und Y abhängig ist. Der funktionale Zusammenhang zwischen den drei Zufallsvariablen X, Y und Z sei *bekannt* und in Form einer expliziten Funktionsgleichung

$$Z = f(X; Y) \tag{IV-49}$$

gegeben. Die dann ebenfalls normalverteilte *abhängige* Größe Z soll jedoch nicht direkt gemessen werden, sondern auf *indirektem* Wege aus den Meßwerten der beiden unabhängigen Größen X und Y unter Verwendung der Funktionsgleichung $Z = f(X; Y)$ *berechnet* werden. In vielen Fällen sind nämlich die Größen X und Y der Messung *besser zugänglich* als die von ihnen abhängige Größe $Z = f(X; Y)$. Man spricht daher in diesem Zusammenhang auch von einer *indirekten* oder *vermittelnden* Beobachtung. Dabei sind X und Y die beiden *Eingangsgrößen* und $Z = f(X; Y)$ die *Ausgangs-* oder *Ergebnisgröße*.

■ **Beispiel**

Die Oberfläche A eines (geschlossenen) Zylinders läßt sich durch Messung von Zylinderradius r und Zylinderhöhe h anhand der Formel

$$A = f(r; h) = 2\pi r^2 + 2\pi r h$$

leicht bestimmen. Diese „indirekte" Meßmethode ist dabei wesentlich *bequemer* als eine *direkte* Messung der Zylinderoberfläche A, da die beiden Eingangsgrößen r und h der Messung besser zugänglich sind als die von ihnen abhängige Ausgangsgröße A. ■

Wir wollen jetzt zeigen, wie sich der gesuchte Mittelwert $\bar{z}$ der Ausgangsgröße Z aus den Mittelwerten $\bar{x}$ und $\bar{y}$ der beiden Eingangsgrößen X und Y bestimmen läßt. Dabei gehen wir von den Meßreihen

$$x_1, x_2, \ldots, x_n \qquad \text{und} \qquad y_1, y_2, \ldots, y_n \tag{IV-50}$$

aus, die den *gleichen* Umfang n besitzen [16]. Ihre Mittelwerte $\bar{x}$ und $\bar{y}$ sind dann durch die Gleichungen

$$\bar{x} = \frac{1}{n} \cdot \sum_{i=1}^{n} x_i \qquad \text{und} \qquad \bar{y} = \frac{1}{n} \cdot \sum_{i=1}^{n} y_i \tag{IV-51}$$

definiert. Die einzelnen Meßwerte besitzen vom jeweils zugehörigen Mittelwert die folgenden *Abweichungen* (auch „scheinbare" Fehler oder „Verbesserungen" genannt):

$$u_i = x_i - \bar{x} \qquad \text{und} \qquad v_i = y_i - \bar{y} \tag{IV-52}$$

Diese Beziehungen lösen wir nach x_i bzw. y_i auf:

$$x_i = \bar{x} + u_i \qquad \text{und} \qquad y_i = \bar{y} + v_i \tag{IV-53}$$

Durch Einsetzen der Meßwerte x_i, y_i in die Funktionsgleichung $z = f(x; y)$ erhalten wir für die abhängige Größe Z insgesamt n *„indirekte" Meßwerte*

$$z_i = f(x_i; y_i) = f(\bar{x} + u_i; \bar{y} + v_i) \tag{IV-54}$$

Ihre Differenzen zum Wert $f(\bar{x}; \bar{y})$ betragen dann

$$w_i = z_i - f(\bar{x}; \bar{y}) = f(x_i; y_i) - f(\bar{x}; \bar{y}) = f(\bar{x} + u_i; \bar{y} + v_i) - f(\bar{x}; \bar{y}) \tag{IV-55}$$

und dürfen für *kleine* Abweichungen („Fehler") u_i und v_i in guter Näherung durch die *totalen Differentiale*

$$dz_i = f_x(\bar{x}; \bar{y})\, u_i + f_y(\bar{x}; \bar{y})\, v_i \tag{IV-56}$$

ersetzt werden. Somit gilt also *näherungsweise* $w_i = dz_i$, d.h.

$$z_i - f(\bar{x}; \bar{y}) = f(x_i; y_i) - f(\bar{x}; \bar{y}) = f_x(\bar{x}; \bar{y})\, u_i + f_y(\bar{x}; \bar{y})\, v_i \tag{IV-57}$$

und damit weiter

$$z_i = f(x_i; y_i) = f(\bar{x}; \bar{y}) + f_x(\bar{x}; \bar{y})\, u_i + f_y(\bar{x}; \bar{y})\, v_i \tag{IV-58}$$

Wir bilden nun aus diesen n „indirekten" Meßwerten nach der Definitionsvorschrift

$$\bar{z} = \frac{1}{n} \cdot \sum_{i=1}^{n} z_i \tag{IV-59}$$

den *Mittelwert* $\bar{z}$ der *abhängigen* Größe Z und erhalten unter Berücksichtigung von Gleichung (IV-58):

[16] Die hergeleiteten Formeln bleiben auch dann gültig, wenn die beiden Meßreihen von *unterschiedlichem* Umfang sind.

$$\bar{z} = \frac{1}{n} \cdot \sum_{i=1}^{n} z_i = \frac{1}{n} \cdot \sum_{i=1}^{n} [f(\bar{x}; \bar{y}) + f_x(\bar{x}; \bar{y}) u_i + f_y(\bar{x}; \bar{y}) v_i] =$$

$$= \frac{1}{n} \left(\underbrace{\sum_{i=1}^{n} f(\bar{x}; \bar{y})}_{n \cdot f(\bar{x}; \bar{y})} + f_x(\bar{x}; \bar{y}) \cdot \underbrace{\sum_{i=1}^{n} u_i}_{0} + f_y(\bar{x}; \bar{y}) \cdot \underbrace{\sum_{i=1}^{n} v_i}_{0} \right) =$$

$$= \frac{1}{n} \cdot n \cdot f(\bar{x}; \bar{y}) = f(\bar{x}; \bar{y}) \qquad \text{(IV-60)}$$

Denn die Summe der Abweichungen („scheinbaren Fehler“) *verschwindet* jeweils. Somit gilt zusammenfassend:

Mittelwert einer „indirekten“ Meßgröße

Der *Mittelwert* $\bar{z}$ der *„indirekten“ Meßgröße* $Z = f(X; Y)$ läßt sich aus den Mittelwerten $\bar{x}$ und $\bar{y}$ der beiden voneinander unabhängigen Meßgrößen X und Y wie folgt berechnen:

$$\bar{z} = f(\bar{x}; \bar{y}) \qquad \text{(IV-61)}$$

Anmerkung

Für eine von n unabhängigen *direkt* gemessenen Größen $X_1, X_2, \ldots, X_n$ abhängige Größe (Funktion) $Y = f(X_1; X_2; \ldots; X_n)$ gilt analog:

$$\bar{y} = f(\bar{x}_1; \bar{x}_2; \ldots; \bar{x}_n) \qquad \text{(IV-62)}$$

($\bar{x}_i$: *Mittelwert* von X_i, $i = 1, 2, \ldots, n$; $\bar{y}$: *indirekt* bestimmter *Mittelwert* der abhängigen Größe Y).

■ **Beispiel**

Die Oberfläche A eines Zylinders läßt sich aus dem Radius r und der Höhe h nach der Formel

$$A = f(r; h) = 2\pi r^2 + 2\pi r h$$

berechnen (Zylinder *mit* Boden und Deckel; Bild IV-20). Für einen speziellen Zylinder ergaben sich dabei aus voneinander unabhängigen Meßreihen folgende *Mittelwerte*:

$$\bar{r} = 10{,}5 \text{ cm}, \qquad \bar{h} = 15{,}0 \text{ cm}$$

Für den *Mittelwert der Zylinderoberfläche* erhalten wir damit den Wert

$$\bar{A} = f(\bar{r}; \bar{h}) = 2\pi (10{,}5 \text{ cm})^2 + 2\pi (10{,}5 \text{ cm}) \cdot (15{,}0 \text{ cm}) =$$

$$= 1682{,}32 \text{ cm}^2 \approx 1682 \text{ cm}^2$$

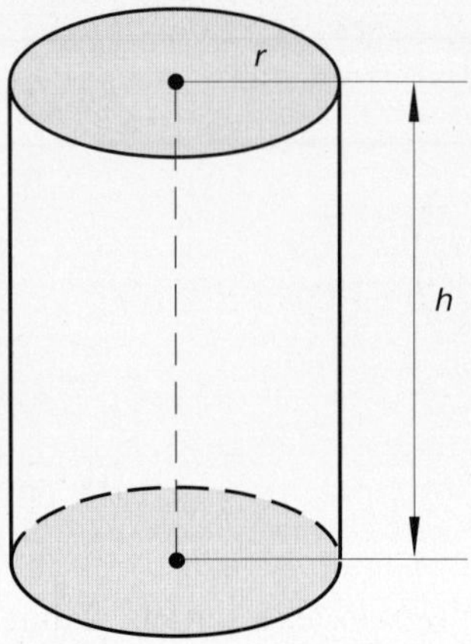

Bild IV-20

■

4.3 Gaußsches Fehlerfortpflanzungsgesetz (Varianzfortpflanzungsgesetz)

Wir wenden uns jetzt dem wichtigen Problem der sog. *Fehlerfortpflanzung* bei einer „indirekten" Meßgröße $Z = f(X; Y)$ zu. Die Standardabweichungen s_x und s_y der beiden voneinander unabhängigen Meßgrößen X und Y charakterisieren bekanntlich die *Streuung* der einzelnen Meßwerte um ihre Mittelwerte und bewirken damit, daß auch die „indirekten" Meßwerte $z_i = f(x_i; y_i)$ der Ausgangsgröße $Z = f(X; Y)$ um ihren Mittelwert $\bar{z} = f(\bar{x}; \bar{y})$ *streuen.* Die Standardabweichung s_z der „indirekten" Meßgröße Z wird daher in einer bestimmten Weise von den Standardabweichungen s_x und s_y abhängen, wobei auch noch der funktionale Zusammenhang zwischen den drei Größen X, Y und Z eine gewisse Rolle spielen wird. Unsere konkrete Fragestellung lautet deshalb zunächst:
Wie wirken sich die Standardabweichungen s_x und s_y der beiden voneinander unabhängigen Meßgrößen X und Y auf die Standardabweichung s_z der abhängigen „indirekten" Meßgröße $Z = f(X; Y)$ aus?

Eine Antwort auf diese Frage erhalten wir wiederum mit Hilfe des *totalen Differentials.* Zunächst aber bilden wir die Abweichungen der „indirekten" Meßwerte $z_i = f(x_i; y_i)$ vom Mittelwert $\bar{z} = f(\bar{x}; \bar{y})$, wobei wir die Beziehungen aus Gleichung (IV-58) verwenden:

$$w_i = z_i - \bar{z} = f(x_i; y_i) - f(\bar{x}; \bar{y}) = f(\bar{x} + u_i; \bar{y} + v_i) - f(\bar{x}; \bar{y}) \qquad \text{(IV-63)}$$

Da die Größen u_i und v_i *sehr klein* sind, dürfen wir die Abweichung w_i *näherungsweise* durch das *totale Differential*

$$dz_i = f_x(\bar{x}; \bar{y})\, u_i + f_y(\bar{x}; \bar{y})\, v_i \qquad \text{(IV-64)}$$

ersetzen ($w_i = dz_i$):

$$w_i = z_i - \bar{z} = f_x(\bar{x}; \bar{y})\, u_i + f_y(\bar{x}; \bar{y})\, v_i \qquad \text{(IV-65)}$$

Mit den (vorübergehenden) Abkürzungen $a = f_x(\bar{x}; \bar{y})$ und $b = f_y(\bar{x}; \bar{y})$ wird daraus:

$$w_i = z_i - \bar{z} = a u_i + b v_i \tag{IV-66}$$

Die Summe der Abweichungsquadrate beträgt dann:

$$\sum_{i=1}^{n} w_i^2 = \sum_{i=1}^{n} (z_i - \bar{z})^2 = \sum_{i=1}^{n} (a u_i + b v_i)^2 = \sum_{i=1}^{n} (a^2 u_i^2 + 2 a b u_i v_i + b^2 v_i^2) =$$

$$= a^2 \cdot \sum_{i=1}^{n} u_i^2 + 2 a b \cdot \sum_{i=1}^{n} u_i v_i + b^2 \cdot \sum_{i=1}^{n} v_i^2 \tag{IV-67}$$

Bei *umfangreichen* Meßreihen fallen dabei die sehr kleinen Abweichungen („scheinbaren Fehler“) u_i und v_i gleich oft positiv und negativ aus, sodaß die mittlere Summe in Gleichung (VI-67) als *vernachlässigbar klein* angesehen werden kann:

$$\sum_{i=1}^{n} u_i v_i \approx 0 \tag{IV-68}$$

Für die Summe der Abweichungsquadrate gilt dann *näherungsweise*:

$$\sum_{i=1}^{n} w_i^2 = \sum_{i=1}^{n} (z_i - \bar{z})^2 = a^2 \cdot \sum_{i=1}^{n} u_i^2 + b^2 \cdot \sum_{i=1}^{n} v_i^2 \tag{IV-69}$$

Für die *Standardabweichung* s_z der „*Einzelmessungen*“ z_i erhalten wir damit aus der Definitionsformel (IV-40) den folgenden Ausdruck:

$$s_z = \sqrt{\frac{1}{n-1} \cdot \sum_{i=1}^{n} w_i^2} = \sqrt{\frac{1}{n-1} \cdot \sum_{i=1}^{n} (z_i - \bar{z})^2} =$$

$$= \sqrt{\frac{1}{n-1}\left(a^2 \cdot \sum_{i=1}^{n} u_i^2 + b^2 \cdot \sum_{i=1}^{n} v_i^2\right)} =$$

$$= \sqrt{a^2 \cdot \underbrace{\frac{1}{n-1} \cdot \sum_{i=1}^{n} u_i^2}_{s_x^2} + b^2 \cdot \underbrace{\frac{1}{n-1} \cdot \sum_{i=1}^{n} v_i^2}_{s_y^2}} =$$

$$= \sqrt{a^2 \cdot s_x^2 + b^2 \cdot s_y^2} = \sqrt{(f_x(\bar{x}; \bar{y}))^2 \cdot s_x^2 + (f(\bar{x}; \bar{y}))^2 \cdot s_y^2} =$$

$$= \sqrt{(f_x(\bar{x}; \bar{y}) \cdot s_x)^2 + (f_y(\bar{x}; \bar{y}) \cdot s_y)^2} \tag{IV-70}$$

Dies ist das sog. *Gaußsche Fehlerfortpflanzungsgesetz* für die Standardabweichung der *Einzelmessung*. Durch Quadrieren erhält man daraus eine entsprechende Beziehung für die *Varianzen*:

$$s_z^2 = (f_x(\bar{x};\,\bar{y}))^2 \cdot s_x^2 + (f_y(\bar{x};\,\bar{y}))^2 \cdot s_y^2 \qquad \text{(IV-71)}$$

Es handelt sich dabei um das sog. *Varianzfortpflanzungsgesetz* für voneinander *unabhängige* Zufallsvariable X und Y.

Bei der Herleitung eines entsprechenden *Fehlerfortpflanzungsgesetzes* (*Varianzfortpflanzungsgesetzes*) für die Standardabweichung des *Mittelwertes* berücksichtigen wir, daß zwischen den Standardabweichungen s_x, s_y und s_z der *Einzelmessungen* und den Standardabweichungen $s_{\bar{x}}$, $s_{\bar{y}}$ und $s_{\bar{z}}$ der *Mittelwerte* die folgenden Beziehungen bestehen:

$$s_{\bar{x}} = \frac{s_x}{\sqrt{n}}, \qquad s_{\bar{y}} = \frac{s_y}{\sqrt{n}}, \qquad s_{\bar{z}} = \frac{s_z}{\sqrt{n}} \qquad \text{(IV-72)}$$

Aus Gleichung (IV-71) folgt dann, wobei wir vorübergehend wieder die Abkürzungen $a = f_x(\bar{x};\,\bar{y})$ und $b = f_y(\bar{x};\,\bar{y})$ verwenden:

$$s_{\bar{z}} = \frac{s_z}{\sqrt{n}} = \frac{\sqrt{a^2 s_x^2 + b^2 s_y^2}}{\sqrt{n}} = \sqrt{\frac{a^2 s_x^2 + b^2 s_y^2}{n}} = \sqrt{a^2 \left(\frac{s_x}{\sqrt{n}}\right)^2 + b^2 \left(\frac{s_y}{\sqrt{n}}\right)^2} =$$

$$= \sqrt{a^2 s_{\bar{x}}^2 + b^2 s_{\bar{y}}^2} = \sqrt{(a\,s_{\bar{x}})^2 + (b\,s_{\bar{y}})^2} =$$

$$= \sqrt{(f_x(\bar{x};\,\bar{y}) \cdot s_{\bar{x}})^2 + (f_y(\bar{x};\,\bar{y}) \cdot s_{\bar{y}})^2} \qquad \text{(IV-73)}$$

Dies ist das *Gaußsche Fehlerfortpflanzungsgesetz* für die Standardabweichung des *Mittelwertes*. Durch Quadrieren erhält man hieraus eine entsprechende Beziehung zwischen den *Varianzen*, nämlich das sog. *Varianzfortpflanzungsgesetz* für die Varianz des *Mittelwertes* bei voneinander *unabhängigen* Zufallsvariablen X und Y:

$$s_{\bar{z}}^2 = (f_x(\bar{x};\,\bar{y}))^2 \cdot s_{\bar{x}}^2 + (f_y(\bar{x};\,\bar{y}))^2 \cdot s_{\bar{y}}^2 \qquad \text{(IV-74)}$$

Wir fassen nun die wichtigsten Ergebnisse wie folgt zusammen:

Gaußsches Fehlerfortpflanzungsgesetz für Standardabweichungen (Varianzfortpflanzungsgesetz)

Die *Standardabweichung* der „indirekten" Meßgröße $Z = f(X;\,Y)$ läßt sich aus den Standardabweichungen der beiden voneinander *unabhängigen* und *normalverteilten* Meßgrößen X und Y wie folgt berechnen:

$$s_z = \sqrt{(f_x(\bar{x};\,\bar{y}) \cdot s_x)^2 + (f_y(\bar{x};\,\bar{y}) \cdot s_y)^2} \qquad \text{(IV-75)}$$

(*Gaußsches Fehlerfortpflanzungsgesetz für die Standardabweichung der Einzelmessung*, in der „quadrierten" Form auch als *Varianzfortpflanzungsgesetz* bezeichnet).

Dabei bedeuten:

s_x, s_y: Standardabweichungen der *Einzelmessungen* der beiden *direkt* gemessenen Größen X und Y

s_z: Standardabweichung der *Einzelmessungen* der „indirekten“ Meßgröße $Z = f(X; Y)$

Ersetzt man die Standardabweichungen der Einzelmessungen durch die entsprechenden *Standardabweichungen der Mittelwerte*, so erhält man das *Gaußsche Fehlerfortpflanzungsgesetz für die Standardabweichung des Mittelwertes* (in der „quadrierten“ Form auch als *Varianzfortpflanzungsgesetz* bezeichnet):

$$s_{\bar{z}} = \sqrt{(f_x(\bar{x}; \bar{y}) \cdot s_{\bar{x}})^2 + (f_y(\bar{x}; \bar{y}) \cdot s_{\bar{y}})^2} \qquad \text{(IV-76)}$$

Dabei bedeuten:

$s_{\bar{x}}, s_{\bar{y}}$: Standardabweichungen der *Mittelwerte* der beiden *direkt* gemessenen Größen X und Y

$s_{\bar{z}}$: Standardabweichung des *Mittelwertes* der „indirekten“ Meßgröße $Z = f(X; Y)$

Anmerkung

Das *Gaußsche Fehlerfortpflanzungsgesetz* (*Varianzfortpflanzungsgesetz*) läßt sich ohne Schwierigkeiten auch auf Funktionen von *mehr als zwei* Variablen ausdehnen. Sind $X_1, X_2, \ldots, X_n$ voneinander *unabhängige* und *normalverteilte* Meßgrößen mit den Mittelwerten $\bar{x}_1, \bar{x}_2, \ldots, \bar{x}_n$ und den Standardabweichungen $s_{x_1}, s_{x_2}, \ldots, s_{x_n}$, so gilt für die *Standardabweichung* der „indirekten“ Meßgröße $Y = f(X_1; X_2; \ldots; X_n)$ das folgende Gesetz:

$$s_y = \sqrt{(f_{x_1} \cdot s_{x_1})^2 + (f_{x_2} \cdot s_{x_2})^2 + \ldots + (f_{x_n} \cdot s_{x_n})^2} \qquad \text{(IV-77)}$$

In die partiellen Ableitungen $f_{x_1}, f_{x_2}, \ldots, f_{x_n}$ sind dabei die *Mittelwerte* der direkt gemessenen Eingangsgrößen $X_1, X_2, \ldots, X_n$ einzusetzen. Ersetzt man in Gleichung (IV-77) die Standardabweichungen der Einzelmessungen durch die entsprechenden *Standardabweichungen der Mittelwerte*, so erhält man das *Gaußsche Fehlerfortpflanzungsgesetz* (*Varianzfortpflanzungsgesetz*) *für die Standardabweichung des Mittelwertes* bei n voneinander unabhängigen Variablen.

■ **Beispiel**

Wir kehren zu dem Beispiel des vorherigen Abschnitts zurück (*Oberfläche eines Zylinders*). Für Radius r und Höhe h des Zylinders liegen folgende Meßergebnisse vor:

Radius r: $\bar{r} = 10{,}5$ cm, $s_{\bar{r}} = 0{,}2$ cm

Höhe h: $\bar{h} = 15{,}0$ cm, $s_{\bar{h}} = 0{,}3$ cm

Für den *Mittelwert* der Zylinderoberfläche A erhielten wir bereits aus der Formel

$$A = f(r; h) = 2\pi r^2 + 2\pi rh$$

den Wert $\bar{A} = 1682\ \text{cm}^2$. Wir interessieren uns jetzt für die *Standardabweichung* $s_{\bar{A}}$ dieses Mittelwertes. Sie läßt sich aus dem *Gaußschen Fehlerfortpflanzungsgesetz* (IV-76) berechnen. Die dabei benötigten partiellen Ableitungen 1. Ordnung der Funktion $A = f(r; h)$ lauten:

$$\frac{\partial A}{\partial r} = 4\pi r + 2\pi h, \qquad \frac{\partial A}{\partial h} = 2\pi r$$

Für r und h setzen wir noch die *Mittelwerte* $\bar{r} = 10{,}5$ cm und $\bar{h} = 15{,}0$ cm ein:

$$\frac{\partial A}{\partial r}(\bar{r}; \bar{h}) = 4\pi(10{,}5\ \text{cm}) + 2\pi(15{,}0\ \text{cm}) = 226{,}19\ \text{cm}$$

$$\frac{\partial A}{\partial h}(\bar{r}; \bar{h}) = 2\pi(10{,}5\ \text{cm}) = 65{,}97\ \text{cm}$$

Aus dem *Gaußschen Fehlerfortpflanzungsgesetz* (IV-76) folgt dann für die *Standardabweichung des Mittelwertes* $\bar{A} = 1682\ \text{cm}^2$ der folgende Wert:

$$s_{\bar{A}} = \sqrt{\left(\frac{\partial A}{\partial r} \cdot s_{\bar{r}}\right)^2 + \left(\frac{\partial A}{\partial h} \cdot s_{\bar{h}}\right)^2} =$$

$$= \sqrt{(226{,}19\ \text{cm} \cdot 0{,}2\ \text{cm})^2 + (65{,}97\ \text{cm} \cdot 0{,}3\ \text{cm})^2} =$$

$$= 49{,}38\ \text{cm}^2 \approx 49\ \text{cm}^2$$ ■

4.4 Meßergebnis für eine „indirekte" Meßgröße

Das *Meßergebnis* für eine „indirekte" Meßgröße $Z = f(X; Y)$ besteht dann aus der Angabe des *Mittelwertes* $\bar{z} = f(\bar{x}; \bar{y})$ und der aus dem Gaußschen Fehlerfortpflanzungsgesetz (Varianzfortpflanzungsgesetz) berechneten *Standardabweichung* $s_{\bar{z}}$ dieses Mittelwertes, die im Rahmen der „Fehlerrechnung" als ein geeignetes *Genauigkeitsmaß* für den *Mittelwert* und somit auch als *Maß* für die *Unsicherheit* Δz des „Meßergebnisses" $\bar{z} = f(\bar{x}; \bar{y})$ betrachtet wird.

Daher gilt:

Meßergebnis für eine „indirekte“ Meßgröße $Z = f(X; Y)$

Das *Meßergebnis* zweier *direkt* gemessener Größen X und Y liegt in der folgenden Form vor:

$$x = \bar{x} \pm \Delta x \qquad \text{und} \qquad y = \bar{y} \pm \Delta y \tag{IV-78}$$

Dabei sind $\bar{x}$ und $\bar{y}$ die (arithmetischen) *Mittelwerte* und Δx und Δy die *Meßunsicherheiten* der beiden Größen, für die man in diesem Zusammenhang üblicherweise die *Standardabweichungen* $s_{\bar{x}}$ und $s_{\bar{y}}$ der beiden *Mittelwerte* heranzieht:

$$\Delta x = s_{\bar{x}} \qquad \text{und} \qquad \Delta y = s_{\bar{y}} \tag{IV-79}$$

Die von den direkten Meßgrößen X und Y abhängige „indirekte“ Meßgröße $Z = f(X; Y)$ besitzt dann den *Mittelwert*

$$\bar{z} = f(\bar{x}; \bar{y}) \tag{IV-80}$$

Als *Genauigkeitsmaß* für diesen Wert dient die *Standardabweichung* $s_{\bar{z}}$ des *Mittelwertes*, die aus dem Gaußschen Fehlerfortpflanzungsgesetz (Varianzfortpflanzungsgesetz) (IV-76) berechnet wird. Sie ist zugleich ein *Maß* für die *Unsicherheit* Δz des Mittelwertes $\bar{z} = f(\bar{x}; \bar{y})$. Somit gilt:

$$\Delta z = s_{\bar{z}} = \sqrt{(f_x(\bar{x}; \bar{y}) \cdot \Delta x)^2 + (f_y(\bar{x}; \bar{y}) \cdot \Delta y)^2} \tag{IV-81}$$

Das „Meßergebnis“ für die „indirekte“ Meßgröße $Z = f(X; Y)$ wird dann in der Form

$$z = \bar{z} \pm \Delta z \tag{IV-82}$$

angegeben.

Anmerkungen

(1) Für eine von n unabhängigen Größen $X_1, X_2, \ldots, X_n$ abhängige „indirekte“ Meßgröße $Y = f(X_1; X_2; \ldots; X_n)$ lautet das *Meßergebnis* entsprechend:

$$y = \bar{y} \pm \Delta y \tag{IV-83}$$

Dabei ist

$$\bar{y} = f(\bar{x}_1; \bar{x}_2; \ldots; \bar{x}_n) \tag{IV-84}$$

der *Mittelwert* und

$$\Delta y = s_{\bar{y}} = \sqrt{(f_{x_1} \cdot \Delta x_1)^2 + (f_{x_2} \cdot \Delta x_2)^2 + \ldots + (f_{x_n} \cdot \Delta x_n)^2} \tag{IV-85}$$

die *Standardabweichung* und damit die *Meßunsicherheit* dieses Mittelwertes. Die Meßergebnisse für die unabhängigen Meßgrößen sind dabei in der üblichen Form

$$x_i = \bar{x}_i \pm \Delta x_i \tag{IV-86}$$

vorgegeben ($\bar{x}_i$ ist der *Mittelwert*, $\Delta x_i = s_{x_i}$ die *Standardabweichung* und damit die *Meßunsicherheit* für die direkt gemessene Größe $X_i, i = 1, 2, \ldots, n$). Die partiellen Ableitungen $f_{x_1}, f_{x_2}, \ldots, f_{x_n}$ sind dabei stets für die *Mittelwerte* zu bilden.

(2) Unter sehr speziellen Voraussetzungen läßt sich auch ein *Vertrauensintervall* für den unbekannten „wahren" Wert (Mittelwert) μ_z der „indirekten" Meßgröße $Z = f(X; Y)$ angeben. Im Rahmen dieser einführenden Darstellung können wir auf dieses Problem nicht näher eingehen (siehe hierzu auch DIN-NORM 1319, Teil 4).

Für einige in den Anwendungen besonders häufig auftretende Funktionen lassen sich fertige Formeln für die Meßunsicherheit (Standardabweichung) des Mittelwertes herleiten. Wir haben sie in der nachfolgenden Tabelle 2 zusammengestellt.

Tabelle 2: Meßunsicherheit (Standardabweichung) des Mittelwertes für einige besonders häufig auftretende Funktionen ($C \in \mathbb{R}$)

Funktion	Meßunsicherheit des Mittelwertes
$Z = X + Y$ $Z = X - Y$	$\Delta z = \sqrt{(\Delta x)^2 + (\Delta y)^2}$
$Z = C X Y$ $Z = C \dfrac{X}{Y}$	$\left\lvert \dfrac{\Delta z}{\bar{z}} \right\rvert = \sqrt{\left\lvert \dfrac{\Delta x}{\bar{x}} \right\rvert^2 + \left\lvert \dfrac{\Delta y}{\bar{y}} \right\rvert^2}$
$Z = C X^{\alpha} Y^{\beta}$	$\left\lvert \dfrac{\Delta z}{\bar{z}} \right\rvert = \sqrt{\left\lvert \alpha \dfrac{\Delta x}{\bar{x}} \right\rvert^2 + \left\lvert \beta \dfrac{\Delta y}{\bar{y}} \right\rvert^2}$

Anmerkungen zur Tabelle 2

(1) Die angegebenen Formeln erhält man unmittelbar aus dem *Gaußschen Fehlerfortpflanzungsgesetz* (IV-76).

(2) Man beachte: Die Größen Δx, Δy und Δz sind *absolute* Meßunsicherheiten (absolute „Fehler"), die Größen $\left\lvert \dfrac{\Delta x}{\bar{x}} \right\rvert$, $\left\lvert \dfrac{\Delta y}{\bar{y}} \right\rvert$ und $\left\lvert \dfrac{\Delta z}{\bar{z}} \right\rvert$ dagegen *relative* oder *prozentuale* Meßunsicherheiten (relative oder prozentuale „Fehler").

(3) Analoge Formeln lassen sich herleiten für Summen, Differenzen und Potenzprodukte mit *mehr als zwei* Summanden bzw. Faktoren.

■ **Beispiele**

(1) **Bestimmung einer Federkonstanten (Federpendel)**

Die *Federkonstante D* der elastischen Feder eines Federpendels läßt sich nach der Formel

$$D = f(m; T) = 4\pi^2 \cdot \frac{m}{T^2} = 4\pi^2 \cdot m \cdot T^{-2}$$

aus der Schwingungsmasse m und der Schwingungsdauer T berechnen (vgl. hierzu Bild IV-19). In unabhängigen Versuchen wurden m und T zehnmal wie folgt gemessen:

i	1	2	3	4	5	6	7	8	9	10
$\frac{m}{\text{g}}$	198	199	203	200	202	198	201	197	203	199
$\frac{T}{\text{s}}$	2,01	2,04	1,96	1,98	2,00	2,05	1,97	1,98	2,04	1,97

Anhand der folgenden Tabelle berechnen wir zunächst die benötigten *Mittelwerte* $\overline{m}$ und $\overline{T}$ und deren *Standardabweichungen* (Unsicherheiten) $s_{\overline{m}}$ und $s_{\overline{T}}$:

i	$\frac{m_i}{\text{g}}$	$\frac{m_i - \overline{m}}{\text{g}}$	$\frac{(m_i - \overline{m})^2}{\text{g}^2}$	$\frac{T_i}{\text{s}}$	$\frac{T_i - \overline{T}}{\text{s}}$	$\frac{(T_i - \overline{T})^2 \cdot 10^4}{\text{s}^2}$
1	198	−2	4	2,01	0,01	1
2	199	−1	1	2,04	0,04	16
3	203	3	9	1,96	−0,04	16
4	200	0	0	1,98	−0,02	4
5	202	2	4	2,00	0	0
6	198	−2	4	2,05	0,05	25
7	201	1	1	1,97	−0,03	9
8	197	−3	9	1,98	−0,02	4
9	203	3	9	2,04	0,04	16
10	199	−1	1	1,97	−0,03	9
Σ	2000	0	42	20,00	0	100

$$\overline{m} = \frac{1}{10} \cdot \sum_{i=1}^{10} m_i = \frac{1}{10} \cdot 2000 \text{ g} = 200 \text{ g}$$

$$s_{\overline{m}} = \sqrt{\frac{1}{10 \cdot (10-1)} \cdot \sum_{i=1}^{10} (m_i - \overline{m})^2} = \sqrt{\frac{1}{90} \cdot 42 \text{ g}^2} = 0{,}68 \text{ g} \approx 0{,}7 \text{ g}$$

$$\overline{T} = \frac{1}{10} \cdot \sum_{i=1}^{10} T_i = \frac{1}{10} \cdot 20{,}00 \text{ s} = 2{,}00 \text{ s}$$

$$s_{\overline{T}} = \sqrt{\frac{1}{10 \cdot (10-1)} \cdot \sum_{i=1}^{10} (T_i - \overline{T})^2} = \sqrt{\frac{1}{90} \cdot 100 \cdot 10^{-4} \text{ s}^2} =$$

$$= 0{,}0105 \text{ s} \approx 0{,}01 \text{ s}$$

Das Meßergebnis für die beiden Meßgrößen m und T lautet damit (in der üblichen Schreibweise):

$$m = \overline{m} \pm \Delta m = \overline{m} \pm s_{\overline{m}} = (200 \pm 0{,}7) \text{ g}$$

$$T = \overline{T} \pm \Delta T = \overline{T} \pm s_{\overline{T}} = (2{,}00 \pm 0{,}01) \text{ s}$$

Für die Federkonstante D erhalten wir den folgenden *Mittelwert*:

$$\overline{D} = f(\overline{m}; \overline{T}) = 4\pi^2 \cdot \frac{200 \text{ g}}{(2{,}00 \text{ s})^2} = 1973{,}9 \text{ g/s}^2 \approx 1{,}974 \text{ kg/s}^2 =$$

$$= 1{,}974 \text{ N/m}$$

Die für die „Fehlerfortpflanzung" benötigten partiellen Ableitungen der Funktion $D = f(m; T)$ lauten:

$$\frac{\partial D}{\partial m} = \frac{4\pi^2}{T^2}, \qquad \frac{\partial D}{\partial T} = -8\pi^2 \cdot m \cdot T^{-3} = -8\pi^2 \cdot \frac{m}{T^3}$$

$$\frac{\partial D}{\partial m}(\overline{m}; \overline{T}) = \frac{4\pi^2}{(2{,}00 \text{ s})^2} = 9{,}8696 \text{ s}^{-2}$$

$$\frac{\partial D}{\partial T}(\overline{m}; \overline{T}) = -8\pi^2 \cdot \frac{200 \text{ g}}{(2{,}00 \text{ s})^3} = -1973{,}9 \text{ g/s}^3$$

Damit erhalten wir aus dem *Gaußschen Fehlerfortpflanzungsgesetz* (IV-76) die folgende *Meßunsicherheit* (Standardabweichung) für den Mittelwert $\bar{D}$:

$$\Delta D = s_{\bar{D}} = \sqrt{\left(\frac{\partial D}{\partial m}\,\Delta m\right)^2 + \left(\frac{\partial D}{\partial T}\,\Delta T\right)^2} =$$

$$= \sqrt{(9{,}8696\ \mathrm{s}^{-2} \cdot 0{,}68\ \mathrm{g})^2 + (-1973{,}9\ \mathrm{g} \cdot \mathrm{s}^{-3} \cdot 0{,}0105\ \mathrm{s})^2} =$$

$$= 21{,}79\ \mathrm{g/s^2} = 0{,}0218\ \mathrm{kg/s^2} \approx 0{,}022\ \mathrm{N/m}$$

Das *Meßergebnis* für die „indirekte“ Meßgröße D lautet somit

$$\bar{D} = 1{,}974\ \mathrm{N/m}, \qquad s_{\bar{D}} = 0{,}022\ \mathrm{N/m}$$

oder (in der im technischen Bereich üblichen Schreibweise)

$$D = \bar{D} \pm \Delta D = \bar{D} \pm s_{\bar{D}} = (1{,}974 \pm 0{,}022)\ \mathrm{N/m}$$

Die *prozentuale* Meßunsicherheit der abhängigen Größe D beträgt

$$\left|\frac{\Delta D}{\bar{D}}\right| = \frac{0{,}022\ \mathrm{N/m}}{1{,}974\ \mathrm{N/m}} \cdot 100\% = 1{,}1\%$$

Anmerkung

Da $D = 4\pi^2 \cdot m \cdot T^{-2}$ ein *Potenzprodukt* der Meßgrößen m und T ist, können wir für die Berechnung der Meßunsicherheit der abhängigen Größe D auch die in der Tabelle 2 angegebene fertige Formel verwenden (mit $C = 4\pi^2$, $X = m$, $Y = T$, $\alpha = 1$ und $\beta = -2$). Wir erhalten natürlich das bereits bekannte Ergebnis:

$$\left|\frac{\Delta D}{\bar{D}}\right| = \sqrt{\left|1 \cdot \frac{\Delta m}{\bar{m}}\right|^2 + \left|-2 \cdot \frac{\Delta T}{\bar{T}}\right|^2} = \sqrt{\left|1 \cdot \frac{0{,}68\ \mathrm{g}}{200\ \mathrm{g}}\right|^2 + \left|-2 \cdot \frac{0{,}0105\ \mathrm{s}}{2{,}00\ \mathrm{s}}\right|^2} =$$

$$= 0{,}0110 \approx 1{,}1\%$$

(2) Dichte einer Eisenkugel

Masse m und Durchmesser d einer Eisenkugel wurden aus unabhängigen Meßreihen wie folgt bestimmt:

Masse: $\bar{m} = 560{,}7$ g, $\qquad s_{\bar{m}} = 0{,}5$ g

Durchmesser: $\bar{d} = 5{,}11$ cm, $\qquad s_{\bar{d}} = 0{,}02$ cm

Die *Dichte* ϱ läßt sich dann wie folgt aus den beiden Meßgrößen m und d berechnen:

$$\varrho = f(m; d) = \frac{m}{V} = \frac{6}{\pi} \cdot \frac{m}{d^3} = \frac{6}{\pi} \cdot m \cdot d^{-3}$$

($V = \frac{\pi}{6} d^3$ ist das Volumen der Kugel).

Somit erhalten wir für die Dichte den folgenden *Mittelwert*:

$$\bar{\varrho} = f(\bar{m}; \bar{d}) = \frac{6}{\pi} \cdot \frac{560{,}7 \text{ g}}{(5{,}11 \text{ cm})^3} = 8{,}025 \text{ g/cm}^3$$

Für die Berechnung der *Meßunsicherheit* (d.h. der Standardabweichung des Mittelwertes $\bar{\varrho}$) benötigen wir noch die partiellen Ableitungen 1. Ordnung der Funktion $\varrho = f(m; d)$. Sie lauten:

$$\frac{\partial \varrho}{\partial m} = \frac{6}{\pi} \cdot d^{-3} = \frac{6}{\pi} \cdot \frac{1}{d^3}$$

$$\frac{\partial \varrho}{\partial d} = \frac{6}{\pi} \cdot m(-3d^{-4}) = -\frac{18}{\pi} \cdot \frac{m}{d^4}$$

Wir setzen die Mittelwerte $\bar{m}$ und $\bar{d}$ ein und erhalten:

$$\frac{\partial \varrho}{\partial m}(\bar{m}; \bar{d}) = \frac{6}{\pi} \cdot \frac{1}{(5{,}11 \text{ cm})^3} = 0{,}0143 \text{ cm}^{-3}$$

$$\frac{\partial \varrho}{\partial d}(\bar{m}; \bar{d}) = -\frac{18}{\pi} \cdot \frac{560{,}7 \text{ g}}{(5{,}11 \text{ cm})^4} = -4{,}7116 \text{ g/cm}^4$$

Das Gaußsche Fehlerfortpflanzungsgesetz (Varianzfortpflanzungsgesetz) (IV-76) liefert uns dann den folgenden Wert für die *Meßunsicherheit* von ϱ:

$$\Delta \varrho = s_{\bar{\varrho}} = \sqrt{\left(\frac{\partial \varrho}{\partial m} \Delta m\right)^2 + \left(\frac{\partial \varrho}{\partial d} \Delta d\right)^2} =$$

$$= \sqrt{(0{,}0143 \text{ cm}^{-3} \cdot 0{,}5 \text{ g})^2 + (-4{,}7116 \text{ g} \cdot \text{cm}^{-4} \cdot 0{,}02 \text{ cm})^2} =$$

$$= 0{,}095 \text{ g/cm}^3$$

Das *Meßergebnis* für die Dichte der Eisenkugel lautet dann wie folgt:

$$\bar{\varrho} = 8{,}025 \text{ g/cm}^3, \qquad s_{\bar{\varrho}} = 0{,}095 \text{ g/cm}^3$$

oder

$$\varrho = \bar{\varrho} \pm \Delta\varrho = \bar{\varrho} \pm s_{\bar{\varrho}} = (8{,}025 \pm 0{,}095) \text{ g/cm}^3$$

(3) Reihenschaltung von ohmschen Widerständen

Bild IV-21 zeigt eine *Reihenschaltung* aus drei ohmschen Widerständen, die wie folgt gemessen wurden:

$$R_1 = (100 \pm 2)\,\Omega, \qquad R_2 = (150 \pm 2)\,\Omega, \qquad R_3 = (50 \pm 1)\,\Omega$$

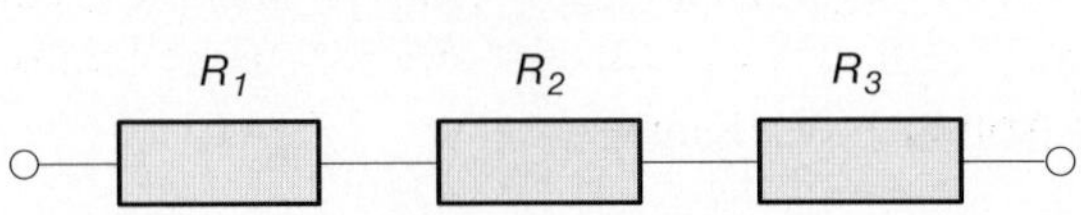

Bild IV-21
Reihenschaltung aus drei ohmschen Widerständen

Den *Gesamtwiderstand* R dieser Schaltung erhält man nach den *Kirchhoffschen Regeln* als *Summe* der Einzelwiderstände:

$$R = f(R_1; R_2; R_3) = R_1 + R_2 + R_3$$

Der *Mittelwert* der „indirekten" Meßgröße R beträgt somit:

$$\overline{R} = f(\overline{R}_1; \overline{R}_2; \overline{R}_3) = 100\,\Omega + 150\,\Omega + 50\,\Omega = 300\,\Omega$$

Wir berechnen nun die *Standardabweichung* dieses *Mittelwertes*, d.h. die *Meßunsicherheit* ΔR des Gesamtwiderstandes unter Verwendung von Tabelle 2 (Verallgemeinerung der Funktion $Z = f(X; Y) = X + Y$ für *drei* Summanden). Somit gilt:

$$\Delta R = \sqrt{(\Delta R_1)^2 + (\Delta R_2)^2 + (\Delta R_3)^2} = \sqrt{(2\,\Omega)^2 + (2\,\Omega)^2 + (1\,\Omega)^2} = 3\,\Omega$$

Damit erhalten wir für den Gesamtwiderstand R das folgende *Meßergebnis*:

$$R = \overline{R} \pm \Delta R = (300 \pm 3)\,\Omega$$

Die *prozentuale* Meßunsicherheit beträgt

$$\left|\frac{\Delta R}{\overline{R}}\right| = \frac{3\,\Omega}{300\,\Omega} \cdot 100\% = 1\%$$ ■

5 Ausgleichs- oder Regressionskurven

In den naturwissenschaftlich-technischen Anwendungen stellt sich häufig das Problem festzustellen, ob zwischen zwei Variablen (Zufallsvariablen) X und Y irgendeine *Beziehung* oder *Abhängigkeit* besteht und welcher *Art* diese gegebenenfalls ist. In Kap. III, Abschnitt 6 haben wir dieses Problem bereits angeschnitten und dort die Begriffe *Korrelation* und *Regression* kennengelernt. In diesem Abschnitt werden wir nun zeigen, wie man in der Praxis aus einer aus n Meßpunkten bestehenden Stichprobe eine *Regressions-* oder *Ausgleichskurve* ermitteln kann, die den Zusammenhang zwischen den beiden Variablen in „optimaler" Weise beschreibt.

5.1 Ein einführendes Beispiel

Zwischen zwei physikalisch-technischen Größen X und Y soll auf experimentellem Wege ein *funktionaler* Zusammenhang hergestellt werden. Die aufgrund verschiedener Messungen erhaltenen n Wertepaare $(x_i; y_i)$ können dann als Punkte $P_i = (x_i; y_i)$ in einer x, y-Ebene bildlich dargestellt werden ($i = 1, 2, \ldots, n$). Die Aufgabe der Ausgleichsrechnung besteht nun darin, eine Kurve $y = f(x)$ zu bestimmen, die sich diesen Meßpunkten „möglichst gut" anpaßt. Aus dieser *Regressions-* oder *Ausgleichskurve* läßt sich dann zu einem vorgegebenen Wert x der unabhängigen Größe X der zugehörige Wert y der von X abhängigen Größe Y *schätzen*.

Wir wollen dieses Problem zunächst an einem einfachen Beispiel näher erläutern. In einem Experiment soll die *Temperaturabhängigkeit* eines ohmschen Widerstandes R in einem bestimmten Temperaturintervall untersucht werden. Dazu wurde der Widerstand bei acht verschiedenen Temperaturen jeweils genau einmal gemessen. Das Meßprotokoll hatte dabei das folgende Aussehen:

i	1	2	3	4	5	6	7	8
$\frac{T_i}{°C}$	20	25	30	40	50	60	65	80
$\frac{R_i}{\Omega}$	16,30	16,44	16,61	16,81	17,10	17,37	17,38	17,86

Die acht Wertepaare $(T_i; R_i)$ führen dann zu acht Meßpunkten $P_i = (T_i; R_i)$ $(i = 1, 2, \ldots, 8)$, die nach Bild IV-22 *nahezu* auf einer *Geraden* liegen.

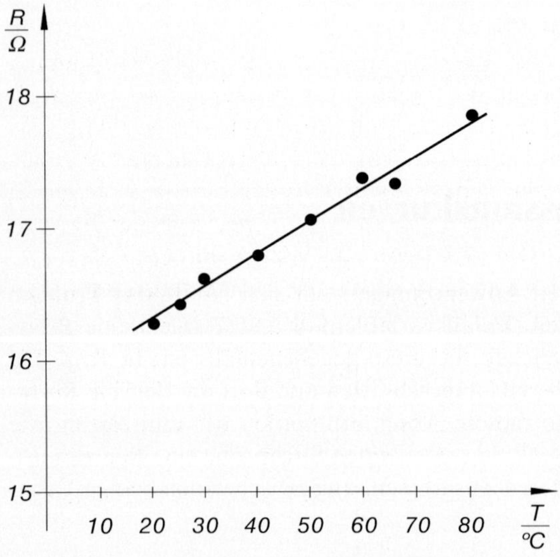

Bild IV-22
Zur Temperaturabhängigkeit eines ohmschen Widerstandes: Die Meßpunkte liegen nahezu auf einer Geraden

Es gelingt nun ohne große Schwierigkeiten, „frei nach Augenmaß" eine *Gerade* einzuzeichnen, die sich diesen Meßpunkten „besonders gut" anpaßt (Bild IV-22). Die *Streuung* der Meßpunkte um den geradlinigen Verlauf führen wir dabei auf die *unvermeidlichen* „Zufallsfehler" (zufälligen Meßabweichungen) zurück. Aus dem Meßprotokoll entnehmen wir z.B., daß bei einer Temperatur von 50 °C ein Widerstandswert von 17,10 Ω gemessen wurde. Würden wir jedoch bei dieser Temperatur die Widerstandsmessung mehrmals *wiederholen*, so erhielten wir infolge der *unvermeidlichen zufälligen* Meßabweichungen stets *etwas voneinander abweichende* Widerstandswerte [17]. Die Gerade in Bild IV-22 wurde dabei so gelegt, daß sie die *Streuung* der Meßpunkte nach beiden Seiten hin „möglichst gut ausgleicht". Allerdings ist die Auswahl einer solchen Ausgleichs- oder Regressionsgeraden *subjektiv* bedingt. *Verschiedene* Personen werden nämlich i.a. zu einem *unterschiedlichen* Urteil kommen und daher *verschiedene* Geraden als „besonders gut angepaßt" ansehen.

An dieser Stelle setzt nun die *Ausgleichsrechnung* ein. Sie liefert uns mit der von *Gauß* stammenden *„Methode der kleinsten Quadrate"* ein *objektives* Hilfsmittel zur Lösung der gestellten Aufgabe. Wir erhalten nach dieser Methode eine *eindeutig bestimmte* Gerade, wie in Abschnitt 5.3 noch ausführlich dargelegt wird.

5.2 Ausgleichung nach der „Gaußschen Methode der kleinsten Quadrate"

Wir formulieren die Aufgabe wie folgt:

Mit den Methoden der Ausgleichsrechnung soll aus n gemessenen Wertepaaren (Meßpunkten) $(x_i; y_i)$ $(i = 1, 2, \ldots, n)$ *ein möglichst einfacher funktionaler Zusammenhang zwischen den Meßgrößen X und Y hergeleitet werden.*

Als Ergebnis erwarten wir dabei eine Funktion $y = f(x)$, die sich den Meßpunkten „möglichst gut" anpaßt und daher in diesem Zusammenhang als *Ausgleichs-* oder auch *Regressionskurve* bezeichnet wird. Im Bereich der Technik wird dabei meist unterstellt, daß die als unabhängige Variable betrachtete Meßgröße X „fehlerfrei" gemessen wird, d.h. die unvermeidlichen *zufälligen* Meßabweichungen der x-Werte werden im Vergleich zu denen der y-Werte als *vernachlässigbar klein* angesehen. Dies aber bedeutet, daß wir die unabhängige Meßgröße X als eine *gewöhnliche* Variable auffassen dürfen, deren *feste* Werte auch bei Versuchswiederholungen *unverändert* bleiben. Die von der (gewöhnlichen) Variablen X abhängige Meßgröße Y ist dagegen eine *Zufallsvariable*, da die bei *festem* $X = x$ in Versuchswiederholungen erhaltenen Werte dieser Variablen infolge der unvermeidlichen *zufälligen* Meßabweichungen („Zufallsfehler") um einen Mittelwert *streuen*.

Als *Maß* für die (zufallsbedingte) Abweichung zwischen Meßpunkt und Ausgleichskurve führen wir den *vertikalen* Abstand, d.h. die *Ordinatendifferenz* ein (Bild IV-23).

Der Abstand des Meßpunktes $P_i = (x_i; y_i)$ von der gesuchten (aber noch unbekannten) Ausgleichskurve $y = f(x)$ beträgt damit [18]

$$v_i = y_i - f(x_i) \qquad \text{(IV-87)}$$

---

[17] Streng genommen sind auch die Temperaturangaben „fehlerhaft". Wir unterstellen aber, daß die Meßungenauigkeiten der Temperaturwerte im Vergleich zu den entsprechenden Meßungenauigkeiten der Widerstandswerte *vernachlässigbar klein* sind. Die unabhängige Meßgröße T wird somit wie eine *gewöhnliche* Variable behandelt, deren Werte in *kontrollierbarer* Weise „exakt" eingestellt werden können. Dagegen wird die von T abhängige Meßgröße R als eine *Zufallsvariable* betrachtet. Wir können nämlich aufgrund der unvermeidlichen zufälligen Meßabweichungen *nicht exakt* vorhersagen, *welchen* Wert der Widerstand R bei *fest* vorgegebener Temperatur T tatsächlich besitzt.

[18] Liegt der Meßpunkt P_i *oberhalb* (*unterhalb*) der Ausgleichskurve, so ist $v_i > 0$ $(v_i < 0)$.

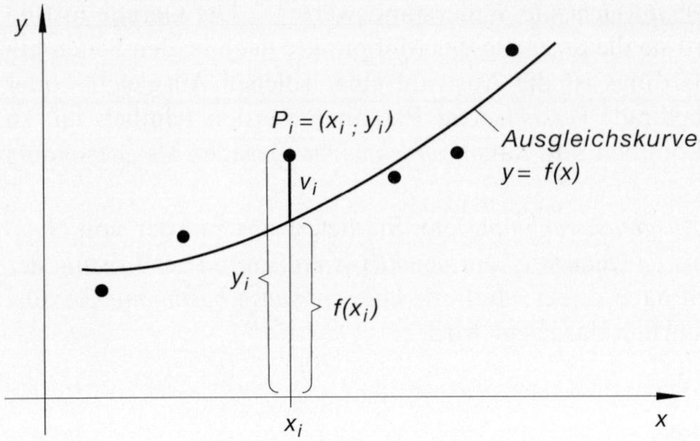

Bild IV-23
Meßpunkte $P_i = (x_i; y_i)$ mit „Ausgleichskurve"

Eine *objektive* Methode zur Bestimmung der „günstigsten" Kurve, eben der *Ausgleichskurve*, liefert die *Gaußsche Methode der kleinsten Quadrate*. Danach paßt sich diejenige Kurve den vorgegebenen Meßpunkten „am besten" an, für die die Summe der Abstandsquadrate aller n Meßpunkte ein *Minimum* annimmt:

$$S = \sum_{i=1}^{n} v_i^2 = \sum_{i=1}^{n} (y_i - f(x_i))^2 \;\rightarrow\; \text{Minimum} \tag{IV-88}$$

Wie man dieses Minimum mit den Hilfsmitteln der Differentialrechnung bestimmt, zeigen wir etwas später.

Von großer Bedeutung für die Lösung der gestellten Aufgabe ist dabei die Wahl eines *geeigneten Funktionstyps*, der der Ausgleichsrechnung zugrunde gelegt werden soll. Der Lösungsansatz für eine Ausgleichskurve ist naturgemäß von Fall zu Fall verschieden. Eine Entscheidung für einen bestimmten Funktionstyp läßt sich daher stets nur am *konkreten* Einzelfall treffen, z.B. aufgrund *theoretischer* Überlegungen oder aber anhand der *Punktwolke*, die die n Meßpunkte im Streuungsdiagramm bilden. Liegen die Meßpunkte beispielsweise *nahezu* in einer *Linie*, so wird man einen Lösungsansatz in Form einer *linearen* Funktion vom Typ

$$y = ax + b \tag{IV-89}$$

wählen (*Ausgleichsgerade*; Bild IV-24). Für eine Punktwolke wie in Bild IV-25 ist eine solche *lineare* Ausgleichung dagegen *wenig sinnvoll*. Hier wird man sich zu Recht für einen *quadratischen* Lösungsansatz in Form einer *Ausgleichs-* oder *Regressionsparabel* vom Typ

$$y = ax^2 + bx + c \tag{IV-90}$$

entscheiden. In beiden Fällen lassen sich dann die *Kurvenparameter* (a und b bzw. a, b und c) so aus der vorgegebenen Stichprobe $(x_i; y_i)$ bestimmen, daß die jeweils ausgewählte Kurve sich den Meßpunkten „optimal" anpaßt.

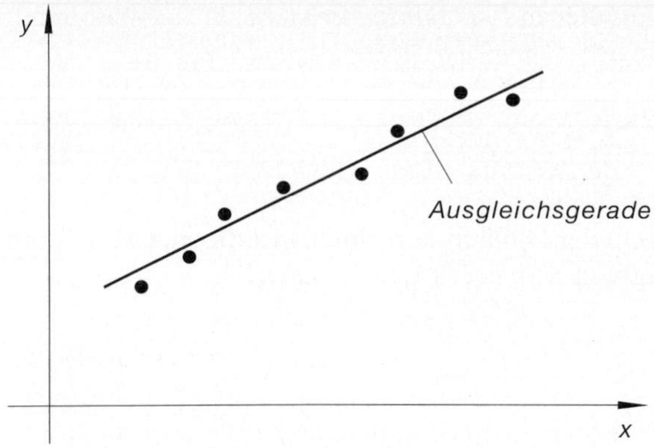

Bild IV-24
Ausgleichsgerade

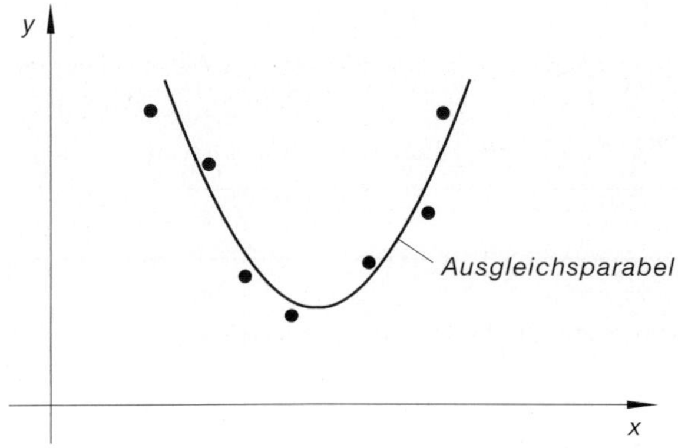

Bild IV-25
Ausgleichsparabel

Lineare Funktionen treten dabei in den technischen Anwendungen besonders häufig auf. Man spricht daher in diesem Zusammenhang auch von *linearer Ausgleichung* oder *linearer Regression*. Aber auch *Parabeln*, *Polynomfunktionen höherer Ordnung*, *Potenz-*, *Exponential-* und *Logarithmusfunktionen* sowie einfache *gebrochen-rationale* Funktionen spielen eine große Rolle bei der Festlegung des Funktionstyps einer Ausgleichskurve. Die in diesen Funktionen enthaltenen *Parameter* sind dann jeweils so zu bestimmen, daß das *Gaußsche Minimierungsprinzip* (IV-88) erfüllt wird. In Tabelle 3 haben wir einige besonders einfache, aber häufig auftretende Lösungsansätze für Ausgleichskurven zusammengestellt. Die jeweiligen Kurvenparameter sind ebenfalls angegeben.

Im konkreten Fall geht man nun folgendermaßen vor:

Zunächst muß man sich aufgrund der genannten Überlegungen für einen *bestimmten Lösungsansatz* $y = f(x)$ für die gesuchte Ausgleichs- oder Regressionskurve entscheiden, wobei das *Streuungsdiagramm*, d.h. die bildliche Darstellung der n Meßpunkte $(x_1; y_1)$, $(x_2; y_2), \ldots, (x_n; y_n)$ als *Punktwolke*, eine wesentliche *Entscheidungshilfe* liefert.

Dann werden die im Lösungsansatz enthaltenen *Funktionsparameter a, b,...* so bestimmt, daß die von diesen Parametern abhängige *Summe der Abstandsquadrate*

$$S(a; b; \ldots) = \sum_{i=1}^{n} (y_i - f(x_i))^2 \tag{IV-91}$$

ein *Minimum* annimmt. Nach den Regeln der Differentialrechnung ist dies der Fall, wenn die partiellen Ableitungen 1. Ordnung von $S(a; b; \ldots)$ *verschwinden*[19]:

$$\frac{\partial S}{\partial a} = 0, \qquad \frac{\partial S}{\partial b} = 0, \quad \ldots \tag{IV-92}$$

Aus diesem Gleichungssystem lassen sich dann die Parameter *a, b,...* und damit die Ausgleichskurve eindeutig bestimmen. Die Gleichungen (IV-92) heißen *Normalgleichungen*. Sie sind i.a. *nicht-linear* und daher meist nur *numerisch* unter erheblichem Rechenaufwand zu lösen. Nur in *einfachen* Fällen erhält man ein (quadratisches) *lineares* Gleichungssystem, daß mit Hilfe des *Gaußschen Algorithmus* gelöst werden kann.

Tabelle 3: Einfache Lösungsansätze für Ausgleichs- oder Regressionskurven

Lösungsansatz	$y = f(x)$	Parameter
Lineare Funktion (Gerade)	$y = ax + b$	a, b
Quadratische Funktion (Parabel)	$y = ax^2 + bx + c$	a, b, c
Polynomfunktion n-ten Grades	$y = a_n x^n + a_{n-1} x^{n-1} + \ldots + a_0$	$a_0, a_1, \ldots, a_n$
Potenzfunktion	$y = a \cdot x^b$	a, b
Exponentialfunktion	$y = a \cdot e^{bx}$	a, b
Logarithmusfunktion	$y = a \cdot \ln(bx)$	a, b
Gebrochenrationale Funktionen	$y = \frac{ax + b}{x} = a + \frac{b}{x}$	a, b
	$y = \frac{a}{x + b}$	a, b
	$y = \frac{ax}{x + b}$	a, b

[19] Die Gleichungen (IV-92) sind *notwendig*, jedoch *keinesfalls hinreichend* für die Existenz eines Minimums. Man muß dann von Fall zu Fall entscheiden, ob tatsächlich ein Minimum vorliegt.

Wir fassen die Ergebnisse zusammen:

Bestimmung einer Ausgleichs- oder Regressionskurve nach der „Gaußschen Methode der kleinsten Quadrate"

Zu n vorgegebenen Wertepaaren (Meßpunkten) $(x_i; y_i)$ $(i = 1, 2, \ldots, n)$ läßt sich wie folgt eine *Ausgleichs-* oder *Regressionskurve* bestimmen, die sich diesen Meßpunkten in „optimaler" Weise anpaßt:

1. Zunächst ist eine Entscheidung darüber zu treffen, welcher *Funktionstyp* der Ausgleichsrechnung zugrunde gelegt werden soll (Gerade, Parabel, Potenz- oder Exponentialfunktion usw.). Eine wesentliche *Entscheidungshilfe* liefert dabei das *Streuungsdiagramm*, in dem die n Meßpunkte $(x_i; y_i)$ in ihrer Gesamtheit durch eine *Punktwolke* bildlich dargestellt werden (vgl. hierzu Bild IV-23). Der *Lösungsansatz* $y = f(x)$ für die Ausgleichskurve enthält dann noch gewisse unbekannte *Parameter* $a, b, \ldots$.

2. Mit dem ausgewählten Funktionstyp $y = f(x)$ wird die *Summe der Abstandsquadrate*

$$S(a; b; \ldots) = \sum_{i=1}^{n} (y_i - f(x_i))^2 \tag{IV-93}$$

gebildet, die ebenfalls noch von den Kurvenparametern $a, b, \ldots$ abhängt, d.h. als eine *Funktion* dieser Parameter anzusehen ist.

3. Die Bestimmung der Parameter erfolgt dann aus den *Normalgleichungen*

$$\frac{\partial S}{\partial a} = 0, \qquad \frac{\partial S}{\partial b} = 0, \qquad \ldots \tag{IV-94}$$

Anmerkungen

(1) Die Meßwertepaare $(x_1; y_1), (x_2; y_2), \ldots, (x_n; y_n)$ repräsentieren eine *zweidimensionale Stichprobe*, die man der $(X; Y)$-Grundgesamtheit entnommen hat. Die als *unabhängig* angesehene Variable X ist dabei in den technischen Anwendungen meist eine *gewöhnliche* Variable, während die *abhängige* Meßgröße eine *Zufallsvariable* darstellt (X ist eine „fehlerfreie", Y dagegen eine mit *zufälligen Meßabweichungen* versehene Meßgröße).

(2) Eine Ausgleichung ist nur möglich, wenn die Anzahl n der Meßpunkte *größer* ist als die Anzahl der Kurvenparameter. Die Anzahl der Normalgleichungen, aus denen die Parameter berechnet werden, entspricht dabei stets der Anzahl der Parameter.

Konkrete Beispiele für Ausgleichsprobleme folgen in den nächsten Abschnitten.

5.3 Ausgleichs- oder Regressionsgerade

Wir behandeln in diesem Abschnitt den in den Anwendungen besonders häufig auftretenden und zugleich einfachsten Fall einer *linearen* Ausgleichskurve $y = ax + b$, die als *Ausgleichs-* oder *Regressionsgerade* bezeichnet wird.

5.3.1 Bestimmung der Parameter einer Ausgleichsgeraden

Für den *vertikalen* Abstand v_i zwischen dem Meßpunkt $P_i = (x_i; y_i)$ $(i = 1, 2, \ldots, n)$ und der *Ausgleichsgeraden*

$$y = f(x) = ax + b \tag{IV-95}$$

gilt dann nach Bild IV-26:

$$v_i = y_i - f(x_i) = y_i - (ax_i + b) = y_i - ax_i - b \tag{IV-96}$$

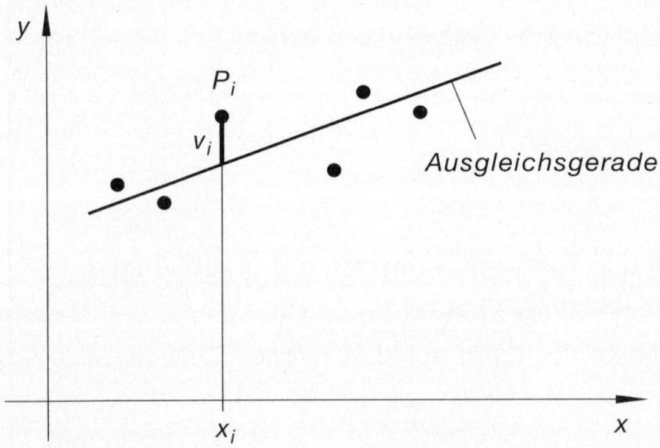

Bild IV-26
Zur Bestimmung der Ausgleichs- oder Regressionsgeraden

Die Parameter a und b werden dabei nach der *Gaußschen Methode der kleinsten Quadrate* so bestimmt, daß die Summe der Abstandsquadrate

$$S(a; b) = \sum_{i=1}^{n} (y_i - ax_i - b)^2 \tag{IV-97}$$

ihren *kleinsten* Wert annimmt. Dies ist nach (VI-94) der Fall, wenn die partiellen Ableitungen 1. Ordnung

$$\frac{\partial S}{\partial a} = 2 \cdot \sum_{i=1}^{n} (y_i - ax_i - b) \cdot (-x_i) = 2 \cdot \sum_{i=1}^{n} (-x_i y_i + ax_i^2 + bx_i) \tag{IV-98}$$

$$\frac{\partial S}{\partial b} = 2 \cdot \sum_{i=1}^{n} (y_i - ax_i - b) \cdot (-1) = 2 \cdot \sum_{i=1}^{n} (-y_i + ax_i + b) \tag{IV-99}$$

verschwinden.

Wir erhalten daraus die *Normalgleichungen*

$$\begin{aligned} \left(\sum_{i=1}^{n} x_i^2\right) \cdot a + \left(\sum_{i=1}^{n} x_i\right) \cdot b &= \sum_{i=1}^{n} x_i y_i \\ \left(\sum_{i=1}^{n} x_i\right) \cdot a + nb &= \sum_{i=1}^{n} y_i \end{aligned} \qquad \text{(IV-100)}$$

die ein *lineares Gleichungssystem* mit zwei Gleichungen und zwei Unbekannten repräsentieren [20]. Das System besitzt *genau eine* Lösung, da die Koeffizientendeterminante *nicht verschwindet*:

$$D = \begin{vmatrix} \sum_i x_i^2 & \sum_i x_i \\ \sum_i x_i & n \end{vmatrix} = n \cdot \sum_i x_i^2 - \left(\sum_i x_i\right)^2 = \frac{1}{2} \cdot \sum_i \sum_j (x_i - x_j)^2 > 0 \qquad \text{(IV-101)}$$

Mit den beiden *Hilfsdeterminanten*

$$D_1 = \begin{vmatrix} \sum_i x_i y_i & \sum_i x_i \\ \sum_i y_i & n \end{vmatrix} = n \cdot \sum_i x_i y_i - \left(\sum_i x_i\right)\left(\sum_i y_i\right) \qquad \text{(IV-102)}$$

und

$$D_2 = \begin{vmatrix} \sum_i x_i^2 & \sum_i x_i y_i \\ \sum_i x_i & \sum_i y_i \end{vmatrix} = \left(\sum_i x_i^2\right)\left(\sum_i y_i\right) - \left(\sum_i x_i\right)\left(\sum_i x_i y_i\right) \qquad \text{(IV-103)}$$

erhalten wir nach der *Cramerschen Regel* die folgende Lösung:

$$a = \frac{D_1}{D} = \frac{n \cdot \sum_i x_i y_i - \left(\sum_i x_i\right)\left(\sum_i y_i\right)}{n \cdot \sum_i x_i^2 - \left(\sum_i x_i\right)^2} \qquad \text{(IV-104)}$$

[20] Wir lassen im folgenden bei vielen Zwischenrechnungen die Summationsgrenzen weg. Der Summationsindex (meist i, manchmal auch j) läuft dabei stets von 1 bis n.

$$b = \frac{D_2}{D} = \frac{\left(\sum\limits_i x_i^2\right)\left(\sum\limits_i y_i\right) - \left(\sum\limits_i x_i\right)\left(\sum\limits_i x_i y_i\right)}{n \cdot \sum\limits_i x_i^2 - \left(\sum\limits_i x_i\right)^2} \qquad \text{(IV-105)}$$

Auch das für ein Minimum *hinreichende* Kriterium (Gleichung (IV-80) aus Band 2) ist erfüllt. Mit

$$\frac{\partial^2 S}{\partial a^2} = 2 \cdot \sum_i x_i^2, \qquad \frac{\partial^2 S}{\partial b^2} = 2n \qquad \text{und} \qquad \frac{\partial^2 S}{\partial a\,\partial b} = 2 \cdot \sum_i x_i \qquad \text{(IV-106)}$$

folgt nämlich

$$\left(\frac{\partial^2 S}{\partial a^2}\right)\left(\frac{\partial^2 S}{\partial b^2}\right) - \left(\frac{\partial^2 S}{\partial a\,\partial b}\right)^2 = 4n \cdot \sum_i x_i^2 - 4\left(\sum_i x_i\right)^2 =$$

$$= 4\left[n \cdot \sum_i x_i^2 - \left(\sum_i x_i\right)^2\right] = 4D > 0 \qquad \text{(IV-107)}$$

Die Ausgleichsgerade $y = ax + b$ ist damit *eindeutig* bestimmt.

Unter Verwendung der aus den x- bzw. y-Komponenten der Meßpunkte gebildeten *Mittelwerte*

$$\bar{x} = \frac{1}{n} \cdot \sum_i x_i \qquad \text{und} \qquad \bar{y} = \frac{1}{n} \cdot \sum_i y_i \qquad \text{(IV-108)}$$

lassen sich die soeben hergeleiteten Berechnungsformeln für die Steigung a, auch *empirischer Regressionskoeffizient* genannt, und den Achsenabschnitt b der Ausgleichsgeraden $y = ax + b$ auch wie folgt umformen:

Steigung (Regressionskoeffizient) a:

$$a = \frac{n \cdot \sum\limits_i x_i y_i - \left(\sum\limits_i x_i\right)\left(\sum\limits_i y_i\right)}{n \cdot \sum\limits_i x_i^2 - \left(\sum\limits_i x_i\right)^2} = \frac{n \cdot \sum\limits_i x_i y_i - (n\bar{x})(n\bar{y})}{n \cdot \sum\limits_i x_i^2 - (n\bar{x})^2} = \frac{\sum\limits_i x_i y_i - n\bar{x}\bar{y}}{\sum\limits_i x_i^2 - n\bar{x}^2}$$

(IV-109)

Achsenabschnitt b:

$$b = \frac{\left(\sum_i x_i^2\right)\left(\sum_i y_i\right) - \left(\sum_i x_i\right)\left(\sum_i x_i y_i\right)}{n \cdot \sum_i x_i^2 - \left(\sum_i x_i\right)^2} =$$

$$= \frac{\left(\sum_i x_i^2\right) n\bar{y} - (n\bar{x})\left(\sum_i x_i y_i\right)}{n \cdot \sum_i x_i^2 - (n\bar{x})^2} = \frac{\left(\sum_i x_i^2\right)\bar{y} - \bar{x}\left(\sum_i x_i y_i\right)}{\sum_i x_i^2 - n\bar{x}^2} =$$

(Im Zähler wird der Term $n\bar{x}^2\bar{y}$ *addiert* und gleichzeitig wieder *subtrahiert*)

$$= \frac{\left(\sum_i x_i^2\right)\bar{y} - \bar{x}\left(\sum_i x_i y_i\right) + n\bar{x}^2\bar{y} - n\bar{x}^2\bar{y}}{\sum_i x_i^2 - n\bar{x}^2} =$$

$$= \frac{\left(\sum_i x_i^2 - n\bar{x}^2\right)\bar{y} - \left(\sum_i x_i y_i - n\bar{x}\bar{y}\right)\bar{x}}{\sum_i x_i^2 - n\bar{x}^2} =$$

$$= \frac{\left(\sum_i x_i^2 - n\bar{x}^2\right)\bar{y}}{\sum_i x_i^2 - n\bar{x}^2} - \left(\frac{\sum_i x_i y_i - n\bar{x}\bar{y}}{\sum_i x_i^2 - n\bar{x}^2}\right)\bar{x} =$$

$$= \bar{y} - \underbrace{\left(\frac{\sum_i x_i y_i - n\bar{x}\bar{y}}{\sum_i x_i^2 - n\bar{x}^2}\right)}_{a}\bar{x} = \bar{y} - a\bar{x} \qquad \text{(IV-110)}$$

Der Parameter b läßt sich daher aus dem *Regressionskoeffizient a* nach der Formel

$$b = \bar{y} - a\bar{x} \qquad \text{(IV-111)}$$

berechnen.

Mit Hilfe dieser Beziehung läßt sich die *Ausgleichs-* oder *Regressionsgerade* auch auf die folgende *symmetrische* Form bringen:

$$y - \bar{y} = a(x - \bar{x}) \tag{IV-112}$$

Denn aus $y = ax + b$ folgt unter Verwendung der Formel (IV-111) unmittelbar:

$$y = ax + b = ax + \bar{y} - a\bar{x} = a(x - \bar{x}) + \bar{y} \;\Rightarrow\; y - \bar{y} = a(x - \bar{x}) \tag{IV-113}$$

Die *Ausgleichsgerade* verläuft somit durch den „Schwerpunkt" $S = (\bar{x}; \bar{y})$ der Punktwolke $(x_1; y_1), (x_2; y_2), \ldots, (x_n; y_n)$ (Bild IV-27).

Wir fassen die bisherigen Ergebnisse wie folgt zusammen:

Bestimmung der Ausgleichs- oder Regressionsgeraden

Gegeben sind n Wertepaare (Meßpunkte) $(x_i; y_i)$ $(i = 1, 2, \ldots, n)$, die in einem Streuungsdiagramm *nahezu* auf einer *Geraden* liegen (Bild IV-26). Steigung oder Regressionskoeffizient a und Achsenabschnitt b der zugehörigen *Ausgleichs-* oder *Regressionsgeraden* $y = ax + b$ lassen sich dann nach den folgenden Formeln berechnen:

$$a = \frac{n \cdot \sum_{i=1}^{n} x_i y_i - \left(\sum_{i=1}^{n} x_i\right)\left(\sum_{i=1}^{n} y_i\right)}{n \cdot \sum_{i=1}^{n} x_i^2 - \left(\sum_{i=1}^{n} x_i\right)^2} = \frac{\sum_{i=1}^{n} x_i y_i - n\bar{x}\bar{y}}{\sum_{i=1}^{n} x_i^2 - n\bar{x}^2} \tag{IV-114}$$

$$b = \frac{\left(\sum_{i=1}^{n} x_i^2\right)\left(\sum_{i=1}^{n} y_i\right) - \left(\sum_{i=1}^{n} x_i\right)\left(\sum_{i=1}^{n} x_i y_i\right)}{n \cdot \sum_{i=1}^{n} x_i^2 - \left(\sum_{i=1}^{n} x_i\right)^2} = \bar{y} - a\bar{x} \tag{IV-115}$$

Die Ausgleichsgerade kann aber auch in der speziellen *symmetrischen* Form

$$y - \bar{y} = a(x - \bar{x}) \tag{IV-116}$$

dargestellt werden. Sie verläuft durch den sog. *Schwerpunkt* $S = (\bar{x}; \bar{y})$ der aus den Meßpunkten gebildeten *Punktwolke* (vgl. hierzu Bild IV-27).

Dabei bedeuten:

$\bar{x}, \bar{y}$: *Mittelwerte* der x- bzw. y-Komponenten der n Meßpunkte

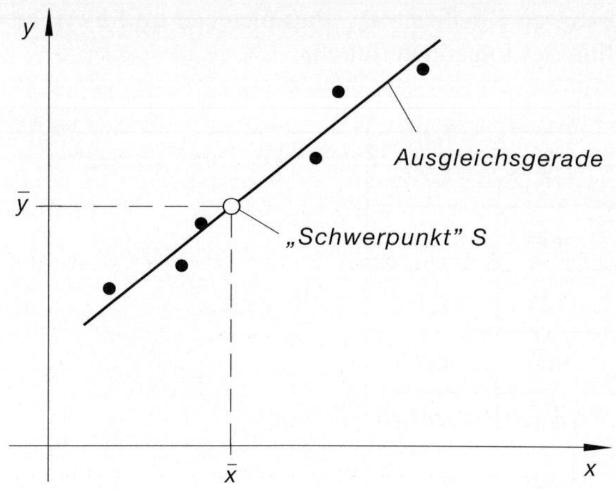

Bild IV-27
Die Ausgleichsgerade verläuft durch den „Schwerpunkt" $S = (\bar{x}; \bar{y})$

Anmerkungen

(1) Die Bestimmung einer Ausgleichsgeraden ist nur möglich, wenn *mindestens drei* Meßpunkte vorliegen ($n \geqslant 3$).

(2) Die vorgegebenen n Meßpunkte sind im Sinne der Statistik als eine *zweidimensionale Stichprobe* $(x_1; y_1), (x_2; y_2), \ldots, (x_n; y_n)$ aufzufassen, die einer zweidimensionalen Grundgesamtheit $(X; Y)$ entnommen wurde. Zwischen den Zufallsvariablen X und Y besteht dann die *lineare* Beziehung

$$Y - \mu_Y = a^* (X - \mu_X) \qquad \text{(IV-117)}$$

Sie wird als *Regressionsgerade der Grundgesamtheit* bezeichnet, wobei X als *unabhängige* und Y als von X *abhängige* Variable angesehen wird. μ_X und μ_Y sind die *Erwartungs-* oder *Mittelwerte* der beiden Variablen: $E(X) = \mu_X$ und $E(Y) = \mu_Y$. Die Steigung a^* ist der zugehörige *Regressionskoeffizient*. Der *empirische* Regressionskoeffizient a ist dabei ein *Schätz-* oder *Näherungswert* für den *theoretischen* Regressionskoeffizienten a^*, d.h. $a^* \approx a$.

■ **Beispiel**

Wir kommen auf das zu Beginn behandelte einführende Beispiel zurück (Bestimmung der *Temperaturabhängigkeit* eines ohmschen Widerstandes). Dort hatten wir bereits erkannt, daß die acht Meßpunkte *nahezu* auf einer *Geraden* liegen (vgl. hierzu Bild IV-22). Der *lineare* Ansatz

$$R = R(T) = aT + b$$

ist daher gerechtfertigt.

Die Berechnung der noch unbekannten Koeffizienten (Parameter) a und b erfolgt dabei zweckmäßigerweise mit Hilfe der folgenden Tabelle:

i	$\frac{T_i}{°C}$	$\frac{R_i}{\Omega}$	$\frac{T_i^2}{(°C)^2}$	$\frac{T_i R_i}{°C\,\Omega}$
1	20	16,30	400	326
2	25	16,44	625	411
3	30	16,61	900	498,3
4	40	16,81	1600	672,4
5	50	17,10	2500	855
6	60	17,37	3600	1042,2
7	65	17,38	4225	1129,7
8	80	17,86	6400	1428,8
$\sum$	370	135,87	20250	6363,4

Mittelwerte $\overline{T}$ und $\overline{R}$:

$$\overline{T} = \frac{1}{8} \cdot \sum_{i=1}^{8} T_i = \frac{1}{8} \cdot 370\ °C = 46{,}25\ °C$$

$$\overline{R} = \frac{1}{8} \cdot \sum_{i=1}^{8} R_i = \frac{1}{8} \cdot 135{,}87\ \Omega = 16{,}98375\ \Omega$$

Regressionskoeffizient a:

$$a = \frac{\sum_{i=1}^{8} T_i R_i - 8\,\overline{T}\,\overline{R}}{\sum_{i=1}^{8} T_i^2 - 8\,\overline{T}^2} =$$

$$= \frac{6363{,}4\ °C\,\Omega - 8\,(46{,}25\ °C)\,(16{,}98375\ \Omega)}{20250\,(°C)^2 - 8\,(46{,}25\ °C)^2} = 0{,}025311\ \frac{\Omega}{°C}$$

Die *Ausgleichsgerade* lautet somit in der speziellen *symmetrischen* Form (IV-116) wie folgt:

$$R - \bar{R} = a(T - \bar{T})$$

$$R - 16{,}98375\,\Omega = 0{,}025311\,\frac{\Omega}{^\circ\mathrm{C}}(T - 46{,}25\,^\circ\mathrm{C})$$

In der *Hauptform* erhalten wir

$$R = \left(0{,}0253\,\frac{\Omega}{^\circ\mathrm{C}}\right) \cdot T + 15{,}8131\,\Omega$$

(Bild IV-28). Die Kurvenparameter a und b besitzen somit die Werte

$$a = 0{,}0253\,\frac{\Omega}{^\circ\mathrm{C}} \qquad \text{und} \qquad b = 15{,}8131\,\Omega$$

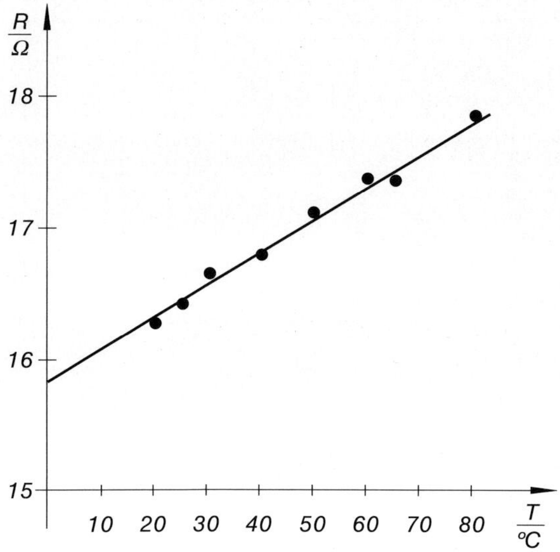

Bild IV-28

Mit Hilfe der *Ausgleichs-* oder *Regressionsgeraden* können wir jetzt im Temperaturbereich zwischen 20 °C und 80 °C vernünftige *Schätzwerte* für den ohmschen Widerstand erhalten. Z.B. erwarten wir bei einer Temperatur von $T = 45\,^\circ\mathrm{C}$ einen Widerstandswert von

$$R(T = 45\,^\circ\mathrm{C}) = \left(0{,}0253\,\frac{\Omega}{^\circ\mathrm{C}}\right) \cdot 45\,^\circ\mathrm{C} + 15{,}8131\,\Omega = 16{,}9516\,\Omega \approx 16{,}95\,\Omega$$

■

5.3.2 Streuungsmaße und Unsicherheiten bei der Parameterbestimmung

Wir beschäftigen uns in diesem Abschnitt mit der *Streuung* der Meßpunkte $(x_i; y_i)$ um die Ausgleichsgerade $y = ax + b$ und den *Unsicherheiten* (Standardabweichungen bzw. Varianzen) der berechneten Parameter a und b.

Zusammenhang zwischen Regressionskoeffizient *a* und Korrelationskoeffizient *r*

Der *Regressionskoeffizient* a der Ausgleichsgeraden

$$y = ax + b \qquad \text{oder} \qquad y - \bar{y} = a(x - \bar{x}) \tag{IV-118}$$

läßt sich auch durch den *empirischen Korrelationskoeffizienten* r und die *Standardabweichungen* s_x und s_y der x- bzw. y-Komponenten der Meßpunkte ausdrücken. Aus den Definitionsformeln [21)]

$$s_{xy} = \frac{1}{n-1} \cdot \sum_i (x_i - \bar{x})(y_i - \bar{y}) = \frac{1}{n-1}\left[\sum_i x_i y_i - n\bar{x}\bar{y}\right] \tag{IV-119}$$

und

$$s_x^2 = \frac{1}{n-1} \cdot \sum_i (x_i - \bar{x})^2 = \frac{1}{n-1}\left[\sum_i x_i^2 - n\bar{x}^2\right] \tag{IV-120}$$

folgen zunächst die Beziehungen

$$\sum_i x_i y_i - n\bar{x}\bar{y} = (n-1)\, s_{xy} \tag{IV-121}$$

und

$$\sum_i x_i^2 - n\bar{x}^2 = (n-1)\, s_x^2 \tag{IV-122}$$

die wir dann in die Formel (IV-114) für den Regressionskoeffizienten a einsetzen:

$$a = \frac{\sum_i x_i y_i - n\bar{x}\bar{y}}{\sum_i x_i^2 - n\bar{x}^2} = \frac{(n-1)\, s_{xy}}{(n-1)\, s_x^2} = \frac{s_{xy}}{s_x^2} \tag{IV-123}$$

---

21) Es handelt sich um die Gleichungen (III-287) und (III-289) bzw. (III-19) und (III-20) aus Kap. III.

Durch Erweiterung mit s_y und unter Berücksichtigung der Definitionsformel $r = \frac{s_{xy}}{s_x \cdot s_y}$ für den *empirischen Korrelationskoeffizienten* erhalten wir schließlich den gesuchten Zusammenhang:

$$a = \frac{s_{xy}}{s_x^2} = \frac{s_{xy} \cdot s_y}{s_x^2 \cdot s_y} = \frac{s_{xy}}{s_x \cdot s_y} \cdot \frac{s_y}{s_x} = r \cdot \frac{s_y}{s_x} \qquad \text{(IV-124)}$$

Regressionskoeffizient a und Korrelationskoeffizient r sind somit zueinander *proportionale* Größen.

Empirische Restvarianz

Die Parameter a und b im Lösungsansatz $y = ax + b$ für eine Ausgleichsgerade haben wir gerade so bestimmt, daß die Summe der (vertikalen) Abstandsquadrate ihren *kleinsten* Wert annimmt. Diesen *Minimalwert* wollen wir jetzt berechnen. Unter Berücksichtigung von $b = \bar{y} - a\bar{x}$ erhalten wir zunächst:

$$S(a; b)_{\min} = \sum_i (y_i - ax_i - b)^2 = \sum_i (y_i - ax_i - \bar{y} + a\bar{x})^2 =$$

$$= \sum_i [(y_i - \bar{y}) - a(x_i - \bar{x})]^2 =$$

$$= \sum_i (y_i - \bar{y})^2 - 2a \cdot \sum_i (x_i - \bar{x})(y_i - \bar{y}) + a^2 \cdot \sum_i (x_i - \bar{x})^2 \qquad \text{(IV-125)}$$

Die in dieser Gleichung auftretenden Summen lassen sich mit Hilfe der Definitionsformeln für s_x^2, s_y^2 und s_{xy} dabei noch wie folgt ausdrücken:

$$\sum_i (x_i - \bar{x})^2 = (n-1)\, s_x^2 \qquad \text{(IV-126)}$$

$$\sum_i (y_i - \bar{y})^2 = (n-1)\, s_y^2 \qquad \text{(IV-127)}$$

$$\sum_i (x_i - \bar{x})(y_i - \bar{y}) = (n-1)\, s_{xy} \qquad \text{(IV-128)}$$

Damit erhalten wir

$$S(a; b)_{\min} = \sum_i (y_i - \bar{y})^2 - 2a \cdot \sum_i (x_i - \bar{x})(y_i - \bar{y}) + a^2 \cdot \sum_i (x_i - \bar{x})^2 =$$

$$= (n-1)\, s_y^2 - 2a(n-1)\, s_{xy} + a^2 \cdot (n-1)\, s_x^2 =$$

$$= (n-1)(s_y^2 - 2a \cdot s_{xy} + a^2 \cdot s_x^2) \qquad \text{(IV-129)}$$

Setzen wir in diese Gleichung noch die aus (IV-123) gewonnene Beziehung $s_{xy} = a \cdot s_x^2$ ein, so folgt weiter:

$$S(a;b)_{\min} = (n-1)[s_y^2 - 2a(a \cdot s_x^2) + a^2 \cdot s_x^2] = (n-1)(s_y^2 - a^2 \cdot s_x^2) \qquad \text{(IV-130)}$$

Jetzt drücken wir noch den Regressionskoeffizienten a durch den Korrelationskoeffizienten r mit Hilfe der Beziehung (IV-124) aus und erhalten so schließlich:

$$S(a;b)_{\min} = (\mathrm{n}-1)(s_y^2 - a^2 \cdot s_x^2) = (n-1)\left(s_y^2 - r^2 \cdot \frac{s_y^2}{s_x^2} \cdot s_x^2\right) =$$

$$= (n-1)(s_y^2 - r^2 \cdot s_y^2) = (n-1)(1-r^2)s_y^2 \qquad \text{(IV-131)}$$

Diese Summe der (vertikalen) Abweichungsquadrate *verschwindet* genau dann, wenn der empirische Korrelationskoeffizient den Wert $r = -1$ oder $r = +1$ annimmt. Alle n Meßpunkte $(x_i; y_i)$ liegen dann auf einer *Geraden*, nämlich der Ausgleichsgeraden (Bild IV-29). Dieses Ergebnis aber ist uns bereits aus Kap. III, Abschnitt 6.1.1 bekannt.

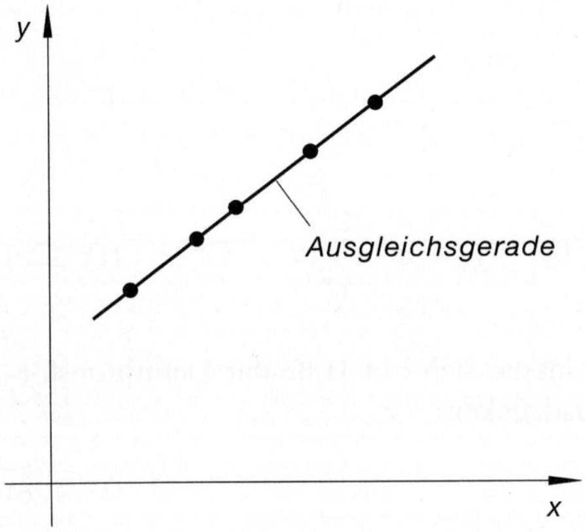

Bild IV-29
Sonderfall: Sämtliche Meßpunkte liegen auf der Ausgleichsgeraden

Varianz und Standardabweichung der berechneten Parameter

Im allgemeinen jedoch werden die Meßpunkte – wie in den Bildern IV-26 und IV-27 dargestellt – um die Ausgleichsgerade *streuen*. Die durch die Gleichung

$$s_{\text{Rest}}^2 = \frac{S(a;b)_{\min}}{n-2} = \frac{(n-1)(1-r^2)s_y^2}{n-2} \qquad \text{(IV-132)}$$

definierte *empirische Restvarianz* stellt dann ein geeignetes *Maß* für die *Streuung* der Meßpunkte um die Ausgleichsgerade dar. Die durch Wurzelziehen erhaltene Größe s_{Rest} charakterisiert somit die *Unsicherheit* der Meßwerte $y_1, y_2, \ldots, y_n$. Die Restvarianz *verschwindet* dabei genau dann, wenn *sämtliche* Meßpunkte auf einer *Geraden* liegen und dies wiederum ist genau dann der Fall, wenn der empirische Korrelationskoeffizient den Wert $r = -1$ oder $r = +1$ annimmt.

Während sich die Ordinatenwerte $y_1, y_2, \ldots, y_n$ der n Meßpunkte $(x_i; y_i)$ von Stichprobe zu Stichprobe infolge der Zufallsstreuung *verändern*, bleiben die Abszissenwerte $x_1, x_2, \ldots, x_n$ *unverändert*. Denn X ist eine *gewöhnliche* Variable, Y dagegen eine *Zufallsvariable*! Daher *verändern* sich auch die Parameter a und b der Ausgleichsgeraden $y = ax + b$ mit der Stichprobe. Regressionskoeffizient a und Achsenabschnitt b sind somit *Funktionen* der (streuenden) Ordinatenmeßwerte $y_1, y_2, \ldots, y_n$ und folglich ebenfalls mit gewissen *Unsicherheiten* behaftet [22]. Die *Unsicherheiten* bei der Bestimmung der Parameter a und b werden dabei durch die folgenden *Varianzen* bzw. deren Quadratwurzeln beschrieben [23]:

$$s_a^2 = \frac{n \cdot s_{\text{Rest}}^2}{n \cdot \sum_i x_i^2 - \left(\sum_i x_i\right)^2} = \frac{(1 - r^2)\, s_y^2}{(n - 2)\, s_x^2} \tag{IV-133}$$

$$s_b^2 = \frac{\left(\sum_i x_i^2\right) \cdot s_{\text{Rest}}^2}{n \cdot \sum_i x_i^2 - \left(\sum_i x_i\right)^2} = \frac{(n - 1)\, s_x^2 + n\bar{x}^2}{n} \cdot s_a^2 \tag{IV-134}$$

Wir fassen diese wichtigen Aussagen wie folgt zusammen:

Eigenschaften einer Ausgleichs- oder Regressionsgeraden

Eine aus n Wertepaaren (Meßpunkten) $(x_i; y_i)$ $(i = 1, 2, \ldots, n)$ bestimmte *Ausgleichs-* oder *Regressionsgerade*

$$y = ax + b \qquad \text{oder} \qquad y - \bar{y} = a(x - \bar{x}) \tag{IV-135}$$

besitzt die folgenden Eigenschaften:

1. Zwischen der meist als *Regressionskoeffizient* bezeichneten Steigung a der Ausgleichsgeraden und dem *empirischen Korrelationskoeffizienten* r der Meßpunkte besteht der folgende Zusammenhang:

$$a = \frac{s_{xy}}{s_x^2} = r \cdot \frac{s_y}{s_x} \tag{IV-136}$$

---

[22] Diese Unsicherheiten sind eine direkte Folge der Unsicherheit der y-Meßwerte. Es handelt sich hier also um eine *Fortpflanzung* von „Fehlern“ bzw. Varianzen.

[23] s_a und s_b sind die *Standardabweichungen* der beiden Parameter a und b.

2. Die *empirische Restvarianz*

$$s_{\text{Rest}}^2 = \frac{(n-1)(1-r^2)\,s_y^2}{n-2} \qquad \text{(IV-137)}$$

ist ein *Maß* für die *Streuung* der Meßpunkte um die Ausgleichsgerade. Die zugehörige *Standardabweichung* s_{Rest} (d.h. die Quadratwurzel aus der Restvarianz) charakterisiert somit die *Unsicherheit* der y-Meßwerte.

Die empirische Restvarianz *verschwindet* dabei genau dann, wenn *sämtliche* Meßpunkte auf der *Ausgleichsgeraden* liegen. Dies wiederum ist genau dann der Fall, wenn der empirische Korrelationskoeffizient den Wert $r = -1$ oder $r = +1$ besitzt, d.h. $r^2 = 1$ ist (vgl. hierzu Bild IV-29).

3. Infolge der *zufallsbedingten* Streuung der Meßpunkte um die Ausgleichsgerade $y = ax + b$ sind auch deren Parameter a und b mit *Unsicherheiten* behaftet. Die Parameterwerte besitzen dabei die folgenden *Varianzen*:

Varianz des Regressionskoeffizienten a:

$$s_a^2 = \frac{n \cdot s_{\text{Rest}}^2}{n \cdot \sum_{i=1}^{n} x_i^2 - \left(\sum_{i=1}^{n} x_i\right)^2} = \frac{(1-r^2)\,s_y^2}{(n-2)\,s_x^2} \qquad \text{(IV-138)}$$

Varianz des Parameters b (Achsenabschnitt):

$$s_b^2 = \frac{\left(\sum_{i=1}^{n} x_i^2\right) \cdot s_{\text{Rest}}^2}{n \cdot \sum_{i=1}^{n} x_i^2 - \left(\sum_{i=1}^{n} x_i\right)^2} = \frac{(n-1)\,s_x^2 + n\bar{x}^2}{n} \cdot s_a^2 \qquad \text{(IV-139)}$$

Die zugehörigen *Standardabweichungen* s_a und s_b (d.h. die Quadratwurzeln aus den Varianzen) liefern dann ein geeignetes *Maß* für die *Unsicherheiten* der Parameter a und b.

In den angegebenen Formeln bedeuten dabei:

$\bar{x}, \bar{y}$: *Mittelwerte* der x- bzw. y-Komponenten der n Meßpunkte

s_x, s_y: *Standardabweichungen* der x- bzw. y-Komponenten der n Meßpunkte

s_{xy}: *Empirische Kovarianz* der n Meßpunkte (Kovarianz der Stichprobe $(x_1; y_1), (x_2; y_2), \ldots, (x_n; y_n)$)

r: *Empirischer Korrelationskoeffizient* (Korrelationskoeffizient der Stichprobe $(x_1; y_1), (x_2; y_2), \ldots, (x_n; y_n)$)

Anmerkung

Die *empirische Restvarianz* nach Gleichung (IV-137) erhält man, indem man die *minimierte* Summe der Abstandsquadrate, also $S(a; b)_{\min}$, durch die Anzahl f der sog. *Freiheitsgrade* dividiert. Dabei gilt allgemein:

$$f = n - k \qquad \text{(IV-140)}$$

wobei n die Anzahl der *Meßpunkte* und k die Anzahl der zu bestimmenden *Kurvenparameter* im Lösungsansatz bedeuten. Bei der Ausgleichsgeraden sind $k = 2$ Parameter (nämlich a und b) zu bestimmen und somit gibt es in diesem Fall $f = n - 2$ Freiheitsgrade.

■ **Beispiel**

Im Beispiel des letzten Abschnitts hatten wir die *Temperaturabhängigkeit* eines ohmschen Widerstandes aus acht Meßpunkten mit Hilfe einer *Ausgleichsgeraden* ermittelt. Wir erhielten dabei den folgenden Zusammenhang zwischen dem Widerstand R (in Ω) und der Temperatur T (in °C):

$$R = \left(0{,}0253\,\frac{\Omega}{{}^\circ\mathrm{C}}\right) \cdot T + 15{,}8131\,\Omega$$

(vgl. hierzu auch Bild IV-28).

Wir führen dieses Beispiel nun zu Ende und wollen uns noch mit der *Streuung* der Meßpunkte um die ermittelte Ausgleichsgerade und den *Unsicherheiten* der Parameter a und b beschäftigen. Die dabei benötigten Werte für den *empirischen Korrelationskoeffizienten* r und die *Varianzen* s_T^2 und s_R^2 der Meßgrößen T und R sind aus Kap. III., Abschnitt 6 (Übungsaufgabe 3) bereits bekannt:

$$r = 0{,}9974, \qquad s_T^2 = 448{,}2149\,({}^\circ\mathrm{C})^2, \qquad s_R^2 = 0{,}2887\,\Omega^2$$

Damit erhalten wir nach Formel (IV-137) eine *empirische Restvarianz* von

$$s_{\text{Rest}}^2 = \frac{(8-1)(1-r^2)\,s_R^2}{8-2} = \frac{7(1-0{,}9974^2)\cdot 0{,}2887\,\Omega^2}{6} = 0{,}0017\,\Omega^2$$

Der *kleine* Wert bestätigt dabei nochmals, daß die Meßpunkte in sehr guter Näherung auf einer *Geraden* liegen.

Für die *Varianzen* der Parameter a und b folgt unter Verwendung der Formeln (IV-138) und (IV-139) und unter Berücksichtigung des Mittelwertes $\overline{T} = 46{,}25\,{}^\circ\mathrm{C}$:

$$s_a^2 = \frac{(1-r^2)\,s_R^2}{(8-2)\,s_T^2} = \frac{(1-0{,}9974^2)\cdot 0{,}2887\,\Omega^2}{6\cdot 448{,}2149\,({}^\circ\mathrm{C})^2} = 55{,}7\cdot 10^{-8}\,\frac{\Omega^2}{({}^\circ\mathrm{C})^2}$$

$$s_b^2 = \frac{(8-1)\,s_T^2 + 8\,\overline{T}^2}{8}\cdot s_a^2 =$$

$$= \frac{7\cdot 448{,}2149\,({}^\circ\mathrm{C})^2 + 8\cdot(46{,}25\,{}^\circ\mathrm{C})^2}{8}\cdot 55{,}7\cdot 10^{-8}\,\frac{\Omega^2}{({}^\circ\mathrm{C})^2} = 0{,}001410\,\Omega^2$$

Damit ergeben sich folgende *Unsicherheiten* für *Regressionskoeffizient a* und *Achsenabschnitt b*:

$$s_a = 0{,}0007\ \Omega/°\text{C}, \qquad s_b = 0{,}0375\ \Omega$$ ■

5.4 Ausgleichs- oder Regressionsparabel

Liegen die in das Streuungsdiagramm eingetragenen n Meßpunkte $P_i = (x_i; y_i)$ $(i = 1, 2, \ldots, n)$ *nahezu* auf einer *Parabel*, so wählt man zweckmäßigerweise einen *quadratischen* Lösungsansatz in Form einer sog. *Ausgleichs-* oder *Regressionsparabel*

$$y = f(x) = ax^2 + bx + c \tag{IV-141}$$

(Bild IV-30). Der *vertikale* Abstand des i-ten Meßpunktes von dieser Parabel beträgt dann

$$v_i = y_i - f(x_i) = y_i - (ax_i^2 + bx_i + c) = y_i - ax_i^2 - bx_i - c \tag{IV-142}$$

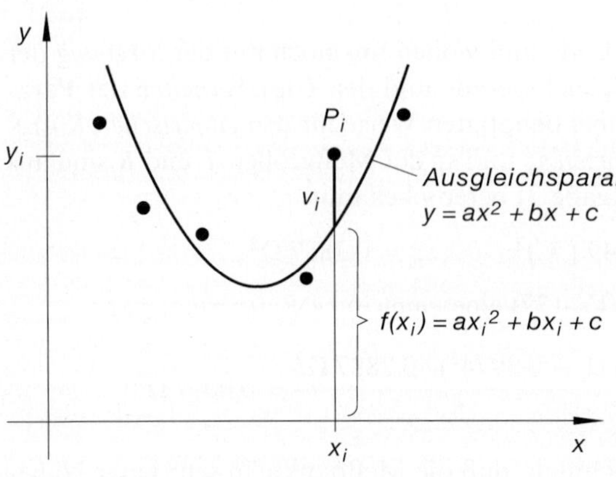

Bild IV-30
Zur Bestimmung der Ausgleichsparabel

Die zunächst unbekannten Kurvenparameter (Koeffizienten) a, b und c werden dabei nach der *Gaußschen Methode der kleinsten Quadrate* wiederum so bestimmt, daß die Summe der vertikalen Abstandsquadrate aller Meßpunkte von der Ausgleichsparabel ihren *kleinsten* Wert annimmt:

$$S(a; b; c) = \sum_{i=1}^{n} (y_i - ax_i^2 - bx_i - c)^2 \ \rightarrow \ \text{Minimum} \tag{IV-143}$$

Dazu müssen die drei partiellen Ableitungen 1. Ordnung von $S(a; b; c)$ notwendigerweise *verschwinden*:

$$\left.\begin{aligned}\frac{\partial S}{\partial a} &= 2 \cdot \sum_{i=1}^{n} (y_i - a x_i^2 - b x_i - c)(-x_i^2) = 0 \\ \frac{\partial S}{\partial b} &= 2 \cdot \sum_{i=1}^{n} (y_i - a x_i^2 - b x_i - c)(-x_i) = 0 \\ \frac{\partial S}{\partial c} &= 2 \cdot \sum_{i=1}^{n} (y_i - a x_i^2 - b x_i - c)(-1) = 0\end{aligned}\right\} \qquad \text{(IV-144)}$$

Wir erhalten damit drei *lineare* Gleichungen mit den drei Unbekannten a, b, c. Dieses *quadratische lineare Gleichungssystem* läßt sich dann mit Hilfe der *Cramerschen Regel* oder durch Anwendung des *Gaußschen Algorithmus* lösen.

Bestimmung der Ausgleichs- oder Regressionsparabel

Gegeben sind n Wertepaare (Meßpunkte) $(x_i; y_i)$ $(i = 1, 2, \ldots, n)$, die in einem Streuungsdiagramm *nahezu* auf einer *Parabel* liegen (Bild IV-30). Die Parameter (Koeffizienten) a, b und c der zugehörigen *Ausgleichs-* oder *Regressionsparabel*

$$y = a x^2 + b x + c \qquad \text{(IV-145)}$$

lassen sich dann z.B. mit Hilfe der *Cramerschen Regel* oder *des Gaußschen Algorithmus* aus den folgenden *Normalgleichungen* eindeutig bestimmen:

$$\left.\begin{aligned}\left(\sum_{i=1}^{n} x_i^4\right) \cdot a + \left(\sum_{i=1}^{n} x_i^3\right) \cdot b + \left(\sum_{i=1}^{n} x_i^2\right) \cdot c &= \sum_{i=1}^{n} x_i^2 y_i \\ \left(\sum_{i=1}^{n} x_i^3\right) \cdot a + \left(\sum_{i=1}^{n} x_i^2\right) \cdot b + \left(\sum_{i=1}^{n} x_i\right) \cdot c &= \sum_{i=1}^{n} x_i y_i \\ \left(\sum_{i=1}^{n} x_i^2\right) \cdot a + \left(\sum_{i=1}^{n} x_i\right) \cdot b + nc &= \sum_{i=1}^{n} y_i\end{aligned}\right\} \qquad \text{(IV-146)}$$

Anmerkungen

(1) Eine Ausgleichskurve in Form einer *Parabel* ist nur möglich, wenn *mindestens vier* Meßpunkte vorliegen ($n \geqslant 4$).

(2) Die drei Normalgleichungen (IV-146) erhält man aus dem Gleichungssystem (IV-144) durch Auflösen der Summen und anschließendem Ordnen der Glieder.

■ **Beispiel**

Bei einem bestimmten Autotyp soll der Zusammenhang zwischen dem *Bremsweg* s (in m) und der *Geschwindigkeit* v (in km/h) näher untersucht werden. Dazu wurde der Bremsweg bei fünf verschiedenen Geschwindigkeiten gemessen. Man erhielt dabei die folgenden Meßwertepaare:

i	1	2	3	4	5
v_i	40	70	100	130	150
s_i	14	39	78	120	153

Als Ausgleichskurve wählen wir aufgrund des *Streuungsdiagramms* nach Bild IV-31 eine *Parabel* vom Typ

$$s = av^2 + bv + c$$

Die Kurvenparameter a, b und c dieser *Ausgleichsparabel* bestimmen wir zweckmäßigerweise anhand der folgenden Tabelle (die Einheiten haben wir der besseren Übersicht wegen weggelassen):

i	v_i	s_i	v_i^2	v_i^3	v_i^4	$v_i^2 s_i$	$v_i s_i$
1	40	14	1 600	64 000	2 560 000	22 400	560
2	70	39	4 900	343 000	24 010 000	191 100	2 730
3	100	78	10 000	1 000 000	100 000 000	780 000	7 800
4	130	120	16 900	2 197 000	285 610 000	2 028 000	15 600
5	150	153	22 500	3 375 000	506 250 000	3 442 500	22 950
$\sum$	490	404	55 900	6 979 000	918 430 000	6 464 000	49 640

Die *Normalgleichungen* (IV-146) haben damit das folgende Aussehen:

$$\begin{array}{lrcrcrcr} \text{(I)} & 918\,430\,000 \cdot a & + & 6\,979\,000 \cdot b & + & 55\,900 \cdot c & = & 6\,464\,000 \\ \text{(II)} & 6\,979\,000 \cdot a & + & 55\,900 \cdot b & + & 490 \cdot c & = & 49\,640 \\ \text{(III)} & 55\,900 \cdot a & + & 490 \cdot b & + & 5 \cdot c & = & 404 \end{array}$$

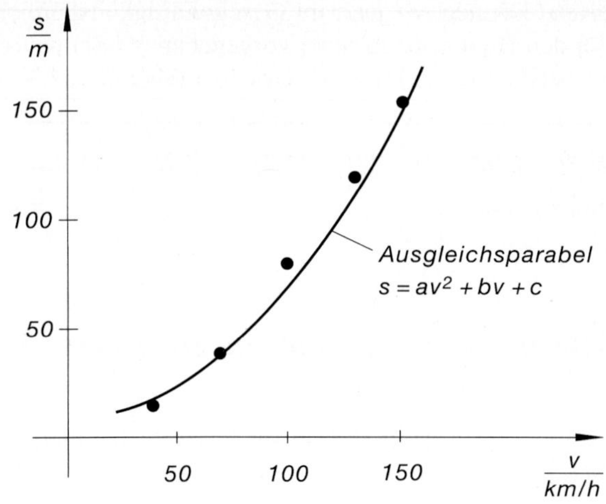

Bild IV-31
Der Bremsweg s ist eine quadratische Funktion der Geschwindigkeit v („Ausgleichsparabel")

Wir lösen dieses *quadratische lineare Gleichungssystem* z. B. mit Hilfe des *Gaußschen Algorithmus* und erhalten die Parameterwerte

$$a = 0{,}004\,399, \qquad b = 0{,}437\,217, \qquad c = -11{,}23$$

Die gesuchte *Ausgleichsparabel* lautet somit [24]:

$$s = 0{,}004399 \cdot v^2 + 0{,}437217 \cdot v - 11{,}23$$

Ihr Verlauf ist in Bild IV-32 dargestellt.

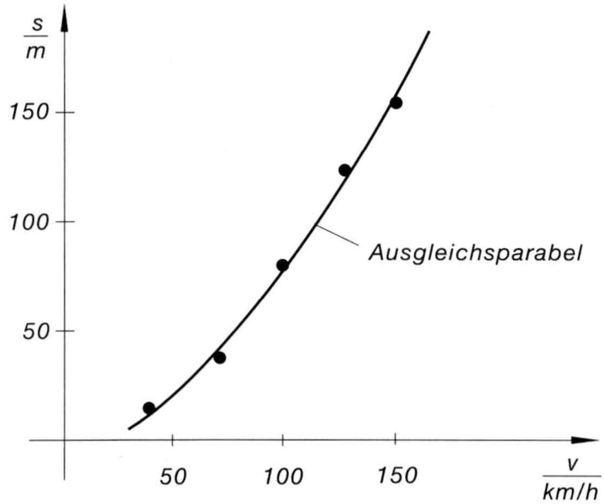

Bild IV-32

[24] Die Geschwindigkeit v ist in der Einheit km/h, der Weg s in der Einheit m einzusetzen.

Mit Hilfe der *Ausgleichsparabel* können wir jetzt im Geschwindigkeitsbereich von 40 km/h bis hin zu 150 km/h den Bremsweg für eine vorgegebene Geschwindigkeit *abschätzen*. So erwarten wir beispielsweise bei einer Geschwindigkeit von 90 km/h einen Bremsweg von

$$s(v = 90) = 0{,}004399 \cdot 90^2 + 0{,}437217 \cdot 90 - 11{,}23 = 63{,}75 \quad \text{(in m)}$$

Der Bremsweg beträgt daher bei der Geschwindigkeit $v = 90$ km/h *rund* 64 m.

■

5.5 Nichtlineare Ausgleichsprobleme, die auf lineare Regression zurückführbar sind

Viele *nichtlineare* Lösungsansätze für Ausgleichskurven lassen sich durch eine geeignete *Transformation* auf den rechnerisch erheblich einfacheren *linearen* Ansatz zurückführen. Wir zeigen dies am Beispiel der *Exponential*- und *Potenzfunktionen*, die sich im *halb*- bzw. *doppellogarithmischen* Funktionspapier durch *lineare* Funktionen, d.h. durch *Geraden* darstellen lassen.

Exponentialfunktion $y = a \cdot e^{bx}$

Durch *Logarithmieren* folgt zunächst:

$$\ln y = \ln(a \cdot e^{bx}) = \ln a + \ln(e^{bx}) = \ln a + bx = bx + \ln a \tag{IV-147}$$

Wir führen jetzt die formale *Transformation*

$$u = x, \qquad v = \ln y \tag{IV-148}$$

durch, setzen dabei noch $c = b$ und $d = \ln a$ und erhalten dann die *Gerade*

$$v = cu + d \tag{IV-149}$$

Durch diese Transformation wird also eine *Exponentialfunktion* in eine *lineare* Funktion übergeführt:

$$y = a \cdot e^{bx} \quad \xrightarrow[v = \ln y]{u = x} \quad v = cu + d \tag{IV-150}$$

($c = b$, $d = \ln a$). Bildlich bedeutet dies: Wenn wir auf der *vertikalen* Koordinatenachse $\ln y$ und auf der *horizontalen* Achse (wie bisher) x abtragen, erhalten wir eine *Gerade* (Bild IV-33). Die *vertikale* Achse wird also *logarithmisch* geteilt, während die *horizontale* wie bisher *linear* geteilt bleibt. Ein entsprechendes Funktionspapier ist im Handel erhältlich und heißt *halblogarithmisches* Koordinatenpapier. Bei dieser Transformation gehen die Wertepaare $(x_i; y_i)$ in die *neuen* Wertepaare $(u_i; v_i) = (x_i; \ln y_i)$ über, mit denen wir dann eine *lineare* Regression durchführen. Sie liefert uns die Werte der beiden „Hilfsparameter" c und d, aus denen wir dann durch *Rücktransformation* die gesuchten Kurvenparameter a und b des Exponentialansatzes erhalten:

$$\ln a = d \;\Rightarrow\; a = e^d \qquad \text{und} \qquad b = c \tag{IV-151}$$

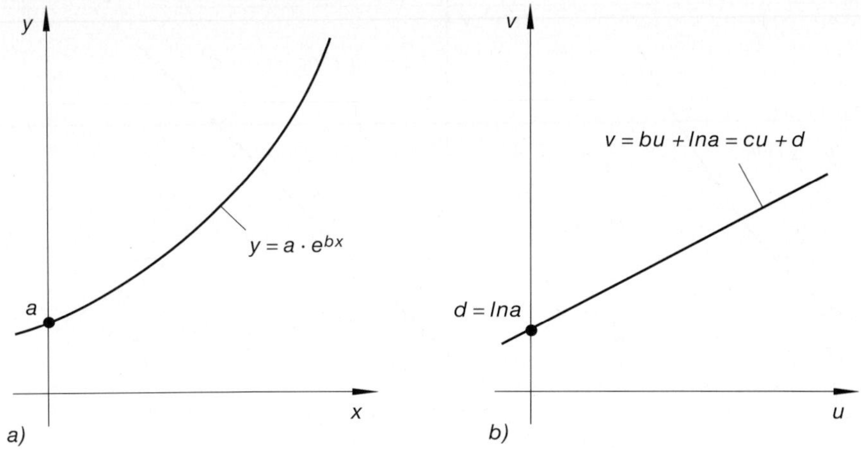

Bild IV-33 Eine Exponentialfunktion (Bild a)) läßt sich auf *halb-logarithmischem* Papier durch eine Gerade darstellen (Bild b))

Potenzfunktion $y = a \cdot x^b$

Durch *Logarithmieren* folgt zunächst:

$$\ln y = \ln (a \cdot x^b) = \ln a + \ln (x^b) = \ln a + b \cdot \ln x = b \cdot \ln x + \ln a \qquad \text{(IV-152)}$$

Mit Hilfe der *Transformation*

$$u = \ln x, \qquad v = \ln y \qquad \text{(IV-153)}$$

erhalten wir hieraus die *Gerade*

$$v = cu + d \qquad \text{(IV-154)}$$

wobei wir noch $c = b$ und $d = \ln a$ gesetzt haben. Mit anderen Worten: Wenn wir also auf *beiden* Koordinatenachsen die (natürlichen) *Logarithmen* der Koordinaten x und y auftragen, erhalten wir eine *Gerade* (Bild IV-34). *Beide* Achsen werden also *logarithmisch* geteilt, ein entsprechendes im Handel erhältliches Funktionspapier heißt daher *doppel-logarithmisch.*

Die beiden „Hilfsparameter" c und d erhalten wir wiederum durch *lineare* Ausgleichung, die mit den *transformierten* Meßwertpaaren $(u_i; v_i) = (\ln x_i; \ln y_i)$ durchgeführt wird. Durch *Rücktransformation* gewinnt man dann daraus die gesuchten Kurvenparameter a und b des *Potenzansatzes*:

$$\ln a = d \;\Rightarrow\; a = e^d \qquad \text{und} \qquad b = c \qquad \text{(IV-155)}$$

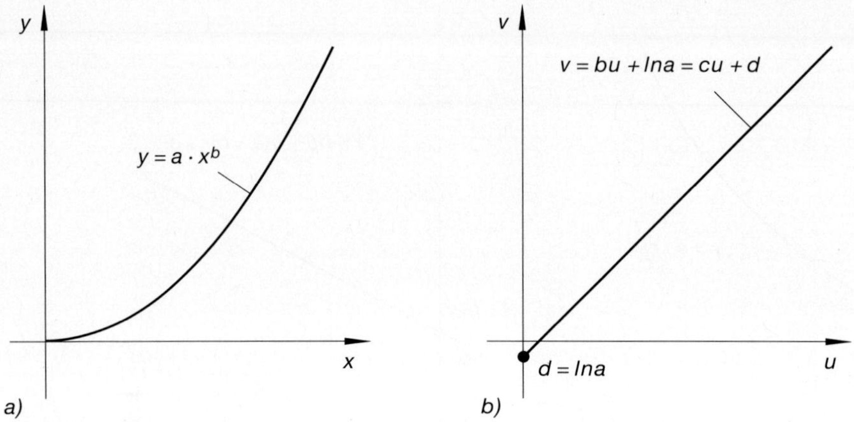

Bild IV-34 Eine Potenzfunktion (Bild a)) läßt sich auf *doppel-logarithmischem* Papier durch eine Gerade darstellen (Bild b))

Nichtlineare Ausgleichsprobleme, die sich linearisieren lassen

Zahlreiche *nichtlineare* Lösungsansätze lassen sich mit Hilfe geeigneter (nichtlinearer) *Transformationen* auf ein *lineares Ausgleichsproblem* vom Typ $v = cu + d$ zurückführen. Tabelle 4 gibt einen Überblick über die in den Anwendungen besonders häufig auftretenden Fälle. Man beachte jedoch den Hinweis zu dieser Tabelle!

Tabelle 4: Transformationen, die einen nichtlinearen Ansatz für eine Ausgleichskurve auf ein lineares Ausgleichsproblem zurückführen

Ansatz	Transformation $u =$	$v =$	transformierter Ansatz (linear)	Rücktransformation	
$y = a \cdot x^b$	$\ln x$	$\ln y$	$v = cu + d$	$a = e^d$,	$b = c$
$y = a \cdot e^{bx}$	x	$\ln y$	$v = cu + d$	$a = e^d$,	$b = c$
$y = \frac{a}{x} + b$	$1/x$	y	$v = cu + d$	$a = c$,	$b = d$
$y = \frac{a}{b + x}$	x	$1/y$	$v = cu + d$	$a = \frac{1}{c}$,	$b = \frac{d}{c}$
$y = \frac{ax}{b + x}$	$1/x$	$1/y$	$v = cu + d$	$a = \frac{1}{d}$,	$b = \frac{c}{d}$

Wichtiger Hinweis zur Tabelle 4

Man beachte, daß *nach* der Linearisierung des vorgegebenen Ausgleichsproblems stets eine *lineare* Regression mit den *transformierten* Meßwertpaaren $(u_i; v_i)$ durchgeführt wird. Diese Vorgehensweise ist zwar rechentechnisch gesehen *elementar* durchführbar und daher in der Praxis sehr „beliebt", führt jedoch *nicht* zu den tatsächlichen Werten der Kurvenparameter $a, b \ldots$, sondern nur zu (meist jedoch völlig ausreichenden) *Näherungswerten*! Die *exakte* Bestimmung der Parameter kann nur über die *Minimierung* der eigentlichen *Zielfunktion*

$$S(a; b; \ldots) = \sum_{i=1}^{n} (y_i - f(x_i))^2 \qquad \text{(IV-156)}$$

(Summe der vertikalen Abstandsquadrate) erfolgen, die mit dem gewählten *nichtlinearen* Lösungsansatz $y = f(x)$ und den vorgegebenen Meßwertepaaren $(x_i; y_i)$ gebildet wird. Die *exakten* Parameterwerte sind dann allerdings nur mit erheblichem numerischen Rechenaufwand zu erhalten, so daß man in der Praxis oft den beschriebenen *bequemeren* Weg vorzieht.

■ **Beispiele**

(1) Die *Entladung* eines Kondensators mit der Kapazität C über einen ohmschen Widerstand R erfolgt nach dem *Exponentialgesetz*

$$u(t) = u_0 \cdot e^{-\frac{t}{RC}} \qquad (t \geqslant 0)$$

(u_0: Anfangsspannung zur Zeit $t = 0$). In einem Experiment wurden dabei folgende Werte gemessen (t_i in s, u_i in V):

i	1	2	3	4	5
t_i	1,0	4,0	7,0	10,0	15,0
u_i	80,2	45,5	24,5	13,9	4,7

Wir berechnen aus diesen Daten die *Anfangsspannung* u_0 und die *Zeitkonstante* RC. Das Exponentialgesetz führt in der *halblogarithmischen* Darstellung zu der Geraden

$$\ln u = \ln u_0 - \frac{t}{RC} \qquad \text{oder} \qquad y = at + b$$

mit $y = \ln u$, $a = -\dfrac{1}{RC}$ und $b = \ln u_0$. Die Meßpunkte $(t_i; y_i) = (t_i; \ln u_i)$ liegen daher in dieser Darstellung *nahezu* auf einer *Geraden* (Bild IV-35).

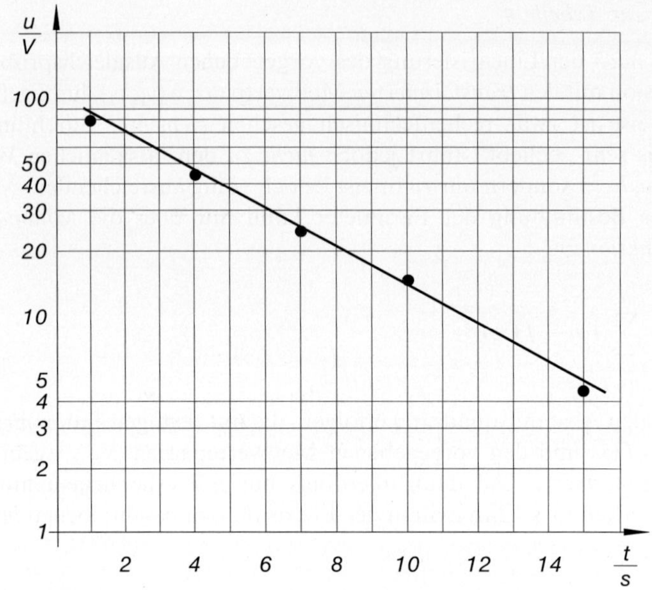

Bild IV-35 Bei halb-logarithmischer Darstellung liegen die Meßpunkte nahezu auf einer Geraden

Wir bestimmen nun *Steigung* und *Achsenabschnitt* der *Ausgleichsgeraden* $y = at + b$ oder $y - \bar{y} = a(t - \bar{t})$ unter Verwendung der folgenden Tabelle:

i	t_i	y_i	t_i^2	$t_i y_i$
1	1	4,384 524	1	4,384 524
2	4	3,817 712	16	15,270 849
3	7	3,198 673	49	22,390 712
4	10	2,631 889	100	26,318 888
5	15	1,547 563	225	23,213 438
$\sum$	37	15,580 361	391	91,578 411

$$\bar{t} = \frac{1}{5} \cdot \sum_i t_i = \frac{1}{5} \cdot 37 = 7{,}4, \qquad \bar{y} = \frac{1}{5} \cdot \sum_i y_i = \frac{1}{5} \cdot 15{,}580361 = 3{,}116072$$

$$a = \frac{\sum_i t_i y_i - 5\bar{t}\,\bar{y}}{\sum_i t_i^2 - n\bar{t}^2} = \frac{91{,}578411 - 5 \cdot 7{,}4 \cdot 3{,}116072}{391 - 5 \cdot 7{,}4^2} = -0{,}202357$$

Die *Ausgleichsgerade* lautet damit in der speziellen *symmetrischen* Form:

$$y - 3{,}116072 = -0{,}202357\,(t - 7{,}4)$$

bzw. in der *Hauptform*:

$$y = -0{,}202357 \cdot t + 4{,}613514$$

Die *Parameter* a und b haben somit die folgenden Werte:

$$a = -0{,}202357, \qquad b = 4{,}613514$$

Für u_0 und RC erhalten wir hieraus durch *Rücktransformation*:

$$\ln u_0 = b \;\Rightarrow\; u_0 = \mathrm{e}^b = \mathrm{e}^{4{,}613514} = 100{,}84 \quad \text{(in V)}$$

$$a = -\frac{1}{RC} \;\Rightarrow\; RC = -\frac{1}{a} = -\frac{1}{-0{,}202357} = 4{,}942 \quad \text{(in s)}$$

Die Kondensatorspannung $u(t)$ genügt somit dem *exponentiellen* Zeitgesetz

$$u(t) = 100{,}84\ \mathrm{V} \cdot \mathrm{e}^{-\frac{t}{4{,}942\ \mathrm{s}}} \qquad (t \geqslant 0)$$

dessen Verlauf in Bild IV-36 dargestellt ist.

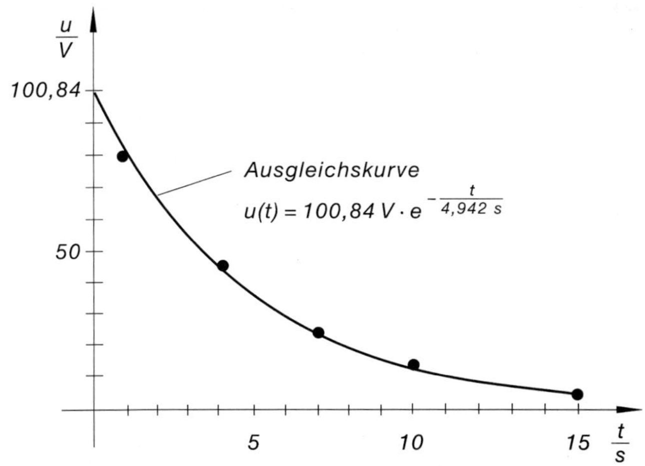

Bild IV-36 Exponentielle Ausgleichskurve für die Entladung eines Kondensators

(2) Bild IV-37 zeigt einen Plattenkondensator mit einem *geschichteten* Dielektrikum. Aus physikalischen Überlegungen weiß man, daß die Kapazität C des Kondensators mit der Schichtdicke x des Dielektrikums *zunimmt*. Der Zusammenhang der beiden Größen ist dabei durch eine einfache *echt gebrochenrationale* Funktion vom Typ

$$C = C(x) = \frac{1}{ax + b} \qquad (0 \leqslant x \leqslant d)$$

gegeben (d: Plattenabstand).

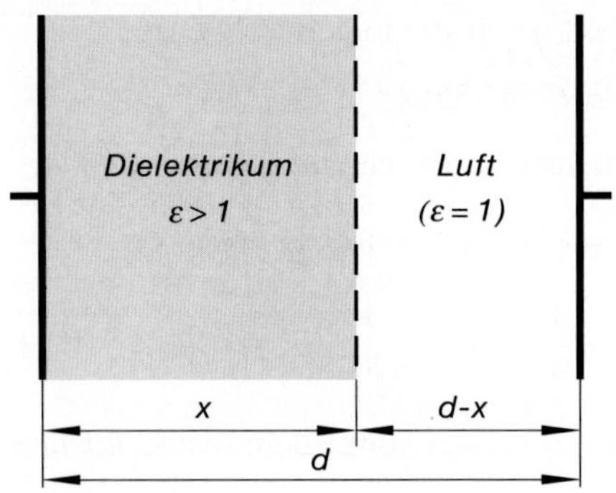

Bild IV-37
Plattenkondensator mit geschichtetem Dielektrikum

Auf experimentellem Wege wurden die folgenden fünf Meßwertpaare ermittelt (x in cm, C in µF; Plattenabstand: $d = 4$ cm):

i	1	2	3	4	5
x_i	0	1,0	1,5	2,5	4,0
C_i	55	71	84	124	555

Wir setzen $y = \frac{1}{C}$ und erhalten anstelle der gebrochenrationalen Funktion die *lineare* Funktion (Gerade)

$$y = \frac{1}{C} = ax + b$$

Die *Kurvenparameter* a und b bestimmen wir durch *lineare Regression* unter Verwendung der folgenden Tabelle:

i	x_i	y_i	x_i^2	$x_i y_i$
1	0	0,018 182	0	0
2	1,0	0,014 085	1	0,014 085
3	1,5	0,011 905	2,25	0,017 857
4	2,5	0,008 065	6,25	0,020 161
5	4,0	0,001 802	16	0,007 207
$\sum$	9,0	0,054 039	25,5	0,059 310

$$\bar{x} = \frac{1}{5} \cdot \sum_{i} x_i = \frac{1}{5} \cdot 9 = 1{,}8$$

$$\bar{y} = \frac{1}{5} \cdot \sum_{i} y_i = \frac{1}{5} \cdot 0{,}054039 = 0{,}010808$$

Regressionskoeffizient a:

$$a = \frac{\sum_{i} x_i y_i - 5\bar{x}\bar{y}}{\sum_{i} x_i^2 - 5\bar{x}^2} = \frac{0{,}059310 - 5 \cdot 1{,}8 \cdot 0{,}010808}{25{,}5 - 5 \cdot 1{,}8^2} = -0{,}004082$$

Achsenabschnitt b:

$$b = \bar{y} - a\bar{x} = 0{,}010808 - (-0{,}004082) \cdot 1{,}8 = 0{,}018156$$

Die gesuchte *gebrochenrationale Ausgleichskurve* lautet somit im Intervall $0 \leqslant x \leqslant 4$:

$$C = C(x) = \frac{1}{-0{,}004082 \cdot x + 0{,}018156}$$

(x in cm; C in μF).

Bild IV-38 zeigt den Verlauf dieser Funktion. Bei einer Schichtdicke von 3,3 cm erwarten wir somit eine Kondensatorkapazität von

$$C(x = 3{,}3\ \text{cm}) = \frac{1}{-0{,}004082 \cdot 3{,}3 + 0{,}018156}\ \mu\text{F} = 213{,}4\ \mu\text{F}$$

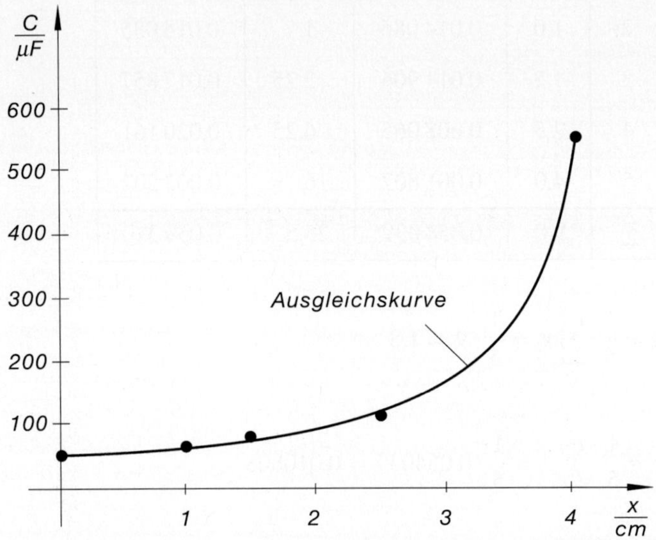

Bild IV-38
Die Ausgleichskurve beschreibt die Abhängigkeit der Kapazität von der Schichtdicke des Dielektrikums

■

Übungsaufgaben

Zu Abschnitt 3

1) Die an einem Widerstand abfallende *Spannung U* wurde sechsmal mit gleicher Genauigkeit gemessen:

i	1	2	3	4	5	6
$\frac{U_i}{V}$	80,5	81,2	80,6	80,9	80,8	81,4

a) Wie groß ist der Mittelwert $\overline{U}$ der Spannung?

b) Bestimmen Sie die *Standardabweichung* der *Einzelmessung* und des *Mittelwertes.*

2) Werten Sie die folgenden Meßreihen in der üblichen Weise aus (Angabe des *Mittelwertes,* der *Standardabweichung* der *Einzelmessung* und des *Mittelwertes*). Wie lauten die *Vertrauensintervalle* für den *Mittelwert* bei einem Vertrauensniveau von $\gamma_1 = 95\%$ bzw. $\gamma_2 = 99\%$?

a) *Widerstandsmessung*:

i	1	2	3	4	5	6	7	8
$\frac{R_i}{\Omega}$	115	118	111	112	116	111	114	115

b) Messung des *Luftdrucks* in Meereshöhe:

i	1	2	3	4	5	6	7	8
$\frac{p_i}{\text{bar}}$	1,008	1,015	1,012	1,011	1,010	1,015	1,013	1,015

3) Die *Erdbeschleunigung g* wurde achtmal gemessen:

i	1	2	3	4	5	6	7	8
$\frac{g_i}{\text{m/s}^2}$	9,82	9,79	9,79	9,80	9,85	9,81	9,82	9,80

Man berechne den *Mittelwert* sowie die *Standardabweichung* der *Einzelmessung* und des *Mittelwertes.*

Bestimmen Sie ferner die *Vertrauensgrenzen* für den *Mittelwert* bei einer Irrtumswahrscheinlichkeit von $\alpha_1 = 5\%$ bzw. $\alpha_2 = 1\%$. Wie groß sind die entsprechenden *Meßunsicherheiten*? Geben Sie schließlich die *Meßergebnisse* in der allgemein üblichen Form an (Mittelwert $\pm$ Meßunsicherheit).

4) Die Messung eines *elektrischen Widerstandes* R erfolge mit einer Standardabweichung von $s_R = 1{,}4\ \Omega$. Wieviele Messungen sind *mindestens* notwendig, damit die Standardabweichung des Mittelwertes *höchstens* $s_{\bar{R}} = 0{,}2\ \Omega$ beträgt?

5) Die Auswertung einer *umfangreichen* Meßreihe, bestehend aus $n = 100$ Einzelmessungen, ergab für die *Masse* m eines Körpers die folgenden Werte:

Mittelwert: $\bar{m} = 105\ \text{g}$

Standardabweichung der Einzelmessung: $s_m = 3\ \text{g}$

a) Wieviele der insgesamt 100 Meßwerte dürfen wir *zwischen* 103 g und 108 g erwarten?

b) Wieviele Meßwerte liegen *oberhalb* von 110 g?

Hinweis: Wir setzen voraus, daß die Meßwerte *normalverteilt* sind.

6) In einem Experiment wurde die *Fallzeit* T eines Steines beim freien Fall in einen Brunnen untersucht. Es ergaben sich die folgenden zwanzig Meßwerte:

4,1	4,2	4,0	4,1	3,9	4,0	4,2	3,8	3,9	3,8
4,0	4,2	4,0	4,0	3,9	4,1	4,1	4,0	4,2	3,8

(alle Angaben in Sekunden).

Geben Sie das *Meßergebnis* für eine Irrtumswahrscheinlichkeit von $\alpha = 5\%$ an.

7) Die Auswertung einer aus neun Einzelmessungen bestehenden Meßreihe ergab einen Mittelwert von $\bar{x} = 10{,}0$ und eine Standardabweichung von $s = 1{,}3$ für die Einzelmessungen. Bestimmen Sie die *Vertrauensgrenzen* für den *Mittelwert* auf dem Vertrauensniveau $\gamma = 95\%$.

8) Eine (normalverteilte) Größe X wurde zehnmal wie folgt gemessen:

i	1	2	3	4	5	6	7	8	9	10
x_i	21	22	21	20	21	23	21	21	20	20

Aufgrund der Erfahrungen aus früheren Messungen kann die Standardabweichung σ der *normalverteilten* Grundgesamtheit dabei als *bekannt* vorausgesetzt werden. Sie beträgt $\sigma = 1{,}2$. Wie groß ist die *Meßunsicherheit* der Meßgröße X bei einem Vertrauensniveau von $\gamma = 95\%$?

Zu Abschnitt 4

Hinweis: Wir verwenden hier die nach DIN 1319 empfohlenen Bezeichnungen. Die Meßergebnisse der *direkt* gemessenen Größen werden stets in der Form

(Meßergebnis) = (Mittelwert) ± (Meßunsicherheit)

vorgegeben, wobei als Maß für die Meßunsicherheit (kurz: Unsicherheit) die *Standardabweichung des Mittelwertes* verwendet wird. Das „Meßergebnis" für die „indirekte Meßgröße" (abhängige Größe) wird dann in der gleichen Form dargestellt.

1) Bei einem *Federpendel* besteht zwischen der Schwingungsdauer T, der Federkonstanten D und der Pendelmasse m die folgende Beziehung:

$$T = 2\pi \sqrt{\frac{m}{D}}$$

Wie groß ist die *absolute* und die *prozentuale Meßunsicherheit* der *Schwingungsdauer*, wenn die Größen m und D mit einer prozentualen Unsicherheit von jeweils 1% gemessen werden?

2) Um die *Masse m* eines homogenen Zylinders zu bestimmen, wurden folgende Messungen vorgenommen (jeweils von gleicher Genauigkeit):

Zylinderhöhe:	$h = 24{,}0$ cm	$\pm$ 3%
Radius:	$r = 17{,}5$ cm	$\pm$ 3%
Dichte:	$\varrho = 2{,}50$ g/cm^3	$\pm$ 2%

a) Welchen *mittleren* Wert erhält man für die Zylindermasse m?

b) Wie groß ist die *absolute* bzw. *relative Meßunsicherheit* von m?

3) Bestimmen Sie die *Höhe h* eines Turms, dessen Spitze aus der Entfernung $e = (75{,}2 \pm 2{,}5)$ m unter dem Erhebungswinkel $\alpha = (30 \pm 1)^\circ$ erscheint (Bild IV-39). Wie groß ist die *absolute* bzw. *prozentuale Meßunsicherheit* von h?

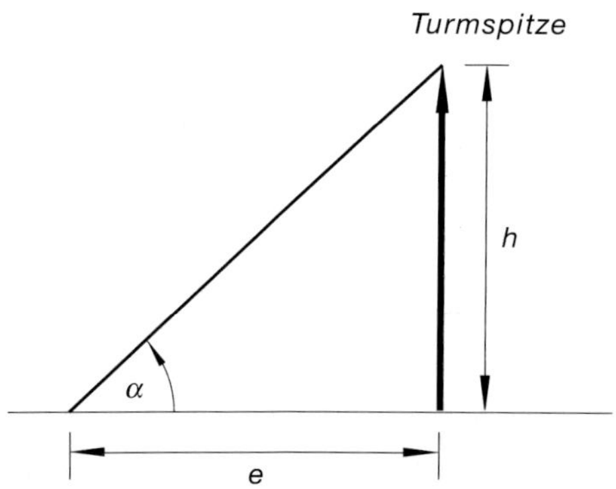

Bild IV-39

4) Kapazität C und Induktivität L eines (ungedämpften) *elektromagnetischen Schwingkreises* werden wie folgt gemessen:

$$C = (5{,}0 \pm 0{,}2)\ \mu\text{F}; \qquad L = (0{,}20 \pm 0{,}01)\ \text{H}$$

Bestimmen Sie die *Schwingungsdauer* T nach der Formel $T = 2\pi\sqrt{LC}$ sowie die *absolute* und die *prozentuale Meßunsicherheit* von T.

5) Die *Kantenlängen* a, b und c eines Quaders werden mit einer Genauigkeit von jeweils 3% gemessen (prozentuale Meßunsicherheiten). Berechnen Sie die *prozentuale Meßunsicherheit* des *Quadervolumens* V.

6) Der ohmsche Widerstand R einer Spule läßt sich aus dem Spannungsabfall U und der Stromstärke I nach dem *ohmschen Gesetz* $R = \frac{U}{I}$ berechnen. In einem Experiment wurden dabei die folgenden Werte gemessen.

$$U = (120{,}10 \pm 1{,}43)\ \text{V}; \qquad I = (3{,}45 \pm 0{,}15)\ \text{A}$$

a) Wie lautet das *Meßergebnis* für die *abhängige* Größe R?

b) Wie groß ist die *prozentuale Meßunsicherheit* des Widerstandes R?

7) Das *Widerstandsmoment* W eines Balkens mit rechteckigem Querschnitt wird nach der Formel

$$W = W(b;\, h) = \frac{1}{6}\, b h^2$$

berechnet (b: Breite des Balkens; h: Höhe (Dicke) des Balkens). In einem Experiment wurden dabei die folgenden Meßwerte ermittelt:

i	1	2	3	4	5	6	7	8	9	10
$\frac{b_i}{\text{cm}}$	18,0	17,6	17,9	18,2	18,2	18,1	18,3	17,7	18,4	18,6
$\frac{h_i}{\text{cm}}$	10,3	10,1	10,1	10,0	10,2	10,3	9,8	9,8	10,1	10,3

Bestimmen Sie die *Mittelwerte* sowie die *absoluten Meßunsicherheiten* der drei Größen b, h und $W(b;\, h)$.

8) Der in Bild IV-40 dargestellte *elektromagnetische Schwingkreis* enthält die beiden Kapazitäten $C_1 = (10 \pm 0{,}5)$ nF und $C_2 = (50 \pm 2{,}0)$ nF sowie die Induktivität $L = (5 \pm 0{,}2)$ mH in Parallelschaltung. Berechnen Sie den *Mittelwert* und die *Meßunsicherheit* der *Schwingungsdauer*

$$T = 2\pi \sqrt{L(C_1 + C_2)}$$

$(1 \text{ nF} = 10^{-9} \text{ F};\ 1 \text{ mH} = 10^{-3} \text{ H})$.

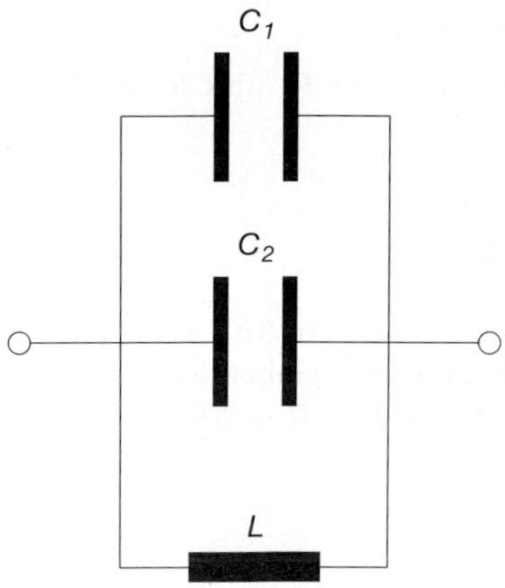

Bild IV-40

9) Das *Massenträgheitsmoment* J einer Kugel bezüglich eines Durchmessers wird aus dem Kugelradius R und der Masse m wie folgt ermittelt:

$$J = \frac{2}{5} m R^2$$

Mit welcher *Genauigkeit* läßt sich das Massenträgheitsmoment bestimmen, wenn m und R um 3% bzw. 2% ungenau gemessen werden (Angabe der *prozentualen Meßunsicherheit*)?

10) Das *Volumen* eines Würfels soll eine Genauigkeit von mindestens 3% aufweisen. Wie groß darf die *prozentuale Meßunsicherheit* der Kantenlänge a *höchstens* sein?

11) Bestimmen Sie aus den Meßwerten $x = 50 \pm 0{,}2$ und $y = 40 \pm 0{,}2$ den *Mittelwert* und die *Meßunsicherheit* der Differenz $z = x - y$. Was fällt bei einem Vergleich der *relativen* (*prozentualen*) Meßunsicherheiten der Größen x, y und z auf?

12) Mit einer *Brückenschaltung* wurden die Widerstände R_1 und R_2 jeweils sechsmal mit gleicher Genauigkeit gemessen:

$\frac{R_1}{\Omega}$	96,5	97,2	98,6	95,9	97,1	96,7
$\frac{R_2}{\Omega}$	40,1	42,3	41,5	40,7	41,9	42,5

a) Wie lauten die *Meßergebnisse* für R_1 und R_2?

b) Der *Gesamtwiderstand* R der Parallelschaltung aus R_1 und R_2 wird nach der Formel

$$\frac{1}{R} = \frac{1}{R_1} + \frac{1}{R_2} \qquad \text{oder} \qquad R = \frac{R_1 R_2}{R_1 + R_2}$$

berechnet. Wie wirken sich die Meßunsicherheiten ΔR_1 und ΔR_2 auf die Meßunsicherheit ΔR des *Gesamtwiderstandes* aus? Geben Sie das *Meßergebnis* für den Gesamtwiderstand R in der Form $R = \overline{R} \pm \Delta R$ an.

Zu Abschnitt 5

1) Bestimmen und zeichnen Sie die jeweilige *Ausgleichsgerade*:

a)

i	1	2	3	4	5
x_i	0	1	2	3	4
y_i	2,10	0,85	– 0,64	– 2,20	– 3,60

b)

i	1	2	3	4	5	6	7	8
x_i	1,5	1,7	2,5	3,1	3,5	4,0	4,6	5,9
y_i	1,9	2,2	2,7	3,4	4,1	4,2	5,3	6,1

Mit welchen *Unsicherheiten* werden die Kurvenparameter bestimmt? Wie groß ist die jeweilige *Restvarianz* bzw. die *Unsicherheit* der y-Meßwerte?

2) Gegeben sind fünf Meßpunkte $P_i = (x_i; y_i)$ $(i = 1, 2, \ldots, 5)$:

i	1	2	3	4	5
x_i	-2	0	2	4	6
y_i	5,8	2,6	$-0,8$	$-3,9$	$-7,5$

a) Wie lautet die Gleichung derjenigen *Geraden*, die sich diesen Punkten im Sinne der Ausgleichsrechnung „am besten" anpaßt?

b) Bestimmen Sie die *Restvarianz* und daraus die *Unsicherheit* der y-Meßwerte.

c) Welchen y-Wert dürfen wir für $x = -1$ und $x = 4,5$ „erwarten"?

3) Bei einem Dieselmotor wurde die Abhängigkeit zwischen der *Drehzahl* X (in Umdrehungen pro Minute) und der *Leistung* Y (in PS) untersucht. Es ergab sich das folgende Meßprotokoll:

i	1	2	3	4	5	6	7
x_i	500	1000	1500	2000	2500	3000	3500
y_i	5	8	12	17	24	31	36

a) Bestimmen Sie die zugehörige *Ausgleichsgerade*.

b) Welche Motorleistung ist bei einer Drehzahl von 2150 Umdrehungen pro Minute zu „erwarten"?

4) Gegeben ist die die zweidimensionale Stichprobe

i	1	2	3	4	5	6
x_i	0	1	2	3	4	5
y_i	$-0,9$	1,45	4,1	6,4	9,1	11,3

Wählen Sie einen *geeigneten Lösungsansatz* für eine Ausgleichskurve und bestimmen Sie die zugehörigen Kurvenparameter (Lösungsansatz begründen!).

5) Die Untersuchung der *Lösbarkeit* L von $NaNO_3$ in Wasser in Abhängigkeit von der Temperatur T führte zu den folgenden Meßwertepaaren:

i	1	2	3	4	5	6
T_i	0	20	40	60	80	100
L_i	70,7	88,3	104,9	124,7	148,0	176,0

(L in Gramm pro 100 Gramm Wasser, T in Grad Celsius).

a) Begründen Sie, warum hier eine *lineare* Regression angebracht ist und bestimmen Sie die *Ausgleichsgerade*.

b) Welche Löslichkeiten sind aufgrund der Ausgleichsgeraden für die Temperaturen 30 °C und 95 °C zu „erwarten"?

6) Zeigen Sie anhand der Punktwolke, daß für die fünf Meßpunkte

i	1	2	3	4	5
x_i	0	2	3	5	7
y_i	2	0	0	1	4

eine *parabelförmige* Ausgleichskurve sinnvoll ist. Bestimmen Sie die *Parameter* dieser Ausgleichsparabel.

7) Auf einer *Teststrecke* wurde der Bremsweg s eines Autos bei fünf verschiedenen Geschwindigkeiten v bestimmt:

i	1	2	3	4	5
$\frac{v_i}{\text{km/h}}$	32	50	80	100	125
$\frac{s_i}{\text{m}}$	16,2	31,0	63,5	95,0	146,5

Bestimmen Sie die Koeffizienten a, b und c der *Ausgleichsparabel* $s = av^2 + bv + c$. Welchen *Schätzwert* für den Bremsweg erhält man hieraus für eine Geschwindigkeit von $v = 90$ km/h?

8) Bestimmen Sie nach der „*Gaußschen Methode der kleinsten Quadrate*" diejenige *Exponentialfunktion* vom Typ $y = a \cdot \mathrm{e}^{bx}$, die sich den vier Meßpunkten

i	1	2	3	4
x_i	0	1	2	3
y_i	5,1	1,75	1,08	0,71

in „optimaler" Weise anpaßt!

Anleitung: Die Exponentialfunktion wird in der *halb-logarithmischen* Darstellung durch die *Gerade* $v = cu + d$ dargestellt ($u = x$, $v = \ln y$, $c = b$ und $d = \ln a$). Dabei geht der Punkt $P_i = (x_i; y_i)$ in den Punkt $Q_i = (u_i; v_i)$ über. Man bestimme daher zunächst die zu den Punkten Q_i gehörende *Ausgleichsgerade* und daraus dann die Parameter a und b der Exponentialfunktion.

9) Wie lautet die Gleichung derjenigen *Potenzfunktion* $y = a \cdot x^b$, die sich den fünf Meßpunkten

i	1	2	3	4	5
x_i	1	2	3	4	5
y_i	1	3,1	5,6	9,1	12,9

„optimal" anpaßt?

Anleitung: In der *doppel-logarithmischen* Darstellung erhält man für die Potenzfunktion das Bild einer *Geraden* $v = cu + d$ mit $u = \ln x$, $v = \ln y$, $c = b$ und $d = \ln a$. Dabei geht der Punkt $P_i = (x_i; y_i)$ in den Punkt $Q_i = (u_i; v_i)$ über. Man bestimme daher zunächst die zu den Punkten Q_i gehörende *Ausgleichsgerade* und daraus dann die Parameter a und b der Potenzfunktion.

10) Zwischen zwei Meßgrößen erwartet man aufgrund bestimmter Überlegungen einen funktionalen Zusammenhang vom Typ

$$y = \frac{ax + b}{x}$$

a) Man bestimme die Koeffizienten a und b nach der „*Gaußschen Methode der kleinsten Quadrate*" unter Verwendung folgender Meßpunkte:

i	1	2	3	4	5
x_i	−2	−1	1	2	4
y_i	1	−0,5	5,6	3,8	3,3

b) Welchen Ordinatenwert (Schätzwert) „erwartet" man für $x = 3$?

c) *Zeichnen* Sie die Ausgleichskurve mitsamt den vorgegebenen Meßpunkten.

Hinweis: Man führe dieses *nichtlineare* Ausgleichsproblem durch eine geeignete Variablentransformation auf das *lineare* Problem zurück.

Anhang

Teil A: Tabellen zur Wahrscheinlichkeitsrechnung und Statistik

Teil B: Lösungen der Übungsaufgaben

Tabelle 1: Verteilungsfunktion $\phi(u)$ der Standardnormalverteilung

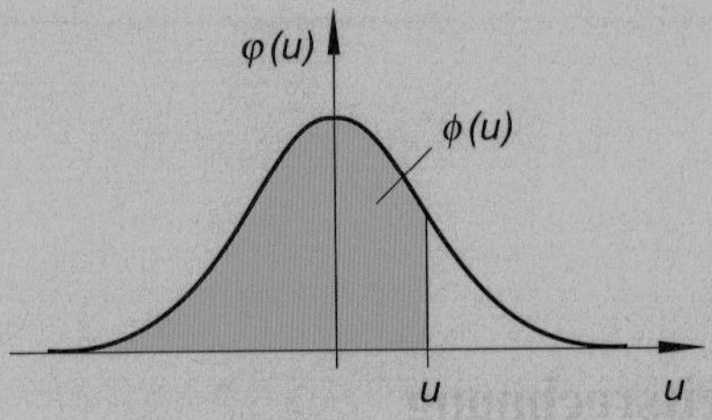

Schrittweite: $\Delta u = 0{,}01$

Für *negative* Argumente verwende man die Formel

$\phi(-u) = 1 - \phi(u) \qquad (u > 0)$

Für $u \geqslant 4$ ist $\phi(u) \approx 1$.

u	0	1	2	3	4	5	6	7	8	9
0,0	0,5000	0,5040	0,5080	0,5120	0,5160	0,5199	0,5239	0,5279	0,5319	0,5359
0,1	0,5398	0,5438	0,5478	0,5517	0,5557	0,5596	0,5639	0,5675	0,5714	0,5754
0,2	0,5793	0,5832	0,5871	0,5910	0,5948	0,5987	0,6026	0,6064	0,6103	0,6141
0,3	0,6179	0,6217	0,6255	0,6293	0,6331	0,6368	0,6406	0,6443	0,6480	0,6517
0,4	0,6554	0,6591	0,6628	0,6664	0,6700	0,6736	0,6772	0,6808	0,6844	0,6879
0,5	0,6915	0,6950	0,6985	0,7019	0,7054	0,7088	0,7123	0,7157	0,7190	0,7224
0,6	0,7258	0,7291	0,7324	0,7357	0,7389	0,7422	0,7454	0,7486	0,7518	0,7549
0,7	0,7580	0,7612	0,7642	0,7673	0,7704	0,7734	0,7764	0,7794	0,7823	0,7852
0,8	0,7881	0,7910	0,7939	0,7967	0,7996	0,8023	0,8051	0,8078	0,8106	0,8133
0,9	0,8159	0,8186	0,8212	0,8238	0,8264	0,8289	0,8315	0,8340	0,8365	0,8398
1,0	0,8413	0,8438	0,8461	0,8485	0,8508	0,8531	0,8554	0,8577	0,8599	0,8621
1,1	0,8643	0,8665	0,8686	0,8708	0,8729	0,8749	0,8770	0,8790	0,8810	0,8830
1,2	0,8849	0,8869	0,8888	0,8907	0,8925	0,8944	0,8962	0,8980	0,8997	0,9015
1,3	0,9032	0,9049	0,9066	0,9082	0,9099	0,9115	0,9131	0,9147	0,9162	0,9177
1,4	0,9192	0,9207	0,9222	0,9236	0,9251	0,9265	0,9279	0,9292	0,9306	0,9319
1,5	0,9332	0,9345	0,9357	0,9370	0,9382	0,9394	0,9406	0,9418	0,9429	0,9441
1,6	0,9452	0,9463	0,9474	0,9484	0,9495	0,9505	0,9515	0,9525	0,9535	0,9545
1,7	0,9554	0,9564	0,9573	0,9582	0,9591	0,9599	0,9608	0,9616	0,9625	0,9633
1,8	0,9641	0,9649	0,9656	0,9664	0,9671	0,9678	0,9686	0,9693	0,9699	0,9706
1,9	0,9713	0,9719	0,9726	0,9732	0,9738	0,9744	0,9750	0,9756	0,9761	0,9767
2,0	0,9772	0,9778	0,9783	0,9788	0,9793	0,9798	0,9803	0,9808	0,9812	0,9817
2,1	0,9821	0,9826	0,9830	0,9834	0,9838	0,9842	0,9846	0,9850	0,9854	0,9857
2,2	0,9861	0,9864	0,9868	0,9871	0,9875	0,9878	0,9881	0,9884	0,9887	0,9890
2,3	0,9893	0,9896	0,9898	0,9901	0,9904	0,9906	0,9909	0,9911	0,9913	0,9916
2,4	0,9918	0,9920	0,9922	0,9925	0,9927	0,9929	0,9931	0,9932	0,9934	0,9936
2,5	0,9938	0,9940	0,9941	0,9943	0,9945	0,9946	0,9948	0,9949	0,9951	0,9952
2,6	0,9953	0,9955	0,9956	0,9957	0,9959	0,9960	0,9961	0,9962	0,9963	0,9964
2,7	0,9965	0,9966	0,9967	0,9968	0,9969	0,9970	0,9971	0,9972	0,9973	0,9974
2,8	0,9974	0,9975	0,9976	0,9977	0,9977	0,9978	0,9979	0,9979	0,9980	0,9981
2,9	0,9981	0,9982	0,9982	0,9983	0,9984	0,9984	0,9985	0,9985	0.9986	0,9986
3,0	0,9987	0,9987	0,9987	0,9988	0,9988	0,9989	0,9989	0,9989	0,9990	0,9990
3,1	0,9990	0,9991	0,9991	0,9991	0,9992	0,9992	0,9992	0,9992	0,9993	0,9993
3,2	0,9993	0,9993	0,9994	0,9994	0,9994	0,9994	0,9994	0,9995	0,9995	0,9995
3,3	0,9995	0,9995	0,9995	0,9996	0,9996	0,9996	0,9996	0,9996	0,9996	0,9997
3,4	0,9997	0,9997	0,9997	0,9997	0,9997	0,9997	0,9997	0,9997	0,9997	0,9998
3,5	0,9998	0,9998	0,9998	0,9998	0,9998	0,9998	0,9998	0,9998	0,9998	0,9998
3,6	0,9998	0,9998	0,9999	0,9999	0,9999	0,9999	0,9999	0,9999	0,9999	0,9999
3,7	0,9999	0,9999	0,9999	0,9999	0,9999	0,9999	0,9999	0,9999	0,9999	0,9999
3,8	0,9999	0,9999	0,9999	0,9999	0,9999	0,9999	0,9999	0,9999	0,9999	0,9999
3,9	1,0000	1,0000	1,0000	1,0000	1,0000	1,0000	1,0000	1,0000	1,0000	1,0000

Zahlenbeispiele

(1) $\phi(1{,}32) = 0{,}9066$

(2) $\phi(1{,}855) = 0{,}9682$ (durch lineare Interpolation)

(3) $\phi(-2{,}36) = 1 - \phi(2{,}36) = 1 - 0{,}9909 = 0{,}0081$

Formeln zur Berechnung von Wahrscheinlichkeiten

(1) *Einseitige* Abgrenzung nach *oben*

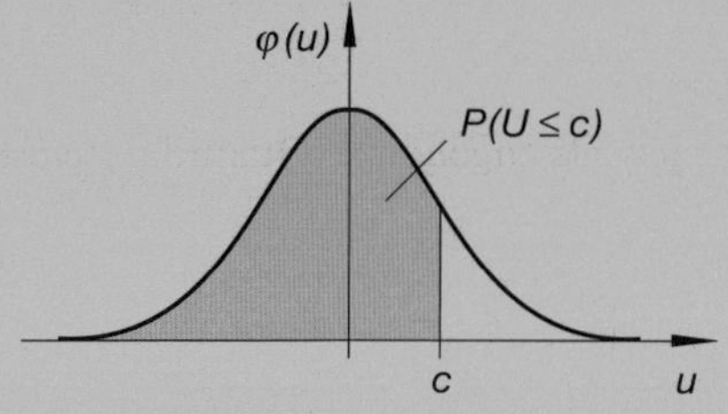

$$P(U \leqslant c) = \phi(c)$$

(2) *Einseitige* Abgrenzung nach *unten*

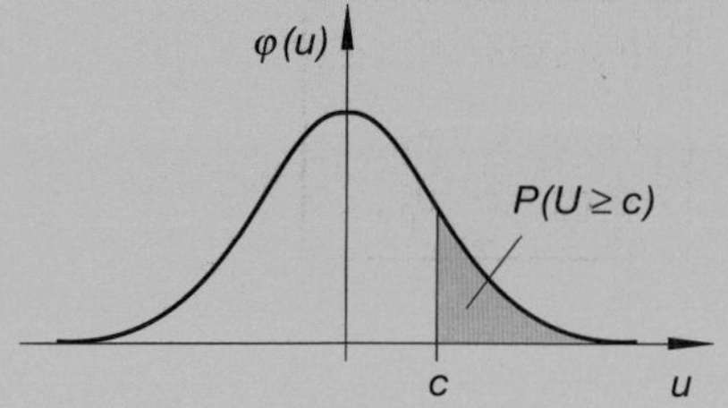

$$P(U \geqslant c) = 1 - P(U \leqslant c) = 1 - \phi(c)$$

(3) *Zweiseitige* (unsymmetrische) Abgrenzung

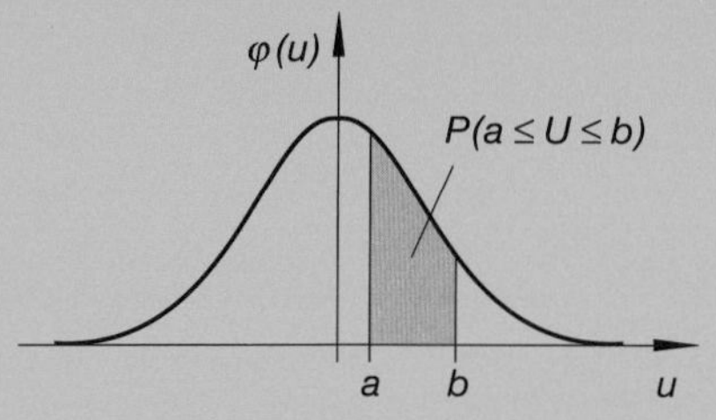

$$P(a \leqslant U \leqslant b) = \phi(b) - \phi(a)$$

(4) *Zweiseitige* (symmetrische) Abgrenzung

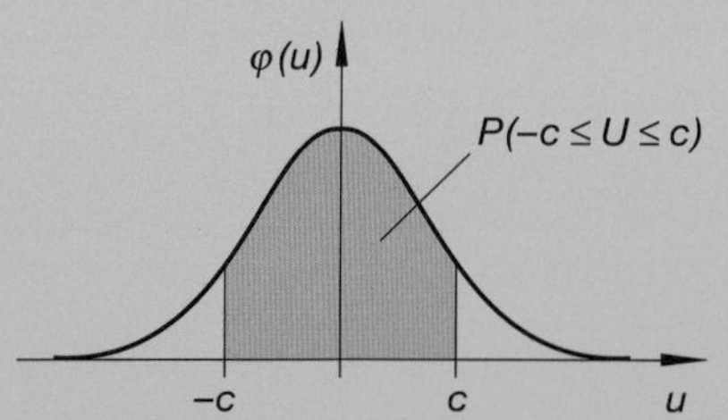

$$P(-c \leqslant U \leqslant c) = P(|U| \leqslant c) = = 2 \cdot \phi(c) - 1$$

Tabelle 2: Quantile der Standardnormalverteilung

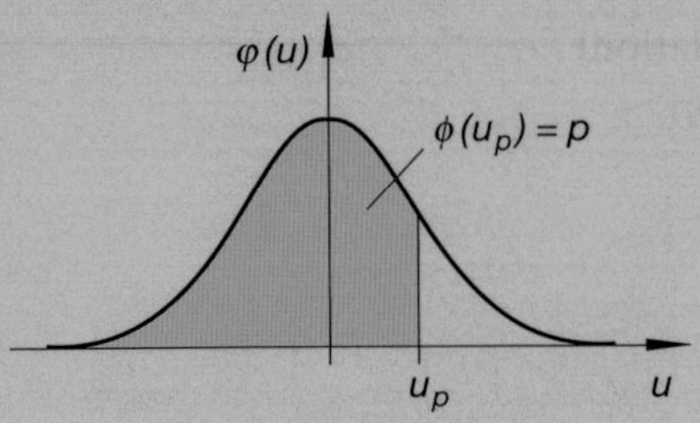

p: Vorgegebene Wahrscheinlichkeit ($0 < p > 1$)

u_p: Zur Wahrscheinlichkeit *p* gehöriges Quantil (*obere* Schranke)

Die Tabelle enthält für spezielle Werte von *p* das jeweils zugehörige Quantil u_p (*einseitige* Abgrenzung nach *oben*).

p	u_p	p	u_p
0,90	1,282	0,1	– 1,282
0,95	1,645	0,05	– 1,645
0,975	1,960	0,025	– 1,960
0,99	2,326	0,01	– 2,326
0,995	2,576	0,005	– 2,576
0,999	3,090	0,001	– 3,090

Formeln:

$$u_{1-p} = -u_p$$

$$u_p = -u_{1-p}$$

Formeln zur Berechnung von Quantilen

(1) *Einseitige* Abgrenzung nach *oben*

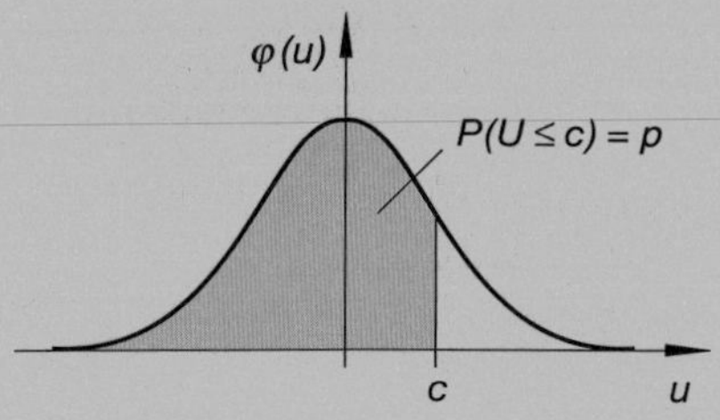

$$P(U \leqslant c) = \phi(c) = p$$

$$\phi(c) = p \;\rightarrow\; c = u_p$$

Zahlenbeispiel:

$$P(U \leqslant c) = \phi(c) = 0{,}90 \;\rightarrow\; c = u_{0,90} = 1{,}282$$

(2) *Einseitige* Abgrenzung nach *unten*

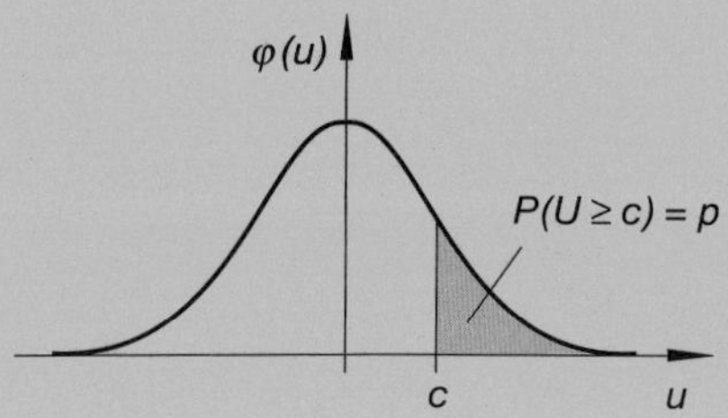

$$P(U \geqslant c) = 1 - P(U \leqslant c) = $$
$$= 1 - \phi(c) = p$$

$$\phi(c) = 1 - p \;\rightarrow\; c = u_{1-p}$$

Zahlenbeispiel:

$$P(U \geqslant c) = 1 - P(U \leqslant c) = 1 - \phi(c) = 0{,}90$$

$$\phi(c) = 1 - 0{,}90 = 0{,}10 \;\rightarrow\; c = u_{0,1} = -1{,}282$$

(3) *Zweiseitige* (symmetrische) Abgrenzung

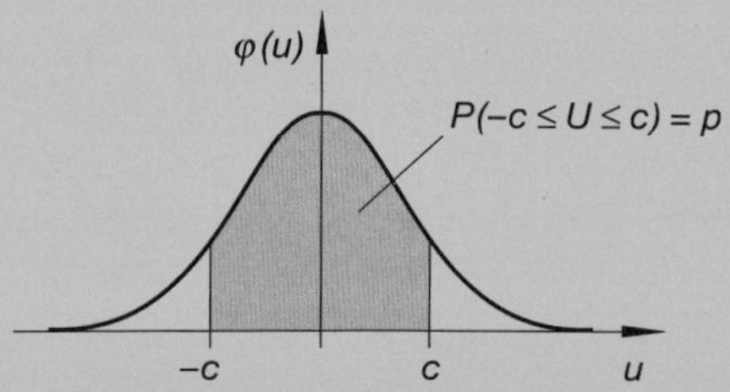

$$P(-c \leqslant U \leqslant c) = 2 \cdot \phi(c) - 1 = p$$

$$\phi(c) = \frac{1}{2}(1 + p) \;\rightarrow\; c = u_{(1+p)/2}$$

Zahlenbeispiel:

$$P(-c \leqslant U \leqslant c) = 2 \cdot \phi(c) - 1 = 0{,}90$$

$$\phi(c) = \frac{1}{2}(1 + 0{,}90) = 0{,}95 \;\rightarrow\; c = u_{0,95} = 1{,}645$$

Tabelle 3: Quantile der Chi-Quadrat-Verteilung

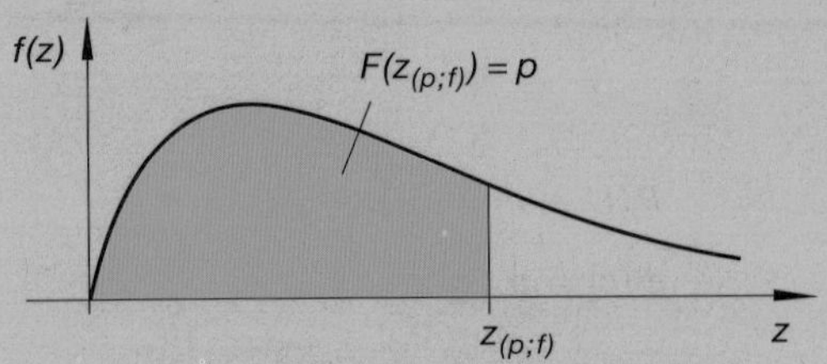

p: Vorgegebene Wahrscheinlichkeit ($0 < p < 1$)

f: Anzahl der Freiheitsgrade

$z_{(p;f)}$: Zur Wahrscheinlichkeit p gehöriges Quantil bei f Freiheitsgraden (*obere* Schranke)

Die Tabelle enthält für spezielle Werte von p das jeweils zugehörige Quantil $z_{(p;f)}$ in Abhängigkeit vom Freiheitsgrad f (*einseitige* Abgrenzung nach *oben*).

	p									
f	0,005	0,01	0,025	0,05	0,10	0,90	0,95	0,975	0,99	0,995
1	0,000	0,000	0,001	0,004	0,016	2,71	3,84	5,02	6,63	7,88
2	0,01	0,020	0,051	0,103	0,211	4,61	5,99	7,38	9,21	10,60
3	0,07	0,115	0,216	0,352	0,584	6,25	7,81	9,35	11,35	12,84
4	0,21	0,297	0,484	0,711	1,064	7,78	9,49	11,14	13,28	14,86
5	0,41	0,554	0,831	1,15	1,16	9,24	11,07	12,83	15,09	16,75
6	0,68	0,872	1,24	1,64	2,20	10,64	12,59	14,45	16,81	18,55
7	0,99	1,24	1,69	2,17	2,83	12,02	14,06	16,01	18,48	20,28
8	1,34	1,65	2,18	2,73	3,49	13,36	15,51	17,53	20,09	21,96
9	1,73	2,09	2,70	3,33	4,17	14,68	16,92	19,02	21,67	23,59
10	2,16	2,56	3,25	3,94	4,87	15,99	18,31	20,48	23,21	25,19
11	2,60	3,05	3,82	4,57	5,58	17,28	19,67	21,92	24,73	26,76
12	3,07	3,57	4,40	5,23	6,30	18,55	21,03	23,34	26,22	28,30
13	3,57	4,11	5,01	5,89	7,04	19,81	22,36	24,74	27,69	29,82
14	4,07	4,66	5,63	6,57	7,79	21,06	23,68	26,12	29,14	31,32
15	4,60	5,23	6,26	7,26	8,55	22,31	25,00	27,49	30,58	32,80
16	5,14	5,81	6,91	7,96	9,31	23,54	26,30	28,85	32,00	34,27
17	5,70	6,41	7,56	8,67	10,09	24,77	27,59	30,19	33,41	35,72
18	6,26	7,01	8,23	9,39	10,86	25,99	28,87	31,53	34,81	37,16
19	6,84	7,63	8,91	10,12	11,65	27,20	30,14	32,85	36,19	38,58
20	7,43	8,26	9,59	10,85	12,44	28,41	31,41	34,17	37,57	40,00
22	8,6	9,5	11,0	12,3	14,0	30,8	33,9	36,8	40,3	42,8
24	9,9	10,9	12,4	13,8	15,7	33,2	36,4	39,4	43,0	45,6
26	11,2	12,2	13,8	15,4	17,3	35,6	38,9	41,9	45,6	48,3
28	12,5	13,6	15,3	16,9	18,9	37,9	41,3	44,5	48,3	51,0
30	13,8	15,0	16,8	18,5	20,6	40,3	43,8	47,0	50,9	53,7
40	20,7	22,2	24,4	26,5	29,1	51,8	55,8	59,3	63,7	66,8
50	28,0	29,7	32,4	34,8	37,7	63,2	67,5	71,4	76,2	79,5
60	35,5	37,5	40,5	43,2	46,5	74,4	79,1	83,3	88,4	92,0
70	43,3	45,4	48,8	51,7	55,3	85,5	90,5	95,0	100,4	104,2
80	51,2	53,5	57,2	60,4	64,3	96,6	101,9	106,6	112,3	116,3
90	59,2	61,8	65,6	69,1	73,3	107,6	113,1	118,1	124,1	128,3
100	67,3	70,1	74,2	77,9	82,4	118,5	124,3	129,6	135,8	140,2

Formeln zur Berechnung von Quantilen

(1) *Einseitige* Abgrenzung nach *oben*

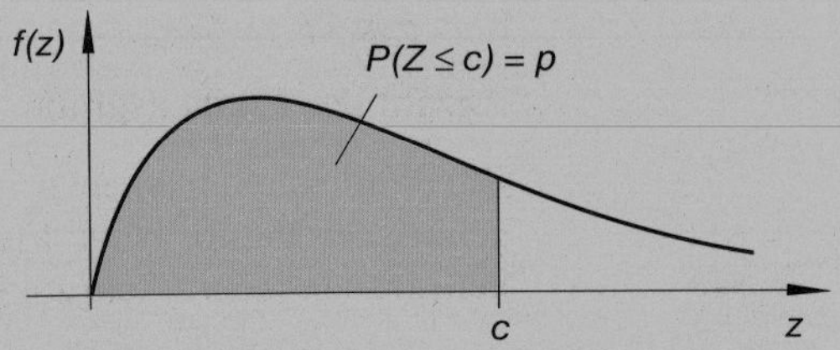

$P(Z \leqslant c) = F(c) = p$

$F(c) = p \rightarrow c = z_{(p;f)}$

Zahlenbeispiel (bei $f = 10$ Freiheitsgraden):

$$P(Z \leqslant c) = F(c) = 0{,}90 \xrightarrow{f=10} c = z_{(0,9;10)} = 15{,}99$$

(2) *Zweiseitige* (symmetrische) Abgrenzung

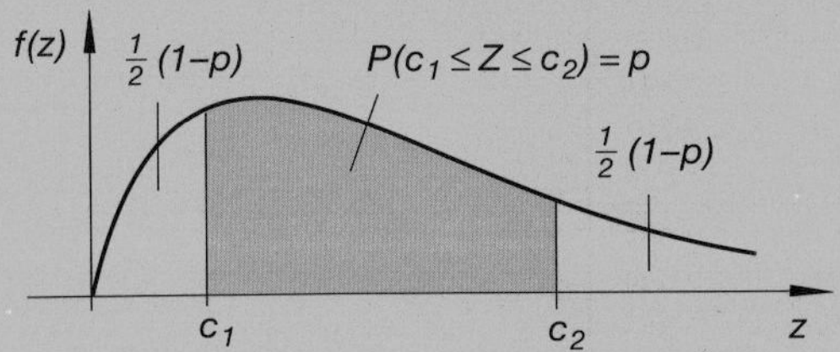

$P(c_1 \leqslant Z \leqslant c_2) = p$

$$P(Z \leqslant c_1) = F(c_1) = \frac{1}{2}(1-p)$$

$$F(c_1) = \frac{1}{2}(1-p) \rightarrow c_1 = z_{((1-p)/2;f)}$$

$$P(Z \geqslant c_2) = 1 - P(Z \leqslant c_2) = 1 - F(c_2) = \frac{1}{2}(1-p)$$

$$F(c_2) = \frac{1}{2}(1+p) \rightarrow c_2 = z_{((1+p)/2;f)}$$

Zahlenbeispiel (bei $f = 10$ Freiheitsgraden):

$$P(c_1 \leqslant Z \leqslant c_2) = 0{,}90$$

$$P(Z \leqslant c_1) = F(c_1) = \frac{1}{2}(1-0{,}90) = 0{,}05$$

$$F(c_1) = 0{,}05 \xrightarrow{f=10} c_1 = z_{(0,05;10)} = 3{,}94$$

$$P(Z \geqslant c_2) = 1 - P(Z \leqslant c_2) = 1 - F(c_2) = \frac{1}{2}(1-0{,}90) = 0{,}05$$

$$F(c_2) = \frac{1}{2}(1+0{,}90) = 0{,}95 \xrightarrow{f=10} c_2 = z_{(0,95;10)} = 18{,}31$$

Tabelle 4: Quantile der t-Verteilung von „Student"

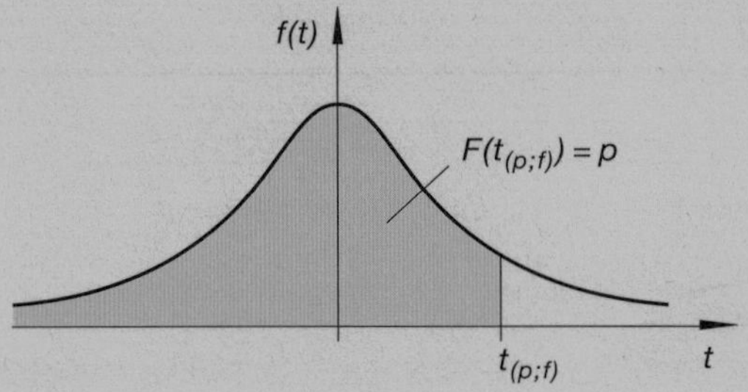

p: Vorgegebene Wahrscheinlichkeit $(0 < p < 1)$

f: Anzahl der Freiheitsgrade

$t_{(p;\,f)}$: Zur Wahrscheinlichkeit p gehöriges Quantil bei f Freiheitsgraden (*obere* Schranke)

Die Tabelle enthält für spezielle Werte von p das jeweils zugehörige Quantil $t_{(p;\,f)}$ in Abhängigkeit vom Freiheitsgrad f (*einseitige* Abgrenzung nach *oben*).

f	p = 0,90	0,95	0,975	0,99	0,995
1	3,078	6,314	12,707	31,820	63,654
2	1,886	2,920	4,303	6,965	9,925
3	1,638	2,353	3,182	4,541	5,841
4	1,533	2,132	2,776	3,747	4,604
5	1,476	2,015	2,571	3,365	4,032
6	1,440	1,943	2,447	3,143	3,707
7	1,415	1,895	2,365	2,998	3,499
8	1,397	1,860	2,306	2,896	3,355
9	1,383	1,833	2,262	2,821	3,250
10	1,372	1,812	2,228	2,764	3,169
11	1,363	1,796	2,201	2,718	3,106
12	1,356	1,782	2,179	2,681	3,055
13	1,350	1,771	2,160	2,650	3,012
14	1,345	1,761	2,145	2,624	2,977
15	1,341	1,753	2,131	2,602	2,947
16	1,337	1,746	2,120	2,583	2,921
17	1,333	1,740	2,110	2,567	2,898
18	1,330	1,734	2,101	2,552	2,878
19	1,328	1,729	2,093	2,539	2,861
20	1,325	1,725	2,086	2,528	2,845
22	1,321	1,717	2,074	2,508	2,819
24	1,318	1,711	2,064	2,492	2,797
26	1,315	1,706	2,056	2,479	2,779
28	1,313	1,701	2,048	2,467	2,763
30	1,310	1,697	2,042	2,457	2,750
40	1,303	1,684	2,021	2,423	2,704
50	1,299	1,676	2,009	2,403	2,678
60	1,296	1,671	2,000	2,390	2,660
100	1,290	1,660	1,984	2,364	2,626
200	1,286	1,653	1,972	2,345	2,601
500	1,283	1,648	1,965	2,334	2,586
⋮	⋮	⋮	⋮	⋮	⋮
∞	1,282	1,645	1,960	2,326	2,576

Formeln:

$$t_{(1-p;\,f)} = -\,t_{(p;\,f)}$$

$$t_{(p;\,f)} = -\,t_{(1-p;\,f)}$$

Formeln zur Berechnung von Quantilen

(1) *Einseitige* Abgrenzung nach *oben*

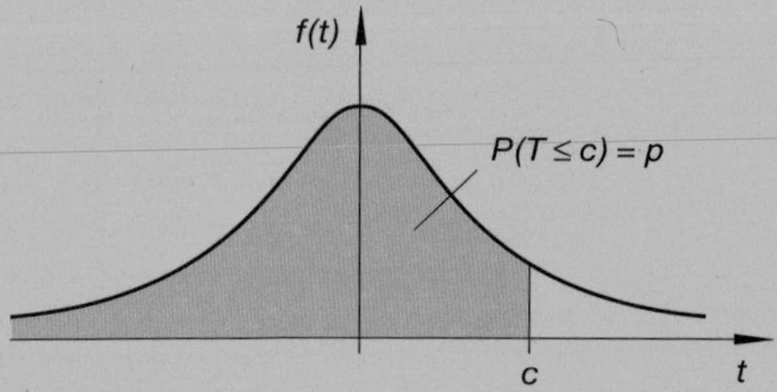

$$P(T \leqslant c) = F(c) = p$$

$$F(c) = p \rightarrow c = t_{(p;f)}$$

Zahlenbeispiel (bei $f = 10$ Freiheitsgraden):

$$P(T \leqslant c) = F(c) = 0{,}90 \xrightarrow{f=10} c = t_{(0{,}90;10)} = 1{,}372$$

(2) *Einseitige* Abgrenzung nach *unten*

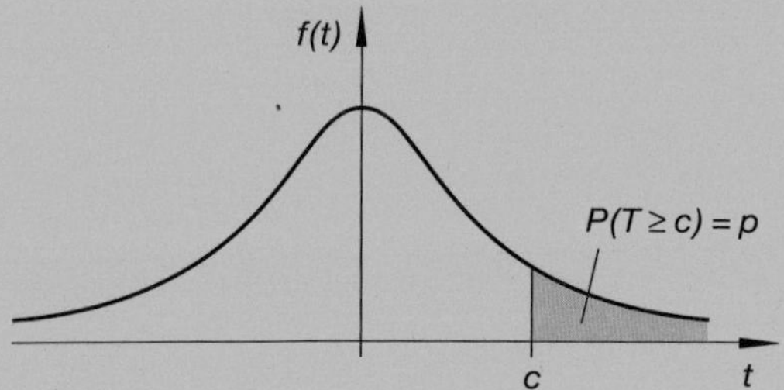

$$P(T \geqslant c) = 1 - P(T \leqslant c) = = 1 - F(c) = p$$

$$F(c) = 1 - p \rightarrow c = t_{(1-p;f)}$$

Zahlenbeispiel (bei $f = 10$ Freiheitsgraden):

$$P(T \geqslant c) = 1 - P(T \leqslant c) = 1 - F(c) = 0{,}90$$

$$F(c) = 1 - 0{,}90 = 0{,}10 \xrightarrow{f=10} c = t_{(0{,}10;10)} = -\,t_{(0{,}90;10)} = -\,1{,}372$$

(3) *Zweiseitige* (symmetrische) Abgrenzung

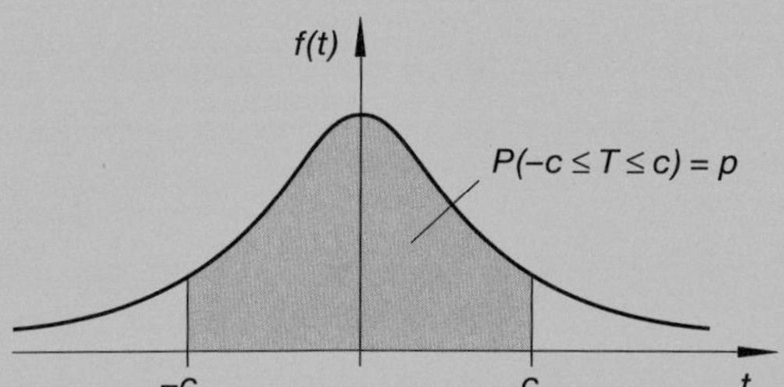

$$P(-c \leqslant T \leqslant c) = 2 \cdot F(c) - 1 = p$$

$$F(c) = \frac{1}{2}(1 + p) \rightarrow c = t_{((1+p)/2;f)}$$

Zahlenbeispiel (bei $f = 10$ Freiheitsgraden):

$$P(-c \leqslant T \leqslant c) = 2 \cdot F(c) - 1 = 0{,}90$$

$$F(c) = \frac{1}{2}(1 + 0{,}90) = 0{,}95 \xrightarrow{f=10} c = t_{(0{,}95;10)} = 1{,}812$$

Anhang

Teil B: Lösungen der Übungsaufgaben

I Vektoranalysis

Abschnitt 1

1) $\vec{r}(t) = \begin{pmatrix} v_0 t \\ \frac{1}{2} g t^2 \end{pmatrix} \qquad (t \geqslant 0)$

2) a) $\vec{r}(t) = \begin{pmatrix} t \\ 4t^2 \end{pmatrix}; \quad \dot{\vec{r}}(t) = \begin{pmatrix} 1 \\ 8t \end{pmatrix} \qquad (t \geqslant 0)$

b) $\vec{r}(t) = R \begin{pmatrix} \cos t \\ \sin t \end{pmatrix}; \quad \dot{\vec{r}}(t) = R \begin{pmatrix} -\sin t \\ \cos t \end{pmatrix} \qquad (0 \leqslant t < 2\pi)$

c) $\vec{r}(t) = \begin{pmatrix} t \\ 2t \end{pmatrix}; \quad \dot{\vec{r}}(t) = \begin{pmatrix} 1 \\ 2 \end{pmatrix} \qquad (-\infty < t < \infty)$

3) a) Die Bahnkurve ist eine *Ellipse* mit den Halbachsen a und b und dem „Startpunkt" $A = (a; 0)$ (Bild A-1). ω ist die *Winkelgeschwindigkeit*.

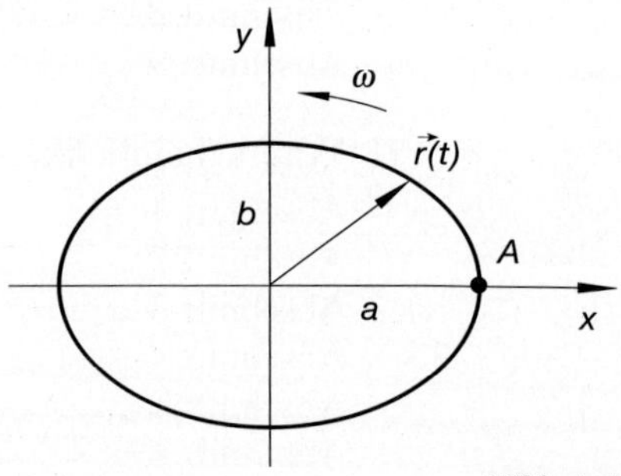

Bild A-1

b) $\vec{v}(t) = \begin{pmatrix} -a\omega \cdot \sin(\omega t) \\ b\omega \cdot \cos(\omega t) \end{pmatrix}$

$\vec{a}(t) = \begin{pmatrix} -a\omega^2 \cdot \cos(\omega t) \\ -b\omega^2 \cdot \sin(\omega t) \end{pmatrix}$

c) $\vec{a}(t) = -\omega^2 \begin{pmatrix} a \cdot \cos(\omega t) \\ b \cdot \sin(\omega t) \end{pmatrix} = -\omega^2 \, \vec{r}(t)$

4) a) $\vec{v}(t) = \begin{pmatrix} -\omega R \cdot \sin(\omega t) \\ \omega R \cdot \cos(\omega t) \end{pmatrix}; \quad \vec{a}(t) = \begin{pmatrix} -\omega^2 R \cdot \cos(\omega t) \\ -\omega^2 R \cdot \sin(\omega t) \end{pmatrix} = -\omega^2 \, \vec{r}(t)$

b) $\vec{v}(t) = \begin{pmatrix} R(1 - \cos t) \\ R \cdot \sin t \end{pmatrix}; \quad \vec{a}(t) = \begin{pmatrix} R \cdot \sin t \\ R \cdot \cos t \end{pmatrix}$

5) a) $\dot{\vec{a}}(t) = \begin{pmatrix} 2 \cdot \cos(2t) \\ e^t \\ -2 \cdot \sin(2t) \end{pmatrix}; \quad \ddot{\vec{a}}(t) = \begin{pmatrix} -4 \cdot \sin(2t) \\ e^t \\ -4 \cdot \cos(2t) \end{pmatrix}$

b) $\dot{\vec{a}}(t) = \begin{pmatrix} -(\sin t + \cos t) \cdot e^{-t} \\ -(\sin t - \cos t) \cdot e^{-t} \\ 1 \end{pmatrix}; \quad \ddot{\vec{a}}(t) = 2 \cdot e^{-t} \begin{pmatrix} \sin t \\ -\cos t \\ 0 \end{pmatrix}$

6) a) $\frac{d}{dt}(\vec{a} \cdot \vec{b}) = \dot{\vec{a}} \cdot \vec{b} + \vec{a} \cdot \dot{\vec{b}} = 5t^4 + 2t \cdot \sin t + 2(1 + t^2) \cdot \cos t$

b) $\frac{d}{dt}(\vec{b} \cdot \vec{c}) = \dot{\vec{b}} \cdot \vec{c} + \vec{b} \cdot \dot{\vec{c}} = 3t^2 - 4 \cdot \mathrm{e}^{-t} \cdot \sin t$

c) $\frac{d}{dt}(\vec{a} \times \vec{b}) = \dot{\vec{a}} \times \vec{b} + \vec{a} \times \dot{\vec{b}} = \begin{pmatrix} 4t^3 - 6t^2 \cdot \sin t - 2t^3 \cdot \cos t \\ -3t^3 - 2t^3 \cdot \sin t + 6t^2 \cdot \cos t \\ 2(1 + t^2) \cdot \sin t - 2t \cdot \cos t \end{pmatrix}$

d) $\frac{d}{dt}(\vec{a} \times \vec{c}) = \dot{\vec{a}} \times \vec{c} + \vec{a} \times \dot{\vec{c}} = \begin{pmatrix} 3t^2 + (t^3 - 3t^2) \cdot \mathrm{e}^{-t} \\ -2t - (t^3 - 3t^2) \cdot \mathrm{e}^{-t} \\ (1 - 3t + t^2) \cdot \mathrm{e}^{-t} \end{pmatrix}$

7) $\vec{T}(t) = \frac{1}{2}\sqrt{2}\,(-\sin(5t)\,\vec{e}_x + \cos(5t)\,\vec{e}_y + \vec{e}_z);\quad \vec{T}\left(t = \frac{\pi}{4}\right) = \frac{1}{2}(\vec{e}_x - \vec{e}_y + \sqrt{2}\,\vec{e}_z)$

$\vec{N}(t) = -\cos(5t)\,\vec{e}_x - \sin(5t)\,\vec{e}_y;\quad \vec{N}\left(t = \frac{\pi}{4}\right) = \frac{1}{2}\sqrt{2}\,(\vec{e}_x + \vec{e}_y)$

$\kappa(t) = \frac{1}{4};\quad \kappa\left(t = \frac{\pi}{4}\right) = \frac{1}{4}$

8) a) $\int_0^1 \sqrt{8t^2 + 1}\,dt = 2\sqrt{2} \cdot \int_0^1 \sqrt{t^2 + \frac{1}{8}}\,dt = 1{,}8116$ (Integral Nr. 116)

b) $\kappa(t) = \frac{2\sqrt{2}}{(8t^2 + 1)^{3/2}};\quad \kappa(t = 1) = \frac{2}{27}\sqrt{2};\quad \varrho(t = 1) = \frac{27}{4}\sqrt{2}$

9) a) $x = t,\ y = t^2 \Rightarrow$ Normalparabel $y = x^2$

b) $s = \int_0^2 \sqrt{1 + 4t^2}\,dt = 2 \cdot \int_0^2 \sqrt{\frac{1}{4} + t^2}\,dt = 4{,}6468$ (Integral Nr. 116)

c) $\kappa(t) = \frac{2}{(1 + 4t^2)^{3/2}};\quad \kappa(t = 1) = 0{,}1789$

d) $\vec{v}(t) = \vec{e}_x + 2t\,\vec{e}_y;\quad \vec{a}(t) = 2\,\vec{e}_y$

e) $v_T = v = \sqrt{1 + 4t^2};\quad v_N = 0;\quad a_T = \dot{v} = \frac{4t}{\sqrt{1 + 4t^2}};\quad a_N = \kappa v^2 = \frac{2}{\sqrt{1 + 4t^2}}$

10) $v_T = v = \sqrt{2} \cdot \mathrm{e}^{-t};\quad v_N = 0;\quad a_T = \dot{v} = -\sqrt{2} \cdot \mathrm{e}^{-t};\quad a_N = \kappa v^2 = \sqrt{2} \cdot \mathrm{e}^{-t}$

11) $\dot{x} = 1,\ \ddot{x} = 0,\ \dot{y} = y',\ \ddot{y} = y'';\quad \kappa = \frac{\dot{x}\ddot{y} - \ddot{x}\dot{y}}{(\dot{x}^2 + \dot{y}^2)^{3/2}} = \frac{y''}{[1 + (y')^2]^{3/2}}$

Abschnitt 2

1) a) $\frac{\partial \vec{r}}{\partial u} = 4\begin{pmatrix} -\sin(2u) \\ \cos(2u) \\ 0 \end{pmatrix};\quad \frac{\partial \vec{r}}{\partial v} = \begin{pmatrix} 0 \\ 0 \\ 2v \end{pmatrix}$

b) $\dfrac{\partial \vec{r}}{\partial u} = \begin{pmatrix} 1 \\ 1 \\ 0 \end{pmatrix}; \quad \dfrac{\partial \vec{r}}{\partial v} = \begin{pmatrix} 1 \\ -1 \\ 1 \end{pmatrix}$ c) $\dfrac{\partial \vec{r}}{\partial \lambda} = \begin{pmatrix} \lambda \\ \mu \\ 0 \end{pmatrix}; \quad \dfrac{\partial \vec{r}}{\partial u} = \begin{pmatrix} -\mu \\ \lambda \\ 0 \end{pmatrix}$

2) *Flächenparameter*: Winkel φ, Höhenkoordinate z (Bild A-2)

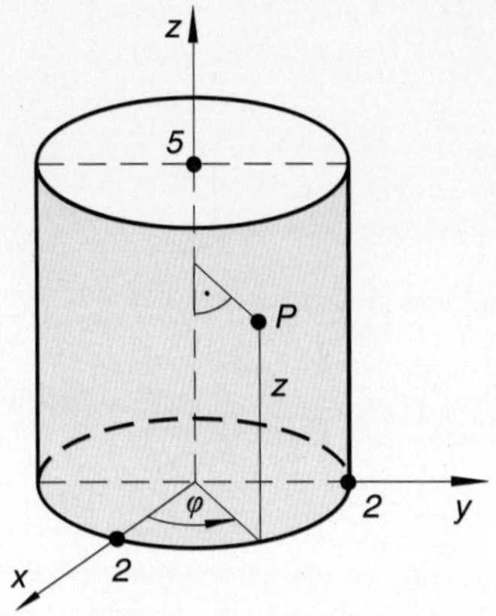

$$x = 2 \cdot \cos \varphi; \quad y = 2 \cdot \sin \varphi; \quad z = z$$

$$\vec{r}(\varphi; z) = \begin{pmatrix} 2 \cdot \cos \varphi \\ 2 \cdot \sin \varphi \\ z \end{pmatrix}$$

$$(0 \leqslant \varphi < 2\pi; \quad 0 \leqslant z \leqslant 5)$$

Bild A-2

3) Nach Bild A-3 (u, v: reelle Parameter):

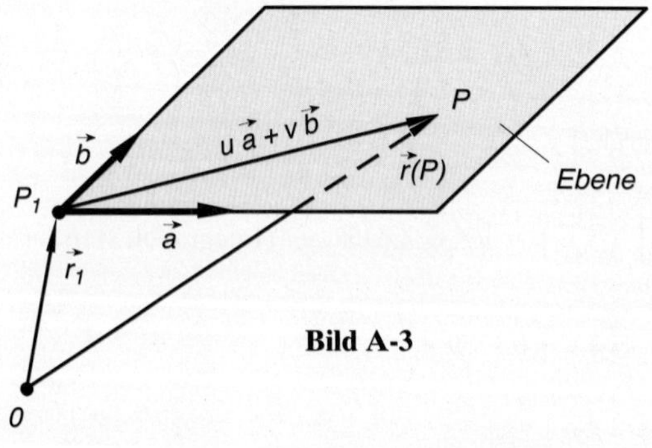

Bild A-3

$$\vec{r}(P) = \vec{r}(u; v) = \vec{r}_1 + u\vec{a} + v\vec{b} = \begin{pmatrix} 1 + u + 2v \\ 1 - u + 2v \\ 1 + u + 2v \end{pmatrix}$$

4) a) $$x^2 + y^2 + z^2 = \cos^2 u \cdot \sin^2 v + \sin^2 u \cdot \sin^2 v + \cos^2 v =$$
$$= \sin^2 v \cdot \underbrace{(\cos^2 u + \sin^2 u)}_{1} + \cos^2 v = \underbrace{\sin^2 v + \cos^2 v}_{1} = 1$$

Diese Gleichung beschreibt die Oberfläche einer *Kugel* um den Nullpunkt mit dem Radius $r = 1$.

b) $$\vec{t}_u \cdot \vec{t}_v = \left(\frac{\partial \vec{r}}{\partial u}\right) \cdot \left(\frac{\partial \vec{r}}{\partial v}\right) = \begin{pmatrix} -\sin u \cdot \sin v \\ \cos u \cdot \sin v \\ 0 \end{pmatrix} \cdot \begin{pmatrix} \cos u \cdot \cos v \\ \sin u \cdot \cos v \\ -\sin v \end{pmatrix} =$$
$$= -\sin u \cdot \cos u \cdot \sin v \cdot \cos v + \sin u \cdot \cos u \cdot \sin v \cdot \cos v = 0$$

5) $\vec{v} = \dot{\vec{r}}(t) = \dot{\vartheta}\,\vec{t}_\vartheta + \dot{\varphi}\,\vec{t}_\varphi;\quad \vec{t}_\vartheta = 2\begin{pmatrix} \cos\varphi\cdot\cos\vartheta \\ \sin\varphi\cdot\cos\vartheta \\ -\sin\vartheta \end{pmatrix};\quad \vec{t}_\varphi = 2\begin{pmatrix} -\sin\varphi\cdot\sin\vartheta \\ \cos\varphi\cdot\sin\vartheta \\ 0 \end{pmatrix}$

a) $\dot{\vartheta} = 0;\quad \dot{\varphi} = 1$

$$\vec{v}(t) = 0\,\vec{t}_\vartheta + 1\,\vec{t}_\varphi = 2\begin{pmatrix} -\sin t\cdot\sin\vartheta_0 \\ \cos t\cdot\sin\vartheta_0 \\ 0 \end{pmatrix}$$

$v(t) = 2\cdot\sin\vartheta_0;\quad v(t=\pi) = 2\cdot\sin\vartheta_0$

b) $\dot{\vartheta} = 1;\quad \dot{\varphi} = 0$

$$\vec{v}(t) = 1\,\vec{t}_\vartheta + 0\,\vec{t}_\varphi = 2\begin{pmatrix} \cos\varphi_0\cdot\cos t \\ \sin\varphi_0\cdot\cos t \\ -\sin t \end{pmatrix}$$

$v(t) = 2;\quad v(t=\pi) = 2$

c) $\dot{\vartheta} = 1;\quad \dot{\varphi} = 2t$

$$\vec{v}(t) = 1\,\vec{t}_\vartheta + 2t\,\vec{t}_\varphi = 2\begin{pmatrix} -2t\cdot\sin t\cdot\sin(t^2) + \cos t\cdot\cos(t^2) \\ 2t\cdot\sin t\cdot\cos(t^2) + \cos t\cdot\sin(t^2) \\ -\sin t \end{pmatrix}$$

$v(t) = 2\sqrt{4t^2\cdot\sin^2 t + 1};\quad v(t=\pi) = 2$

6) a) $\vec{t}_u = R\begin{pmatrix} \cos u\cdot\cos v \\ \cos u\cdot\sin v \\ -\sin u \end{pmatrix};\quad \vec{t}_v = R\begin{pmatrix} -\sin u\cdot\sin v \\ \sin u\cdot\cos v \\ 0 \end{pmatrix}$

$$\vec{t}_u\left(u = v = \frac{\pi}{2}\right) = R\begin{pmatrix} 0 \\ 0 \\ -1 \end{pmatrix};\quad \vec{t}_v\left(u = v = \frac{\pi}{2}\right) = R\begin{pmatrix} -1 \\ 0 \\ 0 \end{pmatrix}$$

$$\vec{N}(u;v) = \begin{pmatrix} \sin u\cdot\cos v \\ \sin u\cdot\sin v \\ \cos u \end{pmatrix};\quad \vec{N}\left(u = v = \frac{\pi}{2}\right) = \begin{pmatrix} 0 \\ 1 \\ 0 \end{pmatrix}$$

b) $dA = R^2\cdot\sin u\,du\,dv$

c) $u = v = \dfrac{\pi}{4} \Rightarrow P = \left(0{,}5;\ 0{,}5;\ \dfrac{1}{2}\sqrt{2}\right)$

Tangentialebene in P: $z = \dfrac{1}{2}\sqrt{2}\,(-x - y + 2)$

7) Ortsvektor der Rotationsfläche: $\vec{r}(u;v) = \begin{pmatrix} u \\ v \\ \sqrt{u^2 + v^2 + 4} \end{pmatrix}$

a) *Tangentenvektoren*:

$$\vec{t}_u = \begin{pmatrix} 1 \\ 0 \\ u/\sqrt{u^2 + v^2 + 4} \end{pmatrix}; \quad \vec{t}_v = \begin{pmatrix} 0 \\ 1 \\ v/\sqrt{u^2 + v^2 + 4} \end{pmatrix}$$

$$\vec{t}_u(u = 1;\ v = 2) = \begin{pmatrix} 1 \\ 0 \\ 1/3 \end{pmatrix}; \quad \vec{t}_v(u = 1;\ v = 2) = \begin{pmatrix} 0 \\ 1 \\ 2/3 \end{pmatrix}$$

b) *Flächennormale*:

$$\vec{N}(u; v) = \frac{1}{\sqrt{2u^2 + 2v^2 + 4}} \begin{pmatrix} -u \\ -v \\ \sqrt{u^2 + v^2 + 4} \end{pmatrix}$$

$$\vec{N}(u = 1; v = 2) = \frac{1}{\sqrt{14}} \begin{pmatrix} -1 \\ -2 \\ 3 \end{pmatrix}$$

c) $u = 1, \quad v = 2 \rightarrow P = (1; 2; 3)$

Tangentialebene in $P: z = \frac{1}{3}(x + 2y + 4)$

8) Ortsvektor der Fläche: $\vec{r}(x; y) = \begin{pmatrix} x \\ y \\ x^2 - y^2 \end{pmatrix}$

Tangentialebene in $P: z = 4x - 2y - 3$

9) Ortsvektor der Fläche: $\vec{r}(x; y) = \begin{pmatrix} x \\ y \\ xy \end{pmatrix}$

Tangentialebene in $P: z = 5x + 2y - 10$

Abschnitt 3

1) a) $x^2 + y^2 = \text{const.} = c \ (c > 0)$:

Konzentrische Kreise (Bild A-4)

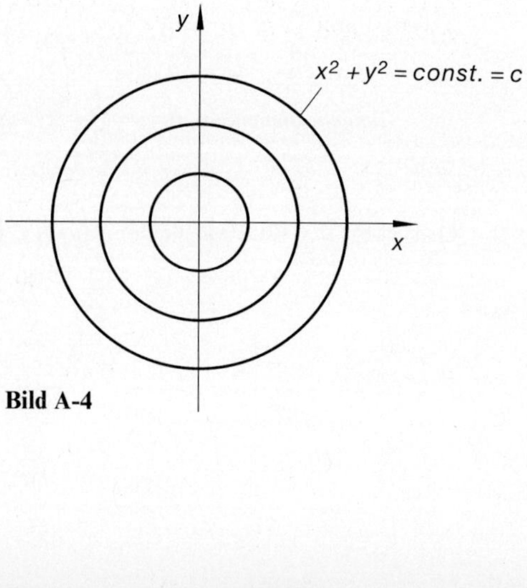

Bild A-4

b) $x^2 - y = \text{const.} = c$ oder $y = x^2 - c$

($c \in \mathbb{R}$):

Parabelschar (Normalparabeln mit Scheitelpunkt auf der y-Achse; Bild A-5).

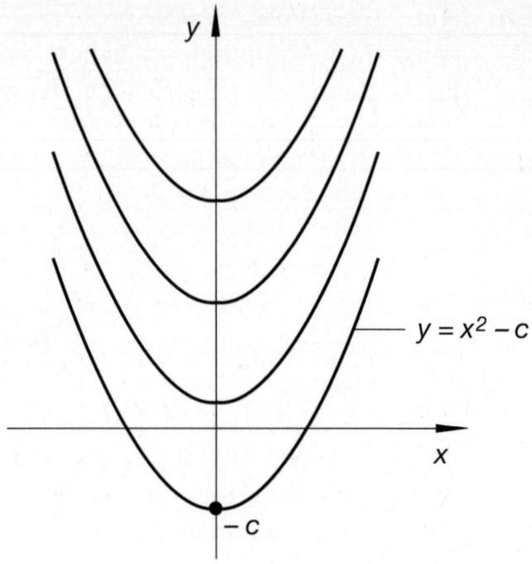

Bild A-5

2) a) $z - x^2 - y^2 = \text{const.} = c$ oder

$z = x^2 + y^2 + c$ ($c \in \mathbb{R}$):

Schar von *Rotationsparaboloiden*, durch Drehung der Parabel $z = x^2 + c$ um die z-Achse entstanden (Tiefpunkt auf der z-Achse; Bild A-6).

b) $x^2 + y^2 + z^2 = \text{const.} = c$ ($c > 0$):

Konzentrische Kugelschalen (Mittelpunkt = Nullpunkt; Radius: $r = \sqrt{c}$).

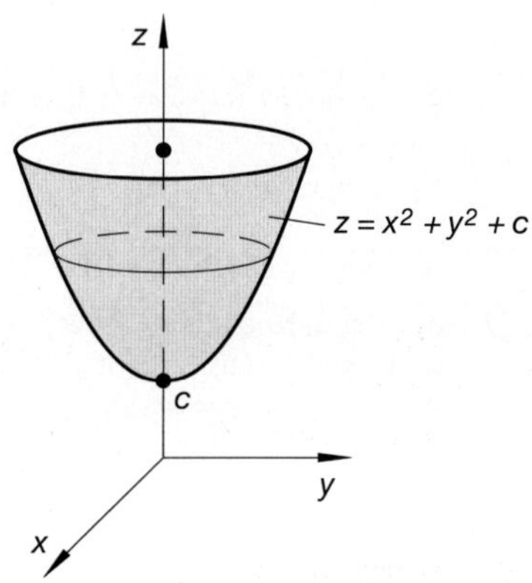

Bild A-6

3) $2x^2 + 2y^2 = \text{const.} = c$ oder $x^2 + y^2 = c^*$

($c^* = c/2 > 0$):

Koaxiale Zylindermäntel (Zylinderachse = z-Achse, Bild A-7).

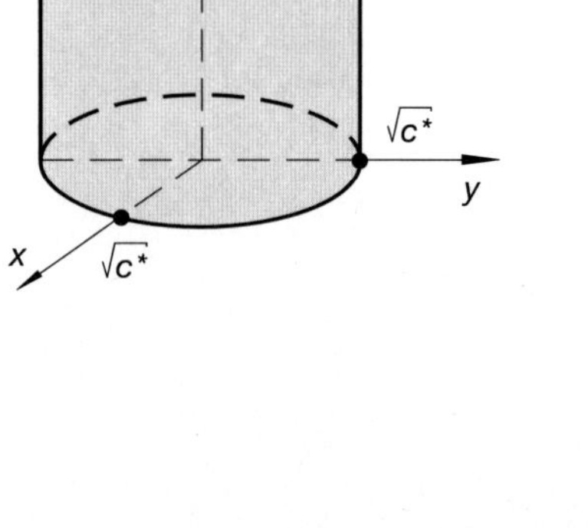

Bild A-7

4) Aus $U = \text{const.}$ folgt $x^2 + y^2 + z^2 = \text{const.}$ Die Äquipotentialflächen sind daher *konzentrische Kugelschalen* (Kugelmittelpunkt = Nullpunkt; Bild A-8).

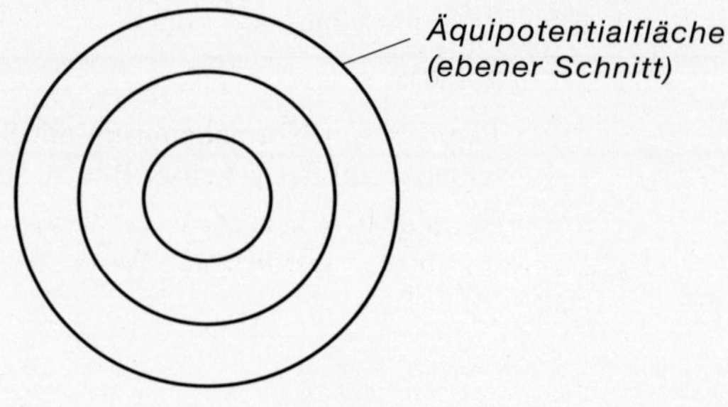

Bild A-8

5) Aus $U = \text{const.}$ folgt $x = \text{const.} = c$ $(0 \leqslant c \leqslant d)$. Die Äquipotentialflächen sind daher *Ebenen* parallel zu den Plattenflächen (Bild A-9).

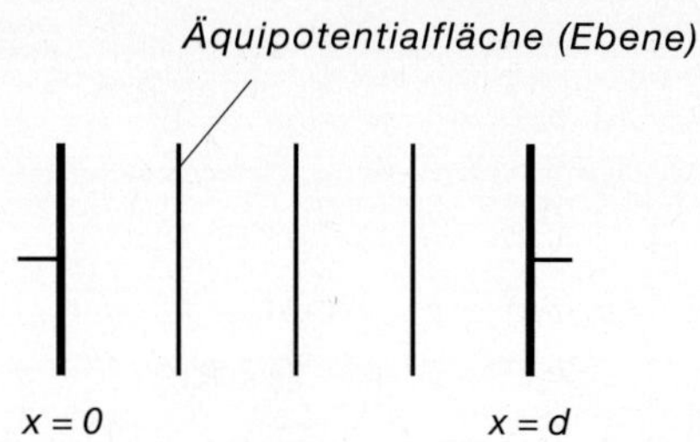

Bild A-9

6) Das Geschwindigkeitsfeld wächst *linear* mit der x-Koordinate. Längs einer Parallelen zur y-Achse bleibt v konstant (Bild A-10).

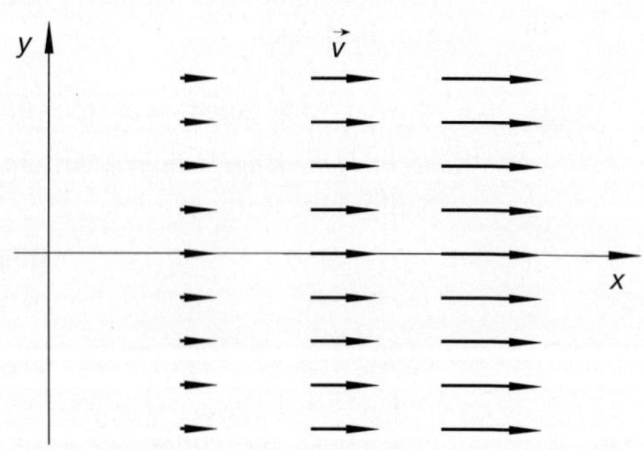

Bild A-10

7) $\vec{F}(x; y) = \frac{1}{r}\begin{pmatrix} x \\ y \end{pmatrix} = \frac{1}{r}\,\vec{r} = \vec{e}_r$

Das Feld ist *radial nach außen* gerichtet, der Feldvektor besitzt überall den *konstanten* Betrag Eins: $|\vec{F}(x; y)| = |\vec{e}_r| = 1$ (Bild A-11).

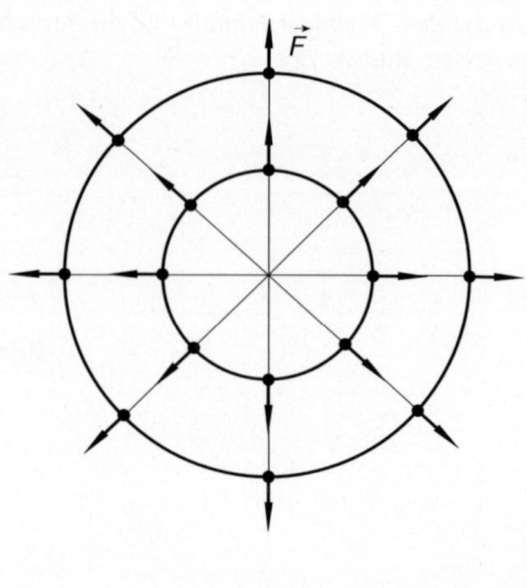

Bild A-11

8) $\vec{F}(x;y)$ steht *senkrecht* auf dem Ortsvektor $\vec{r} = x\,\vec{e}_x + y\,\vec{e}_y$, da das Skalarprodukt dieser Vektoren verschwindet (Bild A-12):

$$\vec{F} \cdot \vec{r} = \frac{1}{r}\begin{pmatrix} -y \\ x \end{pmatrix} \cdot \begin{pmatrix} x \\ y \end{pmatrix} = \frac{1}{r}\,(-xy + xy) = 0$$

Die Feldlinien sind *konzentrische Kreise* um den Nullpunkt und werden vom Feldvektor in der aus Bild A-13 ersichtlichen Weise tangiert. Der Feldvektor hat ferner die *konstante* Länge $|\vec{F}(x;y)| = 1$.

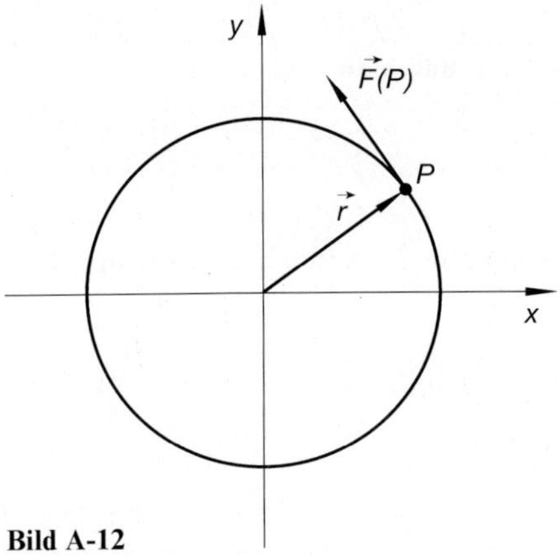

Bild A-12

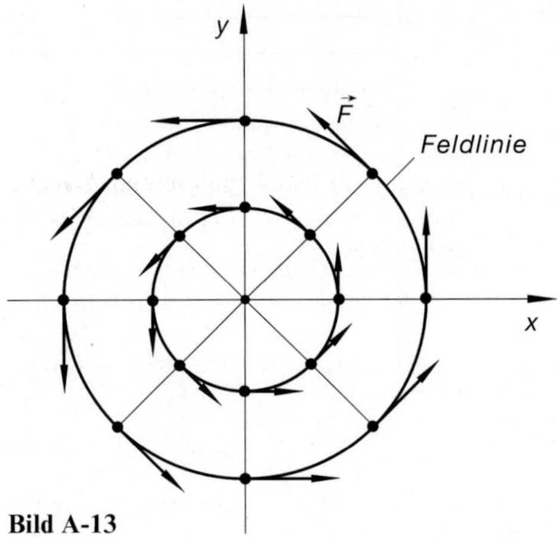

Bild A-13

9) Die Feldlinien genügen der Gleichung $\vec{v} \times d\vec{r} = 0$. Daraus erhält man die Differentialgleichung $dy = y\,dx$, die sich durch „Trennung der Variablen" lösen läßt. Man erhält so Feldlinien vom Exponentialtyp $y = C \cdot e^x$. Unser Teilchen „startet" aus der Anfangslage $P = (0; 2)$ und bewegt sich dann auf der Bahnkurve $y = 2 \cdot e^x$.

10) a) Es ist $|\vec{E}| \sim \frac{1}{r^2}$. Daher nimmt der Betrag der elektrischen Feldstärke auf einer *Kugelschale* $r = \text{const.}$ jeweils einen *festen* Wert an. Die gesuchten Flächen sind somit die Oberflächen *konzentrischer* Kugeln (Bild A-14).

b) Wegen $|\vec{H}| \sim \frac{1}{\varrho}$ nimmt der Betrag der magnetischen Feldstärke auf jedem *Zylindermantel* mit der Leiterachse als Symmetrieachse einen *festen* Wert an. Die gesuchten Flächen sind somit die Mantelflächen *koaxialer* Zylinder (Bild A-15)

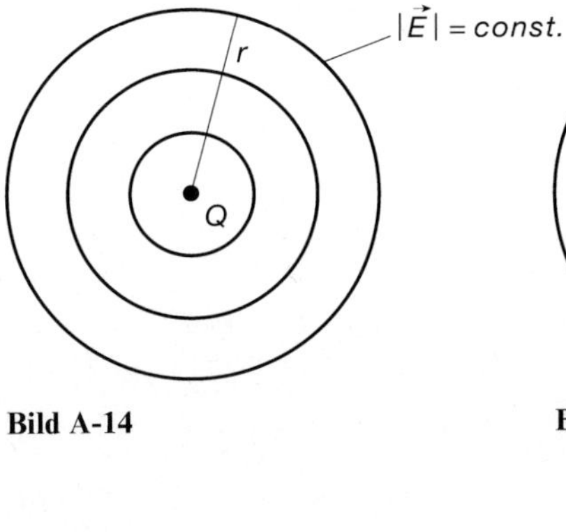

Bild A-14

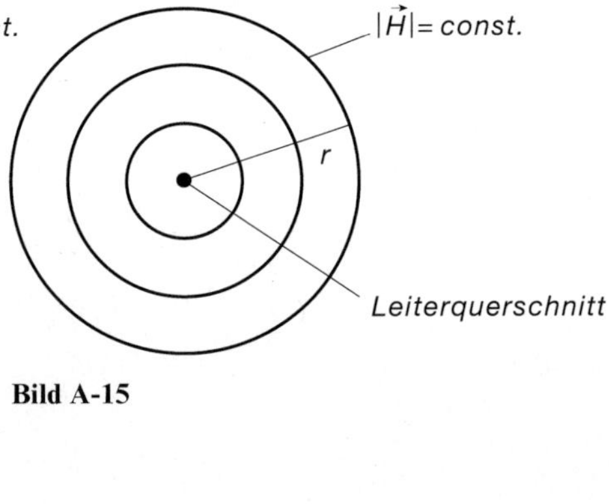

Bild A-15

Abschnitt 4

1) a) *Niveaulinien*: $y = \text{const.} = c$ (Parallelen zur x-Achse, $c \in \mathbb{R}$; Bild A-16)

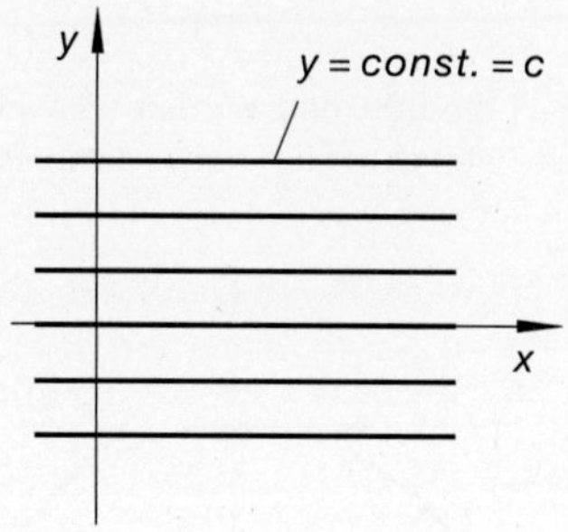

$$\operatorname{grad} \phi = 0\ \vec{e}_x + 1\ \vec{e}_y = \begin{pmatrix} 0 \\ 1 \end{pmatrix}$$

Bild A-16

b) *Niveaulinien*: $x^2 + y^2 = \text{const.} = c$ (konzentrische Kreise um den Nullpunkt mit den Radien $r = \sqrt{c}$, $c > 0$; Bild A-17)

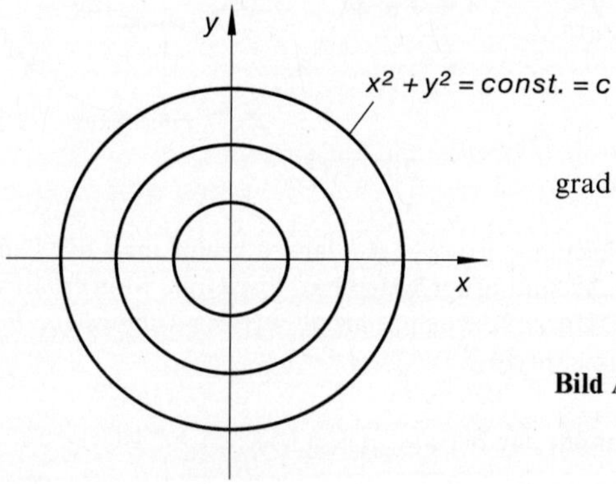

$$\operatorname{grad} \phi = 2x\ \vec{e}_x + 2y\ \vec{e}_y =$$
$$= 2(x\ \vec{e}_x + y\ \vec{e}_y) = 2\vec{r} = 2\begin{pmatrix} x \\ y \end{pmatrix}$$

Bild A-17

2)
$$\left.\begin{array}{l} \dfrac{\partial \phi}{\partial x} = y \rightarrow \phi = yx + C_1(y) \\[2ex] \dfrac{\partial \phi}{\partial y} = x \rightarrow \phi = xy + C_2(x) \end{array}\right\} \Rightarrow \phi = \phi(x; y) = xy + C \quad (C \in \mathbb{R})$$

3) a) $\operatorname{grad} \phi = \begin{pmatrix} 20xy^3 - 5yz^2 \\ 30x^2y^2 - 5xz^2 \\ -10xyz \end{pmatrix}$; $(\operatorname{grad} \phi)_P = \begin{pmatrix} 0 \\ 10 \\ 20 \end{pmatrix}$; $|(\operatorname{grad} \phi)_P| = 10\sqrt{5} = 22{,}36$

b) $\operatorname{grad} \phi = \begin{pmatrix} 2x \cdot e^{yz} \\ x^2z \cdot e^{yz} + z^3 \\ x^2y \cdot e^{yz} + 3yz^2 \end{pmatrix}$; $(\operatorname{grad} \phi)_P = \begin{pmatrix} 4 \\ 5 \\ 0 \end{pmatrix}$; $|(\operatorname{grad} \phi)_P| = \sqrt{41} = 6{,}40$

c) $\operatorname{grad} \phi = \begin{pmatrix} 2x \\ 2y \\ 2z \end{pmatrix}$; $(\operatorname{grad} \phi)_P = \begin{pmatrix} 2 \\ 4 \\ -4 \end{pmatrix}$; $|(\operatorname{grad} \phi)_P| = 6$

4) $\phi = \ln r = \ln \sqrt{x^2 + y^2 + z^2} = \ln(x^2 + y^2 + z^2)^{1/2} = \frac{1}{2} \cdot \ln(x^2 + y^2 + z^2)$

$$\frac{\partial \phi}{\partial x} = \frac{x}{x^2 + y^2 + z^2} = \frac{x}{r^2}; \quad \frac{\partial \phi}{\partial y} = \frac{y}{r^2}; \quad \frac{\partial \phi}{\partial z} = \frac{z}{r^2}$$

$$\operatorname{grad} \phi = \frac{x}{r^2}\,\vec{e}_x + \frac{y}{r^2}\,\vec{e}_y + \frac{z}{r^2}\,\vec{e}_z = \frac{1}{r^2}(x\,\vec{e}_x + y\,\vec{e}_y + z\,\vec{e}_z) = \frac{1}{r^2}\,\vec{r} = \frac{1}{r}\,\vec{e}_r$$

5) *1. Lösungsweg*: $\phi \cdot \psi = x^2 y^2 z \cdot \mathrm{e}^x + xy \cdot \mathrm{e}^{x+y}$

$$\operatorname{grad}(\phi \cdot \psi) = \begin{pmatrix} xy^2 z(x+2) \cdot \mathrm{e}^x + (x+1)\,y \cdot \mathrm{e}^{x+y} \\ 2x^2 yz \cdot \mathrm{e}^x + x(y+1) \cdot \mathrm{e}^{x+y} \\ x^2 y^2 \cdot \mathrm{e}^x \end{pmatrix}$$

2. Lösungsweg (nach Rechenregel (5) für Gradienten):

$$\operatorname{grad} \phi = \begin{pmatrix} 2xyz + \mathrm{e}^y \\ x^2 z + x \cdot \mathrm{e}^y \\ x^2 y \end{pmatrix}; \quad \operatorname{grad} \psi = \begin{pmatrix} y \cdot \mathrm{e}^x \\ \mathrm{e}^x \\ 0 \end{pmatrix}$$

$$\operatorname{grad}(\phi \cdot \psi) = \phi\,(\operatorname{grad} \psi) + \psi\,(\operatorname{grad} \phi) =$$

$$= \begin{pmatrix} xy^2 z(x+2) \cdot \mathrm{e}^x + (x+1)\,y \cdot \mathrm{e}^{x+y} \\ 2x^2 yz \cdot \mathrm{e}^x + x(y+1) \cdot \mathrm{e}^{x+y} \\ x^2 y^2 \cdot \mathrm{e}^x \end{pmatrix}$$

6) $$\operatorname{grad} \phi = \begin{pmatrix} yz + 3z^3 \\ xz \\ xy + 9xz^2 \end{pmatrix}; \quad (\operatorname{grad} \phi)_P = \begin{pmatrix} 5 \\ 1 \\ 11 \end{pmatrix}; \quad \vec{e}_a = \frac{1}{3}\begin{pmatrix} 1 \\ -2 \\ 2 \end{pmatrix}$$

$$\left(\frac{\partial \phi}{\partial \vec{a}}\right)_P = (\operatorname{grad} \phi)_P \cdot \vec{e}_a = \begin{pmatrix} 5 \\ 1 \\ 11 \end{pmatrix} \cdot \frac{1}{3}\begin{pmatrix} 1 \\ -2 \\ 2 \end{pmatrix} = \frac{25}{3}$$

7) a) *Richtungsvektor*: $\vec{r} = \vec{r}\,(P) = \begin{pmatrix} 3 \\ 4 \end{pmatrix}; \quad |\vec{r}| = 5$

$$\left(\frac{\partial \phi}{\partial \vec{r}}\right)_P = \frac{1}{|\vec{r}|}\,(\operatorname{grad} \phi)_P \cdot \vec{r} = \frac{1}{5}\begin{pmatrix} 6 \\ -8 \end{pmatrix} \cdot \begin{pmatrix} 3 \\ 4 \end{pmatrix} = -\frac{14}{5}$$

b) *Richtungsvektor*: $\vec{r} = \vec{r}\,(P) = \begin{pmatrix} 1 \\ 0 \end{pmatrix}; \quad |\vec{r}| = 1$

$$\left(\frac{\partial \phi}{\partial \vec{r}}\right)_P = \frac{1}{|\vec{r}|}\,(\operatorname{grad} \phi)_P \cdot \vec{r} = \frac{1}{1}\begin{pmatrix} 8 \\ 0 \end{pmatrix} \cdot \begin{pmatrix} 1 \\ 0 \end{pmatrix} = 8$$

8) Fläche: $F(x; y; z) = x^2 + (y-1)^2 - z^2 - 10 = 0$

Normalenvektor in P: $(\operatorname{grad} F)_P = \begin{pmatrix} 2 \\ 2 \\ -10 \end{pmatrix} = 2\begin{pmatrix} 1 \\ 1 \\ -5 \end{pmatrix}$

Durch *Normierung* erhalten wir hieraus die *Flächennormale* in P:

$$\vec{N} = \frac{1}{|(\text{grad } F)_P|} (\text{grad } F)_P = \frac{\sqrt{3}}{9} \begin{pmatrix} 1 \\ 1 \\ -5 \end{pmatrix}$$

9) a) $(\text{grad } F)_P \cdot (\vec{r} - \vec{r}_0) = \begin{pmatrix} 4 \\ 2 \\ 0 \end{pmatrix} \cdot \begin{pmatrix} x-2 \\ y-1 \\ z-5 \end{pmatrix} = 0$

Tangentialebene: $2x + y - 5 = 0$ (z: beliebig)

b) $(\text{grad } F)_P \cdot (\vec{r} - \vec{r}_0) = \begin{pmatrix} 23 \\ -4 \\ -46 \end{pmatrix} \cdot \begin{pmatrix} x-2 \\ y-1 \\ z+1 \end{pmatrix} = 0$

Tangentialebene: $23x - 4y - 46z = 88$

10) Die *größte* Zunahme des Potentials erfolgt in Richtung des *Gradienten*, d.h. hier also wegen der Kugelsymmetrie des Feldes in *radialer* Richtung nach *außen*.

$$U = -\frac{Q}{4\pi\varepsilon_0 r} = -\frac{Q}{4\pi\varepsilon_0}(x^2 + y^2 + z^2)^{-1/2}$$

$$\frac{\partial U}{\partial x} = \frac{Q}{4\pi\varepsilon_0} x \cdot (x^2 + y^2 + z^2)^{-3/2} = \frac{Q}{4\pi\varepsilon_0} \cdot \frac{x}{r^3}$$

$$\frac{\partial U}{\partial y} = \frac{Q}{4\pi\varepsilon_0} \cdot \frac{y}{r^3}; \quad \frac{\partial U}{\partial z} = \frac{Q}{4\pi\varepsilon_0} \cdot \frac{z}{r^3}$$

$$\text{grad } U = \frac{Q}{4\pi\varepsilon_0} \cdot \frac{1}{r^3}(x\,\vec{e}_x + y\,\vec{e}_y + z\,\vec{e}_z) = \frac{Q}{4\pi\varepsilon_0 r^3}\,\vec{r}$$

Maximalwert: $|\text{grad } U| = \dfrac{Q}{4\pi\varepsilon_0 r^2}$

Abschnitt 5

1) a) $\text{div } \vec{F} = 0$ b) $\text{div } \vec{F} = 3x^2 + 2xy$

c) $\text{div } \vec{v} = e^{-y} + e^{-x}$ d) $\text{div } \vec{F} = 0$

2) $\text{div } \vec{F} = x^2 + y^2 - 4 = 0 \Rightarrow$

$x^2 + y^2 - 4 = 0$ oder $x^2 + y^2 = 4$

Die Divergenz des Vektorfeldes *verschwindet* somit längs des Mittelpunktkreises mit dem Radius $R = 2$ (Bild A-18).

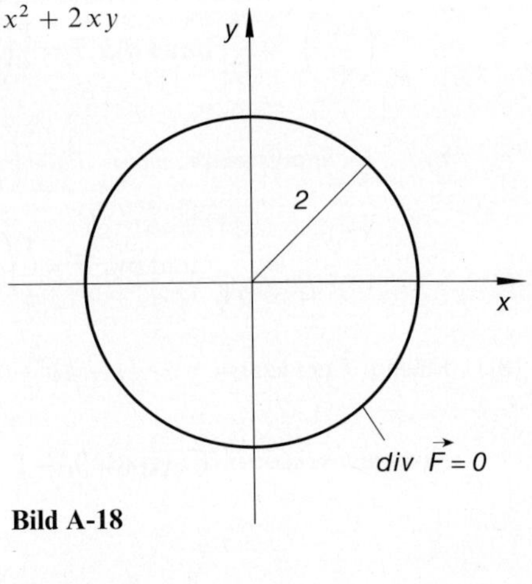

Bild A-18

3) a) $\operatorname{div} \vec{F} = 6x^2z^2 + xy$ b) $\operatorname{div} \vec{v} = 2(-xz + y + z^2)$

4) $\operatorname{div} \vec{F} = xy + y^2 + 2z^3$; $(\operatorname{div} \vec{F})_{P_1} = 2$; $(\operatorname{div} \vec{F})_{P_2} = 4$; $(\operatorname{div} \vec{F})_{P_3} = 64$

5) $\operatorname{grad} \phi = 2\begin{pmatrix} x-1 \\ y-5 \\ z \end{pmatrix}$; $\operatorname{div}(\operatorname{grad} \phi) = 6$

6) *1. Lösungsweg*: $\vec{A} = \phi\, \vec{F} = \begin{pmatrix} x^2 y \cdot e^{yz} \\ -x^3 \cdot e^{yz} \\ x^2 z \cdot e^{yz} \end{pmatrix}$

$\operatorname{div} \vec{A} = \operatorname{div}(\phi\, \vec{F}) = (2xy - x^3 z + x^2 + x^2 yz) \cdot e^{yz}$

2. Lösungsweg (nach Rechenregel (2) für Divergenzen):

$\operatorname{grad} \phi = \begin{pmatrix} 2x \cdot e^{yz} \\ x^2 z \cdot e^{yz} \\ x^2 y \cdot e^{yz} \end{pmatrix}$; $\operatorname{div} \vec{F} = 1$

$$\operatorname{div} \vec{A} = \operatorname{div}(\phi\, \vec{F}) = (\operatorname{grad} \phi) \cdot \vec{F} + \phi(\operatorname{div} \vec{F}) =$$

$$= e^{yz}\begin{pmatrix} 2x \\ x^2 z \\ x^2 y \end{pmatrix} \cdot \begin{pmatrix} y \\ -x \\ z \end{pmatrix} + x^2 \cdot e^{yz} \cdot 1 = (2xy - x^3 z + x^2 yz + x^2) \cdot e^{yz}$$

7) Die Divergenz des Zentralfeldes $\vec{F} = f(r)\, \vec{r} = \begin{pmatrix} f(r) \cdot x \\ f(r) \cdot y \\ f(r) \cdot z \end{pmatrix}$ muß bei einem quellenfreien Feld *verschwinden*:

$$\operatorname{div} \vec{F} = \frac{\partial}{\partial x}[f(r) \cdot x] + \frac{\partial}{\partial y}[f(r) \cdot y] + \frac{\partial}{\partial z}[f(r) \cdot z] = 0$$

Es ist (unter Beachtung von $r = (x^2 + y^2 + z^2)^{1/2}$):

$$\frac{\partial}{\partial x}[f(r) \cdot x] = \frac{\partial f}{\partial x} \cdot x + 1 \cdot f(r) = \frac{\partial f}{\partial x} \cdot x + f(r)$$

$$\frac{\partial f}{\partial x} = \frac{df}{dr} \cdot \frac{\partial r}{\partial x} = f'(r) \cdot \frac{\partial r}{\partial x} \qquad \text{(Kettenregel!)}$$

$$\frac{\partial r}{\partial x} = \frac{\partial}{\partial x}(x^2 + y^2 + z^2)^{1/2} = \frac{x}{(x^2 + y^2 + z^2)^{1/2}} = \frac{x}{r}$$

Somit gilt:

$$\frac{\partial}{\partial x}[f(r) \cdot x] = f'(r) \cdot \frac{x^2}{r} + f(r)$$

Analoge Ausdrücke erhält man für die beiden übrigen partiellen Ableitungen. Daher folgt:

$$\operatorname{div} \vec{F} = f'(r) \cdot \frac{x^2}{r} + f'(r) \cdot \frac{y^2}{r} + f'(r) \cdot \frac{z^2}{r} + 3 \cdot f(r) =$$

$$= f'(r) \frac{x^2 + y^2 + z^2}{r} + 3 \cdot f(r) = f'(r) \cdot r + 3 \cdot f(r) = 0$$

Diese Differentialgleichung 1. Ordnung löst man durch „Trennung der Variablen“. Die Lösung lautet:

$$f(r) = \frac{\text{const.}}{r^3} = \frac{C}{r^3} \qquad (C \in \mathbb{R};\, r > 0)$$

8) $\phi = a + \frac{b}{r} = a + b\,(x^2 + y^2 + z^2)^{-1/2}$

$$\frac{\partial \phi}{\partial x} = -\,b x\,(x^2 + y^2 + z^2)^{-3/2} = -\,\frac{b x}{r^3} \qquad \text{u.s.w.}$$

$$\operatorname{grad} \phi = -\,b \begin{pmatrix} x/r^3 \\ y/r^3 \\ z/r^3 \end{pmatrix} = -\,\frac{b}{r^3} \begin{pmatrix} x \\ y \\ z \end{pmatrix} = -\,\frac{b}{r^3}\,\vec{r}$$

Das Gradientenfeld ist somit ein *Zentralfeld* vom Typ $\frac{\text{const.}}{r^3}\,\vec{r}$ und daher nach Aufgabe 7 *quellenfrei*, d.h. div (grad ϕ) = 0.

9) a) $\operatorname{rot} \vec{F} = -\,\frac{1}{\sqrt{x^2 + y^2}}\,\vec{e}_z = -\,\frac{1}{r}\,\vec{e}_z \qquad \left(r = \sqrt{x^2 + y^2}\right)$

b) $\operatorname{rot} \vec{F} = \frac{x^2 + y^2 + x + 2y}{(x^2 + y^2)^{3/2}}\,\vec{e}_z$

c) $\operatorname{rot} \vec{F} = (y^2 - 3x^2 y^2)\,\vec{e}_z = y^2 (1 - 3x^2)\,\vec{e}_z$

10) $\operatorname{rot} \vec{v} = \vec{0} \;\Rightarrow\; \vec{v}$ ist wirbelfrei.

11) a) $\operatorname{rot} \vec{F} = \begin{pmatrix} -\,2y(x+z) \\ -\,2z(1+x) \\ 2yz - x \end{pmatrix}$ b) $\operatorname{rot} \vec{F} = \vec{0}$ ($\vec{F}$ ist *wirbelfrei*)

12) $\operatorname{rot} \vec{F} = \begin{pmatrix} (3b - a)\,x y^2 \\ (1 - b)\,y^3 \\ (a - 3)\,y^2 z \end{pmatrix} = \vec{0} \;\Rightarrow\; \left\{ \begin{matrix} 3b - a = 0 \\ 1 - b = 0 \\ a - 3 = 0 \end{matrix} \right\} \;\Rightarrow\; a = 3, \quad b = 1$

13) $\operatorname{rot} \vec{F} = \begin{pmatrix} x^2 - 2xy^2 \\ -\,2xy \\ 2y^2 z - 3xy^2 \end{pmatrix} \;\Rightarrow\; (\operatorname{rot} \vec{F})_P = \begin{pmatrix} -7 \\ -4 \\ -4 \end{pmatrix}$

14) x-Komponente von rot $\vec{F}$:

$$(\operatorname{rot} \vec{F})_x = \frac{\partial F_z}{\partial y} - \frac{\partial F_y}{\partial z} = \frac{\partial}{\partial y}[f(r) \cdot z] - \frac{\partial}{\partial z}[f(r) \cdot y] = z \cdot \frac{\partial}{\partial y}[f(r)] - y \cdot \frac{\partial}{\partial z}[f(r)]$$

Mit

$$\frac{\partial}{\partial y}[f(r)] = \frac{d f(r)}{dr} \cdot \frac{\partial r}{\partial y} = f'(r) \cdot \frac{\partial}{\partial y}(x^2 + y^2 + z^2)^{1/2} =$$

$$= f'(r) \cdot (x^2 + y^2 + z^2)^{-1/2} \cdot y = f'(r) \cdot \frac{y}{r}$$

und analog

$$\frac{\partial}{\partial z}[f(r)] = f'(r) \cdot \frac{z}{r}$$

folgt dann:

$$(\operatorname{rot} \vec{F})_x = z \cdot f'(r) \cdot \frac{y}{r} - y \cdot f'(r) \cdot \frac{z}{r} = \frac{yz \cdot f'(r) - yz \cdot f'(r)}{r} = 0$$

Analog: $(\operatorname{rot} \vec{F})_y = (\operatorname{rot} \vec{F})_z = 0$

Somit: $\operatorname{rot} \vec{F} = \operatorname{rot}[f(r)\,\vec{r}] = \vec{0} \Rightarrow \vec{F}$ ist *wirbelfrei*

15) *1. Lösungsweg*: $\vec{A} = \phi\,\vec{F} = \begin{pmatrix} x^3 y^2 z^2 \\ x^2 y^2 z^2 \\ x^2 y z^4 \end{pmatrix}$

$$\operatorname{rot} \vec{A} = \operatorname{rot}(\phi\,\vec{F}) = \begin{pmatrix} x^2 z^4 - 2x^2 y^2 z \\ 2x^3 y^2 z - 2xyz^4 \\ 2xy^2 z^2 - 2x^3 y z^2 \end{pmatrix}$$

2. Lösungsweg (nach Regel (2) für Rotationen):

$$\operatorname{grad} \phi = \begin{pmatrix} 2xyz^2 \\ x^2 z^2 \\ 2x^2 yz \end{pmatrix}; \quad \operatorname{rot} \vec{F} = \begin{pmatrix} 0 \\ 0 \\ -x \end{pmatrix}$$

$$\operatorname{rot} \vec{A} = \operatorname{rot}(\phi\,\vec{F}) = (\operatorname{grad} \phi) \times \vec{F} + \phi(\operatorname{rot} \vec{F}) =$$

$$= \begin{pmatrix} 2xyz^2 \\ x^2 z^2 \\ 2x^2 yz \end{pmatrix} \times \begin{pmatrix} xy \\ y \\ z^2 \end{pmatrix} + x^2 y z^2 \begin{pmatrix} 0 \\ 0 \\ -x \end{pmatrix} = \begin{pmatrix} x^2 z^4 - 2x^2 y^2 z \\ 2x^3 y^2 z - 2xyz^4 \\ 2xy^2 z^2 - 2x^3 y z^2 \end{pmatrix}$$

16) $\operatorname{rot} \vec{F} = \begin{pmatrix} 0 - 0 \\ 2x - 2x \\ 2y - 2y \end{pmatrix} = \begin{pmatrix} 0 \\ 0 \\ 0 \end{pmatrix} = \vec{0} \Rightarrow \vec{F}$ ist *wirbelfrei*

Die Vektorkomponenten von $\vec{F}$ sind demnach die partiellen Ableitungen 1. Ordnung eines (noch unbekannten) Skalarfeldes $\phi = \phi(x; y; z)$:

$$\frac{\partial \phi}{\partial x} = 2xz + y^2 \Rightarrow \phi = x^2 z + xy^2 + C_1(y; z)$$

$$\frac{\partial \phi}{\partial y} = 2xy \qquad \Rightarrow \phi = xy^2 + C_2(x; z)$$

$$\frac{\partial \phi}{\partial z} = x^2 \qquad \Rightarrow \phi = x^2 z + C_3(x; y)$$

Lösung: $\phi = xy^2 + x^2 z + C \qquad (C \in \mathbb{R})$

17) Im *Raum*: $\phi = \frac{1}{r} = (x^2 + y^2 + z^2)^{-1/2}$

$$\frac{\partial \phi}{\partial x} = -\frac{1}{2}(x^2 + y^2 + z^2)^{-3/2} \cdot 2x = -x(x^2 + y^2 + z^2)^{-3/2}$$

$$\frac{\partial^2 \phi}{\partial x^2} = -(x^2 + y^2 + z^2)^{-3/2} + 3x^2(x^2 + y^2 + z^2)^{-5/2} = -r^{-3} + 3x^2 \cdot r^{-5}$$

$$\frac{\partial^2 \phi}{\partial y^2} = -r^{-3} + 3y^2 \cdot r^{-5}; \quad \frac{\partial^2 \phi}{\partial z^2} = -r^{-3} + 3z^2 \cdot r^{-5}$$

$$\Delta\phi = (-r^{-3} + 3x^2 \cdot r^{-5}) + (-r^{-3} + 3y^2 \cdot r^{-5}) + (-r^{-3} + 3z^2 \cdot r^{-5}) =$$
$$= -3r^{-3} + 3r^{-5}\underbrace{(x^2 + y^2 + z^2)}_{r^2} = -3r^{-3} + 3r^{-3} = 0$$

In der *Ebene*: $\phi = \frac{1}{r} = (x^2 + y^2)^{-1/2}$

$$\frac{\partial \phi}{\partial x} = -\frac{1}{2}(x^2 + y^2)^{-3/2} \cdot 2x = -x(x^2 + y^2)^{-3/2}$$

$$\frac{\partial^2 \phi}{\partial x^2} = -r^{-3} + 3x^2 \cdot r^{-5}; \quad \frac{\partial^2 \phi}{\partial y^2} = -r^{-3} + 3y^2 \cdot r^{-5}$$

$$\Delta\phi = (-r^{-3} + 3x^2 \cdot r^{-5}) + (-r^{-3} + 3y^2 \cdot r^{-5}) =$$
$$= -2r^{-3} + 3r^{-5}\underbrace{(x^2 + y^2)}_{r^2} = -2r^{-3} + 3r^{-3} = r^{-3} \neq 0$$

18) $\frac{\partial \phi}{\partial x} = 4x(x^2 + y^2 + z^2); \quad \frac{\partial^2 \phi}{\partial x^2} = 4(3x^2 + y^2 + z^2)$

Analog: $\frac{\partial^2 \phi}{\partial y^2} = 4(x^2 + 3y^2 + z^2); \quad \frac{\partial^2 \phi}{\partial z^2} = 4(x^2 + y^2 + 3z^2)$

$$\Delta\phi = 4(3x^2 + y^2 + z^2) + 4(x^2 + 3y^2 + z^2) + 4(x^2 + y^2 + 3z^2) =$$
$$= 4(5x^2 + 5y^2 + 5z^2) = 20(x^2 + y^2 + z^2) = 20r^2$$

Man erhält die *radialsymmetrische* Funktion $f(r) = 20r^2$.

Abschnitt 6

1) a) $\vec{F}(r; \varphi) = -\frac{1}{r}\vec{e}_\varphi$ b) $\vec{F}(r; \varphi) = r^2 \cdot \sin\varphi \, \vec{e}_r$

2) $\vec{H}(r; \varphi) = \frac{I}{2\pi r}\vec{e}_\varphi$

3) a) $\operatorname{div} \vec{F}(r; \varphi) = \frac{1}{r}; \quad \operatorname{rot} \vec{F}(r; \varphi) = \vec{0}$

b) $\operatorname{div} \vec{F}(r; \varphi) = 3r; \quad \operatorname{rot} \vec{F}(r; \varphi) = \vec{0}$

4) rot $\vec{F}(r;\varphi) = \vec{0} \Rightarrow \vec{F}$ ist *wirbelfrei*. Daher gilt $\vec{F} = \operatorname{grad} \phi$, d.h.

$$e^{r+\varphi}\,\vec{e}_r + \frac{1}{r}\,e^{r+\varphi}\,\vec{e}_\varphi = \frac{\partial \phi}{\partial r}\,\vec{e}_r + \frac{1}{r}\frac{\partial \phi}{\partial \varphi}\,\vec{e}_\varphi$$

und somit

$$\frac{\partial \phi}{\partial r} = e^{r+\varphi} \quad \text{und} \quad \frac{\partial \phi}{\partial \varphi} = e^{r+\varphi}$$

Durch Integration folgt: $\phi = \phi(r;\varphi) = e^{r+\varphi} + C \quad (C \in \mathbb{R})$

5) $\vec{v} = \dot{x}\,\vec{e}_x + \dot{y}\,\vec{e}_y \rightarrow \vec{v} = v_r\,\vec{e}_r + v_\varphi\,\vec{e}_\varphi$

$v_r = \dot{x}\cdot\cos\varphi + \dot{y}\cdot\sin\varphi, \quad v_\varphi = -\,\dot{x}\cdot\sin\varphi + \dot{y}\cdot\cos\varphi$

Mit

$\dot{x} = \dot{r}\cdot\cos\varphi - r\cdot\sin\varphi\cdot\dot{\varphi}, \quad \dot{y} = \dot{r}\cdot\sin\varphi + r\cdot\cos\varphi\cdot\dot{\varphi}$

folgt schließlich:

$v_r = \dot{r}, \quad v_\varphi = r\dot{\varphi}$

Lösung: $\vec{v} = \vec{v}(r;\varphi) = \dot{r}\,\vec{e}_r + (r\dot{\varphi})\,\vec{e}_\varphi$

6) Die Laplace-Gleichung (I-245) reduziert sich auf $\Delta\phi = \frac{1}{r^2}\cdot\frac{\partial^2 \phi}{\partial \varphi^2} = 0$ und somit auf die gewöhnliche Differentialgleichung

$$\frac{\partial^2 \phi}{\partial \varphi^2} = \frac{d^2 \phi}{d\varphi^2} = \phi''(\varphi) = 0$$

Lösung durch *zweimalige* Integration:

$\phi = \phi(\varphi) = C_1\varphi + C_2 \quad (C_1, C_2 \in \mathbb{R})$.

7) a) $\vec{F}(\varrho;\varphi;z) = \varrho\,\vec{e}_\varrho + z\,\vec{e}_z$

b) $\vec{F}(\varrho;\varphi;z) = (\varrho\cdot\sin\varphi\cdot\cos\varphi - 2\cdot\sin\varphi)\,\vec{e}_\varrho - (\varrho\cdot\sin^2\varphi + 2\cdot\cos\varphi)\,\vec{e}_\varphi + \varrho\cdot\cos\varphi\,\vec{e}_z$

8) $\vec{v}(\varrho;\varphi;z) = \dfrac{(1+z)^2 - \varrho^2}{(1+z)^4}\,\vec{e}_z$

9) Nach Gleichung (I-296) lautet der Geschwindigkeitsvektor in Zylinderkoordinaten wie folgt:

$\vec{v} = \dot{\varrho}\,\vec{e}_\varrho + (\varrho\dot{\varphi})\,\vec{e}_\varphi + \dot{z}\,\vec{e}_z$

Die (ebenfalls zeitabhängigen) Zylinderkoordinaten lauten hier:

$$\varrho = \sqrt{x^2 + y^2} = \sqrt{(e^{-t}\cdot\cos t)^2 + (e^{-t}\cdot\sin t)^2} = e^{-t}$$

$$\tan\varphi = \frac{y}{x} = \frac{e^{-t}\cdot\sin t}{e^{-t}\cdot\cos t} = \tan t \Rightarrow \varphi = t$$

$z = 2t$

Somit gilt: $\dot{\varrho} = -\,e^{-t}, \quad \dot{\varphi} = 1$ und $\dot{z} = 2$.

Geschwindigkeitsvektor in Zylinderkoordinaten:

$\vec{v} = -\mathrm{e}^{-t}\,\vec{e}_\varrho + \mathrm{e}^{-t}\,\vec{e}_\varphi + 2\,\vec{e}_z$

Geschwindigkeitsbetrag:

$v = \sqrt{2 \cdot \mathrm{e}^{-2t} + 4}; \quad |\vec{v}\,(t = 1)| = 2{,}0666$

10) a) $\operatorname{grad} \phi = \mathrm{e}^{\varphi}\,\vec{e}_\varrho + \mathrm{e}^{\varphi}\,\vec{e}_\varphi + \vec{e}_z$

b) $\operatorname{grad} \phi = -\frac{1}{\varrho^2}\,\vec{e}_\varrho + \frac{1}{\varrho}\,\mathrm{e}^{\varphi + z}\,\vec{e}_\varphi + \mathrm{e}^{\varphi + z}\,\vec{e}_z$

11) a) $\operatorname{div} \vec{F}\,(\varrho; \varphi; z) = -\frac{1}{\varrho^3}; \quad \operatorname{rot} \vec{F}\,(\varrho; \varphi; z) = \vec{0}$ (*wirbelfreies* Feld)

b) $\operatorname{div} \vec{F} = 0; \quad \operatorname{rot} \vec{F} = -\vec{e}_\varrho + \frac{z}{\varrho}\,\vec{e}_z$ (*quellenfreies* Feld)

12) a) $\Delta\phi\,(\varrho) = \frac{1}{\varrho} \cdot \frac{\partial}{\partial \varrho}\underbrace{\left(\varrho \cdot \frac{\partial \phi}{\partial \varrho}\right)}_{\text{const.}} = 0$

$$\varrho \cdot \frac{\partial \phi}{\partial \varrho} = \varrho \cdot \phi'(\varrho) = \text{const.} = C_1 \;\rightarrow\; \phi'(\varrho) = \frac{C_1}{\varrho}$$

$$\phi\,(\varrho) = C_1 \cdot \int \frac{1}{\varrho}\,d\varrho = C_1 \cdot \ln \varrho + C_2 \qquad (C_1, C_2 \in \mathbb{R})$$

b) $\Delta\phi\,(\varphi) = \frac{1}{\varrho^2} \cdot \frac{\partial^2 \phi}{\partial \varphi^2} = 0 \;\rightarrow\; \frac{\partial^2 \phi}{\partial \varphi^2} = \phi''(\varphi) = 0$

Nach *zweimaliger* Integration: $\phi\,(\varphi) = C_1\,\varphi + C_2 \quad (C_1, C_2 \in \mathbb{R})$

c) $\Delta\phi\,(z) = \frac{\partial^2 \phi}{\partial z^2} = \phi''(z) = 0$

Nach *zweimaliger* Integration: $\phi\,(z) = C_1\,z + C_2 \quad (C_1, C_2 \in \mathbb{R})$

13) a) $\vec{F}\,(r; \vartheta; \varphi) = r \cdot \sin^2 \vartheta \cdot \cos^2 \varphi\;\vec{e}_r + r(\sin \vartheta \cdot \cos \vartheta \cdot \cos^2 \varphi - \sin \varphi)\;\vec{e}_\vartheta -$

$- r \cdot \cos \varphi\,(\sin \vartheta \cdot \sin \varphi + \cos \vartheta)\;\vec{e}_\varphi$

b) $\vec{F}\,(r; \vartheta; \varphi) = \frac{1}{r}\,\vec{e}_r$

14) $\vec{v}\,(r; \vartheta; \varphi) = r \cdot \sin \vartheta\;\vec{e}_\varphi$

15) Gesuchte Darstellungsform: $\vec{v}\,(r; \vartheta; \varphi) = v_r\,\vec{e}_r + v_\vartheta\,\vec{e}_\vartheta + v_\varphi\,\vec{e}_\varphi$

Aus den Transformationsgleichungen (I-320) folgt mit

$v_x = \dot{x}, \quad v_y = \dot{y}$ und $v_z = \dot{z}$:

$v_r = \dot{x} \cdot \sin \vartheta \cdot \cos \varphi + \dot{y} \cdot \sin \vartheta \cdot \sin \varphi + \dot{z} \cdot \cos \vartheta$

$v_\vartheta = \dot{x} \cdot \cos\vartheta \cdot \cos\varphi + \dot{y} \cdot \cos\vartheta \cdot \sin\varphi - \dot{z} \cdot \sin\vartheta$

$v_\varphi = -\dot{x} \cdot \sin\varphi + \dot{y} \cdot \cos\varphi$

Zwischen den kartesischen Koordinaten x, y, z und den Kugelkoordinaten r, ϑ, φ bestehen die Beziehungen $x = r \cdot \sin\vartheta \cdot \cos\varphi$, $y = r \cdot \sin\vartheta \cdot \sin\varphi$, $z = r \cdot \cos\vartheta$. r, ϑ und φ sind dabei Funktionen der Zeit t. Dann gilt:

$\dot{x} = \dot{r} \cdot \sin\vartheta \cdot \cos\varphi + r \cdot \cos\vartheta \cdot \dot{\vartheta} \cdot \cos\varphi - r \cdot \sin\vartheta \cdot \sin\varphi \cdot \dot{\varphi}$

$\dot{y} = \dot{r} \cdot \sin\vartheta \cdot \sin\varphi + r \cdot \cos\vartheta \cdot \dot{\vartheta} \cdot \sin\varphi + r \cdot \sin\vartheta \cdot \cos\varphi \cdot \dot{\varphi}$

$\dot{z} = \dot{r} \cdot \cos\vartheta - r \cdot \sin\vartheta \cdot \dot{\vartheta}$

Durch Einsetzen dieser Ausdrücke in die obigen Transformationsgleichungen erhält man dann:

$v_r = \dot{r}, \qquad v_\vartheta = r\dot{\vartheta}, \qquad v_\varphi = r \cdot \sin\vartheta \cdot \dot{\varphi}$

Der *Geschwindigkeitsvektor* lautet somit in Kugelkoordinaten:

$\vec{v}(r; \vartheta; \varphi) = \dot{r}\,\vec{e}_r + (r\dot{\vartheta})\,\vec{e}_\vartheta + (r \cdot \sin\vartheta \cdot \dot{\varphi})\,\vec{e}_\varphi$

16) Aus $r = \text{const.} = R$ und $\vartheta = \text{const.} = \vartheta_0$ folgt $dr = 0$ und $d\vartheta = 0$ und somit nach Gleichung (I-308) für das Linienelement $ds = R \cdot \sin\vartheta_0\, d\varphi$.

17) $\operatorname{rot}\vec{F}(r; \vartheta; \varphi) = \vec{0} \Rightarrow \vec{F}$ *ist wirbelfrei.* Daher gilt $\vec{F} = \operatorname{grad}\phi$, d.h.

$$e^{\vartheta+\varphi}\left(\vec{e}_r + \vec{e}_\vartheta + \frac{1}{\sin\vartheta}\,\vec{e}_\varphi\right) = \frac{\partial\phi}{\partial r}\,\vec{e}_r + \frac{1}{r} \cdot \frac{\partial\phi}{\partial\vartheta}\,\vec{e}_\vartheta + \frac{1}{r \cdot \sin\vartheta} \cdot \frac{\partial\phi}{\partial\varphi}\,\vec{e}_\varphi$$

Daraus erhält man die folgenden Beziehungen, die durch elementare Integration lösbar sind:

$$\frac{\partial\phi}{\partial r} = e^{\vartheta+\varphi} \quad \Rightarrow \quad \phi = r \cdot e^{\vartheta+\varphi} + C_1(\vartheta; \varphi)$$

$$\frac{\partial\phi}{\partial\vartheta} = r \cdot e^{\vartheta+\varphi} \Rightarrow \phi = r \cdot e^{\vartheta+\varphi} + C_2(r; \varphi)$$

$$\frac{\partial\phi}{\partial\varphi} = r \cdot e^{\vartheta+\varphi} \Rightarrow \phi = r \cdot e^{\vartheta+\varphi} + C_3(r; \vartheta)$$

Lösung: $\phi = \phi(r; \vartheta; \varphi) = r \cdot e^{\vartheta+\varphi} + C \qquad (C \in \mathbb{R})$

18) a) $\operatorname{div}\vec{F} = (n+2)\,r^{n-1}$

Für ein *quellenfreies* Feld ist $\operatorname{div}\vec{F} = 0$. Somit: $\operatorname{div}\vec{F} = (n+2)\,r^{n-1} = 0 \Rightarrow n = -2$

Lösung: $\vec{F} = r^{-2}\,\vec{e}_r = \frac{1}{r^2}\,\vec{e}_r$ ist *quellenfrei*

b) Es gilt $\operatorname{rot}\vec{F} = \vec{0}$ und zwar unabhängig vom Exponent n, d.h. *jedes* Vektorfeld vom Typ $\vec{F} = r^n\,\vec{e}_r$ ist *wirbelfrei.*

c) $\operatorname{div}\vec{F} = 0$ *und* $\operatorname{rot}\vec{F} = \vec{0} \Rightarrow n = -2$ (siehe Lösung a)). Nur das spezielle Feld $\vec{F} = r^{-2}\,\vec{e}_r = \frac{1}{r^2}\,\vec{e}_r$ ist daher quellen- *und* wirbelfrei.

19) a) $\Delta\phi(r) = 0 \Rightarrow \frac{\partial}{\partial r}\underbrace{\left(r^2 \cdot \frac{\partial\phi}{\partial r}\right)}_{\text{const.} = C_1} = 0$

$$r^2 \cdot \frac{\partial\phi}{\partial r} = r^2 \cdot \phi'(r) = C_1 \quad \text{oder} \quad \phi'(r) = \frac{C_1}{r^2}$$

$$\phi(r) = C_1 \cdot \int \frac{dr}{r^2} = -\frac{C_1}{r} + C_2 \qquad (C_1, C_2 \in \mathbb{R})$$

b) $\Delta\phi(\vartheta) = 0 \Rightarrow \frac{\partial}{\partial\vartheta}\underbrace{\left(\sin\vartheta \cdot \frac{\partial\phi}{\partial\vartheta}\right)}_{\text{const.} = C_1} = 0$

$$\sin\vartheta \cdot \frac{\partial\phi}{\partial\vartheta} = \sin\vartheta \cdot \phi'(\vartheta) = C_1 \quad \text{oder} \quad \phi'(\vartheta) = \frac{C_1}{\sin\vartheta}$$

$$\phi(\vartheta) = C_1 \cdot \int \frac{d\vartheta}{\sin\vartheta} = C_1 \cdot \ln(\tan(\vartheta/2)) + C_2 \qquad (C_1, C_2 \in \mathbb{R}\text{; Integral Nr. 214})$$

c) $\Delta\phi(\varphi) = 0 \Rightarrow \frac{\partial^2\phi}{\partial\varphi^2} = \phi''(\varphi) = 0$

Nach *zweimaliger* elementarer Integration folgt:

$$\phi(\varphi) = C_1\varphi + C_2 \qquad (C_1, C_2 \in \mathbb{R})$$

Abschnitt 7

1) $$\int\limits_{C_1} [y\,dx + (x^2 + xy)\,dy] = \int\limits_0^2 (2x + 6x^2)\,dx = 20$$

$$\int\limits_{C_2} [y\,dx + (x^2 + xy)\,dy] = \int\limits_0^2 (x^2 + 2x^3 + 2x^4)\,dx = \frac{352}{15}$$

2) a) $\frac{\partial}{\partial y}(2xy + 4x) = \frac{\partial}{\partial x}(x^2 - 1) = 2x;\quad \frac{\partial\phi}{\partial x} = 2xy + 4x;\quad \frac{\partial\phi}{\partial y} = x^2 - 1$

$$\phi(x; y) = x^2 y + 2x^2 - y + K \qquad (K \in \mathbb{R})$$

b) $\frac{\partial}{\partial y}(e^y) = \frac{\partial}{\partial x}(x \cdot e^y) = e^y;\quad \frac{\partial\phi}{\partial x} = e^y;\quad \frac{\partial\phi}{\partial y} = x \cdot e^y;\quad \phi(x; y) = x \cdot e^y + K \qquad (K \in \mathbb{R})$

c) $\frac{\partial}{\partial y}(3x^2 y + y^3) = \frac{\partial}{\partial x}(x^3 + 3xy^2) = 3x^2 + 3y^2;\quad \frac{\partial\phi}{\partial x} = 3x^2 y + y^3$

$$\frac{\partial\phi}{\partial y} = x^3 + 3xy^2;\quad \phi(x; y) = x^3 y + xy^3 + K \qquad (K \in \mathbb{R})$$

3) a) $\frac{\partial}{\partial y}(x) = \frac{\partial}{\partial x}(y) = 0$

b) $\frac{\partial \phi}{\partial x} = x; \quad \frac{\partial \phi}{\partial y} = y; \quad \phi(x; y) = \frac{1}{2}(x^2 + y^2) + K \quad (K \in \mathbb{R})$

c) Das Arbeitsintegral ist *wegunabhängig*, hängt also nur vom Anfangs- und Endpunkt ab:

$$\int_C \vec{F} \cdot d\vec{r} = \int_{P_1}^{P_2} (x\,dx + y\,dy) = \Big[\phi(x; y)\Big]_{P_1}^{P_2} = \left[\frac{1}{2}(x^2 + y^2) + K\right]_{(1;0)}^{(3;5)} = 16{,}5$$

4) Wegen

$$\frac{\partial}{\partial y}\left(\frac{y}{1 + x^2 + y^2}\right) = \frac{1 + x^2 - y^2}{(1 + x^2 + y^2)^2} \neq \frac{\partial}{\partial x}\left(\frac{-x}{1 + x^2 + y^2}\right) = \frac{-1 + x^2 - y^2}{(1 + x^2 + y^2)^2}$$

ist das Kraftfeld $\vec{F}$ *nicht-konservativ*. Das Arbeitsintegral $\int_C \vec{F} \cdot d\vec{r}$ hängt daher noch vom Verbindungsweg C der Punkte A und B ab:

Oberer Halbkreis C_1: $x = \cos t, \quad y = \sin t \quad (0 \leqslant t \leqslant \pi)$

$$\int_{C_1} \vec{F} \cdot d\vec{r} = -\frac{1}{2} \cdot \int_0^{\pi} dt = -\frac{\pi}{2}$$

Unterer Halbkreis C_2: $x = \cos t, \quad y = \sin t$ (t durchläuft alle Werte von 0 bis $-\pi$)

$$\int_{C_2} \vec{F} \cdot d\vec{r} = -\frac{1}{2} \cdot \int_0^{-\pi} dt = \frac{\pi}{2}$$

5) Weg C (Einheitskreis): $x = \cos t, \quad y = \sin t \quad (0 \leqslant t \leqslant 2\pi)$

$$\int_C \vec{F} \cdot d\vec{r} = \int_C (x + 2y)\,dx = -\int_0^{2\pi} (\sin t \cdot \cos t + 2 \cdot \sin^2 t)\,dt = -2\pi$$

6) Die Integrabilitätsbedingung ist *erfüllt*:

$$\frac{\partial}{\partial V}\left(\frac{C_V}{T}\right) = \frac{\partial}{\partial T}\left(\frac{R}{V}\right) = 0$$

Daher ist $\frac{\partial S}{\partial T} = \frac{C_V}{T}, \quad \frac{\partial S}{\partial V} = \frac{R}{V}$ und somit

$S(T; V) = C_V \cdot \ln T + R \cdot \ln V + K \quad (K \in \mathbb{R})$

(K wird meist gleich Null gesetzt).

7) $\int_C (xy^2\,dx - x^2yz\,dy + xz^2\,dz) = \int_1^2 (t^5 - 2t^8 + 3t^9)\,dt = 203{,}84$

8) $\int\limits_C \vec{F} \cdot d\vec{r} = \int\limits_C (xy\,dx + dy + yz\,dz) = \int\limits_0^{2\pi} (-\sin^2 t \cdot \cos t + \cos t + t \cdot \sin t)\,dt = -2\pi$

9) $F_x = x, \quad F_y = y, \quad F_z = z$

$$\frac{\partial F_x}{\partial y} = \frac{\partial F_x}{\partial z} = \frac{\partial F_y}{\partial x} = \frac{\partial F_y}{\partial z} = \frac{\partial F_z}{\partial x} = \frac{\partial F_z}{\partial y} = 0$$

Die Integrabilitätsbedingungen (I-374) sind somit *erfüllt*. Es ist $\frac{\partial \phi}{\partial x} = x$, $\frac{\partial \phi}{\partial y} = y$ und $\frac{\partial \phi}{\partial z} = z$ und

$$\phi(x; y; z) = \int\limits_C (x\,dx + y\,dy + z\,dz) = \frac{1}{2}(x^2 + y^2 + z^2) + K \qquad (K \in \mathbb{R})$$

10) $\vec{F}(x; y; z) = (x^2 + y^2 + z^2)\,\vec{r} = (x^2 + y^2 + z^2)\begin{pmatrix} x \\ y \\ z \end{pmatrix} = \begin{pmatrix} x^3 + xy^2 + xz^2 \\ x^2 y + y^3 + yz^2 \\ x^2 z + y^2 z + z^3 \end{pmatrix}$

$$\left.\begin{aligned} \frac{\partial F_x}{\partial y} &= \frac{\partial}{\partial y}(x^3 + xy^2 + xz^2) = 2xy \\ \frac{\partial F_y}{\partial x} &= \frac{\partial}{\partial x}(x^2 y + y^3 + yz^2) = 2xy \end{aligned}\right\} \Rightarrow \frac{\partial F_x}{\partial y} = \frac{\partial F_y}{\partial x} = 2xy$$

Ebenso zeigt man, daß die beiden restlichen Integrabilitätsbedingungen (I-374) *erfüllt* sind:

$$\frac{\partial F_x}{\partial z} = \frac{\partial F_z}{\partial x} = 2xz; \qquad \frac{\partial F_y}{\partial z} = \frac{\partial F_z}{\partial y} = 2yz$$

Somit gilt:

$$\frac{\partial \phi}{\partial x} = F_x = x^3 + xy^2 + xz^2 \Rightarrow \phi = \frac{1}{4}x^4 + \frac{1}{2}x^2 y^2 + \frac{1}{2}x^2 z^2 + K_1(y; z)$$

$$\frac{\partial \phi}{\partial y} = F_y = x^2 y + y^3 + yz^2 \Rightarrow \phi = \frac{1}{2}x^2 y^2 + \frac{1}{4}y^4 + \frac{1}{2}y^2 z^2 + K_2(x; z)$$

$$\frac{\partial \phi}{\partial z} = F_z = x^2 z + y^2 z + z^3 \Rightarrow \phi = \frac{1}{2}x^2 z^2 + \frac{1}{2}y^2 z^2 + \frac{1}{4}z^4 + K_3(x; y)$$

Die *Potentialfunktion* lautet daher:

$$\phi = \phi(x; y; z) = \frac{1}{4}x^4 + \frac{1}{4}y^4 + \frac{1}{4}z^4 + \frac{1}{2}x^2 y^2 + \frac{1}{2}x^2 z^2 + \frac{1}{2}y^2 z^2 + K =$$

$$= \frac{1}{4}(x^4 + y^4 + z^4) + \frac{1}{2}(x^2 y^2 + x^2 z^2 + y^2 z^2) + K =$$

$$= \frac{1}{4}(x^2 + y^2 + z^2)^2 + K = \frac{1}{4}r^4 + K \qquad (K \in \mathbb{R})$$

11) Die Integrabilitätsbedingung (I-373) ist in der gesamten x, y-Ebene *erfüllt*:

$$\frac{\partial F_x}{\partial y} = \frac{\partial}{\partial y}(2x + y^2) = \frac{\partial F_y}{\partial x} = \frac{\partial}{\partial x}(2xy + y^2) = 2y$$

Somit verschwindet das Linienintegral des Vektorfeldes $\vec{F}$ längs einer *jeden* geschlossenen Kurve:

$$\oint [(2x + y^2)\,dx + (2xy + y^2)\,dy] = 0$$

12) a) $$\frac{\partial F_x}{\partial y} = 1; \quad \frac{\partial F_y}{\partial x} = y \;\Rightarrow\; \frac{\partial F_x}{\partial y} \neq \frac{\partial F_y}{\partial x}$$

Die Integrabilitätsbedingung (I-373) ist *nicht* erfüllt, das Vektorfeld daher *nicht konservativ*.

b) $$\frac{\partial F_x}{\partial y} = \frac{\partial F_y}{\partial x} = 2y \cdot \sin x$$

Das Vektorfeld ist *konservativ* und es gilt:

$$\frac{\partial \phi}{\partial x} = F_x = y^2 \cdot \sin x - 2x \;\Rightarrow\; \phi = -y^2 \cdot \cos x - x^2 + K_1(y)$$

$$\frac{\partial \phi}{\partial y} = F_y = -2y \cdot \cos x + 4y \;\Rightarrow\; \phi = -y^2 \cdot \cos x + 2y^2 + K_2(x)$$

Das *Potentialfeld* lautet daher:

$$\phi = -y^2 \cdot \cos x - x^2 + 2y^2 + K \qquad (K \in \mathbb{R})$$

c) Bereits die erste der drei Integrabilitätsbedingungen (I-374) ist *nicht* erfüllt:

$$\frac{\partial F_x}{\partial y} = 2x, \qquad \frac{\partial F_y}{\partial x} = 2y \;\Rightarrow\; \frac{\partial F_x}{\partial y} \neq \frac{\partial F_y}{\partial x}$$

Das Vektorfeld ist daher *nicht konservativ*.

d) Auch hier ist bereits die erste der drei Integrabilitätsbedingungen (I-374) *nicht* erfüllt:

$$\frac{\partial F_x}{\partial y} = x^2 \cdot e^y, \qquad \frac{\partial F_y}{\partial x} = 1 \;\Rightarrow\; \frac{\partial F_x}{\partial y} \neq \frac{\partial F_y}{\partial x}$$

Das Vektorfeld ist daher *nicht konservativ*.

13) a) $$\vec{F} = 5\begin{pmatrix} \cos t + 2 \cdot \sin t \\ 2 \cdot \cos t \\ 3 \cdot \sin t \end{pmatrix}; \quad \vec{r} = \begin{pmatrix} 5 \cdot \cos t \\ 5 \cdot \sin t \\ 2 \end{pmatrix}; \quad \dot{\vec{r}} = 5\begin{pmatrix} -\sin t \\ \cos t \\ 0 \end{pmatrix}$$

$$\vec{F} \cdot \dot{\vec{r}} = 25(-\sin t \cdot \cos t - 2 \cdot \sin^2 t + 2 \cdot \cos^2 t) = 25(-\sin t \cdot \cos t - 4 \cdot \sin^2 t + 2)$$

$$W = \oint_C \vec{F} \cdot d\vec{r} = \oint_C (\vec{F} \cdot \dot{\vec{r}})\,dt = 25 \cdot \int_0^{2\pi} (-\sin t \cdot \cos t - 4 \cdot \sin^2 t + 2)\,dt = 0$$

b) Wir prüfen die Integrabilitätsbedingungen (I-374):

$$\frac{\partial F_x}{\partial z} = y, \quad \frac{\partial F_z}{\partial x} = 0 \Rightarrow \frac{\partial F_x}{\partial z} \neq \frac{\partial F_z}{\partial x}$$

Das Feld ist *nicht konservativ*.

14) a) Die Integrabilitätsbedingungen (I-374) sind sämtlich *erfüllt*:

$$\frac{\partial F_x}{\partial y} = \frac{\partial F_y}{\partial x} = \cos y; \quad \frac{\partial F_x}{\partial z} = \frac{\partial F_z}{\partial x} = 0; \quad \frac{\partial F_y}{\partial z} = \frac{\partial F_z}{\partial y} = \cos z$$

b) $$\frac{\partial \phi}{\partial x} = F_x = \sin y \Rightarrow \phi = x \cdot \sin y + K_1(y; z)$$

$$\frac{\partial \phi}{\partial y} = F_y = x \cdot \cos y + \sin z \Rightarrow \phi = x \cdot \sin y + y \cdot \sin z + K_2(x; z)$$

$$\frac{\partial \phi}{\partial z} = F_z = y \cdot \cos z \Rightarrow \phi = y \cdot \sin z + K_3(x; y)$$

Die *Potentialfunktion* lautet somit:

$$\phi = x \cdot \sin y + y \cdot \sin z + K \qquad (K \in \mathbb{R})$$

c) Da das Vektorfeld *konservativ* ist, gilt für einen beliebigen Verbindungsweg C der beiden Punkte:

$$\int_C \vec{F} \cdot d\vec{r} = \int_{P_1}^{P_2} d\phi = \phi(P_2) - \phi(P_1)$$

Mit

$$\phi(P_2) = \phi(x = 5; y = \pi; z = 3\pi) = K, \quad \phi(P_1) = \phi(x = 0; y = 0; z = 0) = K$$

folgt dann:

$$\int_C \vec{F} \cdot d\vec{r} = \int_{P_1}^{P_2} \vec{F} \cdot d\vec{r} = K - K = 0$$

Abschnitt 8

1) $$\vec{N} = \frac{1}{\sqrt{3}} \begin{pmatrix} 1 \\ 1 \\ 1 \end{pmatrix}; \quad \vec{F} \cdot \vec{N} = \frac{1}{\sqrt{3}} (4y + x^2 + xz) = \frac{1}{\sqrt{3}} (x - xy + 4y)$$

$$dA \; (\vec{N} \cdot \vec{e}_z) = \frac{dA}{\sqrt{3}} = dy\,dx; \quad dA = \sqrt{3}\,dy\,dx$$

$$\iint_{(A)} (\vec{F} \cdot \vec{N}) \; dA = \int_{x=0}^{1} \int_{y=0}^{-x+1} (x - xy + 4y)\,dy\,dx = \frac{19}{24}$$

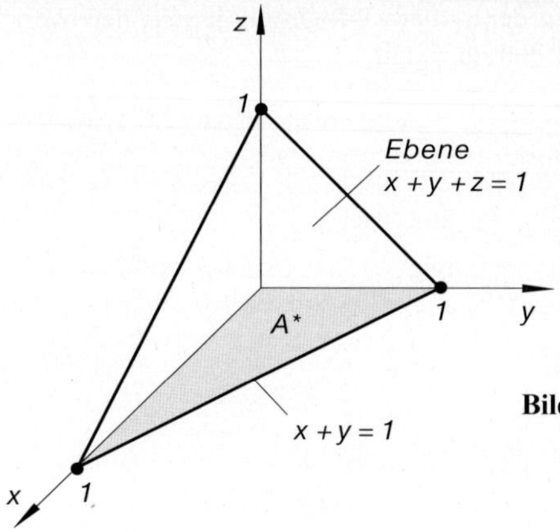

Integrationsbereich A^* (in Bild A-19 *grau* unterlegt):

y-Integration: von $y = 0$ bis $y = -x + 1$
x-Integration: von $x = 0$ bis $x = 1$

Bild A-19

2) $\vec{F} \cdot \vec{N} = \vec{F} \cdot \vec{e}_z = z^2 \Rightarrow \vec{F} \cdot \vec{N} = 4$ auf der Ebene $z = 2$

Flächenelement: $dA = dy\, dx$

$$\iint_{(A)} (\vec{F} \cdot \vec{N})\, dA = \int_{x=0}^{10} \int_{y=0}^{10} 4\, dy\, dx = 400$$

3) Wir betrachten zunächst den Fluß in z-Richtung durch die beiden Würfelflächen A_u und A_0 (in Bild A-20 *grau* unterlegt).

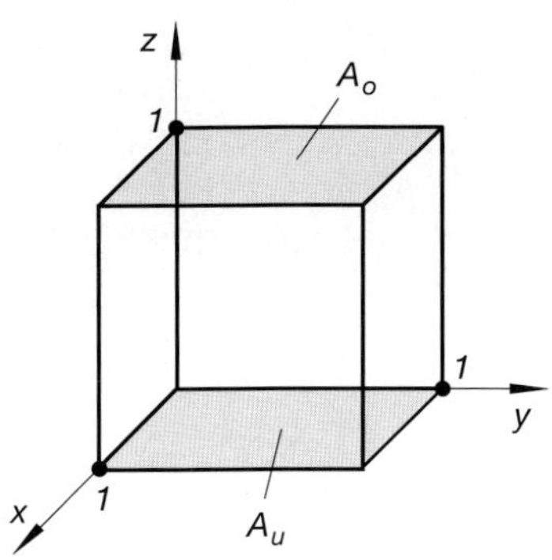

Fluß durch A_u:

$\vec{F} \cdot \vec{N} = \vec{F} \cdot (-\vec{e}_z) = -\vec{F} \cdot \vec{e}_z = -xyz = 0$

(da A_u in der x, y-Ebene $z = 0$ liegt)

$$\iint_{(A_u)} (\vec{F} \cdot \vec{N})\, dA = 0$$

Bild A-20

Fluß durch A_0:

$\vec{F} \cdot \vec{N} = \vec{F} \cdot \vec{e}_z = xyz = xy$

(da A_0 in der zur x, y-Ebene parallelen Ebene $z = 1$ liegt)

$$\iint_{(A_0)} (\vec{F} \cdot \vec{N})\, dA = \int_{x=0}^{1} \int_{y=0}^{1} xy\, dy\, dx = \frac{1}{4}$$

Gesamtfluß in z-Richtung: $\displaystyle\iint_{(A_u + A_0)} (\vec{F} \cdot \vec{N})\, dA = \frac{1}{4}$

Ebenso erhält man für den Gesamtfluß in der x- bzw. y-Richtung jeweils den Wert 1. Der *Gesamtfluß* durch die Würfeloberfläche A beträgt damit:

$$\oiint_{(A)} (\vec{F} \cdot \vec{N})\, dA = 1 + 1 + \frac{1}{4} = \frac{9}{4}$$

4) $\vec{N} = \frac{1}{4}\begin{pmatrix} x \\ y \\ 0 \end{pmatrix}; \quad \vec{F} \cdot \vec{N} = \frac{1}{2} xy = 4 \cdot \sin(2\varphi); \quad dA = 4\, dz\, d\varphi$

$$\iint_{(A)} (\vec{F} \cdot \vec{N})\, dA = 16 \cdot \int_{\varphi=0}^{\pi/2} \int_{z=0}^{5} \sin(2\varphi)\, dz\, d\varphi = 80$$

5) Vektorfluß durch den *Zylindermantel* M (in Zylinderkoordinaten):

$$\vec{N} = \begin{pmatrix} x \\ y \\ 0 \end{pmatrix}; \quad \vec{F} \cdot \vec{N} = x^2 y + xy = \cos^2\varphi \cdot \sin\varphi + \sin\varphi \cdot \cos\varphi; \quad dA = dz\, d\varphi$$

$$\iint_{(M)} (\vec{F} \cdot \vec{N})\, dA = \int_{\varphi=0}^{2\pi} \int_{z=0}^{3} (\cos^2\varphi \cdot \sin\varphi + \sin\varphi \cdot \cos\varphi)\, dz\, d\varphi = 0$$

Fluß in der z-Richtung durch den „Boden“ A_u:

$\vec{F} \cdot \vec{N} = \vec{F} \cdot (-\vec{e}_z) = -(\vec{F} \cdot \vec{e}_z) = -\sin z = 0$

(da der Boden in der x, y-Ebene $z = 0$ liegt)

$$\iint_{(A_u)} (\vec{F} \cdot \vec{N})\, dA = 0$$

Fluß in der z-Richtung durch den „Deckel“ A_0:

$\vec{F} \cdot \vec{N} = \vec{F} \cdot \vec{e}_z = \sin z = \sin 3$

(da A_0 in der Ebene $z = 3$ parallel zur x, y-Ebene liegt)

$$\iint_{(A_0)} (\vec{F} \cdot \vec{N})\, dA = \iint_{(A_0)} \sin 3\, dA = \sin 3 \cdot \iint_{(A_0)} dA = (\sin 3) \cdot A_0 = (\sin 3) \cdot \pi = 0{,}4433$$

Gesamtfluß durch die geschlossene Zylinderoberfläche A:

$$\oiint_{(A)} (\vec{F} \cdot \vec{N})\, dA = 0 + 0 + 0{,}4433 = 0{,}4433$$

6) A_1: Mantelfläche der Halbkugel (= Oberfläche *ohne* Boden)
A_2: Bodenfläche; $A = A_1 + A_2$

Fluß durch A_1 (in Kugelkoordinaten):

$$\vec{N} = \begin{pmatrix} x \\ y \\ z \end{pmatrix}; \quad \vec{F} \cdot \vec{N} = x^2 y = \sin^3 \vartheta \cdot \sin \varphi \cdot \cos^2 \varphi; \quad dA = \sin \vartheta \, d\vartheta \, d\varphi$$

$$\iint_{(A_1)} (\vec{F} \cdot \vec{N}) \, dA = \int_{\varphi=0}^{2\pi} \int_{\vartheta=0}^{\pi/2} \sin^4 \vartheta \cdot \sin \varphi \cdot \cos^2 \varphi \, d\vartheta \, d\varphi = 0$$

Fluß durch A_2 (in Polarkoordinaten):

$$\vec{F} \cdot \vec{N} = \vec{F} \cdot (-\vec{e}_z) = -(\vec{F} \cdot \vec{e}_z) = y = r \cdot \sin \varphi; \quad dA = r \, dr \, d\varphi$$

$$\iint_{(A_2)} (\vec{F} \cdot \vec{N}) \, dA = \int_{\varphi=0}^{2\pi} \int_{r=0}^{1} r^2 \cdot \sin \varphi \, dr \, d\varphi = 0$$

Gesamtfluß durch die geschlossene Oberfläche der Halbkugel:

$$\oint\!\!\!\oint_{(A)} (\vec{F} \cdot \vec{N}) \, dA = \iint_{(A_1)} (\vec{F} \cdot \vec{N}) \, dA + \iint_{(A_2)} (\vec{F} \cdot \vec{N}) \, dA = 0 + 0 = 0$$

7) $$\vec{t}_x = \begin{pmatrix} 1 \\ 0 \\ 2x \end{pmatrix}; \quad \vec{t}_y = \begin{pmatrix} 0 \\ 1 \\ 2y \end{pmatrix}; \quad \vec{t}_x \times \vec{t}_y = \begin{pmatrix} -2x \\ -2y \\ 1 \end{pmatrix}$$

$$|\vec{t}_x \times \vec{t}_y| = \sqrt{4(x^2 + y^2) + 1}; \quad M = \iint_{(A)} |\vec{t}_x \times \vec{t}_y| \, dy \, dx = \iint_{(A)} \sqrt{4(x^2 + y^2) + 1} \, dy \, dx$$

Integrationsbereich A ist die Kreisfläche $x^2 + y^2 \leqslant 2$.
Übergang zu *Polarkoordinaten*: $x^2 + y^2 = r^2$, $dy \, dx = r \, dr \, d\varphi$

$$M = \int_{\varphi=0}^{2\pi} \int_{r=0}^{\sqrt{2}} \sqrt{4r^2 + 1} \cdot r \, dr \, d\varphi = \frac{13}{3} \pi$$

8) $$\vec{N} = \frac{1}{5} \begin{pmatrix} x \\ y \\ z \end{pmatrix}; \quad \vec{F} \cdot \vec{N} = \frac{1}{5}(2x^2 - xy + z^2) =$$

$$= 5(2 \cdot \sin^2 \vartheta \cdot \cos^2 \varphi - \sin^2 \vartheta \cdot \sin \varphi \cdot \cos \varphi + \cos^2 \vartheta)$$

$$dA = 25 \cdot \sin \vartheta \, d\vartheta \, d\varphi$$

$$\iint_{(A)} (\vec{F} \cdot \vec{N}) \, dA = 125 \cdot \int_{\varphi=0}^{2\pi} \int_{\vartheta=0}^{\pi} (2 \cdot \sin^3 \vartheta \cdot \cos^2 \varphi -$$

$$- \sin^3 \vartheta \cdot \sin \varphi \cdot \cos \varphi + \sin \vartheta \cdot \cos^2 \vartheta) \, d\vartheta \, d\varphi = 500 \pi$$

9) Das Vektorfeld besitzt *Zylindersymmetrie*. Daher folgt nach Formel (I-439) mit $f(\varrho) = \frac{a}{\varrho}$:

$$\oint\!\!\!\oint_{(A)} (\vec{F} \cdot \vec{N}) \, dA = f(R) \cdot 2\pi RH = \frac{a}{R} \cdot 2\pi RH = 2\pi aH$$

10) Wegen der *Kugelsymmetrie* des Vektorfeldes können wir Formel (I-445) benutzen. Mit $f(r) = r^n$ folgt dann für den Vektorfluß durch die Kugelschale:

$$\oint\!\!\!\oint_{(A)} (\vec{F} \cdot \vec{N}) \, dA = f(R) \cdot 4\pi R^2 = R^n \cdot 4\pi R^2 = 4\pi R^{n+2}$$

Abschnitt 9

1) $$\oint\!\!\!\oint_{(A)} (\vec{F} \cdot \vec{N}) \, dA = \iiint_{(V)} \operatorname{div} \vec{F} \, dV = \int_{x=0}^{1} \int_{y=0}^{1} \int_{z=0}^{1} (x + 3y) \, dz \, dy \, dx = 2$$

2) Unter Verwendung von *Zylinderkoordinaten* gilt:

$$\oint\!\!\!\oint_{(A)} (\vec{F} \cdot \vec{N}) \, dA = \iiint_{(V)} \operatorname{div} \vec{F} \, dV = 2 \cdot \iiint_{(V)} (x + z) \, dV =$$

$$= 2 \cdot \int_{\varphi=0}^{2\pi} \int_{z=0}^{2} \int_{\varrho=0}^{3} (\varrho^2 \cdot \cos\varphi + \varrho z) \, d\varrho \, dz \, d\varphi = 36\pi$$

3) *Berechnung des Volumenintegrals* (in Kugelkoordinaten):

$$\iiint_{(V)} \operatorname{div} \vec{F} \, dV = 3 \cdot \iiint_{(V)} (x^2 + y^2 + z^2) \, dV =$$

$$= 3 \cdot \int_{\varphi=0}^{2\pi} \int_{\vartheta=0}^{\pi} \int_{r=0}^{R} r^4 \cdot \sin\vartheta \, dr \, d\vartheta \, d\varphi = \frac{12}{5} \pi R^5$$

Berechnung des Oberflächenintegrals (in Kugelkoordinaten):

$$\vec{N} = \frac{1}{R} \begin{pmatrix} x \\ y \\ z \end{pmatrix}; \quad \vec{F} \cdot \vec{N} = \frac{1}{R} (x^4 + y^4 + z^4)$$

$$\oint\!\!\!\oint_{(A)} (\vec{F} \cdot \vec{N}) \, dA = \frac{1}{R} \cdot \oint\!\!\!\oint_{(A)} (x^4 + y^4 + z^4) \, dA =$$

$$= R^5 \cdot \int_{\varphi=0}^{2\pi} \int_{\vartheta=0}^{\pi} (\sin^5\vartheta \cdot \cos^4\varphi + \sin^5\vartheta \cdot \sin^4\varphi + \sin\vartheta \cdot \cos^4\vartheta) \, d\vartheta \, d\varphi = \frac{12}{5} \pi R^5$$

Somit gilt:

$$\iiint\limits_{(V)} \operatorname{div} \vec{F}\; dV = \oiint\limits_{(A)} (\vec{F} \cdot \vec{N})\; dA = \frac{12}{5}\pi R^5$$

4) Der *Gaußsche Integralsatz* liefert für $\vec{F} = \operatorname{rot} \vec{E}$:

$$\oiint\limits_{(A)} (\vec{F} \cdot \vec{N})\; dA = \oiint\limits_{(A)} [(\operatorname{rot} \vec{E}) \cdot \vec{N}]\; dA = \iiint\limits_{(V)} \underbrace{\operatorname{div}(\operatorname{rot} \vec{E})}_{0}\; dV = 0$$

5) *Berechnung des Flächenintegrals* (in Polarkoordinaten):

$$\iint\limits_{(A)} \operatorname{div} \vec{F}\; dA = \iint\limits_{(A)} 3x\, dA = 3 \cdot \int\limits_{\varphi=0}^{2\pi} \int\limits_{r=0}^{2} r^2 \cdot \cos\varphi\; dr\, d\varphi = 0$$

Berechnung des Kurvenintegrals (in Polarkoordinaten):

$$\vec{N} = \frac{1}{2}\begin{pmatrix} x \\ y \end{pmatrix}; \quad \vec{F} \cdot \vec{N} = \frac{1}{2}(x^3 + xy^2) = 4 \cdot \cos\varphi; \quad ds = 2\, d\varphi$$

$$\oint\limits_{C} (\vec{F} \cdot \vec{N})\; ds = 8 \cdot \int\limits_{0}^{2\pi} \cos\varphi\; d\varphi = 0$$

Somit gilt: $\iint\limits_{(A)} \operatorname{div} \vec{F}\; dA = \oint\limits_{C} (\vec{F} \cdot \vec{N})\; ds = 0$

6) *1. Lösungsweg* (direkte Berechnung über ein *Oberflächenintegral* unter Verwendung von *Kugelkoordinaten*):

$$\operatorname{rot} \vec{F} = \begin{pmatrix} 0 \\ 0 \\ 3y^2 \end{pmatrix}; \quad \vec{N} = \frac{1}{2}\begin{pmatrix} x \\ y \\ z \end{pmatrix}; \quad (\operatorname{rot} \vec{F}) \cdot \vec{N} = \frac{3}{2} y^2 z = 12 \cdot \sin^2\vartheta \cdot \cos\vartheta \cdot \sin^2\varphi$$

$$dA = 4 \cdot \sin\vartheta\; d\vartheta\; d\varphi$$

$$\iint\limits_{(A)} [(\operatorname{rot} \vec{F}) \cdot \vec{N}]\; dA = \frac{3}{2} \cdot \iint\limits_{(A)} y^2 z\, dA = 48 \cdot \int\limits_{\varphi=0}^{2\pi} \int\limits_{\vartheta=0}^{\pi/2} \sin^3\vartheta \cdot \cos\vartheta \cdot \sin^2\varphi\; d\vartheta\; d\varphi = 12\pi$$

2. Lösungsweg (Verwendung des Integralsatzes von *Stokes*):

$$\iint\limits_{(A)} [(\operatorname{rot} \vec{F}) \cdot \vec{N}]\; dA = \oint\limits_{C} \vec{F} \cdot d\vec{r} = \oint\limits_{C} (-y^3\, dx + yz^2\, dy + y^2 z\, dz)$$

Randkurve C (Kreis um den Nullpunkt mit dem Radius $r = 2$):

$x = 2 \cdot \cos t, \quad y = 2 \cdot \sin t, \quad z = 0, \quad dx = -2 \cdot \sin t\, dt, \quad dy = 2 \cdot \cos t\, dt, \quad dz = 0$

$$\oint\limits_{C} \vec{F} \cdot d\vec{r} = 16 \cdot \int\limits_{0}^{2\pi} \sin^4 t\; dt = 12\pi$$

7) $\operatorname{rot} \vec{F} = \begin{pmatrix} 1-x \\ 0 \\ z \end{pmatrix}; \quad \vec{N} = \frac{1}{\sqrt{3}} \begin{pmatrix} 1 \\ 1 \\ 1 \end{pmatrix}; \quad (\operatorname{rot} \vec{F}) \cdot \vec{N} = \frac{1}{\sqrt{3}}(1 - x + z) = \frac{1}{\sqrt{3}}(-2x - y + 3)$

$$dA\ (\vec{N} \cdot \vec{e}_z) = \frac{dA}{\sqrt{3}} = dy\,dx \Rightarrow dA = \sqrt{3}\,dy\,dx$$

$$\oint_C \vec{F} \cdot d\vec{r} = \iint_{(A)} [(\operatorname{rot} \vec{F}) \cdot \vec{N}]\ dA = \int_{x=0}^{2} \int_{y=0}^{-x+2} (-2x - y + 3)\,dy\,dx = 2$$

8) a) Das Vektorfeld besitzt *keine* Radialkomponente. Daher ist der Vektorfluß durch die Kugeloberfläche gleich *Null*.

b) Zum gleichen Ergebnis führt der Integralsatz von *Gauß*:

$\operatorname{div} \vec{F} = r \cdot \cot \vartheta \cdot \cos \varphi$

$$\oiint_{(A)} (\vec{F} \cdot \vec{N})\ dA = \iiint_{(V)} \operatorname{div} \vec{F}\ dV = \iiint_{(V)} r \cdot \cot \vartheta \cdot \cos \varphi\,dV =$$

$$= \int_{\varphi=0}^{2\pi} \int_{\vartheta=0}^{\pi} \int_{r=0}^{R} r^3 \cdot \cos \vartheta \cdot \cos \varphi\,dr\,d\vartheta\,d\varphi = 0$$

9) a) $\vec{\nabla} \times \vec{F} = \operatorname{rot} \vec{F} = \begin{pmatrix} 0 \\ 0 \\ 3 \end{pmatrix}; \quad \vec{N} = \frac{1}{3} \begin{pmatrix} x \\ y \\ z \end{pmatrix}; \quad (\vec{\nabla} \times \vec{F}) \cdot \vec{N} = z$

Unter Verwendung von *Kugelkoordinaten* folgt dann:

$$\iint_{(A)} [(\vec{\nabla} \times \vec{F}) \cdot \vec{N}]\,dA = \iint_{(A)} z\,dA = 27 \cdot \int_{\varphi=0}^{2\pi} \int_{\vartheta=0}^{\pi/2} \cos \vartheta \cdot \sin \vartheta\,d\vartheta\,d\varphi = 27\pi$$

b) *Randkurve C* (Kreis um den Nullpunkt mit dem Radius $r = 3$):

$x = 3 \cdot \cos t, \quad y = 3 \cdot \sin t, \quad z = 0, \quad dx = -3 \cdot \sin t\,dt, \quad dy = 3 \cdot \cos t\,dt, \quad dz = 0$

Aus dem *Stokes'schen Integralsatz* folgt dann:

$$\iint_{(A)} [(\vec{\nabla} \times \vec{F}) \cdot \vec{N}]\,dA = \oint_C \vec{F} \cdot d\vec{r} = \oint_C (-y\,dx + 2x\,dy + z\,dz) =$$

$$= 9 \cdot \int_0^{2\pi} (\sin^2 t + 2 \cdot \cos^2 t)\,dt = 27\pi$$

II Wahrscheinlichkeitsrechnung

Abschnitt 1

1) a) $P(5) = 5! = 120$

b) Eine Person nimmt einen beliebigen, dann aber festen Platz ein. Für die übrigen vier Personen gibt es dann $P(4) = 4! = 24$ verschiedene Anordnungsmöglichkeiten. Somit sind 24 verschiedene Plazierungen möglich.

2) $C(6; 3) = \binom{6}{3} = 20$

3) a) $C(5; 2) = \binom{5}{2} = 10$ b) $C_w(5; 2) = \binom{6}{2} = 15$

4) $C_w(6; 2) = \binom{7}{2} = 21$

5) Aus den restlichen 7 Aufgaben (Aufgabe 4 bis 10) müsen 4 richtig gelöst werden. Dafür gibt es $C(7; 4) = \binom{7}{4} = 35$ verschiedene Möglichkeiten.

6) a) Mögliche Stichprobenanzahl: $C(20; 4) = \binom{20}{4} = 4845$

b) Die Stichprobe enthält ein fehlerhaftes und 3 einwandfreie Geräte. Daher gibt es $C(3; 1) \cdot C(17; 3) = 3 \cdot 680 = 2040$ verschiedene Stichproben mit genau *einem* fehlerhaften Gerät.

Anteil: $\frac{2040}{4845} = 0{,}42 = 42\%$

7) Für Position a gibt es 5 Möglichkeiten, denn *jede* der 5 Federn $F_1, F_2, \ldots, F_5$ kann diesen Platz einnehmen. Ist a belegt, so stehen für die Positionen b und c noch 4 verschiedene Federn zur Verfügung. Somit gibt es $C(4; 2) = \binom{4}{2} = 6$ *verschiedene* Belegungsmöglichkeiten für die Plätze b und c. Insgesamt gibt es also $5 \cdot 6 = 30$ *verschiedene* Federsysteme.

8) a) $V(6; 3) = \frac{6!}{(6-3)!} = 120$ b) $V_w(6; 3) = 6^3 = 216$

9) $V_w(2; 4) = 2^4 = 16$

10) a) $V(10; 3) = \frac{10!}{(10-3)!} = 720$ b) $V_w(10; 3) = 10^3 = 1000$

11) 2 Buchstaben aus 26 $\rightarrow$ $V_w(26; 2) = 26^2 = 676$ Möglichkeiten

1. Ziffer: 9 Möglichkeiten (Ziffern 1 bis 9)

2. bis 4. Ziffer: 3 Ziffern aus 10 $\rightarrow$ $V_w(10; 3) = 10^3 = 1000$ Möglichkeiten

Somit gibt es $676 \cdot 9 \cdot 1000 = 6\,084\,000$ verschiedene Kennzeichen.

Abschnitt 2

1) a) $\Omega = \{ZZZ, ZZW, ZWZ, WZZ, WWZ, WZW, ZWW, WWW\}$

b) $A = \{ZZW, ZWZ, WZZ\}$
$B = \{WWZ, WZW, ZWW\}$
$C = \{ZWW, WZW, WWZ\}$
$D = \{ZZZ\}$
$E = \{WWW\}$

c) $A \cup B = \{ZZW, ZWZ, WZZ, WWZ, WZW, ZWW\}$
→ mindestens einmal „Zahl" und „Wappen"

$A \cap D = \{\ \}$ → unmögliches Ereignis

$B \cup E = \{WWZ, WZW, ZWW, WWW\}$ → mindestens zweimal „Wappen"

$D \cup E = \{ZZZ, WWW\}$ → dreimal „Zahl" oder „Wappen"

$A \cap B = \{\ \}$ → *unmögliches* Ereignis

$(C \cup D) \cap B = B = C$ → zweimal „Wappen" (oder einmal „Zahl")

d) $\overline{A} = \{ZZZ, WWZ, WZW, ZWW, WWW\}$
→ alle Elementarereignisse mit Ausnahme derjenigen, bei denen einmal „Wappen" eintritt

$\overline{D} = \{ZZW, ZWZ, WZZ, WWZ, WZW, ZWW, WWW\}$
→ mindestens einmal „Wappen"

2) a) $\Omega = \{(1;1), (1;2), (1;3), (1;4), (1;5), (1;6), (2;2), (2;3), (2;4), (2;5), (2;6), (3;3), (3;4), (3;5), (3;6), (4;4), (4;5), (4;6), (5;5), (5;6), (6;6)\}$

b) $A = \{(1;3), (2;2)\}$
$B = \{(1;1), (1;2), (1;3), (1;4), (2;2), (2;3)\}$
$C = \{(1;1), (1;3), (1;5), (3;3), (3;5), (5;5)\}$
$D = \{(1;2), (1;4), (1;6), (2;3), (2;5), (3;4), (3;6), (4;5), (5;6)\}$
$E = \{(1;2), (1;4), (1;6), (2;2), (2;3), (2;4), (2;5), (2;6), (3;4), (3;6), (4;4), (4;5), (4;6), (5;6), (6;6)\}$

3) a) *Reihenschaltung*: $B = A_1 \cup A_2 \cup A_3$ (*mindestens eine* Glühlampe brennt durch)
Parallelschaltung: $B = A_1 \cap A_2 \cap A_3$ (alle drei Glühlampen brennen *gleichzeitig* durch)

b) $A_1 \cup A_2$: a_1 *oder* a_2 *oder* beide brennen durch → Unterbrechung bei *Reihenschaltung*
$A_2 \cap A_3$: a_2 und a_3 brennen *gleichzeitig* durch → Unterbrechung bei *Reihenschaltung*

Abschnitt 3

1) a) $P = \frac{16}{32} = \frac{1}{2}$ b) $P = \frac{4}{32} = \frac{1}{8}$ c) $P = \frac{8}{32} = \frac{1}{4}$ d) $P = \frac{2}{32} = \frac{1}{16}$

2) Es gibt $\binom{20}{3} = 1140$ Möglichkeiten, aus 20 Glühbirnen 3 auszuwählen.

a) Es gibt $\binom{16}{3} = 560$ Möglichkeiten, aus 16 *einwandfreien* Glühbirnen

3 auszuwählen $\rightarrow$ $P_0 = \dfrac{560}{1140} = 0{,}4912$

b) $P_1 = 1 - P_0 = 0{,}5088$

3) Es gibt insgesamt 36 verschiedene Augenpaare.

$A = \{(1;3), (2;2), (3;1)\} \rightarrow P(A) = \dfrac{3}{36} = \dfrac{1}{12}$

$B = \{(1;1), (2;2), \ldots, (6;6)\} \rightarrow P(B) = \dfrac{6}{36} = \dfrac{1}{6}$

$C = \{(3;3), (3;6), (6;3), (6;6)\} \rightarrow P(C) = \dfrac{4}{36} = \dfrac{1}{9}$

4) a) $p_1 = \dfrac{1}{4}, \quad p_4 = \dfrac{1}{8}$ b) $P(A) = \dfrac{1}{2}, \quad P(B) = \dfrac{3}{8}$

5) a) $p(g) = \dfrac{4}{5}, \quad p(u) = \dfrac{1}{5}$

b) $P(A) = \dfrac{2}{5}, \quad P(B) = \dfrac{1}{3}, \quad P(C) = \dfrac{4}{5}, \quad P(D) = \dfrac{1}{5}, \quad P(E) = \dfrac{13}{15}, \quad P(F) = \dfrac{4}{15}$

6) a) $P(C) = \dfrac{1}{9}$ b) $P(A \cup B) = P(\mathrm{A}) + P(B) = \dfrac{5}{9} + \dfrac{3}{9} = \dfrac{8}{9}$

7) Von 8 möglichen Elementarereignissen sind vier „günstig", nämlich:

$WWZ, WZW, ZWW, WWW \rightarrow P = \dfrac{4}{8} = \dfrac{1}{2}$

8) $P = \dfrac{18}{20} \cdot \dfrac{17}{19} \cdot \dfrac{16}{18} = 0{,}72$

9) $P = \dfrac{8}{10} \cdot \dfrac{2}{9} = \dfrac{8}{45}$

10) Es gibt 6 Elementarereignisse mit einer „2" beim ersten Wurf, darunter 3 „günstige", nämlich:

(2; 1), (2; 2) und (2; 3) $\rightarrow P = \dfrac{3}{6} = \dfrac{1}{2}$

11) $P(A \cap B) = P(A) \cdot P(B) = \dfrac{1}{6}$

$A \cup B$: *A oder B oder* beide treffen $\rightarrow$

$P(A \cup B) = P(A) + P(B) - P(A \cap B) = \dfrac{2}{3}$

12) $\overline{B} = \overline{A}_1 \cap \overline{A}_2 \cap \overline{A}_3$: *Keines* der drei Glühlämpchen brennt durch

$P(\overline{B}) = P(\overline{A}_1 \cap \overline{A}_2 \cap \overline{A}_3) = (1-p)(1-p)(1-p) = (1-p)^3$

(mit $p = p_1 = p_2 = p_3 = 0{,}2$)

Der Stromkreis wird *unterbrochen*, wenn auch nur *eines* der drei Glühlämpchen durchbrennt. Daher:

$P(B) = 1 - P(\overline{B}) = 1 - (1-p)^3 = 1 - (1 - 0{,}2)^3 = 0{,}488$

13) T: Treffer; $\overline{T}$: kein Treffer

a) A: genau *zwei* Treffer $\rightarrow$ $A = \{TT\overline{T}, T\overline{T}T, \overline{T}TT\}$

$P(A) = 3 \cdot (0{,}6 \cdot 0{,}6 \cdot 0{,}4) = 0{,}432$

b) B: *kein* Treffer $\rightarrow$ $B = \{\overline{T}\,\overline{T}\,\overline{T}\}$

$\overline{B}$: *mindestens ein* Treffer $\rightarrow$

$P(\overline{B}) = 1 - P(B) = 1 - 0{,}4 \cdot 0{,}4 \cdot 0{,}4 = 0{,}936$

14) Aus dem *unvollständigen* Ereignisbaum in Bild A-21 folgt:

a) $P(ab) = \frac{1}{5} \cdot \frac{2}{5} = \frac{2}{25}$

b) $P(cc) = \frac{2}{5} \cdot \frac{2}{5} = \frac{4}{25}$

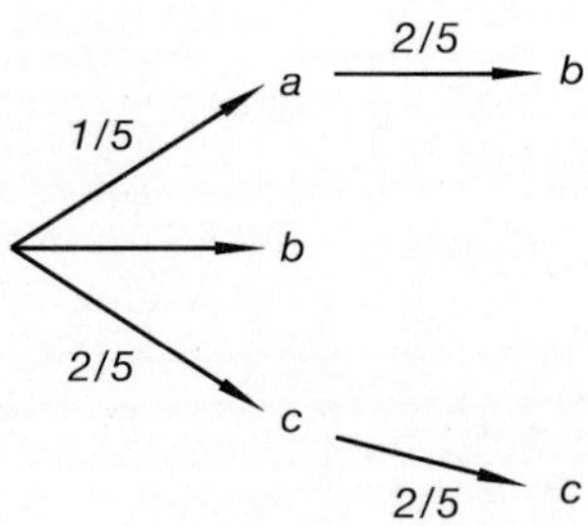

Bild A-21

15) Aus dem Ereignisbaum in Bild A-22 folgt:

a) $P(W) = P(WW) + P(SW) =$

$= \frac{4}{10} \cdot \frac{3}{10} + \frac{6}{10} \cdot \frac{5}{10} = 0{,}42$

b) $P(WW \cup SS) = P(WW) + P(SS) =$

$= \frac{4}{10} \cdot \frac{3}{10} + \frac{6}{10} \cdot \frac{5}{10} = 0{,}42$

c) $P = \frac{P(WW)}{P(WW \cup SS)} = \frac{12/100}{42/100} = \frac{2}{7}$

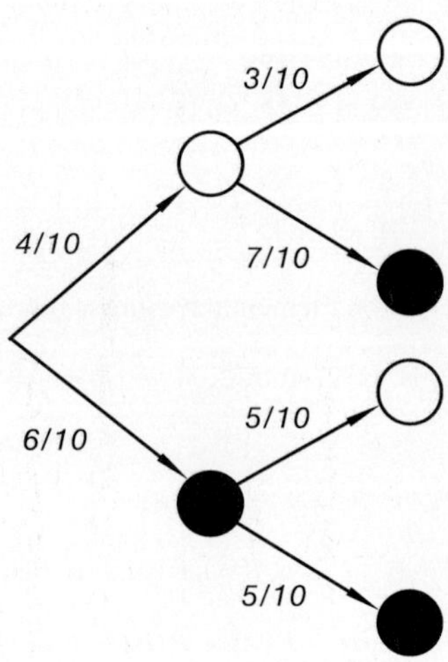

Bild A-22

16) Aus dem Ereignisbaum in Bild A-23 folgt (d: defekt; $\bar{d}$: einwandfrei):

$$P = \frac{2}{5} \cdot \frac{3}{4} \cdot \frac{1}{3} + \frac{3}{5} \cdot \frac{1}{2} \cdot \frac{1}{3} = \frac{1}{5}$$

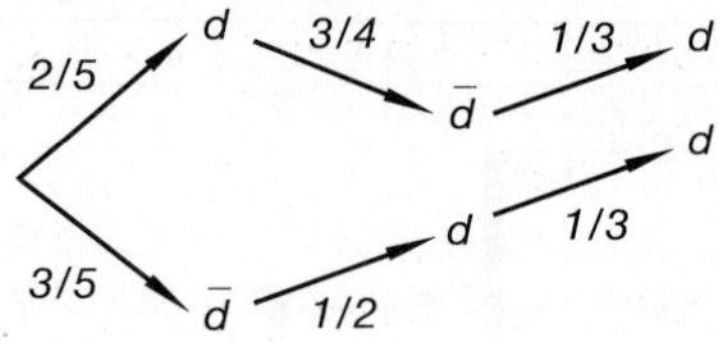

Bild A-23

17) Aus dem *unvollständigen* Ereignisbaum in Bild A-24 folgt (d: defekter Kondensator):

a) $P = 0{,}32 \cdot 0{,}025 + 0{,}2 \cdot 0{,}02 + 0{,}48 \cdot 0{,}025 = 0{,}024$

b) $P = \dfrac{0{,}48 \cdot 0{,}025}{0{,}024} = 0{,}5$

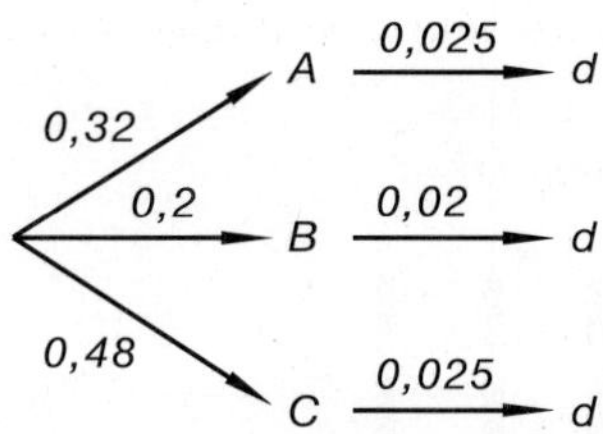

Bild A-24

Abschnitt 4

1) a) *Stabdiagramm* und *Verteilungskurve*: Bild A-25

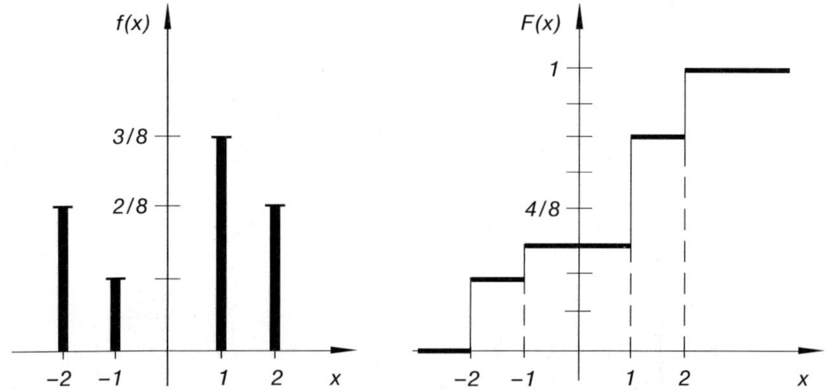

Bild A-25

b) *Stabdiagramm* und *Verteilungskurve*: Bild A-26

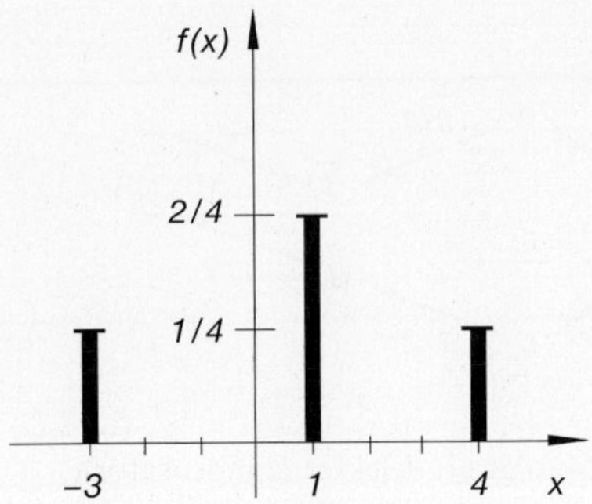

Bild A-26

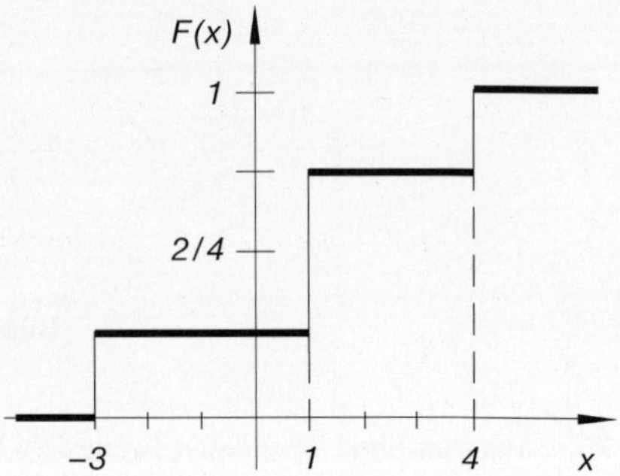

c) *Stabdiagramm* und *Verteilungskurve*: Bild A-27

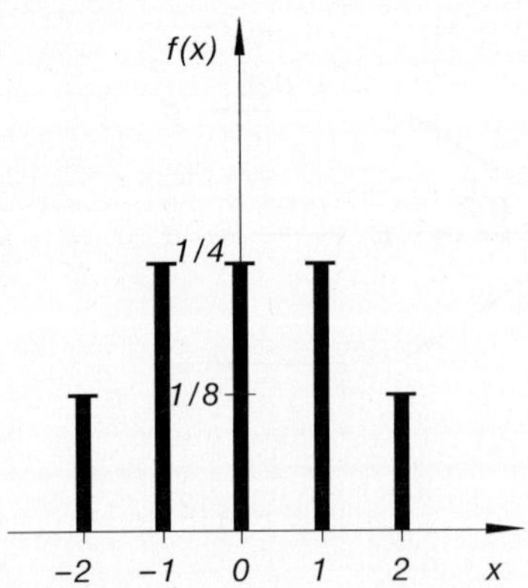

Bild A-27

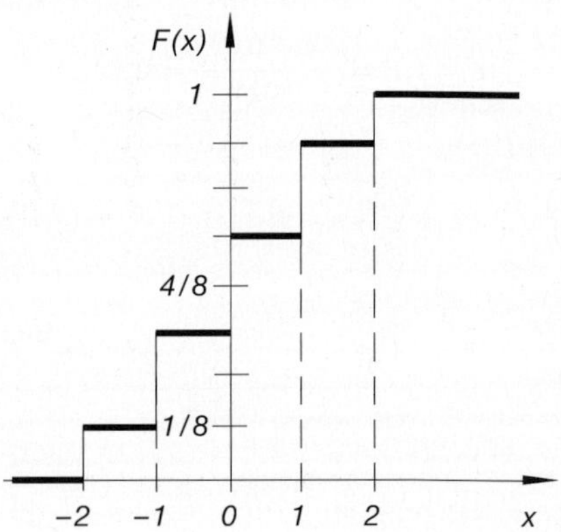

2) a) $p(4) = 0{,}05$

b) *Stabdiagramm* und *Verteilungskurve*: Bild A-28

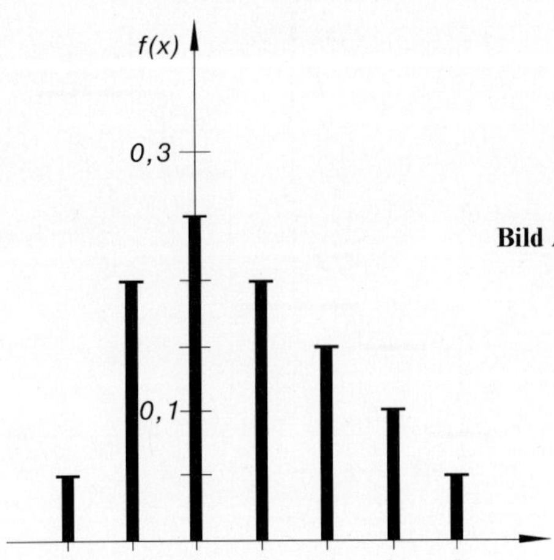

Bild A-28

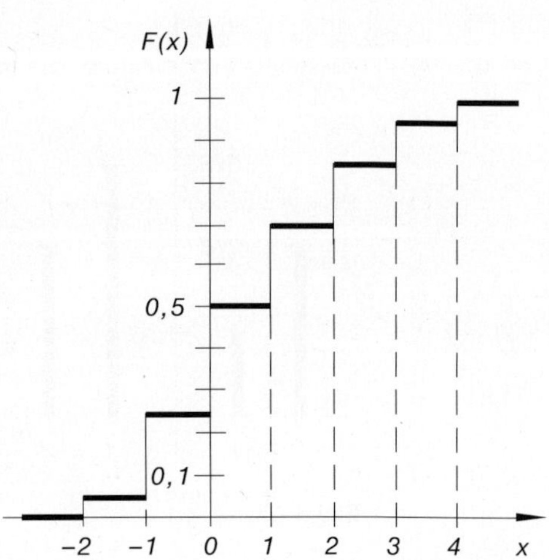

3) Es gibt 8 *gleichwahrscheinliche* Elementarereignisse (Z: Zahl; W: Wappen):
ZZZ, WZZ, ZWZ, ZZW, WWZ, WZW, ZWW, WWW

Verteilung:

x_i	0	1	2	3
$f(x_i)$	1/8	3/8	3/8	1/8

a) *Stabdiagramm und Verteilungsfunktion*: Bild A-29

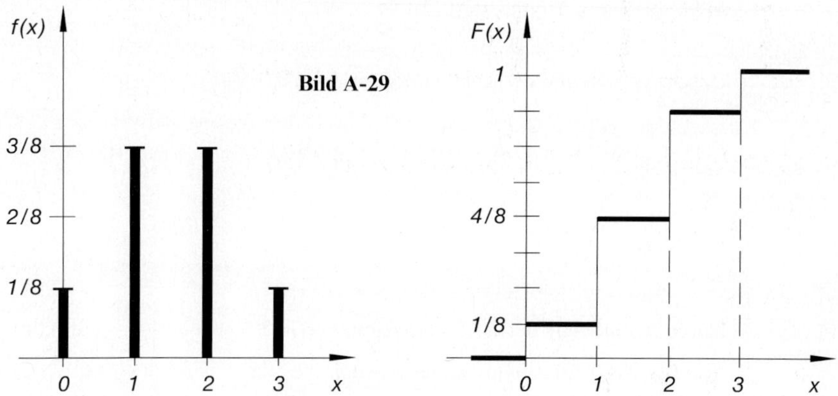

Bild A-29

b) $P(1 \leqslant X \leqslant 2) = f(1) + f(2) = \dfrac{3}{4}$

4) a)

x_i	0	1	2
$f(x_i)$	7/15	7/15	1/15

b) $P(X = 1) = f(1) = \dfrac{7}{15}$

5) a) $f(x) = 0{,}2^{x-1} \cdot 0{,}8 \qquad (x = 1, 2, 3, \ldots)$

b) $P = f(1) + f(2) + f(3) = 0{,}992$

6) a) $F(x) = \dfrac{1}{2} \cdot \displaystyle\int_0^x u\, du = \dfrac{1}{4} x^2 \qquad (0 \leqslant x \leqslant 2)$

b) $F(x) = \lambda \cdot \displaystyle\int_0^x e^{-\lambda u}\, du = 1 - e^{-\lambda x} \qquad (x \geqslant 0)$

c) $F(x) = \displaystyle\int_1^x \dfrac{du}{u^2} = 1 - \dfrac{1}{x} \qquad (x \geqslant 1)$

7) a) $b = -\dfrac{15}{4}$ b) $c = \dfrac{1}{(b-a)}$ c) $a = \dfrac{1}{2}$

8) a) $k = \frac{1}{50}$

b) *Verteilungsfunktion*: $F(x) = \frac{1}{50} \cdot \int_0^x u \, du = \frac{1}{100} x^2$

$P(X \leqslant -2) = 0, \quad P(1 \leqslant X \leqslant 2) = F(2) - F(1) = 0{,}03,$
$P(X \geqslant 5) = 1 - P(X \leqslant 5) = 1 - F(5) = 0{,}75,$
$P(3 \leqslant X \leqslant 8) = F(8) - F(3) = 0{,}55$

9) a) Durch *Normierung* der Dichtefunktion folgt $a = 3/4$.

b) $F(x) = \frac{3}{4} \cdot \int_0^x u^2 (2 - u) \, du = \frac{1}{16} (8x^3 - 3x^4)$

c) $P(X \leqslant 1) = \frac{5}{16}$

10) a) Durch *Normierung* der Dichtefunktion $f(x) = F'(x) = a \cdot \frac{1}{1 + x^2}$ erhält man $a = 1/\pi$.
Aus $F(\infty) = 1$ folgt dann weiter $b = 1/2$.

b) $f(x) = \frac{1}{\pi} \cdot \frac{1}{1 + x^2}$

11) $P(0 \leqslant T \leqslant 2\lambda^{-1}) = \lambda \cdot \int_0^{2\lambda^{-1}} e^{-\lambda t} \, dt = 0{,}8647$

12) a) $f(t) = F'(t) = 0{,}04\, t \cdot e^{-0{,}2t} \qquad (t \geqslant 0)$

b) $P(1 \leqslant T \leqslant 5) = F(5) - F(1) = 0{,}2467$

Abschnitt 5

1) a) $E(X) = 0{,}75$ b) $E(X) = \frac{11}{6}$

2) $E(X) = 0{,}5 \cdot \int_{-1}^{1} x(1 + x) \, dx = \frac{1}{3}$

3) a) $E(X) = \frac{1}{8}$ b) $E(Z_1) = \frac{21}{8}, \qquad E(Z_2) = \frac{17}{8}$

4) a) *Gewinnerwartung* („mittlerer“ Gewinn): $E(Z) = 3$ DM

b) *Nein*, denn der Einsatz (4 DM) ist *größer* als die Gewinnerwartung (3 DM).

5) a) $\mu = 3;\quad \sigma^2 = 11;\quad \sigma = 3{,}317$

b) $\mu = \dfrac{23}{16};\quad \sigma^2 = \dfrac{575}{256};\quad \sigma = 1{,}4987$

c) $\mu = 0{,}7;\quad \sigma^2 = 2{,}41;\quad \sigma = 1{,}552$

6) a) $\mu = -0{,}05;\quad \sigma^2 = 2{,}7474;\quad \sigma = 1{,}6576$

b) $\mu_Z = \mathrm{Var}(X) = 2{,}7475;\quad \sigma_Z^2 = 9{,}5725;\quad \sigma_Z = 3{,}0939$

7)

x_i	0	1	2
$f(x_i)$	7/15	7/15	1/15

$E(X) = \dfrac{3}{5}$

8) a) Aus dem *unvollständigen* Ereignisbaum in Bild A-30 erhält man die folgende Verteilungstabelle:

x_1	1	2	3
$f(x_i)$	1/2	1/4	1/4

b) $E(X) = \dfrac{7}{4}$

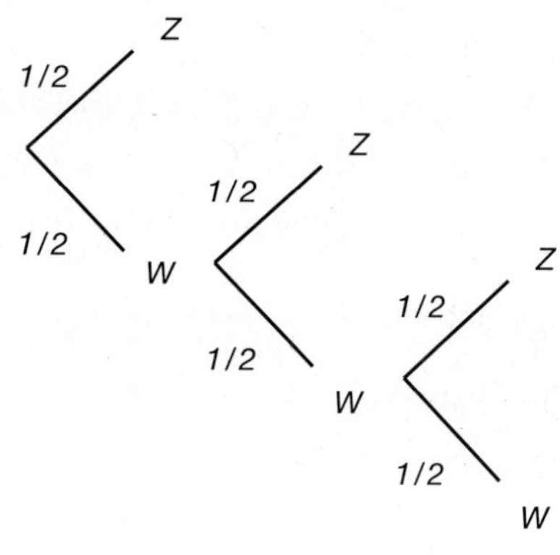

Bild A-30

9) a) *Normierung*: $\displaystyle\int_a^b c\,dx = 1 \;\rightarrow\; c = \frac{1}{(b-a)}$

$$\mu = \int_a^b x \cdot \frac{1}{b-a}\,dx = \frac{1}{2}\,(a+b)$$

$$E(X^2) = \int_a^b x^2 \cdot \frac{1}{b-a}\,dx = \frac{b^3 - a^3}{3\,(b-a)} = \frac{1}{3}\,(a^2 + ab + b^2)$$

$$\sigma^2 = E(X^2) - \mu^2 = \frac{(b-a)^2}{12};\qquad \sigma = 0{,}2887\,(b-a)$$

b) *Normierung*: $\displaystyle\int_0^{10} mx\,dx = 1 \;\rightarrow\; m = \frac{1}{50}$

$$\mu = \int_0^{10} x \cdot \frac{1}{50}\,x\,dx = \frac{20}{3};\qquad E(X^2) = \int_0^{10} x^2 \cdot \frac{1}{50}\,x\,dx = 50$$

$$\sigma^2 = E(X^2) - \mu^2 = \frac{50}{9};\qquad \sigma = 2{,}3570$$

10) $\mu = \lambda^2 \cdot \int\limits_0^\infty x^2 \cdot e^{-\lambda x}\, dx = \frac{2}{\lambda}; \qquad E(X^2) = \lambda^2 \cdot \int\limits_0^\infty x^3 \cdot e^{-\lambda x}\, dx = \frac{6}{\lambda^2}$

$\sigma^2 = E(X^2) - \mu^2 = \frac{2}{\lambda^2}; \qquad \sigma = \frac{\sqrt{2}}{\lambda}$

11) *Normierung*: $a \cdot \int\limits_0^1 x^2 (1 - x)\, dx = 1 \;\rightarrow\; a = 12$

$\mu = 12 \cdot \int\limits_0^1 (x^3 - x^4)\, dx = \frac{3}{5}; \qquad E(X^2) = 12 \cdot \int\limits_0^1 (x^4 - x^5)\, dx = \frac{2}{5}$

$\sigma^2 = E(X^2) - \mu^2 = \frac{1}{25}; \qquad \sigma = \frac{1}{5}$

12) *Dichtefunktion*: $f(t) = F'(t) = 0{,}04\, t \cdot e^{-0{,}2t}$

$E(T) = \int\limits_0^\infty t \cdot f(t)\, dt = 0{,}04 \cdot \int\limits_0^\infty t^2 \cdot e^{-0{,}2t}\, dt = 10$

13) a) $\mu_Z = \int\limits_0^\infty z \cdot f(x)\, dx = \lambda \cdot \int\limits_0^\infty e^{-(1+\lambda)x}\, dx = \frac{\lambda}{1 + \lambda}$

b) $\mu_Z = \int\limits_0^\infty z \cdot f(x)\, dx = \lambda \cdot \int\limits_0^\infty (2x + 1) \cdot e^{-\lambda x}\, dx = \frac{2 + \lambda}{\lambda}$

c) $\mu_Z = \int\limits_0^\infty z \cdot f(x)\, dx = \lambda \cdot \int\limits_0^\infty x^2 \cdot e^{-\lambda x}\, dx = \frac{2}{\lambda^2}$

14) a) $E(Z) = 1; \quad \mathrm{Var}(Z) = 2$ b) $E(Z) = 1; \quad \mathrm{Var}(Z) = \frac{1}{8} = 0{,}125$

c) $E(Z) = 20; \quad \mathrm{Var}(Z) = 50$ d) $E(Z) = 2; \quad \mathrm{Var}(Z) = 0$

Abschnitt 6

1) a) *Stabdiagramm*: Bild A-31

x	$f(x)$
0	0,1678
1	0,3355
2	0,2936
3	0,1468
4	0,0459
5	0,0092
6	0,0011
7	0,0001
8	0

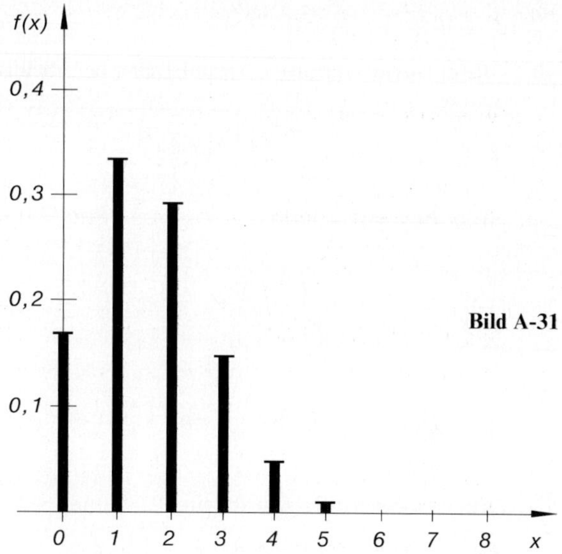

Bild A-31

b) $P(X = 0) = f(0) = 0{,}1678$

$P(X \geqslant 5) = f(5) + f(6) + f(7) + f(8) = 0{,}0104$

$P(1 \leqslant X \leqslant 3) = f(1) + f(2) + f(3) = 0{,}7759$

2) Die Zufallsvariable X (= Anzahl „Zahl" bei 10 Würfen) ist *binomialverteilt* mit $n = 10$, $p = 0{,}5$ und $q = 0{,}5$:

$$P(X = x) = f(x) = \binom{10}{x} 0{,}5^{10}$$

a) $P(X = 0) = 0{,}0010$ b) $P(X = 2) = 0{,}0439$

c) $P(X \geqslant 4) = 1 - P(X \leqslant 3) = 0{,}8281$ d) $P(X = 5) = 0{,}2461$

3) Die Zufallsvariable X (= Anzahl der „Erfolge" bei 5 Würfen) ist *binomialverteilt* mit $n = 5$ und $p = 1/3$, $q = 2/3$:

$$P(X = x) = f(x) = \binom{5}{x} \left(\frac{1}{3}\right)^x \left(\frac{2}{3}\right)^{5-x}$$

a) $P(X = 2) = 0{,}3292$ b) $P(X \geqslant 3) = 0{,}2099$

4) *Binomialverteilung* mit $n = 300$ und $p = 1/3$. Mittelwert: $\mu = np = 100$.

5) Ein „rotes As" wird im Einzelversuch mit der Wahrscheinlichkeit $p = 1/16$ gezogen. Die Zufallsvariable X (= Anzahl der gezogenen „roten Asse" bei n Ziehungen) ist daher *binomialverteilt* mit den Parametern n, $p = 1/16$ und $q = 15/16$:

$$P(X = x) = \binom{n}{x} \left(\frac{1}{16}\right)^x \left(\frac{15}{16}\right)^{n-x}$$

Ereignis $X = 0$ (*kein* „rotes As") $\rightarrow$ $P(X = 0) < 0{,}5$ $\rightarrow$ $\left(\frac{15}{16}\right)^n < 0{,}5$ $\rightarrow$ $n \geqslant 11$

6) *Binomialverteilung* mit $n = 250$, $p = 0{,}02$ und $q = 0{,}98$:

$$\mu = np = 5; \qquad \sigma^2 = np(1-p) = 4{,}9; \qquad \sigma = 2{,}2136$$

7) Die Zufallsvariable X (= Anzahl Treffer bei 5 Schüssen) ist *binomialverteilt* mit $n = 5$, $p = 1/3$ und $q = 2/3$:

$$P(X = x) = f(x) = \binom{5}{x}\left(\frac{1}{3}\right)^x \left(\frac{2}{3}\right)^{5-x}$$

a) $P(X = 0) = 0{,}1317$ b) $P(X = 3) = 0{,}1646$ c) $P(X \geqslant 3) = 0{,}2099$

8) $$P(X = x) = f(x) = \frac{\binom{4}{x} \cdot \binom{6}{3-x}}{\binom{10}{3}}$$

a) $P(X = 0) = 0{,}1667$ b) $P(1 \leqslant X \leq 3) = 0{,}8333$ c) $P(X < 2) = 0{,}6667$

9) Die Zufallsvariable X (= Anzahl der *unvollständigen* Packungen unter n gekauften Packungen) ist *hypergeometrisch* verteilt ($N = 40$; M = Anzahl der *unvollständigen* Packungen = 4):

a) $N = 40, \quad M = 4, \quad n = 1$

$$P(X = x) = f(x) = \frac{\binom{4}{x} \cdot \binom{36}{1-x}}{\binom{40}{1}} \rightarrow P(X = 0) = 0{,}9$$

b) $N = 40, \quad M = 4, \quad n = 10$

$$P(X = x) = f(x) = \frac{\binom{4}{x} \cdot \binom{36}{10-x}}{\binom{40}{10}} \rightarrow P(X = 2) = 0{,}2142$$

10) *Hypergeometrische* Verteilung mit den Parametern $N = 5$, $M = 3$ (Anzahl der *weißen* Kugeln) und $n = 2$:

$$P(X = x) = f(x) = \frac{\binom{3}{x} \cdot \binom{2}{2-x}}{\binom{5}{2}} \qquad (x = 0, 1, 2)$$

x	0	1	2
$f(x)$	0,1	0,6	0,3

Stabdiagramm: Bild A-32

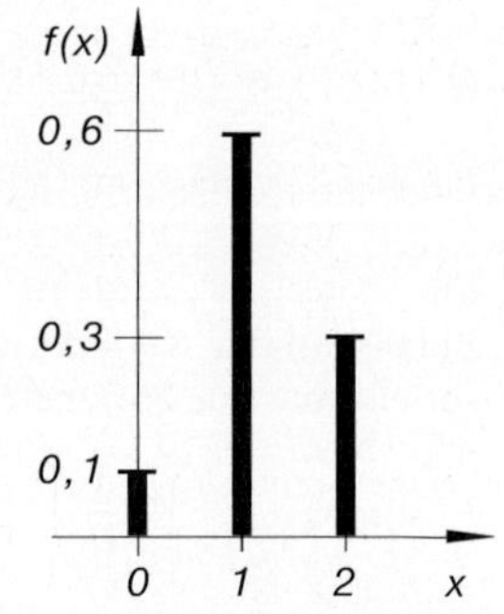

Bild A-32

11) $P(X = x) = f(x) = \frac{3^x}{x!} \cdot e^{-3}$

a) $P(X = 0) = 0{,}0498$ b) $P(X \leqslant 3) = 0{,}6472$

c) $P(X > 3) = 0{,}3528$ d) $P(1 \leqslant X \leqslant 5) = 0{,}8663$

12) Die Zufallsvariable X (= Anzahl der Brennelemente, die den Anforderungen *nicht* genügen) ist *binomialverteilt* mit den Parametern $n = 1500$ und $p = 10^{-4}$. Sie darf jedoch durch eine (rechnerisch bequemere) *Poisson-Verteilung* mit dem Parameter (Mittelwert) $\mu = np = 0{,}15$ ersetzt werden:

$$P(X = x) = f(x) = \frac{0{,}15^x}{x!} \cdot e^{-0{,}15} \rightarrow P(X = 0) = 0{,}8607$$

13) a) $P(U \leqslant 1{,}52) = \phi(1{,}52) = 0{,}9357$

b) $P(U \leqslant -0{,}42) = \phi(-0{,}42) = 1 - \phi(0{,}42) = 0{,}3372$

c) $P(0{,}2 \leqslant U \leqslant 2{,}13) = \phi(2{,}13) - \phi(0{,}2) = 0{,}4041$

d) $P(-1{,}01 \leqslant U \leqslant -0{,}25) = \phi(-0{,}25) - \phi(-1{,}01) = \phi(1{,}01) - \phi(0{,}25) = 0{,}2451$

e) $P(-1 \leqslant U \leqslant 1) = P(|U| \leqslant 1) = 2 \cdot \phi(1) - 1 = 0{,}6826$

f) $P(|U| \leqslant 1{,}69) = 2 \cdot \phi(1{,}69) - 1 = 0{,}9090$

g) $P(U \geqslant 0{,}95) = 1 - P(U \leqslant 0{,}95) = 1 - \phi(0{,}95) = 0{,}1711$

h) $P(U \geqslant -2{,}13) = 1 - P(U \leqslant -2{,}13) = \phi(2{,}13) = 0{,}9834$

14) a) $\phi(a) = 0{,}5 \rightarrow a = 0$

b) $\phi(a) = 0{,}3210 < 0{,}5 \rightarrow a < 0 \rightarrow$ Wir setzen $a = -k$:

$\phi(a) = \phi(-k) = 1 - \phi(k) = 0{,}3210$

$\phi(k) = 0{,}6790 \rightarrow k = 0{,}465 \rightarrow a = -k = -0{,}465$

c) $\phi(b) - \phi(0{,}15) = 0{,}35 \rightarrow \phi(b) = 0{,}9096 \rightarrow b = 1{,}338$

d) $\phi(b) - \phi(-0{,}22) = \phi(b) - 1 + \phi(0{,}22) = \phi(b) - 0{,}4129 = 0{,}413$

$\phi(b) = 0{,}8259 \rightarrow b = 0{,}938$

e) $2 \cdot \phi(a) - 1 = 0{,}95 \rightarrow \phi(a) = 0{,}975 \rightarrow a = 1{,}96$

f) $2 \cdot \phi(c) - 1 = 0{,}4682 \rightarrow \phi(c) = 0{,}7341 \rightarrow c = 0{,}625$

g) $P(U \geqslant a) = 1 - P(U \leqslant a) = 1 - \phi(a) = 0{,}8002$

$\phi(a) = 0{,}1998 < 0{,}5 \rightarrow a < 0 \rightarrow$ Wir setzen $a = -k$:

$\phi(a) = \phi(-k) = 1 - \phi(k) = 0{,}1998 \rightarrow \phi(k) = 0{,}8002 \rightarrow k = 0{,}842$

$a = -k = -0{,}842$

h) $P(U \geqslant a) = 1 - P(U \leqslant a) = 1 - \phi(a) = 0{,}4010$

$\phi(a) = 0{,}5990 \rightarrow a = 0{,}251$

15) $U = \frac{X - 6}{2}$

a) $U = 2{,}21$ b) $U = -2{,}57$ c) $U = -1{,}75$

d) $U = -5{,}34$ e) $U = \pm 3{,}2$ f) $U = 6$

16) $U = \frac{X - 2}{0{,}5}$

a) $P(X \leqslant 2{,}52) = P(U \leqslant 1{,}04) = \phi(1{,}04) = 0{,}8508$

b) $P(X \leqslant 0{,}84) = P(U \leqslant -2{,}32) = \phi(-2{,}32) = 1 - \phi(2{,}32) = 0{,}0102$

c) $P(X \leqslant -1{,}68) = P(U \leqslant -7{,}36) = \phi(-7{,}36) = 1 - \phi(7{,}36) = 0$

d) $P(-0{,}5 \leqslant X \leqslant 4{,}5) = P(-5 \leqslant U \leqslant 5) = 2 \cdot \phi(5) - 1 = 1$

e) $P(-1{,}86) \leqslant X \leqslant -0{,}24) = \phi(-7{,}72 \leqslant U \leqslant -4{,}48) =$
$= \phi(-4{,}48) - \phi(-7{,}72) = \phi(7{,}72) - \phi(4{,}48) = 0$

f) $P(-3 \leqslant X \leqslant 3) = P(-10 \leqslant U \leqslant 2) = \phi(2) - \phi(-10) =$
$= \phi(2) + \phi(10) - 1 = 0{,}9772$

g) $P(|X| \leqslant 2{,}13) = 0{,}6026$

h) $P(X \geqslant 0{,}98) = P(U \geqslant -2{,}04) = 1 - P(U \leqslant -2{,}04) = \phi(2{,}04) = 0{,}9793$

17) a) $P(95 \leqslant X \leqslant 105) = P(-1{,}25 \leqslant U \leqslant 1{,}25) = P(|U| \leqslant 1{,}25) =$
$= 2 \cdot \phi(1{,}25) - 1 = 0{,}7888$

Ausschußanteil: $P = 1 - P(95 \leqslant X \leqslant 105) = 0{,}2112 \approx 21{,}1\%$

b) $P(98 \leqslant X \leqslant 104) = P(-0{,}5 \leqslant U \leqslant 1) = \phi(1) - \phi(-0{,}5) =$
$= \phi(1) + \phi(0{,}5) - 1 = 0{,}5328$

Ausschußanteil: $P = 1 - P(98 \leqslant X \leqslant 104) = 0{,}4672 \approx 46{,}7\%$

18) *Mindestpunktzahl*: $a \to P(X \geqslant a) = 0{,}6$

$$P(X \geqslant a) = P\left(U \geqslant \frac{a - 20}{4}\right) = P(U \geqslant c) = 0{,}6 \qquad \left(c = \frac{a - 20}{4}\right)$$

$P(U \geqslant c) = 1 - P(U \leqslant c) = 1 - \phi(c) = 0{,}6$

$\phi(c) = 0{,}4 < 0{,}5 \to c < 0 \to$ Wir setzen $c = -k$: $\phi(c) = \phi(-k) = 1 - \phi(k) = 0{,}4$

$\phi(k) = 0{,}6 \to k = 0{,}253 \to c = -k = -0{,}253 \to a = 18{,}988 \approx 19$

Daher: Die geforderte *Mindestpunktzahl* betrug 19 Punkte.

19) $U = \frac{X - 75}{5}$

a) $P(69 \leqslant X \leqslant 80) = P(-1{,}2 \leqslant U \leqslant 1) = \phi(1) - \phi(-1{,}2) = \phi(1) + \phi(1{,}2) - 1 = 0{,}7262$

Anzahl der Studenten: $5000 \cdot 0{,}7262 = 3631$

b) $P(X > 80) = 1 - P(X \leqslant 80) = 1 - P(U \leqslant 1) = 1 - \phi(1) = 0{,}1587$

Anzahl der Studenten: $5000 \cdot 0{,}1587 = 794$

c) $P(X < 65) = P(U \leqslant -2) = \phi(-2) = 1 - \phi(2) = 0{,}0228$

Anzahl der Studenten: $5000 \cdot 0{,}0228 = 114$

20) $U = \frac{X - 750}{20}$

a) $P(X < 730) = P(U < -1) = \phi(-1) = 1 - \phi(1) = 0{,}1587$

b) $P(735 \leqslant X \leqslant 765) = P(-0{,}75 \leqslant U \leqslant 0{,}75) = 2 \cdot \phi(0{,}75) - 1 = 0{,}5468$

21) Die (binomialverteilte) Zufallsvariable X (= Anzahl an *Ausschußstücken* in einer Stichprobe vom Umfang $n = 100$) kann näherungsweise durch eine *Poisson-Verteilung* mit dem Parameter (Mittelwert) $\mu = np = 100 \cdot 0{,}01 = 1$ ersetzt werden:

$$P(X = x) = f(x) = \frac{e^{-1}}{x!}$$

a) $P(X = 2) = 0{,}1839$ b) $P(X > 2) = 1 - P(X \leqslant 2) = 0{,}0803$

22) $n = 20, \quad p = 1/2, \quad q = 1/2 \rightarrow \mu = np = 10; \qquad \sigma^2 = npq = 5; \qquad \sigma = \sqrt{5}$

$U = \dfrac{X - 10}{\sqrt{5}}; \qquad P^*(8 \leqslant X \leqslant 12)$

Stetigkeitskorrektur:

$$P^*(8 \leqslant X \leqslant 12) \approx P(7{,}5 \leqslant X \leqslant 12{,}5) = P(-1{,}118 \leqslant U \leqslant 1{,}118) =$$
$$= 2 \cdot \phi(1{,}118) - 1 = 0{,}7364$$

Exaktes Ergebnis (Binomialverteilung): 0,7368

23) $n = 360, \quad p = 1/3, \quad q = 2/3 \rightarrow \mu = np = 120; \qquad \sigma^2 = npq = 80; \qquad \sigma = \sqrt{80}$

$U = \dfrac{X - 120}{\sqrt{80}}; \qquad P^*(100 \leqslant X \leqslant 140)$

Stetigkeitskorrektur:

$$P^*(100 \leqslant X \leqslant 140) \approx P(99{,}5 \leqslant X \leqslant 140{,}5) =$$
$$= P(-2{,}292 \leqslant U \leqslant 2{,}292) = 2 \cdot \phi(2{,}292) - 1 = 0{,}9780$$

24) Die Zufallsvariable X (= Anzahl derjenigen Geräte in der Stichprobe vom Umfang $n = 200$, die einer Zuverlässigkeitsprüfung *nicht* standhalten) ist *binomialverteilt* mit $n = 200$, $p = 0{,}06$ und $q = 0{,}94$, kann jedoch durch eine *Normalverteilung* mit den folgenden Parametern ersetzt werden:

$\mu = np = 12; \qquad \sigma^2 = np(1 - p) = 11{,}28; \qquad \sigma = \sqrt{11{,}28}$

$U = \dfrac{X - 12}{\sqrt{11{,}28}}; \qquad P^*(10 \leqslant X \leqslant 15)$

Stetigkeitskorrektur:

$$P^*(10 \leqslant X \leqslant 15) \approx P(9{,}5 \leqslant X \leqslant 15{,}5) = P(-0{,}744 \leqslant U \leqslant 1{,}042) =$$
$$= \phi(1{,}042) - \phi(-0{,}744) = \phi(1{,}042) + \phi(0{,}744) - 1 = 0{,}6229$$

Abschnitt 7

1) *Verteilungen* der Komponenten (*Randverteilungen*):

a)

x_i	1	3
$f_1(x_i)$	1/2	1/2

y_i	−2	1	4
$f_2(y_i)$	1/4	3/8	3/8

$\mu_X = 2; \qquad \sigma_X^2 = 1; \qquad \mu_Y = \dfrac{11}{8}; \qquad \sigma_Y^2 = \dfrac{351}{64}$

b)

x_i	0	1
$f_1(x_i)$	0,60	0,40

y_i	-2	-1	1	2
$f_2(y_i)$	0,25	0,15	0,15	0,45

$\mu_X = 0{,}40; \quad \sigma_X^2 = 0{,}24; \quad \mu_Y = 0{,}4; \quad \sigma_Y^2 = 2{,}94$

2)

X \ Y	0	2	3	6	Σ
1	0,02	0,04	0,08	0,06	0,20
2	0,05	0,10	0,20	0,15	0,50
3	0,03	0,06	0,12	0,09	0,30
Σ	0,10	0,20	0,40	0,30	

Spalte Σ: $f_1(x)$; Zeile Σ: $f_2(y)$

3) a)

X \ Y	0	1	2	Σ
2	0,28	0,08	0,04	0,40
4	0,14	0,04	0,02	0,20
6	0,28	0,08	0,04	0,40
Σ	0,70	0,20	0,10	

Spalte Σ: $f_1(x)$; Zeile Σ: $f_2(y)$

b)

x_i	2	4	6
$f_1(x_i)$	0,40	0,20	0,40

y_i	0	1	2
$f_2(y_i)$	0,70	0,20	0,10

$\mu_X = 4; \quad \sigma_X^2 = 3{,}2; \quad \mu_Y = 0{,}4; \quad \sigma_Y^2 = 0{,}44$

c) $f_1(2) \cdot f_2(0) = 0{,}4 \cdot 0{,}7 = 0{,}28 = f(2;0)$

$f_1(2) \cdot f_2(1) = 0{,}4 \cdot 0{,}2 = 0{,}08 = f(2;1)$

$f_1(2) \cdot f_2(2) = 0{,}4 \cdot 0{,}1 = 0{,}04 = f(2;2)$ u.s.w.

4) a)

x_i	1	2	3
$f_1(x_i)$	1/4	1/2	1/4

y_i	0	1	2
$f_2(y_i)$	1/4	1/2	1/4

b) $E(X) = 2; \quad \mathrm{Var}(X) = 0{,}5; \quad E(Y) = 1; \quad \mathrm{Var}(Y) = 0{,}5$ c) ja

5) a) Durch *Normierung* folgt $k = 2$.

b) $f_1(x) = 2 \cdot \int\limits_{y=0}^{\infty} e^{-2x-y}\,dy = 2 \cdot e^{-2x}; \quad f_2(y) = 2 \cdot \int\limits_{x=0}^{\infty} e^{-2x-y}\,dx = e^{-y}$

c) $E(X) = 2 \cdot \int_0^\infty x \cdot e^{-2x}\, dx = 0{,}5; \qquad E(X^2) = 2 \cdot \int_0^\infty x^2 \cdot e^{-2x}\, dx = 0{,}5$

$\operatorname{Var}(X) = E(X^2) - (E(X))^2 = 0{,}25; \qquad E(Y) = \int_0^\infty y \cdot e^{-y}\, dy = 1$

$E(Y^2) = \int_0^\infty y^2 \cdot e^{-y}\, dy = 2; \qquad \operatorname{Var}(Y) = E(Y^2) - (E(Y))^2 = 1$

d) $P(0 \leqslant X \leqslant 2;\, 0 \leqslant Y \leqslant 3) = 2 \cdot \int_{x=0}^{2} \int_{y=0}^{3} e^{-2x-y}\, dy\, dx = 0{,}9328$

6) a) $f(x;y) = f_1(x) \cdot f_2(y) = \frac{1}{8}(x+1)(2y+1)$

b) $F(x;y) = \frac{1}{8} \cdot \int_{u=0}^{x} \int_{v=0}^{y} (u+1)(2v+1)\, dv\, du = \frac{1}{16}(x^2 + 2x)(y^2 + y)$

c) $P(0 \leqslant X \leqslant 1;\, 0 \leqslant Y \leqslant 1) = \frac{1}{8} \cdot \int_{x=0}^{1} \int_{y=0}^{1} (x+1)(2y+1)\, dy\, dx = F(1;1) = \frac{3}{8}$

7) a)

x_i	0	1	2
$f_1(x_i)$	1/4	3/8	3/8

y_i	0	1	2
$f_2(y_i)$	1/4	1/2	1/4

X und Y sind *stochastisch abhängig*, da z.B. $f_1(1) \cdot f_2(0) = \frac{3}{8} \cdot \frac{1}{4} = \frac{3}{32}$ und somit von $f(1;0) = \frac{1}{16}$ verschieden ist.

b)

x_i	1	2
$f_1(x_i)$	0,8	0,2

y_i	0	1	2
$f_2(y_i)$	0,5	0,3	0,2

X und Y sind *stochastisch unabhängig*, da $f_1(x_i) \cdot f_2(y_k) = f(x_i; y_k)$ für alle i, k gilt.

8)

X \ Y	5	10	15	Σ
1	0,075	0,300	0,125	0,500
2	0,045	0,180	0,075	0,300
3	0,030	0,120	0,050	0,200
Σ	0,150	0,600	0,250	

Zeilensummen: $f_1(x)$; Spaltensummen: $f_2(y)$

9) a) $E(Z_1) = 7$ b) $E(Z_2) = 18$ c) $E(Z_3) = 0$

10)

X_i	X_1	X_2	X_3	X_4
μ_i	2	8	18	32

a) $E(Z_1) = 9216$ b) $E(Z_2) = 52$ c) $E(Z_3) = -60$ d) $E(Z_4) = 6144$

11) a) $E(Z_1) = -19;$ $\operatorname{Var}(Z_1) = 22$ b) $E(Z_2) = 22;$ $\operatorname{Var}(Z_2) = 29$

c) $E(Z_3) = 11;$ $\operatorname{Var}(Z_3) = 11$ d) $E(Z_4) = -18;$ $\operatorname{Var}(Z_4) = 57$

12) a) $\mu_Z = -6;$ $\sigma_Z^2 = 10{,}25;$ $\sigma_Z = 3{,}2016$

b) $\mu_Z = 26;$ $\sigma_Z^2 = 76;$ $\sigma_Z = 8{,}7178$

13) $Z = aX + b$ ist *normalverteilt* mit dem Mittelwert $\mu_Z = a\mu + b$ und der Varianz $\sigma_Z^2 = a^2 \cdot \sigma^2$ bzw. der Standardabweichung $\sigma_z = a\sigma$.

14) a) $\mu = 500\,\Omega,$ $\sigma = 3\,\Omega$

b) $$P(|R - 500| \leqslant c) = P\left(|U| \leqslant \frac{c}{3}\right) = 2 \cdot \phi\left(\frac{c}{3}\right) - 1 = 0{,}95$$

$$\phi\left(\frac{c}{3}\right) = 0{,}975 \rightarrow c = 5{,}88$$ (Tabelle 2 im Anhang, Teil A)

Lösung: $494{,}12\,\Omega \leqslant R \leqslant 505{,}88\,\Omega$

15) $Z = X + Y$ ist *normalverteilt* mit dem Mittelwert $\mu = 30$ und der Standardabweichung $\sigma = 5$. Die *Dichtefunktion* lautet somit:

$$f(z) = \frac{1}{5 \cdot \sqrt{2\pi}} \cdot e^{-\frac{1}{2}\left(\frac{z-30}{5}\right)^2} \qquad (-\infty < z < \infty)$$

III Grundlagen der mathematischen Statistik

Abschnitt 1

1) *Stabdiagramm*: Bild A-33

x_i	1	2	3	4	5	6
n_i	1	1	2	3	1	2
h_i	0,1	0,1	0,2	0,3	0,1	0,2

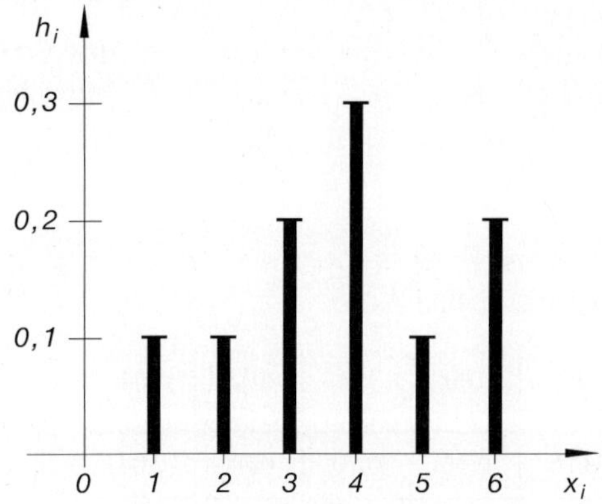

Bild A-33

2) a) *Stabdiagramm* und *Verteilungskurve*: Bild A-34

$\frac{x_i}{\text{mm}}$	39,7	39,8	39,9	40,0	40,1	40,2
$f(x_i)$	0,05	0,15	0,20	0,30	0,20	0,10
$F(x_i)$	0,05	0,20	0,40	0,70	0,90	1

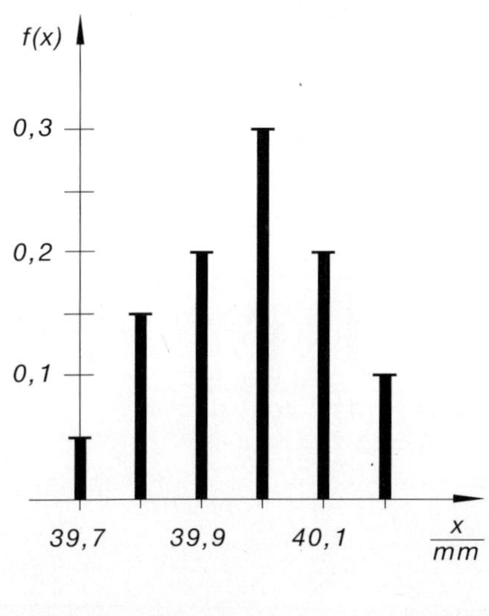

Bild A-34
Stabdiagramm

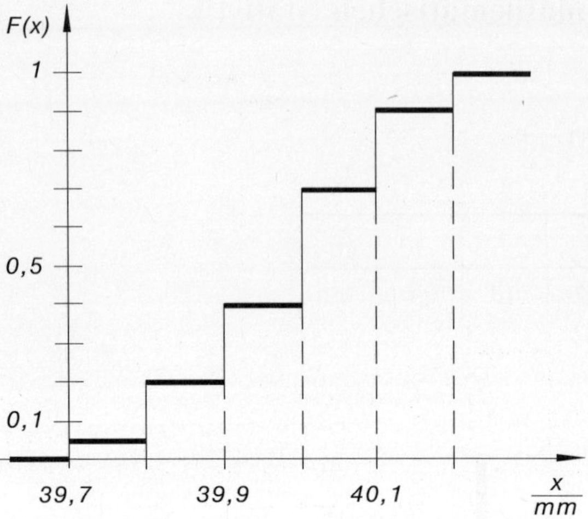

Bild A-34
Verteilungskurve

b) *Stabdiagramm* und *Verteilungskurve*: Bild A-35

$\frac{x_i}{\Omega}$	97	98	99	100	101	102	103
$f(x_i)$	0,04	0,12	0,16	0,36	0,20	0,08	0,04
$F(x_i)$	0,04	0,16	0,32	0,68	0,88	0,96	1

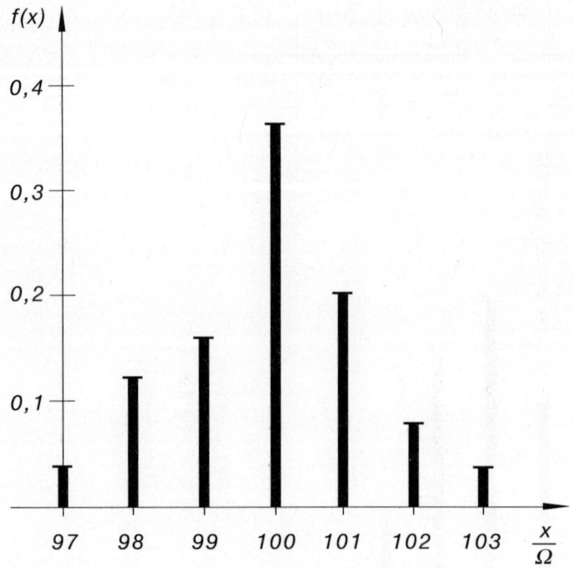

Bild A-35
Stabdiagramm

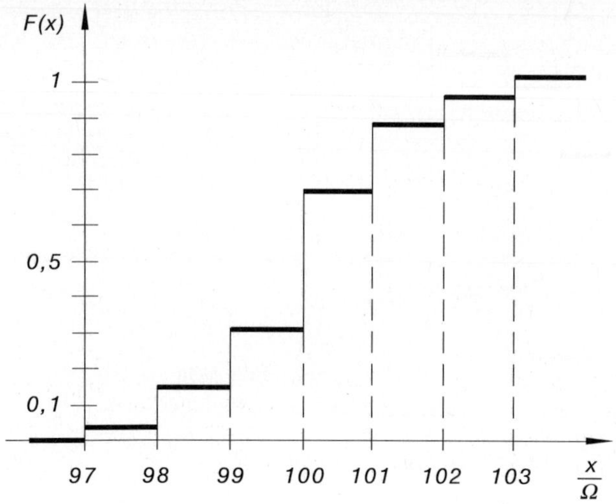

Bild A-35
Verteilungskurve

c) *Stabdiagramm* und *Verteilungskurve*: Bild A-36

$\frac{x_i}{\mu F}$	10,1	10,2	10,3	10,4	10,5
$f(x_i)$	0,12	0,22	0,38	0,18	0,10
$F(x_i)$	0,12	0,34	0,72	0,90	1

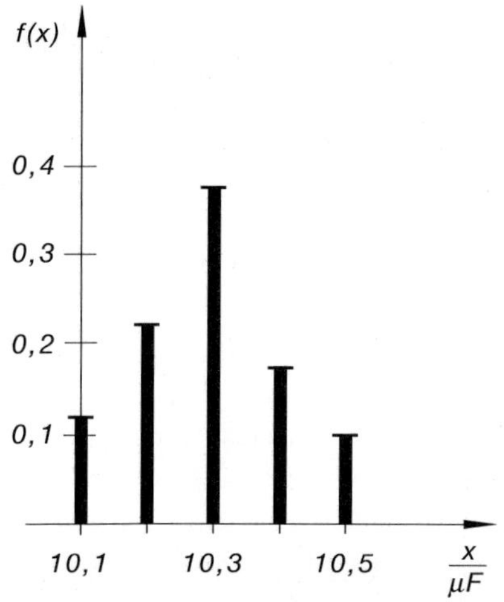

Bild A-36
Stabdiagramm

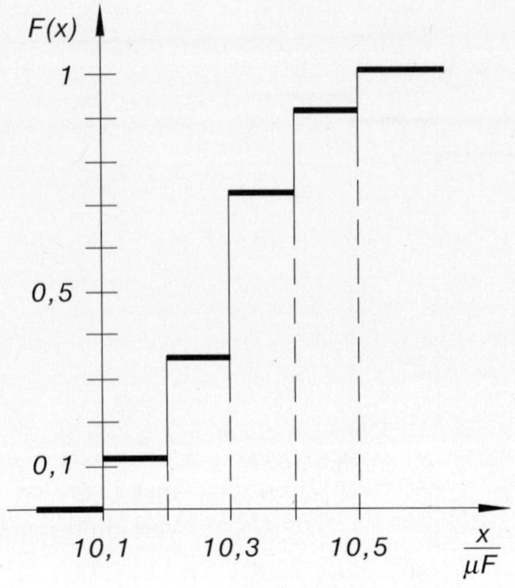

Bild A-36
Verteilungskurve

3) *Verteilung* (Stabdiagramm und Verteilungskurve: Bild A-37):

x_i	1	2	3	4	5	6
$f(x_i)$	0,204	0,176	0,160	0,130	0,180	0,150
$F(x_i)$	0,204	0,380	0,540	0,670	0,850	1

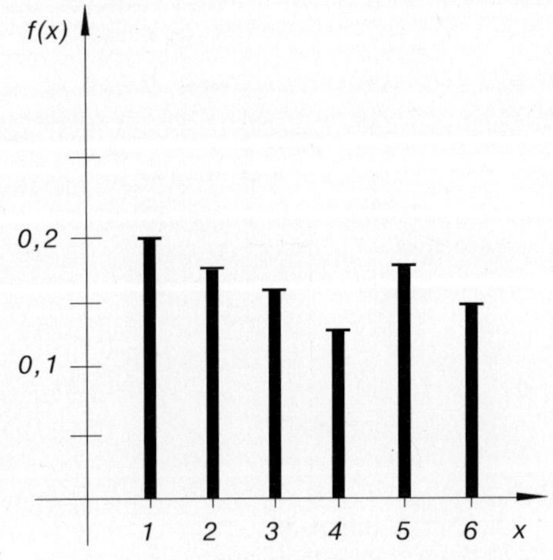

Bild A-37
Stabdiagramm

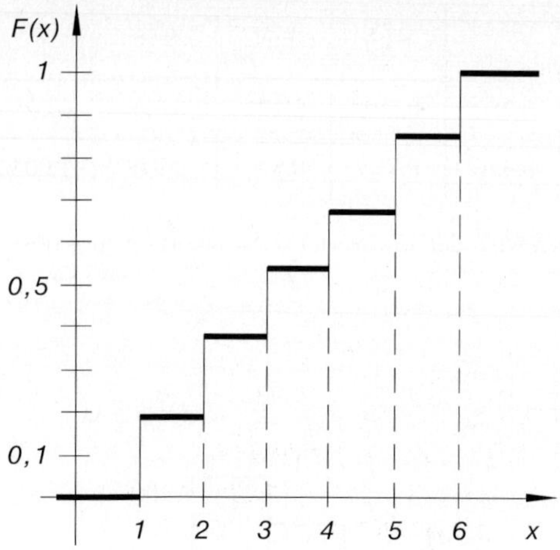

Bild A-37
Verteilungskurve

4) a)

x_i	0	1	2	3
$f(x_i)$	0,100	0,410	0,365	0,125
$F(x_i)$	0,100	0,510	0,875	1

b) *Stabdiagramm* und *Verteilungskurve*: Bild A-38

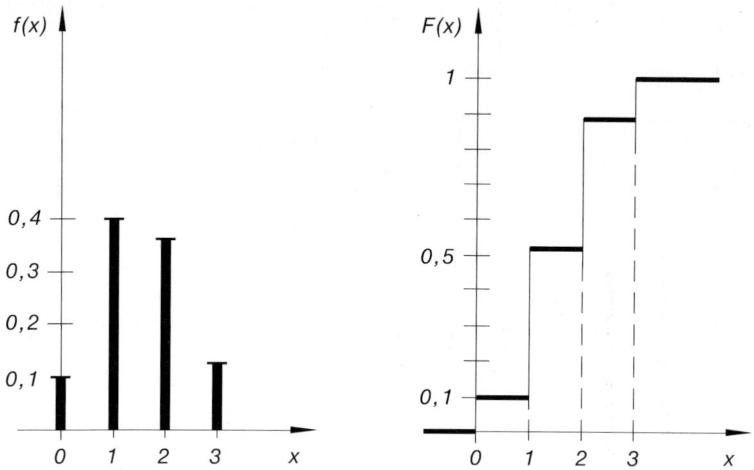

Bild A-38

c) $$\frac{82 + 73}{200} = \frac{155}{200} = 0{,}775 = 77{,}5\%$$

5) a)

$\frac{\tilde{x}_i}{h}$	425	475	525	575	625	675	725
$f(\tilde{x}_i)$	0,038	0,138	0,250	0,288	0,175	0,088	0,025
$F(\tilde{x}_i)$	0,038	0,176	0,426	0,715	0,890	0,978	1,003

(infolge von Rundungsfehlern wird der Endwert 1 der Verteilungsfunktion $F(x)$ geringfügig überschritten)

b) Lebensdauer $X \leqslant 500\,\text{h}: 17{,}5\%$

Lebensdauer $X > 600\,\text{h}: 28{,}8\%$

c) *Histogramm*: Bild A-39

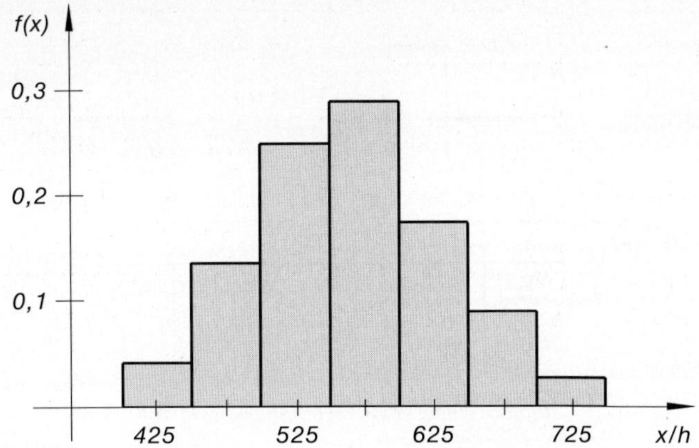

Bild A-39

6) a)

Klasse i	1	2	3	4	5	6
$f(\tilde{x}_i)$	0,38	0,26	0,17	0,11	0,06	0,02
$F(\tilde{x}_i)$	0,38	0,64	0,81	0,92	0,98	1,00

b) *Histogramm*: Bild A-40

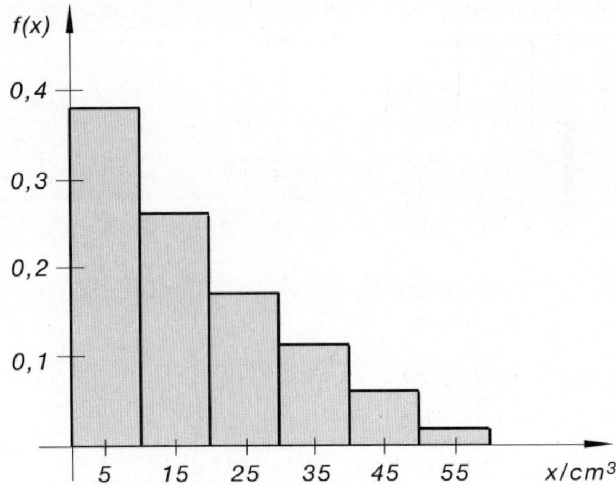

Bild A-40

c) Fehlmenge $X \geqslant 20\,\text{cm}^3: 36\%$

7) a) *Kleinster* Wert: 9,0 *Größter* Wert: 11,4
Unterteilung in 5 Klassen nach Bild A-41:

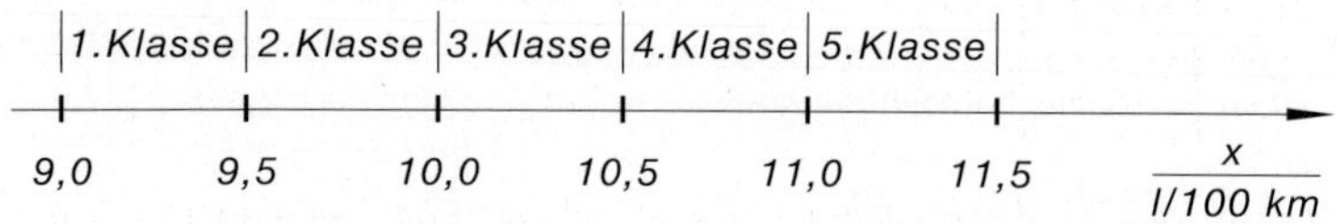

Bild A-41

Klassen Nr. i	Klassengrenzen (in l/100 km)	Klassenmitte (in l/100 km)	n_i	h_i
1	9,0 ... 9,5	9,25	4	0,10
2	9,5 ... 10,0	9,75	6	0,15
3	10,0 ... 10,5	10,25	18	0,45
4	10,5 ... 11,0	10,75	10	0,25
5	11,0 ... 11,5	11,25	2	0,05
Σ			40	1

b) *Histogramm*: Bild A-42

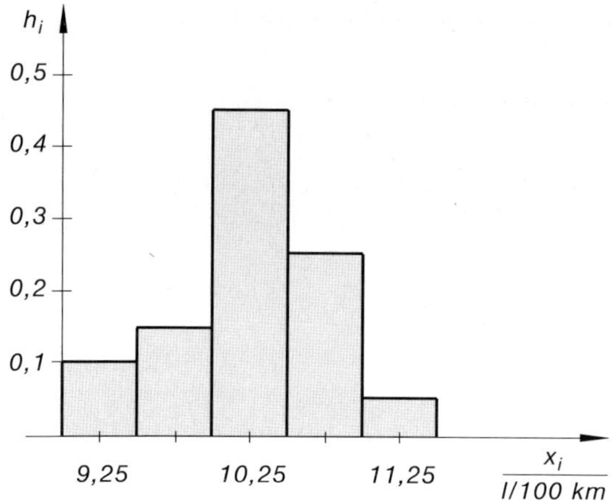

Bild A-42

Abschnitt 2

1) $\bar{x} = 3{,}8;$ $s^2 = 2{,}62;$ $s = 1{,}62$

2) a) $\bar{x} = 39{,}975$ mm; $s^2 = 0{,}019$ mm^2; $s = 0{,}137$ mm

b) $\bar{x} = 99{,}96\ \Omega$; $s^2 = 1{,}957\ \Omega^2$; $s = 1{,}399\ \Omega$

c) $\bar{x} = 10{,}292\ \mu$F; $s^2 = 0{,}013\ (\mu\text{F})^2$; $s = 0{,}114\ \mu$F

3) $\bar{x} = 3{,}356$; $s = 1{,}7525$; $s^2 = 3{,}0714$

4) $\bar{x} = 1{,}515$; $s = 0{,}8386$; $s^2 = 0{,}7033$

5) $\tilde{x}_i$: Klassenmitte n_i: Klassenhäufigkeit

$\frac{\tilde{x}_i}{\text{h}}$	425	475	525	575	625	675	725
n_i	3	11	20	23	14	7	2

$\bar{x} = 564{,}375$ h; $s = 68{,}295$ h; $s^2 = 4664{,}161\ \text{h}^2$

6) $\tilde{x}_i$: Klassenmitte n_i: Klassenhäufigkeit

$\frac{\tilde{x}_i}{\text{cm}^3}$	5	15	25	35	45	55
n_i	38	26	17	11	6	2

$\bar{x} = 17{,}7\ \text{cm}^3$; $s = 13{,}40\ \text{cm}^3$; $s^2 = 179{,}51\ \text{cm}^6$

7) $\tilde{x}_i$: Klassenmitte n_i: Klassenhäufigkeit

$\frac{\tilde{x}_i}{1/100\ \text{km}}$	9,25	9,75	10,25	10,75	11,25
n_i	4	6	18	10	2

$\bar{x} = 10{,}25\ 1/100\ \text{km}$; $s = 0{,}506\ 1/100\ \text{km}$; $s^2 = 0{,}256\ (1/100\ \text{km})^2$

8) $$S'(c) = 2 \cdot \sum_{i=1}^{n} (x_i - c)(-1) = -2 \cdot \sum_{i=1}^{n} (x_i - c) = -2\left(\sum_{i=1}^{n} x_i - nc\right)$$

$$S''(c) = 2n > 0; \qquad S'(c) = 0 \Rightarrow \sum_{i=1}^{n} x_i - nc = 0 \Rightarrow c = \frac{1}{n} \cdot \sum_{i=1}^{n} x_i = \bar{x}$$

Abschnitt 3

1) *Likelihood-Funktion*:

$$L(\lambda) = f(t_1; \lambda) \ldots f(t_n; \lambda) = \lambda^n \cdot e^{-\lambda(t_1 + \ldots + t_n)}$$

$$L^*(\lambda) = \ln L(\lambda) = n \cdot \ln \lambda - \lambda(t_1 + \ldots + t_n)$$

Aus der Bedingung $\frac{dL^*}{d\lambda} = 0$ folgt dann der gesuchte *Schätzwert*:

$$\hat{\lambda} = \frac{n}{t_1 + \ldots + t_n} = \frac{1}{\bar{t}} \qquad \left(\bar{t} = \frac{t_1 + \ldots + t_n}{n}: \textit{ Mittelwert} \text{ der Stichprobe}\right)$$

2) $\lambda \approx \hat{\lambda} = \frac{1}{\bar{t}} = \frac{1}{264 \text{ h}} \approx 0{,}003\,788 \text{ h}^{-1}$

3) $\mu \approx \hat{\mu} = \bar{x} = 148 \text{ h}^{-1}$

4) a) $P(-c \leqslant U \leqslant c) = 2 \cdot \phi(c) - 1 = \gamma = 0{,}95$

$\phi(c) = 0{,}975 \rightarrow c = u_{0{,}975} = 1{,}960$

$\bar{x} = 140{,}7; \quad \sigma = 3; \quad n = 10$

Vertrauensintervall: $138{,}84 \leqslant \mu \leqslant 142{,}56$

b) $P(-c \leqslant T \leqslant c) = 2 \cdot F(c) - 1 = \gamma = 0{,}95$

$F(c) = 0{,}975 \xrightarrow{f = n-1 = 9} c = t_{(0{,}975;\,9)} = 2{,}262$

$\bar{x} = 140{,}7; \quad s^2 = 140{,}011; \quad s = 11{,}833$

Vertrauensintervall: $132{,}24 \leqslant \mu \leqslant 149{,}16$

5) *t-Verteilung*: $P(-c \leqslant T \leqslant c) = 2 \cdot F(c) - 1 = 1 - \alpha = 0{,}95$

$F(c) = 0{,}975 \xrightarrow{f = n-1 = 99 \approx 100} c = t_{(0{,}975;\,99)} = 1{,}984$

$\bar{x} = 0{,}620 \text{ cm}; \quad s = 0{,}035 \text{ cm}; \quad n = 100$

Vertrauensgrenzen: 0,613 cm bzw. 0,627 cm

Vertrauensintervall: $0{,}613 \text{ cm} \leqslant \mu \leqslant 0{,}627 \text{ cm}$

Hinweis: Da es sich hier um eine *umfangreiche* Stichprobe handelt ($n = 100 > 30$), darf man $\sigma \approx s = 0{,}035$ cm annehmen und die *Standardnormalverteilung* verwenden. Man erhält dann das gleiche Vertrauensintervall.

6) a) *Vertrauensintervall* für den *Mittelwert* μ:

$P(-c \leqslant T \leqslant c) = 2 \cdot \phi(c) - 1 = \gamma = 0{,}99$

$\phi(c) = 0{,}995 \xrightarrow{f = n-1 = 9} c = t_{(0{,}995;\,9)} = 3{,}250$

$\bar{x} = 102; \quad s = 4; \quad n = 10$

Vertrauensintervall: $97{,}89 \leqslant \mu \leqslant 106{,}11$

b) *Vertrauensintervall* für die *Varianz* σ^2:

$P(c_1 \leqslant Z \leqslant c_2) = 0{,}99$

$$F(c_1) = \frac{1}{2}(1 - \gamma) = 0{,}005 \xrightarrow{f = n-1 = 9} c_1 = z_{(0{,}005;\,9)} = 1{,}73$$

$$F(c_2) = \frac{1}{2}(1 + \gamma) = 0{,}995 \xrightarrow{f = n-1 = 9} c_2 = z_{(0{,}995;\,9)} = 23{,}59$$

$s^2 = 16; \quad n = 10$

Vertrauensintervall: $6{,}10 \leqslant \sigma^2 \leqslant 83{,}24$

7) a) *Vertrauensintervall* für den *Mittelwert* μ:

$P(-c \leqslant T \leqslant c) = 2 \cdot \phi(c) - 1 = 1 - \alpha = 0{,}95$

$\phi(c) = 0{,}975 \xrightarrow{f = n-1 = 7} c = t_{(0{,}975;\,7)} = 2{,}365$

$\bar{x} = 99{,}5 \text{ PS}; \quad s = 2{,}166 \text{ PS}; \quad n = 8$

Vertrauensintervall: $97{,}69 \text{ PS} \leqslant \mu \leqslant 101{,}31 \text{ PS}$

b) *Vertrauensintervall* für die *Varianz* σ^2:

$P(c_1 \leqslant Z \leqslant c_2) = 1 - \alpha = 0{,}95$

$F(c_1) = \frac{1}{2}(1 - \gamma) = 0{,}025 \xrightarrow{f = n - 1 = 7} c_1 = z_{(0{,}025;\,7)} = 1{,}69$

$F(c_2) = \frac{1}{2}(1 + \gamma) = 0{,}975 \xrightarrow{f = n - 1 = 7} c_2 = z_{(0{,}975;\,7)} = 16{,}01$

$s^2 = 4{,}691\ (\mathrm{PS})^2; \qquad n = 8$

Vertrauensintervall: $2{,}05\ (\mathrm{PS})^2 \leqslant \sigma^2 \leqslant 19{,}43\ (\mathrm{PS})^2$

8) a) *Vertrauensintervall* für den *Mittelwert* μ:

$P(-c \leqslant T \leqslant c) = 2 \cdot F(c) - 1 = \gamma = 0{,}95$

$F(c) = 0{,}975 \xrightarrow{f = n - 1 = 15} c = t_{(0{,}975;\,15)} = 2{,}131$

$\bar{x} = 12{,}54\ \mathrm{kN}; \qquad s = 1{,}02\ \mathrm{kN}; \qquad n = 16$

Vertrauensintervall: $12{,}00\ \mathrm{kN} \leqslant \mu \leqslant 13{,}08\ \mathrm{kN}$

b) *Vertrauensintervall* für die *Varianz* σ^2:

$P(c_1 \leqslant Z \leqslant c_2) = \gamma = 0{,}95$

$F(c_1) = \frac{1}{2}(1 - \gamma) = 0{,}025 \xrightarrow{f = n - 1 = 15} c_1 = z_{(0{,}025;\,15)} = 6{,}26$

$F(c_2) = \frac{1}{2}(1 + \gamma) = 0{,}975 \xrightarrow{f = n - 1 = 15} c_2 = z_{(0{,}975;\,15)} = 27{,}49$

$s^2 = 1{,}0404\ (\mathrm{kN})^2; \qquad n = 16$

Vertrauensintervall: $0{,}568\ (\mathrm{kN})^2 \leqslant \sigma^2 \leqslant 2{,}493\ (\mathrm{kN})^2$

9) *t-Verteilung*: $P(-c \leqslant T \leqslant c) = 2 \cdot F(c) - 1 = \gamma = 0{,}99$

$F(c) = 0{,}995 \xrightarrow{f = n - 1 = 19} c = t_{(0{,}995;\,19)} = 2{,}861$

$\bar{x} = 7{,}816\ \mathrm{g/cm^3}; \qquad s = 0{,}0193\ \mathrm{g/cm^3}; \qquad n = 20$

Vertrauensintervall: $7{,}804\ \mathrm{g/cm^3} \leqslant \mu \leqslant 7{,}828\ \mathrm{g/cm^3}$

10) a) $P(-c \leqslant U \leqslant c) = 2 \cdot \phi(c) - 1 = \gamma = 0{,}95$

$\phi(c) = 0{,}975 \rightarrow c = u_{0{,}975} = 1{,}960$

$k = 27; \qquad n = 500; \qquad \hat{p} = 0{,}054$

Die Bedingung (III-138) für eine *umfangreiche* Stichprobe ist erfüllt:

$\Delta = n\hat{p}(1 - \hat{p}) = 25{,}542 > 9$

Vertrauensintervall: $0{,}034 \leqslant p \leqslant 0{,}074$

b) $P(-c \leqslant U \leqslant c) = 2 \cdot \phi(c) - 1 = \gamma = 0{,}99$

$\phi(c) = 0{,}995 \rightarrow c = u_{0{,}995} = 2{,}576$

Vertrauensintervall: $0{,}028 \leqslant p \leqslant 0{,}080$

11) $P(-c \leqslant U \leqslant c) = 2 \cdot \phi(c) - 1 = 1 - \alpha = 0{,}99$

$\phi(c) = 0{,}995 \rightarrow c = u_{0{,}995} = 2{,}576$

$k = 55; \qquad n = 100; \qquad \hat{p} = 0{,}55$

Die Bedingung (III-138) für eine *umfangreiche* Stichprobe ist erfüllt:

$\Delta = n\hat{p}(1-\hat{p}) = 24{,}75 > 9$

Vertrauensintervall: $0{,}422 \leqslant p \leqslant 0{,}678$

12) $P(-c \leqslant U \leqslant c) = 2 \cdot \phi(c) - 1 = \gamma = 0{,}95$

$\phi(c) = 0{,}975 \rightarrow c = u_{0,975} = 1{,}960$

$k = 68; \qquad n = 100; \qquad \hat{p} = 0{,}68$

Die Bedingung (III-138) für eine *umfangreiche* Stichprobe ist erfüllt:

$\Delta = n\hat{p}(1-\hat{p}) = 21{,}76 > 9$

Vertrauensintervall: $0{,}589 \leqslant p \leqslant 0{,}771$

13) Wir dürfen wegen der *umfangreichen* Stichprobe ($n = 100$) davon ausgehen, daß die Masse X *nahezu normalverteilt* ist.

a) *Vertrauensintervall* für den *Mittelwert* μ:

$P(-c \leqslant T \leqslant c) = 2 \cdot F(c) - 1 = \gamma = 0{,}95$

$F(c) = 0{,}975 \xrightarrow{f = n-1 = 99 \approx 100} c = t_{(0,975;\,99)} = 1{,}984$

$\bar{x} = 5{,}43\ \text{g}; \qquad s = 0{,}30\ \text{g}; \qquad n = 100$

Vertrauensintervall: $5{,}370\ \text{g} \leqslant \mu \leqslant 5{,}490\ \text{g}$

Hinweis: Da es sich hier um eine *umfangreiche* Stichprobe handelt ($n = 100 > 30$), darf man $\sigma^2 \approx s^2 = 0{,}09\ \text{g}^2$ annehmen und die *Standardnormalverteilung* verwenden. Man erhält dann das gleiche Vertrauensintervall.

b) *Vertrauensintervall* für die *Varianz* σ^2:

$P(c_1 \leqslant Z \leqslant c_2) = \gamma = 0{,}95$

$F(c_1) = \frac{1}{2}(1-\gamma) = 0{,}025 \xrightarrow{f = n-1 = 99} c_1 = z_{(0,025;\,99)} = 73{,}34$ (interpoliert)

$F(c_2) = \frac{1}{2}(1+\gamma) = 0{,}975 \xrightarrow{f = n-1 = 99} c_2 = z_{(0,975;\,99)} = 128{,}45$ (interpoliert)

$s^2 = 0{,}09\ \text{g}^2; \qquad n = 100$

Vertrauensintervall: $0{,}069\ \text{g}^2 \leqslant \sigma^2 \leqslant 0{,}121\ \text{g}^2$

c) *Vertrauensintervall* für die *Standardabweichung* σ: $0{,}263\ \text{g} \leqslant \sigma \leqslant 0{,}349\ \text{g}$

Abschnitt 4

1) $P(-c \leqslant U \leqslant c)_{H_0} = 2 \cdot \phi(c) - 1 = 1 - \alpha = 0{,}99$

$\phi(c) = 0{,}995 \rightarrow c = u_{0,995} = 2{,}576$

Annahmebereich: $-2{,}576 \leqslant u \leqslant 2{,}576$

$\bar{x} = 102\ \Omega; \qquad \sigma = 3\ \Omega; \qquad \mu_0 = 100\ \Omega; \qquad n = 10$

Testwert: $\hat{u} = \dfrac{\bar{x} - \mu_0}{\sigma/\sqrt{n}} = 2{,}108 \Rightarrow H_0$ wird *beibehalten*, d.h. *nicht abgelehnt* (Bild A-43).

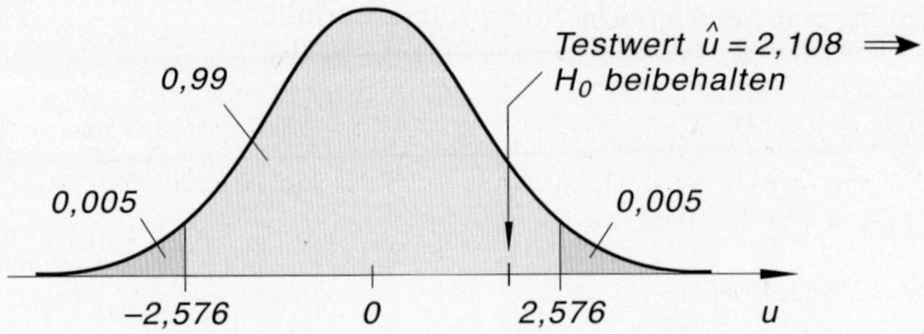

Bild A-43

2) *Einseitiger* Test (Abgrenzung nach *oben*, siehe Bild A-44): $P(U \leqslant c)_{H_0} = 1 - \alpha = 0{,}99$

$\phi(c) = 0{,}99 \rightarrow c = u_{0,99} = 2{,}326$

Annahmebereich: $u \leqslant 2{,}326$

$\bar{x} = 1580\,\text{h}$; $\sigma = 80\,\text{h}$; $\mu_0 = 1500\,\text{h}$; $n = 50$

Testwert: $\hat{u} = \dfrac{\bar{x} - \mu_0}{\sigma/\sqrt{n}} = 7{,}071 \Rightarrow H_0$ wird *abgelehnt* (Bild A-44).

Wir können davon ausgehen, daß die Materialänderung tatsächlich eine *größere* Lebensdauer der Glühlampen bewirkt.

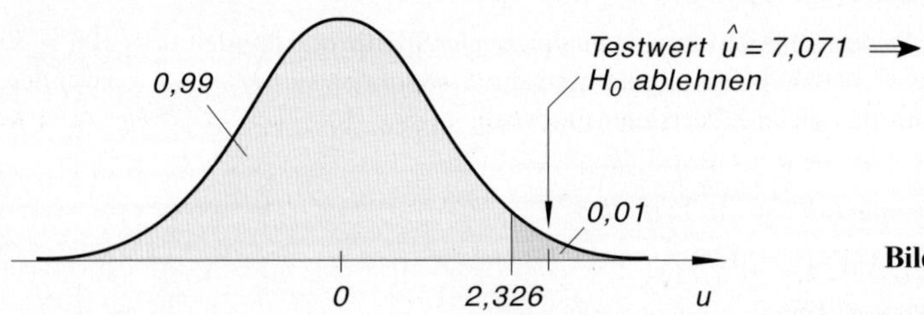

Bild A-44

3) Wir testen die *Nullhypothese*: $H_0: \mu \geqslant \mu_0 = 5{,}20\,\text{kN}$ gegen die *Alternativhypothese* $H_1: \mu < \mu_0 = 5{,}20\,\text{kN}$ (*einseitiger* Test).

$P(T < c)_{H_0} = \alpha = 0{,}05 < 0{,}5 \rightarrow c < 0$

Nach Bild A-45 gilt mit $c = -k$: $P(T \leqslant k)_{H_0} = 1 - \alpha = 0{,}95$

$F(k) = 0{,}95 \xrightarrow{f = n-1 = 19} k = t_{(0,95;\,19)} = 1{,}729 \rightarrow c = -1{,}729$

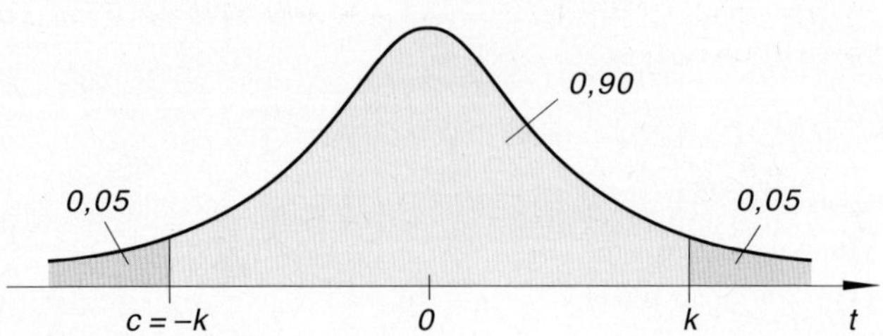

Bild A-45

Annahmebereich: $t \geqslant -1{,}729$

$\bar{x} = 5{,}02\,\text{kN}$; $s = 0{,}12\,\text{kN}$; $n = 20$; $\mu_0 = 5{,}20\,\text{kN}$

Testwert: $\hat{t} = \dfrac{\bar{x} - \mu_0}{s/\sqrt{n}} = -6{,}708 \rightarrow H_0$ wird *abgelehnt* (Bild A-46).

Folgerung: Die Zweifel an der Richtigkeit der Herstellerangaben sind *berechtigt*, d.h. man darf annehmen, daß die mittlere Reißlast *kleiner* ist als der angegebene Wert $\mu_0 = 5{,}20$ kN.

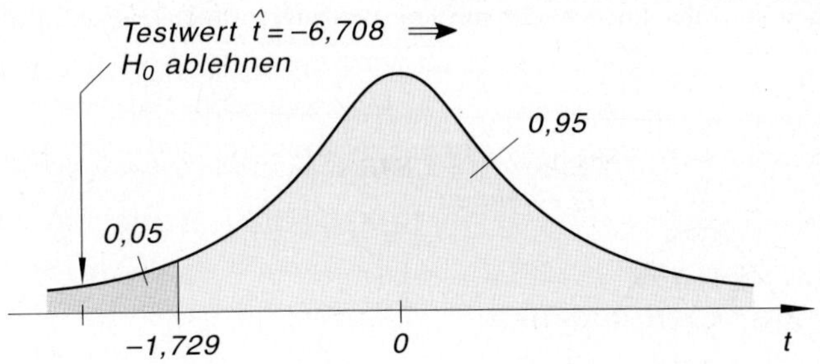

Bild A-46

4) $P(-c \leqslant T \leqslant c)_{H_0} = 2 \cdot F(c) = 1 - \alpha = 0{,}99$

$F(c) = 0{,}995 \xrightarrow{f = n-1 = 24} c = t_{(0{,}995;\,24)} = 2{,}797$

Annahmebereich: $-2{,}797 \leqslant t \leqslant 2{,}797$

$\bar{x} = 20{,}5$ mm; $s = 1{,}5$ mm; $n = 25$; $\mu_0 = 21$ mm

Testwert: $\hat{t} = \dfrac{\bar{x} - \mu_0}{s/\sqrt{n}} = -1{,}667 \Rightarrow H_0$ wird *beibehalten*, d.h. *nicht abgelehnt* (Bild A-47).

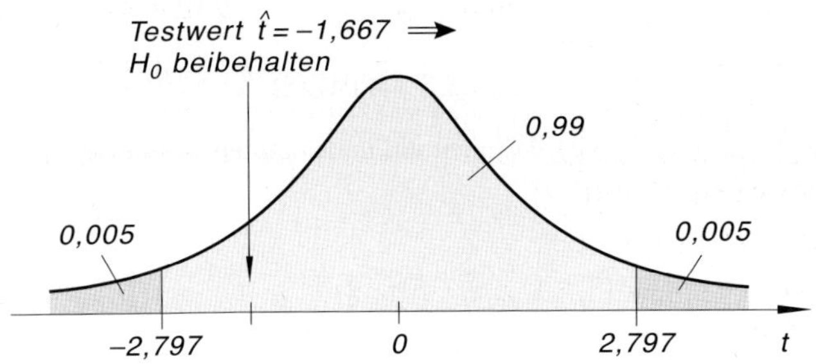

Bild A-47

Die Abweichung des Stichprobenmittelwertes $\bar{x} = 20{,}5$ mm vom Sollwert $\mu_0 = 21$ mm ist *nicht signifikant*, sondern *zufallsbedingt*.

5) *Nullhypothese*: $H_0: \mu = \mu_0 = 8{,}2$ l/100 km

Alternativhypothese: $H_1: \mu > \mu_0 = 8{,}2$ l/100 km

Einseitiger Test:

$P(T \leqslant c)_{H_0} = 1 - \alpha = 0{,}95$

$F(c) = 0{,}95 \xrightarrow{f = n-1 = 35} c = t_{(0{,}95;\,35)} = 1{,}690$ (interpoliert)

Annahmebereich: $t \leqslant 1{,}690$

$\bar{x} = 9{,}1\ \text{l}/100\ \text{km}$; $\quad s = 2{,}3\ \text{l}/100\ \text{km}$; $\quad n = 36$; $\quad \mu_0 = 8{,}2\ \text{l}/100\ \text{km}$

Testwert: $\hat{t} = \dfrac{\bar{x} - \mu_0}{s/\sqrt{n}} = 2{,}348 \Rightarrow H_0$ wird *abgelehnt* (Bild A-48).

Folgerung: Die Behauptung des Herstellers kann nicht länger aufrecht erhalten werden. Wir können davon ausgehen, daß der tatsächliche mittlere Benzinverbrauch *größer* ist als vom Hersteller angegeben.

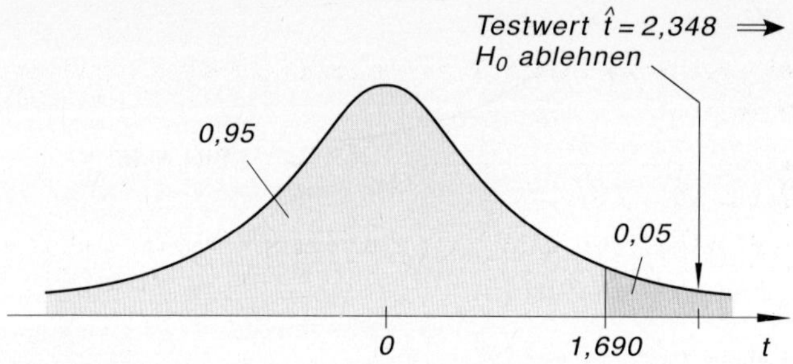

Bild A-48

6) Es handelt sich um *abhängige* Stichproben. Durch *Differenzbildung erhalten wir die folgende* Stichprobe ($z_i = x_i - y_i$):

i	1	2	3	4	5
$\dfrac{z_i}{\Omega}$	2,3	3,3	1,9	0,4	2,2

Mittelwert: $\bar{z} = 2{,}02\ \Omega$; $\quad$ Standardabweichung: $s = 1{,}0474\ \Omega$

Wir führen einen *zweiseitigen* Test für die Gleichheit der unbekannten Mittelwerte μ_1 und μ_2 durch (bei vorausgesetzter *Normalverteilung*):

Nullhypothese: $H_0: \mu = \mu_0 = \mu_1 - \mu_2 = 0$

Alternativhypothese: $H_1: \mu \neq 0$

$P(-c \leqslant T \leqslant c)_{H_0} = 2 \cdot F(c) - 1 = 1 - \alpha = 0{,}99$

$F(c) = 0{,}995 \xrightarrow{f = n-1 = 4} c = t_{(0{,}995;4)} = 4{,}604$

Annahmebereich: $-4{,}604 \leqslant t \leqslant 4{,}604$

$\bar{z} = 2{,}02\ \Omega$; $\quad s = 1{,}0474\ \Omega$; $\quad n = 5$; $\quad \mu_0 = \mu_1 - \mu_2 = 0$

Testwert: $\hat{t} = \dfrac{\bar{z} - \mu_0}{s/\sqrt{n}} = 4{,}312 \Rightarrow H_0$ wird *beibehalten*, d.h. *nicht abgelehnt* (Bild A-49).

Aufgrund der verwendeten Stichprobe und des gewählten Signifikanzniveaus $\alpha = 0{,}01 = 1\%$ können wir von der *Gleichwertigkeit* der beiden Meßmethoden ausgehen.

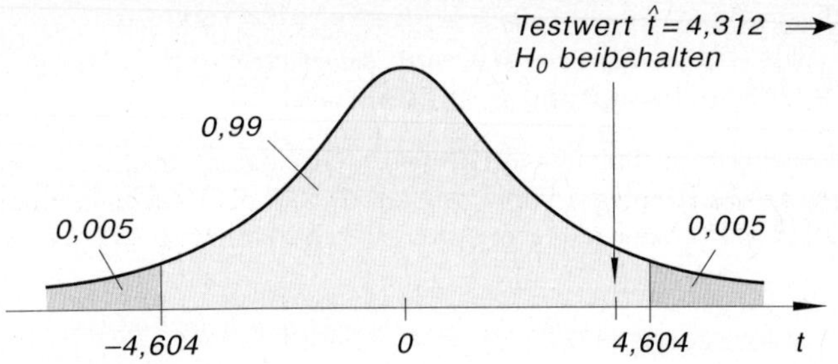

Bild A-49

7) Die Stichproben sind voneinander *unabhängig*. Wir führen einen *einseitigen* Test (Abgrenzung nach *oben*) wie folgt durch:

Nullhypothese: $H_0 : \mu_2 \leqslant \mu_1$

Alternativhypothese: $H_1 : \mu_2 > \mu_1$

Wegen $n_1 > 30$, $n_2 > 30$ dürfen wir dabei die *standardnormalverteilte* Zufallsvariable $U = \dfrac{\overline{X} - \overline{Y}}{\sigma}$ verwenden:

$P(U \leqslant c)_{H_0} = 1 - \alpha = 0{,}99$

$\phi(c) = 0{,}99 \;\rightarrow\; c = u_{0,99} = 2{,}326$

Annahmebereich: $u \leqslant 2{,}326$

$\bar{x} = 1540\text{ h}$; $\quad \bar{y} = 1600\text{ h}$; $\quad \sigma_1 \approx s_1 = 142\text{ h}$; $\quad \sigma_2 \approx s_2 = 150\text{ h}$

$n_1 = 100$; $\quad n_2 = 120$

$$\sigma = \sqrt{\frac{\sigma_1^2}{n_1} + \frac{\sigma_2^2}{n_2}} = 19{,}727\text{ h}$$

Testwert: $\hat{u} = \dfrac{\bar{y} - \bar{x}}{\sigma} = 3{,}042 \;\Rightarrow\; H_0$ wird *abgelehnt* (Bild A-50).

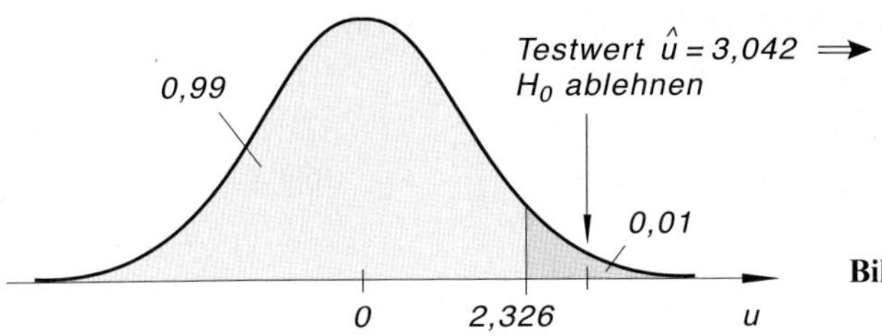

Bild A-50

Folgerung: Die im Werk B produzierten Teile haben – wie vermutet – eine *größere* Lebensdauer.

8) Wir testen die *Nullhypothese* $H_0 : \mu_1 = \mu_2$ gegen die *Alternativhypothese* $H_1 : \mu_1 \neq \mu_2$:

$P(-c \leqslant T \leqslant c)_{H_0} = 2 \cdot F(c) - 1 = 1 - \alpha = 0{,}99$

$F(c) = 0{,}995 \xrightarrow{f = n_1 + n_2 - 2 = 8} c = t_{(0,995;\,8)} = 3{,}355$

Annahmebereich: $-3{,}355 \leqslant t \leqslant 3{,}355$

$\bar{x} = 5{,}992$; $\quad \bar{y} = 6{,}04$; $\quad s_1 = 0{,}1055$; $\quad s_2 = 0{,}0707$; $\quad n_1 = n_2 = 5$

$s^2 = 0{,}0081$; $\quad s = 0{,}0898$

Testwert: $\hat{t} = \sqrt{\dfrac{n_1 n_2}{n_1 + n_2}} \cdot \dfrac{\bar{x} - \bar{y}}{s} = -0{,}845 \Rightarrow H_0$ wird *beibehalten*, d.h. *nicht abgelehnt* (Bild A-51).

Folgerung: Die beiden Stichproben stammen aus *derselben* Grundgesamtheit.

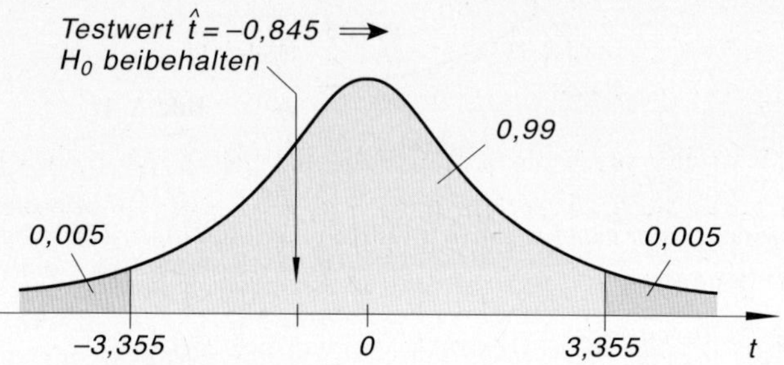

Bild A-51

9) *Einseitiger* Test (Abgrenzung nach *oben*): $P(Z \leqslant c)_{H_0} = 1 - \alpha = 0{,}95$

$F(c) = 0{,}95 \xrightarrow{f = n - 1 = 11} c = z_{(0{,}95;\,11)} = 19{,}67$

Annahmebereich: $z \leqslant 19{,}67$

$s = 0{,}4$ mm; $s^2 = 0{,}16\ \text{mm}^2$; $n = 12$; $\sigma_0^2 = 0{,}04\ \text{mm}^2$

Testwert: $\hat{z} = (n - 1)\dfrac{s^2}{\sigma_0^2} = 44 \Rightarrow H_0$ wird *abgelehnt* (Bild A-52). Die Abweichung ist *signifikant*, die Maschine muß neu eingestellt werden.

Für $\alpha = 1\%$ erhält man den *Annahmebereich* $z \leqslant 24{,}73$. Die Entscheidung ist *dieselbe*.

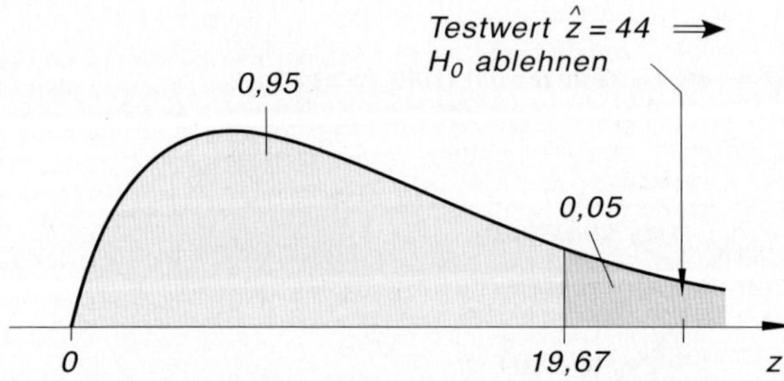

Bild A-52

10) Die Bedingung (III-242) für eine *umfangreiche* Stichprobe ist erfüllt: $np_0(1 - p_0) = 11{,}64 > 9$.

Einseitiger Test (Abgrenzung nach *oben*): $P(U \leqslant c)_{H_0} = 1 - \alpha = 0{,}95$

$\phi(c) = 0{,}95 \rightarrow c = u_{0{,}95} = 1{,}645$

Annahmebereich: $u \leqslant 1{,}645$

$k = 20$; $n = 400$; $\hat{p} = 0{,}05$; $p_0 = 0{,}03$

Testwert: $\hat{u} = \sqrt{\dfrac{n}{p_0(1 - p_0)}} \cdot (\hat{p} - p_0) = 2{,}345 \Rightarrow H_0$ wird *abgelehnt* (Bild A-53). Die Stichprobe *widerspricht* somit der Behauptung des Herstellers, d.h. der Ausschußanteil ist *größer* als 3%.

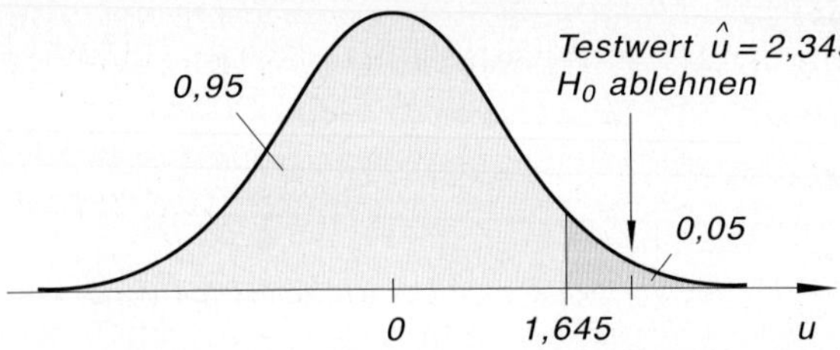

Bild A-53

11) Die Bedingung (III-242) für eine *umfangreiche* Stichprobe ist erfüllt: $np_0(1 - p_0) = 50 > 9$.

Zweiseitiger Test: Wir testen die *Nullhypothese* $H_0: p = p_0 = 0{,}5$ gegen die *Alternativhypothese* $H_1: p \neq p_0 = 0{,}5$.

$P(-c \leqslant U \leqslant c)_{H_0} = 2 \cdot \phi(c) - 1 = 1 - \alpha = 0{,}95$

$\phi(c) = 0{,}975 \;\rightarrow\; c = u_{0,975} = 1{,}960$

Annahmebereich: $-1{,}960 \leqslant u \leqslant 1{,}960$

$k = 88; \qquad n = 200; \qquad \hat{p} = 0{,}44; \qquad p_0 = 0{,}5$

Testwert: $\hat{u} = \sqrt{\dfrac{n}{p_0(1-p_0)}} \cdot (\hat{p} - p_0) = -1{,}697 \Rightarrow H_0$ wird *beibehalten*, d.h. *nicht abgelehnt* (Bild A-54). Die verwendete Stichprobe steht in *keinem* Widerspruch zu der Nullhypothese, daß der Würfel „*unverfälscht*“ ist.

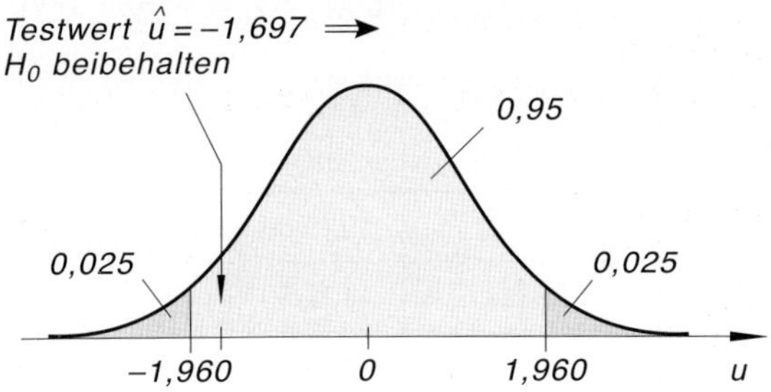

Bild A-54

Abschnitt 5

1) $p = p$ (Zahl)

Nullhypothese H_0: Gleichverteilung ($p = p_0 = 0{,}5$)

Klasse i	n_i	p_i	$n_i^* = np_i$	$\Delta n_i = n_i - n_i^*$	$\dfrac{(\Delta n_i)^2}{n_i^*}$
1 (Zahl)	65	0,5	75	−10	4/3
2 (Wappen)	85	0,5	75	10	4/3
$\sum$	150	1	150	0	8/3

$P(Z = \chi^2 \leqslant c)_{H_0} = 1 - \alpha = 0{,}95$

$F(c) = 0{,}95 \xrightarrow{f=k-1=1} c = z_{(0{,}95;\,1)} = 3{,}84$

Annahmebereich: $z = \chi^2 \leqslant 3{,}84$

Testwert: $\hat{z} = \hat{\chi}^2 = \frac{8}{3} = 2{,}667 \Rightarrow H_0$ wird *beibehalten*, d.h. *nicht abgelehnt* (Bild A-55). Wir können somit bei einer Irrtumswahrscheinlichkeit von 5% „ziemlich sicher" sein, daß die Münze „echt", d.h. „unverfälscht" ist (die verwendete Stichprobe steht zumindest in *keinem* Widerspruch zu dieser Hypothese).

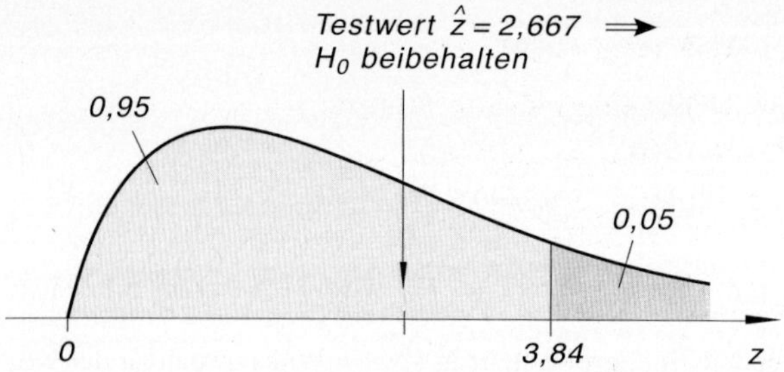

Bild A-55

2) *Nullhypothese* H_0: Gleichverteilung ($p_i = p(i) = 1/6$ für $i = 1, 2, \ldots, 6$)

Klasse i	n_i	p_i	$n_i^* = np_i$	$\Delta n_i = n_i - n_i^*$	$\frac{(\Delta n_i)^2}{n_i^*}$
1	35	1/6	50	−15	225/50
2	39	1/6	50	−11	121/50
3	70	1/6	50	20	400/50
4	62	1/6	50	12	144/50
5	56	1/6	50	6	36/50
6	38	1/6	50	−12	144/50
Σ	300	1	300	0	1070/50

$P(Z = \chi^2 \leqslant c)_{H_0} = 1 - \alpha = 0{,}99$

$F(c) = 0{,}99 \xrightarrow{f=k-1=5} c = z_{(0{,}99;\,5)} = 15{,}09$

Annahmebereich: $z = \chi^2 \leqslant 15{,}09$

Testwert: $\hat{z} = \hat{\chi}^2 = 1070/50 = 21{,}4 \Rightarrow H_0$ wird *abgelehnt* (Bild A-56). Der Würfel ist somit „verfälscht".

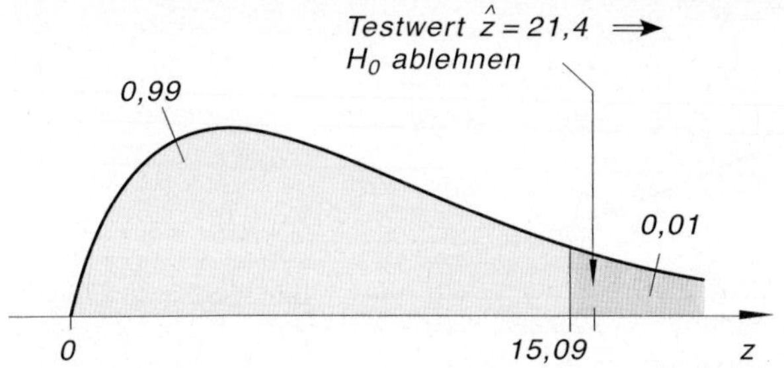

Bild A-56

3) *Nullhypothese* H_0: Poisson-Verteilung $f(x) = \frac{\mu^x}{x!} \cdot e^{-\mu}$

Schätzwert für den unbekannten Parameter (Mittelwert) μ: $\mu \approx \hat{\mu} = \bar{x} = 1{,}45$

Wir bilden 5 Klassen: $X = 0$, $X = 1$, $X = 2$, $X = 3$ und $X \geqslant 4$

Berechnung der *theoretischen* Wahrscheinlichkeiten:

x_i	0	1	2	3	$\geqslant 4$
p_i	0,2346	0,3401	0,2466	0,1192	0,0595
	$f(0)$	$f(1)$	$f(2)$	$f(3)$	$1 - \sum_{i=0}^{3} f(i)$

Klasse i	n_i	p_i	$n_i^* = np_i$	$\Delta n_i = n_i - n_i^*$	$\frac{(\Delta n_i)^2}{n_i^*}$
1	27	0,2346	23,46	3,54	0,5341
2	31	0,3401	34,01	− 3,01	0,2664
3	22	0,2466	24,66	− 2,66	0,2869
4	12	0,1192	11,92	0,08	0,0005
5	8	0,0595	5,95	2,05	0,7063
Σ	100	1	100	0	1,7942

$P(Z = \chi^2 \leqslant c)_{H_0} = 1 - \alpha = 0{,}95$

$F(c) = 0{,}95 \xrightarrow{f = k - 1 - r = 3} c = z_{(0{,}95;\,3)} = 7{,}81$

Annahmebereich: $z = \chi^2 \leqslant 7{,}81$

Testwert: $\hat{z} = \hat{\chi}^2 = 1{,}7942 \Rightarrow H_0$ wird *beibehalten*, d.h. *nicht abgelehnt* (Bild A-57). Die Zufallsvariable X genügt einer *Poisson-Verteilung* mit dem (geschätzten) Parameter $\mu = 1{,}45$ (Zumindest spricht die Stichprobe *nicht* dagegen).

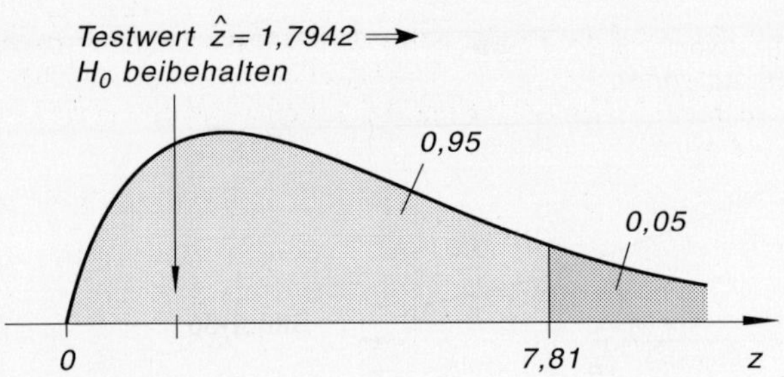

Bild A-57

4) *Nullhypothese* $H_0: F_0(x) = \phi\left(\frac{x-\mu}{\sigma}\right)$

Die Parameter μ und σ sind *unbekannt* und werden aus der Stichprobe wie folgt *geschätzt*: $\mu \approx \bar{x} = 8{,}81$; $\sigma \approx s = 0{,}5563$ (beide Werte in l/100 km). Dabei wurden die folgenden Klassenmitten zugrunde gelegt: $\tilde{x}_1 = 7{,}75$; $\tilde{x}_2 = 8{,}25$; $\tilde{x}_3 = 8{,}75$; $\tilde{x}_4 = 9{,}25$; $\tilde{x}_5 = 9{,}75$.

Berechnung der Wahrscheinlichkeiten p_i $(i = 1, 2, \ldots, 5)$:

1. Klasse: $p_1 = P(X < 8) = F_0(8) = \phi\left(\frac{8 - 8{,}81}{0{,}5563}\right) = \phi(-1{,}456) = 1 - \phi(1{,}456) = 0{,}0727$

2. Klasse: $p_2 = P(8 \leqslant X < 8{,}5) = F_0(8{,}5) - F_0(8) = \phi(-0{,}557) - \phi(-1{,}456) = 0{,}2160$

3. Klasse: $p_3 = P(8{,}5 \leqslant X < 9) = F_0(9) - F_0(8{,}5) = \phi(0{,}342) - \phi(-0{,}557) = 0{,}3451$

4. Klasse: $p_4 = P(9 \leqslant X < 9{,}5) = F_0(9{,}5) - F_0(9) = \phi(1{,}240) - \phi(0{,}342) = 0{,}2587$

5. Klasse: $p_5 = P(9{,}5 \leqslant X < \infty) = 1 - (p_1 + p_2 + p_3 + p_4) = 0{,}1075$

Klasse i	n_i	p_i	$n_i^* = np_i$	$\Delta n_i = n_i - n_i^*$	$\frac{(\Delta n_i)^2}{n_i^*}$
1	8	0,0727	7,27	0,73	0,0733
2	20	0,2160	21,60	− 1,60	0,1185
3	36	0,3451	34,51	1,49	0,0643
4	24	0,2587	25,87	− 1,87	0,1352
5	12	0,1075	10,75	1,25	0,1453
Σ	100	1	100	0	0,5366

$P(Z = \chi^2 \leqslant c)_{H_0} = 1 - \alpha = 0{,}99$

$F(c) = 0{,}99 \xrightarrow{f = k - 1 - r = 2} c = z_{(0{,}99;\, 2)} = 9{,}21$

Annahmebereich: $z = \chi^2 \leqslant 9{,}21$

Testwert: $\hat{z} = \hat{\chi}^2 = 0{,}5366 \Rightarrow H_0$ wird *beibehalten*, d.h. *nicht abgelehnt* (Bild A-58). Der mittlere Benzinverbrauch X ist eine *normalverteilte* Zufallsgröße mit den (geschätzten) Parametern $\mu = 8{,}81$ l/100 km und $\sigma = 0{,}5563$ l/100 km (das Stichprobenmaterial gibt *keinen* Anlaß, diese Hypothese zu verwerfen).

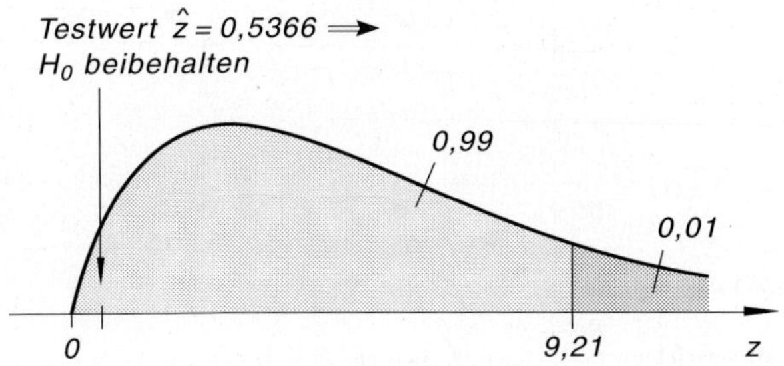

Bild A-58

Abschnitt 6

1) a) $s_{xy} = 1$; $r = 0{,}6565$

Streuungsdiagramm („Punktwolke"): Bild A-59

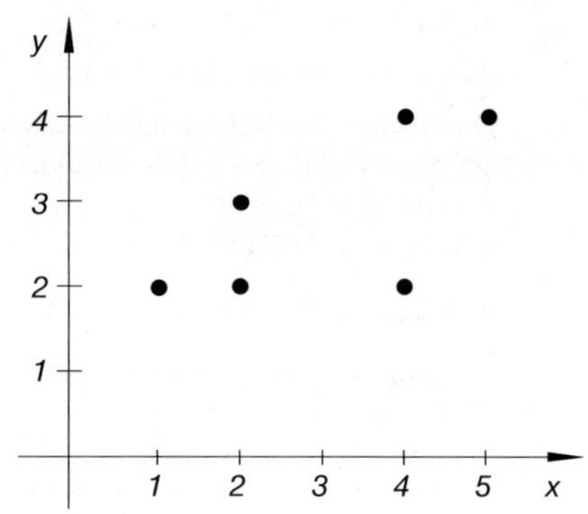

Bild A-59

b) $s_{xy} = -17{,}5$; $r = -0{,}9988$

Streuungsdiagramm („Punktwolke"): Bild A-60

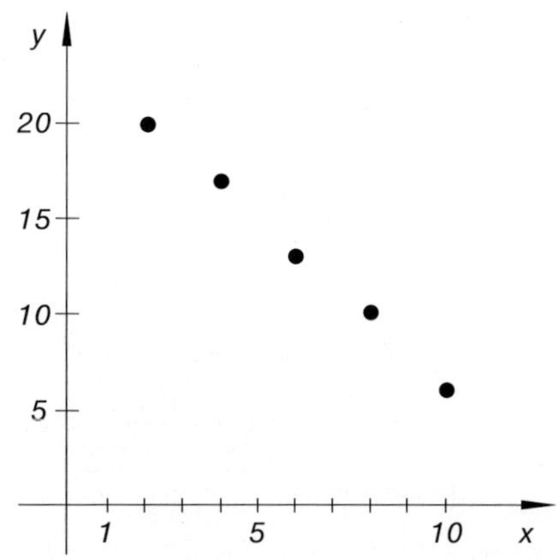

Bild A-60

2) $r = 0{,}9866$
Streuungsdiagramm: Bild A-61

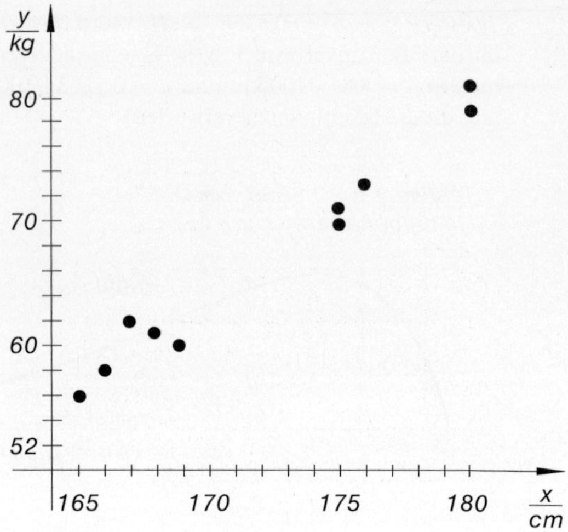

Bild A-61

3) $s_T^2 = 448{,}21\ (°C)^2$; $s_R^2 = 0{,}2887\ \Omega^2$; $s_{TR} = 11{,}34\ °C\ \Omega$; $r = 0{,}9974$

4) $r = 0{,}9948$
Streuungsdiagramm: Bild A-62
Die Stichprobenpunkte liegen *nahezu* auf einer *Geraden* → *Lösungsansatz*: $L = aT + b$

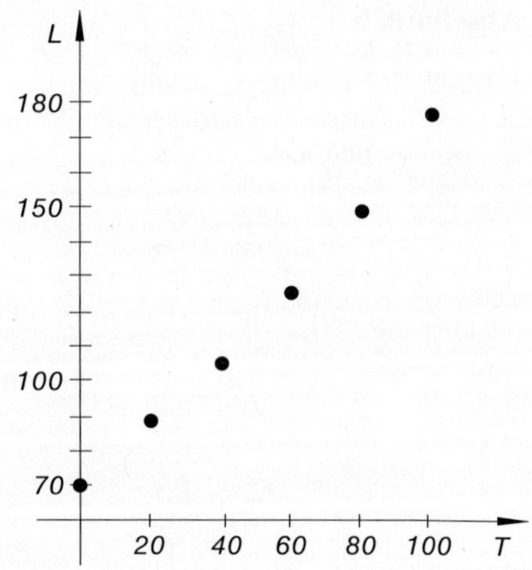

Bild A-62

5) Die *Randverteilungen* (Wahrscheinlichkeitsfunktionen von X *und* Y) sind jeweils *grau* unterlegt.

a)

X \ Y	−1	1	Σ
−1	1/4	1/4	1/2
1	1/4	1/4	1/2
Σ	1/2	1/2	

Spalte Σ: $f_1(x)$; Zeile Σ: $f_2(y)$

$$E(X) = -1 \cdot \frac{1}{2} + 1 \cdot \frac{1}{2} = 0; \qquad E(Y) = -1 \cdot \frac{1}{2} + 1 \cdot \frac{1}{2} = 0$$

$$E(X \cdot Y) = -1 \cdot (-1) \cdot \frac{1}{4} - 1 \cdot 1 \cdot \frac{1}{4} + 1 \cdot (-1) \cdot \frac{1}{4} + 1 \cdot 1 \cdot \frac{1}{4} = 0$$

$$\sigma_{XY} = E(X \cdot Y) - E(X) \cdot E(Y) = 0 \Rightarrow \varrho = 0$$

X und Y sind somit *unkorreliert.*

b)

X \ Y	0	1	Σ
0	1/3	4/15	3/5
1	4/15	2/15	2/5
Σ	3/5	2/5	

Zeilensummen: $f_1(x)$; Spaltensummen: $f_2(y)$

$$E(X) = 0 \cdot \frac{3}{5} + 1 \cdot \frac{2}{5} = \frac{2}{5}; \qquad E(X^2) = 0^2 \cdot \frac{3}{5} + 1^2 \cdot \frac{2}{5} = \frac{2}{5}$$

$$E(Y) = 0 \cdot \frac{3}{5} + 1 \cdot \frac{2}{5} = \frac{2}{5}; \qquad E(Y^2) = 0^2 \cdot \frac{3}{5} + 1^2 \cdot \frac{2}{5} = \frac{2}{5}$$

$$E(X \cdot Y) = 0 \cdot 0 \cdot \frac{1}{3} + 0 \cdot 1 \cdot \frac{4}{15} + 1 \cdot 0 \cdot \frac{4}{15} + 1 \cdot 1 \cdot \frac{2}{15} = \frac{2}{15}$$

$$\sigma_{XY} = E(X \cdot Y) - E(X) \cdot E(Y) = \frac{2}{15} - \frac{2}{5} \cdot \frac{2}{5} = -\frac{2}{75}$$

$$\sigma_X^2 = E(X^2) - (E(X))^2 = \frac{2}{5} - \left(\frac{2}{5}\right)^2 = \frac{6}{25}; \quad \sigma_Y^2 = E(Y^2) - (E(Y))^2 = \frac{2}{5} - \left(\frac{2}{5}\right)^2 = \frac{6}{25}$$

$$\varrho = \frac{\sigma_{XY}}{\sigma_X \cdot \sigma_Y} = \frac{-\frac{2}{75}}{\frac{6}{25}} = -\frac{1}{9}$$

6) $r = 1 \Rightarrow$ *Sämtliche* Meßpunkte liegen auf einer *Geraden* (Bild A-63).

Geradengleichung (Gerade durch zwei *beliebige* Meßpunkte!): $y = 2x + 3$

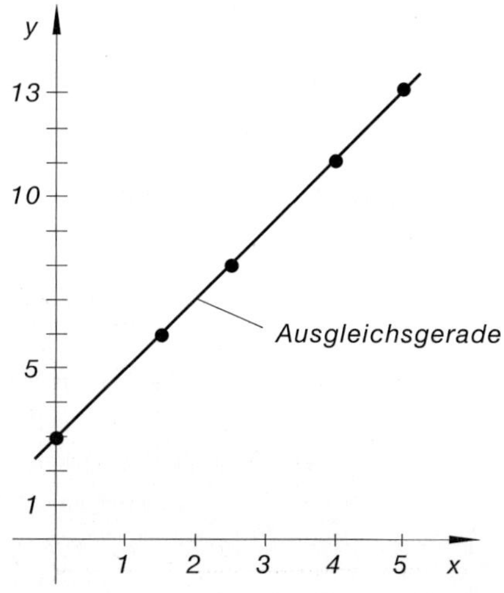

Bild A-63

IV Fehler- und Ausgleichsrechnung

Abschnitt 3

1) a) $\overline{U} = 80{,}9\ \text{V}$ b) $s_U = 0{,}35\ \text{V}$; $s_{\overline{U}} = \dfrac{s_U}{\sqrt{6}} = 0{,}14\ \text{V}$

2) a) $\overline{R} = 114\ \Omega$; $s_R = 2{,}51\ \Omega$; $s_{\overline{R}} = \dfrac{s_R}{\sqrt{8}} = 0{,}89\ \Omega$

Vertrauensintervalle:

$\gamma_1 = 95\%$: $R = (114 \pm 2{,}1)\ \Omega$

$\gamma_2 = 99\%$: $R = (114 \pm 3{,}1)\ \Omega$

b) $\bar{p} = 1{,}012\ \text{bar}$; $s_p = 0{,}0026\ \text{bar}$; $s_{\bar{p}} = 0{,}0009\ \text{bar}$

Vertrauensintervalle:

$\gamma_1 = 95\%$: $p = (1{,}012 \pm 0{,}002)\ \text{bar}$

$\gamma_2 = 99\%$: $p = (1{,}012 \pm 0{,}003)\ \text{bar}$

3) $\bar{g} = 9{,}81\ \text{m/s}^2$; $s_g = 0{,}02\ \text{m/s}^2$; $s_{\bar{g}} = 0{,}007\ \text{m/s}^2$

a) $\alpha_1 = 5\%$, d.h. $\gamma_1 = 95\%$

Vertrauensgrenzen: $\pm 0{,}017\ \text{m/s}^2$

Meßunsicherheit: $\Delta g = 0{,}017\ \text{m/s}^2 \approx 0{,}02\ \text{m/s}^2$

Meßergebnis: $g = (9{,}81 \pm 0{,}02)\ \text{m/s}^2$

b) $\alpha_2 = 1\%$, d.h. $\gamma_2 = 99\%$

Vertrauensgrenzen: $\pm 0{,}025\ \text{m/s}^2$

Meßunsicherheit: $\Delta g = 0{,}025\ \text{m/s}^2 \approx 0{,}03\ \text{m/s}^2$

Meßergebnis: $g = (9{,}81 \pm 0{,}03)\ \text{m/s}^2$

4) $s_{\overline{R}} = \dfrac{s_R}{\sqrt{n}} \Rightarrow n \geqslant \left(\dfrac{s_R}{s_{\overline{R}}}\right)^2 = 49$

Es sind also *mindestens* 49 Einzelmessungen durchzuführen.

5) Die Masse kann als eine *normalverteilte* Zufallsvariable X mit dem Mittelwert $\mu \approx \overline{m} = 105$ und der Standardabweichung $\sigma \approx s_m = 3$ angesehen werden (beide Werte in g). Wir gehen zur *standardisierten* Zufallsgröße $U = \dfrac{X - 105}{3}$ über und berechnen zunächst die benötigten Wahrscheinlichkeiten nach Tabelle 1 im Anhang (Teil A).

a) $p_1 = P(103 \leqslant X \leqslant 108) = P\left(-\dfrac{2}{3} \leqslant U \leqslant 1\right) = \phi(1) - \phi\left(-\dfrac{2}{3}\right) =$

$= \phi(1) + \phi\left(\dfrac{2}{3}\right) - 1 = 0{,}5889 \rightarrow np_1 = 58{,}89 \approx 59$

Rund 59 Meßwerte liegen zwischen 103 g und 108 g.

b) $p_2 = P(X > 110) = 1 - P(X \leqslant 110) = 1 - P\left(U \leqslant \frac{5}{3}\right) = 1 - \phi\left(\frac{5}{3}\right) = 0{,}0478$

$\rightarrow \; np_2 = 4{,}78 \approx 5$

Rund 5 Meßwerte liegen oberhalb von 110 g.

6) $\overline{T} = 4{,}015$ s; $\quad s_T = 0{,}1348$ s; $\quad s_{\overline{T}} = 0{,}0302$ s

Meßergebnis: $T = (4{,}015 \pm 0{,}063)$ s

7) Vertrauensgrenzen: $\pm t \dfrac{s}{\sqrt{n}} = \pm 1{,}001 \approx \pm 1{,}0$

Meßergebnis: $x = 10{,}0 \pm 1{,}0$

8) $\bar{x} = 21$; $\quad$ Meßunsicherheit: $\Delta x = t_\infty \dfrac{\sigma}{\sqrt{n}} = 0{,}74$

Meßergebnis (für $\gamma = 95\%$): $x = 21 \pm 0{,}74$

Abschnitt 4

1) T ist *ein Potenzprodukt* der unabhängigen Meßgrößen m und D. Daher gilt nach Tabelle 2:

$T = 2\pi \cdot m^{1/2} \cdot D^{-1/2} \quad (C = 2\pi;\; X = m;\; Y = D;\; \alpha = 1/2;\; \beta = -1/2)$

$$\left|\frac{\Delta T}{\overline{T}}\right| = \sqrt{\left|\frac{1}{2} \cdot \frac{\Delta m}{\overline{m}}\right|^2 + \left|-\frac{1}{2} \cdot \frac{\Delta D}{\overline{D}}\right|^2} \approx 0{,}7\%$$

Die *prozentuale Meßunsicherheit* der Schwingungsdauer T beträgt 0,7%.

2) $m = m(r; h; \varrho) = \pi r^2 h \varrho$

a) $\overline{m} = 57{,}73$ kg

b) m ist ein *Potenzprodukt* der unabhängigen Meßgrößen r, h und ϱ. Daher gilt nach Tabelle 2:

$$\left|\frac{\Delta m}{\overline{m}}\right| = \sqrt{\left|2 \cdot \frac{\Delta r}{\overline{r}}\right|^2 + \left|1 \cdot \frac{\Delta h}{\overline{h}}\right|^2 + \left|1 \cdot \frac{\Delta \varrho}{\overline{\varrho}}\right|^2} = 7\%\,; \qquad \Delta m = \left|\frac{\Delta m}{\overline{m}}\right| \cdot \overline{m} = 4{,}04 \text{ kg}$$

Die *absolute Meßunsicherheit* beträgt 4,04 kg, die *prozentuale* 7%.

3) $h = h(e; \alpha) = e \cdot \tan \alpha$; $\quad \overline{h} = 43{,}42$ m

$$\Delta h = \sqrt{\left(\frac{\partial h}{\partial e} \cdot \Delta e\right)^2 + \left(\frac{\partial h}{\partial \alpha} \cdot \Delta \alpha\right)^2} = \sqrt{(\tan \bar{\alpha} \cdot \Delta e)^2 + \left(\frac{\bar{e} \cdot \Delta \alpha}{\cos^2 \bar{\alpha}}\right)^2} = 2{,}27 \text{ m}$$

($\Delta\alpha$ ist dabei im *Bogenmaß* einzugeben!)

$$\left|\frac{\Delta h}{\overline{h}}\right| = 0{,}052 \approx 5{,}2\%$$

Die *absolute Meßunsicherheit* der Turmhöhe beträgt 2,27 m, die *prozentuale* rund 5,2%.

4) $\overline{T} = 6{,}28$ ms; $\left|\frac{\Delta L}{\overline{L}}\right| = 5\%$; $\left|\frac{\Delta C}{\overline{C}}\right| = 4\%$

T ist ein *Potenzprodukt* der unabhängigen Meßgrößen L und C. Daher gilt nach Tabelle 2:

$$\left|\frac{\Delta T}{\overline{T}}\right| = \sqrt{\left|\frac{1}{2}\cdot\frac{\Delta L}{\overline{L}}\right|^2 + \left|\frac{1}{2}\cdot\frac{\Delta C}{\overline{C}}\right|^2} = 3{,}2\%; \qquad \Delta T = \left|\frac{\Delta T}{\overline{T}}\right|\cdot\overline{T} = 0{,}20 \text{ ms}$$

5) $V = V(a; b; c) = abc$

V ist ein *Potenzprodukt* der drei Meßgrößen a, b und c. Daher gilt nach Tabelle 2:

$$\left|\frac{\Delta V}{\overline{V}}\right| = \sqrt{\left|1\cdot\frac{\Delta a}{\overline{a}}\right|^2 + \left|1\cdot\frac{\Delta b}{\overline{b}}\right|^2 + \left|1\cdot\frac{\Delta c}{\overline{c}}\right|^2} = 5{,}2\%$$

Die *prozentuale Meßunsicherheit* des Quadervolumens beträgt rund 5,2%.

6) a) $\overline{R} = 34{,}81\ \Omega$

$$\Delta R = \sqrt{\left(\frac{\partial R}{\partial U}\cdot\Delta U\right)^2 + \left(\frac{\partial R}{\partial I}\cdot\Delta I\right)^2} = \sqrt{\left(\frac{\Delta U}{\overline{I}}\right)^2 + \left(-\frac{\overline{U}\cdot\Delta I}{\overline{I}^2}\right)^2} = 1{,}57\ \Omega$$

Meßergebnis: $R = (34{,}81 \pm 1{,}57)\ \Omega$

b) $\left|\frac{\Delta R}{\overline{R}}\right| = 0{,}0451 \approx 4{,}5\%$

Die *prozentuale Meßunsicherheit* des Widerstandes beträgt rund 4,5%.

7) $b = (18{,}1 \pm 0{,}10)$ cm; $h = (10{,}1 \pm 0{,}06)$ cm; $\overline{W} = 307{,}73\ \text{cm}^3$

$$\Delta W = \sqrt{\left(\frac{\partial W}{\partial b}\cdot\Delta b\right)^2 + \left(\frac{\partial W}{\partial h}\cdot\Delta h\right)^2} = \sqrt{\left(\frac{1}{6}\overline{h}^2\cdot\Delta b\right)^2 + \left(\frac{1}{3}\overline{b}\,\overline{h}\cdot\Delta h\right)^2} = 4{,}03\ \text{cm}^3$$

$W = (307{,}73 \pm 4{,}03)\ \text{cm}^3$

8) $\overline{T} = 1{,}088 \cdot 10^{-4}$ s

$$\Delta T = \sqrt{\left(\frac{\partial T}{\partial L}\cdot\Delta L\right)^2 + \left(\frac{\partial T}{\partial C_1}\cdot\Delta C_1\right)^2 + \left(\frac{\partial T}{\partial C_2}\cdot\Delta C_2\right)^2} =$$

$$= \sqrt{\left(\frac{\pi(\overline{C}_1+\overline{C}_2)\cdot\Delta L}{\sqrt{\overline{L}(\overline{C}_1+\overline{C}_2)}}\right)^2 + \left(\frac{\pi\overline{L}\cdot\Delta C_1}{\sqrt{\overline{L}(\overline{C}_1+\overline{C}_2)}}\right)^2 + \left(\frac{\pi\overline{L}\cdot\Delta C_2}{\sqrt{\overline{L}(\overline{C}_1+\overline{C}_2)}}\right)^2} =$$

$$= 2{,}9\cdot 10^{-6}\ \text{s} = 0{,}029\cdot 10^{-4}\ \text{s}$$

Meßergebnis: $T = (1{,}088 \pm 0{,}029)\cdot 10^{-4}$ s

9) J ist ein *Potenzprodukt* der unabhängigen Meßgrößen m und R. Daher gilt nach Tabelle 2:

$$\left|\frac{\Delta J}{\overline{J}}\right| = \sqrt{\left|1\cdot\frac{\Delta m}{\overline{m}}\right|^2 + \left|2\cdot\frac{\Delta R}{\overline{R}}\right|^2} = 5\%$$

Das Massenträgheitsmoment läßt sich mit einer *Genauigkeit* von 5% bestimmen.

10) $V = V(a) = a^3$

V ist eine *Potenzfunktion* der unabhängigen Meßgröße (Kantenlänge) a. Daher gilt nach Tabelle 2:

$$\left|\frac{\Delta V}{\overline{V}}\right| = \sqrt{\left|3 \cdot \frac{\Delta a}{\overline{a}}\right|^2} = 3 \cdot \left|\frac{\Delta a}{\overline{a}}\right| \leqslant 3\% \;\Rightarrow\; \left|\frac{\Delta a}{\overline{a}}\right| \leqslant 1\%$$

11) $\overline{z} = 10; \qquad \Delta z = \sqrt{(\Delta x)^2 + (\Delta y)^2} = 0{,}28 \approx 0{,}3 \qquad$ (nach Tabelle 2)

Meßergebnis: $z = 10 \pm 0{,}3$

Prozentuale Meßunsicherheit der Größen x, y und z:

$$\left|\frac{\Delta x}{\overline{x}}\right| = 0{,}4\%; \qquad \left|\frac{\Delta y}{\overline{y}}\right| = 0{,}5\%; \qquad \left|\frac{\Delta z}{\overline{z}}\right| \approx 3\%$$

Folgerung: Die *prozentuale* Meßunsicherheit der Differenzgröße $z = x - y$ ist um rund *eine* Größenordnung *größer* als die *prozentualen* Unsicherheiten der unabhängigen Meßgrößen!

12) a) $\overline{R}_1 = 97{,}0\,\Omega; \qquad \Delta R_1 = 0{,}37\,\Omega; \qquad R_1 = (97{,}0 \pm 0{,}37)\,\Omega$

$\overline{R}_2 = 41{,}5\,\Omega; \qquad \Delta R_2 = 0{,}38\,\Omega; \qquad R_2 = (41{,}5 \pm 0{,}38)\,\Omega$

b) $R = R(R_1; R_2) = \dfrac{R_1 R_2}{R_1 + R_2}; \qquad \overline{R} = 29{,}06\,\Omega$

$$\Delta R = \sqrt{\left(\frac{\partial R}{\partial R_1} \cdot \Delta R_1\right)^2 + \left(\frac{\partial R}{\partial R_2} \cdot \Delta R_2\right)^2} = \sqrt{\left(\frac{\overline{R}_2^2 \cdot \Delta R_1}{(\overline{R}_1 + \overline{R}_2)^2}\right)^2 + \left(\frac{\overline{R}_1^2 \cdot \Delta R_2}{(\overline{R}_1 + \overline{R}_2)^2}\right)^2} = 0{,}19\,\Omega$$

Meßergebnis: $R = (29{,}06 \pm 0{,}19)\,\Omega$

Abschnitt 5

1) a) $y = -1{,}445\,x + 2{,}192$ oder

$y + 0{,}698 = -1{,}445\,(x - 2)$

Ausgleichsgerade mit Meßpunkten: Bild A-64

Unsicherheiten (*Standardabweichungen*) der beiden Parameter:

$s_a = 0{,}029; \qquad s_b = 0{,}072$

Restvarianz: $s^2_{\text{Rest}} = 0{,}0086$

Unsicherheit der y-Meßwerte:

$s_{\text{Rest}} = 0{,}093$

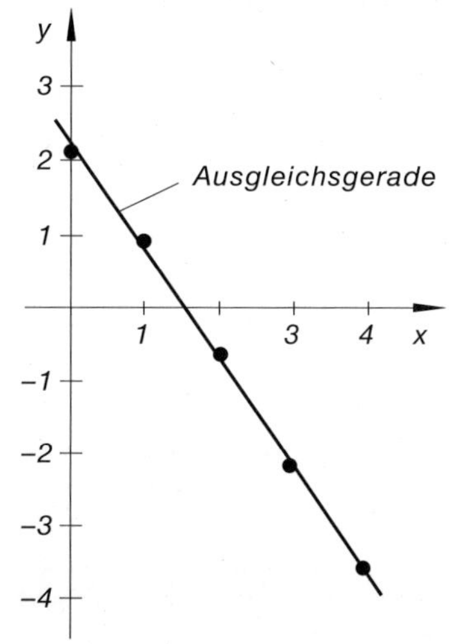

Bild A-64

b) $y = 0{,}987\,x + 0{,}432$ oder
$y - 3{,}738 = 0{,}987\,(x - 3{,}35)$

Ausgleichsgerade
mit Meßpunkten: Bild A-65

Unsicherheiten
(*Standardabweichungen*)
der beiden Parameter:
$s_a = 0{,}054; \quad s_b = 0{,}194$

Restvarianz: $s_{\text{Rest}}^2 = 0{,}0443$

Unsicherheit der y-Meßwerte:
$s_{\text{Rest}} = 0{,}211$

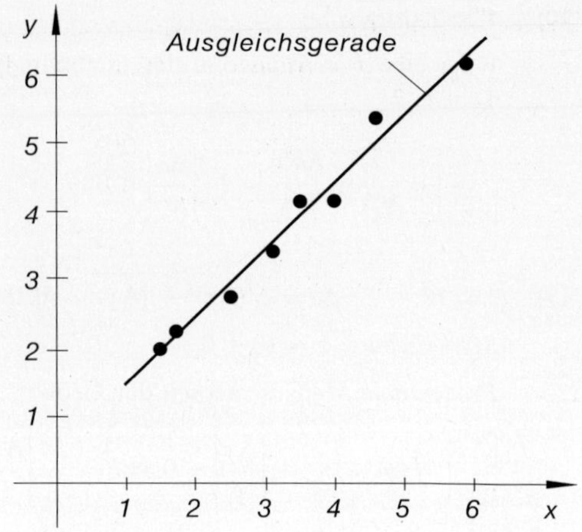

Bild A-65

2) a) $y = -1{,}655\,x + 2{,}55$ oder
$y + 0{,}76 = -1{,}655\,(x - 2)$

Ausgleichsgerade
mit Meßpunkten: Bild A-66

b) *Restvarianz*: $s_{\text{Rest}}^2 = 0{,}017$
Unsicherheit der y-Meßwerte:
$s_{\text{Rest}} = 0{,}130$

c) *Schätzwerte*: $y(x = -1) \approx 4{,}21$;
$y(x = 4{,}5) \approx -4{,}90$

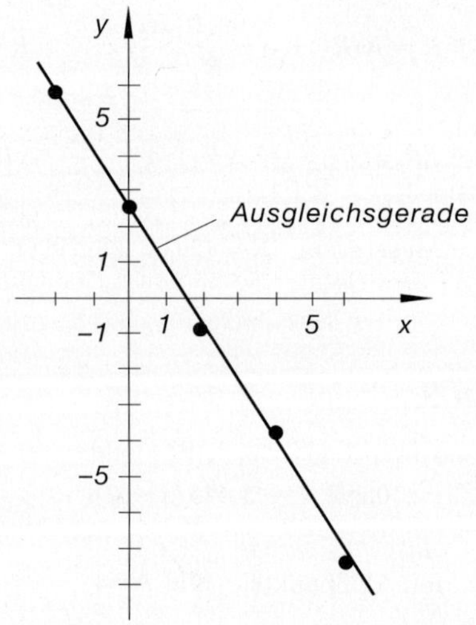

Bild A-66

3) a) $y = 0{,}0108\,x - 2{,}5714$ oder
$y - 19 = 0{,}0108\,(x - 2000)$
Ausgleichsgerade
mit Meßpunkten: Bild A-67

b) $y(x = 2150) = 20{,}6486$
„Erwartete"
Motorleistung $\approx 20{,}65$ PS

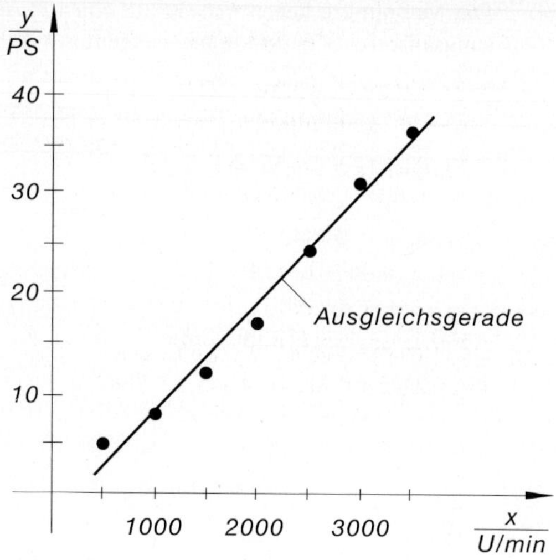

Bild A-67

4) Der Korrelationskoeffizient $r = 0{,}9997$ liegt nahe bei 1, die Meßpunkte somit *nahezu* auf einer *Geraden*. Wir wählen daher einen *linearen* Lösungsansatz: $y = ax + b$.

Lösung: $y = 2{,}464\,x - 0{,}919$ oder $y - 5{,}242 = 2{,}464\,(x - 2{,}5)$ (Bild A-68)

5) a) Der Korrelationskoeffizient $r = 0{,}9948$ liegt nahe bei 1, die Meßpunkte somit *nahezu* auf einer *Geraden* (Bild A-69).

Ausgleichsgerade: $L = 1{,}036\,T + 66{,}952$ oder $L - 118{,}767 = 1{,}036\,(T - 50)$

b) $L(T = 30\,°\mathrm{C}) \approx 98{,}03$ g pro 100 g Wasser; $L(T = 95\,°\mathrm{C}) \approx 165{,}37$ g pro 100 g Wasser

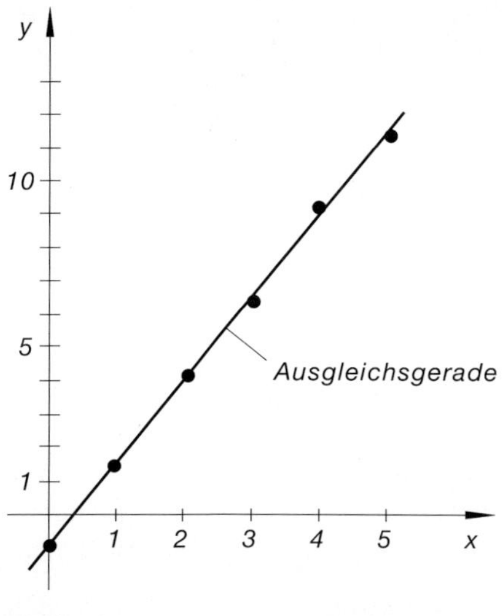

Bild A-68

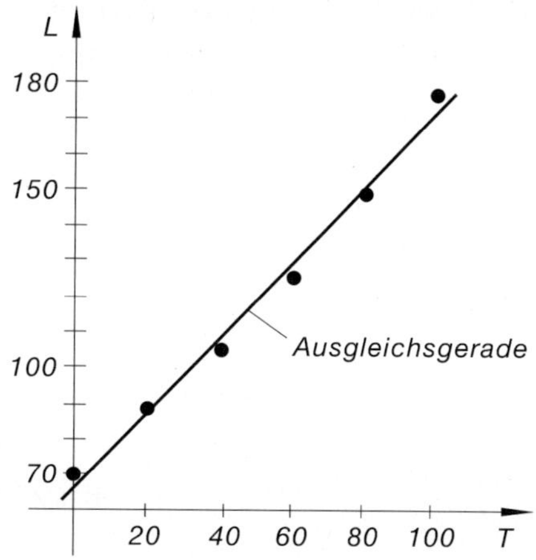

Bild A-69

6) Die Meßpunkte liegen *nahezu* auf einer *Parabel* (Bild A-70). Die Kurvenparameter des Lösungsansatzes $y = ax^2 + bx + c$ genügen dabei dem folgenden linearen Gleichungssystem:

$$\begin{aligned} 3123\,a + 503\,b + 87\,c &= 221 \\ 503\,a + 87\,b + 17\,c &= 33 \\ 87\,a + 17\,b + 5\,c &= 7 \end{aligned}$$

Lösung: $a = 0{,}2442$
$b = -1{,}4174$
$c = 1{,}9709$

Ausgleichsparabel (Bild A-70):

$y = 0{,}2442\,x^2 - 1{,}4174\,x + 1{,}9709$

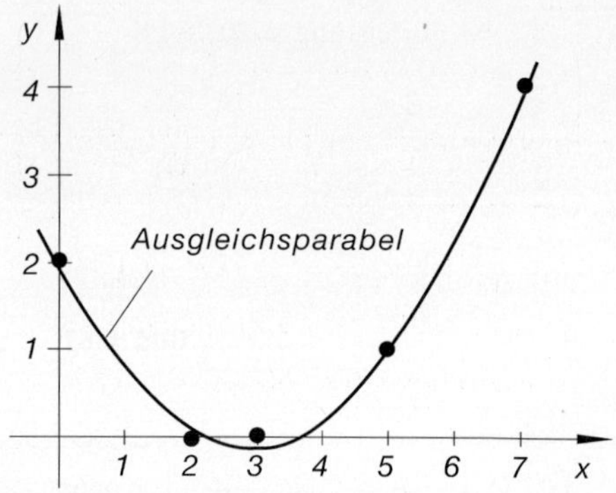

Bild A-70

7) Gleichungssystem für die Kurvenparameter a, b und c:

$$\begin{aligned} 392\,399\,201\,a + 3\,622\,893\,b + 35\,549\,c &= 3\,739\,551{,}3 \\ 3\,622\,893\,a + 35\,549\,b + 387\,c &= 34\,960{,}9 \\ 35\,549\,a + 387\,b + 5\,c &= 352{,}2 \end{aligned}$$

Lösung: $a = 0{,}00917$
$b = -0{,}05126$
$c = 9{,}23222$

Ausgleichsparabel (Bild A-71):

$s = 0{,}00917\,v^2 - 0{,}05126\,v + 9{,}23222$

Bremsweg bei $v = 90$ k/m:

$s \approx 78{,}9$ m

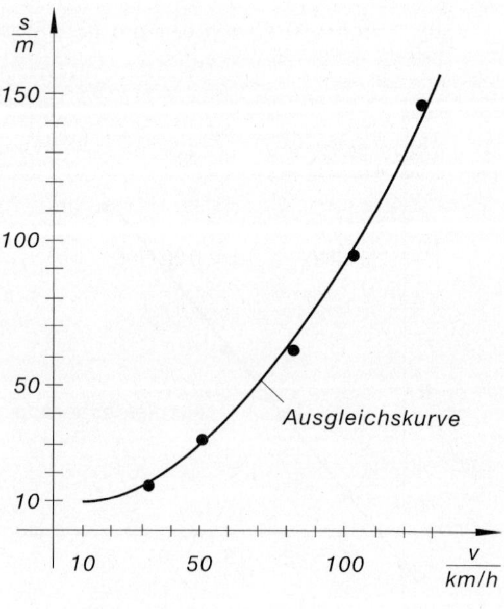

Bild A-71

8) $v = cu + d$

i	$u_i = x_i$	$v_i = \ln y_i$	u_i^2	$u_i v_i$
1	0	1,629 241	0	0
2	1	0,559 616	1	0,559 616
3	2	0,076 961	4	0,153 922
4	3	− 0,342 490	9	− 1,027 471
$\sum$	6	1,923 328	14	− 0,313 933

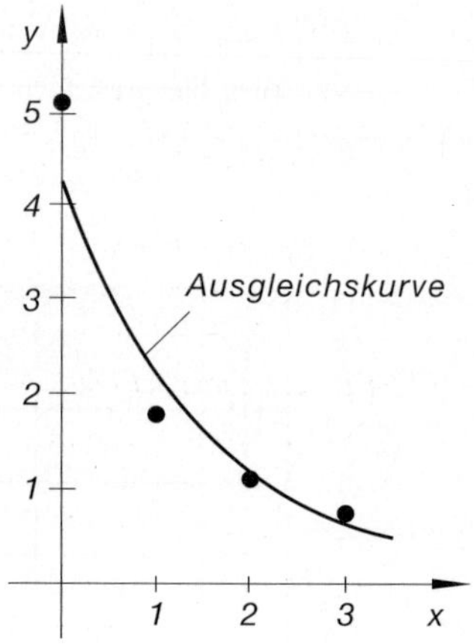

Bild A-72

$c = -0{,}639785; \qquad d = 1{,}440510$

$a = e^d = e^{1{,}440510} \approx 4{,}223; \qquad b = c \approx -0{,}640$

Ausgleichskurve: $y = 4{,}223 \cdot e^{-0{,}640x}$

(Bild A-72)

9) $v = cu + d$

i	$u_i = \ln x_i$	$v_i = \ln y_i$	u_i^2	$u_i v_i$
1	0	0	0	0
2	0,693 147	1,131 402	0,480 453	0,784 228
3	1,098 612	1,722 767	1,206 949	1,892 652
4	1,386 294	2,208 274	1,921 812	3,061 318
5	1,609 438	2,557 227	2,590 290	4,115 699
$\sum$	4,787 491	7,619 670	6,199 504	9,853 897

$c = 1{,}583468; \qquad d = 0{,}007766$

$a = e^d = e^{0{,}007766} \approx 1{,}0078$

$b = c \approx 1{,}5835$

Ausgleichskurve: $y = 1{,}0078 \cdot x^{1{,}5835}$

(Bild A-73)

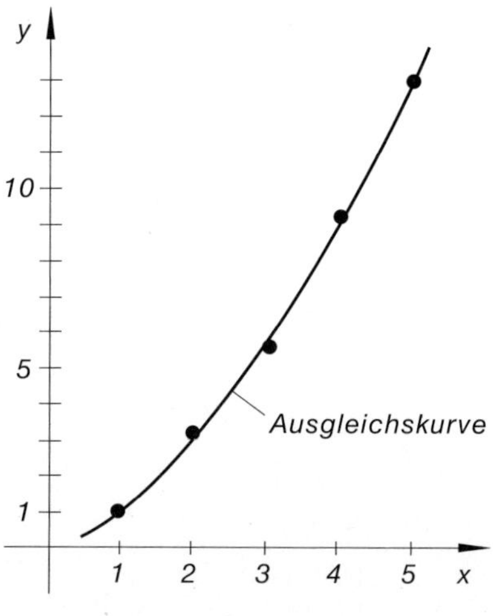

Bild A-73

10) a) $y = \frac{ax + b}{x} = a + \frac{b}{x} = b \cdot \frac{1}{x} + a$

Variablentransformation: $u = \frac{1}{x}$

$$y = \frac{ax + b}{x} \xrightarrow{u = \frac{1}{x}} y = bu + a$$

i	$u_i = \frac{1}{x_i}$	y_i	u_i^2	$u_i y_i$
1	− 0,5	1	0,25	− 0,5
2	− 1	− 0,5	1	0,5
3	1	5,6	1	5,6
4	0,5	3,8	0,25	1,9
5	0,25	3,3	0,0625	0,825
$\sum$	0,25	13,2	2,5625	8,325

$a = 2{,}4897; \qquad b = 3{,}0059$

Ausgleichskurve: $y = \frac{2{,}4897\, x + 3{,}0059}{x}$
(Bild A-74)

b) $y(x = 3) \approx 3{,}49$

c) Verlauf der *Ausgleichskurve*:
Bild A-74

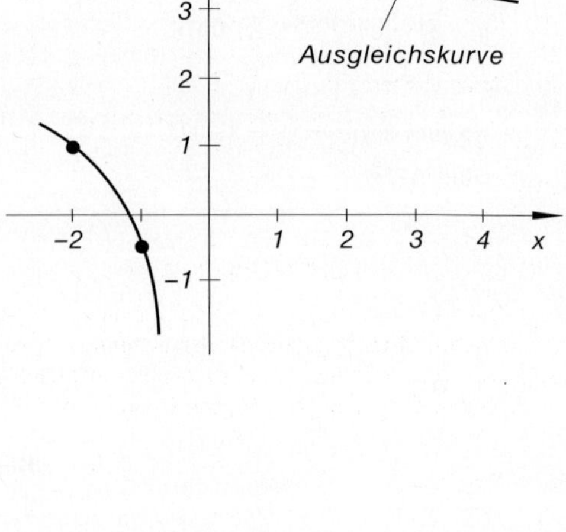

Bild A-74

Literaturhinweise

Formelsammlungen

1. *Bronstein/Semendjajew:* Taschenbuch der Mathematik. Deutsch, Thun – Frankfurt/M.
2. *Papula:* Mathematische Formelsammlung für Ingenieure und Naturwissenschaftler. Vieweg, Wiesbaden.

Aufgabensammlungen

1. *Minorski:* Aufgabensammlung der Höheren Mathematik. Vieweg, Wiesbaden.
2. *Papula:* Mathematik für Ingenieure und Naturwissenschaftler, Anwendungsbeispiele (5. Auflage). Vieweg, Wiesbaden.
3. *Papula:* Mathematik für Ingenieure und Naturwissenschaftler, Klausur- und Übungsaufgaben. Vieweg, Wiesbaden.

Weiterführende Literatur

Vektoranalysis

1. *Schark:* Vektoranalysis für Ingenieurstudenten. Deutsch, Thun – Frankfurt/M.
2. *Spiegel:* Vektoranalysis. Mc Graw-Hill, New York.

Wahrscheinlichkeitsrechnung und Statistik

1. *Beyer* u. a.: Wahrscheinlichkeitsrechnung und mathematische Statistik. Deutsch, Thun – Frankfurt/M.
2. *Blume:* Statistische Methoden für Ingenieure und Naturwissenschaftler. VDI, Düsseldorf.
3. *Bosch:* Elementare Einführung in die angewandte Statistik. Vieweg, Wiesbaden.
4. *Bosch:* Elementare Einführung in die Wahrscheinlichkeitsrechnung. Vieweg, Wiesbaden.
5. *Fisz:* Wahrscheinlichkeitsrechnung und mathematische Statistik. Deutscher Verlag der Wissenschaften, Berlin.
6. *Heinhold, Gaede:* Ingenieur-Statistik. Oldenbourg, München.
7. *Henze:* Stochastik für Einsteiger. Vieweg, Wiesbaden.
8. *Krengel:* Einführung in die Wahrscheinlichkeitstheorie und Statistik. Vieweg, Wiesbaden.
9. *Kreyszig:* Statistische Methoden und ihre Anwendungen. Vandenhoeck und Ruprecht, Göttingen.
10. *Lipschutz:* Wahrscheinlichkeitsrechnung. Mc Graw-Hill, New York.
11. *Spiegel:* Statistik. Mc Graw-Hill, New York.
12. *Stahel*: Statistische Datenanalyse. Vieweg, Wiesbaden.
13. *Weber:* Einführung in die Wahrscheinlichkeitsrechnung und Statistik für Ingenieure. Teubner, Stuttgart.

Fehler- und Ausgleichsrechnung

1. *Hartwig:* Einführung in die Fehler- und Ausgleichsrechnung. Hanser, München – Wien.
2. *Hänsel:* Grundzüge der Fehlerrechnung. Deutscher Verlag der Wissenschaften, Berlin.
3. *Ludwig:* Methoden der Fehler- und Ausgleichsrechnung. Vieweg, Wiesbaden.
4. *Taylor:* Fehleranalyse. Verlag Chemie, Weinheim.

Sachwortverzeichnis